한솔아카데미가 답이다!
토목기사·토목산업기사 인터넷 강좌

한솔과 함께라면 빠르게 합격 할 수 있습니다.

단계별 완전학습 커리큘럼

기초핵심 – 정규이론과정 – 모의고사 – 마무리특강의 단계별 학습 프로그램 구성

기초핵심 (기초역학) ▶ **정규강의** (이론+문풀) ▶ **모의고사** (시험 2주전) ▶ **블랙박스 특강** (우선순위핵심)

토목기사·토목산업기사 유료 동영상 강의

구분	과목	담당강사	강의시간	동영상	교재
필기	응용역학	안광호	약 22시간		
	측량학	고길용	약 31시간		
	수리학 및 수문학	한웅규	약 20시간		
	철근콘크리트	고길용	약 25시간		
	토질 및 기초	박광진	약 29시간		
	상하수도공학	이상도	약 17시간		
	기사 과년도	과목별 교수님	약 62시간		
	산업기사 과년도	과목별 교수님	약 41시간		

• 유료 동영상강의 수강방법 : www.inup.co.kr

HANSOL INFO

수험생이 알아야 할 출제경향

최근의 출제문제를 중심으로 분석한 출제빈도와 중요내용입니다.

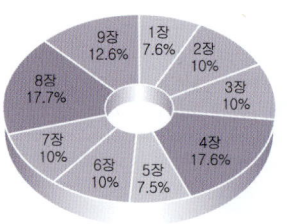

응용역학

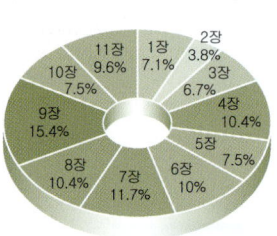

측량학

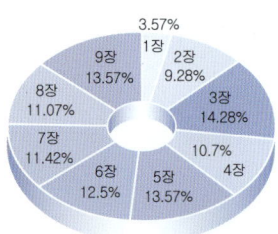

수리학 및 수문학

과목	단원명	출제문항수	세부항목
응용역학	1. 힘과 모멘트	1~2	평형해석, 부정정차수, sin법칙
	2. 단면의 성질	2	단면2차모멘트, 단면계수, 도심
	3. 재료의 역학적성질	2	프아송비, 변형량, 비틀림응력, 주응력
	4. 정정보	3~4	휨모멘트 계산, 반력계산
	5. 보의 응력	1~2	휨응력, 전단응력
	6. 라멘 아치 트러스	2	라멘의 휨모멘트, 3힌지의 수평반력, 트러스의 부재력
	7. 기둥	2	최대압축응력, 좌굴길이, 오일러 좌굴하중, 세장비
	8. 처짐 탄성변형	3~4	보의 처짐, 트러스처짐, 휨변형에너지
	9. 부정정구조	2~3	변위일치법, 모멘트분배법
계		20	
측량학	1. 측량학개론	1~2	측지학분류, 지구형상, 좌표계, 지구물리측정
	2. 거리측량	1	방법, 보정값, 관측값 해석
	3. 평판측량	1~2	3요소, 측량방법, 오차
	4. 수준측량	2~3	용어, 기포관감도, 교호, 지반고계산, 야장기입
	5. 각측량	1~2	측량방법, 트랜싯, 각오차
	6. 기준점측량	2	트래버스 종류, 관측오차, 계산문제, 조정, 삼각망, 조건식수, 삼변측량
	7. 스타디아지형측량	2~3	원리와 공식, 오차, 지성선, 등고선, 기입방법
	8. 면적체적측량	2	직선면적, 곡선면적, 체적계산, 면적분할
	9. 노선측량	3	단곡선, 설치방법, 완화곡선, 클로소이드, 종단곡선
	10. 하천측량	1~2	정의, 수위관측소, 유속측정방법
	11. 사진측량	2	특성, 특수3점, 항공사진축척, 시차차, 중복도, 사진매수, 입체시, 표정, 사진지도, 원격탐측
계		20	
수리학 및 수문학	1. 유체의 기본성질	1	표면장력, 비중, 공학단위, 차원
	2. 정수역학	2~3	전수압, 피토관, 부체상태
	3. 동수역학	3	연속방정식, 운동방정식, 항력, 마찰저항, 흐름상태
	4. 오리피스와 위어	2~3	위어의 유량, 오리피스 유속
	5. 관수로	2~3	마찰손실수두, 유속계수, 펌프마력
	6. 개수로	3	비에너지, 경심, 도수에너지, 최대유량조건
	7. 지하수	1~2	투수계수, 유량계산, 지하수유속, 여과수량
	8. 수문학 일반	2~3	수문기상, 물의순환과정
	9. 증발과 유출	2~3	단위도, 합리식
계		20	

과목	단원명	출제문항수	세부항목
철근콘크리트 및 강구조	1. 기본개념	1	성립이유, 콘크리트강도, 철근종류
	2. 설계방법	1	설계법 비교, 기본가정
	3. 강도설계법	4~5	단철근직사각형보, 복철근직사각형보, T형보, 처짐균열
	4. 전단설계법	3	전단철근종류, 철근량, 간격, 전단마찰
	5. 정착과 이음	1~2	철근상세, 부착, 정착, 이음
	6. 기둥	1~2	구조세목, 단주해석, 장주해석
	7. 슬래브	1	종류, 설계, 구조상세, 2방향슬래브
	8. 옹벽 확대기초	1	안정조건, 옹벽설계, 기초소요면적
	9. PSC	3	정의 특징, 재료, 분류, 기본개념, 손실
	10. 강구조 교량	3~4	리벳이음, 고장력볼트, 용접이음, 교량
계		20	

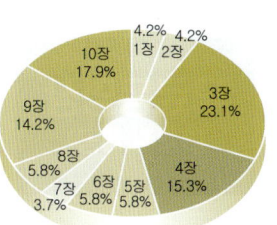

철근콘크리트 및 강구조

과목	단원명	출제문항수	세부항목
토질 및 기초	1. 흙의 기본적성질	2~3	상관관계, 단위무게, 연경지수, 통일분류법
	2. 흙의 투수성과 침투	2	다르시법칙, 투수계수, 유선망특성
	3. 유효응력	2~3	모관영역의 유효응력, 침투수압, 분사현상
	4. 흙의 압축성	1~2	압밀도, 선행압밀하중, 압밀시간계산, 침하량계산
	5. 흙의 전단강도	3~4	전단강도계산, 배수방법에따른 삼축압축, 전단특성, 간극수압계수
	6. 토압	1	랜킨의 토압이론, 정지토압계수, 토압계산
	7. 사면의 안정	1	유한사면의 안정, 무한사면의 안정
	8. 흙의 다짐	2	다짐곡선의 성질, 다짐특성, 현장다짐
	9. 기초	2~3	얕은기초지지력계산, 말뚝의 지지력, 부마찰력, 군말뚝, 공기케이슨
	10. 연약지반개량공법	2	개량공법의 종류, 샌드드레인, 페이퍼드레인, 컴포저 공법, 바이브로플로테이션, 사운딩
계		20	

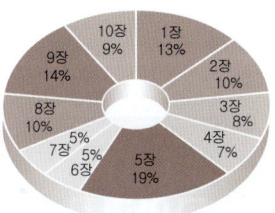

토질 및 기초

과목	단원명	출제문항수	세부항목
상하수도공학	1. 상수도시설계획	2~3	상수도 구성, 급수인구 급수량산정
	2. 수질관리	1~2	먹는 물 수질기준, 자정작용, 부영양화
	3. 수원과 취수	2	수원 및 취수지점 선정요건, 종류
	4. 상수관로시설	2~3	도수·송수·배수·급수계획, 관로설계공식
	5. 정수장시설	3	정수방법, 시설, 배출수처리시설
	6. 하수도시설계획	3~4	하수도구성 계통, 하수배제방식, 계획하수량산정
	7. 하수관로시설	2~3	하수관로계획, 하수도관, 우수조정지
	8. 하수처리장시설	3~4	하수처리방법, 처리시설, 오니처리시설
	9. 펌프장시설	2	계획, 종류, 관련식, 펌프특성곡선
계		20	

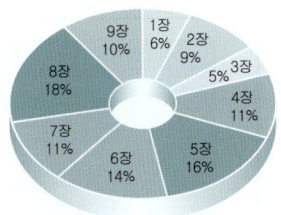

상하수도공학

200% 학습법 — 본 도서를 구매하신 분께 드리는 혜택

본 도서를 구매하신 후 홈페이지에 회원등록을 하시면 아래와 같은 학습 관리시스템을 이용하실 수 있습니다.

무료동영상 (3개월 제공)

토목기사·토목산업기사 합격은 출제경향 및 기출학습에서 갈린다

- 최근 3개년 기출문제 제공
- 2026년 대비 출제경향분석

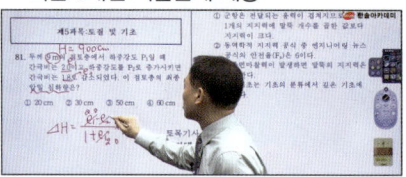

전국 모의고사

토목기사·토목산업기사 시험일 2주전 실시 (세부일정은 인터넷 전용 홈페이지 참조)

- 전국 실전모의고사
- 토목기사 실기 동영상강좌 할인쿠폰
  모의고사 결과 상위 10% 이내 회원은 토목기사 실기 동영상 강좌 30,000원 할인쿠폰

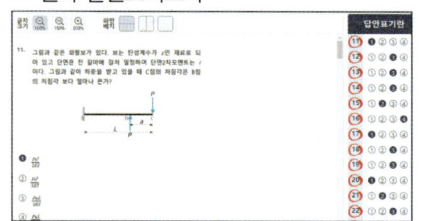

CBT 모의고사

토목기사·토목산업기사 CBT모의고사

- 토목기사 6회
  CBT대비 기사 6회 실전테스트
  • CBT 토목기사 6회분
    – 2023년, 2024년, 2025년 과년도

- 토목산업기사 6회
  CBT대비 산업기사 6회 실전테스트
  • CBT 토목산업기사 6회분
    – 2023년, 2024년, 2025년 과년도

[등록절차] 도서구매 후 뒷표지 회원등록 인증번호를 확인하세요.

포켓북 제공 — 일주일 완성! 핵심정리 120제

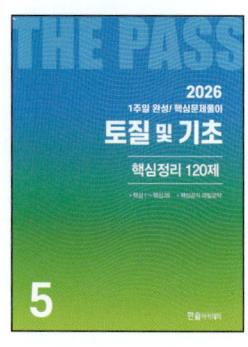
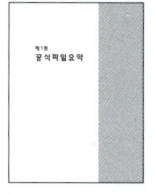

2026

토목기사·산업기사 시리즈

토질 및 기초

기출문제 무료동영상
핵심정리 120제
CBT 모의고사

5

한솔아카데미

머리말

토목 공학을 간단히 말하면 "생활의 편의를 위한 사회 기반 시설물들을 계획, 설계, 시공, 유지 관리를 위해 필요한 이론과 기술을 연구 개발하는 학문"이라고들 한다. 이러한 사회 기반 시설물은 많은 사람들이 공동으로 이용하는 점과 그 규모의 크기 및 기능의 중요성 크며 그 분야로는 인류문명을 지탱하는 도로, 댐, 항만, 공항, 상하수도 등이 있다.

토질 및 기초는 토목의 분업화된 하나의 학문이다. 토질 및 기초가 차지하는 비중은 토목 기술의 발전과 함께 비약적으로 증대하고 있으며 이에 따라 토목 기술자는 토질 및 기초에 대한 충분한 예비 지식과 자료를 필요로 하게 된다. 일반적으로 토질은 흙의 성질에 관한 연구와 이상적인 조건하에서의 흙의 거동을 알아보는 분야이며, 기초는 건물, 고속도로, 댐 등의 계획, 설계에 있어서 지질학이나 토질의 원리를 응용하는 분야이다. 그러나 토질 및 기초에서 다루는 자연상태의 흙은 지표면 아래에 있어 직접 눈으로 볼 수 없으며, 또한 균질하지 않기 때문에 이해하는데 상당한 어려움을 준다. 따라서 이 책에서는 토목인에게 필요한 토질 및 기초의 전반적인 흐름을 쉽게 이해할 수 있도록 강의 경험을 바탕으로 내용을 간단 명료하게 정리하였으며 이해하기 쉽도록 그림과 표를 많이 첨부하였다. 특히, 우리가 공부하는데 있어서 목적에 따라서 교재를 선택하여야 하는데 이 책은 객관식으로 시행되는 국가기술자격, 공무원, 공사 시험을 응시하는 수험생을 위하여 수준과 문제를 구성하였다.

이 책의 특징을 요약하면 다음과 같다.

첫째 : 각 단원별로 광대한 이론을 쉽게 이해할 수 있도록 간단 명료하게 정리하였다.
둘째 : 각 단원마다 충분한 핵심 문제 및 해설, 그림과 표를 두어 내용 이해에 도움이 되도록 하였다.
셋째 : 과년도 출제 문제의 출제 경향 및 유형에 있어서 특히 유의하여야 하는 부분을 정리하였다.
넷째 : 각 단원마다 출제 예상문제 및 과년도 출제문제를 최근의 경향과 난이도를 파악할 수 있도록 하였다.

그러므로 이 책은 토목 설계자, 토목 기술자뿐만 아니라 각종 수험 대비자들, 학생들에게 좋은 지침서가 될 것을 기대한다. 이 책으로 독자 여러분이 토질 및 기초를 이해하는데 다소라도 도움이 되기를 바라며 뜻하지 않은 오류나 부족한 점은 계속 수정 보완 해나갈 생각이다. 이 책의 출판을 적극적으로 협조해주신 (주)한솔아카데미 임직원 여러분께 깊은 감사를 드리는 바입니다.

저자 드림

www.inup.co.kr

"한솔아카데미" 교재는 앞서갑니다.

교재구성 특징

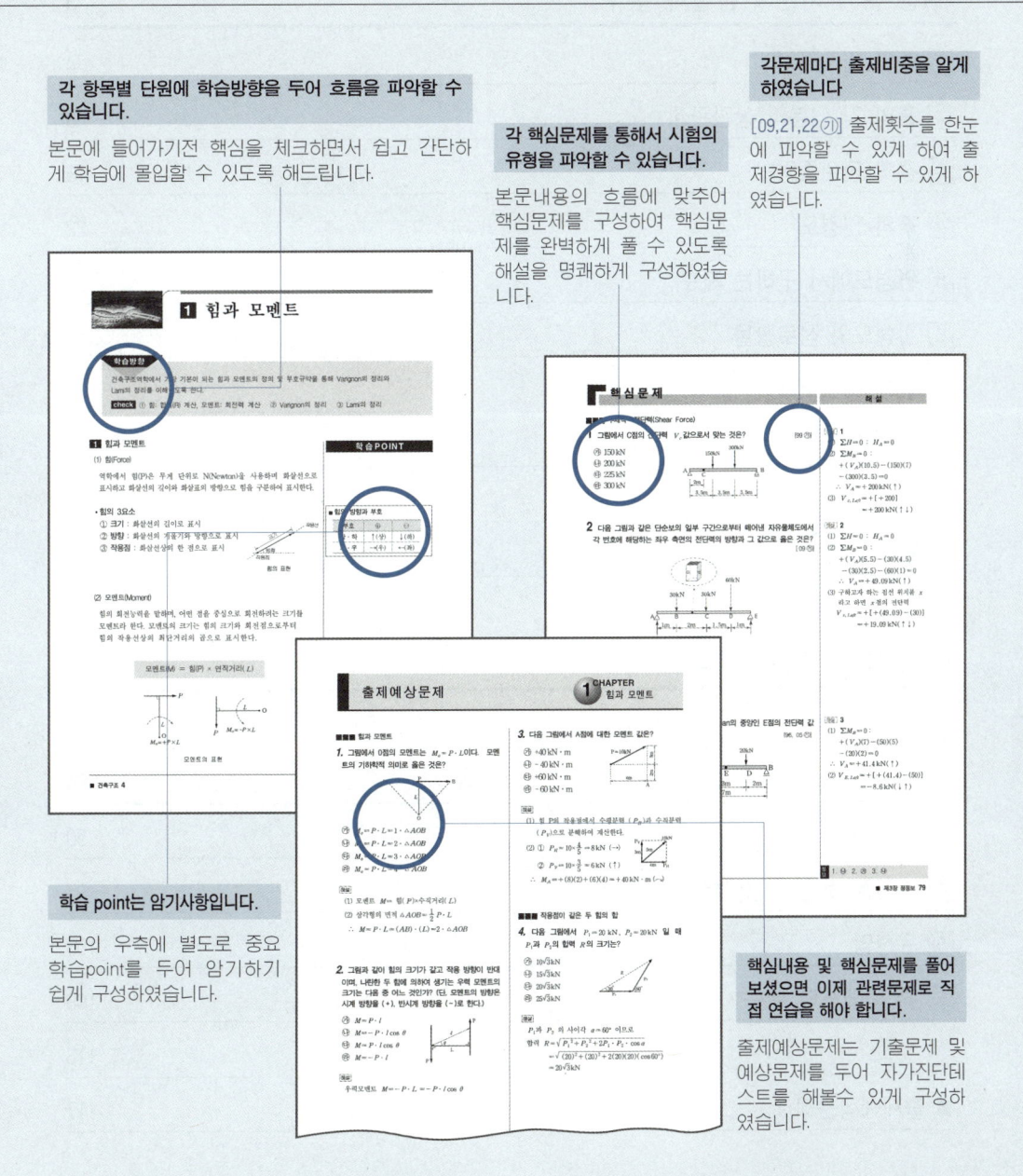

각 항목별 단원에 학습방향을 두어 흐름을 파악할 수 있습니다.
본문에 들어가기전 핵심을 체크하면서 쉽고 간단하게 학습에 몰입할 수 있도록 해드립니다.

각 핵심문제를 통해서 시험의 유형을 파악할 수 있습니다.
본문내용의 흐름에 맞추어 핵심문제를 구성하여 핵심문제를 완벽하게 풀 수 있도록 해설을 명쾌하게 구성하였습니다.

각문제마다 출제비중을 알게 하였습니다
[09,21,22㉮] 출제횟수를 한눈에 파악할 수 있게 하여 출제경향을 파악할 수 있게 하였습니다.

학습 point는 암기사항입니다.
본문의 우측에 별도로 중요 학습point를 두어 암기하기 쉽게 구성하였습니다.

핵심내용 및 핵심문제를 풀어 보셨으면 이제 관련문제로 직접 연습을 해야 합니다.
출제예상문제는 기출문제 및 예상문제를 두어 자가진단테스트를 해볼수 있게 구성하였습니다.

목 차

제1장 흙의 기본적 성질과 분류   3

1. 흙의 입자구성   4
2. 흙의 각 성분의 상관관계   8
3. 흙의 단위중량   16
4. 흙의 연경도   22
5. 연경도에서 구하는 지수   28
6. 활성도와 점토광물   34
7. 흙의 입도분석   40
8. 입도분포곡선   46
9. 흙의 공학적 분류방법   51
- ■ 출제예상문제   58

제2장 흙의 투수성과 침투   79

1. 모관현상   80
2. Darcy의 법칙   84
3. 투수계수   90
4. 비균질 토층의 평균투수계수   97
5. 유선망   103
6. 흙 댐에서의 투수   109
7. 동상   113
- ■ 출제예상문제   117

제3장 유효응력   131

1 유효응력의 개념	132
2 모관영역의 유효응력	137
3 침투수가 있는 경우의 유효응력	143
4 분사현상	148
5 지중응력	152
■ 출제예상문제	159

제4장 흙의 압축성   169

1 압 밀	170
2 압밀이론	174
3 압밀시험	180
4 압밀침하량 및 압밀시간	186
■ 출제예상문제	191

제5장 흙의 전단강도   205

1 Mohr-Coulomb의 파괴이론	206
2 전단강도정수를 결정하기 위한 시험	212
3 토질에 따른 전단특성	224
4 현장에서의 전단강도 측정	230
5 간극수압계수 및 응력경로	235
■ 출제예상문제	241

제6장 토 압   263

1 토압의 이론   264

2 Rankine의 토압이론   270

3 점성토의 토압과 Coulomb의 토압론   281

4 토압의 응용   286

■ 출제예상문제   293

제7장 사면의 안정   299

1 사 면   300

2 유한사면의 안정   305

3 무한사면의 안정   310

4 사면안정 해석법   315

■ 출제예상문제   323

제8장 흙의 다짐   331

1 다짐이론   332

2 다짐의 효과   338

3 현장다짐   342

■ 출제예상문제   352

제9장 기 초   365

1 기 초   366

2 얕은 기초의 지지력   372

3 말뚝 기초   382

4 말뚝의 지지력   389

5	부마찰력과 군말뚝	395
6	피어 기초	400
7	케이슨 기초	406
8	구조물의 침하	411
■ 출제예상문제		417

제10장 연약지반 개량공법　　431

1	연약지반 개량공법의 종류	432
2	점토지반 개량공법	436
3	모래지반 개량공법	443
4	일시적 개량공법 및 특수 개량공법	447
5	토질조사	453
■ 출제예상문제		458

부 록 : 과년도 출제문제

■ 토목기사

1	2021 토목기사 과년도 출제문제	3
2	2022 토목기사 과년도 출제문제	19
3	2023 토목기사 과년도 출제문제	37
4	2024 토목기사 과년도 출제문제	55
5	2025 토목기사 과년도 출제문제	73

■ 토목산업기사

1	2023 토목산업기사 과년도 출제문제	91
2	2024 토목산업기사 과년도 출제문제	103
3	2025 토목산업기사 과년도 출제문제	111

CBT 대비 토목기사, 토목산업기사 실전테스트는 홈페이지 (www.inup.co.kr)에서 CBT 모의 TEST 로 함께 체험하실 수 있습니다.

■ **CBT대비 기사 6회 실전테스트**
- CBT 토목기사 제1회 (2025년 제1회 과년도)
- CBT 토목기사 제2회 (2025년 제3회 과년도)
- CBT 토목기사 제3회 (2024년 제1회 과년도)
- CBT 토목기사 제4회 (2024년 제3회 과년도)
- CBT 토목기사 제5회 (2023년 제1회 과년도)
- CBT 토목기사 제6회 (2023년 제3회 과년도)

■ **CBT대비 산업기사 6회 실전테스트**
- CBT 토목산업기사 제1회 (2025년 제1회 과년도)
- CBT 토목산업기사 제2회 (2025년 제3회 과년도)
- CBT 토목산업기사 제3회 (2024년 제1회 과년도)
- CBT 토목산업기사 제4회 (2024년 제3회 과년도)
- CBT 토목산업기사 제5회 (2023년 제1회 과년도)
- CBT 토목산업기사 제6회 (2023년 제4회 과년도)

제5과목

토질 및 기초
(과년도 기출문제 분석수록)

흙의 기본적 성질과 분류　01
흙의 투수성과 침투　02
유효응력　03
흙의 압축성　04
흙의 전단강도　05
토압　06
사면의 안정　07
흙의 다짐　08
기초　09
연약지반 개량공법　10

출제기준

■ 토목기사 필기 (적용기간 : 2026. 1. 1 ~ 2027. 12. 31)

자격종목	주요항목	세부항목	세세항목
토질 및 기초	1. 토질역학	1. 흙의 물리적 성질과 분류	1. 흙의 기본성질 2. 흙의 구성 3. 흙의 입도분포 4. 흙의 소성특성 5. 흙의 분류
		2. 흙속에서의 물의 흐름	1. 투수계수 2. 물의 2차원 흐름 3. 침투와 파이핑
		3. 지반내의 응력분포	1. 지중응력 2. 유효응력과 간극수압 3. 모관현상 4. 외력에 의한 지중응력 5. 흙의 동상 및 융해
		4. 압밀	1. 압밀이론 2. 압밀시험 3. 압밀도 4. 압밀시간 5. 압밀침하량 산정
		5. 흙의 전단강도	1. 흙의 파괴이론과 전단강도 2. 흙의 전단특성 3. 전단시험 4. 간극수압계수 5. 응력경로
		6. 토압	1. 토압의 종류 2. 토압 이론 3. 구조물에 작용하는 토압 4. 옹벽 및 보강토옹벽의 안정
		7. 흙의 다짐	1. 흙의 다짐특성 2. 흙의 다짐시험 3. 현장다짐 및 품질관리
		8. 사면의 안정	1. 사면의 파괴거동 2. 사면의 안정해석 3. 사면안정 대책공법
		9. 지반조사 및 시험	1. 시추 및 시료 채취 2. 원위치 시험 및 물리탐사 3. 토질시험
	2. 기초공학	1. 기초일반	1. 기초일반 2. 기초의 형식
		2. 얕은기초	1. 지지력 2. 침하
		3. 깊은기초	1. 말뚝기초 지지력 2. 말뚝기초 침하 3. 케이슨기초
		4. 연약지반개량	1. 사질토 지반개량공법 2. 점성토 지반개량공법 3. 기타 지반개량공법

■ 토목산업기사 필기 (적용기간 : 2026. 1. 1 ~ 2027. 12. 31)

자격종목	주요항목	세부항목	세세항목
측량 및 토질 (전) 토질 및 기초	1. 토질역학	1. 흙의 물리적 성질과 분류	1. 흙의 기본성질 2. 흙의 구성 3. 흙의 입도분포 4. 흙의 소성특성 5. 흙의 분류
		2. 흙속에서의 물의 흐름	1. 투수계수 2. 물의 2차원 흐름 3. 침투와 파이핑
		3. 지반내의 응력분포	1. 지중응력 2. 유효응력과 간극수압 3. 모관현상
		4. 흙의 압밀	1. 압밀이론 2. 압밀시험 3. 압밀도
		5. 흙의 전단강도	1. 흙의 파괴이론과 전단강도 2. 흙의 전단특성 3. 전단시험 4. 간극수압계수
		6. 토압	1. 토압의 종류 2. 토압 이론
		7. 흙의 다짐	1. 흙의 다짐특성 2. 흙의 다짐시험
		8. 사면의 안정	1. 사면의 파괴거동
	2. 기초공학	1. 기초일반	1. 기초일반 2. 기초의 종류 및 특성
		2. 지반조사	1. 시추 및 시료 채취 2. 원위치 시험 및 물리탐사
		3. 얕은기초와 깊은기초	1. 지지력 2. 침하
		4. 연약지반개량	1. 사질토 지반개량공법 2. 점성토 지반개량공법 3. 기타 지반개량공법

제1장 흙의 기본적 성질과 분류

출제경향분석

흙의 기본적 성질과 분류는 토질 및 기초 과목의 기본이 되는 이론으로 유효응력, 흙의 압축성, 흙의 전단강도, 사면의 안정 등의 문제를 해결하기 위해서는 이해하고 있어야 하는 중요한 내용이다. 특히, 단순히 공식에 숫자를 대입하여 풀 수 있는 문제보다는 두 단계 이상을 거쳐야만 해결할 수 있는 문제의 출제 비중이 높아지고 있으며, 문제 속에 숨어 있는 의미를 충분히 이해하여야 한다.

단원별 경향분석

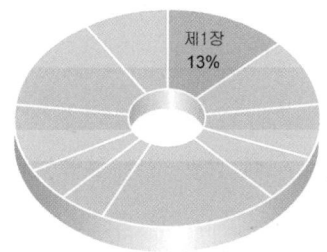

토목기사

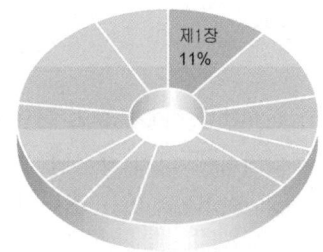

토목산업기사

항목별 경향분석

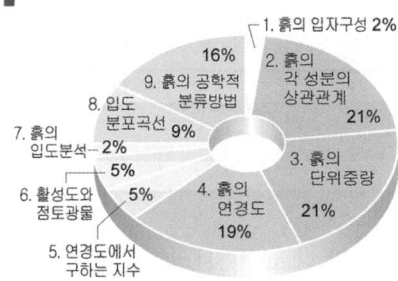

토목기사

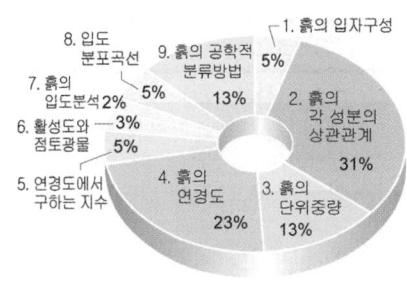

토목산업기사

1 흙의 입자구성

학습방향

흙의 입자구성이란 흙은 여러 가지 풍화 과정에 따라서 각각 다른 골격을 형성하고 있는데 이러한 흙 입자의 골격, 즉 흙입자의 배열 상태나 분포 상태를 말한다. 흙의 투수성, 압축성, 강도 등과 같은 흙의 공학적 성질은 흙의 입자구성에 영향을 받는데 흙이 가지고 있는 흙의 입자구성은 단립구조, 봉소구조, 면모구조, 분산구조로 나누어진다.

1 흙의 생성

지각이라 부르는 지구의 표면은 크게 화성암, 퇴적암, 변성암의 세가지의 암석으로 구성되어 있으며, 마그마의 분출에 의해 생성된 화성암(igneous rock)은 다음과 같은 순환과정을 겪는다.

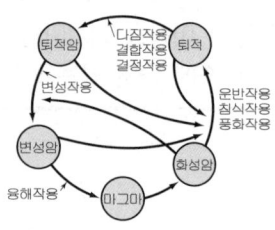

그림. 암석의 순환

(1) 잔적토(Residual soil, 잔류토)

풍화작용에 의해 생성된 흙이 운반되지 않고 원래 암반 상에 남아서 토층을 형성하고 있는 흙이다.

(2) 운반토

풍화작용에 의해 생성된 흙이 물, 빙하, 바람, 중력 등에 의해 다른 장소로 운반된 흙이다.

2 비점성 흙의 입자구성

단립구조(single grained structure)	봉소구조(honeycombed structure)
① 조립토(자갈, 모래, 실트)가 물 속에서 침강하여 퇴적할 때 생기는 구조이다. ② 입자가 크고 모가 날수록 강도가 크다. ③ 입자 사이에 점착력이 없이 바로 맞물려 상당한 안정성을 가진다.	① 실트, 점토가 물 속에 침강할 때 생기는 구조이다. ② 흙 입자 서로가 접촉위치를 지키려는 힘에 의해 아치(arch)를 형성하는 구조이다. ③ 단립구조보다 공극비가 크다. ④ 충격, 진동에 약하다.

학습POINT

■ 풍화작용에 의해 분해된 암이 원위치에서 토층을 형성하고 있을 때 이 흙을 (**잔적토**)라 한다.

■ (봉소)구조는 실트나 점토와 같은 세립자가 물 속으로 침강하여 이루어진 구조다.

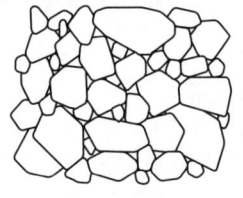 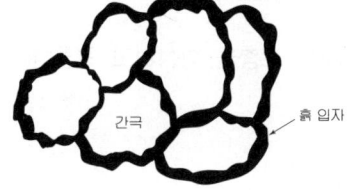

(a) 단립구조   (b) 봉소구조

그림 . 비점성 흙의 구조

3 점성토의 구조

점토입자는 평면(flat shape)이나 바늘(long needle shape) 형태를 이룬다.

(1) 면모구조(flocculated structure)
① 점토입자 사이의 분자력 등에 의한 **흡인력이 이중층에 의한 반발력보다 큰** 구조를 말한다.
② 면 대 단의 연결구조이다.
③ 이산구조보다 투수성과 강도가 크다.
④ 점성토이므로 **기초 지반으로는 부적당하다**.

■ 면모구조는 분산구조보다는 강도가 크나 공극비가 크고 압축성이 크므로 기초 지반으로 부적당하다.(○)

(2) 분산구조(dispersed structure, 이산구조)
① 이중층에 의한 **반발력이 흡인력보다 커서** 각각의 입자상태로 천천히 침강하여 평행한 구조를 이루는 구조를 말한다.
② 면 대 면의 연결구조이다.
③ 면모구조보다 투수성과 강도가 작다.

■ 자연 점토 시료를 함수비가 변하지 않는 상태로 **되비빔하면** [이산(분산)] 구조가 된다.

(a) 면모구조   (b) 분산구조

그림 . 물 속의 점토 구조

■ 흐트러진 흙의 특징
① 간극이 크다.
② 밀도가 작다.
③ 투수성이 크다.
④ 압축성이 크다.
⑤ 전단강도가 작다.

4 흙의 성질

흙의 물리적 성질	흙의 공학적 성질
① 흙의 구성 상태나 구성 요소간의 상관관계 등을 말한다. ② 함수비 시험, 비중 시험, 아터버그한계 시험, 입도분석 시험 등이 있다. ③ 교란된(흐트러진) 시료를 사용한다.	① 자연상태의 흙이 가지고 있는 투수성, 압축성, 강도 등을 말한다. ② 투수 시험, 압밀 시험, 전단강도 시험, 다짐 시험, CBR 시험 등이 있다. ③ 불교란(흐트러지지 않은) 시료를 사용한다.

■ 교란된 시료로 실내 토질 실험을 하면 결과가 불교란 시료에 대한 시험에 비해 현저한 차이를 가져오나, (액성한계), 소성한계, 수축한계, 비중 등은 차이가 나지 않는다.

핵 심 문 제

1 풍화작용에 의해 분해된 암이 원위치에서 토층을 형성하고 있을 때 이 흙을 무엇이라 부르는가? [98 산]
- ㉮ 잔적토
- ㉯ 퇴적토
- ㉰ 화강토
- ㉱ 수성토

2 다음 중 점토광물과 가장 관계가 먼 것은? [91 기]
- ㉮ 격자구조(sheet)
- ㉯ 결정구조(crystal)
- ㉰ Kaolinite
- ㉱ 단립구조

3 흐트러진 흙은 자연 상태의 흙에 비하여 다음과 같은 차이가 있다. 틀린 것은? [93 산]
- ㉮ 투수성이 크다.
- ㉯ 간극이 크다.
- ㉰ 전단강도가 크다.
- ㉱ 압축성이 크다.

4 흙의 구조에 대한 설명 중 잘못된 것은 어느 것인가? [84 기]
- ㉮ 흙의 구조는 단입구조(單粒構造)와 단입구조(團粒構造)로 나눈다.
- ㉯ 단입구조(單粒構造)는 가장 단순한 토립자의 배열로서 자갈, 모래, 실트 등의 조립의 재료에서 볼 수 있다.
- ㉰ Silt, Clay는 단입구조(單粒構造)를 이루고 있는 수가 없다.
- ㉱ 봉소구조(蜂巢構造)는 건설공사에 가장 취급하기 어려운 흙이고 면모구조(綿毛構造)는 수중에 분산하면 좀처럼 침강하지 않는 구조로 압축성, 공극비가 크다.

5 흙의 구조조직에 관한 설명 중에서 옳지 않은 것은? [90 산]
- ㉮ 면모구조는 공극비가 크고 압축성이 크므로 기초지반 흙으로는 부적당하다.
- ㉯ 입도의 배합이 좋으면 입경이 균등한 흙보다 공극비가 적어지고 밀도가 증가한다.
- ㉰ 모래시료가 느슨한 상태에 있는가 조밀한 상태에 있는가는 공극비로만 구할 수 있다.
- ㉱ 조립토는 불교란 시료 채취가 거의 불가능하다.

해 설

해설 1
잔적토(잔류토)
풍화작용에 의해 생성된 흙이 운반되지 않고 원래 암반 상에 남아서 토층을 형성하고 있는 흙이다.

해설 2
① 점토는 거의 모든 광물이 쉬트(Sheet)로 이루어진 결정체(crystal)이다.
② 단립(單粒)구조는 조립토(자갈, 모래)가 물 속에서 침강할 때 생기는 구조이다.
③ 단립(團粒)구조에는 봉소구조, 면모구조, 분산구조가 있다.

해설 3
① 흐트러진 흙은 자연상태의 흙에 비하여 공학적 성질이 나빠지지만, 물리적 성질은 변하지 않는다.
② 흙이 교란되면 전단강도가 작아진다.

해설 4
단립구조(單粒構造)는 조립토(자갈, 모래, 실트)가 물 속에서 침강할 때 생기는 구조이다.

해설 5
상대밀도(D_r)는 자연상태의 조립토의 조밀한 정도를 나타내는 것으로 모래의 다짐 정도를 간극비(e) 또는, 건조단위중량(γ_d)으로 나타낸다.

정답 1. ㉮ 2. ㉱ 3. ㉰ 4. ㉰ 5. ㉰

6 다음 중 틀린 것은? [90 ㉮]

㉮ 액성한계 측정용 시료는 40번체를 통과한 노건조 시료를 사용해야 한다.
㉯ 소성한계는 소성범위의 함수량 중 가장 작은 함수량을 말한다.
㉰ 원심함수당량이 큰 흙일수록 보수력이 크다.
㉱ Montmorillonite계 점토는 물을 흡수하면 팽창성이 매우 크다.

7 자연 점토 시료를 함수비가 변하지 않은 상태로 되비빔(remolding) 하였다. 그 구조는 다음 중 어느 것이 될 것인가? [94 ㉮]

㉮ 단립구조
㉯ 봉소구조
㉰ 이산(분산)구조
㉱ 면모구조

8 흙의 구조조직에 관한 설명 중에서 옳지 않은 것은? [01 96 ㉰]

㉮ 면모구조는 공극비가 크고 압축성이 크므로 기초지반 흙으로는 부적당하다.
㉯ 입도의 배합이 좋으면 입경이 균등한 흙보다 공극비가 적어지고 밀도가 증가한다.
㉰ 모래시료가 느슨한 상태에 있는가 조밀한 상태에 있는가는 공극비로만 구할 수 있다.
㉱ 봉소구조는 실트나 점토와 같은 세립자가 물 속으로 침강하여 이루어진 구조다.

9 흙의 공학적 성질을 구하기 위한 시험이 아닌 것은? [91 ㉮]

㉮ 다짐 시험
㉯ 함수량 시험
㉰ 투수 시험
㉱ CBR 시험

10 교란된 시료로 실내 토질 시험을 하면 결과가 불교란 시료에 대한 시험에 비해 현저한 차이를 가져온다. 그러나 차이가 나지 않는 것은? [94 ㉮]

㉮ 전단강도
㉯ 압밀곡선
㉰ 흙의 구조
㉱ 액성한계

해 설

해설 6
① 액성한계, 소성한계, 수축한계 시험용 시료는 No.40체 통과시료를 사용한다. 그러나, 습윤시료이다.
② 소성한계는 소성상태의 함수비 중에서 가장 작은 함수비를 말한다.
③ 원심함수량당(CME)
 • 점토가 많을수록 CME가 커진다.
 • C.M.E > 12%이면 투수성이 작아 보수력이 크다.
④ 점토광물 중 몬모릴로나이트(Montmorillonite)는 공학적 안정성이 가장 작기 때문에 물에 매우 약해 팽창, 수축이 매우 크다.

해설 7
면모구조(flocculated structure)인 점토가 교란되면 분산구조(dispersed structure)가 된다.

해설 8
① 입도 분포가 양호한 흙은 간극이 적고 단위중량이 크다.
② 상대밀도(D_r)는 자연상태의 조립토의 조밀한 정도를 나타내는 것으로 모래의 다짐 정도를 간극비(e) 또는, 건조단위중량(γ_d)으로 나타낸다.

해설 9
① 흙의 물리적 성질 : 아터버그 한계, 함수비 시험, 비중 시험 등이 있다.
② 흙의 공학적 성질 : 흙의 강도, 압축성, 투수성 등을 의미한다.

해설 10
액성한계 시험은 흙의 물리적 성질을 알기 위한 시험으로 교란된(흐트러진) 시료를 사용한다.

정답 6. ㉮ 7. ㉰ 8. ㉰ 9. ㉯ 10. ㉱

2 흙의 각 성분의 상관관계

학습방향

흙의 성분은 흙 입자, 액체인 물, 기체인 공기의 세가지 성분으로 구성되어 있는데 토질역학에서는 공기의 중량은 무시한다. 흙의 각 성분의 상관관계에서는 이러한 구성요소 상호간의 관계를 알아본다. 일반적으로 시험에서는 이러한 값을 구하는 것도 출제되지만 다른 문제를 풀이하는데 있어서 반듯이 알고 있어야 하는 공식들이다.

학습POINT

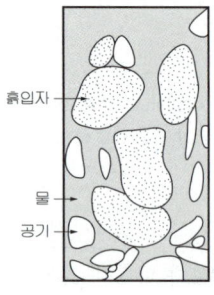
(a) 자연 상태의 흙의 요소

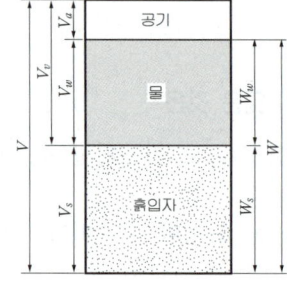
(b) 삼상으로 나타낸 흙의 성분

그림. 흙의 삼상도

1 흙의 세가지 성분요소

(1) 흙의 전체 체적

$$V = V_s + V_v = V_s + V_w + V_a$$

여기서, V_s : 흙 입자만의 체적
V_v : 간극의 체적
V_w : 간극 속의 물의 체적
V_a : 간극 속의 공기의 체적

(2) 전체의 중량

공기의 중량는 무시한다고 가정하면 전체의 중량은 다음과 같다.

$$W = W_s + W_w$$

여기서, W_s : 흙 입자만의 중량
W_w : 물의 중량

2 공극비(void ratio, e)

① 개요 : 흙 입자만의 체적에 대한 공극의 체적비를 나타낸다.
② 공식

$$e = \frac{공극의\ 체적}{흙\ 입자만의\ 체적} = \frac{V_v}{V_s}$$

③ 단위 : 무차원
④ 공극비의 범위는 0에서 ∞ 사이이다.

■ 간극비(공극비)는 (1)보다 클 수 있다.

3 공극률(porosity, n)

① 개요 : 흙 전체의 체적에 대한 공극의 체적을 백분율로 나타낸다.
② 공식

$$n = \frac{공극의\ 체적}{흙\ 전체의\ 체적} \times 100 = \frac{V_v}{V} \times 100$$

③ 단위 : %
④ 공극률의 범위는 0에서 100% 사이이다.

■ 간극률(공극률)은 (100)%보다 클 수 없다.

4 공극비와 공극률의 상호 관계식

$$e = \frac{V_v}{V_s} = \frac{V_v}{V - V_v} = \frac{\frac{V_v}{V}}{\frac{V}{V} - \frac{V_v}{V}} = \frac{\frac{n}{100}}{1 - \frac{n}{100}} = \frac{n}{100 - n}$$

$$n = \frac{V_v}{V} \times 100 = \frac{V_v}{V_s + V_v} \times 100 = \frac{\frac{V_v}{V_s}}{\frac{V_s}{V_s} + \frac{V_v}{V_s}} \times 100 = \frac{e}{1 + e} \times 100$$

■ 공극비와 공극률의 관계식
$e = \dfrac{n}{100 - n}$
$n = \dfrac{e}{1 + e} \times 100$

5 포화도(degree of saturation, S)

① 개요 : 공극 속에 물이 차 있는 정도를 나타낸다.
② 공식

$$S = \frac{물의\ 체적}{공극의\ 체적} = \frac{V_w}{V_v} \times 100$$

③ 단위 : %

④ 포화도의 범위는 0에서 100% 사이이다.
⑤ 만약, **지하수위 아래에서와 같이** 간극에 물이 가득찬 경우 $V_a=0$, $V_v=V_w$이므로 $S=100\%$이다.
⑥ 만약, 간극에 물이 완전히 건조한 경우, $V_w=0$, $V_v=V_a$이므로 $S=0\%$이다.

■ 포화점토는 (포화도)가 100%이다. 또한, 포화도는 100%보다 클 수 없다.

6 함수비(water content, w)

① 개요 : 흙 입자만의 중량에 대한 물의 중량을 백분율로 나타낸다
② 공식

$$w = \frac{물의\ 중량}{흙\ 입자만의\ 중량} \times 100 = \frac{W_w}{W_s} \times 100$$

③ 단위 : %
④ 함수비의 범위는 0에서 ∞ 사이이다.
⑤ 시험 방법(KS F 2306)

W_w : (젖은 흙 + 함수비 캔)의 중량 − (건조한 흙 + 함수비 캔)의 중량
W_s : (건조한 흙 + 함수비 캔)의 중량 − 함수비 캔의 중량

$$w = \frac{(젖은\ 흙 + 함수비\ 캔)의\ 중량 - (건조한\ 흙 + 함수비\ 캔)의\ 중량}{(건조한\ 흙 + 함수비\ 캔)의\ 중량 - 함수비\ 캔의\ 중량} \times 100$$

⑥ 항온건조기
㉠ 흙의 **자유수만을 증발하기** 위하여 110±5℃로 일정하게 유지한다.
㉡ 점성토는 24시간, 사질토는 12시간 이상 유지해야 한다.
㉢ 110±5℃로 건조시키면 석고나 유기물을 함유하고 있는 경우는 결정수를 잃거나 유기질이 연소되므로 80℃이하에서 장시간 건조하여야 한다.

■ 함수비는 (100)%보다 클 수 있다.

사진. 항온건조기

■ 석고나 유기물 등을 다분히 함유한 흙의 함수비 측정시 적당한 건조온도는 (80)℃ 이하이다.

7 함수율(ratio of moisture, w')

① 개요 : 흙 전체의 중량에 대한 물의 중량을 백분율로 나타낸다.
② 공식

$$w' = \frac{물의\ 중량}{전체\ 흙의\ 중량} \times 100 = \frac{W_w}{W} \times 100$$

③ 단위 : %
④ 함수율의 범위는 0에서 100% 사이이다.

⑤ 함수비와 함수율의 관계

$$w' = \frac{W_w}{W} \times 100 = \frac{W_w}{W_s + W_w} \times 100 = \frac{\frac{W_w}{W_s}}{\frac{W_s}{W_s} + \frac{W_w}{W_s}} \times 100$$

$$= \frac{\frac{w}{100}}{1 + \frac{w}{100}} \times 100 = \frac{w}{1 + \frac{w}{100}}$$

8 비중(specific gravity, G_s)

① 개요 : 흙 입자 실질부분의 중량과 같은 체적의 15℃ 증류수 중량의 비를 비중이라 한다.

② 공식

$$G_s = \frac{\gamma_s}{\gamma_w} = \frac{W_s}{V_s} \cdot \frac{1}{\gamma_w}$$

여기서, γ_s : 흙 입자만의 단위중량(g/cm³, t/m³)
γ_w : 물의 단위중량(g/cm³, t/m³)

③ 단위 : 무차원

④ 비중 시험에 의한 흙의 비중(KS F 2308) : 한국산업규격에는 15℃에 대한 비중 값을 기준으로 하고 있다.

㉠ 시료 채취 : 9.5mm체를 통과한 흐트러진 시료(교란 시료)를 사용한다.

㉡ T℃에서의 흙 입자의 비중

$$G_T = \frac{W_s}{W_s + (W_a - W_b)}$$

여기서, W_s : 비중병에 넣는 흙의 노건조 중량(g)
W_a : T℃에서 (비중병 + 증류수)의 중량(g)
W_b : T℃에서 (비중병 + 노건조 흙 + 증류수)의 중량(g)

㉢ 15℃에서의 흙 입자의 비중

$G_s = G_T \times K$

여기서, K : 보정계수

$K = \frac{T℃에서의\ 물의\ 비중}{15℃에서의\ 물의\ 비중}$

㉣ 일반적으로 세립토는 조립토에 비하여 비중이 크지만, 공극비가 크기 때문에 단위중량은 작다.

■ 흙 입자만의 단위중량(γ_s)

$\gamma_s = \frac{W_s}{V_s}$

여기서, V_s : 흙입자만의 체적

■ 물의 단위중량(γ_w)

$\gamma_w = \frac{W_w}{V_w}$

여기서, V_w : 물의 부피

■ $W_s + (W_a - W_b)$ 의 의미

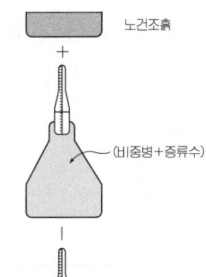

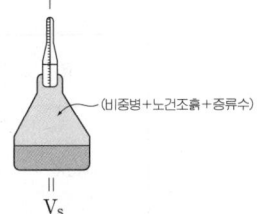

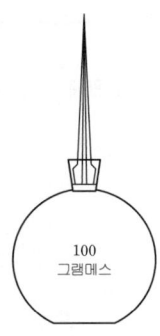

그림. 비중병

- 비중 　$G_{s(점토)} > G_{s(모래)} > G_{s(자갈)}$
- 공극비 　$e_{(점토)} > e_{(모래)} > e_{(자갈)}$
- 단위중량 　$\gamma_{(점토)} < \gamma_{(모래)} < \gamma_{(자갈)}$

9 체적과 중량의 상관관계

$$S = \frac{V_w}{V_v} \times 100 = \frac{\dfrac{V_w}{V_s}}{\dfrac{V_v}{V_s}} \times 100 = \frac{\dfrac{W_w}{\gamma_w} \cdot \dfrac{1}{V_s}}{e} \times 100 = \frac{\dfrac{W_w}{V_s}}{e \cdot \gamma_w} \times 100$$

$$= \frac{\dfrac{W_w}{W_s} \cdot \dfrac{W_s}{V_s}}{e \cdot \gamma_w} \times 100 = \frac{w \cdot \gamma_s}{e \cdot \gamma_w} = \frac{w \cdot G_s}{e}$$

즉, $\boxed{S \cdot e = w \cdot G_s}$

■ 체적과 중량의 상관관계
$S \cdot e = w \cdot G_s$

10 체적 변화와 간극비의 관계

$V_s = 1$인 삼상도에서 전체 체적 $V = V_s + V_v = 1 + e$이므로

$$\frac{\Delta V}{V} = \frac{V_1 - V_2}{V_1} = \frac{1+e_1-1-e_2}{1+e_1} = \frac{e_1-e_2}{1+e_1}$$

$$\frac{\Delta V}{V} = \frac{e_1-e_2}{1+e_1}$$

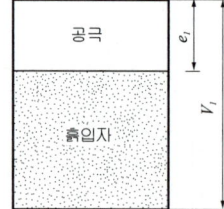 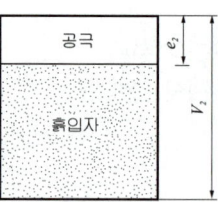

그림. 체적 변화와 간극비의 관계

핵심문제

1 100cm³의 포화점토 가운데 물의 무게가 60g 포함되어 있다. 이 점토의 공극률은? [87 ⑨]

㉮ 40% ㉯ 60%
㉰ 37% ㉱ 30%

2 100% 포화된 흐트러지지 않은 시료의 부피가 20.5cm³이고, 무게는 34.44g이었다. 이 시료를 오븐에서 건조시킨 후의 무게가 22.55g일 때 공극비는 얼마인가? [97 ㉮]

㉮ 1.24 ㉯ 1.39
㉰ 1.46 ㉱ 1.58

해설 ① 물의 중량 : $W_w = 34.44 - 22.55 = 11.89g$

② 물의체적(V_w)

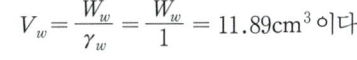

$\gamma_w = \dfrac{W_w}{V_w} = 1g/cm^3$ 이므로

$V_w = \dfrac{W_w}{\gamma_w} = \dfrac{W_w}{1} = 11.89cm^3$ 이다.

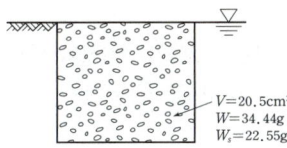

$V = 20.5cm^3$
$W = 34.44g$
$W_s = 22.55g$

③ 공극의 체적(V_v) : 포화토이므로 포화도 S=100%이며,

$S = \dfrac{V_w}{V_v} \times 100$ 이므로 $V_v = V_w = 11.89cm^3$ 이다.

④ 간극비(e) : $e = \dfrac{V_v}{V_s} = \dfrac{V_v}{V - V_v} = \dfrac{11.89}{20.5 - 11.89} = 1.38$

3 석고나 유기물 등을 다분히 함유한 흙의 함수비 측정시 적당한 건조온도는? [96 ㉮]

㉮ 60℃
㉯ 100℃
㉰ 110℃
㉱ 130℃

4 어떤 흙 시료의 비중이 2.500이고 흙 중의 물의 무게가 100g이면, 순 흙 입자의 부피가 200cm³일 때 이 시료의 함수비는 얼마인가? [98 ㉮]

㉮ 10%
㉯ 20%
㉰ 30%
㉱ 40%

해 설

해설 **1**

① 물의 체적(V_w)

$\gamma_w = \dfrac{W_w}{V_w} = 1g/cm^3$ 이므로

$V_w = \dfrac{W_w}{\gamma_w} = \dfrac{60}{1} = 60cm^3$ 이다.

② 공극의 체적(V_v)

포화점토이므로 포화도 S=100%이며,

$S = \dfrac{V_w}{V_v} \times 100$ 이므로

$V_w = V_v = 60cm^3$ 이다.

③ 간극률(n)

$n = \dfrac{V_v}{V} \times 100 = \dfrac{60}{100} \times 100 = 60\%$

해설 **3**

항온건조기

① 건조기는 흙의 자유수만을 증발하기 위하여 110±5℃로 일정하게 유지한다.
② 110±5℃로 건조시키면 유기물을 함유하고 있는 경우는 결정수를 잃거나 유기질이 연소되므로 80℃이하에서 장시간 건조하여야 한다.

해설 **4**

① 흙 입자의 중량(W_s)

$G_s = \dfrac{\gamma_s}{\gamma_w} = \dfrac{W_s}{V_s} \cdot \dfrac{1}{\gamma_w}$ 이므로

$W_s = G_s \cdot V_s \cdot \gamma_w = 2.5 \times 200 \times 1 = 50g$

② 함수비(w)

$w = \dfrac{W_w}{W_s} \times 100 = \dfrac{100}{500} \times 100 = 20\%$

정답 1. ㉯ 2. ㉯ 3. ㉮ 4. ㉯

5 노건조한 시료의 중량 46.5g, 15℃의 물을 채운 비중병의 중량이 62.5g, 온도 15℃의 물과 흙을 채운 비중병의 중량 92.5g일 때 비중은? [89⑦]

㉮ 1.608
㉯ 1.488
㉰ 1.550
㉱ 2.818

6 공극비가 0.25인 모래의 공극률은? [98산]

㉮ 10%
㉯ 15%
㉰ 20%
㉱ 25%

7 토취장에서 공극비가 0.8인 흙을 5,800m³만큼 가져와 4,950m³의 성토구역에 다져 넣었다. 이 다져 놓은 현장의 공극비는 얼마인가? [93산]

㉮ 0.477
㉯ 0.536
㉰ 0.638
㉱ 0.937

[해설] ① 문제의 핵심은 흙 입자만의 체적 V_s는 변화하지 않는다.

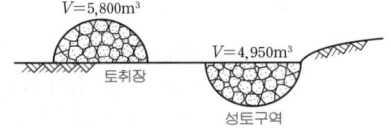

② 흙 입자만의 체적(V_s)

$$e_{(토취장)} = \frac{V_v}{V_s} = \frac{V-V_s}{V_s} = \frac{5,800-V_s}{V_s} = 0.8$$

$5,800 - V_s = 0.8V_s$, $0.8V_s + V_s = 5,800$, $V_s = 3,222.22\text{cm}^3$ 이다.

③ 성토영역의 간극비($e_{(성토영역)}$)
토취장과 성토영역의 흙 입자만의 체적 V_s는 같으므로

$$e_{(성토영역)} = \frac{V_v}{V_s} = \frac{V-V_s}{V_s} = \frac{4,950-3,222.22}{3,222.22} = 0.5362$$

해 설

[해설] **5**

① T℃(15℃)에서의 흙 입자의 비중(G_T)

$$G_T = \frac{W_s}{W_s + (W_a - W_b)}$$

$$= \frac{46.5}{46.5 + (62.5 - 92.5)} = 2.818$$

W_s : 비중병에 넣는 흙의 노건조 무게 (g)=46.5g
W_a : T℃에서 (비중병+증류수)의 무게(g)=62.5g,
W_b : T℃에 (비중병+노건조 흙+증류수)의 무게(g)=92.5g

② 15℃에서의 흙 입자의 비중(G_s)
온도가 15℃이므로 보정계수 $K=1$이다.
$G_s = G_T \times K = 2.818 \times 1 = 2.818$

[해설] **6**

공극률(n)

$$n = \frac{e}{1+e} \times 100$$

$$= \frac{0.25}{1+0.25} \times 100 = 20\%$$

정답 5. ㉱ 6. ㉰ 7. ㉯

8 흙의 함수비 측정시험을 하였다. 먼저 용기의 무게를 잰 결과 10g이었다. 시료를 용기에 넣은 후 무게를 재니 40g, 그대로 건조시킨 후 무게는 30g이었다. 함수비는? [98 ㉮]

㉮ 25%
㉯ 30%
㉰ 50%
㉱ 75%

9 어떤 흙에 있어서 토립자 부분의 중량이 60g이고, 토립층 부분의 용적이 30cm³일 때 이 흙의 비중은? [89 ㉮]

㉮ 2.5
㉯ 0.63
㉰ 1.25
㉱ 2

10 포화상태에 있는 흙의 함수비가 40%이고, 비중이 2.60이다. 이 흙의 공극비는 얼마인가? [01 97 ㉮]

㉮ 0.85
㉯ 0.065
㉰ 1.04
㉱ 1.40

해 설

해설 8

① 물의 중량(W_w)
 W_w=(젖은 흙+함수비 캔)의 중량 − (건조한 흙+함수비 캔)의 중량
 =40−30=10g

② 흙 입자의 중량(W_s)
 W_s=(마른 흙+함수비 캔)의 중량− 함수비 캔의 중량
 =30−10=20g

③ 함수비(w)
 $w = \dfrac{W_w}{W_s} \times 100 = \dfrac{10}{20} \times 100 = 50\%$

해설 9

흙 입자의 비중(G_s)

$G_s = \dfrac{\gamma_s}{\gamma_w} = \dfrac{W_s}{V_s} \cdot \dfrac{1}{\gamma_w}$

$= \dfrac{60}{30} \times \dfrac{1}{1} = 2.00$

해설 10

① 포화상태에 있으므로 포화도 $S=100\%$ 이다.

② 공극비(e)
 $e = \dfrac{w}{S} \cdot G_s = \dfrac{40}{100} \times 2.60 = 1.04$

정답 8. ㉰ 9. ㉱ 10. ㉰

3 흙의 단위중량

학습방향

흙의 단위중량은 어떤 상태에 있는 흙의 중량을 이에 대응하는 체적으로 나눈값을 말하며 이는 밀도라고도 한다. 일반적으로 시험에서는 이러한 값을 구하는 것도 출제되지만 다른 문제를 풀이하는데 있어서 반듯이 알고 있어야 하는 공식들이다.

1 밀도(Density, 단위중량, Unit weight, γ)

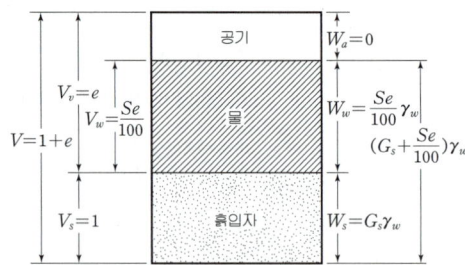

그림. $V_s=1$인 경우의 삼상도

(1) $V_s=1$인 경우의 흙의 세가지 성분요소

① 전체 체적(V)

만약 $V_s=1$이면, 간극비 $e=\dfrac{V_v}{V_s}=\dfrac{V_v}{1}=V_v$이므로

전체 체적 $V=V_s+V_v=1+e$이다.

② 물의 체적(V_w)

포화도 $S=\dfrac{V_w}{V_v}\times 100$이므로 물의 체적 $V_w=\dfrac{S\cdot V_v}{100}=\dfrac{S\cdot e}{100}$이다.

③ 공기의 체적(V_a)

공기의 체적 $V_a=V_v-V_w=e-\dfrac{S\cdot e}{100}$이다.

④ 흙입자 만의 중량(W_s)

비중 $G_s=\dfrac{\gamma_s}{\gamma_w}=\dfrac{W_s}{V_s}\cdot\dfrac{1}{\gamma_w}=\dfrac{W_s}{\gamma_w}$이므로

흙 입자만의 중량 $W_s=G_s\cdot\gamma_w$ 이다.

⑤ 물의 중량(W_w)

함수비 $w=\dfrac{W_w}{W_s}\times 100$이므로

물의 중량 $W_w=\dfrac{w}{100}\cdot W_s=\dfrac{w}{100}\cdot G_s\cdot\gamma_w=\dfrac{S\cdot e}{100}\cdot\gamma_w=\dfrac{w\cdot G_s}{100}\cdot\gamma_w$ 이다.

학습 POINT

■ $V_s=1$인 경우의 체적

성분	체적
공기	$V_a=e-\dfrac{S\cdot e}{100}$
물	$V_w=\dfrac{S\cdot e}{100}=\dfrac{w\cdot G_s}{100}$
공극	$V_v=e$
전체	$V=1+e$

■ $V_s=1$인 경우의 중량

성분	중량
공기	0
물	$W_w=\dfrac{S\cdot e}{100}\cdot\gamma_w=\dfrac{w\cdot G_s}{100}\cdot\gamma_w$
흙입자	$W_s=G_s\cdot\gamma_w$

■ 물의 단위중량

$\gamma_w=1\,\text{g/cm}^3=1\,\text{t/m}^3$
$\quad=9.81\,\text{kN/m}^3$

(2) 습윤밀도(Total unit weight, Moist unit weight, γ_t)

① 개요 : 흙덩어리의 중량을 이에 해당하는 체적으로 나눈 값이다.

② 공식

$$\gamma_t = \frac{W}{V} = \frac{W_s + W_w}{V} = \frac{G_s \cdot \gamma_w + \frac{w}{100} \cdot G_s \cdot \gamma_w}{1+e} = \frac{G_s \cdot (1+\frac{w}{100})}{1+e} \cdot \gamma_w$$

$$= \frac{G_s \cdot \gamma_w + \frac{S \cdot e}{100} \cdot \gamma_w}{1+e} = \frac{G_s + \frac{S \cdot e}{100}}{1+e} \cdot \gamma_w$$

③ 단위 : g/cm³, t/m³, kN/m³

■ 습윤밀도(γ_t)

$$\gamma_t = \frac{G_s + \frac{w \cdot G_s}{100}}{1+e} \cdot \gamma_w$$

$$= \frac{G_s + \frac{S \cdot e}{100}}{1+e} \cdot \gamma_w$$

(3) 건조밀도(Dry unit weight, γ_d)

① 개요 : 물을 제외한 흙 입자만의 중량을 체적으로 나눈 값이다.

② 공식

$$\gamma_d = \frac{W_s}{V} = \frac{G_s \cdot \gamma_w}{1+e}$$

③ 단위 : g/cm³, t/m³, kN/m³

④ 건조단위중량에 의한 간극비

$$e = \frac{G_s \cdot \gamma_w}{\gamma_d} - 1$$

⑤ 습윤단위중량과 건조단위중량의 관계

$$\gamma_d = \frac{\gamma_t}{1+\frac{w}{100}}$$

⑥ 습윤중량과 건조중량의 관계

$$W_s = \frac{W}{1+\frac{w}{100}}$$

■ 습윤단위중량과 건조단위 중량의 관계

$$\gamma_d = \frac{W_s}{V} = \frac{W_s}{\frac{W}{\gamma_t}}$$

$$= \frac{W_s \cdot \gamma_t}{W_s + W_w} = \frac{\gamma_t}{1+\frac{W_w}{W_s}}$$

$$= \frac{\gamma_t}{1+\frac{w}{100}}$$

(4) 포화단위중량(Saturated unit weight, γ_{sat})

① 개요 : 공극에 물이 가득 찼을 때의 습윤단위중량을 포화단위중량이라 한다.

② 공식 습윤단위중량 $\gamma_t = \frac{G_s + \frac{S \cdot e}{100}}{1+e} \cdot \gamma_w$ 에서 포화도 $S = 100\%$일 때 이므로

$$\gamma_{sat} = \frac{G_s + e}{1+e} \cdot \gamma_w$$

③ 단위 : g/cm³, t/m³, kN/m³

(5) 수중단위중량(Submerged unit weight, γ_{sub})

① 부력 : 물 속에 잠겨 있는 체적만큼의 물의 중량과 같다.
② 개요 : 흙이 지하수위 아래에 있는 경우는 부력만큼 중량이 가벼워진다.
③ 공식

$$\gamma_{sub} = \gamma' = \gamma_{sat} - \gamma_w = \frac{G_s + e}{1 + e} \cdot \gamma_w - \gamma_w = \frac{G_s - 1}{1 + e} \cdot \gamma_w$$

④ 단위 : g/cm^3, t/m^3, kN/m^3

(6) 단위중량의 대소

$$\gamma_s \geq \gamma_{sat} \geq \gamma_t \geq \gamma_d \geq \gamma_{sub}$$

즉, 단위체적중량은 흙 입자만의 단위중량, 포화단위중량, 습윤단위중량, 건조단위중량, 수중단위중량 순이다.

2 상대밀도(Relative density, D_r)

① 개요 : 자연상태의 **조립토의 조밀한 정도**를 나타내는 것으로 **사질토의 다짐 정도**를 표시한다. 즉, 느슨한 상태에 있는가 촘촘한 상태에 있는가를 나타낸다.

② 공식

$$D_r = \frac{e_{max} - e}{e_{max} - e_{min}} \times 100 = \frac{\gamma_{dmax}}{\gamma_d} \frac{\gamma_d - \gamma_{dmin}}{\gamma_{dmax} - \gamma_{dmin}} \times 100$$

여기서, e_{max} : 가장 느슨한 상태의 공극비
　　　　e_{min} : 가장 조밀한 상태의 공극비
　　　　e : 자연상태의 공극비
　　　　γ_{dmax} : 가장 조밀한 상태의 건조단위중량
　　　　γ_{dmin} : 가장 느슨한 상태의 건조단위중량
　　　　γ_d : 자연상태의 건조단위중량

■흙이 느슨한 상태에 있는가 또는 조밀한 상태에 있는가를 판별하기 위해 사용되는 것은 (상대밀도)이다.

■모래시료가 느슨한 상태에 있는가 조밀한 상태에 있는가는 공극비 또는, (건조단위중량)으로 구할 수 있다.

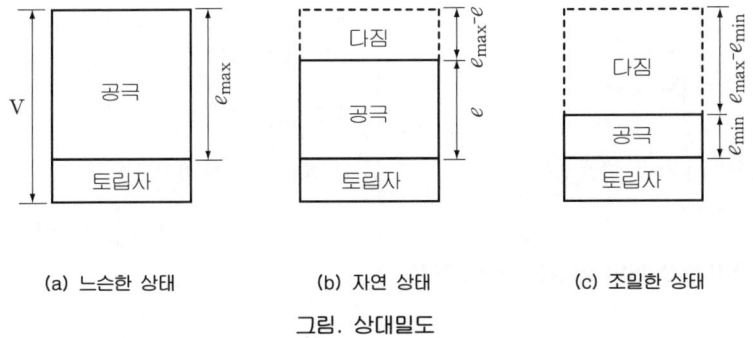

(a) 느슨한 상태 (b) 자연 상태 (c) 조밀한 상태

그림. 상대밀도

③ 단위 : %
④ 상대밀도의 범위는 0~100%이다.
⑤ 상대밀도에 따른 흙의 상태

상대밀도(%)	흙의 상태
0~100/3	느슨한 상태
100/3~200/3	보통
200/3~100	조밀한 상태

상대밀도 값은 가장 느슨한 상태에서는 $e=e_{max}$가 되어 상대밀도는 0%이며, 가장 촘촘한 상태에서는 $e=e_{min}$이 되어 상대밀도가 100%가 된다.

⑥ 현장에서 모래지반의 상대밀도측정은 표준 관입 시험이 주로 이용된다.

■ 가장 느슨한 상태의 공극비 (e_{max})
2.54cm 높이에서 흙입자를 떨어뜨리거나 물 속에서 침전시켜 구한다.

■ 가장 조밀한 상태의 공극비 (e_{min})
흙을 용기에 넣어 압력과 진동을 동시에 가하거나 또는, 흙입자가 흙표면에 충격을 가할 수 있는 충분한 높이에서 떨어뜨려 구한다.

■ 흙의 상태에 따른 간극비, 건조단위중량

	가장 느슨	가장 조밀
e	e_{max}	e_{min}
γ_d	γ_{dmin}	γ_{dmax}
D_r	0%	100%

■ 모래지반의 상대밀도를 추정하는 데 많이 이용하는 실험방법은 (표준 관입 시험)이다.

핵 심 문 제

1 흙의 삼상에서 흙만의 체적을 "1"로 가정하는 경우 물만의 무게는 다음 중 어느 것인가? [98 ㉮]

㉮ $e \cdot \gamma_w$
㉯ $\dfrac{w}{100} \cdot \gamma_w$
㉰ $\dfrac{w \cdot e}{100} \cdot \gamma_w$
㉱ $\dfrac{S \cdot e}{100} \cdot \gamma_w$

2 건조단위중량이 1.35g/cm³이고, 공극비가 0.95인 시료가 90% 포화되었을 때의 단위중량은? [95 ㉰]

㉮ 1.92gr/cm³
㉯ 1.79gr/cm³
㉰ 1.69gr/cm³
㉱ 1.62gr/cm³

3 건조밀도가 1.50g/cm³인 흙의 공극비(e)와 공극률(n)은? [92 ㉰]
(단, 비중은 2.60이다.)

㉮ $e = 0.73$, $n = 42.30\%$
㉯ $e = 0.69$, $n = 41.00\%$
㉰ $e = 0.51$, $n = 27.00\%$
㉱ $e = 0.44$, $n = 50.00\%$

4 다음 밀도 중 큰 것부터 차례로 된 것은?(단, γ_{sat} : 포화밀도, γ_{sub} : 수중밀도, γ_t : 습윤밀도, γ_d : 건조밀도, γ_s : 흙 골격만의 밀도) [95 ㉮]

㉮ $\gamma_s \geq \gamma_{sat} \geq \gamma_t \geq \gamma_{sub}$
㉯ $\gamma_{sat} \geq \gamma_s \geq \gamma_t \geq \gamma_{sub}$
㉰ $\gamma_{sat} \geq \gamma_t \geq \gamma_s \geq \gamma_{sub}$
㉱ $\gamma_{sat} \geq \gamma_d \geq \gamma_{sub} \geq \gamma_s$

해 설

[해설] 1

흙의 삼상도에서 흙 입자만의 체적 $V_s = 1$인 경우

① $e = \dfrac{V_v}{V_s}$ 이므로 $V_v = V_s \times e = e$ 이다.

② $S = \dfrac{V_w}{V_v} \times 100$ 이므로
$V_w = \dfrac{S}{100} \cdot V_v = \dfrac{S}{100} \cdot e$ 이다.

③ $\gamma_w = \dfrac{W_w}{V_w}$ 이므로
$W_w = \gamma_w \cdot V_w = \dfrac{S \cdot e}{100} \cdot \gamma_w$ 이다.

[해설] 2

① 비중(G_s)

$\gamma_d = \dfrac{G_s \cdot \gamma_w}{1 + e}$ 이므로

$G_s = \dfrac{\gamma_d \cdot (1 + e)}{\gamma_w} = \dfrac{1.35 \times (1 + 0.95)}{1} = 2.63$

② 습윤밀도(γ_t)

$\gamma_t = \dfrac{G_s + \dfrac{S \cdot e}{100}}{1 + e} \cdot \gamma_w = \dfrac{2.63 + \dfrac{90 \times 0.95}{100}}{1 + 0.95} \times 1 = 1.79 \text{g/cm}^3$

[해설] 3

① 간극비(e)

$e = \dfrac{G_s \cdot \gamma_w}{\gamma_d} - 1$

$= \dfrac{2.60 \times 1}{1.50} - 1 = 0.733$

② 간극률(n)

$n = \dfrac{e}{1 + e} \times 100$

$= \dfrac{0.733}{1 + 0.733} \times 100 = 42.3\%$

[해설] 4

단위중량의 대소
$\gamma_s \geq \gamma_{sat} \geq \gamma_t \geq \gamma_d \geq \gamma_{sub}$

정답 1. ㉱ 2. ㉯ 3. ㉮ 4. ㉮

5 흙이 느슨한 상태에 있는가 또는 조밀한 상태에 있는가를 판별하기 위해 사용되는 것은 어느 것인가? [98⑪]

㉮ 온도에 대한 보정계수 ㉯ 상대밀도
㉰ 모래의 백분율 ㉱ 비중

6 토립자 부분의 부피를 $V_s = 1$이라고 할 때 흙의 공극에 들어 있는 물의 부피(V_w)를 나타내는 것은? [98⑪]

㉮ $S \cdot e$ ㉯ $S - e$
㉰ $S + e$ ㉱ e

7 토립자의 비중이 2.60인 흙의 전체단위중량이 19.62kN/m³ 이고, 함수비가 20%라고 할 때 이 흙의 포화도는?(단, 물의 단위중량은 9.81kN/m³이다.) [97⑪]

㉮ 67.7% ㉯ 81.2%
㉰ 92.9% ㉱ 73.4%

해설 ① 건조단위중량(γ_d) : $\gamma_d = \dfrac{\gamma_t}{1+\dfrac{w}{100}} = \dfrac{19.62}{1+\dfrac{20}{100}} = 16.35\text{kN/m}^3$

② 간극비(e) : $e = \dfrac{G_s \cdot \gamma_w}{\gamma_d} - 1 = \dfrac{2.60 \times 9.81}{16.35} - 1 = 0.56$

③ 포화도(S) : $S = \dfrac{w}{e} \cdot G_s = \dfrac{20}{0.56} \times 2.60 = 92.86\%$

8 간극률이 37%인 모래의 비중이 2.65이었다. 이 모래가 완전히 포화되어 있다면 그 단위중량은?(단, 물의 단위중량은 9.81kN/m³이다.) [98㉮]

㉮ 10.20kN/m³ ㉯ 19.99kN/m³
㉰ 17.27kN/m³ ㉱ 25.99kN/m³

9 현장에서 모래의 건조밀도를 측정한 결과 1.52g/cm³이고, 실험실에서 이 모래의 최대 및 최소건조밀도를 구하면 각각 1.68g/cm³ 및 1.47g/cm³였다고 하면 이 모래의 상대밀도는? [96⑪]

㉮ 0.58 ㉯ 0.31
㉰ 0.26 ㉱ 0.13

10 모래지반의 상대밀도를 추정하는데 많이 이용하는 실험방법은 다음 중 어느 것인가? [99㉮]

㉮ 원추 관입 시험 ㉯ 평판 재하 시험
㉰ 표준 관입 시험 ㉱ 베인 전단 시험

해 설

해설 5

상대밀도(D_r) : 자연상태의 조립토의 조밀한 정도를 나타내는 것으로 사질토의 다짐 정도를 나타낸다.

해설 6

흙 입자만의 체적 $V_s = 1$인 경우

① $e = \dfrac{V_v}{V_s}$ 이므로 $V_v = V_s \times e = e$이다.

② $S = \dfrac{V_w}{V_v} \times 100$이므로

$V_w = \dfrac{S \cdot V_v}{100} = \dfrac{S \cdot e}{100}$ 이다.

해설 8

① 간극비(e)

$e = \dfrac{n}{100-n} = \dfrac{37}{100-37} = 0.59$

② 완전히 포화되어 있으므로 포화단위중량(γ_{sat})

$\gamma_{sat} = \dfrac{G_s + e}{1+e} \cdot \gamma_w$

$= \dfrac{2.65 + 0.59}{1 + 0.59} \times 9.81$

$= 19.99\text{kN/m}^3$

해설 9

상대밀도(D_r)

$D_r = \dfrac{\gamma_{d\max}}{\gamma_d} \cdot \dfrac{\gamma_d - \gamma_{d\min}}{\gamma_{d\max} - \gamma_{d\min}} \times 100$

$= \dfrac{1.68}{1.52} \times \dfrac{1.52 - 1.47}{1.68 - 1.47} \times 100$

$= 26.3\%$

해설 10

현장에서 모래지반의 상대밀도측정은 표준 관입 시험이 주로 이용된다.

정답 5. ㉯ 6. ㉮ 7. ㉰ 8. ㉯ 9. ㉰ 10. ㉰

4 흙의 연경도

> **학습방향**
>
> 흙의 연경도에서 구한 아터버그한계를 이용하여 소성지수, 액성지수, 연경지수 등을 구하는데 사용하며 점토와 실트 같은 세립토의 경우 입도 분포보다는 연경도가 그 흙의 공학적 성질을 좌우한다. 일반적으로 시험에서는 아터버그한계에 따른 흙의 공학적 성질이 많이 출제되고 있다.

1 연경도의 개요

점착성이 있는 흙은 함수량이 점점 감소함에 따라 액성, 소성, 반고체, 고체의 상태로 변화하는데 함수량에 의하여 나타나는 이러한 성질을 흙의 연경도(Consistency)라 한다. 흙의 점성, 소성은 점토입자를 둘러싸고 있는 흡착수와 관련이 있다.

2 아터버그(Atterberg)한계

(1) 종류
① 액성한계(Liquid limit, w_L)
② 소성한계(Plastic limit, w_p)
③ 수축한계(Shrinkage limit, w_s)

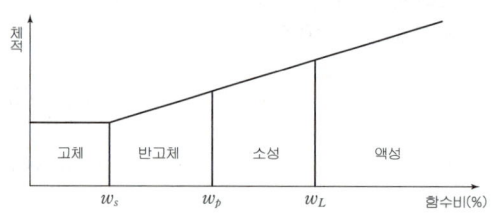

그림. 아터버그(Atterberg)한계

(2) 시료 : No.40체를 통과한 흐트러진 시료(교란 시료)를 사용한다.
(3) 단위 : 함수비(%)

3 액성한계(Liquid limit, w_L)

(1) 개요
① 흙이 **액성상태와 소성상태의 경계가 되는 함수비를 액성한계**라 한다.
② 소성을 나타내는 최대 함수비이다.
③ 점성 유체가 되는 최소 함수비이다.
④ 자연함수비가 액성한계이면 점토는 정규압밀점토이다.

학습POINT

■ 아터버그한계에는 액성한계, 소성한계, (수축한계)의 3가지가 있다.

■ No.40체=0.425mm
■ 흙의 아터버그한계는 (함수비)로 표시한다.

■ 자연함수비가 액성한계보다 크다면 그 흙은 (액성상태)에 있다.

(2) 시험방법(KS F 2303)
① 낙하높이 : 1cm
② 낙하속도 : 1초에 2회
③ 합쳐진 길이 : 1.5cm
④ 시험방법 : 함수비를 조금씩 변화 시켜 가면서 시험을 4회이상 반복한다.

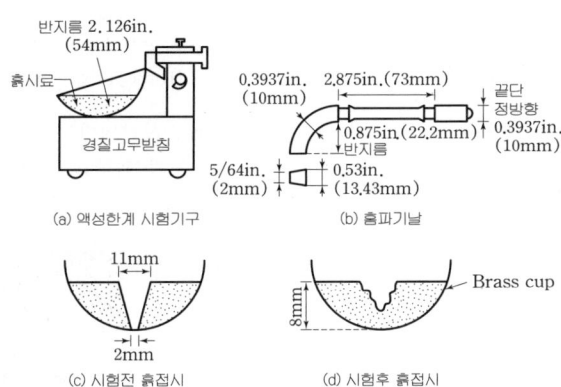

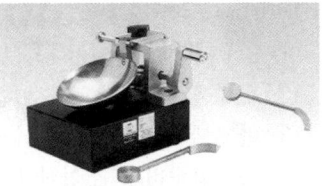

사진. 액성한계 시험장치

그림. 액성한계 시험

(3) 유동곡선(Flow line) - 반대수 용지
① 종축(산술축) : 함수비
② 횡축(대수축) : 낙하횟수
③ 액성한계 : 유동곡선에서 낙하회수 25회에 해당되는 함수비를 말한다.
④ 유동곡선은 직선이므로 작도에 있어서 곡선자가 필요 없다.

■ 연경도 시험결과를 정리할 때 곡선자는 필요 없다.(○)

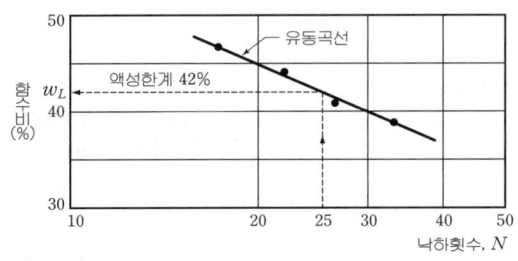

그림. 유동곡선(Flow line)

(4) 특성
① 점토분이 많을수록 액성한계(w_L)가 크며, 소성지수(I_p)가 크다.
② 점토분이 많을수록 함수비 변화에 대한 수축, 팽창이 크다.
③ 점토분이 많을수록 압밀침하가 생기므로 노반의 재료로 부적당하다.
④ 자연함수비가 액성한계(w_L)보다 크기가 같아지면 그 지반은 대단히 연약한 상태이다.

■ 점토량과 액성한계는 비례한다.(○)

■ 액성한계와 소성지수가 크면 도로의 기층이나 노반재료로 적당하지 않다.

■ 액성한계와 소성지수의 값이 큰 흙은 함수비에 따라 체적변화가 민감한 흙이다.

⑤ 액성한계 시험은 전단강도 시험의 일종이며, 액성한계 때의 전단강도는 $20~25g/cm^2$이다.
⑥ 액성한계에서는 모든 흙의 강도가 거의 같으며, 이는 흙의 최소 전단강도이다.

■ 자연함수비가 액성한계에 가까운 흙은 불안정하다.
■ 액성한계에서는 모든 흙의 강도가 거의 같은 값이다.(○)

4 소성한계(Plastic limit, w_p)

(1) 개요
① 반고체에서 소성상태로 변하는 경계 함수비이다.
② 소성을 나타내는 최소 함수비이다.
③ 반고체 영역의 최대 함수비이다.
④ 자연함수비가 소성한계이면 점토는 과압밀점토이다.

(2) 시험방법(KS F 2303)
유리판 위에서 흙을 지름 3mm의 국수 모양으로 만들어, 막 갈라지려는 상태로 되었을 때의 함수비를 소성한계라 한다.

(3) 비소성(Non plastic, NP)
① 소성한계를 구할 수 없는 경우
② 소성한계와 액성한계가 일치하는 경우
③ 소성한계가 액성한계보다 큰 경우

■ 자연상태의 함수비는 보통 소성한계와 액성한계 사이에 있다.
■ 소성한계에서는 각 종 흙의 강도가 서로 다른 것이 보통이다.

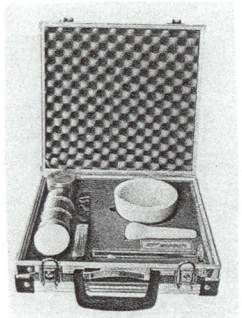

사진. 소성한계 시험기

5 수축한계(Shrinkage limit, w_s)

(1) 개요
① 고체에서 반고체상태로 변하는 경계 함수비이다.
② 고체영역의 최대 함수비이다.
③ 반고체 상태를 유지할 수 있는 최소 함수비이다.
④ 함수량을 감소해도 체적이 감소하지 않고 함수비가 그 양 이상으로 증가하면 체적이 증대하는 한계의 함수비이다.

(2) 시험방법(KS F 2305)
노건조 시료의 체적을 구하기 위하여 수은을 사용한다.

■ 수축한계 시험에서 수은을 사용하는 이유는 노건조 시료의 체적을 구하기 위한 것이다. (○)

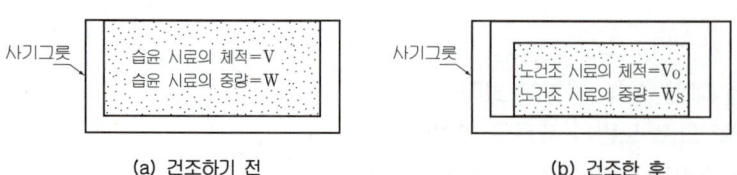

그림. 수축한계 시험

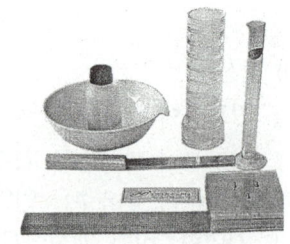

사진. 수축한계 시험기

(3) 수축한계(w_s)

① 공식

$$w_s = w - \left[\frac{(V-V_0)}{W_s} \cdot \gamma_w \times 100\right]$$

$$w_s = \left(\frac{1}{R} - \frac{1}{G_s}\right) \times 100$$

② 단위 : %

여기서, w : 습윤토의 함수비(%), W_s : 노건조 시료의 중량(g)
         V : 습윤시료의 체적(cm³), V_0 : 노건조 시료의 체적(cm³)
         G_s : 흙의 비중

(4) 수축비(Shrinkage ratio, R)

① 개요 : 수축한계 이상의 부분에 있어서의 체적변화와 이에 대응하는 함수비의 변화와의 비를 말한다.

② 공식

$$R = \frac{W_s}{V_0} \cdot \frac{1}{\gamma_w}$$

③ 단위 : 무차원

(5) 체적변화계수(C)

① 개요 : 어느 함수비로부터 수축한계까지 함수량을 감할 때의 체적의 변화량을 흙의 건조체적 백분율로 나타낸다.

② 공식

$$C = \frac{V-V_0}{V_0} \times 100 = R(w_1 - w_s)$$

③ 단위 : %

(6) 선수축(L_s)

$$L_s = \left(1 - \sqrt[3]{\frac{100}{C+100}}\right) \times 100(\%)$$

(7) 비중 값의 근사치(G_s)

$$G_s = \frac{1}{\frac{1}{R} - \frac{w_s}{100}}$$

(8) 동상성의 판정

$w_s < 21 - 1.1\sqrt{w_L - \frac{w_L^2}{800}}$ 이면 동상 걱정은 없다.

■ 수축한계 시험의 결과 이용
 ① 수축비
 ② 체적변화계수
 ③ 선수축
 ④ 비중
 ⑤ 동상성의 판정

■ 수축한계 시험에서 얻어진 값이 군지수 계산에는 이용되지 않는다.(○)

■ 군지수의 계산에는 No.200체의 통과율, 액성한계, 소성지수가 필요하다.

핵심문제

1 흙의 컨시스턴시에 관한 다음 설명 중 옳지 않은 것은? [97 ⓒ]

㉮ 액성한계란 액체상태의 최소 함수비이다.
㉯ 자연상태의 함수비는 보통 소성한계와 액성한계 사이에 있다.
㉰ 수축한계란 고체상태의 최대 함수비이다.
㉱ 소성한계는 소성영역 내에 있어서의 최대 함수비이다.

2 토질 시험에 의해서 액성한계를 결정하기 위해서는 표준액성한계시험 기구의 접시를 몇 cm 높이에서 낙하시킨 몇 타격횟수에서 함수비를 구하는가? [98 ㉮]

㉮ 1cm, 20회
㉯ 1cm, 25회
㉰ 2cm, 20회
㉱ 2cm, 25회

3 다음 시험결과를 정리할 때 곡선자가 필요 없는 것은? [97 ⓒ]

㉮ 다짐 시험
㉯ 압밀 시험
㉰ 입도 시험
㉱ 연경도 시험

4 수축한계 시험에서 수은을 사용하는 이유는 다음 식

$$w_s = w - [\frac{(V-V_0)}{W_s}\gamma_w \times 100]$$에서 무엇을 구하기 위한 것인가? [98 ㉮]

㉮ V
㉯ w
㉰ W_0
㉱ V_0

5 노건조된 점토시료의 중량이 12.38g, 수은을 사용하여 수축한계에 도달한 시료의 용적을 측정한 결과 5.98cm³이었다. 이 때의 수축한계는?(단, 비중은 2.65이다.) [98 ㉮]

㉮ 10.7%
㉯ 12.5%
㉰ 14.7%
㉱ 15.5%

해설

해설 1

소성한계(w_p)
① 반고체에서 소성상태로 변하는 경계 함수비이다.
② 소성을 나타내는 최소 함수비이다.
③ 반고체 영역 내에서 최대 함수비이다.

해설 2

액성한계(w_L)
① 낙하높이 : 1cm
② 낙하속도 : 1초에 2회
③ 합쳐진 길이 : 1.5cm

해설 3

① 곡선자(자유곡선자)가 필요한 경우
 • 다짐 시험을 한 후 다짐 곡선을 작도하는 경우
 • 압밀 시험을 한 후 간극비-하중 곡선을 작도하는 경우
 • 입도 시험을 한 후 입경가적 곡선을 작도하는 경우
② 유동곡선은 직선이기 때문에 곡선자가 필요 없다.

해설 4

수축한계 시험방법
노건조 시료의 체적을 구하기 위하여 수은을 사용한다.

해설 5

① 수축비(R)
$$R = \frac{W_s}{V_0} \cdot \frac{1}{\gamma_w} = \frac{12.38}{5.98} \times \frac{1}{1} = 2.07$$

② 수축한계(w_s)
$$w_s = (\frac{1}{R} - \frac{1}{G_s}) \times 100$$
$$= (\frac{1}{2.07} - \frac{1}{2.65}) \times 100 = 10.57\%$$

정답 1.㉱ 2.㉯ 3.㉱ 4.㉱ 5.㉮

6 흙의 컨시스턴시에 대한 다음 설명 중 잘못된 것은?(단, LL : 액성한계, PL : 소성한계, SL : 수축한계) [91 ⑦]

㉮ LL이란 흙이 이동할 때의 최소 함수비이다.
㉯ PL이란 흙이 소성을 띌 때의 최소 함수비이다.
㉰ SL이란 흙이 반고체상을 이룰 때의 최대 함수비이다.
㉱ 아터버그한계에는 액성한계, 소성한계 및 수축한계의 3가지가 있다.

7 자연함수비가 액성한계보다 크다면 그 흙은? [95 ⑦]

㉮ 고체 상태에 있다.
㉯ 소성 상태에 있다.
㉰ 액성 상태에 있다.
㉱ 반고체 상태에 있다.

8 액성한계 시험에서는 어떤 시료를 이용하고 낙하횟수 몇 회에 상당하는 함수비를 액성한계라고 하는가? [96 ⑭]

㉮ No.4체를 통과한 시료, 낙하횟수 15회
㉯ No.40체를 통과한 시료, 낙하횟수 15회
㉰ No.4체를 통과한 시료, 낙하횟수 25회
㉱ No.40체를 통과한 시료, 낙하횟수 25회

9 A, B 두 종류의 흙에 관한 토질시험결과가 표와 같다. 다음 내용 설명 중 옳은 것은? [02 99 ⑦]

구분	A	B
액성한계	30%	10%
소성한계	15%	5%
함 수 비	23%	12%
비 중	2.73	2.67

㉮ A는 B보다 공극비가 크다.
㉯ A는 B보다 점토분을 많이 함유하고 있다.
㉰ A는 B보다 습윤밀도가 크다.
㉱ A는 B보다 건조밀도가 크다.

10 수축한계 시험에서 얻어진 값이 이용되지 않는 것은 다음 중 어느 것인가? [89 ⑦]

㉮ 동상성의 판정
㉯ 군지수 계산
㉰ 비중의 근사치
㉱ 수축비 계산

해 설

해설 6
수축한계(w_s)는 흙이 반고체 상태를 유지할 수 있는 최소 함수비이다.

해설 7
① 액성한계(w_L)란 소성상태의 최대 함수비, 액성상태의 최소 함수비이다.
② 자연함수비가 액성한계(w_L)보다 크면 액성상태에 있다.

해설 8
① 아터버그 한계
 • 시료는 No.40번체를 통과한 흐트러진 흙을 사용한다.
 • 단위는 함수비(%)로서 나타낸다.
② 액성한계(w_L)는 낙하회수 25회에 해당되는 함수비(%)이다.

해설 9
① 소성지수(PI, I_p)
 A 흙의 소성지수
 $PI = w_L - w_p = 30 - 15 = 15\%$
 B 흙의 소성지수
 $PI = w_L - w_p = 10 - 5 = 5\%$
② 액성한계(w_L)와 소성지수(I_p)가 클수록 점토의 함유율이 크다. 따라서, 액성한계(w_L)와 소성지수(I_p)가 큰 A흙이 점토분을 많이 함유하고 있다.

해설 10
군지수(GI)를 구하는 경우는 No.200체의 통과율, 액성한계, 소성지수가 필요하다.
$GI = 0.2a + 0.005ac + 0.01bd$

정답 6. ㉰ 7. ㉰ 8. ㉱ 9. ㉯ 10. ㉯

5 연경도에서 구하는 지수

학습방향

연경도에서 구하는 지수는 아터버그(Atterberg)한계를 이용하여 소성지수, 수축지수, 액성지수, 연경지수, 유동지수 등을 구하는 것을 말하며, 일반적으로 시험에서는 소성지수, 액성지수, 연경지수, 유동지수에 따른 흙의 공학적 성질이 많이 출제되고 있다. 특히, 흙의 소성지수, 액성지수, 연경지수에 대해서는 반듯이 정리하여야 한다.

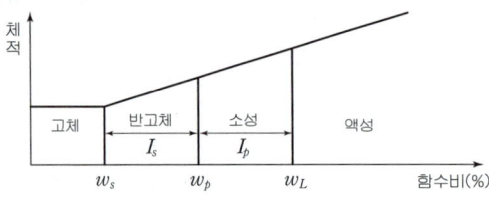

그림. 아터버그(Atterberg)한계

1 소성지수(Plasticity index, PI, I_P)

(1) 개요
① 흙이 소성상태로 존재할 수 있는 함수비의 범위를 표시한다.
② 균열이나 점성적 흐름없이 쉽게 모양을 변화시킬 수 있는 범위를 표시한다.

(2) 공식

$$PI = w_L - w_p$$

(3) 단위 : %

(4) 성질
① 점토의 함유율이 클수록 소성지수는 증가한다.
② 소성지수(I_P)가 클수록 연약지반이므로 기초에 적합하지 않다.

2 수축지수(Shrinkage index, SI, I_S)

(1) 개요 : 흙이 반고체 상태로 존재할 수 있는 함수비의 범위를 표시한다.
(2) 공식

$$SI = w_p - w_s$$

(3) 단위 : %

학습POINT

■ 액성한계와 소성지수의 값이 크면 점토와 콜로이드 크기의 입자 함량이 많다.(○)

■ 액성한계와 소성지수의 값이 큰 흙은 약한 지반이므로 기초에 적합하지 않다.

3 액성지수(Liquidity index : LI, I_L)

(1) 개요 : 흙이 자연상태에서 함유하고 있는 함수비의 정도를 표시하는 지수이다. 즉, 흙의 유동가능 정도를 나타낸다.

(2) 공식

$$LI = \frac{w_n - w_p}{I_P} = \frac{w_n - w_p}{w_L - w_p}$$

(3) 단위 : 무차원

(4) 액성지수의 범위는 $-\infty$ 에서 $+\infty$ 사이이다. 그러나, 일반적으로 0에서 1사이이다.

(5) 성질
① 자연함수비가 소성한계보다 적으면, 액성지수 $LI < 0$ 이 되어 전단 시 흙이 잘게 쪼개진다.
② 자연함수비가 소성한계에 있으면, 액성지수 $LI = 0$ 이 되어 비예민성 흙이 된다.
③ 자연함수비가 소성, 액성한계사이에 있으면, $0 < LI < 1$이 되어 소성과 같은 성질이 된다.
④ 자연함수비가 액성한계 이상이 되면, 액성지수 $LI \geq 1$이 되어 강도가 매우 저하되는 아주 예민한 구조가 된다.

(6) 이용 : 흙의 안정성 파악에 이용된다.

■ 액성지수가 1보다 큰 흙의 함수비는 (액체)상태에 있는 흙이다.

■ 액성지수 $I_L \leq 0$이면 흙의 안정 상태이다.

■ 액성지수 $I_L > 1$이면 흙은 불안정 상태이다.

4 연경지수(Consistency index, CI, I_c)

(1) 개요 : 액성한계와 자연함수비의 차를 소성지수로 나눈 값이다.
　　　　 즉, 흙의 상대적인 굳기를 나타낸다.

(2) 공식

$$CI = \frac{w_L - w_n}{I_P} = \frac{w_L - w_n}{w_L - w_p}$$

(3) 단위 : 무차원

(4) 연경지수의 범위는 $-\infty$ 에서 $+\infty$ 사이이다.

(5) 성질
① 자연함수비가 소성한계에 있으면, 연경지수 $CI = 1$이 되어 비예민성 흙이 된다.
② 자연함수비가 액성한계에 접근할수록 연경지수 $CI = 0$에 가까워져서 불안정하게 된다.
③ 액성지수와 연경지수의 합은 1이다.

$$CI + LI = \frac{w_L - w_n}{I_P} + \frac{w_n - w_p}{I_P} = \frac{w_L - w_n + w_n - w_p}{I_P} = 1$$

■ 연경지수 $I_C \geq 1$ 인 경우 흙은 안정 상태에 있다.

■ 연경지수 $I_C < 0$ 인 경우 흙은 불안정 상태이다.

■ Consistency가 "0" 보다 작은 흙은 (액체)상태에 있다

(6) 이용
  ① 흙의 안정성 파악에 이용된다.
  ② 점토의 응력이력을 알 수 있다.

5 유동지수(Flow index, FI, I_f)

(1) 개요 : 유동곡선의 기울기를 말한다.

(2) 공식

$$FI = \frac{w_1 - w_2}{\log N_2 - \log N_1} = \frac{w_1 - w_2}{\log \frac{N_2}{N_1}}$$

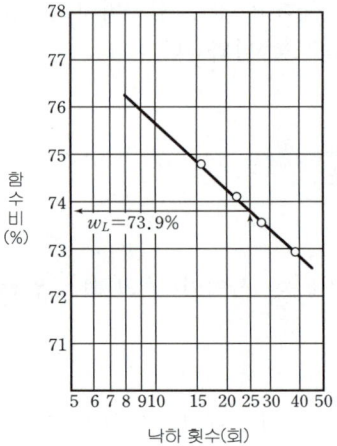

그림. 유동곡선

(3) 성질 : 점토의 함유율이 클수록 유동지수는 감소하여 유동곡선의 기울기가 완만하다.

(4) 이용 : 함수비에 따른 전단강도의 변화 및 흙의 안정성 파악에 이용된다.

6 터프니스지수(Toughness index, TI, I_t)

(1) 개요 : 유동지수에 대한 소성지수의 비를 터프니스지수라 한다.

(2) 공식

$$TI = \frac{PI}{FI}$$

(3) 단위 : 무차원

(4) 성질
  ① 점토분이 많을수록 유동지수는 작아지고, 소성지수는 커지므로 터프니스지수는 커진다.
  ② 터프니스지수는 colloid가 많은 흙일수록 값이 크고, 값이 크면 활성도도 크다.

■ Consistency index(컨시스턴시 지수)는 점토의 응력이력을 아는데 도움이 된다.

■ 콜로이드가 많은 흙은 터프니스지수가 큰 값이다.(○)

핵심문제

1 액성한계(LL)와 소성지수(PI)의 공학적 의의를 설명한 것 중 틀리는 것은? [98㉮]

㉮ LL와 PI의 값이 크면 점토와 콜로이드 크기의 입자 함량이 많다.
㉯ LL와 PI의 값이 크면 다짐이 잘 되므로 도로의 기층이나 노반재료로 적당하다.
㉰ LL와 PI의 값이 큰 흙은 약한 지반이므로 기초에 적합하지 않다.
㉱ LL와 PI의 값이 큰 흙은 함수량에 따라 체적 변화가 민감한 흙이다.

2 어느 흙의 액성한계 $w_L=42\%$, 소성한계 $w_p=24\%$일 때 소성지수(I_P)는? [94㉯]

㉮ 18%
㉯ 29%
㉰ 22%
㉱ 24%

3 어떤 흙에 있어서 자연함수비 40%, 소성한계 60%, 소성한계 20%일 때 이 흙의 액성지수는? [01 92㉮]

㉮ 200%
㉯ 150%
㉰ 100%
㉱ 50%

4 액성지수가 1보다 큰 흙의 함수비는 다음 중 어느 성상에 있는 흙인가? [95㉯]

㉮ 고체상
㉯ 반고체상
㉰ 소성상
㉱ 액체상

해설

해설 1

액성한계(w_L)의 특성
① 점토분이 많을수록 액성한계가 크며, 소성지수가 크다.
② 액성한계와 소성지수가 큰 흙은 연약한 지반이다.
③ 자연함수비가 액성한계보다 크거나 같아지면 그 지반은 대단히 연약한 상태이다.
④ 점토분이 많을수록 압밀침하가 생기므로 노반의 재료로 부적당하다.
⑤ 점토분이 많을수록 수축, 팽창이 크다.

해설 2

소성지수(PI, I_P)
$PI = w_L - w_p = 42 - 24 = 18\%$

해설 3

액성지수(LI, I_L)
$$LI = \frac{w_n - w_p}{I_P} = \frac{w_n - w_p}{w_L - w_p}$$
$$= \frac{40-20}{60-20} = 0.5$$

해설 4

① 액성지수(LI, I_L)
$$LI = \frac{w_n - w_p}{I_P} = \frac{w_n - w_p}{w_L - w_p}$$

② 상태
• 액성상태는 액성지수 $LI > 0$이다.
• 소성상태는 액성지수 $0 < LI < 1$이다.
• 고체상태 및 반고체상태는 액성지수 $LI > 0$이다.

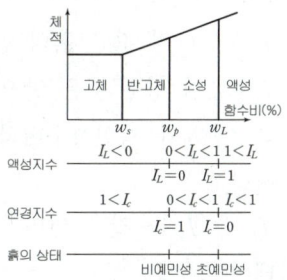

정답 1.㉯ 2.㉮ 3.㉱ 4.㉱

5 다음 중 터프니스지수(toughness index, TI)가 큰 값을 나타내는 흙은? [94 산]

㉮ 사질 점
㉯ No. 20체 잔류하는 흙
㉰ 콜로이드가 많은 흙
㉱ 실트(silt)

6 점성토에 대한 다음 기술 가운데 옳지 않은 것은? [97 기]

㉮ 소성지수(PI)가 큰 흙일수록 세립분이 많다.
㉯ 액성지수(LI)가 작을수록 흙은 안정하다.
㉰ 자연함수비가 액성한계에 가까운 흙은 안정하다.
㉱ 압축지수가 작을수록 안정하다.

7 다음 액성한계(w_L)와 소성한계(w_p) 그리고 자연함수비(w)와의 관계식 중 액성지수는? [97 산]

㉮ $w_L - w_p$
㉯ $\dfrac{w - w_p}{w_L - w_p}$
㉰ $\dfrac{w_L - w}{w_L - w_p}$
㉱ $0.009(w_L - 10)$

8 Consistency가 '0'보다 작은 흙은 다음 중 어느 성상에 있는가? [94 기]

㉮ 고체상
㉯ 반고체상
㉰ 소성상
㉱ 액체상

9 액성지수 I_L과 연경지수 I_c와의 관계 중 옳지 않은 것은? [96 산]

㉮ I_L과 I_c의 값은 흙의 안정성을 판별하는 데 이용된다.
㉯ $I_c \geq 1$인 경우 흙은 안정상태에 있다.
㉰ 액성한계와 자연함수비의 차를 소성지수로 나눈 값을 I_c라 한다.
㉱ I_L과 I_c는 같은 의미를 가지며 $I_L \leq 0$이면 흙은 불안정상태이다.

해 설

해설 5

터프니스지수(TI, I_t)의 공학적 의의
터프니스지수는 colloid가 많은 흙일수록 값이 크고, 값이 크면 활성도도 크다.

해설 6

① 자연함수비가 액성한계에 가까우면 액성상태가 되어 강도가 저하한다.
② 압축지수(C_c)가 작을수록 압밀 침하량이 작아 지반이 안정하다.

해설 7

① 액성지수(LI, I_L)
$$LI = \dfrac{w_n - w_p}{I_P} = \dfrac{w_n - w_p}{w_L - w_p}$$

② 압축지수(C_c)
$C_c = 0.009(w_L - 10)$

해설 8

연경지수(CI)의 공학적 의의
① 자연함수비가 소성한계에 있으면 연경지수 $CI = 1$이 되어 비예민성 흙이 된다.
② 자연함수비가 액성한계에 접근할수록 연경지수 $CI = 0$에 가까워져서 불안정하게 된다.

해설 9

아터버그한계에 따른 액성지수 및 연경지수

흙의 상태	액성지수	연경지수	비고
반고체상태	0 > IL	IC > 1	안정
소성한계	IL = 0	IC = 1	
소성상태	0 < IL < 1	0 < IC < 1	
액성한계	IL = 1	IC = 0	
액성상태	IL > 1	0 > IC	불안정

정답 5. ㉰ 6. ㉰ 7. ㉯ 8. ㉱ 9. ㉱

10 다음은 흙의 액성한계 시험으로부터 유동곡선을 그리고 이를 설명한 것이다. 가장 적합한 것은? [84⑦]

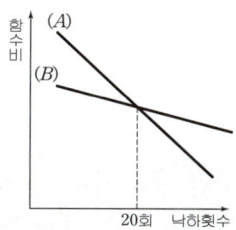

㉮ (B)는 (A)보다 함수비의 변화에 따른 전단강도의 변화가 크다.
㉯ (A)와 (B)의 액성한계는 서로 같다.
㉰ (A)는 (B)보다 점토함유량이 더 많다.
㉱ (A)는 (B)보다 유동지수의 값이 더 작다.

11 다음 설명 중 옳지 않은 것은 어느 것인가? [97산]

㉮ toughness index(터프니스지수)가 높은 흙은 colloid질 점토가 많은 흙이다.
㉯ 점토량과 액성한계는 비례한다.
㉰ consistency index(컨시스턴시지수)는 점토의 응력경력을 아는 데 도움이 된다.
㉱ colloid질 점토를 다량으로 함유한 흙은 비활성 점토이다.

해 설

해설 10

A, B 흙의 비교

변 수	A	B
액성한계	작다	크다
점토 함유율	작다	크다
유동지수	크다	작다
함수비의 변화에 따른 전단강도 변화	작다	크다

해설 11

① 터프니스지수는 colloid가 많은 흙일수록 값이 크고, 값이 크면 활성도도 크다. 즉, 활성점토이다.
② 컨시스턴시지수는 흙의 안정성을 파악하는데 이용한다.

정답 10. ㉮ 11. ㉱

6 활성도(Activity)와 점토광물

학습방향

흙입자에 흡착되어 있는 물은 점토광물의 크기와 밀접한 관계가 있다. 즉 점토 함유율에 대한 소성지수를 점토의 활성도라 하는데 활성도에 따라 점토는 비활성 점토, 보통 점토, 활성 점토로 분류한다. 일반적으로 시험에서는 활성도를 구하여 활성도에 따른 점토를 분류하는 것이 많이 출제되고 있다.

1 활성도(A)

(1) 개요

점토광물의 성질이 일정한 경우 점토분의 함유율이 증가하면 소성지수도 증가하며, 점토 함유율에 대한 소성지수를 점토의 활성도라 한다.

(2) 목적 : 흙의 팽창성 판단의 기준이 된다.

(3) 공식

$$A = \frac{\text{소성지수}(I_p)}{2\mu\text{m보다 작은 입자의 중량백분율}(\%)} = \frac{\text{소성지수}(\%)}{\text{점토 함유율}(\%)}$$

(4) 단위 : 무차원

(5) 성질

① 활성도는 흙의 팽창성을 판단하는 기준으로 활주로, 도로 등의 건설 재료를 판단하는데 사용된다.

② 미세한 점토분이 많으면 활성도는 크며, 활성도가 클수록 공학적으로 불안정한 상태가 되며 팽창, 수축이 커진다.

(6) 활성도에 따른 점토의 분류

점토	활성도	점토광물	수축 팽창	결합력	공학적 안정	결합구조
비활성	A<0.75	Kaolinite	없다	크다	크다	수소결합의 2층 구조
보통	0.75≤A≤1.25	Illite	거의 없다	중간	중간	3층구조 구조결합사이에 불치환성 양이온
활성	A>1.25	Montmori -llonite	크다	작다	작다	3층구조 구조결합사이에 치환성 양이온

학습POINT

■ 흙의 활성도는 점토분에 대한 (소성)정도를 나타낸다.

■ $2\mu\text{m} = 0.002\text{mm}$

■ 활성도가 클수록 흙의 팽창, 수축 가능성은 크다.

■ 활성도가 가장 큰 점토광물은 (Montmorillonite)이다.

2 점토광물(cohesive soil)의 구조

(1) 모양
점토를 이루고 있는 거의 모든 점토광물은 쉬트(sheet)로 이루어진 결정체이다.

(2) 기본 단위

기본 단위	구 조
① 규산 사면체 (silica tetrahedron)	1개의 규소원자(Si) 주위에 4개의 산소원자(O)로 된 사면체이다.
② 알루미나 팔면체 (alumina octahedron)	1개의 알루미늄원자(Al) 주위에 6개의 수산기(Hydroxy)로 된 팔면체이다.

(3) 기본구조 단위
① 규토판(silica sheet) : 규산 사면체 단위들의 결합이다.
② 팔면체판(octahedron sheet)
　㉠ 깁사이트판(gibbsite sheet) : 알루미늄 팔면체 단위들의 결합이다.
　㉡ 부루사이트판(brucite sheet) : 마그네슘 팔면체 단위들의 결합이다.

■ 점토광물의 기본구조단위로 정사면체 구조와 정팔면체 구조가 있다.(○)

(4) 점토광물(clay mineral)의 결정격자

종 류	내 용
① 카올리나이트 (Kaolinite, 고령토)	㉠ 1개의 실리카판과 1개의 알루미나판으로 이루어진 구조이다. ㉡ 2층 구조의 단위들이 수소결합으로 결정되어 있다. ㉢ 결합력이 크다. ㉣ 공학적으로 가장 안정된 구조를 이룬다.
② 일라이트(Illite)	㉠ 2개의 실리카판과 1개의 알루미나판으로 이루어진 구조이다. ㉡ 3층 구조의 단위들이 불치환성 양이온으로 결정되어 있다. ㉢ 결합력이 중간정도이다.
③ 몬모릴로나이트 (Montmorillonite)	㉠ 2개의 실리카판과 1개의 알루미나판으로 이루어진 구조이다. ㉡ 3층 구조의 단위들이 치환성 양이온으로 결정되어 있다. ㉢ 결합력이 작다. ㉣ 팽창, 수축이 크다. ㉤ 공학적 안정성이 가장 작다.

■ 공학적 안정
Kaolinite > Illite > Montmorillonite

■ 활성도(A)
Kaolinite < Illite < Montmorillonite

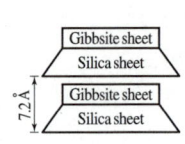 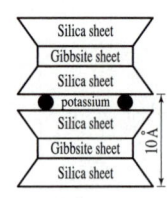 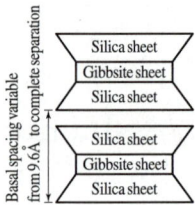

(a) 카올리나이트(Kaolinite) (b) 일라이트(Illite) (c) 몬모릴로나이트(Montmorillonite)

그림. 3대 점토광물의 결정격자

(5) 동형이질치환
① 동형이질치환이란 어떤 한 원자가 비슷한 이온반경을 가진 다른 원자와 치환하는 것을 의미한다. 즉, 결정질 형태가 변화하지 않고 한 요소가 다른 요소로 대치되는 것을 동형이질치환이라 한다.
② 점토입자들은 표면에 순 음(−)전기를 띠고 있다. 이유는 동형이질치환과 점토입자의 모서리에서 불연속적인 구조 때문이다.

(6) 헬로이사이트(Halloysite)
① 2층 구조사이에 한 층의 물분자가 존재하는 것이 다를 뿐, 분자구조는 카올리라이트와 동일하다.
② 이 물은 건조되면 다시 물을 흡수하지 못하므로 건조 전과 후의 중량이 현저히 다르다.
③ 헬로이사이트의 모양은 마치 파이프 같다.

(7) 질석(Vermiculite)
질석(Vermiculite)는 쉬트사이의 연결이 이차원자가 결합으로 입자모양이 판상이다.

3 기타 물리적 성질

(1) Bulking : 모래 속에 있는 물의 표면장력으로 팽창하는 현상을 말한다.
(2) Swelling : 점토가 모관 작용으로 팽창하는 현상을 말한다.
(3) 비화작용(Slaking) : 점토가 물을 흡수하여 고체, 반고체, 소성, 액성의 단계를 거치지 않고 갑자기 붕괴되는 현상을 비화작용이라 한다.
(4) 원심함수당량(Centrifuge Moisture Equivalent, CME, KS F 2315)
① 개요 : 포화되어 있는 흙이 중력의 1,000배와 같은 힘(원심력)을 1시간동안 받은 후의 함수비를 원심함수당량이라 한다.
② 목적 : 흙의 보수력(保水力)을 알기 위한 시험이다.
③ 시료 채취 : N0.40체를 통과한 흐트러진 시료(교란 시료)를 사용한다.

■ 상대밀도는 흙의 함수당량과 관계가 없다.

④ 공식

$$CME = \frac{(A_1 - b_1) - (A_2 - b_2)}{A_2 - (C + b_2)} \times 100$$

여기서, A_1 : 원심 분리한 후의 도가니 및 내용물의 중량(g)
A_2 : 건조 후의 도가니 및 내용물의 중량(g)
C : 도가니의 중량(g)
b_1 : 젖은 여과지의 중량(g)
b_2 : 건조한 여과지의 중량(g)

⑤ 단위 : %
⑥ 성질
  ㉠ 점토의 함유율이 증가할수록 원심함수당량은 증가한다.
  ㉡ 원심함수당량(CME) 12%이하이면, 투수성이 크고 동상작용이 작다.
  ㉢ 원심함수당량(CME) 12%이상이면, 투수성이 작기 때문에 동상작용이 크며 불투수성이다.

■ 원심함수당량 시험에서 도가니 시료의 수분이 시료의 표면으로 모일 때는 모관력이 강한 흙이다.

사진. 원심함수당량 시험기

■ 점토의 함량이 증가하면 원심함수당량은 증가한다.(○)

■ 원심함수당량이 (12%) 이상이면 불투수성의 재료로 볼 수 있다.

핵심문제

해 설

1 흙의 활성도(A)에 관한 설명 중에서 틀린 것은? [90⑦]

㉮ A는 소성지수를 2μ 이하의 점토 함유량으로 나눈 값으로 정의된다.
㉯ 흙 속의 점토분에 대한 소성정도를 나타낸다.
㉰ A가 가장 큰 점토광물은 montmorillonite계이다.
㉱ Kaolinite의 활성도 A는 1.5~7.5 정도이다.

해설 1
Kaolinite는 활성도가 일반적으로 0.75이하이다.

2 어느 점토의 체가름 시험과 액성, 소성시험 결과 0.002mm(2 μm) 이하의 입경이 전 시료 중량의 90%, 액성한계 60%, 소성한계 20%이었다. 이 점토의 광물의 주성분은 어느 것으로 추정되는가? [98⑦]

㉮ Kaolinite
㉯ Illite
㉰ Halloysite
㉱ Montmorillonite

해설 2
① 소성지수(PI, I_P)
$PI = w_L - w_p = 60 - 20 = 40\%$
② 활성도(A)
$A = \dfrac{\text{소성지수}(I_p)}{2\mu\text{m보다 작은 입자의 중량백분율(\%)}}$
$= \dfrac{40}{90} = 0.44$
③ 활성도에 따른 점토의 분류
활성도 A=0.44이므로 점토광물은 카올리나이트이다.

3 수소결합의 2층 구조로 공학적으로 대단히 안정하고 활성이 적은 점토광물은? [96㉞]

㉮ Kaolinite
㉯ Illite
㉰ Montmorillonite
㉱ Silt

해설 3
카올리나이트(고령토)
① 1개의 실리카판과 1개의 알루미나판으로 이루어진 구조로서 2층 구조의 단위들이 수소결합으로 결정되어 있다.
② 다른 광물에 비해 상당히 안정된 구조를 이룬다.

4 다음 중 흙의 함수당량과 관계가 없는 것은? [98㉞]

㉮ 중력 크기의 1,000배 정도의 힘
㉯ 상대밀도
㉰ 보수력
㉱ 점토질 흙

해설 4
상대밀도는 표준 관입 시험에 의하여 측정한다.

5 원심함수당량이 몇 % 이상이면 불투수성의 재료로 볼 수 있는가? [95⑦]

㉮ 18%
㉯ 16%
㉰ 14%
㉱ 12%

해설 5
① 원심함수당량(CME) < 12%이면, 투수성이 크고 동상작용이 작다.
② 원심함수당량(CME) > 12%이면, 투수성이 작기 때문에 동상작용이 크며 불투수성이다.

정답 1. ㉱ 2. ㉮ 3. ㉮ 4. ㉯ 5. ㉱

6 다음 중에서 활성도가 가장 큰 점토광물은? [97 ⑰]
㉮ Illite
㉯ Montmorillonite
㉰ Caicite
㉱ Kaolinite

7 다음 중 틀리는 것은? [91 ⑰]
㉮ 액성한계에서는 모든 흙의 강도가 거의 같은 값이다.
㉯ 소성한계에서는 각종 흙의 강도가 서로 다른 것이 보통이다.
㉰ 활성도가 클수록 흙의 팽창 수축 가능성은 적다.
㉱ 함수비가 수축한계보다 커지면 점토는 팽창한다.

8 점토광물(clay-mineral)에 관한 설명 중에서 옳지 않은 것은? [92 ㉑]
㉮ Sheet형의 결정입자로 $2\mu m$ 이하의 점토를 말한다.
㉯ 기본구조단위로 정사면체 구조(silica sheet)와 정팔면체 구조(gibbsite)가 있다.
㉰ 카올리나이트(Kaolinite) 구조는 공학적으로 제일 안정되어 수축팽창이 거의 없다.
㉱ 몬모릴로나이트(Montmorillonite) 구조는 공학적으로 안정되어 있지만 수축, 팽창은 조금 생긴다.

9 다음은 어떤 현상에 대한 원인이나 설명이다. 연결이 잘못된 것은? [97 ⑰]
㉮ Slaking 현상 : 포화된 가늘고 느슨한 모래 층에 지진 등 충격이 가해졌을 때
㉯ Leaching 현상 : 해성 점토가 민물에 씻기어 소금 성분을 잃었을 때
㉰ Thixotropy 현상 : 교란된 흙이 시간이 지남에 따라 손실된 강도를 약간 회복하는 것
㉱ Dilatancy 현상 : 시료의 전단시 체적 증감현상

10 다음은 원심함수당량 시험에 관한 설명이다. 틀린 것은? [95 ⑰]
㉮ 투수성의 흙과 불투수성의 흙을 판별한다.
㉯ 흙의 팽창성과 동상성을 알아낸다.
㉰ 도가니 시료의 수분이 시료의 표면으로 모일때는 모관력이 강한 흙이다.
㉱ 점토의 함량이 증가하면 원심함수당량은 감소한다.

해설

해설 6
Montmorillonite의 활성도 값이 1.25 이상으로 가장 크다.

해설 7
① 활성도가 크면 공학적으로 불안정한 상태가 되며 팽창, 수축이 커진다.
② 액성한계는 흙의 최소전단강도 상태이므로 흙의 종류에 관계없이 거의 일정한 값의 전단강도를 갖는다.
③ 소성한계 상태에서의 흙의 전단강도는 그 크기가 흙의 종류에 따라 다르다.

해설 8
① 몬모릴로나이트(Montmorillonite) 구조는 3층 구조로서 점토입자 중 결합력이 가장 작으며, 함수량 변화에 따라 가장 예민하게 반응하여 활성도가 가장 크다. 그러므로 함수변화에 따른 수축, 팽창 가능성이 가장 높다.
② 벤토나이트(Bentonite)의 주성분은 몬모릴로나이트(Montmorillonite)이다.

해설 9
① 비화작용(Slaking) : 점토가 물을 흡수하여 고체, 반고체, 소성, 액성의 단계를 거치지 않고 갑자기 붕괴되는 현상을 비화작용이라 한다.
② 액화현상(Liquefaction) : 느슨하고 포화된 가는 모래에 충격을 주면 체적이 수축하여 정(+)의 간극수압이 발생하여 유효응력이 감소되어 전단강도가 작아지는 현상을 액화현상이라 한다.

해설 10
점토의 함량이 많을수록 원심함수당량(CME)이 커진다.

정답 6. ㉯ 7. ㉰ 8. ㉱ 9. ㉮ 10. ㉱

7 흙의 입도분석

학습방향

통과율, 스톡스 법칙, 비중계 눈금 범위, 유효깊이, 분산제가 주로 출제되고 있다.

1 흙의 입도

흙의 입도란 크고 작은 흙입자의 분포상태를 나타낸 것으로 입도분포를 결정하는 방법에는 체분석법(Sieve analysis)과 비중계 분석법(Hydrometer analysis)이 있으며 흙의 입도분석에 의한 결과를 이용하여 입경가적곡선을 작도한다.

2 적용범위

흙의 입경을 결정할 때는 그 입자지름이 0.075mm이상이면 체분석을 하고, 이이하의 입경에 대해서는 비중계분석을 하는 것이 보통이다.

| 조립분 체분석
(Sieve analysis) | 비중계 시험법(Hydrometer analysis) |
| | 세립분 체분석 |

No.10체(2.0mm)　　No.200체(0.075mm)

(1) 조립분 체가름 시험 : 시료를 채취하여 물로 씻으면서 No.10체(2mm)로 체가름하여 남는 노건조 시료를 75mm, 53mm, 37.5mm, 26.5mm, 19mm, 9.5mm, 4.75mm체를 사용하여 체가름 시험을 한다.

(2) 비중계 시험 : No.10체(2mm) 통과 시료를 증류수와 혼합하여 현탁액을 만들어 메스실린더에 넣은 후 비중계를 띄어 침강하는 속도를 측정한다. 이 결과를 스토크스 법칙과 연관시켜 흙 입자의 입경을 구한다. 즉, No.200체(0.075mm)를 통과한 시료는 순수 비중계 분석을 한다.

(3) 세립분 체가름 시험 : 비중계 시험이 끝난 시료를 No.200체(0.075mm) 위에서 물로 세척한 다음 잔류 시료를 노건조하여 No.20, No.40, No.60, No.140, No.200체를 사용하여 체가름 시험을 한다.

학습 POINT

■ 표준체의 눈금 크기

체 번호	체 눈금크기(mm)
No.4	4.750
No.10	2.000
No.20	0.850
No.40	0.425
No.60	0.250
No.100	0.150
No.140	0.106
No.200	0.075

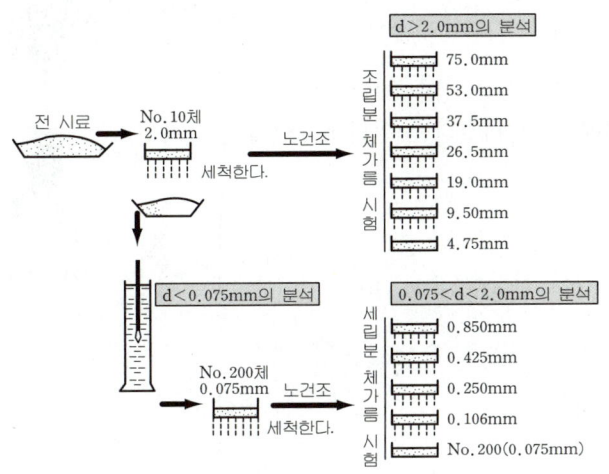

그림. 입도분석

■ 흙의 입도시험을 할 때 체가름 시험용 체로 구성되는 것은 #4, #10, #20, #40, #60, #140, #200체이다.

■ 흙의 입도분석 시험에서 0.075 mm이상은 (체분석)에 의한다.

사진. 시험용 체

2 세립분 체가름 분석(Sieve analysis)

(1) 개요 : 비중계 시험이 끝난 시료를 No.200체(0.075mm) 위에서 물로 세척한 다음 잔류 시료를 노건조하여 No.20, No.40, No.60, No.140, No.200체를 사용하여 체가름 시험을 한다.

(2) 잔유율(P_r)

$$P_r = \frac{W_{sr}}{W_s} \times 100(\%)$$

여기서, W_s : 전체 시료의 노건조 중량
W_{sr} : 각 체에 남는 시료의 노건조 중량

(3) 가적 잔유율(P_r')

$$P_r' = \Sigma P_r$$

(4) 가적 통과율(P')

$$P' = 100 - P_r'$$

(5) 보정 가적 통과율(P)

보정 가적 통과율 $= P' \times P_{2.0}$

여기서, $P_{2.0}$: No.10체(2.0mm)에 대한 가적 통과율

사진. 체진동기

■ 어떤 흙의 No.10번체 가적 잔유율이 30%이었다면, 이 흙의 No.10번체 통과율은 (70)%이다.

3 비중계 분석(Hydrometer analysis)

(1) 개요 : No.10체(2mm)를 통과한 흙의 입도분석은 정수중에서 흙 입자가 침강할 때 침강속도가 입경의 크기에 따라 다르다는 원리에 근거를 둔 것이다.

(2) Stokes 법칙

① 각 입자들을 구라고 가정할 때 흙 입자의 침강속도(v, cm/s)

$$v = \frac{\gamma_s - \gamma_w}{18\eta} \cdot d^2$$

여기서, γ_s : 흙 입자만의 단위중량(g/cm³)
  γ_w : 물의 단위중량(g/cm³)
  η : 물의 점성계수(푸아즈)
  d : 입자들의 직경(cm)
  g : 중력가속도(cm/s²)

② Stokes 법칙의 적용 범위
  ㉠ 입경의 **적용범위는 0.0002~0.2mm**이다.
  ㉡ 입경이 **0.2mm 이상이면 침강시 교란**된다.
  ㉢ 입경이 **0.0002mm 이하이면 브라운(Brown)현상**이 생긴다.

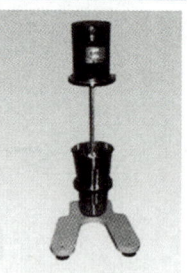

사진. 분산기

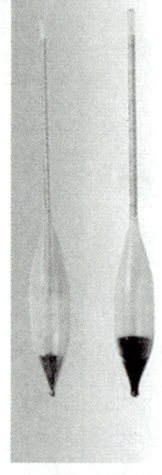

사진. 비중계

(3) 현탁되어 있는 입자의 최대지름

① 공식

$$d = \sqrt{\frac{30\eta}{980(G - G_T) \cdot \gamma_w}} \cdot \sqrt{\frac{L}{t}} = C \cdot \sqrt{\frac{L}{t}}$$

여기서, G : 흙의 비중
  G_T : T℃의 물의 비중
  L : 비중계 유효깊이(cm)
  t : 침강시간(분)

② 단위 : mm

(4) 비중계의 유효깊이

① 공식

$$L = L_1 + \frac{1}{2}\left(L_2 - \frac{V_B}{A}\right)$$

여기서, L : 비중계 유효깊이(cm)
  L_1 : 비중계 구부 상단에서 읽은 점까지의 거리(cm)
  L_2 : 비중계 구부의 길이(cm)
  V_B : 비중계 구부의 체적(cm³)
  A : 메스실린더의 단면적(cm²)

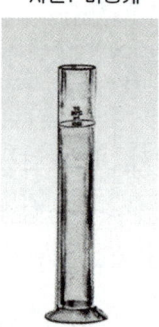

사진. 메스실린더

■ 침강속도는 물의 점성계수에 비례한다.(×)

■ Stokes 법칙의 적용범위는 0.2~0.0002mm이다.

■ 유효깊이는 현탁액 속의 흙의 (입경)을 구하는데 사용한다.

② 단위 : cm
③ 유효깊이를 산정할 때 **비중계의 체적은 구부만의 체적**이다.
④ 비중계의 비중값은 **비중계 구부 중앙의 볼록한 부분의 현탁액의 값**을 나타낸다.
⑤ 비중계의 눈금은 1.000~1.050이다.

■ 수면과 일치하는 비중계의 눈금은 비중계의 구부 중심부분 탁액의 비중이다.

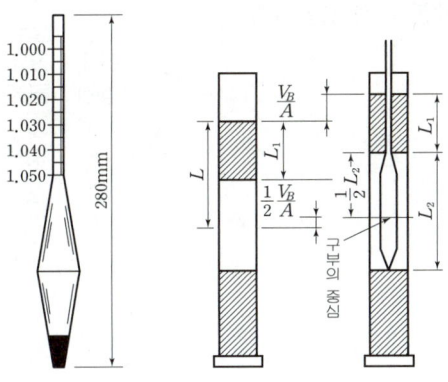

그림. 비중계의 유효깊이

(5) 분산제
① 사용 목적 : **시료의 면모화 방지**를 목적으로 규산나트륨, 과산화수소를 사용한다.
② 사용 종류
 ㉠ 분산제의 사용 종류는 소성지수(I_p)에 따라 달라진다.
 ㉡ **소성지수(I_p)가 20미만이면, 규산나트륨($NaSiO_3 \cdot 9H_2O$)을 사용한다.
 ㉢ **소성지수(I_p)가 20이상이면, 과산화수소(H_2O_2) 6%용액, 규산나트륨**을 사용한다.
 ㉣ 현탁액이 산성이면 알칼리성의 분산제를 사용하고, 알칼리성이면 산성제를 사용한다.

■ 현재의 KS F 2301에는 분산제가 헥사메타인산나트륨용액 또는 피로인산나트륨용액, 트리폴리인산나트륨용액으로 규정되어 있다.

■ 분산제의 종류는 (소성지수)에 따라 달라진다.

■ 현탁액이 산성이면 (알칼리)성의 분산제를 쓴다.

핵심문제

1 흙의 입도시험을 할 때 체가름시험용 체로 구성된 것은? [92⑦]

㉮ #4, #10, #20, #40, #60, #140, #200(7종)
㉯ #4, #10, #20, #40, #60, #80, #120, #200(8종)
㉰ #4, #8, #20, #40, #80, #120, #200(7종)
㉱ #4, #8, #16, #30, #50, #100, #140, #200(8종)

2 A, B, C 및 팬(pan)으로 이루어진 한 조의 체로 체분석 시험한 결과 각 체의 잔유량이 표와 같다. B체의 가적통과율은? [84⑦]

체	잔류량(g)
A	20
B	120
C	50
pan	10

㉮ 30%   ㉯ 70%
㉰ 60%   ㉱ 40%

3 Brown 운동과 침강시간에 교란이 생길 위험성이 있으므로 입도분석 시 Stokes 법칙의 적용한계를 정하고 있다. 다음 중 어느 것인가? [88산]

㉮ 2.0~0.002mm
㉯ 0.2~0.0002mm
㉰ 0.2~0.002mm
㉱ 2.0~0.0002mm

4 세립토를 비중계법으로 입도분석할 때 반드시 분산제를 쓴다. 다음 설명 중 옳지 않은 것은? [86⑦]

㉮ 입자의 면모화를 방지하기 위하여 사용한다.
㉯ 분산제의 종류는 소성지수에 따라 달라진다.
㉰ 현탁액이 산성이면 알칼리성의 분산제를 쓴다.
㉱ 시험 도중 물의 변질을 방지하기 위하여 분산제를 사용한다.

5 흙의 입도분석 시험에 있어서 다음 설명 중 바르지 못한 것은? [82산]

㉮ 0.074mm 이상은 체분석에 의한다.
㉯ 유효깊이를 산정할 때 비중계의 용적은 구부와 직선부의 용적이다.
㉰ 비중계의 눈금은 1.000~1.050이다.
㉱ 수면과 일치하는 비중계의 눈금은 비중계의 구부 중심부분 현탁액의 비중이다.

해 설

[해설] 1
체가름 시험시 주로 사용하는 체는 #4, #10, #20, #40, #60, #140, #200이다.

[해설] 2

체	잔류량(g)	잔유율(%)	가적잔유율(%)	가적통과율(%)
A	20	10	10	90
B	120	60	70	30
C	50	25	95	5
pan	10	5	100	0
계	200	100		

[해설] 3
Stokes 법칙
① 입경의 적용범위는 0.0002~0.2mm 이다.
② 입경이 0.2mm 이상이면 침강시 교란된다.
③ 입경이 0.0002mm 이하이면 브라운(Brown)현상이 생긴다.

[해설] 4
분산제
① 시료의 면모화 방지를 목적으로 규산나트륨, 과산화수소를 사용한다.
② 소성지수(I_p)가 20미만이면, 규산나트륨($NaSiO_3 \cdot 9H_2O$)을 사용한다.
③ 소성지수(I_p)가 20이상이면, 과산화수소(H_2O_2) 6%용액을 사용한다.

[해설] 5
① 유효깊이를 산정할 때 비중계 구부의 용적(V_B)은 구부만의 체적이다.
② 비중계의 눈금은 1.000~1.050이다.

정답 1. ㉮ 2. ㉮ 3. ㉯ 4. ㉱ 5. ㉯

6 No.200체의 체눈의 크기는? [93 ㉮]

㉮ 0.74mm ㉯ 0.074mm
㉰ 0.47mm ㉱ 0.047mm

7 어떤 흙을 No.10번체로 체분석한 결과 가적잔유율이 35%였다. 이 흙의 No.10번체 통과율은? [89 ㉮]

㉮ 35% ㉯ 45%
㉰ 55% ㉱ 65%

8 입도시험에서 유효깊이(L)는 다음의 무엇을 구하는 데 사용하는가? [89 ㉯]

㉮ 흙의 통과백분율
㉯ 현탁액 속의 흙의 입경
㉰ Meniscus 보정치
㉱ 온도 보정치

9 흙의 입도시험시 흙의 면모화를 방지하기 위하여 1규정 용액의 수산화나트륨을 10cc 첨가한다. 20g의 수산화나트륨 시약으로 1규정 용액을 만든다고 할 때 물의 양은 몇 cc인가?(단, 수산화나트륨 4g일때 그램당량수는 0.1이다.) [90 ㉯]

㉮ 480cc ㉯ 960cc
㉰ 500cc ㉱ 1,000cc

해설 ① 용액＝용질＋용매
  여기서, 용질은 수산화나트륨이며, 용매는 물이다.

② 규정(Normal) 용액 : $1N = \dfrac{1g \text{ 당량}}{1\ell}$

  용액 1,000cc에 용질 1g당량을 함유하고 있을 때의 용액이 1규정 용액이다.

③ 1g당량 : $g \text{당량} = \dfrac{\text{분자량}}{H^+, \ OH^- \text{의 수}}$

  Na^+OH^- 의 분자량 = 23 + 16 + 1 = 40

  Na^+OH^- 의 1g당량 = $\dfrac{40}{1} = 40$

  즉, 수산화나트륨 1규정 용액은 메스플라스크에 $NaOH$ 40g을 넣고서 물을 넣어 용액이 1ℓ가 되게 한다.

④ 용질(수산화나트륨) 20g 일 때 용액
  1000cc : 40g = x : 20g
  $x = \dfrac{20}{40} \times 1 = 500\,cc$

  즉, 용액의 량은 500cc이다.
  그러나, 문제에서 요구하는 물의 량은 용액 500cc에서 용질(수산화나트륨)을 제외한 량이므로 수산화나트륨의 양을 제외한 량 480cc이다.
  (여기서 정확한 수산화나트륨의 체적은 알 수 없다.)

해 설

해설 6

토질시험에서 많이 사용하는 대표적인 체눈의 크기는 다음과 같다.
① No.4번체 : 4.75mm
② No.10번체 : 2.00mm
③ No.40번체 : 0.425mm
④ No.60번체 : 0.25mm
⑤ No.200번체 : 0.075mm

해설 7

가적통과율(통과중량백분율)
P = 100 - P_r' = 100 - 가적잔유율
  = 100 - 35 = 65%

해설 8

① 비중계 유효깊이
$$L = L_1 + \dfrac{1}{2}\left(L_2 - \dfrac{V_B}{A}\right)(\text{cm})$$

② 비중계의 비중값은 비중계 구부 중앙의 볼록한 부분의 현탁액의 값을 나타낸다.

③ 비중계의 눈금은 1.000～1.050이다.

④ 현탁되어 있는 입자의 최대지름
$$d = \sqrt{\dfrac{30\eta}{980(G - G_T)\cdot \gamma_w}} \times \sqrt{\dfrac{L}{t}}$$
$$= C\cdot\sqrt{\dfrac{L}{t}}\ (\text{mm})$$

정답 6. ㉯ 7. ㉱ 8. ㉯ 9. ㉮

8 입도분포곡선

학습방향

흙의 입도분석에 의한 결과를 이용하여 입경가적곡선을 작도하며 입경가적곡선에서 유효입경(D_{10}), D_{30}, D_{60}을 구하여 균등계수(C_u), 곡률계수(C_g)를 계산하여 흙의 입도분포를 판정, 흙의 분류하는데 이용한다.

① 유효입경(D_{10})은 통과중량 백분율 10%에 해당되는 입자의 지름이다.

② 균등계수(C_u) : $C_u = \dfrac{D_{60}}{D_{10}}$

③ 곡률계수(C_g) : $C_g = \dfrac{{D_{30}}^2}{D_{10} \times D_{60}}$

1 입경가적곡선 - 반대수용지

(1) 입도분석 결과를 이용하여 입경가적곡선을 작도한다.
(2) 가로축에는 입자지름을 대수(log)눈금으로 표시한다.
(3) 세로축은 통과중량백분율을 산술눈금으로 표시한다.
(4) 입경가적곡선의 **중간에서 요철(凹, 凸) 부분이 있을 수 없다.**
(5) 입경가적곡선의 작도에는 곡선자가 필요하다.

학습 POINT

■ 입도분포곡선의 그래프는 가로선이 대수눈금이고 (입경)을 표시한다.

■ 입도곡선의 중간에서 요철(凹, 凸)부분이 있을 수 없다.

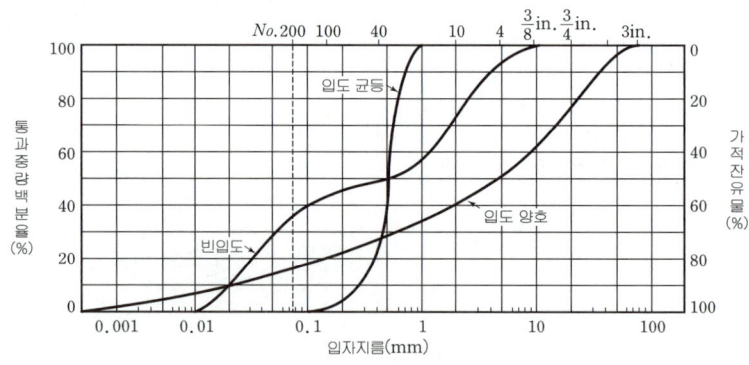

그림. 입경가적곡선

2 대표적인 성질

(1) 유효입경(Effective diameter, D_{10})
통과중량 백분율 10%에 해당되는 입자의 지름으로 투수계수의 추정 등 공학적인 목적으로 이용한다.

■ Hazen 공식

$h_c = \dfrac{c}{e \cdot D_{10}}$

$K = C \cdot D_{10}^2$

(2) 균등계수(Coefficient of uniformity, C_u)

$$C_u = \frac{D_{60}}{D_{10}}$$

여기서, D_{60} : 통과중량백분율 60%에 해당되는 입자의 지름

① 균등계수(C_u)가 크면, 입경가적곡선의 기울기가 완만하다. 즉, 입도분포가 양호하다.
② 균등계수(C_u)가 작으면, 입경가적곡선의 기울기가 급하다. 즉, 입도분포가 불량하다.

■ D_{60} = 1.6mm라는 뜻은 전체 시료중 무게로 따져서 60%가 1.6mm보다 가늘다는 것이다. (○)

(3) 곡률계수(Coefficient of curvature, C_g)

$$C_g = \frac{D_{30}^2}{D_{10} \times D_{60}}$$

여기서, D_{30} : 통과중량백분율 30%에 해당되는 입자의 지름

3 입도분포의 판정

(1) 양입도(Well graded)한 경우

① 흙일 때 : $C_u > 10$, 그리고 $C_g = 1 \sim 3$
② 모래일 때 : $C_u > 6$, 그리고 $C_g = 1 \sim 3$
③ 자갈일 때 : $C_u > 4$, 그리고 $C_g = 1 \sim 3$

■ 양입도는 균등계수, 곡률계수의 두 조건 모두를 만조해야 한다.

(2) 빈입도(Poorly graded)
균등계수(C_u)와 곡률계수(C_g) 둘 중 어느 하나라도 만족하지 못하면 입도분포가 나쁘다.

(3) 입도균등(Uniform graded)
하천이나 백사장의 모래와 같이 입자지름이 일정한 흙은 균등계수 $C_u \fallingdotseq 1$ 이다.

4 입경가적곡선의 형태

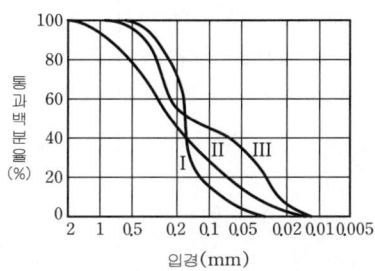

그림. 입경가적곡선의 형태

① 곡선 Ⅰ : 대부분 흙 입자가 균등하므로 입도분포가 불량(빈입도, poorly graded)하다.
② 곡선 Ⅱ : 흙 입자가 크고 작은 것이 골고루 분포되어 있으므로 입도분포가 양호(양입도, well graded)하다.
③ 곡선 Ⅲ : 두 개 또는 그 이상의 흙이 혼합된 경우이므로 입도분포가 불량(빈입도, poorly graded)하다. 이러한 형태의 흙은 입도분포가 틈이 있는 흙(gap graded)이라고 한다. 수평구간에 해당하는 입자의 지름은 존재하지 않는다.

■ 입도곡선이 구배가 계단으로 되어 있으면 입도분포가 나쁘다. (○)

	곡선 Ⅰ	곡선 Ⅱ
입도분포	빈입도	양입도
균등계수	작다	크다
입자분포	입자가 균등	흙 입자가 골고루 분포
공극비	크다	작다
투수계수	크다	작다
다짐효과	적다	크다
공학적 성질	불량	양호
곡선의 경사	급하다	완만하다

5 입경에 의한 흙의 분류

(1) 일반적인 분류
① 조립토 : 자갈, 모래 등이 있다.
② 세립토 : 실트, 점토 등이 있다.
③ 유기질토 : 함수비, 압축성이 크고 이탄(Peat) 등이 있다.
④ 입경에 따른 흙의 성질

	간극률	압축성	투수성	압밀속도	마찰력	소성	점착성	전단강도	지지력
조립토	작다	작다	크다	순간적	크다	비소성	영(zero)	크다	크다
세립토	크다	크다	작다	장기적	작다	소성	크다	작다	작다

(2) 삼각좌표 분류(Triangular classification)
① 입도분포곡선에서 자갈을 제외한 모래(2~0.05mm), 실트(0.05~0.002mm), 점토(0.002mm 이하)의 함유율(백분율)을 이용하여 삼각 좌표에 의하여 흙을 분류한다.
② 흙을 모래, 롬(loam), 점토 등의 10종류로 나눈다.
③ 주로 농학적인 분류에 이용된다.
④ 흙 입자의 크기만 고려할 뿐 점토의 연경도(Consistency)에 대한 고려가 없기 때문에 공학적인 분류법으로는 잘 이용되지 않는다.

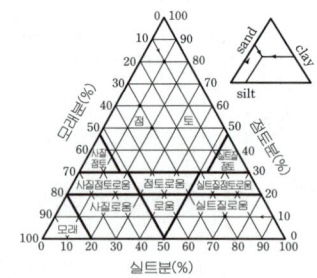

그림. 삼각좌표 분류방법

■ 삼각좌표에 의한 흙의 분류가 공학적 성질을 잘 나타내지 못하는 이유는 일반적인 흙의 성질은 (컨시스턴시)에 영향을 받기 때문이다.

핵심문제

1 입경가적곡선에서 가적통과율 60%에 해당하는 입경 $D_{60}=1.6mm$의 뜻은? [93 ⑪]

㉮ 전체 시료 중 무게로 따져서 60%가 1.6mm보다 가늘다.
㉯ 전체 시료 중 무게로 따져서 60%가 1.6mm보다 굵다.
㉰ 이 흙의 균등계수가 1.6이다.
㉱ 이 흙의 유효입경이 1.6이다.

2 흙의 입도곡선을 설명한 것 중 옳지 않은 것은? [90 ⑪]

㉮ 입도곡선의 그래프는 가로선이 대수눈금이고 입경을 표시한다.
㉯ 곡선의 구배가 계단으로 되어 있으면 가장 이상적인 배합이다.
㉰ 곡선의 구배가 완만할수록 입도분포는 양호하다.
㉱ 곡선의 구배가 급할수록 입경이 균등하다.

3 그림과 같은 입도곡선에서 다음 설명 중 틀린 것은? [98 ㉮]

㉮ 횡축은 입경의 크기를 log좌표로 잡는다.
㉯ 횡축의 오른편으로 갈수록 입경의 크기는 작다.
㉰ 입도곡선이 오른편에 있을수록 입경이 작다.
㉱ 입도곡선의 중간에서 요철(凹, 凸) 부분이 있을 수 있다.

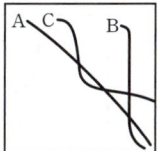

4 조립토의 성질과 관계가 가장 없는 것은? [96 ㉮]

㉮ 점착성이 거의 없다.
㉯ 소성은 거의 없다.
㉰ 마찰력이 크다.
㉱ 투수성이 작다.

5 삼각좌표에 의한 흙의 분류는 일반적으로 공학적 성질을 잘 나타내지 못한다고 한다. 그 이유 중 가장 타당한 것은? [94 ⑪]

㉮ 분류시에 자갈은 제외시키기 때문이다.
㉯ 삼각 좌표 눈금을 읽을 때 많은 오차가 발생한다.
㉰ 일반적인 흙의 성질은 컨시스턴시에 영향을 받는다.
㉱ 분류시에 군지수를 이용하지 않는다.

해설

해설 1

① D_{60}이란 입경가적곡선에서 통과중량 백분율을 60%에 해당되는 입자의 지름이다.
② 통과중량백분율이란 전체시료의 중량에 대한 통과시료의 중량백분율이므로 60%는 1.6mm보다 입자의 크기가 작음을 의미한다.

해설 2

곡선의 구배가 계단(gap graded)으로 되어 있는 경우 수평구간에 해당하는 입경은 존재하지 않는다.

해설 3

입도곡선은 통과중량 백분율과 입자지름과의 관계곡선이므로 곡선 중간에 요철(凹, 凸)은 있을 수 없다.

해설 4

입경에 따른 흙의 성질

	투수성	마찰력	소성	점착성
조립토	크다	크다	비소성	영(zero)
세립토	작다	작다	소성	크다

해설 5

① 삼각좌표 분류
• 입도곡선에서 자갈을 제외하여 모래, 실트, 점토의 함유율(백분율)로부터 삼각 좌표에서 점을 정한다.
• 흙 입자의 크기만 고려할 뿐 점토의 연경도에 대한 고려가 없기 때문에 공학적인 분류법으로는 잘 이용되지 않는다.
② 공학적 분류방법은 입자의 지름과 흙의 연경도를 고려하여 흙을 분류하였다.

정답 1. ㉮ 2. ㉯ 3. ㉱ 4. ㉱ 5. ㉰

6 $D_{10} = 0.01mm$, $D_{60} = 0.15$인 흙의 균등계수 및 입도조성은? [89 ㉑]

㉮ $C_u = 15$, 빈입도
㉯ $C_u = 15$, 양입도
㉰ $C_u = 6.6$, 양입도
㉱ $C_u = 0.06$, 빈입도

7 흙의 입도분석 결과 입경가적곡선이 입경이 좁은 범위 내에 대부분이 몰려 있는 입경분포가 나쁜 빈입도일 때 다음 중 옳지 않은 것은? [02 92 ㉡]

㉮ 균등계수는 작을 것이다.
㉯ 공극비가 클 것이다.
㉰ 다짐에 적합한 흙이 아닐 것이다.
㉱ 투수계수가 낮을 것이다.

8 그림과 같은 3가지 흙에 대한 입도곡선이 있다. 다음 설명 중 틀린 것은? [00 96 ㉑]

㉮ A흙이 B흙에 비해 균등계수가 크다.
㉯ A흙이 B흙에 비해 곡률계수가 크다.
㉰ A, B, C흙 중 A흙의 입도가 가장 양호하다.
㉱ C흙은 2종류의 흙을 합친 경우에 나타날 수 있다.

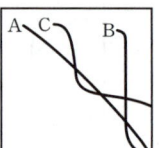

9 조립토와 세립토의 비교 설명 중 옳지 않은 것은? [96 ㉡]

㉮ 공극률은 조립토가 작고 세립토는 크다.
㉯ 마찰력은 조립토가 작고 세립토가 크다.
㉰ 압축성은 조립토가 작고 세립토가 크다.
㉱ 투수성은 조립토가 크고 세립토가 작다.

10 다음 설명 가운데 틀린 것은? [94 ㉡]

㉮ 점토는 마찰력보다 점착력이 그 흙의 강도를 지배한다.
㉯ 점토는 압축성이 크며 모래는 압축성이 작다.
㉰ 점토는 입자의 크기가 모래보다 작고 공극률도 작다.
㉱ 점토는 모래에 비해 오랜 시간에 걸쳐 압밀이 진행된다.

해 설

해설 6

① 균등계수(C_u)

$$C_u = \frac{D_{60}}{D_{10}} = \frac{0.15}{0.01} = 15$$

② 흙이고 균등계수 $C_u = 15 > 10$이므로 곡률계수 값은 알 수 없으나, 균등계수만으로는 입도분포가 양호하다. 그러나 입도분포가 양호하기 위해서는 균등계수와 곡률계수 조건을 모두 만족하여야 한다.

해설 7

입도분포에 따른 흙의 성질

입도분포	양입도	빈입도
균등계수	크다	작다
공극비	작다	크다
투수계수	작다	크다
다짐효과	많다	적다

해설 8

① 입경가적곡선의 기울기가 완만할수록 균등계수가 크므로 균등계수는 A가 B보다 크다.
② A흙은 입도분포가 양호하고, B흙의 입도분포가 불량하다.
③ C흙은 2종류 이상의 흙이 혼합되어 있으며 입도분포가 불량하다.

해설 9

입경에 의한 흙의 성질

	간극률	압축성	투수성	마찰력
조립토	작다	작다	크다	크다
세립토	크다	크다	작다	작다

해설 10

① 점토는 내부마찰력보다 점착력에 의해 흙의 전단강도를 지배한다.
② 점토는 일반적으로 압축성이 크며 또한, 투수계수가 작아 장기간에 걸쳐 압밀된다.
③ 점토는 모래에 비해 간극비는 크나 투수계수는 작다.

정답 6. ㉯ 7. ㉱ 8. ㉯ 9. ㉯ 10. ㉰

9 흙의 공학적 분류방법

학습방향

흙의 입경이란 흙 입자의 크기를 말하며 흙 입자의 크기에 따라 자갈(Gravel), 모래(Sand)로 분류되는 조립토와 실트(Silt), 점토(Clay)로 분류되는 세립토로 구분된다. 일반적으로 조립토는 입경에 따라 분류하나 세립토는 입도와 연경도에 의하여 분류한다. 또한, 흙의 공학적 분류방법은 통일분류법과 AASHTO분류법이 있는데 통일분류법을 가장 많이 사용한다.

1 통일분류법(Unified Soil Classification System, USCS)

(1) 고안자 : Casagrande가 고안

(2) 목적 : 비행기 활주로, 도로, 흙 댐, 기초지반 설계에 이용한다.

(3) 흙을 분류하는데 필요한 요소
 ① No.200체 통과율
 ② No.4체 통과율
 ③ 액성한계(w_L)
 ④ 소성한계(w_p)
 ⑤ 소성지수(I_p)

(4) 분류방법
조립토의 경우는 입도분포에 의해 분류하고, 세립토인 경우에는 아터버그한계(Atterberg limit)를 이용하여 분류한다.
① 조립토의 분류 : No.200체 통과량이 50% 이하(G, S)
 제 1 문자 G(자갈) : No.4체 통과량이 50% 이하
     S(모래) : No.4체 통과량이 50% 이상

 제 2문자 W : 세립분이 거의 없고(No.200체 통과율 5% 이하),
      입도분포가 좋은 흙
    P : 세립분이 거의 없고(No.200체 통과율 5% 이하),
      입도분포가 나쁜 흙
    M : 실트질을 함유하고 있는 흙
      (No.200체 통과율 12% 이상, A선 아래)
    C : 점토질을 함유하고 있는 흙
      (No.200체 통과율 12% 이상, A선 위)

학습POINT

■ 통일분류법에 직접 사용하는 요소
 ① No.200체 통과량
 ② No.4체 통과량
 ③ 액성한계
 ④ 소성한계
 ⑤ 소성지수

② 세립토의 분류 : No.200체 통과량이 50% 이상(M, C, O)
 제 1 문자 M : 실트질 흙
         C : 점토질 흙
         O : 유기질 흙
 제 2 문자 L : 저압축성(액성한계가 50% 이하인 소성이 작은 흙)
         H : 고압축성(액성한계가 50% 이상인 소성이 큰 흙)
③ 유기질토
 Pt : 이탄 및 그 외의 유기질이 극히 많은 흙

통일분류법에 사용되는 기호

흙의 종류		제1문자	흙의 특성	제2문자	
조립토	자갈 (Gravel)	G	입도분포 양호, 세립분 5% 이하 (Well-graded)	W	조립토
	모래 (Sand)	S	입도분포 불량, 세립분 5% 이하 (Poor-graded)	P	
세립토	실트 (Silt)	M	세립분 12% 이상, A선 아래에 위치, 소성지수 4 이하	M	세립토
	점토 (Clay)	C	세립분 12% 이상, A선 위에 위치, 소성지수 7 이상	C	
	유기질의 실트 및 점토(Organic Clay)	O	압축성 낮음, $w_L \leq 50$ (Low compressibility)	L	
유기질토	이탄 (Peat)	Pt	압축성 높음, $w_L \geq 50$ (High compressibility)	H	

■ 제 2문자에 H가 있으면 압축성과 팽창이 큰 흙이다.

(5) 소성도표(Plasticity chart)
① Casagrande가 액성한계와 소성지수를 사용하여 소성도표를 만들었다.
② 세립토를 분류하는데 이용한다.
③ A선은 $I_p = 0.73(w_L - 20)$ 으로서 A선 위는 점토를 A선 아래는 실트 및 유기질토를 나타낸다.
④ B선은 $w_L = 50\%$ 으로서 B선 왼쪽은 저압축성을 B선 오른쪽은 고압축성을 나타낸다.
⑤ U선은 액성한계와 소성지수의 상한선을 나타낸다.

■ A선 : $I_p = 0.73(w_L - 20)$
 B선 : $w_L = 50\%$

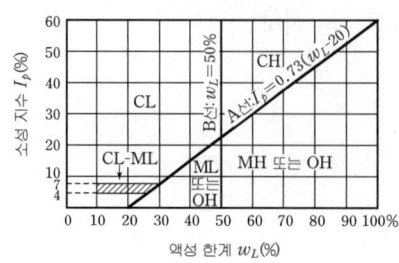

통일분류법에 의한 흙의 공학적 분류방법

주요구분			분류기호	대표명	분류방법		
조립토 No.200체 통과분 50% 이하	자갈 No.4체 통과분 50% 이하	깨끗한 자갈	GW	입도분포 양호한 자갈 자갈 모래 혼합토	입도 곡선으로 모래와 자갈의 율을 정한다. 세립분 (No.200체 이하)의 백분율에 따라 다음과 같이 나눈다. ・5%이하 GW, GP, SW, SP ・12%이상 GM, GC, SM, SC 5%~12% 경계선에서는 이중기호	$C_u = D_{60}/D_{10}$: 4 이상 $C_g = \frac{(D_{60})^2}{D_{10} \times D_{60}}$: 1~3	
			GP	입도분포 불량한 자갈 또는 자갈 모래 혼합토		GW 분류 기준에 맞지 않는다.	
		세립분율 함유한 자갈	GM	실트질 자갈, 자갈 모래 실트 혼합토		소성도에서 A선 아래 또는 PI < 4	소성도에서 사선을 한 부분에서는 이중기호를 분류한다.
			GC	점토질 자갈, 자갈모래 점토 혼합토		소성도에서 A선 위 또는 PI > 7	
	모래 No.4체 통과분 50% 이상	깨끗한 모래	SW	입도분포 양호한 모래 또는 자갈 섞인 모래		$C_u = D_{60}/D_{10}$: 6 이상 $C_g = \frac{(D_{60})^2}{D_{10} \times D_{60}}$: 1~3	
			SP	입도분포 불량한 모래 또는 자갈 섞인 모래		SW 분류 기준에 맞지 않는다.	
		세립분율 함유한 모래	SM	실트질 모래, 실트 섞인 모래		소성도에서 A선 아래 또는 PI < 4 소성도에서 A선 위 또는 PI > 7	소성도에서 사선을 한 부분에서는 이중 기호로 분류한다.
			SC	점토질 모래, 점토 섞인 모래			
세립토 No.200체 통과분 50% 이상	실트 및 점토 LL < 50		ML	무기질 점토, 극세사, 암분, 실트 및 점토질 세사	소성도 PI=0.73(LL-20) A선 CH CL CL-ML MH OH ML OL		
			CL	저, 중소성의 무기질 점토, 자갈 섞인 점토, 모래 섞인 점토, 실트 섞인 점토, 점성이 낮은 점토			
			OL	저소성 유기질 실트 유기질 실트 점토			
	실트 및 점토 LL > 50		MH	무기질 실트, 운모질 또는 규조질 세사 또는 실트, 탄성이 있는 실트			
			CH	고소성 무기질 점토, 점질 많은 점토			
			OH	중고 또는 고소성 유기질 점토			
유기질토			Pt	이탄토 등 기타 고유 기질토			

■ 도로 노반으로 가장 좋은 토질은 (GW)이다.

■ No.200체 통과율이 5~12%이면 이중기호를 사용하여야 한다.

■ 흙의 분류 중에서 유기질이 가장 많은 흙은 (P_t)이다

2 AASHTO분류법(American Association of state Highway and Transportation officials, 개정 PR법)

(1) 제안자 : Hogentogler와 Terzaghi

(2) 목적 : 도로 노반재료의 적부 판단에 이용한다.

(3) 분류방법

흙의 입도분석, 액성한계, 소성한계, 소성지수, 군지수를 사용한다.
① 조립토의 분류 : No.200체 통과량이 35% 이하(G, S)
② 세립토의 분류 : No.200체 통과량이 35% 이상(M, C, O)

(4) 군지수(GI, Group index)

① 공식

$$GI = 0.2a + 0.005ac + 0.01bd$$

여기서, a = No.200체 통과율 − 35(a : 0~40의 상수)
b = No.200체 통과율 − 15(b : 0~40의 상수)
c = 액성한계 − 40(c : 0~20의 상수)
d = 소성지수 − 10(d : 0~20의 상수)

② GI 값이 음(−)의 값을 가지면 0으로 한다.
③ GI 값은 가장 가까운 정수로 반올림한다.
④ 군지수의 상한선은 없다. 그러나 a, b, c, d의 상한 값을 사용하면 20이 되므로 0~20까지의 정수를 가진다.
⑤ **군지수가 클수록 공학적 성질이 불량하며 도로노반재료로서 불량하다.**

(5) 통일분류법과 AASHTO분류법의 차이점

① 조립토와 세립토의 분류 : 통일분류법에서는 No.200체 통과량 50%를 기준으로하지만 AASHTO분류법에서는 35%를 기준으로한다.
② 모래와 자갈의 분류 : 통일분류법에서는 No.4체를 기준으로 하지만 AASHTO분류법에서는 No.10체를 기준으로 한다.
③ 통일분류법에서는 자갈질 흙과 모래질 흙의 구분이 명확하나 AASHTO분류법에서는 명확하지 않다.
④ 유기질흙은 통일분류법에는 있으나 AASHTO분류법에는 없다.

■ 흙의 분류에 필요한 요소

통일분류법 (USCS)	AASHTO 분류법
① No.200체 통과율 ② No.4체 통과율 ③ 액성한계 ④ 소성한계 ⑤ 소성지수	① 군지수(GI) ② No.200체 통과율 ③ 액성한계 ④ 소성지수

■ 수축한계는 흙의 공학적 방법으로 분류할 때 필요한 요소가 아니다.

■ AASHTO 분류법에서 군지수는 어떤 분류내에서 가치평가의 기준일 뿐이다.

■ AASHTO 분류법의 군지수에서 a, b, c, d 값이 음(−)의값을 가지면 0으로 한다.

■ 군지수값이 클수록 노상토로서 부적당함을 뜻한다.
즉, 공학적 성질이 불량하다.

AASHTO분류법에 의한 흙의 공학적 분류방법

일반적 분류	입상토(No.200체 통과율 35% 이하)							실트-점토(No.200체 통과율 36% 이상)			
분류 기호	A-1		A-3	A-2				A-4	A-5	A-6	A-7
	A-1-a	A-1-b		A-2-4	A-2-5	A-2-6	A-2-7				A-7-5 A-7-6
체분석, 통과량의 % No.10체 No.40체 No.200체	50이하 30이하 15이하	50이하 25이하	51이상 10이하	35이하	35이하	35이하	35이하	36이상	36이상	36이상	36이상
No.40체 통과분의 성질 액성한계 소성지수	6이하		*N.P.	40이하 10이하	41이상 10이하	40이하 11이상	41이상 11이상	40이하 10이하	41이상 10이하	40이하 11이상	41이상 11이상
군지수	0		0	0			4이하	8이하	12이하	16이하	20이하
주요구성 재료	석편, 자갈, 모래		세사	실토질 또는 점토질 (자갈, 모래)				실트질 흙		점토질 흙	
노상토로서의일반 적등급	우 또는 양								가 또는 불가			

(주) A-7-5군의 소성지수는 액성한계에서 30을 뺀 값과 같거나 그보다 작아야 한다.
A-7-6군은 이보다 커야한다.
※ N.P는 비소성(nonplastic)을 의미함

핵심문제

1 통일분류법으로 흙을 분류하는데 직접 사용되지 않는 요소는?
[97㉮]
㉮ No.200체 통과율
㉯ No.4체 통과율
㉰ 소성지수
㉱ 군지수

2 통일분류법에 의한 흙의 공학적 분류에서 필요한 토질시험이 아닌 것은?
[98㉯]
㉮ 체가름 시험
㉯ 현장밀도 시험
㉰ 액성한계 시험
㉱ 소성한계 시험

3 다음은 흙의 통일분류 기호이다. 압축성과 팽창성이 가장 큰 흙은 어느 것인가?
[96㉯]
㉮ MH
㉯ GP
㉰ ML
㉱ SM

4 입도시험결과 #4체 통과백분율이 65%, #10체 통과백분율이 40%, #200체 통과백분율이 8%이었다. 이 흙의 입도 분포가 비교적 양호할 때 통일분류법에 의한 흙의 분류는?
[93㉮]
㉮ GP
㉯ GP-GM
㉰ SW
㉱ SW-SM

5 #200체 통과량이 38%, 액성한계가 21%, 소성지수 8%일 때 군지수는?
[89㉯]
㉮ 0.6
㉯ 0.7
㉰ 12.6
㉱ 20.0

해설

해설 1
① 통일분류법(USCS)
 • No.200체 통과율   • No.4체 통과율
 • 액성한계   • 소성한계
 • 소성지수
② 군지수는 AASHTO분류법(개정 PR법)에서 사용되는 분류요소이다.

해설 2
① 통일분류법(USCS)에 필요한 토질시험
 • No.200체 통과율 - 체분석 시험
 • No.4체 통과율 - 체분석 시험
 • 액성한계 - 액성한계 시험
 • 소성한계 - 소성한계 시험
 • 소성지수 - 액성한계 시험, 소성한계 시험
② 현장밀도 시험은 현장에서 건조단위중량을 구하여 다짐정도를 알기위한 시험이다.

해설 3
문제에서 압축성이 가장 커야하므로 제2문자에 H가 있어야 한다. 즉, MH이다.

해설 4
No.200체 통과량이 50%이하이므로 조립토(G, S)이며, No.4체 통과량이 50% 이상이므로 모래(S)이다.
그러나, No.200체 통과량이 5~12%에 있으므로 이중기호를 사용하여야한다. 즉, SW-SM이다.

해설 5
군지수(GI)
$GI = 0.2a + 0.005ac + 0.01bd$
$= 0.2 \times 3 + 0.005 \times 3 \times 0 + 0.01 \times 23 \times 0$
$= 0.6$
a = No.200체 통과율 - 35 = 38 - 35 = 3
b = No.200체 통과율 - 15 = 38 - 15 = 23
c = 액성한계 - 40 = 21 - 40 = 0
d = 소성지수 - 10 = 8 - 10 = 0

정답 1. ㉱ 2. ㉯ 3. ㉮ 4. ㉱ 5. ㉮

6 흙의 공학적 분류방법으로 분류할 때 필요한 요소가 아닌 것은? [92 ㉮]

㉮ 액성한계
㉯ 소성지수
㉰ 수축한계
㉱ 입도

7 통일분류법에 의해 그 흙이 MH로 분류되었다면, 이 흙의 대략적인 공학적 성질은? [02 00 96 ㉮]

㉮ 액성한계가 50% 이상인 실트이다.
㉯ 액성한계가 50% 이하인 점토이다.
㉰ 소성한계가 50% 이상인 점토이다.
㉱ 소성한계가 50% 이하인 실트이다.

8 흙의 분류 중에서 유기질이 가장 많은 흙은? [98 ㉯]

㉮ CH
㉯ CL
㉰ Pt
㉱ OL

9 다음은 흙의 분류에 관한 사항들이다. 틀리는 것은? [92 ㉯]

㉮ 입경가적곡선에서 곡선의 모양이 일정 구간 수평인 것은 그 구간 사이의 흙이 존재하지 않는다.
㉯ 성토재료로서 가장 좋은 것은 이탄(Peat)으로 분류되어진다.
㉰ AASHTO분류법에서 군지수는 어떤 분류 내에서 가치평가의 기준일 뿐이다.
㉱ 군지수의 값이 클수록 노상토로서 부적당함을 뜻한다.

10 다음 설명 중 A, B, C, D의 공란을 채울 수 있는 적당한 것은 어느 것인가? [96 ㉯]

> 흙의 공학적인 분류방법에서 군지수는 (A)방법에 이용되며 (B)에서 (C)사이의 양의 정수 값을 갖는다. 또한, 그 값이 커질수록 그 흙은 도로용 재료로서 (D)하다고 본다.

㉮ A=AASHTO분류, B=0, C=40, D=불량
㉯ A=통일분류, B=0, C=20, D=양호
㉰ A=AASHTO분류, B=0, C=20, D=불량
㉱ A=통일분류, B=0, C=40, D=양호

해 설

해설 6
① 흙의 분류에 필요한 요소

통일분류법(USCS)	AASHTO분류법
• No.200체 통과율	• 군지수(GI)
• No.4체 통과율	• No.200체 통과율
• 액성한계	• 액성한계
• 소성한계	• 소성지수
• 소성지수	

② 수축한계는 흙의 공학적 분류에는 필요하지 않다.

해설 7
문제에서 제 2문자가 H이므로 액성한계가 50% 이상이며, 제 1문자가 M이므로 실트이다.

해설 8
① 통일분류법에서 유기질토는 Pt, OL, OH이다.
② Pt는 이탄 및 그 외의 유기질이 극히 많은 흙이다.

해설 9
① 이탄 및 극히 유기성이 많은 흙은 성토재료로써 사용해서는 안 된다.
② 성토재료는 강도가 크고, 압축성이 적은 조립의 흙이 좋다. 즉, 성토재료로는 GW, GP, GM, GC, SW가 좋다.
③ 성토재료는 입도분포가 양호한 자갈(GW)이 가장 좋다.

해설 10
AASHTO분류법(개정 PR법)
① 군지수의 상한선은 없다. 그러나 a, b, c, d의 상한 값을 사용하면 20이 되므로 0~20까지의 정수를 가진다.
② 군지수가 클수록 공학적 성질이 불량하며 도로노반재료로서 불량하다.

정답 6. ㉰ 7. ㉮ 8. ㉰ 9. ㉯ 10. ㉰

출제예상문제

CHAPTER 1 흙의 기본적 성질과 분류

1. 다음 흙의 구성에 관한 설명 중 틀린 것은?

㉮ 포화도는 100%보다 클 수 없다.
㉯ 함수비는 100%보다 클 수 없다.
㉰ 간극률은 100%보다 클 수 없다.
㉱ 간극비는 1보다 클 수 있다.

[해설] 함수비의 범위는 0에서 ∞ 사이이다.
즉, 함수비는 100%보다 클 수 있다.

2. 흙의 삼상도에서 체적을 "1"로 하는 경우 물만의 무게는 다음 중 어느 것인가?

㉮ $\dfrac{n}{100} \cdot \gamma_w$

㉯ $\dfrac{S}{100} \cdot \gamma_w$

㉰ $\dfrac{S \cdot n}{10,000} \cdot \gamma_w$

㉱ $\left(1 - \dfrac{S \cdot n}{10,000}\right)\gamma_w$

[해설] 흙의 삼상도에서 전체체적 $V=1$인 경우

① 간극률 $n = \dfrac{V_v}{V} \times 100$이므로

  간극의 체적 $V_v = \dfrac{n \cdot V}{100} = \dfrac{n}{100}$ 이다.

② 포화도 $S = \dfrac{V_w}{V_v} \times 100$이므로

  물의 체적 $V_w = \dfrac{S \cdot V_v}{100} = \dfrac{S \cdot \frac{n}{100}}{100} = \dfrac{S \cdot n}{10,000}$ 이다.

③ 물의 단위중량 $\gamma_w = \dfrac{W_w}{V_w}$ 이므로

  물의 중량 $W_w = \gamma_w \cdot V_w = \dfrac{S \cdot n}{10,000} \cdot \gamma_w$

3. 토립자의 3상 전체의 체적을 1이라고 볼 때 물의 체적 V_w는 다음 중 어느 것인가?

㉮ $\dfrac{S \cdot n}{10,000}$

㉯ $\dfrac{S \cdot e}{100}$

㉰ $\dfrac{S\left(1 - \dfrac{n}{100}\right)}{100}$

㉱ $1 - e$

[해설]

① 포화도 $S = \dfrac{V_w}{V_v} \times 100$이므로

  물의 체적 $V_w = \dfrac{S \cdot V_v}{100}$ 이다.

② 간극률 $n = \dfrac{V_v}{V} \times 100$이므로 $V_v = \dfrac{n \cdot V}{100}$ 이다.

③ 물의 체적(V_w)

  $V_w = \dfrac{S \cdot V_v}{100} = \dfrac{S \cdot \left(\dfrac{n \cdot V}{100}\right)}{100}$

  $= \dfrac{S \cdot n \cdot V}{10,000}$

  $= \dfrac{S \cdot n}{10,000}$

4. 토립자 부분의 부피 $V_s = 1$로 해서 주상도를 그리면 전 부피 V는 어떻게 되겠는가? (단, e : 공극비, S : 포화도이다.)

㉮ e ㉯ $1 + e$

㉰ $\dfrac{S \cdot e}{100}$ ㉱ 1

[해설]

$V = V_s + V_v$ 에서

$V_s = 1$이므로

$e = \dfrac{V_v}{V_s} = \dfrac{V_v}{1} = V_v$ 이다.

따라서, $V = V_s + V_v = 1 + e$

해답 1. ㉯ 2. ㉰ 3. ㉮ 4. ㉯

5. 어떤 흙의 습윤중량 420g이고, 함수비가 20%일 때 이 흙의 건조중량은 얼마인가?

㉮ 150g ㉯ 250g
㉰ 350g ㉱ 450g

해설 건조중량(W_s)

$$W_s = \frac{W}{1+\frac{w}{100}} = \frac{420}{1+\frac{20}{100}} = 350g$$

6. 어떤 흙 시료의 지름이 38mm, 길이가 76mm이고 자연상태의 무게가 168g이었다. 그리고 건조로에 완전 건조시킨 후의 무게가 130.5g이고, 그 흙의 비중은 2.73이다. 이 시료의 포화도(S)는?

㉮ 80.3% ㉯ 98%
㉰ 77.3% ㉱ 101%

해설 ① 흙 시료의 전체 체적(V)

$$V = \frac{\pi \cdot d^2}{4} \cdot h = \frac{\pi \times 3.8^2}{4} \times 7.6 = 86.1927 cm^3$$

② 건조단위중량(γ_d)

$$\gamma_d = \frac{W_s}{V} = \frac{130.5}{86.1927} = 1.51 g/cm^3$$

③ 간극비(e)

$$e = \frac{G_s \cdot \gamma_w}{\gamma_d} - 1 = \frac{2.73 \times 1}{1.51} - 1 = 0.81$$

④ 함수비(w)

$$w = \frac{W_w}{W_s} \times 100 = \frac{168 - 130.5}{130.5} \times 100 = 28.74\%$$

⑤ 포화도(S)

$$S = \frac{w}{e} \cdot G_s = \frac{28.74}{0.81} \times 2.73 = 96.86\%$$

7. 정시료(Undisturbed sample)를 채취하여 부피와 무게를 측정한 결과 1,020cm³ 및 3,812g이었다. 용기의 무게가 2,052g이었다면 이 흙의 습윤밀도는?

㉮ 1.53g/cm³
㉯ 1.63g/cm³
㉰ 1.73g/cm³
㉱ 1.83g/cm³

해설 ① 흙 시료의 전체 중량(W)

$$W = 3,812 - 2,052 = 1,760g$$

② 습윤밀도(γ_t)

$$\gamma_t = \frac{W}{V} = \frac{1,760}{1,020} = 1.73 g/cm^3$$

8. 점토시료를 채취하여 함수비를 측정하니 22.5%였고, 이 시료 무게 224g을 500cm³의 용기 안에 넣고 382 cm³의 물을 넣어 용기가 가득차게 하였다. 이 시료의 처음 습윤단위중량은? (단, 1t=9.81kN)

㉮ 12.85kN/m³ ㉯ 18.64kN/m³
㉰ 21.88kN/m³ ㉱ 24.72kN/m³

해설
① 습윤시료의 중량 : $W = 224g$
② 습윤시료의 체적=용기의 체적－넣은 물의 체적
$$= 500 - 382 = 118 cm^3$$

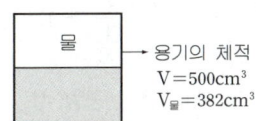

③ 습윤밀도(γ_t) : $\gamma_t = \frac{W}{V} = \frac{224}{118} = 1.9 g/cm^3$
$$= 1.9 t/m^3 = 18.64 kN/m^3$$

9. 간극비 $e = 0.8$, 함수비 $w = 20\%$, 비중 $G_s = 2.6$인 흙의 습윤단위중량 γ_t는 얼마인가?(단, 물의 단위중량은 9.81kN/m³이다.)

㉮ 17.95kN/m³ ㉯ 17.00kN/m³
㉰ 16.09kN/m³ ㉱ 15.21kN/m³

해설 습윤밀도(γ_t)

$$\gamma_t = \frac{G_s \cdot (1+\frac{w}{100})}{1+e} \cdot \gamma_w$$

$$= \frac{2.60 \times (1+\frac{20}{100})}{1+0.8} \times 9.81 = 17.00 kN/m^3$$

10. 함수비가 18.0%, 습윤밀도가 1.72g/cm³ 인 현장 흙의 건조밀도는?

㉮ 1.46g/cm³ ㉯ 1.75g/cm³
㉰ 1.94g/cm³ ㉱ 2.06g/cm³

해답 5. ㉰ 6. ㉯ 7. ㉰ 8. ㉯ 9. ㉯ 10. ㉮

해설 건조단위중량(γ_d)

$$\gamma_d = \frac{\gamma_t}{1+\frac{w}{100}} = \frac{1.72}{1+\frac{18}{100}} = 1.46 \text{g/cm}^3$$

11. 함수비 14%의 흙 2,218g이 있다. 이 흙의 함수비를 23%로 하려면 몇 g의 물이 필요한가?

㉮ 199.6g ㉯ 187.3g
㉰ 175.1g ㉱ 161.2g

해설
① 문제의 핵심 : 함수비가 변화하면 물의 중량 W_w이 변하여 전체중량 W은 변하지만 흙 입자만의 중량 W_s는 변하지 않는다.
② 흙 입자 만의 중량(W_s)

$$W_s = \frac{W}{1+\frac{w}{100}} = \frac{2,218}{1+\frac{14}{100}} = 1,945.61 g$$

③ 함수비 14%일 때의 물의 중량($W_{w(14\%)}$)
$W_{w(14\%)} = W - W_s = 2,218 - 1,945.61 = 272.39 g$

④ 함수비 23%일 때의 물의 중량($W_{w(23\%)}$)
함수비 $w = \frac{W_w}{1,945.61} \times 100 = 23\%$ 이므로

$$W_{w(23\%)} = \frac{23}{100} \times 1,945.61 = 447.49 g$$

⑤ 추가할 물의 양
첨가할 물의 양 = $W_{w(23\%)} - W_{w(14\%)}$
= 447.49 - 272.39 = 175.1g

12. 토립자의 비중 $G_s = 2.65$, 함수비 $w = 30\%$, 습윤밀도 $\gamma_t = 16.87 \text{kN/m}^3$일 때 공극비 e는?(단, 물의 단위중량은 9.81kN/m³이다.)

㉮ 0.9 ㉯ 1.0
㉰ 1.1 ㉱ 1.2

해설
① 건조단위중량(γ_d)

$$\gamma_d = \frac{\gamma_t}{1+\frac{w}{100}} = \frac{16.87}{1+\frac{30}{100}} = 12.98 \text{kN/m}^3$$

② 간극비(e)

$$e = \frac{G_s \cdot \gamma_w}{\gamma_d} - 1 = \frac{2.65 \times 9.81}{12.98} - 1 = 1.0$$

13. 현장에서 어느 시료 흙의 습윤밀도가 18.25kN/m³이고, 함수비는 18.2%, 비중은 2.650이였다. 이 때 포화도는 얼마인가?(단, 물의 단위중량은 9.81kN/m³이다.)

㉮ 60.51% ㉯ 65.51%
㉰ 70.51% ㉱ 75.51%

해설
① 건조단위중량(γ_d)

$$\gamma_d = \frac{\gamma_t}{1+\frac{w}{100}} = \frac{18.25}{1+\frac{18.2}{100}} = 15.44 \text{kN/m}^3$$

② 간극비(e)

$$e = \frac{G_s \cdot \gamma_w}{\gamma_d} - 1 = \frac{2.65 \times 9.81}{15.44} - 1 = 0.684$$

③ 포화도(S)

$$S = \frac{w}{e} \cdot G_s = \frac{18.2}{0.684} \times 2.65 = 70.51\%$$

14. 어느 흙의 지하수면 아래의 흙의 단위중량이 19.03kN/m³이었다. 이 흙의 공극비가 0.84일 때 이 흙의 비중을 구하면?(단, 물의 단위중량은 9.81kN/m³이다.)

㉮ 1.65 ㉯ 2.65
㉰ 2.73 ㉱ 3.73

해설
① 수중단위중량(γ_{sub})
지하수면 아래의 흙의 단위중량이 19.03kN/m³이면 이는 포화단위중량이므로
$\gamma_{sub} = \gamma_{sat} - \gamma_w = 19.03 - 9.81 = 9.22 \text{kN/m}^3$

② 비중(G_s)

$$\gamma_{sub} = \frac{G_s - 1}{1+e} \cdot \gamma_w \text{이므로}$$

$$G_s = \frac{\gamma_{sub} \cdot (1+e)}{\gamma_w} + 1 = \frac{9.22 \times (1+0.84)}{9.81} + 1$$
$$= 2.73$$

해답 11. ㉰ 12. ㉯ 13. ㉰ 14. ㉰

15. 단위중량이 16.48kN/m³이고, 비중이 2.7인 건조한 모래를 비속에 두었다. 비를 맞은 후 포화도가 40%로 되었으나 부피는 일정하다. 비를 맞은 후 이 흙의 단위중량은?(단, 물의 단위중량은 9.81kN/m³이다.)

㉮ 18.45kN/m³   ㉯ 13.55kN/m³
㉰ 17.96kN/m³   ㉱ 12.93kN/m³

[해설]

① 간극비(e)

$$e = \frac{G_s \cdot \gamma_w}{\gamma_d} - 1 = \frac{2.70 \times 9.81}{16.48} - 1 = 0.607$$

② 습윤밀도(γ_t)

$$\gamma_t = \frac{W}{V} = \frac{G_s + \frac{S \cdot e}{100}}{1+e} \cdot \gamma_w$$

$$= \frac{2.70 + \frac{40 \times 0.607}{100}}{1+0.607} \times 9.81 = 17.96\text{kN/m}^3$$

16. 아래 그림에서 흙 고체만의 체적 V_s는 얼마나 되겠는가?(단, 이 흙의 비중은 2.65이고, 함수비는 25%이다.)

㉮ 2.40m³
㉯ 2.72m³
㉰ 3.12m³
㉱ 3.40m³

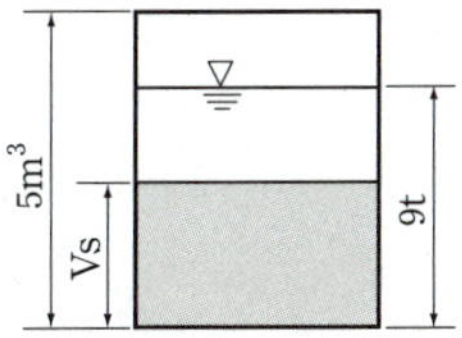

[해설]

① 습윤단위중량(γ_t)

$$\gamma_t = \frac{W}{V} = \frac{9}{5} = 1.8\text{t/m}^3$$

② 건조단위중량(γ_d)

$$\gamma_d = \frac{\gamma_t}{1+\frac{w}{100}} = \frac{1.8}{1+\frac{25}{100}} = 1.44\text{t/m}^3$$

③ 간극비(e)

$$e = \frac{G_s \cdot \gamma_w}{\gamma_d} - 1 = \frac{2.65 \times 1}{1.44} - 1 = 0.84$$

④ 흙 고체만의 체적(V_s)

$$e = \frac{V_v}{V_s} = \frac{V - V_s}{V_s} \text{ 이므로}$$

$$e \cdot V_s = V - V_s$$
$$e \cdot V_s + V_s = V$$
$$(1+e) \cdot V_s = V$$

$$V_s = \frac{V}{1+e} = \frac{5}{1+0.84} = 2.72\text{m}^3$$

17. 습윤토 1,000cm³의 교란되지 않는 시료가 있다. 이 시료의 시험결과 무게는 1,550g, 함수비는 12.5%, 비중은 2.60의 값을 얻었다. 교란되지 않는 상태의 포화도는 얼마인가?

㉮ 32%   ㉯ 37%
㉰ 44%   ㉱ 56%

[해설]

① 습윤단위중량(γ_t)

$$\gamma_t = \frac{W}{V} = \frac{1,550}{1,000} = 1.55\text{g/cm}^3$$

② 건조단위중량(γ_d)

$$\gamma_d = \frac{\gamma_t}{1+\frac{w}{100}} = \frac{1.55}{1+\frac{12.5}{100}} = 1.38\text{g/cm}^3$$

③ 간극비(e)

$$e = \frac{G_s \cdot \gamma_w}{\gamma_d} - 1 = \frac{2.60 \times 1}{1.38} - 1 = 0.88$$

④ 포화도(S)

$S \cdot e = w \cdot G_s$이므로

$$S = \frac{w}{e} \cdot G_s = \frac{12.5}{0.88} \times 2.60 = 36.93\%$$

18. 다음 중 흙의 포화밀도를 나타낸 식은?(단, e: 공극비, S: 포화도, γ_w: 물의 단위중량)

㉮ $\dfrac{G_s + e}{1+e} \cdot \gamma_w$ ㉯ $\dfrac{G_s + S \cdot e}{1+e} \cdot \gamma_w$

㉰ $\dfrac{G_s}{1+e} \cdot \gamma_w$ ㉱ $\dfrac{G_s - 1}{1+e} \cdot \gamma_w$

해답 15. ㉰ 16. ㉯ 17. ㉯ 18. ㉮

해설 포화단위중량(γ_{sat})

$\gamma_t = \dfrac{G_s + \dfrac{S \cdot e}{100}}{1+e} \cdot \gamma_w$ 에서 포화도가 100%일 때

이므로 $\gamma_{sat} = \dfrac{G_s + e}{1+e} \cdot \gamma_w$

19. 완전 포화된 흙의 단위중량이 18.54kN/m³이고, 함수비가 31.0%이었다. 이 흙의 공극비(e)와 비중(G_s)은?(단, 물의 단위중량은 9.81kN/m³이다.)

㉮ $G_s = 2.61$, $e = 0.81$
㉯ $G_s = 2.65$, $e = 0.85$
㉰ $G_s = 2.70$, $e = 0.91$
㉱ $G_s = 2.73$, $e = 0.91$

해설
① 완전 포화된 흙이므로 포화도 $S = 100\%$ 이다.
② 간극비(e)
  $S \cdot e = w \cdot G_s$ 이므로 간극비
  $e = \dfrac{w}{S} \cdot G_s = \dfrac{31}{100} \times G_s = 0.31 G_s$ ········ 식①
③ 비중(G_s)
  완전 포화된 흙이므로 포화단위중량
  $\gamma_{sat} = \dfrac{G_s + e}{1+e} \cdot \gamma_w = \dfrac{G_s + 0.31 G_s}{1 + 0.31 G_s} \times 9.81$
  $= 18.54 \text{kN/m}^3$ ················· 식②
  $12.85 G_s = 18.54(1 + 0.31 G_s)$
  $12.85 G_s = 1.89 + 5.7474 G_s$
  $12.85 G_s - 5.7474 G_s = 18.54$
  $7.1026 G_s = 18.54$
  따라서, 비중 $G_s = 2.61$
④ 간극비(e)
  비중 $G_s = 2.61$를 식①에 대입하면
  $e = 0.31 G_s = 0.31 \times 2.61 = 0.81$

20. 다음 관계식 중 옳지 않은 것은?

㉮ $\gamma_t = \dfrac{G_s + S \cdot e}{1+e} \cdot \gamma_w$
㉯ $\gamma_d = \dfrac{G_s}{1+e} \cdot \gamma_w$
㉰ $\gamma_{sat} = \dfrac{G_s + e}{1+e} \cdot \gamma_w$
㉱ $\gamma_{sub} = \dfrac{1 - G_s}{1+e} \cdot \gamma_w$

해설 수중단위중량(γ_{sub})

$\gamma_{sub} = \gamma' = \gamma_{sat} - \gamma_w = \dfrac{G_s + e}{1+e} \cdot \gamma_w - \gamma_w$
$= \dfrac{G_s - 1}{1+e} \cdot \gamma_w$

21. 도로를 축조하기 위하여 토취장에서 시료를 채취하여 함수비를 측정하였더니 10%밖에 안되어 다짐이 잘 되지 않았다. 이 흙을 최적함수비인 22%정도로 올리려면 1m³ 당 몇 kg의 물을 가해야 하는가?(단, 이 흙의 습윤밀도는 2.50t/m³이라고 하고 공극비는 일정하다고 본다.)

㉮ 168.2kg
㉯ 204.6kg
㉰ 272.8kg
㉱ 290.7kg

해설
① 문제의 핵심 : 함수비가 변화하면 물의 중량 W_w가 변하여 전체중량 W은 변하지만 흙 입자만의 중량 W_s는 변하지 않는다.
② 전체 흙 1m³일 때의 전체중량(W)
  $\gamma_t = \dfrac{W}{V} = 2.5 \text{t/m}^3$ 이면, 흙 1m³($V = 1\text{m}^3$)에 대한 흙의 중량은
  $W = W_s + W_w = \gamma_t \cdot V = 2.5\text{t} = 2,500 \text{kg}$
③ 흙 입자 만의 중량(W_s)
  $W_s = \dfrac{W}{1 + \dfrac{w}{100}} = \dfrac{2,500}{1 + \dfrac{11}{100}} = 2,272.7 \text{kg}$

해답 19. ㉮ 20. ㉱ 21. ㉰

 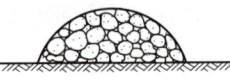

$w=10\%$ $w=22\%$

④ 함수비 10%일 때의 물의 중량($W_{w(10\%)}$)

$W_{w(10\%)} = W - W_s = 2,500 - 2,272.7 = 227.3 \text{kg}$

⑤ 함수비 22%일 때의 물의 중량($W_{w(22\%)}$)

함수비가 변하여도 흙 입자만의 중량 W_s 는 변하지 않으므로

함수비 $w = \dfrac{W_w}{W_s} \times 100 = \dfrac{W_w}{2,272.7} \times 100 = 22\%$

이므로 $W_{w(22\%)} = \dfrac{22}{100} \times 2,272.7 = 499.994 \text{kg}$

⑥ 첨가할 물의 량

첨가할 물의 량 $= W_{w(22\%)} - W_{w(10\%)}$
$= 499.994 - 227.3 = 272.694 \text{kg}$

22. 어떤 흙 층의 지하수위가 1m강하되었다. 강하 후 흙 층의 포화도를 50%라하고 건조밀도 $\gamma_d = 1.63 \text{t/m}^3$, 포화밀도 $\gamma_{sat} = 1.74 \text{t/m}^3$라 할 때 수위가 강하된 흙 층의 습윤밀도는?

㉮ 약 0.110t/m^3
㉯ 약 0.870t/m^3
㉰ 약 1.685t/m^3
㉱ 약 1.745t/m^3

[해설]

① 비중(G_s)

$\gamma_d = \dfrac{W_s}{V} = \dfrac{G_s \cdot \gamma_w}{1+e} = 1.63 \text{t/m}^3$ 이고,

$\gamma_w = 1.0 \text{t/m}^3$ 이므로

$G_s = 1.63 \times (1+e) = 1.63 + 1.63e$ ---------- 식①

$\gamma_{sat} = \dfrac{G_s + e}{1+e} \cdot \gamma_w = 1.74 \text{t/m}^3$ 이고,

$\gamma_w = 1.0 \text{t/m}^3$ 이므로

$G_s + e = 1.74 \times (1+e)$에서 $G_s = 1.74 + 0.74e$ - 식②

식①과 식②를 풀면

$1.74 + 0.74e = 1.63 + 1.63e$
$0.89e = 0.11$
$e = 0.124$이며, 이를 식②에 대입하면
$G_s = 1.74 + 0.74e = 1.74 + 0.74 \times 0.124 = 1.832$이다.

② 포화도가 50%인 흙의 습윤밀도(γ_t)

$\gamma_t = \dfrac{G_s + \dfrac{S \cdot e}{100}}{1+e} \cdot \gamma_w = \dfrac{1.832 + \dfrac{50 \times 0.124}{100}}{1+0.124} \times 1$

$= 1.685 \text{t/m}^3$

23. 흙의 상대밀도를 구하는 식은?

㉮ $D_r = \dfrac{e_{max} - e_{min}}{e - e_{min}} \times 100(\%)$

㉯ $D_r = \dfrac{e_{max} - e}{e_{max} - e_{min}} \times 100(\%)$

㉰ $D_r = \dfrac{e - e_{min}}{e_{max} - e_{min}} \times 100(\%)$

㉱ $D_r = \dfrac{e_{max} - e_{min}}{e_{max} - e} \times 100(\%)$

[해설] 상대밀도(D_r)

$D_r = \dfrac{e_{max} - e}{e_{max} - e_{min}} \times 100$

$= \dfrac{\gamma_{dmax}}{\gamma_d} \cdot \dfrac{\gamma_d - \gamma_{dmin}}{\gamma_{dmax} - \gamma_{dmin}} \times 100$

24. 모래지반을 다져 공극비를 e_{min}에 이르도록 하였다고 하면 이 모래지반의 상대밀도 D_r은?

㉮ 0   ㉯ 0.5
㉰ 1.0   ㉱ 2.0

[해설] 상대밀도(D_r)

$D_r = \dfrac{e_{max} - e}{e_{max} - e_{min}} \times 100$에서 $e = e_{min}$을 대입하면

$D_r = \dfrac{e_{max} - e_{min}}{e_{max} - e_{min}} \times 100 = 100\%$

즉, 간극비가 e_{min}이 되면, 가장 촘촘한 상태가 되므로 상대밀도는 100%이다.

해답 22. ㉰ 23. ㉯ 24. ㉰

25. 흙의 Atterberg(아터버그)한계는 다음 어느 것으로 표시하는가?

㉮ 포화도 ㉯ 함수비
㉰ 공극률 ㉱ 점토 함유율

[해설] 아터버그한계
① 종류는 수축한계(w_s), 소성한계(w_p), 액성한계(w_L)가 있다.
② 시료는 No.40번체를 통과한 흐트러진 흙을 사용한다.
③ 단위는 함수비(%)로서 나타낸다.

26. 흙 시료의 소성한계 측정은 몇 번체를 통과한 것을 사용하는가?

㉮ No.200번체 ㉯ No.40번체
㉰ No.80번체   ㉱ No.10번체

[해설] 소성한계(w_p)
① 시료는 No.40번체를 통과한 흐트러진 흙을 사용한다.
② 단위는 함수비(%)로서 나타낸다.

27. Brass제의 접시에 물로 반죽한 흙을 담고 홈을 판 다음, 1cm 낙하 높이에서 25회 타격으로 13mm가 붙게 되었다. 이 것은 무엇을 알기 위한 것인가?

㉮ 아터버그한계 ㉯ 액성한계
㉰ 소성한계   ㉱ 수축한계

[해설]
① 액성한계(w_L) : 시험방법(KS F 2303)
  ㉠ 낙하높이 : 1cm
  ㉡ 낙하속도 : 1초에 2회
  ㉢ 합쳐진 길이 : 1.5cm
  ㉣ 액성한계 : 낙하회수 25회에 해당되는 함수비(%)
② 문제의 내용은 미국 ASTM규정의 표준액성한계시험방법(합쳐진 길이13mm)에 관한 것이다. 즉, KS F에서는 15mm로 규정하고 있다.

28. 흙의 액성한계는 다음 중 어느 것으로 표시하는가?

㉮ 포화도 ㉯ 공극비
㉰ 공극률 ㉱ 함수비

[해설]
액성한계(w_L)는 낙하회수 25회에 해당되는 함수비(%)이다.

29. 액성한계에 관한 다음 설명 중 옳지 않은 것은?

㉮ 흙이 유동할 때의 최소 함수비를 말한다.
㉯ 일반적으로 점착성이 있는 흙의 성질을 나타내는 것이다.
㉰ 흙이 액성에서 소성으로 옮겨지는 한계를 말한다.
㉱ 세립토의 함유율이 높을수록 액성한계는 감소한다.

[해설] 액성한계(w_L)의 특성
① 점토분이 많을수록 액성한계가 크며, 소성지수가 크다.
② 점토분이 많을수록 함수비 변화에 대한 수축, 팽창이 크다.
③ 점토분이 많을수록 압밀침하가 생기므로 노반의 재료로 부적당하다.

30. 액성한계와 소성한계에 대한 기술 중 옳지 않은 것은?

㉮ 액성한계가 큰 흙은 점토분이 많다는 것을 의미한다.
㉯ 소성한계가 크다는 것은 그 흙도 또한 점토분이 많다는 것을 의미한다.
㉰ 액성한계나 소성지수가 큰 흙은 일반적으로 연약한 지반이다.
㉱ 자연함수비와 액성한계가 같은 지반은 단단한 지반이다.

해답 25. ㉯ 26. ㉯ 27. ㉯ 28. ㉱ 29. ㉱ 30. ㉱

[해설]
① 액성한계(w_L)의 특성
  ㉠ 점토분이 많을수록 액성한계가 크며, 소성지수가 크다.
  ㉡ 액성한계와 소성지수가 큰 흙은 연약한 지반이다.
  ㉢ 자연함수비가 액성한계보다 크거나 같아지면 그 지반은 대단히 연약한 상태이다.
② 액성한계 시험은 전단강도시험의 일종이며, 액성한계 때의 전단강도는 20~25g/cm²이며, 이는 흙의 최소전단강도이다.

31. 수축한계 시험을 하는데 필요하지 않다고 생각되는 것은?

㉮ No.40체 ㉯ 메스실린더
㉰ 수은 ㉱ 비중계

[해설]
① 수축한계 시험(KS F2305)의 시험용구
  ㉠ 수축접시(지름 4.5cm, 높이 13mm 정도)
  ㉡ No.40체   ㉢ 수은
  ㉣ 메스실린더(25mℓ)   ㉤ 깔때기
② 비중계는 흙의 입도 시험(KS F 2302)에서 사용된다.

32. 다음과 같은 토질시험 중에서 현장에서 이루어지지 않는 시험은?

㉮ 베인전단 시험 ㉯ 표준관입 시험
㉰ 수축한계 시험 ㉱ 원추관입 시험

[해설]
① 토질 시험은 크게 실내 시험과 실외(현장) 시험으로 나눌 수 있다.
② 수축한계 시험은 실내 시험이다.

33. 흙의 연경도에 관한 다음 중에서 틀린 것은?

㉮ 소성지수는 액성한계와 소성한계의 차로서 표시된다.
㉯ 수축한계를 지나서도 수축이 계속되는 것이 보통이다.
㉰ 유동지수는 유동곡선의 기울기다.
㉱ 어떤 흙의 함수비가 소성한계보다 높으면 그 흙은 소성상태 또는 액성상태에 있다고 할 수 있다.

[해설] 수축한계(w_p)
① 고체에서 반고체상태로 변하는 경계함수비이다.
② 함수량을 감소해도 체적이 감소하지 않고 함수비가 그 양 이상으로 증가하면 체적이 증대하는 한계의 함수비이다.

34. $I_L = \dfrac{w - w_p}{IP}$ 식으로 나타내는 액성지수(Liquidity index)에 관한 다음 사항 중 옳지 않은 것은?

㉮ 액성지수의 값은 일반적인 경우 0에서 1사이이다.
㉯ 액성지수의 값이 1에 가깝다는 것은 유동의 가능성을 뜻한다.
㉰ 액성지수의 값이 0에 가깝다는 것은 안정된 점토를 뜻한다.
㉱ 액성지수의 값은 흙의 투수계수를 추정하는데 이용된다.

[해설] 액성지수(LI, I_L)
① 액성지수의 범위는 $-\infty$에서 $+\infty$ 사이이다. 그러나 일반적인 경우 0에서 1사이이다.
② 흙의 안정성 파악에 이용된다.

35. 입경가적곡선에서 통과중량백분율이 10%에 해당되는 입경(D_{10})과 직접적인 관련이 없는 것은?

㉮ No.10체눈 크기
㉯ 유효입경
㉰ 균등계수
㉱ 곡률계수

해답 31. ㉱ 32. ㉰ 33. ㉯ 34. ㉱ 35. ㉮

해설

① D_{10}이란 입경가적곡선에서 통과중량백분율을 10%에 해당되는 입자의 지름이다.
② D_{10}은 유효입경이라 한다.
③ 균등계수(C_u)

$$C_u = \frac{D_{60}}{D_{10}}$$

④ 곡률계수(C_g)

$$C_g = \frac{D_{30}^2}{D_{10} \times D_{60}}$$

⑤ 투수계수에 대한 경험공식(Hazen 공식)

$$K = C \cdot D_{10}^2$$

여기서, $C : 100 \sim 150/cm \cdot sec$

36. 흙의 입경가적곡선에 관한 설명 중 옳은 것은?

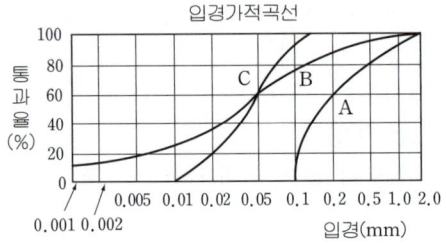

㉮ A는 B보다 유효입경이 작다.
㉯ A는 B보다 균등계수가 작다.
㉰ A는 B보다 균등계수가 크다.
㉱ B는 C보다 유효입경이 크다.

해설
① 유효입경의 크기는 D_{10}을 의미한다. 즉, 통과중량 백분율 10%에 해당하는 입자의 지름이다. 따라서, A > C > B의 순서이다.
② 입경가적곡선의 기울기가 완만할수록 균등계수가 크다. 따라서, 균등계수는 A가 B보다 작다.

37. 점토냐 아니냐를 시험결과로 판정코자 한다. 가장 관계가 먼 것은?

㉮ 액성한계
㉯ 포화도
㉰ 소성지수
㉱ No.200번체 통과량

해설
① 점토분이 많을수록 액성한계가 크다.
② 점토분이 많을수록 소성지수가 크다.
③ No.200체 통과량이 50% 이상이면 세립토(M, C, O)이다.

38. 다음 흙의 특성 중 모래와 점토에 있어서 그 값이 가장 여러 배 차이가 나는 것은?

㉮ 토압계수   ㉯ 전단강도
㉰ 투수계수   ㉱ 압축계수

해설 흙의 종류에 따라 그 특성 값이 크게 변하는 것
① 투수계수(K)
② 압밀계수(a_v)

39. 흙을 분류하는 데 쓰이는 소성도표에선 A선을 나타내는 수식은?(단, PI : 소성지수, w_L : 액성한계)

㉮ $PI = 0.073(w_L - 20)$
㉯ $PI = 0.009(w_L - 20)$
㉰ $PI = 0.07(w_L - 20)$
㉱ $PI = 0.73(w_L - 20)$

해설
① A선은 $I_p = 0.73(w_L - 20)$으로서, A선 위는 점토를 A선 아래는 실트 및 유기질토를 나타낸다.
② B선은 $w_L = 50\%$으로서, B선 왼쪽은 저압축성을 B선 오른쪽은 고압축성을 나타낸다.
③ 흐트러지지 않은 점토의 압축지수(C_c)는 $C_c = 0.009(w_L - 10)$이다.

해답 36. ㉯ 37. ㉯ 38. ㉰ 39. ㉱

40. 소성도표에 대한 설명 중 옳지 않은 것은?

㉮ A선의 방정식은 $I_p = 0.73(w_L - 10)$이다.
㉯ 액성한계를 횡좌표, 소성지수를 종좌표로 한다.
㉰ 흙의 분류에 사용된다.
㉱ 흙의 성질을 파악하는데 사용할 수 있다.

해설 소성도표
① Casagrande가 액성한계와 소성지수를 사용하여 소성도표를 만들었다.
② A선은 $I_p = 0.73(w_L - 20)$으로서, A선 위는 점토를 A선 아래는 실트 및 유기질토를 나타낸다.
③ B선은 $w_L = 50\%$으로서, B선 왼쪽은 저압축성을 B선 오른쪽은 고압축성을 나타낸다.

41. 통일분류법(U.S.C.S)에 의한 흙의 분류에서 조립토인 자갈과 모래를 구별할 때 몇 번체 통과율 50%를 기준으로 하는가?

㉮ No.4체
㉯ No.10체
㉰ No.40체
㉱ No.200체

해설 통일분류법에서
① 자갈 : No.4체 통과량이 50% 이하
② 모래 : No.4체 통과량이 50% 이상

42. 통일분류법에 의한 흙의 분류에서 입도분포가 나쁘고, 세립토를 거의 함유하지 않은 모래의 분류는?

㉮ SP
㉯ SW
㉰ SM
㉱ SC

해설 문제에서는 모래이므로 제 1 문자는 S이며, 세립분이 거의 없고(No.200체 통과율 5%이하), 입도분포가 나쁘므로 제 2 문자는 P 이다. 즉, SP이다.

43. 다음 중 압축성이 큰 점토의 통일분류 기호는?

㉮ SW
㉯ CL
㉰ MH
㉱ CH

해설 문제에서 점토이므로 제 1 문자는 C이며, 압축성이 큰 점토이므로 제 2 문자는 H이다. 즉, CH이다.

44. 통일분류법에서 실트질 자갈을 표시하는 약어는?

㉮ GW
㉯ GP
㉰ GM
㉱ GC

해설 통일분류법에서 자갈이므로 제 1 문자는 G이며, 실트질 흙이므로 제 2 문자는 M이 있어야 한다. 즉, GM이다.

45. 통일분류법에서 CH로 표시되는 흙은 다음 중 어느 것인가?

㉮ 자갈질 점토
㉯ 모래질 점토
㉰ 실트질 점토
㉱ 소성이 큰 점토

해설
① 통일분류법에서 제 1 문자가 C이므로 점토이며, 제 2 문자가 H이므로 액성한계가 50% 이상인 압축성이 큰 흙이다.
② 압축성이 크기 위해서는 세립분이 많아야 하며, 세립분이 많으면 액성한계와 소성지수가 크다.
③ 문제에서 CH는 압축성이 큰 점토이다.

46. 통일분류법에 의해 분류한 흙의 분류기호 중 도로 노반으로서 가장 좋은 흙은?

㉮ CL
㉯ ML
㉰ SP
㉱ GW

해설 도로 노반으로서 가장 좋은 흙은 입도분포가 좋은 자갈인 GW이다.

해답 40. ㉮ 41. ㉮ 42. ㉮ 43. ㉱ 44. ㉰ 45. ㉱ 46. ㉱

47. No.4체 통과율 90%, No.200체 통과율 4%이고, $D_{10}=0.25$ mm, $D_{30}=0.6$ mm, $D_{60}=2$ mm인 흙을 통일분류법으로 분류하면?

㉮ GM
㉯ GP
㉰ SW
㉱ SP

해설
① 균등계수(C_u)
$$C_u = \frac{D_{60}}{D_{10}} = \frac{2}{0.25} = 8$$
② 곡률계수(C_g)
$$C_g = \frac{D_{30}^2}{D_{10} \cdot D_{60}} = \frac{0.6^2}{0.25 \times 2} = 0.72$$
③ 입도분포
균등계수 $C_u = 8 > 6$ 이나, 곡률계수 $C_g = 0.72$ 이므로 입도분포가 나쁘다.
④ 판정
No.200체 통과량이 50% 이하이므로 조립토(G, S)이며, No.4체 통과량이 50% 이상이므로 모래(S)이다. 따라서, 입도분포가 나쁜 모래(SP)가 된다.

48. 군지수(Group Index, G.I)로서 노상토 재료의 적부를 판정하는 흙 분류 방법은?

㉮ 삼각좌표분류법
㉯ FAA분류법
㉰ AASHTO분류법
㉱ 통일분류법

해설
① AASHTO분류법의 분류방법
흙의 입도분석, 액성한계, 소성한계, 소성지수, 군지수를 사용한다.
② 군지수가 클수록 공학적 성질이 불량하며 도로노반 재료로서 불량하다.

49. 군지수(GI)를 구하는 식에서 a(상수)는 No.200체 통과량에서 얼마를 뺀 값인가?

㉮ 35
㉯ 25
㉰ 15
㉱ 45

해설 군지수(GI)
$GI = 0.2a + 0.005ac + 0.01bd$
a = No.200체 통과율 − 35
b = No.200체 통과율 − 15
c = 액성한계 − 40
d = 소성지수 − 10

50. 풍화작용에 의하여 분해되어 원위치에서 이동하지 않고 모암의 광물질을 덮고 있는 상태의 흙은?

㉮ 호상토(Lacustrine soils)
㉯ 충적토(Alluvial soil)
㉰ 빙적토(Glacial soils)
㉱ 잔적토(Residual soil)

해설
잔적토(잔류토)
풍화작용에 의해 생성된 흙이 운반되지 않고 원래 암반 상에 남아서 토층을 형성하고 있는 흙이다.

51. 미세한 모래와 실트가 작은 아치를 형성한 고리모양의 구조로써 간극비가 크고, 보통의 정적하중을 지탱할 수 있으나 무거운 하중 또는 충격하중을 받으면 흙구조가 부서지고 큰 침하가 발생되는 흙의 구조는?

㉮ 면모구조
㉯ 벌집구조
㉰ 분산구조
㉱ 중구조

해설
봉소구조(honeycombed structure)
① 실트, 점토가 물 속에 침강할 때 생기는 구조이다.
② 단립구조보다 공극이 크다.
③ 충격, 진동에 약하다.

해답 47. ㉱ 48. ㉰ 49. ㉮ 50. ㉱ 51. ㉯

52. 흐트러진 흙을 자연 상태의 흙과 비교하였을 때 잘못된 설명은?

㉮ 투수성이 크다.
㉯ 간극이 크다.
㉰ 전단강도가 크다.
㉱ 압축성이 크다.

해설
흐트러진 흙을 자연 상태의 흙에 비하여 전단강도가 작다.

53. 흐트러진 흙은 자연 상태의 흙에 비해서 다음과 같은 차이점이 있다. 다음 중 옳지 않은 것은?

㉮ 투수성이 크다.
㉯ 전단강도가 낮다.
㉰ 밀도가 낮다.
㉱ 압축성이 작다.

해설
흐트러진 흙은 자연 상태의 흙에 비하여 압축성이 크다.

54. 다음 중 교란 시료를 이용하여 수행하는 토질 시험이 아닌 것은?

㉮ 투수시험   ㉯ 입도분석시험
㉰ 유기물 함량시험   ㉱ 액·소성한계시험

해설

흙의 물리적 성질	흙의 공학적 성질
① 흙의 구성 상태나 구성 요소간의 상관관계 등을 말한다.	① 자연상태의 흙이 가지고 있는 투수성, 압축성, 강도 등을 말한다.
② 함수비 시험, 비중 시험, 아터버그한계 시험, 입도분석 시험 등이 있다.	② 투수 시험, 압밀 시험, 전단강도 시험, 다짐 시험, CBR 시험 등이 있다.
③ 교란된(흐트러진) 시료를 사용한다.	③ 불교란(흐트러지지 않은) 시료를 사용한다.

따라서, 투수시험은 불교란(흐트러지지 않은) 시료를 사용한다.

55. 어떤 흙의 건조단위중량이 16.09kN/m³이었다. 이 흙 입자의 비중이 2.69일 때 간극률은?(단, 물의 단위중량은 9.81kN/m³이다.)

㉮ 36%   ㉯ 39%
㉰ 42%   ㉱ 45%

해설
① 간극비(e)
$$e = \frac{G_s \cdot \gamma_w}{\gamma_d} - 1 = \frac{2.69 \times 9.81}{16.09} - 1 = 0.64$$
② 간극률(n)
$$n = \frac{e}{1+e} \times 100 = \frac{0.64}{1+0.64} \times 100 = 39.02\%$$

56. 부피 100cm³의 시료가 있다. 젖은 흙의 무게가 180g인데 노건조 후 무게를 측정하니 140g이었다. 이 흙의 간극비는?(단, 이 흙의 비중은 2.65이다.)

㉮ 1.472   ㉯ 0.893
㉰ 0.627   ㉱ 0.470

해설
① 건조단위중량(γ_d)
$$\gamma_d = \frac{W_s}{V} = \frac{140}{100} = 1.4 \text{ g/cm}^3$$
② 공극비(e)
$$e = \frac{G_s \cdot \gamma_w}{\gamma_d} - 1 = \frac{2.65 \times 1}{1.4} - 1 = 0.893$$

57. 자연함수비를 측정할 때 무게 60.5g의 용기에 흙을 넣고 무게를 측정하여 120.8g을 얻었고, 이것을 건조로에 넣어 건조시킨 후 무게가 105.4g이었다면 자연함수비는?

㉮ 25.5%   ㉯ 34.3%
㉰ 74.5%   ㉱ 87.3%

해설
① 물의 중량(W_w)
$W_w = 120.8 - 105.4 = 15.4 \text{ g}$
② 흙 입자의 중량(W_s)
$W_s = 105.4 - 60.5 = 44.9 \text{ g}$
③ 함수비(w)
$$w = \frac{W_w}{W_s} \times 100 = \frac{15.4}{44.9} \times 100 = 34.3\%$$

해답 52. ㉰ 53. ㉱ 54. ㉮ 55. ㉯ 56. ㉯ 57. ㉯

58. 흙의 전체단위체적당 중량은 18.84kN/m³이고 이 흙의 함수비는 20%이며, 흙의 비중은 2.65라고 하면 건조단위중량은?(단, 물의 단위중량은 9.81kN/m³이다.)

㉮ 15.30kN/m³   ㉯ 15.70kN/m³
㉰ 17.17kN/m³   ㉱ 17.66kN/m³

[해설]
건조단위중량(γ_d)

$$\gamma_d = \frac{\gamma_t}{1+\frac{w}{100}} = \frac{18.84}{1+\frac{20}{100}} = 15.70 \text{ kN/m}^3$$

59. 부피가 2,208cm³이고 무게가 4,000g인 몰드 속에 흙을 다져 넣어 무게를 측정하였더니 8,294g이었다. 이 몰드 속에 있는 흙을 시료 추출기를 사용하여 추출한 후 함수비를 측정하였더니 12.3%이었다. 이 흙의 건조단위중량은 얼마인가?

㉮ 1.942g/cm³   ㉯ 1.732g/cm³
㉰ 1.812g/cm³   ㉱ 1.614g/cm³

[해설]
① 현장의 습윤단위중량(γ_t)

$$\gamma_t = \frac{W}{V} = \frac{8,294-4,000}{2,208} = 1.945 \text{ g/cm}^3$$

② 현장의 건조단위중량(γ_d)

$$\gamma_d = \frac{\gamma_t}{1+\frac{w}{100}} = \frac{1.945}{1+\frac{12.3}{100}} = 1.732 \text{ g/cm}^3$$

60. 아래 그림과 같은 흙의 3상도에서 흙입자만의 부피(V_s)는 얼마나 되겠는가?(단, 이 흙의 비중은 2.65이고, 함수비는 25%이다.)

㉮ 2.40m³
㉯ 2.72m³
㉰ 3.12m³
㉱ 3.40m³

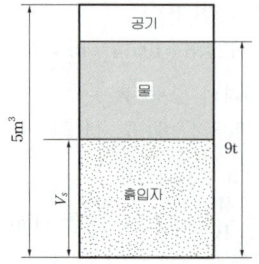

[해설]
① 습윤단위중량(γ_t)

$$\gamma_t = \frac{W}{V} = \frac{9}{4} = 1.8 \text{ t/m}^3$$

② 건조단위중량(γ_d)

$$\gamma_d = \frac{\gamma_t}{1+\frac{w}{100}} = \frac{1.8}{1+\frac{25}{100}} = 1.44 \text{ t/m}^3$$

③ 간극비(e)

$$e = \frac{G_s \cdot \gamma_w}{\gamma_d} - 1 = \frac{2.65 \times 1}{1.44} - 1 = 0.84$$

④ 흙입자만의 부피(V_s)

$$e = \frac{V_v}{V_s} = \frac{V-V_s}{V_s} = 0.84 \text{ 이므로}$$

$$\frac{5-V_s}{V_s} = 0.84 \text{ 이고}$$

$$5-V_s = 0.84 V_s$$

$$V_s = 2.72 \text{ m}^3$$

61. 흙의 습윤단위무게(γ_t)가 12.75kN/m³이며 함수비가 60.5%인 흙의 비중이 2.70일 때 포화단위무게를 구하면?(단, 물의 단위중량은 9.81kN/m³이다.)

㉮ 7.95kN/m³   ㉯ 14.80kN/m³
㉰ 17.66kN/m³   ㉱ 22.86kN/m³

[해설]
① 건조단위중량(γ_d)

$$\gamma_d = \frac{\gamma_t}{1+\frac{w}{100}} = \frac{12.75}{1+\frac{60.5}{100}} = 7.94 \text{ kN/m}^3$$

② 간극비(e)

$$e = \frac{G_s \cdot \gamma_w}{\gamma_d} - 1 = \frac{2.70 \times 9.81}{7.94} - 1 = 2.34$$

③ 포화단위중량(γ_{sat})

$$\gamma_{sat} = \frac{G_s+e}{1+e} \cdot \gamma_w = \frac{2.70+2.34}{1+2.34} \times 9.81 = 14.80 \text{ kN/m}^3$$

해답 58. ㉯ 59. ㉯ 60. ㉯ 61. ㉯

62. 1m³의 포화점토를 채취하여 습윤단위무게와 함수비를 측정한 결과 각각 16.48kN/m³와 60%였다. 이 포화점토의 비중은 얼마인가?
(단, 물의 단위중량은 9.81kN/m³이다.)

㉮ 2.14   ㉯ 2.84
㉰ 1.58   ㉱ 1.31

해설
① 건조단위중량(γ_d)
$$\gamma_d = \frac{\gamma_t}{1+\frac{w}{100}} = \frac{16.48}{1+\frac{60}{100}} = 10.30 \text{ kN/m}^3$$
② 간극비(e)
포화점토에서 포화도는 100%이므로
$$e = \frac{w}{S} \cdot G_s = \frac{60}{100} \times G_s = 0.60 G_s$$
③ 비중(G_s)
$$\gamma_d = \frac{G_s \cdot \gamma_w}{1+e} \text{에서 } 10.30 = \frac{G_s \times 9.81}{1+0.60 G_s}$$
$$10.30 \times 1 + 6.18 G_s = 9.81 G_s$$
$$3.63 G_s = 10.30$$
$$G_s = 2.84$$

63. 완전히 포화된 흙의 함수비가 48%이었다. 이때 흙의 습윤단위중량이 18.74kN/m³이었다. 이 흙의 비중은 얼마인가?(단, 물의 단위중량은 9.81kN/m³이다.)

㉮ 3.39   ㉯ 3.09
㉰ 2.74   ㉱ 2.69

해설
① 건조단위중량(γ_d)
$$\gamma_d = \frac{\gamma_t}{1+\frac{w}{100}} = \frac{18.74}{1+\frac{48}{100}} = 12.66 \text{ kN/m}^3$$
② 간극비(e)
$$e = \frac{w}{S} \cdot G_s = \frac{48}{100} \times G_s = 0.48 G_s$$
③ 비중(G_s)
$$\gamma_d = \frac{G_s \cdot \gamma_w}{1+e} \text{에서 } 12.66 = \frac{G_s \times 9.81}{1+0.48 G_s}$$
$$12.66 \times 1 + 6.08 G_s = 9.81 G_s$$
$$3.73 G_s = 12.66$$
$$G_s = 3.39$$

64. 어느 흙의 지하수면 아래의 흙의 단위중량이 19.03kN/m³이었다. 이 흙의 공극비가 0.84일 때 이 흙의 비중을 구하면? (단, 물의 단위중량은 9.81kN/m³이다.)

㉮ 1.65   ㉯ 2.65
㉰ 2.73   ㉱ 3.73

해설
1. 수중단위중량(γ_{sub})
지하수면 아래의 흙의 단위중량이 19.03kN/m³이면 이는 포화단위중량이므로
$$\gamma_{sub} = \gamma_{sat} - \gamma_w = 19.03 - 9.81 = 9.22 \text{ kN/m}^3$$
2. 비중(G_s)
$$\gamma_{sub} = \frac{G_s - 1}{1+e} \cdot \gamma_w \text{이므로}$$
$$G_s = \frac{\gamma_{sub} \cdot (1+e)}{\gamma_w} + 1 = \frac{9.22 \times (1+0.84)}{9.81} + 1$$
$$= 2.73$$

65. 어떤 흙의 건조단위중량이 16.912kN/m³이고, 비중이 2.65일 때 다음 설명 중 틀린 것은?(단, 물의 단위중량은 9.81kN/m³이다.)

㉮ 간극비는 0.537이다.
㉯ 간극률은 34.94%이다.
㉰ 포화상태의 함수비는 20.26%이다.
㉱ 포화단위중량은 21.81kN/m³이다.

해설
① 간극비(e)
$$e = \frac{G_s \cdot \gamma_w}{\gamma_d} - 1 = \frac{2.65 \times 9.81}{16.912} - 1 = 0.537$$
② 간극률(n)
$$n = \frac{e}{1+e} \times 100 = \frac{0.537}{1+0.537} \times 100 = 34.94\%$$
③ 함수비(w)
포화상태에 있으므로 포화도 $S = 100\%$이므로
$$w = \frac{S}{G_s} \cdot e = \frac{100}{2.65} \times 0.536 = 20.26\%$$
④ 포화단위중량(γ_{sat})
$$\gamma_{sat} = \frac{G_s + e}{1+e} \gamma_w = \frac{2.65 + 0.537}{1+0.537} \times 9.81$$
$$= 20.34 \text{ kN/m}^3$$

해답 62. ㉯   63. ㉮   64. ㉰   65. ㉱

66. 다음 상대밀도에 대한 설명으로 옳은 것은?

㉮ 주로 점토와 같은 세립토에 사용된다.
㉯ 60%정도이면 느슨한 상태이다.
㉰ 보통 진동다짐에 의하여 e_{max}, 건조모래를 가만히 유입함으로서 e_{min} 을 측정한다.
㉱ 흙의 조밀 또는 느슨한 상태를 알려할 때 공극비만으로는 명확하지 못하므로 상대밀도를 사용하다.

[해설]
① 주로 모래와 같은 조립립토에 사용된다.
② 60%정도이면 보통 상태이다.
③ 보통 진동다짐에 의하여 e_{min}, 건조모래를 가만히 유입함으로서 e_{max} 을 측정한다.

67. 어떤 시료가 조밀한 상태에 있는가. 느슨한 상태에 있는가를 나타내는데 쓰이며, 주로 모래와 같은 조립토에서 사용되는 것은?

㉮ 상대밀도 ㉯ 건조밀도
㉰ 포화밀도 ㉱ 수중밀도

[해설]
상대밀도(D_r)는 자연상태 조립토의 조밀한 정도를 나타내는 것으로 모래의 다짐 정도를 간극비(e) 또는, 건조단위중량(γ_d)으로 나타낸다.

68. 사질토에서 상대밀도가 1이란 어떤 상태인가?

㉮ 가장 촘촘한 상태
㉯ 중간 정도의 다짐상태
㉰ 가장 느슨한 상태
㉱ 물속에 잠긴 상태

[해설]
상대밀도 값은 가장 느슨한 상태에서는 $e=e_{max}$ 가 되어 상대밀도는 0%이며, 가장 촘촘한 상태에서는 $e=e_{min}$ 이 되어 상대밀도가 100%가 된다.

69. 비중이 2.70이며 함수비가 25%인 어느 현장 사질토 5m³ 의 무게가 8.0t이었다. 이 사질토를 최대로 조밀하게 다졌을 때와 최대로 느슨한 상태의 간극비가 각각 0.8과 1.20이었다. 이 현장 모래의 상대밀도는?

㉮ 22.5% ㉯ 32.5%
㉰ 42.5% ㉱ 52.5%

[해설]
① 습윤단위중량(γ_t)
$$\gamma_t = \frac{W}{V} = \frac{8}{5} = 1.6 \, t/m^3$$
② 건조단위중량(γ_d)
$$\gamma_d = \frac{\gamma_t}{1+\frac{w}{100}} = \frac{1.6}{1+\frac{25}{100}} = 1.28 \, g/cm^3$$
③ 간극비(e)
$$e = \frac{G_s \cdot \gamma_w}{\gamma_d} - 1 = \frac{2.70 \times 1}{1.28} - 1 = 1.11$$
④ 상대밀도(Relative density, D_r)
$$D_r = \frac{e_{max}-e}{e_{max}-e_{min}} \times 100$$
$$= \frac{1.20-1.11}{1.20-0.8} \times 100 = 22.5\%$$

70. 모래지반의 현장상태 습윤단위중량을 측정한 결과 17.66kN/m³ 으로 얻어졌으며 동일한 모래를 채취하여 실내에서 가장 조밀한 상태의 간극비를 구한 결과 e_{min}=0.45, 가장 느슨한 상태의 간극비를 구한 결과 e_{max}=0.92를 얻었다. 현장상태의 상대밀도는 약 몇 %인가?(단, 모래의 비중 G_s=2.70이고, 현장상태의 함수비 w=10%이고 물의 단위중량은 9.81kN/m³이다.)

㉮ 44% ㉯ 57%
㉰ 64% ㉱ 80%

[해설]
① 건조단위중량(γ_d)
$$\gamma_d = \frac{\gamma_t}{1+\frac{w}{100}} = \frac{17.66}{1+\frac{10}{100}} = 16.05 \, kN/m^3$$
② 간극비(e)
$$e = \frac{G_s \cdot \gamma_w}{\gamma_d} - 1 = \frac{2.70 \times 9.81}{16.05} - 1 = 0.65$$

해답 66. ㉱ 67. ㉮ 68. ㉮ 69. ㉮ 70. ㉯

③ 상대밀도(Relative density, D_r)

$$D_r = \frac{e_{max} - e}{e_{max} - e_{min}} \times 100$$
$$= \frac{0.92 - 0.65}{0.92 - 0.45} \times 100 = 57.45\%$$

71. 다짐되지 않은 두께 2m, 상대밀도 45%의 느슨한 사질토 지반이 있다. 실내시험결과 최대 및 최소 간극비가 0.85, 0.40으로 각각 산출되었다. 이 사질토를 상대밀도 70%까지 다짐할 때 두께의 감소는 얼마나 되겠는가?

㉮ 13cm ㉯ 15cm
㉰ 17cm ㉱ 19cm

[해설]
① 상대밀도 45%의 간극비
$D_r = \frac{e_{max} - e}{e_{max} - e_{min}} \times 100 = \frac{0.85 - e}{0.85 - 0.40} \times 100 = 45$
에서
$e_0 = 0.6475$
② 상대밀도 70%의 간극비
$D_r = \frac{e_{max} - e}{e_{max} - e_{min}} \times 100 = \frac{0.85 - e}{0.85 - 0.40} \times 100 = 70$
에서
$e_1 = 0.5350$
③ 두께의 감소(ΔH)
$\frac{\Delta e}{1 + e_0} = \frac{\Delta H}{H_0}$ 에서
$\frac{0.6475 - 0.5350}{1 + 0.6475} = \frac{\Delta H}{200}$ 이므로
$\Delta H = 13.66$ cm

72. 흙의 연경도(Consistency)에 관한 다음 설명 중 옳지 않은 것은?

㉮ 소성지수는 액성한계와 소성한계의 차로 표시한다.
㉯ 유동지수는 유동곡선의 기울기이다.
㉰ 수축한계를 지나서도 수축이 계속되는 것이 보통이다.
㉱ 어떤 흙의 함수비가 소성한계보다 높으면 그 흙은 소성상태 또는 액성상태에 있다고 할 수 있다.

[해설]
함수량을 감소해도 체적이 감소하지 않고 함수비가 그 양 이상으로 증가하면 체적이 증대하는 한계의 함수비를 수축한계라 한다.

73. 액성한계 시험을 할 때 황동접시의 낙하고는 얼마가 되도록 조정되어야 하는가?

㉮ 0.5cm ㉯ 1cm
㉰ 1.5cm ㉱ 2cm

[해설]
액성한계(w_L)의 시험방법(KS F 2303)
① 낙하높이 : 1cm
② 낙하속도 : 1초에 2회
③ 합쳐진 길이 : 1.5cm
④ 시험방법 : 함수비를 조금씩 변화 시켜 가면서 시험을 4회이상 반복한다.

74. 흙의 함수량을 어떤 양 이하로 줄여도 그 흙의 용적이 줄지 않고 함수량이 그 양 이상으로 늘면 용적이 증대하는 한계의 함수비로 표시된 것은?

㉮ 액성한계 ㉯ 소성한계
㉰ 수축한계 ㉱ 유동한계

[해설]
수축한계(Shrinkage limit, w_s)
함수량을 감소해도 체적이 감소하지 않고 함수비가 그 양 이상으로 증가하면 체적이 증대하는 한계의 함수비를 수축한계라 한다.

75. 다음 그림에서 액성지수(LI)가 $0 < LI < 1$인 구간은?(단, V : 흙의 부피, w : 함수비(%))

㉮ a
㉯ b
㉰ c
㉱ d

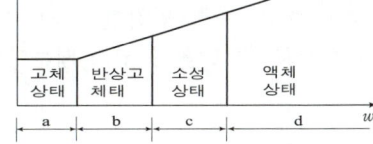

해답 71. ㉮ 72. ㉰ 73. ㉯ 74. ㉰ 75. ㉰

해설
① 액성상태는 액성지수 $LI > 1$이다.
② 소성상태는 액성지수 $0 < LI < 1$이다.
③ 고체상태 및 반고체상태는 액성지수 $LI < 0$이다.

76. 연경도지수에 대한 설명으로 잘못된 것은?

㉮ 소성지수는 흙이 소성상태로 존재할 수 있는 함수비의 범위를 나타낸다.
㉯ 액성지수는 자연상태인 흙의 함수비에서 소성한계를 뺀 값을 소성지수로 나눈 값이다.
㉰ 액성지수 값이 1보다 크면 단단하고 압축성이 작다.
㉱ 컨시스턴시지수는 흙의 안정성 판단에 이용하며, 지수값이 클수록 고체상태에 가깝다.

해설
자연함수비가 액성한계 이상이 되면, 액성지수 $LI \geq 1$이 되어 강도가 매우 저하되는 아주 예민한 구조가 된다.

77. 다음 설명 중 틀린 것은?

㉮ 점토의 경우 입도분포는 상대적으로 공학적 거동에 큰 영향을 마치지 않고 물의 유무가 거동에 매우 큰 영향을 준다.
㉯ 액성지수는 자연상태에 있는 점토지반의 상대적인 연경도를 나타내는데 사용되며 1에 가까운 지반일수록 과압밀된 상태에 있다.
㉰ 활성도가 크다는 것은 점토광물이 조금만 증가하더라도 소성이 매우 크게 증가한다는 것을 의미하므로 지반의 팽창 잠재 능력이 크다.
㉱ 흐트러지지 않은 자연상태의 지반인 경우 수축한계가 종종 소성한계보다 큰 지반이 존재하며 이는 특히 민감한 흙의 경우 나타나는 현상으로 주로 흙의 구조 때문이다.

해설
액성지수 1에 가까운 지반일수록 정규압밀 상태에 있다.

78. 흙의 연경도(Consistency)에 관한 사항 중 옳지 않은 것은?

㉮ 소성지수는 점성이 클수록 크다.
㉯ 터프니스지수는 Colloid가 많은 흙일수록 값이 작다.
㉰ 액성한계 시험에서 얻어지는 유동곡선의 기울기를 유동지수라 한다.
㉱ 액성지수와 컨시스턴시지수는 흙지반의 무르고 단단한 상태를 판정하는데 이용된다.

해설
터프니스지수는 Colloid가 많은 흙일수록 값이 커다.

79. 흙의 물리적 성질 중 잘못된 것은?

㉮ 점성토는 흙 구조 배열에 따라 면모구조와 이산구조로 대별하는데, 면모구조가 전단강도가 크고 투수성이 크다.
㉯ 점토는 확산이중층까지 흡착되는 흡착수에 의해 점성을 띤다.
㉰ 소성지수가 클수록 비배수성이 된다.
㉱ 활성도가 클수록 안정해지며 소성지수가 작아진다.

해설
활성도가 크면 공학적으로 불안정한 상태가 되며 팽창, 수축이 커진다.

80. 3층 구조로 구조결합 사이에 불치환성 양이온이 있어서 수축팽창은 거의 없지만 안정성은 중간 정도의 점토광물은?

㉮ Silt   ㉯ Illite
㉰ Kaolinite   ㉱ Montmorillonite

해답 75. ㉰ 76. ㉯ 77. ㉯ 78. ㉯ 79. ㉱ 80. ㉯

해설

일라이트(Illite)
① 2개의 실리카판과 1개의 알루미나판으로 이루어진 구조이다.
② 3층 구조로 구조결합사이에 불치환성 양이온이 있다.
③ 중간 정도의 결합력을 가진다

81. 다음 점토광물중 입자 모양이 판상이 아닌 것은?

㉮ Montmorillonite ㉯ Illite
㉰ Halloysite ㉱ Kaolinite

해설

Halloysite는 입자 모양이 파이프 모양이다.

82. 점토광물 중에서 3층 구조로 구조결합 사이에 치환성 양이온이 있어서 활성이 크고, Sheet 사이에 물이 들어가 팽창수축이 크고 공학정 안정성은 제일 약한 점토광물은?

㉮ Kaolinite ㉯ Illite
㉰ Montmorillonite ㉱ Vermiculite

해설

① 몬모릴로나이트(Montmorillonite) 구조는 3층 구조로서 점토입자 중 결합력이 가장 작으며, 함수량 변화에 따라 가장 예민하게 반응하여 활성도가 가장 크다. 그러므로 함수변화에 따른 수축, 팽창 가능성이 가장 높다.
② 질석(Vermiculite)는 쉬트사이의 연결은 이차원자 결합으로 입자모양이 판상이다.

83. 3층 구조로 구조결합 사이에 치환성 양이온이 있어서 활성이 크고 시트 사이에 물이 들어가 팽창 수축이 크고 공학적 안정성은 약한 점토 광물은?

㉮ Kaolinite ㉯ Illite
㉰ Montmorillonite ㉱ Sand

해설

몬모릴로나이트(Montmorillonite)
① 2개의 실리카판과 1개의 알루미나판으로 이루어진 구조이다.
② 3층구조로 구조결합사이에 치환성 양이온이 있다.
③ 결합력이 매우 약해 물이 들어가면 쉽게 팽창한다.
④ 팽창, 수축이 크다.
⑤ 공학적 안정성이 제일 작다.

84. 점토광물에서 점토입자의 동형치환(同形置換)의 결과로 나타나는 현상은?

㉮ 점토입자의 모양이 변화되면서 특성도 변하게 된다.
㉯ 점토입가가 음(-)으로 대전된다.
㉰ 점토입자의 풍화가 빨리 진행된다.
㉱ 점토입자의 화학성분이 변화되었으므로 다른 물질로 변한다.

해설

① 동형이질치환이란 어떤 한 원자가 비슷한 이온반경을 가진 다른 원자와 치환하는 것을 의미한다. 즉, 결정질 형태가 변화하지 않고 한 요소가 다른 요소로 대치되는 것을 동형이질치환이라 한다.
② 점토입자들은 표면에 순 음전기를 띠고 있다. 이유는 동형이질치환과 점토입자의 모서리에서 불연속적인 구조 때문이다.

85. 스톡스(stokes)의 법칙에 관한 다음 설명 중 틀린 것은?

㉮ 침강속도는 토립자 지름의 제곱에 비례한다.
㉯ 침강속도는 중력의 가속도에 비례한다.
㉰ 흙입자의 비중이 클수록 침강속도가 빠르다.
㉱ 침강속도는 물의 점성계수에 비례한다.

해설

① 각 입자들을 구라고 가정할 때 흙 입자의 침강속도 (v, cm/s)

$$v = \frac{(\gamma_s - \gamma_w) \cdot g}{18\eta} \cdot d^2$$

여기서, γ_s : 흙 입자만의 단위중량(g/cm³)
γ_w : 물의 단위중량(g/㎤)
η : 물의 점성계수(푸아즈)
d : 입자들의 직경(cm)
g : 중력가속도(cm/s²)
② 침강속도는 물의 점성계수에 반비례한다.

해답 81. ㉰ 82. ㉰ 83. ㉰ 84. ㉯ 85. ㉱

86. 어떤 흙의 입경가적곡선에서 $D_{10}=0.05\,\text{mm}$, $D_{30}=0.09\,\text{mm}$, $D_{60}=0.15\,\text{mm}$이었다. 균등계수 C_u와 곡률계수 C_g의 값은?

㉮ $C_u=3.0,\ C_g=1.08$
㉯ $C_u=3.5,\ C_g=2.08$
㉰ $C_u=1.7,\ C_g=2.45$
㉱ $C_u=2.4,\ C_g=1.82$

[해설]
① 균등계수(C_u)
$$C_u=\frac{D_{60}}{D_{10}}=\frac{0.15}{0.05}=3.0$$
② 곡률계수(C_g)
$$C_g=\frac{D_{30}^{\,2}}{D_{10}\cdot D_{60}}=\frac{0.09^2}{0.05\times 0.15}=1.08$$

87. 입도분석 시험결과 다음과 같은 결과를 얻었다. 이 흙을 통일분류법에 의해 분류하면? (단, 0.074mm체 통과율=3%, 2mm체 통과율=40%, 4.75mm체 통과율=65%, $D_{10}=0.10\,\text{mm}$, $D_{30}=0.13\,\text{mm}$, $D_{60}=3.2\,\text{mm}$)

㉮ GW ㉯ GP
㉰ SW ㉱ SP

[해설]
① 균등계수(C_u)
$$C_u=\frac{D_{60}}{D_{10}}=\frac{3.2}{0.10}=32$$
② 곡률계수(C_g)
$$C_g=\frac{D_{30}^{\,2}}{D_{10}\cdot D_{60}}=\frac{0.13^2}{0.10\times 3.2}=0.053$$
③ 입도분포
 균등계수 $C_u=32>6$이나, 곡률계수 $C_g=0.053$이므로 입도분포가 나쁘다.
④ 판정
 No.200(0.074mm)체 통과량이 50%이하이므로 조립토(G, S)이며, No.4(4.75mm)체 통과량이 50% 이상이므로 모래(S)이다. 따라서, 입도분포가 나쁜 모래(SP)가 된다.

88. 어떤 흙의 체분석 시험결과가 #4체 통과율이 37.5%, #200체 통과율이 2.3%였으며, 균등계수는 7.9, 곡률계수는 1.4이었다. 통일분류법에 따라 이 흙을 분류하면?

㉮ GW
㉯ GP
㉰ SW
㉱ SP

[해설]
① No.200체(0.075mm) 통과율이 50%이하이고 No.4체(4.75mm) 통과율이 50%이하이므로 제 1 문자는 G(자갈)이다.
② 균등계수 $C_u=7.9>4$이고, 곡률계수 $C_g=1.4$이므로 입도분포가 양입도(W)이다.
③ 즉, 입도분포가 좋은 자갈이므로 GW이다.

89. 어떤 흙의 No.200체(0.074mm) 통과율 60%, 액성한계가 40%, 소성지수가 10%일 때 군지수는?

㉮ 3
㉯ 4
㉰ 5
㉱ 6

[해설]
군지수(GI)
$$GI=0.2a+0.005ac+0.01bd$$
$$=0.2\times 25+0.005\times 25\times 0+0.01\times 45\times 0$$
$$=5$$
a = No.200체 통과율−35=60−35=25
b = No.200체 통과율−15=60−15=45
c = 액성한계−40=40−40=0
d = 소성지수−10=10−10=0

해답 86. ㉮ 87. ㉱ 88. ㉮ 89. ㉰

90. AASHTO 분류 및 통일분류법은 $No.200(0.075\,mm)$ 체 통과율을 기준으로 하여 흙을 조립토와 세립토로 구분한다. AASHTO 방법에서는 $No.200$체 통과량이 (①)이상인 흙을 세립토로, 통일분류법에서는 (②)이상을 세립토로 한다. ( )에 맞는 수치는?

㉮ ① 50%, ② 35%
㉯ ① 40%, ② 40%
㉰ ① 35%, ② 50%
㉱ ① 45%, ② 45%

해설
조립토와 세립토의 분류는 통일분류법에서는 No.200체 통과량 50%를 기준으로 하지만 AASHTO분류법에서는 35%를 기준으로 한다.

91. 흙의 분류법인 AASHTO분류법과 통일분류법을 비교·분석한 내용으로 틀린 것은?

㉮ AASHTO분류법은 입도분포, 군지수 등을 주요 분류인자로 한 분류법이다.
㉯ 통일분류법은 입도분포, 액성한계, 소성지수 등을 주요 분류인자로 한 분류법이다.
㉰ 통일분류법은 0.075mm체 통과율을 35%를 기준으로 조립토와 세립토로 분류하는데 이것은 AASHTO분류법 보다 적절하다.
㉱ 통일분류법은 유기질토 분류방법이 있으나 AASHTO분류법은 없다.

해설
조립토와 세립토의 분류는 통일분류법에서는 No.200체 통과량 50%를 기준으로 하지만 AASHTO분류법에서는 35%를 기준으로 한다.

해답 90. ㉰ 91. ㉰

MEMO

제2장 흙의 투수성과 침투

출제경향분석

흙의 투수성과 침투에서는 흙의 투수성, 유선망에서 출제빈도가 높으므로 내용을 정리하여 이해하여야 한다. 흙의 투수성에서는 투수계수에 영향을 미치는 요소, 투수시험에 의한 투수계수가 중요하며 또한, 유선망에서는 유선망의 특징, 경계조건을 암기하여야 하며, 침투수량과 임의의 점에서의 간극수압 계산은 계산과정을 정확히 이해, 암기하여야 한다.

단원별 경향분석

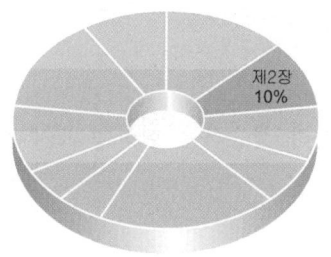

토목기사

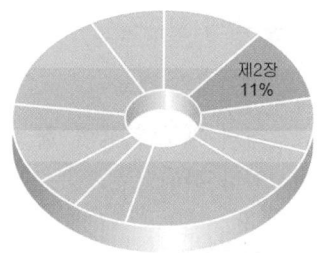

토목산업기사

항목별 경향분석

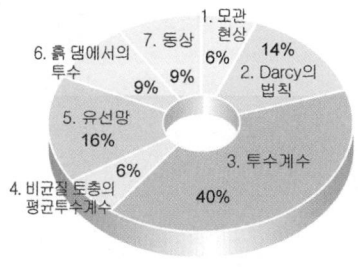

토목기사

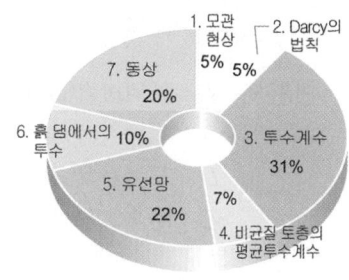

토목산업기사

1 모관현상

학습방향

흙 입자의 공극이 서로 연결되어 있기 때문에 공극을 통하여 물이 흐른다. 이와 같이 물이 흐를 수 있는 것을 투수성(Permeability)이 있다고 하는데 투수성은 흙 댐의 침투유량, 안정해석에 이용된다. 또한, 표면장력 때문에 물이 표면을 따라 상승하는 현상을 모관현상이라 한다.

① 모관상승고 : $h_c = \dfrac{4 \cdot T \cdot \cos\alpha}{\gamma_w \cdot D}$

② 흙의 종류에 따른 모관상승고 : $h_c = \dfrac{c}{e \cdot D_{10}}$

1 흙 속의 물

흙은 간극이 서로 연결되어 있기 때문에 물은 공극을 통하여 자유로이 흐른다. 이 때 공극에 작용하는 물의 압력을 공극수압이라 한다. 공극수압은 대기압을 기준으로 측정되며, 공극수압이 대기압과 같은 수면을 지하수면 또는 자유수면이라 한다.

2 흙 속의 모관상승 작용

(1) 모관현상의 개요

표면장력 때문에 물이 흙 입자의 표면을 따라 상승하는 현상을 모세관현상이라 한다.

(2) 모관상승고

물의 중량＝표면장력

$$\gamma_w \cdot \dfrac{\pi \cdot D^2}{4} \cdot h_c = \pi \cdot D \cdot T \cdot \cos\alpha$$

$$h_c = \dfrac{4 \cdot T \cdot \cos\alpha}{\gamma_w \cdot D}$$

여기서, T : 표면장력(g/cm)
 α : 접촉각(°)
 D : 모세관의 지름(cm)
 γ_w : 물의 단위중량(g/cm³)

학습 POINT

■ 모관상승고에 영향을 주는 요소
 ① 물의 표면장력
 ② 물의 단위중량
 ③ 접촉각
 ④ 흙의 유효입경
 ⑤ 흙의 공극비

■ 모관상승 부분에서의 압력은 부(-)압이 발생한다. 따라서 유효응력이 증가한다.

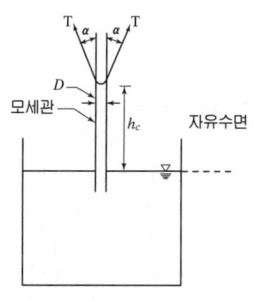
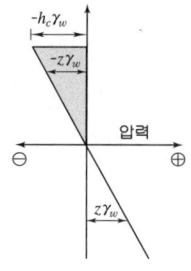

(a) 모세관에 의한 물의 상승   (b) 모세관 상승으로 인한 압력의 증가

그림. 모관현상

■ 표면장력 T의 단위를 g/cm로 하였으므로 모세관의 지름 D는 cm로 하여야 한다.

(3) 표준온도(15℃)에서의 모관상승고

① 공식

표준온도(15℃)에서는 표면장력 T=0.075g/cm이고, 접촉각 α=0°이면 cos0°=1이므로

$$h_c = \frac{4 \cdot T \cdot \cos\alpha}{\gamma_w \cdot D} = \frac{4 \times 0.075 \times \cos 0°}{1 \times D} = \frac{0.3}{D}$$

② 단위 : cm

(4) 흙의 종류에 따른 모관상승고(Hazen 공식)

① 공식

Hazen(1930)은 건조한 모래를 관속에 넣어 물과 접촉시킬 때의 모관상승고에 대하여 다음 식을 제안하였다.

$$h_c = \frac{c}{e \cdot D_{10}}$$

여기서, c : 입자의 모양, 상태에 의한 상수(0.1~0.5cm²)
       e : 공극비
       D_{10} : 유효입경(cm)

■ 모관상승고는 공극비에 (반비례) 한다.

② 단위 : c의 단위가 cm²이므로 모관상승고는 cm이다.

③ 성질

㉠ 세립토일수록 투수계수가 작으므로 모관상승속도는 느리지만 모관상승고는 크다.
㉡ 조립토일수록 모관상승속도는 빠르지만 모관상승고는 작다.
㉢ 시간이 무한대일 때 흙의 종류에 따른 모관상승고는 점토, 실트, 모래, 자갈 순서이다.

■ 점토와 같은 세립토에서는 모관상승 속도는 느리지만 모관상승고는 매우 높다.(○)

핵 심 문 제

1 함수비 시험에서 건조로의 기준온도를 110±5℃로 하는 이유는?

[95 ㉮]

㉮ 흙의 흡착수까지 증발시키기 위한 것이다.
㉯ 흙의 흡착수와 자유수를 동시에 증발시키기 위한 것이다.
㉰ 흙의 자유수만을 증발시키기 위한 것이다.
㉱ 건조로의 과열을 방지하기 위한 것이다.

2 수온이 15℃일 때 표면장력 T=0.075g/cm이다. 접촉각 $\alpha = 0°$이면 모세관 상승고 h_c는 얼마인가?

[95 ㉮]

㉮ $h_c = \dfrac{D}{0.3}$ (cm)   ㉯ $h_c = \dfrac{0.3}{D}$ (cm)

㉰ $h_c = \dfrac{D}{0.2}$ (cm)   ㉱ $h_c = \dfrac{0.2}{D}$ (cm)

3 지름 2mm의 유리관을 15℃의 정수 중에 세웠을 때 모관상승고는 얼마인가?(단, 물과 유리관의 접촉각은 9°, 표면장력은 0.075g/cm이다.)

[99 ㉴]

㉮ 0.15cm   ㉯ 1.48cm
㉰ 1.58cm   ㉱ 1.68cm

4 공극률이 60%이고, 투수계수가 9×10^{-2} cm/s인 지반의 모관상승고는 대략 어느 값에 가장 가까운가?(단, 정수 c = 0.1~0.5cm²)

[94 ㉴]

㉮ 1.0cm   ㉯ 7.0cm
㉰ 15.0cm   ㉱ 67.0cm

[해설]

① 간극비(e)

$$e = \frac{n}{100-n} = \frac{60}{100-60} = 1.5$$

② Hazen 공식

$K = C \cdot D_{10}^2$

여기서, $C = 100 \sim 150$/cm·sec 이므로 평균값 $C = 125$/cm·sec 를 사용하면

$$D_{10} = \sqrt{\frac{K}{C}} = \sqrt{\frac{9 \times 10^{-2}}{125}} = 0.0268 \text{ cm}$$

③ 흙의 종류에 따른 모관상승고(h_c)

$$h_c = \frac{c}{e \cdot D_{10}} = \frac{0.3}{1.5 \times 0.0268} = 7.46 \text{cm}$$ 이므로 가장 근사치인 7.0cm

여기서, c는 입자의 모양, 상태에 의한 상수(0.1~0.5cm²)이므로 평균값 $c = 0.3$cm²를 사용한다.

해 설

[해설] 1

① 자유수는 중력수라고도 하며 빗물 등이 중력작용에 의하여 흐르는 물이다.
② 흡착수는 흙 입자 주위의 흡입력에 의하여 흡착된 물로서 110±5℃의 온도로 가열하여도 증발하지 않는다.
③ 유기질을 함유하고 있는 흙은 80℃ 이하에서 장시간 건조한다. 이는 결정수를 잃거나 유기질이 연소되는 것을 방지하기 위해서이다.

[해설] 2

표준온도(15℃)에서의 모관상승고는 접촉각 $\alpha = 0°$, 표면장력 T=0.075 g/cm이므로

$$h_c = \frac{4 \cdot T \cdot \cos \alpha}{\gamma_w \cdot D}$$

$$= \frac{4 \times 0.075 \times \cos 0°}{1 \times D} = \frac{0.3}{D}$$

[해설] 3

① 유리관 지름(D)

$D = 2\text{mm} = 0.2\text{cm}$

② 모관상승고(h_c)

$$h_c = \frac{4 \cdot T \cdot \cos \alpha}{\gamma_w \cdot D}$$

$$= \frac{4 \times 0.075 \times \cos 9°}{1 \times 0.2} = 1.48 \text{cm}$$

정답 1. ㉰ 2. ㉯ 3. ㉯ 4. ㉯

5 흙의 모관현상에 관한 다음 설명 중 옳지 않은 것은? [93 산]

㉮ 모래와 같은 조립토에서는 모관상승 속도가 빠르다.
㉯ 점토와 같은 세립토에서는 모관상승고는 매우 낮다.
㉰ 모관상승 부분의 압력은 부압이다.
㉱ 모관고는 공극비에 반비례한다.

6 다음중 모관상승고 h_c를 구하는 식은?(단, D : 관의 지름, T : 표면장력, γ_w : 물의 단위중량, α : 물의 유리에 대한 접촉각)
[82 산]

㉮ $h_c = \dfrac{T\cos\alpha}{4D}\gamma_w$
㉯ $h_c = \dfrac{T\cos\alpha}{\gamma_w D}$
㉰ $h_c = \dfrac{4D\cos\alpha}{\gamma_w D}$
㉱ $h_c = \dfrac{4T\cos\alpha}{\gamma_w D}$

7 다음은 흙 속의 공극에 생기는 모관 상승에 영향을 주는 요소이다. 가장 거리가 먼 것은? [93 기]

㉮ 흙의 공극비
㉯ 흙의 유효입경
㉰ 물의 표면장력
㉱ Stokes의 법칙

8 물의 온도 15℃에서 표면장력은 0.075g/cm이다. 이 물이 안지름 0.20mm의 유리관 속을 상승하는 높이는 몇 cm인가?(단, 여기서, 접촉각은 0°로 한다.) [98 기]

㉮ 5cm
㉯ 10cm
㉰ 15cm
㉱ 20cm

9 유효입경이 0.02mm, 공극비가 0.5인 흙의 모관상승고는 4m였다. 이 때 흙의 입자와 표면상태에 의하여 정해지는 정수는? [85 기]

㉮ 0.16cm²
㉯ 0.1cm²
㉰ 0.4cm²
㉱ 0.5cm²

10 흙의 모관성에 관한 설명 가운데 옳지 않은 것은? [82 산]

㉮ 모관포텐셜의 경우도 항상 높은 곳에서 낮은 곳으로 물이 유동한다.
㉯ 모관수에 염류의 용해량이 많을수록 모관속도가 느리다.
㉰ 세립토에서는 조립토보다 모관상승 속도가 느리다.
㉱ 흙의 입경이 작을수록 고포텐셜이다.

해 설

해설 5
세립토일수록 투수계수가 작아지므로 모관상승 속도는 느리지만 모관상승고는 크다.

해설 6
모관상승고(h_c)
$$h_c = \dfrac{4 \cdot T \cdot \cos\alpha}{\gamma_w \cdot D}$$

해설 7
① 모관상승고(h_c)
$$h_c = \dfrac{4 \cdot T \cdot \cos\alpha}{\gamma_w \cdot D}$$
$$h_c = \dfrac{c}{e \cdot D_{10}}$$
② Stokes의 법칙은 모관상승고와 무관하고, 흙의 입도시험과 관계가 있다.

해설 8
① 유리의 안지름의 단위 환산
  0.2mm = 0.02cm
② 표준온도(15℃)에서의 모관상승고는
  $\alpha = 0°$, T = 0.075g/cm이므로
$$h_c = \dfrac{4 \cdot T \cdot \cos\alpha}{\gamma_w \cdot D}$$
$$= \dfrac{4 \times 0.075 \times \cos 0°}{1 \times D} = \dfrac{0.3}{D}$$
$$= \dfrac{0.3}{0.02} = 15\text{cm}$$

해설 9
① 모관상승고 : $h_c = 4\text{m} = 400\text{cm}$
② 유효입경 : $D_{10} = 0.02\text{mm} = 0.002\text{cm}$
③ Hazen 공식 : $h_c = \dfrac{c}{e \cdot D_{10}}$에서
$$c = h_c \cdot e \cdot D_{10}$$
$$= 400 \times 0.5 \times 0.002 = 0.4\text{cm}^2$$

해설 10
모관포텐셜
① 입경, 함수비, 공극비가 작을수록 저포텐셜이다.
② 온도가 작을수록 저포텐셜이다.
③ 염류가 클수록 저포텐셜이다.

정답 5. ㉱ 6. ㉱ 7. ㉱ 8. ㉰ 9. ㉰ 10. ㉱

2 Darcy의 법칙

> **학습방향**
>
> 토질역학에서는 일반적으로 흙 속의 물의 속도가 느리기 때문에 속도수두는 무시하므로 전수두는 압력수두와 위치수두가 있으며 Darcy 법칙은 층류에서 성립하는데 지하수는 유속이 느리므로 층류로 간주할 수 있다.
> ① Darcy 법칙 : $v = K \cdot i$
> ② 실제 침투속도 : $v_s = \dfrac{v}{\dfrac{n}{100}}$

1 동수경사

(1) 전수두

Bernoulli 방정식에 따르면

전수두(h_t) = 압력수두(h_p) + 속도수두(h_v) + 위치수두(h_e)

$$h_t = \frac{u}{\gamma_w} + \frac{v^2}{2g} + z$$

여기서, u : 공극수압
 v : 유속
 g : 중력가속도
 z : 위치수두

토질역학에서는 일반적으로 흙 속의 물의 속도가 느리기 때문에 $\dfrac{v^2}{2g} \fallingdotseq 0$ 이므로 **속도수두는 무시한다.**

즉, $\quad h_t = \dfrac{u}{\gamma_w} + z$

(2) 압력수두(h_p)

흙속의 임의의 점에서의 압력수두는 그 점에 설치한 피조미터 속으로 올라온 물의 연직 높이이다.

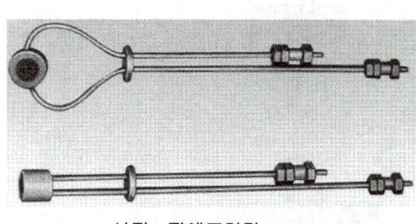

사진. 피에조미터

사진. 관측실 내부

학습POINT

■ 토질역학에서 보통 무시하고 있는 수두는 (속도수두)이다.

■ 지하수의 흐름은 (전수두)가 큰 곳에서 작은 곳으로 흐른다.

■ 압력수두(h_p)
흙속의 임의의 점에서의 압력수두는 그 점에 설치한 피조미터 속으로 올라온 물의 연직높이이다.

■ 위치수두(h_e)
흙속의 임의의 점에서의 위치수두는 기준면에서의 그 위치까지의 연직거리이다.

■ 동수경사에 있어서 이동거리(L)는 수평거리가 아니라 실제 물이 이동한 경사거리이다.

(3) 위치수두(h_e)

흙속의 임의의 점에서의 위치수두는 기준면에서의 그 위치까지의 연직 거리이다.

(4) 동수경사

① 두 점 A, B의 수두차

$$\Delta h = h_{tA} - h_{tB} = \left(\frac{u_A}{\gamma_w} + z_A\right) - \left(\frac{u_B}{\gamma_w} + z_B\right)$$

② 동수경사

㉠ 공식 : 동수경사(i) = $\dfrac{수두차}{이동거리}$ = $\dfrac{\Delta h}{L}$

㉡ 단위 : 무차원

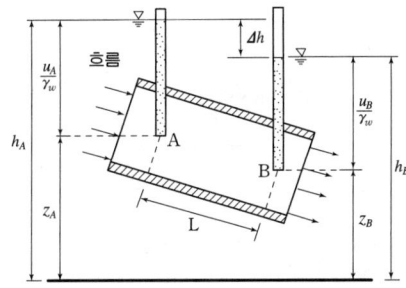

그림. 흙 속의 물의 흐름으로 인한 수두

2 다르시(Darcy)의 법칙

(1) 개요

1856년 Darcy는 여과 모래의 실험적 연구에서 물의 **유출속도**에 대한 식을 제안했다.

■ 투수계수 K의 차원은 (속도)의 차원과 같다.

$$v = K \cdot i = K \cdot \frac{h}{L}$$

여기서, v : 유출속도(평균유속, cm/sec)
  K : 투수계수(cm/sec)
  i : 동수경사(무차원)
  h : 수두차(cm)

(2) 적용범위

Darcy 법칙은 레이놀즈 수가 1~10 이하인 **층류에서 성립**하며, 지하수는 $R_e \fallingdotseq 1$이므로 적용가능 하다.

■ Darcy의 법칙은 물의 흐름이 난류인 경우에는 성립하지 않는다.(○)

(3) 시간 t 사이에 시료의 전단면적 A를 통과하는 전투수량(Q)

$$Q = q \cdot t = A \cdot v \cdot t = A \cdot K \cdot i \cdot t$$

여기서, q : 단위시간당 유량

■ 전투수량에서 A는 실제로 물이 통하는 공극부분의 단면적이다.(×)

(4) 실제 침투속도

연속방정식에서 $Q = A \cdot v = A_v \cdot v_s$이므로

$$v_s = \frac{A}{A_v} \cdot v = \frac{A \cdot L}{A_v \cdot L} \cdot v = \frac{V}{V_v} \cdot v = \frac{v}{\frac{V_v}{V}} = \frac{v}{\frac{n}{100}}$$

여기서, v_s : 실제 침투속도,
v : 평균유속
A_v : 공극의 단면적,
A : 시료의 전단면적
n : 공극률

■ Darcy의 법칙에 의한 유속(v)은 실제유속(v_s)보다 작다.(○)

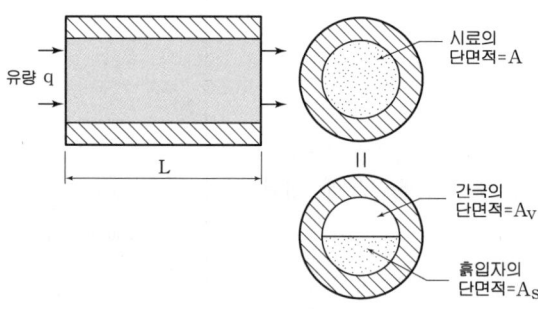

그림. 침투유속의 유도

(5) 평균유속과 침투속도의 관계

공극률(n)의 범위가 0~100%이므로 실제 침투속도(v_s)는 평균유속(v)보다 크다.

$$v_s > v$$

핵심문제

1 토질 역학에서 보통 무시하고 있는 수두는 다음 중 어느 것인가? [92⑦]

㉮ 전수두
㉯ 속도수두
㉰ 압력수두
㉱ 위치수두

2 다음 그림에서 C점의 압력수두 및 전체수두 값은 얼마인가? [97⑦]

㉮ 압력수두 3, 전체수두 0
㉯ 압력수두 7, 전체수두 0
㉰ 압력수두 3, 전체수두 4
㉱ 압력수두 7, 전체수두 4

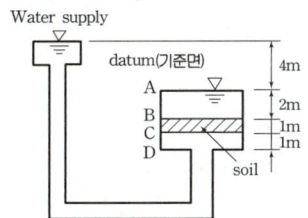

3 흙의 투수성에 관한 Darcy의 법칙 $Q = K \cdot \dfrac{\Delta h}{l} \cdot A$을 설명하는 말 중 옳지 않은 것은? [02 98 ⑦]

㉮ 투수계수 K의 차원은 속도의 차원(cm/sec)과 같다.
㉯ A는 실제로 물이 통하는 공극부분의 단면적이다.
㉰ Δh는 수두차이다.
㉱ 물의 흐름이 난류인 경우에는 Darcy의 법칙이 성립하지 않는다.

4 Darcy식에 의한 접근유속 0.162cm/sec일 때, 이 흙의 입자간 침투유속을 구한 값은? (단, 이 흙의 공극비는 0.43이다.) [97 ㉑]

㉮ 0.587cm/sec
㉯ 0.538cm/sec
㉰ 0.377cm/sec
㉱ 0.252cm/sec

해설

[해설] 1

흙 속의 물의 속도는 느리기 때문에 $\dfrac{v^2}{2g} \fallingdotseq 0$ 이므로 속도수두는 무시한다.

[해설] 2

	압력수두	위치수두	전수두
A점	0	0	0
B점	2	-2	-0
C점	7	-3	4
D점	8	-4	4

① 토질역학에 있어서 전수두=압력수두 + 위치수두
② 압력수두는 $h_p = \dfrac{u}{\gamma_w}$ 이다. 즉, 임의 지점의 수위가 상승된 부분의 높이이다.
③ 위치수두(z)는 기준면에서 임의 지점까지의 높이이다.

[해설] 3

$Q = A \cdot K \cdot i \cdot t$ 에서 A는 흐름에 직각인 시료의 전단면적(cross section)이다.

[해설] 4

① 간극률(n)
$n = \dfrac{e}{1+e} \times 100$
$= \dfrac{0.43}{1+0.43} \times 100 = 30\%$

② 실제 침투속도(v_s)
$v_s = \dfrac{v}{\dfrac{n}{100}} = \dfrac{0.162}{\dfrac{30}{100}} = 0.54 \text{cm/sec}$

정답 1. ㉯ 2. ㉱ 3. ㉯ 4. ㉯

5 다음 그림에서 투수계수 $K = 4.8 \times 10^{-3}$ cm/sec 일 때, Darcy의 유출속도 v와 실제 물의 속도(침투속도) v_s는? [98 ㉮]

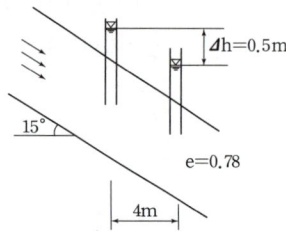

㉮ $v = 3.4 \times 10^{-4}$ cm/sec, $v_s = 5.6 \times 10^{-4}$ cm/sec
㉯ $v = 4.6 \times 10^{-4}$ cm/sec, $v_s = 9.4 \times 10^{-4}$ cm/sec
㉰ $v = 5.2 \times 10^{-4}$ cm/sec, $v_s = 10.8 \times 10^{-4}$ cm/sec
㉱ $v = 5.8 \times 10^{-4}$ cm/sec, $v_s = 13.2 \times 10^{-4}$ cm/sec

6 그림 (A)와 (B)에서 a, b의 수두차에 대한 다음 설명 중 옳은 것은? [94 ㉮]

㉮ (A)가 (B)보다 크다.
㉯ 동일하다.
㉰ (B)가 (A)보다 크다.
㉱ 흙의 종류에 따라 변한다.

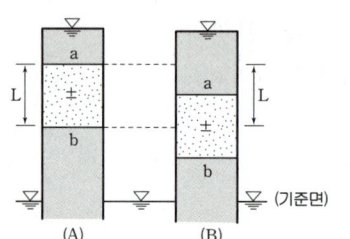

7 지하수의 흐름에 관한 설명 중 옳은 것은? [93 ㉰]

㉮ 위치수두가 큰 곳에서 작은 곳으로 흐른다.
㉯ 압력수두가 큰 곳에서 작은 곳으로 흐른다.
㉰ 속도수두가 큰 곳에서 작은 곳으로 흐른다.
㉱ 전수두가 큰 곳에서 작은 곳으로 흐른다.

해 설

해설 5

① 이동경로(L)
$$L = \frac{4}{\cos 15°} = 4.14 \text{m}$$

② 동수경사(i)
$$i = \frac{\Delta h}{L} = \frac{0.5}{4.14} = \frac{1}{8.28}$$

③ 평균유속(유출유속, v)
$$v = K \cdot i = 4.8 \times 10^{-3} \times \left(\frac{1}{8.28}\right)$$
$$= 5.8 \times 10^{-4} \text{cm/sec}$$

④ 간극률(n)
$$n = \frac{e}{1+e} \times 100$$
$$= \frac{0.78}{1+0.78} \times 100 = 43.82\%$$

⑤ 침투유속(v_s)
$$v_s = \frac{v}{\frac{n}{100}} = \frac{5.8 \times 10^{-4}}{\frac{43.82}{100}}$$
$$= 13.2 \times 10^{-4} \text{cm/sec}$$

해설 6

① 두 수면의 높이 차가 없으므로 a, b 두 면의 전수두는 동일하다.
② 전수두는 흙의 종류와 관계없다.

해설 7

지하수의 흐름은 동수경사선 즉, 전수두가 큰 곳에서 작은 곳으로 흐른다.

정답 5. ㉱ 6. ㉯ 7. ㉱

8 두께 2m인 투수성 모래층에서 동수경사가 $\frac{1}{10}$이고, 모래의 투수계수가 5×10^{-2} cm/sec라고 하면, 이 모래층의 폭 1m에 대하여 흐르는 수량은 매분당 얼마나 되는가? [98㉮]

㉮ 6,000cm³/min
㉯ 600cm³/min
㉰ 60cm³/min
㉱ 100cm³/min

9 Darcy의 법칙에 의한 유속(v)과 실제의 유속(v_s)에 대해서 맞는 것은? [89㉮]

㉮ $v_s > v$
㉯ $v > v_s$
㉰ $v = v_s$
㉱ $v = 1.5\, v_s$

해 설

해설 8

① 단위 일치
- 단위 폭은 1m이므로 100cm이다.
- 분당 투수량이므로 60초로 환산한다.

② 시간 t 사이에 면적 A를 통과하는 전투수량(Q)

$Q = A \cdot K \cdot i \cdot t$
$= (200 \times 100) \times (5 \times 10^{-2}) \times \frac{1}{10} \times 60$
$= 6,000 \, cm^3/min$

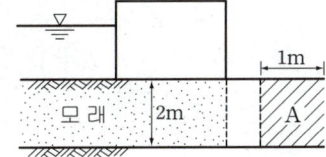

해설 9

① 실제 유속(v_s)

$v_s = \dfrac{v}{\dfrac{n}{100}}$

② 평균유속과 침투속도의 관계

공극률(n)의 범위가 0~100%이므로 침투유속(v_s)이 평균유속(v)보다 크다.

정답 8. ㉮ 9. ㉮

3 투수계수

학습방향

흙의 투수계수는 통과하는 물의 성질과 흙 입자의 성상에 따라 결정되며 흙입자의 지름, 물의 점성계수, 물의 단위중량, 공극비, 입도분포, 포화도 등에 좌우된다. 일반적으로 시험에서는 여러 조건에 따른 투수계수의 변화와 투수시험의 적용범위에 대하여 정리하여야 한다.

시험 방법	적용범위	적용지반	공식
정수위투수시험	$K = 10^{-2} \sim 10^{-3}$ cm/sec	투수계수가 큰 모래지반	$K = \dfrac{Q \cdot L}{A \cdot h \cdot t}$
변수위투수시험	$K = 10^{-3} \sim 10^{-6}$ cm/sec	투수성이 작은 흙	$K = \dfrac{2.3 \cdot a \cdot L}{A \cdot T} \log \dfrac{h_1}{h_2}$
압밀시험	$K = 10^{-7}$ cm/sec 이하	불투수성 흙	$K = C_v \cdot m_v \cdot \gamma_w$

1 투수계수

(1) 개요

투수계수는 유속과 같은 차원이다.

$$K = D_s^{\,2} \cdot \frac{\gamma_w}{\eta} \cdot \frac{e^3}{1+e} \cdot C$$

여기서, D_s : 흙 입자의 입경(보통 D_{10})
γ_w : 물의 단위중량 (g/cm³)
η : 물의 점성계수(g/cm·sec)
e : 공극비
C : 합성 형상계수(composite shape factor)
K : 투수계수(cm/sec)

① 흙 입자의 크기가 클수록 투수계수가 증가한다.
② 물의 밀도와 농도가 클수록 투수계수가 증가한다.
③ 물의 점성계수가 클수록 투수계수가 감소한다.
④ **온도가 높을수록 물의 점성계수가 감소하여 투수계수는 증가한다.**
⑤ 간극비가 클수록 투수계수가 증가한다.
⑥ 지반의 포화도가 클수록 투수계수가 증가한다.
⑦ 점토의 구조에 있어서 **면모구조가 이산구조(분산구조)보다 투수계수가 크다.**
⑧ 점토는 입자에 붙어 있는 이온농도와 흡착수 층의 두께에 영향을 받는다.
⑨ 흙 입자의 비중은 투수계수와 관계가 없다.

학습POINT

■ 흙 입자의 비중은 투수계수와 관계가 없다.

(2) 투수계수에 영향을 미치는 요소

① 간극비

$$K_1 : K_2 = \frac{e_1^3}{1+e_1} : \frac{e_2^3}{1+e_2}$$ 이므로 $$K_2 = \frac{\frac{e_2^3}{1+e_2}}{\frac{e_1^3}{1+e_1}} \cdot K_1$$

$K_1 : K_2 \fallingdotseq e_1^2 : e_2^2$ 이므로 $K_2 = \frac{e_2^2}{e_1^2} \cdot K_1$

② 점성계수

$K_1 : K_2 = \frac{1}{\eta_1} : \frac{1}{\eta_2}$

$$K_1 = \frac{\eta_2}{\eta_1} \cdot K_2$$

2 투수계수의 결정

침투수량을 알기 위해서는 투수계수의 값을 알아야 한다. 투수계수 결정법에는 다음과 같은 방법이 있다.

(1) 실내투수시험

① 정수위 투수시험(Constant head test)

㉠ 적용범위 : $K = 10^{-2} \sim 10^{-3}$ cm/sec인 **투수계수가 큰 모래 지반**에 적용한다.

㉡ 시험방법 : 수두차를 일정하게 유지하면서 일정시간 동안의 유량을 측정하여 투수계수를 얻는 시험이다.

㉢ 투수계수

$$Q = q \cdot t = A \cdot v \cdot t = A \cdot K \cdot i \cdot t = A \cdot K \cdot \frac{h}{L} \cdot t$$

$$K = \frac{Q \cdot L}{A \cdot h \cdot t}$$

여기서, Q : 침투수량(cm³), L : 시료의 길이(cm)
A : 시료의 단면적(cm²), h : 수위차(cm)
t : 측정시간(sec)

■ 투수시험의 적용

시험	적용 범위	
정수위	투수계수	$K = 10^{-2} \sim 10^{-3}$ cm/sec
	적용지반	투수성이 큰 모래지반
	공식	$K = \frac{Q \cdot L}{A \cdot h \cdot t}$
변수위	투수계수	$K = 10^{-3} \sim 10^{-6}$ cm/sec
	적용지반	투수성이 작은 흙
	공식	$K = \frac{2.3 \cdot a \cdot L}{A \cdot T} \log \frac{h_1}{h_2}$
압밀	투수계수	$K = 10^{-7}$ cm/sec 이하
	적용지반	불투수성 흙
	공식	$K = C_v \cdot m_v \cdot \gamma_w$

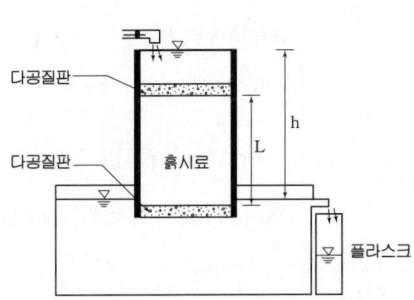

그림. 정수위 투수시험

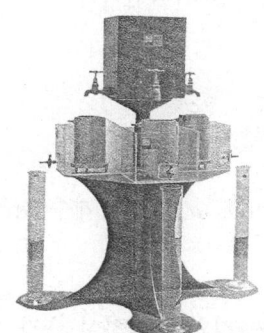

사진. 정수위 투수시험기

② 변수위 투수시험(Falling head test)
  ㉠ 적용범위 : $K = 10^{-3} \sim 10^{-6}$ cm/sec 인 **투수성이 작은 흙**에 적용한다.
  ㉡ 시험방법 : 물이 스탠드 파이프를 통하여 시료를 통과해 수위차를 이루는데 걸리는 시간을 측정하여 투수계수를 얻는 시험이다.
  ㉢ 투수계수
  $$q = A \cdot K \cdot i = A \cdot K \cdot \frac{h}{L} = -a \frac{dh}{dt}$$
  적분하면
  $$K = \frac{a \cdot L}{A \cdot T} \ln \frac{h_1}{h_2} = \frac{2.3 \cdot a \cdot L}{A \cdot T} \log \frac{h_1}{h_2}$$

■ 문제풀이에서는 단위일치에 유의하여야 한다.

  여기서, a : 스탠드 파이프의 단면적(cm²)
       A : 시료의 단면적(cm²)
       L : 시료의 길이(cm)
       T : 측정시간(sec, $T = t_2 - t_1$)
       h_1 : t_1에서의 수위(cm)
       h_2 : t_2에서의 수위(cm)

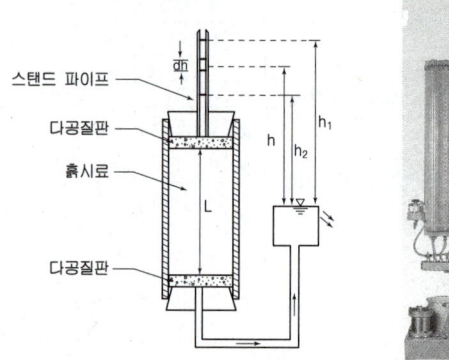

그림. 변수위 투수시험

③ 압밀시험
  ㉠ 적용범위 : $K = 10^{-7}$ cm/sec 이하의 **불투수성 흙**에 적용한다.
  ㉡ 시험방법 : 압밀시험에 의한 간접적인 시험법이다.
  ㉢ 투수계수
  $$K = C_v \cdot m_v \cdot \gamma_w = C_v \cdot \frac{a_v}{1 + e_1} \cdot \gamma_w$$

  여기서, C_v : 압밀계수(cm²/sec), m_v : 체적변화계수(cm²/kg)
       γ_w : 물의 단위중량(kg/cm³), a_v : 압축계수(cm²/kg)

■ 대단히 투수성이 낮은 점토의 투수계수를 구하고자 할 때는 (압밀시험법)이 가장 적합하다.

■ 투수계수(K)
$$K = C_v \cdot m_v \cdot \gamma_w$$
$$= C_v \cdot \frac{a_v}{1 + e_1} \cdot \gamma_w$$
여기서, a_v : 압축계수(cm²/kg)

(2) 현장 투수시험
  현장의 흐름방향의 평균투수계수는 양수시험에 의하여 측정할 수 있다.

① 깊은 우물(Deep well)에 의한 방법

$$K = \frac{2.3 \cdot Q \cdot \log \frac{r_1}{r_2}}{\pi \cdot (h_1^2 - h_2^2)}$$

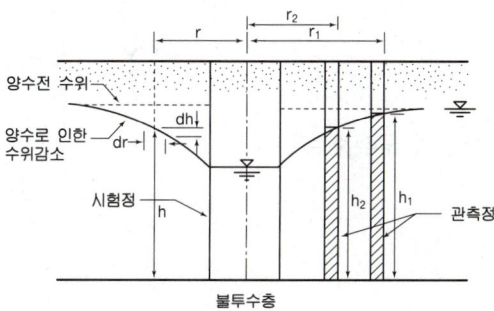

그림. 깊은 우물의 양수에 의한 투수시험

② 굴착정(Artesian well)에 의한 방법

$$K = \frac{2.3 \cdot Q \cdot \log \frac{r_1}{r_2}}{2 \cdot \pi \cdot H \cdot (h_1 - h_2)}$$

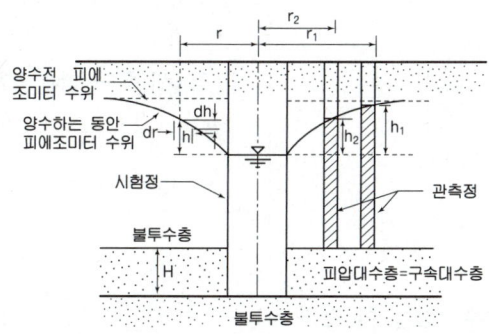

그림. 굴착정의 양수에 의한 투수시험

(3) 투수계수에 대한 경험공식(Hazen 공식)
① 적용범위 : 매우 균등한 모래에 적용한다.
② 공식

$$K = C \cdot D_{10}^2$$

여기서, C : 100~150/cm·sec
D_{10} : 유효입경(cm)

즉, **조립토의 투수계수**는 일반적으로 그 흙의 **유효입경(D_{10})의 제곱에 비례**한다.

■ 조립토의 투수계수는 일반적으로 그 흙의 유효입경(D_{10})의 (제곱)에 비례한다.

핵심문제

1 다음 중 투수계수를 좌우하는 요인이 아닌 것은? [02 98⑦]

㉮ 토립자의 크기
㉯ 공극의 형상과 배열
㉰ 토립자의 비중
㉱ 포화도

2 투수시험을 할 때의 온도가 17℃이었다. 이것을 15℃의 투수계수로 환산 할 때 옳은 것은?(단, μ : 물의 점성계수) [93⑦]

㉮ $K_{15} = K_{17} \cdot \dfrac{\mu_{17}}{\mu_{15}}$ ㉯ $K_{15} = K_{17} \cdot \dfrac{\mu_{15}}{\mu_{17}}$

㉰ $K_{15} = \dfrac{1}{K_{17}} \cdot \dfrac{\mu_{17}}{\mu_{15}}$ ㉱ $K_{15} = \dfrac{1}{K_{17}} \cdot \dfrac{\mu_{15}}{\mu_{17}}$

3 다음 그림에서 수위차 35cm를 유지하면서 시료의 단면적($A = 78.50\text{cm}^2$)을 통하여 물을 흘려보냈을 때 10분간에 5,400cc의 투수량이 측정되었다면 이 시료의 투수계수는? [99⑦]

㉮ 0.09cm/sec
㉯ 0.13cm/sec
㉰ 0.25cm/sec
㉱ 0.34cm/sec

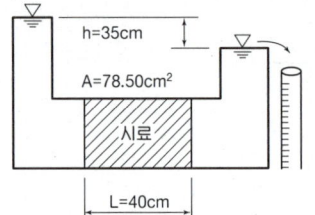

4 직경 Acm, 높이 Lcm의 시료에 대하여 변수위 투수시험을 한 결과 직경 acm의 유리관 속의 수두가 t초 사이에 h_1에서 h_2로 내려갔다고 하면 이 흙의 투수계수 K(cm/sec)의 계산식은? [93⑦]

㉮ $K = \dfrac{L \cdot A}{A \cdot t} \log_{10} \dfrac{h_1}{h_2}$

㉯ $K = 2.3 \dfrac{L \cdot A}{A \cdot t} \log_{10} \dfrac{h_2}{h_1}$

㉰ $K = \dfrac{L \cdot \dfrac{\pi a^2}{4}}{\dfrac{\pi A^2}{4} \cdot t} \log_{10} \dfrac{h_1}{h_2}$

㉱ $K = 2.3 \dfrac{L \cdot \dfrac{\pi a^2}{4}}{\dfrac{\pi A^2}{4} \cdot t} \log_{10} \dfrac{h_1}{h_2}$

해설

해설 1

① 투수계수에 영향을 미치는 요소
$K = D_s^2 \cdot \dfrac{\gamma_w}{\eta} \cdot \dfrac{e^3}{1+e} \cdot C$

② 흙 입자의 비중은 투수계수와 관계가 없다.

해설 2

$K_1 : K_2 = \dfrac{1}{\mu_1} : \dfrac{1}{\mu_2}$ 이므로

$K_{15} : K_{17} = \dfrac{1}{\mu_{15}} : \dfrac{1}{\mu_{17}}$

$\dfrac{K_{15}}{\mu_{17}} = \dfrac{K_{17}}{\mu_{15}}$

$K_{15} = \dfrac{\mu_{17}}{\mu_{15}} \cdot K_{17}$

해설 3

① 단위환산
• 유출량 : 5,400cc = 5,400cm³
• 측정시간 : 10분 = 10×60 = 600초

② 정수위 투수시험에 의한 투수계수(K)
$K = \dfrac{Q \cdot L}{A \cdot h \cdot t} = \dfrac{5,400 \times 40}{78.50 \times 35 \times 600}$
$= 0.13 \text{cm/sec}$

해설 4

변수위 투수시험
$K = 2.3 \dfrac{a \cdot L}{A \cdot T} \log_{10} \dfrac{h_1}{h_2}$

① 스탠드의 직경이 a이면
스탠드의 단면적은 $\dfrac{\pi \cdot a^2}{4}$ 이다.

② 흙 시료의 직경이 A이면
흙 시료의 단면적은 $\dfrac{\pi \cdot A^2}{4}$ 이다.

정답 1. ㉰ 2. ㉮ 3. ㉯ 4. ㉱

5 조립토의 투수계수는 일반적으로 그 흙의 유효입경과 어떠한 관계가 있는가? [00산]

㉮ 제곱에 비례한다.
㉯ 제곱에 반비례한다.
㉰ 3제곱에 비례한다.
㉱ 3제곱에 반비례한다.

6 다음은 투수계수 K(cm/s)에 관련된 요소이다. 관계없는 것은? [96 ㉮]

㉮ 물의 온도
㉯ 간극비
㉰ 입자의 형상
㉱ 투수계수를 결정하려는 흙 층의 길이

7 투수시험을 할 때의 온도가 10℃이었을 때 15℃에 대한 투수계수로 환산할 때에 다음 어느 식이 사용되는가? (M : 온도) [95산]

㉮ $K_{15} = K_{10} \times \dfrac{M_{10}}{M_{15}}$

㉯ $K_{15} = \dfrac{1}{K_{10}} \times \dfrac{M_{10}}{M_{15}}$

㉰ $K_{15} = \dfrac{1}{K_{10}} \times \dfrac{M_{15}}{M_{10}}$

㉱ $K_{15} = K_{10} \times \dfrac{M_{15}}{M_{10}}$

8 정수위 투수시험을 단면적 30cm², 길이 25cm의 시료에 대하여 하였다. 이 때 40cm의 수두에서 116초 동안에 200cc가 유출하였다. 이 시료의 투수계수는? [95 ㉮]

㉮ 2.49×10^{-2} cm/sec
㉯ 3.59×10^{-2} cm/sec
㉰ 4.25×10^{-3} cm/sec
㉱ 5.25×10^{-4} cm/sec

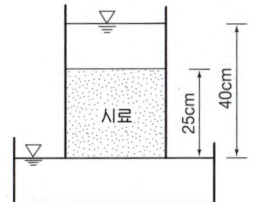

해 설

해설 5

Hazen 공식
$K = C \cdot D_{10}^2$
즉, 조립토의 투수계수는 일반적으로 그 흙의 유효입경(D_{10})의 제곱에 비례한다.

해설 6

① 투수계수에 영향을 미치는 요소
$K = D_s^2 \cdot \dfrac{\gamma_w}{\eta} \cdot \dfrac{e^3}{1+e} \cdot C$

② 흙 시료의 길이는 투수계수와 상관이 없다.

해설 7

① 투수계수에 영향을 미치는 요소
$K = D_s^2 \cdot \dfrac{\gamma_w}{\eta} \cdot \dfrac{e^3}{1+e} \cdot C$

② 온도가 높을수록 점성계수가 작아지며, 투수계수는 증가한다. 즉, 투수계수는 온도에 비례한다.

$K_{15} : K_{10} = \dfrac{1}{\eta_{15}} : \dfrac{1}{\eta_{10}} = M_{15} : M_{10}$

$K_{15} \cdot M_{10} = K_{10} \cdot M_{15}$

$K_{15} = \dfrac{\eta_{10}}{\eta_{15}} \cdot K_{10} = \dfrac{M_{15}}{M_{10}} \cdot K_{10}$

해설 8

① 유출량
$Q = 200\text{cc} = 200\text{cm}^3$

② 정수위 투수시험에 의한 투수계수(K)
$K = \dfrac{Q \cdot L}{A \cdot h \cdot t} = \dfrac{200 \times 25}{30 \times 40 \times 116}$
$= 3.59 \times 10^{-2}$ cm/sec

정답 5. ㉮ 6. ㉱ 7. ㉱ 8. ㉯

9 어떤 흙 시료의 변수위 투수시험을 한 결과 다음 값을 얻었다. 15℃에서의 투수계수는?(단, 스탠드파이프 안지름 d=4.3mm, 측정 개시시간 $t_1=09:20$, 시료지름 D=5.0cm, 측정 완료시간 $t_2=09:30$, 시료길이 L=20.0cm, t_1에서 수위 $h_1=30$cm, t_2에서 수위 $h_2=15$cm, 수온 15℃임) [00㉑]

㉮ $1.746×10^{-3}$ cm/s
㉯ $1.709×10^{-4}$ cm/s
㉰ $3.931×10^{-4}$ cm/s
㉱ $7.432×10^{-5}$ cm/s

10 대단히 투수성이 낮은 점토의 투수계수($K=1×10^{-7}$ cm/sec 이하)를 구하고자 할 때 가장 적합한 것은? [98㉠]

㉮ 정수위 투수시험법
㉯ 변수위 투수시험법
㉰ 압밀시험법
㉱ 현장 투수시험법

해 설

해설 9

① 스탠드의 단면적(a)
$$a = \frac{\pi × 0.43^2}{4} = 0.145 \text{cm}^2$$

② 흙 시료의 단면적(A)
$$A = \frac{\pi × 5^2}{4} = 19.63 \text{cm}^2$$

③ 측정시간(T) : T=10×60=600초

④ 투수계수(K)
$$K = \frac{2.3 \cdot a \cdot L}{A \cdot T} \log_{10} \frac{h_1}{h_2}$$
$$= 2.3 × \frac{0.145 × 20}{19.63 × 600} \log_{10}\left(\frac{30}{15}\right)$$
$$= 1.705 × 10^{-4} \text{cm/sec}$$

해설 10

압밀시험에 의한 투수계수
① $K=10^{-7}$ cm/sec 이하의 불투수성 흙에 적용한다.
② 압밀시험에 의한 간접적인 시험법이다.
③ 투수계수(K)
$$K = C_v \cdot m_v \cdot \gamma_w$$

정답 9. ㉯ 10. ㉰

4 비균질 토층의 평균투수계수

> **학습방향**
> 성토 작업에 의하여 조성된 지반은 각 층의 투수계수가 서로 다르고, 수평방향의 투수계수와 수직방향의 투수계수가 서로 다르므로 각 층의 투수계수를 구하고, 각 층의 두께를 측정하여 평균투수계수를 계산하여야 한다. 일반적으로 시험에서는 이러한 평균투수계수, 등가등방성 투수계수, 방향에 따른 투수계수의 대소가 출제된다.

1 수평방향 평균투수계수

① 투수가 수평방향으로 일어날 경우 **각 층에서의 동수경사가 같아야 한다.**
$$i_h = i_1 = i_2 = i_3 = constant$$

② 단위 시간에 단면적을 통하여 흐르는 **전유량은 각 층의 유량의 합과 같다.**
전체 층의 유량 = 각 층의 유량의 합

$$K_h = \frac{1}{H}(K_1 \cdot H_1 + K_2 \cdot H_2 + K_3 \cdot H_3)$$

여기서, $H = H_1 + H_2 + H_3$

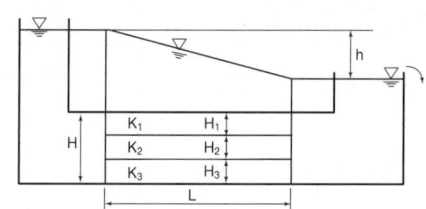

그림. 수평방향 평균투수계수(K_h)

학습POINT

■ 전체층의 유량은 각층의 유량의 합과 같다.

2 수직방향 평균투수계수

① 투수가 수직방향으로 일어날 경우 **각 층에서의 유출속도가 같아야 한다.**
$$v_z = K_z \cdot i_z = K_1 \cdot i_1 = K_2 \cdot i_2 = K_3 \cdot i_3 = constant$$

따라서, **전체층을 흐르는 시간은 각 층을 흐르는 시간의 합과 같다.**
전체 층을 흐르는 시간 = 각 층을 흐르는 시간의 합

② 또한, **전손실수두는 각 층에서의 손실수두의 합과 같다.**
$$h = h_1 + h_2 + h_3$$

$$K_z = \frac{H}{\dfrac{H_1}{K_1} + \dfrac{H_2}{K_2} + \dfrac{H_3}{K_3}}$$

■ 전손실수두 h는 각층에서의 손실수두의 합과 같다.
$$h = h_1 + h_2 + h_3$$

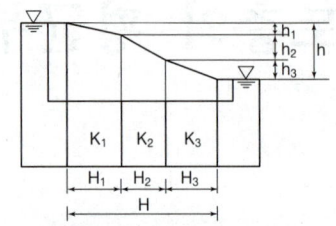

그림. 수직방향 평균투수계수(K_z)

3 이방성 투수계수

(1) 이방성
 흙의 한 위치에서 수평방향과 수직방향의 투수계수가 다를 수 있는데 이것을 투수에 있어서의 이방성(anisotropic)이라 한다.

(2) 등가등방성 투수계수

$$K' = \sqrt{K_h \cdot K_z}$$

 여기서, K' : 등가등방성 투수계수
 K_h : 수평방향 투수계수
 K_z : 수직방향 투수계수

(3) 방향에 따른 투수계수의 크기
 ① 수평방향의 투수계수(K_h)가 수직방향의 투수계수(K_z)보다 크다.
 ② 수평방향의 투수계수(K_h)가 등가등방성 투수계수(K')보다 크다.

■ 수평방향의 투수계수가 수직방향의 투수계수보다 크다.

4 비균질 토층을 통과하는 유수

(1) 경계면에 경사지게 침투하는 경우
 투수계수가 각각 K_1, K_2인 비균질층인 경우

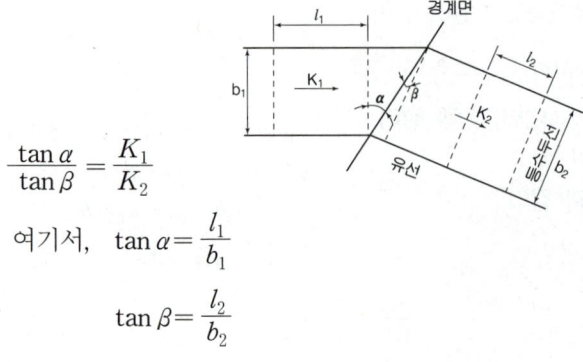

$$\frac{\tan \alpha}{\tan \beta} = \frac{K_1}{K_2}$$

 여기서, $\tan \alpha = \dfrac{l_1}{b_1}$

 $\tan \beta = \dfrac{l_2}{b_2}$

(2) 경계면에 수직으로 침투하는 경우

$$\frac{K_1}{K_2} = \frac{l_1}{l_2}$$

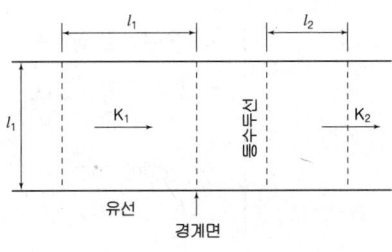

■ $l = v \cdot t$ 이므로 이동거리는 속도 v에 비례한다.

핵 심 문 제

1 다음의 그림에서 수평방향 평균투수계수 $\overline{K_X}$는 얼마인가? [98 ㉮]

㉮ $\overline{K_X} = \dfrac{H_1 K_1 + H_2 K_2}{H_1 + H_2}$

㉯ $\overline{K_X} = \dfrac{H_1 + H_2}{\dfrac{H_1}{K_1} + \dfrac{H_2}{K_2}}$

㉰ $\overline{K_X} = \sqrt{K_1 K_2}$

㉱ $\overline{K_X} = \sqrt{K_1 H_1 + K_2 H_2}$

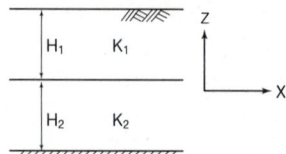

해 설

[해설] 1

① 수평방향 등가투수계수(K_X)

$K_X = \dfrac{1}{H}(K_1 \cdot H_1 + K_2 \cdot H_2)$

여기서, $H = H_1 + H_2$

② 수직방향 등가투수계수(K_z)

$K_z = \dfrac{H}{\dfrac{H_1}{K_1} + \dfrac{H_2}{K_2}}$

③ 방향에 따른 투수계수의 크기

$K_X > K_z$

2 그림과 같이 3층으로 된 토층의 수평방향과 수직방향의 평균투수계수는 몇 cm/sec인가? [01 95 ㉮]

	수평방향 투수계수	수직방향 투수계수
㉮	1.372×10^{-3}	3.129×10^{-4}
㉯	3.129×10^{-4}	1.372×10^{-3}
㉰	1.372×10^{-5}	3.129×10^{-6}
㉱	3.129×10^{-6}	1.372×10^{-5}

7.9m: 2.8m $K_1 = 4 \times 10^{-4}$ cm/sec; 3.6m $K_2 = 2 \times 10^{-4}$ cm/sec; 1.5m $K_3 = 6 \times 10^{-3}$ cm/sec

[해설]

① $H = H_1 + H_2 + H_3 = 280 + 360 + 150 = 790$ cm

② 수평방향 등가투수계수(K_h)

$K_h = \dfrac{1}{H}(K_1 \cdot H_1 + K_2 \cdot H_2 + K_3 \cdot H_3)$

$= \dfrac{1}{790}[(4 \times 10^{-4}) \times 280 + (2 \times 10^{-4}) \times 360 + (6 \times 10^{-3}) \times 150]$

$= 1.372 \times 10^{-3}$ cm/sec

③ 수직방향 등가투수계수(K_v)

$K_v = \dfrac{H}{\dfrac{H_1}{K_1} + \dfrac{H_2}{K_2} + \dfrac{H_3}{K_3} + \dfrac{H_4}{K_4}}$

$= \dfrac{790}{\dfrac{280}{4 \times 10^{-4}} + \dfrac{360}{2 \times 10^{-4}} + \dfrac{150}{6 \times 10^{-3}}} = 3.129 \times 10^{-4}$ cm/sec

3 다음 그림과 같이 수평방향으로 퇴적된 3개의 흙 층으로 되어 있을 경우 투수계수 K에 대한 설명 중 맞는 것은? [96 ㉯]

㉮ x방향의 투수계수가 가장 크다.
㉯ z방향의 투수계수가 가장 크다.
㉰ $\sqrt{x^2 + z^2}$ 방향의 투수계수가 가장 크다.
㉱ 투수계수의 크기가 방향과 무관하다.

[해설] 3

① 수평방향 등가투수계수(K_x)

$K_x = \dfrac{1}{H}(K_1 \cdot H_1 + K_2 \cdot H_2 + K_3 \cdot H_3)$

② 수직방향 등가투수계수(K_z)

$K_z = \dfrac{H}{\dfrac{H_1}{K_1} + \dfrac{H_2}{K_2} + \dfrac{H_3}{K_3}}$

③ 이방성 투수계수(K')

$K' = \sqrt{K_h \cdot K_z}$

④ 방향에 따른 투수계수의 크기

$K_x > K_z$

[정답] 1. ㉮ 2. ㉮ 3. ㉮

4 어떤 퇴적층에서 수평방향의 투수계수는 4.0×10^{-3}cm/s이고, 수직방향의 투수계수는 3.0×10^{-3}cm/s이다. 이 흙을 등방성으로 생각할 때 등가의 평균 투수계수는 얼마인가? [82 83 산 96 00 가]

㉮ 3.46×10^{-3}cm/s
㉯ 5.0×10^{-3}cm/s
㉰ 6.0×10^{-3}cm/s
㉱ 6.93×10^{-3}cm/s

5 그림과 같은 조건에서 유선망을 그릴 때 A, B 부분에서 인접한 등수두선(equipotential) 간의 간격을 각각 b_A, b_B라 하면 $\dfrac{b_A}{b_B}$의 값은?(단, A, B 부분의 투수계수는 각각 1×10^{-3}cm/sec, 1×10^{-5}cm/sec이고 등방성이다.) [94 가]

㉮ 100
㉯ 0.01
㉰ 1.67
㉱ 0.60

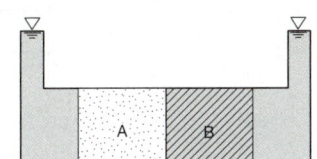

6 그림과 같은 수평인 여러 모래층의 연직방향의 평균투수계수 K_v는? [93 산 97 가]

㉮ $K_v = \dfrac{1}{H}(K_1 h_1 + K_2 h_2 + K_3 h_3 + K_4 h_4)$
㉯ $K_v = \dfrac{1}{4}(K_1 h_1 + K_2 h_2 + K_3 h_3 + K_4 h_4)$
㉰ $K_v = \dfrac{H}{\dfrac{h_1}{K_1} + \dfrac{h_2}{K_2} + \dfrac{h_3}{K_3} + \dfrac{h_4}{K_4}}$
㉱ $K_v = \dfrac{H}{h_1 K_1 + h_2 K_2 + h_3 K_3 + h_4 K_4}$

단, h_1, h_2, h_3, h_4 : 각 모래층의 두께
K_1, K_2, K_3, K_4 : 각 모래층의 투수계수

7 다음 그림과 같이 여러 가지 토층에 대한 수평방향으로의 평균투수계수를 구하면? [98 산]

㉮ $K_h = 3.944 \times 10^{-2}$cm/sec
㉯ $K_h = 3.767 \times 10^{-2}$cm/sec
㉰ $K_h = 2.864 \times 10^{-2}$cm/sec
㉱ $K_h = 2.915 \times 10^{-2}$cm/sec

4m $K_1 = 3.1 \times 10^{-2}$cm/sec
3m $K_2 = 6.7 \times 10^{-2}$cm/sec
2m $K_3 = 1.5 \times 10^{-2}$cm/sec

해 설

해설 4

이방성 투수계수(K')
$K' = \sqrt{K_h \cdot K_z}$
$= \sqrt{(4 \times 10^{-3}) \times (3 \times 10^{-3})}$
$= 3.46 \times 10^{-3}$ cm/sec

해설 5

① 비균질 토층을 통과하는 유수 : 두 토층의 경계면에 직각으로 침투하는 경우, 이 두 토층의 투수계수와 등수두선 간격은 다음과 같은 관계가 있다.
$\dfrac{K_A}{K_B} = \dfrac{b_A}{b_B}$

② 문제에서
$\dfrac{b_A}{b_B} = \dfrac{K_A}{K_B} = \dfrac{1 \times 10^{-3}}{1 \times 10^{-5}} = 100$

해설 6

① 수평방향 등가투수계수(K_h)
$K_h = \dfrac{1}{H}(K_1 \cdot h_1 + K_2 \cdot h_2 + K_3 \cdot h_3 + K_4 \cdot h_4)$
여기서, $H = h_1 + h_2 + h_3 + h_4$

② 수직방향 등가투수계수(K_v)
$K_v = \dfrac{H}{\dfrac{h_1}{K_1} + \dfrac{h_2}{K_2} + \dfrac{h_3}{K_3} + \dfrac{h_4}{K_4}}$

③ 방향에 따른 투수계수의 크기
$K_h > K_v$

해설 7

① $H = H_1 + H_2 + H_3$
$= 400 + 300 + 200 = 900$cm

② 수평방향 등가투수계수(K_h)
$K_h = \dfrac{1}{H}(K_1 \cdot H_1 + K_2 \cdot H_2 + K_3 \cdot H_3)$
$= \dfrac{1}{900}(3.1 \times 10^{-2} \times 400 + 6.7 \times 10^{-2} \times 300 + 1.5 \times 10^{-2} \times 200)$
$= 0.03944$ cm/sec
$= 3.944 \times 10^{-2}$ cm/sec

정답 4. ㉮ 5. ㉮ 6. ㉰ 7. ㉮

8 그림과 같이 투수계수가 등방성(isotropic)으로 각각 K_h, K_v인 두 개의 토층으로 이루어진 지반이 있다. 수평방향의 평균투수계수 K_h와 연직방향의 평균투수계수 K_v의 대소를 비교하였을 때 다음 중 옳은 것은? [90 ㉮]

㉮ $K_v > K_h$
㉯ $K_v < K_h$
㉰ $K_v = K_h$
㉱ 비교를 하기 위해서는 더 많은 자료가 필요하다.

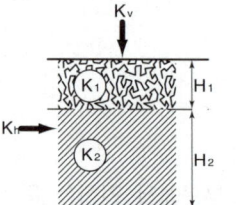

해설 8

방향에 따른 투수계수의 크기
$K_v < K_h$
즉, 수평방향의 투수계수가 연직방향의 투수계수보다 크다.

9 두 토층의 경계면에 경사지게 물이 흐르는 경우 옳은 것은?
(단, $K_1 > K_2$) [85 ㉯]

㉮ $\dfrac{K_2}{K_1} = \dfrac{\tan\beta}{\tan\alpha}$

㉯ $\dfrac{K_2}{K_1} = \dfrac{l_1 / b_1}{l_2 / b_2}$

㉰ $\dfrac{K_2}{K_1} = \dfrac{b_2 / l_2}{b_1 / l_1}$

㉱ $\dfrac{K_2}{K_1} = \dfrac{b_2 / l_1}{b_1 / l_2}$

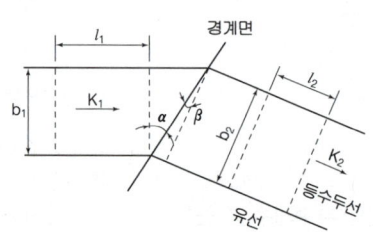

해설 9

비균질 토층을 통과하는 유수
① 경계면에 경사지게 침투하는 경우
$\dfrac{\tan\alpha}{\tan\beta} = \dfrac{K_1}{K_2}$

② 경계면에 수직으로 침투하는 경우
$\dfrac{K_1}{K_2} = \dfrac{l_1}{l_2}$

정답 8. ㉯ 9. ㉮

5 유선망(flow net)

학습방향

연속방정식은 서로 직교하는 두 개의 곡선 즉, 유선과 등수두선으로 나타낸다. 유선은 물이 흐르는 자취이며, 등수두선은 서로 다른 위치에 피조미터를 세운다 하여도 물이 상승하는 높이는 같다. 여러 개의 유선과 등수두선으로 이루어진 그림을 유선망이라 한다. 유선망은 지하수의 흐름을 계산하기 위하여 작도한다. 일반적으로 시험에서는 유선망의 특징, 경계조건, 침투수량, 간극수압이 출제되므로 반듯이 알고 있어야 한다.

1 기본가정

(1) Darcy 법칙은 정당하다.
(2) 흙은 등방성이고 균질하다.
(3) 흙은 포화상태이고 모관현상은 무시한다.
(4) **흙이나 물은 비압축성**이고, 물이 흐르는 동안 압축이나 팽창은 생기지 않는다.

2 Laplace 연속방정식

(1) 이방성인 경우

$$K_x \frac{\partial^2 h}{\partial x^2} + K_z \frac{\partial^2 h}{\partial z^2} = 0$$

이방성인 경우 $K_x \neq K_z$ 이므로 $\quad \dfrac{\partial^2 h}{(\frac{K_z}{K_x})\partial x^2} + \dfrac{\partial^2 h}{\partial z^2} = 0$

여기서, $x_t = \sqrt{\dfrac{K_z}{K_x}} \cdot x$ 라하면 $\quad \dfrac{\partial^2 h}{\partial x_t^2} + \dfrac{\partial^2 h}{\partial z^2} = 0$

(2) 등방성인 경우

$$\frac{\partial^2 h}{\partial x^2} + \frac{\partial^2 h}{\partial z^2} = 0$$

3 유선망(Flow net)

(1) 개요
제체 및 투수성 지반에서 침투수류의 방향과 등위선을 그림으로 나타낸 것을 말한다.

(2) 작도 목적
① **침투수량**을 알기 위해 유선망을 작도한다.
② **간극수압**을 알기 위해 유선망을 작도한다.

학습POINT

■ Laplace 방정식을 유도하기 위한 기본가정에서 토립자는 비압축성이고, 물은 압축성이다.(×)

(3) 해석방법

유선망의 해석방법에는 수학적 방법, 실험에 의한 방법, 도해법이 있다.

(4) 용어정리
① 유선(flow line) : 투수층의 상류부에서 하류부로 물이 흐르는 자취를 말한다.
② 유로(flow channel) : 인접한 두 유선 사이의 통로를 말한다.
③ 등수두선(equipotential line) : 손실수두가 서로 같은 점을 연결한 선으로서 동일 선상의 모든 점에서 전수두가 같다.
④ 등수두면(equipotential of area) : 인접한 두 등수두선 사이의 공간을 말한다.

(5) 특성
① 각 유로(인접한 두 유선)의 침투유량은 같다.
② 각 등수두면(인접한 두 등수두선) 간의 손실수두(전수두)는 모두 같다.
③ 유선과 등수두선은 서로 직교한다.
④ 유선망으로 되는 사각형은 이론상 정사각형이므로 유선망의 폭과 길이는 같다. 즉, 유선망의 각 사각형은 한 원에 접한다.(내접원을 형성한다.)
⑤ 침투속도 및 동수구배는 유선망 폭에 반비례한다.

$$v = K \cdot i = K \cdot \frac{h}{L}$$

■ 유선망에서 인접한 등압선 간의 수두손실은 서로 같다. 이 때의 수두는 (전수두)이다.

■ 유선망의 특징에 있어서 인접한 두 등수두선 사이의 동수경사는 같다.(×)

■ 인접한 두 등수두선 사이의 동수경사는 두 등수두선의 간격에 (반비례)한다.

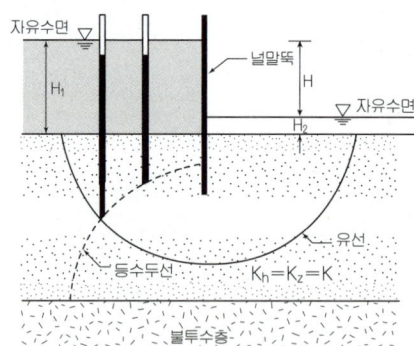

그림. 유선망

(6) 경계조건
① 투수층의 상류표면(ab), 하류표면(de)은 등수두선이다.
② 선 ab와 de는 등수두선이므로 모든 유선은 이 선에 직교한다.
③ 불투수층의 경계면(fg)은 유선이다.
④ 널말뚝(acd)도 불투수층이므로 유선이다.
⑤ 선 acd, fg는 유선이므로 모든 등수두선은 이 선에 직교한다.

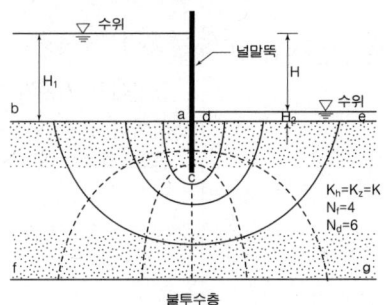

그림. 유선망의 작도

(7) 침투수량(단위폭당 침투수량)

① 등방성 흙인 경우($K_h = K_z$)

$$q = K \cdot H \cdot \frac{N_f}{N_d}$$

여기서, q : 침투유량
  H : 전수두차(상, 하류 수면의 수두차)
  N_f : 유로수(유선으로 나눈 간격수)
  N_d : 등수두면의 수(등수두선에 의한 간격수, 손실수두수)

② 이방성 흙인 경우($K_h \neq K_z$)

$$q = \sqrt{K_h \cdot K_z} \cdot H \cdot \frac{N_f}{N_d}$$

■ 문제풀이에서 투수계수 K의 단위는 cm/sec, 수두차 H는 m이므로 단위통일에 주의한다.

(8) 임의의 점에서의 간극수압

① 임의의 점에서의 전수두

물이 흙 속을 흐르면서 각 등수두면 간의 손실수두가 같으므로 한 등수두선으로부터 그 다음의 등수두선까지의 손실수두는 똑같이 $\frac{1}{N_d} \cdot H$이다. 그러므로

$$h_t = \frac{n_d}{N_d} \cdot H$$

여기서, n_d : 하류에서부터 구하는 점까지의 등수두면 수
  H : 전수두차

② 위치수두 : 위치수두(h_e)는 하류수면을 기준으로 하여 높이를 측정하는데 기준선 아래에 위치하는 경우 (−)값을 가진다.

③ 압력수두 : 압력수두(h_p) = 전수두(h_t) − 위치수두(h_e)

④ 간극수압 : 간극수압(u_p) = $\gamma_w \times$ 압력수두(h_p)

핵심문제

1 다음은 지하수 흐름의 기본 방정식인 Laplace 방정식을 유도하기 위한 기본가정이다. 틀린 것은? [96산]

㉮ 물의 흐름은 Darcy의 법칙을 따른다.
㉯ 흙은 등방성이고 균질하다.
㉰ 흙은 포화되어 있고 모세관현상은 무시한다.
㉱ 토립자는 비압축성이고 물은 압축성이다.

2 유선망의 특성에 관한 사항 중 옳지 않은 것은? [98기]

㉮ 인접한 두 유선 사이의 유량은 같다.
㉯ 인접한 두 등수두선 사이의 수두손실은 같다.
㉰ 인접한 두 등수두선 사이의 동수경사는 같다.
㉱ 유선과 등수두선은 직교한다.

3 그림의 유선망에 대한 것 중 틀린 것은?(단, 흙의 투수계수는 2.5×10^{-3} cm/s이다.) [96기]

㉮ 유선의 수=6
㉯ 등수두선의 수=6
㉰ 유로의 수=5
㉱ 전침투유량 Q=0.278cm³/s

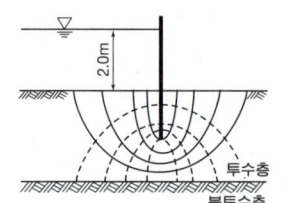

4 그림에서 수평방향 투수계수는 8×10^{-2} cm/sec이고, 수직방향 투수계수는 2×10^{-2} cm/sec이다. 널말뚝 단위 폭에 대한 침투유량은? [97산]

㉮ 8cm³/sec
㉯ 16cm³/sec
㉰ 20cm³/sec
㉱ 32cm³/sec

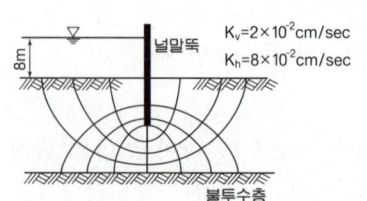

해설

해설 1

유망선의 기본가정
흙이나 물은 비압축성이고 물이 흐르는 동안 압축이나 팽창은 생기지 않는다.

해설 2

① 인접한 두 등수두선 사이의 전수두(손실수두)는 일정하다.
② 인접한 두 등수두선 사이의 동수경사는 두 등수두선의 간격에 반비례한다.

$$v = K \cdot i = K \cdot \frac{h}{L}$$

즉, 이동경로의 거리에 반비례한다.

해설 3

① 유선의 수는 6개이면, 유로의 수는 5개이다.
② 상, 하류면은 등수두선이므로 등수두선의 수는 10개이며, 등수두면의 수는 9개이다.
③ 침투수량(폭 1cm당 침투량)
 • 수두차 : $H = 2.0m = 200cm$
 • $q = K \cdot H \cdot \frac{N_f}{N_d}$
  $= (2.5 \times 10^{-3}) \times 200 \times \left(\frac{5}{9}\right)$
  $= 0.278 \, cm^3/sec$

해설 4

① 등가등방성 투수계수(K')
 $K' = \sqrt{K_h \cdot K_v}$
  $= \sqrt{(8 \times 10^{-2}) \times (2 \times 10^{-2})}$
  $= 0.04 \, cm/sec$
② 단위시간당 침투수량(폭 1cm당 침투량, q)
 • $H = 8.0m = 800cm$
 • $q = K \cdot H \cdot \frac{N_f}{N_d}$
  $= 0.04 \times 800 \times \left(\frac{4}{8}\right) = 16 \, cm^3/sec$

정답 1. ㉱ 2. ㉰ 3. ㉯ 4. ㉯

5 그림과 같은 유선망에서 점 A에서 공극수압은? [94 01 ⓢ]

㉮ 4t/m²
㉯ 6t/m²
㉰ 7t/m²
㉱ 10t/m²

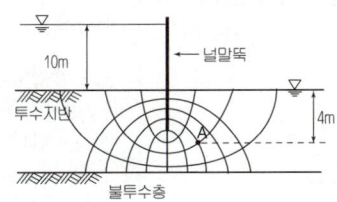

해설 5

① 임의의 점에서의 전수두(h_t)
$$h_t = \frac{n_d}{N_d} \cdot H = \frac{3}{10} \times 10 = 3\text{m}$$
② 위치수두(h_e)
위치수두(h_e) = -4m
③ 압력수두(h_p)
압력수두(h_p) = 3-(-4) = 7m
④ 간극수압(u_p)
간극수압(u_p) = $\gamma_w \times$ 압력수두(h_p)
= 1×7=7 t/m²

6 유선망에서 인접한 등압선 간의 수두손실은 서로 같다. 이 때의 수두는? [93 ㉮]

㉮ 위치수두
㉯ 압력수두
㉰ 속도수두
㉱ 전수두

해설 6

등수두선(equipotential line)은 손실수두가 서로 같은 점을 연결한 선으로서 동일 선상의 모든 점에서 전수두가 같다. 따라서, 이 때의 손실수두는 전수두이다.

7 유선망(flow net)의 특징 중 옳지 않은 것은? [97 ㉮]

㉮ 두 개의 등수두선의 수압 강하량은 다른 두 개의 등수두선에 대해서도 같다.
㉯ 유선망으로 되는 사각형은 이론상으로 직각사각형이다.
㉰ 유선과 등수두선은 서로 직교한다.
㉱ 침투속도 및 동수경사는 유선망의 폭에 반비례한다.

해설 7

두 등수두선과 두 유선으로 이루어지는 사각형은 이론상 정사각형이지만 이 정사각형의 면적은 서로 다르다.

8 유선망을 작도하는 주된 목적은? [94 ⓢ]

㉮ 침하량의 결정
㉯ 전단강도의 결정
㉰ 침투수량의 결정
㉱ 지지력의 결정

해설 8

유선망을 그리는 목적은 침투수량과 간극수압을 구하기 위한 것이다.

9 그림과 같은 하천의 제방 밑에 투수계수 7.9×10^{-3}cm/sec, 두께 2m의 모래층이 있고, 그 모래층을 지나 체내 저로 물이 투수한다. 제방폭 1m당 1일의 누수량은? [88 ㉓]

㉮ 0.091m³/day
㉯ 1.092m³/day
㉰ 1.24m³/day
㉱ 2.235m³/day

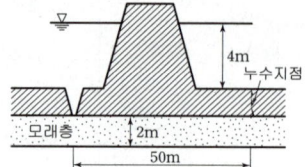

10 그림과 같은 유선망도에서 A점의 압력수두는 얼마인가? [98 ㉓]

㉮ 8m
㉯ 9.2m
㉰ 6m
㉱ 10m

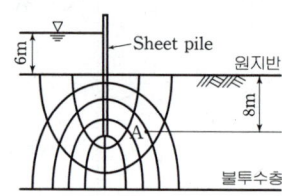

해 설

[해설] 9

① 유선망으로 되는 사각형은 이론상 정사각형이므로 유선망의 폭과 길이는 같다. 따라서, 2m의 간격으로 등수두선을 그리면 유로수 $N_f = 1$, 등수두면수 $N_d = \frac{50}{2} = 25$이다.

② 단위시간당 침투수량
(폭 1m당 침투량, q)
• 투수계수
$K = 7.9 \times 10^{-3}$ cm/sec
$= 7.9 \times 10^{-5}$ m/sec
• 침투수량
$q = K \cdot H \cdot \dfrac{N_f}{N_d}$
$= (7.90 \times 10^{-5}) \times 4 \times (\dfrac{1}{25})$
$= 1.264 \times 10^{-5}$ m³/sec

③ 1일간 전투수량(Q)
$Q = 1.26 \times 10^{-5} \times (60 \times 60 \times 24)$
$= 1.092$ m³/day

[해설] 10

① 임의의 점에서의 전수두(h_t)
$h_t = \dfrac{n_d}{N_d} \cdot H = \dfrac{2}{10} \times 6 = 1.2$m

② 위치수두(h_e)
위치수두(h_e) = -8m

③ 압력수두(h_p)
압력수두 = 전수두 – 위치수두
$= 1.2 - (-8) = 9.2$m

9. ㉯ 10. ㉯

6 흙 댐에서의 투수

학습방향

불투수층 기초 위의 균질 등방성 흙 댐에서 불투수층 경계면은 최하부 유선이며, 최상부 유선으로 침윤선이라 한다. 즉, 개수로에 있어서의 자유수면을 말하는 것으로 압력수두는 0(zero)이므로 위치수두만 존재한다.

1 침윤선(Seepage line)의 개요

불투수층 기초 위의 균질 등방성 흙 댐에서 불투수층 경계면은 최하부 유선이며, 최상부 유선은 침윤선이라 한다.

(1) 제체 내의 **흐름의 최외측**이다.
(2) 하나의 **유선**이다.
(3) 형상은 **포물선**이다.
(4) 자유수면이므로 압력수두는 0(zero)이므로 **위치수두만 존재한다**.

2 경계조건

(1) **상류측 경사**는 전수두가 일정하므로 **등수두선**이다.
(2) **불투수층의 경계면**은 최하부 **유선**이다.
(3) 필터가 있을 경우에는 **필터층**은 전수두가 0인 **등수두선**이다.
(4) 하류측 경사는 등수두선도, 유선도 아니다.

3 작도방법

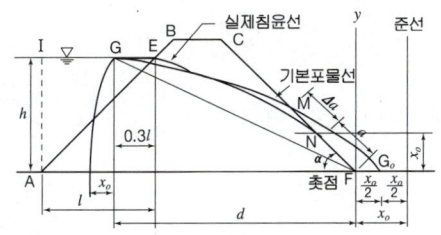

그림. 침윤선의 작도방법

(1) 초점 결정
① 하류에 filter층(배수층)이 있는 경우 filter층(배수층) 시점이 초점이 된다.
② 하류에 filter층(배수층)이 없는 경우 제체의 끝단이 초점이 된다.

학습POINT

■ 흙 댐의 침윤선에서 침윤선상의 수두는 압력수두 뿐이다.(×)

■ 흙 댐의 하류측 경사는 등수두선이다.(×)

(2) 기본포물선의 작도

A. Casagrande에 의한 방법으로 filter가 없는 경우 다음과 같이 작도한다.

① G점 결정 : 상류측 사면으로부터 AE의 수평거리(ℓ)의 30%지점이다. 즉,

$$EG = 0.3EI$$

② 준선 결정 : 초점 F와 G의 수평거리를 d라 하고 FG거리 $\sqrt{h^2+d^2}$ 과 d와의 거리차를 x_0라 하면 초점 F에서 하류측에 x_0만큼 떨어진 곳에 준선을 결정한다.

$$x_0 = \overline{FG} - (\overline{FG}\text{의 수평거리}) = \sqrt{h^2+d^2} - d$$

③ G_0점 결정 : 초점 F점에서 하류측으로 $\dfrac{x_0}{2}$ 만큼 떨어진 점을 G_0라 한다.

④ 기본포물선의 작도 : F를 초점으로 하여 기본포물선 방정식 $x = \dfrac{y^2 - x_0^2}{2x_0}$ 에 의해서 G, M, G_0를 통과하는 기본포물선을 작도한다.

(3) 기본포물선의 보정

① 상류측 보정 : 상류측 경사면 AE는 하나의 등수두선이므로 최상부 유선인 침윤선은 등수두선에 직교해야하므로 E점에서 직각으로 유입하여 기본포물선과 접하도록 작도한다.

② 하류측 보정 : 기본포물선과 하류측 경사면과의 교점을 M이라 하고, 침윤선과 하류측 경사면과의 교점을 N이라 하면 N점을 통과하도록 하여 E, N을 통과하는 실제 침윤선을 작도한다.

4 필터의 조건

(1) 필터 공극의 크기는 충분히 작아서 인접해 있는 흙의 손실이 방지되어야 한다.

(2) 필터 공극의 크기는 충분히 커서 필터에 들어온 물이 빨리 빠져나가야 한다.

5 필터의 설계(NAVFAC, 1971)

필터는 흙의 입경에 근거로 하여 설계되며 그 기준은 다음과 같다.

$$\frac{(D_{15})_f}{(D_{85})_s} < 4\sim5, \quad 4\sim5 < \frac{(D_{15})_f}{(D_{15})_s} < 20, \quad \frac{(D_{50})_f}{(D_{50})_s} < 25$$

여기서, $(D_{15})_f$: 필터의 입도곡선에서 통과율 15%에 해당하는 입경
$(D_{15})_s$: 보호층의 입도곡선에서 통과율 15%에 해당하는 입경

■ 기본포물선을 작도할 때 EG의 길이는 ($EG = 0.3EI$)이다.

■ 상류측 경사면 AE는 기본포물선과 직교한다.(×)

■ 상류층 경사면 AE는 실제침윤선과 직교한다.(O)

■ 하류측 경사
흙 댐의 하류측 경사는 등수두선도, 유선도 아니다.

핵 심 문 제

1 흙 댐의 침윤선을 설명한 것 중 옳지 않은 것은? [98 ㉯]

㉮ 침윤선상의 수두는 위치수두 뿐이다.
㉯ 침윤선상의 수두는 압력수두 뿐이다.
㉰ 침윤선은 유선 중의 하나이다.
㉱ 침윤선의 형상은 포물선으로 가정한다.

2 다음은 침윤선에 대한 설명이다. 틀린 것은 어느 것인가? [99 ㉯]

㉮ AE는 등수두선이다.
㉯ AD는 유선이다.
㉰ 침윤선은 E에서 AB로 직교한다.
㉱ CD는 등수두선이다.

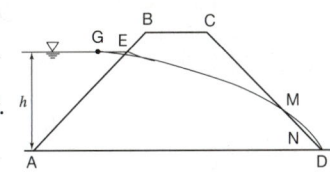

3 다음 그림에서 기본 포물선을 작도할 때 EG의 길이는? [87 ㉰]

㉮ $EG = 0.7EI$
㉯ $EG = 0.5EI$
㉰ $EG = 0.4EI$
㉱ $EG = 0.3EI$

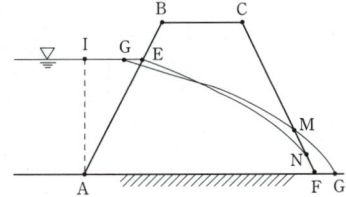

4 내부 세굴에 의한 제체 파괴를 방지하는 방법 중 옳지 못한 것은? [94 ㉰]

㉮ 하류측에 차수판을 설치한다.
㉯ 물의 침투경로를 길게 한다.
㉰ 제체 내에 점토 코어를 설치한다.
㉱ 제체 하류측에 필터를 설치한다.

5 제체의 침윤선에 대한 설명 중 옳은 것은? [99 ㉰]

㉮ 흙 댐이나 제체 내의 자유수면을 침윤선이라 한다.
㉯ 물분자의 이동하는 궤적을 침윤선이라 한다.
㉰ 흙 속의 모든 유선을 침윤선이라 한다.
㉱ 침윤선을 이용하여 침투유량을 계산할 수 없다.

해 설

해설 1

침윤선
① 자유수면이므로 압력수두는 0이므로 위치수두만 존재한다.
② 하나의 유선이다.
③ 형상은 포물선이다.

해설 2

경계조건
① 상류측 경사(AE)는 전수두가 일정하므로 등수두선이다.
② 불투수층 경계면(AD)은 최하부 유선이다.
③ 필터가 있을 경우에는 필터층은 전수두가 0인 등수두선이다.
④ 하류측 경사(CD)는 등수두선도, 유선도 아니다.

해설 3

G점 결정 : 상류측 사면으로부터 AE의 수평거리(ℓ)의 30%지점이다.
즉, $EG = 0.3EI$이다.

해설 4

① 동수경사가 한계동수경사보다 커서 분사현상이 일어나고, 이로 인한 파이핑 현상이 일어난다.
② 동수경사를 작게하기 위해서는 투수길이를 길게 하여야 한다.
③ 방지대책 : 투수거리를 길게 하여 동수경사를 작게 하고 침투수압을 작게 한다.
• 댐 내부에 core를 설치한다.
• 댐 하류측에 filter를 설치한다.
• 상류측에 sheet pile을 시공한다.
• 상류측에 차수벽을 설치한다.

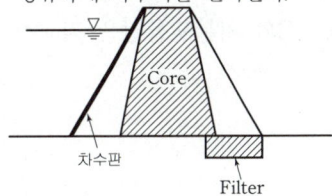

해설 5

불투수층 기초 위의 흙 댐에서 불투수층 경계면은 최하부 유선이며, 최상부 유선으로 침윤선이라 한다.

정답 1. ㉯ 2. ㉱ 3. ㉱ 4. ㉮ 5. ㉮

6 다음의 흙 댐에서 유선망을 작도하는데 있어 경계조건이 틀린 것은? [99 산]

㉮ AB는 등수두선이다.
㉯ BC는 등수두선이다.
㉰ CD는 등수두선이다.
㉱ AD는 유선이다.

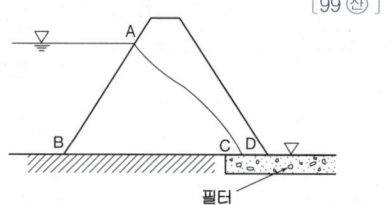

해 설

해설 **6**
① 흙 댐에서 침투유량을 구하기 위해서는 유선망을 그려야 한다.
② 유선망을 그리기 위해서는 우선 침윤선이 작도되어야 한다.
③ 경계조건 중 불투수층 경계면(BC)은 최하부 유선이다.

7 흙 댐 등의 침윤선(Seepage line)에 관하여 옳지 않은 것은? [90 ㉮]

㉮ 침윤선은 일종의 자유수면이다.
㉯ 침윤선의 형상은 일반적으로 포물선으로 가정한다.
㉰ 침윤선은 일종의 등압선이다.
㉱ 침윤선은 일종의 유선이다.

해설 **7**
침윤선은 일종의 유선이다.

8 다음 그림은 흙댐의 침윤선을 구하는 방법을 그린 그림이다. 다음 설명 중 옳지 않은 것은? [80 02 산]

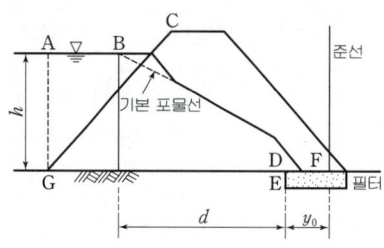

㉮ 기본포물선의 초점은 E이다.
㉯ $y_0 = \sqrt{d^2 + h^2} - d$로 되는 위치에 준선이 있게 된다.
㉰ D점은 EF의 중점이 된다.
㉱ GC와 기본포물선은 직교한다.

해설 **8**
GC와 기본포물선은 직교하지 않고, 실제 침윤선과 직교한다.

정답 6. ㉯ 7. ㉰ 8. ㉱

7 동상

> **학습방향**
>
> 기온이 0℃ 이하가 되면 지표면의 물이 동결되고 점차로 어는 깊이가 깊어진다. 간극의 물이 얼면 체적이 증가되고, 또한 간극이 작아져서 아래의 지하수가 모관작용에 의하여 다시 상승하여 얼어서 지표면이 부풀어오르는 현상을 동상현상이라 한다. 동결된 지반이 융해되어 지반이 연약화되어 전단강도가 떨어지는 현상을 연화현상이라 한다.
>
> ① 동결심도
> $$Z = C \cdot \sqrt{F} = C \cdot \sqrt{\theta \cdot t}$$
> ② 동상이 잘일어나는 순서는 실트, 점토, 모래, 자갈 순이다.

1 동상현상(Frost heave)

(1) 개요

흙 속의 공극수가 얼어서 부피가 약 9% 팽창되기 때문에 지표면이 부풀어오르는 현상을 동상현상이라 한다.

(2) 조건
① 동상을 받기 쉬운 흙(실트)이 존재해야 한다.
② 물의 공급이 충분해야 한다.(아이스렌즈를 형성하기 위한 충분한 물의 공급)
③ 영하의 온도가 오래 지속되어야 한다.

(3) 동상량의 주요인자
① 모관상승고가 크다.
② 투수성이 크다.
③ 지하수위가 동결선 위에 존재한다.
④ 동결지수가 크다.

(4) 동결깊이
① 토층의 동결은 보통 지표면에서 아래쪽으로 향하여 진행된다.
② 동결심도(frost depth) : 지표면에서 동결선까지의 깊이를 말하며, 일본의 데레다 공식이 많이 이용된다.

$$Z = C \cdot \sqrt{F} = C \cdot \sqrt{\theta \cdot t}$$

여기서, Z : 동결심도(cm)
F : 동결지수(℃·day)
C : 지역에 따른 상수(3~5)

> **학습POINT**
>
> ■ 동상이 일어날 수 있는 조건에 있어서 흙은 전단강도가 커야 한다.(×)

③ 동결지수
  ㉠ 공식 : 0℃ 이하의 온도의 지속 시간을 나타낸다.
    $F = \theta \cdot t = $ 0℃ 이하의 온도×지속 시간
  ㉡ 단위 : ℃·day
④ 동결선 : 0℃이하의 온도가 상당기간 계속되면 지표면 아래에는 0℃인 지반이 존재하는데 이 선을 동결선이라 한다.

(5) 토질에 따른 동상
① 동상이 일어나기 가장 쉬운 흙은 비교적 모관상승고가 크고 투수성도 큰 실트질 흙이다.
② 점토질 흙에서는 모관상승고는 크나, 투수성이 작기 때문에 동상량은 실트지반보다 작다.

토질	모관상승고	투수계수	동상성 순서
실트	비교적 크다	크다	①
점토	크다	작다	②

③ 동상은 (-)이온이 많을수록 잘 일어난다.
④ 동상은 일반적으로 실트, 점토, 모래, 자갈 순으로 일어나기가 쉽다.

(6) 동상의 대책
① **배수구를 설치**하여 지하수위를 저하시킨다.
② 모관수 상승을 방지하기 위해 지하수위 위에 **조립의 차단층을 설치한다**.
③ 동결심도 상부의 흙을 동결하기 어려운 **조립토로 치환**한다.
④ 지표면 근처에 **단열재료**(석탄재, 코크스)를 넣는다.
⑤ 지표의 흙을 **화학약품 처리**($CaCl_2$, $NaCl$, $MgCl_2$)하여 동결온도를 저하시킨다.
⑥ 도로 포장의 경우 보조기층아래 동결작용에 민감하지 않은 모래 또는 자갈층을 둔다.
⑦ 구조물 기초는 동결피해가 없도록 동결깊이 아래에 설치한다.

2 연화현상(Frost boil)

(1) 개요
동결된 지반이 해빙기에 융해되어 흙 속에 과잉수분이 존재하여 **함수비가 증가**하고, 지반이 연약화되어 전단강도가 떨어지는 현상을 연화현상이라 한다.

(2) 원인
① **지표수의 유입**
② **지하수위 상승**
③ **융해수의 배수불량**

■ 모래나 자갈은 투수성이 크지만 모관현상은 낮으므로 동상은 그다지 크게 일어나지 않는다.(○)

■ 흙의 종류에 있어서 동해가 가장 심한 흙은 (실트)이다.

■ 동상에 대한 대책은 실토질 흙으로 환토하는 것이다.(×)

■ 흙이 동상작용을 받으면 이 흙은 동상작용을 받기 전의 흙에 비해 함수비가 (증가)한다.

핵심문제

1 다음 사항 중 동상이 일어날 수 있는 조건이 아닌 것은? [92⑤]
㉮ 실트와 같은 동상을 받기 쉬운 흙이 존재해야 한다.
㉯ 0℃ 이하의 온도가 오랫동안 계속되어야 한다.
㉰ 지하수위가 높아서 물의 공급이 충분하여야 한다.
㉱ 흙의 전단강도가 커야 한다.

2 흙의 동상에 관한 다음 설명 중 옳지 않은 것은? [96㉮]
㉮ 토층의 동결은 보통 지표면에서 아래쪽을 향하여 진행된다.
㉯ 모래나 자갈은 투수성이 크지만 모관현상은 낮으므로 동상은 그다지 크게 일어나지 않는다.
㉰ 점토는 모관상승고가 높으므로 실트질 흙보다 동상현상이 크게 일어난다.
㉱ 흙의 모관성이 클 때 동상현상이 현저하게 일어난다.

3 같은 크기의 원통에 포화된 실트질 흙을 그림과 같이 설치하였을 때 동상량이 큰 것부터 나열한 옳은 순서는 어느 것인가?(단, 시료의 상부는 빙점이하이며 하부는 빙점이상이다.) [94㉮]
㉮ a-b-c
㉯ c-b-a
㉰ b-c-a
㉱ b-a-c

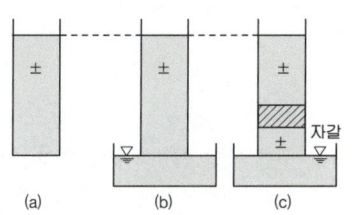

4 다음 설명 중 동상에 대한 대책이 아닌 것은? [93⑤]
㉮ 실토질 흙으로 환토한다.
㉯ 배수구를 설치하여 지하수위를 낮춘다.
㉰ 모관수의 상승을 차단한다.
㉱ 지표 부근에 단열재료를 매립한다.

5 흙이 동상작용을 받으면 이 흙은 동상작용을 받기 전의 흙에 비해 함수비가 어떻게 되는가? [98㉮]
㉮ 감소한다.   ㉯ 증가한다.
㉰ 일정하다.   ㉱ 증가하거나 감소한다.

해설

해설 1
일반적으로 전단강도가 큰 흙은 조립토이며, 조립토는 동상현상이 잘 일어나지 않는다.

해설 2
① 동상이 일어나기 가장 쉬운 흙은 비교적 모관상승고가 크고 투수성도 큰 실트질 흙이다.
② 점토질 흙에서는 모관상승고는 크나, 투수성이 작기 때문에 동상량은 실트 지반보다 작다.

해설 3
① 동상 조건
 • 동상을 받기 쉬운 흙(실트)이 존재해야 한다.
 • 물의 공급이 충분해야 한다.
 • 영하의 온도가 오래 지속되어야 한다.
② 물의 공급이외의 조건은 모두 같으므로 물의 공급이 커야 동상량이 크다.
 • (a)는 물의 공급이 전혀 없다.
 • (c)는 차단층이 있어 모관상승고가 작아 물의 공급이 어렵다.
 • 동상량이 큰 순서는 (b)-(c)-(a) 순이다.

해설 4
① 동상에 대한 대책은 동상조건이 만족되지 않도록 하는 것이다.
 • 배수구를 설치한다.
 • 조립의 차단층을 설치한다.
 • 조립토로 치환한다.
 • 지표면 근처에 단열재료를 넣는다.
② 실트질 흙은 동상이 가장 잘 일어나는 흙이다.

해설 5
연화현상 : 동결된 지반이 융해되어 흙속에 과잉수분이 존재하여 함수비가 증가하고, 전단강도가 떨어지는 현상을 연화 현상이라 한다.

정답 1. ㉱ 2. ㉰ 3. ㉰ 4. ㉮ 5. ㉯

6 다음은 동상량을 지배하는 주요인자이다. 틀린 것은 어느 것인가? [92 ⑤]
- ㉮ 모관상승고의 크기
- ㉯ 동결심도 하단에서 지하수면까지 거리가 모관상승고보다 클 때
- ㉰ 흙의 투수성
- ㉱ 동결온도의 지속시간

7 흙의 동상현상에 대하여 옳지 않은 것은? [95 01 ㉮]
- ㉮ 점토는 동결이 장기간 계속될 때에만 동상을 일으키는 경향이 있다.
- ㉯ 동상현상은 흙이 조립일수록 잘 일어나지 않는다.
- ㉰ 하층으로부터 물의 공급이 충분할 때 잘 일어나지 않는다.
- ㉱ 깨끗한 모래는 모관상승 높이가 작으므로 동상을 일으키지 않는다.

8 평균 기온에 따른 동결지수가 520℃days였다. 이 지방의 정수 C=4일 때 동결 깊이는?(단, 테라다 공식을 이용한다.) [98 01 ⑤]
- ㉮ 130cm
- ㉯ 91.2cm
- ㉰ 45.6cm
- ㉱ 22.8cm

9 다음 중 동해가 가장 심한 흙은? [96 ㉮]
- ㉮ 점토
- ㉯ colloid
- ㉰ 굵은 모래
- ㉱ silt

10 흙의 동해 중 연화현상의 주된 원인이 아닌 것은? [92 ⑤]
- ㉮ 지하수의 상승
- ㉯ 지표수의 침입
- ㉰ 배수구의 설치
- ㉱ 융해수가 배수되지 않고 저류될 때

해 설

해설 6
동결심도 하단에서 지하수면까지의 거리가 모관상승고 보다 클 때는 물의 공급이 충분하지 않으므로 동상현상이 발생하지 않는다.

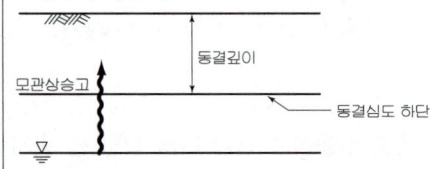

해설 7
① 토질에 따른 동해는 실트, 점토, 모래, 자갈 순서로 잘 일어난다.
② 동상현상이 일어나기 위해서는 하층으로부터 물이 충분히 공급되어야 한다.

해설 8
동결심도(Z)
$Z = C \cdot \sqrt{F} = C \cdot \sqrt{\theta \cdot t} = 4 \times \sqrt{520}$
$= 91.2cm$

해설 9
동상 발생순서는 실트, 점토, 모래, 자갈 순서이다.

해설 10
① 연화현상 : 동결된 지반이 융해되어 흙 속에 과잉수분이 존재하여 함수비가 증가하고, 전단강도가 떨어지는 현상을 연화 현상이라 한다.
② 연화현상을 방지하려면 배수구를 설치하여 배수시켜야 한다.

정답 6. ㉯ 7. ㉰ 8. ㉯ 9. ㉱ 10. ㉰

출제예상문제

CHAPTER 2 흙의 투수성과 침투

1. 수두차는 다음 중 어느 것인가?
㉮ 전수두   ㉯ 위치수두
㉰ 압력수두   ㉱ 속도수두

[해설]
$$동수경사(i) = \frac{수두차}{이동거리}$$
여기서, 수두차는 전수두차이다.

2. 그림에서 흙의 단면적이 40cm³이고, 투수계수가 0.1 cm/sec일 때 흙 속을 통과하는 유량은?

㉮ 1cm³/sec
㉯ 1m³/hr
㉰ 100cm³/sec
㉱ 100m³/hr

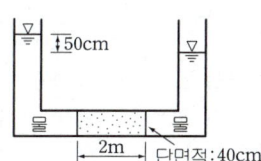

[해설] Darcy의 법칙
시료의 길이 L=2m=200cm이므로
$$Q = A \cdot K \cdot i = A \cdot K \cdot \frac{h}{L} = 40 \times 0.1 \times \frac{50}{200}$$
$$= 1.0 \text{cm}^3/\text{sec}$$

3. 사질토층에 물이 침투할 때 침투유량이 같은 조건에서 만약 사질토의 입경이 2배로 커진다면 침투 동수구배는 몇 배로 변하는가?

㉮ 4배   ㉯ $\frac{1}{4}$ 배
㉰ 같다   ㉱ $\frac{1}{2}$ 배

[해설] Hazen 공식
투수계수 $K = C \cdot D_{10}^2$ 이므로 입경이 2배이면 투수계수는 4배가 되어 유속이 4배가 된다.

$Q = A \cdot v$ 에서 유량이 일정하며 다른 조건이 같으므로 $Q = A \cdot K \cdot i$ 이므로 동수경사는 $\frac{1}{4}$ 배가 되어야 한다.

4. 다음은 투수계수에 관한 설명이다. 옳지 않은 것은?

㉮ 성층토의 투수계수는 층이 흐름의 방향에 평행일 때가 수직일 때보다 큰 값을 나타낸다.
㉯ 같은 종류의 흙이면 공극비가 클수록 투수계수는 큰 값을 나타낸다.
㉰ 세립토의 투수계수는 변수위 투수시험이나 압밀시험으로 구한다.
㉱ 다르시의 법칙에서 평균유속은 토립자 사이의 실제유속을 말한다.

[해설]
① 방향에 따른 투수계수의 크기는 수평방향의 투수계수(K_h)가 수직방향이의 투수계수(K_z)보다 크다.
$$K_h > K_z$$
② 간극비가 클수록 투수계수가 증가한다.
$$K_1 = \frac{e_1^2}{e_2^2} \cdot K_2$$
③ Darcy의 법칙 $v = K \cdot i$ 에서 v는 유출속도(cm/sec)이다. 즉, 평균유속이다.

5. 흙 속에서의 침투유수에 대한 설명 중 옳은 것은?

㉮ 유속은 동수경사에 관계 없다.
㉯ 유속은 수온이 높을수록 빠르다.
㉰ 유속은 Darcy의 평균유속 v에 반비례한다.
㉱ 유속은 공극비가 크면 느리다.

[해설]
물의 점성계수가 클수록 투수계수가 감소한다.

해답 1. ㉮ 2. ㉮ 3. ㉯ 4. ㉱ 5. ㉯

6. 흙의 투수계수에 영향을 미치는 요소가 아닌 것은?

㉮ 입경
㉯ 물의 점성계수
㉰ 공극비
㉱ 압축지수

[해설]
① 투수계수에 영향을 미치는 요소
$$K = D_s^2 \cdot \frac{\gamma_w}{\eta} \cdot \frac{e^3}{1+e} \cdot C$$
② 압축지수(C_c) : 압축지수는 압밀시험에서 e-logP 곡선의 직선부분의 기울기이다.
$$C_c = \frac{e_1 - e_2}{\log p_2 - \log p_1} = \frac{e_1 - e_2}{\log \frac{p_2}{p_1}}$$
압축지수는 압밀침하량 산정에 이용한다.

7. 투수계수에 관한 다음 사항 중 옳지 않은 것은?

㉮ 투수계수는 수온에 비례한다.
㉯ 투수계수는 유효경에 비례한다.
㉰ 포화될수록 투수계수는 적어진다.
㉱ 점토인 경우 투수계수는 이온 농도 및 흡착수 층의 두께에 영향을 받는다.

[해설]
① 투수계수에 영향을 미치는 요소
$$K = D_s^2 \cdot \frac{\gamma_w}{\eta} \cdot \frac{e^3}{1+e} \cdot C$$
② 지반의 포화도가 클수록 투수계수가 증가한다.

8. 다음은 투수계수에 관한 사항이다. 잘못된 것은 어느 것인가?

㉮ 침투유량은 투수계수에 비례한다.
㉯ 투수계수는 수온이 상승하면 증가한다.
㉰ 투수계수는 수두차에 비례한다.
㉱ 투수계수는 일반적으로 흙의 입자가 작을수록 작은 값을 나타낸다.

[해설]
① 온도가 높을수록 점성계수가 작아지며, 투수계수는 증가한다.
② 정수위 투수시험에 의한 투수계수(K)
$$K = \frac{Q \cdot L}{A \cdot h \cdot t}$$
에서 투수계수는 수두차에 반비례한다.

9. 투수계수에 관한 다음 사항 중 옳지 않은 것은?

㉮ 투수계수는 수온에 비례한다.
㉯ 투수계수는 유효경에 비례한다.
㉰ 포화될수록 투수계수는 적어진다.
㉱ 점토인 경우 투수계수는 이온 농도 및 흡착수 층의 두께에 영향을 받는다.

[해설] 투수계수에 영향을 미치는 요소
$$K = D_s^2 \cdot \frac{\gamma_w}{\eta} \cdot \frac{e^3}{1+e} \cdot C$$
① 지반의 포화도가 클수록 투수계수가 증가한다.
② 점토인 경우 투수계수는 이온 농도 및 흡착수 층의 두께에 영향을 받는다.

10. 투수계수의 크기를 큰 순으로 나열한 것 중 옳은 것은?

㉮ 자갈 > 모래와 자갈의 혼합물 > 모래 > 점토
㉯ 자갈 > 모래 > 균열이 없는 점토 > 균열점토
㉰ 모래 > 모래와 자갈의 혼합물 > 자갈 > 점토
㉱ 점토 > 모래 > 모래와 자갈의 혼합물 > 자갈

[해설]
① 입자가 클수록 투수계수는 크다.
② 빈입도의 흙은 간극비가 크므로 양입도보다 투수계수가 크다.
③ 자갈은 모래보다 투수계수가 크고, 모래는 점토보다 투수계수가 크다.

해답 6. ㉱ 7. ㉰ 8. ㉰ 9. ㉰ 10. ㉮

11. 공극비가 $e_1 = 0.80$인 어떤 모래의 투수계수가 $K_1 = 8.5 \times 10^{-2}$ cm/sec일 때 이 모래를 다져서 공극비를 $e_2 = 0.57$로 하면 투수계수 K_2는?

㉮ 3.5×10^{-3} cm/sec
㉯ 3.5×10^{-2} cm/sec
㉰ 8.1×10^{-2} cm/sec
㉱ 4.3×10^{-2} cm/sec

해설
① 투수계수(K_1)
$$K_2 = \frac{\frac{e_2^3}{1+e_2}}{\frac{e_1^3}{1+e_1}} \cdot K_1$$
$$= \frac{\frac{0.57^3}{1+0.57}}{\frac{0.80^3}{1+0.80}} \times (8.510^{-2}) = 3.5 \times 10^{-2} \text{cm/sec}$$

② 약식에 의한 투수계수(K_1)
$$K_2 = \frac{e_2^2}{e_1^2} \cdot K_1 = \frac{0.57^2}{0.80^2} \times 8.5 \times 10^{-2}$$
$$= 4.3 \times 10^{-2} \text{cm/sec}$$
이것은 약식이므로 $K_2 = 3.5 \times 10^{-2}$ cm/sec 으로 하여야 한다.

12. 정수위 투수시험에 있어서 투수계수(K)에 관한 설명 중 옳지 못한 것은?

㉮ K는 유출수량에 비례
㉯ K는 시료 길이에 반비례
㉰ K는 수두에 반비례
㉱ K는 유출 소요시간에 반비례

해설
① 정수위 투수시험에 있어서 투수계수(K)
$$K = \frac{Q \cdot L}{A \cdot h \cdot t}$$
② 투수계수는 시료의 길이(L)에 비례한다.

13. 압밀시험으로부터 투수계수를 나타내는 식 가운데 옳은 것은?

㉮ $K = C_v \cdot m_v \cdot \gamma_w$
㉯ $K = C_v \cdot m_v$
㉰ $K = C_v \cdot a_v \cdot e$
㉱ $K = C_v \cdot C_c \cdot \gamma_w$

해설 압밀시험에 의한 간접적인 투수계수 결정법
$$K = C_v \cdot m_v \cdot \gamma_w$$

14. 정수위 투수시험 후 다음과 같은 결과를 얻었다. 시료 내의 평균유속은 얼마인가?

투수량 : 60cm³	투수시간 : 1분
시료길이 : 10cm	수두차 : 15cm
시료지름 : 10cm	

㉮ 0.0085cm/s
㉯ 0.0127cm/s
㉰ 0.51cm/s
㉱ 0.765cm/s

해설
① 시료의 단면적(A)
$$A = \frac{\pi \cdot d^2}{4} = \frac{\pi \times 10^2}{4} = 78.54 \text{ cm}^2$$
② 투수계수(K)
$$K = \frac{Q \cdot L}{A \cdot h \cdot t} = \frac{60 \times 10}{78.54 \times 15 \times 60} = 0.0085 \text{ cm/sec}$$
③ 동수경사(i)
$$i = \frac{h}{L} = \frac{15}{10}$$
④ 평균유속(v)
$$v = K \cdot i = 0.0085 \times \frac{15}{10} = 0.01275 \text{ cm/sec}$$

해답 11. ㉯ 12. ㉯ 13. ㉮ 14. ㉯

15. 단면적 20cm², 길이 10cm의 시료를 15cm의 수두차로 정수위 투수시험을 한 결과 2분 동안에 150cm³의 물이 유출되었다. 이 흙의 $G_s = 2.67$ 이고, 건조중량이 420g이었다. 공극을 통하여 침투하는 실제 침투유속 v_s 는?

㉮ 0.280cm/sec
㉯ 0.293cm/sec
㉰ 0.320cm/sec
㉱ 0.334cm/sec

[해설]

① 흙입자의 체적(V_s)

$G_s = \dfrac{W_s}{V_s} \cdot \dfrac{1}{\gamma_w}$ 에서

$V_s = \dfrac{W_s}{G_s} \cdot \dfrac{1}{\gamma_w} = \dfrac{420}{2.67} \times \dfrac{1}{1} = 157.30 \text{ cm}^3$

② 간극률(n)

$n = \dfrac{V_v}{V} \times 100 = \dfrac{V - V_s}{V} \times 100$

$= \dfrac{200 - 157.30}{200} \times 100 = 21.35\%$

③ 투수계수(K)

$K = \dfrac{Q \cdot L}{A \cdot h \cdot t} = \dfrac{150 \times 10}{20 \times 15 \times 120} = 0.0417 \text{ cm/sec}$

④ 동수경사(i)

$i = \dfrac{h}{L} = \dfrac{15}{10} = 1.5$

⑤ 평균유속(v)

$v = K \cdot i = 0.0417 \times 1.5 = 0.06255 \text{ cm/sec}$

⑥ 실제 침투유속(v_s)

$v_s = \dfrac{v}{\dfrac{n}{100}} = \dfrac{0.06255}{\dfrac{21.35}{100}} = 0.293 \text{ cm/sec}$

16. 다음 토질시험 결과 중 투수계수를 구하는데 사용되지 않는 시험은?

㉮ 변수위투수 시험
㉯ 체분석 시험
㉰ 다짐 시험
㉱ 압밀 시험

[해설]

① 투수계수를 구하기 위해서는 다음과 같은 방법이 있다.
- 실내 시험방법(정수위투수 시험, 변수위투수 시험)
- 현장 시험법
- 간접 측정법(압밀 시험)
- 경험적 추정법(Hazen 공식)

   $K = C \cdot D_{10}^2$

   여기서, C : 100~150/cm·sec
   D_{10} : 유효입경(cm)

② 유효입경(D_{10})을 알기 위해서는 체분석 시험을 해야한다.

17. 각 층의 손실수두 Δh_1, Δh_2 및 Δh_3을 각각 구한 값으로 옳은 것은?

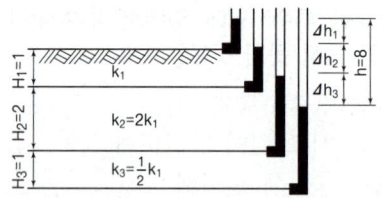

㉮ $\Delta h_1 = 2$, $\Delta h_2 = 2$, $\Delta h_3 = 4$
㉯ $\Delta h_1 = 2$, $\Delta h_2 = 3$, $\Delta h_3 = 3$
㉰ $\Delta h_1 = 2$, $\Delta h_2 = 4$, $\Delta h_3 = 2$
㉱ $\Delta h_1 = 2$, $\Delta h_2 = 5$, $\Delta h_3 = 1$

해답 15. ㉯ 16. ㉰ 17. ㉮

해설

① 투수가 수직방향으로 일어날 경우 각 층에서의 유출속도가 같아야 한다.

$v_z = K_z \cdot i = K_1 \cdot i_1 = K_2 \cdot i_2 = K_3 \cdot i_3 = constant$

$K_1 \cdot (\frac{\Delta h_1}{H_1}) = K_2 \cdot (\frac{\Delta h_2}{H_2}) = K_3 \cdot (\frac{\Delta h_3}{H_3})$

$K_1 \cdot (\frac{\Delta h_1}{H_1}) = 2K_1 \cdot (\frac{\Delta h_2}{H_2}) = \frac{1}{2} K_1 \cdot (\frac{\Delta h_3}{H_3})$

$K_1 \cdot (\frac{\Delta h_1}{1}) = 2K_1 \cdot (\frac{\Delta h_2}{2}) = \frac{1}{2} K_1 \cdot (\frac{\Delta h_3}{1})$

따라서, $\Delta h_1 = \Delta h_2 = \frac{\Delta h_3}{2}$

② $h = \Delta h_1 + \Delta h_2 + \Delta h_3 = 8m$
$h = \Delta h_1 + \Delta h_1 + 2\Delta h_1 = 8m$
$4\Delta h_1 = 8m$
$\Delta h_1 = 2m$, $\Delta h_2 = 2m$, $\Delta h_3 = 4m$

18. 유선망의 특징에 관한 설명 중 옳지 않은 것은?

㉮ 유선망으로 이루어지는 사각형은 이론상 정사각형이다.
㉯ 각 유로의 침투유량은 모두 같다.
㉰ 유선과 등수두선은 서로 직교한다.
㉱ 침투속도 및 동수구배는 유선망의 폭에 비례한다.

해설
침투속도 및 동수구배는 유선망의 폭에 반비례한다.

$v = K \cdot i = K \cdot \frac{h}{L}$

즉, 이동경로의 거리(유선망의 폭)에 반비례한다.

19. 유선망(flow net)으로부터 결정할 수 없는 것은?

㉮ 간극수압의 결정
㉯ 동수경사의 결정
㉰ 침투수량의 결정
㉱ 투수계수의 결정

해설
① 유선망으로부터 침투유량과 임의 지점의 간극수압을 구할 수 있다.
② 유선망으로부터 임의 점의 동수경사를 구할 수 있다.
③ 투수계수를 결정하기 위해서는 투수시험, 또는 압밀 시험을 하여야 한다.

20. 다음과 같이 널말뚝을 박은 지반의 유선망을 작도하는 데 있어서 경계조건이 아닌 것은?

㉮ $\overline{AB}$는 등수두선이다.
㉯ $\overline{CD}$는 등수두선이다.
㉰ $\overline{FG}$는 유선이다.
㉱ $\overline{BEC}$는 등수두선이다.

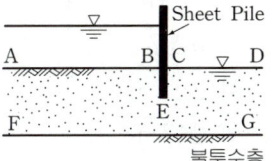

해설
① 등수두선 : $\overline{AB}$, $\overline{CD}$
② 유선 : $\overline{FG}$, $\overline{BEC}$

21. 다음 그림은 유선망을 그린 것이다. 유로수(N_f)와 등수두면수(N_d)는?

㉮ $N_f = 6$, $N_d = 12$
㉯ $N_f = 10$, $N_d = 5$
㉰ $N_f = 5$, $N_d = 10$
㉱ $N_f = 12$, $N_d = 10$

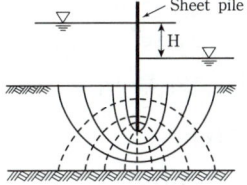

해설
유로수 $N_f = 5$, 등수두면수 $N_d = 10$이다.

22. 그림에서 유로 Ⅱ를 흐르는 단위폭당 유량은?(단, 투수층의 투수계수 $K = K_x = K_z = 0.02 \, cm/sec$)

㉮ $1 cm^3/sec$
㉯ $3 cm^3/sec$
㉰ $3 cm^3/sec$
㉱ $6 cm^3/sec$

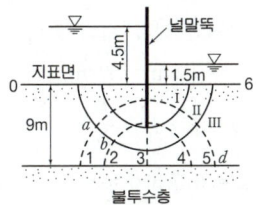

해답 18. ㉱ 19. ㉱ 20. ㉱ 21. ㉰ 22. ㉮

해설
① 유선망에서 각 유로의 침투수량은 같다.
② 침투수량(q)
 한 유로의 침투수량은 $N_f = 1$이므로
$q = K \cdot H \cdot \dfrac{1}{N_d} = 0.02 \times (450-150) \times \dfrac{1}{6} = 1\,cm^3/sec$

23. 그림과 같은 경우의 투수량은?(단, 투수지반의 투수계수는 $2.4 \times 10^{-3}\,cm/sec$ 이다.)

㉮ 0.0267cm³/sec
㉯ 0.267cm³/sec
㉰ 2.67cm³/sec
㉱ 26.7cm³/sec

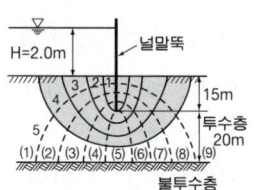

해설 침투수량(폭 1cm당 침투량)
① 수두차 : H=2.0m=200cm
② 침투수량
$q = K \cdot H \cdot \dfrac{N_f}{N_d} = (2.4 \times 10^{-3}) \times 200 \times (\dfrac{5}{9})$
$= 0.267\,cm^3/sec$

24. 어떤 콘크리트 댐 하부의 투수층에서 그림과 같은 유선망도가 그려졌다고 할 때 침투유량 Q는?(단, 투수층의 투수계수 $K = 2.0 \times 10^{-2}\,cm/sec$ 이다.)

㉮ 6cm³/s
㉯ 10cm³/s
㉰ 15cm³/s
㉱ 18cm³/s

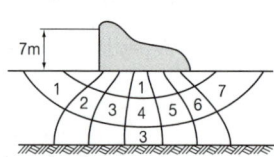

해설
① 조건 : 유로의 수는 3개이며, 등수두면의 수는 7개이다.
② 침투수량(폭 1cm당 침투량)
 단위 일치를 하여야 하므로 수두차
 $H = 7.0m = 700cm$
$q = K \cdot H \cdot \dfrac{N_f}{N_d} = (2.0 \times 10^{-2}) \times 700 \times (\dfrac{3}{7})$
$= 6.0\,cm^3/sec$

25. 연장이 40m, 두께가 6m의 흙으로서 채워진 sheet pile의 coffer dam이 있다. 상류측의 수위가 불투수성의 점토 지반상 5m일 때, 이 댐을 통하여 하류에 침투하는 수량은 얼마인가?(단, $K = 2 \times 10^{-6}\,cm/sec$ 이다.)

㉮ 0.144m³/day ㉯ 0.224m³/day
㉰ 0.288m³/day ㉱ 0.326m³/day

해설
① 투수계수
$K = 2 \times 10^{-6}\,cm/sec = 2 \times 10^{-8}\,m/sec$
② 동수경사(i)
$i = \dfrac{h}{L} = \dfrac{500}{600} = \dfrac{5}{6}$
③ 시간 t 사이에 면적 A를 통과하는 전투수량(Q)
• 시간 t=1일=24×60×60=86,400초
• $Q = q \cdot t = A \cdot K \cdot i \cdot t$
$= (40 \times 5) \times (2 \times 10^{-8}) \times (\dfrac{5}{6}) \times 86,400$
$= 0.288\,m^3/day$

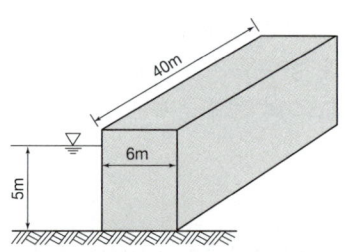

26. 다음 그림과 같이 필터를 설치하여 만든 제방 100m 길이당 침투수량을 구하면?(단, 흙 댐의 투수계수는 0.085cm/sec이다.)

㉮ 783.36m³/day
㉯ 78,336m³/day
㉰ 940.03m³/day
㉱ 94,003m³/day

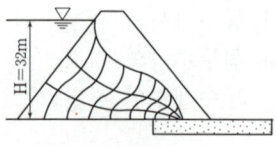

해설
① 투수계수(K)
$K = 0.085\,cm/sec = 0.085 \times 10^{-2}\,m/sec$

② 단위시간당 침투수량(폭 1m당 침투량, q)
$q = K \cdot H \cdot \dfrac{N_f}{N_d} = (0.085 \times 10^{-2}) \times 32 \times \left(\dfrac{3}{9}\right)$
$\quad = 9.067 \times 10^{-3}\,m^3/sec$

③ 1일간 전투수량(Q)
$Q = 9.067 \times 10^{-3} \times (60 \times 60 \times 24) \times 100$
$\quad = 78,336\,m^3/day$

27. 어떤 제체의 유선망도에서 상하류면의 수두차가 5m, 유로의 수가 4개, 등수두면의 수가 10개일 때 폭 5m당 하루에 흘러나오는 침투유량은 다음 중 어느 것인가?(단, 투수층의 $K_h = 5.0 \times 10^{-4}\,cm/sec$, $K_v = 8.0 \times 10^{-5}\,cm/sec$ 이다.)

㉮ 0.00346m³/day
㉯ 0.0216m³/day
㉰ 1.728m³/day
㉱ 10.813m³/day

해설
① 등가등방성 투수계수(K')
$K' = \sqrt{K_h \cdot K_v} = \sqrt{(5.0 \times 10^{-4}) \times (8.0 \times 10^{-5})}$
$\quad = 2 \times 10^{-4}\,cm/sec = 2 \times 10^{-6}\,m/sec$

② 단위시간당 침투수량(폭 1cm당 침투량, q)
$q = K \cdot H \cdot \dfrac{N_f}{N_d} = (2.0 \times 10^{-6}) \times 5 \times \left(\dfrac{4}{10}\right)$
$\quad = 4 \times 10^{-6}\,m^3/sec$

③ 1일간 전투수량(Q)
$Q = 4 \times 10^{-6} \times 86,400 = 0.3456\,m^3/day$

④ 폭 5m당 침투수량
$Q = 0.3456 \times 5 = 1.728\,m^3/day$

28. 그림과 같은 유선망에 관한 사항 중 옳지 않은 것은?

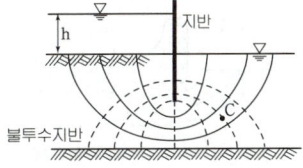

㉮ 유선수는 5이다.
㉯ 수두낙하수는 8이다.
㉰ C점의 수두는 하류면을 기준으로 할 때 $\dfrac{3}{4}h$ 이다.
㉱ 유로수와 수두낙하수와의 비는 $\dfrac{1}{2}$ 이다.

해설 임의의 C점에서의 전수두(h_t)
$h_t = \dfrac{n_d}{N_d} \cdot H = \dfrac{2}{8} \times h = \dfrac{1}{4}h$

여기서, n_d : 하류에서부터 구하는 점까지의 등수두면 수
H : 전수두차

29. 다음 그림과 같은 sheet pile의 유선망도에서 A점의 압력수두는?

㉮ 7m
㉯ 10m
㉰ 12m
㉱ 13m

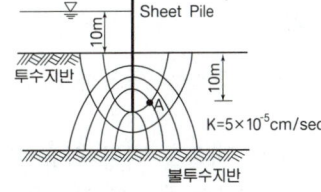

해설
① 임의의 점에서의 전수두(h_t)
$h_t = \dfrac{n_d}{N_d} \cdot H = \dfrac{3}{10} \times 10 = 3m$

② 위치수두(h_e)
위치수두는 기준선에 대하여 아래에 있으므로 위치수두
$h_e = -10m$

③ 압력수두(h_p)
압력수두(h_p) = 전수두(h_t) − 위치수두(h_e)
$\quad = 3 - (-10) = 13m$

해답 27. ㉰ 28. ㉰ 29. ㉱

30. 아래 그림에 보인 댐에 대하여 A점에 대한 간극수압은?

㉮ $3t/m^2$
㉯ $4t/m^2$
㉰ $5t/m^2$
㉱ $6t/m^2$

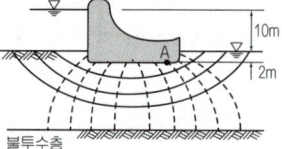

해설

① 임의의 점에서의 전수두(h_t)

$$h_t = \frac{n_d}{N_d} \cdot H = \frac{3}{10} \times 10 = 3m$$

② 위치수두(h_e)
  위치수두(h_e) = $-2m$

③ 압력수두(h_p)
  압력수두(h_p) = 전수두(h_t) − 위치수두(h_e)
  $= 3 - (-2) = 5m$

④ 간극수압(u_p)
  간극수압(u_p) = $\gamma_w \times$ 압력수두(h_p) $= 1 \times 5 = 5t/m^2$

31. 흙이 동상을 일으키기 위한 조건으로 가장 거리가 먼 것은?

㉮ 아이스렌즈를 형성하기 위한 충분한 물의 공급
㉯ 양(+) 이온을 다량 함유할 것
㉰ 0℃ 이하의 온도가 오랫동안 지속될 것
㉱ 동상이 일어나기 쉬운 토질일 것

해설

① 동상현상의 조건
  • 동상을 받기 쉬운 흙(실트)이 존재해야 한다.
  • 물의 공급이 충분해야 한다.
  • 영하의 온도가 오래 지속되어야 한다.
② 음(−) 이온을 다량 함유할수록 동상이 잘 일어난다.

32. 데라다(寺田)의 동결깊이를 구하는 공식으로 다음 조건일 때 동결깊이는 얼마인가? (단, 기온이 −10℃로 20일간 계속됨, $C = 2.94$임)

㉮ 41.6cm
㉯ 0.14cm
㉰ 30.8cm
㉱ 52.3cm

해설

① 동결지수(F)
  $F = \theta \cdot t = 10 \times 20 = 200℃ \cdot day$

② 동결심도(Z)
  $Z = C \cdot \sqrt{F} = 2.94 \times \sqrt{200} = 41.6 cm$

33. 흙 속의 공극수가 동결되어 도중에 빙층(ice lense)이 형성되기 때문에 지표면층이 떠올라 오게 되는데 이러한 현상은?

㉮ 연화 현상
㉯ 다이러턴시
㉰ 분사 현상
㉱ 동상 현상

해설

① 다이러턴시(Dilatancy) 현상 : 시료가 조밀하게 채워져 있는 경우 전단시험을 할 때 전단면의 모래가 이동하면서 다른 입자를 누르고 넘어가기 때문에 체적이 팽창하게 되는데 이러한 현상을 Dilatancy 현상이라 한다.

② 분사현상 : 주로 모래지반에 일어나는 현상으로 침투수압에 의해 흙 입자가 물과 함께 유출되는 현상을 분사현상이라 한다.

③ 연화현상 : 동결된 지반이 융해되어 흙 속에 과잉수분이 존재하여 함수비가 증가하고, 전단강도가 떨어지는 현상을 연화현상이라 한다.

해답 30. ㉰ 31. ㉯ 32. ㉮ 33. ㉱

34. 흙의 모관상승에 대한 설명 중 잘못된 것은?

㉮ 흙의 모관상승고는 간극비에 반비례하고, 유효입경에 반비례한다.
㉯ 모관상승고는 점토, 실트, 모래, 자갈의 순으로 결정한다.
㉰ 모관상승이 있는 부분은 (−)의 간극수압이 발생하여 유효응력이 증가한다.
㉱ Stokes법칙은 모관상승에 중요한 영향을 미친다.

해설
① Hazen의 관상승고(h_c)

$$h_c = \frac{c}{e \cdot D_{10}}$$

여기서, c : 입자의 모양, 상태에 의한 상수(0.1~0.5㎠)
e : 공극비
D_{10} : 유효입경(㎝)

② Stokes법칙은 흙의 입자들을 구라고 가정할 때 흙 입자의 침강속도(v, ㎝/s)를 나타낸다.

35. 다음 그림에서와 같이 물이 상방향으로 일정하게 흐를 때 A, B양단에서의 전수두차를 구하면?

㉮ 1.8m
㉯ 3.6m
㉰ 1.2m
㉱ 2.4m

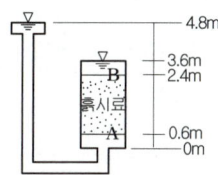

해설
두 점 A, B의 수두차

$$\Delta h = h_{tA} - h_{tB} = \left(\frac{u_A}{\gamma_w} + z_A\right) - \left(\frac{u_B}{\gamma_w} + z_B\right)$$
$$= 4.8 - 3.6 = 1.2 \text{m}$$

36. 아래 그림에서 투수계수 $K = 4.8 \times 10^{-3}$ cm/sec일 때 Darcy 유출속도 v와 실제 물의 속도(침투속도) v_s는?

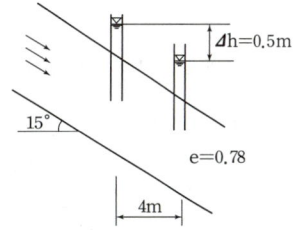

㉮ $v = 3.4 \times 10^{-4}$ cm/sec , $v_s = 5.6 \times 10^{-4}$ cm/sec
㉯ $v = 3.4 \times 10^{-4}$ cm/sec , $v_s = 9.4 \times 10^{-4}$ cm/sec
㉰ $v = 5.8 \times 10^{-4}$ cm/sec , $v_s = 10.8 \times 10^{-4}$ cm/sec
㉱ $v = 5.8 \times 10^{-4}$ cm/sec , $v_s = 13.2 \times 10^{-4}$ cm/sec

해설
① 이동경로(L)

$$L = \frac{4}{\cos 15°} = 4.14 \text{m}$$

② 동수경사(i)

$$i = \frac{\Delta h}{L} = \frac{0.5}{4.14} = \frac{1}{8.28}$$

③ 평균유속(유출유속, v)

$$v = K \cdot i = 4.8 \times 10^{-3} \times \left(\frac{1}{8.28}\right) = 5.8 \times 10^{-4} \text{cm/sec}$$

④ 간극률(n)

$$n = \frac{e}{1+e} \times 100 = \frac{0.78}{1+0.78} \times 100 = 43.82\%$$

⑤ 침투유속(v_s)

$$v_s = \frac{v}{\frac{n}{100}} = \frac{5.8 \times 10^{-4}}{\frac{43.82}{100}} = 13.2 \times 10^{-4} \text{cm/sec}$$

37. 쓰레기 매립장에서 누출되어 나온 침출수가 지하수를 통하여 100미터 떨어진 하천으로 이동한다. 매립장 내부와 하천의 수위차가 1미터이고 포화된 중간지반은 평균투수계수 1×10^{-3} cm/sec의 자유면 대수층으로 구성되어 있다고 할 때 매립장으로부터 침출수가 하천에 처음 도착하는데 걸리는 시간은 약 몇 년인가?(이 때, 대수층의 간극비(e)는 0.25이었다.)

㉮ 3.45년 ㉯ 6.34년
㉰ 10.56년 ㉱ 17.23년

해답 34. ㉱ 35. ㉰ 36. ㉱ 37. ㉯

해설

① 공극률(n)

$$n = \frac{e}{1+e} \times 100 = \frac{0.25}{1+0.25} \times 100 = 20\%$$

② 평균유속(유출유속, v)

$$v = K \cdot i = 1 \times 10^{-3} \times \left(\frac{1}{100}\right) = 1 \times 10^{-5} \text{ cm/sec}$$

③ 실제 침투속도(v_s)

$$v_s = \frac{v}{\frac{n}{100}} = \frac{1 \times 10^{-5}}{\frac{20}{100}} = 0.00005 \text{ cm/sec}$$

④ 하천에 처음 도착하는데 걸리는 시간(t)
  실제 이동거리는
  $l = \sqrt{100^2 + 1^2} = 100.005 \text{ m} = 10,000.5 \text{ cm}$
  이므로
  $$t = \frac{l}{v_s} = \frac{10,000.5}{0.00005} = 200,010,000\text{초} = 6.34\text{년}$$

38. 흙속에서의 물의 흐름에 대한 설명으로 틀린 것은?

㉮ 흙의 간극은 서로 연결되어 있어 간극을 통해 물이 흐를 수 있다.
㉯ 특히 사질토의 경우에는 실험실에서 현장 흙의 상태를 재현하기 곤란하기 때문에 현장에서 투수시험을 실시하여 투수계수를 결정하는 것이 좋다.
㉰ 점토가 이산구조로 퇴적되었다면 면모구조인 경우보다 더 큰 투수계수를 갖는 것이 보통이다.
㉱ 흙이 포화되지 않았다면 포화된 경우보다 투수계수는 낮게 측정된다.

해설

점토의 구조에 있어서 면모구조가 이산구조(분산구조)보다 투수계수가 크다.

39. 정수위 투수시험 후 다음과 같은 결과를 얻었다. 시료 내의 평균유속은 얼마인가?

| 투수량 : 60cm³ | 투수시간 : 1분 | 시료길이 : 10cm |
| 수두차 : 15cm | 시료지름 : 10cm | |

㉮ 0.0085cm/s   ㉯ 0.0127cm/s
㉰ 0.51cm/s   ㉱ 0.765cm/s

해설

① 시료의 단면적(A)

$$A = \frac{\pi \cdot d^2}{4} = \frac{\pi \times 10^2}{4} = 78.54 \text{ cm}^2$$

② 투수계수(K)

$$K = \frac{Q \cdot L}{A \cdot h \cdot t} = \frac{60 \times 10}{78.54 \times 15 \times 60} = 0.0085 \text{ cm/sec}$$

③ 동수경사(i)

$$i = \frac{h}{L} = \frac{15}{10}$$

④ 평균유속(v)

$$v = K \cdot i = 0.0085 \times \frac{15}{10} = 0.1275 \text{ cm/sec}$$

40. 단면적 20cm², 길이 10cm의 시료를 15cm의 수두차로 정수위 투수시험을 한 결과 2분 동안에 150cm³의 물이 유출되었다. 이 흙의 $G_s = 2.67$이고, 건조중량이 420g이었다. 공극을 통하여 침투하는 실제 침투유속 v_s는?

㉮ 0.280cm/sec   ㉯ 0.293cm/sec
㉰ 0.320cm/sec   ㉱ 0.334cm/sec

해설

① 흙입자의 체적(V_s)

$$G_s = \frac{W_s}{V_s} \cdot \frac{1}{\gamma_w} \text{에서}$$

$$V_s = \frac{W_s}{G_s} \cdot \frac{1}{\gamma_w} = \frac{420}{2.67} \times \frac{1}{1} = 157.30 \text{ cm}^3$$

② 간극률(n)

$$n = \frac{V_v}{V} \times 100 = \frac{V - V_s}{V} \times 100$$

$$= \frac{200 - 157.30}{200} \times 100 = 21.35\%$$

③ 투수계수(K)

$$K = \frac{Q \cdot L}{A \cdot h \cdot t} = \frac{150 \times 10}{20 \times 15 \times 120} = 0.0417 \text{ cm/sec}$$

④ 동수경사(i)

$$i = \frac{h}{L} = \frac{15}{10} = 1.5$$

⑤ 평균유속(v)

$$v = K \cdot i = 0.0417 \times 1.5 = 0.06255 \text{ cm/sec}$$

⑥ 실제 침투유속(v_s)

$$v_s = \frac{v}{\frac{n}{100}} = \frac{0.06255}{\frac{21.35}{100}} = 0.293 \text{ cm/sec}$$

해답 38. ㉰ 39. ㉯ 40. ㉯

41. 단면적 20cm², 길이 10cm의 시료를 15cm의 수두차로 정수위 투수시험을 한 결과 2분 동안 150cm³의 물이 유출되었다. 이 흙의 $G_s = 2.67$이고, 건조중량 420g이었다. 공극을 통하여 침투하는 실제 침투유속 v_s는?

㉮ 0.180cm/sec ㉯ 0.296cm/sec
㉰ 0.376cm/sec ㉱ 0.434cm/sec

[해설]
① 단위환산 : 측정시간 2분=2×60=120초
② 정수위 투수시험에 의한 투수계수(K)
$$K = \frac{Q \cdot L}{A \cdot h \cdot t} = \frac{150 \times 10}{20 \times 15 \times 120} = 0.042 \, cm/sec$$
③ 동수경사(i)
$$i = \frac{h}{L} = \frac{15}{10}$$
④ 평균유속(유출유속, v)
$$v = K \cdot i = 0.042 \times \left(\frac{15}{10}\right) = 0.063 \, cm/sec$$
⑤ 시료의 부피(V)
$$V = A \cdot L = 20 \times 10 = 200 \, cm^3$$
⑥ 건조단위중량(γ_d)
$$\gamma_d = \frac{W_s}{V} = \frac{420}{200} = 2.1 \, g/cm^3$$
⑦ 간극비(e)
$$e = \frac{G_s \cdot \gamma_w}{\gamma_d} - 1 = \frac{2.67 \times 1}{2.1} - 1 = 0.27$$
⑧ 간극률(n)
$$n = \frac{e}{1+e} \times 100 = \frac{0.27}{1+0.27} \times 100 = 21.26\%$$
⑨ 침투유속(v_s)
$$v_s = \frac{v}{\frac{n}{100}} = \frac{0.063}{\frac{21.26}{100}} = 0.296 \, cm/sec$$

42. 어떤 흙의 변수위 투수시험을 한 결과 시료의 직경과 길이가 각각 5.0cm, 2.0cm이었으며, 유리관의 내경이 4.5mm, 1분 10초 동안에 수두가 40cm에서 20cm로 내렸다. 이 시료의 투수계수는?

㉮ 4.95×10^{-4} cm/s
㉯ 5.45×10^{-4} cm/s
㉰ 1.60×10^{-4} cm/s
㉱ 7.39×10^{-4} cm/s

[해설]
① 스탠드의 단면적(a)
$$a = \frac{\pi \times 0.45^2}{4} = 0.159 \, cm^2$$
② 흙 시료의 단면적(A)
$$A = \frac{\pi \times 5^2}{4} = 19.63 \, cm^2$$
③ 투수계수(K)
$$K = \frac{2.3 \cdot a \cdot L}{A \cdot T} \log_{10} \frac{h_1}{h_2}$$
$$= 2.3 \times \frac{0.159 \times 2.0}{19.63 \times 70} \log_{10} \left(\frac{40}{20}\right)$$
$$= 1.602 \times 10^{-4} \, cm/sec$$

43. 어떤 모래의 입경가적곡선에서 유효입경 $D_{10} = 0.01$ mm 이었다. Hazen 공식에 의한 투수계수는?(단, 상수(c)는 100을 적용한다.)

㉮ 1×10^{-4} cm/sec
㉯ 1×10^{-6} cm/sec
㉰ 5×10^{-4} cm/sec
㉱ 5×10^{-6} cm/sec

[해설]
Hazen 공식에 의한 투수계수(K)
$D_{10} = 0.01 \, mm = 0.001 \, cm$ 이므로
$$K = C \cdot D_{10}^2 = 100 \times 0.001^2 = 1 \times 10^{-4} \, cm/sec$$

44. 수직방향의 투수계수가 4.5×10^{-8} m/sec 이고, 수평방향의 투수계수가 1.6×10^{-8} m/sec 인 균질하고 비등방(非等方)인 흙 댐의 유선망을 그린 결과 유로(流路)수가 4개이고 등수두선의 간격수가 18개이었다. 단위길이(m)당 침투수량은?(단, 댐의 상하류의 수면의 차는 18m이다.)

㉮ 1.1×10^{-7} m³/sec
㉯ 2.3×10^{-7} m³/sec
㉰ 2.3×10^{-8} m³/sec
㉱ 1.5×10^{-8} m³/sec

해답 41. ㉯ 42. ㉰ 43. ㉮ 44. ㉮

[해설]
단위시간당 침투수량(폭 1cm당 침투량, q)

$$q = \sqrt{K_h \cdot K_z} \cdot H \cdot \frac{N_f}{N_d}$$
$$= \sqrt{(4.5 \times 10^{-8}) \times (1.6 \times 10^{-8})} \times 18 \times \frac{4}{18}$$
$$= 1.07 \times 10^{-7} \, m^3/sec$$

45. 흙댐(Earth dam)에서 댐 제체의 유선망을 그리는 주된 이유는?

㉮ 침투수량과 침하량을 알기 위해서
㉯ 간극수압과 지지력을 알기 위해서
㉰ 간극수압과 전단강도를 알기 위하여
㉱ 침투수량과 간극수압을 알기 위하여

[해설]
유선망을 그리는 목적은 침투수량과 간극수압을 구하기 위한 것이다.

46. 유선망을 작성하여 침투수량을 결정할 때 유선망의 정밀도가 침투수량에 큰 영향을 끼치지 않는 이유는?

㉮ 유선망은 유로의 수와 등수두면의 수의 비에 좌우되기 때문이다.
㉯ 유선망은 등수두선의 수에 좌우되기 때문이다.
㉰ 유선망은 유선의 수에 좌우되기 때문이다.
㉱ 유선망은 투수계수 K에 좌우되기 때문이다.

[해설]
침투수량(단위폭당 침투량)

$$q = K \cdot H \cdot \frac{N_f}{N_d}$$

여기서, N_f : 유로수
N_d : 등수두면의 수

유선망의 정밀도가 침투수량에 큰 영향을 끼치지 않는 이유는 침투수량은 유로의 수와 등수두면의 수의 비에 좌우되기 때문이다.

47. 그림과 같은 지반 내의 유선망이 주어졌을 때 댐의 폭 1m에 대한 침투유출량은? (단, h = 20m 지반의 0.001cm/min 투수계수이다.)

㉮ 0.864m³/day
㉯ 0.096m³/day
㉰ 9.6m³/day
㉱ 0.96m³/day

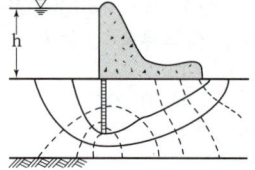

[해설]
1. 유선망의 조건
  ① 유로의 수 : 3개
  ② 등수두면의 수 : 9개
  ③ 수위차 : 20m
2. 단위시간당 댐의 폭 1m에 대한 침투유출량
  $K = 0.001 \, cm/분 = 0.00001 \, m/분$이므로
  $$q = K \cdot H \cdot \frac{N_f}{N_d} = 0.00001 \times 20 \times \left(\frac{3}{9}\right)$$
  $$= 6.67 \times 10^{-5} \, m^3/min$$
3. 1일간 전투수량(Q)
  $$Q = 6 \times 10^{-5} \times (60 \times 24) = 0.096 \, m^3/day$$

48. 다음 그림에서 A점의 간극수압은?(단, 물의 단위중량은 9.81kN/m³이다.)

㉮ 47.77kN/m²
㉯ 75.24kN/m²
㉰ 120.76kN/m²
㉱ 45.62kN/m²

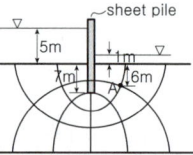

[해설]
지표면을 기준면이라고 하면
① A점에서의 전수두(h_t)
$$h_t = 하류측지표면의 전수두 + \frac{n_d}{N_d} \cdot H = 1 + \frac{1}{6} \times 4 = 1.67 \, m$$
② 위치수두(h_e)
  위치수두(h_e) = -6m
③ 압력수두(h_p)
  압력수두(h_p) = 전수두(h_t) - 위치수두(h_e)
  $$= 1.67 - (-6) = 7.67 \, m$$
④ 간극수압(u_p)
  간극수압(u_p) = 9.81 × 압력수두(h_p)
  $$= 9.81 \times 7.67 = 75.24 \, kN/m^2$$

해답 45. ㉱ 46. ㉮ 47. ㉯ 48. ㉯

49. 다음의 흙 댐에서 유선망을 작도하는데 있어 경계조건이 틀린 것은?

㉮ $\overline{AB}$는 등수두선이다.
㉯ $\overline{BC}$는 유선이다.
㉰ $\overline{CD}$는 침윤선이다.
㉱ $\overline{AD}$는 유선이다.

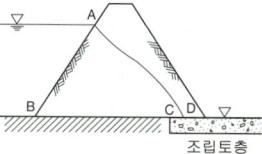
조립토층

해설
① 흙 댐에서 침투유량을 구하기 위해서는 유선망을 그려야 한다.
② 유선망을 그리기 위해서는 우선 침윤선이 작도되어야 한다.
③ 경계조건 중 불투수층 경계면(BC)은 최하부 유선이다.

50. 흙의 동상에 영향을 미치는 요소가 아닌 것은?

㉮ 모관상승고
㉯ 흙의 투수계수
㉰ 흙의 전단강도
㉱ 동결온도의 계속시간

해설
동상량의 주요인자
① 모관상승고가 크다.
② 투수성이 크다.
③ 지하수위가 동결선 위에 존재한다.
④ 동결온도의 지속시간이 길다.

51. 다음 중 동상(凍傷)이 일어나기 쉬운 지반 조건인 것은?

㉮ 지하수위 바로 위에 불투수성 점성토 지반이 존재한다.
㉯ 모래질 지반으로 지하수위가 지표면에 10m이상 멀다.
㉰ 실트질 지반으로 지하수위가 지표면과 가깝다.
㉱ 실트질 모래지반으로 지반의 지지력이 상당히 높다.

해설
동상 조건
① 동상을 받기 쉬운 흙(실트)이 존재해야 한다.
② 물의 공급이 충분해야 한다.
③ 영하의 온도가 오래 지속되어야 한다.
따라서, 실트질 지반으로 지하수위가 지표면과 가까우면 동상이 일어나기 쉽다.

52. 월평균기온이 다음 표와 같을 때 동결깊이는 얼마인가?(단, 햇빛, 토질 및 배수조건을 고려한 값 C는 4, 동결깊이는 데라다(寺田) 공식을 사용한다.)

월	12	1	2	3
일수(일)	31	31	28	31
평균기온(℃)	-2	-8	-6	-1

㉮ 100.2cm ㉯ 90.2cm
㉰ 80.2cm ㉱ 70.2cm

해설
1. 동결지수(F)

월	12	1	2	3	합계
일수(일)	31	31	28	31	
평균기온(℃)	-2	-8	-6	-1	
동결지수	62	248	168	31	509

2. 동결심도(Z)
$Z = C \cdot \sqrt{F} = C \cdot \sqrt{\theta \cdot t} = 4 \times \sqrt{509} = 90.24\,cm$

53. 다음 설명 중에서 동상(凍上)에 대한 대책 방법이 될 수 없는 것은?

㉮ 지하수위와 동결 심도사이에 모래, 자갈층을 형성하여 모세관 현상으로 인한 물의 상승을 막는다.
㉯ 동결 심도 내의 silt질 흙을 모래나 자갈로 치환한다.
㉰ 동결 심도 내의 흙에 염화 칼슘이나 염화나트륨 등을 섞어 빙점을 낮춘다.
㉱ 아이스 렌스(ice lense) 형성이 될 수 있도록 충분한 물의 공급한다.

해답 49. ㉯ 50. ㉰ 51. ㉰ 52. ㉯ 53. ㉱

해설
1. 동상에 대한 대책은 동상조건이 만족되지 않도록 하는 것이다.
   ① 배수구를 설치한다.
   ② 조립의 차단층을 설치한다.
   ③ 조립토로 치환한다.
   ④ 지표면 근처에 단열재료를 넣는다.
2. 아이스 렌스(ice lense) 형성이 될 수 있도록 충분한 물의 공급하면 동상이 잘 일어난다.

54. 동방 방지대책에 대한 설명 중 옳지 않은 것은?

㉮ 배수구 등을 설치해서 지하수위를 저하시킨다.
㉯ 모관수의 상승을 차단하기 위해 조립의 차단층을 지하수위보다 높은 위치에 설치한다.
㉰ 동결 깊이보다 낮게 있는 흙을 동결하지 않는 흙으로 치환한다.
㉱ 지표의 흙을 화학약품으로 처리하여 동결온도를 내린다.

해설
동결심도 상부의 흙을 동결하기 어려운 재료(자갈, 쇄석, 석탄재)로 치환한다.

55. 흙의 동상피해를 막기 위한 대책으로 옳은 것은?

㉮ 동결깊이 하부 흙을 동상현상이 잘 발생하지 않는 흙으로 치환한다.
㉯ 가급적 지하수위를 높인다.
㉰ 조립 필트층을 지하수위보다 아래에 설치한다.
㉱ 도로 포장시 포장하부 깊은 곳에 단열재를 설치한다.

해설
동상방지 대책
① 동결깊이 상부 흙을 동상현상이 잘 발생하지 않는 흙(조립토)으로 치환한다.
② 지하수위를 낮게 한다.
③ 지하수위보다 위에 조립 필트층을 설치한다.
④ 지표면 부근에 단열재를 설치한다.

해답 54. ㉰ 55. ㉮

제3장 유효응력

출제경향분석

유효응력은 흙의 압축성, 흙의 전단강도, 사면의 안정 등의 문제풀이에 있어서 기본적으로 이해하고 있어야 하는 중요한 내용이다. 모관영역의 유효응력과 침투수가 있는 경우의 유효응력에서는 어려운 문제도 있으나 정리 이해하여야 한다. 마지막으로 지중응력의 경우 쉬우면서도 많은 문제가 출제되므로 충분히 준비를 하여야 한다.

단원별 경향분석

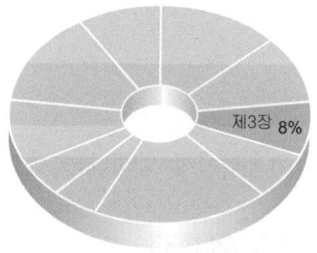

토목기사

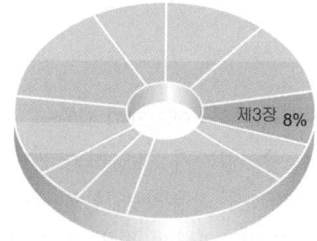

토목산업기사

항목별 경향분석

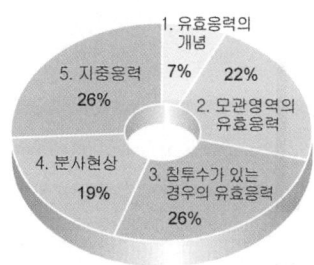

토목기사

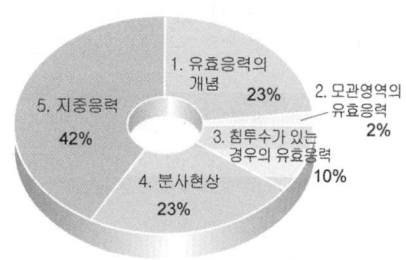

토목산업기사

1 유효응력의 개념

학습방향

지표면이 수평인 임의의 지반 아래의 연직응력은 그 깊이까지의 흙의 중량이므로 응력은 앞에서 공부한 단위중량을 고려하여 구할 수 있다. 유효응력은 흙 입자가 부담하는 응력으로 흙 입자의 접촉점에서 발생하는 단위면적당 작용하는 힘을 말하며 지반 내에서 흙의 파괴, 체적변화(침하), 강도를 지배한다. 일반적으로 시험에서는 이러한 값을 구하는 것도 출제되지만 다른 문제를 풀이하는데 있어서 반듯이 알고 있어야 하는 공식들이다.

1 응력의 정의

(1) 전응력(total stress, σ)
　전체 흙에 작용하는 단위면적당 법선응력을 전응력이라 한다.

(2) 간극수압(pore water pressure, u)
　간극을 채우고 있는 물이 부담하는 응력으로 중립응력(neutral stress)이라고도 한다.

$$u = \gamma_w \cdot H$$

　여기서, H : 수위

(3) 유효응력(effective stress, σ')
　① 흙 입자가 부담하는 응력으로 흙 입자의 접촉점에서 발생하는 단위면적당 작용하는 힘을 유효응력이라 한다.
　② 지반 내에서 흙의 파괴, 체적변화(침하), 강도를 지배한다.

$$\sigma' = \sigma - u$$

2 유효응력의 계산

(1) 포화된 흙의 경우

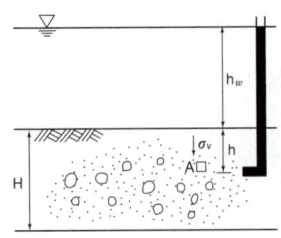

그림. 유효응력의 개념

학습POINT

■ 정수압 상태에 있는 지반의 전응력은 지반의 유효응력과 정수압과의 (합)이다.

■ 흙의 변형은 전응력보다 유효응력의 크기에 지배된다.(○)

■ 응력의 정의
1. 단위중량(γ)
$$\gamma = \frac{W}{V}$$

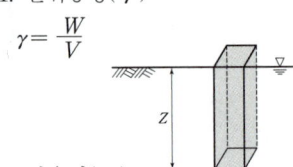

2. 전응력(σ)
지반내의 단위 정육면체에 작용하는 수직응력은 정육면체의 단면적 위의 사각 흙기둥의 중량이다.
$$W = \gamma \cdot V$$
$$= \gamma \times Z \times 1 \times 1 = \gamma \cdot Z$$
응력(σ)은 단위면적당 작용하는 힘이므로
$$\sigma = \gamma \cdot Z$$

■ 중립응력(U)
지반내의 단위 정육면체에 작용하는 중립응력은 정육면체의 단면적 위의 사각 물기둥의 중량이다.
$$U = \gamma_w \cdot H$$
$$= \gamma_w \times Z \times 1 \times 1 = \gamma_w \cdot Z$$

■ 물의 단위중량
$$\gamma_w = 1 \text{ g/cm}^3 = 1\text{t/m}^3$$
$$= 9.81 \text{ kN/m}^3$$

① 전응력(total stress, σ)

$\sigma = \gamma_w \cdot h_w + \gamma_{sat} \cdot h$

② 간극수압(pore water pressure, u)

$u = \gamma_w \cdot h_w + \gamma_w \cdot h = \gamma_w \cdot (h_w + h)$

③ 유효응력(effective stress, σ')

$\sigma' = \sigma - u = \gamma_w \cdot h_w + \gamma_{sat} \cdot h - \gamma_w \cdot h_w - \gamma_w \cdot h$

$\quad = \gamma_{sub} \cdot h$

즉, A점의 유효응력은 물의 수위와 무관하고 임의 지점의 깊이에 따라 증가한다.

■ 지하수 아래에 있는 포화점토 가운데의 일점에 있어 유효응력은 물의 높이에 따라 커진다.(×)

(2) 공극수압계를 설치하여 간극수압을 측정한 경우

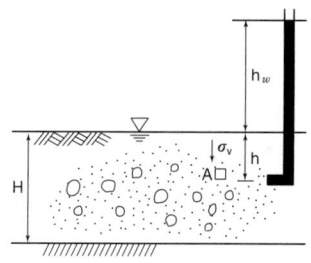

① 전응력(total stress, σ)

$\sigma = \gamma_{sat} \cdot h$

② 간극수압(pore water pressure, u)

$u = \gamma_w \cdot h_w + \gamma_w \cdot h = \gamma_w \cdot (h_w + h)$

③ 유효응력(effective stress, σ')

$\sigma' = \sigma - u = \gamma_{sat} \cdot h - \gamma_w \cdot h_w - \gamma_w \cdot h$

$\quad = (\gamma_{sat} - \gamma_w) \cdot h - \gamma_w \cdot h_w$

$\quad = \gamma_{sub} \cdot h - \gamma_w \cdot h_w$

(3) 지표면에 무한히 넓은 등분포하중이 작용하는 경우

① 전응력(σ)

$\sigma = q + \gamma_{sat} \cdot h$

② 간극수압(중립응력, u)

$u = \gamma_w \cdot h$

③ 유효압력(σ')

$\sigma' = q + \gamma_{sub} \cdot h$

핵심문제

1 다음 지반 내 응력의 설명 중 틀린 것은? [88⑯]

㉮ 지하수 아래에 있는 미소요소의 수직응력은 유효응력과 간극수압의 합으로 계산된다.
㉯ 단위중량이 일정한 건조한 흙의 경우 지표면 아래에 있는 일 점의 전응력과 유효응력은 같다.
㉰ 흙의 변형은 전응력보다 유효응력의 크기에 지배된다.
㉱ 지하수 아래에 있는 포화점토 가운데의 일 점에 있어 유효응력은 물의 높이에 따라 커진다.

2 그림을 보고 점토 중앙 단면에 작용하는 유효압력은 얼마인가?
(단, 물의 단위중량은 9.81kN/m³이다.) [98⑯]

㉮ 12.26kN/m²
㉯ 23.25kN/m²
㉰ 31.88kN/m²
㉱ 39.89kN/m²

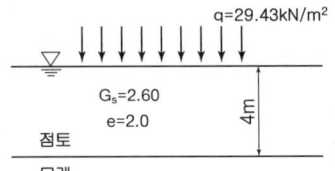

3 그림에서 지하 4m에서의 유효응력을 구한 값은?(단, 물의 단위중량은 9.81kN/m³이다.) [88㉮ 98⑯]

㉮ 29.43kN/m²
㉯ 39.24kN/m²
㉰ 49.06kN/m²
㉱ 68.67kN/m²

해설 3

① 전응력(σ)
$\sigma = \gamma_t \cdot h_1 + \gamma_{sat} \cdot h_2 = 16.19 \times 2 + 18.15 \times 2 = 68.68 \text{kN/m}^2$

② 간극수압(중립응력, u)
$u = \gamma_w \cdot h_2 = 9.81 \times 2 = 19.62 \text{kN/m}^2$

③ 유효응력(σ')
$\sigma' = \sigma - u = 68.68 - 19.62 = 49.06 \text{kN/m}^2$

4 다음 그림에서 A점의 위치에 공극수압계를 설치한 결과 높이가 8.0m가 되었다. 이 흙의 포화단위중량이 15.7kN/m³라 할 때 A점의 유효연직응력은?(단, 물의 단위중량은 9.81kN/m³이다.) [90⑯]

㉮ 15.70kN/m²
㉯ 25.51kN/m²
㉰ 35.34kN/m²
㉱ 94.18kN/m²

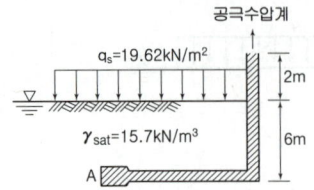

해설

해설 1

① 전응력은 유효응력과 간극수압의 합이다.
② 건조한 흙의 경우 간극수압은 0 (zero)이다. 따라서, 전응력과 유효응력은 같다.
③ 지하수아래 임의 지점의 유효응력은 물의 수위와 무관하고 임의 지점의 깊이에 따라 증가한다.

해설 2

① 포화단위중량(γ_{sat})
$\gamma_{sat} = \dfrac{G_s + e}{1+e} \gamma_w$
$= \dfrac{2.60 + 2.0}{1 + 2.0} \times 9.81$
$= 15.042 \text{ kN/m}^3$

② 수중단위중량(γ_{sub})
$\gamma_{sub} = \dfrac{G_s - 1}{1+e} \gamma_w = \dfrac{2.60 - 1}{1+2.0} \times 9.81$
$= 5.232 \text{ kN/m}^3$
$\gamma_{sub} = \gamma_{sat} - \gamma_w = 15.042 - 9.81$
$= 5.232 \text{kN/m}^3$

③ 유효압력(σ') : 점토 중앙단면까지의 깊이는 2m이므로
$\sigma' = q + \gamma_{sub} \cdot z = 29.43 + 5.232 \times 2$
$= 39.89 \text{ kN/m}^2$

해설 4

① 전응력(σ)
$\sigma = \gamma_{sat} \cdot h + q_s = 15.7 \times 6 + 19.62$
$= 113.82 \text{kN/m}^2$

② 간극수압(중립응력, u)
$u = \gamma_w \cdot (h_w + h) = 9.81 \times (2 + 6)$
$= 78.48 \text{kN/m}^2$

③ 유효응력(σ')
$\sigma' = \sigma - u = 113.82 - 78.48$
$= 35.34 \text{ kN/m}^2$

정답 1. ㉱ 2. ㉱ 3. ㉰ 4. ㉰

5 다음 그림에서 A점의 유효압력(P)과 중립압력(U)의 식이 옳은 것은?(단, 포화단위중량 : γ_{sat}, 습윤단위중량 : γ_t, 수중단위중량 : γ_{sub}, 물의 단위중량 : γ_w) [97산]

㉮ $P = \gamma \cdot z + q \cdot z,\quad U = 0$
㉯ $P = \gamma_{sub} \cdot z + q,\quad U = \gamma_w \cdot z$
㉰ $P = \gamma_{sat} \cdot z + q,\quad U = \gamma_w \cdot z$
㉱ $P = \gamma_{sub} \cdot z + q \cdot z,\quad U = \gamma_w \cdot z$

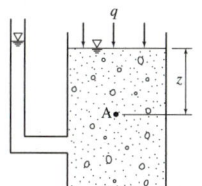

해설 5
① 간극수압(중립응력, u)
$U = \gamma_w \cdot z$
② 유효응력(σ')
$P = \gamma_{sub} \cdot z + q$

6 다음은 바다 밑에 있는 지반에 대해서 전응력과 유효응력을 설명한 것이다. 이 가운데 틀린 것은? [86기]

㉮ 정수압 상태에 있는 지반의 전응력은 지반의 유효응력과 정수압과의 합계이다.
㉯ 물이 지반을 통하여 아래쪽으로 침투하는 상태에 있을 때는 유효응력은 증가한다.
㉰ 정수압을 받고 있는 지반의 유효응력은 전응력보다 작다.
㉱ 정수압을 받고 있는 지반의 전응력은 언제나 정수압과 같다.

해설 6
정수압을 받고 있는 지반의 전응력 $\sigma = \sigma' + u$ 이므로 전응력은 정수압보다 유효응력만큼 크다.

7 다음 그림에서 흙 속 6cm 깊이에서의 중립응력은?(단, 포화된 흙의 단위체적중량은 1.9g/cm³이다.) [97기]

㉮ 10.4g/cm²
㉯ 15.8g/cm²
㉰ 11.0g/cm²
㉱ 5.4g/cm²

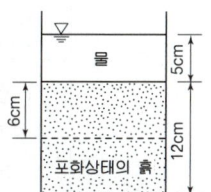

해설 7
① 전응력(σ)
$\sigma = \gamma_w \cdot h_w + \gamma_{sat} \cdot h = 1 \times 5 + 1.9 \times 6$
$= 16.4 \text{g/cm}^2$
② 간극수압(중립응력, u)
$u = \gamma_w \cdot h_w + \gamma_w \cdot h = \gamma_w \cdot (h_w + h)$
$= 1 \times (5 + 6) = 11 \text{g/cm}^2$
③ 유효응력(σ')
$\sigma' = \sigma - u = 16.4 - 11 = 5.4 \text{g/cm}^2$

8 다음 그림과 같은 토층에서 지하수면은 지표면 아래 2m에 있으며, 모래의 단위중량은 16.68kN/m³이고, 점토의 포화된 단위중량은 17.66kN/m³이다. 이 때 A점의 작용하는 연직유효응력은 얼마인가? (단, 물의 단위중량은 9.81kN/m³이다.) [98기]

㉮ 62.78kN/m²
㉯ 70.63kN/m²
㉰ 80.46kN/m²
㉱ 90.25kN/m²

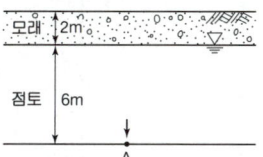

해설 8
① 전응력(σ)
$\sigma = \gamma \cdot h_1 + \gamma_{sat} \cdot h_2$
$= 16.68 \times 2 + 17.66 \times 6$
$= 139.32 \text{kN/m}^2$
② 간극수압(중립응력, u)
$u = \gamma_w \cdot h_2 = 9.81 \times 6$
$= 58.86 \text{kN/m}^2$
③ 유효응력(σ')
$\sigma' = \sigma - u = 139.32 - 58.86$
$= 80.46 \text{kN/m}^2$

정답 5. ㉯ 6. ㉱ 7. ㉰ 8. ㉰

9 3m 두께의 모래층이 포화된 점토층 위에 놓여 있다. 그림과 같이 지하수위는 1m 깊이에 있고 모관수는 없다고 할 때, 3m 깊이의 A점의 유효응력을 구하시오.(단, G_s : 흙의 비중, e : 간극비 값은 각층 옆에 표시되어 있다.)

[94 ㉮]

㉮ 5.31t/m²
㉯ 4.64t/m²
㉰ 3.3t/m²
㉱ 3.97t/m²

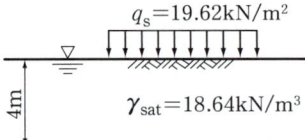

10 다음 그림에서 지표면 아래 4m 깊이에서의 유효응력은?(단, 물의 단위중량은 9.81kN/m³이다.)

[84 ㉰]

㉮ 54.94kN/m²
㉯ 43.16kN/m²
㉰ 58.86kN/m²
㉱ 94.18kN/m²

해 설

해설 9

① 건조단위중량(γ_d)
$$\gamma_d = \frac{G_s}{1+e}\gamma_w = \frac{2.65}{1+0.5}\times 1$$
$$= 1.77\text{t/m}^3$$

② 포화단위중량(γ_{sat})
$$\gamma_{sat} = \frac{G_s+e}{1+e}\gamma_w = \frac{2.65+0.5}{1+0.5}\times 1$$
$$= 2.10\text{t/m}^3$$

③ 수중단위중량(γ_{sub})
$$\gamma_{sub} = \frac{G_s-1}{1+e}\gamma_w = \frac{2.65-1}{1+0.5}\times 1$$
$$= 1.10\text{t/m}^3$$
$$\gamma_{sub} = \gamma_{sat} - \gamma_w = 2.10 - 1.0$$
$$= 1.10\text{t/m}^3$$

④ 전응력(σ)
$$\sigma_A = \gamma_d \cdot h_1 + \gamma_{sat} \cdot h_2$$
$$= 1.77\times 1 + 2.10\times 2 = 5.97\text{t/m}^2$$

⑤ 간극수압(중립응력, u)
$$u_A = \gamma_w \cdot h_2 = 1\times 2 = 2\text{t/m}^2$$

⑥ 유효압력(σ')
$$\sigma_A' = \sigma_A - u_A = 5.97 - 2 = 3.97\text{t/m}^2$$

해설 10

① 전응력(σ)
$$\sigma = \gamma_{sat} \cdot h + q_s = 18.64\times 4 + 19.62$$
$$= 94.18\text{kN/m}^2$$

② 간극수압(중립응력, u)
$$u = \gamma_w \cdot h = 9.81\times 4 = 39.24\text{kN/m}^2$$

③ 유효응력(σ')
$$\sigma' = \sigma - u = 94.18 - 39.24$$
$$= 54.94\text{kN/m}^2$$

9. ㉱ 10. ㉮

2 모관영역의 유효응력

> **학습방향**
>
> 표면장력 때문에 물이 표면을 따라 상승하는 현상을 모세관현상이라 하는데 모관현상이 일어나는 경우가 모관현상이 없는 경우에 비하여 유효응력이 증가한다. 일반적으로 시험에서는 모관현상이 일어나는 경우의 임의 지점의 유효응력을 구하는 것이 출제되고 있다.
> ① 완전히 포화된 흙의 모관포텐셜 : $\phi = -\gamma_w \cdot h$
> ② 부분적으로 포화된 흙의 모관포텐셜 : $\phi = -\dfrac{S}{100} \cdot \gamma_w \cdot h$
> ③ 지하수면은 모관현상과는 관계가 없다.

1 모관포텐셜(capillary potential)

(1) 개요
 ① 흙 속에서 모관수를 지지하는 힘으로 (−)간극수압과 같다.
 ② 단위중량의 흙에서 단위질량의 모관수를 빼내는데 필요한 일량을 말한다.

(2) 크기
 ① 완전히 포화된 흙의 모관포텐셜

$$\phi = -\gamma_w \cdot h$$

 여기서, h : 지하수면으로부터 구하고자 하는 임의지점까지 측정한 높이
 ② 부분적으로 포화된 흙의 모관포텐셜

$$\phi = -\dfrac{S}{100} \cdot \gamma_w \cdot h$$

 여기서, S : 포화도

(3) 성질
 ① 일반적으로 불포화 수분의 흐름은 고포텐셜에서 저포텐셜로 흐른다.
 ② 입경, 함수비, 공극비가 작을수록 저포텐셜이다.
 ③ 온도가 작을수록 저포텐셜이다.
 ④ 염류의 용해량이 클수록 저포텐셜이다.

2 해석방법

(1) 모관상승 현상이 있는 부분은 (−)공극수압이 생겨서 유효응력이 증가하여 전단강도가 커진다. 즉,

$$\begin{aligned}\sigma' &= \sigma - u \\ &= \sigma - (-\gamma_w \cdot h) \\ &= \sigma + \gamma_w \cdot h\end{aligned}$$

여기서, h : 지하수면으로부터 구하고자 하는 임의지점까지 측정한 높이

학습POINT

■ 모관상승고 h는 모관현상이 지하수면에서 위로 올라오므로 h는 지하수면에서부터 구하고자 하는 임의지점까지 높이이다.

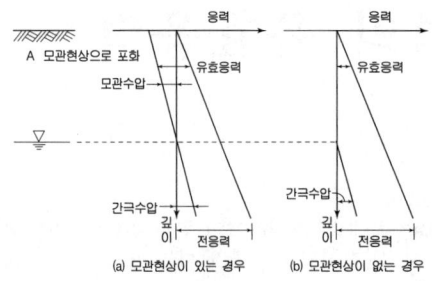

그림. 모관압력과 유효응력

(2) 지하수면에서 공극수압은 $u=0$이다.
즉, **지하수면은 모관현상과는 관계가 없다.**

(3) 모관현상에 의해 지표면이 포화되어 있는 경우, 지표면의 전응력은 0(zero)이지만, 유효응력은 0(zero)이 아니다.

■ 모관현상이 있을 때 지하수위란 모관현상을 말한다.(×)

3 유효응력의 계산(1)

(1) 조건
  지하수면 위부터 지표면까지 모관현상으로 포화되어 있다.

(2) 해석방법
  ① 모관영역에서는 전응력계산시 건조단위중량(γ_d)대신에 습윤단위중량(γ_t) 또는, 포화단위중량(γ_{sat})을 사용한다.
  ② 간극수압 계산의 경우 지하수위는 모관작용과 무관하므로 모관현상을 무시한다.
    ㉠ 지하수면 위 부분의 모관영역에서는 모관포텐셜에 의하여 (−)간극수압이 발생한다.
    ㉡ 지하수면 아래에서는 모관현상과 무관하다. 즉, 지하수위의 위치는 변하지 않는다.

■ 모관상승이 있는 부분은 (−)의 공극수압이 생겨 유효응력은 (증가)한다.

(3) 응력의 계산

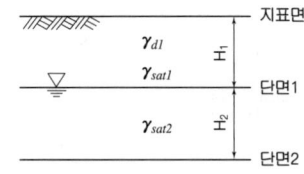

① 지표면
  ㉠ 전 응 력
    $\sigma = \gamma_{sat\,1} \times 0 = 0$
  ㉡ 간극수압
    $u = -\gamma_w \times H_1$

ⓒ 유효응력

$\sigma' = \sigma - u = 0 - (-\gamma_w \times H_1) = \gamma_w \times H_1$

즉, 모관영역에서는 유효응력이 전응력보다 크다. 즉, $\sigma = \sigma' + u$ 라고 해서 반듯이 전응력이 유효응력보다 큰 것은 아니다. 또한, 지표면에서의 유효응력은 0(zero)이 아니다.

■ 모관현상으로 지표면까지 포화되면 지표면의 유효응력은 0이 아니다.(○)

② 단면 1
ⓐ 전 응 력 : $\sigma = \gamma_{sat\,1} \cdot H_1$
ⓑ 간극수압 : $u = \gamma_w \times 0 = 0$
ⓒ 유효응력 : $\sigma' = \sigma - u = \gamma_{sat\,1} \cdot H_1$

③ 단면 2
ⓐ 전 응 력 : $\sigma = \gamma_{sat\,1} \cdot H_1 + \gamma_{sat\,2} \cdot H_2$
ⓑ 간극수압 : $u = \gamma_w \cdot H_2$
ⓒ 유효응력

$\sigma' = \sigma - u = \gamma_{sat\,1} \cdot H_1 + \gamma_{sat\,2} \cdot H_2 - \gamma_w \cdot H_2$

$= \gamma_{sat\,1} \cdot H_1 + \gamma_{sub\,2} \cdot H_2$

■ 모관현상이 있는 부분은 간극수압이 크게 발생하여 유효응력이 감소한다.(×)

즉, 모관현상이 일어나는 경우가 모관현상이 없는 경우에 비하여 유효응력이 증가한다.

4 유효응력의 계산(2)

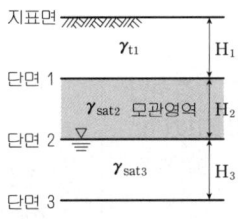

	전 응 력	간극수압	유효응력
① 지표면	$\sigma = 0$	$u = 0$	$\sigma' = \sigma - u = 0$
② 단면 1	$\sigma = \gamma_{t1} \cdot H_1$	$u = -\gamma_w \cdot H_2$	$\sigma' = \sigma - u = \gamma_{t1} \cdot H_1 - (-\gamma_w \cdot H_2)$ $= \gamma_{t1} \cdot H_1 + \gamma_w \cdot H_2$
③ 단면 2	$\sigma = \gamma_{t1} \cdot H_1 + \gamma_{sat\,2} \cdot H_2$	$u = 0$	$\sigma' = \sigma - u = \gamma_{t1} \cdot H_1 + \gamma_{sat\,2} \cdot H_2$
④ 단면 3	$\sigma = \gamma_{t1} \cdot H_1 + \gamma_{sat\,2} \cdot H_2 + \gamma_{sat3} \cdot H_3$	$u = \gamma_w \cdot H_3$	$\sigma' = \gamma_{t1} \cdot H_1 + \gamma_{sat\,2} \cdot H_2 + \gamma_{sat3} \cdot H_3 - \gamma_w \cdot H_3$ $= \gamma_{t1} \cdot H_1 + \gamma_{sat2} \cdot H_2 + \gamma_{sub3} \cdot H_3$

■ 모관영역의 포화도가 40%인 경우에 대하여 계산하여 보자.

핵 심 문 제

1 다음에 유효응력에 관한 설명 중 옳은 것은? [98 ⓘ]

㉮ 지하수면에서 모관상승고 사이에는 유효응력은 감소한다.
㉯ 토질역학에서 파괴와 침하에 관련된 응력은 전부 유효응력이다.
㉰ 지하수면에서 유효응력은 모관상승고와 관계가 있다.
㉱ 유효응력은 전응력에다 공극수압을 더한 값이다.

해 설

해설 1

① 모관상승 현상이 있는 부분은 (−) 공극수압이 생겨서 유효응력이 증가하여 전단강도가 커진다.
② 지하수면에서 공극수압 $u=0$이다. 즉, 지하수면은 모관현상과는 관계가 없다.
③ 유효응력은 전응력에서 간극수압을 뺀 것이다.

2 그림에서 A점의 유효응력 σ' 를 구하면?(단, 물의 단위중량은 9.81kN/m³ 이다.) [96 ㉮]

㉮ 39.24kN/m²
㉯ 45.13kN/m²
㉰ 41.20kN/m²
㉱ 56.91kN/m²

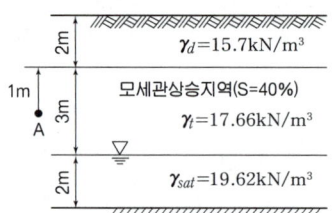

해설 2

① 전응력(σ)
$\sigma = \gamma_d \cdot h_1 + \gamma_t \cdot h_2$
$= 15.7 \times 2 + 17.66 \times 1 = 49.06 \text{kN/m}^2$

② 부분적으로 포화된 흙의 모관포텐셜 (간극수압)
$u = -\dfrac{S}{100} \cdot \gamma_w \cdot h$
$= -\dfrac{40}{100} \times 9.81 \times 2$
$= -7.85 \text{ kN/m}^2$

③ 유효응력(σ')
$\sigma' = \sigma - u = 49.06 - (-7.85)$
$= 56.91 \text{kN/m}^2$

3 그림에서 모관수에 의해 A-A 면까지 완전히 포화되었다고 가정하면 B-B 면에서의 유효응력은 얼마인가?(단, 물의 단위중량은 9.81kN/m³ 이다.) [94 ⓘ]

㉮ 61.80kN/m²
㉯ 70.63kN/m²
㉰ 80.45kN/m²
㉱ 119.68kN/m²

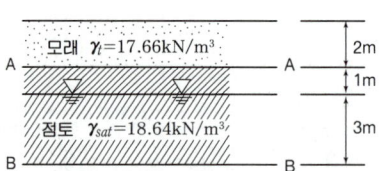

해설 3

① 전응력(σ)
$\sigma_B = \gamma_t \times 2 + \gamma_{sat} \times 4$
$= 17.66 \times 2 + 18.64 \times 4$
$= 109.88 \text{ kN/m}^2$

② 간극수압(중립응력, u)
$u_B = \gamma_w \times 3 = 9.81 \times 3$
$= 29.43 \text{kN/m}^2$

③ 유효응력(σ')
$\sigma_B' = \sigma - u = 109.88 - 29.43$
$= 80.45 \text{ kN/m}^2$

정답 1. ㉯ 2. ㉱ 3. ㉰

4 그림에서 a-a 면 바로 아래의 유효응력은?(단, $e=0.4$, $G_s=2.65$ 이다.) [96 ㉮]

㉮ 6.8t/m²
㉯ 8.4t/m²
㉰ 9.7t/m²
㉱ 10.2t/m²

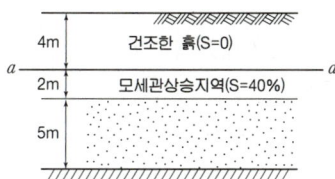

[해설]

① 건조단위중량(γ_d): $\gamma_d = \dfrac{G_s}{1+e}\gamma_w = \dfrac{2.65}{1+0.4} \times 1 = 1.89 \text{t/m}^3$

② 습윤단위중량(γ_t)

$\gamma_t = \dfrac{G_s + (\frac{S}{100}) \cdot e}{1+e}\gamma_w = \dfrac{2.65 + (\frac{40}{100}) \times 0.4}{1+0.4} \times 1 = 2.01 \text{t/m}^3$

③ 전응력(σ): $\sigma = \gamma_d \cdot h_1 = 1.89 \times 4 = 7.56 \text{t/m}^2$

④ 부분적으로 포화된 흙의 모관포텐셜(간극수압)
$u = -\dfrac{S}{100} \cdot \gamma_w \cdot h = -\dfrac{40}{100} \times 1 \times 2 = -0.8 \text{t/m}^2$

⑤ 유효응력(σ'): $\sigma' = \sigma - u = 7.56 - (-0.8) = 8.36 \text{t/m}^2$

5 지하수위는 지표면 아래 1m 되는 곳에 있으나 모관현상으로 지표면까지 물로 포화되어 있다. 지하수위면에 작용하는 유효연직응력의 크기는? (단, 흙의 포화단위중량은 17.66kN/m³이고, 물의 단위중량은 9.8kN/m³이다.) [99 ㉮]

㉮ 17.66kN/m²
㉯ 7.85kN/m²
㉰ 9.81kN/m²
㉱ 27.47kN/m²

6 흙의 모관현상에 관한 설명 중 옳은 것은? [93 ㉯]

㉮ 모관상승고는 입자의 직경과 관계가 없다.
㉯ 모관현상으로 지표면까지 포화되면 공극수압은 0이다.
㉰ 모관상승이 있는 부분은 (-)의 공극수압이 생겨 유효응력은 증가한다.
㉱ 모관현상이 있을 때 지하수위란 모관현상을 말한다.

7 유효응력에 관한 설명 중 틀린 것은? [90 ㉮]

㉮ 포화된 흙인 경우 전응력에서 공극수압을 뺀 값이다.
㉯ 항상 전응력보다는 적은 값이다.
㉰ 점토지반의 압밀에 관계되는 응력이다.
㉱ 건조한 지반에서는 전응력과 같은 값이다.

해설

해설 5

① 전응력(σ)
$\sigma = \gamma_{sat} \cdot h = 17.66 \times 1$
$= 17.66 \text{kN/m}^2$

② 간극수압(중립응력, u)
$u = \gamma_w \times 0 = 9.81 \times 0 = 0$

③ 유효응력(σ')
$\sigma' = \sigma - u = 17.66 - 0$
$= 17.66 \text{kN/m}^2$

해설 6

① 모관상승고는 흙의 입경과 간극비에 반비례한다.
② 모관현상으로 지표면이 포화되면 공극수압은 (-)공극수압이 생긴다.
③ 지하수면에서 공극수압 $u=0$이다. 즉, 지하수면은 모관현상과는 관계가 없다.

해설 7

모관영역에서는 유효응력이 전응력보다 크다. 즉, $\sigma = \sigma' + u$라고 해서 반드시 $\sigma > \sigma'$는 아니다.

정답 4. ㉯ 5. ㉮ 6. ㉰ 7. ㉯

8 흙의 모관현상에 대한 설명 중 틀린 것은? [93②]

㉮ 모관상승고 $h_c = \dfrac{4 \cdot T \cdot \cos\alpha}{\gamma_w \cdot D}$ 에 의하여 계산된다.

㉯ 모관상승이 있는 부분은 간극수압이 크게 발생하여 유효응력이 감소한다.

㉰ 모관현상으로 지표면까지 포화되면 지표면의 유효응력은 0이 아니다.

㉱ 모관현상이 일어나면 지하수위면은 간극수압이 0인 면이다.

9 아래 그림과 같이 지표까지가 모관상승 지역이라 할 때 지표면 바로 아래에서의 유효응력은?(단, 모관상승지역의 포화도는 90%이다.)

㉮ 0.9t/m² [00②]
㉯ 1.8t/m²
㉰ 1.0t/m²
㉱ 2.0t/m²

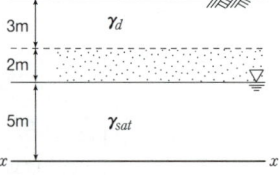

10 그림에서 5m 깊이에 지하수가 있고 지하수면에서 2m 높이까지 모관수가 포화되어 있다. 10m 깊이에 있는 $x-x$ 면상의 유효연직응력은? (단, $\gamma_d = 15.7$kN/m³, $\gamma_{sat} = 17.66$kN/m³, $\gamma_w = 9.81$kN/m³ 이다.)

㉮ 103.99kN/m² [94㉳]
㉯ 121.67kN/m²
㉰ 170.69kN/m²
㉱ 182.47kN/m²

해 설

[해설] 8

① 모관상승 현상이 있는 부분은 (−) 공극수압이 생겨서 유효응력이 증가하여 전단강도가 커진다.

② 지하수면에서 공극수압 $u = 0$이다. 즉, 지하수면은 모관현상과는 관계가 없다.

[해설] 9

① 지표면의 전응력(σ)은 0이다.
 $\sigma = 0$

② 부분적으로 포화된 흙의 모관포텐셜 (간극수압)
 $u = -\dfrac{S}{100} \cdot \gamma_w \cdot h = -\dfrac{90}{100} \times 1 \times 2$
  $= -1.8 \text{t/m}^2$

③ 유효응력(σ')
 $\sigma' = \sigma - u = 0 - (-1.8) = 1.8 \text{t/m}^2$

[해설] 10

① 전응력(σ)
 $\sigma = \gamma_d \times 3 + \gamma_{sat} \times 2 + \gamma_{sat} \times 5$
  $= 15.7 \times 3 + 17.66 \times 2 + 17.66 \times 5$
  $= 170.72 \text{ kN/m}^2$

② 간극수압(중립응력, u)
 $u = \gamma_w \times 5 = 9.81 \times 5 = 49.05 \text{kN/m}^2$

③ 유효응력(σ')
 $\sigma' = \sigma - u = 170.72 - 49.05$
  $= 121.67 \text{kN/m}^2$

정답 8. ㉯ 9. ㉯ 10. ㉯

3 침투수가 있는 경우의 유효응력

학습방향

지반 내부의 임의 지점에서의 유효응력은 물의 침투 때문에 변화되는데 상향침투시 유효응력은 침투수압만큼 감소하며 하향침투시 유효응력은 침투수압만큼 증가한다. 또한, 상향침투시 간극수압은 침투수압만큼 증가하며 하향침투시 간극수압은 침투수압만큼 감소한다. 공학적으로 지반 내에서 흙의 파괴, 침하, 강도를 지배하는 것은 유효응력(σ')이므로 공사 현장에 안전율을 감소시키는 상향침투 문제가 많이 출제되므로 정리하여야 한다.

① 상향침투시 유효응력은 침투수압만큼 감소한다.
$\sigma_C' = \gamma_{sub} \cdot z - i \cdot \gamma_w \cdot z$
② 상향침투시 간극수압은 침투수압만큼 증가한다.

1 침투수압(Seepage pressure)

침투수압은 침투수의 흐르는 방향으로 $\gamma_w \cdot \Delta h$ 만큼 작용한다.

(1) 전 침투수압

$J = i \cdot \gamma_w \cdot h \cdot A$

(2) 단위면적당 침투수압

$F = i \cdot \gamma_w \cdot z$

여기서, z : 임의의 점의 깊이

(3) 단위체적당 침투수압

$j = \dfrac{\Delta h}{h} \cdot \gamma_w = i \cdot \gamma_w$

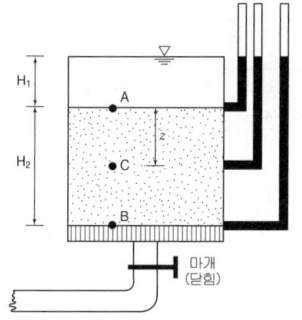

그림. 정수압 상태

학습POINT

2 정수압 상태

	전응력	중립응력	유효응력
A 지점	$\sigma_A = \gamma_w \cdot H_1$	$u_A = \gamma_w \cdot H_1$	$\sigma_A' = \sigma_A - u_A$ $= \gamma_w \cdot H_1 - \gamma_w \cdot H_1 = 0$
C 지점	$\sigma_C = \gamma_w \cdot H_1 + \gamma_{sat} \cdot z$	$u_C = \gamma_w \cdot (H_1 + z)$	$\sigma_C' = \sigma_C - u_C$ $= (\gamma_{sat} - \gamma_w) \cdot z = \gamma_{sub} \cdot z$
B 지점	$\sigma_B = \gamma_w \cdot H_1 + \gamma_{sat} \cdot H_2$	$u_B = \gamma_w \cdot (H_1 + H_2)$	$\sigma_B' = \sigma_B - u_B$ $= (\gamma_{sat} - \gamma_w) \cdot H_2 = \gamma_{sub} \cdot H_2$

3 상향 침투

(1) A 지점

$\sigma_A = \gamma_w \cdot H_1$

$u_A = \gamma_w \cdot H_1$

$\sigma_A' = \sigma_A - u_A = \gamma_w \cdot H_1 - \gamma_w \cdot H_1 = 0$

(2) C 지점

$\sigma_C = \gamma_w \cdot H_1 + \gamma_{sat} \cdot z$

$u_C = \gamma_w \cdot (H_1 + z + \dfrac{h}{H_2} \cdot z)$

$\sigma_C' = \sigma_C - u_C = (\gamma_{sat} - \gamma_w) \cdot z - \gamma_w \cdot \dfrac{h}{H_2} \cdot z = \gamma_{sub} \cdot z - \gamma_w \cdot \dfrac{h}{H_2} \cdot z$

(3) B 지점

$\sigma_B = \gamma_w \cdot H_1 + \gamma_{sat} \cdot H_2$

$u_B = \gamma_w \cdot (H_1 + H_2 + h)$

$\sigma_B' = \sigma_B - u_B = (\gamma_{sat} - \gamma_w) \cdot H_2 - \gamma_w \cdot h = \gamma_{sub} \cdot H_2 - \gamma_w \cdot h$

(4) 결과

① 상향침투시 유효응력은 침투수압만큼 감소한다.

② 상향침투시 간극수압은 침투수압만큼 증가한다.

	정수압의 유효응력	침투수압	상향침투시 유효응력
A 지점	$\sigma_A' = 0$	$F = 0$	$\sigma_A' = 0$
C 지점	$\sigma_C' = \gamma_{sub} \cdot z$	$F = i \cdot \gamma_w \cdot z$	$\sigma_C' = \gamma_{sub} \cdot z - i \cdot \gamma_w \cdot z$
B 지점	$\sigma_B' = \gamma_{sub} \cdot H_2$	$F = \gamma_w \cdot h$	$\sigma_B' = \gamma_{sub} \cdot H_2 - \gamma_w \cdot h$

③ 상향침투시 전응력은 일정하다.

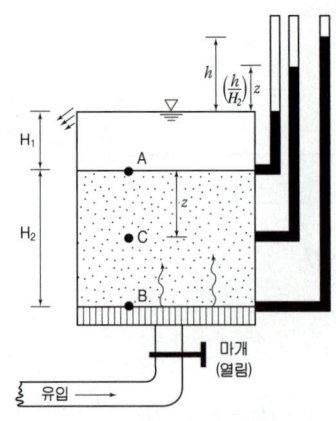

그림. 상향침투

■ 물은 수압이 높은 곳에서 낮은 곳으로 흐른다.

■ 동수경사(i)

$i = \dfrac{\triangle h}{L} = \dfrac{\triangle h}{H_2}$

■ 상향침투시 간극수압

지점	정수압의 간극수압	침투수압
A	$\gamma_w \cdot H_1$	0
C	$\gamma_w \cdot (H_1 + z)$	$i \cdot \gamma_w \cdot z$
B	$\gamma_w \cdot (H_1 + H_2)$	$\gamma_w \cdot h$

지점	상향침투시의 간극수압
A	$\gamma_w \cdot H_1$
C	$\gamma_w \cdot (H_1 + z) + i \cdot \gamma_w \cdot z$
B	$\gamma_w \cdot (H_1 + H_2 + h)$

4 하향침투

(1) A 지점

$\sigma_A = \gamma_w \cdot H_1$

$u_A = \gamma_w \cdot H_1$

$\sigma_A{}' = \sigma_A - u_A = \gamma_w \cdot H_1 - \gamma_w \cdot H_1 = 0$

(2) C 지점

$\sigma_C = \gamma_w \cdot H_1 + \gamma_{sat} \cdot z$

$u_B = \gamma_w \cdot (H_1 + z - \dfrac{h}{H_2} \cdot z)$

$\sigma_C{}' = \sigma_C - u_C = (\gamma_{sat} - \gamma_w) \cdot z + \gamma_w \cdot i \cdot z = \gamma_{sub} \cdot z + \gamma_w \cdot i \cdot z$

(3) B 지점

$\sigma_B = \gamma_w \cdot H_1 + \gamma_{sat} \cdot H_2$

$u_B = \gamma_w \cdot (H_1 + H_2 - h)$

$\sigma_B{}' = \sigma_B - u_B = (\gamma_{sat} - \gamma_w) \cdot H_2 + \gamma_w \cdot h = \gamma_{sub} \cdot H_2 + \gamma_w \cdot h$

(4) 결과

① 하향침투시 유효응력은 침투수압만큼 증가한다.
② 하향침투시 간극수압은 침투수압만큼 감소한다.

	정수압상태의 유효응력	침투수압	하향침투시 유효응력
A 지점	$\sigma_A{}' = 0$	$F = 0$	$\sigma_A{}' = 0$
C 지점	$\sigma_C{}' = \gamma_{sub} \cdot z$	$F = i \cdot \gamma_w \cdot z$	$\sigma_C{}' = \gamma_{sub} \cdot z + i \cdot \gamma_w \cdot z$
B 지점	$\sigma_B{}' = \gamma_{sub} \cdot H_2$	$F = \gamma_w \cdot h$	$\sigma_B{}' = \gamma_{sub} \cdot H_2 + \gamma_w \cdot h$

③ 하향침투시 전응력은 일정하다.

■ 하향침투시 간극수압

지점	정수압의 간극수압	침투수압
A	$\gamma_w \cdot H_1$	0
C	$\gamma_w \cdot (H_1 + z)$	$i \cdot \gamma_w \cdot z$
B	$\gamma_w \cdot (H_1 + H_2)$	$\gamma_w \cdot h$

지점	하향침투시의 간극수압
A	$\gamma_w \cdot H_1$
C	$\gamma_w \cdot (H_1 + z) - i \cdot \gamma_w \cdot z$
B	$\gamma_w \cdot (H_1 + H_2 - h)$

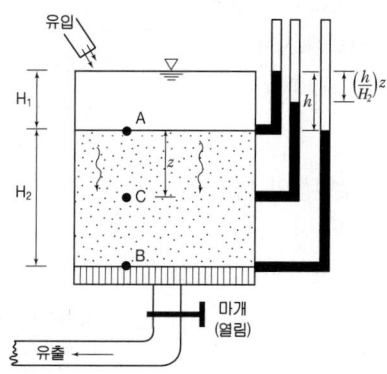

그림. 하향침투

핵심문제

1 포화된 흙에 침투류가 발생했을 때의 설명 가운데 틀린 것은?

㉮ 한계동수경사구배 i_c 보다도 침투류가 큰 경우는 quick sand가 발생한다.
㉯ 침투류가 하향일 때 유효응력은 침투압만큼 감소한다.
㉰ 침투압은 $F = i \cdot \gamma_w \cdot z$로 표시한다.($z$: 임의 점의 깊이)
㉱ 유효응력이 0일 때 침투압이 발생하는 동수구배는 i_c 이다.

2 그림과 같은 경우 a-a에서의 유효응력은 얼마인가? (단, 흙의 수중단위중량은 9.81kN/m³이고, 물의 단위중량은 9.81kN/m³이다.)

[98 ㉮]

㉮ 17.66kN/m²
㉯ 11.77kN/m²
㉰ 7.85kN/m²
㉱ 1.96kN/m²

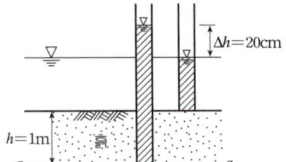

3 두께 1m인 흙 중 공극에 물이 흐른다. a-a 면과 b-b 면의 피에조미터를 세웠을 때 그 수두차가 0.1m 였다면 다음 중 가장 올바른 설명은?(단, 물의 단위중량은 9.81kN/m³이다.)

[92 00 ㉮]

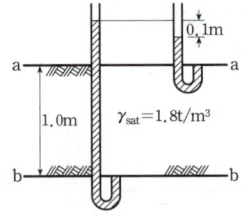

㉮ 물은 a-a 면에서 b-b 면으로 흐르는데 그 침투압은 9.81kN/m²이다.
㉯ 물은 b-b 면에서 a-a 면으로 흐르는데 그 침투압은 9.81kN/m²이다.
㉰ 물은 a-a 면에서 b-b 면으로 흐르는데 그 침투압은 0.98kN/m²이다.
㉱ 물은 b-b 면에서 a-a 면으로 흐르는데 그 침투압은 0.98kN/m²이다.

4 그림에서 전수두차를 일정하게 유지하고 있을 경우 a-a면상의 침투수압은 얼마인가?(단, 비중 $G_s = 2.65$, 공극비 $e = 0.80$이다.)

[00 ㉯]

㉮ 30g/cm²
㉯ 25g/cm²
㉰ 20g/cm²
㉱ 15g/cm²

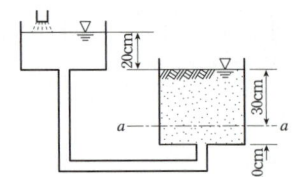

해설

해설 1
침투류가 하향일 때 유효응력은 침투압만큼 증가한다.

해설 2
① 물은 전수두가 높은 곳에서 낮은 곳으로 흐른다. 따라서 상향침투가 발생한다.
② 정수압 상태의 유효응력(σ_a')
$\sigma_a' = \gamma_{sub} \cdot h = 1.0 \times 1 = 1.0 t/m^2$
③ 동수경사(i)
$i = \dfrac{\Delta h}{h} = \dfrac{0.2}{1}$
④ 침투수압(F)
$F = i \cdot \gamma_w \cdot z = \dfrac{\Delta h}{h} \cdot \gamma_w \cdot h$
$= \gamma_w \cdot \Delta h = 9.81 \times 0.2$
$= 1.96 \text{ kN/m}^2$
⑤ 상향침투시 유효응력(σ_a') : 상향침투시 유효응력은 침투수압만큼 감소한다.
$\sigma_a' = \gamma_{sub} \times 1 - F$
$= 9.81 \times 1 - 1.96 = 7.85 \text{kN/m}^2$

해설 3
① 물은 수압이 높은 곳에서 낮은 곳으로 흐른다. 따라서 상향침투가 발생한다. 즉, 물은 수위가 높은 b-b 면에서 수위가 낮은 a-a 면으로 흐르므로 상향침투이다.
② 침투수압(F)
$F = i \cdot \gamma_w \cdot z = \dfrac{\Delta h}{L} \cdot \gamma_w \cdot L$
$= \gamma_w \cdot \Delta h = 9.81 \times 0.1$
$= 0.98 \text{ kN/m}^2$

해설 4
① 동수경사(i)
$i = \dfrac{h}{L} = \dfrac{20}{40}$
② 단위면적당 침투수압(F)
$F = i \cdot \gamma_w \cdot z = \dfrac{20}{40} \times 1 \times 30$
$= 15 \text{g/cm}^2$

정답 1. ㉯ 2. ㉰ 3. ㉱ 4. ㉱

5 그림과 같이 물이 위로 흐르는 경우 Y-Y 단면에서의 유효응력은? (단, 물의 단위중량은 9.81kN/m³이다.) [95산]

㉮ 33.35kN/m²
㉯ 13.74kN/m²
㉰ 43.16kN/m²
㉱ 23.54kN/m²

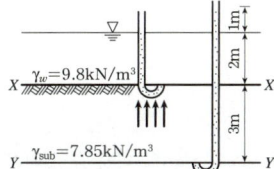

6 그림에서 A-A 면에 작용하는 유효수직응력은?(단, 흙의 포화단위중량은 1.8g/cm³이다.) [98기]

㉮ 2.0g/cm²
㉯ 4.0g/cm²
㉰ 8.0g/cm²
㉱ 28.0g/cm²

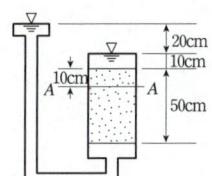

7 그림의 흙 시료는 가는 모래이다. 용기 위치를 A에서 B로 h만큼 들어올렸을 때 시료표면으로부터 z되는 깊이에서의 유효응력 σ'에 대해 옳은 표현은? (단, γ'는 모래의 수중단위중량, γ_w는 물의 단위중량이고, i는 동수구배이다.) [85기]

㉮ $\sigma' = z\gamma' - iz\gamma_w$ 의 크기로 증가한다.
㉯ $\sigma' = z\gamma' - iz\gamma_w$ 의 크기로 감소한다.
㉰ $\sigma' = z\gamma' - iH_1\gamma_w$ 의 크기로 증가한다.
㉱ $\sigma' = z\gamma' - iH_1\gamma_w$ 의 크기로 감소한다.

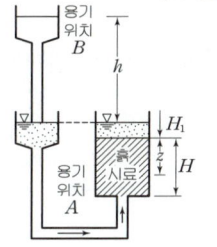

8 그림과 같이 2층의 흙에 일정한 수두차로 물이 흐르고 있다. 흙 (1)을 통과할 때 전손실수두의 25%가 손실된다면 C점의 공극수압은? [91기]

㉮ 60g/cm²
㉯ 75g/cm²
㉰ 85g/cm²
㉱ 95g/cm²

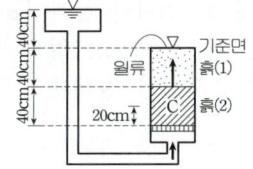

[해설]
① 흙 시료를 통과하는 동안의 손실수두량은 Δh=40cm이다.
② 흙(2)를 통과하는 동안의 손실수두량은 75%이므로 Δh×0.75=30cm이다.
③ 흙 시료 바닥에서 C점을 통과할 때까지의 손실량은 15cm이다.
④ C점에서의 전수두 : H_t=수두차−손실수두량=40−15=25cm
⑤ C점에서의 위치수두는 기준면 아래 60cm에 위치하므로 (−)60cm이다.
⑥ C점에서의 압력수두=전수두−위치수두=25−(−60)=85cm
⑦ C점의 간극수압=물의 단위중량× 압력수두=1×85=85g/cm²

해설

해설 5
① 정수압 상태의 유효응력(σ_Y')
$\sigma_Y' = \sigma - u = \gamma_{sub} \times 3 = 7.85 \times 3$
$= 23.55\text{kN/m}^2$

② 동수경사(i)
$i = \dfrac{h}{L} = \dfrac{1}{3}$

③ 침투수압(F)
$F = i \cdot \gamma_w \cdot z = \dfrac{h}{L} \cdot \gamma_w \cdot L$
$= \gamma_w \cdot h = 9.81 \times 1 = 9.81\text{kN/m}^2$

④ 상향침투시 유효응력(σ_Y')
$\sigma_Y' = \gamma_{sub} \times 3 - F = 23.55 - 9.81$
$= 13.74\text{kN/m}^2$

해설 6
① 침투수압은 수두차가 20cm이고, 시료의 길이가 50cm이므로
$F = i \cdot \gamma_w \cdot z$
$= \dfrac{20}{50} \times 1 \times 10 = 4.0\text{g/cm}^2$

② 상향침투시 유효응력(σ_A')
$\sigma_A' = \gamma_{sub} \times 10 - F = 0.8 \times 10 - 4$
$= 4\text{g/cm}^2$

해설 7
① 용기가 A에 위치할 때의 유효응력 (정수압 상태)
$\sigma' = \sigma - u = \gamma_{sub} \cdot z$

② 침투수압(F)
$F = i \cdot \gamma_w \cdot z$

③ 용기가 B에 위치하면 상향침투가 발생하여, 유효응력은 침투수압만큼 감소한다.
$\sigma' = \gamma_{sub} \cdot z - i \cdot \gamma_w \cdot z$

정답 5. ㉯ 6. ㉯ 7. ㉯ 8. ㉰

4 분사현상

학습방향

침투수압에 의해 흙 입자가 물과 함께 유출되는 현상을 분사현상이라 한다. 분사현상은 주로 모래지반에서 일어나는 현상이다. 일반적으로 시험에서는 한계동수경사와 분사현상에 대한 안전율을 구하는 것이 많이 출제되고 있다.

① 한계동수경사(i_c) : $i_c = \dfrac{\gamma_{sub}}{\gamma_w} = \dfrac{G_s - 1}{1 + e}$

② 분사현상이 일어날 조건 : $i \geq i_c = \dfrac{\gamma_{sub}}{\gamma_w} = \dfrac{G_s - 1}{1 + e}$

③ 분사현상에 대한 안전율(F_s) : $F_s = \dfrac{i_c}{i} = \dfrac{\dfrac{G_s - 1}{1 + e}}{\dfrac{h}{L}}$

1 한계동수경사(Critical hydraulic gradient, i_c)

(1) 개요

상향침투에서 유효응력이 0(zero)이 될 때의 동수경사를 한계동수경사라 한다.

(2) 조건

$\sigma' = \sigma' - F = \gamma_{sub} \cdot z - i_c \cdot \gamma_w \cdot z = 0$

$$i_c = \dfrac{\gamma_{sub}}{\gamma_w} = \dfrac{G_s - 1}{1 + e}$$

2 분사현상(Quick sand)

(1) 개요

주로 모래지반에서 일어나는 현상으로 침투수압에 의해 흙 입자가 물과 함께 유출되는 현상을 분사현상이라 한다. 분사현상은 이론적으로는 입경과 무관하나 실제 균등한 모래에서 많이 발생하며 분사현상 상태에 있는 모래는 지지력이 전혀 없다.

(2) 조건

모래 지반에서 유효응력이 0(zero)이 되는 곳인 $F = \sigma'$일 때가 분사현상의 한계점이 된다.

침투수압은 $F = i \cdot \gamma_w \cdot z = \dfrac{h}{L} \cdot \gamma_w \cdot L = \gamma_w \cdot h$이며

정수상태의 유효응력은 $\sigma' = \gamma_{sub} \cdot L$이므로

$\gamma_w \cdot h = \gamma_{sub} \cdot L$

$\dfrac{h}{L} = \dfrac{\gamma_{sub}}{\gamma_w} = \dfrac{G_s - 1}{1 + e}$

학습 POINT

■ 분사현상은 이론적으로는 입경과 무관하나 실제 균등한 세사에서 많이 발생한다.(○)

■ Quick Sand는 모래 속을 상승하는 수류에 의한 침투압이 하향으로 작용하는 중력보다 클 때 발생한다.(○)

① 분사현상이 안 일어날 조건

$$i < i_c = \frac{\gamma_{sub}}{\gamma_w} = \frac{G_s - 1}{1 + e}$$

② 분사현상이 일어날 조건

$$i \geq i_c = \frac{\gamma_{sub}}{\gamma_w} = \frac{G_s - 1}{1 + e}$$

(3) 안전율

$$F_s = \frac{i_c}{i} = \frac{\frac{G_s - 1}{1 + e}}{\frac{h}{L}}$$

여기서, L : 널말뚝의 관입깊이

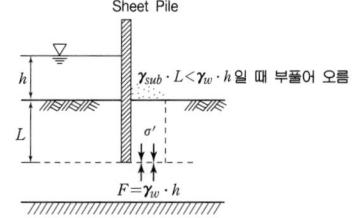

그림. 분사현상

■ 분사현상은 동수구배가 적은 경우 잘 발생한다.(×)

(4) 방지대책

투수거리를 길게 하여 동수경사를 작게하고 침투수압을 작게 한다.
① 제체 내부에 core를 설치한다.
② 제체 하류측에 filter를 설치한다.
③ 제체 상류측에 sheet pile을 시공한다.
④ 제방 상류측에 차수벽을 설치한다.
⑤ 상류측과 하류측의 수위차를 줄인다.

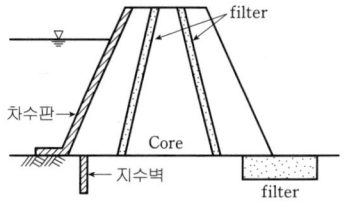

그림. 흙댐의 안정

3 히빙현상(heaving)

(1) 개요 : 주로 점토지반에서 일어나는 현상으로 널말뚝 주변의 침투수로 인하여 지반이 부풀어오르는 현상을 히빙이라 한다.

(2) 히빙이 일어나는 위치 : 널말뚝에서 하류측으로 $\frac{D}{2}$ 되는 위치이다.

■ Boiling 현상은 주로 (모래)지반에서 많이 생긴다.

■ 히빙현상은 주로 점토지반에서 많이 생긴다.

(3) 조건

W' : 널말뚝의 단위 폭당 융기 영역 내에 있는 흙의 수중중량
U : 흙의 같은 체적에 대한 상향 침투력

$$F = \frac{W'}{U} = \frac{D \cdot \frac{D}{2} \cdot (\gamma_{sat} - \gamma_w)}{D \cdot \frac{D}{2} \cdot i_{av} \cdot \gamma_w} = \frac{1}{i_{av}} \frac{\gamma_{sub}}{\gamma_w} = \frac{i_c}{i_{av}}$$

여기서, D : 널말뚝의 관입깊이, i_{av} : 평균동수경사

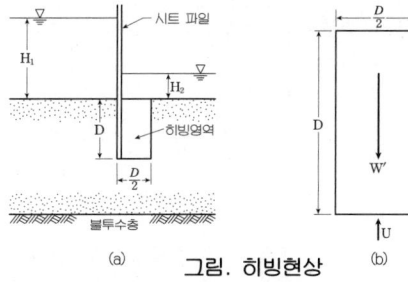

그림. 히빙현상

핵 심 문 제

1 포화단위중량이 20.6kN/m³인 사질토 지반에서 분사현상(quick sand)에 대한 한계동수구배는?(단, 물의 단위중량은 9.81kN/m³이다.)
[98 02 ⓼]

㉮ 0.9
㉯ 1.1
㉰ 1.6
㉱ 2.1

2 공극률 $n=40\%$, 비중 $G_s=2.65$인 어느 사질토층의 한계동수구배 i_{cr}은 얼마인가? [95 ㉮]

㉮ 0.99
㉯ 1.34
㉰ 1.62
㉱ 1.99

3 공극비 0.8, 포화도 87.5%, 함수비 25%인 사질점토에서 한계동수구배를 구하시오. [92 ⓼]

㉮ 1.5
㉯ 2.0
㉰ 1.0
㉱ 0.8

4 Quick sand에 대한 설명 중 옳지 않은 것은? [94 ㉮]

㉮ 모래 속을 상승하는 수류에 의한 침투압이 하향으로 작용하는 중력보다 클 때 발생한다.
㉯ 분사현상은 동수구배가 적은 경우 잘 발생한다.
㉰ 분사현상은 이론적으로는 입경과 무관하나 실제 균등한 세사에서 많이 발생한다.
㉱ 분사현상의 상태에 있는 모래는 지지력이 전혀 없다.

5 그림과 같은 모래시료가 분사현상에 대한 안전율 3을 가지려면 h를 얼마이하로 하여야 하는가 [97 00 ⓼]

㉮ 8.25cm
㉯ 16.50cm
㉰ 24.75cm
㉱ 33.00cm

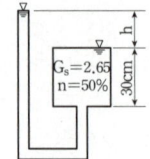

해 설

[해설] 1
① 수중단위중량(γ_{sub})
$$\gamma_{sub}=\gamma_{sat}-\gamma_w=20.6-9.81$$
$$=10.79\text{kN}/\text{m}^3$$
② 한계동수경사(i_c)
$$i_c=\frac{\gamma_{sub}}{\gamma_w}=\frac{10.79}{9.81}=1.1$$

[해설] 2
① 공극비(e)
$$e=\frac{n}{100-n}=\frac{40}{100-40}=0.67$$
② 한계동수경사(i_c)
$$i_c=\frac{\gamma_{sub}}{\gamma_w}=\frac{G_s-1}{1+e}=\frac{2.65-1}{1+0.67}$$
$$=0.99$$

[해설] 3
① 비중(G_s)
$S\cdot e=w\cdot G_s$ 에서 비중
$$G_s=\frac{S\cdot e}{w}=\frac{87.5\times 0.8}{25}=2.80\text{이다.}$$
② 한계동수경사(i_c)
$$i_c=\frac{G_s-1}{1+e}=\frac{2.80-1}{1+0.8}=1.0$$

[해설] 4
① 분사현상이란 상향침투압이 흙의 유효응력보다 크게되어 점성이 없는 모래가 물과 함께 솟구쳐 오르는 현상을 말한다.
② 분사현상은 동수경사가 한계동수경사보다 클 때 발생한다.

[해설] 5
① 공극비(e)
$$e=\frac{n}{100-n}=\frac{50}{100-50}=1.0$$
② 수두차(h)
$$F_s=\frac{i_c}{i}=\frac{\frac{G_s-1}{1+e}}{\frac{h}{L}}\text{에서}$$
$$3=\frac{i_c}{i}=\frac{\frac{2.65-1}{1+1}}{\frac{h}{30}}=\frac{49.5}{2h}$$
$$h=8.25\text{cm}$$

정답 1. ㉯ 2. ㉮ 3. ㉰ 4. ㉯ 5. ㉮

6 흙의 비중이 2.80, 함수비 40%인 포화토에 있어서 한계동수구배는? [93 02 산]

㉮ 1.12
㉯ 1.79
㉰ 0.65
㉱ 0.85

7 Boiling 현상은 주로 어떤 지반에 많이 생기는가? [98 산]

㉮ 모래 지반
㉯ 사질점토 지반
㉰ 보통토
㉱ 점토질 지반

8 다음 중 분사현상이 일어나는 조건 식으로 맞는 것은? [98 기]

㉮ $\dfrac{H}{L} > \dfrac{G_s + e}{1+e}$
㉯ $\dfrac{H}{L} < \dfrac{G_s - e}{1+e}$
㉰ $\dfrac{H}{L} > \dfrac{G_s - 1}{1+e}$
㉱ $\dfrac{H}{L} < \dfrac{G_s + e}{1+e}$

9 다음 그림에서 한계동수구배를 구하여 분사현상에 대한 안전율을 구하면 다음 중 어느 것인가?(단, 모래의 $G_s = 2.65$, $e = 0.65$이다.) [93 산]

㉮ 1.0
㉯ 1.3
㉰ 1.6
㉱ 2.0

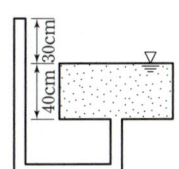

10 공극비가 0.7이고, 입자의 비중이 2.70인 모래지반에서 quick sand 현상에 대한 안전율을 4로 하면 이 지반에서 허용되는 최대동수경사는? [95 산]

㉮ 0.05
㉯ 0.25
㉰ 1.42
㉱ 4.01

해 설

해설 6

① 포화토이므로 포화도 S=100%이다.
② 간극비(e)
  $S \cdot e = w \cdot G_s$ 에서 간극비
  $e = \dfrac{w \cdot G_s}{S} = \dfrac{40 \times 2.8}{100} = 1.12$
③ 한계동수경사(i_c)
  $i_c = \dfrac{\gamma_{sub}}{\gamma_w} = \dfrac{G_s - 1}{1+e} = \dfrac{2.80 - 1}{1 + 1.12}$
  $= 0.85$

해설 7

① boiling이란 동수경사가 한계동수경사보다 커서 발생하는 분사현상을 말한다.
② 분사현상은 일반적으로 모래 지반에서 발생한다.

해설 8

① 분사현상이란 동수경사가 한계동수경사보다 커서 발생한다.
  $i = \dfrac{H}{L} > i_c = \dfrac{\gamma_{sub}}{\gamma_w} = \dfrac{G_s - 1}{1+e}$
② 분사현상이 안 일어날 조건
  $i < i_c = \dfrac{\gamma_{sub}}{\gamma_w} = \dfrac{G_s - 1}{1+e}$

해설 9

① 한계동수경사(i_c)
  $i_c = \dfrac{G_s - 1}{1+e} = \dfrac{2.65 - 1}{1 + 0.65} = 1.0$
② 동수구배(i)
  $i = \dfrac{\Delta h}{L} = \dfrac{30}{40} = 0.75$
③ 안전율(F_s)
  $F_s = \dfrac{i_c}{i} = \dfrac{1.0}{0.75} = 1.33$

해설 10

① 한계동수경사(i_c)
  $i_c = \dfrac{\gamma_{sub}}{\gamma_w} = \dfrac{G_s - 1}{1+e} = \dfrac{2.70 - 1}{1 + 0.7}$
  $= 1.0$
② 최대동수경사(i)
  $F_s = \dfrac{i_c}{i}$ 에서 $4 = \dfrac{1}{i}$ 이므로
  $i = \dfrac{1}{4} = 0.25$

정답 6. ㉱ 7. ㉮ 8. ㉰ 9. ㉯ 10. ㉯

5 지중응력

학습방향

침하량 계산 및 여러 가지 안정해석을 하는데 있어서 지표면에 놓인 하중에 의하여 지반 내의 임의의 깊이에 생기는 응력을 계산하는 것은 매우 중요하다. 이와 같이 지표면에 작용하는 하중으로 인하여 지반 내에 생기는 응력을 지중응력이라 한다. 그러므로 지표면에 하중이 작용하는 경우의 지반 내의 임의의 깊이에서의 전응력은 앞에서 공부한 전응력과 지중응력을 합하여야 한다. 일반적으로 시험에서는 집중하중, 사각형 등분포하중, 약산법 등이 출제되고 있다.

① 집중하중에 의한 지반 내의 연직응력 증가량($\Delta \sigma_z$) : $\Delta \sigma_z = \dfrac{3 \cdot Q \cdot Z^3}{2 \cdot \pi \cdot R^5} = \dfrac{Q}{z^2} \cdot I$

② 지중응력의 약산법(2 : 1분포법, $\tan \theta = \dfrac{1}{2}$ 법, kögler 간편법) :

$$\Delta \sigma_z = \dfrac{Q}{(B+z) \cdot (L+z)} = \dfrac{q_s \cdot B \cdot L}{(B+z) \cdot (L+z)}$$

1 탄성론에 의한 지중응력

(1) 지중응력

지표면에 작용하는 하중으로 인하여 지반 내에 생기는 응력을 지중응력이라 한다.

(2) 탄성론 가정(Boussinesq)
  ① 흙은 균질하다.　　　　　　② 등방성이다.
  ③ 반무한의 탄성체이다.　　　④ 응력과 변형률은 비례한다.

2 집중하중에 의한 응력증가

(1) 집중하중에 의한 지반 내의 연직응력 증가량($\Delta \sigma_z$)

① 연직응력 증가량($\Delta \sigma_z$)

$$\Delta \sigma_z = \dfrac{3 \cdot Q \cdot Z^3}{2 \cdot \pi \cdot R^5} = \dfrac{Q}{z^2} \cdot I$$

여기서, $R = \sqrt{r^2 + z^2}$

② 영향계수(influence value, I)

$I = \dfrac{3 \cdot z^5}{2 \cdot \pi \cdot R^5}$

하중 작용점 연직 아래에서는 $R = z$이므로

$$I = \dfrac{3}{2\pi} = 0.4775$$

학습 POINT

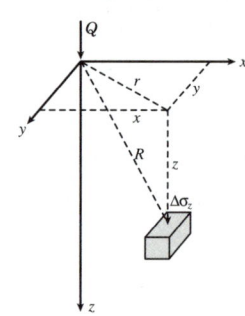

그림. 탄성지반의 집중하중으로 인한 응력 증가

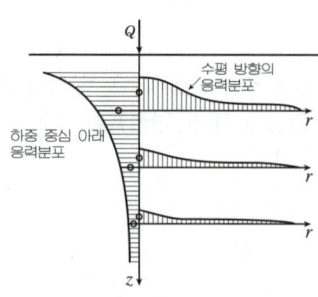

그림. 지표면에 집중하중이 놓일 때 지중응력의 분포

③ 특징
  ㉠ 연직응력 증가량은 **깊이의 제곱에 반비례한다.**
  ㉡ 연직응력 증가량은 하중의 작용점에서 수평방향으로 멀어질수록 작아진다.

(2) 집중하중에 의한 지반 내의 수평응력 증가량($\Delta\sigma_x$)

$$\Delta\sigma_x = \frac{Q}{2\pi}\left[\frac{3\cdot r^2 \cdot z}{R^5} - (1-2\mu)\frac{(R-z)}{R\cdot r^2}\right]$$

여기서, μ : 푸와송비(poission's Ratio)
① 수평응력 증가량은 푸와송비와 상관이 있다.
② 수평응력 증가량은 탄성계수와 무관하다.

(3) 집중하중에 의한 지반 내의 전단응력 증가량($\Delta\tau_{zr}$)

$$\Delta\tau_{zr} = \frac{3Q}{2\pi}\frac{r\cdot z^2}{R^5}$$

① 전단응력 증가량은 푸와송비와 무관하다.
② 전단응력 증가량은 탄성계수와 무관하다.

3 선하중에 의한 응력증가

반무한 지반의 지표면상에 선하중(q/단위길이)이 무한히 길게 작용하고 있을 때 연직응력의 증가량을 다음과 같이 결정할 수 있다.

(1) 편심거리 x만큼 떨어진 곳에서의 연직응력 증가량($\Delta\sigma_z$)

$$\Delta\sigma_z = \frac{2\cdot q\cdot z^3}{\pi\cdot(x^2+z^2)^2} = \frac{2q}{\pi}\cdot\frac{z^3}{R^4}$$

여기서, $R = \sqrt{r^2+z^2}$

(2) 하중 작용점 직하에서의 연직응력 증가량($\Delta\sigma_z$)

하중 작용점 아래에서는 $R = z$ 이므로

$$\Delta\sigma_z = \frac{2q}{\pi}\cdot\frac{z^3}{z^4} = \frac{2q}{\pi\cdot z}$$

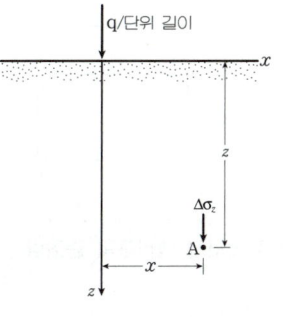

4 사각형 등분포하중에 의한 응력증가

사각형 등분포하중이 지표면에 작용하는 경우의 지반 내의 연직응력 증가량을 다음과 같이 결정할 수 있다.

(1) 연직응력 증가량($\Delta\sigma_z$)

사각형 등분포하중 모서리 직하의 깊이 z되는 점에서 생기는 연직응력 증가량은

$$\Delta\sigma_z = q_s \cdot I$$

■ Boussinesq 이론에서 지표면에 작용하는 집중하중에 의하여 지반 내의 한 점에서 일어나는 연직응력은 **점토지반 내의 응력과 모래지반 내의 응력이 서로 같다.**(○)

■ 지반내 응력분포에 있어서 Boussinesq의 식에서 하중 바로 아래에서의 영향치는 ($\frac{3}{2\pi}$) 이다.

■ Boussinesq의 지중응력 및 침하

	푸아송비	탄성계수
연직응력 증가량	무관	무관
전단응력 증가량	무관	무관
수평응력 증가량	상관	무관
즉시 침하량	상관	상관

■ 지표면에서 도로 제방이 놓인다고 할 때 제방중심과 연단아래 지중응력은 동일하다.(×)

(2) 영향계수

$I = f(m, n)$

여기서, $m = \dfrac{B}{z}$, $n = \dfrac{L}{z}$ 이며, m과 n의 값은 서로 바뀌어도 된다.

■ 사각형 등분포 하중에 의한 연직응력 증가량의 계산에서 m, n값은 교환이 가능하다.(○)

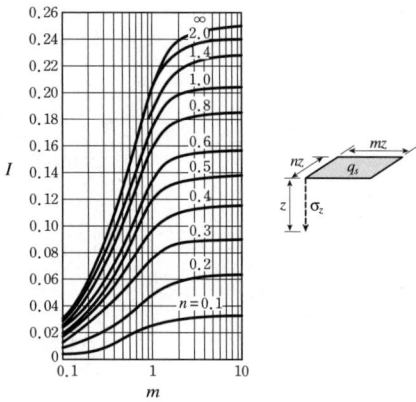

그림. m, n에 따른 영향계수(I)

(3) 임의 점 E가 사각형 안에 있는 경우

$\Delta\sigma_z = \Delta\sigma_{z \cdot EIAF} + \Delta\sigma_{z \cdot EFBG} + \Delta\sigma_{z \cdot EGCH} + \Delta\sigma_{z \cdot EHDI}$

$= q[I_{(1)} + I_{(2)} + I_{(3)} + I_{(4)}]$

(4) 임의 점 G가 사각형밖에 있는 경우

$\Delta\sigma_z = \Delta\sigma_{z \cdot GEBI} + \Delta\sigma_{z \cdot GFDH} - \Delta\sigma_{z \cdot GEAH} - \Delta\sigma_{z \cdot GFCI}$

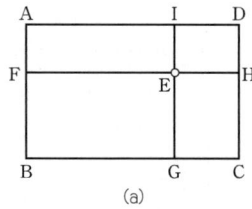
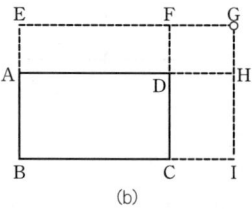

그림. 모서리 이외의 점에서의 연직응력 증가량

5 원형 등분포하중에 의한 연직응력 증가

원형 등분포하중이 작용할 때 발생하는 연직응력 증가량($\Delta\sigma_z$)을 다음과 같이 결정할 수 있다.

(1) 연직응력 증가량($\Delta\sigma_z$) : $\Delta\sigma_z = q_s \cdot I$

(2) 영향계수 : $I = f\left(\dfrac{x}{r}, \dfrac{z}{r}\right)$

여기서, x : 원형 단면중심에서의 수평거리
z : 지표면으로부터의 거리

6 제상 (사다리꼴)하중에 의한 연직응력 증가

제방, 도로, 축제, Earth Dam과 같은 제상하중에 의한 지중응력의 계산에는 Osterberg의 도표를 이용하면 편리하다.

(1) 연직응력증가량($\Delta\sigma_z$) : $\Delta\sigma_z = q_s \cdot I$

(2) 영향 계수 : $I = f\left(\dfrac{a}{z}, \dfrac{b}{z}\right)$

7 New-Mark 영향원법

(1) 개요

하중의 모양이 불규칙할 때 쓰는 방법으로 방사선의 간격 20개, 동심원 10개를 그렸을 때 200개의 요소가 생긴다. 따라서, 영향치는 0.005 ($\dfrac{1}{200}$)이다.

(2) 연직응력 증가량($\Delta\sigma_z$)

$\Delta\sigma_z = 0.005 \cdot n \cdot q_s$

여기서, n : 작도된 재하면적 내의 영향원 블록수
q_s : 재하면상의 단위하중

그림. New-Mark 영향원법

8 지중응력의 약산법(2 : 1분포법, $\tan\theta = \dfrac{1}{2}$ 법, kögler 간편법)

하중에 의한 지중응력이 2:1의 기울기로서 분포한다고 가정하여 그 분포면적으로 하중을 나누어 평균 지중응력을 구하는 방법이다.

(1) 등분포하중

$Q = q_s \cdot B \cdot L = \Delta\sigma_z \cdot (B+z) \cdot (L+z)$

$$\Delta\sigma_z = \dfrac{Q}{(B+z) \cdot (L+z)} = \dfrac{q_s \cdot B \cdot L}{(B+z) \cdot (L+z)}$$

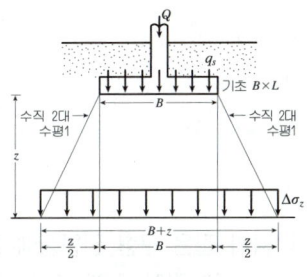

그림. 2:1 분포법

(2) 띠하중

$q_s \cdot B \times 1 = \Delta\sigma_z \cdot (B+z)$

$\Delta\sigma_z = \dfrac{q_s \cdot B}{(B+z)}$

9 압력구근(Bulb of pressure)

(1) $0.1q_s$ 내의 체적을 압력구근(Bulb of pressure)이라 한다.
(2) 영향계수가 10%($0.1q_s$)인 압력구근의 한계 깊이는 원형 단면직경의 2배 되는 위치이다.

■ 토질조사에서 보링의 깊이는 지반상태에 따라 다르나, 일반적으로 최대기초 슬래브의 단변장의 (2배) 이상이여야 한다.

핵심문제

1 다음은 집중하중을 지표면에 재하하였을 때 Boussinesq식에 의한 지중응력의 증가 및 침하에 관한 사항이다. 이 가운데에서 틀린 항은? [99 ㉮]

㉮ 연직응력의 증가는 변형계수와 관계없다.
㉯ 수평응력의 증가는 프와송비와 관계 있다.
㉰ 전단응력의 증가는 프와송비와 관계 있다.
㉱ 즉시침하는 변형계수에 반비례한다.

2 100t의 집중하중이 지표면에 작용할 때 하중의 바로 아래 5m 지점에서의 지중응력은? [98 산]

㉮ 2.95t/m²
㉯ 3.42t/m²
㉰ 1.20t/m²
㉱ 1.91t/m²

3 지표면에 10t/m의 선하중이 길게 작용한다. 지표면 아래 깊이 2m되는 곳의 연직응력을 구한 값은?(단, 흙의 자중은 무시한다.) [89 ㉮]

㉮ 10.0t/m²
㉯ 5.0t/m²
㉰ 3.18t/m²
㉱ 2.50t/m²

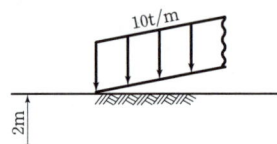

4 다음과 같은 구형 단면상에 등분포하중 $q_s = 15\text{t/m}^2$가 작용할 때 중심점 아래 깊이 6.25m에서의 연직응력 증가를 구하시오.(단, 연직응력 증가 $\Delta\sigma_v = q_s I_{\sigma(m,n)}$이고, $m = \dfrac{B}{z}$, $n = \dfrac{L}{z}$ 이다. 여기서, B, L, z 는 폭, 길이, 깊이이다.) [89 ㉮]

<영향계수표>

m	0.2	0.4	2.5	5.0
n	0.4	0.8	2.5	2.5
I_σ	0.033	0.090	0.22	0.24

㉮ 1.98t/m²
㉯ 0.5t/m²
㉰ 5.28t/m²
㉱ 1.32t/m²

해설

해설 1

종류	푸와송비	탄성계수
연직응력 증가량	무관	무관
전단응력 증가량	무관	무관
수평응력 증가량	상관	무관
즉시침하	상관	상관

해설 2

① 하중 작용점 연직 아래의 영향계수(I)
$$I = \dfrac{3}{2\pi} = 0.4775$$

② 지중응력 증가량($\Delta\sigma_z$)
$$\Delta\sigma_z = \dfrac{Q}{z^2} \cdot I = \dfrac{100}{5^2} \times 0.4775$$
$$= 1.91\text{t/m}^2$$

해설 3

하중 작용점 직하에서의 연직응력 증가량($\Delta\sigma_z$)
$$\Delta\sigma_z = \dfrac{2q}{\pi} \cdot \dfrac{z^3}{(x^2+z^2)^2}$$
$x = 0$이므로
$$\Delta\sigma_v = \dfrac{2q}{\pi} \cdot \dfrac{z^3}{z^4} = \dfrac{2q}{\pi \cdot z}$$
$$\Delta\sigma_v = \dfrac{2q}{\pi \cdot z} = \dfrac{2 \times 10}{\pi \times 2} = 3.18\text{t/m}^2$$

정답 1. ㉰ 2. ㉱ 3. ㉰ 4. ㉮

해설

① 사각형 등분포하중 모서리 직하의 깊이 z되는 점에서 생기는 연직응력 증가량은 $\Delta\sigma_z = q_s \cdot z$이므로 4등분하여 4배하면 연직응력 증가량을 구할 수 있다.

② 4등분한 사각형 모서리 직하에서의 연직응력의 증가량($\Delta\sigma_v$)
- $m = \dfrac{B}{z} = \dfrac{1.25}{6.25} = 0.2$
- $n = \dfrac{L}{z} = \dfrac{2.5}{6.25} = 0.4$
- m과 n의 값에 대한 I 값은 0.033이다.
- $\Delta\sigma_z = q_s \cdot z = 15 \times 0.033 = 0.495 t/m^2$

③ 전체 연직응력 증가량은 한 개의 사각형에 대한 연직응력 증가량의 4배를 하면되므로 $\Delta\sigma_z = 0.495 \times 4 = 1.98 t/m^2$

5 지표면에 설치된 3m×3m의 정사각형 기초에 8t/m²의 등분포하중이 있다. 하중면 아래 5m 깊이에 있어서의 연직응력 증가 값을 2 : 1 분포법으로 구하면? [95 02 ㉮]

㉮ 0.715t/m²
㉯ 0.920t/m²
㉰ 1.125t/m²
㉱ 1.310t/m²

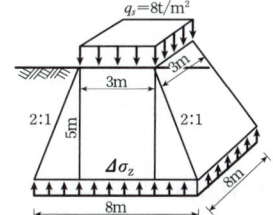

6 지표면에 작용하는 집중하중에 의하여 지반 안의 한 점에서 일어나는 연직응력 σ_z는 흙의 종류에 따라 어떻게 다른가?(단, Boussinesq 이론을 사용한다.) [92 ㉮]

㉮ 점토지반 안의 응력이 모래지반 안의 응력보다 크다.
㉯ 모래지반 안의 응력이 점토지반 안의 응력보다 크다.
㉰ 점토지반 안의 응력과 모래지반 안의 응력이 서로 같다.
㉱ 응력을 비교하기 위해서는 더 많은 자료가 필요하다.

7 반무한 지반의 지표상의 무한길이의 선하중 q_1, q_2가 다음의 그림과 같이 작용할 때 A점의 응력증가는? [93 ㉮]

㉮ 30.3N/m²
㉯ 121.2N/m²
㉰ 151.5N/m²
㉱ 181.8N/m²

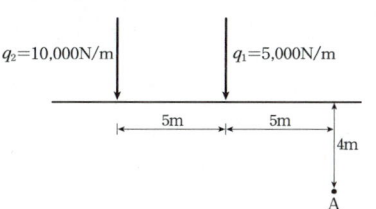

해 설

해설 **5**

지중응력의 약산법(2 : 1분포법)
$$\Delta\sigma_z = \dfrac{q_s \cdot B^2}{(B+z)^2} = \dfrac{8 \times 3^2}{(3+5)^2}$$
$$= 1.125 t/m^2$$

해설 **6**

Boussinesq 이론은 탄성론을 근거로 하기 때문에 흙의 종류에 상관없이 서로 같다.

해설 **7**

① 선하중 작용시 편심거리 x만큼 떨어진 곳에서의 연직응력 증가량($\Delta\sigma_z$)
$$\Delta\sigma_z = \dfrac{2 \cdot q \cdot z^3}{\pi \cdot (x^2+z^2)^2} = \dfrac{2q}{\pi} \dfrac{z^3}{R^4}$$

② q_1 하중에 의한 연직응력 증가량 ($\Delta\sigma_{z1}$)
$$\Delta\sigma_{z1} = \dfrac{2 \cdot q \cdot z^3}{\pi \cdot (x^2+z^2)^2}$$
$$= \dfrac{2 \times 5000 \times 4^3}{\pi \cdot (5^2+4^2)^2}$$
$$= 121.2 N/m^2$$

③ q_2 하중에 의한 연직응력 증가량 ($\Delta\sigma_{z2}$)
$$\Delta\sigma_{z2} = \dfrac{2 \cdot q \cdot z^3}{\pi \cdot (x^2+z^2)^2}$$
$$= \dfrac{2 \times 10000 \times 4^3}{\pi \cdot (10^2+4^2)^2}$$
$$= 30.3 N/m^2$$

④ q_1 하중과 q_2 하중에 의한 연직응력 증가량 $\Delta\sigma_z$)
$$\Delta\sigma_z = \Delta\sigma_{z1} + \Delta\sigma_{z2}$$
$$= 121.2 + 30.3$$
$$= 151.5 N/m^2$$

정답 5. ㉰ 6. ㉰ 7. ㉰

8 다음 그림과 같이 2m×3m 직사각형 단면 위에 100ton의 집중하중이 균등하게 분포하여 작용하고 있을 때 직사각형의 한 모서리 A점 아래 깊이 5m에서의 연직응력의 증가량은 얼마인가?(단, 지중응력의 영향치 I=0.08이고, 흙의 단위중량은 1.9t/m³이다.) [98 산]

㉮ $\Delta\sigma_v = 16.67 \text{t/m}^2$
㉯ $\Delta\sigma_v = 8.00 \text{t/m}^2$
㉰ $\Delta\sigma_v = 1.33 \text{t/m}^2$
㉱ $\Delta\sigma_v = 9.09 \text{t/m}^2$

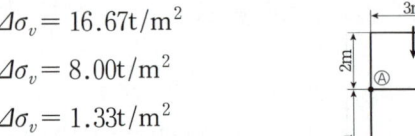

해 설

[해설] 8
사각형 등분포하중 모서리 직하의 깊이 z되는 점에서 생기는 연직응력 증가량 ($\Delta\sigma_v$)
$\Delta\sigma_v = q_s \cdot I = \dfrac{100}{2\times3} \times 0.08$
$= 1.33 \text{t/m}^2$

9 지반 내의 응력분포를 알기위한 영향원에 의한 도식해법에서 영향수를 0.005, 영향원 내의 구역 수를 10, 등분포하중이 3t/m² 라하면 연직응력은? [95 산]

㉮ 0.15t/m²
㉯ 0.60t/m²
㉰ 0.17t/m²
㉱ 0.35t/m²

[해설] 9
New-Mark 영향원법
$\Delta\sigma_z = 0.005 \cdot n \cdot q$
$= 0.005 \times 10 \times 3 = 0.15 \text{t/m}^2$

10 지표면에 있는 정방형 하중면 10m×20m의 기초 위에 10t/m²의 등분포하중이 작용했을 때 지표면으로부터 15m 깊이의 수평면에 있어서의 연직응력은 얼마인가? (단, 옹력은 하중면의 가장자리에서 α=45°의 각도로 퍼지는 것으로 한다.) [95 산]

㉮ 1.0t/m²
㉯ 1.5t/m²
㉰ 2.3t/m²
㉱ 2.5t/m²

[해설] 10
지중응력의 약산법
$Q = q_s \cdot B \cdot L$
$= \Delta\sigma_z \cdot (B+2z) \cdot (L+2z)$
$\Delta\sigma_z = \dfrac{q_s \cdot B \cdot L}{(B+2z)(L+2z)}$
$= \dfrac{10\times20\times10}{(10+2\times15)(20+2\times15)}$
$= 1.0 \text{t/m}^2$

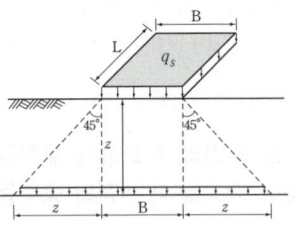

정답 8. ㉰ 9. ㉮ 10. ㉮

출제예상문제

CHAPTER 3 유효응력

1. A-A면에서의 유효압력은?

㉮ 9.7t/m²
㉯ 13.0t/m²
㉰ 6.7t/m²
㉱ 6.4t/m²

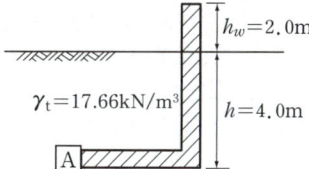

해설
① 전응력(σ)
$\sigma = \gamma_t \cdot h_1 + \gamma_{sat} \cdot h_2 = 1.70 \times 2 + 2.10 \times 3 = 9.7 \text{t/m}^2$
② 간극수압(중립응력, u)
$u = \gamma_w \cdot h_2 = 1.10 \times 3 = 3.30 \text{t/m}^2$
③ 유효응력(σ')
$\sigma' = \sigma - u = 9.7 - 3.3 = 6.4 \text{t/m}^2$

2. 그림에서 A-A 단면의 유효압력은 다음 중 어느 값인가? (단, 모래의 포화밀도(γ_{sat})는 2.0g/cm³이다.)

㉮ 10g/cm²
㉯ 15g/cm²
㉰ 20g/cm²
㉱ 7.5g/cm²

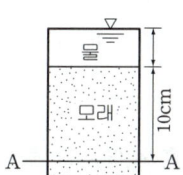

해설 유효응력(σ')
$\sigma' = \gamma_{sub} \cdot h = (2.0 - 1.0) \times 10 = 10 \text{g/cm}^2$

3. 습윤밀도가 1.65t/m³, 수중밀도가 0.8t/m³일 때 그림의 X-X 단면에 작용하는 유효응력은?

㉮ 5.45t/m²
㉯ 6.55t/m²
㉰ 7.35t/m²
㉱ 8.25t/m²

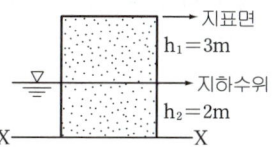

해설 유효응력(σ')
$\sigma = \gamma_t \cdot h_1 + \gamma_{sub} \cdot h_2 = 1.65 \times 3 + 0.8 \times 2 = 6.55 \text{t/m}^2$

4. 다음 그림에서 보는 바와 같이 요소의 위치에 공극수압계를 세웠더니 물의 높이가 6.0m가 되었다. 이 흙의 전체단위중량을 17.66kN/m³이라고 할 때 요소가 받는 유효연직응력은?(단, 물의 단위중량은 9.81kN/m³이다.)

㉮ 11.78kN/m²
㉯ 39.24kN/m²
㉰ 58.86kN/m²
㉱ 70.63kN/m²

해설
① 전응력(σ)
$\sigma = \gamma_t \cdot h = 17.66 \times 4.0 = 70.64 \text{kN/m}^2$
② 간극수압(u)
$u = \gamma_w \cdot (h_w + h) = 9.81 \times (4.0 + 2.0)$
$= 58.86 \text{kN/m}^2$
③ 유효응력(σ')
$\sigma' = \sigma - u = 70.64 - 58.86 = 11.78 \text{kN/m}^2$

5. 그림에서 흙의 요소에 작용하는 유효연직응력은? (단, 모관수에 의하여 지표면까지 포화되었다고 가정한다.)

㉮ 1.8t/m²
㉯ 2.8t/m²
㉰ 0.8t/m²
㉱ 0t/m²

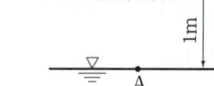

해답 1. ㉱ 2. ㉮ 3. ㉯ 4. ㉮ 5. ㉮

[해설]

① 포화단위중량(γ_{sat})

$$\gamma_{sat} = \frac{G_s + e}{1+e} \cdot \gamma_w = \frac{2.60+1.0}{1+1.0} \times 1 = 1.8 t/m^3$$

② 전응력(σ)

$$\sigma = \gamma_{sat} \cdot h = 1.8 \times 1 = 1.8 t/m^2$$

③ 간극수압(중립응력, u)

$$u = \gamma_w \cdot h = 0 t/m^2$$

④ 유효응력(σ')

$$\sigma' = \sigma - u = 1.8 - 0 = 1.8 t/m^2$$

6. 지하수위가 지표면과 일치된 어떤 흙 층에서 수위가 강하하여 지표면까지 2m 내려갔다. 수위 강하 후에도 지표면까지 모관압력에 의해 포화된 것으로 보고 지표면으로부터 3m되는 곳의 유효응력의 증가량을 구한 값은?(단, 흙층의 두께는 5m이고, 흙의 포화단위중량은 2t/m³라 한다.)

㉮ 2t/m² ㉯ 4t/m²
㉰ 5t/m² ㉱ 10t/m²

[해설]

① 지하수위가 지표면과 일치된 경우
- 전응력(σ)
  $$\sigma = \gamma_{sat} \cdot h = 2 \times 3 = 6 t/m^2$$
- 간극수압(중립응력, u)
  $$u = \gamma_w \cdot h = 1 \times 3 = 3 t/m^2$$
- 유효응력(σ')
  $$\sigma' = \sigma - u = 6 - 3 = 3 t/m^2$$

② 지하수위가 2m 내려간 경우
- 전응력(σ)
  $$\sigma = \gamma_{sat} \cdot h = 2 \times 3 = 6 t/m^2$$
- 간극수압(중립응력, u)
  $$u = \gamma_w \cdot h_w = 1 \times 1 = 1 t/m^2$$
- 유효응력(σ')
  $$\sigma' = \sigma - u = 6 - 1 = 5 t/m^2$$

③ 유효응력 증가량($\Delta \sigma'$)

$$\Delta \sigma' = 5 - 3 = 2 t/m^2$$

7. 그림과 같이 물이 아래로 흐를 때 흙의 저면에 작용하는 침투압력의 값은?(단, γ_w는 물의 단위중량이다.)

㉮ $h_1 \cdot \gamma_w$
㉯ $h_2 \cdot \gamma_w$
㉰ $h \cdot \gamma_w$
㉱ $(h_1 - h_2) \cdot \gamma_w$

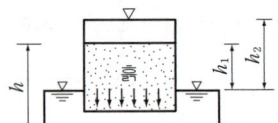

[해설] 단위면적당 침투수압(F)

$$F = i \cdot \gamma_w \cdot z = \left(\frac{h_2}{L}\right) \cdot \gamma_w \cdot L = h_2 \cdot \gamma_w$$

8. 다음 그림에서 흙의 저면에 작용하는 단위면적당 침투수압은?

㉮ 8t/m²
㉯ 5t/m²
㉰ 4t/m²
㉱ 3t/m²

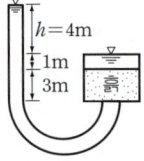

[해설] 단위면적당 침투수압(F)

$$F = i \cdot \gamma_w \cdot z = \left(\frac{h}{L}\right) \cdot \gamma_w \cdot z$$
$$= \left(\frac{4}{3}\right) \times 1 \times 3 = 4 t/m^2$$

9. 다음 중 흙 속에서의 물의 흐름이 연직유효응력의 증가를 가져오는 것은?

㉮ 정수압 상태
㉯ 하향 흐름
㉰ 상향 흐름
㉱ 수평 흐름

[해설]
침투류가 하향 흐름일 때 연직유효응력은 침투압만큼 증가한다.

해답 6. ㉮ 7. ㉯ 8. ㉰ 9. ㉯

10. 그림에서 h=10cm일 경우 시료 중앙점에 있어서 분사현상이 일어나는지 알아보고, 또 유효응력(σ')은 얼마인가?(단, 시료의 비중은 2.60, 공극비는 0.60으로 한다.)

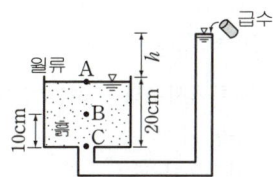

㉮ 일어난다. $\sigma' = 3.4\text{g/cm}^2$
㉯ 일어난다. $\sigma' = 3.4\text{g/cm}^2$
㉰ 일어나지 않는다. $\sigma' = 3.4\text{g/cm}^2$
㉱ 일어나지 않는다. $\sigma' = 5.0\text{g/cm}^2$

해설
① 수중단위중량(γ_{sub})
$$\gamma_{sub} = \frac{G_s - 1}{1+e} \cdot \gamma_w = \frac{2.60-1}{1+0.60} \times 1 = 1.0\text{g/cm}^3$$
② 정수압 상태의 유효응력(σ')
$$\sigma' = \gamma_{sub} \cdot z = 1.0 \times 10 = 10\text{g/cm}^2$$
③ 단위면적당 침투수압(F)
$$F = i \cdot \gamma_w \cdot z = (\frac{h}{L}) \cdot \gamma_w \cdot z$$
$$= (\frac{10}{20}) \times 1 \times 10 = 5\text{g/cm}^2$$
④ 상향침투시의 유효응력
$$\sigma' = 10 - 5.0 = 5.0\text{g/cm}^2$$
즉, 유효응력이 0보다 크므로 분사현상은 일어나지 않는다.

11. 어떤 모래의 비중이 2.64이고, 공극비가 0.75일 때 이 모래의 한계동수경사(限界動水傾斜)는?

㉮ 0.45 ㉯ 0.64
㉰ 0.94 ㉱ 1.52

해설 한계동수경사(i_c)
$$i_c = \frac{\gamma_{sub}}{\gamma_w} = \frac{G_s-1}{1+e} = \frac{2.64-1}{1+0.75} = 0.94$$

12. 모래의 비중은 2.66, 그 간극율은 느슨한 상태에서 46%, 조밀한 상태에서 35%이다. 각 상태에 대한 한계동수경사는?

느슨한 상태	조밀한 상태
㉮ 0.996	0.913
㉯ 0.896	1.079
㉰ 0.830	3.996
㉱ 0.747	0.893

해설
① 느슨한 상태
• 공극비(e)
$$e = \frac{n}{100-n} = \frac{46}{100-46} = 0.852$$
• 한계동수경사(i_c) :
$$i_c = \frac{G_s-1}{1+e} = \frac{2.66-1}{1+0.852} = 0.896$$
② 조밀한 상태
• 공극비(e)
$$e = \frac{n}{100-n} = \frac{35}{100-35} = 0.538$$
• 한계동수경사(i_c)
$$i_c = \frac{\gamma_{sub}}{\gamma_w} = \frac{G_s-1}{1+e} = \frac{2.66-1}{1+0.538} = 1.079$$

13. 비중이 2.700이고 최대간극비 0.9, 최소간극비 0.48이라고 할 때 분사현상이 발생할 수 있는 한계동수경사의 범위에 들지 않는 것은?

㉮ 0.86
㉯ 0.91
㉰ 0.99
㉱ 1.14

해설 한계동수경사(i_c)
$$i_c = \frac{\gamma_{sub}}{\gamma_w} = \frac{G_s-1}{1+e_{max}} = \frac{2.70-1}{1+0.9} = 0.895$$
$$i_c = \frac{\gamma_{sub}}{\gamma_w} = \frac{G_s-1}{1+e_{min}} = \frac{2.70-1}{1+0.48} = 1.149$$
따라서, 한계동수경사의 범위는 0.895~1.149이다.

해답 10. ㉱ 11. ㉰ 12. ㉯ 13. ㉮

14. 그림에서 수두차 h를 얼마로 높일 때 모래시료에 분사현상이 발생하겠는가? (단, 모래의 비중 $G_s = 2.7$, 공극률 $n = 50\%$, 모래시료의 높이 15cm이다.)

㉮ 10.25cm
㉯ 8.12cm
㉰ 12.75cm
㉱ 50.22cm

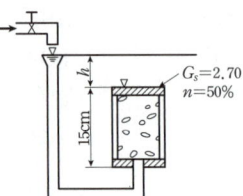

해설

① 공극비(e)
$$e = \frac{n}{100-n} = \frac{50}{100-50} = 1.0$$

② 한계동수경사(i_c)
$$i_c = \frac{G_s - 1}{1+e} = \frac{2.70-1}{1+1.0} = 0.85$$

③ 동수경사(i)
$$i = \frac{h}{L} = \frac{h}{15}$$

④ 분사현상이 일어날 조건
$$F_s = \frac{i_c}{i} = \frac{\dfrac{G_s-1}{1+e}}{\dfrac{h}{L}} < 1$$

$$F_s = \frac{i_c}{i} = \frac{0.85}{\dfrac{h}{15}} = \frac{0.85 \times 15}{h} < 1$$

$h > 0.85 \times 15 = 12.75$cm

15. 아래 그림은 투수층 내에 널말뚝을 타입한 후의 침투에 대한 유선망을 보인다. 이 때 널말뚝 끝 b에서 근입장 $\overline{ab}$의 $\dfrac{1}{2}$인 $\overline{bc}$까지는 침투압에 의한 히빙(Heaving)이 생긴다고 볼 때 이 널말뚝의 안전율은?(단, 투수층 내의 $\gamma_{sat} = 1.8$t/m³)

㉮ 1.80
㉯ 2.37
㉰ 5.33
㉱ 14.20

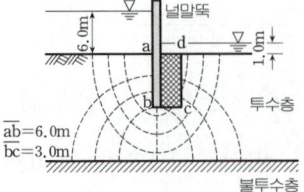

해설

① 평균 n_d
$$n_d = \frac{4+2.4}{2} = 3.2$$

② bc의 저부에서 평균 전수두(h_m)
$$h_m = \frac{n_d}{N_d} \cdot H = \frac{3.2}{8} \times 5 = 2.0$$

여기서, n_d: 하류에서부터 구하는 점까지의 등수두면 수
H: 전수두차

③ ad와 bc 사이의 평균 수두경사(i_m)
$$i_m = \frac{h_m}{d} = \frac{2.0}{6} = 0.333$$

④ 한계동수경사(i_c)
$$i_c = \frac{\gamma_{sub}}{\gamma_w} = 0.8$$

⑤ 안전율(F_s)
$$F_s = \frac{i_c}{i} = \frac{0.8}{0.333} = 2.40$$

16. 상향침투압 47.09kN, 유효응력 78.48kN인 널말뚝의 하단부분에 있어서 Piping에 대한 안전율 3을 유지하기 위해서는 널말뚝 하류 지표면 위에 $\gamma_t = 17.66$kN/m³인 흙을 약 몇 m 높이(xm)로 깔면 되겠는가?

㉮ 1.8m
㉯ 2.4m
㉰ 3.6m
㉱ 4.4m

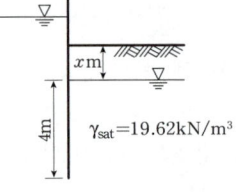

해설

① 성토하중($\Delta \sigma'$)
파이핑 영역에 성토하중 $\Delta \sigma' = V \cdot \gamma_t = 2 \times x \times 1 \times \gamma_t$

② 성토높이(x)
$$F_s = \frac{유효압력}{침투압} = \frac{W}{U} = \frac{78.48 + 2 \times x \times 1 \times 17.66}{47.09} = 3$$

$$3 = \frac{78.48 + 35.32x}{47.09}$$

$141.27 = 78.48 + 35.32x$
$x = 1.8$m

해답 14. ㉰ 15. ㉯ 16. ㉮

17. 그림과 같은 널말뚝에서 Piping에 대한 안전율은 얼마인가?(단, A점과 B점에서의 동수구배는 $i_A = 0.80$, $i_B = 0.40$이다.)(단, 물의 단위중량은 9.81kN/m³이다.)

㉮ 1.25
㉯ 1.33
㉰ 1.67
㉱ 2.00

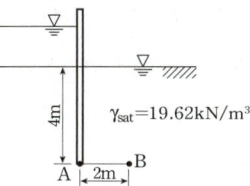

해설

① 한계동수경사(i_c)
$$i_c = \frac{\gamma_{sub}}{\gamma_w} = \frac{\gamma_{sat} - \gamma_w}{\gamma_w} = \frac{19.62 - 9.81}{9.81} = 1.0$$

② 평균동수경사(i_{av})
$$i_{av} = \frac{(i_A + i_B)}{2} = \frac{(0.8 + 0.4)}{2} = 0.6$$

③ 안전율(F_s)
$$F_s = \frac{i_c}{i_{av}} = \frac{1.0}{0.6} = 1.67$$

18. 그림과 같이 모래층에 널말뚝으로 물막이공 내의 물을 배수하였을 때 물막이공 내의 모래가 분사하여 올라오지 않게 하려면 압력을 얼마만큼 가하면 되는가?(단, 모래의 비중은 2.65, 공극비는 0.65, 안전율은 3으로 한다.)

㉮ 1.3kg/cm²
㉯ 2.9kg/cm²
㉰ 3.2kg/cm²
㉱ 3.6kg/cm²

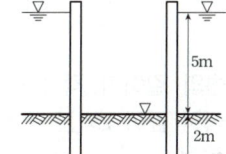

해설

① 수중단위중량(γ_{sub})
$$\gamma_{sub} = \frac{G_s - 1}{1 + e} \cdot \gamma_w = \frac{2.65 - 1}{1 + 0.65} \times 1 = 1 \text{t/m}^3$$

② 정수압 상태의 유효응력은
$$\sigma' = \gamma_{sub} \cdot z = 1 \times 2 = 2\text{t/m}^2$$

③ 침투수압은 $F = i \cdot \gamma_w \cdot z = \gamma_w \cdot h = 1 \times 5 = 5\text{t/m}^2$

④ 널말뚝 하단에서의 상향침투시 유효응력은 침투압만큼 감소한다.
$$\sigma' = \gamma_{sub} \cdot z - i \cdot \gamma_w \cdot z = 1 \times 2 - 1 \times 5 = -3\text{t/m}^2$$
즉, 분사현상이 발생하므로 압성토를 해야 한다.

⑤ 널말뚝 하단에서의 안전율(F_s)
$$F_s = \frac{\sigma' + \Delta\sigma'}{F}$$
$$3 = \frac{2 + \Delta\sigma'}{5}$$
$$\Delta\sigma' = 13\text{t/m}^2 = 1.3\text{kg/cm}^2$$

19. 지반 내 응력분포에 있어서 Boussinesq의 식에서 하중 바로 아래에서의 영향치는?

㉮ $\dfrac{3}{2\pi}$
㉯ $\dfrac{3}{\pi}$
㉰ $\dfrac{2}{3\pi}$
㉱ $\dfrac{2}{\pi}$

해설

① 영향계수(I)
$$I = \frac{3z^5}{2\pi R^5}$$

② 하중 작용점 연직 아래에서는 Z=R이므로
$$I = \frac{3}{2\pi} = 0.4775$$

20. 그림과 같이 집중하중 P를 받고 있는 지반에 발생하는 지중응력은 Boussinesq의 반무한체 탄성이론에 근거를 하고 있다. 이 때 A점에 발생하는 수직응력 또는 수평응력에 관계없는 항목은 어느 것인가?

㉮ A점까지의 깊이 Z
㉯ A점까지의 거리 X
㉰ 탄성계수
㉱ 포아송비

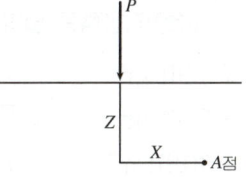

해답 17. ㉰ 18. ㉮ 19. ㉮ 20. ㉰

해설

① 집중하중에 의한 지반 내의 수직응력 증가량 ($\Delta \sigma_z$)

$$\Delta \sigma_z = \frac{3PZ^3}{2\pi R^5} = \frac{P}{z^2} \cdot I$$

즉, 수직응력 증가량은 푸와송비에 무관하다.

② 집중하중에 의한 지반 내의 수평응력 증가량($\Delta \sigma_z$)

$$\Delta \sigma_z = \frac{P}{2\pi}\left[\frac{3x^2z}{R^5} - (1-2\mu)\left(\frac{x^2-y^2}{Rr^2(R+z)} + \frac{y^2z}{R^3r^2}\right)\right]$$

여기서, $R = \sqrt{r^2+z^2}$
μ : 푸와송비(poisson's Ratio)

즉, 수평응력 증가량은 푸와송비에 관계가 있다. 그러나, 수직응력, 수평응력 증가량은 탄성계수와 무관하다.

21. 50t의 집중하중이 지표면에 작용할 때 3m 떨어진 지점의 지하 5m 위치에서의 연직응력은 얼마인가?(단, 영향치 K = 0.2214라고 한다.)

㉮ 0.392t/m²
㉯ 0.443t/m²
㉰ 0.526t/m²
㉱ 0.610t/m²

해설

① 영향계수(I)
$I = 0.2214$

② 집중하중에 의한 지반 내의 지중응력 증가량($\Delta \sigma_z$)

$$\Delta \sigma_z = \frac{Q}{z^2} \cdot I = \frac{50}{5^2} \times 0.2214 = 0.443 \text{t/m}^2$$

22. 그림과 같은 지반에 100t의 집중하중이 지표면에 작용하고 있다. 하중 작용점 바로 아래 5m 깊이에서의 유효연직응력은 얼마인가?

㉮ 1.91t/m²
㉯ 7.91t/m²
㉰ 10.91t/m²
㉱ 5.91t/m²

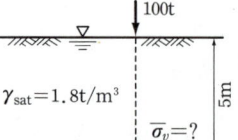

해설

① 지반내 유효응력(σ')
$\sigma' = \gamma_{sub} \cdot H = 0.8 \times 5 = 4.0 \text{t/m}^2$

② 집중하중에 의한 지반 내의 지중응력 증가량($\Delta \sigma_z$)

$$\Delta \sigma_z = \frac{Q}{z^2} \cdot I = \frac{100}{5^2} \times 0.4775 = 1.91 \text{t/m}^2$$

③ 지반내 유효응력과 연직응력 증가량의 합
$\sigma_v' = \sigma_v' + \Delta \sigma_z = 4.0 + 1.91 = 5.91 \text{t/m}^2$

23. 동일한 등분포하중이 작용하는 그림과 같은 (A)와 (B) 두 개의 구형 기초 판에서 A와 B점의 수직 z되는 깊이에서 증가되는 지중응력을 각각 σ_A, σ_B라 할 때 다음 중 옳은 것은?(단, 지반 흙의 성질은 동일하다.)

㉮ $\sigma_A = \frac{1}{2}\sigma_B$
㉯ $\sigma_A = \frac{1}{4}\sigma_B$
㉰ $\sigma_A = 2\sigma_B$
㉱ $\sigma_A = 4\sigma_B$

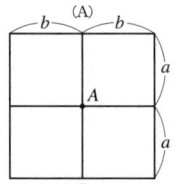 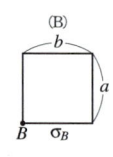

해설

① 사각형 등분포하중 모서리 직하의 깊이 z되는 점에서 생기는 연직응력 증가량은

$$\Delta \sigma_z = q_s \cdot z$$

② A는 B의 4배이므로 $\sigma_A = 4\sigma_B$ 이다.

24. 두 변의 길이가 각 L과 B인 구형 등분포하중의 모서리 직하 깊이 z되는 곳의 연직응력 σ_z는 다음과 같이 구한다. $\sigma_z = q \cdot I(m, n)$ 여기서, q는 하중강도, 응력의 영향치 $m = \frac{B}{z}$, $n = \frac{L}{z}$, 중첩의 원리를 써서 다음 그림의 A점 직하 1m 되는 곳의 σ_z는?

영향계수는 $I = f(m, n)$이므로
$m=1$, $n=1$이면, $I = f(m, n) = 0.175$
$m=1$, $n=2$이면, $I = f(m, n) = 0.200$
$m=1$, $n=3$이면, $I = f(m, n) = 0.203$으로함

해답 21. ㉯ 22. ㉱ 23. ㉱ 24. ㉱

㉮ $0.575 t/m^2$
㉯ $0.403 t/m^2$
㉰ $0.338 t/m^2$
㉱ $0.231 t/m^2$

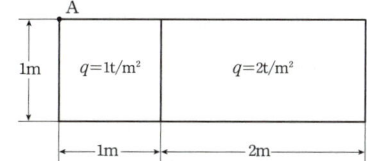

[해설]
① 사각형 등분포하중 모서리 직하의 깊이 z되는 점에서 생기는 연직응력 증가량은 $\Delta\sigma_z = q_s \cdot I$ 이므로

• $q = 2t/m^2$ 이 전단면에 작용하는 경우
$m = \dfrac{B}{z} = \dfrac{1}{1} = 1$, $n = \dfrac{L}{z} = \dfrac{3}{1} = 3$ 이므로 $I = 0.203$이며, $\Delta\sigma_{z1} = q_s \cdot I = 2 \times 0.203 = 0.406 t/m^2$

• $q = 1t/m^2$ 이 작용하는 경우
$m = \dfrac{B}{z} = \dfrac{1}{1} = 1$, $n = \dfrac{L}{z} = \dfrac{1}{1} = 1$ 이므로 $I = 0.175$이며, $\Delta\sigma_{z2} = q_s \cdot I = 1 \times 0.175 = 0.175 t/m^2$

• 중첩원리의 적용
$\Delta\sigma_z = \Delta\sigma_{z1} - \Delta\sigma_{z2} = 0.406 - 0.175 = 0.231 t/m^2$

25. 지표에서 2m×2m되는 기초에 $10t/m^2$의 하중이 작용한다. 깊이 5m되는 곳에서 이 하중에 의해 일어나는 연직응력을 2:1 분포법으로 계산한 값은?

㉮ $2.875 t/m^2$ ㉯ $0.816 t/m^2$
㉰ $0.083 t/m^2$ ㉱ $1.975 t/m^2$

[해설] 지중응력의 약산법(2:1분포법)
$Q = q_s \cdot B^2 = \Delta\sigma_z \cdot (B+z)^2$
$\Delta\sigma_z = \dfrac{q_s \cdot B^2}{(B+z)^2} = \dfrac{10 \times 2^2}{(2+5)^2} = 0.816 t/m^2$

26. 지표에서 1m×1m의 기초에 5t의 하중이 작용하고 있다. 깊이 4m되는 곳에서의 연직응력을 2:1 분포법으로 구한 값은?

㉮ $0.45 t/m^2$ ㉯ $0.31 t/m^2$
㉰ $1.0 t/m^2$ ㉱ $0.2 t/m^2$

[해설] 지중응력의 약산법(2:1분포법)
$\Delta\sigma_z = \dfrac{Q}{(B+z)^2} = \dfrac{5}{(1+4)^2} = 0.2 t/m^2$

27. 지표면에 도로제방이 놓인다고 할 때 이 무게로 인한 지중응력에 대한 다음 기술 중 옳지 않은 것은?

㉮ 제방중심 아래로 내려갈수록 지중응력은 감소한다.
㉯ 제방중심과 연단아래 지중응력은 동일하다.
㉰ 제방중심 아래 지중응력은 연단 아래의 것보다 크다.
㉱ 지중응력의 계산에 있어서 중첩의 원리가 적용한다.

[해설]
① 제방중심에서 아래로 내려갈수록 지중응력의 증가량은 감소한다.
② 제방중심에서 연단으로 갈수록 지중응력의 증가량이 감소한다.

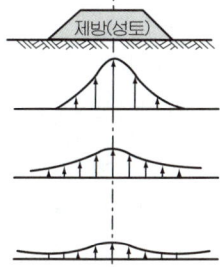

28. 그림과 같은 어떤 지반상에 성토되었을 경우 3m 깊이의 A점 및 B점에서의 수직응력은?

㉮ 서로 같다.
㉯ A점보다 B점이 크다.
㉰ B점보다 A점이 크다.
㉱ 같은 경우와 다른 경우가 있다.

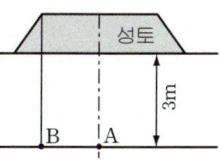

[해설]
제방중심에서 연단으로 갈수록 지중응력의 증가량이 감소한다.

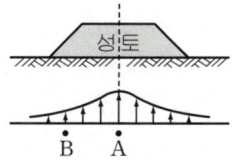

29. 지반이 선형 응력-변형률 관계를 갖는다고 할 때 지반 안정 해석에 있어 3가지 기본정수 E(탄성계수), G(전단탄성계수), μ=푸아송비가 사용된다. 이들 정수에 대한 기술 중 옳지 않은 것은?

㉮ 전단탄성계수는 전단응력을 전단변형률로 나누어 얻어지는 값이다.
㉯ 푸아송비는 수평방향의 팽창률을 수직방향의 압축률로 나누어 얻어지는 값이다.
㉰ 3가지 기본정수 사이에는 $G=\dfrac{E}{(1+\mu)}$ 의 관계가 성립한다.
㉱ 탄성계수에는 할선탄성계수와 접선탄성계수가 있고 선형탄성 재료의 경우 이들 값은 같다.

[해설]
① 전단탄성계수는 전단응력도와 전단변형률의 비례상수이다.
② 전단탄성계수와 탄성계수의 관계
$G=\dfrac{E}{2(1+\mu)}$
③ 체적탄성계수와 탄성계수의 관계
$K=\dfrac{E}{3(1-2\mu)}$

30. 아래 조건에서 점토층 중간면에 작용하는 유효응력과 간극수압은?(단, 물의 단위중량은 9.81kN/m³이다.)

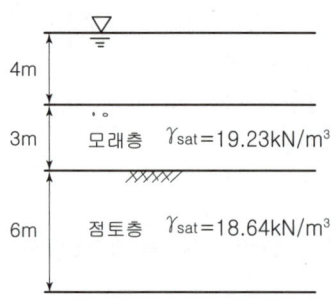

㉮ 유효응력 : 54.75(kN/m²), 간극수압 : 98.1(kN/m²)
㉯ 유효응력 : 93.98(kN/m²), 간극수압 : 79.28(kN/m²)
㉰ 유효응력 : 54.75(kN/m²), 간극수압 : 79.28(kN/m²)
㉱ 유효응력 : 93.98(kN/m²), 간극수압 : 98.1(kN/m²)

[해설]
① 전응력(σ)
$\sigma = \gamma_w \cdot h_1 + \gamma_{sat2} \cdot h_2 + \gamma_{sat3} \cdot h_{23}$
$= 9.81 \times 4 + 19.23 \times 3 + 18.64 \times 3 = 152.85 \text{ kN/m}^2$
② 간극수압(중립응력, u)
$u = \gamma_w \cdot (h_1 + h_2 + h_2) = 9.81 \times (4+3+3)$
$= 98.1 \text{ kN/m}^2$
③ 유효응력(σ')
$\sigma' = \sigma - u = 152.85 - 98.1 = 54.75 \text{ kN/m}^2$

31. 다음 중 흙 속에서의 물의 흐름이 연직유효응력의 증가를 가져오는 것은?

㉮ 정수압 상태
㉯ 하향 흐름
㉰ 상향 흐름
㉱ 수평 흐름

[해설]
침투류가 하향흐름일 때 연직유효응력은 침투압만큼 증가한다.

32. 비중이 2.70이고 최대간극비 0.9, 최소간극비 0.48이라고 할 때 분사현상이 발생할 수 있는 한계동수경사의 범위에 들지 않는 것은?

㉮ 0.86
㉯ 0.91
㉰ 0.99
㉱ 1.14

[해설]
한계동수경사(i_c)
$i_c = \dfrac{\gamma_{sub}}{\gamma_w} = \dfrac{G_s - 1}{1 + e_{max}} = \dfrac{2.70 - 1}{1 + 0.9} = 0.895$
$i_c = \dfrac{\gamma_{sub}}{\gamma_w} = \dfrac{G_s - 1}{1 + e_{min}} = \dfrac{2.70 - 1}{1 + 0.48} = 1.149$
따라서, 한계동수경사의 범위는 0.895~1.149이다.

해답 29.㉰ 30.㉮ 31.㉯ 32.㉮

33. 어떤 모래층의 공극비(e)는 0.2, 비중(G_s)은 2.60이었다. 이 모래가 Quick-sand-action이 일어나는 한계동수경사(i_c)는 다음 중 어느 값인가?

㉮ 1.33 ㉯ 0.95
㉰ 0.56 ㉱ 1.80

[해설]
한계동수경사(i_c)
$$i_c = \frac{\gamma_{sub}}{\gamma_w} = \frac{G_s - 1}{1+e} = \frac{2.60-1}{1+0.2} = 1.33$$

34. 비중이 2.50, 함수비 40%인 어떤 포화토의 한계동수경사를 구하면?

㉮ 0.75 ㉯ 0.55
㉰ 0.50 ㉱ 0.10

[해설]
① 간극비(e)
  $S \cdot e = w \cdot G_s$ 이므로 간극비
  $$e = \frac{w}{S} \cdot G_s = \frac{40}{100} \times 2.50 = 1.0$$
② 한계동수경사(i_c)
  $$i_c = \frac{\gamma_{sub}}{\gamma_w} = \frac{G_s-1}{1+e} = \frac{2.50-1}{1+1.0} = 0.75$$

35. 그림과 같이 물이 위로 침투하는 수조에서 분사현상의 발생하지 않도록 하기 위한 수두(h)는 최대 얼마이하로 유지하면 되는가?(단, 수조 속에 있는 모래의 비중은 2.50, 간극비는 0.50, 모래층의 두께는 2.0m이다.)

㉮ 1.0m
㉯ 1.5m
㉰ 2.0m
㉱ 2.5m

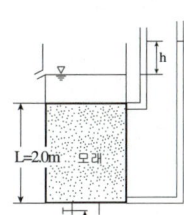

[해설]
① 한계동수경사(i_c)
$$i_c = \frac{G_s-1}{1+e} = \frac{2.50-1}{1+0.5} = 1.0$$

② 동수경사(i)
$$i = \frac{h}{L} = \frac{h}{2.0}$$

③ 수두차(h)
분사현상이 발생하지 않을 조건
$$F_s = \frac{i_c}{i} = \frac{\dfrac{G_s-1}{1+e}}{\dfrac{h}{L}} > 1$$

$$F_s = \frac{i_c}{i} = \frac{1.0}{\dfrac{h}{2.0}} = \frac{1.0 \times 2.0}{h} > 1$$

$h < 1.0 \times 2.0 = 2.0\,\text{m}$

36. 그림에서 안전율 3을 고려하는 경우, 수두차 h를 최소 얼마로 높일 때 모래시료에 분사현상이 발생하겠는가?

㉮ 12.75cm
㉯ 9.75cm
㉰ 4.25cm
㉱ 3.25cm

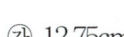

[해설]
① 공극비(e)
$$e = \frac{n}{100-n} = \frac{50}{100-50} = 1.0$$
② 한계동수경사(i_c)
$$i_c = \frac{G_s-1}{1+e} = \frac{2.70-1}{1+1.0} = 0.85$$
③ 동수경사(i)
$$i = \frac{h}{L} = \frac{h}{15}$$
④ 수두차(h)
분사현상이 일어날 조건
$$F_s = \frac{i_c}{i} = \frac{\dfrac{G_s-1}{1+e}}{\dfrac{h}{L}} < 3 \text{ 에서}$$
$$F_s = \frac{i_c}{i} = \frac{0.85}{\dfrac{h}{15}} = \frac{0.85 \times 15}{h} < 3$$
$$h > \frac{0.85 \times 15}{3} = 4.25\,\text{cm}$$

해답 33. ㉮ 34. ㉮ 35. ㉰ 36. ㉰

37. 그림과 같이 물이 위로 침투하는 수조에서 분사현상이 발생하기 위한 수두(h)는 최고 얼마를 초과하여야 하는가?(단, 수조 속에 있는 모래의 비중은 2.60, 간극비는 0.60, 모래층의 두께는 2.5m이다.)

㉮ 1.0 m
㉯ 1.5 m
㉰ 2.0 m
㉱ 2.5 m

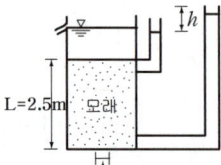

[해설]
수두차(h)
분사현상이 일어날 조건 $i \geq i_c$ 이므로
$\dfrac{h}{L} \geq \dfrac{G_s - 1}{1 + e}$ 에서
$h \geq \dfrac{G_s - 1}{1 + e} \cdot L = \dfrac{2.60 - 1}{1 + 0.60} \times 2.5 = 2.5 \text{ m}$

38. 그림에서 수두차 h를 최고 얼마 이상으로 하면 모래시료에 분사현상이 발생하겠는가?

㉮ 16.5
㉯ 17.0
㉰ 17.4
㉱ 18.0

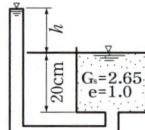

[해설]
수두차(h)
분사현상이 일어날 조건 $i \geq i_c$ 이므로
$\dfrac{h}{L} \geq \dfrac{G_s - 1}{1 + e}$ 에서
$h \geq \dfrac{G_s - 1}{1 + e} \cdot L = \dfrac{2.65 - 1}{1 + 1.0} \times 20 = 16.5 \text{ cm}$

39. 그림과 같은 모래층에 널말뚝을 설치하여 물막이공 내의 물을 배수하였을 때, 분사현상이 일어나지 않게 하려면 얼마의 압력을 가하여야 하는가?(단, 모래의 비중은 2.65, $n = 39\%$, 안전율은 3으로 한다)

㉮ 6.5t/m²
㉯ 13t/m²
㉰ 33t/m²
㉱ 16.5t/m²

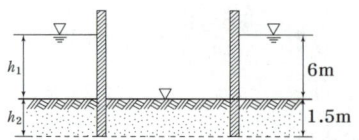

[해설]
① 수중단위중량(γ_{sub})
$\gamma_{sub} = \dfrac{G_s - 1}{1 + e} \cdot \gamma_w = \dfrac{2.65 - 1}{1 + 0.65} \times 1 = 1 \text{t/m}^3$
② 정수압 상태의 유효응력은
$\sigma' = \gamma_{sub} \cdot z = 1 \times 1.5 = 1.5 \text{t/m}^2$
③ 침투수압은
$F = i \cdot \gamma_w \cdot z = \gamma_w \cdot h = 1 \times 6 = 6 \text{t/m}^2$
④ 널말뚝 하단에서의 상향침투시 유효응력은 침투압만큼 감소한다.
$\sigma' = \gamma_{sub} \cdot z - F = 1 \times 1.5 - 6 = -4.5 \text{t/m}^2$
즉, 분사현상이 발생하므로 압성토를 해야 한다.
⑤ 널말뚝 하단에서의 안전율(F_s)
$F_s = \dfrac{\sigma' + \Delta\sigma'}{F}$
$3 = \dfrac{1.5 + \Delta\sigma'}{6}$
$\Delta\sigma' = 16.5 \text{t/m}^2$

해답 37. ㉱ 38. ㉮ 39. ㉱

제4장 흙의 압축성

출제경향분석

흙의 압축성은 압밀, 압밀이론, 압밀시험, 압밀시간 및 압밀침하량으로 나누어지는데 압밀이론에서 압밀도와 압밀시간 및 압밀침하량을 중심으로 많은 문제가 출제되므로 충분히 준비를 하여야 한다.

단원별 경향분석

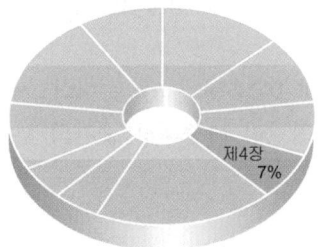

토목기사

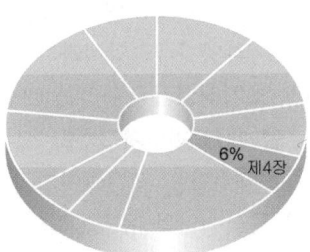

토목산업기사

항목별 경향분석

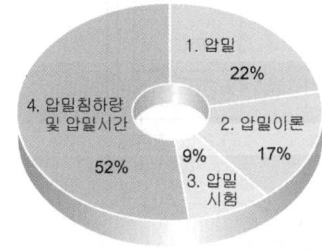

토목기사

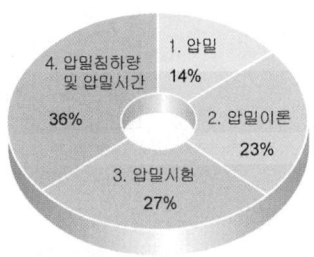

토목산업기사

1 압밀

학습방향

흙이 하중을 받으면 체적이 감소하여 단위중량이 증가한다. 체적의 감소는 흙입자의 변형이나 재배열, 물의 배출현상 등에 의해 발생하는데 지반 위의 유효상재하중으로 인하여 흙 속의 간극에서의 물이 배출되면서 오랜 시간에 걸쳐 침하되는 현상을 압밀이라 한다. 일반적으로 시험에서는 공극수압과 유효응력의 관계, 용어의 정의 등이 출제되고 있다.

1 압밀(Consolidation)의 개요

지반 위의 유효상재하중으로 인하여 흙 속의 간극에서의 물이 배출되면서 오랜 시간에 걸쳐 압축(침하)되는 현상을 압밀이라 한다.

2 과잉공극수압

(1) 공극수압(Pore water pressure, u) : 물이 받는 압력으로 중립응력(neutral stress)이라고도 한다.
(2) 과잉간극수압(Excess pore water pressure, u_e) : 포화되어 있는 흙에 하중이 작용하면 그 **외부하중으로 인하여 간극수에 작용하는 간극수압**을 과잉간극수압이라 한다.
(3) 초기과잉간극수압(Initial excess pore water pressure, u_i) : **시간 $t=0$ 일 때의 과잉간극수압**. 즉, 물이 배출되기 직전인 하중재하 순간의 과잉간극수압을 초기과잉간극수압이라 한다.
(4) 공극수압과 유효응력의 관계
그림에서 **스프링은 흙 입자, 물은 간극수**를 나타낸다.

학습POINT

■ Terzaghi의 압밀거동에 있어서 응력 σ가 작용한 초기에 σ는 모두 스프링이 받는다.(×)

■ 압밀이 시작되는 순간에 압밀층의 중간점의 간극수압은 압밀압력과 크기가 같다.(○)

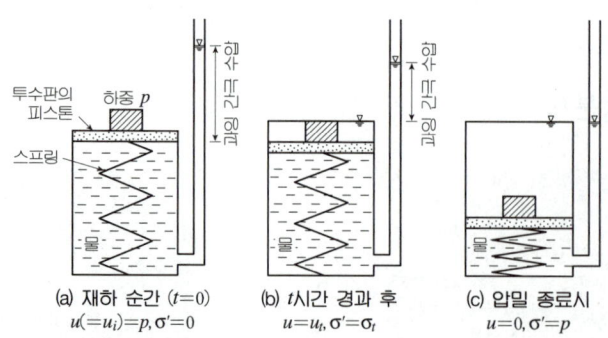

(a) 재하 순간 ($t=0$)
$u(=u_i)=p, \sigma'=0$

(b) t시간 경과 후
$u=u_t, \sigma'=\sigma_t$

(c) 압밀 종료시
$u=0, \sigma'=p$

그림. 간극수압과 유효응력의 관계

경과 시간(t)	과잉간극수압(u_e)	유효응력(σ')	피스톤에 가해진 힘(σ)
압밀순간(t = 0)	$u_e = u_i$	$\sigma' = 0$	$\sigma = u_i$
압밀진행(0< t <∞)	u_e	σ'	$\sigma = \sigma' + u_e$
압밀종료(t = ∞)	$u_e = 0$	σ'	$\sigma = \sigma'$

3 침하의 종류

(1) 즉시침하(탄성침하, Immediate settlement)
① 함수비의 변화 없이 탄성변형에 의해 일어나는 침하를 말한다.
② 투수성이 큰 모래지반에서 단기적으로 발생한다.
③ 즉시침하량(S_i)

$$S_i = q_s \cdot B \cdot \frac{(1-\mu^2)}{E} \cdot I_s$$

여기서, q_s : 등분포하중
μ : 푸아송비
I_s : 영향계수
E : 변형계수

■ 지표에 하중을 가하면 침하현상이 일어나고, 하중이 제거되면 원상태로 되돌아 가는 침하를 (탄성침하)라 한다.

■ 흙을 크게 분류하면 사질토나 점성토로 나눌 수 있으며 침하량은 사질토가 점성토보다 크다.(×)

(2) 압밀침하(Consolidation settlement)
① 포화토의 간극을 채우고 있는 물이 서서히 배출될 때 생긴 체적변화로 인한 침하를 압밀침하라 한다.
② 투수성이 작은 점토지반에서 장기적으로 발생한다.

4 압밀의 3단계

(1) 초기압축
하중을 받는 초기에 발생하는 침하를 말한다.

(2) 1차 압밀침하(Primary consolidation settlement, Sc)
일정한 하중을 가했을 때 공극수가 유출되면서 생기는 현상으로 **과잉간극수압이 100~0%일 때 발생하는 침하**를 1차 압밀이라 한다.

(3) 2차 압밀침하(Secondary consolidation settlement, Ss)
과잉간극수압이 완전히 소산된 후, 흙 구조의 소성적 재조정 때문에 생긴 압축변형을 2차 압밀이라 한다. 즉, 과잉간극수압이 "0"이 된 후에도 계속되는 압밀을 말한다.
① 원인 : 지속하중으로 인하여 일어나는 소성적 변형(Creep 변형)
② 침하량 : **유기질토, 해성점토, 점토층의 두께가 두꺼울수록 2차 압밀침하량은 크다.**

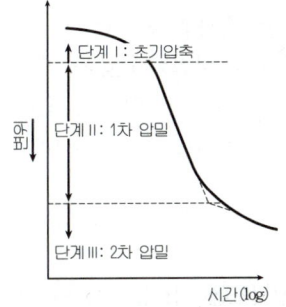

그림. 압밀의 3단계

■ 이론계산에서 구한 압밀도 100%를 넘어서도 압밀이 계속되는 부분을 (2차) 압밀이라 한다.

■ 압밀에 있어서 유기질이나 섬유질을 많이 함유한 흙은 (2차) 압밀량이 다른 흙보다 많다.

■ 압밀이 진행되는 동안 흙의 단위중량이 증가하여 유효응력이 증가하고 전단강도가 증가한다.

핵심문제

1 그림에 나타낸 바와 같이 지하수위가 지표면과 일치하는 지반에 하중을 올렸더니 수위가 3m 증가하였다. 과잉공극수압은? [96⑦]

㉮ $8t/m^2$
㉯ $5t/m^2$
㉰ $4t/m^2$
㉱ $3t/m^2$

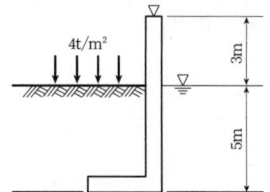

2 그림은 Terzaghi의 압밀거동을 설명한 것이다. 옳지 않은 것은? [92⑦]

㉮ 응력 σ가 작용한 초기에 σ는 모두 스프링이 받는다.
㉯ 응력 σ가 작용한 초기에 그 응력은 모두 간극수가 받는다.
㉰ 간극수가 배출되면 스프링에 가해지는 응력은 증가한다.
㉱ 간극수가 모두 배출되면 간극수압은 0이 된다.

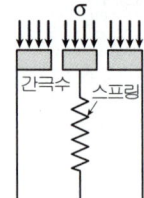

3 점토의 압밀에 관한 다음 설명 중 틀린 것은? [95⑦]

㉮ 재하된 순간(t=0)에서의 과잉공극수압은 재하량과 같다.
㉯ 과잉공극수압은 재하시간이 경과함에 따라 감소해서 시간이 ∞가 될 때 0이 된다.
㉰ 과잉공극수압이 0이 될 때를 1차 압밀이 100%진행되었다고 한다.
㉱ 유효응력은 재하된 순간에 최대치가 된다.

4 지표에 하중을 가하면 침하현상이 일어나고, 하중이 제거되면 원상태로 되돌아가는 침하를 무엇이라고 말하는가? [98㊂]

㉮ 소성침하   ㉯ 압밀침하
㉰ 압축침하   ㉱ 탄성침하

5 흙의 2차 압밀에 관한 사항 중 옳은 것은? [92㊂]

㉮ 다량의 유기물을 포함하고 있으면 2차 압밀효과가 적게 나타난다.
㉯ 2차 압밀은 실제 이론계산에 구한 압밀도 100%가까운 압밀을 말한다.
㉰ 이론계산에서 구한 압밀도 100%를 넘어서도 압밀이 계속되는 부분을 2차 압밀이라 한다.
㉱ 간극수압이 0이 되면 2차 압밀은 끝난다.

해 설

해설 1

과잉간극수압(u_e)
$u_e = \gamma_w \cdot h = 1 \times 3 = 3t/m^2$

해설 2

① 그림에서 물은 간극수이며, 스프링은 흙 입자이다.
② 외력이 가해지는 순간은 물의 배출이 없으므로 스프링의 변형이 없어서 초기에는 외력을 모두 물이 받으며 이로 인해 증가된 수압을 초기과잉간극수압(u_i)이라 한다.

해설 3

공극수압과 유효응력과의 관계에서 유효응력은 재하순간에 0이다.

해설 4

즉시침하(탄성침하)
① 함수비의 변화 없이 탄성변형에 의해 일어나는 침하를 말한다.
② 투수성이 큰 모래지반에서 단기적으로 발생한다.

해설 5

과잉간극수압이 완전히 소산된 후 흙 구조의 소성적 재조정 때문에 생긴 압축변형을 2차 압밀이라 한다.

정답 1.㉱ 2.㉮ 3.㉱ 4.㉱ 5.㉰

6 점토층의 A점에서 Stand pipe를 꽂은 결과 아래 그림과 같았다. A점에서의 과잉공극수압은 다음 중 어느 것인가? [93 ㉮]

㉮ $(h_1+h_2+h_3+h_4)\gamma_w$
㉯ $(h_2+h_3+h_4)\gamma_w$
㉰ $(h_3+h_4)\gamma_w$
㉱ $h_4\gamma_w$

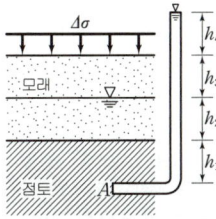

해설 6
하중작용 전의 공극수압은 $(h_1+h_2)\cdot\gamma_w$이고, 하중작용 후의 공극수압은 $(h_1+h_2+h_3+h_4)\cdot\gamma_w$이므로 하중의 작용으로 인한 공극수압의 증가량은 두 값의 차인
$u_e=(h_3+h_4)\cdot\gamma_w$이다.

7 포화된 점토에 압밀하중 σkg/cm²를 작용시켰다. 압밀하중이 재하된 순간의 응력상태는?(단, σ'는 유효응력, u는 공극수압이다.) [97 ㉯]

㉮ $\sigma = \sigma'$
㉯ $\sigma = \sigma' + u$
㉰ $\sigma = u$
㉱ $\sigma = \sigma' - u$

해설 7
재하순간의 응력상태
$\sigma = u_i$
즉, 물이 배수되지 않아 스프링의 변형이 없으므로, 피스톤에 가해진 힘을 간극수가 받는다.

8 압밀에 관한 다음의 설명 중에서 틀린 것은? [91 ㉯]

㉮ 유기물이나 섬유질을 많이 함유한 흙은 2차 압밀량이 다른 흙보다 많다.
㉯ 두꺼운 연약지반에 건축구조물을 축조할 경우도 일차원 압밀로 본다.
㉰ 선행 압밀하중 P_c는 공극비-하중 관계인 e-logP 곡선에서 구한다.
㉱ 압축지수 C_c는 점토질 함유량이 많을수록 크다.

해설 8
① 흐트러지지 않은 점토의 압축지수 $C_c=0.009(w_L-10)$이며, 점토질이 많을수록 액성한계가 증가하므로 압축지수가 크다.
② 두꺼운 연약지반에 건축구조물을 축조할 경우는 2차 압밀량이 많으므로 일차원 압밀로 보지 않는다.

9 흙을 크게 분류하면 사질토나 점성토로 나눌 수 있으며 이들의 차이점은 다음과 같다. 틀린 것은? [91 ㉯]

㉮ 흙의 내부마찰각은 사질토가 점성토보다 크다.
㉯ 지지력은 사질토가 점성토보다 크다.
㉰ 점착력은 사질토가 점성토보다 작다.
㉱ 침하량은 사질토가 점성토보다 크다.

해설 9
침하량은 즉시침하량과 압밀침하량이 있으며, 총침하량은 점성토가 사질토에 비해 크다.

정답 6. ㉰ 7. ㉰ 8. ㉯ 9. ㉱

2 압밀이론

학습방향

Terzaghi는 포화 점토에 대한 1차 압밀에 대한 이론 제시하였고 수학적으로 침하량과 압밀시간을 구하기 위하여 가정을 하였다. 여기서는 먼저 압밀 가정을 암기하여야 하면 압밀계수, 압축계수, 압축지수 등의 용어의 정의와 공식을 암기하여야 한다. 특히, 시험에서는 압밀도가 많이 출제되므로 정리하여야 한다.

① 압밀계수 : $C_v = \dfrac{K}{m_v \cdot \gamma_w}$

② 압축계수(a_v) : $a_v = \dfrac{\Delta e}{\Delta \sigma'} = \dfrac{e_1 - e_2}{\sigma'_2 - \sigma'_1}$

③ 압축지수(C_c) : $C_c = \dfrac{e_1 - e_2}{\log p_2 - \log p_1} = \dfrac{e_1 - e_2}{\log \dfrac{p_2}{p_1}}$

④ 압밀도(U) : $U = \dfrac{\text{현재의 압밀량}}{\text{최종 압밀량}} \times 100 = \dfrac{\text{소산된 과잉간극수압}}{\text{초기과잉간극수압}} \times 100$

1 Terzaghi의 가정

(1) 흙은 균질하다.
(2) 흙 속의 간극은 물로 완전히 포화되어 있다.
(3) 흙 입자와 물은 비압축성이다.
(4) 투수와 압축은 1차원적이다.
(5) Darcy 법칙이 성립한다.
(6) 흙의 성질은 압력의 크기에 관계없이 일정하다.

2 압밀방정식

$$C_v \dfrac{\partial^2 u_e}{\partial z^2} = \dfrac{\partial u_e}{\partial t}$$

Terzaghi의 일차원 압밀방정식에서 압밀의 진행은 압밀계수에 비례한다.

3 압밀계수(Coefficient of consolidation, C_v)

(1) 개요 : 흙의 체적변화 속도에 관계되는 물리 정수로서 압밀이론에 사용되는 계수이다.

(2) 공식

$$C_v = \dfrac{K}{m_v \cdot \gamma_w}$$

학습POINT

■ Terzaghi의 1차원 압밀이론에 대한 가정에서 압밀이 진행되면 투수계수는 감소한다.(×)

■ 점토지반에 대한 재하상태 가운데서 현재의 1차원 압밀이론과 가장 가까운 재하상태는 점토층이 두께에 비해 재하면적이 매우 넓고 큰 경우이다.(○)

■ 압밀에서 압밀계수 C_v는 압축계수가 커지면 커진다.(×)

■ 압밀계수(C_v)

$$C_v = \dfrac{K}{m_v \cdot \gamma_w} = \dfrac{1 + e_1}{a_v} \dfrac{K}{\gamma_w}$$

따라서, 압밀계수는 압축계수에 반비례한다.

(3) 단위 : cm²/sec
(4) 이용 : 압밀시간 산정에 이용한다.

4 압축계수(Coefficient of compressibility, a_v)

(1) 개요 : 하중의 증가량에 대한 체적의 감소량을 말한다.

(2) 공식

$$a_v = \frac{\Delta V}{\Delta \sigma'} = \frac{\Delta e}{\Delta \sigma'} = \frac{e_1 - e_2}{\sigma'_2 - \sigma'_1}$$

■ 압밀하중을 가하면 간극률은 작아지고 압밀하중을 제거하면 간극률이 커진다.

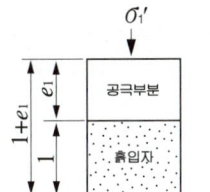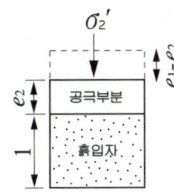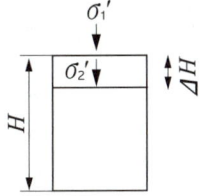

그림. 유효응력과 공극비의 관계

(3) 단위 : cm²/kg

5 체적변화계수(Coefficient of volume change, m_v)

(1) 개요 : 하중의 증가량에 대한 체적의 감소 비율을 말한다.

(2) 공식

$$m_v = \frac{\frac{\Delta V}{V}}{\Delta \sigma'} = \frac{\Delta V}{V \cdot \Delta \sigma'} = \frac{e_1 - e_2}{1 + e_1} \cdot \frac{1}{\sigma'_2 - \sigma'_1} = \frac{a_v}{1 + e_1}$$

(3) 단위 : cm²/kg

6 압축지수(Compression index, C_c)

(1) 개요 : e-log P 곡선의 직선부분(처녀압밀곡선, virgin compression curve)의 기울기이다.

(2) 공식

$$C_c = \frac{e_1 - e_2}{\log p_2 - \log p_1} = \frac{e_1 - e_2}{\log \frac{p_2}{p_1}}$$

(3) 단위 : 무차원이다.

(4) Terzaghi 와 Peak(1967)의 경험식

① 흐트러지지 않은 점토 : $C_c = 0.009(w_L - 10)$

■ 압밀에 있어서 압축지수 C_c는 점토질 함유량이 많을수록 (크)다.

② 흐트러진 점토 : $C_c = 0.007(w_L - 10)$
　여기서, w_L : 액성한계

(5) 성질
① 압축지수는 흙이 연약할수록 크다.
② 압축지수는 점토함유량이 많을수록 크다

(6) 이용 : 압밀침하량 산정에 이용한다.

7 팽창지수(Swelling index, C_s)

(1) 개요 : e-log P 곡선의 하중제거시 팽창곡선의 기울기이다.
(2) 공식
$$C_s = (\frac{1}{5} \sim \frac{1}{10}) C_c$$

8 시간계수(Time factor, T_v)

(1) 공식
$$T_v = \frac{C_v \cdot t}{d^2}$$
　여기서, t : 압밀시간
　　　　　d : 배수거리

(2) 단위 : 무차원

(3) 배수거리
① 일면 배수 : 점토층의 두께와 같다.
② 양면 배수 : 점토층의 두께의 반이다.

(4) 이용 : 압밀시간 산정에 이용한다.

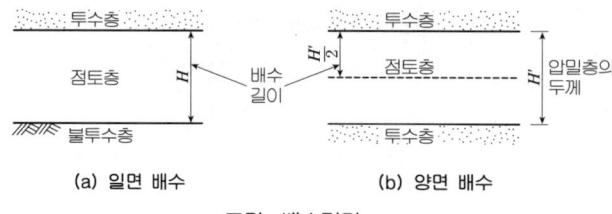

(a) 일면 배수　　(b) 양면 배수
그림. 배수거리

9 압밀도(Degree of consolidation, U)

(1) 개요 : 압밀의 진행정도, 즉 지반 내의 임의의 지점에서 임의의 시간에 있어서 과잉간극수압 소산정도를 말한다.

(2) 공식
 ① 압밀량

$$U = \frac{\text{현재의 압밀량}}{\text{최종 압밀량}} \times 100 = \frac{\Delta H_t}{\Delta H} \times 100(\%)$$

여기서, ΔH_t : 임의 시간 t에서의 침하량
ΔH : 어느 하중에 의한 최종압밀침하량

② 과잉간극수압의 소산정도

$$U = \frac{\text{소산된 과잉간극수압}}{\text{초기 과잉간극수압}} \times 100$$

$$= \frac{u_i - u_e}{u_i} \times 100 = (1 - \frac{u_e}{u_i}) \times 100(\%)$$

③ 시간계수

$$U = f(T_v) \propto \frac{C_v \cdot t}{d^2}$$

압밀도는 시간계수의 함수이다.

㉠ 압밀도는 **압밀계수(C_v)에 비례**한다.
㉡ 압밀도는 **압밀시간(t)에 비례**한다.
㉢ 압밀도는 **배수거리(d)의 제곱에 반비례**한다.

④ 평균 압밀도

배수조건	양면배수	일면배수
평균 압밀도	$U = \frac{\text{면적}(B)}{\text{면적}(A+B)} \times 100(\%)$	$U = \frac{\text{면적}(B)}{\text{면적}(A+B)} \times 100(\%)$
임의 지점의 압밀도	$U_A = U_C > U_B$	$U_A > U_B > U_C$
임의 지점의 과잉 간극수압	$u_A = u_C < u_B$	$u_A < u_B < u_C$

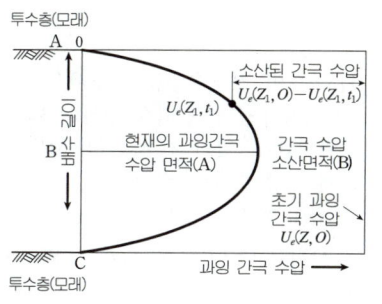
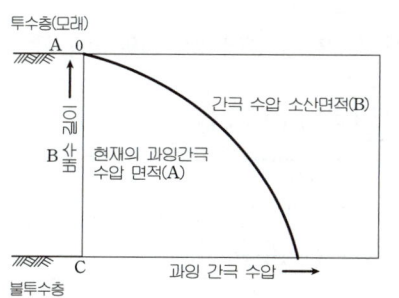

(a) 양면 배수   (b) 일면 배수
그림. 과잉간극수압의 소산

■ 압밀도는 배수거리의 제곱에 반비례한다.(○)

■ 일면배수 상태의 점토지반에서 실제로 배수층과 접하는 연약 토층의 경계면은 실제로 과잉공극수압이 발생되지 않는다.(○)

■ 임의의 지점의 압밀도는 과잉간극수압에 반비례한다. 즉, 과잉간극수압이 소산됨에 따라 압밀도가 증가한다.

핵 심 문 제

1 다음 중 Terzaghi의 1차원 압밀이론에 대한 가정과 관계가 먼 것은? [98⑦]

㉮ 흙은 균질하다.
㉯ 흙은 완전 포화되어 있다.
㉰ 압축과 흐름은 1차원적이다.
㉱ 압밀이 진행되면 투수계수는 감소한다.

2 두께 6m의 점토층에서 시료를 채취하여 압밀 시험한 결과 하중강도가 2kg/cm²에서 4kg/cm²로 증가시켰더니 공극비는 2.0에서 1.8로 감소하였다. 이 시료의 압축계수는 얼마인가? [98⑦]

㉮ 0.1cm²/kg   ㉯ 0.3cm²/kg
㉰ 0.6cm²/kg   ㉱ 0.8cm²/kg

3 두께 20m의 점토층이 10t/m²의 하중을 받아서 총 침하량이 8cm가 되었다. 이 토층의 용적변화율은? [98⑦]

㉮ 4×10^{-6} cm²/g   ㉯ 4×10^{-2} cm²/g
㉰ 4×10^{-4} cm²/g   ㉱ 4×10^{-5} cm²/g

4 그림에서 지하 3m 지점의 현재 압밀도는?(단, 물의 단위중량은 9.81kN/m³이다.) [98⑦]

㉮ 0.39
㉯ 0.4
㉰ 0.5
㉱ 0.71

5 그림에서 50% 압밀이 되었을 때 A, B, C 점에서의 압밀도(U)는 다음 중 어느 것이 맞는가? [96⑦]

㉮ $U_A = U_B = U_C$
㉯ $U_A > U_B > U_C$
㉰ $U_A < U_B < U_C$
㉱ $U_A = U_C < U_C$

해 설

[해설] 1
Terzaghi의 가정에서 흙의 성질은 압력의 크기에 관계없이 일정하다.

[해설] 2
압축계수(a_v)
$$a_v = \frac{\Delta e}{\Delta \sigma'} = \frac{e_1 - e_2}{\sigma'_2 - \sigma'_1}$$
$$= \frac{2.0 - 1.8}{4 - 2} = 0.1 \text{cm}^2/\text{kg}$$

[해설] 3
① 체적 변화
$$\frac{\Delta V}{V_0} = \frac{\Delta H}{H_0} = \frac{8}{2,000} = 4.0 \times 10^{-3}$$
② 단위변환
$10\text{t/m}^2 = 1\text{kg/cm}^2 = 1,000\text{g/cm}^2$
③ 체적변화율계수(m_v)
$$m_v = \frac{\frac{\Delta V}{V}}{\Delta \sigma'} = \frac{4.0 \times 10^{-3}}{1,000}$$
$$= 4.0 \times 10^{-6} \text{cm}^2/\text{g}$$

[해설] 4
① 초기과잉간극수압 : $u_i = 39.24 \text{kN/m}^2$
② 현재의 과잉간극수압 :
$u_e = \gamma_w \cdot \Delta h = 9.81 \times 2$
$= 19.62 \text{kN/m}^2$
③ 압밀도(U)
$$U = \frac{u_i - u_e}{u_i} \times 100$$
$$= \frac{39.24 - 19.62}{39.24} \times 100 = 50\%$$
$$= 0.5$$

[해설] 5
① 밑면이 불투수층인 일면배수이므로 C점에서 배수가 가장 힘들기 때문에 과잉간극수압이 가장 크고, 압밀현상이 가장 늦게 일어난다.
$U_A > U_B > U_C$
② 과잉간극수압은 $u_A < u_B < u_C$이다.

정답  1. ㉱ 2. ㉮ 3. ㉮ 4. ㉰ 5. ㉯

6 점토 지반에 대한 다음과 같은 재하상태 가운데서 현재의 1차원 압밀이론에 가장 가까운 재하상태는 어느 것인가? [94 ㉮]

㉮ 점토층의 두께에 비해 재하면적이 매우 넓고 큰 경우
㉯ 점토층이 두껍고 재하면적은 제방과 같이 좁고 긴 경우
㉰ 점토층의 두께에 비해 재하면적이 매우 작은 경우
㉱ 재하면적이 매우 넓고 점토 지반 내에 연직으로 모래 기둥이 많이 박혀 있는 경우

7 어느 점토의 압밀계수 $C_v = 1.640 \times 10^{-4} \text{cm}^2/\text{sec}$, 압축계수 $a_v = 2.820 \times 10^{-2} \text{cm}^2/\text{kg}$이다. 이 점토의 투수계수는?(단, 간극비 $e = 1.0$) [00 ㉳]

㉮ 2.014×10^{-6} cm/sec ㉯ 3.646×10^{-6} cm/sec
㉰ 3.114×10^{-9} cm/sec ㉱ 2.312×10^{-9} cm/sec

8 그림과 같은 지반에 피에조미터를 설치하고 성토한 순간에 수주가 지표면에서부터 4m이었다. 4개월 후에 수주가 3m가 되었다면 지하 6m되는 곳의 압밀도와 과잉공극수압은? [98 ㉳]

 압밀도, 과잉공극수압
㉮ 0.10, 9t/m²
㉯ 0.25, 3t/m²
㉰ 0.75, 6t/m²
㉱ 0.90, 5t/m²

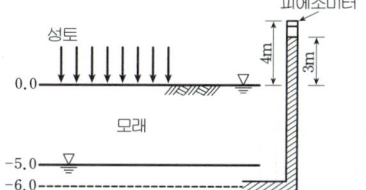

9 다음 압밀도에 관한 설명 중 틀린 것은? [95 ㉳]

㉮ 압밀도는 압밀계수에 비례한다.
㉯ 압밀도는 압밀을 일으키는데 요하는 시간에 비례한다.
㉰ 압밀도는 배수거리에 비례한다.
㉱ 압밀도는 배수거리의 제곱에 반비례한다.

10 그림과 같은 일면배수 상태의 점토지반에서 실제로 과잉공극수압이 발생되지 않는 곳은 어디인가? [98 ㉳]

㉮ Ⓐ
㉯ Ⓑ
㉰ Ⓒ
㉱ Ⓓ

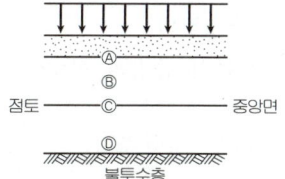

해 설

해설 6
Terzaghi의 1차원 압밀이론에 가장 가까운 재하상태는 점토층의 두께에 비해 재하면적이 매우 넓은 경우이다.

해설 7
① 체적변화계수(m_v)
$$m_v = \frac{a_v}{1+e_1} = \frac{2.820 \times 10^{-2}}{1+1}$$
$$= 1.410 \times 10^{-2} \text{cm}^2/\text{kg}$$
$$= 1.410 \times 10^{-5} \text{cm}^2/\text{g}$$
② 투수계수(K)
$$K = C_v \cdot m_v \cdot \gamma_w$$
$$= (1.640 \times 10^{-4}) \times (1.410 \times 10^{-5}) \times 1$$
$$= 2.312 \times 10^{-9} \text{cm/sec}$$

해설 8
① 초기과잉간극수압
  $u_i = 4\text{t/m}^2$
② 현재의 과잉간극수압
  $u_e = \gamma_w \cdot \Delta h = 1 \times 3 = 3\text{t/m}^2$
③ 압밀도(U)
$$U = \frac{u_i - u_e}{u_i} \times 100$$
$$= \frac{4-3}{4} \times 100 = 25\%$$

해설 9
압밀도는 시간계수의 함수이다.
$$U = f(T_v) \propto \frac{C_v \cdot t}{d^2}$$
① 압밀도는 압밀계수(C_v)에 비례한다.
② 압밀도는 압밀시간(t)에 비례한다.
③ 압밀도는 배수거리(d)의 제곱에 반비례한다.

해설 10
배수(모래)층과 접하고 있는 연약 토층의 경계면은 배수거리가 영이므로 재하 순간 배수됨으로 인해 실제 과잉간극수압이 발생하지 않는다.

정답 6. ㉮ 7. ㉱ 8. ㉯ 9. ㉰ 10. ㉮

3 압밀시험

학습방향

압밀시험은 압밀하중, 시간, 압밀침하량을 측정한 결과표를 계산하여 압밀계수, 체적변화계수, 투수계수, 압축지수, 선행압밀하중 등을 얻기 위한 시험으로 압밀시험의 종류에는 표준압밀시험, 급속압밀시험이 있다. 일반적으로 시험에서는 압밀 곡선으로부터 구할 수 있는 요소, 선행압밀하중, 과압밀비 등이 출제되고 있다.

1 압밀시험 목적

(1) 최종침하량 산정
(2) 침하속도 산정
(3) 흙의 이력상태 파악
(4) 투수계수 파악

2 압밀시험 장치

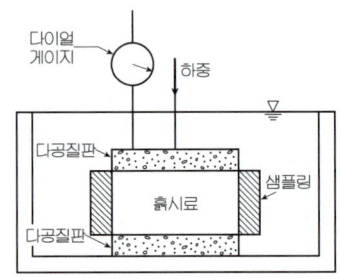

그림. 압밀시험 장치

3 압밀시험 방법

(1) 시료 채취 : 현장에서 채취한 흐트러지지 않은 시료를 사용한다.
(2) 공시체 크기 : 지름 60mm, 높이 20mm
(3) 시험방법(KS F 2316)
 ① 공시체를 압밀링에 넣고 하중을 0.1, 0.2, …12.8kg/cm²로 가하고, 각 단계마다 6초, 9초, 15초, 30초,…24시간씩 침하량을 측정한다.
 ② 그 후 최종 단계의 압밀이 끝나면 재하를 푼 후 시료의 중량과 함수비를 측정한다.
 ③ 각 단계의 하중마다 압축량-시간곡선을 그린다.
 ④ 전 단계의 하중에 대한 간극비-하중곡선을 그린다.

학습POINT

■ 압밀시험 결과에서 e-log P 곡선을 그리는 목적은 (압축지수)를 구하여 압밀침하량을 계산하기 위해서 이다.

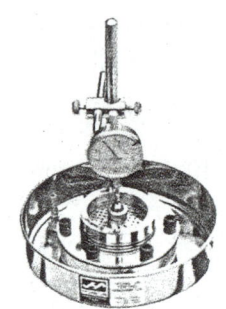

사진. 압밀링

■ 압밀시험을 한 후 e-log P 곡선은 압밀시험결과인 하중, 변위량으로부터 공극비를 환산해서 그린다.(○)

■ 압밀 곡선으로부터 구할 수 있는 요소

	시간-침하 곡선	하중-간극비 곡선
공통	① 압밀계수 ② 체적변화계수	① 압축계수 ② 체적변화계수
차이점	③ 1차 압밀비 ④ 투수계수 ⑤ 압밀시간 산정	① 압축지수 ② 선행압밀하중 ③ 압밀 침하량 산정
	각 하중 단계마다 작성	전 하중 단계에서 작성

4 결과정리

(1) 흙 입자의 높이(H_s)

$$H_s = \frac{W_s}{A \cdot G_s \cdot \gamma_w}$$

여기서, W_s : 시료의 건조중량, G_s : 흙 입자의 비중
A : 시료의 단면적, γ_w : 물의 단위중량

(2) 간극의 초기높이(H_v)

$H_v = H - H_s$

여기서, H : 시료의 초기 높이

(3) 초기 간극비(e_0)

$$e_0 = \frac{V_v}{V_s} = \frac{V - V_s}{V_s} = \frac{H \cdot A - H_s \cdot A}{H_s \cdot A} = \frac{H - H_s}{H_s} = \frac{H}{H_s} - 1$$

■ 간극비의 변화와 시료높이의 변화

$$\frac{\triangle e}{1 + e_o} = \frac{\triangle H}{H_0}$$

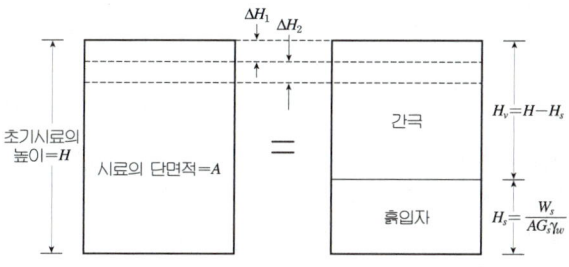

그림. 압밀시험에서 시료높이의 변화

5 선행압밀하중(Preconsolidation pressure, P_c)

(1) 개요
   과거에 받았던 최대하중을 선행압밀하중이라 한다.

(2) 작도법 : Casagrande(1936)
   ① 간극비-하중(e-log P) 곡선에서 최대곡률점(최소곡률반지름)인 a점을 설정한다.
   ② a점에서 수평선 ab를 그린다.
   ③ a점에서 접선 ac를 그린다.
   ④ 각 bac를 이등분하여 선 ad를 그린다.
   ⑤ 직선 gh의 연장선을 이어서 선 ad와 만나는 점을 f라 하면 점 f의 횡좌표의 값이 선행압밀하중이다.

■ 압밀이론에서 (선행압밀하중) 이란 현재 지반 중에서 과거에 최대로 받았던 압밀하중을 말하다.

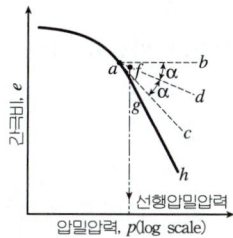

그림. 선행압밀하중의 결정

(3) 과압밀비(Over consolidation ratio, OCR)

$$OCR = \frac{선행압밀하중(P_c)}{현재의 \ 유효상재하중(P_0)}$$

■ 압밀시험 후 작도한 (e-log P) 곡선으로부터 과압밀비(OCR)를 계산할 수 있다.

6 정규압밀점토와 과압밀점토

(1) 압밀진행 중인 점토(Underconsolidated clay)
하중을 가하지 않아도 압밀이 진행되는 점토를 말한다.
A점 : $OCR < 1$ ($P_c < P_o$)

(2) 정규압밀점토(Normally consolidated clay)
현재 받고 있는 유효상재하중이 과거에 받았던 최대하중인 경우이다.
B점 : $OCR = 1$ ($P_c = P_o$)

(3) 과압밀점토(Overconsolidated clay)
현재 받고 있는 유효상재하중이 과거에 받았던 최대하중보다 작은 하중인 경우이다.
C점 : $OCR > 1$ ($P_c > P_o$)

■ 현재 지표면까지 포화되어 있는 점토지반에 있어서 이 지반이 과거에 한번도 대기에 접한 적이 없다면 과압밀 상태이다.(×)

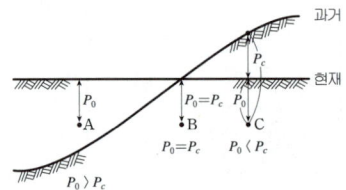

그림. 지반의 압밀상태

과압밀비	흙의 상태	공학적 성질
$OCR < 1$	압밀진행중인 상태	불안정
$OCR = 1$	정규압밀 상태	
$OCR > 1$	과압밀 상태	안정

(4) 과압밀점토의 발생원인
① 지층의 침식, 인공적인 굴착, 빙하의 후퇴
② 지하수위의 변동으로 인한 간극수압의 변화와 단위중량의 변화
③ 산성농도, 염분농도 등의 변화
④ 풍화작용, 침전이온교환, 화학적 변화
⑤ 재하시 변형률의 변화
  과거에 한 번도 대기에 접한 적이 없는 지반은 수위의 변화만 있는 경우이므로 유효응력의 변화가 없으므로 과압밀 상태가 아니다.

7 간극비 - 하중 곡선의 수정

(1) 개요

현장 상태에서 처녀압밀곡선의 기울기는 실험실에서 구한 값보다 약간 크다.

$$C_{c(현장)} > C_{c(실험실)}$$

(2) 정규압밀점토 : Schmertmann

① 초기공극비(e_0)에서 수평선을 긋는다.
② 선행압밀하중에서 연직선을 그어 수평선과 만나는 점 B를 구한다.
③ $0.42\,e_0$인 점에서 수평선을 그어 $e-\log p$ 곡선과 만나는 점 C를 구한다.
④ B와 C를 직선으로 연결하면, 이 직선이 현장상태의 처녀압밀 곡선이 된다.

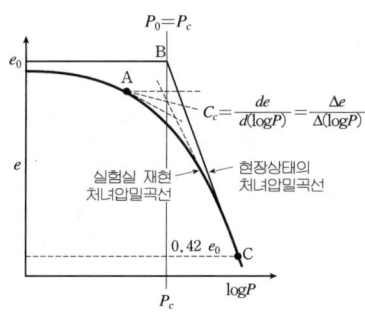

그림. 정규압밀점토의 현장 $e-\log p$ 곡선

8 $e-\log P$ 관계에 영향을 미치는 요인

(1) 시료의 교란

시료의 교란정도가 클수록 $e-\log P$ 곡선의 기울기가 감소한다.

(2) 하중 증가율

① 하중 증가율을 1로 하고 있다.
② 하중 증가율

$$하중증가율 = \frac{\Delta p}{p} = \frac{현단계의\ 하중 - 전단계의\ 하중}{전단계의\ 하중}$$

(3) 재하시간의 변화 : 각 단계의 하중작용시간은 24시간으로 한다.
(4) 링의 측면 마찰 : 압밀링의 측면 마찰 때문에 가한 하중보다 작은 하중이 시료에 전달된다.

■ 표준압밀시험에서 재하비는 (1.0)이며 각 단계의 재하시간은 (24)시간이다.

핵 심 문 제

1 압밀시험을 한 후 e-logP 곡선은 어떤 방법으로 그리는가? [97⑦]

㉮ 압밀방정식을 풀어서 그린다.
㉯ 압밀시험결과 하중-변위량으로부터 공극비를 환산해서 그린다.
㉰ 압밀시험결과를 $\sqrt{t}$법과 logt법을 이용해서 그린다.
㉱ 압밀시험에서 얻어지는 선행압밀하중으로부터 그린다.

2 압밀시험결과 e-logP 곡선으로부터 구할 수 없는 것은? [97산]

㉮ 선행압축력
㉯ 지중공극비
㉰ 압축지수
㉱ 압밀계수

3 점토의 압밀시험 결과 e-logP 곡선에서 선행압밀하중을 구하고자 한다. 옳지 않은 것은? [93⑦]

㉮ e-logP 곡선 상에서 제일 곡률반경이 작은 점에서 접선을 그린다.
㉯ 접선과 수평선과의 이루는 각(a)을 2등분한다.
㉰ 2등분한 선과 직선부의 연장선이 교차하는 점을 구한다.
㉱ 초기 직선부분의 1.15배의 구배를 가진 직선을 긋고 2등분선과의 교점을 구한다.

4 다음 중 어느 곡선으로부터 과압밀비(OCR)를 계산할 수 있는가? [96산]

㉮ $\sqrt{t}-d$ 곡선
㉯ $\log \sigma - e$ 곡선
㉰ $\sigma - C_v$ 곡선
㉱ T-U 곡선

5 다음은 현재 지표면까지 포화되어 있는 점토지반의 과압밀상태를 설명한 것이다. 옳지 않은 것은? [97⑦]

㉮ Casagrande 방법으로 구한 선행압축력이 현재 흙이 받고 있는 압력보다 크다.
㉯ 이 지반은 과거에 침식을 받은 일이 있다.
㉰ 이 지반은 과거에 지하수면이 일시적으로 내려간 일이 있다.
㉱ 이 지반은 과거에 한 번도 대기에 접한 적이 없다.

해 설

[해설] 1
① 각 단계의 하중을 가하여 시험을 한 후 시간-침하 곡선을 작도한다.
② 압밀시험이 완전히 완료된 후 간극비-하중 곡선을 작도한다.
• 세로축은 산술축으로 간극비를 나타낸다.
• 가로축은 대수축으로 하중을 나타낸다.
• 반대수 그래프 용지를 사용한다.

[해설] 2
① 간극비-하중 곡선으로부터 압축지수, 선행압밀하중을 구할 수 있다.
② 하중-침하 곡선으로부터 $\sqrt{t}$, logt 법에 의해 압밀계수를 구하여 압밀시간을 산정한다.

[해설] 3
작도법 - Casagrande(1936)
e-log P 곡선에서 최대곡률점을 설정하고, 수평선과 접선을 그려 이등분하고, 처녀압밀직선을 뒤로 연장하여 2등분선과 만나는 점의 횡방향 좌표 값이 선행압밀하중이 된다.

[해설] 4
① 과압밀비(OCR)
$$OCR = \frac{\text{선행압밀하중}}{\text{현재의 유효상재하중}}$$
② 과압밀비를 알기 위해서는 선행압밀하중을 구하여야 하기 때문에 간극비-하중 곡선이 필요하다.

[해설] 5
① 과압밀이 발생하는 원인
• 지층의 침식, 인공적인 굴착, 빙하의 후퇴
• 지하수위의 변동으로 인한 간극수압의 변화와 단위중량의 변화
• 산성농도, 염분농도 등의 변화
• 풍화작용, 침전이온교환, 화학적 변화 등이 있다.
② 과거에 한 번도 대기에 접한 적이 없는 지반은 수위의 변화만 있은 경우이므로 유효응력의 변화가 없으므로 과압밀 상태가 아니다.

정답 1. ㉯ 2. ㉱ 3. ㉱ 4. ㉯ 5. ㉱

6 시료의 건조무게가 25.5g이고, 비중이 2.35이다. 이 시료의 단면적이 10cm²일 때 시료 중의 토립자의 두께는 얼마인가?(단, 압밀시험에 한함) [97 ⑤]

㉮ 1cm
㉯ 2cm
㉰ 3cm
㉱ 4cm

7 압밀시험결과에서 e-logP 곡선을 그리는 목적은? [97 ㉮]

㉮ 압밀시간을 계산하려고
㉯ 압밀침하량을 계산하려고
㉰ 압밀도를 계산하려고
㉱ 시간계수를 계산하려고

8 압밀이론에서 선행압밀하중이란? [92 00 ⑤]

㉮ 현재 받고 있는 최소의 압밀하중
㉯ 현재 지반 중에서 과거에 최대로 받았던 압밀하중
㉰ 앞으로 받을 수 있는 최대의 압밀하중
㉱ 현재 받고 있는 최대의 압밀하중

9 공극비가 3.2인 점토시료를 압밀하여 압밀응력이 627.84kN/m²에 이르렀다. 그 후 압밀응력을 제거하여 현재 313.92kN/m²에 이르고 있으며, 이 때 공극비는 2.0으로 변했다. 다음 중 옳지 않은 것은? [93 ㉮]

㉮ 현재 이 점토의 과압밀비(OCR)는 2이다.
㉯ 현재 이 점토의 공극비의 변화는 1.2이다.
㉰ 이 점토의 선행압밀하중은 313.92kN/m²이다.
㉱ 이 흙은 현재 과압밀점토이다.

10 다음은 점토지반이 과압밀상태에 있으리라고 예상되는 경우이다. 이 가운데 부적당한 것이 있으면 어느 것인가? [97 ㉮]

㉮ 점토지반 위에 있었던 상재하중이 경감되었다.
㉯ 점토지반 위에 과거에 큰 빙하가 덮여있었다.
㉰ 해성점토 지반에 있어서 바다의 수위가 낮아졌다.
㉱ 포화점토 지반이 과거에 건조된 적이 있었다.

해 설

해설 6

흙 입자의 높이(H_s)

$$H_s = \frac{W_s}{A \cdot G_s \cdot \gamma_w}$$
$$= \frac{25.5}{10 \times 2.35 \times 1} = 1.09\text{cm}$$

해설 7

간극비-하중 곡선의 작도목적
① 압축지수를 구하여 침하량을 산정한다.
② 선행압밀하중을 구하여 흙의 이력상태를 파악한다.

해설 8

선행압밀하중(P_c)은 과거에 받았던 최대하중을 말한다.

해설 9

① 과거에 받았던 최대하중을 선행압밀하중이므로 $P_c = 627.84\text{kN/m}^2$이다.
② 과압밀비(OCR)

$$OCR = \frac{\text{선행압밀하중}}{\text{현재의 유효상재하중}}$$
$$= \frac{627.84}{313.92} = 2$$

③ 과압밀비가 2이므로 과압밀점토이다.

해설 10

① 점토지반 위에 있었던 상재하중으로 인하여 과압밀 상태가 된다.
② 점토지반 위의 과거에 큰 빙하로 인하여 과압밀 상태가 된다.
③ 바다의 수위가 낮아진 것은 유효응력이 변화가 없으므로 정규압밀상태이다.
④ 과거에 건조된 흙은 유효응력의 증가로 인해 과압밀상태가 된다.

정답 6. ㉮ 7. ㉯ 8. ㉯ 9. ㉰ 10. ㉰

4 압밀침하량 및 압밀시간

학습방향

시간-침하 곡선은 각 하중단계마다 작성하는 것으로 그 분량은 압밀하중 일수와 같다. 이 시간-침하 곡선에서 압밀계수(C_v)를 구하여 압밀시간을 산정한다. 또한, 전 하중단계에서의 압밀하중-간극비 곡선에서 압축지수와 선행압밀하중 등을 구하여 압밀침하량을 산정한다.

1 압밀계수(Coefficient of consolidation, C_v)

각 하중단계마다 작성할 수 있는 시간-침하 곡선을 작도하여 t를 구한 후 압밀계수(C_v)를 계산한다.

(1) $\sqrt{t}$ 법(Square root of time fitting method) – Taylor

① 시간-침하 곡선의 초기 부분에 대하여 접선을 긋는다.

② 접선의 기울기의 $\dfrac{1}{1.15}$ 되는 직선을 긋는다.

③ 위의 직선과 곡선이 만나는 점이 압밀도 90%에 해당되는 t_{90}이다.

$$C_v = \frac{T_{90} \cdot d^2}{t_{90}} = \frac{0.848 d^2}{t_{90}}$$

여기서, T_{90} : 압밀도 90%에 해당되는 시간계수($T_{90} = 0.848$)

t_{90} : 압밀도 90%에 소요되는 압밀시간

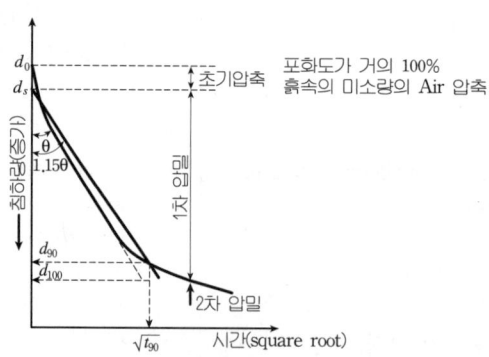

그림. $\sqrt{t}$법에 의한 압밀계수의 결정

학습POINT

■ 표준압밀시험에 있어서 각 하중단계별로 구해지는 시간-침하 곡선으로부터 선행압밀하중을 구할 수 있다.(×)

■ 압밀도 90%에 대한 시간계수 T_v는 (0.848)이다.

(2) log t 법(Logarithm of time fitting method) — Casagrande & Fadum

① 시간-침하 곡선의 초기보정은 $t_1 : t_2 = 1 : 4$가 되도록 임의의 시간 t_1, t_2에 대한 d_1, d_2를 읽는다.
초기보정량 $d_s = 2d_1 - d_2$

② 시간-침하 곡선의 중간부 직선과 우측 하단부 직선구간을 연장하여 만나는 점이 U=100%에 대한 침하량 d_{100}이 된다.

③ U=50%에 해당되는 $d_{50} = \dfrac{d_s + d_{100}}{2}$ 이 되므로 압밀도 50%에 해당되는 t_{50}을 구한다.

$$C_v = \frac{T_{50} \cdot d^2}{t_{50}} = \frac{0.197 d^2}{t_{50}}$$

■ 압밀도 50%에 대한 시간계수 T_v는 (0.197)이다.

여기서, T_{50} : 압밀도 50%에 해당되는 시간계수($T_{50} = 0.197$)
t_{50} : 압밀도 50%에 소요되는 압밀시간

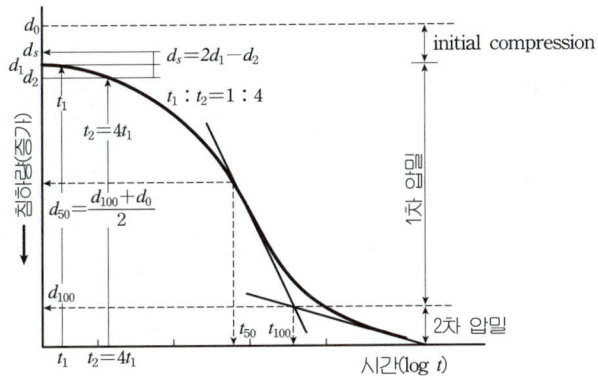

그림. log t 법에 의한 압밀계수의 결정

■ 압밀시간과 배수거리의 관계
$t_1 : t_2 = d_1^2 : d_2^2$
$t_2 = t_1 \cdot \left(\dfrac{d_2}{d_1}\right)^2$

■ 점토층에 있어서 아래쪽은 암반층이 존재하고 위쪽은 모래층이 존재하는 경우에 비하여 양쪽이 모두 모래층인 경우는 압밀소요시간은 $\left(\dfrac{1}{4}\right)$배로 줄어든다.

2 압밀시간(t)

(1) 공식

$t = \dfrac{T \cdot d^2}{C_v}$

여기서, d : 배수거리

(2) 배수거리

① 일면 배수인 경우는 점토층의 두께이다.
② 이면 배수이면 점토층의 두께의 반이다.

■ 압밀시간은 투수계수에 반비례하고, 체적변화계수에 (비례)한다.

■ 압밀침하량(ΔH) 공식
$\Delta H = \dfrac{C_c}{1+e_1} \cdot \log_{10} \dfrac{p_1 + \Delta p}{p_1} \cdot H$
에서 Δp는 지중응력의 증가량이며 H는 점토층의 두께이다.

■ 지반이 완전히 포화되었다고 가정할 때 수위를 증가시키면 이 지반은 침하가 일어난다.(×)

3 압밀침하량(ΔH)

$$\Delta H = m_v \cdot \Delta p \cdot H$$
$$= \frac{a_v}{1+e_1} \cdot \Delta p \cdot H$$
$$= \frac{e_1 - e_2}{1+e_1} \cdot H$$
$$= \frac{C_c}{1+e_1} \cdot \log\left(\frac{p_2}{p_1}\right) \cdot H$$

■ 압밀침하량 산정과 관련 있는 요소
① 압축계수
② 체적변화계수
③ 압축지수

여기서, H : 점토층의 두께
  p_1 : 초기 유효상재하중
  $p_2 = p_1 + \Delta p$
  Δp : 하중증가량
  C_c : 압축지수

4 1차 압밀비(r_p)

(1) 개요 : 1차 압밀량과 전압밀량과의 비를 말한다.

(2) 공식

① $\sqrt{t}$ 법

$$r_p = \frac{1차\ 압밀량}{전압밀량} = \frac{\frac{10}{9}(d_s - d_{90})}{d_0 - d_f}$$

② log t 법

$$r_p = \frac{1차\ 압밀량}{전압밀량} = \frac{d_s - d_{100}}{d_0 - d_f}$$

여기서, d_0 : 시점의 다이알 게이지 읽음
  d_f : 최후의 다이알 게이지 읽음
  d_s : 보정된 시점의 다이알 게이지 읽음
  d_{90}, d_{100} : 90%, 100% 압밀에 있어서의 다이알 게이지 읽음

핵 심 문 제

1 표준압밀 시험에 있어서 각 하중 단계별로 구해지는 시간-침하 곡선으로부터 다음 사항을 구할 수 있다. 이 가운데 해당되지 않는 것은? [94 ㉮]

㉮ 압밀계수 : C_v
㉯ 1차 압밀비 : r
㉰ 체적압축계수 : a_v
㉱ 선행압밀하중(항복하중) : P_c

2 어떤 시료의 압밀시험 결과 $C_v = 2.3 \times 10^{-3} cm^2/sec$ 라면, 두께 2cm인 공시체가 압밀도 50%에 소요되는 시간은? [98 01 ㉮]

㉮ 1.43분 ㉯ 1.53분
㉰ 1.63분 ㉱ 1.73분

3 두께 Hm되는 점토층에서 압밀하중을 가하며 90%압밀이 일어나는데 424일이 소요되었다. 같은 조건하에서 50%에 달하는 데 몇 칠이 걸리겠는가? [97 ㉮]

㉮ 260일 ㉯ 212일
㉰ 199일 ㉱ 98.5일

4 압밀침하량을 구하는 식 $\Delta H = H \cdot \dfrac{C_c}{1+e_1} \cdot \log_{10} \dfrac{p_1 + \Delta p}{p_1}$ 을 설명하는 말에서 틀리는 것은? [91 ㉮]

㉮ H는 압밀층의 두께이다.
㉯ C_c는 $e - \log p$ 곡선에서의 직선부의 기울기이다.
㉰ p_1은 재하 전의 당초 하중이다.
㉱ Δp는 선행압밀하중이다.

5 두께가 5m인 점토층에서 시료를 채취하여 압밀시험을 한 결과 하중강도가 196.2kN/m²에서 392.4kN/m²으로 증가될 때 간극비는 2.0에서 1.8로 감소하였다. 이 5m 점토층에서 최종 압밀침하량의 50% 압밀에 해당하는 침하량은? [96 ㉮]

㉮ 16.5cm ㉯ 33cm
㉰ 36.5cm ㉱ 41cm

해 설

해설 1

각 곡선으로부터 구할 수 있는 요소

시간-침하 곡선	하중-간극비 곡선
① 압밀계수	① 압축지수
② 1차 압밀비	② 선행압밀하중
③ 체적변화계수	③ 압축계수
④ 투수계수	④ 체적변화계수

해설 2

① 양면배수이므로 배수거리는 시료의 두께의 반이므로 1cm이다.
② 압밀도 50%에 대한 시간계수 $T_{50} = 0.197$ 이다.
③ 압밀도 50%에 대한 압밀시간(t_{50})

$$t_{50} = \frac{T_{50} \cdot d^2}{C_v} = \frac{0.197 \times 1^2}{2.3 \times 10^{-3}}$$
$$= 85.65초 = 1.43분$$

해설 3

같은 조건하이므로
$t_{50} : t_{90} = T_{50} : T_{90}$
$t_{50} = \dfrac{T_{50}}{T_{90}} \cdot t_{90} = \dfrac{0.197}{0.848} \times 424$
$= 98.5$일

해설 4

Δp는 하중증가량이다.

해설 5

① 압축지수(C_c)
$C_c = \dfrac{e_1 - e_2}{\log p_2 - \log p_1}$
$= \dfrac{2 - 1.8}{392.4 - 196.2} = 0.664$

② 최종 압밀침하량(ΔH)
$\Delta H = \dfrac{C_c}{1+e_1} \cdot \log\left(\dfrac{p_2}{p_1}\right) \cdot H$
$= \dfrac{0.664}{1+2} \times \log\left(\dfrac{392.4}{196.2}\right) \times 5$
$= 0.333m = 33.3cm$

③ 50% 압밀에 해당하는 침하량
$\Delta H_t =$ 최종 압밀침하량 $\times \dfrac{50}{100}$
$= 33.3 \times \dfrac{50}{100} = 16.65 cm$

정답 1. ㉱ 2. ㉮ 3. ㉱ 4. ㉱ 5. ㉮

6 압밀시험을 하여 그 결과로부터 얻을 수 없는 것은? [89 산]

㉮ 압축지수
㉯ 압밀계수
㉰ 압밀도
㉱ 투수계수

7 다음과 같은 포화점토층의 최종압밀침하량이 50%의 침하를 일으킬 때까지의 걸리는 일수 t_{50}은? [99 기]
(단, 압밀계수는 $C_v = 1 \times 10^{-5} \, cm^2/sec$ 이다.)

㉮ 약 5,800일
㉯ 약 2×10^8일
㉰ 약 928일
㉱ 약 2,280일

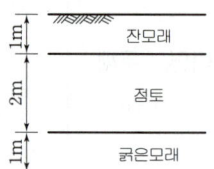

8 그림과 같은 점토층의 압밀속도를 계산한 결과 90% 압밀에 소요되는 시간은 5년이었다. 만일, 암반층 대신 모래층이 존재한다면 압밀소요시간은? [85 기]

㉮ 1.25년
㉯ 2.5년
㉰ 5년
㉱ 10년

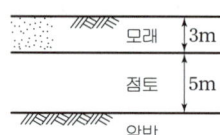

9 그림과 같은 상태에서 지반이 완전히 포화되었다고 가정할 때 수위 H를 증가시키면 이 지반은? [98 기]

㉮ 침하가 일어난다.
㉯ 위로 부풀어오른다.
㉰ 지반의 이동은 없다.
㉱ 수위의 증가량에 따라 다르다.

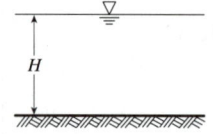

10 압밀을 일으키는 토층의 두께가 3m이다. 이 토층의 시료가 구조물 축조 전의 공극비는 0.80이고, 축조 후의 공극비는 0.50이다. 이 흙의 전 압밀침하량은 몇 cm인가? [95 기]

㉮ 35cm
㉯ 40cm
㉰ 50cm
㉱ 65cm

해 설

해설 6

압밀도(U)

$$U = \frac{\text{소산된 과잉간극수압}}{\text{초기과잉간극수압}} \times 100$$
$$= \frac{u_i - u_e}{u_i} \times 100$$

즉, 압밀도는 초기과잉간극수압에 대한 현재의 과잉간극수압을 측정하여야 하므로 압밀시험에서는 알 수 없다.

해설 7

① 양면배수이므로 배수거리는 포화점토층 두께의 반이므로 1m=100cm이다.
② 압밀도 50%에 대한 시간계수 $T_{50} = 0.197$ 이다.
③ 압밀도 50%에 대한 압밀시간(t_{50})

$$t_{50} = \frac{T_{50} \cdot d^2}{C_v} = \frac{0.197 \times 100^2}{1 \times 10^{-5}}$$
$$= 197,000,000초 = 2,280.09일$$

해설 8

압밀시간(t)

$t = \dfrac{T_v \cdot d^2}{C_v}$ 이므로 압밀에 걸리는 시간은 배수거리의 제곱에 비례한다. 만일, 암반층 대신 모래층이 존재한다면 양면배수이므로 배수거리가 1/2로 줄어들어 압밀에 걸리는 시간은 그 제곱인 1/4 이다.

즉, $\dfrac{1}{4} \times 5년 = 1.25년$ 이다.

해설 9

① 유효응력(σ')은 물의 수위와 무관하고 임의 지점의 깊이에 따라 증가한다. 즉, 수위가 변하여도 유효응력은 변하지 않는다.
② 지반의 강도, 파괴, 침하는 유효응력의 함수이므로 수위가 변하여도 침하는 변화하지 않는다.

해설 10

압밀침하량(ΔH)

$$\Delta H = \frac{e_1 - e_2}{1 + e_1} \cdot H$$
$$= \frac{0.8 - 0.5}{1 + 0.8} \times 300 = 50cm$$

정답 6.㉰ 7.㉱ 8.㉮ 9.㉰ 10.㉰

출제예상문제

CHAPTER 4 흙의 압축성

1. 기초의 탄성 침하량과 관계없는 항목은 어느 것인가?
㉮ 내부마찰각 ㉯ 탄성계수
㉰ 포아슨비 ㉱ 기초의 형상과 깊이

[해설] 즉시침하량(S_i)

$$S_i = \frac{q_s \cdot B \cdot (1-\mu^2)}{E} \cdot I_s$$

여기서, q_s : 등분포하중
μ : 푸아송비
I_s : 영향계수
E : 변형계수

2. 다음 압밀에 관한 설명 중에서 틀린 것은?
㉮ 압밀이 끝나면 흙 입자 사이의 간극수압은 영(0)이 된다.
㉯ 압밀이 시작되는 순간에 압밀층의 중간점의 간극수압은 압밀압력과 크기가 같다.
㉰ 압밀시험을 해서 그 흙의 투수계수를 구할 수 있다.
㉱ 압밀압력이 작용해서 압밀이 끝나기까지는 비교적 긴 시간이 걸리며 이는 흙이 모래일 경우도 마찬가지다.

[해설]
① 압밀시험에 투수계수 결정
- 적용범위 : $K = 10^{-7}$ cm/sec 이하의 불투수성 흙에 적용한다.
- 투수계수 : $K = C_v \cdot m_v \cdot \gamma_w$
② 침하의 종류
- 즉시침하 : 투수성이 큰 모래지반에서 단기적으로 발생한다.
- 압밀침하 : 투수성이 작은 점토지반에서 장기적으로 발생한다.
③ 재하순간의 하중은 물이 받기 때문에 압밀하중은 과잉간극수압과 같다.

3. 같은 흙에서 압밀계수(C_v)의 설명 중 틀린 것은?
㉮ C_v는 압축계수가 커지면 커진다.
㉯ C_v는 투수계수가 커지면 커진다.
㉰ C_v는 공극비가 커지면 커진다.
㉱ C_v는 물의 단위중량이 커지면 작아진다.

[해설] 압밀계수(C_v)

$$C_v = \frac{K}{m_v \cdot \gamma_w}$$

① 압밀계수는 투수계수에 비례한다.
② 압밀계수는 체적변화율계수에 반비례한다.
③ 압밀계수는 물의 단위중량에 비례한다.
④ 압밀계수는 압축계수에 반비례한다.

$m_v = \dfrac{a_v}{1+e_1}$ 이므로 $C_v = \dfrac{(1+e_1) \cdot K}{a_v \cdot \gamma_w}$ 이다.

따라서, 압밀계수는 압축계수에 반비례한다.

4. 어떤 점토시료에 압밀을 가하여 전 침하량이 15cm가 되었다. 이 점토시료가 80% 압밀일 때의 침하량은?
㉮ 12cm
㉯ 1.2cm
㉰ 15cm
㉱ 1.5cm

[해설]
① 압밀도(U)

$$U = \frac{\text{현재의 압밀량}}{\text{최종 압밀량}} \times 100(\%)$$

② 현재의 압밀량

현재의 압밀량 = 최종 압밀량 × $\dfrac{\text{압밀도}}{100}$

$= 15 \times \dfrac{80}{100} = 12$cm

해답 1. ㉮ 2. ㉱ 3. ㉮ 4. ㉮

5. 그림과 같은 지반에서 39.24kN/m²의 순간하중이 재하된 후 25%의 압밀이 일어났다면 A점에서의 전체 공극수압은 얼마이겠는가?(단, 물의 단위중량은 9.81kN/m³이다.)

㉮ 39.24kN/m²
㉯ 49.05kN/m²
㉰ 58.86kN/m²
㉱ 68.67kN/m²

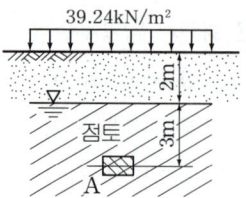

[해설]

① 순간하중 재하 전의 공극수압(u)
$$u = \gamma_w \cdot h = 9.81 \times 3 = 29.43 \text{kN/m}^2$$

② 25%의 압밀이 일어났을 때의 과잉간극수압(u_e)
$$U = \frac{u_i - u_e}{u_i} \times 100 \text{이므로}$$
$$u_e = \left(1 - \frac{U}{100}\right) \cdot u_i = \left(1 - \frac{25}{100}\right) \times 39.24$$
$$= 29.43 \text{kN/m}^2$$

③ 전체 공극수압
전체 공극수압 = 재하 전의 공극수압 + 과잉공극수압
= 29.43 + 29.43 = 58.86kN/m²

6. 성토 직후 점토 지반 중의 한 점 A의 공극수압을 측정한 결과 그림과 같았다. 압밀도가 80%로 진행되면 h는?

㉮ 0.2m가 된다.
㉯ 0.4m가 된다.
㉰ 1.0m가 된다.
㉱ 0.1m가 된다.

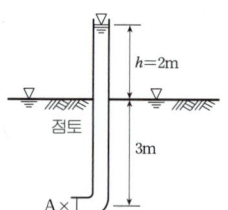

[해설]

① 초기과잉간극수압 : $u_i = 2\text{t/m}^2$

② 압밀도(U)
$$U = \frac{\text{소산된 과잉간극수압}}{\text{초기과잉간극수압}} \times 100 = \frac{u_i - u_e}{u_i} \times 100$$

이므로 현재의 과잉간극수압은
$$u_e = u_i \left(1 - \frac{U}{100}\right) = 2 \times \left(1 - \frac{80}{100}\right) = 0.4 \text{t/m}^2$$

③ 압력수두(Δh) : $\Delta h = \frac{u_e}{\gamma_w} = \frac{0.4}{1} = 0.4\text{m}$

7. 그림과 같은 지반이 있다. 압밀도가 50%일 때 점토 깊이에 따른 과잉공극수압의 분포도는 이론상 어느 것인가?

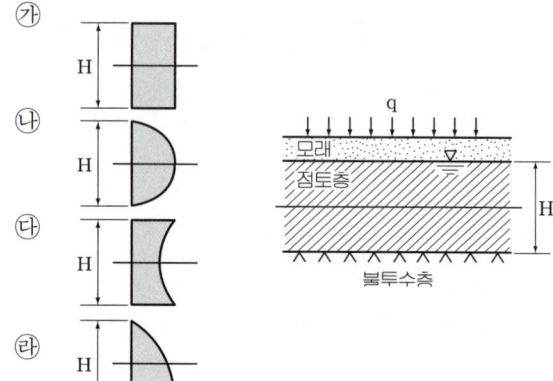

[해설]

과잉공극수압이 가장 적은 곳은 배수가 가장 쉬운 곳이다. 즉, 모래지반과 접한 곳이 된다.

8. 다음 그림은 어느 시간에 있어서 점토깊이(H)에 따른 과잉간극수압(B)과 유효응력 분포도(A)를 그린 것이다. 평균압밀도란 다음 중 어느 것인가?

㉮ $\dfrac{B}{A}$

㉯ $\dfrac{A}{B}$

㉰ $\dfrac{A}{A+B}$

㉱ $\dfrac{B}{A+B}$

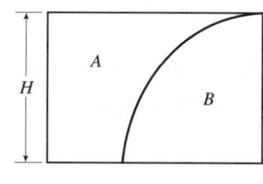

[해설]

① 초기과잉간극수압(u_i)은 전체면적(A+B)을 나타낸다.
② 현재의 과잉간극수압(u_e)은 B를 나타낸다.
③ 과잉간극수압이 소산된 면적(A)은 유효응력의 면적(A)과 같다.
④ 일면배수인 토층의 평균 압밀도
$$U = \frac{\text{면적}(A+B) - \text{면적}(B)}{\text{면적}(A+B)} \times 100$$
$$= \frac{\text{면적}(A)}{\text{면적}(A+B)} \times 100(\%)$$

해답 5. ㉰ 6. ㉯ 7. ㉱ 8. ㉰

9. 그림과 같이 일면배수 상태의 점토지반에서 실제로 압밀현상이 가장 늦게 일어나는 곳은 어디인가?

㉮ Ⓐ
㉯ Ⓑ
㉰ Ⓒ
㉱ Ⓓ

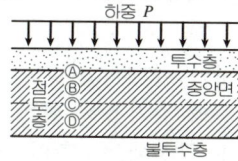

해설
① 일면배수의 경우는 Ⓓ에서 배수거리가 멀어 과잉간극수압의 소산이 가장 적으므로 압밀현상이 가장 늦게 일어난다.
② 양면배수의 경우는 Ⓒ에서 배수거리가 멀어 과잉간극수압의 소산이 가장 적으므로 압밀현상이 가장 늦게 일어난다.
③ 즉, 문제에서는 일면배수이므로 배수거리가 가장 먼 Ⓓ에서 압밀현상이 가장 늦게 일어난다.

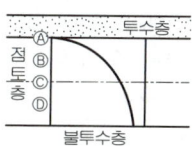

10. 다음의 예들 가운데서 Terzaghi의 1차 압밀론이 적용되는 것은?

㉮ 연약 점토지반에 Sand drain을 시공한 예
㉯ 도로, 철도, 제방의 경우
㉰ 연약 점토층에 고층건물을 구축할 경우
㉱ 대단위 해안 매립지

해설
① 샌드 드레인(Sand drain) 공법은 Terzaghi의 압밀이론을 기본으로해서 Barron에 의해 발전되었다.
② Terzaghi의 1차원 압밀이론과 가장 가까운 재하상태는 점토층에 비해 재하면적이 매우 넓고 큰 경우이다.

11. 흐트러지지 않은 시료의 정규압밀점토의 압축지수(C_c)값은?

㉮ 0.25
㉯ 0.27
㉰ 0.30
㉱ 0.315

해설 압축지수(C_c)
$$C_c = 0.009(w_L - 10) = 0.009 \times (45-10) = 0.315$$

12. 두께 20mm, 공극비 2.0인 점토시료가 압력을 받아서 시료의 두께가 15mm로 되었을 때의 공극비는?(단, 시료는 축방향 변위만 생긴다고 본다.)

㉮ 0.875
㉯ 1.25
㉰ 1.50
㉱ 1.75

해설
① 흙 입자의 높이(H_s)
$$e_0 = \frac{V_v}{V_s} = \frac{H_v}{H_s} = \frac{H-H_s}{H_s}$$ 이므로
$$H_s = \frac{H}{1+e_0} = \frac{20}{1+2} = 6.67mm = 0.667cm$$

② 15mm일 때의 간극비(e)
$$e = \frac{V_v}{V_s} = \frac{H}{H_s} - 1 = \frac{15}{6.67} - 1 = 1.25$$

③ 별해
$$\frac{\Delta e}{1+e_0} = \frac{\Delta H}{H_0}$$ 에서
$$\frac{\Delta e}{1+2} = \frac{20-15}{20}$$
$$\frac{\Delta e}{3} = \frac{5}{20}$$
$$20\Delta e = 15$$
$$\Delta e = \frac{15}{20} = 0.75$$
$$e = e_0 - \Delta e = 2 - 0.75 = 1.25$$

13. 다짐되지 않은 두께 2m, 상대밀도 45%의 느슨한 사질토 지반이 있다. 실내시험결과 최대 및 최소 간극비가 0.85, 0.40으로 각각 산출되었다. 이 사질토를 상대밀도 70%까지 다짐할 때 두께의 감소는 얼마나 되겠는가?

㉮ 13cm
㉯ 15cm
㉰ 17cm
㉱ 19cm

해답 9. ㉱ 10. ㉯ 11. ㉱ 12. ㉯ 13. ㉮

해설
① 상대밀도 45%의 간극비(e_0)
$$D_r = \frac{e_{max} - e}{e_{max} - e_{min}} \times 100 = \frac{0.85 - e_0}{0.85 - 0.40} \times 100 = 45$$
에서 $e_0 = 0.6475$

② 상대밀도 70%의 간극비(e_1)
$$D_r = \frac{e_{max} - e}{e_{max} - e_{min}} \times 100 = \frac{0.85 - e_1}{0.85 - 0.40} \times 100 = 70$$
에서 $e_1 = 0.5350$

③ 두께의 감소(ΔH)
$$\frac{\Delta e}{1 + e_0} = \frac{\Delta H}{H_0}$$ 에서
$$\frac{0.6475 - 0.5350}{1 + 0.6475} = \frac{\Delta H}{200}$$ 이므로
$\Delta H = 13.66\,cm$

14. 압밀시험 결과 다음 그림과 같은 e-logP 곡선이 얻어졌을 때 선행압밀하중은 어느 정도인가?

㉮ 10kg/cm²
㉯ 5kg/cm²
㉰ 2kg/cm²
㉱ 0.5kg/cm²

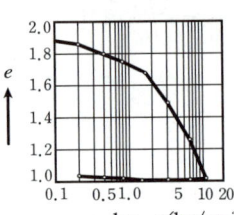

해설 작도법 – Casagrande(1936)
e-log P 곡선에서 최대곡률점을 설정하고, 수평선과 접선을 그려 이등분하고, 처녀압밀직선을 뒤로 연장하여 2등분선과 만나는 점의 횡방향 좌표 값이 선행압밀하중이 된다.

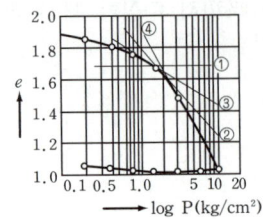

15. Casagrande의 선행압밀하중은 고정적인 값은 아니고 대략 다음과 같은 조건에서는 그 값이 변한다. 이 가운데 압밀선행하중과 관계없는 항은 어느 것인가?

㉮ 압밀침하가 클 때
㉯ 압밀하중의 증가율을 변화시킬 때
㉰ e-log P 곡선에서 e축의 scale을 바꿀 때
㉱ 압밀하중의 재하시간을 변화시킬 때

해설 e-log P 관계에 영향을 미치는 요인
① 시료의 교란
② 하중 증가율
③ 재하시간의 변화
④ 링의 측면 마찰

16. 보통 압밀시험 결과는 공극-압밀하중 곡선(e-log P 곡선)으로 정리되는데 이 곡선으로부터 다음 여러 가지 값을 구할 수 있다. 다음 중 이 곡선으로부터 직접 구할 수 없는 것은?

㉮ 압밀선행하중(선행압축력)
㉯ 압축지수
㉰ 공극비의 변화
㉱ 투수계수

해설
① 간극비-하중 곡선으로부터 압축지수, 선행압밀하중을 구할 수 있다.
② 하중-침하 곡선으로부터 $\sqrt{t}$, logt법에 의해 압밀계수를 구하여 압밀시간을 산정한다.
③ 투수계수를 구하기 위해서는 압밀계수를 알아야 한다.
$K = C_v \cdot m_v \cdot \gamma_w$

17. 선행압밀하중을 결정하기 위해서는 압밀시험을 행한 다음 어느 곡선으로부터 구할 수 있는가?

㉮ 간극비-압력(log 눈금) 곡선
㉯ 압밀계수-압력(log 눈금) 곡선
㉰ 일차 압밀비-압력(log 눈금) 곡선
㉱ 이차 압밀 계수-압력(log 눈금) 곡선

해답 14. ㉰ 15. ㉰ 16. ㉱ 17. ㉮

[해설] 간극비-하중곡선의 작도목적
① 압축지수를 구하여 침하량을 산정한다.
② 선행압밀하중을 구하여 흙의 이력상태를 파악한다.

18. 선행압밀하중(P_0)에 대한 설명 중 옳지 않은 것은?

㉮ 흙이 현재 지반에서 과거에 최대로 받았을 때의 압밀 하중을 말한다.
㉯ e – log P 곡선 상에서 구한다.
㉰ 정규압밀 점토와 과압밀 점토를 구분할 수 있다.
㉱ 압밀 소요시간 계산에 이용된다.

[해설]
① 선행압밀하중은 점토지반의 침하량과 흙의 이력상태를 파악한다.
② 압밀계수는 압밀 소요시간 계산에 이용한다.

19. 표준압밀시험에서 재하비와 각 단계의 재하시간은?

㉮ 재하비 : 1.0, 재하시간 : 12시간
㉯ 재하비 : 1.5, 재하시간 : 12시간
㉰ 재하비 : 1.0, 재하시간 : 24시간
㉱ 재하비 : 2.0, 재하시간 : 24시간

[해설]
① 하중증가율
 • 하중 증가율을 1로 하고 있다.
 • 하중증가율 $= \dfrac{\Delta p}{p}$
  $= \dfrac{\text{현단계의 하중} - \text{전단계의 하중}}{\text{전단계의 하중}}$
② 재하시간의 변화 : 각 단계의 하중작용시간은 24시간으로 한다.

20. 지표면 아래 1m되는 곳에 점 A가 있다. 본래 이 지층은 건조해 있었으나 댐 건설로 현재는 지표면까지 지하수위가 도달하였다. 다른 요인을 무시할 때 A점의 과압밀비(OCR)는? (단, 흙의 건조단위중량은 15.7kN/m³, 포화단위중량은 19.62kN/m³, 물의 단위중량은 9.81kN/m³)

㉮ 1.00 ㉯ 1.25
㉰ 1.60 ㉱ 0.80

[해설]
① 건조시 유효응력(σ_A')
 $\sigma_A' = \gamma_d \cdot h = 15.7 \times 1 = 15.7 \text{kN/m}^2$
② 댐 건설 후의 유효응력(σ_A')
 $\sigma_A' = \gamma_{sub} \cdot h = 9.81 \times 1 = 9.81 \text{kN/m}^2$
③ 선행압밀하중 : 과거에 받았던 최대하중을 선행압밀하중이라 하므로 $P_c = 15.7 \text{kN/m}^2$ 이다.
④ 과압밀비(OCR)
 $OCR = \dfrac{P_c}{P_0} = \dfrac{15.7}{9.81} = 1.60$

21. 그림 중 A점에서 자연시료를 채취하여 압밀 시험한 결과 선행압축력이 79.46kN/m²이었다. 이 흙은 무슨 점토인가?(단, 물의 단위중량은 9.81kN/m³이다.)

㉮ 압밀진행중인 점토
㉯ 정규압밀점토
㉰ 과압밀점토
㉱ 이것으론 알 수 없다.

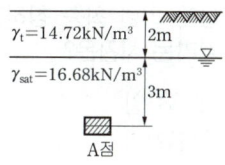

[해설]
① 현재의 유효상재하중(σ')
 $\sigma_A' = \gamma_t \cdot h_1 + \gamma_{sub} \cdot h_2 = 14.72 \times 2 + 6.87 \times 3$
 $= 50.05 \text{kN/m}^2$
② 과압밀비(OCR)
 $OCR = \dfrac{\text{선행압밀하중}}{\text{현재의 유효상재하중}} = \dfrac{79.46}{50.05} = 1.59$
③ 과압밀비가 1.59이므로 과압밀점토이다.

해답 18. ㉱ 19. ㉰ 20. ㉰ 21. ㉰

22. 다음 중 압밀속도에 영향을 미치지 않는 요소는?

㉮ 배수거리 ㉯ 흙의 압밀계수
㉰ 토립자의 비중 ㉱ 흙의 투수계수

[해설]
① 압밀시간(t)
$$t = \frac{T_v \cdot d^2}{C_v}$$
② 압밀계수(C_v)
$$C_v = \frac{K}{m_v \cdot \gamma_w}$$
③ 토립자의 비중은 압밀속도에 영향을 미치지 않는다.

23. 압밀시험에 의하여 점토질의 압밀계수를 log$t$ 법으로 구할 때 시간계수(Time factor) T는?

㉮ 0.848 ㉯ 0.403
㉰ 0.197 ㉱ 0.071

[해설]
압밀계수를 log$t$ 법으로 구할 때 압밀도 50%에 해당되는 시간계수 $T_{50} = 0.197$이다.

24. 압밀계수가 $5.0 \times 10^{-5} \text{cm}^2/\text{sec}$인 두께 2m의 점토층이 투수성의 토층 사이에 놓여 있을 때, 구조물에 의한 최종 침하량이 1/2의 침하를 일으키는 데 걸리는 시간은?

㉮ 387일 ㉯ 456일
㉰ 569일 ㉱ 671일

[해설]
① 양면배수이므로 배수거리는 점토층의 두께의 반이므로 1m=100cm이다.
② 압밀도 50%에 대한 시간계수 $T_{50} = 0.197$이다.
③ 압밀도 50%에 대한 압밀시간(t_{50})
$$t_{50} = \frac{T_{50} \cdot d^2}{C_v} = \frac{0.197 \times 100^2}{5.0 \times 10^{-5}} = 39,700,000 초$$
$$= 456 일$$

25. 두께 3m의 점토층에 배수조건은 단면(일면)배수이다. 이 점토를 채취하여 토질시험한 결과 공극비 $e = 1.0$, 압축계수 $a_v = 2 \times 10^{-4} \text{cm}^2/\text{g}$, 투수계수 $K = 2 \times 10^{-7}\text{cm/sec}$이었다. 이 점토가 50% 압밀에 요하는 시간을 구한 값은?

㉮ 3,703일 ㉯ 664.15일
㉰ 102.60일 ㉱ 38.57일

[해설]
① 일면배수이므로 배수거리는 점토층의 두께이므로 3m=300cm이다.
② 압밀도 50%에 대한 시간계수 $T_{50} = 0.197$이다.
③ 체적변화계수(m_v)
$$m_v = \frac{a_v}{1+e_1} = \frac{2.0 \times 10^{-4}}{1+1} = 1.0 \times 10^{-4} \text{cm}^2/\text{g}$$
④ 압밀계수(C_v)
$$C_v = \frac{K}{m_v \cdot \gamma_w} = \frac{2 \times 10^{-7}}{(1.0 \times 10^{-4}) \times 1}$$
$$= 2 \times 10^{-3} \text{cm}^2/\text{sec}$$
⑤ 압밀도 50%에 대한 압밀시간(t_{50})
$$t_{50} = \frac{T_{50} \cdot d^2}{C_v} = \frac{0.197 \times 300^2}{2.0 \times 10^{-3}} = 8,865,000 초$$
$$= 102.6 일$$

26. 그림과 같은 포화점토층이 상재하중에 의하여 압밀도 $U = 60\%$에 도달하는데 걸리는 시간은? (단, $C_v = 3.6 \times 10^{-4} \text{cm/sec}$, $T_v = 0.287$)

㉮ 약 2.5년
㉯ 약 1.3년
㉰ 약 1.6년
㉱ 약 2.2년

[해설]
① 양면배수이므로 배수거리는 시료의 두께의 반이므로 250cm이다.
② 압밀도 60%에 대한 압밀시간(t_{60})
$$t_{60} = \frac{T_{60} \cdot d^2}{C_v} = \frac{0.287 \times 250^2}{3.6 \times 10^{-4}} = 49,826,388.89 초$$
$$= 1.58 년$$

해답 22. ㉰ 23. ㉰ 24. ㉯ 25. ㉰ 26. ㉰

27. 두께 2cm의 점토시료에 대한 압밀시험의 결과 압밀도 50%에 도달하는 데 1시간이 걸렸다. 같은 압밀조건하에서 두께 1m의 동일 점토층이 최종 압밀침하량의 1/2에 도달하는 데 걸리는 시간은?

㉮ 50시간
㉯ 250시간
㉰ 500시간
㉱ 2,500시간

[해설]
① 압밀시험은 양면배수이므로 배수거리는 시료의 두께의 반이므로 $d_1 = 1\text{cm}$, $d_2 = 50\text{cm}$이다.
② 압밀시간(t)
$t = \dfrac{T_v \cdot d^2}{C_v}$ 이므로 압밀에 걸리는 시간은 배수거리의 제곱에 비례한다.
즉, $t_1 : t_2 = d_1^2 : d_2^2$
$t_2 = \dfrac{d_2^2}{d_1^2} \cdot t_1 = \dfrac{50^2}{1^2} \times 1 = 2,500$시간

28. 지층의 두께가 3m인 모래와 점토가 있다. 임의의 시간에 있어서 모래의 압축성은 점토의 1/5배이고, 모래의 투수계수는 점토의 10,000배라고 할 때 점토의 압밀시간은 모래의 압밀시간의 몇 배인가?

㉮ 50,000배
㉯ 10,000배
㉰ 6,000배
㉱ 2,000배

[해설]
① 문제의 조건에서 점토의 압축성(m_v)은 모래의 5배이며, 점토의 투수성은 $\dfrac{1}{10,000}$ 배이다.
② 압밀시간(t)
$t = \dfrac{T \cdot d^2}{C_v} = \dfrac{T \cdot d^2}{1} \dfrac{m_v \cdot \gamma_w}{K} = \dfrac{m_v}{K} \left(\dfrac{\gamma_w \cdot T \cdot d^2}{1} \right)$
즉, 압밀시간은 투수계수(K)에 반비례하고, 체적변화계수(m_v)에 비례한다.

$t = \dfrac{m_v}{K} \left(\dfrac{\gamma_w \cdot T \cdot d^2}{1} \right)$
$= \dfrac{5}{\dfrac{1}{10,000}} \dfrac{m_v}{K} \left(\dfrac{\gamma_w \cdot T \cdot d^2}{1} \right)$
$= 50,000 \dfrac{m_v}{K} \left(\dfrac{\gamma_w \cdot T \cdot d^2}{1} \right)$
점토층의 압밀시간은 모래의 50,000배이다.

29. 그림과 같은 점토층의 최종 1차 압밀침하량이 20cm라면 압밀침하량 18cm가 일어나는데 걸리는 시간은 얼마나 되는가?(단, $C_v = 0.002\text{cm}^2/\sec$)

㉮ 286일
㉯ 1,227일
㉰ 3,272일
㉱ 4,907일

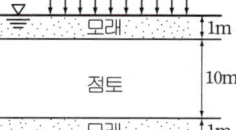

[해설]
① 압밀도(U)
$U = \dfrac{\text{현재의 압밀량}}{\text{최종 압밀량}} \times 100 = \dfrac{18}{20} \times 100 = 90\%$
② 양면배수이므로 배수거리 $d = \dfrac{1,000}{2}\text{cm} = 500\text{cm}$ 이다.
③ 압밀도 90%에 대한 시간계수 $T_{90} = 0.848$이다.
④ 압밀도 90%에 대한 압밀시간(t_{90})
$t_{90} = \dfrac{T_{90} \cdot d^2}{C_v} = \dfrac{0.848 \times 500^2}{0.002} = 1.06 \times 10^8$초
$= 1,226.85$ 일

30. 어느 공사의 유효상재하중을 올리는 시공기간이 8개월이다. 이 공사를 집중하중으로 생각할 때 12개월의 실제 침하량은 순간하중으로 구한 침하량의 몇 개월에 해당되는 침하량인가?

㉮ 4개월
㉯ 6개월
㉰ 8개월
㉱ 10개월

해답 27. ㉱ 28. ㉮ 29. ㉯ 30. ㉰

[해설]

① 하중이 증가하는 임의의 시간(t)에서의 침하량

임의시간 t에 대한 침하량 = $\frac{t}{t_c} \times (\frac{t}{2}$의 순간침하량)

② 공사기간이 8개월이므로 12개월의 실제 침하량 중 12-8=4개월의 침하량은 하중재하와 관계없고, 공사기간 8개월의 침하량을 순간하중으로 환산하면 4개월 침하량과 같으므로 총침하 개월 수는 $\frac{8}{2}+4=8$개월이다.

31. 압밀침하량을 산정하는 데 있어서 다음 값 중 사용되지 않은 것은?

㉮ 최초공극비
㉯ 압밀계수
㉰ 압축계수
㉱ 지중응력의 증가량

[해설]

① 압밀계수(C_v)는 압밀시간 산정에 이용된다.
② 압밀침하량(ΔH)

$\Delta H = m_v \cdot \Delta p \cdot H = \frac{a_v}{1+e_1} \cdot \Delta p \cdot H$
$= \frac{C_c}{1+e_1} \cdot \log(\frac{p_2}{p_1}) \cdot H$

32. 그림과 같이 포화된 점토층의 a-b 위에 추가로 동일한 압력을 가하는 데 (A)에는 물을, (B)에는 모래를 사용하였다. 점토의 침하량을 비교할 때 다음 중 옳은 것은?

㉮ 시간에 따라 다르다.
㉯ (A)=(B)
㉰ (A)<(B)
㉱ (A)>(B)

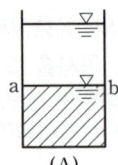 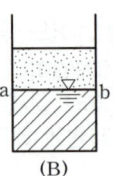

[해설]
지반의 강도, 파괴, 침하는 유효응력의 함수이며, 물의 수위가 변하여도 유효응력의 변화가 없으므로 (A)의 경우 침하는 변하지 않는다.

33. 포화점토의 압밀에 대한 다음 설명 중 틀린 것은?

㉮ 압밀은 이론상 과잉공극수압이 발생하는 동안 진행된다.
㉯ 압밀은 압밀계수에 비례한다.
㉰ 압밀침하에 소요되는 시간은 배수거리의 제곱에 비례한다.
㉱ 압밀침하량은 압밀하중과는 관계가 없다.

[해설]

① 압밀은 이론상 과잉간극수압이 발생하여 소산되는 동안 발생한다.
② 압밀침하량(ΔH) : $\Delta H = \frac{C_c}{1+e_1} \cdot \log(\frac{p_2}{p_1}) \cdot H$

이므로 압밀하중의 증가량 크기에 따라 증가한다.

34. 다음 그림은 두께 2m, 초기 공극비 1.0, 압축지수 0.5인 점토층 두께 5m의 모래를 성토하였을 때의 유효연직응력의 분포도를 보인 것이다. 점토층 중앙에서의 평균침하량은?(단, 물의 단위중량은 9.81kN/m³이다.)

㉮ 0.25m
㉯ 0.37m
㉰ 0.50m
㉱ 0.19m

[해설]

① 성토전 점토층 중앙의 유효응력 $\sigma_1' = 9.81 \text{kN/m}^2$
② 상재하중으로 인한 유효응력증가량
$\Delta \sigma' = 88.29 \text{kN/m}^2$
③ 상재하중재하 후의 점토층 중앙의 유효응력
$\sigma_2' = 9.81 + 88.29 = 98.1 \text{kN/m}^2$
④ 압밀침하량(ΔH) : $\Delta H = \frac{C_c}{1+e_1} \cdot \log(\frac{p_2}{p_1}) \cdot H$
$= \frac{0.5}{1+1} \times \log(\frac{98.1}{9.81}) \times 2 = 0.5 \text{m}$

해답 31. ㉯ 32. ㉰ 33. ㉱ 34. ㉰

35. 그림과 같은 지반에 등분포하중 $\Delta P = 58.86 \text{kN/m}^2$을 가하였다. 점토층의 1차 압밀에 의한 침하량은 얼마인가?(단, 지하수면은 지표면과 일치하고 물의 단위중량은 9.81kN/m³이다.)

㉮ 102.1cm
㉯ 51.1cm
㉰ 38.9cm
㉱ 76.3cm

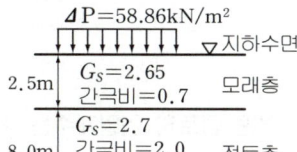

[해설]

① 모래의 수중단위중량(γ_{sub1})
$$\gamma_{sub1} = \frac{G_s - 1}{1+e} \cdot \gamma_w = \frac{2.65-1}{1+0.7} \times 9.81$$
$$= 9.52 \text{kN/m}^3$$

② 점토의 수중단위중량(γ_{sub2})
$$\gamma_{sub2} = \frac{G_s - 1}{1+e} \cdot \gamma_w = \frac{2.7-1}{1+2.0} \times 9.81$$
$$= 5.56 \text{kN/m}^3$$

③ 하중 작용 전의 유효응력(σ_1')
$$\sigma_1' = \gamma_{sub1} \cdot H_1 + \gamma_{sub2} \cdot \frac{H_2}{2}$$
$$= 9.52 \times 2.5 + 5.56 \times \frac{8}{2} = 46.04 \text{kN/m}^2$$

④ 하중 증가량(ΔP)
$$\Delta P = 58.86 \text{kN/m}^2$$

⑤ 하중 증가 후의 유효응력(σ_2')
$$\sigma_2' = \sigma_1' + \Delta P = 46.04 + 58.86 = 104.9 \text{kN/m}^2$$

⑥ 1차 압밀침하량(S_c)
$$S_c = m_v \cdot \Delta \sigma' \cdot H = \frac{C_c}{1+e_1} \cdot \log(\frac{\sigma_2'}{\sigma_1'}) \cdot H$$
$$= \frac{0.8}{1+2.0} \times (\log_{10} \frac{104.9}{46.04}) \times 8.0$$
$$= 0.763 \text{m} = 76.3 \text{cm}$$

36. 그림과 같은 지층단면에서 지표면에 가해진 49.05 kN/m²의 상재하중으로 인한 점토층(정규압밀점토)의 1차 압밀최종침하량을 구하고, 침하량이 5cm일 때 평균압밀도를 구하면?(단, 물의 단위중량은 9.81kN/m³이다.)

㉮ S=18.5cm, U=27%
㉯ S=14.7cm, U=22%
㉰ S=15.8cm, U=19%
㉱ S=16.9cm, U=36%

[해설]

① 하중 작용 전의 유효응력(σ_1')
$$\sigma_1' = \gamma_t \cdot H_1 + \gamma_{sub1} \cdot H_2 + \gamma_{sub2} \cdot \frac{H_3}{2}$$
$$= 16.68 \times 1 + 7.85 \times 2 + 8.83 \times \frac{3}{2} = 45.63 \text{kN/m}^2$$

② 하중 증가량($\Delta \sigma'$)
$$\Delta \sigma' = 49.05 \text{kN/m}^2$$

③ 하중 증가 후의 유효응력(σ_2')
$$\sigma_2' = \sigma_1' + \Delta \sigma'$$
$$= 45.63 + 49.05 = 94.68 \text{kN/m}^2$$

④ 1차 압밀최종침하량(S_c)
$$S_c = m_v \cdot \Delta \sigma' \cdot H$$
$$= \frac{C_c}{1+e_1} \cdot \log(\frac{\sigma_2'}{\sigma_1'}) \cdot H$$
$$= \frac{0.35}{1+0.8} \times (\log_{10} \frac{94.68}{45.63}) \times 3.0 = 0.185 \text{m}$$
$$= 18.5 \text{cm}$$

⑤ 압밀도(U)
$$U = \frac{\Delta H_t}{H} \times 100 = \frac{5}{18.5} \times 100 = 27.03\%$$

37. 건물의 신축에서 큰 침하를 피하지 못하는 경우의 대책 중 옳지 않은 것은?

㉮ 신축이음을 설치한다
㉯ 구조물의 강성을 높힌다. 특히 수평재가 유효하다.
㉰ 지중응력의 증가를 크게 한다.
㉱ 구조물의 형상 및 중량 배분을 고려한다.

[해설] 압밀침하량(ΔH)
$$\Delta H = m_v \cdot \Delta p \cdot H = \frac{a_v}{1+e_1} \cdot \Delta p \cdot H$$
$$= \frac{C_c}{1+e_1} \cdot \log_{10} \frac{p_1 + \Delta p}{p_1} \cdot Hz$$

즉, 지중응력의 증가량(Δp)이 크면 구조물의 침하량은 증가한다.

해답 35. ㉱ 36. ㉮ 37. ㉰

38. 압밀에 관한 다음 사항 중 틀린 것은?

㉮ 선행하중을 구하기 위해서는 log p-e 곡선이 필요하다.
㉯ 유기물을 많이 함유한 흙은 2차 압밀량이 다른 흙보다 크다.
㉰ 1차 압밀비란 1차 압밀량과 2차 압밀량과의 비이다.
㉱ 압밀계수를 구하기 위하여 시간-침하량 곡선을 그린다.

[해설]
① e-logP 곡선에서 선행압밀하중(P_c)을 구한다.
② 2차 압밀량은 유기질 흙, 해성점토일수록 크다.
③ 1차 압밀비(r_p)

$$r_p = \frac{1차\ 압밀량}{전압밀량}$$

39. Terzaghi의 압밀이론에서 2차 압밀이란 어느 것인가?

㉮ 과대하중에 의해 생기는 압밀
㉯ 과잉간극수압이 "0"이 되기 전의 압밀
㉰ 횡방향의 변형으로 인한 압밀
㉱ 과잉간극수압이 "0"이 된 후에도 계속되는 압밀

[해설]
① 과잉간극수압이 완전히 소산된 후 흙 구조의 소성적 재조정 때문에 생긴 압축변형을 2차 압밀이라 한다.
② 유기질토, 해성점토, 점토층의 두께가 두꺼울수록 2차 압밀침하량은 크다.

40. 점토층으로부터 흙시료를 채취하여 압밀시험을 한 결과 하중강도가 294.3kN/m² 로부터 451.26 kN/m² 로 증가했을 때 간극비는 2.7로부터 1.9로 감소하였다. 압축계수(a_v)는 얼마인가?

㉮ 0.005(m²/kN) ㉯ 0.006(m²/kN)
㉰ 0.007(m²/kN) ㉱ 0.008(m²/kN)

[해설]
압축계수(a_v)

$$a_v = \frac{\Delta e}{\Delta \sigma'}$$

$$= \frac{e_1 - e_2}{\sigma'_2 - \sigma'_1} = \frac{2.7 - 1.9}{451.26 - 294.3} = 0.005\ \text{m}^2/\text{kN}$$

41. 어떤 점토의 압밀계수는 $1.92 \times 10^{-3}\text{cm}^2/\text{sec}$, 압축계수는 $2.86 \times 10^{-2}\text{cm}^2/g$ 이었다. 이 점토의 투수계수는?(단, 이 점토의 초기 간극비는 0.80이다.)

㉮ 1.05×10^{-5}cm/sec
㉯ 2.05×10^{-5}cm/sec
㉰ 3.05×10^{-5}cm/sec
㉱ 4.05×10^{-5}cm/sec

[해설]
① 체적변화계수(m_v)

$$m_v = \frac{a_v}{1+e_1} = \frac{2.86 \times 10^{-2}}{1+0.8} = 1.589 \times 10^{-2}\ \text{cm}^2/g$$

② 투수계수(K)

$$K = C_v \cdot m_v \cdot \gamma_w = (1.92 \times 10^{-3}) \times (1.589 \times 10^{-2}) \times 1$$
$$= 3.051 \times 10^{-5}\ \text{cm/sec}$$

42. 액성한계가 60%인 점토의 흐트러지지 않은 시료에 대하여 압축지수를 Skempton의 방법에 의하여 구한 값은?

㉮ 0.16   ㉯ 0.28
㉰ 0.35   ㉱ 0.45

[해설]
압축지수(C_c)
$$C_c = 0.009(w_L - 10) = 0.009 \times (60 - 10) = 0.45$$

43. 점토시료를 가지고 압밀시험을 하였다. 다음 설명 중 틀린 것은?

㉮ 압밀하중을 가하면 간극률은 작아진다.
㉯ 과잉간극수압이 소산되면 1차 압밀이 완료된 것이다.
㉰ 압밀하중을 제거하면 간극률이 커진다.
㉱ 단단한 점토일수록 압축지수가 크다.

[해설]
압축지수(Compression index, C_c)
① 개요 : e-log P 곡선의 직선부분의 기울기이다.
② Terzaghi 와 Peak(1967)의 경험식
　㉮ 흐트러지지 않은 점토
　　$C_c = 0.009(w_L - 10)$
　㉯ 흐트러진 점토
　　$C_c = 0.007(w_L - 10)$
　여기서, w_L : 액성한계
따라서, 단단한 점토일수록 액성한계가 감소하여 압축지수가 작다.

44. 압밀 시험에서 압축지수를 구하는 가장 중요한 목적은?

㉮ 압밀침하량을 결정하기 위함이다.
㉯ 압밀속도를 결정하기 위함이다.
㉰ 투수량을 결정하기 위함이다.
㉱ 시간계수를 결정하기 위함이다.

[해설]
압밀시험에서 압축지수를 구하는 가장 중요한 목적은 압밀침하량을 결정하기 위함이다.

45. 정규압밀점토의 압밀시험에서 하중강도를 39.24 kN/m² 에서 78.48kN/m² 로 증가시킴에 따라 간극비가 0.83에서 0.65로 감소하였다. 압축지수는 얼마인가?

㉮ 0.3 ㉯ 0.45
㉰ 0.6 ㉱ 0.75

[해설]
압축지수(C_c)
압축지수는 압밀시험에서 e-logP 곡선의 직선부분의 기울기이다.

$$C_c = \frac{e_1 - e_2}{\log p_2 - \log p_1} = \frac{e_1 - e_2}{\log \frac{p_2}{p_1}} = \frac{0.83 - 0.65}{\log \frac{78.48}{39.24}}$$

$= 0.598$
압축지수는 압밀침하량 산정에 이용한다.

46. 선행압밀하중(P_c)에 대한 설명 중 옳지 않은 것은?

㉮ 흙이 현재 지반에서 과거에 최대로 받았을 때의 압밀 하중을 말한다
㉯ e - log P 곡선 상에서 구한다
㉰ 정규압밀 점토와 과압밀 점토를 구분할 수 있다.
㉱ 압밀 소요시간 계산에 이용된다.

[해설]
① 선행압밀하중은 점토지반의 침하량과 흙의 이력상태를 파악한다.
② 압밀계수는 압밀 소요시간 계산에 이용한다.

47. 그림 중 A점에서 자연시료를 채취하여 압밀 시험한 결과 선행압축력이 79.46kN/m² 이었다. 이 흙은 무슨 점토인가?(단, 물의 단위중량은 9.81kN/m³이다.)

㉮ 압밀진행중인 점토
㉯ 정규압밀점토
㉰ 과압밀점토
㉱ 이것으론 알 수 없다.

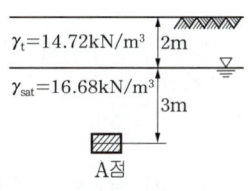

[해설]
① 현재의 유효상재하중(σ')
　$\sigma_A' = \gamma_t \cdot h_1 + \gamma_{sub} \cdot h_2 = 14.72 \times 2 + 6.87 \times 3$
　　　$= 50.05 \, kN/m^2$
② 과압밀비(OCR)
　$OCR = \frac{선행압밀하중}{현재의 유효상재하중} = \frac{79.46}{50.05} = 1.59$
③ 과압밀비가 1.59이므로 과압밀점토이다.

48. 점토에서 과압밀이 발생하는 원인으로 가장 거리가 먼 것은?

㉮ 지질학적 침식으로 인한 전응력의 변화
㉯ 2차 압밀에 의한 흙 구조의 변화
㉰ 선행하중 재하시 투수계수의 변화
㉱ pH, 염분 농도와 같은 환경적인 요소의 변화

해설
1) 과압밀이 발생하는 원인
  ① 지층의 침식, 인공적인 굴착, 빙하의 후퇴
  ② 지하수위의 변동으로 인한 간극수압의 변화와 단위중량의 변화
  ③ 산성농도, 염분농도 등의 변화
  ④ 풍화작용, 침전이온교환, 화학적 변화
  ⑤ 재하시 변형률의 변화
2) 과거에 한 번도 대기에 접한 적이 없는 지반은 수위의 변화만 있는 경우이므로 유효응력의 변화가 없으므로 과압밀 상태가 아니다.

49. 압밀 시험에 사용된 시료의 교란으로 인한 영향을 나타낸 것으로 옳은 것은?

㉮ $e-\log P$ 곡선의 기울기가 급해진다.
㉯ $e-\log P$ 곡선의 기울기가 완만해진다.
㉰ 선행압밀하중의 크기가 증가하게 된다.
㉱ 선행압밀하중의 크기가 감소하게 된다.

해설
시료의 교란이 심할수록 $e-\log P$ 곡선의 기울기가 완만해진다.

50. 압밀에 필요한 시간을 구할 때 이론상 필요하지 않는 항은 어느 것인가?

㉮ 압밀층의 배수거리
㉯ 유효응력의 크기
㉰ 압밀계수
㉱ 시간계수

해설
압밀에 필요한 시간을 구할 때 필요하지 않는 항은 유효응력의 크기이다.
$$C_v \cdot t = T_v \cdot d^2$$

51. 다음에 표시된 하중 q에 의한 최종압밀침하량은 7.5cm로 예상되어진다. 예상되는 최종압밀침하량의 80%가 일어나는데 걸리는 시간은?
(단, $C_v = 2.54 \times 10^{-4} \, cm^2/sec$, $T_{80} = 0.567$)

㉮ 13.33년
㉯ 14.33년
㉰ 15.33년
㉱ 16.33년

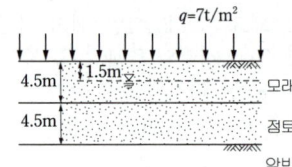

해설
① 일면배수이므로 배수거리는 시료의 두께이므로 450cm이다.
② 압밀도 80%에 대한 압밀시간(t_{80})
$$t_{80} = \frac{T_{80} \cdot d^2}{C_v} = \frac{0.567 \times 450^2}{2.54 \times 10^{-4}}$$
$$= 452,037,401.6초 = 14.33년$$

52. 포화 점토층의 두께가 6.0m이고 점토층 위와 아래는 모래층이다. 이 점토층이 최종압밀침하량의 70%를 일으키는데 걸리는 기간은 몇 일 인가?(단, 압밀계수 $C_v = 3.6 \times 10^{-3} \, cm^2/sec$ 이고, 압밀도 70%에 대한 시간계수 $T_v = 0.403$ 이다.)

㉮ 116.6일   ㉯ 342일
㉰ 233.2일   ㉱ 466.4일

해설
① 양면배수이므로 배수거리는 시료의 두께의 반이므로 3.0m=300cm이다.
② 압밀도 70%에 대한 시간계수 $T_{50} = 0.403$이다.
③ 압밀도 70%에 대한 압밀시간(t_{50})
$$t_{50} = \frac{T_{50} \cdot d^2}{C_v} = \frac{0.403 \times 300^2}{3.6 \times 10^{-3}}$$
$$= 10,075,000초 = 116.61일$$

해답 48. ㉰ 49. ㉯ 50. ㉯ 51. ㉯ 52. ㉮

53. 두께 5m되는 점토층 아래 위에 모래층이 있을 때 최종 1차 압밀침하량이 0.6m로 산정되었다. 아래의 압밀도(U)와 시간계수(T_v)의 관계 표를 이용하여 0.36m가 침하될 때 걸리는 총소요시간을 구하면? (단, 압밀계수 $C_v = 3.6 \times 10^{-4}$ cm²/sec이고, 1년은 365일)

① 약 1.2년
② 약 1.6년
③ 약 2.2년
④ 약 3.6년

U%	T_v
40	0.126
50	0.197
60	0.287
70	0.403

해설

① 압밀도(U)
$$U = \frac{현재의\ 압밀량}{최종\ 압밀량} \times 100 = \frac{0.36}{0.60} \times 100 = 60\%$$

② 양면배수이므로 배수거리 $d = \frac{500}{2}$ cm = 250cm 이다.

③ 압밀도 60%에 대한 시간계수 $T_{60} = 0.287$ 이다.

④ 압밀도 60%에 대한 압밀시간(t_{60})
$$t_{60} = \frac{T_{60} \cdot d^2}{C_v} = \frac{0.287 \times 250^2}{3.6 \times 10^{-4}}$$
$$= 4.9 \times 10^7 초 = 약 1.6년$$

54. 어떤 점토시료의 압밀시험에서 시료의 두께가 20cm라고 할 때, 압밀도 50%에 도달할 때까지의 시간을 구하면?
(단, 시료의 압밀계수는 $C_v = 2.3 \times 10^{-3}$ cm²/sec² 이고 양면배수조건 이다.)

㉮ 10.24시간 ㉯ 5.12시간
㉰ 2.38시간   ㉱ 1.19시간

해설

① 양면 배수이므로 배수거리는 시료 두께의 반이므로 10cm이다.

② 압밀시간(t_{50})
$$t_{50} = \frac{T_{50} \cdot d^2}{C_v} = \frac{0.197 \times 10^2}{2.3 \times 10^{-3}} = 8,565 \sec = 2.38 hr$$

55. 모래지층사이에 두께 6m의 점토층이 있다. 이 점토의 토질 실험결과가 아래 표와 같을 때, 이 점토층의 90%압밀을 요하는 시간은 약 얼마인가? (단, 1년은 365일로 계산)

- 간극비 : 1.5
- 압축계수(a_v) : 4×10^{-4} (cm²/g)
- 투수계수 k = 3×10^{-7} (cm/sec)

㉮ 12.9년   ㉯ 5.22년
㉰ 1.29년   ㉱ 52.2년

해설

① 체적변화계수
$$m_v = \frac{a_v}{1+e_1} = \frac{4 \times 10^{-4}}{1+1.5} = 1.6 \times 10^{-4} \text{ cm}^2/g$$

② 압밀계수(C_v)
$$C_v = \frac{K}{m_v \cdot \gamma_w} = \frac{3 \times 10^{-7}}{1.6 \times 10^{-4} \times 1}$$
$$= 1.88 \times 10^{-3} \text{ cm}^2/\sec$$

③ 양면배수이므로 배수거리는 포화점토층 두께의 반이므로 3m=300cm이다.

④ 압밀도 90%에 대한 시간계수 $T_{90} = 0.848$ 이다.

⑤ 압밀도 90%에 대한 압밀시간(t_{90})
$$t_{90} = \frac{T_{90} \cdot d^2}{C_v} = \frac{0.848 \times 300^2}{1.88 \times 10^{-3}}$$
$$= 40,595,745 초 = 479.86일 = 1.29년$$

56. 점토층의 두께 5m, 간극비 1.4, 액성한계 50%이고 점토층 위의 유효상재압력이 98.1kN/m²에서 137.34 kN/m² 로 증가할 때의 침하량은? (단, 압축지수는 흐트러지지 않은 시료에 대한 Terzghi & Peck 의 경험식을 사용하여 구한다.)

㉮ 8cm   ㉯ 11cm
㉰ 24cm   ㉱ 36cm

해설

① 압축지수(C_c)
$$C_c = 0.009(w_L - 10) = 0.009 \times (50-10) = 0.36$$

② 압밀침하량(S_c)
$$S_c = \frac{C_c}{1+e_1} \cdot \log\left(\frac{p_2}{p_1}\right) \cdot H$$
$$= \frac{0.36}{1+1.4} \times \left(\log \frac{137.34}{98.1}\right) \times 5$$
$$= 0.110 \text{ (m)} = 11.0 \text{ (cm)}$$

해답 53. ㉯ 54. ㉰ 55. ㉰ 56. ㉯

57. 그림과 같은 지층단면에서 지표면에 가해진 49.05 kN/m²의 상재하중으로 인한 점토층(정규압밀점토)의 1차 압밀최종침하량을 구하고, 침하량이 5cm일 때 평균압밀도를 구하면?(단, 물의 단위중량은 9.81kN/m³이다.)

㉮ S=18.5cm, U=27%
㉯ S=14.7cm, U=22%
㉰ S=15.8cm, U=19%
㉱ S=16.9cm, U=36%

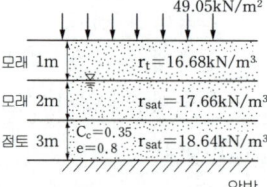

해설

① 하중 작용 전의 유효응력(σ_1')

$$\sigma_1' = \gamma_t \cdot H_1 + \gamma_{sub1} \cdot H_2 + \gamma_{sub2} \cdot \frac{H_3}{2}$$

$$= 16.68 \times 1 + 7.85 \times 2 + 8.83 \times \frac{3}{2}$$

$$= 45.63 \text{ kN/m}^2$$

② 하중 증가량($\Delta\sigma'$)

$$\Delta\sigma' = 49.05 \text{ kN/m}^2$$

③ 하중 증가 후의 유효응력(σ_2')

$$\sigma_2' = \sigma_1' + \Delta\sigma'$$

$$= 45.63 + 49.05 = 94.68 \text{ kN/m}^2$$

④ 1차 압밀최종침하량(S_c)

$$S_c = m_v \cdot \Delta\sigma' \cdot H$$

$$= \frac{C_c}{1+e_1} \cdot \log(\frac{\sigma_2'}{\sigma_1'}) \cdot H$$

$$= \frac{0.35}{1+0.8} \times (\log_{10} \frac{94.68}{45.63}) \times 3.0$$

$$= 0.185 \text{ m} = 18.5 \text{ cm}$$

⑤ 압밀도(U)

$$U = \frac{\Delta H_t}{H} \times 100 = \frac{5}{18.5} \times 100 = 27.03\%$$

해답 57. ㉮

제5장 흙의 전단강도

출제경향분석

흙의 전단강도는 어려운 내용이 많이 있지만 출제빈도가 높으므로 내용을 정리하여 쉬운 것부터 단계적으로 이해하도록 하여야 한다. 특히, 전단강도정수를 결정하기 위한 시험에서 배수조건에 따른 시험방법은 배수조건 별로 비교 정리하여 암기하는 것이 좋다.

단원별 경향분석

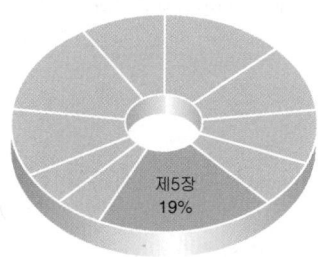

토목기사

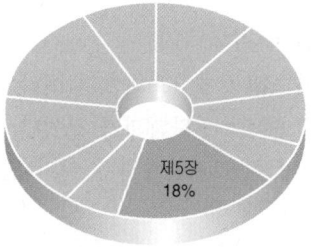

토목산업기사

항목별 경향분석

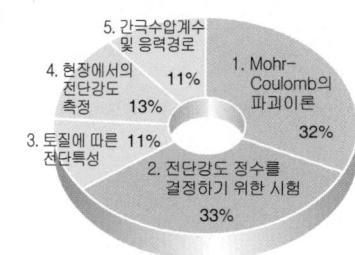

토목기사

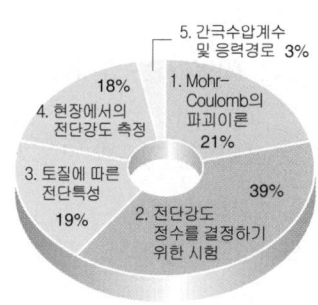

토목산업기사

1 Mohr-Coulomb의 파괴이론

> **학습방향**
>
> 흙의 전단강도는 흙 입자 사이에 작용하는 점착력과 내부마찰력으로 이루어진다. 전단응력이 전단강도보다 크면 전단파괴가 발생한다. 일반적으로 시험에서는 흙의 종류에 따른 파괴포락선, Mohr의 응력원에 의한 수직 및 전단응력을 구하는 것이 많이 출제되고 있다.

1 흙의 전단강도

흙의 전단강도는 흙 입자 사이에 작용하는 점착력과 내부마찰력으로 이루어진다.

$$\tau = c + \sigma \cdot \tan\phi$$

여기서, τ : 전단강도(kg/cm²)
 c : 점착력(kg/cm²)
 σ : 수직응력(kg/cm²)
 ϕ : 내부마찰각(°)

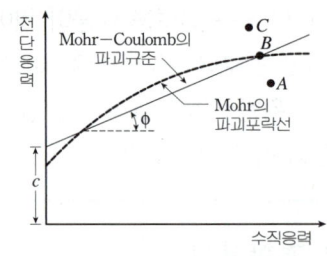

그림. Mohr-Coulomb의 파괴포락선

2 파괴포락선

(1) A점 : 전단파괴가 일어나기 전의 상태이다.
(2) B점 : 전단파괴가 일어난 상태이다.
(3) C점 : 전단파괴가 이미 발생하였기 때문에 이러한 경우는 이론상 존재할 수 없다.

3 흙의 종류에 따른 파괴포락선

(1) 일반 흙(Ⓐ)
 $\tau = c + \sigma' \cdot \tan\phi$

(2) 모래(Ⓑ)
 모래 지반에서는 점착력 $c=0$ 이므로
 $\tau = \sigma' \cdot \tan\phi$
 즉, 조립토인 경우의 전단강도는 입자간의 내부마찰각에 의하여 좌우된다.

(3) 포화점토(Ⓒ)
 포화점토 지반에서는 내부마찰각 $\phi=0$ 이므로
 $\tau = c$
 즉, 점성이 큰 흙의 전단강도는 대부분이 점착력에 의하여 지배된다.

학습POINT

■ 전단강도는 토립자 간에 작용하는 유효수직응력과는 무관하다.(×)

■ 점착력은 파괴면에 작용하는 수직응력의 크기와는 무관하다.

■ 전단응력이 전단강도보다 크면 전단파괴가 일어난다.

■ 압밀이 진행되면 전단강도는 증가한다.

■ 흙의 전단강도에 있어서 조립토인 경우의 전단강도는 입자간의 (마찰각)에 의하여 좌우된다.

■ 흙의 전단강도에 있어서 점성이 큰 흙의 전단강도는 대부분이 (점착력)에 의해서 지배된다.

4 유효응력에 의한 전단강도식

(1) 유효응력은 전응력에서 중립응력을 뺀 값이다.

$$\sigma' = \sigma - u$$

(2) 전단강도식

$$\tau = c' + (\sigma - u) \cdot \tan\phi' = c' + \sigma' \cdot \tan\phi'$$

여기서, c' : 점착력
σ' : 유효수직응력
ϕ' : 내부마찰각

(3) 유효응력으로 표시한 점착력 값
① 모래와 무기질 흙은 0(zero)이다.
② 정규압밀점토는 0(zero)에 가깝다.
③ 과압밀점토는 0(zero)보다 크다.

■ 정규압밀점토의 유효응력에 의한 과괴포락선은 원점을 지난다.(○)

5 Mohr의 응력원

(1) 주응력면(principal planes)
평면응력(plane stress)에서 수직응력 σ_n이 최대이고 전단응력 τ_n이 최소($\tau_n = 0$)가 되는 두 단면이 존재한다. 이러한 단면을 주응력면이라 한다. 즉, 주응력면은 전단응력이 0인 주응력이 작용하는 면이다.

(2) 주응력(principal stress)
주응력면 위에 작용하는 법선응력들을 주응력이라 한다. 이 때, 최대인 것을 최대주응력(σ_1), 최소인 것을 최소주응력(σ_3)이라 한다.

■ Mohr원은 σ_1과 σ_3의 차의 벡터를 (지름)으로 하여 그린 원이다.

(3) 파괴면에 작용하는 수직응력(σ)

$$\sigma = \frac{\sigma_1 + \sigma_3}{2} + \frac{\sigma_1 - \sigma_3}{2}\cos 2\theta$$

(4) 파괴면에 작용하는 전단응력(τ)

$$\tau = \frac{\sigma_1 - \sigma_3}{2}\sin 2\theta$$

여기서, θ : 수평면(최대주응력면)과 파괴면이 이루는 각

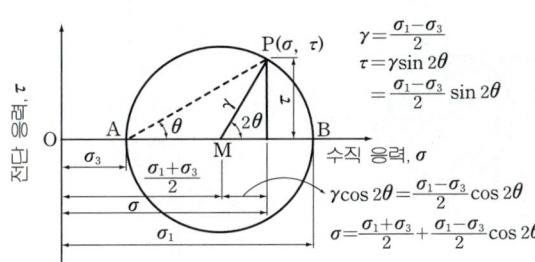

그림. Mohr의 응력원

6 Mohr원과 파괴포락선

(1) 파괴포락선과 Mohr원이 X점에서 접한다.
(2) A와 X를 잇는 선이 전단파괴면이다.
(3) 파괴면과 최대주응력면이 이루는 각(θ)

$$\theta = 45° + \frac{\varnothing}{2}$$

(4) 최소주응력면과 파괴면이 이루는 각(θ')

$$\theta' = 45° - \frac{\varnothing}{2}$$

(5) $\theta + \theta' = 90°$

■ Mohr원이 Mohr파괴포락선 아래에 존재한다면 그 흙은 (안정)하다.

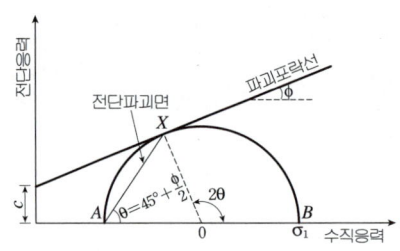

그림. Mohr의 응력원과 파괴포락선

7 도해법에 의한 전단응력과 수직응력

Mohr원에서 평면상에 작용하는 응력을 구하는 방법으로 **극점법** 또는 **평면기점법**(method of origin of planes)이 있다.

(1) 최대주응력(σ_1), 최소주응력(σ_3) 크기로 축척에 맞추어 Mohr원을 그린다.
(2) 최대주응력(σ_1) 점에서 최대주응력면에 평행선을 그어 Mohr원과 만나는 점을 평면기점(origin of plane, O_P) 또는, 극점이라 한다. 또한, 최소주응력(σ_3)점에서 최소주응력면에 평행선을 그어도 같은 결과를 얻을 수 있다.
(3) 평면기점(O_P)에서 파괴면과 평행선을 그어 Mohr원과 만나는 점이 구하고자 하는 응력점(σ_f, τ_f)이 된다.

■ 일축압축 시험결과를 나타낸 Mohr원에서 평면기점은 원점이 된다.(○)

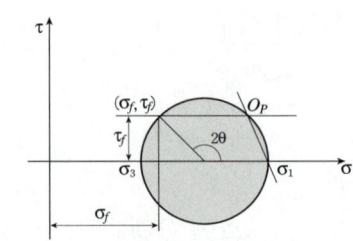

그림. 평면기점법

핵심문제

1 흙의 전단강도에 대한 다음 설명 중 옳지 않은 것은? [98 ㉮]

㉮ 전단강도는 토립자 사이에 작용하는 점착력과 내부마찰각으로 이루어진다.
㉯ 전단강도는 토립자 간에 작용하는 유효수직압력과는 무관하다.
㉰ 점성이 큰 흙의 전단강도는 대부분이 점착력에 의하여 지배된다.
㉱ 조립토인 경우의 전단강도는 입자간의 마찰각에 의하여 좌우된다.

2 건조한 모래에 대해서 직접전단 시험을 행하여 수직응력이 441.45 kN/m²일 때 323.73kN/m²의 전단저항을 얻었다. 이 모래의 내부마찰각을 구한 값과 수직응력 588.6kN/m²일 때의 전단저항을 구한 값은? [98 ㉮]

㉮ 36°15′, 431.64kN/m²
㉯ 36°15′, 686.7kN/m²
㉰ 35°15′, 431.64kN/m²
㉱ 35°15′, 686.7kN/m²

3 Mohr원에 관한 설명 중 옳지 않은 것은? [98 ㉯]

㉮ σ_1과 σ_2의 차의 벡터를 반지름으로 하여 그린 원이다.
㉯ 평면기점(O_p)은 최소주응력을 나타내는 원호 상에서 최소주응력면과 평행선이 만나는 점을 말한다.
㉰ σ_2를 무시한 2차원적 해석이다.
㉱ 원의 평면의 응력상태를 알아내는데 유용하다.

해설

해설 1
① 흙의 전단강도는 흙 입자 사이에 작용하는 점착력과 내부마찰력으로 이루어지며, 전단강도는 토립자 간에 작용하는 유효수직압력이 증가함에 따라 증가한다.
② 조립토인 경우의 전단강도는 입자간의 내부마찰각에 의하여 좌우된다.
③ 점성이 큰 흙의 전단강도는 대부분이 점착력에 의하여 지배된다.

해설 2
① 건조한 모래의 전단강도(τ)
 $c=0$이므로 $\tau = \sigma' \cdot \tan\phi$
② 내부마찰각(ϕ)
 $323.73 = 441.45 \times \tan\phi$
 $\tan\phi = \dfrac{323.73}{441.45}$
 $\phi = \tan^{-1}\left(\dfrac{323.73}{441.45}\right)$
 $= 36°15′14″$
③ 전단저항(τ)
 $\tau = \sigma' \cdot \tan\phi$
 $= 588.6 \times \tan 36°15′14″$
 $= 431.64$

해설 3
① Mohr원의 직경은 축차응력($\sigma_1 - \sigma_3$)이다.
② Mohr원의 반경은 $\dfrac{\sigma_1 - \sigma_3}{2}$이며, 중심점은 ($\dfrac{\sigma_1 + \sigma_3}{2}$, 0)점이다.

정답 1. ㉯ 2. ㉮ 3. ㉮

4 다음은 정규압밀점토의 삼축압축 시험결과를 나타낸 것이다. 파괴시 전단응력 τ와 수직응력 σ를 구하면? [95 01 ㉮]

㉮ $\tau = 16.99 \, kN/m^2$, $\sigma = 24.53 \, kN/m^2$
㉯ $\tau = 13.83 \, kN/m^2$, $\sigma = 29.43 \, kN/m^2$
㉰ $\tau = 14.91 \, kN/m^2$, $\sigma = 24.53 \, kN/m^2$
㉱ $\tau = 16.99 \, kN/m^2$, $\sigma = 29.43 \, kN/m^2$

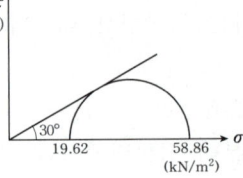

해 설

[해설]
① Mohr 원
최대주응력 $\sigma_1 = 58.86 \, kN/m^2$, 최소주응력 $\sigma_3 = 19.62 \, kN/m^2$,
내부마찰각 $\phi = 30°$, 점착력 $c = 0$
수평면과 파괴면이 이루는 각도 $\theta = 45° + \frac{\phi}{2} = 45° + \frac{30°}{2} = 60°$
② 파괴면에 작용하는 수직응력(σ)
$\sigma = \frac{\sigma_1 + \sigma_3}{2} + \frac{\sigma_1 - \sigma_3}{2} \cos 2\theta$
$= \frac{58.86 + 19.62}{2} + \frac{58.86 - 19.62}{2} \cos(2 \times 60°) = 29.43 \, kN/m^2$
③ 파괴면에 작용하는 전단응력(τ)
$\tau = \frac{\sigma_1 - \sigma_3}{2} \sin 2\theta = \frac{58.86 - 19.62}{2} \sin(2 \times 60°) = 16.99 \, kN/m^2$
여기서, θ : 수평면과 파괴면이 이루는 각

5 다음 그림은 일축압축시험 결과를 나타낸 Mohr원이다. 그림에서 평면기점은 다음 중 어느 것인가? [92 ㉮]

㉮ A
㉯ B
㉰ C
㉱ D

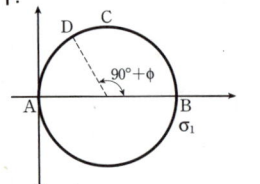

[해설] **5**
최대주응력(σ_1) 점에서 최대주응력면에 평행선을 그어 Mohr원과 만나는 점을 평면기점이라 한다. 문제에서는 A점이 된다.

6 다음 설명 중 잘못된 것은 어느 것인가? [97 01 ㉮]

㉮ 전단응력이 전단강도를 넘으면 흙 내부에서 파괴가 일어난다.
㉯ 전단강도는 점착력과 내부마찰각의 크기로서 나타낸다.
㉰ 점착력은 파괴면에 작용하는 수직응력의 크기와는 무관하고 주어진 흙에 대해서는 일정하다.
㉱ 내부마찰각은 수직응력에 비례한다.

[해설] **6**
① 흙의 전단강도는 흙 입자 사이에 작용하는 점착력과 내부마찰력으로 이루어진다.
$\tau = c + \sigma \cdot \tan \phi$
② 전단응력이 전단강도를 초과하면 그 면을 따라 활동이 발생하여 파괴가 일어난다.
③ 전단강도정수인 점착력과 내부마찰각은 수직응력의 크기와는 무관하고 주어진 흙의 종류에 대해서는 일정하다.

정답 4. ㉱ 5. ㉮ 6. ㉱

7 직접전단 시험을 한 결과 수직응력이 1200kN/m²일 때 전단저항력 1000kN/m²이었고, 수직응력이 2400kN/m²일 때 전단저항력은 1800kN/m²이었다. 이 때 점착력을 계산한 것은? [98 산]

㉮ 200kN/m²
㉯ 300kN/m²
㉰ 456kN/m²
㉱ 621kN/m²

8 아래 그림에서 A점 흙의 강도정수가 $c' = 29.43$kN/m², $\phi' = 30°$일 때 A점의 전단강도는?(단, 물의 단위중량은 9.81kN/m³이다.) [94 기]

㉮ 67.98kN/m²
㉯ 72.48kN/m²
㉰ 97.41kN/m²
㉱ 101.93kN/m²

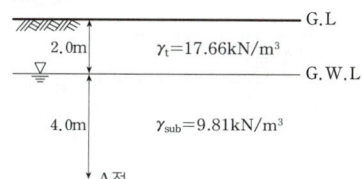

9 다음 그림 중 정규압밀점토의 유효응력에 의한 파괴포락선은? [98 산]

㉮ ①
㉯ ②
㉰ ③
㉱ ④

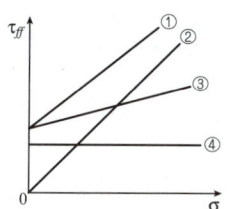

10 다음 설명 중 틀린 것은? [97 기]

㉮ Mohr원이 Mohr 파괴포락선 아래에 존재한다면 그 흙은 불안정하다.
㉯ Mohr원이 Mohr 파괴포락선에 접하는 경우 그 흙은 파괴에 도달했음을 의미한다.
㉰ Mohr원과 Mohr 파괴포락선의 교차하게 되는 응력상태는 존재하지 않는다.
㉱ 포화점토의 비배수 전단강도는 Mohr원의 반경과 같다.

해 설

해설 7

① 전단강도(τ)
 $\tau = c + \sigma' \cdot \tan\phi$
② 문제에서
 $1000 = c + 1200\tan\phi$ ------식①
 $1800 = c + 2400\tan\phi$ ------식②
연립방정식을 풀면
즉, 식①에 2를 곱하여 식②를 빼면
 $2000 = 2c + 2400\tan\phi$
 $1800 = c + 2400\tan\phi$
 ────────────────
 $200 = c$
즉, 점착력 $c = 200$kN/m²이다.

해설 8

① A점의 유효응력(σ')
 $\sigma' = \gamma_t \times 2 + \gamma_{sub} \times 4$
  $= 17.66 \times 2 + 9.81 \times 4$
  $= 74.56$kN/m²
② 흙의 전단강도(τ)
 $\tau = c' + \sigma' \cdot \tan\phi'$
  $= 29.43 + 74.56 \times \tan 30°$
  $= 72.48$kN/m²

해설 9

① 정규압밀점토의 유효응력으로 표시한 점착력 값은 0(zero)에 가깝다.
② 포화된 점토를 비압밀 비배수시험에 의해 전응력으로 표시하면 $\phi = 0°$이고, c만 나타난다.
③ 정규압밀점토의 압밀 배수시험과 압밀 비배수시험에서는 점착력 $c = 0$이고, 내부마찰각은 0(zero)이 아니다.

해설 10

파괴포락선
① Mohr원이 파괴포락선 아래에 있으면 전단파괴가 일어나기 전의 상태이다.
② Mohr원이 파괴포락선에 접하면 전단파괴가 일어난 상태이다.
③ Mohr원이 파괴포락선 위에 있으면 전단파괴가 이미 발생하였기 때문에 이러한 경우는 이론상 존재할 수 없다.

정답 7. ㉮ 8. ㉯ 9. ㉯ 10. ㉮

2 전단강도정수를 결정하기 위한 시험

학습방향

점착력(c)과 내부마찰각(ø)을 전단강도정수(Shear strength parameters)라 하며 전단강도 시험은 이러한 전단강도정수를 구하기 위한 시험을 말한다. 일반적으로 시험에서는 전단시험 후의 결과정리, 삼축압축 시험에서 배수조건에 따른 적용의 예가 많이 출제되므로 비교 정리하여 암기하는 것이 중요하다.

1 전단시험의 종류

실내실험	실외실험
㉮ 직접전단시험 ㉯ 일축압축시험 ㉰ 삼축압축시험	㉮ 베인전단시험 ㉯ 원추관입시험 ㉰ 표준관입시험

2 전단력을 가하는 방법에 의한 분류

변형제어식(Strain control type)	응력제어식(Stress control type)
① 변형속도를 일정하게 하여 전단시험을 하는 방법이다. ② 최대전단강도 및 파괴 후의 전단저항(극한전단강도)도 측정하고 그래프도 나타낼 수 있다. ③ 최대전단강도를 분명히 알 수 있으므로 주로 이 방법을 많이 사용한다.	① 시료에 주는 응력을 일정한 속도로 증가시켜 가면서 전단시험을 하는 방법이다. ② 최대전단저항 만을 측정할 수 있다.

3 직접전단시험(Direct shear test)

전단시험 중 가장 오래되고 가장 간단한 전단시험 방법이다.

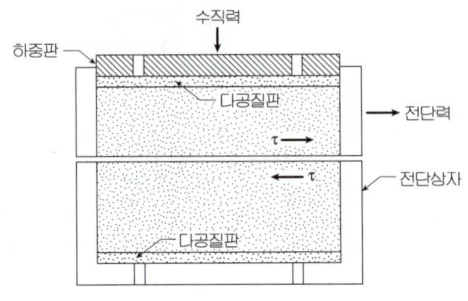

그림. 직접전단 시험장치

학습POINT

■ CBR test는 흙에 관한 전단시험의 한 종류이다.(×)

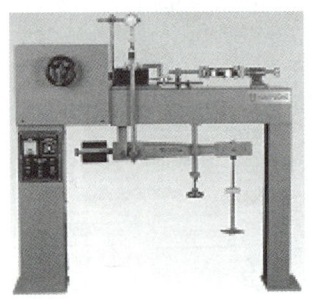

사진. 직접전단 시험기

■ 직접전단시험에서 전단면이 파괴될 때 일어나는 진행성 파괴는 (과압밀)점토에서 보통 일어난다.

■ 직접전단시험의 특징
① 시험이 간단하고 조작이 용이하다.
② 배수가 용이하다.
③ 진행성 파괴가 일어난다.
④ 배수조절이 어렵다.
⑤ 간극수압의 측정이 곤란하다.
⑥ 응력이 전단면에 골고루 분포되지 않는다.

(1) 적용범위 : 사질토

(2) 시험방법 : 수직하중을 가한 후, 수평력을 가하여 전단하여 내부마찰각 (ø)과 점착력(c)을 구한다.

(3) 전단응력
① 1면 전단시험
$$\tau = \frac{S}{A}$$
② 2면 전단시험
$$\tau = \frac{S}{2A}$$
여기서, S : 전단력
A : 단면적

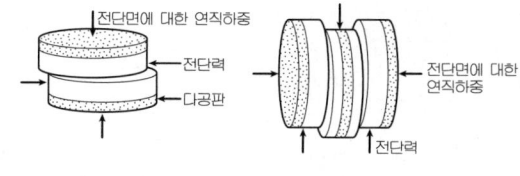
(a) 1면 전단   (b) 2면 전단
그림. 1면 및 2면 전단 시험

(4) 시험결과
① 조립토일수록 내부마찰각(ø)이 크다.
② 모래는 조밀할수록 내부마찰각(ø)이 크다.

(5) 토질에 따른 응력-변형률 곡선과 체적변화 곡선

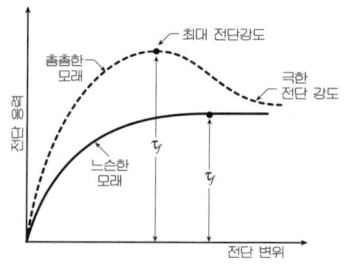 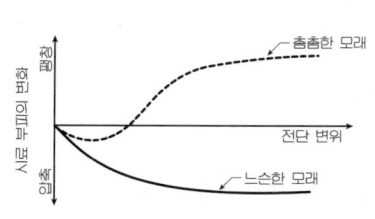

그림. 전단 변위

① 전단응력-수평변위 곡선은 조밀한 모래에서는 첨두(Peak)가 생긴다.
② 수평변위-수직변위 곡선은 조밀한 모래에서는 전단이 진행됨에 따라 체적이 증가한다.

4 일축압축시험(Unconfined compressure test)

(1) 적용 범위
① 점토의 압축성 및 강도 추정을 위한 시험이다.
② 점성이 없는 사질토의 경우 시료 자립이 어렵고 배수상태는 파악할 수 없어 일반적으로 점성도에 주로 사용한다.

(2) 시험 방법 : 비압밀 비배수 시험(UU-test)에서 $\sigma_3 = 0$인 상태의 삼축압축시험과 같다.

■ 직접전단시험의 결과

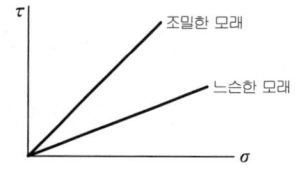

■ 조밀한 모래는 전단변형이 작을 때 전단파괴에 이른다.(○)

■ 점착력과 내부마찰각은 파괴면에 작용하는 수직응력의 크기에 비례한다.(×)

■ 흙의 상대밀도가 크면 모래의 경우 내부마찰각이 상대적으로 (크)다.

(3) 결과 정리

① 변형률(ε)

$$\varepsilon = \frac{\Delta H}{H}$$

② 일축압축강도(q_u)

$$\sigma_1 = q_u = \frac{P}{A_0} = \frac{P}{\dfrac{A}{1-\varepsilon}} = \frac{P \cdot (1-\varepsilon)}{A}$$

여기서, P : 환산 하중(kg)
A_0 : 환산 단면적(cm²)
A : 시료의 처음 단면적(cm²)
ε : 변형률
H : 시료의 최초 높이(cm)

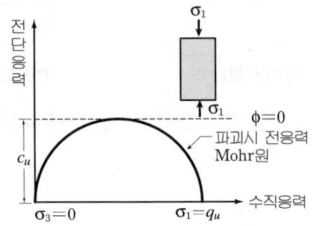

■ 일축압축강도시험에 있어서의 결과는 배수조건에서의 시험결과 밖에 얻지 못한다.(×)

③ 최대주응력면과 파괴면이 이루는 각(θ)

$$\theta = 45° + \frac{\phi}{2}$$

일축압축시험은 Mohr원을 하나만 작도할 수 있다.

④ 일축압축강도(q_u)
㉠ 공식

$$q_u = 2\,c \cdot \tan\left(45° + \frac{\phi}{2}\right)$$

㉡ $\phi = 0°$인 포화점토의 일축압축강도 : $q_u = 2\,c_u$
㉢ 단위 : kg/cm²

■ 내부마찰각 $\phi = 0°$인 점토로 일축압축시험을 시행하였을 때 전단강도의 크기는 일축압축강도의 $\left(\dfrac{1}{2}\right)$이다.

⑤ 일축압축강도(q_u)와 N 값의 관계
㉠ 제안자 : Terzaghi
㉡ 공식

$$q_u = \frac{N}{8}$$

㉢ 단위 : kg/cm²

⑥ 전단강도

$\tau = c + \sigma \cdot \tan\phi$에서 내부마찰각 $\phi = 0°$이므로

$$c_u = \frac{q_u}{2} = \frac{N}{16} = 0.0625\,N$$

⑦ 변형계수(Secant modulus, E_{50})
  ㉠ 개요 : 일축압축강도의 $\frac{1}{2}$ 되는 곳의 응력과 변형률과의 비, 즉 응력-변형률 곡선의 기울기이다.
  ㉡ 공식

$$E_{50} = \frac{(\frac{q_u}{2})}{\varepsilon_{50}} = \frac{q_u}{2\,\varepsilon_{50}}$$

  ㉢ 단위 : kg/cm²
  ㉣ 이용 : 기초의 즉시침하량 계산에 이용된다.

■ 일축압축강도시험으로 결정할 수 있는 시험값으로는 일축압축강도, 예민비, 변형계수 등이 있다.

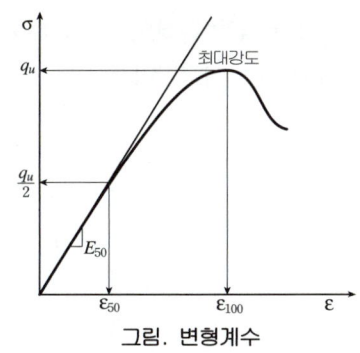

그림. 변형계수

5 삼축압축시험(Triaxial shear test)

(1) 개요 : 현장 조건과 가장 유사하게 할 수 있는 실내 전단강도시험이다.

(2) 시험방법 : Casagrande가 직접전단시험의 단점을 보완하려고 원통형 시료를 써서 개발하였다.
  ① 직경 38.1mm, 길이 76.2mm의 시료를 트리밍(trimming) 한다.
  ② 시료를 얇은 고무막에 싸서, 압력실 내에 설치한다.
  ③ 구속응력(σ_3)을 가한다.
  ④ 축차응력($\sigma_1 - \sigma_3$)을 가하여 전단한다.

■ 현장조건과 가장 유사하게 할 수 있는 실내전단시험은 (삼축압축) 시험이다.

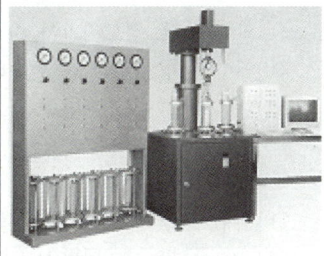

사진. 삼축압축 시험기

■ 삼축압축시험의 특징
  ① 신뢰도가 높다.
  ② 모든 토질에 적용이 가능하다.
  ③ 간극수압의 측정이 가능하다.
  ④ 배수방법에 따라 비압밀 비배수, 압밀 비배수, 압밀 배수 전단시험을 할 수 있다.
  ⑤ 실제 지반의 응력 상태를 재현할 수 있다.
  ⑥ 이론적으로 양호하지만 실제 시험이 어렵다.

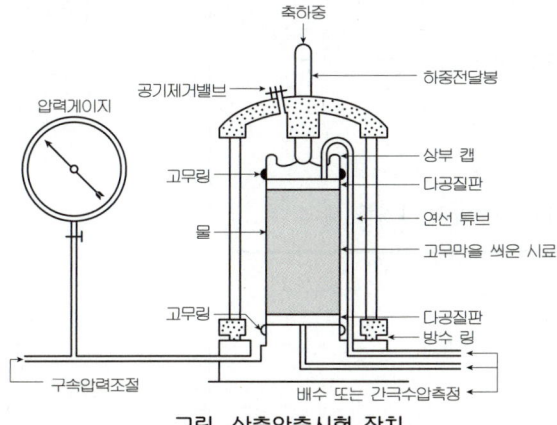

그림. 삼축압축시험 장치

(3) 배수방법에 따른 분류

① 비압밀 비배수 전단시험(Unconsolidated Undrain test, UU-test, Q-test) 시료 내에 간극수의 배출을 허용하지 않은 상태에서 구속압력(σ_3)을 가하고 비배수 상태에서 축차응력($\sigma_1 - \sigma_3$)을 가하여 전단시키는 시험이기 때문에 즉각적인 함수비의 변화, 체적의 변화가 없다. 전단 중에 공극수압을 측정하지 않으므로 전응력 시험이다.

② 압밀 비배수 전단시험(Consolidated Undrain test, CU-test) : 시료에 구속압력(σ_3)을 가하고 간극수압이 0이 될 때까지 압밀시킨 후 비배수 상태에서 축차응력($\sigma_1 - \sigma_3$)을 가하여 전단시키는 시험이며, 간극수압계를 이용하여 공극수압을 측정한 결과를 이용하여 <u>유효응력으로 전단강도정수를 결정</u>한다. 삼축압축시험의 <u>가장 일반적인 시험방법</u>이다.

③ 압밀 배수 전단시험(Consolidated Drain test, CD-test) : 시료에 구속압력(σ_3)을 가하여 압밀한 후, 시료 중의 공극수의 배수가 허용되도록 축차응력($\sigma_1 - \sigma_3$)을 가하는 시험이다.

■ 흙 속의 응력이 변화하더라도 즉각적인 함수비의 변화가 없고 체적의 변화가 없는 경우는 (비압밀 비배수) 삼축압축시험을 한다.

■ 성토된 하중에 의해 서서히 압밀이 되고 파괴도 완만하게 일어나 간극수압이 발생되지 않거나 측정이 곤란한 경우 (압밀 배수) 삼축압축시험을 한다.

(4) 배수방법에 따른 적용의 예

배수방법	적 용
비압밀 비배수 (UU-test)	① 점토지반이 시공 중 또는 성토한 후 급속한 파괴가 예상될 때 ② 압밀이나 함수비의 변화가 없이 급속한 파괴가 예상될 때 ③ 점토지반의 단기적 안정해석
압밀 비배수 (CU-test)	① 성토 하중으로 어느 정도 압밀된 후 급속한 파괴가 예상될 때 ② 기존의 제방, 흙 댐에서 수위가 급강하할 때의 안정해석 ③ 사전압밀(Pre-loading)후 급격한 재하시의 안정해석
압밀 배수 (CD-test)	① 성토 하중에 의하여 압밀이 서서히 진행되고 파괴도 극히 완만하게 진행될 때 ② 간극수압의 측정이 곤란할 때 ③ 점토지반의 장기적 안정해석 ④ 흙 댐의 정상류에 의한 장기적인 공극수압을 산정할 때

(5) 배수조건에 따른 전단 특성
① 비압밀 비배수 시험(UU-test)
   ㉠ 포화 점토

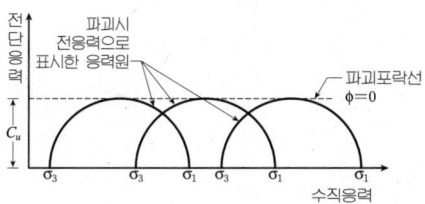

- 토질의 종류에 관계없이 비압밀 비배수 시험에서는 내부마찰각이 0°이다.(○)

   ㉡ 불포화 압밀 점토

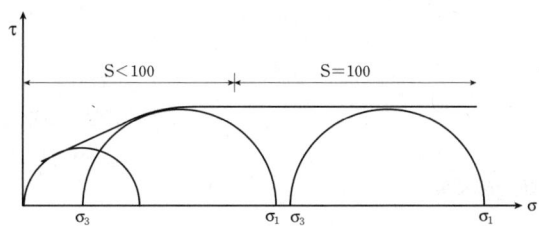

② 압밀 비배수 시험(CU-test)
   ㉠ 정규 압밀 점토

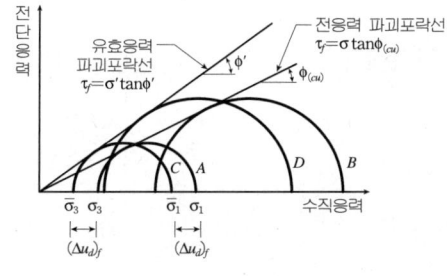

- 점토의 삼축압축시험에서의 전단특성에 있어서 전응력에 의한 내부마찰각이 유효응력에 의한 내부마찰각보다 (작)다.

   ㉡ 과압밀 점토

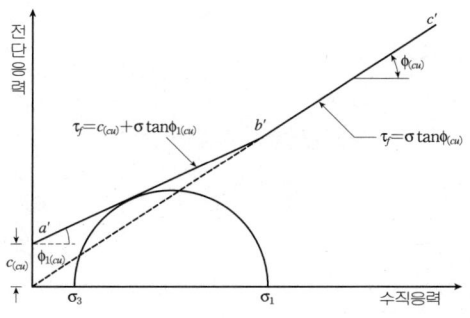

- 점토의 삼축압축시험에서의 과압밀점토의 압밀 비배수 시험에서 파괴포락선은 좌표축 원점을 지나지 않는다.(○)

③ 압밀 배수 시험(CD-test)
   ㉠ 정규 압밀 점토

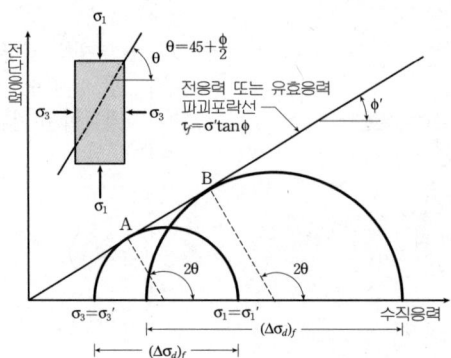

   ㉡ 과압밀 점토

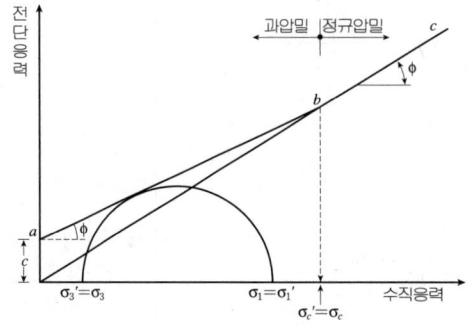

■ 과압밀 점토의 전단강도는 정규압밀점토에 대한 것보다 커진다.(○)

핵심문제

1 다음 중 흙에 관한 전단시험의 종류가 아닌 것은? [85⑦]

㉮ Vane 시험 ㉯ 일축 압축 시험
㉰ 3축 압축 시험 ㉱ CBR test

2 흙의 2면 전단시험에서 전단응력을 구하려면 다음의 어느 식이 적용되는가?(단, τ는 전단응력, S는 전단력, A는 단면적이다.) [99㉯]

㉮ $\tau = \dfrac{S}{A}$ ㉯ $\tau = \dfrac{S}{2A}$
㉰ $\tau = \dfrac{2A}{S}$ ㉱ $\tau = \dfrac{2S}{A}$

3 어떤 흙의 공시체에 대한 일축압축시험을 하였더니 일축압축강도가 $q_u = 294.3 \text{kN/m}^2$, 파괴면의 각도 $\theta = 50°$였다. 이 흙의 점착력과 내부마찰각은 얼마인가? [02㉮ 97㉯]

㉮ $c = 147.15 \text{kN/m}^2$, $\phi = 10°$
㉯ $c = 147.15 \text{kN/m}^2$, $\phi = 5°$
㉰ $c = 123.47 \text{kN/m}^2$, $\phi = 10°$
㉱ $c = 123.47 \text{kN/m}^2$, $\phi = 5°$

4 내부마찰각 $\phi = 0°$인 점토로 일축압축시험을 시행하였다. 다음 설명 중 옳지 않은 것은? [96㉮]

㉮ 전단강도의 크기는 일축압축강도의 $\dfrac{1}{2}$이다.
㉯ 전단강도의 크기는 점착력의 크기의 $\dfrac{1}{2}$이다.
㉰ 파괴면이 주응력면과 이루는 각은 45°이다.
㉱ Mohr의 응력원을 그리면 그 반지름이 점착력의 크기와 같다.

[해설] ① 내부마찰각 $\phi = 0°$인 점토의 전단강도(τ)
$\tau = c + \sigma \cdot \tan\phi$에서 내부마찰각 $\phi = 0°$
이므로 $\tau = c_u = \dfrac{q_u}{2}$

② 최대주응력면과 파괴면이 이루는 각(θ)
$\theta = 45° + \dfrac{\phi}{2}$
$= 45° + \dfrac{0°}{2} = 45°$

③ Mohr원은 한 개가 그려지며, 반지름은 점착력 c_u와 같다.

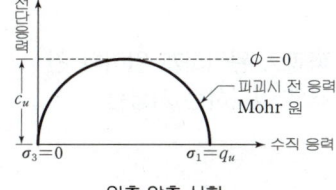
일축 압축 시험

해 설

[해설] **1**
CBR 시험은 지지력 시험이다.

[해설] **2**
① 1면 전단시험의 전단응력(τ)
$\tau = \dfrac{S}{A}$

② 2면 전단시험의 전단응력(τ)
$\tau = \dfrac{S}{2A}$

[해설] **3**
① 내부마찰각(ϕ) : 최대주응력면과 파괴면이 이루는 각
$\theta = 45° + \dfrac{\phi}{2}$ 이므로 내부마찰각
$\phi = 2\theta - 90° = 2 \times 50° - 90° = 10°$

② 점착력(c_u)
$q_u = 2c \tan\left(45° + \dfrac{\phi}{2}\right)$에서
$c = \dfrac{q_u}{2\tan\left(45° + \dfrac{\phi}{2}\right)}$
$= \dfrac{294.3}{2\tan\left(45° + \dfrac{10°}{2}\right)}$
$= 123.47 \text{kN/m}^2$

정답 1. ㉱ 2. ㉯ 3. ㉰ 4. ㉯

5 직경이 5cm이고, 높이가 12cm인 점토시료를 일축압축 시험한 결과 수직변위가 0.9cm 일어났을 때 최대하중 10.61kg를 받았다. 이 점토의 N치는 대략 얼마라 되겠는가? [98 산]

㉮ 2
㉯ 4
㉰ 6
㉱ 8

해설 ① 단면적(A) : $A = \dfrac{\pi \cdot d^2}{4} = \dfrac{\pi \times 5^2}{4} = 19.63\,\text{cm}^2$

② 환산단면적(A_0) : $A_0 = \dfrac{A}{1-\varepsilon} = \dfrac{19.63}{1-(\dfrac{0.9}{12})} = 21.22\,\text{cm}^2$

③ 일축압축강도(q_u) : $\sigma_1 = q_u = \dfrac{P}{A_O} = \dfrac{10.61}{21.22} = 0.5\,\text{kg/cm}^2$

④ 일축압축강도(q_u)와 N 값의 관계
$q_u = \dfrac{N}{8}$ 이므로 $N = 8 \times q_u = 8 \times 0.5 = 4$회

6 점토층 지반 위에 성토를 급속히 하려 한다. 성토직후에 있어서 이 점토의 안정성을 검토하는 데 필요한 강도정수를 구하는 합리적인 시험은? [98 기]

㉮ 비압밀 비배수 시험
㉯ 압밀 비배수 시험
㉰ 압밀 배수 시험
㉱ 투수 시험

7 토질상수 c'와 ϕ'를 구할 수 있는 시험은? [96 산]

㉮ $\overline{CU}$ 시험
㉯ CU 시험
㉰ UU 시험
㉱ CC 시험

8 점토지반을 프리로딩(Pre-loading) 공법 등으로 미리 압밀시킨 후에 급격히 재하 할 때의 안정을 검토하는 경우에 적당한 전단시험은? [97 산]

㉮ 비압밀 비배수 전단시험
㉯ 압밀 비배수 전단시험
㉰ 압밀 배수 전단시험
㉱ 압밀 완속 전단시험

9 성토된 하중에 의해 서서히 압밀이 되고 파괴도 완만하게 일어나 간극수압이 발생되지 않거나 측정이 곤란한 경우 실시하는 시험은? [98 기]

㉮ 압밀 배수 전단시험(CD-시험)
㉯ 비압밀 비배수 전단시험(UU-시험)
㉰ 압밀 비배수 전단시험(CU-시험)
㉱ 급속 전단시험

해 설

해설 **6**
비압밀 비배수 시험(UU-test)을 적용하는 경우
① 점토지반이 시공 중 또는 성토한 후 압밀이나 함수비의 변화가 없이 급속한 파괴가 예상될 때 적용한다.
② 점토의 단기간 안정해석에 이용한다.

해설 **7**
① 흙의 전단강도(τ)
$\tau = c + \sigma \cdot \tan\phi$
② 유효응력으로 표시하는 c'와 ϕ'는 압밀 비배수 시험($\overline{CU}$-test)과 압밀 배수 시험(CD-test)에서만 결정할 수 있다.

해설 **8**
① 압밀 비배수 시험(CU-test)을 적용하는 경우
• 성토 하중으로 어느 정도 압밀된 후 급속한 파괴가 예상될 때
• 기존의 제방, 흙 댐에서 수위가 급강하할 때의 안정해석
• 사전압밀(Pre-loading)후 급격한 재하시의 안정해석
② 미리 압밀시킨 후이므로 압밀이며, 급격히 재하할 때이므로 비배수 시험이다. 즉, 비압밀 비배수 시험이다.

해설 **9**
압밀 배수 시험(CD-test)을 적용하는 경우의 예
① 성토 하중에 의하여 압밀이 서서히 진행되고 파괴도 극히 완만하게 진행될 때 적용한다.
② 점토지반의 장기간 안정해석시 이용한다.
③ 흙 댐의 정상류에 의한 장기적인 공극수압을 산정할 때 적용한다.

정답 5. ㉯ 6. ㉮ 7. ㉮ 8. ㉯ 9. ㉮

10 모래시료에 대하여 압밀배수 삼축압축시험을 실시하였다. 초기 단계에서 구속응력(σ_3)은 1000kN/m²이고, 전단파괴시에 작용된 축차응력(σ_{df})은 2000kN/m²이었다. 이와 같은 모래 시료의 내부마찰각(ϕ) 및 파괴면에 작용하는 전단응력(τ_f)의 크기는? [99 ㉮]

㉮ $\phi = 30°$, $\tau_f = 1154.7\text{kN/m}^2$
㉯ $\phi = 40°$, $\tau_f = 1154.7\text{kN/m}^2$
㉰ $\phi = 30°$, $\tau_f = 866.03\text{kN/m}^2$
㉱ $\phi = 40°$, $\tau_f = 866.03\text{kN/m}^2$

11 다음은 원위치에 있어서 지반의 전단강도를 간접적으로 측정하려는 시험법이다. 이 가운데 전단강도를 측정할 수 없는 시험법은 어느 것인가? [97 ㉾]

㉮ 표준관입 시험
㉯ 원추관입 시험
㉰ 오가 보링(Auger boring)
㉱ 베인 시험(Vane test)

12 흙의 상대밀도가 크면 모래의 경우는? [90 ㉮]

㉮ 내부마찰각이 상대적으로 크다.
㉯ 내부마찰각이 상대적으로 작다.
㉰ 내부마찰각과 관련이 없다.
㉱ 점착력이 상대적으로 크다.

13 일축압축강도 시험에 관한 설명 중 옳지 않은 것은? [97 ㉮]

㉮ Mohr원이 하나 밖에 그려지지 않는다.
㉯ 시료 자체가 서있어야 하므로 점성토에 대해서만 가능하다.
㉰ 배수조건에서의 시험결과 밖에 얻지 못한다.
㉱ 예민비가 큰 흙을 quick clay라고 한다.

해 설

해설 10

① 내부마찰각(ϕ)
△ABC에서 $\sin\phi = \dfrac{1000}{2000}$
$\phi = \sin^{-1}\left(\dfrac{1000}{2000}\right) = 30°$

② 수평면과 파괴면이 이루는 각도(θ)
$\theta = 45° + \dfrac{\phi}{2} = 45 + \dfrac{30}{2} = 60°$

③ 파괴면에 작용하는 전단응력(τ)
$\sigma_1 - \sigma_3$가 축차응력이므로
$\tau = \dfrac{\sigma_1 - \sigma_3}{2}\sin 2\theta$
$= \dfrac{2000}{2}\sin(2 \times 60°)$
$= 866.03\,\text{kN/m}^2$

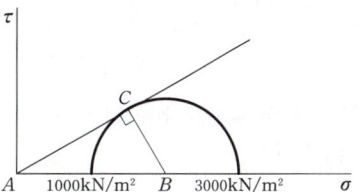

해설 11

오거 보링(Auger boring)
현장에서 간단히 할 수 있으며, 흐트러진 시료를 채취할 수 있다.

해설 12

흙의 상대밀도가 큰 흙 즉, 조밀한 모래 일수록 느슨한 모래보다 내부마찰각이 크다.

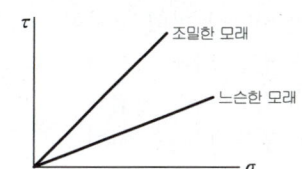

해설 13

일축압축시험
① 점토의 압축성 및 강도 추정을 위한 시험이다.
② 비압밀 비배수시험(UU-test)에서 $\sigma_3 = 0$인 상태의 삼축압축시험과 같다.
③ Mohr원은 하나만 그려진다.

정답 10. ㉰ 11. ㉰ 12. ㉮ 13. ㉯

14 흐트러지지 않은 연약한 점토 시료를 채취하여 일축압축 시험을 행하였다. 공시체의 직경이 35mm, 높이가 80mm이고, 파괴시의 하중계를 읽은 값이 1.5kg, 축방향의 변형량이 10mm일 때 이 시료의 전단강도는 얼마인가? [00 ㉮]

㉮ 0.14kg/cm^2
㉯ 0.07kg/cm^2
㉰ 0.16kg/cm^2
㉱ 0.18kg/cm^2

15 일축압축시험 결과 응력-변형률 곡선이 그림과 같이 되었을 때 이 점토의 변형계수 E_{50} 값은? [87 ㉰]

㉮ 1.0kg/cm^2
㉯ 10kg/cm^2
㉰ 100kg/cm^2
㉱ 200kg/cm^2

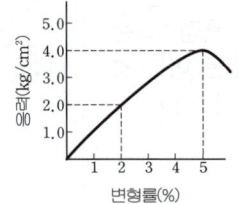

16 포화된 흙으로 비압밀 비배수 시험(UU-test)을 하였다. 다음 중 틀린 것은? [98 ㉮]

㉮ 유효응력에 대한 Mohr 파괴원은 단 하나만 얻어진다.
㉯ 전응력에 대한 Mohr의 파괴원은 직경이 같게 된다.
㉰ 이 때 전단강도는 Mohr 파괴원의 직경과 같다.
㉱ 이 때 내부마찰각ø는 흙의 종류에 관계없이 항상 0이다.

17 전단에 소요되는 시간이 너무 길고 그 결과가 $\overline{CU}$-test와 거의 같으므로 간극수압의 측정이 어려울 때 또는, 중요한 공사 외에는 잘 사용하지 않는 시험은 다음 중 어느 것인가? [96 ㉰]

㉮ 비압밀 비배수 시험
㉯ 압밀 비배수 시험
㉰ 압밀 배수 시험
㉱ 압밀 비배수 시험

18 유효응력의 항으로 나타낸 점착력(c)이나 전단저항각(ø)의 값을 얻기 위한 압축시험은? [92 ㉮]

㉮ 일축 압축 시험
㉯ 직접 전단 시험
㉰ 비압밀 비배수 3축압축 시험
㉱ 간극수압을 측정한 압밀 비배수 3축압축 시험

해 설

해설 14

① 단면적(A)
$$A = \frac{\pi \cdot d^2}{4} = \frac{\pi \times 3.5^2}{4} = 9.62 \text{ cm}^2$$

② 환산단면적(A_0)
$$A_0 = \frac{A}{1-\varepsilon} = \frac{9.62}{1-(\frac{1}{8})} = 11.0 \text{ cm}^2$$

③ 일축압축강도(σ_1)
$$\sigma_1 = q_u = \frac{P}{A_O} = \frac{1.5}{11.0} = 0.14 \text{ kg/cm}^2$$

④ 전단강도(τ)
$$\tau = c_u = \frac{q_u}{2} = \frac{0.14}{2} = 0.07 \text{ kg/cm}^2$$

해설 15

변형계수(E_{50})
$$E_{50} = \frac{(\frac{q_u}{2})}{\varepsilon_{50}} = \frac{q_u}{2\varepsilon_{50}}$$
$$= \frac{4}{2 \times 0.02} = 100 \text{kg/cm}^2$$

해설 16

비압밀 비배수 전단시험(UU-test)
① 포화토의 경우 내부마찰각 $\phi=0°$이다. 즉 파괴포락선은 수평선으로 나타난다.
② 내부마찰각 $\phi=0°$인 경우 전단강도 $\tau=c_u$이다. 즉 전단강도는 Mohr원의 반경과 같다.

해설 17

유효응력해석법
① 장기적 안정해석에 적용한다.
② 간극수압을 측정한 압밀 비배수 시험($\overline{CU}$-test)과 압밀 배수 시험(CD-test)에서만 c'와 ϕ'를 결정할 수 있다.
③ 압밀 배수 시험(CD-test)은 시험에 필요한 시간이 길기 때문에 비경제적이다.
④ 간극수압을 측정한 압밀 비배수 시험($\overline{CU}$-test)은 CD-test와 결과가 거의 동일하다.

해설 18

유효응력 해석법
① 장기적 안정해석에 적용한다.
② 간극 수압을 측정한 압밀 비배수 시험($\overline{CU}$-test)과 압밀 배수 시험(CD-test)에서만 c'와 ϕ'를 결정할 수 있다.

정답 14. ㉯ 15. ㉰ 16. ㉰ 17. ㉰ 18. ㉱

19 어떤 시료에 대해 액압 1.0kg/cm²을 가해 각 수직변위에 대응하는 수직하중을 측정한 결과가 아래와 같다. 파괴시의 최대주응력을 구하시오?(단, 피스톤의 지름과 시료의 지름은 같은 것으로 하며 시료의 단면적 A_o = 20cm², 길이 L = 14cm이다.) [92 ㉮]

ΔL(1/100mm)	0	1,400	1,500	1,600	1,700
P(kg)	0	49.0	50.0	53.0	51.0

㉮ $\sigma_1 = 2.65 \, \text{kg/cm}^2$

㉯ $\sigma_1 = 2.35 \, \text{kg/cm}^2$

㉰ $\sigma_1 = 2.91 \, \text{kg/cm}^2$

㉱ $\sigma_1 = 3.35 \, \text{kg/cm}^2$

[해설] ① 단면적(A_1) : $A_1 = \dfrac{A_0}{1-\varepsilon} = \dfrac{20}{1-\dfrac{1.4}{14}} = 22.22\,\text{cm}^2$

② 축차응력(p_1) : $p_1 = \dfrac{P_1}{A_0} = \dfrac{49.0}{22.22} = 2.21\,\text{kg/cm}^2$

ΔL(1/100mm)	1,400	15,00	1,600	1,700
P(kg)	49.0	50.0	53.0	51.0
A(cm²)	22.22	22.40	22.58	22.76
p(kg/cm²)	2.21	2.23	2.35	2.24

최대축차응력은 2.35kg/cm²이다.

③ 최대주응력(σ_1) : $\sigma_1 = \sigma_3 + (\sigma_1 - \sigma_3) = 1.0 + 2.35 = 3.35\,\text{kg/cm}^2$

20 점토의 삼축 시험에서 전단특성을 설명한 것이다. 틀린 것은 어느 것인가? [95 ㉯]

㉮ 전응력에 의한 내부마찰각이 유효응력에 의한 내부마찰각보다 작다.

㉯ 정규 압밀 점토의 압밀 배수 시험에서 파괴포락선은 좌표축 원점을 지나지 않는다.

㉰ 과압밀 점토의 압밀 비배수 시험에서 파괴포락선은 좌표축 원점을 지나지 않는다.

㉱ 정규 압밀 포화점토의 비압밀 비배수 시험에서 점토의 내부마찰각은 0이다.

[해설] **20**
① 전응력에 의한 내부마찰각이 유효응력에 의한 내부마찰각보다 작다.
② 압밀 배수시험과 압밀 비배수시험에서 파괴포락선의 특징
 • 정규압밀점토의 파괴포락선은 점착력이 0(zero)이므로 좌표축의 원점을 지난다.
 • 과압밀점토의 파괴포락선은 점착력이 0(zero)보다 크기 때문에 좌표축의 원점을 지나지 않는다.

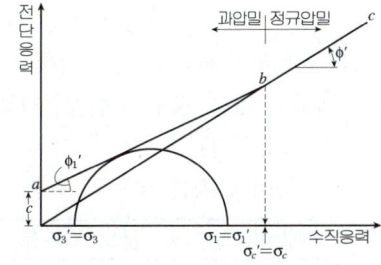

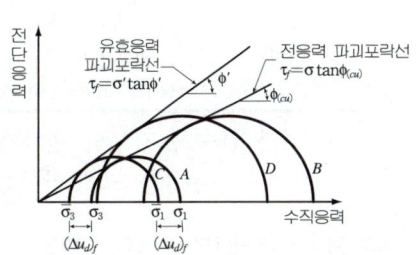

19. ㉱ 20. ㉯

3 토질에 따른 전단특성

> **학습방향**
> 일반적으로 토질에 따른 전단특성은 포화점토 지반에서는 $\phi=0$이므로 점착력에 의하여 지배된다. 또한 모래 지반에서는 $c=0$이므로 내부마찰각에 의하여 좌우된다. 일반적으로 시험에서는 전체적인 점토와 모래지반의 각각의 전단특성을 이해하고, 용어의 정의와 공식을 정리하여야 한다.

1 점토지반의 전단특성

(1) 예민비(Sensitivity, S_t)

① 개요 : 교란된 흙에 대한 교란되지 않은 흙의 일축압축강도의 비를 예민비라 한다.

② Terzaghi 공식

$$S_t = \frac{q_u}{q_{ur}}$$

③ Tschebotarioff 공식

$$S_t = \frac{q_u}{q_{ur'}}$$

여기서, q_u : 자연상태 시료의 일축압축강도
q_{ur} : 흐트러진 시료의 일축압축강도
$q_{ur'}$: 자연상태 시료의 일축압축강도와 같은 변형률에 있어서의 흐트러진 시료의 일축압축강도

④ 흐트러진 시료의 일축압축강도를 구하는데 변형률 15%를 넘어도 파괴되지 않을 경우는 변형률 15%에 해당하는 전단강도를 일축압축강도로 사용한다.

⑤ 예민비에 따른 점토의 분류

예민비(S_t)	점토의 분류	공학적 성질
$S_t \approx 1$	비예민성 점토	강도의 변화가 크다 ↓ 공학적 성질이 나쁘다 설계시 안전율을 크게 잡아야한다.
1~8	예민성 점토	
8~64	quick clay	
$S_t > 64$	extra quick clay	

예민비가 클수록 강도의 변화가 크므로 공학적 성질이 나쁘다. 따라서, 설계시 안전율을 크게 잡아야한다.

(2) 틱소트로피(Thixotrophy) 현상
흐트러진 시료를 함수비의 변화없이 그대로 두면 시간이 경과함에 따라 강도가 회복되는 현상이다.

학습POINT

■ Tschebotarioff는 예민비를 등변형 상태 즉, 자연상태 시료의 일축압축강도와 같은 변형률의 교란된 시료의 일축압축강도의 비로 정의하였다.(○)

■ 점토의 강도에 있어서 다시 이긴 점토에 대한 일축압축강도가 응력-변형도 곡선이 peak를 이루지 않는 경우는 점토의 예민비를 구할 수 없다.(×)

■ 포화된 점토지반에서 압밀이 진행됨에 따라 전단강도는 (증가)한다.

(3) 리칭(Leaching) 현상
① 해수에 퇴적된 점토가 담수에 의해 오랜 시간에 걸쳐 염분이 빠져나가 단위중량이 감소하여 강도가 저하되는 현상이다.
② 리칭 현상은 quick clay(예민비가 아주 큰 흙)의 원인이 된다.

■ 점토의 강도 증가율($\frac{c_u}{p}$)산정 방법
① 소성지수에 의한 방법
② 비배수 전단강도에 의한 방법
③ 압밀 비배수 삼축압축 시험에 의한 방법

2 모래지반의 전단특성

(1) Mohr-Coulomb의 전단강도
모래는 점착력 $c=0$이므로 $\tau = \sigma \cdot \tan\phi$

(2) 한계간극비
① 전단시 체적변화

촘촘한 모래	입자간의 간격이 전단력에 의해 떨어지기 때문에 전단시 체적이 증가한다.
느슨한 모래	입자간에 서로 붙으려는 움직임 때문에 전단시 체적이 감소한다.

② 한계간극비(Critical void ratio) : 체적 변화가 매우 커서 조밀한 모래와 느슨한 모래가 일정한 하나의 간극비가 될 때의 간극비를 말한다.

(3) 다일러턴시(Dilatancy) 현상
① 개요 : 조밀한 모래의 경우 전단시험을 할 때 전단면의 모래가 이동하면서 다른 입자를 누르고 넘어가기 때문에 체적이 팽창하는 현상을 Dilatancy 현상이라 한다.
② 성질

흙의 종류	체적변화	다일러턴시	간극수압
촘촘한 모래(과압밀 점토)	체적이 팽창	(+)다일러턴시	(−)간극수압 발생
느슨한 모래(정규압밀 점토)	체적이 수축	(−)다일러턴시	(+)간극수압 발생

■ 모래지반의 전단특성

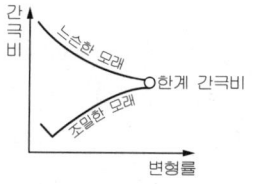

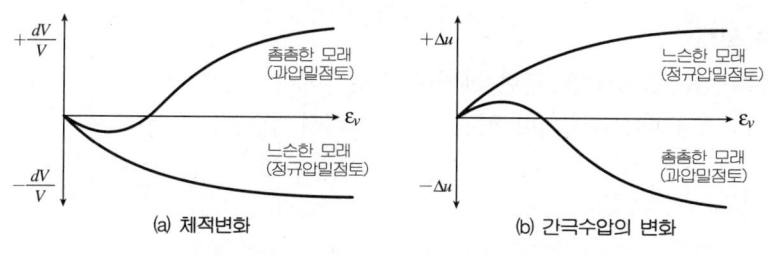

그림. 체적변화 및 간극수압의 변화

■ 모래의 밀도에 따라 일어나는 전단특성에서 직접전단시험에 있어 수평응력-수직응력 곡선은 조밀한 모래에서는 전단이 진행됨에 따라 체적이 (증가)한다.

■ 모래나 점토같은 입상재료를 전단하면 Dilatancy 현상이 발생하며 이는 공극수압과 밀접한 관계가 있다. 느슨한 모래에서도 (+)Dilatancy가 일어난다.(×)

③ 1면 전단의 다일러턴시의 보정 : 다져진 모래, 과압밀 점토, 팽창성 점토는 실제보다 전단강도가 크게 나오므로 흙의 체적변화에서 요하는 일과 이것 때문에 생긴 여분의 전단응력에 대한 값을 보정하여야 한다.

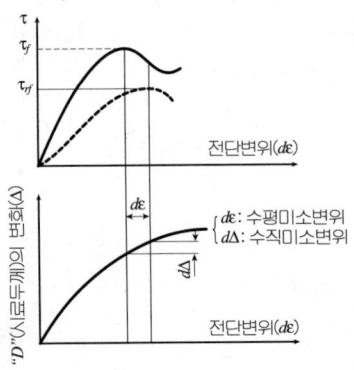

그림. 다일러턴시의 보정

㉠ 단위면적당 흙이 팽창할 때 한 일 : 최대전단응력 τ_f가 측정될 때의 체적변화율 $\left(\dfrac{d\Delta}{d\varepsilon}\right)$, 수직응력을 σ라면 흙이 팽창할 때 한 일 $\sigma \cdot d\Delta$ 이다.

㉡ 외부에서 가해지는 일 : 이 일 때문에 소비되는 전단응력을 τ_d라 면 외부에서 가해지는 일은 $\tau_d \cdot d\varepsilon$이다.

㉢ 소비되는 전단응력

$\sigma \cdot d\Delta = \tau_d \cdot d\varepsilon$

$\tau_d = \dfrac{\sigma \cdot d\Delta}{d\varepsilon}$

㉣ 다일러턴시의 보정 : 흙의 점착 저항 및 마찰 저항이 버티는데 필요한 전단응력을 τ_{rf}라 하면

$\tau_\tau = \tau_{rf} + \tau_d = \tau_{rf} + \dfrac{\sigma \cdot d\Delta}{d\varepsilon}$

따라서, 다일러턴시의 보정량은 $\ominus \dfrac{\sigma \cdot d\Delta}{d\varepsilon}$ 이다.

일의 종류	내용
흙이 팽창할 때 한 일	$\sigma \cdot d\Delta$
외부에서 가해지는 일	$\tau_d \cdot d\varepsilon$

(4) 액화 현상(Liquefaction)

① 조건 : 느슨하고 포화된 가는 모래

② 정의 : 느슨하고 포화된 가는 모래에 충격을 주면 체적이 수축하여 정(+)의 간극수압이 발생하여 유효응력이 감소되어 **전단강도가 작아지는** 현상을 액화 현상이라 한다.

$\tau = \sigma' \cdot \tan\phi = (\sigma - u) \cdot \tan\phi$

여기서, σ : 수직응력(kg/cm²)
　　　　σ' : 유효수직응력(kg/cm²)
　　　　u : 간극수압(kg/cm²)

③ 방지대책
자연간극비를 한계간극비 이하로 한다.

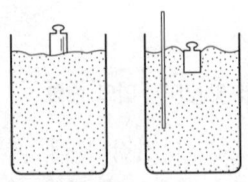

그림. 액화 현상

■ 방지대책
액상화 현상은 모래지반에서 발생하므로 연약지반에 있어서 모래지반 개량공법을 사용하는 것이 좋다.

핵 심 문 제

1 점성토의 예민비에 대한 설명 중 옳지 않은 것은? [98⑦]

㉮ 예민비는 불교란 시료와 교란 시료와의 강도 차이를 알 수 있는 재성형 효과를 말한다.
㉯ 예민비의 측정은 보통 일축압축시험으로 한다.
㉰ 예민비가 크다는 것은 점토가 교란의 영향을 크게 받지 않는 양호한 점토지반을 말한다.
㉱ Tschebotarioff는 예민비를 등변형 상태에 있어서의 강도비로 정의하였다.

2 점토의 자연 시료에 대한 일축압축강도가 360kN/m²이고, 이 흙을 되비볐을 때의 파괴압축 응력이 120kN/m² 이었다. 이 흙의 점착력(c)과 예민비(S_t)는 얼마인가? [99 02 ㉴]

㉮ $c=180\,\text{kN/m}^2$, $S_t=3$
㉯ $c=180\,\text{kN/m}^2$, $S_t=2$
㉰ $c=240\,\text{kN/m}^2$, $S_t=3$
㉱ $c=240\,\text{kN/m}^2$, $S_t=2$

3 점토의 강도에 관한 다음 설명 중 옳지 않은 것은? [00 ㉴]

㉮ 내부마찰각이 0인 포화점토의 전단응력은 수직응력의 증가에 따라 거의 변하지 않는다.
㉯ 다시 이긴 점토에 대한 일축압축 시험결과 응력-변형도 곡선이 peak를 이루지 않는 경우는 점토의 예민비를 결정할 수 없다.
㉰ 점토지반의 강도는 베인 시험 등에 의하여 측정할 수 있다.
㉱ 과압밀점토의 전단강도는 정규압밀점토에 대한 것보다 커진다.

4 다음 그림은 삼축압축 시험결과 변형 ε(%)과 체적변화($\frac{\Delta V}{V}$)를 나타낸 것이다. 옳지 않은 것은? [98 ⑦]

㉮ 조밀한 모래의 시험 결과이다.
㉯ 느슨한 모래의 시험 결과이다.
㉰ 과압밀점토의 시험 결과이다.
㉱ 이러한 현상을 다일러턴시 현상이라 한다.

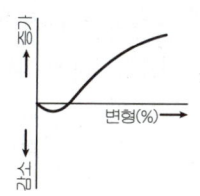

해 설

[해설] 1

① 교란된 흙에 대한 교란되지 않은 흙의 일축압축강도의 비를 예민비라 한다.
② 예민비가 클수록 강도의 변화가 크므로 공학적 성질이 나쁘다. 따라서, 설계시 안전율을 크게 잡아야 한다.
③ Tschebotarioff는 예민비를 등변형 상태 즉, 자연상태 시료의 일축압축강도와 같은 변형률의 교란된 시료의 일축압축강도의 비로 정의하였다.

[해설] 2

① 점착력(c_u) : 내부마찰각 ø=0°인 점토의 일축압축강도
$q_u = 2\,c_u$ 이므로
$c_u = \dfrac{q_u}{2} = \dfrac{360}{2} = 180\,\text{kN/m}^2$

② 예민비(S_t)
$S_t = \dfrac{q_u}{q_{ur}} = \dfrac{360}{120} = 3$

[해설] 3

응력-변형도 곡선이 peak를 이루지 않는 경우는 변형률 15%에 해당하는 응력을 일축압축강도(q_{ur})로 사용한다.

[해설] 4

조밀한 모래는 전단시험을 할 때 전단면의 모래가 이동하면서 다른 입자를 누르고 넘어가기 때문에 체적이 팽창하게 되는데 이러한 현상을 Dilatancy 현상이라 한다.

정답 1. ㉰ 2. ㉮ 3. ㉯ 4. ㉯

5 모래의 밀도에 따라 일어나는 전단특성을 기술한 것인데 옳지 않은 것은? [96 ㉮]

㉮ 다시 성형한 시료의 강도는 작아지지만 조밀한 모래에서는 시간이 경과됨에 따라 강도가 회복된다.
㉯ 전단저항각은 조밀한 모래일수록 크다.
㉰ 직접전단시험에 있어 전단응력과 수평변위 곡선은 조밀한 모래에서는 peak가 생긴다.
㉱ 직접전단시험에 있어 수평변위-수직변위 곡선은 조밀한 모래에서는 전단이 진행됨에 따라 체적이 증가한다.

[해설] ① 틱소트로피 현상은 흐트러진 시료를 함수비의 변화없이 그대로 두면 시간이 경과함에 따라 강도가 회복되는 현상으로 점토지반에서 일어난다.
② 모래는 조밀할수록 내부마찰각(∅)이 크다.
③ 모래의 전단곡선

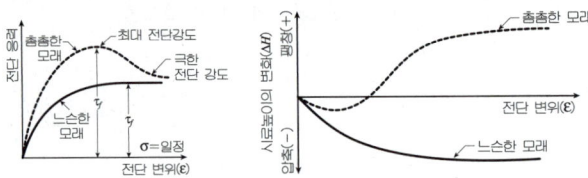

6 다음의 예민비에 관한 설명 중 틀린 것은? [92 ㉯]

㉮ 예민비 $S_t = \dfrac{q_u}{q_{ur}}$ 는 Terzaghi가 제안한 방법이다.
㉯ 예민비는 사질토 및 점성토에 모두 이용된다.
㉰ 예민비가 클수록 공학적 성질이 나쁘다.
㉱ 예민비는 보통 일축압축시험법으로 구한다.

7 점토는 되비빔하면 그 전단강도가 현저히 감소하는데 시간이 경과함에 따라 그 강도의 일부를 다시 찾게 된다. 이 현상은? [93 ㉯]

㉮ Remolding Effect   ㉯ Secondary Time Effect
㉰ Dilatancy   ㉱ Thixotropy

8 한계간극비란? [97 ㉯]

㉮ 흙이 전단될 때 체적이 최소로 될 때의 간극비를 말한다.
㉯ 흙이 전단될 때 밀도를 최대로 될 때의 간극비를 말한다.
㉰ 모래질 흙이 전단될 때 체적이 증가도 감소도 하지 않을 때의 간극비를 말한다.
㉱ 느슨하고 물로 포화된 모래가 전단응력을 받아 액화상태로 되는 때의 간극비를 말한다.

[해설] **6**
① 교란된 흙에 대한 교란되지 않은 흙의 일축압축강도의 비를 예민비라 한다.
② 예민비가 클수록 강도의 변화가 크므로 공학적 성질이 나쁘다. 따라서, 설계시 안전율을 크게 잡아야한다.
③ 예민비는 점토의 전단특성이다.

[해설] **7**
틱소트로피는 시간이 경과함에 따라 강도의 일부를 회복되는 현상을 말한다.

[해설] **8**
한계간극비는 체적 변화가 매우 커서 조밀한 모래와 느슨한 모래가 일정한 하나의 간극비가 될 때의 간극비를 말한다.

정답 5. ㉮ 6. ㉯ 7. ㉱ 8. ㉰

9 조밀한 흙과 느슨한 흙을 비교한 다음 그림 중 틀린 것은 어느 것인가? [95⑨]

㉮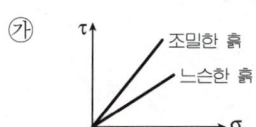
㉯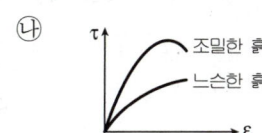
㉰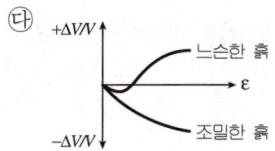
㉱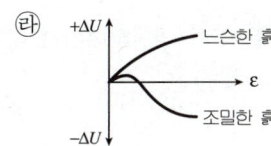

[해설] 흙의 전단강도

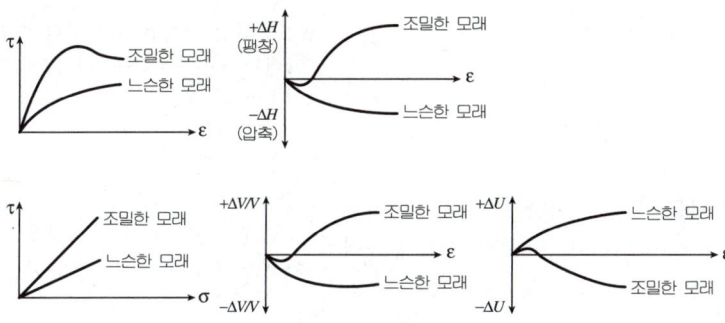

10 모래나 점토 같은 입상재료를 전단하면 dilatancy 현상이 발생하며 이는 공극수압과 밀접한 관계가 있다. 다음에 기술한 이들의 관계 중 옳지 않은 것은? [90㉮]

㉮ 과압밀 점토에서는 (+)Dilatancy에 부(-)의 공극수압이 발생한다.
㉯ 정규 압밀 점토에서는 (-)Dilatancy는 정(+)의 공극수압이 발생한다.
㉰ 밀도가 큰 모래에서는 (+)Dilatancy가 일어난다.
㉱ 느슨한 모래에서도 (+)Dilatancy가 일어난다.

[해설] 10
다일러턴시(Dilatancy) 현상

흙의 종류	체적 변화	다일러 턴시	간극 수압
촘촘한 모래 (과압밀 점토)	체적이 팽창	(+) 다일 러턴시	(-)간극 수압 발생
느슨한 모래 (정규압밀 점토)	체적이 수축	(-) 다일 러턴시	(+)간극 수압 발생

정답 9. ㉰ 10. ㉱

4 현장에서의 전단강도 측정

> **학습방향**
> 현장에서의 전단강도 측정을 지반의 종류에 나누어서 암기하여야 한다. 일반적으로 시험에서는 표준관입 시험이 많이 출제되고 있다.

1 표준관입 시험(Standard Penetration Test, SPT)

(1) 목적
 ① 현장 지반의 강도를 추정(N 값)
 ② 흐트러진 시료 채취

(2) N 값

보링을 한 구멍에 스플릿 스푼 샘플러를 넣고, 처음 흐트러진 시료 15cm 관입한 후 63.5kg의 해머로 76cm 높이에서 자유 낙하시켜 샘플러를 30cm 관입시키는데 필요한 타격횟수를 표준관입시험 값, 또는 N 값이라 한다.

사진. 표준관입 시험

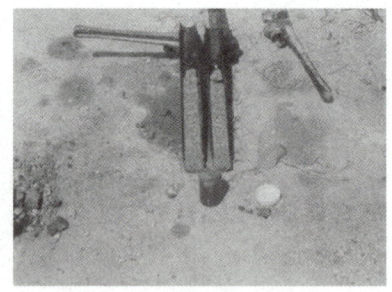

사진. 스플릿 스푼 샘플러

(3) N 값의 수정
 ① Rod 길이에 대한 수정

$$N_1 = N' \cdot \left(1 - \frac{x}{200}\right)$$

 여기서, N' : 실측 N 값
   x : Rod의 길이(m)

학습 POINT

■ 표준관입 시험은 지하수위를 알아내기 위하여 하는 현장시험의 일종이다.(×)

■ 표준관입 시험을 할 때 처음 (15cm)관입에 요하는 N값을 제외하는 이유는 보링 구멍 밑면 흙이 보링에 의하여 흐트러지기 때문이다.

■ 표준관입 시험(SPT)
 ① 해머 중량 : 63.5kg
 ② 낙하고 : 76cm
 ③ 관입깊이 : 30cm

② 토질에 의한 수정

$$N_2 = 15 + \frac{1}{2}(N_1 - 15)$$

단, $N_1 \leq 15$일 때는 토질에 의한 수정을 할 필요가 없다.

③ 상재압에 의한 수정

$$N = N' \cdot \left(\frac{5}{1.4P + 1}\right)$$

여기서, P : 유효상재하중(kg/cm²) $\leq$ 2.8kg/cm²

(4) N값과 ϕ의 관계

① Dunham 공식

입도 및 입자 상태	내부마찰각
흙 입자가 모가 나고 입도가 양호	$\phi = \sqrt{12N} + 25$
흙 입자가 모가 나고 입도가 불량 흙 입자가 둥글고 입도가 양호	$\phi = \sqrt{12N} + 20$
흙 입자가 둥글고 입도가 불량	$\phi = \sqrt{12N} + 15$

② Peck 공식

$\phi = 0.3N + 27$

③ 오자끼 공식

$\phi = \sqrt{20N} + 15$

■ 표준관입 시험에 있어서 모래의 내부마찰각과 N값의 관계는 $\phi = \sqrt{12N + C}$이다.(×)

(5) N 값과 일축압축강도의 관계(Terzaghi 공식)

$q_u = \dfrac{N}{8}$

(6) 전단강도

$\tau = c + \sigma \cdot \tan\phi$에서 내부마찰각 $\phi = 0°$이므로

$$\tau = c_u = \frac{q_u}{2} = \frac{N}{16} = 0.0625N$$

■ 표화점토의 전단강도
$c_u = 0.0625N$

(7) N 값과 모래의 상대밀도의 관계

N값	상대밀도
2~4	아주 느슨
4~10	느슨
10~30	보통
30~50	조밀
50이상	아주 조밀

(8) N 값으로 추정되는 사항

모래 지반	점토 지반
① 상대밀도 ② 내부마찰각 ③ 침하에 대한 허용지지력 ④ 지지력계수 ⑤ 탄성계수	① 연경도 ② 일축압축강도 ③ 점착력 ④ 파괴에 대한 극한지지력 ⑤ 파괴에 대한 허용지지력

- 흙의 투수성은 표준관입 시험으로 추정할 수 없다.(○)
- 어떤 점토지반의 표준관입 실험결과 $N=2\sim4$이었다. 이 점토의 Consistency는 (연약한) 점토이다.

2 베인전단 시험(Vane Shear Test)

(1) 적용범위 : 깊이 10m 미만의 연약한 점토지반의 점착력을 측정하는 시험이다.

(2) 전단강도

$$S = c_u = \frac{T}{\pi \cdot D^2 \cdot \left(\frac{H}{2} + \frac{D}{6}\right)}$$

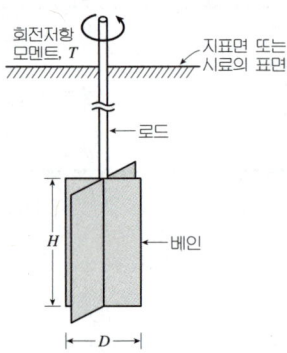

그림. 베인전단 시험

여기서, c_u : 점착력(kg/cm²)
 T : 회전저항모멘트(kg·cm)
 D : 날개의 폭(cm)
 H : 날개의 높이(cm)

(3) 이용 : 비배수 조건($\phi = 0°$)에서의 사면안정해석에 이용된다.

- 현장에서 연약점토의 전단강도를 구하기 위한 시험은 (베인전단) 시험이다.

- 베인전단 시험에서 일반적으로 날개의 높이(H)는 폭(D)의 2배이다.

- (베인전단) 시험에서는 회전모멘트에 의하여 전단강도를 구할 수 있다.

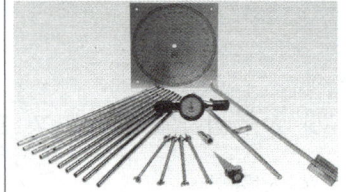

사진. 베인전단 시험기

핵심문제

1 표준관입 시험에 관한 설명 중 옳지 않은 것은? [96 ㉮]

㉮ 표준관입 시험의 N값으로 모래지반의 상대밀도를 추정할 수 있다.
㉯ N값으로 점토지반의 연경도에 관한 추정이 가능하다.
㉰ 지층의 변화를 판단할 수 있는 시료를 얻을 수 있다.
㉱ 모래 지반에 대해서도 흐트러지지 않는 시료를 얻을 수 있다.

2 물로 포화된 실트질 세사의 N값을 측정한 결과 $N=33$이 되었다고 할 때 수정 N 값은?(단, 측정지점까지의 로드(Rod)의 길이는 35m라고 한다.) [94 ㉮]

㉮ 43
㉯ 35
㉰ 21
㉱ 18

3 표준관입 시험에 관한 설명 중 틀린 것은 어느 것인가? [96 ㉯]

㉮ N 치란 관입시험기를 30cm 관입시키는 데 요하는 타격횟수이다.
㉯ 점토의 일축압축강도 $q_u = \dfrac{N}{8}$(kg/cm²)이다.
㉰ 모래의 내부마찰각 ø와 N 치와의 관계 $\phi = \sqrt{12N+c}$이다.
㉱ 점착력 $c=0.0625N$의 관계가 점토질 지반에서 성립한다는 Terzaghi 식이 있다.

4 베인 시험에 관하여 잘못된 것은 어느 것인가? [92 ㉯]

㉮ 연약점토의 강도 측정
㉯ 비배수 조건하의 사면 안정해석에 이용된다.
㉰ 베인전단 시험에서 내부마찰각을 측정할 수 있다.
㉱ 회전 모멘트에 의하여 강도를 구할 수 있다.

5 Vane Test에 Vane의 지름 50mm, 높이 10cm, 파괴시 토크가 5.9kg·m일 때 점착력은? (단, 1t=10kN) [00 ㉮]

㉮ 129kN/m²
㉯ 157kN/m²
㉰ 213kN/m²
㉱ 276kN/m²

해설

해설 1

① 표준관입 시험(SPT)의 목적
 • 현장 지반의 강도를 추정(N 값)
 • 흐트러진 시료 채취
② 표준관입 시험으로 흐트러지지 않은 시료를 얻을 수 없다.

해설 2

N 값의 수정
① Rod 길이에 대한 수정
$N_1 = N' \cdot (1 - \dfrac{x}{200})$
$= 33 \times (1 - \dfrac{35}{200}) = 27$
② 토질에 의한 수정
$N_2 = 15 + \dfrac{1}{2} \times (N_1 - 15)$
$= 15 + \dfrac{1}{2} \times (27 - 15) = 21$회

해설 3

① Dunham 공식은 $\phi = \sqrt{12N} + c$ 의 형태이다.
② Peck 공식
 $\phi = 0.3N + 27$
③ N값과 일축압축강도의 관계
 $q_u = \dfrac{N}{8}$
④ 전단강도(τ)
 $\tau = c_u = \dfrac{q_u}{2} = \dfrac{N}{16} = 0.0625N$

해설 4

베인시험은 깊이 10m 미만의 연약한 점토지반의 점착력을 측정하는 시험이다.

해설 5

베인전단 시험에 의한 전단강도(c_u)
$S = c_u = \dfrac{T}{\pi \cdot D^2 \cdot (\dfrac{H}{2} + \dfrac{D}{6})}$
$= \dfrac{5.9 \times 10^2}{\pi \times 5^2 \times (\dfrac{10}{2} + \dfrac{5}{6})}$
$= 1.288 \text{kg/cm}^2$
$= 12.88 \text{t/m}^2 = 128.8 \text{kN/m}^2$
$≒ 129 \text{kN/m}^2$

정답 1. ㉱ 2. ㉰ 3. ㉰ 4. ㉰ 5. ㉮

6 표준관입 시험(SPT)에 대하여 옳지 않은 것은? [95 ㉮]

㉮ 지하수위를 알아내기 위하여 하는 현장시험의 일종이다.
㉯ N 값이 클수록 지반의 강도는 크고, 침하 가능성은 적다.
㉰ 흐트러지지 않은 시료는 얻을 수 없다.
㉱ 모래지반의 상대밀도 점토의 컨시스턴시의 개략적 추정이 가능하다.

7 표준관입 시험(SPT)을 할 때 처음 15cm 관입에 요하는 N값은 제외하고, 그 후 30cm 관입에 요하는 타격수로 N값을 구한다. 그 이유 중 가장 적당하다고 생각되는 것은? [89 ㉮]

㉮ 정확히 30cm를 관입시키기가 어려워서 15cm 관입에 요하는 N값을 제외한다.
㉯ 보링 구멍 밑면 흙이 보링에 의하여 흐트러져 15cm 관입 후부터 N값을 측정한다.
㉰ 관입봉의 길이가 정확히 45cm이므로 이에 맞도록 관입시키기 위함이다.
㉱ 흙은 보통 15cm 밑부터 그 흙의 성질을 잘나타낸다.

8 토립자가 둥글고 입도분포가 나쁜 모래지반에서 N 치를 측정한 결과 $N=20$이 되었을 경우 Dunham의 공식에 의한 이 모래의 내부마찰각 ϕ는? [97 00 02 ㉮]

㉮ 10°
㉯ 20°
㉰ 30°
㉱ 40°

9 현장에서 연약점토의 전단강도를 구하기 위한 시험방법으로 옳은 것은? [92 01 ㉯]

㉮ 표준관입 시험
㉯ 베인전단 시험
㉰ 평판재하 시험
㉱ CBR 시험

10 연약한 점토나 예민한 점토지반의 전단강도를 구하는 현장시험방법은? [97 ㉮]

㉮ 현장 CBR 시험
㉯ Static cone test
㉰ 직접전단
㉱ 현장재하 시험

해 설

해설 6
보링의 목적
① 지반의 토질조사
② 실내 토질 시험을 위한 불교란 시료의 채취

해설 7
보링 구멍 밑면 흙이 보링에 의하여 흐트러지기 때문에 15cm 관입 후 N 값을 측정한다.

해설 8
Dunham 공식
토립자가 둥글고 입도분포가 나쁜 모래지반이므로
$\phi = \sqrt{12N} + 15 = \sqrt{12 \times 20} + 15$
$= 30.5°$

해설 9
현장에서의 전단강도 측정
① 표준관입 시험은 주로 모래 지반에 적용한다.
② 베인 시험은 깊이 10m 미만의 연약한 점토지반의 점착력을 측정하는 시험이다.

해설 10
① 원추관입 시험
 • 장치형식 : 2중관
 • 적용토질 : 큰 자갈이 없는 보통 흙에 가능하다.
② 정적관입 시험
 • 장치형식 : 단관
 • 적용토질 : 보통 연약점토지반에 간단히 쓰이는 Sounding의 종류
③ 현장 CBR 시험과 현장재하 시험은 지지력 시험이다.

정답 6. ㉮ 7. ㉯ 8. ㉰ 9. ㉯ 10. ㉯

5 간극수압계수 및 응력경로

학습방향
전응력의 증가량에 대한 간극수압의 증가량의 비를 간극수압계수라 하며, 응력이 변화하는 동안 각 응력상태에 대한 Mohr원의 최대전단응력 점들을 연결하는 선을 응력경로라 한다.

1 간극수압계수

(1) 개요

전응력의 증가량에 대한 간극수압의 증가량의 비를 간극수압계수라 한다.

$$\text{간극수압계수} = \frac{\text{간극수압의 증가량}}{\text{전응력의 증가량}} = \frac{\Delta u}{\Delta \sigma}$$

(2) 등방압축시에 생기는 공극수압계수(B계수)

$$B = \frac{\Delta u}{\Delta \sigma_3}$$

① 완전포화($S=100\%$)이면, $B=1$이다.
② 완전건조($S=0\%$)이면, $B=0$이다.
③ 불포화 흙의 공극수압계수 B는 0과 1사이이다.

(3) 일축압축시에 생기는 공극수압계수(D계수)

$$D = \frac{\Delta u}{\Delta \sigma_1 - \Delta \sigma_3}$$

(4) 삼축압축시에 생기는 공극수압계수(A계수)

삼축압축시에 생기는 공극수압은 등방압축시에 생기는 공극수압과 일축압축시에 생기는 공극수압의 합이므로

$\Delta u = B \cdot \Delta \sigma_3 + D \cdot (\Delta \sigma_1 - \Delta \sigma_3)$

여기서, $A = \dfrac{D}{B} = \dfrac{\Delta u - \Delta \sigma_3}{\Delta \sigma_1 - \Delta \sigma_3}$ 이므로

$$\Delta u = B \cdot [\Delta \sigma_3 + A \cdot (\Delta \sigma_1 - \Delta \sigma_3)]$$

만약, 완전포화시 $B=1$이므로 $\Delta u = \Delta \sigma_3 + A \cdot (\Delta \sigma_1 - \Delta \sigma_3)$이다.

또한, 삼축압축 시험에서 압밀 비배수 시험으로 등방 압밀하면 구속압력에 의하여 발생하는 공극수압이 소멸되어서 $\Delta \sigma_3 = 0$되므로

$A = \dfrac{D}{B} = \dfrac{\Delta u - \Delta \sigma_3}{\Delta \sigma_1 - \Delta \sigma_3} = \dfrac{\Delta u}{\Delta \sigma_1} = \dfrac{\Delta u}{\sigma_1 - \sigma_3}$

가되므로 축차응력과 공극수압을 측정하면 공극수압계수 A를 구할 수 있다.

학습POINT

■ 간극수압계수중 B계수는 시료의 (포화상태)를 점검하는데 유용하게 사용된다.

■ 포화점토(ø = 0°) 지반
① 포화도 $S=100\%$
② 내부마찰각 ø = 0°
③ 간극수압계수 $B=1$

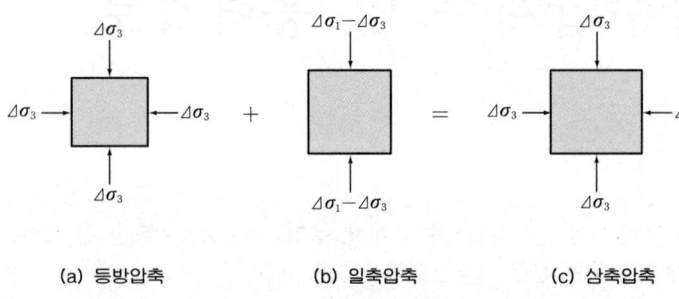

그림. 삼축압축 때의 응력 상태

■ 정규압밀점토에서는 A값이 파괴시에는 1내외의 값을 나타낸다.(○)

(5) 간극수압계수는 흙의 전단 변형률, 흙의 종류에 따라 다르나 일반적으로 다음과 같다.
① 정규압밀점토의 A값 : 0.5 ~ 1
② 과압밀된점토의 A값 : -0.5 ~ 0

■ 삼축압축 시험에 있어서 간극수압을 측정하여 공극수압계수 A를 계산하면 심히 과압밀된 점토의 A값은 언제나 ⊕값을 갖는다.(×)

2 응력경로(Stress path)

(1) 개요
응력이 변화하는 동안 각 응력상태에 대한 Mohr원의 (p, q)점들을 연결하는 선으로 지반 내 임의의 요소에 작용되어온 하중의 변화과정을 응력평면 위에 나타낸 것을 응력경로라 한다.

■ 간극수압계수 A는 응력이력, 체적변화에 따라 부(-)의 값으로부터 1의 값까지 변화한다.(○)

■ 응력경로란 응력이 변할 때 Mohr의 응력원에서 (최대전단응력)을 나타내는 점을 연결한 선이다.

(2) 종류
① 전응력경로(Total stress path, TSP)

$$p = \frac{1}{2}(\sigma_v + \sigma_h)$$

$$q = \frac{1}{2}(\sigma_v - \sigma_h)$$

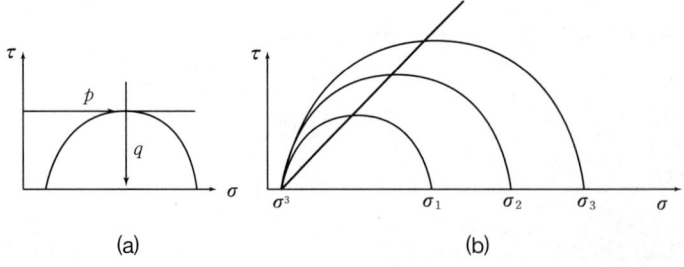

그림. 응력경로

② 유효응력경로(Effective stress path, ESP)

$$p' = \frac{1}{2}[(\sigma_v - u) + (\sigma_h - u)]$$

$$q' = \frac{1}{2}[(\sigma_v - u) - (\sigma_h - u)] = \frac{1}{2}(\sigma_v - \sigma_h) = q$$

■ 응력경로에 있어서 응력경로는 그 성격상 전응력에 대해서만 그릴 수 있다.(×)

(3) 특징
 1) 압밀 비배수 시험
  ① 전응력경로는 모두 오른쪽으로 그려지고 동일한 직선이다.
  ② 정규압밀점토의 유효응력경로는 왼쪽 상향으로 휘어진다.
  ③ 과압밀점토의 유효응력경로는 오른쪽 상향으로 휘어진다.
 2) 압밀 배수 시험
  점토를 압밀 배수 시험을 하면 공극수압이 항상 0이므로 전응력경로와 유효응력경로는 일치한다.

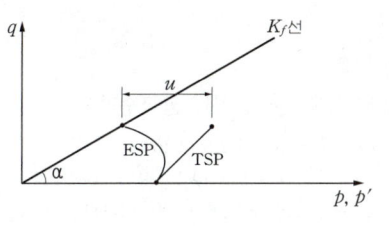
그림. 정규압밀점토

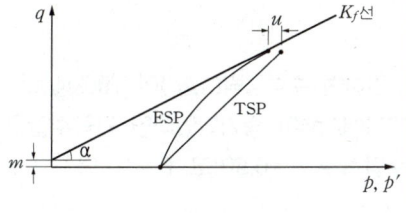
그림. 과압밀점토

3 K_f 선(응력경로)과 ϕ 선(Mohr-Coulomb의 파괴포락선)의 상관관계

파괴시 Mohr 원의 (p, q)점을 연결한 선을 K_f 선이라 한다.

$$q_f = m + p_f \cdot \tan\alpha$$

여기서, m : q축과의 절편
 p_f : 최대전단응력
 α : K_f 선의 경사각

이 두 직선이 만나는 공통점으로부터

$\sin\phi = \tan\alpha$ 에서 $\phi = \sin^{-1}(\tan\alpha)$

$m = c \cdot \cos\phi$ 에서 $c = \dfrac{m}{\cos\phi}$

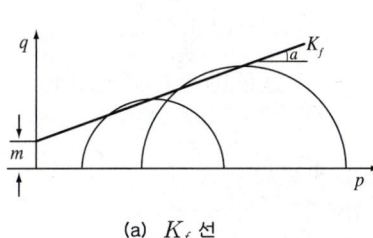
(a) K_f 선

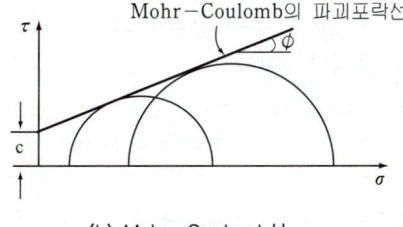
(b) Mohr-Coulomb선

그림. K_f 선과 Mohr-Coulomb의 관계

■ K_f 선과 ϕ 선의 상관관계

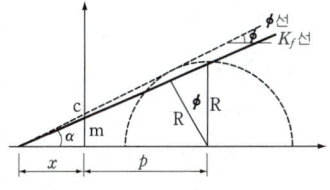
그림. K_f 선과 ϕ 선의 관계

① 내부마찰각

$$\tan\alpha = \frac{R}{x+p}$$

$$\sin\phi = \frac{R}{x+p}$$

따라서, $\sin\phi = \tan\alpha$ 이므로
$\phi = \sin^{-1}(\tan\alpha)$

② 점착력

$\tan\alpha = \dfrac{m}{x} = \sin\phi$ 이므로

$x = \dfrac{m}{\sin\phi}$ 이다.

$\tan\phi = \dfrac{c}{x}$ 에서

$c = x \cdot \tan\phi$

$= \dfrac{m}{\sin\phi} \cdot \tan\phi$

$= \dfrac{m}{\sin\phi} \cdot \dfrac{\sin\phi}{\cos\phi}$

$= \dfrac{m}{\cos\phi}$

핵 심 문 제

1 다음은 3축압축시험에 있어서 공극수압을 측정하여 공극수압계수 A를 계산하는 식이다. 여기에 대한 물음 가운데 틀린 것은? [91⑦]

$$u = B[\Delta\sigma_3 + A(\Delta\sigma_1 - \Delta\sigma_3)]$$

㉮ 포화된 흙에서는 윗 식에서 B=1로 보아도 좋다.
㉯ 정규 압밀 점토에서는 A값이 파괴시에는 1내외의 값을 나타낸다.
㉰ 포화점토에서는 간극수압의 측정값과 축차응력을 알면 된다.
㉱ 심히 과압밀된 점토의 A값은 언제나 +값을 갖는다.

2 그림과 같은 지반에서 하중으로 인하여 수직응력($\Delta\sigma_1$)이 $100kN/m^2$이 증가되고 수평응력($\Delta\sigma_3$)이 $50kN/m^2$이 증가되었다면 간극수압은 얼마가 증가되었는가?(단, 간극수압계수 A = 0.50이고, B = 1이다.) [95 02 ⑦]

㉮ $50kN/m^2$
㉯ $75kN/m^2$
㉰ $100kN/m^2$
㉱ $125kN/m^2$

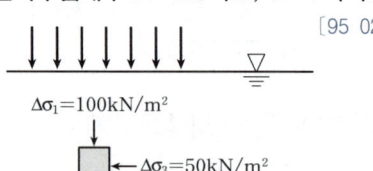

3 포화점토 시료에 대한 $\overline{CU-Test}$ 결과가 다음과 같을 때 평균 간극수압계수는? (단, 단위는 kN/m^2) [97⑦]

시험번호	구속압력	축차응력(파괴시)	간극수압(파괴시)
1	150	192	80
2	300	341	150
3	450	504	222

㉮ 0.417   ㉯ 0.424
㉰ 0.432   ㉱ 0.440

4 응력경로에 대한 다음 설명 중 틀린 것은? [92⑦]

㉮ 응력경로란 응력이 변할 때 Mohr의 응력원에서 최대전단응력을 나타내는 점을 연결한 선이다.
㉯ 응력경로는 전응력 및 유효응력으로 표시할 수 있다.
㉰ 흙의 표준 삼축압축 시험을 할 때 흙이 파괴될 때까지의 유효응력 경로는 변한다.
㉱ 흙의 삼축압축 시험시 간극수압계수가 변화하면 유효응력 경로는 직선이 되지 않는다.

해 설

해설 1
① 등방축 때의 공극수압계수(B계수)
 • 완전포화(S=100%)이면, B=1이다.
 • 완전건조(S=0%)이면, B=0이다.
② 간극수압계수는 흙의 전단 변형률, 흙의 종류에 따라 다르나 일반적으로 다음과 같다.
 • 정규압밀점토의 A값 : 0.5~1
 • 과압밀된 점토의 A값 : -0.5~0

해설 2
삼축압축시에 생기는 공극수압
$\Delta u = B \cdot \Delta\sigma_3 + D \cdot (\Delta\sigma_1 - \Delta\sigma_3)$
$= B \cdot [\Delta\sigma_3 + A \cdot (\Delta\sigma_1 - \Delta\sigma_3)]$
$= 1 \times [50 + 0.5 \times (100 - 50)]$
$= 75 kN/m^2$

해설 3
① 간극수압계수
$= \dfrac{간극수압의 증가량}{전응력의 증가량} = \dfrac{\Delta u}{\Delta\sigma}$

② 삼축압축시에 생기는 간극수압계수
일반적으로 삼축압축 시험에서는 구속압력을 일정하게 두고 간극수압을 측정하였다면, $\Delta\sigma_3 = 0$이다.
$A = \dfrac{D}{B} = \dfrac{\Delta u - \Delta\sigma_3}{\Delta\sigma_1 - \Delta\sigma_3} = \dfrac{\Delta u}{\Delta\sigma_1}$
여기서, $\Delta\sigma_1 = \sigma_1 - \sigma_3$이다.

③ 문제에서
$A_1 = \dfrac{80}{192} = 0.417$
$A_2 = \dfrac{150}{341} = 0.440$
$A_3 = \dfrac{222}{504} = 0.440$
$A_{평균} = \dfrac{A_1 + A_2 + A_3}{3}$
$= \dfrac{0.417 + 0.440 + 0.440}{3}$
$= 0.432$

해설 4
삼축압축 시험시 흙이 파괴될 때까지의 유효응력경로는 일정하다.

정답 1. ㉱ 2. ㉯ 3. ㉰ 4. ㉰

5 다음 설명 중 틀린 것은? [97㉮]

㉮ 일반적으로 조밀한 모래의 경우 주어진 구속응력에 관계없이 전단시 체적이 증가한다.
㉯ 정규 압밀 점토의 경우 배수상태로 전단 시험을 하는 경우 점착력은 거의 나타나지 않는다.
㉰ 간극수압계수 B는 시료의 포화상태를 점검하는 데 유용하게 사용된다.
㉱ 간극수압계수 A는 시료의 과압밀 상태로 구분하는 데 유용하게 사용된다.

6 비압밀 비배수 삼축압축 시험시 최종 전단파괴 단계에서 점성토 시료(포화도 80%)에 작용하는 수평유효응력을 간극수압계수A 및 B를 이용해 표시하면?(단, σ_c는 구속응력, σ_a는 축차응력이다.) [97㉮]

㉮ $(B-1)\sigma_c - A\Delta\sigma_a$
㉯ $(1-B)\sigma_c + A\Delta\sigma_a$
㉰ $(1-B)\sigma_c - AB\Delta\sigma_a$
㉱ $(1+B)\sigma_c + A\Delta\sigma_a$

7 다음은 응력경로를 설명한 것이다. 이 가운데 틀린 것은?(단, 여기서 Mohr원의 중심위치는 $p = \dfrac{\sigma_1+\sigma_3}{2}$, 반경의 크기 $q = \dfrac{\sigma_1-\sigma_3}{2}$ 이다.) [92㉮]

㉮ 응력경로는 각 Mohr 원의 중심위치 p와 반경의 크기 q를 연결하는 선을 말한다.
㉯ 응력경로는 시료가 받는 응력의 변화과정을 연속적으로 살필 수 있는 표현 방법이다.
㉰ 액압 σ_3를 고정하고 축압 σ_1을 연속적으로 증가시키는 경우의 응력경로는 σ_3와 각 Mohr 원의 꼭지점을 연결하는 직선이다.
㉱ 응력경로는 그 성격상 전응력에 대해서만 그릴 수 있다.

8 다음 그림은 응력 경로를 표시한 것이다. 이 가운데 잘못된 항은? [95㉮]

㉮ A : $\Delta\sigma_h$ 감소, $\Delta\sigma_v = 0$
㉯ B : $\Delta\sigma_h$ 감소, $\Delta\sigma_v$ 감소
㉰ C : $-\Delta\sigma_h = +\Delta\sigma_v$
㉱ D : $\Delta\sigma_h = 0$ $\Delta\sigma_v$ 증가

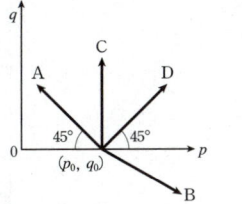

해 설

해설 5

조밀한 모래의 구속응력(σ_3)이 작은 경우 체적 팽창이 발생하며, 구속응력(σ_3)이 큰 경우에는 체적이 감소한다.

해설 6

① 삼축압축시에 생기는 공극수압
$\Delta u = B \cdot [\Delta\sigma_3 + A \cdot (\Delta\sigma_1 - \Delta\sigma_3)]$

② 문제에서
$\sigma_3' = \sigma_3 - \Delta u$
$= \sigma_3 - B \cdot (\sigma_c + A \cdot \Delta\sigma_a)$
$= \sigma_3 - B \cdot \sigma_c - A \cdot B \cdot \Delta\sigma_a$
$= (1-B) \cdot \sigma_c - A \cdot B \cdot \Delta\sigma_a$

해설 7

응력경로의 종류
① 전응력 경로
② 유효응력 경로

해설 8

① 응력경로의 초기조건은
$\sigma_v = \sigma_h$ 이므로
$p_0 = \dfrac{1}{2}(\sigma_v + \sigma_h) = \sigma_v$
$q_0 = \dfrac{1}{2}(\sigma_v - \sigma_h) = 0$

② 응력경로
A : $\Delta\sigma_h$ 감소, $\Delta\sigma_v = 0$
B : $\Delta\sigma_h$ 증가, $\Delta\sigma_v$ 감소
C : $\Delta\sigma_h = -\Delta\sigma_v$
D : $\Delta\sigma_h = 0$, $\Delta\sigma_v$ 증가

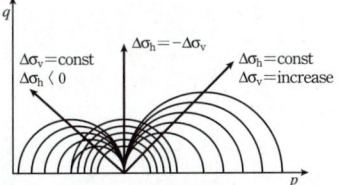

정답 5.㉮ 6.㉰ 7.㉱ 8.㉯

9 점성토에 대한 압밀배수 삼축압축 시험결과를 p-q diagram에 그린 결과 K_1-line의 경사각 α는 20°이고 절편 m은 340kN/m²이었다. 이 점성토의 내부마찰각(ϕ) 및 점착력(c)은? [00 01 ㉮]

㉮ $\phi = 21.34°$ $c = 365\,kN/m^2$
㉯ $\phi = 23.54°$ $c = 343\,kN/m^2$
㉰ $\phi = 24.21°$ $c = 347\,kN/m^2$
㉱ $\phi = 24.52°$ $c = 352\,kN/m^2$

10 다음의 Stress path(응력경로)는 어떤 시험일 때인가? [94 ㉮]

㉮ 직접 전단압축일 때
㉯ 표준 삼축압축일 때
㉰ 압밀 시험일 때
㉱ 등방압축 시험일 때

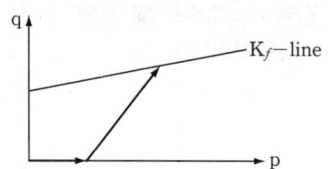

해 설

해설 9

① 내부마찰각(ϕ)
$$\phi = \sin^{-1}(\tan\alpha)$$
$$= \sin^{-1}(\tan 20°)$$
$$= 21.344° = 21°20'39''$$

② 점착력(c)
$$c = \frac{m}{\cos\phi} = \frac{340}{\cos 21.344°}$$
$$= 365\,kN/m^2$$

해설 10

최소주응력(σ_3)이 일정한 상태에서 최대주응력(σ_1)이 점차 증가하여 파괴되는 경우의 표준삼축압축 시험에서의 응력경로이다.

정답 9. ㉮ 10. ㉯

출제예상문제

5 CHAPTER
흙의 전단강도

1. 흙의 전단강도에 대한 다음 설명 중 옳지 않은 것은?

㉮ 흙의 전단강도는 압축강도의 크기와 관계가 깊다.
㉯ 외력이 가해지면 전단응력이 발생하고 어느 면에 전단응력이 전단강도를 초과하면 그 면에 따라 활동이 일어나서 파괴된다.
㉰ 조밀한 모래는 전단 중에 팽창하고 느슨한 모래는 수축한다.
㉱ 점착력과 내부마찰각은 파괴면에 작용하는 수직응력의 크기에 비례한다.

해설
① 흙의 전단강도는 흙 입자 사이에 작용하는 점착력과 내부마찰력으로 이루어진다.
$\tau = c + \sigma \cdot \tan\phi$
② 전단응력이 전단강도를 초과하면 그 면을 따라 활동이 발생하여 파괴가 일어난다.
③ 전단강도정수인 점착력과 내부마찰각은 수직응력의 크기와는 무관하고 주어진 흙의 종류에 대해서는 일정하다.

2. 토질의 전단특성을 설명한 것 중 틀린 것은?

㉮ 전단강도란 흙이 외부 하중으로부터 전단파괴되지 않으려는 최대저항력을 말한다.
㉯ 전단강도는 토질의 점착력과 내부마찰각으로 나타낸다.
㉰ 토질의 전단응력과 전단변형률의 관계를 나타낸 것이 전단계수이다.
㉱ 최대전단응력은 전응력으로 해석하는 경우가 유효응력으로 해석하는 경우보다 적다.

해설
① 전단강도란 전단파괴에 저항하는 최대 값을 말한다.
② 전단강도란 파괴시의 전단응력과 그 크기가 같다.
③ 안정해석의 방법
  • 전응력해석 : 단기적 안정해석
  • 유효응력해석 : 장기적 안정해석

3. 다음 흙의 전단강도가 대단히 적어지는 경우를 열거한 것 중 옳지 않은 것은?

㉮ 포화된 가늘고 느슨한 모래층에 지진 등 충격이 가해졌을 때
㉯ 해성점토가 빗물에 씻기어 소금 성분을 잃었을 때
㉰ 가늘고 느슨한 모래층에서 동수경사가 한계동수경사보다 클 때
㉱ 실트 지반에 모관현상이 활발할 때

해설
① 느슨한 포화된 모래에 충격을 주면 과잉간극수압이 발생하여 유효응력이 감소하는 액화현상이 발생한다.
② 해성점토가 담수에 의해 염분이 빠져나가면서 전단강도가 저하하는 현상을 리칭이라 한다.
③ 모래층에서 동수경사가 한계동수경사보다 크게 되면 분사현상이 발생한다.
④ 모관현상이 일어나면 (−)간극수압으로 인해 유효응력이 증가하여 전단강도가 증가한다.

4. 사질토의 전단강도에 영향을 미치는 요소로서 가장 관계가 적은 것은?

㉮ 투수계수
㉯ 입자의 조밀상태
㉰ 응력이력(OCR)
㉱ 시간에 대한 변형률

해답 1. ㉱ 2. ㉱ 3. ㉱ 4. ㉮

해설
① 사질토는 점착력 $c=0$이므로 전단강도는 주로 흙 입자에 작용하는 내부마찰력에 기인한다.
② 흙 입자 사이의 마찰력에 영향을 주는 요소는 입자의 모양, 상대밀도, 입도분포 등이 있다.

5. 입상토의 전단저항각(내부마찰각)에 영향을 끼치지 않는 것은?
㉮ 흙의 다져진 상태 ㉯ 흙 입자의 형상
㉰ 입도분포 ㉱ 비중

해설
흙의 내부마찰각과 흙의 비중은 무관하다.

6. Coulomb의 전단방정식에 관한 설명 중 옳지 않은 것은?
㉮ 순수 점토에서는 $\phi=0$이므로 $\tau=0$이다.
㉯ 순수 모래에서는 $c=0$이므로 $\tau=\sigma\cdot\tan\phi$이다.
㉰ 실트에서는 $c=0$이므로 $\tau=\sigma\cdot\tan\phi$이다.
㉱ 일반 흙에서는 $\phi>0$, $c>0$이므로 $\tau=c+\sigma\cdot\tan\phi$이다.

해설
① Mohr-Coulomb의 전단강도식
  $\tau=c+\sigma\cdot\tan\phi$
② 모래의 전단강도식
  점착력 $c=0$이므로 $\tau=\sigma'\cdot\tan\phi$이다.
③ 포화점토의 전단강도식
  내부마찰 $\phi=0$이므로 $\tau=c$이다.
④ 일반 흙의 전단강도식
  $c\neq0$, $\phi\neq0$이므로 $\tau=c+\sigma\cdot\tan\phi$

7. 점착력이 $10kN/m^2$, 내부마찰각이 $30°$인 흙에 수직응력 $200kN/m^2$를 가할 경우 전단강도는?
㉮ $2000kN/m^2$
㉯ $676kN/m^2$
㉰ $116kN/m^2$
㉱ $125kN/m^2$

해설 전단강도(τ)
$\tau=c+\sigma\cdot\tan\phi=10+200\times\tan30°=125\,kN/m^2$

8. 포화된 토괴 내의 한 면에 작용하는 전수직응력은 $250kN/m^2$이고, 간극수압은 $100kN/m^2$일 때 그 면의 전단저항각을 유효응력 개념으로 구하시오.(단, 이 흙의 시험결과는 $c'=12kN/m^2$, $\phi'=30°$이다.)
㉮ $69.7kN/m^2$
㉯ $98.6kN/m^2$
㉰ $135.4kN/m^2$
㉱ $156.3kN/m^2$

해설 흙의 전단강도(τ)
$\tau=c'+(\sigma-u)\cdot\tan\phi'$
$=12+(250-100)\times\tan30°=98.6kN/m^2$

9. 그림과 같은 모래지반에서 깊이 4m 지점에서의 전단강도는? (단, 모래의 내부마찰각 $\phi=30°$, 점착력 $c=0$, 물의 단위중량은 $9.81kN/m^3$)
㉮ $44.1kN/m^2$
㉯ $27.2kN/m^2$
㉰ $22.8kN/m^2$
㉱ $18.2kN/m^2$

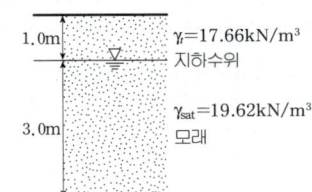

해설
① 수직응력
  • 전응력
    $\sigma=\gamma_t\times1+\gamma_{sat}\times3=17.66\times1+19.62\times3$
    $=76.52\,kN/m^2$
  • 간극수압 : $u=\gamma_w\times3=9.81\times3=29.43\,kN/m^2$
  • 유효응력 : $\sigma'=\sigma-u=76.52-29.43$
    $=47.09\,kN/m^2$
② 전단강도(τ) : $c=0$이므로
  $\tau=\sigma'\cdot\tan\phi=47.09\times\tan30°=27.2kN/m^2$

해답 5. ㉱ 6. ㉮ 7. ㉱ 8. ㉯ 9. ㉯

10. 그림과 같이 지표면으로부터 1m 아래에 지하수 위가 있는 모래층의 5m되는 깊이에서의 전단강도는 얼마인가?(단, 모래의 내부마찰각은 30°이고 물의 단위중량은 9.81kN/m³이다.)

㉮ 31.7kN/m²
㉯ 22.7kN/m²
㉰ 13.6kN/m²
㉱ 12.8kN/m²

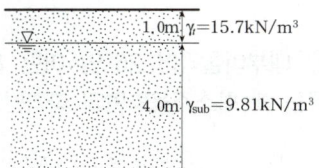

해설

① 유효응력(σ')
$\sigma' = \gamma_t \times 1 + \gamma_{sub} \times 4 = 15.7 \times 1 + 9.81 \times 4$
$= 54.94 \text{kN/m}^2$

② 전단강도(τ) : 모래지반이므로 점착력 c=0이고, 전단강도를 유효응력으로 나타내면
$\tau = \sigma' \cdot \tan\phi = 54.94 \times \tan 30° = 31.7 \text{kN/m}^2$

11. 다음 그림의 파괴포락선에서 과압밀 점토를 나타내는 것은?

㉮ ②
㉯ ③
㉰ ④
㉱ ①

해설

① 유효응력으로 표시한 점착력 값에 있어서 정규 압밀 점토는 0(zero)에 가깝고, 과압밀 점토는 0(zero)보다 크다.
② 압밀 배수 시험, 압밀 비배수 시험의 파괴포락선
• 정규 압밀 점토의 파괴포락선은 좌표축 원점을 지난다.
• 과압밀 점토의 파괴포락선은 좌표축 원점을 지나지 않는다.

12. 다음 흙의 전단강도에 관한 설명 중 옳지 않은 것은?

㉮ 최대주응력면과 최소주응력면은 직교한다.

㉯ 주응력면에서는 전단응력(tangential stress)은 0이다.
㉰ 최소주응력면은 전단응력축과 직교한다.
㉱ 최대주응력과 최소주응력의 차를 deviator stress라고 한다.

해설

① 주응력면(principal planes)
• 평면응력(plane stress)에서 σ_n이 최대이고, τ_n이 최소($\tau_n = 0$)가 되는 두 단면이 존재한다.
• 주응력면은 전단응력이 0인 주응력이 작용하는 면이다.
• 최대주응력면과 최소주응력면은 직교한다.

② 주응력(principal stress)
• 주응력면 위에 작용하는 법선응력들을 주응력이라 한다.
• 최대인 것을 최대주응력(σ_1), 최소인 것을 최소주응력(σ_3)이라 한다.

③ $\sigma_1 - \sigma_3$를 축차응력(deviator stress)이라 한다.

13. 최대주응력이 100kN/m², 최소주응력이 40kN/m²일 때 최소주응력면과 45°를 이루는 평면에 일어나는 수직응력은?

㉮ 70kN/m²
㉯ 30kN/m²
㉰ 50kN/m²
㉱ $40\sqrt{2}$kN/m²

해설

① 최대주응력면과 파괴면이 이루는 각(θ)
$\theta + \theta' = 90°$이므로
$\theta = 90° - \theta' = 90° - 45° = 45°$

② 파괴면에 작용하는 수직응력(σ)
$\sigma = \dfrac{\sigma_1 + \sigma_3}{2} + \dfrac{\sigma_1 - \sigma_3}{2}\cos 2\theta$
$= \dfrac{100 + 40}{2} + \dfrac{100 - 40}{2}\cos(2 \times 45°) = 70 \text{kN/m}^2$

③ 파괴면에 작용하는 전단응력(τ)
$\tau = \dfrac{\sigma_1 - \sigma_3}{2}\sin 2\theta = \dfrac{100 - 40}{2}\sin(2 \times 45°)$
$= 30 \text{kN/m}^2$

여기서, θ : 수평면(최대주응력면)과 파괴면이 이루는 각

해답 10. ㉮ 11. ㉱ 12. ㉰ 13. ㉮

14. 응력을 받는 흙 중의 한 점에 있어서의 최대 및 최소주응력이 각각 100kN/m² 및 50kN/m²일 때, 이점을 지나 최대주응력면과 30°를 이루는 면상의 전단응력을 구한 값은?

㉮ 13.5kN/m² ㉯ 21.7kN/m²
㉰ 87.5kN/m² ㉱ 91.6kN/m²

[해설] 파괴면에 작용하는 전단응력(τ)

$\tau = \dfrac{\sigma_1 - \sigma_3}{2}\sin 2\theta = \dfrac{100-50}{2}\sin(2\times30°)$
$\quad = 21.7\text{kN/m}^2$

여기서, θ : 수평면(최대주응력면)과 파괴면이 이루는 각

15. 한 요소에 작용하는 응력의 상태가 그림과 같을 때 m–m 면에 작용하는 수직응력과 전단응력은?

㉮ 수직응력 : 150kN/m²
　　전단응력 : 50kN/m²
㉯ 수직응력 : $25\sqrt{2}$kN/m²
　　전단응력 : 50kN/m²
㉰ 수직응력 : 100kN/m²
　　전단응력 : 100kN/m²
㉱ 수직응력 : $25\sqrt{3}$kN/m²
　　전단응력 : $5\sqrt{3}$kN/m²

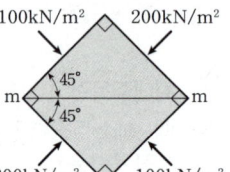

[해설]
① 주응력(σ)
 • 최대주응력 : $\sigma_1 = 200\text{kN/m}^2$
 • 최소주응력 : $\sigma_3 = 100\text{kN/m}^2$
 • 수평과 파괴면이 이루는 각도 : $\theta = 45°$

② 파괴면에 작용하는 수직응력(σ)

$\sigma = \dfrac{\sigma_1+\sigma_3}{2} + \dfrac{\sigma_1-\sigma_3}{2}\cos 2\theta$
$\quad = \dfrac{200+100}{2} + \dfrac{200-100}{2}\cos(2\times45°)$
$\quad = 150\text{kN/m}^2$

③ 파괴면에 작용하는 전단응력(τ)

$\tau = \dfrac{\sigma_1-\sigma_3}{2}\sin 2\theta$
$\quad = \dfrac{200-100}{2}\sin(2\times45°) = 50\text{kN/m}^2$

16. 내부마찰각이 26°인 어떤 흙을 삼축압축 시험을 했을 때 최소주응력면과 파괴면이 이루는 각은?

㉮ 32°   ㉯ 19°
㉰ 18°   ㉱ 8°

[해설] 최소주응력면과 파괴면이 이루는 각도(θ')

$\theta' = 45° - \dfrac{\phi}{2} = 45° - \dfrac{26°}{2} = 32°$

17. 다음 그림은 최대주응력 σ_1, 최소주응력 σ_3를 받고 있는 흙의 한 요소를 나타낸 것인데 흙의 요소 내에 각 α를 이루고 있는 단면상의 수직응력과 전단응력을 구하기 위하여 Mohr원의 평면기점을 이용하고자 한다. 적당한 값은?

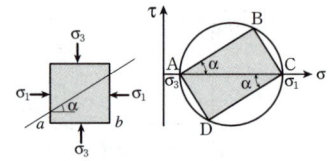

㉮ 평면기점=A, 구하는 점의 좌표=B
㉯ 평면기점=B, 구하는 점의 좌표=C
㉰ 평면기점=C, 구하는 점의 좌표=D
㉱ 평면기점=D, 구하는 점의 좌표=A

[해설] 도해법에 의한 전단응력과 수직응력
① 최대주응력(σ_1) 점에서 최대주응력면에 평행선을 그어 Mohr원과 만나는 점을 평면기점이라 한다. 또한, 최소주응력(σ_3)점에서 최소주응력면에 평행선을 그어도 같은 결과를 얻을 수 있다. 문제에서는 C 점이 된다.
② 평면기점(O_P)에서 파괴면과 평행선을 그어 Mohr 원과 만나는 점이 구하고자 하는 응력점(σ_f, τ_f)이 된다. 문제에서는 D점이 된다.

해답 14. ㉯ 15. ㉮ 16. ㉮ 17. ㉰

18. 진행성 파괴에 관한 것 중 틀린 것은?

㉮ 첨두강도와 잔류강도의 차이가 클 때 일어남
㉯ 안정해석을 위해서는 잔류강도 정수를 써야 함
㉰ 과압밀점토에 잘 일어남
㉱ 축조직후에 보통 일어남

[해설]
① 진행성 파괴는 과압밀점토 또는 굳은 점성토에서 발생한다.
② 과압밀점토는 전단초기에 첨두강도에 도달하였다가 변형됨에 따라 강도가 감소하여 잔류강도에 도달하여 파괴된다.
③ 진행성 파괴가 일어날 때는 비교적 작은 전단응력에서 파괴된다.
④ 장기적 안정해석시 첨두강도를 사용하면 과대 평가될 수도 있다.

19. 직접전단 시험을 한 결과 수직응력이 $120kN/m^2$ 일 때 전단저항이 $50kN/m^2$ 이고, 수직응력이 $240kN/m^2$ 일 때 전단저항이 $70kN/m^2$ 이었다. 수직응력이 $300kN/m^2$ 일 때의 전단저항은 얼마인가?

㉮ $60kN/m^2$　　㉯ $80kN/m^2$
㉰ $100kN/m^2$　㉱ $120kN/m^2$

[해설]
① 전단강도(τ)
$\tau = c' + \sigma' \cdot \tan\phi$
② 문제에서
$50 = c' + 120\tan\phi$ --------- 식①
$70 = c' + 240\tan\phi$ --------- 식②
연립방정식을 풀면
즉, 식①에 2를 곱하여 식②를 빼면
$100 = 2c' + 240\tan\phi$
$\underline{70 = c' + 240\tan\phi}$
$30 = c'$
즉, 점착력 $c' = 30kN/m^2$이다.
$c' = 30kN/m^2$을 식①에 대입하면 $\tan\phi = \frac{20}{120}$ 이다.
따라서, 전단저항은
$\tau = c' + \sigma' \cdot \tan\phi = 30 + 300 \times \frac{20}{120} = 80kN/m^2$

20. 단면적 $8cm^2$의 점토시료 공시체를 $2.4kg$의 수직하중을 작용시킨 결과 변형도가 0.1이었다. 이 때, 이 공시체의 수직응력은?

㉮ $0.27kg/cm^2$　㉯ $1.92kg/cm^2$
㉰ $0.29kg/cm^2$　㉱ $0.31kg/cm^2$

[해설]
① 환산단면적(A_0)
$A_0 = \frac{A}{1-\varepsilon} = \frac{8}{1-0.1} = 8.89cm^2$
② 일축압축강도(q_u)
$\sigma_1 = q_u = \frac{P}{A_O} = \frac{2.4}{8.89} = 0.27kg/cm^2$

21. 어떤 점토 시료를 일축압축 시험한 결과 수평면과 파괴면이 이루는 각이 48°였다. 점토 시료의 내부마찰각은?

㉮ 3°　　㉯ 18°
㉰ 30°　㉱ 6°

[해설]
① 최대주응력면과 파괴면이 이루는 각(θ)
$\theta = 45° + \frac{\phi}{2}$
② 내부마찰각(ϕ)
$\phi = 2\theta - 90° = 2 \times 48° - 90° = 6°$

22. 일축압축강도 시험 결과 점착력(c)을 구하는 식으로 맞는 것은?(단, σ_1은 압축강도, ϕ는 내부마찰각이다.)

㉮ $c = \frac{\sigma_1(1+\sin\phi)}{\cos\phi}$

㉯ $c = \frac{\sigma_1(1-\sin\phi)}{2\cos\phi}$

㉰ $c = \frac{\sigma_1(1+\sin\phi)}{2\cos\phi}$

㉱ $c = \frac{\sigma_1(1-\sin\phi)}{\cos\phi}$

해답　18. ㉱　19. ㉯　20. ㉮　21. ㉱　22. ㉯

해설

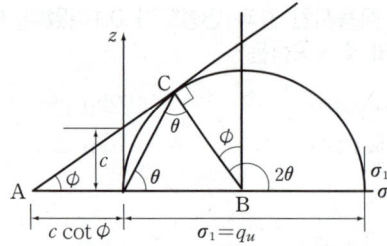

① $\triangle ABC$ 에서

$$\sin\phi = \frac{\frac{\sigma_1}{2}}{c\cdot\cot\phi+\frac{\sigma_1}{2}} = \frac{\sigma_1}{2\cdot c\cdot\cot\phi+\sigma_1}$$

$(\sin\phi)\cdot(2\cdot c\cdot\cot\phi+\sigma_1) = \sigma_1$

$2\cdot c\cdot\cot\phi\cdot\sin\phi+\sigma_1\cdot\sin\phi = \sigma_1$

$2\cdot c\cdot\cos\phi = \sigma_1(1-\sin\phi)$

$c = \frac{\sigma_1}{2}\frac{1-\sin\phi}{\cos\phi}$

23. 내부마찰각 $\phi = 0°$인 점토에 대하여 일축압축시험을 하여 일축압축강도 $q_u = 320\text{kN/m}^2$을 얻었다면 점착력 c는?

㉮ 120kN/m^2 ㉯ 160kN/m^2
㉰ 220kN/m^2 ㉱ 640kN/m^2

해설 점착력(c_u)

내부마찰각 $\phi = 0°$인 점토의 일축압축강도
$q_u = 2c_u$ 이므로
$c_u = \frac{q_u}{2} = \frac{320}{2} = 160\text{kN/m}^2$

24. 어떤 시료의 일축압축 시험에서 파괴강도가 200kN/m^2이었으며 내부마찰각이 $20°$이었다면 점착력은?

㉮ 100kN/m^2
㉯ 280kN/m^2
㉰ 70kN/m^2
㉱ 300kN/m^2

해설 점착력(c_u)

$q_u = 2c_u\tan(45°+\frac{\phi}{2})$ 에서

$c_u = \frac{q_u}{2\tan(45°+\frac{\phi}{2})} = \frac{200}{2\tan(45°+\frac{20°}{2})}$
$= 70\text{kN/m}^2$

25. 연약점토의 일축압축강도 $q_u = 90\text{kN/m}^2$일 때 점착력 c는?

㉮ 35kN/m^2 ㉯ 40kN/m^2
㉰ 45kN/m^2 ㉱ 55kN/m^2

해설 점착력(c_u)

연약점토이므로 내부마찰각 $\phi = 0°$이다.
즉, $q_u = 2c_u$이므로
$c_u = \frac{q_u}{2} = \frac{90}{2} = 45\text{kN/m}^2$

26. 포화된 점착성의 세립토로 원형 공시체를 만들어서 일축압축 시험을 하여 파괴응력이 360kN/m^2이였다. 이 흙의 전단응력은?

㉮ 160kN/m^2 ㉯ 180kN/m^2
㉰ 200kN/m^2 ㉱ 360kN/m^2

해설 전단응력(τ)

내부마찰각 $\phi = 0°$인 점토의 일축압축강도 $q_u = 2c_u$ 이므로
$\tau = c_u = \frac{q_u}{2} = \frac{360}{2} = 180\text{kN/m}^2$

27. 다음은 흙의 전단강도에 관련된 사항이다. 이 가운데 틀린 것은?

㉮ 일축압축 시험으로부터 구한 점착력
$c_u = \frac{1}{2}q_u\tan^2(45°-\frac{\phi}{2})$ 이다.
㉯ 흙 댐에 있어서 수위 급강하 할 때의 안정문제는 $\overline{c}$ 및 $\overline{\phi}$를 사용해야 한다.
㉰ 예민비가 큰 흙은 Quick clay라고 한다.
㉱ Mohr-coulomb의 파괴기준에 의하면 포화점토의 비압밀 비배수 상태의 내부마찰각은 $0°$이다.

해답 23. ㉯ 24. ㉰ 25. ㉰ 26. ㉯ 27. ㉮

해설 점착력(c_u)

$q_u = 2\,c_u\,\tan(45° + \dfrac{\phi}{2})$ 에서

$c_u = \dfrac{q_u}{2\,\tan(45° + \dfrac{\phi}{2})} = \dfrac{q_u}{2}\,\tan(45° - \dfrac{\phi}{2})$

28. 다음은 흙의 강도에 관한 설명이다. 틀린 것은 어느 것인가?(단, ϕ : 흙의 내부마찰각)

㉮ 일축압축 시험에서 최대주응력과 파괴면이 이루는 각도는 $\theta = 45° - \dfrac{\phi}{2}$ 이다.
㉯ 일축압축 시험에서 $\phi = 0°$ 인 점성토에서는 점착력은 일축압축강도의 $\dfrac{1}{2}$ 배이다.
㉰ 자연상태의 점토가 교란되면 전단강도는 감소한다.
㉱ 일축압축 시험은 점성토에 많이 사용한다.

해설 최대주응력면과 파괴면이 이루는 각(θ)

$\theta = 45° + \dfrac{\phi}{2}$

29. 다음 중 현장 조건과 가장 유사하게 할 수 있는 실내 시험은 어느 것인가?

㉮ Vane 시험
㉯ 일축압축 시험
㉰ 직접전단 시험
㉱ 삼축압축 시험

해설
① Vane 시험은 연약한 점토지반의 비배수 점착력을 현장에서 직접 측정하는 현장시험이다.
② 삼축압축 시험은 현장 조건과 가장 유사하게 할 수 있는 실내 시험이다.

30. 흙의 삼축압축 시험에서 Vertical Compression Test의 Unloading을 설명한 내용은?

㉮ σ_1은 일정, σ_3 감소
㉯ σ_1은 일정, σ_3 증가
㉰ σ_3은 일정, σ_1 증가
㉱ σ_3은 일정, σ_1 감소

해설
삼축압축 시험에서 Vertical Compression Test의 Unloading은 σ_3을 일정하게 유지하면서 σ_1을 감소하는 상태이다.

31. 흙의 전단 시험에서 배수 조건이 아닌 것은?

㉮ 비압밀 비배수   ㉯ 압밀 비배수
㉰ 비압밀 배수   ㉱ 압밀 배수

해설
1. 배수방법에 따른 전단강도시험의 분류
   ① 비압밀 비배수 전단시험(UU-test)
   ② 압밀 비배수 전단시험(CU-test)
   ③ 압밀 배수 전단시험(CD-test)
2. 비압밀 배수는 불가능하다.

32. (A)에서는 투수성이 크므로 충격에 의한 재하를 제외하면 거의 (B)전단으로 볼 수 있는데 반하여 (C)에서는 전단시험시의 배수조건에 따라 전단강도가 크게 달라진다.

㉮ A : 사질토, B : 배수,   C : 점성토
㉯ A : 점성토, B : 배수,   C : 사질토
㉰ A : 사질토, B : 비배수, C : 점성토
㉱ A : 점성토, B : 비배수, C : 사질토

해설
① 모래의 경우 투수계수가 커서 배수를 허용하는 경우 재하로 인한 과잉간극수압이 쉽게 소산되므로 포화상태라도 완전배수상태가 되어 건조한 모래와 거의 유사하다.
즉 c=0이므로 전단강도 $\tau = \sigma' \cdot \tan\phi$
② 점토의 경우는 투수계수가 작아 재하로 인한 과잉간극수압의 소산이 느려 배수조건에 따라 그 결과가 달라진다.

해답 28. ㉮ 29. ㉱ 30. ㉱ 31. ㉰ 32. ㉮

33. 다음 그림의 파괴포락선 중에서 완전 포화된 모래를 UU(비압밀 비배수) 시험했을 때 생기는 파괴포락선은 어느 것인가?

㉮ ①
㉯ ②
㉰ ③
㉱ ④

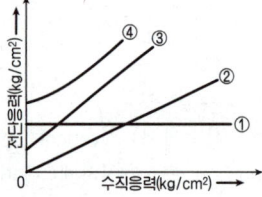

[해설]
① 비압밀 비배수 전단시험(UU-test)
- 포화토의 경우 내부마찰각 $\phi=0°$이다. 즉, 파괴포락선은 수평선으로 나타난다.
- 완전히 포화되지 않은 흙의 경우는 $\phi \neq 0°$이다.
- 내부마찰각 $\phi=0°$인 경우 전단강도 $\tau=c_u$이다. 즉, 전단강도는 Mohr원의 반경과 같다.
② 모래의 경우 투수계수가 커서 배수를 허용하는 경우는 점착력 $c=0$이므로 전단강도 $\tau=\sigma'\cdot\tan\phi$이다.

34. 흙 속의 응력이 변화하더라도 즉각적인 함수비의 변화가 없고 체적이 변화가 없는 경우의 삼축압축 시험 방법은?

㉮ 압밀 비배수 시험
㉯ 압밀 배수 시험
㉰ 비압밀 배수 시험
㉱ 비압밀 비배수 시험

[해설]
비압밀 비배수 시험은 구속응력을 가하는 동안 배수를 허용하지 않으므로 응력이 변화하더라도 즉각적인 함수비, 체적의 변화가 없다.

35. 포화점토의 강도정수를 비압밀 비배수 시험(UU-test), 압밀 비배수 시험(CU-test) 및 압밀 배수 시험(CD-test)으로 구하였을 때 최소의 내부마찰각은?

㉮ UU-test에서 얻어진다.
㉯ CU-test에서 얻어진다.
㉰ CD-test에서 얻어진다.
㉱ 모든 시험이 소요되는 시간은 다르나, 같은 내부마찰각을 준다.

[해설]
포화점토의 비압밀 비배수 시험(UU-test)을 하여 얻어진 내부마찰각은 흙의 종류에 관계없이 0°이다.

36. 다음 그림의 불안전 영역(Unstable zone)의 붕괴를 막기 위해 강도가 더 큰 흙으로 치환을 하였다. 이 때 안정성을 검토하기 위해 요구되는 삼축압축 시험의 종류는 어떤 것인가?

㉮ UU-test
㉯ CU-test
㉰ CC-test
㉱ UC-test

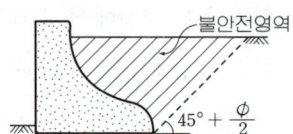

[해설]
불안전 영역에서는 비압밀 비배수 시험을 하여야 한다.

37. 다음의 설명 중에서 틀린 것은?

㉮ 댐 제방에 있어서 수위가 갑자기 내려갈 때의 안정해석을 위해서 CD(배수) 시험을 해야한다.
㉯ 포화된 점토지반 위에 급속하게 성토해야 할 경우의 안정해석을 위해서는 UU(비압밀 비배수) 시험을 해야한다.
㉰ 전단 실험은 변형제어형과 응력제어형이 있는데, 주로 변형제어형이 많이 사용된다.
㉱ 삼축압축 실험시 간극수압을 측정하면 유효응력법으로 표현할 수 있다.

[해설]
댐 제방에 있어서 수위가 갑자기 내려갈 때의 안정해석을 위해서 CU(압밀 비배수) 시험을 해야한다.

38. 사질지반의 안정문제나 점토지반에서 재하 후 장기간의 안정을 검토하는 경우 전단응력을 추정하기 위해서는 어느 시험을 하는가?

㉮ 비압밀 비배수 시험
㉯ 비압밀 배수시험
㉰ 압밀 비배수시험
㉱ 압밀 배수시험

해답 33. ㉮ 34. ㉱ 35. ㉮ 36. ㉮ 37. ㉮ 38. ㉱

[해설] 압밀 배수시험(CD-test)을 적용하는 경우의 예
① 성토 하중에 의하여 압밀이 서서히 진행되고 파괴도 극히 완만하게 진행될 때 적용한다
② 점토지반의 장기간 안정해석시 이용한다.
③ 흙 댐의 정상류에 의한 장기적인 공극수압을 산정할 때 적용한다.

39. 포화된 모래에 대하여 비압밀 비배수 시험을 하였을 때의 결과에 대한 설명 중 옳은 것은?(단, ϕ : 내부마찰각, c : 점착력이다.)

㉮ ϕ와 c가 나타나지 않는다.
㉯ ϕ는 "0"이 아니지만, c는 "0"이다.
㉰ ϕ와 c가 모두 "0"이 아니다.
㉱ ϕ는 "0"이고 c는 "0"이 아니다.

[해설] 비압밀 비배수 전단시험(UU-test)
① 포화토의 경우 내부마찰각 $\phi=0°$이다. 즉, 파괴포락선은 수평선으로 나타난다.
② 내부마찰각 $\phi=0°$인 경우 전단강도 $\tau=c_u$이다. 즉 점착력 c는 영(zero)이 아니다.

40. 포화된 점토시료에 대해 비압밀 비배수 삼축압축시험을 실시하여 얻어진 비배수 전단강도는 180 kN/m²이었다.(이 시험에서 가한 구속응력은 240 kN/m²이었다.) 만약, 동일한 점토 시료에 대해 또 한 번의 비압밀 비배수 삼축압축 시험을 실시할 경우(단, 이번 시험에서 가해질 구속응력의 크기는 400 kN/m²) 전단파괴시에 예상되는 축차응력의 크기는?

㉮ 90kN/m²   ㉯ 180kN/m²
㉰ 360kN/m² ㉱ 540kN/m²

[해설] 비압밀 비배수 전단시험(UU-test)
① 포화토의 경우 내부마찰각 $\phi=0°$이다. 즉, 파괴포락선은 수평선으로 나타난다.
② Mohr원의 직경은 축차응력($\sigma_1-\sigma_3$)이 되며, $\phi=0°$인 조건에서는 구속압력의 크기에 관계없이 일정하다.

③ 내부마찰각 $\phi=0°$인 경우 전단강도 $\tau=c_u$ 이다. 즉 전단강도는 Mohr원의 반경과 같다.

$\tau=c_u=\dfrac{\sigma_1-\sigma_3}{2}$ 이므로

$(\sigma_1-\sigma_3)=2c_u=2\times180=360\text{kN/m}^2$

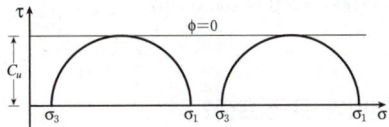

41. 포화점토를 가지고 비압밀 비배수 삼축압축시험을 한 결과 액압 100kN/m²에서 피스톤에 의한 축차압력 150kN/m²에서 파괴되었고, 이 때의 공극수압이 50kN/m²만큼 발생되었다. 액압을 200kN/m²로 올린다면 피스톤에 의한 축차압력은 얼마에서 파괴가 되리라 예상되는가?

㉮ 150kN/m²
㉯ 200kN/m²
㉰ 250kN/m²
㉱ 300kN/m²

[해설] 비압밀 비배수 전단시험(UU-test)
① 포화토의 경우 내부마찰각 $\phi=0°$이다. 즉 파괴포락선은 수평선으로 나타난다.
② Mohr원의 직경은 축차응력($\sigma_1-\sigma_3$)이 되며, $\phi=0°$인 조건에서는 구속압력의 크기에 관계없이 일정하다.
③ 내부마찰각 $\phi=0°$인 경우 전단강도 $\tau=c_u$ 이다. 즉, 전단강도는 Mohr원의 반경과 같다.

42. 두 개의 같은 정규 압밀 점토 시료에 대하여 삼축시험에 대해 250kN/m²의 구속응력으로 압밀시킨 후 한 시료는 배수상태로 삼축압축 시험을 행한 결과 파괴시 ($\sigma_1-\sigma_3$)=500kN/m²였고, 다른 한 시료에 대하여는 비배수상태로 삼축압축 실험을 행한 결과 파괴시 ($\sigma_1-\sigma_3$)=300kN/m²였다. 비배수 시험 시료의 파괴시 과잉간극수압은 약 몇 kN/m²인가?

㉮ 50kN/m²   ㉯ 100kN/m²
㉰ 150kN/m²   ㉱ 200kN/m²

해답 39. ㉱ 40. ㉰ 41. ㉮ 42. ㉰

[해설]
① 압밀 배수시험과 압밀 비배수시험의 차이는 전단시험에 있어 과잉간극수압이 발생하도록 하는 것과 그렇지 않은 것이다. 즉, 과잉간극수압만큼 차이가 난다.
② 문제에서
$\Delta u = 500 - 300 = 200 kN/m^2$

43. 예민비가 큰 점토란?

㉮ 입자의 모양이 둥근 점토
㉯ 흙을 다시 이겼을 때 강도가 증가하는 점토
㉰ 입자가 가늘고 긴 형태의 점토
㉱ 흙을 다시 이겼을 때 강도가 감소하는 점토

[해설]
교란된 흙에 대한 교란되지 않은 흙의 일축압축강도의 비를 예민비라 한다.

44. 포화된 점토지반에서 압밀이 진행됨에 따라 전단응력은?

㉮ 증가한다.
㉯ 감소한다.
㉰ 일정하다.
㉱ 증가할 때도 있고 감소할 때도 있다.

[해설] 전단강도(τ)
$\tau = c' + (\sigma - u) \cdot \tan\phi' = c' + \sigma' \cdot \tan\phi'$ 이므로 압밀이 진행됨에 따라 유효응력의 증대로 점토층의 전단강도는 점차 증가한다.

45. 점성토의 전단특성에 관한 설명 중 옳지 않은 것은?

㉮ 일축압축 시험시 peak점이 생기지 않을 경우는 변형률 15%일 때를 기준으로 한다.
㉯ 재성형한 시료를 함수비의 변화 없이 그대로 방치하면 시간이 경과되면서 강도가 일부 회복하는 현상을 액상화 현상이라 한다.
㉰ 전단조건(압밀상태, 배수조건 등)에 따라 강도정수가 달라진다.
㉱ 포화점토에 있어서 비압밀 비배수 시험의 결과 전단강도는 구속 압력의 크기에 관계없이 일정하다.

[해설]
① 틱소트로피 현상(Thixotrophy)은 흐트러진 시료를 함수비의 변화없이 그대로 두면 시간이 경과함에 따라 강도가 회복되는 현상으로 점토지반에서 일어난다.
② 액화 현상(Liquefaction)은 느슨하고 포화된 가는 모래에 충격을 주면 체적이 수축하여 정(+)의 간극수압이 발생하여 유효응력이 감소되어 전단강도가 작아지는 현상으로 느슨하고 포화된 가는 모래 지반에서 일어난다.

46. 다음 그림은 점성이 없는 흙의 전단강도 특성을 표시한 것이다. 위의 그림은 전단응력-변형률 관계를 도시한 것이고, 아래 그림은 축변형률과 간극비와의 관계를 도시한 것이다. 그림의 설명이 잘못된 것은?

㉮ A는 변형의 증가에 따라 최대응력을 보인 후, 서서히 감소하는 것으로 보아 조밀한 모래의 전단특성이다.
㉯ B는 변형의 증가에 따라 응력이 계속 증가하는 것으로 보아 느슨한 모래의 전단 특성이다.
㉰ C와 D는 변형의 증가에 따라 간극비가 일정하게 되는데 이 때의 간극비를 한계간극비라고 한다.
㉱ D는 변형에 따라 간극비가 감소하다가 증가하는 것으로 보아 느슨한 모래의 전단과정에서 발생한다.

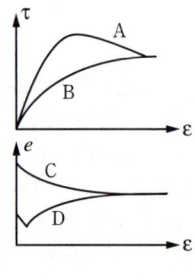

[해설]
조밀한 모래는 전단시험을 할 때 전단면의 모래가 이동하면서 다른 입자를 누르고 넘어가기 때문에 체적이 팽창하게 되는데 이러한 현상을 Dilatancy 현상이라 한다.

해답 43. ㉱ 44. ㉮ 45. ㉯ 46. ㉱

47. 토질의 다일러턴시 현상에 대한 설명 중 틀린 것은?

㉮ 전단응력에 의하여 토질의 체적이 증가하는 현상을 다일러턴시라 한다.
㉯ 다일러턴시 현상은 조밀한 모래의 경우 발생한다.
㉰ 다일러턴시 현상이 일어나기 시작할 때의 모래의 간극비를 한계간극비라 한다.
㉱ 점토에서는 다일러턴시 현상이 발생하지 않는다.

해설 다일러턴시 현상

흙의 종류	체적 변화	다일러턴시	간극수압
조밀한 모래	체적이 팽창	(+)다일러턴시	(−)간극수압 발생
느슨한 모래	체적이 수축	(−)다일러턴시	(+)간극수압 발생

48. 아래 그림에서 τ_f가 측정될 때의 체적변화율은 $d\Delta/d\varepsilon$, 수직응력 σ라 하면 단위면적당 흙이 팽창할 때 행해지는 일(work)은 (A)이며, 이 일(work) 때문에 소비되는 전단응력의 부호를 τ_d라면 외부에서 가해지는 일은 (B)이다. 두 일은 같으므로 등식으로 놓아 구한 τ_d가 바로 다일러턴시(Dilatancy)이다. A, B는 얼마인가?

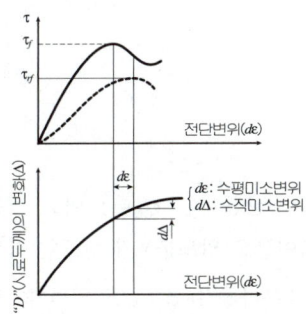

	A	B
㉮	$\tau_d \cdot d\Delta$	$\sigma \cdot d\varepsilon$
㉯	$\sigma \cdot d\varepsilon$	$\tau_d \cdot d\Delta$
㉰	$\tau_d \cdot d\varepsilon$	$\sigma \cdot d\Delta$
㉱	$\sigma \cdot d\Delta$	$\tau_d \cdot d\varepsilon$

해설 일면 전단시 다일러턴시 보정

다져진 모래, 과압밀 점토, 팽창성 점토는 실제보다 전단강도가 크게 나오므로 흙의 체적변화에서 요하는 일과 이것 때문에 생긴 여분의 전단응력에 대한 값은 보정하여야 한다.
① 단위면적당 흙이 팽창할 때 한일 : $\sigma \cdot d\Delta$
② 외부에서 가해지는 일 : $\tau_d \cdot d\varepsilon$

$$\sigma \cdot d\Delta = \tau_d \cdot d\varepsilon$$

$$\tau_d = \frac{\sigma \cdot d\Delta}{d\varepsilon}$$

49. 흙의 전단강도에 대한 다음 설명 중 옳지 않은 것은?

㉮ 자연상태의 점토가 교란되면 전단강도가 감소한다.
㉯ 외력이 가해지면 전단응력이 발생하고 어느 면에 전단응력이 전단강도를 초과하면 그 면에 따라 활동이 일어나서 파괴된다.
㉰ 조밀한 모래는 전단시 팽창하고 느슨한 모래는 수축한다.
㉱ 사질토는 점착력이 크고 점토는 점착력이 작은 것이 보통이다.

해설 사질토는 마찰력이 크고 점착력 $c=0$ 이다.

50. 다음은 흙의 강도에 대한 설명이다. 틀린 것은 어느 것인가?

㉮ 점성토에서는 내부마찰각이 작고, 사질토에서는 점착력이 작다.
㉯ 일축압축 시험은 주로 점성토에 많이 사용한다.
㉰ 이론상 모래의 내부마찰각은 0이라고 한다.
㉱ 흙의 전단응력은 내부마찰각과 점착력의 두성분으로 이루어진다.

해설 이론상 모래의 점착력 $c=0$이며, 내부마찰각 $\phi \neq 0$이다.

해답 47. ㉰ 48. ㉱ 49. ㉱ 50. ㉰

51. 표준관입 시험에 관한 설명 중 틀린 것은?

㉮ 고정 Piston 샘플러를 사용한다.
㉯ 해머무게 64kg이다.
㉰ 해머 낙하높이는 76cm이다.
㉱ 30cm관입에 필요한 낙하회수를 N라 한다.

[해설] 표준관입 시험(SPT)
① 샘플러 : 스플릿 스푼 샘플러
② 해머무게 : 64kg
③ 낙하높이 : 76cm
④ 관입깊이 : 30cm

52. 다음은 표준관입 시험에 관한 설명이다. 틀린 것은?

㉮ 표준관입 시험에서 구한 N 치는 로드의 길이에 대한 수정을 해야 한다.
㉯ 표준관입 시험에서 구한 모래의 N 치는 토질에 대한 수정을 하여야 한다.
㉰ 표준관입 시험에서 구한 N 치는 상재압에 대한 수정을 해야 한다.
㉱ 표준관입 시험은 스프릿 스푼 샘플러를 보링 로드 끝에 붙이고 75kg의 해머로 63.5cm 높이에서 낙하시켜 30cm 관입되는 타격횟수를 말한다.

[해설] 표준 관입 시험(SPT)
63.5kg의 해머로 76cm 높이에서 자유 낙하시켜 샘플러를 30cm관입시키는데 필요한 타격횟수를 N 값이라 한다.

53. 자연지반에서 모래층의 내부마찰각을 알아보는 가장 적당한 시험은 어느 것인가?

㉮ 지지력 시험
㉯ 표준 관입 시험
㉰ 말뚝 재하 시험
㉱ 평판 재하 시험

[해설] 모래지반의 내부마찰각을 알아보는 시험은 표준관입 시험에 의한 N값을 이용하는 것이 가장 신뢰성이 높다.

54. 모래의 내부마찰각 ϕ와 N 치와의 관계를 나타낸 Dunham의 식 $\phi = \sqrt{12N} + C$에서 상수 C의 값이 제일 큰 것은?

㉮ 토립자가 모나고 입도분포가 좋을 때
㉯ 토립자가 모나고 균일한 입경일 때
㉰ 토립자가 둥글고 입도분포가 좋을 때
㉱ 토립자가 둥글고 균일한 입경일 때

[해설]
① $\phi = \sqrt{12N} + C$에서 상수 C의 값은 흙 입자의 모양과 입도분포의 함수이다.
② 흙 입자가 모나고 입도분포가 양호한 경우 C=25이다.

55. 어떤 지반에 대한 흙의 입도분석 결과 곡률계수(C_g)는 1.5, 균등계수(C_u)는 15이고, 입자는 모나 있었다. Dunham의 공식에 의한 내부마찰각 ϕ의 추정치는?(단, 표준관입 시험결과 N치는 10이었다.)

㉮ 25°
㉯ 30°
㉰ 36°
㉱ 40°

[해설]
① 입도분포 : 균등계수 $C_u = 15$이고, 곡률계수 $C_g = 1.5$이므로 입도분포가 양호한 상태이다.
② 모래의 내부마찰각(ϕ) : 흙 입자가 모가 나고, 입도가 양호하므로
$\phi = \sqrt{12N} + 25 = \sqrt{12 \times 10} + 25° = 36°$

해답 51. ㉮ 52. ㉱ 53. ㉯ 54. ㉮ 55. ㉰

56. 입도 시험결과 균등계수가 6이고, 입자가 둥근 모래흙의 강도시험 결과 내부마찰각이 32°이었다. 이 모래지반의 N치는 대략 얼마나 되겠는가?
 (단, Dunham의 식 사용)

㉮ 12
㉯ 18
㉰ 24
㉱ 30

[해설] Dunham 공식
균등계수가 6이므로 입도분포가 나쁜 모래지반이며, 입자가 둥근 경우이므로
$\phi = \sqrt{12N} + 15$ 에서
$32 = \sqrt{12N} + 15$
$\sqrt{12N} = 17$
$N = 24$

57. 어떤 모래층의 N치를 측정한 결과 $N=20$이 되었다고 하면 이 모래층의 상태는?

㉮ 대단히 느슨한(Very loose) 상태
㉯ 느슨한(Loose) 상태
㉰ 중간(Medium) 상태
㉱ 조밀한(Dense) 상태

[해설] N값과 상대밀도의 관계
$N=20$이면 중간 상태이다.

58. 어떤 모래지반의 표준관입 시험에서 N치 값이 40을 얻었다. 이 지반의 상태는 어느것인가?

㉮ 대단히 조밀한 상태
㉯ 조밀한 상태
㉰ 중간 상태
㉱ 느슨한 상태

[해설] N값과 상대밀도의 관계
$N=40$이면 조밀한 상태이다.

59. 어떤 점토 지반의 표준관입 시험치 N이 8이다. 이 점토의 일축압축강도 q_u는 얼마로 추정되는가?

㉮ 0.5kg/cm²
㉯ 1kg/cm²
㉰ 1.5kg/cm²
㉱ 2kg/cm²

[해설] N값과 일축압축강도의 관계
$q_u = \dfrac{N}{8} = \dfrac{8}{8} = 1\,\text{kg/cm}^2$

60. 표준관입 시험(S.P.T.)에서 추정할 수 없는 것은?

㉮ 모래 지반의 상대밀도
㉯ 점토 지반의 컨시스턴시(consistency)
㉰ 토층의 변화
㉱ 불교란 시료의 채취

[해설]
① 표준관입 시험(SPT)의 목적
 • 현장 지반의 강도를 추정(N값)
 • 흐트러진 시료 채취
② 표준관입 시험에서는 불교란 시료를 채취할 수 없다.

61. 표준관입 시험으로부터 추정되지 않는 것은?

㉮ 극한지지력   ㉯ 상대밀도
㉰ 점토의 연경도 ㉱ 투수성

[해설]
① N값으로 추정되는 사항

① 모래 지반	② 점토 지반
㉮ 상대밀도	㉮ 연경도
㉯ 내부마찰각	㉯ 일축압축강도
㉰ 침하에 대한 허용지지력	㉰ 점착력
㉱ 지지력계수	㉱ 파괴에 대한 극한지지력
㉲ 탄성계수	㉲ 파괴에 대한 허용지지력

② 흙의 투수성은 표준관입 시험으로 추정할 수 없다.

해답 56. ㉰ 57. ㉰ 58. ㉯ 59. ㉯ 60. ㉱ 61. ㉱

62. 그림과 같이 지하수위가 지표와 일치한 연약점토 지반 위에 양질의 흙으로 매립 성토할 때 매립이 끝난 후 매립 지표로부터 5m 깊이에서의 과잉공극수압은 약 얼마인가?

㉮ 88.29kN/m²
㉯ 77.7kN/m²
㉰ 52.97kN/m²
㉱ 33.35kN/m²

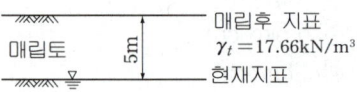

해설

① 최대주응력 증가량($\Delta\sigma_1$)
$\Delta\sigma_1 = \gamma_t \cdot z = 17.66 \times 5 = 88.3$ kN/m²

② 최소주응력 증가량($\Delta\sigma_3$)
$\Delta\sigma_3 = K_o \cdot \Delta\sigma_1 = 0.6 \times 88.3 = 52.98$ kN/m²

③ 매립직 후 삼축압축시 과잉간극수압
$\Delta u = B \cdot [\Delta\sigma_3 + A \cdot (\Delta\sigma_1 - \Delta\sigma_3)]$에서 완전포화시 $B=1$이므로
$\Delta u = \Delta\sigma_3 + A \cdot (\Delta\sigma_1 - \Delta\sigma_3)$
$= 52.98 + 0.7 \times (88.3 - 52.98) = 77.7$ kN/m²

63. 다음의 Stress path(응력경로)는 어떤 시험일 때인가?

㉮ 등방압축
㉯ 표준삼축압축
㉰ 직접전단 시험
㉱ 압밀 시험

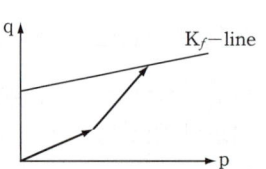

64. 아래 그림과 같은 모래지반의 토질실험 결과는 내부마찰각 $\phi = 35°$, 점착력 $c = 0$이었다. 지표에서 5m 깊이에서 이 모래지반의 전단강도 크기는?(단, 물의 단위중량은 9.81kN/m³이다.)

㉮ 47.4kN/m²
㉯ 54.9kN/m²
㉰ 65.7kN/m²
㉱ 74.6kN/m²

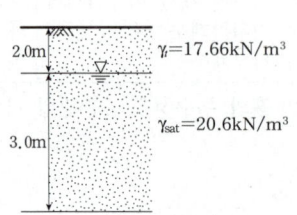

해설

① 유효응력(σ')
$\sigma' = \gamma_t \times 2.0 + \gamma_{sub} \times 3.0 = 17.66 \times 2.0 + 10.79 \times 3.0$
$= 67.69$ kN/m²

② 흙의 전단강도(τ)
$\tau = c + \sigma' \cdot \tan\phi = 0 + 67.69 \times \tan 35° = 47.4$ kN/m²

65. Mohr 응력원에 대한 설명 중 옳지 않은 것은?

㉮ 임의 평면의 응력상태를 나타내는데 매우 편리하다.
㉯ 평면기점(origin of plane, O_p)은 최소주응력을 나타내는 원호 상에서 최소주응력면과 평행선이 만나는 점을 말한다.
㉰ σ_1과 σ_3의 차의 벡터를 반지름으로 해서 그린 원이다.
㉱ 한 면에 응력이 작용하는 경우 전단력이 0이면, 그 연직응력을 주응력으로 가정한다.

해설

① Mohr원의 직경은 축차응력($\sigma_1 - \sigma_3$)이다.
② Mohr원의 반경은 $\frac{\sigma_1 - \sigma_3}{2}$이며, 중심점은 ($\frac{\sigma_1 + \sigma_3}{2}$, 0)점이다.

66. 흙 속에 있는 한 점의 최대 및 최소 주응력이 각각 200kN/m² 및 100kN/m²일 때 최대 주응력면과 30°를 이루는 평면상의 전단응력을 구한 값은?

㉮ 10.5kN/m² ㉯ 21.5kN/m²
㉰ 32.3kN/m² ㉱ 43.3kN/m²

해설 파괴면에 작용하는 전단응력(τ)
$\tau = \frac{\sigma_1 - \sigma_3}{2} \sin 2\theta = \frac{200 - 100}{2} \sin(2 \times 30°)$
$= 43.3$ kN/m²
여기서, θ : 수평면과 파괴면이 이루는 각

해답 62. ㉯ 63. ㉰ 64. ㉮ 65. ㉰ 66. ㉱

67. 사질토에 대한 직접전단 시험을 실시하여 다음과 같은 결과를 얻었다. 내부마찰각은 약 얼마인가?

수직응력(kN/m²)	30	60	90
최대전단응력(kN/m²)	17.3	34.6	51.9

㉮ 25° ㉯ 30°
㉰ 35° ㉱ 40°

[해설]
① 흙의 전단강도(τ)
 $\tau = c + \sigma \cdot \tan\phi$ 에서 사질토이므로 점착력은 0이다.
② 내부마찰각(ϕ)
 $17.3 = 0 + 30 \times \tan\phi$
 $\tan\phi = \dfrac{17.3}{30}$
 $\phi = \tan^{-1}(\dfrac{17.3}{30}) = 29.97°$

68. 흙의 일축압축강도 시험에 관한 설명 중 옳지 않은 것은?

㉮ Mohr원이 하나밖에 그려지지 않는다.
㉯ 점성이 없는 사질토의 경우 시료 자립이 어렵고 배수상태를 파악할 수 없어 일반적으로 점성토에 주로 사용된다.
㉰ 배수조건에서의 시험결과 밖에 얻지 못한다.
㉱ 일축압축강도 시험으로 결정할 수 있는 시험값으로는 일축압축강도, 예민비, 변형계수 등이 있다.

[해설] 일축압축시험
① 점토의 압축성 및 강도 추정을 위한 시험이다.
② 비압밀 비배수시험(UU-test)에서 $\sigma_3 = 0$인 상태의 삼축압축시험과 같다.
③ Mohr원은 하나만 그려진다.

69. 직경 5cm, 높이 10cm인 연약점토 공시체를 일축압축 시험 한 결과 파괴시 압축력이 2.2kg, 축방향 변위가 9mm였다면 일축압축강도는(q_u)는?

㉮ $q_u = 0.3 \text{kg/cm}^2$
㉯ $q_u = 0.2 \text{kg/cm}^2$
㉰ $q_u = 0.25 \text{kg/cm}^2$
㉱ $q_u = 0.1 \text{kg/cm}^2$

[해설]
① 단면적(A)
 $A = \dfrac{\pi \cdot d^2}{4} = \dfrac{\pi \times 5^2}{4} = 19.63 \text{ cm}^2$
② 환산단면적(A_0)
 $A_0 = \dfrac{A}{1-\varepsilon} = \dfrac{19.63}{1-(\dfrac{0.9}{10})} = 21.57 \text{ cm}^2$
③ 일축압축강도(q_u)
 $q_u = \dfrac{P}{A_O} = \dfrac{2.2}{21.57} = 0.1 \text{ kg/cm}^2$

70. 다음의 시험법 중 측압을 받는 지반의 전단강도를 구하는데 가장 좋은 시험법은?

㉮ 일축압축 시험 ㉯ 표준관입 시험
㉰ 콘관입 시험   ㉱ 삼축압축 시험

[해설]
삼축압축 시험은 구속압력을 가한 후에 축차응력을 가하여 전단파괴가 이루어지도록 하므로 측압을 받는 지반의 전단강도를 구하는데 가장 좋은 시험법이다.

71. 흙의 삼축압축 시험에서 Vertical Compression Test의 Unloading을 설명한 내용은?

㉮ σ_1은 일정, σ_3 감소   ㉯ σ_1은 일정, σ_3 증가
㉰ σ_3은 일정, σ_1 증가   ㉱ σ_3은 일정, σ_1 감소

[해설]
삼축압축 시험에서 Vertical Compression Test의 Unloading은 σ_3를 일정하게 유지하면서 σ_1을 감소하는 상태이다.

해답 67. ㉯ 68. ㉰ 69. ㉱ 70. ㉱ 71. ㉱

72. 흙의 전단시험에서 배수조건이 아닌 것은?

㉮ 비압밀 비배수
㉯ 압밀 비배수
㉰ 비압밀 배수
㉱ 압밀 배수

[해설] 배수방법에 따른 분류
① 비압밀 비배수 전단시험(Unconsolidated Undrain test, UU-test, Q-test)
② 압밀 비배수 전단시험(Consolidated Undrain test, CU-test)
③ 압밀 배수 전단시험(Consolidated Drain test, CD-test)

73. 포화점토가 성토직후에 갑자기 파괴되는 경우에 대한 전단강도를 구하는데는 다음의 어느 시험을 사용하는가?

㉮ 비압밀 비배수 시험(UU Test)
㉯ 압밀 비배수 시험(CU Test)
㉰ 압밀 배수 시험(CD Test)
㉱ 압밀 비배수 시험()

[해설] 비압밀 비배수 시험(UU-test)을 적용하는 경우
① 점토지반이 시공 중 또는 성토한 후 압밀이나 함수비의 변화가 없이 급속한 파괴가 예상될 때 적용한다.
② 점토의 단기적 안정해석에 이용한다.

74. 점토지반상에 성토나 구조물 등과 같이 하중이 급격히 재하되는 때의 점토지반의 단기간 안정을 검토하기 위해서는 어느 시험을 사용하는가?

㉮ 비압밀 비배수 시험
㉯ 비압밀 배수 시험
㉰ 압밀 배수 시험
㉱ 압밀 비배수 시험

[해설]
1. 비압밀 비배수 시험(UU-test)을 적용하는 경우
① 점토지반이 시공 중 또는 성토한 후 압밀이나 함수비의 변화가 없이 급속한 파괴가 예상될 때 적용한다.
② 점토의 단기간 안정해석에 이용한다.
2. 비압밀 배수시험은 없다.

75. 포화된 점토에 대하여 비압밀 비배수(UU) 시험을 하였을 때의 결과에 대한 설명 중 옳은 것은?(단, ϕ : 내부마찰각, c : 점착력이다.)

㉮ ø와 c가 나타나지 않는다.
㉯ ø는 "0"이 아니지만, c는 "0"이다.
㉰ ø와 c가 모두 "0"이 아니다.
㉱ ø는 "0"이고 c는 "0"이 아니다.

[해설] 비압밀 비배수 전단시험(UU-test)
① 포화토의 경우 내부마찰각 ø=0°이다.
즉, 파괴포락선은 수평선으로 나타난다.
② 내부마찰각 ø=0°인 경우 전단강도 $\tau = c_u$이다.
즉 점착력 c는 영(zero)이 아니다.

76. 다음 전단 시험법 가운데 간극수압을 측정하여 유효응력으로 정리하면 압밀 배수 시험(CD-test)과 거의 같은 전단상수를 얻을 수 있는 시험법은?

㉮ 비압밀 비배수 시험(UU-test)
㉯ 직접전단 시험
㉰ 압밀 비배수 시험(CU-test)
㉱ 일축압축 시험

[해설] 압밀 비배수 전단시험(CU-test)
간극수압계를 이용하여 공극수압을 측정한 결과를 이용하여 유효응력으로 전단강도정수를 결정한다. 삼축압축시험의 가장 일반적인 시험방법이다.

해답 72. ㉰ 73. ㉮ 74. ㉮ 75. ㉱ 76. ㉰

77. 다음 전단 시험법 가운데 간극수압을 측정하여 유효응력으로 정리하면 압밀 배수 시험(CD-test)과 거의 같은 전단상수를 얻을 수 있는 시험법은?

㉮ 비압밀 비배수 시험(UU-test)
㉯ 직접전단 시험
㉰ 압밀 비배수 시험(CU-test)
㉱ 일축압축 시험

[해설] 압밀 비배수 전단시험(CU-test)
간극수압계를 이용하여 공극수압을 측정한 결과를 이용하여 유효응력으로 전단강도정수를 결정한다. 삼축압축시험의 가장 일반적인 시험방법이다.

78. 흙의 전단특성에서 교란된 흙이 시간이 지남에 따라 손실된 강도의 일부를 회복하는 현상을 무엇이라 하는가?

㉮ Dilatancy
㉯ Thixotropy
㉰ Sensitivity
㉱ Iiquefaction

[해설] 틱소트로피 현상은 시간이 경과함에 따라 강도의 일부를 회복되는 현상을 말한다.

79. 점성토의 전단특성에 관한 설명 중 옳지 않은 것은?

㉮ 일축압축 시험시 peak점이 생기지 않을 경우는 변형률 15%일 때를 기준으로 한다.
㉯ 재성형한 시료를 함수비의 변화 없이 그대로 방치하면 시간이 경과되면서 강도가 일부 회복하는 현상을 액상화 현상이라 한다.
㉰ 전단조건(압밀상태, 배수조건 등)에 따라 강도정수가 달라진다.
㉱ 포화점토에 있어서 비압밀 비배수 시험의 결과 전단강도는 구속 압력의 크기에 관계없이 일정하다.

[해설]
① 틱소트로피 현상(Thixotrophy)은 흐트러진 시료를 함수비의 변화없이 그대로 두면 시간이 경과함에 따라 강도가 회복되는 현상으로 점토지반에서 일어난다.
② 액화 현상(Liquefaction)은 느슨하고 포화된 가는 모래에 충격을 주면 체적이 수축하여 정(+)의 간극수압이 발생하여 유효응력이 감소되어 전단강도가 작아지는 현상으로 느슨하고 포화된 가는 모래 지반에서 일어난다.

80. 다음 중 느슨한 모래의 전단변위와 시료의 부피변화 관계곡선으로 옳은 것은?

㉮ ①
㉯ ②
㉰ ③
㉱ ④

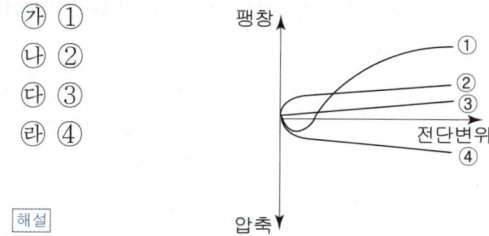

[해설] 느슨한 모래의 전단변위와 시료의 부피 변화 관계곡선은 전단변위가 증가하면 시료의 체적은 계속해서 감소한다. 즉, 입자간에 서로 붙으려는 움직임 때문에 전단시 체적이 감소한다.

81. 모래 등과 같은 점성이 없는 흙의 전단강도 특성에 대한 설명 중 잘못된 것은?

㉮ 조밀한 모래의 전단과정에서는 전단응력의 피크(peak)점이 나타난다.
㉯ 느슨한 모래의 전단과정에서는 응력의 피크점이 없이 계속 응력이 증가하여 최대 전단응력에 도달한다.
㉰ 조밀한 모래는 변형의 증가에 따라 간극비가 계속 감소하는 경향을 나타낸다.
㉱ 느슨한 모래의 전단과정에서는 전단파괴될 때까지 체적이 계속 감소한다.

[해설]
조밀한 모래는 전단시험을 할 때 전단면의 모래가 이동하면서 다른 입자를 누르고 넘어가기 때문에 체적이 팽창하게 되는데 이러한 현상을 Dilatancy 현상이라 한다.

해답 77. ㉰ 78. ㉯ 79. ㉯ 80. ㉱ 81. ㉰

82. 다음 그림은 점성이 없는 흙의 전단강도 특성을 표시한 것이다. 위의 그림은 전단응력-변형률 관계를 도시한 것이고, 아래 그림은 축변형률과 간극비와의 관계를 도시한 것이다. 그림의 설명이 잘못된 것은?

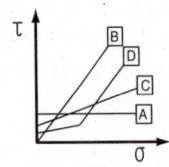

㉮ A는 변형의 증가에 따라 최대응력을 보인 후, 서서히 감소하는 것으로 보아 조밀한 모래의 전단특성이다.
㉯ B는 변형의 증가에 따라 응력이 계속 증가하는 것으로 보아 느슨한 모래의 전단 특성이다.
㉰ C와 D는 변형의 증가에 따라 간극비가 일정하게 되는데 이 때의 간극비를 한계간극비라고 한다.
㉱ D는 변형에 따라 간극비가 감소하다가 증가하는 것으로 보아 느슨한 모래의 전단과정에서 발생한다.

해설 조밀한 모래는 전단시험을 할 때 전단면의 모래가 이동하면서 다른 입자를 누르고 넘어가기 때문에 체적이 팽창하게 되는데 이러한 현상을 Dilatancy 현상이라 한다.

83. 입경이 가늘고 비교적 균일하며 느슨하게 쌓여있는 모래 지반이 물로 포화되고 있을 때 지진이나 충격을 받으면 일시적으로 전단강도를 잃어버리는 현상은?

㉮ 모관현상(capillary)
㉯ 분사현상(quick sand)
㉰ 틱스트로피(Thixotrophy)
㉱ 액화현상(Liquefaction)

해설 느슨하고 포화된 가는 모래에 충격을 주면 체적이 수축하여 정(+)의 간극수압이 발생하여 유효응력이 감소되어 전단강도가 작아지는 현상을 액화 현상이라 한다.

84. 느슨하고 포화된 사질토에 지진이나 폭파, 기타 진동으로 인한 충격을 받았을 때 전단강도가 급격히 감소하는 현상은?

㉮ 액화 현상
㉯ 분사 현상
㉰ 보일링 현상
㉱ 다일러턴시 현상

해설 액화현상(liquefaction)
느슨하고 포화된 가는 모래에 충격을 주면 체적이 수축하여 정(+)의 간극수압이 발생하여 유효응력이 감소되어 전단강도가 작아지는 현상을 액화현상이라 한다. 방지대책은 자연간극비를 한계간극비 이하로 한다.

85. 액화 현상(Liquefaction)에 대한 설명으로 틀린 것은?

㉮ 포화된 느슨한 모래에서 흔히 일어난다.
㉯ 간극수가 배출되지 못할 때 일어나게 된다.
㉰ 한계간극비에 크게 관련된다.
㉱ 과잉간극수압은 갑자기 크게 감소한다.

해설 액화 현상(Liquefaction)
느슨하고 포화된 가는 모래에 충격을 주면 체적이 수축하여 정(+)의 간극수압이 발생하여 유효응력이 감소되어 전단강도가 작아지는 현상을 액화 현상이라 한다.

$\tau = \sigma' \cdot \tan\phi = (\sigma - u) \cdot \tan\phi$
여기서, σ : 수직응력(kg/cm²)
σ' : 유효수직응력(kg/cm²)
u : 간극수압(kg/cm²)

해답 82. ㉱ 83. ㉱ 84. ㉮ 85. ㉱

86. 액상화(Liquefaction)를 방지하기 위한 공법으로 거리가 먼 것은?

㉮ 바이브로 컴포우져(Vibro Compozer) 공법
㉯ 웰포인트(Well point)
㉰ 샌드 컴팩션 파일(Sand compaction pile) 공법
㉱ 샌드 드레인(Sand drain) 공법

해설
액상화 현상은 모래지반에서 발생하며 샌드 드레인(Sand drain) 공법은 점토지반 개량공법이다.

87. 실내시험에 의한 점토의 강도증가율($\frac{c_u}{p}$) 산정 방법이 아닌 것은?

㉮ 소성지수에 의한 방법
㉯ 비배수 전단강도에 의한 방법
㉰ 압밀 비배수 삼축압축 시험에 의한 방법
㉱ 직접전단 시험에 의한 방법

해설 점토의 강도 증가율($\frac{c_u}{p}$)산정 방법
① 소성지수에 의한 방법
② 비배수 전단강도에 의한 방법
③ 압밀 비배수 삼축압축 시험에 의한 방법

88. 다음 표준관입 시험에 관한 설명으로 옳지 않은 것은?

㉮ 시험결과 N값을 얻는다.
㉯ 63.5kg 해머를 76cm 낙하시켜 Split spoon sampler를 30cm 관입시킨다.
㉰ 시험결과로부터 흙의 내부마찰각 등의 공학적 성질을 추정할 수 있다.
㉱ 이 시험은 사질토에서 보다 점성토에서 더 유리하게 이용된다.

해설
1. 표준관입 시험(SPT)
   ① 샘플러 : 스플릿 스푼 샘플러
   ② 해머무게 : 64kg
   ③ 낙하높이 : 76cm
   ④ 관입깊이 : 30cm
2. 표준관입 시험은 동적 Sounding 방법 중의 하나이며, 모래지반에 대하여 신뢰도가 높다.

89. 표준관입 시험에 대한 아래 표의 설명에서 ( )에 적합한 것은?

질량 63.5±0.5kg의 드라이브 해머를 76±1cm 자유 낙하시키고 보링 로드 머리부에 부착한 노킹 블록을 타격하여 보링 로드 앞 끝에 부착한 표준관입시험용 샘플러를 지반에 ( )cm 박아 넣는 데 필요한 타격횟수를 N값이라고 한다.

① 20   ② 25
③ 30   ④ 35

해설 N 값
보링을 한 구멍에 스플릿 스푼 샘플러를 넣고, 처음 흐트러진 시료 15cm 관입한 후 63.5kg의 해머로 76cm 높이에서 자유 낙하시켜 샘플러를 30cm 관입시키는데 필요한 타격횟수를 표준관입시험 값, 또는 N 값이라 한다.

90. 표준관입 시험에서 N치에 대한 설명으로 옳은 것은?

㉮ 스프릿 스푼 샘플러를 주어진 에너지로 타격할 때 20cm 관입하는데 소요되는 타격회수이다.
㉯ 스프릿 스푼 샘플러를 주어진 에너지로 타격할 때 30cm 관입하는데 소요되는 타격횟수이다.
㉰ 스프릿 스푼 샘플러를 주어진 에너지로 타격할 때 20cm 관입하는데 소요되는 타격당 침하량이다.
㉱ 스프릿 스푼 샘플러를 주어진 에너지로 타격할 때 30cm 관입하는데 소요되는 타격당 침하량이다.

해답 86. ㉱ 87. ㉱ 88. ㉱ 89. ㉰ 90. ㉯

해설 N 값

보링을 한 구멍에 스플릿 스푼 샘플러를 넣고, 처음 흐트러진 시료 15cm 관입한 후 63.5kg의 해머로 76cm 높이에서 자유 낙하시켜 샘플러를 30cm 관입시키는데 필요한 타격횟수를 표준관입시험 값, 또는 N 값이라 한다.

91. 입도 시험결과 균등계수가 7이고, 입자가 둥근 모래흙의 강도시험 결과 내부마찰각이 32° 이었다. 이 모래지반의 N치는 대략 얼마나 되겠는가?(단, Dunham의식 사용)

㉮ 12 ㉯ 18
㉰ 24 ㉱ 30

해설
① 모래의 양입도(Well graded)
균등계수 $C_u > 6$, 그리고 곡률계수 $C_g = 1 \sim 3$
② Dunham 공식
균등계수가 7이므로 입도분포가 좋은 모래지반이며, 입자가 둥근 경우이므로
$\phi = \sqrt{12N} + 20$ 에서 $32 = \sqrt{12N} + 20$
$\sqrt{12N} = 12$
$N = 12$

92. 어떤 점토 지반의 표준관입 시험치 N이 8이다. 이 점토의 일축압축강도 q_u는 얼마로 추정되는가?

㉮ 0.5kg/cm²
㉯ 1kg/cm²
㉰ 1.5kg/cm²
㉱ 2kg/cm²

해설 N 값과 일축압축강도의 관계
$q_u = \dfrac{N}{8} = \dfrac{8}{8} = 1 \text{ kg/cm}^2$

93. 어떤 점토지반의 표준관입 실험 결과 $N = 2 \sim 4$ 이었다. 이 점토의 Consistency는?

㉮ 대단히 견고
㉯ 연약
㉰ 견고
㉱ 대단히 연약

해설
표준관입시험치 $N = 2 \sim 4$ 이면 연약한 점토이다.

94. 현장 토질조사를 위하여 베인 테스트(Vane Test)를 행하는 경우가 종종 있다. 이 시험은 다음 중 어느 경우에 많이 쓰이는가?

㉮ 연약한 점토의 점착력을 알기 위해서
㉯ 모래질 흙의 다짐도를 측정하기 위해서
㉰ 모래질 흙의 내부마찰각을 알기 위해서
㉱ 모래질 흙의 투수계수를 측정하기 위하여

해설
베인 시험은 깊이 10m 미만의 연약한 점토지반의 점착력을 측정하는 시험이다.

95. 현장에서 직접 연약한 점토의 전단강도를 측정하는 방법으로 흙이 전단될 때의 회전저항 모멘트를 측정하여 점토의 점착력(비배수 강도)을 측정하는 시험방법은?

㉮ 표준관입 시험
㉯ 더치콘(Duthch Cone)
㉰ 베인 시험(Vane Test)
㉱ CBR Test

해설 베인전단 시험(Vane Shear Test)
깊이 10m 미만의 연약한 점토지반의 점착력을 측정하는 시험으로 회전저항모멘트(kg·cm)를 측정하여 비배수 점착력을 측정한다.

해답 91. ㉮ 92. ㉯ 93. ㉯ 94. ㉮ 95. ㉰

96. 다음은 전단시험을 한 응력경로이다. 어느 경우인가?

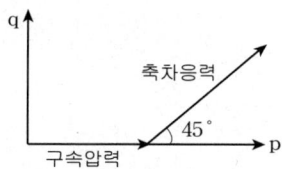

㉮ 초기단계의 최대주응력과 최소주응력이 같은 상태에서 시행한 삼축압축시험의 전응력 경로이다.
㉯ 초기단계의 최대주응력과 최소주응력이 같은 상태에서 시행한 일축압축시험의 전응력 경로이다.
㉰ 초기단계의 최대주응력과 최소주응력이 같은 상태에서 $K_o=0.5$인 조건에서 시행한 삼축압축시험의 전응력 경로이다.
㉱ 초기단계의 최대주응력과 최소주응력이 같은 상태에서 $K_o=0.7$인 조건에서 시행한 일축압축시험의 전응력 경로이다.

해설

최소주응력(σ_3)이 일정한 상태에서 최대주응력(σ_1)이 점차 증가하여 파괴되는 경우의 표준삼축압축 시험에서 응력경로이다.

해답 96. ㉮

MEMO

제6장 토 압

출제경향분석

토압은 토압의 이론, Rankine의 토압이론, Coulomb의 토압이론, 토압의 응용으로 나누어지는데, 실제로 출제 빈도는 높지 않으며, 주로 정지토압계수, 주동 및 수동 상태에서의 토압상태, 주동토압의 계산이 출제되고 있다.

단원별 경향분석

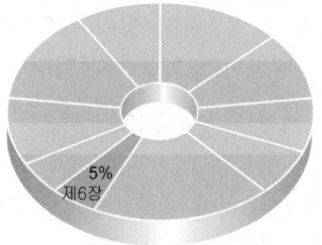

토목기사

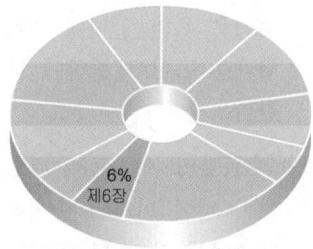

토목산업기사

항목별 경향분석

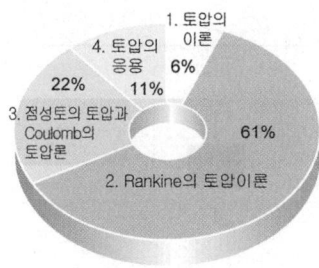

토목기사

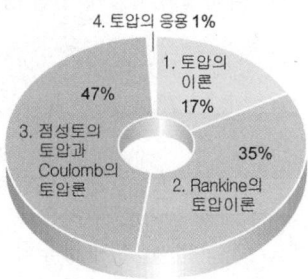

토목산업기사

1 토압의 이론

학습방향

토압은 구조물에 수평 방향으로 작용하는 압력을 말하는데 구조물에 작용하는 토압은 주동토압, 수동토압, 정지토압이 있다. 일반적으로 시험에서는 토압의 대소, 토압의 분포, 정지토압계수 등이 많이 출제되므로 정리 암기 하여야 한다.

1 토압의 개요

흙과 접촉하는 옹벽, 흙막이 벽, 지하 매설물 등은 흙에 의해 수평 방향의 압력을 받게 되며, 이를 토압이라 한다.

2 토압의 종류

(1) 정지토압(P_0, Lateral earth pressure at rest)
    횡방향 변위가 없는 상태에서 수평 방향으로 작용하는 토압을 정지토압이라 한다.

(2) 주동토압(P_A, Active earth pressure)
    뒤채움 흙의 압력에 의하여 옹벽이 뒤채움 흙으로부터 멀어지는 경우, 뒤채움 흙이 팽창하여 파괴 될 때의 수평 방향의 토압을 주동토압이라 한다.

(3) 수동토압(P_P, Passive earth pressure)
    어떤 힘에 의하여 옹벽이 뒤채움 흙 쪽으로 움직인 경우, 뒤채움 흙이 압축하여 파괴 될 때의 수평 방향의 토압을 수동토압이라 한다.

3 정지토압

(1) 정지토압계수(Coefficient of earth pressure at rest, K_o)
    ① 삼축압축시험에서 수평 방향의 변위가 없게 조절하여 측정한다.

$$\sigma_v = \gamma \cdot z$$
$$\sigma_h = K_o \cdot \sigma_v = K_o \cdot \gamma \cdot z$$

여기서, K_o : 정지토압계수
σ_v : 수직응력
σ_h : 수평응력

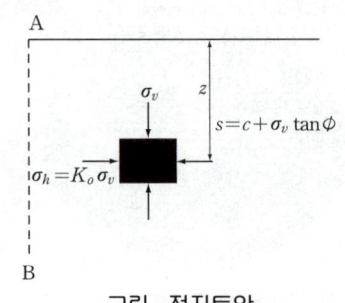

그림. 정지토압

학습POINT

■ 구조물 설계에 사용되는 토압의 종류
1) 주동토압
   토층 위의 옹벽
2) 주동토압 또는 정지
   ① 보를 받힌 흙벽
   ② 경사 말뚝 기초를 위한 옹벽
3) 정지토압
   ① 지하벽
   ② 바위 위의 옹벽

■ 자연지반을 굴착한 교대는 정지토압으로 설계한다.(×)

■ 정지토압의 크기
정지토압은 내부마찰각이 클수록 작아진다. 따라서, 조립토일 경우에 가장 작으며 연약지반일수록 증가한다.

흙의 종류	정지토압
연약 점토	1.0
느슨한 모래	0.6
굳은 점토	0.8
조밀한 모래	0.4

② 모래(Jaky의 이론)

$$K_0 = 1 - \sin \phi'$$

여기서, ϕ' : 유효응력으로 구한 내부마찰각

③ 정규압밀점토인 경우(Brooker과 Ireland 관련식)

$K_0 = 0.95 - \sin \phi'$

㉮ 내부마찰각이 클수록 정지토압계수는 작다.
㉯ 모래 및 정규압밀점토의 정지토압계수는 1보다 클 수 없다.

③ 과압밀점토인 경우

$$K_{0(과압밀)} = K_{0(정규압밀)} \sqrt{OCR}$$

여기서, OCR : 과압밀비

$$OCR = \frac{선행압밀하중}{현재의\ 유효상재하중}$$

즉, **정지토압계수가 1보다 큰 경우는 과압밀점토이다.**

④ 푸아송비에 의한 방법

$K_0 = \dfrac{\mu}{1-\mu}$

여기서, μ : 푸아송비

4 주동상태와 수동상태의 비교

	주동 상태	수동 상태
지반상태	팽창	압축
수평응력	최소주응력	최대주응력
지표면	가라앉는다	부풀어오른다
활동면	급하다	완만하다

5 토압의 대소

(1) 토압계수
　수동토압계수(K_P) > 정지토압계수(K_o) > 주동토압계수(K_A)

(2) 전토압
　수동토압(P_P) > 정지토압(P_0) > 주동토압(P_A)

■ 정지토압계수는 느슨한 사질토와 작은 전단저항각에 있어서 크다.(○)

■ 어떤 지반의 정지토압계수가 1보다 큰 경우 이 지반은 (과압밀)상태에 있다

■ 옹벽에 작용하는 주동상태일 때의 Rankine 토압은 지표면과 평행한 토압의 크기가 최대일 때의 상태이다.(×)

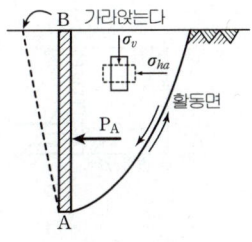

그림. 주동토압 상태

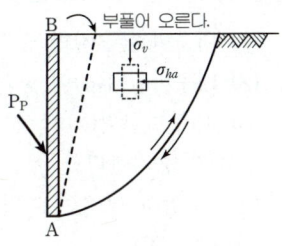

그림. 수동토압 상태

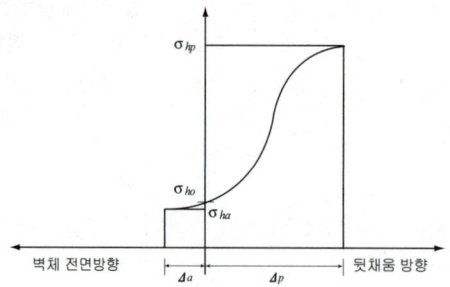

그림. 벽체의 변위와 토압

6 토압 이론의 분류

(1) Coulomb의 토압이론 : **흙쐐기 이론(강체역학에 근거), 벽마찰각 고려**
(2) Rankine의 토압이론 : **소성론에 근거, 벽마찰각 무시**
(3) Boussinesq의 토압이론 : 탄성론에 근거

7 변위에 따른 토압의 분포도

토압에 의한 파괴에 있어서 변위량은 수동토압 상태가 주동토압 상태에 비하여 크다.

■ Rankine의 토압이론에 있어서 옹벽의 변위는 (윗)부분에서만 일어난다고 본다.

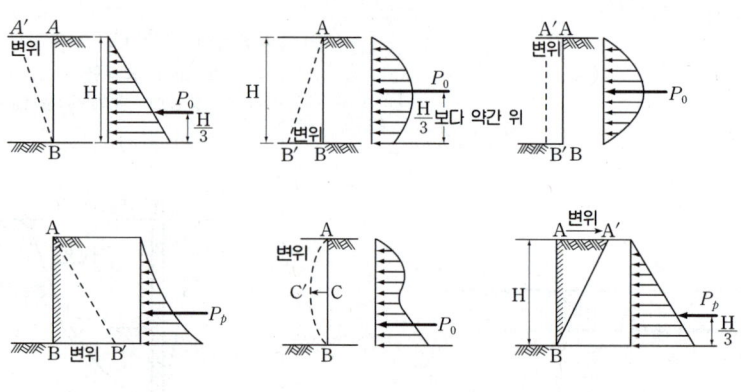

그림. 토압의 분포도

8 내부마찰각과 토압의 관계

(1) 내부마찰각(ϕ)이 증가함에 따라 주동토압계수는 감소한다.
(2) 내부마찰각(ϕ)이 증가함에 따라 수동토압계수는 증가한다.
(3) 내부마찰각(ϕ)이 증가함에 따라 주동토압계수와 수동토압계수의 차가 증가한다.
(4) 토압의 크기는 토압계수의 크기에 비례한다.

■ 흙의 내부마찰각이 클수록 주동토압과 수동토압의 차가 크다.(○)

핵심 문제

1 흙의 단위 중량이 18kN/m³이고, 정지토압계수가 0.5인 균질토층이 있다. 지표면 아래 10m 깊이에서의 연직응력과 수직응력은?

[96 00 ㉮]

㉮ $\sigma_v = 90\text{kN/m}^2$, $\sigma_h = 180\text{kN/m}^2$
㉯ $\sigma_v = 180\text{kN/m}^2$, $\sigma_h = 90\text{kN/m}^2$
㉰ $\sigma_v = 80\text{kN/m}^2$, $\sigma_h = 40\text{kN/m}^2$
㉱ $\sigma_v = 40\text{kN/m}^2$, $\sigma_h = 80\text{kN/m}^2$

2 흙의 정지토압계수 K_o는 3축압축시험으로 구할 수 있으나 실제로는 대단히 어렵다. 과압밀 상태에 있지 않은 흙의 정지토압계수는 다음 중 어느 식으로 대강 계산할 수 있는가?(단, ϕ'는 유효응력으로 표시한 내부마찰각이다.)

[92 ㉮]

㉮ $1 - \sin \phi'$
㉯ $1 - \tan^2(45° - \dfrac{\phi'}{2})$
㉰ $\dfrac{1 + \sin \phi'}{1 + \sin \phi'}$
㉱ $1 - \tan \phi'$

3 다음은 정지토압계수 K_o에 관한 설명이다. 이 가운데 틀린 것은?

[93 ㉮]

㉮ K_o는 조립토보다 세립토에서 크다.
㉯ K_o는 느슨한 사질토와 작은 전단저항각에 있어서 크다.
㉰ K_o는 상재하중의 증가와 더불어 증가한다.
㉱ K_o는 과압밀토에 대하여 크다.

4 다음은 토압에 대한 설명이다. 이 가운데 가장 옳지 않은 것은?

[97 ㉮]

㉮ 주동토압은 뒷채움 흙의 전단강도가 크면 감소된다.
㉯ 주동토압계수는 뒷채움 흙의 내부마찰각이 크면 증가된다.
㉰ 수동토압은 주동토압보다 크다.
㉱ 뒷채움 흙이 침수되면 전단강도가 약해지므로 토압은 증가되어 옹벽이 앞으로 넘어지게 된다.

해 설

[해설] 1

① 수직응력
$\sigma_v = \gamma \cdot z = 18 \times 10 = 180\text{kN/m}^2$

② 수평응력
$\sigma_h = K_o \cdot \sigma_v = 0.5 \times 180 = 90\text{kN/m}^2$

여기서, K_o : 정지토압계수

[해설] 2

정규압밀점토의 정지토압계수는 $K_o = 1 - \sin \phi'$이다.

[해설] 3

① 모래 및 정규압밀점토인 경우
$K_o = 1 - \sin \phi'$

② 과압밀토인 경우
$K_{o(\text{과압밀})} = K_{o(\text{정규압밀})}\sqrt{OCR}$
즉, 과압밀토는 과압밀비 즉 OCR가 클수록 K_o가 증가한다.

③ 조립토일수록 내부마찰각이 증가하므로 정지토압계수는 감소한다.

[해설] 4

① 내부마찰각과 토압의 관계
• 내부마찰각(ø)이 증가함에 따라 주동토압계수는 감소하므로 주동토압은 감소한다.
• 내부마찰각(ø)이 증가함에 따라 수동토압계수는 증가하므로 수동토압은 증가한다.

② 전단강도 $\tau = c + \sigma \cdot \tan \phi$이므로 전단강도가 크면, 내부마찰각이 커지며, 수동토압계수는 증가한다.

③ 토압의 대소 : 수동토압(P_P) > 정지토압(P_0) > 주동토압(P_A)

정답 1. ㉯ 2. ㉮ 3. ㉱ 4. ㉯

5 주동토압 분포가 3각형이 되는 경우는?(단, 점선은 변위, 변형 후의 벽체의 위치이다.) [94 ㉮]

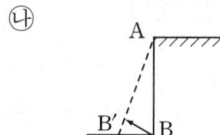
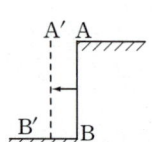
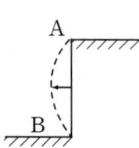

해설 5

① 토압 분포도가 삼각형이 되는 것은 옹벽의 최하부를 정점으로 하여 상부까지 직선적인 변위를 일으킬 때이다.
② 벽체가 흙으로부터 멀어지는 경우가 주동 상태이고, 뒤채움 흙 쪽으로 움직이는 경우는 수동 상태가 된다.

6 정지토압으로 설계하지 않는 것은? [98 ㉯]

㉮ 자연지반을 굴착한 교대
㉯ 자연지반에 수직말뚝 기초를 한 옹벽
㉰ 변위를 무시하는 지하벽
㉱ 바위 위의 옹벽

해설 6

횡방향 변위가 없는 상태에서 수평 방향으로 작용하는 토압을 정지토압이라 한다.

7 어떤 지반의 정지토압계수가 1.50이라고 보고되었다. 다음 설명 중 맞는 것은? [98 ㉯]

㉮ 이 지반은 과압밀 상태이다.
㉯ 이 지반은 정규압밀 상태이다.
㉰ 정지토압계수는 1.50은 있을 수 없는 값이다.
㉱ 이 지반은 정규압밀 상태인지 과압밀 상태인지 알 수 없다.

해설 7

과압밀점토의 정지토압계수
$K_{0(과압밀)} = K_{0(정규압밀)}\sqrt{OCR}$

즉, 정지토압계수가 1.0보다 큰 경우는 과압밀점토이다.

8 다음 토질 중 정지토압계수가 제일 큰 것은? [99 ㉯]

㉮ 교란된 고령토
㉯ 굳은 점토
㉰ 느슨한 모래
㉱ 조밀한 모래

해설 8

① 모래 및 정규압밀점토인 경우
$K_0 = 1 - \sin\phi'$
즉, 느슨한 모래는 조밀한 모래보다 내부마찰각이 작으므로 정지토압계수가 크다.
② 조립토는 세립토보다 내부마찰각이 크다. 그러므로 정지토압계수는 작다.
③ 과압밀점토는 과압밀비가 클수록 정지토압계수가 증가한다.
④ 정지토압계수가 제일 큰 것은 내부마찰각이 가장 작은 것이다.

정답 5. ㉮ 6. ㉮ 7. ㉮ 8. ㉮

9 그림에 대한 설명 중 틀린 것은? [94 ⓒ]

㉮ ø가 클수록 P_A, P_P의 차가 크다.
㉯ a가 일반적으로 b 보다 크다.
㉰ P_o의 상태를 특히 탄성평형 상태라 한다.
㉱ P_o의 상태는 Mohr 원이 항상 파괴포락선 아래에서 그려진다.

10 주동토압을 P_A, 수동토압을 P_P, 정지토압을 P_0라 할 때 크기 순서는? [95 ⓒ]

㉮ $P_A > P_P > P_0$
㉯ $P_P > P_0 > P_A$
㉰ $P_P > P_A > P_0$
㉱ $P_0 > P_A > P_P$

해 설

해설 9

① 내부마찰각과 토압의 관계
　• 내부마찰각(ø)이 증가함에 따라 주동토압계수는 감소한다.
　• 내부마찰각(ø)이 증가함에 따라 수동토압계수는 증가한다.
② 파괴시 변위량은 주동상태보다 수동상태가 훨씬 크다.
③ 정지토압인 P_o는 파괴와는 관계없으며, 주동토압인 P_A와 P_P는 파괴의 극한평형상태에 있다.

해설 10

① 토압계수
　수동토압계수(K_P) > 정지토압 계수(K_o) > 주동토압계수(K_A)
② 전토압
　수동토압(P_P) > 정지토압(P_0) > 주동토압(P_A)

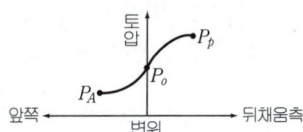

정답 9. ㉯ 10. ㉯

2 Rankine의 토압이론

학습방향

Rankine의 토압이론에서는 지반의 조건에 따라 토압계수, 전토압, 작용위치의 계산문제 위주로 출제되므로 여러 형태의 문제를 풀어보아야 한다. 또한, 토압이론의 기본가정을 암기하여야 한다.

1 기본가정

(1) 흙은 균질하고 등방성이다.
(2) 중력만 작용하며 지반은 **소성평형상태**에 있다.
(3) 토압은 **지표면에 평행하게 작용**한다. 즉, 벽마찰을 무시한다.
  ① Rankin의 주동토압(P_A)은 Coulomb의 주동토압보다도 크게 산정된다.
  ② Rankin의 수동토압(P_P)은 Coulomb의 주동토압보다도 작게 산정된다.
(4) 지표면에 작용하는 하중은 등분포하중이다. 즉, 선하중이나 점하중인 경우는 해석할 수 없다.
(5) 흙 입자는 비압축성이고, 입자간의 **마찰력에 의해 평형을 유지**한다.
(6) 지표면은 무한히 넓게 존재한다.

학습POINT

■ Rankine 토압이론의 가정에 있어서 분체는 입자간의 (마찰력)에 의해 평형을 유지한다.

2 뒤채움 흙이 수평이고 사질토인 경우의 연직옹벽에 작용하는 토압

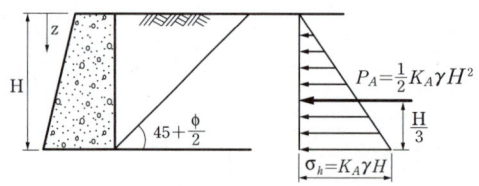

그림. 토압의 분포

(1) 주동토압

① 주동토압계수(coefficient of active earth pressure, K_A)

$$K_A = \tan^2\left(45° - \frac{\phi}{2}\right) = \frac{1-\sin\phi}{1+\sin\phi}$$

② 주동토압강도(σ_{ha})

$$\sigma_{ha} = K_A \cdot \sigma_v$$

③ 파괴면은 수평면과 $45° + \frac{\phi}{2}$의 각도를 이룬다.

■ 흙의 내부마찰각이 30°일 때 주동토압계수는 $\left(\dfrac{1}{3}\right)$이다.

④ 전주동토압
  ㉠ 크기 : 전주동토압의 크기는 토압 분포도의 면적과 같다.
  $$P_A = \frac{1}{2} \cdot K_A \cdot \gamma \cdot H^2$$
  ㉡ 작용점 : 토압 분포도의 도심이 작용점이 된다.
  $$\bar{y} = \frac{1}{3} H$$
  ㉢ 방향 : 지표면에 평행하게 작용한다.

(2) 수동토압
  ① 수동토압계수(coefficient of passive earth pressure, K_P)
  $$K_P = \tan^2(45° + \frac{\emptyset}{2}) = \frac{1+\sin\emptyset}{1-\sin\emptyset}$$
  ② 수동토압강도(σ_{hp})
  $$\sigma_{hp} = K_P \cdot \sigma_v$$
  ③ 파괴면은 수평면과 $45° - \frac{\emptyset}{2}$ 의 각을 이룬다.
  ④ 전수동토압
    ㉠ 크기 : 전수동토압의 크기는 토압 분포도의 면적과 같다.
    $$P_P = \frac{1}{2} \cdot K_P \cdot \gamma \cdot H^2$$
    ㉡ 작용점 : 토압 분포도의 도심이 작용점이 된다.
    $$\bar{y} = \frac{1}{3} H$$
    ㉢ 방향 : 지표면에 평행하게 작용한다.

■ 지표가 수평인 연직옹벽에 있어서 흙의 내부마찰각이 30°인 경우 주동토압계수와 수동토압계수의 비는 $\left(\frac{1}{9}\right)$이다.

■ Rankine의 토압에 있어서 수동토압인 경우 파괴면은 수평면과 $\theta = 45° - \frac{\phi}{2}$ 의 각도를 이룬다.(○)

3 상재하중이 있는 뒤채움 흙이 수평이고 사질토인 경우의 연직옹벽에 작용하는 토압

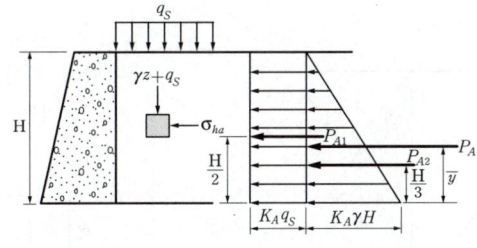

그림. 상재하중이 있는 경우의 토압분포

(1) 임의의 점에서 수직응력(σ_v)
$$\sigma_v = \gamma \cdot z + q_s$$

(2) 임의의 점에서 수평응력(σ_{ha})

$$\sigma_{ha} = K_A \cdot \sigma_v = K_A \cdot (\gamma \cdot z + q_s)$$

(3) 전주동토압
① 크기 : 전주동토압의 크기는 토압 분포도의 면적과 같다.
㉠ 상재하중에 의한 토압(P_{A1})

$$P_{A1} = K_A \cdot q_s \cdot H$$

㉡ 뒤채움 흙에 의한 토압(P_{A2})

$$P_{A2} = \frac{1}{2} \cdot K_A \cdot \gamma \cdot H^2$$

㉢ 전주동토압(P_A)

$$P_A = P_{A1} + P_{A2} = K_A \cdot q_s \cdot H + \frac{1}{2} \cdot K_A \cdot \gamma \cdot H^2$$

② 작용점 : 각각의 힘의 모멘트의 합은 합력의 모멘트와 같다.

$$\bar{y} \cdot P_A = P_{A1} \times \frac{H}{2} + P_{A2} \times \frac{H}{3}$$

$$\bar{y} = \frac{(P_{A1} \times \frac{H}{2} + P_{A2} \times \frac{H}{3})}{P_{A1} + P_{A2}}$$

■ 높이 H인 옹벽에 있어서 상재하중만으로 인한 주동토압의 작용위치는 $\left(\frac{H}{2}\right)$이다.

4 뒤채움 흙이 이질 층인 경우의 토압분포

(1) 해석방법
① 위층의 흙은 일반적인 토압계산 방법으로 해석한다.
② 아래층의 흙은 위층의 흙의 중량을 상재하중으로 간주한다.

(2) 토압의 분포도

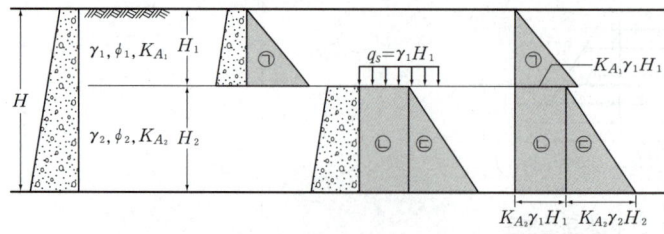

그림. 뒤채움 흙이 이질 층인 경우의 토압분포

■ 뒤채움 흙이 이질층인 경우의 토압에 있어서 Ⓐ부분만의 토압 크기는 ($K_A \cdot r_t \cdot H_1$)이다.

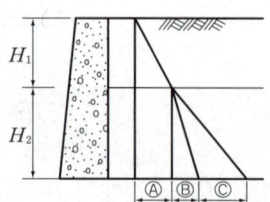

① 크기
   ㉠ 위층 흙에 의한 토압(P_{A1})
   $$P_{A1} = \frac{1}{2} \cdot K_{A1} \cdot \gamma_1 \cdot H_1^2$$
   ㉡ 위층 흙을 상재하중으로 간주한 토압(P_{A2})
   $$P_{A2} = K_{A2} \cdot \gamma_1 \cdot H_1 \cdot H_2$$
   ㉢ 아래층 흙에 의한 토압(P_{A3})
   $$P_{A3} = \frac{1}{2} \cdot K_{A2} \cdot \gamma_2 \cdot H_2^2$$
   ㉣ 전주동토압(P_A)
   $$P_A = P_{A1} + P_{A2} + P_{A3}$$
   $$= \frac{1}{2} \cdot K_{A1} \cdot \gamma_1 \cdot H_1^2 + K_{A2} \cdot \gamma_1 \cdot H_1 \cdot H_2 + \frac{1}{2} \cdot K_{A2} \cdot \gamma_2 \cdot H_2^2$$

② 토압의 작용점($\overline{y}$)
   $$\overline{y} \cdot P_A = (\frac{H_1}{3} + H_2) \cdot P_{A1} + (\frac{H_2}{2}) \cdot P_{A2} + (\frac{H_2}{3}) \cdot P_{A3}$$
   $$\overline{y} = \frac{(\frac{H_1}{3} + H_2) \cdot P_{A1} + (\frac{H_2}{2}) \cdot P_{A2} + (\frac{H_2}{3}) \cdot P_{A3}}{P_A}$$

■ 뒤채움 흙이 이질층인 경우의 토압에 있어서 Ⓐ부분만의 작용점 위치는 밑면에서 $\left(\frac{H_2}{2}\right)$이다.

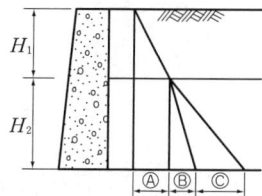

5 지하수가 있는 경우의 토압

(1) 해석방법
① 뒤채움 흙이 이질 층인 경우와 동일하다.
② 간극수압은 방향과 관계없이 일정하다. 즉, 수압에는 토압계수를 곱하지 않는다.

(2) 토압의 분포도

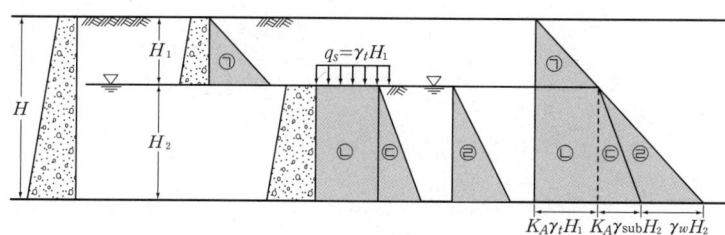

그림. 지하수가 있는 경우의 토압

(3) 전주동토압
① 크기
   ㉠ 지하수위 상부토층의 흙에 의한 토압(P_{A1})
   $$P_{A1} = \frac{1}{2} \cdot K_A \cdot \gamma_t \cdot H_1^2$$

㉡ 지하수위 상부토층의 흙을 상재하중으로 간주한 토압(P_{A2})

$$P_{A2} = K_A \cdot \gamma_t \cdot H_1 \cdot H_2$$

㉢ 하부토층의 흙에 의한 토압(P_{A3})

$$P_{A3} = \frac{1}{2} \cdot K_A \cdot \gamma_{sub} \cdot H_2^2$$

지하수위 아래의 흙은 수중단위중량을 사용하여야 한다.

㉣ 하부토층의 수압(P_{A4})

$$P_{A4} = U = \frac{1}{2} \cdot \gamma_w \cdot H_2^2$$

㉤ 전주동토압(P_A)

$$P_A = P_{A1} + P_{A2} + P_{A3} + P_{A4}$$
$$= \frac{1}{2} \cdot K_A \cdot \gamma_t \cdot H_1^2 + K_A \cdot \gamma_t \cdot H_1 \cdot H_2$$
$$+ \frac{1}{2} \cdot K_A \cdot \gamma_{sub} \cdot H_2^2 + \frac{1}{2} \cdot \gamma_w \cdot H_2^2$$

② 작용점($\bar{y}$)

$$\bar{y} \cdot P_A = (\frac{H_1}{3} + H_2) \cdot P_{A1} + (\frac{H_2}{2}) \cdot P_{A2} + (\frac{H_2}{3}) \cdot P_{A3} + (\frac{H_2}{3}) \cdot P_{A4}$$

$$\bar{y} = \frac{(\frac{H_1}{3} + H_2) \cdot P_{A1} + (\frac{H_2}{2}) \cdot P_{A2} + (\frac{H_2}{3}) \cdot P_{A3} + (\frac{H_2}{3}) \cdot P_{A4}}{P_A}$$

■ 지하수가 있는 경우의 토압에 있어서 지하수위 하부토층에 대한 토압은 (**수중**)단위중량을 사용하여야 한다.

■ 지하수가 있는 경우의 하부토층의 수압계산에 있어서는 토압계수를 곱하지 않는다.(○)

핵심문제

1 Rankine 토압이론의 가정 사항 중 맞지 않는 것은? [99 ⑦]

㉮ 흙은 균질의 분체이다.
㉯ 지표면은 무한히 넓게 존재한다.
㉰ 분체는 입자간에 점착력에 의해 평행을 유지한다.
㉱ 토압은 지표면에 평행하게 작용한다.

2 지표면이 수평이고 내부마찰각 30°, 단위체적중량 20kN/m³, $c=0$ 인 흙을 높이 6m의 옹벽이 지지하고 있을 때 6m 깊이에서의 주동상태의 수평토압은? [85 ㉠]

㉮ 40kN/m²　　㉯ 20kN/m²
㉰ 36kN/m²　　㉱ 18kN/m²

3 흙의 단위중량 16.5kN/m³, 내부마찰각이 30°인 지반에 5m의 연직 옹벽을 축조했다. 옹벽에 작용하는 토압의 크기와 작용점은? [95 ㉠]

㉮ 74.6kN/m, 하단에서 3.33m
㉯ 68.8kN/m, 하단에서 1.67m
㉰ 606.3kN/m, 하단에서 1.67m
㉱ 704.3kN/m, 하단에서 3.33m

4 다음 그림에서 상재하중만으로 인한 주동토압과 작용위치는? [98 ⑦]

㉮ $P_{A(qs)} = 9$kN/m, x=2m
㉯ $P_{A(qs)} = 9$kN/m, x=3m
㉰ $P_{A(qs)} = 54$kN/m, x=2m
㉱ $P_{A(qs)} = 54$kN/m, x=3m

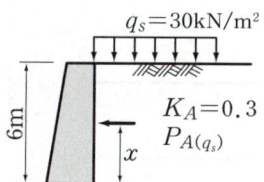

[해설] 전주동토압

① 크기(P_A)

$P_{A1} = K_A \cdot q_s \cdot H$
$\quad = 0.3 \times 30 \times 6 = 54$kN/m

$P_{A2} = \frac{1}{2} K_A \cdot \gamma \cdot H^2$

$P_A = P_{A1} + P_{A2}$
$\quad = K_A \cdot q_s \cdot H + \frac{1}{2} K_A \cdot \gamma \cdot H^2$

② 작용점($\bar{y}$)

$\bar{y} \cdot P_A = P_{A1} \times \frac{H}{2} + P_{A2} \times \frac{H}{3}$

에서 상재하중에 의한 토압의 작용점은 $\frac{H}{2}$이므로 3m이다.

해설

[해설] 1

분체 입자간에 마찰력만 작용하며 점착력은 없다.

[해설] 2

① 주동토압계수(K_A)

$K_A = \dfrac{1 - \sin 30°}{1 + \sin 30°} = \dfrac{1}{3}$

② 주동토압강도(σ_{ha})

$\sigma_{ha} = K_A \cdot \gamma \cdot z$
$\quad = \dfrac{1}{3} \times 20 \times 6 = 40$kN/m²

[해설] 3

① 주동토압계수(K_A)

$K_A = \dfrac{1 - \sin 30°}{1 + \sin 30°} = \dfrac{1}{3}$

② 전주동토압(P_A)

$P_A = \dfrac{1}{2} \cdot K_A \cdot \gamma \cdot H^2$
$\quad = \dfrac{1}{2} \times \dfrac{1}{3} \times 16.5 \times 5^2$
$\quad = 68.8$kN/m

③ 작용점($\bar{y}$)

$\bar{y} = \dfrac{1}{3} \times 5 = 1.67$m

(하단으로부터의 거리)

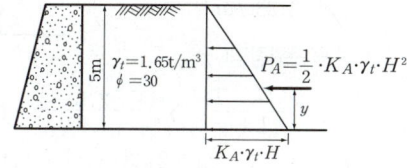

정답: 1.㉰　2.㉮　3.㉯　4.㉱

5 그림과 같이 성질이 다른 층으로 뒤채움 흙이 이루어진 옹벽에 작용하는 주동토압은? [85 01 ㉮]

㉮ 156kN/m
㉯ 114kN/m
㉰ 98kN/m
㉱ 86kN/m

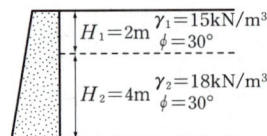

6 지하수면과 지표면이 동일한 경우의 내부마찰각 30°인 모래지반이 있다. 지표면하 3m 깊이에서의 수평주동토압은 얼마인가?(단, 포화밀도는 2.0t/m³이다.) [90 ㉮]

㉮ 1t/m² ㉯ 2t/m²
㉰ 3t/m² ㉱ 4t/m²

7 그림에서 옹벽이 받는 전체 주동토압은 얼마인가?(단, 벽면과 뒤채움의 마찰각은 무시하고 흙의 내부마찰각 ø=30°로 본다.) [95 ㉮]

㉮ 6.82t
㉯ 4.41t
㉰ 3.67t
㉱ 7.33t

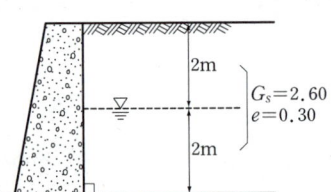

[해설]
① 건조단위중량(γ_d)
$$\gamma_d = \frac{G_s}{1+e} \cdot \gamma_w = \frac{2.6}{1+0.3} \times 1 = 2\text{t/m}^3$$

② 포화단위중량(γ_{sat})
$$\gamma_{sat} = \frac{G_s + e}{1+e} \cdot \gamma_w$$
$$= \frac{2.6 + 0.3}{1+0.3} \times 1$$
$$= 2.23\text{t/m}^3$$

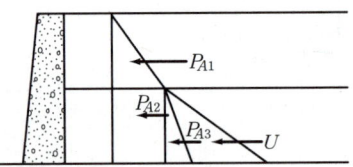

③ 수중단위중량(γ_{sub})
$$\gamma_{sub} = \frac{G_s - 1}{1+e} \cdot \gamma_w = \frac{2.6 - 1}{1+0.3} \times 1 = 1.23\text{t/m}^3$$
$$\gamma_{sub} = \gamma_{sat} - \gamma_w = 2.23 - 1 = 1.23\text{t/m}^3$$

④ 주동토압계수(K_A): $K_A = \frac{1-\sin\phi}{1+\sin\phi} = \frac{1-\sin 30°}{1+\sin 30°} = \frac{1}{3}$

⑤ 전주동토압(P_A)
$$P_A = \frac{1}{2} \cdot K_A \cdot \gamma_t \cdot H_1^2 + K_A \cdot \gamma_t \cdot H_1 \cdot H_2 + \frac{1}{2} \cdot K_A \cdot \gamma_{Sub} \cdot H_2^2 + \frac{1}{2} \cdot \gamma_w \cdot H_2^2$$
$$= \frac{1}{2} \times \frac{1}{3} \times 2 \times 2^2 + \frac{1}{3} \times 2 \times 2 \times 2 + \frac{1}{2} \times \frac{1}{3} \times 1.23 \times 2^2 + \frac{1}{2} \times 1 \times 2^2 = 6.82\text{t/m}$$

⑥ 단위 폭당 작용하는 전주동토압은 $P = 6.82 \times 1 = 6.82t$

해 설

[해설] **5**

① 주동토압계수(K_A)
$$K_A = \frac{1-\sin\phi}{1+\sin\phi} = \frac{1-\sin 30°}{1+\sin 30°}$$
$$= \frac{1}{3}$$

② 전주동토압
$$P_{A1} = \frac{1}{2} \cdot K_A \cdot \gamma_1 \cdot H_1^2$$
$$= \frac{1}{2} \times \frac{1}{3} \times 15 \times 2^2 = 10\text{kN/m}$$
$$P_{A2} = K_A \cdot \gamma_1 \cdot H_1 \cdot H_2$$
$$= \frac{1}{3} \times 15 \times 2 \times 4 = 40\text{kN/m}$$
$$P_{A3} = \frac{1}{2} \cdot K_A \cdot \gamma_2 \cdot H_2^2$$
$$= \frac{1}{2} \times \frac{1}{3} \times 18 \times 4^2 = 48\text{kN/m}$$
$$P_A = P_{A1} + P_{A2} + P_{A3}$$
$$= 10 + 40 + 48 = 98\text{kN/m}$$

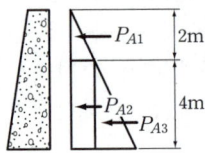

[해설] **6**

① 주동토압계수(K_A)
$$K_A = \frac{1-\sin\phi}{1+\sin\phi} = \frac{1-\sin 30°}{1+\sin 30°}$$
$$= \frac{1}{3}$$

② 수직응력(σ_v')
$$\sigma_v' = \gamma' \cdot z = (2-1) \times 3 = 3\text{t/m}^2$$

③ 주동토압강도(σ_{ha})
$$\sigma_{ha}' = K_A \cdot \sigma_v' = \frac{1}{3} \times 3 = 1\text{t/m}^2$$

④ 간극수압(u)
$$u = \gamma_w \cdot h = 1 \times 3 = 3\text{t/m}^2$$

⑤ 수평주동토압(σ_h)
$$\sigma_h = \sigma_{ha}' + u = 1 + 3 = 4\text{t/m}^2$$

[정답] 5. ㉰ 6. ㉱ 7. ㉮

8 지표면으로부터 아래쪽으로 4m되는 지점에 지하수면이 위치하고 있다. 만약에 지하수면의 위치에 변동이 생겨 지표면으로부터 아래쪽으로 6m되는 지점에 위치하게 되었다면 이와 같은 지하수면의 변동에 따른 주동토압 압력의 변화량은 얼마인지 수압을 포함하여 계산한 것은?(단, 물의 단위중량은 9.81kN/m³이다.)   [98 01 ㉮]

㉮ 71.93kN/m
㉯ 99.47kN/m
㉰ 140.68kN/m
㉱ 198.55kN/m

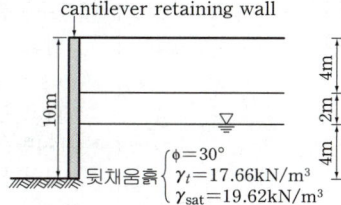

해 설

① 지하수위 변동 이전의 전주동토압
- 주동토압계수(K_A) : $K_A = \dfrac{1-\sin\phi}{1+\sin\phi} = \dfrac{1-\sin 30°}{1+\sin 30°} = \dfrac{1}{3}$
- 지하수위 상부토층의 흙에 의한 토압

  $P_{A1} = \dfrac{1}{2} \cdot K_A \cdot \gamma_t \cdot H_1^2 = \dfrac{1}{2} \times \dfrac{1}{3} \times 17.66 \times 4^2 = 47.09 \text{kN/m}$
- 지하수위 하부토층의 토압
  ㉠ 지하수위 상부토층의 흙을 상재하중으로 간주한 토압

  $P_{A2} = K_A \cdot \gamma_t \cdot H_1 \cdot H_2$

  $= \dfrac{1}{3} \times 17.66 \times 4 \times 6 = 141.28 \text{kN/m}$

  ㉡ 지하수위 하부토층의 흙에 의한 토압

  $P_{A3} = \dfrac{1}{2} \cdot K_A \cdot \gamma_{sub} \cdot H_2^2$

  $= \dfrac{1}{2} \times \dfrac{1}{3} \times (19.62 - 9.81) \times 6^2$

  $= 58.86 \text{kN/m}$

  ㉢ 하부토층의 수압

  $U = \dfrac{1}{2} \cdot \gamma_w \cdot H_2^2$

  $= \dfrac{1}{2} \times 9.81 \times 6^2 = 176.58 \text{kN/m}$

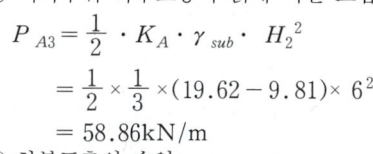
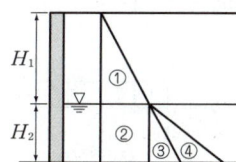

- 전압력 : $P_A = P_{A1} + P_{A2} + P_{A3} + U$

  $= 47.09 + 141.28 + 58.86 + 176.58 = 423.81 \text{kN/m}$

② 지하수위 변동 이후의 전주동토압
- 주동토압계수(K_A) : $K_A = \dfrac{1-\sin\phi}{1+\sin\phi} = \dfrac{1-\sin 30°}{1+\sin 30°} = \dfrac{1}{3}$
- 지하수위 상부토층의 흙에 의한 토압

  $P_{A1} = \dfrac{1}{2} \cdot K_A \cdot \gamma_t \cdot H_1^2 = \dfrac{1}{2} \times \dfrac{1}{3} \times 17.66 \times 6^2 = 105.96 \text{kN/m}$
- 지하수위 하부토층의 토압
  ㉠ 지하수위 상부토층의 흙을 상재하중으로 간주한 토압

  $P_{A2} = K_A \cdot \gamma_t \cdot H_1 \cdot H_2 = \dfrac{1}{3} \times 17.66 \times 6 \times 4 = 141.28 \text{kN/m}$

  ㉡ 지하수위 하부토층의 흙에 의한 토압

  $P_{A3} = \dfrac{1}{2} \cdot K_A \cdot \gamma_{sub} \cdot H_2^2 = \dfrac{1}{2} \times \dfrac{1}{3} \times (19.62 - 9.81) \times 4^2$

  $= 26.16 \text{kN/m}$

  ㉢ 하부토층의 수압 : $U = \dfrac{1}{2} \cdot \gamma_w \cdot H_2^2 = \dfrac{1}{2} \times 9.81 \times 4^2 = 78.48 \text{kN/m}$

- 전압력 : $P_A = P_{A1} + P_{A2} + P_{A3} + U = 105.96 + 141.28 + 26.16 + 78.48$

  $= 351.88 \text{kN/m}$

③ 주동토압의 변화량 : $\Delta P_A = 423.81 - 351.88 = 71.93 \text{kN/m}$

정답 8. ㉮

9 다음은 옹벽에 작용하는 주동상태일 때의 Rankine 토압을 설명한 것이다. 옳지 않은 것은? [89 ㉮]

㉮ 지표면과 평행한 토압의 크기가 최대일 때의 상태이다.
㉯ 옹벽이 외측변위를 일으킬 때의 상태이다.
㉰ 옹벽의 변위는 윗부분에서만 일어난다고 본다.
㉱ 흙 중 임의 요소가 소성평형상태가 될 때이다.

10 흙의 내부마찰이 30°일 때 주동토압계수 K_A는? [88 ㉯]

㉮ 3.00　　㉯ 2.50
㉰ 1.30　　㉱ 0.33

11 그림에서 전주동토압을 계산한 값은? [93 ㉯]

㉮ 37kN/m
㉯ 30kN/m
㉰ 27kN/m
㉱ 20kN/m

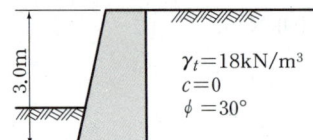

12 그림과 같은 옹벽에서 옹벽 밑면에 작용하는 토압강도와 토압의 합력의 작용점은 옹벽 밑면에서부터 몇 m 위치에 있는가? [95 ㉯]
(단, Rankine의 토압론에 의해 구하시오.)

㉮ 토압강도 : 24.7kN/m² 작용점 : 1.21m
㉯ 토압강도 : 24.7kN/m² 작용점 : 1.11m
㉰ 토압강도 : 42.8kN/m² 작용점 : 1.21m
㉱ 토압강도 : 42.8kN/m² 작용점 : 1.11m

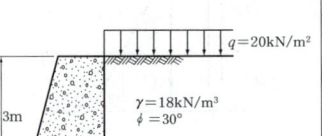

[해설]

① 주동토압계수(K_A) : $K_A = \tan^2(45° - \frac{\phi}{2})$
$= \tan^2(45° - \frac{30°}{2}) = \frac{1}{3}$

② 옹벽밑면에 작용하는 수평응력(주동토압강도)
$\sigma_{ha} = K_A \cdot (\gamma \cdot z + q_s) = \frac{1}{3} \times (18 \times 3 + 20) = 24.7 \text{kN/m}^2$

③ 전주동토압
- 크기(P_A)
$P_A = P_{A1} + P_{A2}$
$= \frac{1}{3} \times 20 \times 3 + \frac{1}{2} \times \frac{1}{3} \times 18 \times 3^2$
$= 47 \text{kN/m}$

- 작용점($\bar{y}$)
$\bar{y} \times 4.7 = 2.7 \times \frac{3}{2} + 2 \times \frac{3}{3}$
$\bar{y} = \frac{(20 \times \frac{3}{2} + 27 \times \frac{3}{3})}{47} = 1.21 \text{m}$

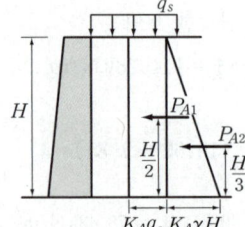

해 설

[해설] 9
① 주동상태일 때 지표면과 평행한 토압의 크기는 최소이다.
② 수동상태일 때 지표면과 평행한 토압의 크기는 최대이다.
③ 옹벽의 변위는 윗부분에서만 일어난다고 본다.
④ 지반은 소성평형상태에 있다고 가정하였다.

[해설] 10
주동토압계수(K_A)
$K_A = \frac{1 - \sin 30°}{1 + \sin 30°} = \frac{1}{3}$

[해설] 11
① 주동토압계수(K_A)
$K_A = \frac{1 - \sin 30°}{1 + \sin 30°} = \frac{1}{3}$

② 전주동토압(P_A)
$P_A = \frac{1}{2} \cdot K_A \cdot \gamma \cdot H^2$
$= \frac{1}{2} \times \frac{1}{3} \times 18 \times 3^2$
$= 27 \text{kN/m}$

정답　9. ㉮　10. ㉱　11. ㉰　12. ㉮

13 다음 그림과 같은 조건에서 Rankine의 공식을 사용하여 토압을 구하려고 한다. 토압 분포도에서 Ⓐ부분의 토압의 크기를 나타내는 것은?(단, K_A : 주동토압계수, γ_{sub} : 흙의 수중단위중량, γ_{sat} : 흙의 포화단위중량, γ_t : 흙의 전체단위중량, γ_w : 물의 단위중량)   [98 ㉠]

㉮ $K_A \gamma_t H_1$
㉯ $K_A \gamma_{sub} H_2$
㉰ $\gamma_w H_2$
㉱ $K_A \gamma_{sat} H_2$

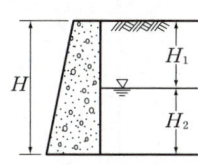

14 그림과 같은 옹벽에 작용하는 주동토압의 합력은?   [98 01 ㉠]
(단, $\gamma_{sat} = 17.66 \text{kN/m}^3$, $\gamma_w = 9.81 \text{kN/m}^3$, $\phi = 30°$, 벽마찰각 무시)

㉮ 99.4kN/m
㉯ 108.9kN/m
㉰ 134.4kN/m
㉱ 177.6kN/m

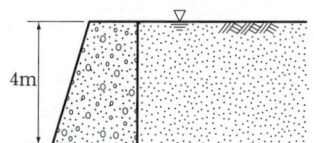

15 아래 그림과 같은 옹벽에 작용하는 주동토압의 크기는 다음 중 어느 것인가?(단, 물의 단위중량은 9.81kN/m³이다.)   [90 ㉠]

㉮ 196.2kN/m
㉯ 225.6kN/m
㉰ 255.1kN/m
㉱ 284.5kN/m

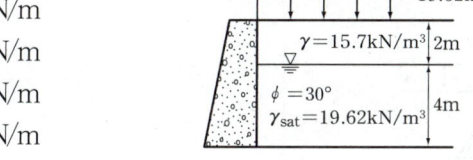

[해설]

① 주동토압계수(K_A) : $K_A = \dfrac{1-\sin\phi}{1+\sin\phi} = \dfrac{1-\sin 30°}{1+\sin 30°} = \dfrac{1}{3}$
② 전주동토압
• 상부토층의 토압
 ㉮ 상재하중에 의한 토압 : $P_{A1} = K_A \cdot q_s \cdot H = \dfrac{1}{3} \times 19.62 \times 2 = 13.08 \text{kN/m}$
 ㉯ 상부토층의 흙에 의한 토압
  $P_{A2} = \dfrac{1}{2} \cdot K_A \cdot \gamma \cdot H_1^2 = \dfrac{1}{2} \times \dfrac{1}{3} \times 15.7 \times 2^2 = 10.47 \text{kN/m}$
• 하부토층의 토압
 ㉮ 지표면의 상재하중과 상부토층의 흙을 상재하중으로 간주한 토압
$P_{A3} = K_A(q_s + \gamma \cdot H_1)H_2 = \dfrac{1}{3} \times (19.62 + 15.7 \times 2) \times 4 = 68.03 \text{kN/m}$
 ㉯ 하부토층의 흙에 의한 토압
  $P_{A4} = \dfrac{1}{2} \cdot K_A \cdot \gamma_{sub} \cdot H_2^2 = \dfrac{1}{2} \times \dfrac{1}{3} \times (19.62 - 9.81) \times 4^2$
   $= 26.16 \text{kN/m}$
 ㉰ 하부토층의 수압
  $U = \dfrac{1}{2} \cdot \gamma_w \cdot H_2^2 = \dfrac{1}{2} \times 9.81 \times 4^2 = 78.48 \text{kN/m}$
• 전압력 : $P_A = P_{A1} + P_{A2} + P_{A3} + P_{A4} + U$
   $= 13.08 + 10.47 + 68.03 + 26.16 + 78.48 = 196.2 \text{kN/m}$

해 설

[해설] **13**

① 주동토압
$P_A = P_{A1} + P_{A2} + P_{A3}$
$= \dfrac{1}{2} \cdot K_A \cdot \gamma_1 \cdot H_1^2$
$+ K_{A2} \cdot \gamma_1 \cdot H_1 \cdot H_2$
$+ \dfrac{1}{2} \cdot K_{A2} \cdot \gamma_2 \cdot H_2^2$

② 그림에 있어서
Ⓐ $K_A \cdot \gamma_t \cdot H_1$
Ⓑ $K_A \cdot \gamma_{sub} \cdot H_2$
Ⓒ $\gamma_w \cdot H_2$

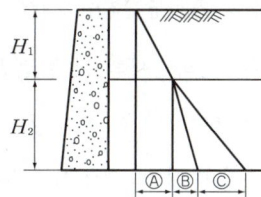

[해설] **14**

① 주동토압계수(K_A)

$K_A = \dfrac{1-\sin\phi}{1+\sin\phi}$
$= \dfrac{1-\sin 30°}{1+\sin 30°} = \dfrac{1}{3}$

② 주동토압의 합력은 토압과 수압의 합력이 작용한다.

$P_A = \dfrac{1}{2} \cdot K_A \cdot \gamma_{sub} \cdot H^2 +$
$\dfrac{1}{2} \cdot \gamma_w \cdot H_2^2$
$= \dfrac{1}{2} \times \dfrac{1}{3} \times 7.85 \times 4^2 +$
$\dfrac{1}{2} \times 9.81 \times 4^2 = 99.4 \text{kN/m}$

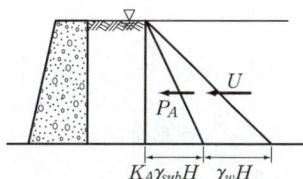

정답 13. ㉮ 14. ㉮ 15. ㉮

16 그림에서 주동토압의 작용점의 위치는 밑면에서 얼마 떨어진 곳인가?   [97 산]

㉮ 1.53m
㉯ 1.75m
㉰ 1.99m
㉱ 2.32m

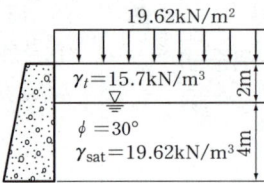

[해설]

① 주동토압계수(K_A)
$$K_A = \frac{1-\sin\phi}{1+\sin\phi} = \frac{1-\sin 30°}{1+\sin 30°} = \frac{1}{3}$$

② 상재하중에 의한 토압(P_{A1})
$$P_{A1} = K_A \cdot q_s \cdot (H_1+H_2) = \frac{1}{3} \times 19.62 \times (2+4) = 39.24 \text{kN/m}$$

③ 상부토층의 흙에의 한 토압(P_{A2})
$$P_{A2} = \frac{1}{2} \cdot K_A \cdot \gamma_t \cdot H_1^2 = \frac{1}{2} \times \frac{1}{3} \times 15.7 \times 2^2 = 10.47 \text{kN/m}$$

④ 지하수위 상부토층의 흙을 상재하중으로 간주한 토압(P_{A3})
$$P_{A3} = K_A \cdot \gamma_t \cdot H_1 \cdot H_2 = \frac{1}{3} \times 15.7 \times 2 \times 4 = 41.87 \text{kN/m}$$

⑤ 하부토층의 흙에 의한 토압(수중단위중량을 사용하여야 한다.)
$$P_{A4} = \frac{1}{2} \cdot K_A \cdot \gamma_{sub} \cdot H_2^2$$
$$= \frac{1}{2} \times \frac{1}{3} \times (19.62-9.81) \times 4^2$$
$$= 26.16 \text{kN/m}$$

⑥ 하부토층의 수압($P_{A5} = U$)
$$P_{A5} = U = \frac{1}{2} \cdot \gamma_w \cdot H_2^2$$
$$= \frac{1}{2} \times 9.81 \times 4^2 = 78.48 \text{kN/m}$$

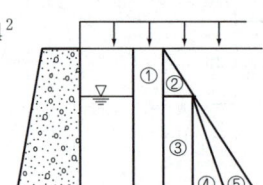

⑦ 전주동토압(P_A)
$$P_A = P_{A1} + P_{A2} + P_{A3} + P_{A4} + P_{A5}$$
$$= 39.24 + 10.47 + 41.87 + 26.16 + 78.48 = 196.22 \text{kN/m}$$

⑧ 작용점
• 공식
$$\bar{y} \cdot P_A = (\frac{H_1+H_2}{2}) \cdot P_{A1} + (\frac{H_1}{3}+H_2) \cdot P_{A2} + (\frac{H_2}{2}) \cdot P_{A3}$$
$$+ (\frac{H_2}{3}) \cdot P_{A4} + (\frac{H_2}{3}) \cdot P_{A5}$$

• 문제
$$\bar{y} = \frac{(\frac{2+4}{2}) \times 39.24 + (\frac{2}{3}+4) \times 10.47 + (\frac{4}{2}) \times 41.87 + (\frac{4}{3}) \times 26.16 + (\frac{4}{3}) \times 78.48}{196.22}$$
$$= 1.99 \text{ m}$$

16. ㉰

3 점성토의 토압과 Coulomb의 토압론

학습방향

Coulomb의 토압이론은 공식 자체가 복잡아 Rankine의 토압이론에 비하여 많이 출제되지는 않으며 출제되는 경우 토압계수는 숫자로 주어지며 일반적으로 시험에서는 Rankine의 토압이론과의 관계를 알아보는 것이 많이 출제되고 있다.

1 점성토인 경우의 토압

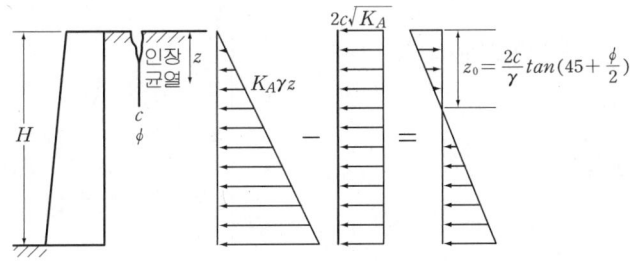

그림. 점성토의 주동토압분포

(1) 주동토압상태

① 주동토압강도(σ_{ha})

$$\sigma_{ha} = \gamma \cdot z \cdot \tan^2(45° - \frac{\phi}{2}) - 2 \cdot c \cdot \tan(45° - \frac{\phi}{2})$$
$$= \gamma \cdot z \cdot K_A - 2 \cdot c \cdot \sqrt{K_A}$$

즉, 점성토인 경우의 주동토압강도는 모래지반보다 작다.

② 전주동토압(P_A)

$$P_A = \frac{1}{2} \cdot K_A \cdot \gamma \cdot H^2 - 2 \cdot c \cdot H \cdot \sqrt{K_A}$$

③ 인장균열깊이(점착고, Z_0)

㉠ 해석방법 : 주동토압강도의 크기가 0인 지점까지의 깊이를 말한다. 즉, 인장을 받아 균열이 발생하는 깊이를 점착고라 한다.

㉡ 위치

$$Z_0 = \frac{2c}{\gamma} \cdot \tan(45° + \frac{\phi}{2})$$

만약, 비배수조건. 즉, 완전포화된 점토인 경우는 $\phi = 0°$이므로

$$Z_0 = \frac{2c_u}{\gamma}$$

학습 POINT

■ 주동토압에서 배면토가 점착력이 있는 경우는 없는 경우보다 토압이 적어진다.(○)

■ 인장균열깊이(점착고, Z_0)

$\sigma_{ha} = \gamma \cdot z \cdot K_A - 2 \cdot c \cdot \sqrt{K_A} = 0$
에서
$\gamma \cdot z \cdot K_A = 2 \cdot c \cdot \sqrt{K_A}$
$z = \frac{2 \cdot c \cdot \sqrt{K_A}}{\gamma \cdot K_A} = \frac{2 \cdot c}{\gamma} \cdot \frac{1}{\sqrt{K_A}}$
$= \frac{2 \cdot c}{\gamma} \cdot \frac{1}{\tan(45 - \frac{\phi}{2})}$
$= \frac{2 \cdot c}{\gamma} \cdot \tan(45 + \frac{\phi}{2})$

④ 한계고(critical height, H_c)
  ㉠ 개요 : 구조물의 설치 없이 사면이 유지되는 높이 즉, 토압의 합력이 0이 되는 깊이를 한계고라 한다.
  ㉡ 위치

$$H_c = 2Z_0 = \frac{4c}{\gamma} \cdot \tan(45° + \frac{\emptyset}{2})$$

■ 한계고는 인장균열깊이, 즉 점착고의 (2)배이다.

(2) 수동토압상태
 ① 수동토압강도(σ_{hp})

$$\sigma_{hp} = \gamma \cdot z \cdot \tan^2(45° + \frac{\emptyset}{2}) + 2 \cdot c \cdot \tan(45° + \frac{\emptyset}{2})$$
$$= \gamma \cdot z \cdot K_P + 2 \cdot c \cdot \sqrt{K_P}$$

즉, 점성토인 경우의 수동토압강도는 모래지반보다 크다.

 ② 전수동토압(P_P)

$$P_P = \frac{1}{2} \cdot K_P \cdot \gamma \cdot H^2 + 2 \cdot c \cdot H \cdot \sqrt{K_P}$$

■ 수동토압에서 배면토가 점착력이 있는 경우는 없는 경우보다 토압이 증가한다.(○)

(3) 인장균열 발생 후의 토압
 ① 해석방법
  ㉠ 인장균열이 발생한 경우는 인장균열깊이까지의 흙은 상재하중으로 간주한다.
  ㉡ 흙의 점성은 고려하지 않는다.

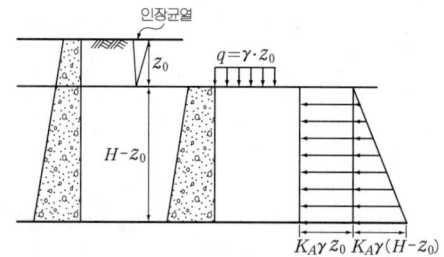

 ② 전주동 토압(P_A)

$$P_A = \frac{1}{2} \cdot K_A \cdot \gamma \cdot (H - z_0)^2 + K_A \cdot \gamma \cdot z_0 \cdot (H - z_0)$$

2 Coulomb의 토압이론

(1) Coulomb의 토압의 전제 조건
 ① 파괴면은 평면이다.
 ② 벽 마찰을 고려한다.
 ③ 가상 파괴면 내의 흙쐐기는 하나의 강체와 같이 작용한다.

■ 옹벽에 작용하는 토압이론에 있어서 Coulomb의 토압이론은 옹벽배면과 뒤채움 흙사이의 벽면 마찰을 무시한다.(×)

(2) Coulomb 토압의 크기

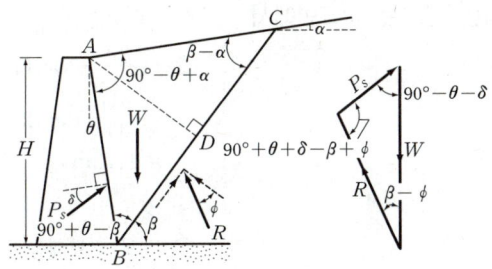

그림. Coulomb의 토압분포

① 주동토압계수(K_A)

$$K_A = \frac{\cos^2(\phi-\theta)}{\cos^2\theta \cdot \cos(\delta+\theta)[1+\sqrt{\frac{\sin(\delta+\phi)\cdot\sin(\phi-\alpha)}{\cos(\delta+\theta)\cdot\cos(\theta-\alpha)}}]^2}$$

② 주동토압(P_A)

$$P_A = \frac{1}{2} \cdot K_A \cdot \gamma \cdot H^2$$

$P_{Ah} = P_A \cdot \cos\delta$

여기서, δ : 벽마찰각

③ 작용점

$$\bar{y} = \frac{1}{3}H$$

④ 방향 : 벽면에 대한 수직면과 δ 만큼 경사져서 작용한다.

⑤ Rankine의 토압론과의 관계

㉮ 옹벽 배면각이 90도이고 **뒤채움 흙이 수평이며, 벽마찰을 무시하**면 Coulomb의 토압은 Rankine의 토압과 같다.

㉯ 옹벽 배면각이 90도이고 **지표면의 경사각과 옹벽배면과 흙과의 마찰각이 같은 경우**는 Coulomb의 토압은 Rankine의 토압과 같다.

■ 연직옹벽에서 지표면의 경사각과 옹벽배면과 흙과의 마찰각이 같은 경우는 Coulomb의 토압과 Rankine의 토압은 같다.

핵심문제

1 점성토에서 점착력이 6kN/m²이고, 내부마찰각이 30°이며, 흙의 단위중량이 17kN/m³ 일 때 주동토압이 0이 되는 깊이는 지표면에서 약 몇 m인가? [97 ㉮]

㉮ 1.52m
㉯ 1.42m
㉰ 1.32m
㉱ 1.22m

2 토압론에 관한 다음 설명 중 틀린 것은? [94 ㉮]

㉮ Coulomb의 토압론은 강체역학에 기초를 둔 흙쐐기 이론이다.
㉯ Rankine의 토압론은 소성이론에 의한 것이다.
㉰ 벽체가 배면에 있는 흙으로부터 떨어지도록 작용하는 토압을 수동토압이라하고 벽체가 흙 쪽으로 밀리도록 작용하는 힘을 주동토압이라 한다.
㉱ 정지토압계수는 수동토압계수와 주동토압계수 사이에 속한다.

3 지표면이 수평이고 옹벽의 뒷면과 흙과의 마찰각이 0인 연직옹벽에서 Coulomb의 토압과 Rankine의 토압은 어떻게 되는가? [98 01 ㉯]

㉮ Coulomb의 토압은 항상 Rankine의 토압보다 크다.
㉯ Coulomb의 토압은 Rankine의 토압보다 클 때도 있고, 작을 때도 있다.
㉰ Coulomb의 토압과 Rankine의 토압은 같다.
㉱ Coulomb의 토압은 항상 Rankine의 토압보다 작다.

4 그림과 같은 옹벽에서 벽면 마찰각 =30°이고, 쿨롬의 주동토압계수가 0.25이다. 옹벽에 작용하는 주동토압(수압포함)의 수평분력의 크기는?(흙의 포화단위중량은 17.66kN/m³이고 물의 단위중량은 9.81kN/m³이다.) [92 ㉮]

㉮ 588.6kN/m
㉯ 575.5kN/m
㉰ 220.7kN/m
㉱ 191.3kN/m

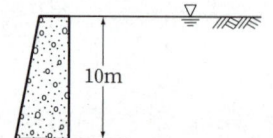

해설

해설 1

점착고(Z_0)

$Z_0 = \dfrac{2c}{\gamma} \cdot \tan(45° + \dfrac{\phi}{2})$

$= \dfrac{2 \times 6}{17} \tan(45° + \dfrac{30°}{2})$

$= 1.22\text{m}$

해설 2

① 벽체가 뒷채움 흙으로부터 멀어지는 경우의 수평방향의 토압을 주동토압이라 한다.
② 벽체가 뒷채움 쪽으로 움직인 경우의 수평방향의 토압을 수동토압이라 한다.
③ 정지상태란 횡방향 변위가 없는 상태를 말한다.

해설 3

연직옹벽에서 지표면이 수평이고 벽마찰각이 0인 경우, 즉 벽마찰을 무시하면 Rankine의 토압과 Coulomb의 토압은 동일하다.

해설 4

① 전주동토압(P_A)

$P_A = \dfrac{1}{2} \cdot K_A \cdot \gamma_{sub} \cdot H^2$

$= \dfrac{1}{2} \times 0.25 \times (17.66 - 9.81) \times 10^2$

$= 98.13 \text{kN/m}$

② 수평방향의 토압(P_{Ah})

$P_{Ah} = P_A \cdot \cos\phi_w = 98.13 \times \cos 30°$

$= 84.98 \text{kN/m}$

③ 수압(U)

$U = \dfrac{1}{2} \cdot \gamma_w \cdot H^2 = \dfrac{1}{2} \times 9.81 \times 10^2$

$= 490.5 \text{kN/m}$

④ 수평분력의 크기(ΣP_A)

$\Sigma P_A = P_{Ah} + U$

$= 84.98 + 490.5$

$= 575.48 \text{kN/m}$

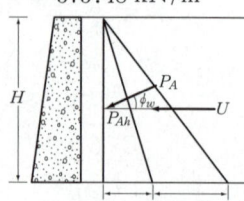

정답 1. ㉱ 2. ㉰ 3. ㉰ 4. ㉯

5 점착력 $c=9kN/m^2$, 단위중량이 $18kN/m^3$, 내부마찰각이 30°인 흙에 있어서 인장균열이 발생하는 깊이는? [96 ㉮]

㉮ $\sqrt{2}$m
㉯ $\sqrt{3}$m
㉰ 2m
㉱ 3m

6 다음은 토압에 관한 사항이다. 틀린 것은? [92 ㉰]

㉮ 주동 토압에서 배면토가 점착력이 있는 경우는 없는 경우보다 토압이 적어진다.
㉯ Coulomb의 토압이론은 옹벽 배면과 뒤채움 흙은 사이의 벽면 마찰을 무시한 이론이다.
㉰ 일반적으로 주동 토압계수는 1보다 적고 수동토압계수는 1보다 크다.
㉱ 어떤 지반의 정지토압계수가 1.75라면 이 흙은 과압밀 상태에 있다.

7 옹벽에 작용하는 토압이론에 대하여 설명한 것 중 틀린 것은? [96 ㉮]

㉮ 토압의 크기는 벽체의 변형방향에 따라 다르다.
㉯ Rankine의 주동토압이론에서는 토질이 수평방향에서 $(45°+\dfrac{\phi}{2})$의 방향으로 파괴된다고 가정한다.
㉰ 토압의 크기는 벽체 뒤의 토질이 파괴되는 형태에 따라서 다르다.
㉱ Coulomb의 주동토압계수는 벽마찰각이 0이고, 연직벽인 경우에 Rankine 토압계수와 같다.

8 Coulomb의 토압론에서 β의 각도를 변화시켜가면서 힘의 삼각형을 이용하여 토압을 구하는 것은 어느 것인가?(단, ϕ : 내부마찰각, δ : 벽마찰각) [86 ㉰]

㉮ Rebhann의 정리
㉯ Poncelet의 방법
㉰ Culmann의 방법
㉱ Taylor의 도표

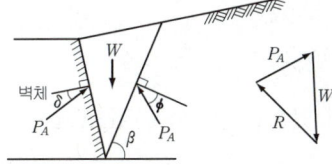

9 다음 중 수평토압을 계산하기 위한 방법이 아닌 것은?

㉮ Rankine 방법
㉯ Coulomb 방법
㉰ Culman 방법
㉱ Housel 방법

해 설

해설 5

인장균열깊이(Z_0)

$Z_0 = \dfrac{2c}{\gamma} \cdot \tan(45° + \dfrac{\phi}{2})$

$= \dfrac{2 \times 9}{18} \times \tan(45° + \dfrac{30°}{2})$

$= \sqrt{3}$ m

해설 6

① 주동상태에서 뒤채움 토가 점착력을 갖고 있으면 깊이에 관계없이 약 $2c\sqrt{K_A}$의 크기 만큼 토압이 감소한다.
② Coulomb의 토압이론은 옹벽 배면과 뒤채움 흙과의 벽마찰을 고려한 이론이다.

해설 7

① Rankine 토압이론
• 주동상태 : 파괴면은 수평면과 $45° + \dfrac{\phi}{2}$의 각을 이룬다.
• 수동상태 : 파괴면은 수평면과 $45° - \dfrac{\phi}{2}$의 각을 이룬다.
② Coulomb 토압이론은 벽면과 흙의 마찰을 고려한 이론이며, 연직옹벽에 있어 벽마찰각 $\delta=0°$이고 뒤채움 표면이 수평일 때 Coulomb 토압계수은 Rankine 토압계수와 같다.
③ 토압의 크기는 벽체의 변형방향, 변형형태 등의 영향을 받는다.

해설 8

이를 Rebhann의 정리라 한다.

해설 9

토압론의 분류

① Rankine 토압론 – 소성론에 근거를 둠
② Coulomb 토압론 – 흙쐐기 이론
③ Poncelet 방법 – 토압 도해법
④ Culmann 방법 – 토압 도해법
⑤ Boussinesq 토압론 – 탄성론에 근거를 둠

정답 5. ㉯ 6. ㉯ 7. ㉱ 8. ㉮ 9. ㉱

4 토압의 응용

학습방향
옹벽의 안정은 활동에 대한 안정, 전도에 대한 안정, 지반의 지지력에 대한 안정이 있는데 각각의 안전율이 다르므로 주의하여야하며 최근들어 보강토 공법에 대해서도 출제되고 있으므로 암기하여야 한다.

1 옹벽의 안정

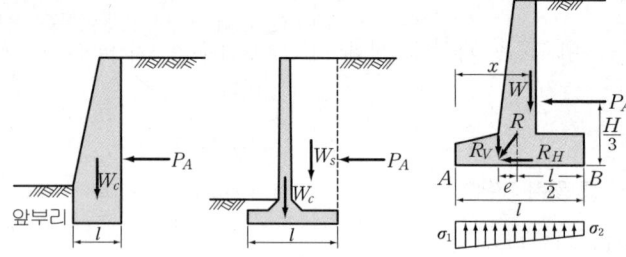

그림. 옹벽의 안정

(1) 활동에 대한 안정

$$F_s = \frac{R_v \cdot \tan\delta}{R_h} > 1.5$$

여기서, R_v : 옹벽의 자중과 토압의 연직력을 포함한 모든 연직력의 합
R_h : 수평력의 합
δ : 옹벽의 저판과 저판 아래의 흙과의 마찰각

(2) 전도에 대한 안정

$$F_s = \frac{M_r}{M_0} > 2$$

여기서, M_r : 저항모멘트, M_0 : 전도모멘트

합력 R의 작용점 위치가 저판 중앙 $\frac{1}{3}$ 이내에 있으면 전도(over turning)에 대해 안전하다.

(3) 지반의 지지력에 대한 안정

$$\sigma = \frac{P}{A} \pm \frac{M}{I} \cdot y = \frac{R_v}{B} \cdot (1 \pm \frac{6e}{B})$$

여기서, B : 옹벽의 폭

지반이 받는 최대압축응력이 지반의 허용지지력 보다 작으면 지지력에 대해 안정하다.

학습POINT

■ 합력의 수평분력이 기초지면과 바닥사이의 마찰저항보다 작아야 되는 옹벽의 안정조건은 (활동)에 대한 안정이다.

2 널말뚝에 작용하는 토압

(1) 캔틸레버식 널말뚝(Cantilever sheet pile)
캔틸레버식 널말뚝의 안정은 주로 벽체 전면에 있는 흙의 수동토압에 의해 저항된다.

(2) 앵커달린 널말뚝(Anchored sheet pile)

① 자유단 지지 방법 (free earth support method)	② 고정단 지지 방법 (fixed earth support method)
㉠ 널말뚝의 근입 깊이가 얕은 경우이다. ㉡ 벽체가 하단에 대해 자유롭게 회전한다. ㉢ 설계방법이 고정단지지 방법에 비하여 간단하다.	㉠ 널말뚝의 근입깊이가 깊은 경우이다. ㉡ 타입 부분의 흙의 저항 때문에 고정상태가 된다. ㉢ 단면이 작아져 경제적이 된다.

사진. 강널말뚝 타입장면

사진. 강널말뚝이 설치된 장면

(3) 앵커의 설계
① anchorage(deadman)는 최소한 수동영역에 오도록 설계한다.
② deadman 앵커는 수동토압을 받는다.
③ 단위길이당 띠장의 반력은 주동토압과 수동토압의 차가된다.
④ 앵커 rod의 인장력은 수평력의 합이 0(zero)으로 하여 구한다.
⑤ 띠장은 앵커로드에 지점이 있는 등분포의 보로 설계한다.
⑥ 안전율 $F_s > 2$가 되도록 한다.

3 흙막이벽에 작용하는 토압

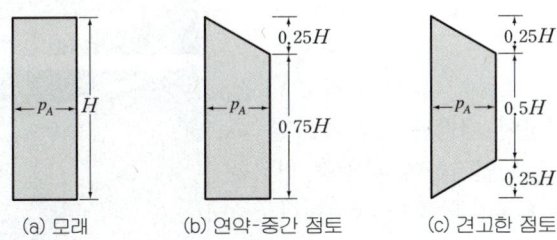

(a) 모래 (b) 연약-중간 점토 (c) 견고한 점토

그림. 흙막이벽의 토압분포

① 모래
$$p_A = 0.65 \cdot \gamma \cdot H \cdot K_A$$
$$K_A = \tan^2(45° - \frac{\phi}{2}) = \frac{1-\sin\phi}{1+\sin\phi}$$

여기서, ϕ : 흙의 내부마찰각
K_A : 주동토압계수

■ 널말뚝의 설계에 있어서 앵커를 사용할 경우 널말뚝의 관입깊이, 휨모멘트를 적게 할 수 있다.(○)

■ 앵커달린 널말뚝 설계에 있어서 자유지지법이 고정지지법에 비하여 간단하다.(○)

■ 앵커달린 널말뚝에 있어서 데드맨 앵커는 (수동토압)을 받는다고 본다.

■ 널말뚝의 설계에 있어서 앵커점에 대한 모멘트 합을 영(zero)으로 해서 Rod의 인장력을 구한다.(×)

② 연약점토, 중간점토($\frac{\gamma \cdot H}{c} > 4$)

$p_A = \gamma \cdot H - (\frac{4c}{\gamma \cdot H})$

③ 견고한 점토($\frac{\gamma \cdot H}{c} \leq 4$)

$p_A = 0.2 \cdot \gamma \cdot H \sim 0.4 \cdot \gamma \cdot H$

4 Heaving 현상

(1) 히빙의 개요

연약한 점토지반을 굴착하면 굴착면이 위로 솟아오르는 현상을 Heaving 현상이라 한다.

(2) 안전율

$F_s = \dfrac{5.7c}{\gamma \cdot H - \dfrac{c \cdot H}{0.7B}} > 1.5$

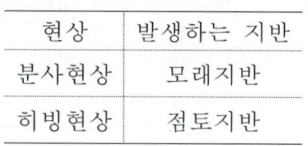

현상	발생하는 지반
분사현상	모래지반
히빙현상	점토지반

(3) 히빙(Heaving)의 방지대책

① 흙막이의 **근입깊이를 깊게** 한다.
② **표토를 제거**하여 하중을 적게 한다.
③ **굴착면에 하중**을 가한다.
④ 양질의 재료로 지반개량을 한다.
⑤ 설계 계획을 변경한다.
⑥ Trench cut 및 부분 굴착을 한다.

5 보강토 공법(Reinforced earth method)

(1) 개요

보강토 공법은 1960년대 Henri Vidal에 의하여 개발된 공법으로 흙 속에 마찰력이 큰 보강재를 설치하고 전면판과 연결하여 횡방향 변위를 억제하고, 흙 구조물을 보강함으로써 연직 흙쌓기를 하는 공법이다.

(2) 보강띠가 받는 최대힘(T_{max})

① 주동토압계수(K_A)

$K_A = \tan^2(45° - \dfrac{\phi}{2}) = \dfrac{1 - \sin\phi}{1 + \sin\phi}$

② 옹벽밑면에 작용하는 수평응력(주동토압강도)

$\sigma_{ha} = K_A \cdot \gamma \cdot H$

사진. 보강트 공법

③ 보강띠가 받는 최대힘(T_{max})

$$T_{max} = \sigma_{ha} \cdot S_v \cdot S_h = K_A \cdot \gamma \cdot H \cdot S_v \cdot S_h$$

여기서, S_v : 보강띠의 연직방향 설치간격
S_h : 보강띠의 수평방향 설치간격

6 타이 백의 극한지지력(P_u)

① 모래지반에 설치된 경우
$\overline{\sigma} = \gamma \cdot z$
$P_u = \pi \cdot D \cdot l \cdot K_o \cdot \overline{\sigma} \cdot \tan\phi$

② 점토지반에 설치된 경우
$c_a = \dfrac{2}{3} c$

$$P_u = \pi \cdot D \cdot l \cdot c_a = \pi \cdot D \cdot l \cdot \left(\dfrac{2}{3} c\right)$$

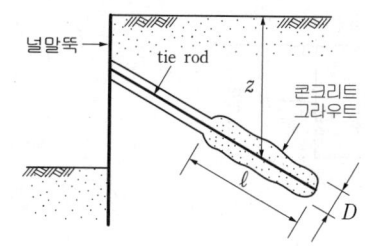

그림. 타이 백

핵 심 문 제

1 합력의 수평분력이 기초저면과 지반 사이의 마찰저항보다 작아야 된다는 옹벽의 안정조건은 다음 중 어느 것인가? [97 ⑦]

 전도에 대한 안정
 활동에 대한 안정
㉯ 침하에 대한 안정
㉱ 지반내력에 대한 안정

2 주동토압계수 0.3, 옹벽저면과 흙과의 마찰각 30°, 흙의 단위중량 2.0t/m³, 콘크리트의 단위중량이 2.3t/m³ 일 때 활동에 대한 안전율을 구하면 얼마인가?(단, 수평토압은 Rankine 이론을 사용한다.) [97 ⑦]

㉮ 1.6
㉯ 2.2
㉰ 2.5
㉱ 3.1

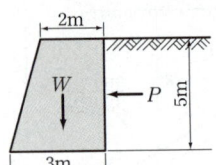

3 다음 그림과 같은 널말뚝의 근입깊이 d를 구하면? (단, 철근의 허용응력 σ_a = 1200kg/cm², anchor rod의 간격은 1m이다.) [96 ㉡]

㉮ 1.63m
㉯ 2.31m
㉰ 2.67m
㉱ 4.9m

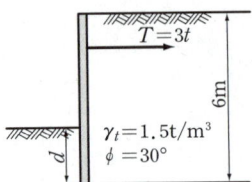

① 전주동토압
- 주동토압계수(K_A) : $K_A = \dfrac{1-\sin\phi}{1+\sin\phi} = \dfrac{1-\sin 30°}{1+\sin 30°} = \dfrac{1}{3}$
- 전주동토압(P_A)
  $P_A = \dfrac{1}{2} \cdot K_A \cdot \gamma \cdot H^2 = \dfrac{1}{2} \times \dfrac{1}{3} \times 1.5 \times 6^2 = 9.0\text{t/m}$

② 전수동토압
- 수동토압계수(K_P)
  $K_P = \dfrac{1+\sin\phi}{1-\sin\phi} = \dfrac{1+\sin 30°}{1-\sin 30°} = 3$
- 전수동토압(P_P)
  $P_P = \dfrac{1}{2} \cdot K_P \cdot \gamma \cdot H^2$
  $= \dfrac{1}{2} \times 3 \times 1.5 \times d^2 = 2.25d^2$

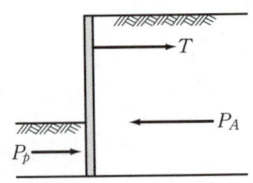

- 앵커의 인장력(T)
  $P_P = P_A - T$
  $2.25d^2 = 9 - 3$
  $d = 1.63\text{m}$

해 설

[해설] 1

옹벽의 안정
① 활동에 대한 안정
② 전도에 대한 안정
③ 지반의 지지력에 대한 안정

[해설] 2

① 옹벽의 자중(W)
$W = \dfrac{(윗변 + 아랫변)}{2} \times 높이$
$\quad\quad \times 콘크리트의\ 단위중량$
$= \dfrac{(2+3)}{2} \times 5 \times 2.3$
$= 28.75\text{t/m}$

② 전주동토압(P_A)
$P_A = \dfrac{1}{2} \cdot K_A \cdot \gamma \cdot H^2$
$= \dfrac{1}{2} \times 0.3 \times 2 \times 5^2 = 7.5\text{t/m}$

③ 활동에 대한 안정
$F_s = \dfrac{W \cdot \tan\delta}{R_h}$
$= \dfrac{28.75 \times \tan 30°}{7.5}$
$= 2.2 > 1.5$

즉, 옹벽은 활동에 대하여 안정하다.

정답 1. ㉰ 2. ㉯ 3. ㉮

4 다음은 널말뚝에 대한 설명이다. 틀린 것은? [96 ㉮]

㉮ 강널말뚝은 다른 말뚝에 비하여 재사용이 가능하다.
㉯ 앵커를 사용할 경우 널말뚝의 관입깊이, 휨모멘트를 적게 할 수 있다.
㉰ 앵커 널말뚝 설계에 자유지법이 고정지지법에 비하여 간단하다.
㉱ 앵커점에 대한 모멘트의 합을 영으로 하여 앵커 rod의 인장력을 구한다.

5 γ_t =19kN/m³, ϕ =30°인 뒤채움 모래를 이용하여 8m 높이의 보강토 옹벽을 설치하고자 한다. 폭 75mm, 두께 3.69mm의 보강띠를 연직방향 설치간격 S_v = 0.5m, 수평간격 S_h =1.0m로 시공할 때, 보강띠에 작용하는 최대힘 T_{max} 의 크기를 계산하면? [99 ㉮]

㉮ 15.3kN   ㉯ 25.3kN
㉰ 35.3kN   ㉱ 45.3kN

6 그림과 같은 anchored sheet pile에서 free earth method로 설계할 경우 효과적인 정착을 위한 최소거리는?(단, 흙의 내부마찰각 ϕ =30°이다.) [98 ㉮]

㉮ 6m
㉯ 8m
㉰ 10m
㉱ 12m

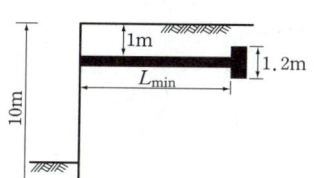

해 설

해설 4
① 앵커 달린 널말뚝
 • 자유단 지지방법
 • 고정단 지지방법
② 자유단 지지방법이 고정단 지지방법보다 해석이 간단하다.
③ 타이로드의 인장력 T는 수평력의 합이 0이라는 평형식으로 부터 구한다.
  $T = P_A - P_P$
④ 근입깊이 d는 정착점에 대한 모멘트의 합이 0이라는 평형 방정식으로부터 구한다.

해설 5
① 주동토압계수(K_A)
$$K_A = \tan^2(45° - \frac{\phi}{2})$$
$$= \tan^2(45° - \frac{30°}{2}) = \frac{1}{3}$$
② 옹벽밑면에 작용하는 수평응력 (주동토압강도)
$$\sigma_{ha} = K_A \cdot \gamma \cdot z$$
$$= \frac{1}{3} \times 19 \times 8 = 50.67 \text{kN/m}^2$$
③ 최대힘(T_{max})
$$T_{max} = \sigma_{ha} \cdot S_v \cdot S_h$$
$$= 50.67 \times 0.5 \times 1.0$$
$$= 25.3 \text{ kN}$$

해설 앵커의 설계
① anchorage(deadman)는 최소한 수동영역에 오도록 설계한다.

$$L_{min} = \frac{L}{\tan(45° + \frac{\phi}{2})}$$
$$+ \frac{L_1 + \frac{h}{2}}{\tan(45° - \frac{\phi}{2})}$$

$$L_{min} = \frac{10}{\tan(45° + \frac{30°}{2})}$$
$$+ \frac{1 + \frac{1.2}{2}}{\tan(45° - \frac{30°}{2})}$$
$$= 8.545 \text{m}$$

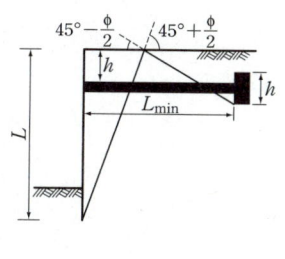

② 앵커의 길이는 L_{min} 보다 길어야 한다.

정답 4. ㉱ 5. ㉯ 6. ㉯

7 다음 앵커달린 널말뚝에 대한 설명 중 틀리는 것은?

㉮ 단위길이 당 띠장의 반력은 주동토압과 작용 수동토압의 차가 된다.
㉯ 띠장은 앵커로드에 지점이 있는 등분포하중의 보로 설계한다.
㉰ 앵커 로드의 장력은 띠장의 반력을 앎으로써 결정할 수 있다.
㉱ 데드맨 앵커는 주동토압을 받는다고 본다.

8 다음 그림과 같은 점성토지반의 굴착 저면에서 바닥융기에 대한 안전율을 Terzaghi의 식에 의해구하면?(단, γ =17.31kN/m³, c =24kN/m²이다.)

[97 ㉮]

㉮ 3.21
㉯ 2.32
㉰ 1.64
㉱ 1.17

해 설

[해설] **7**

데드맨 앵커는 수동토압을 받는다.

[해설] **8**

안전율(F_s)

$$F_s = \frac{5.7c}{\gamma \cdot H - \frac{c \cdot H}{0.7B}} > 1.5$$

$$= \frac{5.7 \times 24}{17.31 \times 8 - \frac{24 \times 8}{0.7 \times 5}}$$

$$= 1.636 > 1.5$$

이므로 안정하다.

정답 7. ㉱ 8. ㉰

출제예상문제

6 CHAPTER 토압

1. 다음 기술은 토압 공식의 적용에 대한 것이다. 이 가운데 옳지 않은 것은?

㉮ 옹벽 설계에는 주동토압을 쓰는 것이 보통이다.
㉯ 지하벽 같은 구조물에는 정지토압을 생각하는 것이 옳다.
㉰ 중력식 같은 옹벽의 저판 돌출부가 없는 구조물에는 Coulomb 공식을 쓴다.
㉱ 옹벽 저판후부 돌출부의 길이가 긴 구조물은 역시 Coulomb 공식을 쓴다.

[해설] 역T형 옹벽, 부벽식 옹벽 등의 돌출부가 긴 경우에는 Rankine 공식을 사용하여야 한다.

2. 흙이 정규압밀상태에 있다면 그 흙이 받는 수평방향토압은?

㉮ 연직방향 토압과 같다.
㉯ 연직방향 토압보다 크다.
㉰ 연직방향 토압보다 작다.
㉱ 연직방향 토압보다 클 수도 있고, 작을 수도 있다.

[해설] 정규압밀상태란 현재 흙이 받고 있는 압축력과 선행압축력이 일치한다.

3. 그림과 같은 콘크리트 박스(box)의 측면에서 작용하는 토압은?

㉮ 정지토압으로 계산한다.
㉯ 주동토압으로 계산한다.
㉰ 수동토압으로 계산한다.
㉱ 내부토압으로 계산한다.

[해설] 정지토압으로 계산하는 구조물은 지하벽, 암거, 바위 위에 설치된 옹벽 등이다.

4. 다음 그림에서 깊이 6m에서의 수직응력과 수평응력은?(단, 토압계수는 0.5이다.)

㉮ $\sigma_v = 90\text{kN/m}^2$, $\sigma_h = 45\text{kN/m}^2$
㉯ $\sigma_v = 45\text{kN/m}^2$, $\sigma_h = 90\text{kN/m}^2$
㉰ $\sigma_v = 40\text{kN/m}^2$, $\sigma_h = 20\text{kN/m}^2$
㉱ $\sigma_v = 20\text{kN/m}^2$, $\sigma_h = 40\text{kN/m}^2$

$\gamma_t = 15\text{kN/m}^3$, 6m

[해설]
① 수직응력(σ_v)
$\sigma_v = \gamma \cdot z = 15 \times 6 = 90\text{kN/m}^2$
② 수평응력(σ_h)
$\sigma_h = K \cdot \sigma_v = 0.5 \times 90 = 45\text{kN/m}^2$

5. 보통 모래에서 정지토압계수의 범위를 맞게 나타낸 것은?

㉮ 0.1~0.2
㉯ 0.2~0.3
㉰ 0.4~0.5
㉱ 0.6~0.7

[해설] 보통 모래의 내부마찰각 $\phi = 20° \sim 40°$이므로 $K_o = 1 - \sin\overline{\phi}$에서 $K_o = 0.36 \sim 0.66$이다.

해답 1. ㉱ 2. ㉱ 3. ㉮ 4. ㉮ 5. ㉰

6. 다음 그림에서 β의 각도는 얼마인가?(단, 흙의 내부마찰각 ø = 30°이고, 점선은 Rankine의 이론에 의한 파괴선이다.)

㉮ 30°
㉯ 45°
㉰ 60°
㉱ 70°

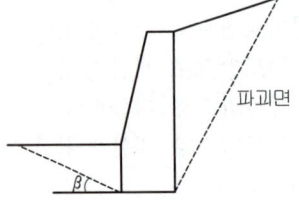

[해설]
① 옹벽이 왼쪽으로 변형을 일으키며, 옹벽 앞면은 수동토압을 받게 되므로 파괴각도는 수평면과 $\theta = 45° - \dfrac{ø}{2}$ 가 된다.

② 파괴각도
$\theta = 45° - \dfrac{ø}{2} = 45° - \dfrac{30°}{2} = 30°$

7. 지표가 수평인 연직옹벽에 있어서 주동토압계수와 수동토압계수의 비는?(단, 흙의 내부마찰각은 30°이다.)

㉮ $\dfrac{1}{3}$ ㉯ 3

㉰ 9 ㉱ $\dfrac{1}{9}$

[해설]
① 주동토압계수(K_A)
$K_A = \dfrac{1-\sin ø}{1+\sin ø} = \dfrac{1-\sin 30°}{1+\sin 30°} = \dfrac{1}{3}$

② 수동토압계수(K_P)
$K_P = \dfrac{1+\sin ø}{1-\sin ø} = \dfrac{1+\sin 30°}{1-\sin 30°} = 3$

③ 주동토압계수와 수동토압계수의 비
$\dfrac{K_A}{K_P} = \dfrac{\frac{1}{3}}{3} = \dfrac{1}{9}$

8. 다음 Rankine의 토압에 대한 설명 중 틀린 것은?

㉮ 수동토압인 경우 파괴면은 수평면과 $\theta = 45° - \dfrac{ø}{2}$ 의 각도를 이룬다.

㉯ 옹벽 뒷면에 상재하중이 없을 때 토압의 합력은 벽 밑에서 $\dfrac{1}{3}$ 높이 되는 점에서 작용한다.
㉰ 흙은 비압축성의 균질한 분체이다.
㉱ 토압의 작용방향은 지표의 경사에 관계없이 벽 뒷면에 수직으로 작용한다.

[해설]
① Rankine의 토압은 지표면에 평행한 방향으로 작용한다.
② 주동토압의 경우 파괴면은 수평면과 $45° + \dfrac{ø}{2}$ 의 각을 이룬다.
③ 수동토압의 경우 파괴면은 수평면과 $45° - \dfrac{ø}{2}$ 의 각을 이룬다.

9. 다음 그림에서 전주동토압은 얼마인가?

㉮ 8.46t/m
㉯ 9.46t/m
㉰ 10.44t/m
㉱ 11.44t/m

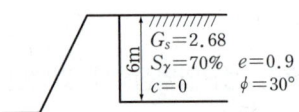

[해설]
① 습윤밀도(γ_t)
$\gamma_t = \dfrac{G_s + \dfrac{S \cdot e}{100}}{1+e} \cdot \gamma_w$
$= \dfrac{2.68 + \dfrac{70 \times 0.9}{100}}{1+0.9} \times 1 = 1.74 \text{t/m}^3$

② 주동토압계수(K_A)
$K_A = \dfrac{1-\sin 30°}{1+\sin 30°} = \dfrac{1}{3}$

③ 전주동토압(P_A)
$P_A = \dfrac{1}{2} \cdot K_A \cdot \gamma \cdot H^2$
$= \dfrac{1}{2} \times \dfrac{1}{3} \times 1.74 \times 6^2 = 10.44 \text{t/m}$

해답 6. ㉮ 7. ㉱ 8. ㉱ 9. ㉰

10. 그림과 같이 수평 지표면 위에 등분포하중 q가 작용할 때 연직옹벽에 작용하는 주동토압의 공식으로서 알맞은 것은?(단, 뒤채움 흙은 사질토이며, 이 사질토의 단위중량을 γ, 전단저항각을 ϕ라 한다.)

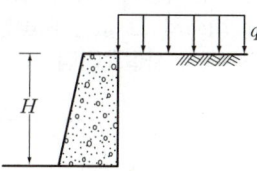

㉮ $P_A = (\frac{\gamma H^2}{2} + qH)\tan^2(45° - \frac{\phi}{2})$

㉯ $P_A = (\frac{\gamma H^2}{2} + qH)\tan^2(45° + \frac{\phi}{2})$

㉰ $P_A = (\frac{\gamma H^2}{2} + qH)\tan^2\phi$

㉱ $P_A = (\frac{\gamma H^2}{2} + q)\tan^2\phi$

[해설]

① 주동토압계수(K_A)

$K_A = \tan^2(45° - \frac{\phi}{2}) = \frac{1-\sin\phi}{1+\sin\phi}$

② 전주동토압
- 상재하중에 의한 토압(P_{A1})
  $P_{A1} = K_A \cdot q \cdot H$
- 흙에 의한 토압(P_{A2})
  $P_{A2} = \frac{1}{2} \cdot K_A \cdot \gamma \cdot H^2$

③ 전주동토압(P_A)
$P_A = P_{A1} + P_{A2} = K_A \cdot q \cdot H + \frac{1}{2} K_A \cdot \gamma \cdot H^2$

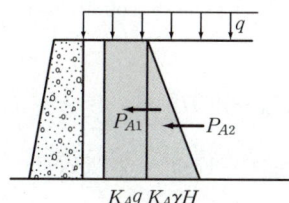

11. 그림과 같은 옹벽에서 등분포하중을 흙의 두께로 환산한 높이(ΔH)는?

㉮ 1.15m
㉯ 1.25m
㉰ 1.35m
㉱ 1.45m

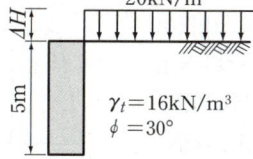

[해설] 환산한 높이(ΔH)

$\Delta H = \frac{q}{\gamma} = \frac{20}{16} = 1.25m$

12. 그림과 같은 옹벽에서 전주동토압과 작용점의 위치를 구하시오.

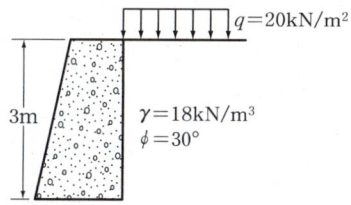

㉮ $P_A = 47kN/m$, $y = 1m$
㉯ $P_A = 37kN/m$, $y = 1m$
㉰ $P_A = 47kN/m$, $y = 1.21m$
㉱ $P_A = 54kN/m$, $y = 1.79m$

[해설]

① 주동토압계수(K_A)

$K_A = \frac{1-\sin\phi}{1+\sin\phi} = \frac{1-\sin30°}{1+\sin30°} = \frac{1}{3}$

② 전주동토압(P_A)

$P_A = P_{A1} + P_{A2} = K_A \cdot q \cdot H + \frac{1}{2} K_A \cdot \gamma \cdot H^2$

$= \frac{1}{3} \times 20 \times 3 + \frac{1}{2} \times \frac{1}{3} \times 18 \times 3^2 = 47kN/m$

③ 작용점($\bar{y}$)

$\bar{y} \cdot P_A = P_{A1} \times \frac{H}{2} + P_{A2} \times \frac{H}{3}$

$\bar{y} \times 47 = 20 \times \frac{3}{2} + 27 \times \frac{3}{3}$

$\bar{y} = 1.21m$

해답 10. ㉮ 11. ㉯ 12. ㉰

13. 그림과 같은 옹벽에 작용하는 전주동토압은?(단, 흙의 단위중량은 1.7t/m³, 점착력은 0.1kg/cm², 내부마찰각은 26°이다.)

㉮ 44.51kN/m
㉯ 73.58kN/m
㉰ 117.23kN/m
㉱ 190.80kN/m

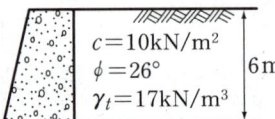

[해설]

① 주동토압계수(K_A)

$$K_A = \frac{1-\sin\phi}{1+\sin\phi} = \frac{1-\sin 26°}{1+\sin 26°} = 0.3905$$

② 전주동토압(P_A)

$$P_A = \frac{1}{2} \cdot K_A \cdot \gamma \cdot H^2 - 2 \cdot c \cdot H \cdot \sqrt{K_A}$$
$$= \frac{1}{2} \times 0.3905 \times 17 \times 6^2 - 2 \times 10 \times 6 \times \sqrt{0.3905}$$
$$= 44.51\text{kN/m}$$

14. 다음 중 Coulomb 토압이론으로 계산한 결과와 Rankine 토압이론에 의해 계산한 결과가 동일하게 나오는 조건은 어느 것인가?(단, δ는 옹벽과 뒤채움 흙의 마찰각 i는 지표면의 경사각, ϕ는 뒤채움 흙의 내부마찰각이며, 옹벽 배면의 경사는 수직이다.)

㉮ $\delta = i$ ㉯ $\delta > i$
㉰ $\delta < i$ ㉱ $\delta = \phi$

[해설]
연직옹벽에서 지표면의 경사각 i와 벽마찰각 δ가 같은 경우는 Coulomb의 토압과 Rankine의 토압은 같다.

15. 그림과 같은 연직옹벽에서 흙과 벽면과의 마찰각 δ와 지표면의 경사가 i와 같을 때 Rankine토압은 Coulomb토압에 비해 그 값은 어떠한가?(단, 뒤채움 흙은 사질토이다.)

㉮ 크다.
㉯ 작다.
㉰ 같다.
㉱ 알 수 없다.

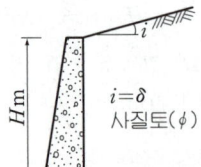

[해설]
연직옹벽에서 지표면의 경사각 i와 벽마찰각 δ가 같은 경우는 Coulomb의 토압과 Rankine의 토압은 같다.

16. 그림과 같은 연직옹벽에서 Rankine 토압은 Coulomb 토압에 비해서 그 값은 어떠한가?(단, 벽면마찰각 $\delta = 0°$, $i = 0°$, 사질토이다.)

㉮ 크다.
㉯ 작다.
㉰ 같다.
㉱ 알 수 없다.

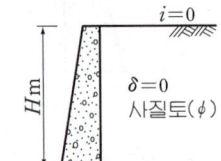

[해설]
연직옹벽에서 지표면이 수평이고 벽마찰각이 0인 경우, 즉 벽마찰을 무시하면 Rankine의 토압과 Coulomb의 토압은 동일하다.

17. 다음 옹벽에서 주동토압은?

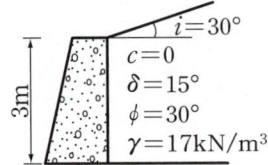

㉮ 지표면과 나란하게 $P_A = 66.25$kN/m 작용
㉯ 지표면과 나란하게 $P_A = 86.33$kN/m 작용
㉰ 옹벽 뒷면과 직각으로 $P_A = 66.25$kN/m 작용
㉱ 옹벽 뒷면과 직각으로 $P_A = 37.28$kN/m 작용

[해설]

① 주동토압계수(K_A)

$i = \phi$이므로 $K_A = \cos i = \cos 30°$이다.

② 전주동토압

$$P_A = \frac{1}{2} \cdot K_A \cdot \gamma \cdot H^2$$
$$= \frac{1}{2} \times \cos 30° \times 17 \times 3^2 = 66.25\text{kN/m}$$

해답 13. ㉮ 14. ㉮ 15. ㉰ 16. ㉰ 17. ㉮

18. 옹벽의 안전 조건으로서 표현이 가장 정확하지 못한 것은?

㉮ 합력이 저면의 중앙 점에 작용할 것
㉯ 활동에 대하여 안전할 것
㉰ 전도에 대하여 충분한 안전율을 가질 것
㉱ 지지력에 대하여 안전할 것

해설

합력의 작용점 위치가 저판 중앙 $\frac{1}{3}$ 이내에 있으면 전도에 대해 안전하다.

19. Anchored sheet pile의 토압에 관한 기술이다. 틀린 것은?

㉮ 근입깊이가 얕은 free earth support인 경우 주동토압에 의하여 파괴가 생긴다.
㉯ 근입깊이가 얕은 free earth support인 경우 단면적이 작아서 파괴가 되는 경우가 있다.
㉰ 근입깊이가 깊은 fixed earth support인 경우 수동토압이 커서 주동파괴가 생기지 않고 단면부족 때문에 파괴된다.
㉱ 근입깊이가 깊은 fixed earth support인 경우 인장력이 작아져 비경제적이다.

해설

근입깊이가 깊은 fixed earth support인 경우 인장력이 작아 단면적이 작아 경제적이다.

20. Jaky의 정지토압계수를 구하는 공식 $K_0 = 1 - \sin\phi'$가 가장 잘 성립하는 토질은?

㉮ 과압밀 점토   ㉯ 정규압밀 점토
㉰ 사질토   ㉱ 풍화토

해설

① 모래 지반의 정지토압계수(Jaky)
  $K_0 = 1 - \sin\phi'$
② 정규압밀 점토의 정지토압계수(Brooker & Ireland)
  $K_0 = 0.95 - \sin\phi'$

21. 전단마찰각이 25°인 점토의 현장에 작용하는 수직응력이 50kN/m² 이다. 과거 작용했던 최대 하중이 100kN/m² 이라고 할 때 대상지반의 정지토압계수를 추정하면?

㉮ 0.40   ㉯ 0.57
㉰ 0.82   ㉱ 1.14

해설

① 과압밀비
  $OCR = \frac{\text{선행압밀하중}}{\text{현재의 유효상재하중}} = \frac{100}{50} = 2$
② 모래 및 정규압밀점토인 경우
  $K_O = 1 - \sin\phi' = 1 - \sin 25 = 0.577$
③ 과압밀점토인 경우
  $K_{0(과압밀)} = K_{0(정규압밀)}\sqrt{OCR} = 0.577\sqrt{2} = 0.817$

22. Rankine 토압론의 가정 중 옳지 않은 것은?

㉮ 흙은 불압축성의 균질의 분체이다.
㉯ 지표면은 무한히 넓게 존재한다.
㉰ 지표면에 하중이 있으면 집중하중이다.
㉱ 토압은 지표면에 평행하게 적용한다.

해설

① Rankine 토압론은 옹벽과 흙과의 마찰을 무시하여 토압은 지표면에 평행하게 작용한다.
② 지표면에 작용하는 하중은 등분포하중이다. 즉, 선하중이나 점하중인 경우는 해석할 수 없다.

23. 다음은 옹벽의 안정조건에 관한 설명이다. 잘못된 것은?

㉮ 전도에 대한 저항휨모멘트는 횡토압에 의한 전도휨모멘트의 2.0배 이상이어야 한다.
㉯ 지반의 지지력에 대한 안정성 검토시 허용지지력은 극한지지력의 $\frac{1}{2}$ 배를 취한다.
㉰ 옹벽이 활동에 대한 안정을 유지하기 위해서는 활동에 대한 저항력이 수평력의 1.5배 이상이어야 한다.
㉱ 침하의 현상이 일어나지 않으려면 기초지반에 작용하는 최대압력이 지반의 허용지지력을 초과하지 않아야 한다.

해답 18. ㉮ 19. ㉱ 20. ㉰ 21. ㉰ 22. ㉰ 23. ㉯

해설
지반의 지지력에 대한 안정성 검토시 허용지지력은 극한지지력의 $\frac{1}{3}$배를 취한다.

24. 연약 점토지반을 굴착할 때 Sheet pile을 박고 내부의 흙을 파내면 Sheet pile 배면의 토괴중량이 굴착 저면의 지지력과 소성평형상태에 이르러 굴착 저면이 부푸는 현상은?

㉮ Heaving ㉯ Boiling
㉰ Quick sand ㉱ Slip

해설
히빙현상(heaving)
널말뚝 주변의 침투수로 지반이 부풀어오르는 현상을 히빙이라 한다.

25. 점성토 지반의 성토 및 굴착시 발생하는 Heaving 방지대책으로 틀린 것은?

㉮ 지반개량을 한다.
㉯ 표토를 제거하여 하중을 적게 한다.
㉰ 널말뚝의 근입장을 짧게 한다.
㉱ Trench cut 및 부분 굴착을 한다.

해설
히빙(Heaving)의 방지대책
① 흙막이의 근입깊이를 깊게 한다.
② 표토를 제거하여 하중을 적게 한다.
③ 굴착면에 하중을 가한다.
④ 양질의 재료로 지반개량을 한다.
⑤ 설계 계획을 변경한다.

26. 다음 그림에서 $H=6.0\,\mathrm{m}$, 흙의 단위중량 $\gamma_t=15\,\mathrm{kN/m^3}$, 점착력 $c=14\,\mathrm{kN/m^2}$일 때, 히빙(Heaving)에 대한 안전율 F는?(단, $B=2.5\,\mathrm{m}$, 허용안전율 1.5이다.)

㉮ 1.7
㉯ 1.9
㉰ 2.1
㉱ 2.3

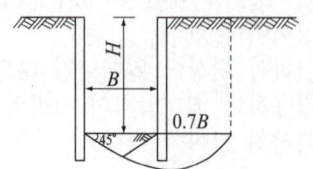

해설
안전율(F_s)
$$F_s = \frac{5.7c}{\gamma\cdot H - \frac{c\cdot H}{0.7B}} > 1.5$$
$$= \frac{5.7\times 14}{15\times 6.0 - \frac{14\times 6.0}{0.7\times 2.5}} = 1.90 > 1.5$$

이므로 안정하다.

27. 굳은 점토지반에 앵커를 그라우팅하여 고정시켰다. 고정부의 길이가 5m, 20cm, 시추공의 직경은 10cm이었다. 점토의 비배수전단강도 $c_u=1.0\,\mathrm{kg/cm^2}$, $\phi=0°$이라고 할 때 앵커의 극한지지력은?(단, 표면 마찰계수는 0.6, 1t=10kN)

㉮ 94kN
㉯ 157kN
㉰ 188.5kN
㉱ 313kN

해설
극한저항(P_u)
점착력 $c_u=1.0\,\mathrm{kg/cm^2}=10\,\mathrm{t/m^2}=100\,\mathrm{kN/m^2}$
부착력 $c_a=\alpha\cdot c_u=0.6\times 100$이므로
$P_u = \pi\cdot D\cdot l\cdot c_a = \pi\times 0.2\times 5\times(0.6\times 100)=188.5\,\mathrm{kN}$

해답 24. ㉮ 25. ㉰ 26. ㉯ 27. ㉰

제7장 사면의 안정

출제경향분석

사면의 안정은 유한사면의 안정, 무한사면의 안정에서 출제빈도가 높은 부분이며 유한사면의 안정에서는 한계고, 심도계수, 단순사면의 파괴형태 등이 중요하며, 무한사면의 안정에서는 간극수압, 수직응력, 전단응력의 계산에 의한 안전율의 계산과정을 정확히 이해, 암기하여야 한다.

단원별 경향분석

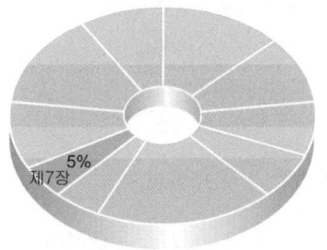

토목기사

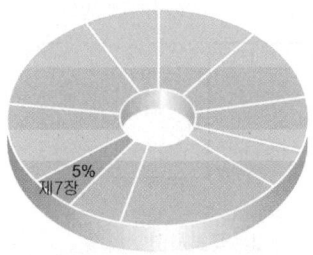

토목산업기사

항목별 경향분석

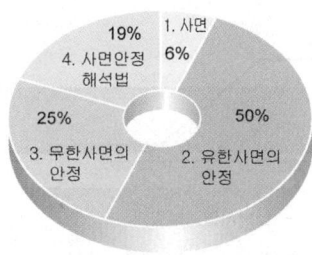

토목기사

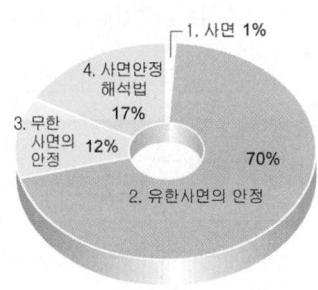

토목산업기사

1 사면

학습방향

수평면이 아닌 지표면을 사면이라 하며, 사면의 흙은 중력작용을 받아 높은 부분에서 낮은 부분으로 이동하게 된다. 이 때, 어느 면에서 전단응력이 발생하는데 이 전단응력이 전단강도를 넘으면 이 면에 활동(land slide)이 일어나 사면에 붕괴가 일어난다.

1 사면의 종류

(1) 유한사면(finite slope)
  활동하는 깊이가 사면의 높이에 비해 비교적 큰 사면으로 제방, 댐의 사면 등이 있다.
  ① 직립사면 : 연직으로 절취된 사면으로 흙막이 굴착 등이 여기에 속한다.
  ② 단순사면(simple slope) : 사면의 정부와 선단이 평면을 이루고 있는 사면이다.

(2) 무한사면(infinite slope)
  활동하는 깊이가 사면의 높이에 비해 작은 사면으로 산의 사면 등이 있다.

> **학습 POINT**
>
> ■ 사면의 안정문제에는 보통 사면의 단위길이를 취하여 2차원 해석을 한다. 이렇게 하는 가장 중요한 이유는 길이 방향의 (변형도)를 무시할 수 있다고 보기 때문이다.

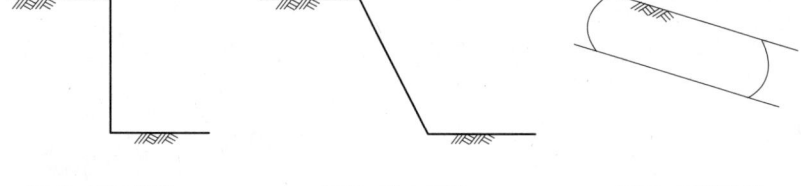

그림. 직립사면   그림. 단순사면   그림. 무한사면

2 단순사면의 파괴형태

① 사면내파괴(slope failure)
② 사면선단파괴(toe failure)
③ 사면저부파괴(base failure)

> ■ 원형 활동면에 의한 사면파괴의 종류에 사면인장파괴가 포함된다.(×)

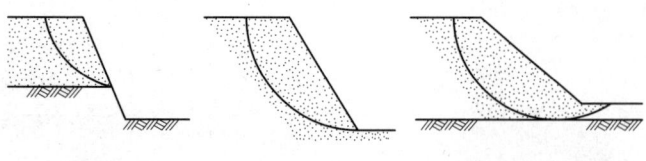

(a) 사면내파괴   (b) 사면선단파괴   (c) 사면저부파괴
그림. 단순사면의 파괴형태

> ■ 동일한 조건에 안전율이 3인 것은 안전율이 2인 것보다 파괴 가능성이 50% 적다.(×)

3 안전율

(1) 임계활동면
활동을 일으키기 가장 위험한 활동면 즉, **안전율이 최소인 활동면**을 임계활동면이라 한다.

(2) 임계원
안전율이 최소인 활동면을 만드는 원을 임계원이라 한다.

■ 사면의 활동에 대한 안정계산에서 안전율이 최소인 원을 (임계원)이라 한다.

(3) 등치선
안전율이 같은 원의 중심을 연결한 선을 등치선이라 한다.

(4) 안전율(F_s)

종류	공식
① 전단에 대한 안전율	$F_s = \dfrac{전단강도(\tau_f)}{전단응력(\tau_d)}$
② 모멘트에 대한 안전율	$F_s = \dfrac{저항\ 모멘트(M_R)}{회전\ 모멘트(M_D)}$
③ 평면 활동에 대한 안전율	$F_s = \dfrac{활동에\ 저항하는\ 힘(P_R)}{활동을\ 일으키려는\ 힘(P_D)}$
④ 높이에 대한 안전율	$F_s = \dfrac{한계고(H_c)}{사면의\ 높이(H)}$

(5) 사면의 안정검토

안전율	안전성
$F_s < 1.0$	불안정
$F_s = 1.0 \sim 1.2$	안정에 불안
$F_s = 1.3 \sim 1.4$	사면 및 성토에는 안정, 흙댐에는 불안
$F_s > 1.5$	흙댐에 안정, 지진을 고려할 때 필요

■ 사면의 안정검토에서 일반적으로 최하치 안전율은 (1.3~1.5)이다.

4 사면의 활동원인

전단응력이 증가하거나 전단강도가 감소하여 사면 내에 발생하는 전단응력이 전단강도를 넘으면 사면활동이 일어나 사면이 붕괴된다.

전단응력의 증대 원인	전단강도의 감소 현상
① 외력의 작용 ② 함수비의 증가로 인한 흙의 단위중량 증가 ③ 굴착에 의한 균열 발생 ④ 인장응력에 의한 인장균열 발생 ⑤ 지진, 폭파 등에 의한 진동 ⑥ 자연 또는, 인공에 의한 지하공동 형성 ⑦ 균열 내 물의 유입으로 수압증가	① 흡수에 의한 점토지반의 팽창 ② 간극수압의 증가 ③ 흙 다짐의 불충분 ④ 수축, 팽창, 인장에 의한 미세한 균열 ⑤ 불안정한 흙 속에 발생하는 변형 ⑥ 동결된 흙이나 아이스렌즈의 융해 ⑦ 느슨한 사질토의 진동

■ 파냄으로써 흙을 부분적으로 제거하면 전단력이 감소하므로 전단응력은 감소한다.(○)

■ 간극수압이 증가하면 유효응력이 감소하고, 전단강도가 감소하여 사면파괴가 일어난다.(○)

핵 심 문 제

1 사면의 안정문제는 보통 사면의 단위길이를 취하여 2차원 해석을 한다. 이렇게 하는 가장 중요한 이유는? [92 ⑦]

㉮ 흙의 특성이 등방성(isotropic)이라고 보기 때문이다.
㉯ 길이방향의 응력도(stress)를 무시할 수 있다고 보기 때문이다.
㉰ 실제 파괴형태가 이와 같기 때문이다.
㉱ 길이방향의 변형도(strain)를 무시할 수 있다고 보기 때문이다.

2 원형 활동면에 의한 사면파괴의 종류는 일반적으로 다음과 같다. 해당되지 않는 것은? [88 ⑦]

㉮ 사면저부파괴
㉯ 사면선단파괴
㉰ 사면내파괴
㉱ 사면인장파괴

3 안전율(factor of safety)에 대한 설명 중 옳지 않은 것은? [97 ⑦]

㉮ 설계에 사용되는 안전율이란 경험에서 얻어진 것으로 그 의미는 명확하지 않다.
㉯ 동일한 조건에서 안전율이 3인 것은 안전율 2인 것보다 더 안전하다고 생각할 수 있다.
㉰ 동일한 조건에서 안전율 3인 것은 안전율 2인 것보다 파괴가능성이 50%적다.
㉱ 구조물에 따라 다른 안전율을 사용한다.

4 사면붕괴에서 흙 속에 전단응력이 증대되는 원인이 아닌 것은? [92 ⑦]

㉮ 외력의 작용
㉯ 파냄으로써 흙의 부분제거
㉰ 지진, 폭파 등에 의한 진동
㉱ 흡수에 의한 점토팽창

5 길이가 매우 긴 사면의 안정해석을 할 때 다음 중 어느 방법으로 전단강도를 측정하는 것이 가장 타당한가? [92 ⑦]

㉮ 평면 변형 시험(plane strain test)
㉯ 단순 전단 시험(simple shear test)
㉰ 일축 압축 시험(unconfined compression test)
㉱ 현장 베인 시험(field vane shear test)

해 설

[해설] 1
평면변형(Plane strain) 개념
길이가 매우 긴 옹벽이나 사면 등의 3차원 문제를 해석할 경우 평면변형(plane strain) 개념에 바탕을 둔 2차원 해석을 한다. 이 때 길이방향의 변형(strain)을 0으로 간주하지만, 길이방향의 응력(stress)은 0이 아니다.

[해설] 2
단순사면의 파괴형태
① 단순사면의 파괴형태는 사면내파괴, 사면선단파괴, 사면저부파괴가 있다.
② 사면파괴 형태는 원칙적으로 인장파괴란 없다.

[해설] 3
안전율이 3인 것은 2인 것보다 단지 좀 더 안전하다고 생각할 수 있지만 1.5배 안전하다라고 할 수는 없다.

[해설] 4
흙을 부분적으로 제거하면 전단력이 감소하므로 전단응력은 감소한다.

[해설] 5
평면변형(Plane strain) 개념
길이가 매우 긴 옹벽이나 사면 등의 3차원 문제를 해석할 경우 평면변형(plane strain) 개념에 바탕을 둔 2차원 해석을 한다.

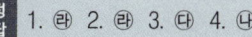
정답 1. ㉱ 2. ㉱ 3. ㉰ 4. ㉯ 5. ㉮

6 그림에서 보인 연속기초와 같이 길이가 대단히 길고 모든 조건이 Z 방향에 따라서는 변화가 없다고 생각될 때 이러한 상태를 plane strain 문제라 한다. 다음 중 옳지 않은 것은?

㉮ 끝(end)에서 가깝지 않은 곳에서는 단위길이당 계산을 한다.
㉯ Z-방향의 변이도 $\varepsilon_z = 0$
㉰ Z-방향의 응력 $\sigma_z = 0$
㉱ 변위는 x, y 두 개

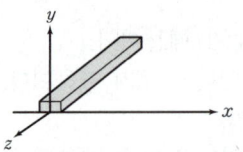

해설 6
평면변형(Plane strain) 개념은 길이방향의 변형(strain)을 0으로 간주하지만, 길이방향의 응력(stress)은 0이 아니다. 즉, $\varepsilon = 0$, $\sigma \neq 0$ 으로 본다.

7 사면의 활동에 대한 안정계산에서 임계원(critical circle)의 설명 중 옳은 것은? [92 ㉟]

㉮ 안전율이 3인 원
㉯ 안전율이 최대인 원
㉰ 안전율이 최소인 원
㉱ 안전율이 5인 원

해설 7
① 활동을 일으키기 가장 위험한 활동면 즉, 안전율이 최소인 활동면을 임계활동면이라 한다.
② 안전율이 최소인 활동면을 만드는 원을 임계원이라 한다.

8 사면의 안정검토에서 일반적으로 최하의 안전율은? [92 ㉟]

㉮ 0.8~1.2
㉯ 1.3~1.5
㉰ 3~4
㉱ 5~6

해설 8
사면의 안정검토에서 최하의 안전율은 1.3~1.5이다.

정답 6. ㉰ 7. ㉰ 8. ㉯

2 유한사면의 안정

학습방향
유한사면은 활동하는 깊이가 사면의 높이에 비해 비교적 큰 사면을 말한다. 한계고(H_c)는 구조물의 설치 없이 사면이 유지되는 높이를 말한다. 한계고의 위치를 구하여 안전율을 구하는 문제와 사면의 경사각과 심도계수에 따른 단순사면의 파괴형태가 자주 출제되므로 정리하여 암기하여야 한다.

1 평면파괴면을 지닌 유한사면의 해석(Culmann의 방법)

(1) 한계고(Critical height, H_c)의 개요

구조물의 설치없이 사면이 유지되는 높이 즉, 토압의 합력이 0이 되는 깊이를 한계고라 한다.

(2) 한계고의 위치

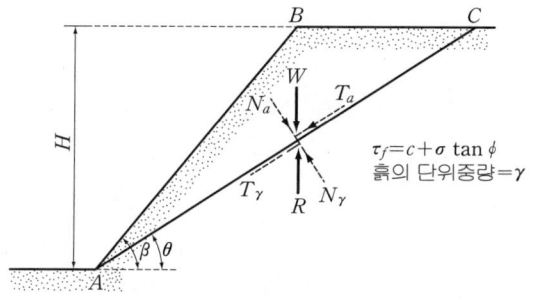

그림. Culmann의 유한사면의 해석방법

$$H_c = \frac{4c}{\gamma_t} \cdot \frac{\sin\beta \cdot \cos\phi}{1-\cos(\beta-\phi)}$$

여기서, β : 사면의 경사각

(3) 안전율(F_s)

$$F_s = \frac{H_c}{H}$$

여기서, H : 사면의 높이

학습POINT

■ 구조물의 설치없이 사면이 유지되는 한계고는 인장균열깊이의 (2)배이다.

2 직립사면의 안전해석

(1) 한계고(H_c)의 위치

$$H_c = 2Z_0 = \frac{4c}{\gamma_t} \cdot \tan(45° + \frac{\phi}{2})$$

$$H_c = \frac{2q_u}{\gamma_t}$$

여기서, q_u : 일축압축강도
H_c : 한계고
Z_0 : 인장균열깊이

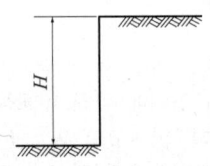

그림. 직립사면

(2) 안전율(F_s)

$$F_s = \frac{H_c}{H}$$

여기서, H : 사면의 높이

3 단순사면의 안정해석

(1) 심도계수(Depth function, N_d)

$$N_d = \frac{H'}{H}$$

여기서, H : 사면의 높이
H' : 사면의 상부에서 견고한 지반까지의 깊이

(2) 한계고(H_c)

$$H_c = \frac{c}{\gamma_t} \cdot N_s$$

여기서, N_s : 안정계수($N_s = \frac{1}{\text{안정수}}$)

(3) 안전율(F_s)

$$F_s = \frac{H_c}{H}$$

여기서, H : 사면의 높이

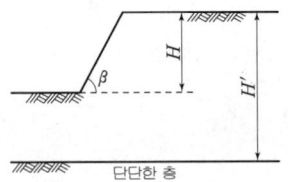

그림. 단순사면

(4) 단순사면의 파괴형태

① 사면의 경사각(β) > 53° 이면, 심도계수(N_d)와 관계없이 사면선단파괴가 발생한다.

② 사면의 경사각(β) < 53°이면, 심도계수(N_d)에 따라 파괴형식이 달라진다.

■ 사면안정 검토에 필요한 토질정수
① 흙의 점착력
② 흙의 내부마찰각
③ 흙의 단위중량
④ 사면의 경사각
⑤ 지하수위의 위치

■ 한계고(H_c)
$H_c = 2Z_0$
$H_c = \frac{4c}{\gamma_t} \cdot \tan(45° + \frac{\phi}{2})$
$H_c = \frac{2q_u}{\gamma_t}$
$H_c = \frac{c}{\gamma_t} \cdot N_s$

■ 흙의 지지력계수는 사면안정 검토에 직접 필요한 토질정수는 아니다.(○)

■ 균질한 연약 점토지반 위에 놓인 연직사면에 잘 일어나는 파괴형태는 (사면선단)파괴이다.

③ 심도계수(N_d)≥4이면, 사면의 경사각(β)에 관계없이 저부파괴가 발생한다.

④ 심도계수(N_d)<1이면 즉, 지반이 얕을 때는 사면내파괴가 발생한다.

(5) 사면저부파괴의 해석

파괴원의 중심이 사면의 중앙점 연직선 위에 위치하는 중앙점원(midpoint circle)법에 의하여 해석한다.

■ (사면저부)파괴의 경우 분할법에 의하여 사면안정 검토를 할 때 임계원의 중심은 사면의 중점을 통하는 연직선상에 있다.

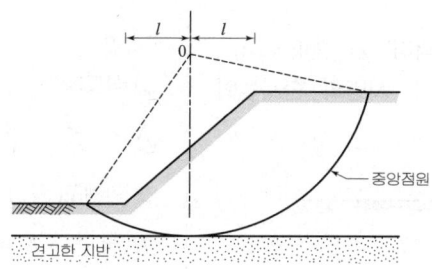

그림. 사면저부파괴의 형태

핵 심 문 제

1 흙의 단위체적중량 1.60t/m³, 점착력 0.32kg/cm², 내부마찰각 30°일 때 이 토층을 연직으로 절취할 수 있는 깊이는 얼마인가? [98②]

㉮ 13.86m
㉯ 12.54m
㉰ 10.32m
㉱ 9.76m

2 그림과 같은 사면을 이루고 있는 흙에서 점착력이 $c=20\text{kN/m}^2$, 단위중량이 $\gamma_t=17\text{kN/m}^3$일 때 심도계수(N_d), 사면의 한계높이(H_c)는?(단, 안정계수 $N_s=6.2$이다.) [95㉮]

㉮ $N_d=1.5$, $H_c=7.29$m
㉯ $N_d=1.33$, $H_c=7.29$m
㉰ $N_d=1.5$, $H_c=5.27$m
㉱ $N_d=3.0$, $H_c=5.27$m

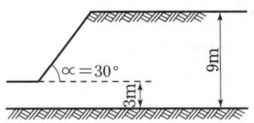

3 다음의 토질 정수 중에서 사면 안정 검토에 직접 필요 없는 것은? [94㉮]

㉮ 흙의 점착력
㉯ 흙의 내부마찰각
㉰ 흙의 단위체적중량
㉱ 흙의 지지력계수

4 균질한 연약 점토지반 위에 놓인 연직사면에 잘 일어나는 파괴형태는? [97㉮]

㉮ 사면저부파괴
㉯ 사면선단파괴
㉰ 사면내파괴
㉱ 사면저면파괴

5 저부 붕괴의 경우 분할법에 의하여 사면 안정 검토를 할 때 임계원의 중심은 다음의 어느 곳에 있는가? [89㉮]

㉮ 임계원의 중심은 사면의 중점에서 사면에 직각으로 세운 선상에 있다.
㉯ 임계원의 중심은 사면의 중점을 통하여 연직선상에 있다.
㉰ 임계원의 중심은 사면의 $\frac{2}{3}$점에서 사면에 직각으로 세운 선상에 있다.
㉱ 임계원의 중심은 사면의 $\frac{1}{3}$점을 통하는 연직선상에 있다.

해 설

해설 1

① 점착력의 단위환산
  점착력 0.32kg/cm²은 3.2t/m²이다.
② 한계고(H_c)
$$H_c = 2Z_0 = \frac{4c}{\gamma_t} \cdot \tan(45° + \frac{\phi}{2})$$
$$= \frac{4 \times 3.2}{1.6} \tan(45° + \frac{30°}{2})$$
$$= 13.86\text{m}$$

해설 2

① 심도계수(N_d)
$$N_d = \frac{H'}{H} = \frac{9}{6} = 1.5$$
② 한계고(H_c)
$$H_c = \frac{c}{\gamma_t} \cdot N_s = \frac{20}{17} \times 6.2 = 7.29\text{m}$$

해설 3

① 사면 안정 검토에 필요한 토질 정수
$$H_c = \frac{c}{\gamma_t} \cdot N_s = \frac{4c}{\gamma_t} \cdot \tan(45 + \frac{\phi}{2})$$
• 흙의 점착력
• 흙의 내부마찰각
• 흙의 단위중량
• 사면의 경사각
• 지하수위의 위치
② 흙의 지지력계수는 기초의 극한지지력 계산에 필요한 토질 정수이다.

해설 4

사면경사각(β)>53°이면, 심도계수(N_d)에 관계없이 사면선단파괴가 발생한다.

해설 5

사면저부파괴의 경우 파괴원의 중심이 사면의 중앙점 연직선 위에 위치하는 중앙점원(midpoint circle)법에 의하여 해석한다.

정답 1. ㉮ 2. ㉮ 3. ㉱ 4. ㉯ 5. ㉯

6 연약한 점토지반에서(내부마찰각이 0°임)의 단위중량이 16kN/m³, 점착력을 20kN/m²이다. 이 지반을 연직으로 2m 굴착하였을 때 연직사면의 안전율은? [98 ⓒ]

㉮ 1.5
㉯ 2.0
㉰ 2.5
㉱ 3.0

7 어떤 굳은 점토층을 깊이 7m까지 연직절토하였다. 이 점토층의 일축압축강도가 1.4kg/cm², 흙의 단위중량 $\gamma = 20$kN/m³라 하면 파괴에 대한 안전율은? (단, 1t=10kN) [97 ⓒ]

㉮ 1.0
㉯ 2.0
㉰ 2.5
㉱ 3.0

8 점성토 지반에서 안정계수가 $N_s = 8$이고, 흙의 단위중량이 $\gamma_t = 18$kN/m³, 점착력 $c = 0.36$kg/cm²일 때 이 사면을 유지할 수 있는 한계높이는? (단, 1t=10kN) [92 ㉮]

㉮ 0.81m
㉯ 1.6m
㉰ 8.6m
㉱ 16.0m

9 사면의 안정계산에 고려하지 않아도 되는 것은 다음 중 어느 것인가? [90 ㉮]

㉮ 흙의 단위체적중량
㉯ 흙의 점착력
㉰ 흙의 활동속도
㉱ 흙의 내부마찰각

10 다음 중 연약점토의 단순사면에서의 파괴형식을 설명한 것이다. 옳지 않은 것은? [93 ⓒ]

㉮ 지반이 얇을 때는 사면내파괴가 일어난다.
㉯ 사면의 경사각(β) > 53°이면 사면내파괴만 일어난다.
㉰ 지반이 중간상태일 때 사면선단파괴가 일어난다.
㉱ 심도계수 ≥ 4일 때는 경사각에 관계없이 저부파괴가 일어난다.

해 설

해설 6

① 한계고(H_c)

$$H_c = 2Z_0 = \frac{4c}{\gamma_t} \cdot \tan(45° + \frac{\phi}{2})$$
$$= \frac{4 \times 20}{16} \tan(45° + \frac{0°}{2}) = 5m$$

② 안전율(F_s)

$$F_s = \frac{H_c}{H} = \frac{5}{2} = 2.5$$

해설 7

① 일축압축강도의 단위환산
1.4kg/cm² $= 14$t/m² $= 140$kN/m²

② 한계고(H_c)

$$H_c = \frac{2q_u}{\gamma_t} = \frac{2 \times 140}{20} = 14m$$

여기서, q_u : 일축 압축강도

③ 안전율(F_s)

$$F_s = \frac{H_c}{H} = \frac{14}{7} = 2$$

해설 8

① 단위 환산
$c = 0.36$kg/cm² $= 3.6$t/m²
$= 36$ kN/m²

② 한계고(H_c)

$$H_c = \frac{c}{\gamma_t} \cdot N_s = \frac{36}{18} \times 8 = 16.0m$$

해설 9

흙의 활동속도는 사면의 안정의 고려요소가 아니다.

해설 10

① 사면의 경사각(β) > 53°이면, 심도계수(N_d)와 관계없이 사면선단파괴가 발생한다.
② 심도계수(N_d) ≥ 4이면, 사면의 경사각(β)에 관계없이 사면저부파괴가 발생한다.

정답 6. ㉰ 7. ㉯ 8. ㉱ 9. ㉰ 10. ㉯

3 무한사면의 안정

학습방향

무한사면은 활동하는 깊이가 사면의 높이에 비해 작은 사면을 말한다. 안전율에 관한 공식은 복잡아 보이지만 이론적으로는 단순하므로 모래지반에 대한 단순화된 공식의 암기도 중요하지만 점토지반에 대한 문제가 출제될 수 있으므로 암기보다는 이해하는 것이 좋다.

활동하는 깊이에 비해 사면의 길이가 길어 파괴면은 사면에 평행하게 형성된다. 이 때 양끝의 영향은 무시한다.

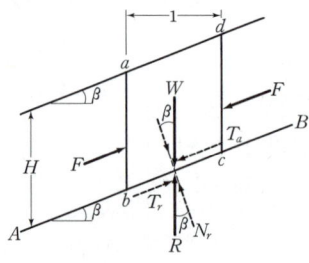

그림. 무한사면의 안정

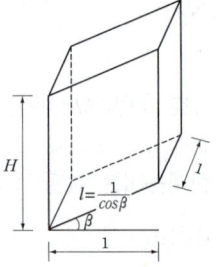

그림. 무한사면

1 지하수위가 파괴면 아래에 있는 경우

(1) 절편의 중량(W)

$W = \gamma \cdot V = \gamma \cdot (H \cdot 1 \cdot 1) = \gamma \cdot H$

(2) 수직력(N)

$N = W \cdot \cos\beta = \gamma \cdot H \cdot \cos\beta$

(3) 전단력(T)

$T = W \cdot \sin\beta = \gamma \cdot H \cdot \sin\beta$

(4) 수직응력(σ)

$\sigma = \dfrac{N}{A} = \dfrac{W \cdot \cos\beta}{\dfrac{1}{\cos\beta}} = \gamma \cdot H \cdot \cos^2\beta$

A : 사면 저면의 면적

학습POINT

■ 사면의 경사가 β인 지표면에 평행한 단위폭에 작용하는 수직응력은
($\sigma = \gamma \cdot H \cdot \cos^2\beta$)이다.

■ 사면의 경사가 β인 지표면에 평행한 단위폭에 작용하는 전단응력은
($\tau = \gamma \cdot H \cdot \cos\beta \cdot \sin\beta$)이다.

(5) 전단응력(τ)

$$\tau = \frac{T}{A} = \frac{\gamma \cdot H \cdot \sin\beta}{\frac{1}{\cos\beta}} = \gamma \cdot H \cdot \cos\beta \cdot \sin\beta$$

(6) 안전율

① 기본식

$$F_s = \frac{\tau_f}{\tau_d} = \frac{c' + (\sigma - u) \cdot \tan\phi}{\tau_d}$$

② 일반적인 흙

$$F_s = \frac{\tau_f}{\tau_d} = \frac{c' + \gamma_t \cdot H \cdot \cos^2\beta \cdot \tan\phi}{\gamma_t \cdot H \cdot \cos\beta \cdot \sin\beta}$$

$$= \frac{c'}{\gamma_t \cdot H \cdot \cos\beta \cdot \sin\beta} + \frac{\tan\phi}{\tan\beta}$$

③ 모래지반

모래지반의 경우에는 점착력(c)이 0(zero)이므로

$$F_s = \frac{\tan\phi}{\tan\beta}$$

즉, 사면의 안전율은 사면의 높이와 관계가 없으며, 또한 내부마찰각(ϕ)이 사면의 경사각(β)보다 크면 안정하다.

2 지하수위가 지표면과 일치하는 경우

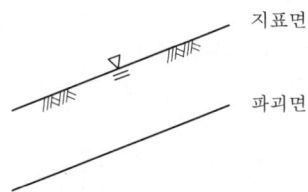

그림. 지하수위가 지표면과 일치

① 일반적인 흙

$$F_s = \frac{\tau_f}{\tau_d} = \frac{c' + \gamma_{sub} \cdot H \cdot \cos^2\beta \cdot \tan\phi}{\gamma_{sat} \cdot H \cdot \cos\beta \cdot \sin\beta}$$

$$= \frac{c'}{\gamma_{sat} \cdot H \cdot \cos\beta \cdot \sin\beta} + \frac{\gamma_{sub}}{\gamma_{sat}} \frac{\tan\phi}{\tan\beta}$$

② 모래지반

모래지반의 경우에는 점착력(c)이 0(zero)이므로

$$F_s = \frac{\gamma_{sub}}{\gamma_{sat}} \cdot \frac{\tan\phi}{\tan\beta}$$

■ 단위중량이 1.8t/m³, 내부마찰각이 30°로 된 반무한 사면의 안정 경사각은 (30°) 이다.

■ 지하수위가 지표면과 일치하는 경우

① 수직응력(σ)
$\sigma = \gamma_{sat} \cdot H \cdot \cos^2\beta$

② 중립응력(u)
$u = \gamma_w \cdot H \cdot \cos^2\beta$

③ 전단응력(τ_d)
$\tau_d = \gamma_{sat} \cdot H \cdot \cos\beta \cdot \sin\beta$

④ 안전율(F_s)
$F_s = \frac{\tau_f}{\tau_d}$
$= \frac{c' + (\sigma - u) \cdot \tan\phi}{\tau_d}$

■ 모래지반의 무한사면의 안정

지하수위	안 전 율
파괴면 아래	$F_s = \frac{\tan\phi}{\tan\beta}$
지표면과 일치	$F_s = \frac{\gamma_{sub}}{\gamma_{sat}} \cdot \frac{\tan\phi}{\tan\beta}$
수중	$F_s = \frac{\tan\phi}{\tan\beta}$

즉, $\frac{\gamma_{sub}}{\gamma_{sat}} \fallingdotseq \frac{1}{2}$ 이므로 지하수위가 파괴면 아래에 있는 경우에 비하여 안전율이 반감한다.

3 수중인 경우

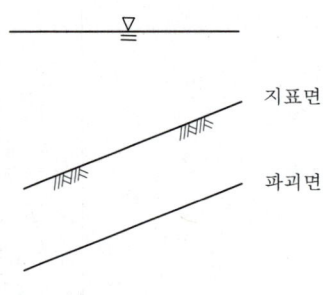

그림. 수중인 경우

① 일반적인 흙

$$F_s = \frac{\tau_f}{\tau_d} = \frac{c' + \gamma_{sub} \cdot H \cdot \cos^2\beta \cdot \tan\phi}{\gamma_{sub} \cdot H \cdot \cos\beta \cdot \sin\beta}$$

$$= \frac{c'}{\gamma_{sub} \cdot H \cdot \cos\beta \cdot \sin\beta} + \frac{\tan\phi}{\tan\beta}$$

② 모래지반

모래지반의 경우에는 점착력(c)이 0(zero)이므로

$$F_s = \frac{\tan\phi}{\tan\beta}$$

즉, 사면의 안전율은 사면의 높이와 관계가 없으며, 또한 내부마찰각(∅)이 사면의 경사각(β)보다 크면 안정하다.

4 침투수가 사면에 평행하게 작용하는 경우

① 수직응력(σ)

$\sigma = (\gamma_t \cdot H_1 + \gamma_{sat} \cdot H_2) \cdot \cos^2\beta$

② 간극수압(u)

$u = \gamma_w \cdot H_2 \cdot \cos^2\beta$

③ 전단응력(τ)

$\tau = (\gamma_t \cdot H_1 + \gamma_{sat} \cdot H_2) \cdot \cos\beta \cdot \sin\beta$

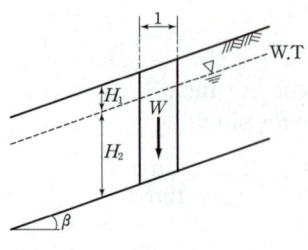

④ 안전율(F_s)

$$F_s = \frac{\tau_f}{\tau_d} = \frac{c' + (\sigma - u) \cdot \tan\phi'}{\tau_d}$$

핵심문제

1 그림과 같은 무한사면에서 A점의 간극수압은? [93 ㉮]

㉮ 2.65t/m²
㉯ 2.82t/m²
㉰ 0.96t/m²
㉱ 1.60t/m²

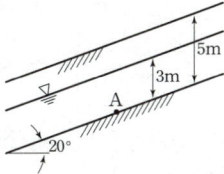

2 단위중량이 1.8t/m³, 내부마찰각이 30°로 된 반무한사면의 안정 경사각은? [89 ㉮]

㉮ 15°이하
㉯ 20°이하
㉰ 25°이하
㉱ 30°이하

3 $\gamma_{sat}=19.62\text{kN/m}^3$인 사질토가 20°로 경사진 반무한 사면이 있다. 침투류가 지표면과 일치하는 경우 이 사면이 안정하기 위해서는 흙의 내부마찰각이 최소 몇 도 이상이어야 하는가?(단, 물의 단위중량은 9.81kN/m³이다.) [95 ㉮]

㉮ 18°
㉯ 20°
㉰ 36°
㉱ 45°

4 경사가 12°인 과압밀점토의 무한사면이 있다. 활동 파괴면은 지표면에서 5m아래로 지표면과 평행이다. 활동파괴에 대한 안전율은?(단, 지하수위는 지표면에서 2m아래에 있다. 이 때 점토의 습윤 및 포화단위중량은 각각 19kN/m³, 20kN/m³이고, 흙의 전단강도계수 c' = 10kN/m², φ' = 28°이며 물의 단위중량은 9.81kN/m³ 이다.) [99 ㉮]

㉮ 1.438
㉯ 2.468
㉰ 1.174
㉱ 2.252

[해설]

① 수직응력(σ)
$\sigma = \gamma \cdot H \cdot \cos^2\beta$
$= (\gamma_t \cdot H_1 + \gamma_{sat} \cdot H_2) \cdot \cos^2\beta$
$= (19 \times 2 + 20 \times 3) \times \cos^2 12°$
$= 93.76 \text{kN/m}^2$

② 전단응력(τ)
$\tau = \gamma \cdot H \cdot \cos\beta \cdot \sin\beta = (\gamma_t \cdot H_1 + \gamma_{sat} \cdot H_2) \cdot \cos\beta \cdot \sin\beta$
$= (19 \times 2 + 20 \times 3) \times \cos 12° \times \sin 12° = 19.93 \text{kN/m}^2$

③ 간극수압(u)
$u = \gamma_w \cdot H_2 \cdot \cos^2\beta = 9.81 \times 3 \times \cos^2 12° = 28.16 \text{kN/m}^2$

④ 안전율(F_s)
$F_s = \dfrac{\tau_f}{\tau_d} = \dfrac{c' + \sigma' \cdot \tan\phi'}{\tau_d}$
$= \dfrac{10 + (93.76 - 28.16) \times \tan 28°}{19.93} = 2.252$

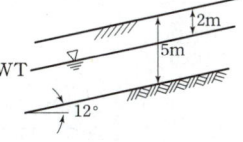

해 설

[해설] **1**

수직응력(간극수압)
$u = \gamma_w \cdot H_1 \cdot \cos^2\beta$
$= 1 \times 3 \times \cos^2 20° = 2.65 \text{t/m}^2$

[해설] **2**

사면 경사각이 흙의 내부마찰각보다 작으면 사면은 안정하다라고 할 수 있다.

[해설] **3**

반무한사면의 안정에서 모래지반에서 지하수위가 지표면과 일치하는 경우

$F_s = \dfrac{\gamma_{sub}}{\gamma_{sat}} \cdot \dfrac{\tan\phi}{\tan\beta}$ 에서 사면이 안전하기 위하여서는 $F_s \geq 1$ 이 되어야 하므로

$\dfrac{9.81}{19.62} \times \dfrac{\tan\phi}{\tan 20°} = 1$

$\tan\phi = 2 \times \tan 20°$

$\phi = \tan^{-1}(2 \times \tan 20°)$

ø=36°3′8.6″ 이상이 되어야 한다.

정답 1. ㉮ 2. ㉱ 3. ㉰ 4. ㉱

5 다음 그림에서 지표면과 평행한 면(단위폭)에 작용하는 전단응력 τ를 나타낸 식 중 옳은 것은?(단, b는 사거리임) [92 산]

㉮ $\tau = \gamma \cdot z \cdot \cos^2 i$
㉯ $\tau = \gamma \cdot z \cdot \cos i \cdot \sin i$
㉰ $\tau = \gamma \cdot z \cdot \sin^2 i$
㉱ $\tau = \gamma \cdot z \cdot \cos i$

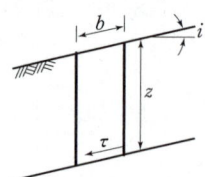

6 지하수위가 지표면과 일치되며 내부마찰각이 30°, 포화 밀도가 2.0t/m³인 비점성토로된 반무한사면이 15°로 경사져 있다. 이 때, 이 사면의 안전율은? [89 02 ㉮]

㉮ 1.00　　㉯ 1.08
㉰ 2.00　　㉱ 2.15

7 그림과 같이 지하수위가 지표와 일치되는 반무한 사질토 사면이 놓여있다. 이 때의 안전율은 얼마인가? [96 산]

㉮ 1.18
㉯ 1.31
㉰ 2.33
㉱ 2.61

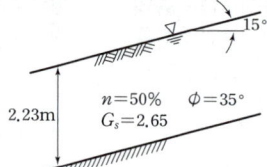

2.23m, $n=50\%$, $\phi=35°$, $G_s=2.65$

8 암반층 위에 5m 두께의 토층이 경사 15°의 자연사면으로 되어 있다. 이 토층은 $c' = 15kN/m^2$, $\phi = 30°$, $\gamma_t = 18kN/m^3$이고, 지하수면은 토층의 지표면과 일치하고 침투는 경사면과 대략 평행이다. 이 때의 안전율은? (단, 물의 단위중량은 9.81kN/m³ 이다.) [97 02 ㉮]

㉮ 0.8　　㉯ 1.1
㉰ 1.65　　㉱ 2.0

해설

① 반무한 사면의 안정에서 점토지반에서 지하수위가 지표면과 일치하는 경우

$$F_s = \frac{\tau_f}{\tau_d} = \frac{c'}{\gamma_{sat} \cdot Z \cdot \cos\beta \cdot \sin\beta} + \frac{\gamma_{sub}}{\gamma_{sat}} \frac{\tan\phi}{\tan\beta}$$

② 문제에서

$$F_s = \frac{15}{18 \times 5 \times \cos 15° \times \sin 15°} + \frac{8.19}{18} \times \frac{\tan 30°}{\tan 15°} = 1.62$$

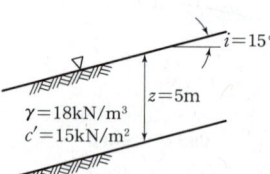

$i=15°$, $z=5m$, $\gamma=18kN/m^3$, $c'=15kN/m^2$

[별해]
$F_s = \frac{\tau_f}{\tau_d} = \frac{c' + (\sigma - u)\tan\phi}{\tau_d}$

① 수직응력(σ): $\sigma = \gamma_{sat} \cdot z \cdot \cos^2 i = 18 \times 5 \times \cos^2 15° = 83.97 kN/m^2$
② 중립응력(u): $u = \gamma_w \cdot z \cdot \cos^2 i = 9.81 \times 5 \times \cos^2 15° = 45.76 kN/m^2$
③ 전단응력(τ_d): $\tau_d = \gamma_{sat} \cdot z \cdot \cos i \cdot \sin i = 18 \times 5 \times \cos 15° \times \sin 15° = 22.5 kN/m^2$
④ 안전율(F_s)

$$F_s = \frac{\tau_f}{\tau_d} = \frac{c' + (\sigma - u)\tan\phi}{\tau_d} = \frac{15 + (83.97 - 45.76)\tan 30°}{22.5} = 1.65$$

해 설

[해설] 5

① 절편의 중량(W)
$W = \gamma \cdot z \cdot 1$
② 전단력(T)
$T = W \cdot \sin i = \gamma \cdot z \cdot \sin i$
③ 전단응력(τ)

$$\tau = \frac{T}{A} = \frac{\gamma \cdot z \cdot \sin i}{\frac{1}{\cos i}}$$

$$= \gamma \cdot z \cdot \cos i \cdot \sin i$$

여기서, i : 사면의 경사각

[해설] 6

비점성토이므로 $c = 0$이고, 침투류가 지표면과 일치되어 있을 때 안전율은

$$F_s = \frac{\gamma_{sub}}{\gamma_{sat}} \cdot \frac{\tan\phi}{\tan i}$$

$$= \frac{1}{2} \times \frac{\tan 30°}{\tan 15°} = 1.08$$

[해설] 7

① 간극비(e)

$$e = \frac{n}{100-n} = \frac{50}{100-50} = 1$$

② 포화단위중량(γ_{sat})

$$\gamma_{sat} = \frac{G_s + e}{1+e} \cdot \gamma_w$$

$$= \frac{2.65+1}{1+1} \times 1 = 1.825 t/m^3$$

③ 안전율(F_s)

$$F_s = \frac{\gamma_{sub}}{\gamma_{sat}} \cdot \frac{\tan\phi}{\tan\beta}$$

$$= \frac{0.825}{1.825} \times \frac{\tan 35°}{\tan 15°} = 1.18$$

정답 5.㉯ 6.㉯ 7.㉮ 8.㉰

4 사면안정 해석법

> **학습방향**
> 사면안정 해석법에서는 질량법과 절편법의 차이점, 절편법에서는 Fellenius 방법과 Bishop 방법을 비교 정리하여야 한다. 마지막으로 흙 댐의 안정은 상류사면과 하류사면에 있어서 가장 위험한 경우를 정리하여야 한다.

1 해석 방법

(1) 질량법(Mass procedure)
 ① 개요 : 활동을 일으키는 파괴면 위의 흙을 하나로 취급하는 방법으로 흙이 균질한 경우에 적용 가능한 방법이나 자연사면의 경우 거의 적용할 수 없다.
 ② 해석방법
  ㉠ ø=0°
  ㉡ 마찰원법

(2) 절편법(Slice method, 분할법)
 ① 개요 : 활동을 일으키는 파괴면 위의 흙을 여러 개의 절편으로 나눈 후 각각의 절편에 대해 안정해석을 하는 방법이다.
 ② 적용 대상
  ㉠ 이질토층에 적용할 수 있다.
  ㉡ 지하수위가 있는 경우에 적용할 수 있다.
 ③ 해석방법
  ㉠ Fellenius 방법(Swedish method)
  ㉡ Bishop 방법(Bishop simplified method)
  ㉢ Janbu의 간편법(Janbu simplified method)
  ㉣ Morgenstern과 Price's 방법
  ㉤ Spencer 방법

> **학습POINT**
> ■ 사면의 안정해석법의 하나인 절편법은 사면이 이질의 지층으로 되어 있을 경우 적용할 수 없다.(×)
>
> ■ 사면의 안정을 검토하는데 있어서 $\phi = 0°$ 해석법이라고 하는 것은 포화점토지반의 (비배수 강도)만 고려한 것이다.

2 질량법

(1) ø = 0°(비배수 상태)인 균질한 점성토의 사면

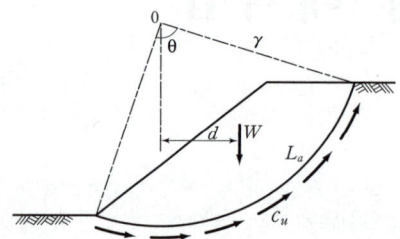

그림. ø = 0°의 비배수 상태의 안정해석

① 전단강도(τ)

$\tau = c + \bar{\sigma} \cdot \tan\phi = c_u$

② 토체의 중량(W)

$W = \gamma \cdot V = \gamma \cdot A \cdot 1$

③ 원호의 길이(L_a)

$L_a = 2 \cdot \pi \cdot r \cdot (\dfrac{\theta}{360})$

④ 활동모멘트(M_D)

$M_D = W \cdot d$

여기서, W : 토체의 중량

⑤ 저항모멘트(M_R)

$M_R = \tau_f \cdot L_a \cdot r = c_u \cdot L_a \cdot r$

⑥ 안전율(F_s)

$$F_s = \dfrac{M_R}{M_D} = \dfrac{c_u \cdot L_a \cdot r}{W \cdot d}$$

(2) ø > 0°인 균질한 사면(마찰원법, Friction circle method)

① 개요 : 먼저 임의의 활동원을 가정하여, $F_\phi = F_c = F_s$가 되도록 반복하여 계산하고, 중심 O의 위치를 바꾸어 몇 개의 활동원을 가정하여 안전율 F_s를 구하여 최소 안전율 및 임계원을 결정한다.

② 안정해석의 순서

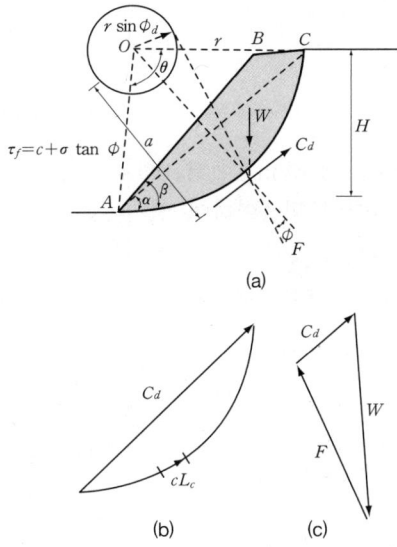

그림. $\phi > 0$ 인 흙의 안정해석

㉠ 임의로 반지름 r, 중심각 θ 인 활동원을 가정한다.
㉡ r 과 θ 로 호의 길이 L_a 및 현의 길이 L_c 를 구한다.
㉢ $\tan\phi_d = \dfrac{\tan\phi}{F_\phi}$ 가 되도록 내부마찰각(ϕ)에 따른 안전율 F_ϕ 를 가정하여 ϕ_d 를 구한다.
$$\phi_d = \tan^{-1}\left(\dfrac{\tan\phi}{F_\phi}\right)$$
㉣ 임의의 활동원의 중심에서 반지름이 $r \cdot \sin\phi_d$ 인 마찰원을 그린다.
㉤ 흙쐐기의 중량 W 를 구한다.
$W = ABC$ 의 면적 $\times \gamma$
㉥ 현 AC에 평행한 점착력의 합력 C_d 의 작용위치를 구한다.
점착력 c_d 에 의한 활동면에 작용하는 저항력의 합력은 $c_d \cdot L_a$ 이며, 이중 $\overline{AC}$ 에 평행한 힘의 합력 $C_d = c_d \cdot L_c$ 라고, C_d 가 작용하는 위치를 중심 O로부터 a 의 거리에 있다고 하면
$$a = \dfrac{c_d \cdot L_a \cdot r}{c_d \cdot L_c} = \dfrac{L_a}{L_c} \cdot r$$
여기서, a : 원의 중심에서 C_d 의 작용선까지의 거리
㉦ 힘의 폐합 다각형을 작도하여 점착력의 합력 C_d 의 크기를 구한다.
㉧ 점착력의 합력 C_d 를 이용하여 활동에 저항하기 위해서 필요한 점착력 c_d 를 구한다.

$$c_d = \frac{C_d}{L_c}$$

ⓒ 점착력에 대한 안전율 F_c를 구한다.

$$F_c = \frac{c \cdot L_c}{C_d} = \frac{c}{c_d}$$

여기서, c : 실험실에서 구한 점착력

ⓒ 임계원의 중심 O를 그대로 두고 마찰원의 반지름 $r \cdot \sin\phi$에서 내부마찰각의 안전율 F_ϕ를 다시 가정하여 ⓒ~ⓒ까지 되풀이하여 점착력에 대한 안전율 F_c를 구한다.

㉠ F_ϕ와 F_c의 관계 곡선을 작도한 후 가로축과 45°로 그은 직선이 이 곡선과 마주치는 $F_\phi = F_c = F_s$ 값을 구한다.

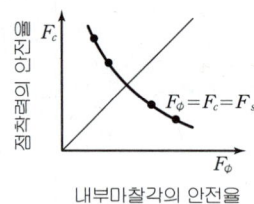

그림. 안전율

ⓔ 활동원 중심 O의 위치를 바꾸어 몇 개의 활동원을 가정하여 각각의 활동원에 대하여 위와 같은 방법으로 안전율 F_s를 여러 개 구한 다음, 구해진 안전율 중에서 최소 안전율을 결정한다.

3 절편법(Slice method, 분할법)

(1) 개요
먼저 임의의 활동면을 가정하여, 활동면의 흙을 여러 개의 절편으로 나누어 각 절편에 작용하는 힘을 구하여 절편에 대한 안전율을 결정하는 방법이다.

■ 분할법에 의한 사면안정해석시 제일 먼저 행하여야 할 사항은 (활동면)의 가정이다.

(2) 종류

Fellenius 방법 (Swedish method)	Bishop 방법 (Bishop simplified method)
① 사면의 단기적 안정해석에 유효하다.	① 사면의 장기적 안정해석에 유효하다.
② $\phi = 0$ 해석법이다.	② $c-\phi$ 해석법이다.
③ 절편에 작용하는 외력들의 합이 0이다.($\Sigma E=0, \Sigma X=0$)	③ 절편에 작용하는 연직방향의 힘의 합력은 0이다.($\Sigma X=0$)
④ 공극수압을 고려하지 않는다.	④ 공극수압을 고려한다.
⑤ 전응력 해석이다.	⑤ 유효응력 해석이다.

■ Fellenius 방법은 공극수압을 고려한 $\phi = 0°$ 해석법이다.(×)

■ Bishop 방법은 절편의 양측에 작용하는 수평방향의 합력이 0이라고 가정하여 해석한다.(×)

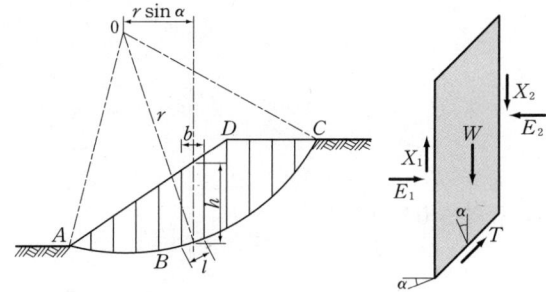

그림. 절편법

(3) 절편에 작용하는 힘
① 절편의 중량(W)
② 절편의 바닥에 작용하는 수직력($N = N' + u \cdot l$)
③ 절편의 바닥에 작용하는 전단력(T)
④ 절편의 양측면에 작용하는 수직력(E_1, E_2)
⑤ 절편의 양측면에 작용하는 전단력(X_1, X_2)

(4) Fellenius 방법(Swedish method)
① 가정 : 절편에 작용하는 외력들의 합이 0이다. 즉,

$$X_1 - X_2 = 0$$
$$E_1 - E_2 = 0$$

② 공식
㉠ 파괴면의 저면에 공극수압이 작용하지 않는 경우
$N = W \cdot \cos \alpha$ 이므로

$$F_s = \frac{\text{활동에 저항하는 힘의 모멘트}}{\text{활동을 일으키는 힘의 모멘트}} = \frac{M_R}{M_D}$$
$$= \frac{r \cdot \sum (c + \sigma \cdot \tan \phi) \cdot l}{\sum W \cdot r \cdot \sin \alpha} = \frac{\sum c \cdot l + \tan \phi \cdot \sum N}{\sum W \cdot \sin \alpha}$$
$$= \frac{\sum c \cdot l + \tan \phi \cdot \sum W \cdot \cos \alpha}{\sum W \cdot \sin \alpha}$$

㉡ 파괴면의 저면에 공극수압이 작용하는 경우
$N' = W \cdot \cos \alpha - u \cdot l$ 이므로

$$F_s = \frac{M_R}{M_D}$$
$$= \frac{\sum c \cdot l + \tan \phi \cdot \sum (W \cdot \cos \alpha - u \cdot l)}{\sum W \cdot \sin \alpha}$$

여기서, $u \cdot l$: 파괴면의 저면에 작용하는 공극수압

㉢ $\phi = 0°$인 경우

$$F_s = \frac{\sum c \cdot l}{\sum W \cdot \sin\alpha} = \frac{c \cdot L_a}{\sum W \cdot \sin\alpha}$$

(5) Bishop의 간편법(Bishop simplified method)

① 가정 : 절편에 작용하는 연직방향의 힘의 합력은 0이다. 즉,

$$X_1 - X_2 = 0$$

② 공식

$$F_s = \frac{1}{\sum W \cdot \sin\alpha} \sum [c \cdot b + (W - u \cdot b) \cdot \tan\phi] \frac{1}{m_a}$$

여기서, $m_a = \cos\alpha \cdot (1 + \frac{\tan\alpha \cdot \tan\phi}{F_s})$ 이다.

Bishop 방법은 Fellenius 방법보다 훨씬 복잡하며 안전율 F_s가 이 공식의 양쪽에 있기 때문에 시행착오법으로 안전율을 결정한다. 그러나 컴퓨터의 이용으로 근래에는 많이 이용되고 있다.

4 Taylor의 해법

(1) 개요

Taylor의 안전도표는 마찰원법에 기초를 둔 것이다.

(2) 기본가정
① 단순사면의 원호활동이다.
② 흙은 균질하고, 등방성이며, 점착력은 깊이에 관계없이 일정하다.
③ 침투수압이나 지하수위의 영향은 무시한다.
④ 굳은 점토에는 사용할 수 없다.

5 흙 댐의 안정

흙 댐의 설계는 상류 및 하류 사면의 가장 위험한 상태에 있어서의 안전율을 고려해야 한다.

(1) 상류 사면이 가장 위험할 때
① 시공 직후
② 수위 급강하시

(2) 하류 사면이 가장 위험할 때
① 시공 직후
② 정상침투시

■ 흙 댐의 안정에 있어서 시공기간 중에는 가상활동면 상의 전단응력이 (증가)한다.

핵심문제

1 그림에서 활동에 대한 안전율은? [98 00 ㉮]

㉮ 1.30
㉯ 2.05
㉰ 2.15
㉱ 2.48

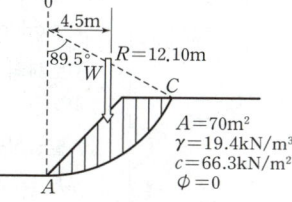

2 다음은 마찰원 방법으로 사면의 안정해석을 하기 위하여 내부마찰각에 대한 안전율 F_ϕ를 가정하여 점착력에 대한 안전율 F_c를 결정한 것이다. 이 사면의 안전율은? [00 ㉮]

F_ϕ	1.2	1.4	1.6	1.8	2.0
F_c	1.8	1.6	1.4	1.2	1.0

㉮ 1.2　　　　㉯ 2.0
㉰ 1.8　　　　㉱ 1.5

3 사면의 안정해석법의 하나인 절편법에 대한 설명 중 틀린 것은? [92 ㉮]

㉮ 사면이 이질의 지층으로 되어있을 경우 적용할 수 없다.
㉯ 예상 파괴활동면은 원호라고 가정한다.
㉰ 각 절편의 바닥은 직선이라 가정한다.
㉱ 어떤 한 절편에 작용하는 힘은 정역학적으로 구할 수 없다.

4 사면의 안정을 검토하는데 있어서 "$\phi=0$" 해석법이라고 하는 것은? [92 ㉮]

㉮ 포화 점토지반의 전단강도는 무시하는 것이다.
㉯ 포화 점토지반의 전단강도는 깊이에 따라 일정하다고 가정한 것이다.
㉰ 포화 점토지반의 비배수강도만 고려한 것이다.
㉱ 포화 점토지반의 내부마찰각만 고려한 것이다.

5 흙 댐의 안정에 대한 다음 설명 중 틀린 것은? [94 ㉮]

㉮ 시공기간 중에는 가상 활동면상의 전단응력이 감소한다.
㉯ 댐이 만수되고 난 다음에는 정상 침투의 상태가 된다.
㉰ 댐의 상류측이 가장 위험한 시기는 시공 직후와 수위 급강하 때이다.
㉱ 댐의 하류측이 가장 위험한 시기는 시공 직후와 정상 침투 때이다.

해설

해설 1

① 토체의 중량(W)
$W = \gamma \cdot A = 19.4 \times 70 = 1358 \, kN$

② 활동모멘트(M_D)
$M_D = W \cdot d$
$\quad = 1358 \times 4.5 = 6111 \, kN \cdot m$

③ 원호의 길이(L_a)
$L_a = 2 \cdot \pi \cdot r \cdot (\dfrac{\theta}{360})$
$\quad = 2 \times \pi \times 12.10 \times (\dfrac{89.5}{360})$
$\quad = 18.901 \, m$

④ 저항모멘트(M_R)
$M_R = c_u \cdot L_a \cdot r$
$\quad = 66.3 \times 12.1 \times 18.901$
$\quad = 15162.9 \, kN \cdot m$

⑤ 안전율(F_s)
$F_s = \dfrac{M_R}{M_D} = \dfrac{15162.9}{6111} = 2.48$

해설 2

F_ϕ 와 F_c로 안전율을 연결한 다음 $F_\phi = F_c = F_s$ 값을 구한다.
$F_\phi = F_c = F_s = 1.5$

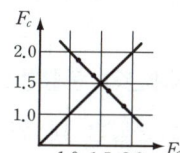

해설 3

절편법은 이질토층이나 지하수위의 변화가 있는 경우에도 해석이 가능하다.

해설 4

Fellenius방법
(Swedish method, $\phi = 0$ 해석법)
$\phi = 0$이므로 포화점토지반에서 비배수강도를 고려 한 것이다.

해설 5

흙 댐은 시공기간 중 계속 성토하중의 증가로 점점 전단응력이 증가하게 되어, 활동면의 안전율이 감소되며, 시공 직후에 가장 위험한 상태가 된다.

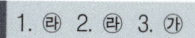

6 흙의 포화단위중량이 20kN/m³인 포화점토층을 45° 경사로 8m를 굴착하였다. 흙의 전단강도 계수 c_u = 65kN/m², ϕ = 0°이다. 그림과 같은 파괴면에 대하여 사면의 안전율은?(단, ABCD의 면적은 70m²이고 0점에서 ABCD의 무게중심까지의 수직거리는 4.5m이다.)

[95 산]

㉮ 4.717
㉯ 2.360
㉰ 4.752
㉱ 2.426

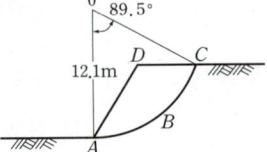

해설 6

① 전단강도(τ)
$\tau = c + \bar{\sigma} \cdot \tan\phi = c_u = 65 \text{kN/m}^2$

② 토체의 중량(W)
$W = \gamma \cdot A = 20 \times 70 = 1400 \text{ kN}$

③ 활동모멘트(M_D)
$M_D = W \cdot d = 1400 \times 4.5$
$\quad = 6300 \text{ kN} \cdot \text{m}$

④ 원호의 길이(L_a)
$L_a = 2 \cdot \pi \cdot r \cdot (\frac{\theta}{360})$
$\quad = 2 \times \pi \times 12.10 \times (\frac{89.5}{360})$
$\quad = 18.901 \text{m}$

⑤ 저항모멘트(M_R)
$M_R = c_u \cdot L_a \cdot r = 65 \times 12.1 \times 18.901$
$\quad = 14865.6 \text{ kN} \cdot \text{m}$

⑥ 안전율(F_s)
$F_s = \frac{M_R}{M_D} = \frac{14865.6}{6300} = 2.36$

7 다음은 사면의 안정해석 방법을 설명하고 있다. 틀린 것은? [97 산]

㉮ 마찰원법은 균일한 토질지반에 적용된다.
㉯ Fellenius 방법은 절편의 양측에 작용하는 힘의 합력은 0이라고 가정한다.
㉰ Bishop 방법은 흙의 장기 안정해석에 유효하게 쓰인다.
㉱ Fellenius 방법은 공극수압을 고려한 ø=0°해석법이다.

8 분할법에 의한 사면안정 해석시에 제일 먼저 행하여야 할 사항은? [00 01 산]

㉮ 분할세면의 중량
㉯ 활동면상의 마찰력
㉰ 가상활동면
㉱ 각 세면의 공극수압

9 사면 안정계산의 분할법(swedish method)에서 사면을 연직면으로 대상요소로 분할할 때 안전율의 공식은 $F = \frac{\tan\phi \Sigma N + cL}{\Sigma T}$ 이다. 이 공식의 설명 중 틀린 것은? [98 ㉮]

㉮ ø는 흙의 고유 마찰각
㉯ N는 대상요소 중량의 원통면에 대한 수직분력
㉰ T는 대상요소 중량의 원호방향의 분력
㉱ L는 임계원이 지나는 사면의 상부와 하부를 연결하는 원에서 현의 길이

해설 7

Fellenius 방법(swedish method)
① 사면의 단기간 안정해석에 유효하다. (전응력 해석).
② 공극수압을 고려하지 않는다.

해설 8

절편법 해석순서
분할법(slice method)에 의해 사면안정 해석시 제일 먼저 행하여야 할 사항은 활동면의 가정이다.

해설 9

L는 파괴 예상면의 호의 길이이다.

10 일반적으로 사면의 안정상 가장 위험한 경우는 다음 중 어느 것인가? [96 02 ㉮]

㉮ 사면이 완전 포화상태일 경우
㉯ 사면이 완전 건조되었을 경우
㉰ 사면의 수위가 급격히 상승할 경우
㉱ 사면의 수위가 급격히 내려갈 경우

해설 10

① 상류 사면이 가장 위험할 때
• 시공 직후
• 수위 급강하시
② 하류 사면이 가장 위험할 때
• 시공 직후
• 정상침투시

정답 6. ㉯ 7. ㉱ 8. ㉰ 9. ㉱ 10. ㉱

출제예상문제

7 CHAPTER 사면의 안정

1. 다음 사면안정 검토에 직접적으로 필요하지 않는 사항은?

㉮ 흙의 입도 ㉯ 흙의 점착력
㉰ 흙의 단위중량 ㉱ 사면의 구배

해설 흙의 입도는 흙의 분류에 필요한 토질 정수이다.

2. 다음 중 사면의 안정해석과 관계가 없는 것은?

㉮ 안전율 ㉯ 안정계수
㉰ 압축계수 ㉱ 심도계수

해설 흙의 압축계수는 흙의 압축성에서 침하량 산정에 필요한 토질 정수이다.

3. 그림과 같은 1 : 1.5의 사면을 만드는데 있어 가능한 절취 한계높이 H_c는 얼마인가?(단, 점착력 10kN/m², 단위중량 18kN/m³, 내부마찰각 10° 이다.)

㉮ 9.87m
㉯ 12.16m
㉰ 14.41m
㉱ 9.12m

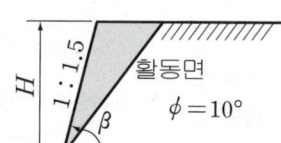

해설
① 사면의 경사각(β)

$$\beta = \tan^{-1}\left(\frac{1.0}{1.5}\right) = 33°41'24''$$

② 한계고(H_c)

$$H_c = \frac{4c}{\gamma_t} \cdot \frac{\sin\beta \cdot \cos\phi}{1-\cos(\beta-\phi)}$$
$$= \frac{4\times10}{18} \times \frac{\sin 33°41'24'' \times \cos 10°}{1-\cos(33°41'24''-10°)}$$
$$= 14.41\text{m}$$

4. 점착력이 4kN/m²이고, 내부마찰각이 30°이며, 흙의 단위중량이 16kN/m³인 흙에 있어서 인장균열이 발생하는 깊이는?

㉮ 1.73m ㉯ 1.26m
㉰ 0.87m ㉱ 0.29m

해설 점착고(Z_0)

$$Z_0 = \frac{2c}{\gamma} \cdot \tan\left(45° + \frac{\phi}{2}\right)$$
$$= \frac{2\times 4}{16} \tan\left(45° + \frac{30°}{2}\right) = 0.87\text{m}$$

5. 흙의 단위중량이 15kN/m³인 연약점토지반($\phi=0$)을 연직으로 4m까지 절취할 수 있다고 한다. 이 점토지반의 점착력은 얼마인가?

㉮ 10kN/m²
㉯ 15kN/m²
㉰ 20kN/m²
㉱ 30kN/m²

해설 점착력(c)

한계고 $H_c = 2Z_0 = \frac{4c}{\gamma_t} \cdot \tan\left(45° + \frac{\phi}{2}\right)$에서

$$c = \frac{\gamma_t \cdot H_c}{4\tan\left(45° + \frac{\phi}{2}\right)}$$
$$= \frac{10\times 4}{4\tan\left(45° + \frac{0°}{2}\right)} = 15 \text{ kN/m}^2$$

6. 직립면의 흙의 단위중량을 15kN/m³, 내부마찰각을 26°, 점착력을 20kN/m²으로 할 때 안전한 굴착깊이는?(단, 안전율은 2로 한다.)

㉮ 2.6m ㉯ 3.18m
㉰ 6.21m ㉱ 8.0m

해답 1. ㉮ 2. ㉰ 3. ㉰ 4. ㉰ 5. ㉯ 6. ㉯

해설
① 한계고(H_c)
$$H_c = 2Z_0 = \frac{4c}{\gamma} \cdot \tan(45° + \frac{\phi}{2})$$
$$= \frac{4 \times 20}{15} \tan(45° + \frac{26°}{2}) = 8.54m$$

② 굴착깊이(H)

안전율 $F_s = \frac{H_c}{H}$ 이므로 굴착깊이는

$$H = \frac{H_c}{F_s} = \frac{8.54}{2} = 4.27m$$

③ 문제에 접근한 답은 3.18m이다.

7. 사면의 경사각 $i=40°$, 흙의 내부마찰각 $\phi=10°$, 점착력 $c=20kN/m^2$, 흙의 단위중량 $\gamma_t=16kN/m^3$ 일 때 이 사면의 한계고는 얼마인가?(단, 안정계수 $N_s=10.2$이다.)

㉮ 6.59m   ㉯ 8.71m
㉰ 10.23m ㉱ 12.75m

해설 한계고(H_c)
$$H_c = \frac{c}{\gamma_t} \cdot N_s = \frac{20}{16} \times 10.2 = 12.75m$$

여기서, N_s : 안정계수($N_s = \frac{1}{안정수}$)

8. 토질시험결과 $\gamma_t=20kN/m^3$, $c=0.5kg/cm^2$ 였는데 이 지층을 10m 절취하려고 한다. 안정계수 N_s는?(단, 1t=10kN)

㉮ 2   ㉯ 4
㉰ 8   ㉱ 16

해설
① 점착력의 단위환산
$$c = 0.5kg/cm^2 = 5t/m^2 = 50kN/m^2$$

② 안정계수(N_s)

한계고 $H_c = \frac{c}{\gamma_t} \cdot N_s$ 이므로

안정계수 $N_s = \frac{H_c \cdot \gamma_t}{c} = \frac{10 \times 20}{50} = 4$ 이다.

9. 다음 그림과 같은 포화점토사면의 파괴에 대한 안전율은?(단, 점토의 포화단위중량이 $20kN/m^3$, 흙의 전단강도계수 $c_u=65kN/m^2$, $\phi_u=0°$, 그리고 안정계수 $\frac{1}{N_s}=0.180$이다.)

㉮ 2.678
㉯ 3.175
㉰ 2.257
㉱ 2.124

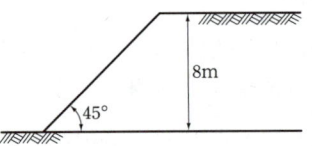

해설
① 안정계수(N_s)
$$N_s = \frac{1}{0.18} = 5.556$$

② 한계고(H_c)
$$H_c = \frac{c}{\gamma} \cdot N_s = \frac{65}{20} \times 5.556 = 18.06m$$

③ 안전율(F_s)
$$F_s = \frac{H_c}{H} = \frac{18.06}{8} = 2.258$$

10. 그림과 같은 사면에서 깊이 6m 위치에서 발생하는 단위폭당 전단응력은 얼마인가?

㉮ $53.2kN/m^2$
㉯ $23.4kN/m^2$
㉰ $40.5kN/m^2$
㉱ $20.4kN/m^2$

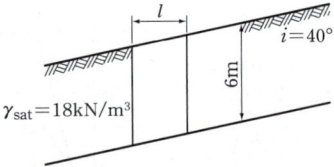

해설
① 절편의 중량(W)
$$W = \gamma \cdot H \cdot 1$$

② 전단력(T)
$$T = W \cdot \sin i = \gamma \cdot H \cdot \sin i$$

③ 전단응력(τ)
$$\tau = \gamma \cdot H \cdot \cos i \cdot \sin i$$
$$= 18 \times 6 \times \cos 40° \times \sin 40° = 53.2kN/m^2$$

여기서, i : 사면의 경사각

해답 7. ㉱ 8. ㉯ 9. ㉰ 10. ㉮

11. 내부마찰각 $\phi = 32°$, 공극율 $n=35\%$, 토립자의 비중 $G_s=2.65$인 균일한 사질토 층이 있다. 이 사질토층의 무한사면을 이루었을 때 붕괴가 일어나지 않은 최대 사면경사는 다음 중 어느 것인가?(단, 완전 침수되는 경우까지 생각한다.)

㉮ $i = 17°54'$ 이상
㉯ $i = 17°54'$ 이하
㉰ $i = 32°$ 이상
㉱ $i = 32°$ 이하

해설

① 간극비(e)
$$e = \frac{n}{100-n} = \frac{35}{100-35} = 0.54$$

② 포화단위중량(γ_{sat})
$$\gamma_{sat} = \frac{G_s+e}{1+e} \cdot \gamma_w = \frac{2.65+0.54}{1+0.54} \times 1 = 2.07 t/m^3$$

③ 안전율(F_s)
$F_s = \frac{\gamma_{sub}}{\gamma_{sat}} \cdot \frac{\tan\phi}{\tan\beta}$ 에서 사면이 안전하기 위하여서는 $F_s \geq 1$이 되어야 하므로

$i = \tan^{-1}(\frac{\gamma_{sub}}{\gamma_{sat}} \cdot \tan\phi)$
$= \tan^{-1}(\frac{1.07}{2.07} \times \tan 32°) = 17°54'02''$

따라서, $i = 17°54'02''$ 이하가 되어야 한다.

12. 내부마찰각 $\phi=0°$, 점착력 $c=45kN/m^2$, 단위중량이 $19kN/m^3$ 되는 포화점토층에 경사각 $45°$ 로 높이 8m인 사면을 만들었다. 그림과 같은 하나의 파괴면을 가정했을 때 안전율은?(단, ABCD 단면의 흙의 총량 $W = 70$ (ABCD 단면적)$\times 19$(단위중량) $=1330kN/m$, ABCD의 중심은 O에서 4.5m거리의 위치, 반지름 $OC(R)=12.0m$, 호ABC의 길이 $L=20m$로 한다.)

㉮ 1.2
㉯ 1.8
㉰ 2.5
㉱ 3.2

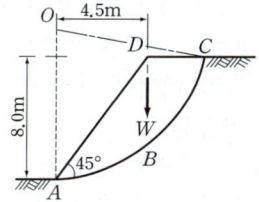

해설 안전율(F_s)
$$F_s = \frac{c_u \cdot L_a \cdot r}{W \cdot d} = \frac{45 \times 20 \times 12.0}{1330 \times 4.5} = 1.8$$

13. 다음은 사면의 경사가 75°의 각도를 이루고 있고, 이 사면 흙의 강도정수가 $c_u=32kN/m^2$, $\gamma_t=17.63kN/m^3$ 이고, $\beta > 53°$ 일 때는 선단파괴일 때 $\beta=75°$ 이므로 안정수 $m=0.219$였다. 굴착할 수 있는 최대 깊이와 그림에서의 절토 깊이를 3m까지 했을 때의 안전율은?

	H_{cr}	F_s
㉮	2.10	1.158
㉯	4.15	2.316
㉰	8.3	2.763
㉱	12.4	3.612

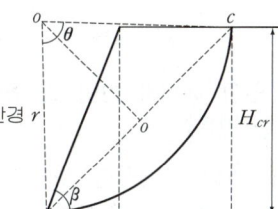

해설

① 안정계수(N_s)
Taylor 안정계수는 안정수(m)이므로
안정계수 $N_s = \frac{1}{안정수} = \frac{1}{0.219} = 4.566$

② 한계고(H_c)
$$H_c = \frac{c}{\gamma_t} \cdot N_s = \frac{32}{17.63} \times 4.566 = 8.29m$$

③ 안전율(F_s)
$$F_s = \frac{H_c}{H} = \frac{8.29}{3} = 2.763$$

14. 사면안정 검토시에 쓰이는 안정계수와 직접 관계 없는 것은?

㉮ 한계고
㉯ 점착력
㉰ 함수량
㉱ 단위체적중량

해설

① 사면안정 검토에 필요한 토질 정수
$$H_c = \frac{c}{\gamma_t} \cdot N_s = \frac{4c}{\gamma_t} \cdot \tan(45+\frac{\phi}{2})$$

• 흙의 점착력   • 흙의 내부마찰각
• 흙의 단위중량   • 사면의 경사각
• 지하수위의 위치

② 흙의 함수량은 사면안정해석에 필요없다.

해답 11. ㉯ 12. ㉯ 13. ㉰ 14. ㉰

15. 다음 중 사면안정해석법과 관계가 별로 없는 것은?

㉮ 비숍(Bishop)의 방법
㉯ 마찰원법
㉰ 펠레니우스(Fellenius)의 방법
㉱ 뷰지네스크(Boussinesq)의 이론

[해설]
Boussinesq의 이론은 지표면에 작용하는 하중으로 인한 지반 내의 응력증가량을 구하는 방법이다.

16. 안전 해석의 방법 중 분할법(절편법)의 설명 중 틀린 것은?

㉮ 가장 일반적인 방법으로 토질조건이 복잡한 경우에도 적용된다
㉯ Fellenius의 방법이 보통 계산으로 간편하다.
㉰ 피압지하수 등이 존재하여 부분적으로 공극수압의 변화가 있을 경우는 Bishop 방법이 편리하다
㉱ 분할편수는 일반적으로 20~25개정도 하는 것이 좋다.

[해설]
절편법의 분할 단면의 수는 일반적으로 6~10개정도로 하는 것이 좋다.

17. 절편법을 이용한 사면 안정해석 중 가상파괴면의 한 절편에 작용하는 힘의 상태를 그림으로 나타내었다. 다음 설명 중 잘못된 것은?

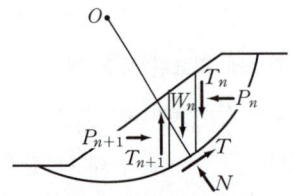

㉮ Swedish(Fellenius)법에서는 T_n과 P_n의 합력이 P_{n+1}과 T_{n+1}의 합력과 같고 작용선도 일치한다고 가정하였다.
㉯ Bishop의 간편법에서는 $P_{n+1} - P_n = 0$이고, $T_n - T_{n+1} = 0$로 가정하였다.
㉰ 절편의 전중량 W_a = (흙의 단위중량×절편의 높이×절편의 폭)이다.
㉱ 안전율은 파괴원의 중심 O에서 저항전단모멘트를 활동모멘트로 나눈값이다.

[해설]
① Fellenius 방법(Swedish method)
절편의 양 연직면에 작용하는 힘들의 합을 0이라고 가정하여 해석하였다.
$$T_{n+1} - T_n = 0, \quad P_{n+1} - P_n = 0$$
② Bishop 방법
절편에 작용하는 연직방향의 힘의 합력은 0이다.
$$T_{n+1} - T_n = 0$$

18. 그림과 같은 성질이 대단히 다른 두 가지 재료로 된 흙댐의 도시(圖示)된 활동면에 대한 안전율을 계산할 때 옳지 않은 것은?

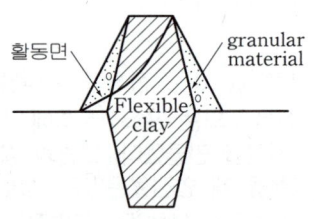

㉮ 활동면 위의 흙덩이는 전체가 강체(rigid boby)로서 이동한다고 가정한다.
㉯ 각 흙의 응력-변형도 곡선에서 조합된 응력-변형도 곡선을 그리는 것이 필요하다.
㉰ 각 흙에 대해서 각각의 첨두강도(peak stenght)를 사용한다.
㉱ 해석방법으로는 절편법(또는 분할법 : Slice method)을 쓸 수 있다.

해답 15. ㉱ 16. ㉱ 17. ㉯ 18. ㉰

해설
① 이질 토층에 대한 안정 해석은 절편법(slice method)을 사용하는 것이 용이하다.
② 각 흙에 대해서 각각의 첨두강도를 사용하는 것이 아니라 안전할 수 있는 조합된 강도를 사용한다.

19. 사면안정계산에 있어서 Fellenius법과 간편 Bishop법의 비교 설명 중 틀리는 것은?

㉮ Fellenius법은 절편의 양쪽에 작용하는 합력은 0(Zero)이라고 가정한다.
㉯ 간편 Bishop법은 절편의 양쪽에 작용하는 연직 방향의 합력은 0(Zero)이라고 가정한다.
㉰ Fillenius법은 간편 Bishop법보다 계산은 복잡하지만 계산결과는 더 안전측이다.
㉱ 간편 Bishop법은 안전율을 시산법으로 구한다.

해설
① Fellenius법은 Bishop법보다 계산이 간단하다.
② Bishop법은 안전율(F_s)이 식의 양변에 있으므로 시행 착오법으로 구한다.

20. 일반적으로 흙 댐의 하류측이 가장 위험한 경우는?

㉮ 수위가 점차 상승할 때
㉯ 수위가 급히 내려갈 때
㉰ 완전히 포화되었을 때
㉱ 정상침투할 때

해설
하류측이 가장 위험한 시기는 시공 직후와 정상침투 때이다.

21. 사면이 가장 붕괴하기 쉬운 상태는 다음 중 어느 것인가?

㉮ 사면의 수위가 점차 상승할 때
㉯ 사면의 수위가 급히 내려갈 때
㉰ 사면이 완전히 포화되었을 때
㉱ 사면이 완전히 건조하였을 때

해설
① 사면의 붕괴는 전단응력이 전단강도를 초과하는 경우에 발생한다.
② 사면의 수위가 갑자기 내려갈 때 사면이 붕괴될 위험성이 커진다.

22. 사면의 안정에 관한 다음 설명 중 옳지 않은 것은?

㉮ 임계활동면이란 안전율이 가장 크게 나타나는 활동면을 말한다.
㉯ 안전율이 최소로 되는 활동면을 이루는 원을 임계원이라 한다.
㉰ 활동면에 발생하는 전단응력이 흙의 전단강도를 초과할 경우 활동이 일어난다.
㉱ 활동면은 일반적으로 원형활동면으로 가정한다.

해설
활동을 일으키기 가장 위험한 활동면 즉, 안전율이 최소인 활동면을 임계활동면이라 한다.

23. 어느 유한사면의 사면활동에 대한 안전율을 계산하였더니 $F=1.0$이 얻어졌다. 이 사면의 안전율을 증가시키는데 효과적이지 않은 것은?

㉮ 압성토를 둔다.
㉯ 흙의 전단강도를 증가시킨다.
㉰ 사면의 높이를 감소시킨다.
㉱ 사면의 높이를 증가시킨다.

해설
① 사면의 안전율(F_s)

$$F_s = \frac{H_c}{H}$$

여기서, H : 사면의 높이
② 사면의 높이가 증가하면 안전율은 감소한다.

해답 19. ㉰ 20. ㉱ 21. ㉯ 22. ㉮ 23. ㉱

24. 사면파괴가 일어날 수 있는 원인에 대한 설명 중 적절하지 못한 것은?

㉮ 흙 중의 수분의 증가
㉯ 굴착에 따른 구속력의 감소
㉰ 과잉간극수압의 감소
㉱ 지진에 의한 수평방향력의 증가

해설
간극수압이 증가하면 유효응력이 감소하고, 전단강도가 감소하여 사면파괴가 일어난다.

25. 점토지반을 수평면과 63°의 기울기로 무지보 굴착을 하려한다. 이 흙의 단위중량이 18kN/m³, 점착력이 20kN/m²이라고 할 때 안전율을 1.5로 하여 굴착깊이를 결정한 것으로 옳은 것은?

㉮ 4.8m
㉯ 3.8m
㉰ 2.4m
㉱ 1.4m

해설
① 한계고(H_c)

$$H_c = \frac{4c}{\gamma_t} \cdot \frac{\sin\beta \cdot \cos\phi}{1-\cos(\beta-\phi)}$$

$$= \frac{4 \times 20}{18} \times \frac{\sin 63 \times \cos 0}{1-\cos(63-0)} = 7.25\,\text{m}$$

② 굴착깊이(H)

$$F_s = \frac{H_c}{H}$$에서

$$H = \frac{H_c}{F_s} = \frac{7.25}{1.5} = 4.84\,\text{m}$$

26. 흙의 단위중량이 15kN/m³인 연약점토지반($\phi=0$)을 연직으로 4m까지 절취할 수 있다고 한다. 이 점토지반의 점착력은 얼마인가?

㉮ 10kN/m²
㉯ 15kN/m²
㉰ 20kN/m²
㉱ 30kN/m²

해설
점착력(c)

한계고 $H_c = 2Z_0 = \frac{4c}{\gamma_t} \cdot \tan(45°+\frac{\phi}{2})$에서

$$c = \frac{\gamma_t \cdot H_c}{4\tan(45°+\frac{\phi}{2})}$$

$$= \frac{15 \times 4}{4\tan(45°+\frac{0°}{2})} = 15\,\text{kN/m}^2$$

27. 내부마찰각이 30°, 단위중량이 19kN/m³인 흙의 인장균열깊이가 3m일 때 점착력은?

㉮ 16.5kN/m²
㉯ 17.0kN/m²
㉰ 17.5kN/m²
㉱ 18.0kN/m²

해설
점착력

$Z_0 = \frac{2c}{\gamma} \cdot \tan(45°+\frac{\phi}{2})$에서

$$c = \frac{Z_0 \cdot \gamma}{2 \cdot \tan(45°+\frac{\phi}{2})} = \frac{3 \times 19}{2 \cdot \tan(45°+\frac{30}{2})}$$

$$= 16.5\,\text{kN/m}^2$$

28. 그림과 같이 c=0인 모래로 이루어진 무한사면이 안정을 유지(안전율≥1)하기 위한 경사각 β의 크기로 옳은 것은? (단, 물의 단위중량은 9.81kN/m³이다.)

㉮ $\beta \leq 7.8°$
㉯ $\beta \leq 15.5°$
㉰ $\beta \leq 31.3°$
㉱ $\beta \leq 35.6°$

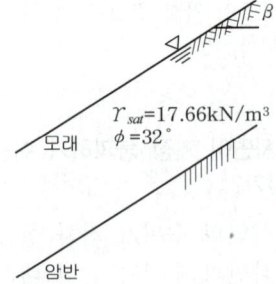

해답 24. ㉰ 25. ㉮ 26. ㉯ 27. ㉮ 28. ㉯

해설

$F_s = \dfrac{\gamma_{sub}}{\gamma_{sat}} \cdot \dfrac{\tan\phi}{\tan\beta}$ 에서 사면이 안전하기 위하여서는 $F_s \geq 1$이 되어야 하므로

$\dfrac{7.85}{17.66} \times \dfrac{\tan 32°}{\tan\beta} = 1$

$\tan\beta = \dfrac{7.85}{17.66} \times \tan 32°$

$\beta = \tan^{-1}\left(\dfrac{7.85}{17.66} \times \tan 32°\right) = 15.52°$

29. 활동면 위의 흙을 몇 개의 연직 평행한 절편으로 나누어 사면의 안정을 해석하는 방법이 아닌 것은?

㉮ Fellenius 방법
㉯ 마찰원법
㉰ Spencer 방법
㉱ Bishop의 간편법

해설

사면해석법에서 질량법에는 ø=0°, 마찰원법이 있고, 절편법에는 Fellenius 방법(Swedish method), Bishop 방법(Bishop simplified method), Morgenstern 방법, Janbu 방법, Spancer 방법 등이 있다.

30. 다음 중 사면의 안정해석방법이 아닌 것은?

㉮ 마찰원법
㉯ 비숍(Bishop)의 방법
㉰ 펠레니우스(Fellenius)방법
㉱ 카사그란데(Casagrande)의 방법

해설

사면해석법에서 질량법에는 ø=0°, 마찰원법이 있고, 절편법에는 Fellenius 방법(Swedish method), Bishop 방법(Bishop simplified method), Morgenstern 방법, Janbu 방법, Spancer 방법 등이 있다.

해답 29. ㉯ 30. ㉱

MEMO

제8장 흙의 다짐

출제경향분석

다짐은 학습해야할 내용의 양에 비하여 상대적으로 출제빈도가 높은 부분이며, 또한 간단한 내용이 많으므로 쉽게 점수를 획득할 수 있는 내용이다. 다짐은 다짐이론, 다짐의 효과, 현장다짐으로 나누어지는데, 특히, 다짐의 효과, 현장다짐에 관한 내용이 중요하다.

단원별 경향분석

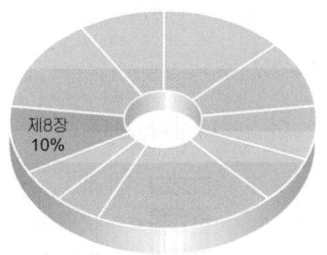

토목기사

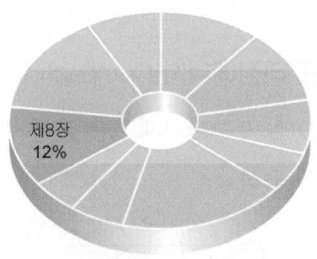

토목산업기사

항목별 경향분석

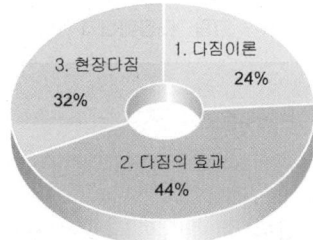

토목기사

토목산업기사

1 다짐이론

학습방향

흙의 다짐이란 인위적인 방법으로 흙에 에너지를 가하여 공극 내의 공기를 배출시켜 흙의 단위중량을 증가시켜 지반의 강도, 지지력 등을 증가 시키는 것을 말하는데 다짐을 하면 상대밀도, 전단강도, 지지력, 사면의 안전성, 부착력은 증가하며, 압축성, 물의 흡수성, 동상, 팽창, 건조수축은 감소한다.

1 정의

흙에 압력이나 충격 등의 인위적인 에너지를 가하여 입자간의 결합을 치밀하게 하여 단위중량을 높이는 것을 다짐(Compaction)이라 한다.

2 효과

(1) 전단강도가 증가되어 사면의 안정성이 개선된다.
(2) 투수성이 감소된다.
(3) 지반의 압축성이 감소되어 지반의 침하를 감소시킬 수 있다.
(4) 지반의 지지력이 증대된다.
(5) 동상, 팽창, 건조수축 등이 감소된다.

3 다짐에너지(Compaction energy, E)

(1) 정의 : 단위체적당 흙에 가해지는 에너지를 다짐에너지라 한다.

(2) 공식

$$E = \frac{W_R \cdot H \cdot N_B \cdot N_L}{V}$$

여기서, W_R : Rammer의 무게(kg)
N_B : 각 층의 다짐횟수
N_L : 다짐 층수
H : 낙하고(cm)
V : mold의 체적(cm³)

(3) 단위 : kg·cm/cm³

4 다짐 시험 방법 (KS F 2312에 규정)

(1) 목적
최적함수비와 최대건조단위중량을 구하는 데 있다.

학습POINT

■ 다짐효과

증가하는 값	감소하는 값
① 상대밀도	① 압축성
② 전단강도	② 물의 흡수성
③ 지지력	
④ 사면의 안전성	③ 동상, 팽창
⑤ 부착력	④ 건조수축

그림. 다짐에너지

■ KS F 2312의 흙의 다짐시험방법에서 A방법의 다짐에너지는 몰드 부피가 1,000cm³ 이므로 (5.625)kg·cm/cm³이다.

■ 같은 흙이라도 다짐방법, 다짐에너지가 변하면 최대건조단위중량, 최적함수비가 변화한다.

(2) 시험 기구

① 몰드 : ø = 10cm(체적 1,000cm³), ø = 15cm(체적 2,209cm³)

② 래머 : 2.5kg(낙하고 30cm), 4.5kg(낙하고 45cm)

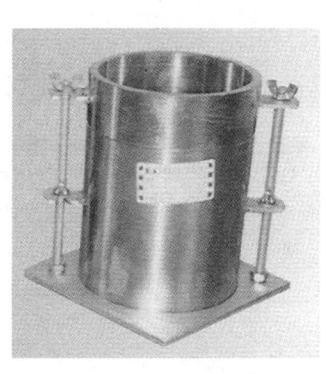 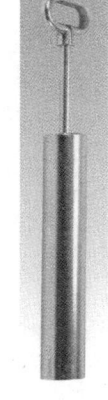 

사진. 몰드   사진. 래머   사진. 시료추출기

(3) 다짐 방법의 종류

다짐 방법	래머무게 (kg)	몰드안지름 (cm)	다짐 층수	1층당 다짐횟수	허용최대입경 (mm)	몰드의 체적(cm³)
A	2.5	10	3	25	19	1,000
B	2.5	15	3	55	37.5	2,209
C	4.5	10	5	25	19	1,000
D	4.5	15	5	55	19	2,209
E	4.5	15	3	92	37.5	2,209

■ 흙의 다짐시험 방법 중에서 1층당의 다짐횟수가 가장 많은 다짐방법은 (E)방법이다.

(4) A다짐 방법

몰드(ø = 10cm, H = 12.7cm, V = 1,000cm³)를 3층으로 나누어 시료를 넣고 각 층을 2.5kg의 래머로 30cm 높이에서 자유 낙하시키면서 25회 다진 후 흙의 습윤단위중량과 함수비를 측정하고 건조단위중량을 계산하며, 함수비를 5~6회 변화시키면서 위의 방법을 되풀이한다.

(5) 결과정리

① 습윤단위중량(γ_t)

$$\gamma_t = \frac{W}{V}$$

② 건조단위중량(γ_d)

$$\gamma_d = \frac{W_s}{V} = \frac{\gamma_t}{1 + \frac{w}{100}}$$

5 다짐 곡선

다짐시험에서 구한 건조단위중량과 함수비의 관계 곡선을 다짐 곡선이라 한다.

■ 다짐 곡선은 다짐시험에서 구한 건조밀도와 (함수비)로 작도한다.

(1) 최대건조단위중량(Maximum unit weight, γ_{dmax})
   건조단위중량-함수비 관계 곡선의 최대점을 나타내는 건조단위중량

(2) 최적함수비(Optimum moisture content, OMC, w_{opt})
   최대건조단위중량을 얻을 때의 함수비

■ 함수비의 변화에 따라 건조밀도가 변하는데 건조밀도가 가장 클 때의 함수비를 (최적함수비)라 한다.

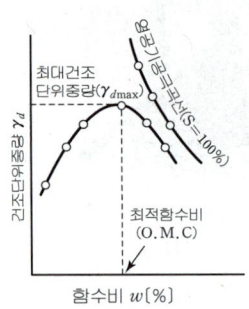

그림. 다짐 곡선

6 영공기공극 곡선(zero air void curve)

(1) 정의 : 포화도 100%(공기함율 0%)일 때의 건조단위중량과 함수비 관계곡선을 영공극 곡선, 또는 포화 곡선이라한다.

(2) 위치 : 다짐 곡선의 하향선 오른쪽에 위치한다.

(3) 작도 : 비중 값을 알고 있으면, 포화도의 크기에 따라 건조단위중량과 함수비의 관계곡선을 작도 할 수 있다.

■ Zero air void curve는 다짐 곡선의 (하향)선과 약간 떨어져서 평행에 가깝게 된다.

$$\gamma_d = \frac{G_s \cdot \gamma_w}{1+e} = \frac{G_s \cdot \gamma_w}{1+\frac{w \cdot G_s}{S}} = \frac{\gamma_w}{\frac{1}{G_s} + \frac{w}{S}}$$

7 함수비 변화에 따른 흙 상태의 변화

(1) 제 1 단계 : 수화단계(반고체 영역)
   반고체상으로 수분이 절대적으로 부족하여 흙입자간의 접착이 없으며 큰 공극이 존재한다.

(2) 제 2 단계 : 윤활단계(탄성 영역)
   물의 일부분은 자유수가 되어 흙입자 사이에 윤활역할을 하게 된다. 이 단계의 최대함수비 부근에서 최적함수비(OMC)가 나타난다.

■ 흙의 다짐은 최적함수비에서 최대건조밀도를 얻으려는데 있다. 이 때 최적함수비 상태는 (윤활)단계에 있다.

(3) 제 3 단계 : 팽창단계(소성 영역)
최적함수비를 넘으면 증가분의 물이 윤활역할 뿐만 아니라 다져진 순간에 잔류공기를 압축하며 이로 인해 흙은 압축되었다가 팽창한다.

(4) 제 4 단계 : 포화단계(반점성 영역)
함수비가 더욱 증가하면 증가된 수분은 흙입자를 포화시킨다.

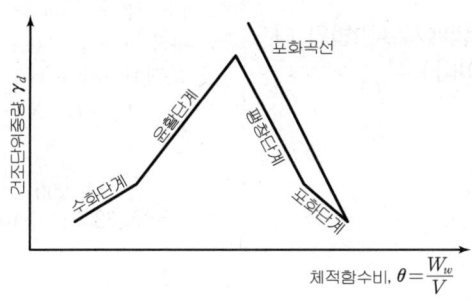

그림. 함수비 변화에 따른 흙 상태의 변화

핵심문제

1 흙을 다지면 그의 성질이 변하는데 다음 설명과 가장 관계가 먼 것은? [97⑤]

㉮ 흙의 역학적 강도와 지지력이 증가한다.
㉯ 압축성이 작아진다.
㉰ 흡수성이 증가한다.
㉱ 투수성이 감소한다.

2 1991년에 개정된 KS F 2312의 흙의 다짐시험방법에서 A방법의 다짐에너지는 얼마인가?(단, 몰드의 부피는 1,000cm³이다.) [97㉮]

㉮ 25.31kg·cm/cm³
㉯ 25.31t·m/m³
㉰ 5.62kg·cm/cm³
㉱ 5.62t·m/m³

3 흙의 다짐시험을 실시한 결과 다음과 같다. 이 흙의 건조밀도를 구하시오. [95 00㉮]

1. 몰드 + 젖은 시료 무게 : 3,612g
2. 몰드무게 : 2,143g
3. 젖은 흙의 함수비 : 15.4%
4. 몰드의 체적 : 944cm³

㉮ 1.35g/cm³   ㉯ 1.56g/cm³
㉰ 1.31g/cm³   ㉱ 1.42g/cm³

4 그림과 같은 다짐 곡선을 보고 다음 설명 중 틀린 것은? [95 01⑤]

㉮ A는 일반적으로 사질토이다.
㉯ B는 일반적으로 점토에서 나타난다.
㉰ C는 과잉공극수압 곡선이다.
㉱ D는 최적함수비를 나타낸다.

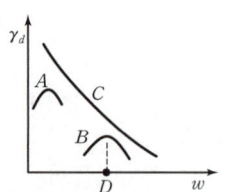

5 흙의 다짐은 최적함수비에서 최대건조밀도를 얻으려는 데 있다. 이때, 최적함수비 상태는 다음 중 어느 상태에 있겠는가? [97⑤]

㉮ 수축단계   ㉯ 윤활단계
㉰ 팽창단계   ㉱ 포화단계

해설

해설 1
다짐의 효과
① 전단강도의 증대 ② 투수성의 감소
③ 압축성의 감소   ④ 지반의 지지력증대
⑤ 흡수성의 감소   ⑥ 부착성의 증대

해설 2
① 다짐 시험의 A방법
$W_R = 2.5$kg, $H = 30$cm, 다짐층수 3층, 각 층 25회 다짐을 하며, 몰드의 체적 $V = 1,000$cm³이다.
② 다짐에너지(E)
$$E = \frac{W_R \cdot H \cdot N_B \cdot N_L}{V}$$
$$= \frac{2.5 \times 30 \times 25 \times 3}{1,000}$$
$$= 5.625 \text{kg} \cdot \text{cm/cm}^3$$

해설 3
① 습윤단위중량(γ_t)
$$\gamma_t = \frac{W}{V} = \frac{3,612 - 2,143}{944}$$
$$= 1.556 \text{g/cm}^3$$
② 건조단위중량(γ_d)
$$\gamma_d = \frac{W_s}{V} = \frac{\gamma_t}{1 + \frac{w}{100}} = \frac{1.556}{1 + \frac{15.4}{100}}$$
$$= 1.348 \text{g/cm}^3$$

해설 4
① A일수록 조립토이다.
② B일수록 세립토이다.
③ C는 포화도 $S = 100\%$, 공기함률 $V_a = 0\%$일 때 함수비-건조밀도 관계곡선인 영공극 곡선이다.
④ D는 다짐 곡선에서 최적함수비이다.

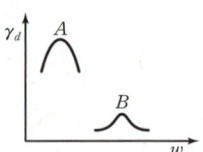

해설 5
윤활단계(탄성 영역)
물의 일부분은 자유수가 되어 흙입자 사이에 윤활역할을 하게 된다. 이 단계의 최대함수비 부근에서 최적함수비(OMC)가 나타난다.

정답 1. ㉰ 2. ㉰ 3. ㉮ 4. ㉰ 5. ㉯

6 다짐에 의하여 감소되지 않는 흙의 성질은? [94 ⓢ]

㉮ 압축성
㉯ 투수성
㉰ 흡수성
㉱ 지지력

7 다짐에너지에 관한 설명 중 옳지 않은 것은? [96 ⓢ]

㉮ 다짐에너지는 래머 중량에 비례한다.
㉯ 다짐에너지는 시료의 체적에 비례한다.
㉰ 다짐에너지는 래머의 낙하고에 비례한다.
㉱ 다짐에너지는 타격수에 비례한다.

8 흙의 다짐시험 방법 중 1층 당의 다짐횟수가 가장 많은 것은? [96 ㉠]

㉮ A방법
㉯ C방법
㉰ D방법
㉱ E방법

9 다음 중 다짐 곡선은 무엇으로 작도하는가? [98 ⓢ]

㉮ 건조단위중량-다짐횟수
㉯ 최대건조밀도-함수비
㉰ 최대건조밀도-최적함수비
㉱ 건조밀도-함수비

10 흙의 다짐 곡선에서의 영공기간극 곡선(zero air void curve)에 관한 설명 중 옳은 것은? [98 ㉠]

㉮ zero air void curve는 다짐 곡선과 직교한다.
㉯ zero air void curve는 다짐 곡선과 접(接)한다.
㉰ zero air void curve는 다짐 곡선의 하향선과 약간 떨어져서 평행에 가깝게 된다.
㉱ zero air void curve는 현장 다짐 정도를 추정하는데 도움이 된다.

해 설

해설 6

다짐효과

증가하는 값	감소하는 값
① 상대밀도	① 압축성
② 전단강도	② 물의 흡수성
③ 지지력	③ 동상, 팽창
④ 사면의 안전성	④ 건조수축
⑤ 부착력	

해설 7

다짐에너지(E)

$$E = \frac{W_R \cdot H \cdot N_B \cdot N_L}{V}$$

① 다짐에너지는 래머의 중량, 낙하고, 각 층의 다짐횟수, 다짐 층수에 비례한다.
② 다짐에너지는 몰드의 체적에 반비례한다.

해설 8

1층당 다짐횟수가 가장 많은 것은 E다짐 시험방법으로 각 층 92회이다.

해설 9

다짐 곡선이란 건조단위중량과 함수비와의 관계 곡선이다.

해설 10

영공기공극 곡선은 다짐 곡선의 하향선 오른쪽에 위치한다.

정답 6. ㉱ 7. ㉯ 8. ㉱ 9. ㉱ 10. ㉰

2 다짐의 효과

> **학습방향**
>
> 다짐에 영향을 주는 요소는 흙의 종류, 함수비, 다짐에너지, 다짐방법 등이 있다. 따라서, 동일한 흙에 대해서도 다짐방법이 다르면 최대건조단위중량과 최적함수비는 다른 값을 얻는다. 다짐의 효과에서는 시험문제의 출제 비중이 높으므로 충분히 이해하여야 한다.

1 흙의 종류에 따른 다짐 곡선의 성질

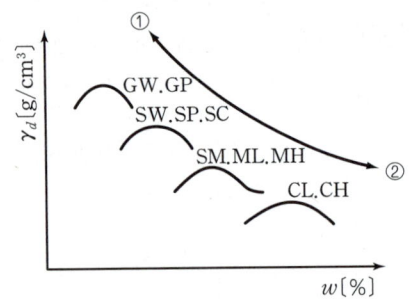

	① 방향으로 갈수록	② 방향으로 갈수록
흙의 종류	조립토	세립토
입도분포	양입도	빈입도
다짐에너지	다짐에너지가 증대	다짐에너지가 감소
최대건조단위중량	최대건조단위중량 증대	최대건조단위중량 감소
최적함수비	최적함수비(OMC) 감소	최적함수비(OMC) 증가
다짐 곡선	다짐 곡선이 날카롭다.	다짐곡선이 완만하다

2 다짐에너지 변화에 따른 다짐 곡선의 성질

(1) 다짐에너지의 변화에 다른 최적함수비 상태의 공기함률, 포화도의 변화는 거의 없다.
(2) **최적함수비 곡선은 영공기공극 곡선과 거의 나란하다.**
(3) 일반적으로 다짐횟수가 증가하면 다짐효과가 높아지지만, 너무 많이 다지거나 큰 에너지로 다지면 흙 속에 결함이 생겨 다짐효과가 떨어지게 된다. 이를 과도전압이라 한다.

학습POINT

■ 실험실과 현장의 다짐에너지가 다르므로 실험실의 다짐 곡선은 현장에 직접 적용될 수 없다. (○)

■ 조립토일수록 다짐 곡선의 경사가 날카로워지며, 최대건조단위중량이 증가하며, 최적함수비는 감소한다.(○)

■ 최대건조단위중량이 얻어지는 점. 즉, 최적함수비를 나타내는 점들을 연결하면 (**최적함수비**) 곡선이 된다.

3 다짐이 점토에 미치는 영향

① 최적함수비(OMC)보다 **약간 습윤측에서 최소투수계수**를 얻을 수 있다.
② 최적함수비(OMC)보다 **건조측에서 최대전단강도**를 얻을 수 있다.
③ **최적함수비(OMC)에서 최소공극비**를 얻을 수 있다.
④ 흡수 팽창은 건조측으로 갈수록 크고, 습윤측으로 갈수록 작다.
⑤ 건조측에서 높은 공기압이 발생한다.
⑥ 점토는 **습윤측으로** 다지면 입자가 서로 평행한 **이산구조**를 이룬다.
⑦ 점토는 **건조측으로** 다지면 **면모구조**를 이룬다.

4 다짐의 종류

① 정적 다짐(Static compaction) : 자중에 의하여 다지는 다짐방법이다.
② 동적 다짐(Dynamic compaction) : 낙하 에너지를 이용하는 다짐방법이다.
③ 니딩 다짐(Kneading compaction) : **연약한 점토**에 반죽을 행하는 것과 같은 방법의 다짐으로 연약지반에 적용한다.

5 현장 다짐기계

① 모래 지반 : 진동 롤러(Vibrating roller)
② 점토 지반 : 탬핑 롤러(Tamping roller), 양족 롤러(Sheeps foot roller)

6 다짐도(Degree of compaction, R)

① 정의 : 다짐의 정도를 말한다.
② 공식

$$R = \frac{\text{현장의 } \gamma_d}{\text{실내다짐시험에 의한 } \gamma_{dmax}} \times 100(\%)$$

③ 도로교 시방서에서는 보통 90~95%의 다짐도가 요구된다.

7 유기질토의 다짐

① 개요 : 흙에 유기질이 포함되어 있으면 흙의 강도가 감소하며, 체적감소가 크기 때문에 성토재료로 부적당하다. 그러나 경제적인 면에서 유기질이 약간 포함된 흙을 다짐하여 사용할 수도 있다.

② 유기질 함유량(Organic content)

$$OC = \frac{105 \sim 400 \text{℃ 사이의 건조기에서 건조중량의 손실}}{105 \text{℃에서 흙의 건조중량}}$$

■ 최적함수비보다 건조측에서는 확산 이중층 구조가 발달하지 못하여 반발력이 작아져서 면모구조가 되기 쉽다.

■ 최적 함수비보다 습윤측에서는 확산 이중층이 팽창하여 반발력이 커져서 이산구조가 되기 쉽다.

■ 최적함수비에서 건조쪽으로 다지는 경우가 습윤쪽으로 다지는 것보다 흙의 압축성이 커진다.(○)

■ 낮은 압력에서는 습윤쪽으로 다지는 흙의 압축성이 커진다. 그러나 높은 압력에서는 건조쪽에서 다지는 흙의 압축성이 크다.

■ 흙의 다짐에 있어서 (모래)지반을 다질 때는 진동 로울러로 다지는 것이 좋다.

사진. 진동 롤러

사진. 탬핑 롤러

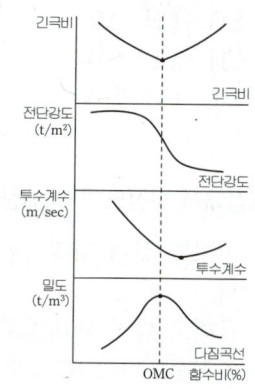

그림. 다짐에 의한 전단강도, 투수계수, 간극비 변화

핵 심 문 제

1 다음은 흙의 다짐에 관한 설명이다. 틀린 것은 어느 것인가? [94 ㉮]

㉮ 실험실과 현장의 다짐에너지가 다르므로 실험실의 다짐 곡선은 현장에 직접 적용될 수 없다.
㉯ 다짐에너지가 커질수록 최적함수비는 작다.
㉰ 다짐 정도는 토질, 함수비, 다짐 에너지 등에 따라 다르다.
㉱ 입자의 크기가 균등할수록 최대건조단위중량은 증가한다.

2 다짐에 관한 설명 가운데 타당하지 않는 것은? [98 ㉮]

㉮ 입도배합이 양호한 흙에서는 건조밀도가 낮다.
㉯ 사질이 많이 내포된 흙은 점성토보다는 다짐 곡선의 기울기가 급하다.
㉰ 점토분이 많은 흙에서는 최적함수비가 높다.
㉱ 동일한 흙에서 다짐에너지가 클수록 다짐 효과는 증대한다.

3 최적함수비로 흙을 다졌을 때 이 다진 흙에 대한 다음 기술 가운데 틀린 것은? [95 ㉮]

㉮ 최대에 가까운 전단강도가 OMC 근방에서 얻어진다.
㉯ 흡수 및 팽창이 OMC에서 최소가 된다.
㉰ 투수계수가 OMC 근방에서 최소가 된다.
㉱ 간극비는 OMC에서 최소가 된다.

4 다짐시험에서 몇 개의 흙에다 동일한 다짐에너지(Compactive effect)를 가했을 때 건조밀도가 큰 것에서 작아지는 순서로 되어 있는 것은? [98 ㉮]

㉮ SW-ML-CH
㉯ SW-CH-ML
㉰ CH-ML-SW
㉱ ML-CH-SW

5 현장에서 다짐도가 90%란 말은? [99 ㉯]

㉮ 지정된 실내 다짐시험에서 최대건조밀도에 대한 90%를 말한다.
㉯ 롤러로 다진 최대밀도의 90% 밀도를 말한다.
㉰ 최적함수비의 90% 함수비에 대한 다짐밀도를 말한다.
㉱ 포화도가 90%일 때의 다짐밀도를 말한다.

해 설

해설 1
① 입자의 크기가 균등하면, 입도가 나쁘다.(빈입도)
② 흙의 입도가 빈입도일수록 최대건조단위중량이 감소하고, 최적함수비는 증가한다.
③ 다짐에너지가 클수록 최대건조단위중량은 증가하고, 최적함수비는 감소한다.

해설 2
입도분포가 좋은 흙(양입도)은 입도분포가 나쁜 흙(빈입도)에 비해 최대건조단위중량이 크고, 최적함수비가 작다.

해설 3
다짐이 점토에 미치는 영향
① 최적함수비보다 약간 습윤측에서 최소투수계수를 얻을 수 있다.
② 최적함수비보다 건조측에서 최대전단강도를 얻을 수 있다.
③ 최적함수비에서 최소공극비를 얻을 수 있다.
④ 흡수 팽창은 건조측으로 갈수록 크고, 습윤측으로 갈수록 작다.

해설 4
① 다짐에너지가 동일한 경우 조립토일수록 세립토보다 최대건조단위중량이 크다. 따라서, 조립토 순서로 하면되므로 모래, 실트, 점토 순으로 배열하여야 한다.
② 조립토일수록 최대건조단위중량은 크고 최적함수비는 작다.

해설 5
다짐도(R)

$$R = \frac{\text{현장의 } \gamma_d}{\text{실내다짐시험에 의한 } \gamma_{d\max}} \times 100(\%)$$

정답 1. ㉱ 2. ㉮ 3. ㉯ 4. ㉮ 5. ㉮

6 다음은 다짐에 관한 설명이다. 옳지 않은 것은? [97⑦]

㉮ 다짐에너지가 커지면 최대건조단위중량은 커지고, 최적함수비는 작아진다.
㉯ 양입도일수록 최대건조단위중량은 커지고, 빈입도일수록 최대건조단위중량은 작아진다.
㉰ 조립토일수록 최대건조단위중량은 크며, 최적함수비도 크다.
㉱ 점성토는 다짐 곡선이 완만하고 조립토는 급경사를 이룬다.

7 다짐에너지를 변화시키면 다음과 같은 결과가 얻어진다. 옳지 않은 것은? [98⑦]

㉮ 다짐에너지를 증가시키면 최대건조단위중량은 증가한다.
㉯ 다짐에너지를 매우 크게 해도 다짐 곡선은 영공기공극 곡선 아래에 그려진다.
㉰ 다짐에너지를 증가시키면 최적함수비는 감소한다.
㉱ 최대건조단위중량을 나타내는 점들을 연결하면 영공기공극 곡선이 얻어진다.

8 흙의 다짐에 있어서 최적함수비가 지니는 의의에 관한 다음 것 중에서 옳지 않은 것은? [97산]

㉮ 최대건조밀도가 얻어진다.
㉯ 최대에 가까운 전단강도가 얻어진다.
㉰ 최대에 가까운 차수성이 얻어진다.
㉱ 습윤측에서는 높은 공기압이 발생한다.

9 흙의 종류에 따른 아래 그림과 같은 다짐 곡선들이 있다. 다음 중 맞는 것은? [99⑦]

㉮ Ⓐ : ML, Ⓒ : SM
㉯ Ⓐ : SW, Ⓓ : CL
㉰ Ⓑ : MH, Ⓓ : GM
㉱ Ⓑ : GC, Ⓒ : CH

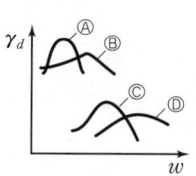

10 흙의 다짐에 관한 설명 중 옳지 않은 것은? [99⑦]

㉮ 조립토는 세립토보다 최적함수비가 작다.
㉯ 최대건조밀도가 큰 흙일수록 최적함수비는 작은 것이 보통이다.
㉰ 점성토지반을 다질 때는 진동 롤러로 다지는 것이 유리하다.
㉱ 최대건조밀도를 나타내는 함수비는 최대습윤밀도를 나타내는 함수비보다 작다.

해 설

해설 6
조립토일수록 곡선의 경사가 날카로워지며, 최대건조단위중량은 커지고 최적함수비는 작아진다.

해설 7
① 최대건조단위중량이 얻어지는 점, 즉 최적함수비를 나타내는 점들을 연결하면 최적함수비 곡선이 된다.
② 일반적으로 최적함수비 곡선은 영공기공극 곡선과 거의 나란하다.

해설 8
다짐이 점토에 미치는 영향
① 최적함수비보다 약간 습윤측에서 최소투수계수를 얻을 수 있다.
② 최적함수비보다 건조측에서 최대전단강도를 얻을 수 있다.
③ 건조측에서 높은 공기압이 발생한다.

해설 9
① 입도분포가 좋을수록, 즉 양입도일수록 최대건조단위중량은 증가하고, 최적함수비는 감소한다.
② 조립토는 세립토에 비하여 최대건조단위중량은 증가하고, 최적함수비는 감소하며, 곡선이 날카롭고, 다짐효과가 크다.
③ 세립토는 최대건조단위중량이 작고, 최적함수비가 크다.

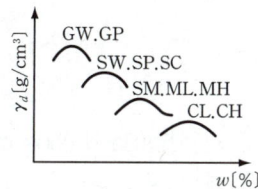

해설 10
현장 다짐기계
① 사질토 : 진동 롤러(vibratory roller)
② 점성토 : 탬핑 롤러(tamping roller), 양족 롤러(sheeps foot roller)

정답 6. ㉰ 7. ㉱ 8. ㉱ 9. ㉯ 10. ㉰

3 현장다짐

학습방향
현장에서의 다짐정도를 결정하는 방법에는 현장의 건조단위중량을 측정하여 상대밀도를 구하는 방법과 현장의 강도 특성인 노상토지지력비, 지지력계수를 측정하는 방법 등이 있다.

1 현장에서의 다짐정도 결정방법

(1) 건조단위중량에 의한 상대밀도
(2) 포화도 또는, 공기함률
(3) 강도 특성으로 규정
(4) 상대밀도(D_r)로 규정
(5) 다짐기계, 다짐횟수로 규정

2 현장 다짐의 건조단위중량 결정

(1) **고무막법**(Rubber baloon method, KS F 2347)
 시험구멍에 고무막을 넣은 다음 기름 또는 물을 넣어 체적을 측정하는 방법이다.

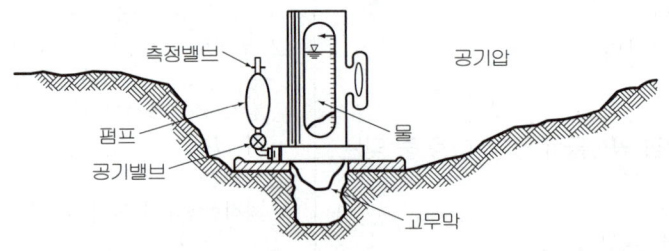

그림. 고무막법

(2) **모래치환법**(Sand cone method, KS F 2311)
 흙을 파낸 시험구멍에 모래를 넣어 체적을 측정하는 방법이다.

(3) **절삭법**(Core cutter method)
 얇은 관을 박은 후 흙을 파내어 그 흙의 단위중량과 함수비를 측정하는 방법이다.

학습POINT

■ 현장 다짐의 건조단위중량 결정
 ① 고무막법
 ② 모래치환법
 ③ 절삭법
 ④ 방사선 밀도 측정기에 의한 방법

■ 표준관입 시험은 현장 다짐시 흙의 단위중량과 함수비 측정 방법으로 적당하다.(×)

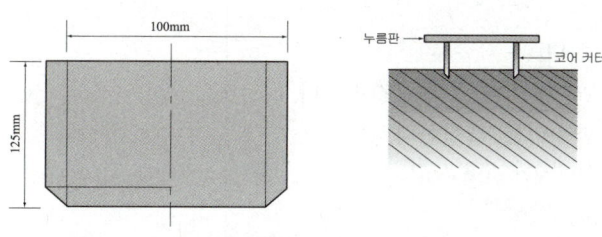

그림. 절삭법

(4) **방사선 밀도 측정기에 의한 방법**(The use of nuclear density meter)
 단위체적당 포화된 흙의 중량과 단위체적당 수분의 함량을 측정하여 두 값의 차이로 건조단위중량을 측정하는 방법이다.

사진. 방사선 밀도 측정기

3 모래치환법(현장에서 흙의 단위중량 시험, 들밀도 시험)

(1) 적용 범위 : 최대 입경 53mm 이하인 흙에 적용된다.
(2) 시험용 모래 : No.10체를 통과하고 No.200체에 남는 모래를 물로 씻은 후 건조하여 사용한다.
(3) 시험기구

■ 현장의 건조밀도 시험에서 사용되는 모래의 규격은 No.10체를 통과하고 (No.200)체에 남는 모래를 사용한다.

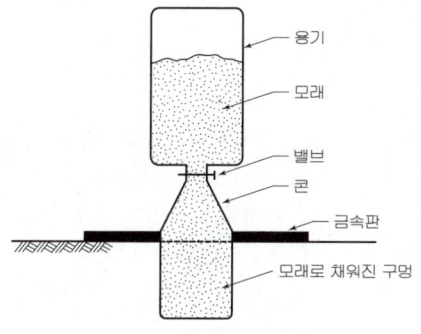

그림. 모래치환법

사진. 모래치환법

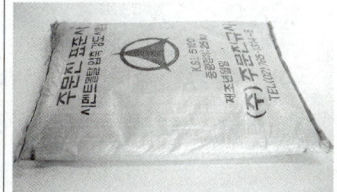

사진. 표준사(시험용모래)

(4) 시험 방법
① 병과 연결부에 물을 넣어 체적을 측정한다.
② 병과 연결부에 모래를 넣고, 시험용 모래의 단위중량을 결정한다.
③ 시험 구멍을 파고, 파낸 흙의 중량과 함수비를 결정한다.
④ 시험 구멍의 체적을 결정한다.
⑤ 흙의 습윤단위중량을 결정한다.
⑥ 흙의 건조단위중량을 결정한다.

(5) 결과 정리
① 시험 구멍의 체적(V)

$$V = \frac{W_{sand}}{\gamma_{sand}}$$

여기서, W_{sand} : 시험구멍 속의 모래의 중량
γ_{sand} : 시험모래의 단위중량

② 습윤단위중량(γ_t)

$$\gamma_t = \frac{W}{V}$$

여기서, W : 시험구멍에서 파낸 흙의 중량

③ 건조단위중량(γ_d)

$$\gamma_d = \frac{W_s}{V} = \frac{\gamma_t}{1 + \frac{w}{100}}$$

■ 현장에서 모래치환법에 의한 단위중량 시험방법시 모래를 사용하는 이유는 시료의 (체적)을 알기 위해서 이다.

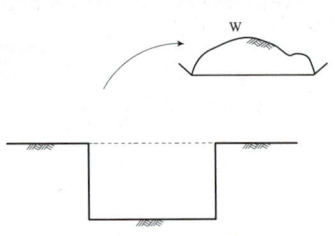

4 평판재하 시험(Plate bearing test, PBT, KS F 2310)

(1) 적용 범위 : 콘크리트 포장과 같은 강성포장의 두께를 산정할 때 사용한다.
(2) 지지력 계수
① 공식

$$K = \frac{q}{y}$$

여기서, K : 지지력 계수(kg/cm³)
q : 하중강도(kg/cm²)
y : 침하량(보통 0.125cm를 표준으로 한다.)

② 단위 : kg/cm³
③ 일반적으로 평판 재하 시험에서 0.125cm를 표준침하량으로 한다.

(3) 시험 기구
재하판의 두께는 2.5cm 이상이고, 지름이 30cm, 40cm, 75cm의 원형 또는 정방형의 강판을 사용한다.

■ 지지력계수를 구할 때 재하판의 침하량은 (0.125cm)일 때의 것을 표준으로 하여 사용한다.

(4) 시험 방법

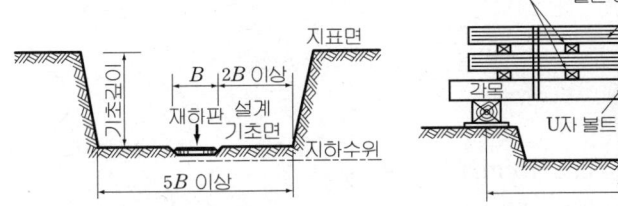

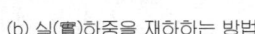

사진. 평판재하 시험기

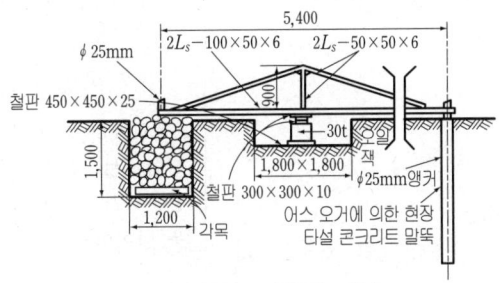

그림. 평판재하 시험

① 지반을 고르고, 재하판을 올려놓는다.
② 재하판 위에 잭을 놓고 지지력 장치와 조합하여 소요 반력을 얻을 수 있도록 한다. 지지력 장치의 지지점은 재하판의 바깥쪽 끝에서 1m 이상 떨어져 배치한다.
③ 침하량 측정 장치를 재하판 및 지지력 장치의 지지점에서 1m 이상 떨어져 배치하고, 재하판의 정확한 측정량을 측정할 수 있도록 변위계를 부착한다.
④ 하중강도 35 kN/m^2 상당의 하중을 가한 후 제거한다.
⑤ 하중을 0으로 조정한 후 변위계를 읽고 침하 원점으로 한다.
⑥ 하중강도를 35 kN/m^2씩 증가하여 1분 동안에 침하량이 그 단계 하중의 총 침하량 1% 이하가 될 때까지 기다려 그 때의 하중과 침하량을 읽는다.
⑦ 침하량이 15mm에 도달하거나, 하중강도가 최대접지압 또는 그 지반의 항복점을 초과할 때 시험을 멈춘다.

(4) 실험시 유의사항
① 변위계 지지대는 재하판 및 지지력 장치의 지지점에서 1.0m 이상 떨어져 설치한다.
⑤ 하중강도는 35 kN/m^2씩 증가시킨다.

(5) 평판재하시험의 기록
① 시간-하중 곡선   ② 시간-침하 곡선
③ 하중-침하 곡선

■ 평판재하 시험을 끝내는 경우
① 하중강도가 그 지반의 항복점을 넘을 때
② 하중강도가 최대접지압을 넘을 때
③ 침하량이 (15mm)에 달했을 때

■ 도로의 평판재하 시험이 끝나는 경우는 완전히 침하가 멈출 때이다.(×)

(6) 지지력계수 결정
  ① 재하판 크기에 따른 지지력계수
  $$K_{30} = 2.2 K_{75}$$
  $$K_{30} = 1.3 K_{40}$$
  여기서, K_{30}, K_{40}, K_{75} : 지름이 각각 30cm, 40cm, 75cm의 재하판을 사용하여 구해진 지지력 계수(kg/cm³)

  ② 지지력계수의 대소
  $$K_{30} > K_{40} > K_{75}$$

(7) 평판재하 시험 결과를 이용할 때 유의사항
  ① 토질 종단을 알아야 한다.
  ② 지하수위의 위치와 그 변동을 고려하여야 한다.
    지하수위가 상승하면 흙의 유효응력이 약 50% 감소하므로 지반의 지지력도 대략 반감한다.
  ③ scale effect를 고려한다.

■ 평판재하 시험에 있어서 모형시험에서 얻은 자료를 설계에 응용하기 위해서는 (토질종단)을 알아야 한다.

(8) 재하판 크기에 의한 영향(scale effect)
  ① 지지력
    ㉠ 점토지반의 경우 재하판 폭에 무관하다.
    ㉡ 모래지반의 경우 재하판 폭에 비례하여 증가한다.
  ② 침하량
    ㉠ 점토지반의 경우 재하판 폭에 비례하여 증가한다.
    ㉡ 모래지반의 경우 침하량은 재하판의 크기가 커지면 약간 커지긴 하지만 폭 B에 비례하지는 않는다.

	점 토	모 래
지지력	$q_{u(기초)} = q_{u(재하)}$	$q_{u(기초)} = q_{u(재하)} \cdot \dfrac{B_{(기초)}}{B_{(재하)}}$
침하량	$S_{(기초)} = S_{(재하)} \cdot \dfrac{B_{(기초)}}{B_{(재하)}}$	$S_{(기초)} = S_{(재하)} \cdot \left[\dfrac{2B_{(기초)}}{B_{(기초)} + B_{(재하)}} \right]^2$

■ 모래지반에 30cm의 재하판을 사용하여 현장 재하 시험을 행하였다. 하중-침하량 곡선을 그려 극한지지력을 구한 결과는 실제 기초의 극한지지력보다 작으므로 보정하여야 한다.(○)

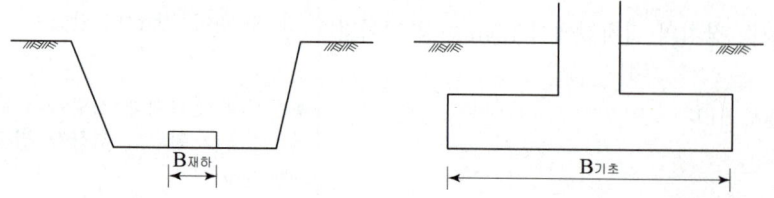

5 노상토 지지력비 시험(California Bearing Ratio, CBR, KS F 2320)

(1) 적용 범위 : 아스팔트 포장과 같은 **연성포장(가요성 포장)** 두께를 산정할 때 사용한다.

(2) 시험 방법
① 공시체 제작 : D 다짐방법(몰드지름 15cm, 래머 4.5kg, 다짐층수 5층)은 각층 다짐횟수를 10, 25, 55회로 하여 각각 3개의 공시체를 제작한다. E다짐방법(다짐층수 3층)은 각층 다짐횟수를 17, 42, 92회로 하여 각각 3개의 공시체를 제작한다.
② 흡수팽창 시험
  ㉠ 공시체에 가하는 하중은 설계하중 또는 실제하중±20N이며 최소 50N으로 한다.
  ㉡ 수침은 4일간 실시한다.
③ 관입 시험 : 흡수팽창 시험이 끝난 후 공시체를 지름 5cm인 관입봉을 1mm/min의 속도로 관입한다.

(3) 결과 정리
① 팽창비

$$팽창비 = \frac{다이얼게이지\ 최종읽음 - 다이얼게이지\ 최초읽음}{공시체의\ 최초높이} \times 100(\%)$$

② 노상토지지력비(CBR)

$$CBR = \frac{시험하중}{표준하중} \times 100 = \frac{시험단위하중}{표준단위하중} \times 100(\%)$$

③ $CBR_{2.5} > CBR_{5.0}$이면 CBR 값은 $CBR_{2.5}$이다.
④ $CBR_{2.5} < CBR_{5.0}$이면 재시험한다. 재시험을 한 후, 다시
  ㉠ $CBR_{2.5} > CBR_{5.0}$이면 CBR 값은 $CBR_{2.5}$이다.
  ㉡ $CBR_{2.5} < CBR_{5.0}$이면 CBR 값은 $CBR_{5.0}$이다.

관입량(mm)	표준단위하중(kg/cm²)	표준하중(kg)
2.5	70[6.9MN/m²]	1,370[13.4kN]
5.0	105[10.3MN/m²]	2,030[19.9kN]

■ 아스팔트 포장도로를 설계할 때 가장 중요한 것은 (노상토지지력비) 시험

■ 노상토 지지력비 시험 (KS F 2320)
2000년도의 개정 규정에 의하면 허용최대입자지름이 19mm인 경우 시료를 5층으로 나누어 넣고, 다짐횟수를 55회로 3개, 25회로 3개, 10회로 3개의 시험체를 만든다. 또한, 허용최대입자지름이 37.5mm인 경우 시료를 3층으로 나누어 넣고, 다짐횟수를 92회로 3개, 42회로 3개, 17회로 3개의 시험체를 만든다.

■ 노상토지지력비(CBR)는 다짐한 흙시료에 직경 5cm의 강봉을 관입시켰을 때 관입량과 하중강도와의 비를 백분율로 표시한 값이다.

핵 심 문 제

1 흙의 다짐도를 시험할 때 쓰이는 시험방법이 아닌 것은?

㉮ Vane 시험 ㉯ 평판 재하 시험
㉰ 현장 밀도 시험 ㉱ 포화도 시험

2 현장 다짐시 흙의 단위중량과 함수비 측정 방법으로 적당하지 않은 것은? [94 ㉮]

㉮ 절삭법 ㉯ 모래치환법
㉰ 표준관입시험법 ㉱ 고무막법

[해설] 표준관입시험결과, 즉 N값으로 추정되는 사항

① 점토지반	② 모래지반
• 컨시스턴시	• 상대밀도
• 일축압축강도	• 내부마찰각
• 점착력	• 침하에 대한 허용지지력
• 파괴에 대한 극한지지력	• 지지력계수
• 파괴에 대한 허용지지력	• 탄성계수

3 들밀도 시험 중 모래치환법에서 모래는 무엇을 구하려고 이용하는가? [99 ㉮]

㉮ 시험구멍에서 파낸 흙의 중량
㉯ 시험구멍의 체적
㉰ 흙의 함수비
㉱ 지반의 지지력

4 모래치환법에 의한 들밀도 시험결과가 아래와 같다. 현장 흙의 건조밀도는? [85 ㉳]

① 실험구멍에서 파낸 흙의 무게 1,600g
② 실험구멍에서 파낸 흙의 함수비 20%
③ 실험구멍에 채운 표준모래의 무게 1,350g
④ 실험구멍에 채운 표준모래의 단위중량 1.35g/cm³

㉮ 0.93g/cm³ ㉯ 1.13g/cm³
㉰ 1.33g/cm³ ㉱ 1.53g/cm³

5 현장에서 들밀도 시험을 한 결과 파낸 구멍의 용적은 2,000cm³이고 파낸 흙의 중량이 3,240g이며 함수비는 8%였다. 이 흙의 간극비는 얼마인가?(단, 이 흙의 비중은 2.70이다.) [00 ㉮]

㉮ 0.80 ㉯ 0.75
㉰ 0.70 ㉱ 0.66

해 설

[해설] **1**
베인시험(Vane test)
깊이 10m 미만의 연약한 점토지반의 비배수 점착력을 측정하는 시험이다.

[해설] **3**
① 시험용 모래는 No.10체를 통과하고 No.200체에 남는 모래를 물로 씻은 후 건조하여 사용한다.
② 시험구멍의 체적을 구하기 위하여 모래를 사용한다.

[해설] **4**
① 구멍의 부피(V)
$$V = \frac{W_{sand}}{\gamma_{sand}} = \frac{1,350}{1.35} = 1,000 \text{cm}^3$$
② 습윤단위중량(γ_t)
$$\gamma_t = \frac{W}{V} = \frac{1,600}{1,000} = 1.6 \text{g/cm}^3$$
③ 현장의 건조단위중량(γ_d)
$$\gamma_d = \frac{\gamma_t}{1+\frac{w}{100}} = \frac{1.6}{1+\frac{20}{100}}$$
$$= 1.33 \text{g/cm}^3$$

[해설] **5**
① 현장의 습윤단위중량(γ_t)
$$\gamma_t = \frac{W}{V} = \frac{3,240}{2,000} = 1.62 \text{g/cm}^3$$
② 현장의 건조단위중량(γ_d)
$$\gamma_d = \frac{\gamma_t}{1+\frac{w}{100}} = \frac{1.62}{1+\frac{8}{100}}$$
$$= 1.5 \text{g/cm}^3$$
③ 공극비(e)
$$e = \frac{G_s \cdot \gamma_w}{\gamma_d} - 1 = \frac{2.70 \times 1}{1.5} - 1$$
$$= 0.80$$

정답 1. ㉮ 2. ㉰ 3. ㉯ 4. ㉰ 5. ㉮

6 평판재하 시험에서 침하량 1.25mm에 해당하는 하중강도가 2.35 kg/cm² 일 때 지지력계수는? [95 ㈜]

㉮ 15.5kg/cm³
㉯ 18.8kg/cm³
㉰ 7.8kg/cm³
㉱ 5.5kg/cm³

7 재하판 지름이 30cm일 때의 지지력계수 $K_{30}=20$kg/cm³를 얻었다. 이 때, 40cm의 재하판을 사용한 경우 지지력계수 값은? [96 ㈜]

㉮ 15.45kg/cm³
㉯ 14.46kg/cm³
㉰ 14.64kg/cm³
㉱ 16.44kg/cm³

8 다음은 평판재하 시험의 결과를 설계에 사용하기 전에 검토할 사항이다. 옳지 않은 것은? [98 ㈎]

㉮ 토질종단을 조사하여 연약지반 여부를 조사한다.
㉯ 지하수위는 계절적으로 변하므로 그 변동은 지지력에 관계없음을 알 수 있다.
㉰ 순수한 점토의 지지력은 재하판의 크기에 관계없다.
㉱ 순수한 모래질 흙의 지지력은 재하판의 폭에 비례한다.

9 C.B.R은 보통 관입량이 2.5mm일 때의 값을 취한다. 만약 관입량 5.0mm일 때의 C.B.R이 2.5mm일 때의 값보다도 클 때에는 시험을 다시하여야 한다. 이 때에도 관입량 5mm일 때의 값이 2.5mm일 때의 값보다도 클 때에는 C.B.R로서는 관입량 몇 mm일 때의 값을 취하는가? [82 ㈜]

㉮ 2.5mm
㉯ 5.0mm
㉰ $\frac{2.5+5.0}{2}$ mm
㉱ $2.5+5.0$ mm

10 CBR 시험 결과 관입량이 2.5mm 및 5.0mm에 대한 시험하중(전하중)은 96kg 및 135kg으로 측정되었다. 이 흙의 CBR 값은? [94 ㈎]

㉮ 1.3%
㉯ 1.47%
㉰ 6.7%
㉱ 7.0%

해 설

해설 6
① 침하량(y)
 $y=1.25\text{mm}=0.125\text{cm}$
② 지지력 계수(K)
 $K=\dfrac{q}{y}=\dfrac{2.35}{0.125}=18.8\text{kg/cm}^3$

해설 7
① 지름 75cm의 재하판의 지지력계수 (K_{75})
 $K_{30}=2.2\,K_{75}$
 $20=2.2\,K_{75}$
 따라서,
 $K_{75}=\dfrac{20}{2.2}=9.09\text{kg/cm}^3$
② 지름 40cm의 재하판의 지지력계수 (K_{40})
 $K_{40}=1.7\,K_{75}=1.7\times 9.09$
 $=15.45\text{kg/cm}^3$

해설 8
① 평판재하 시험 결과를 이용할 때 유의사항
 • 토질 종단을 알아야 한다.
 • 지하수위의 위치와 그 변동을 고려하여야 한다.
 • scale effect를 고려한다.
② 지지력은 근본적으로 고유한 값은 아니다.
③ 지하수위가 상승하면 지지력은 감소한다.

해설 9
재시험한 결과가 $CBR_{2.5}<CBR_{5.0}$이면 CBR 값은 $CBR_{5.0}$이다.

해설 10
① 관입량 2.5mm에 대한 노상토지지력비($CBR_{2.5}$)
 $CBR_{2.5}=\dfrac{96}{1,370}\times 100=7.0\%$
② 관입량 5.0mm에 대한 노상토지지력비($CBR_{5.0}$)
 $CBR_{5.0}=\dfrac{135}{2,030}\times 100=6.65\%$
③ CBR 값
 $CBR_{2.5}>CBR_{5.0}$이면 CBR값은 $CBR_{2.5}$이다.

정답 6. ㉯ 7. ㉮ 8. ㉯ 9. ㉯ 10. ㉱

■ 제8장 흙의 다짐

11 현장의 건조밀도 시험에 사용되는 모래는 다음 어느 규격에 맞는 것이라야 하는가? [84 ⑤]

㉮ No.10체~No.200체
㉯ No.10체~No.100체
㉰ No.4체~No.200체
㉱ No.40체~No.200체

12 현장에서 모래치환법에 의한 단위중량 시험방법시 모래를 사용하는 이유는? [96 ⑤]

㉮ 시료의 함수비를 알기위하여
㉯ 시료의 무게를 알기위하여
㉰ 시료의 체적을 알기위하여
㉱ 시료의 입경을 알기위하여

13 현장 흙의 밀도를 측정하기 위해 표면을 평평하게 하여 구멍을 파고, 그 흙을 모두 꺼내서 중량을 측정하니 1,460g이었다. 구멍의 부피를 측정하기 위하여 건조모래를 정확히 가득 채우는 데 1,212g 필요하였다. 이 건조모래의 단위중량이 1.45g/cm³이다. 건조밀도는 얼마인가?(단, 현장의 함수비는 12.4%이었다.) [92 ⑤]

㉮ 1.53g/cm³
㉯ 1.554g/cm³
㉰ 1.655g/cm³
㉱ 1.747g/cm³

14 현장 도로 토공에서 들밀도 시험을 했다. 파낸 구멍의 체적이 V= 1,980cm³이었고, 이 구멍에서 파낸 흙무게가 3,420g이었다. 이 흙의 토질시험결과 함수비가 10%, 비중이 2.7, 최대건조밀도 1.65g/cm³ 이었을 때 이 현장의 다짐도는? [00 ㉮]

㉮ 85%
㉯ 87%
㉰ 91%
㉱ 95%

15 도로의 평판재하 시험이 끝나는 다음 조건 중 옳지 않은 것은? [98 ㉮]

㉮ 완전히 침하가 멈출 때
㉯ 침하량이 15mm에 달할 때
㉰ 하중강도가 그 지반의 항복점을 넘을 때
㉱ 하중강도가 현장에서 예상되는 최대접지압력을 초과할 때

해 설

해설 11
시험용 모래는 No.10체를 통과하고 No.200체에 남는 모래를 사용한다.

해설 12
시료의 체적을 알기 위하여 모래를 사용한다.

해설 13
① 구멍의 부피(V)
$$V = \frac{W_{sand}}{\gamma_{sand}} = \frac{1,212}{1.45} = 835.86 \text{cm}^3$$
② 습윤단위중량(γ_t)
$$\gamma_t = \frac{W}{V} = \frac{1,460}{835.86} = 1.747 \text{g/cm}^3$$
③ 현장의 건조단위중량(γ_d)
$$\gamma_d = \frac{\gamma_t}{1 + \frac{w}{100}} = \frac{1.747}{1 + \frac{12.4}{100}}$$
$$= 1.554 \text{g/cm}^3$$

해설 14
① 습윤단위중량(γ_t)
$$\gamma_t = \frac{W}{V} = \frac{3,420}{1,980} = 1.727 \text{g/cm}^3$$
② 건조단위중량(γ_d)
$$\gamma_d = \frac{\gamma_t}{1 + \frac{w}{100}} = \frac{1.727}{1 + \frac{10}{100}}$$
$$= 1.57 \text{g/cm}^3$$
③ 다짐도(R)
$$R = \frac{\text{현장의 } \gamma_d}{\text{실내다짐시험에 의한 } \gamma_{dmax}} \times 100$$
$$= \frac{1.57}{1.65} \times 100 = 95.15\%$$

해설 15
① 완전히 침하가 멈추거나, 1분 동안에 침하량이 그 단계 하중의 총 침하량 1% 이하가 될 때 그 다음 단계의 하중을 가한다.
② 도로의 평판재하시험을 끝내는 경우
• 하중강도가 그 지반의 항복점을 넘을때
• 하중강도가 현장에서 예상되는 최대 접지압력을 초과할 때
• 침하량이 15mm에 달했을 때

정답 11. ㉮ 12. ㉰ 13. ㉯ 14. ㉱ 15. ㉮

16 평판재하 시험결과를 이용할 때 고려해야 할 사항들 중 틀린 것은? [93 ㉯]

㉮ Scale effect를 고려할 때 모래의 경우 침하량은 기초의 폭에 비례한다.
㉯ Scale effect를 고려할 때 점토의 경우 지지력은 기초의 크기와는 무관하다.
㉰ 지하수위가 상승하면 흙의 유효 밀도는 대략 50% 정도 저하하며, 강도는 $\frac{1}{2}$로 준다.
㉱ 시험한 지점의 토질종단을 알아야 예기치 못한 침하와 기초지반 파괴에 대비한다.

17 평판재하 시험을 이용할 때 옳지 않은 것은? [01 ㉮]

㉮ 지반 내부에 발생하는 응력은 재하 면적의 크기에 관계없다.
㉯ 지반이 포화되면 유효단위중량 및 지지력도 반감한다.
㉰ 사질 지반에서 지지력은 재하판 크기와 관계가 있다.
㉱ 점토의 지지력은 재하판 크기와 관계가 없다.

18 실내 CBR시험에서 공시체 다짐에 관하여 맞는 것은? [94 ㉯]

㉮ 시료는 5층으로 나누어 55회, 25회, 10회로, 45cm 높이에서 자유 낙하시켜 9개의 몰드 제작
㉯ 시료는 3층으로 나누어 55회, 25회, 10회로, 45cm 높이에서 자유 낙하시켜 3개의 몰드 제작
㉰ 시료는 5층으로 나누어 55회, 25회, 10회로, 45cm 높이에서 자유 낙하시켜 5개의 몰드 제작
㉱ 시료는 3층으로 나누어 55회, 25회, 10회로, 45cm 높이에서 자유 낙하시켜 5개의 몰드 제작

19 CBR 시험에서 관입깊이 2.5mm일 때, 피스톤에 작용하는 하중이 900kg이다. 이 재료의 $CBR_{2.5}$의 값은? [94 01 ㉮]

㉮ 80.0% ㉯ 65.7%
㉰ 63.3% ㉱ 60.5%

20 CBR 시험에서 CBR 값이 100%라는 것은 지름 5cm의 관입 피스톤이 2.5mm 관입될 경우 얼마의 시험단위하중을 받는가? [99 ㉮]

㉮ 2,060kg/cm² ㉯ 1,370kg/cm²
㉰ 105kg/cm² ㉱ 70kg/cm²

해 설

해설 16
모래지반의 경우 침하량은 재하판의 크기가 커지면 약간 커지긴 하지만 폭 B에 비례하지는 않는다.

해설 17
① 평판재하시험의 하중강도(q)
$$q = \frac{Q}{A}$$
여기서, Q : 하중
A : 재하판의 면적
즉, 지반 내부에 발생하는 응력은 재하 면적의 크기에 관계가 있다.
② 지지력
㉮ 점토지반의 경우 재하판 폭에 무관하다.
㉯ 모래지반의 경우 재하판 폭에 비례하여 증가한다.
③ 지반 내부에 발생하는 응력은 재하 면적의 크기에 관계 있다.

해설 18
노상토 지지력비 시험(CBR)
D 다짐방법(몰드지름 15cm, 래머 4.5kg, 다짐층수 5층)으로 다지는 데, 각 층 다짐횟수는 10, 25, 55회로 하여 각각 3개의 공시체를 제작한다.

해설 19
① 노상토지지력비(C.B.R.)
$$CBR = \frac{시험하중}{표준하중} \times 100$$
$$= \frac{시험단위하중}{표준단위하중} \times 100(\%)$$
② 관입량 2.5mm에 대한 노상토지지력비
$$CBR_{2.5} = \frac{시험하중}{표준하중} \times 100$$
$$= \frac{900}{1,370} \times 100 = 65.7\%$$

해설 20
① 노상토지지력비(CBR)
$$CBR = \frac{시험단위하중}{표준단위하중} \times 100(\%)$$
② 관입량 2.5mm에 대한 노상토지지력비
$$100 = \frac{시험단위하중}{70} \times 100(\%)$$
따라서, 시험단위하중은 70kg/cm²이다.

정답 16. ㉮ 17. ㉮ 18. ㉮ 19. ㉯ 20. ㉱

출제예상문제

CHAPTER 8 흙의 다짐

1. 다음 중 다짐 시험에 사용되는 래머의 중량은?

㉮ 2.5kg, 4.5kg　　㉯ 2.0kg, 4.0kg
㉰ 3.0kg, 6.0kg　　㉱ 1.5kg, 3.0kg

[해설] 래머의 종류는 2.5kg(낙하고 30cm), 4.5kg(낙하고 45cm)가 있다.

2. 흙의 다짐 시험(KS F 2312)에서 A다짐에 사용되는 허용최대입자지름은?

㉮ 37.5mm　　㉯ 19mm
㉰ 25mm　　㉱ 10mm

[해설] A다짐 시험 방법의 허용최대입자지름은 19mm이다.

3. 흙의 다짐 시험 (KS F 2312)에서 B다짐 방법의 허용최대입자지름은 얼마인가?

㉮ 37.5mm　　㉯ 32mm
㉰ 19mm　　㉱ 10mm

[해설] B다짐 시험 방법의 최대허용입자지름은 37.5mm이다.

4. 다음 시험에 이용하는 일반식 중 잘못된 것은?(단, γ_d : 건조밀도, G_s : 흙의 비중, e : 공극비, w : 함수비, S : 포화도, γ_w : 물의 단위중량, W_s : 흙입자의 중량, W_w : 물의 중량)

㉮ $\gamma_d = \dfrac{G_s}{1+e} \gamma_w$

㉯ $\gamma_d = \dfrac{G_s}{1+\dfrac{wG_s}{S}} \gamma_w$

㉰ $\gamma_d = \dfrac{\gamma_t}{1+\dfrac{W_s}{W_w}} \gamma_w$

㉱ $\gamma_d = \dfrac{\gamma_w}{\dfrac{1}{G_s}+\dfrac{w}{S}}$

[해설]
① 건조단위중량(γ_d)
$\gamma_d = \dfrac{G_s}{1+e} \cdot \gamma_w = \dfrac{G_s}{1+\dfrac{w \cdot G_s}{S}} \cdot \gamma_w = \dfrac{\gamma_w}{\dfrac{1}{G_s}+\dfrac{w}{G_s}}$

② 건조단위중량과 습윤단위중량의 관계
$\gamma_d = \dfrac{\gamma_t}{1+\dfrac{w}{100}} = \dfrac{\gamma_t}{1+\dfrac{W_w}{W_s}}$

5. 토질 실험결과를 반대수 용지에 나타내어 구하는 값이 아닌 것은?

㉮ 압축지수, 압밀계수
㉯ 균등계수, 곡률계수
㉰ 최대건조밀도, 최적함수비
㉱ 액성한계, 유동지수

[해설] 다짐 시험을 한 후 작성하는 다짐 곡선은 반대수용지를 사용하지 않는다.

6. 영공기 곡선(zero air void curve)은 다음 중 어떤 토질실험결과로 얻어지는가?

㉮ 직접 전단 시험　　㉯ 압밀 시험
㉰ 아터버그 시험　　㉱ 다짐 시험

[해설] 영공기공극 곡선
포화도 100%(공기함율 0%)일 때의 건조단위중량과 함수비 관계곡선을 영공극 곡선, 또는 포화 곡선이라 한다.

해답 1. ㉮ 2. ㉯ 3. ㉮ 4. ㉰ 5. ㉰ 6. ㉱

7. 흙의 다짐에서 최적함수비를 설명하는 말 중 옳지 않은 것은?

㉮ 같은 흙에서는 다짐일량의 변화에 관계없이 일정하다.
㉯ 일반적으로 점토는 모래보다 함수비가 크다.
㉰ 현장에서 다짐 작업을 할 경우에는 최적함수비에서 작업하는 것이 좋다.
㉱ 최적함수비는 다짐 곡선에서 얻어진다.

해설
같은 흙에서는 다짐에너지가 증가할수록 최대건조단위중량은 증가하고, 최적함수비는 감소한다.

8. 흙의 다짐에 관한 것 중 틀린 것은?

㉮ 인공적으로 흙에 압력이나 충격을 가하여 밀도를 높이는 것을 다짐이라 한다.
㉯ 최대건조밀도 때의 함수비를 최적함수비라 한다.
㉰ 영공기공극 곡선은 흙이 완전 포화될 때 함수비–밀도 곡선을 말한다.
㉱ 다짐에너지를 증가하면 최적함수비는 증가한다.

해설
다짐에너지를 증가하면 최적함수비는 감소하고, 최대건조밀도는 증가한다.

9. 흙의 다짐에 대한 다음 기술 중 옳지 않은 것은?

㉮ 함수비의 변화에 따라 건조밀도가 변하는데 건조밀도가 가장 클 때의 함수비를 최적함수비라고 한다.
㉯ 최적함수비는 흙의 종류와 다짐방법에 따라 다른 값이 나온다.
㉰ 같은 다짐방법에서는 최적함수비가 작은 흙일수록 최대건조밀도도 작다.
㉱ 흙이 조립토에 가까울수록 최적함수비의 값은 작다.

해설
같은 다짐방법에서는 최적함수비가 작은 흙일수록 최대건조밀도는 크다.

10. 흙의 다짐에 관한 다음 사항 중 옳지 않은 것은?

㉮ 점토보다 사질토 쪽이 일반적으로 건조밀도가 높다.
㉯ 영공극 곡선은 다짐 곡선보다 아래쪽에 있다.
㉰ 점토보다 사질토 쪽이 다짐 곡선의 구배가 급하다.
㉱ 최적함수비는 점토가 사질토보다 큰 값을 보인다.

해설
① 영공기공극 곡선 즉, 포화 곡선은 포화도가 100%일 때의 함수비–건조단위중량과의 관계곡선이다.
② 포화 곡선은 다짐 곡선보다 오른쪽에 위치한다.

11. 다짐에 관한 설명 중 옳지 않은 것은?

㉮ 일반적으로 흙의 건조밀도는 가하는 다짐에너지가 클수록 크다.
㉯ 모래질 흙은 진동 또는 진동을 동반하는 다짐이 유효하다.
㉰ 건조밀도–함수비 곡선에서 최적함수비와 최대건조밀도를 구할 수 있다.
㉱ 모래질을 많이 포함한 흙의 건조밀도–함수비 곡선의 구배는 완만하다.

해설
모래질이 많을수록 곡선의 경사가 날카로워지며, 최대건조단위중량은 커지고 최적함수비는 작아진다.

12. 흙의 다짐에 대하여 다음 기술 중 옳지 않은 것은?

㉮ 함수비의 변화에 따라 건조밀도가 변하는데 건조밀도가 가장 클 때의 함수비를 최적함수비라고 한다.

해답 7. ㉮ 8. ㉱ 9. ㉰ 10. ㉯ 11. ㉱ 12. ㉯

㉯ 흙이 조립토에 가까울수록 최적함수비는 작아지고, 최대건조밀도도 작아진다.
㉰ 일반적으로 조립토일수록 다짐 곡선의 기울기가 급하다.
㉱ 최적함수비는 흙의 종류와 다짐에너지에 따라 다르다.

해설
① 조립토일수록 최적함수비는 작아지고 최대건조밀도는 커지며, 다짐 곡선의 기울기가 날카롭다.
② 세립토일수록 최적함수비는 커지고 최대건조밀도는 작아지며, 다짐 곡선의 기울기가 완만하다.

13. 흙을 다질 때 다짐에너지를 크게 할수록 어떻게 되는가?
㉮ 건조단위중량과 최적함수비가 동시에 커진다.
㉯ 건조단위중량은 커지고 최적함수비는 작아진다.
㉰ 건조단위중량은 작아지고 최적함수비는 커진다.
㉱ 건조단위중량과 최적함수비가 동시에 작아진다.

해설
다짐에너지를 증가시키면, 최대건조단위중량은 커지고 최적함수비는 작아진다.

14. 다짐의 효과에 대한 설명 중 틀린 것은?
㉮ 다짐함수비가 클수록 일축압축강도는 감소한다.
㉯ 최적함수비에서 건조쪽으로 다짐을 하는 경우 습윤쪽으로 다지는 것보다 흙의 압축성이 커진다.
㉰ 최적함수비에서 건조쪽으로 다지는 경우가 습윤쪽으로 다지는 것보다 투수계수가 작다.
㉱ 댐코아 재료는 습윤쪽으로 다지는 것이 건조쪽으로 다지는 것 보다 균열이 적다.

해설
① 다짐이 점토에 미치는 영향
 • 최적함수비(OMC)보다 약간 습윤측에서 최소투수계수를 얻을 수 있다.
 • 최적함수비(OMC)보다 건조측에서 최대전단 강도를 얻을 수 있다.
 • 건조측에서 높은 공기압이 발생한다.
② 함수비가 클수록 내부마찰각이 작아져서 일축압축 강도가 작아진다.
③ 낮은 압력에서는 습윤쪽으로 다지는 흙의 압축성이 커진다. 그러나 높은 압력에서는 건조쪽에서 다지는 흙의 압축성이 크다.

15. 흙의 다짐에 관한 설명 중 옳지 않은 것은?
㉮ 점성토지반을 다질 때는 진동 로울러로 다지는 것이 좋다.
㉯ 세립토가 많을수록 최적함수비는 증가한다.
㉰ 다짐에너지가 커질수록 최적함수비는 적다.
㉱ 비중이 같은 흙은 최대건조밀도가 높은 흙일수록 최적함수비가 낮다.

해설 현장 다짐기계
① 모래 지반 : 진동 롤러(vibrating roller)
② 점토 지반 : 탬핑 롤러(tamping roller), 양족 롤러(sheeps foot roller)

16. 어떤 점토를 가지고 다짐 시험을 하여 각 현상을 분석하였다. 옳지 않은 것은?
㉮ 면모구조가 분산구조보다 강도가 크다.
㉯ 최적함수비에서 강도가 가장 크다.
㉰ 최적함수비보다 큰 함수비에서 다졌을 경우 입자 배열이 분산구조로 바뀐다.
㉱ 건조측에서 점토의 이중층 수의 두께가 작아서 입자간의 반발력이 작다.

해설 다짐이 점토에 미치는 영향
① 최적함수비보다 약간 습윤측에서 최소투수계수를 얻을 수 있다.
② 최적함수비보다 건조측에서 최대전단강도를 얻을 수 있다.

해답 13. ㉯ 14. ㉰ 15. ㉮ 16. ㉯

③ 최적함수비보다 건조측에서는 확산 이중층 구조가 발달하지 못하여 반발력이 작아져서 면모구조가 되기 쉽다.
④ 최적함수비보다 습윤측에서는 확산 이중층이 팽창하여 반발력이 커져서 이산구조가 되기 쉽다.

17. 실내 다짐 시험에서 측정된 최대건조밀도가 16kN/m³이고, 다짐도를 90%라 할 때 현장에서의 다짐밀도 최소치는?

㉮ 14.4kN/m³
㉯ 17.8kN/m³
㉰ 7.0kN/m³
㉱ 12.0kN/m³

해설
① 다짐도(R)

$$R = \frac{\text{현장의 } \gamma_d}{\text{실내다짐시험에 의한 } \gamma_{dmax}} \times 100(\%)$$

② 현장의 건조단위중량(γ_{df})

현장의 $\gamma_d = \frac{\text{다짐도}}{100} \times$ 실내다짐시험에 의한 γ_{dmax}
$= \frac{90}{100} \times 16 = 14.4\text{kN/m}^3$

18. 현장에서 다짐된 사질토의 상대다짐도가 95%이고, 최대 및 최소건조단위중량이 각각 17.6kN/m³, 15.0kN/m³이라고 할 때 현장 시료의 건조단위중량과 상대밀도를 구하면?

	건조단위중량	상대밀도
㉮	16.7kN/m³	71%
㉯	16.7kN/m³	69%
㉰	16.3kN/m³	69%
㉱	16.3kN/m³	71%

해설
① 현장의 건조단위중량(γ_{df})

현장의 $\gamma_d = \frac{\text{다짐도}}{100} \times$ 실내다짐시험에 의한 γ_{dmax}
$= \frac{95}{100} \times 17.6 = 16.7\text{kN/m}^3$

② 상대밀도(D_r)

$$D_r = \frac{\gamma_{dmax}}{\gamma_d} \cdot \frac{\gamma_d - \gamma_{dmin}}{\gamma_{dmax} - \gamma_{dmin}} \times 100$$
$$= \frac{17.6}{16.7} \times \frac{16.7 - 15.0}{17.6 - 15.0} \times 100 = 68.9\%$$

19. 현장밀도 시험의 결과로부터 건조밀도(γ_d)를 구하는 식으로 옳은 것은?
(단 V : 시험구멍의 용적
W : 시험구멍에서 파낸 흙의 습윤중량
w : 시험구멍에서 파낸 흙의 함수비)

㉮ $\gamma_d = \frac{1}{V} \cdot \left(\frac{W}{1+w/100} \right)$
㉯ $\gamma_d = W \cdot \left(\frac{V}{1+w/100} \right)$
㉰ $\gamma_d = \frac{1}{W} \cdot \left(\frac{V}{1+w/100} \right)$
㉱ $\gamma_d = V \cdot \left(\frac{W}{1+w/100} \right)$

해설
① 습윤단위중량(γ_t)

$$\gamma_t = \frac{W}{V}$$

② 건조단위중량(γ_d)

$$\gamma_d = \frac{\gamma_t}{1+\frac{w}{100}} = \frac{1}{V} \cdot \left(\frac{W}{1+\frac{w}{100}} \right)$$

20. 도로 토공에서 들밀도 시험을 하였다. 파낸 구멍의 체적이 1,960cm³, 흙 무게가 3,390g이고, 이 흙의 함수비는 10%이었다. 실험실에서 구한 최대건조밀도는 $\gamma_{dmax} = 16.5\text{kN/m}^3$일 때 다짐도는 얼마인가?(단, 1t=10kN)

㉮ 85.6%
㉯ 91.0%
㉰ 95.3%
㉱ 98.7%

해답 17. ㉮ 18. ㉯ 19. ㉮ 20. ㉰

해설

① 현장의 습윤단위중량(γ_t)

$$\gamma_t = \frac{W}{V} = \frac{3,390}{1,960} = 1.73\text{g/cm}^3 = 1.73\text{t/m}^3$$
$$= 17.3\text{kN/m}^3$$

② 현장의 건조단위중량(γ_d)

$$\gamma_d = \frac{\gamma_t}{1+\frac{w}{100}} = \frac{17.3}{1+\frac{10}{100}} = 15.73\text{kN/m}^3$$

③ 다짐도(R)

$$R = \frac{\text{현장의 } \gamma_d}{\text{실내다짐시험에 의한 } \gamma_{dmax}} \times 100$$
$$= \frac{15.73}{16.5} \times 100 = 95.33\%$$

21. 도로의 평판재하 시험에서 1.25mm 침하량에 해당하는 하중강도가 2.50kg/cm²일 때 지지력 계수는?

㉮ 20 kg/cm³
㉯ 30 kg/cm³
㉰ 25 kg/cm³
㉱ 35 kg/cm³

해설

① 침하량(y)
$y = 1.25\text{mm} = 0.125\text{cm}$

② 지지력 계수(K)

$$K = \frac{q}{y} = \frac{2.50}{0.125} = 20\text{ kg/cm}^3$$

22. 지지력 계수를 구할 때 재하판의 침하량은 몇 cm일 때의 것을 표준으로 하여 사용하는가?

㉮ 1.100cm
㉯ 0.125cm
㉰ 0.150cm
㉱ 0.175cm

해설

일반적으로 평판재하 시험에서 0.125cm를 표준침하량으로 한다.

23. 평판재하 시험에서 단계적으로 하중을 가한다. 1단계 하중강도는?

㉮ 0.35kg/cm²
㉯ 0.25kg/cm²
㉰ 0.15kg/cm²
㉱ 1.1kg/cm²

해설

평판재하 시험에서 1단계 하중강도는 0.35kg/cm²씩 증가시킨다.

24. 아스팔트 포장도로를 설계할 때 가장 중요하다고 생각되는 사항은 어느 것인가?

㉮ 평판재하 시험   ㉯ 표준관입 시험
㉰ CBR 시험   ㉱ 삼축압축 시험

해설

① 콘크리트(강성) 포장에서 포장 두께를 결정할 때 평판재하 시험을 한다.
② 아스팔트(연성) 포장에서 포장 두께를 결정할 때 노상토지지력비 시험을 한다.

25. 다음은 평판재하 시험에 관한 기술이다. 이 가운데 틀린 것은?

㉮ 모형 시험에서 얻은 자료를 설계에 응용하기 위해서는 토질종단을 알아야 한다.
㉯ 지하수위의 변동사항을 알아야 한다.
㉰ 침하량 추정은 점성토의 경우 수정을 해야 한다.
㉱ 허용지지력은 항복하중의 $\frac{1}{3}$을 취한다.

해설

허용지지력은 항복하중의 $\frac{1}{2}$, 극한하중의 $\frac{1}{3}$ 중 작은 값을 취한다.

해답 21. ㉮ 22. ㉯ 23. ㉮ 24. ㉰ 25. ㉱

26. 평판재하 시험에서 재하판의 크기에 의한 영향(scale effect)에 관한 설명 중 틀린 것은?

㉮ 사질토지반의 지지력은 재하판의 폭에 비례한다.
㉯ 점토지반의 지지력은 재하판의 폭에 무관하다.
㉰ 사질지반의 침하량은 재하판의 폭이 커지면 약간 커지기는 하지만 비례하는 정도는 아니다.
㉱ 점토지반의 침하량은 재하판의 폭에 무관하다.

[해설] 재하판 크기에 의한 영향
① 지지력
 • 점토지반의 경우 재하판 폭에 무관하다.
 • 모래지반의 경우 재하판 폭에 비례하여 증가한다.
② 침하량
 • 점토지반의 경우 재하판 폭에 비례하여 증가한다.
 • 모래지반의 경우 침하량은 재하판의 크기가 커지면 약간 커지긴 하지만 폭 B에 비례하지는 않는다.

27. 모래지반에 30cm의 재하판을 사용하여 현장재하 시험을 행하였다. 하중-침하량 곡선을 그려 극한지지력을 구한 결과는?

㉮ 실제기초의 극한지지력과 잘 맞는다.
㉯ 실제기초의 극한지지력보다 크므로 보정하여야 한다.
㉰ 실제기초의 극한지지력보다 작으므로 보정하여야 한다.
㉱ 실제기초의 극한지지력과 전혀 관련이 없다.

[해설] 모래지반의 경우 지지력은 재하판 폭에 비례하여 증가한다.

28. 모래질 지반에 30cm×30cm 크기로 재하 시험을 한 결과 20t/m²의 극한지지력을 얻었다. 3m×3m의 기초를 설치할 때 기대되는 극한지지력은?

㉮ 100t/m² ㉯ 150t/m²
㉰ 200t/m² ㉱ 300t/m²

[해설] 기초의 극한지지력($q_{u(기초)}$)
모래지반의 경우 극한지지력은 재하판 폭에 비례하여 증가한다.

$q_{u(기초)} = q_{u(재하)} \cdot \dfrac{B_{(기초)}}{B_{(재하)}} = 20 \times \dfrac{3}{0.3} = 200 \text{ t/m}^2$

29. 다음 중 온도계가 필요 없는 시험은?

㉮ 비중 시험   ㉯ 비중계 시험
㉰ 변수위 투수 시험 ㉱ C.B.R. 시험

[해설]
C.B.R. 시험은 온도계가 필요 없다.

30. C.B.R 시험에서 C.B.R 값 100%란 직경 5cm의 피스톤이 2.5mm 관입될 때 가해야 할 표준하중으로 옳은 것은?

㉮ 70kg/cm²   ㉯ 105kg/cm²
㉰ 134kg/cm² ㉱ 162kg/cm²

[해설]
CBR 시험에서 표준단위하중은 2.5mm 관입시 70kg/cm²이고, 5.0mm 관입시 105kg/cm²이다.

31. CBR 시험을 실시하여 다음의 그림과 같은 관입량과 하중과의 관계를 얻었다. 이 흙의 2.5mm일 때의 CBR은?(단, 관입량 2.5mm일 때의 표준하중은 1,370kg이고, 표준하중강도 70kg/cm²이다.)

㉮ 7.30%
㉯ 13.70%
㉰ 14.29%
㉱ 70.0%

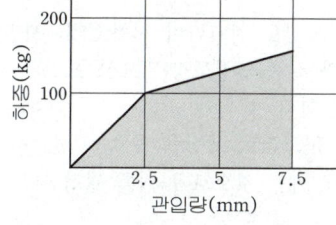

[해설]
① 관입량 2.5mm일 때의 시험하중은 100kg이다.
② 관입량 2.5mm에 대한 노상토지지력비($CBR_{2.5}$)

$CBR_{2.5} = \dfrac{시험하중}{표준하중} \times 100 = \dfrac{100}{1,370} \times 100 = 7.3\%$

해답 26. ㉱ 27. ㉰ 28. ㉰ 29. ㉱ 30. ㉮ 31. ㉮

32. CBR에 대한 설명 중 옳지 않은 것은?

㉮ CBR값은 강성포장의 두께를 결정하는데 주로 쓰이는 값이다.
㉯ 실험실에서의 길 바탕흙 지지력 시험 방법과 현장에서의 길 바탕흙 지지력비 시험 방법이 있다.
㉰ 다짐한 흙시료에 직경 5cm의 강봉을 관입시켰을 때 관입량과 하중강도와의 비를 백분율로 표시한 값이다.
㉱ $CBR_{2.5} < CBR_{5.0}$의 경우 재시험하고, 그래도 $CBR_{5.0}$이 $CBR_{2.5}$ 보다 클 때는 $CBR_{5.0}$ 값을 CBR 값으로 한다.

[해설]
노상토 지지력비 시험(CBR 시험)은 아스팔트 포장과 같은 연성포장(가요성 포장) 두께를 산정할 때 사용한다.

33. 노상토 지지력비(CBR)를 설명한 것이다. 옳지 않은 것은?

㉮ 관입깊이 5mm에 대한 표준하중강도는 105kg/cm²이다.
㉯ CBR 값은 시험하중강도를 표준하중강도로 나누어 백분율로 나타낸다.
㉰ 표준하중강도는 다짐된 쇄석에 직경 5cm에 강봉을 관입하여 구해진 것이다.
㉱ 콘크리트 포장은 주로 CBR 시험 값으로 두께를 결정한다.

[해설]
① 노상토 지지력비 시험(CBR 시험)은 아스팔트 포장과 같은 연성포장(가요성 포장) 두께를 산정할 때 사용한다.
② 콘크리트 포장은 주로 평판재하 시험에 의한 지지력 계수 값으로 두께를 결정한다.

34. CBR 시험에서 피스톤 2.5mm관입될 때와 5mm 관입될 때를 비교한 결과 5mm값이 더 크게 나타났다. 어떻게 하여 CBR값을 결정하는가?

㉮ 그대로 5mm값을 CBR값으로 한다.
㉯ 2.5mm값과 5mm값의 평균값을 CBR값으로 한다.
㉰ 5mm값을 무시하고 2.5mm값을 표준으로 하여 CBR값으로 한다.
㉱ 되풀이 시험해서 그래서 5mm값이 크게 나오면 그대로 5mm을 CBR값으로 한다.

[해설]
$CBR_{2.5} < CBR_{5.0}$의 경우 재시험하고, 그래도 $CBR_{5.0}$이 $CBR_{2.5}$보다 클 때는 $CBR_{5.0}$값을 CBR값으로 한다.

35. 다음 중 흙의 지지력과 관계없는 시험은?

㉮ 평판재하 시험   ㉯ CBR 시험
㉰ 표준관입 시험   ㉱ 변수위투수 시험

[해설]
변수위투수 시험은 비교적 투수성이 큰 모래지반의 투수계수 측정을 위한 시험이다.

36. 다음 토질 시험 중 도로의 포장 두께를 정하는데 많이 사용되는 것은?

㉮ 표준관입 시험   ㉯ C.B.R 시험
㉰ 삼축압축 시험   ㉱ 표준다짐 시험

[해설]
① 콘크리트(강성) 포장에서 포장 두께를 결정할 때 평판재하 시험을 한다.
② 아스팔트(연성) 포장에서 포장 두께를 결정할 때 노상토지지력비 시험을 한다.

37. 점토에 포틀랜드(Portland) 시멘트를 혼합하는 경우 다음의 3가지 반응이 발생한다. Pozzolan반응(P), 흡착작용(Absorption) (A), 수화작용(Hydration) (H), 이 반응들의 올바른 발생 순서는?

㉮ P-A-H   ㉯ A-H-P
㉰ H-A-P   ㉱ H-P-A

[해설]
점토에 포틀랜드 시멘트를 혼합하면 흡수작용, 수화작용, 포졸란반응 순으로 일어난다.

해답 32. ㉮ 33. ㉱ 34. ㉱ 35. ㉱ 36. ㉯ 37. ㉯

38. 흙의 다짐효과에 대한 설명으로 옳은 것은?

㉮ 부착성이 양호해지고 흡수성이 증가한다.
㉯ 투수성이 증가한다.
㉰ 압축성이 커진다.
㉱ 밀도가 커진다.

[해설] 다짐효과

증가하는 값	감소하는 값
① 단위무게	① 압축성
② 상대밀도	② 물의 흡수성
③ 전단강도	③ 동상, 팽창
④ 지지력	④ 건조수축
⑤ 사면의 안전성	
⑥ 부착력	

39. 다짐에너지(Energy)에 관한 설명 중 틀린 것은?

㉮ 다짐에너지는 램머(Rammer)의 중량에 비례한다.
㉯ 다짐에너지는 다짐 층수에 반비례한다.
㉰ 다짐에너지는 시료의 부피에 반비례한다.
㉱ 다짐에너지는 다짐 횟수에 비례한다.

[해설] 다짐에너지(E)

$$E = \frac{W_R \cdot H \cdot N_B \cdot N_L}{V}$$

① 다짐에너지는 램머의 중량, 낙하고, 각 층의 다짐 횟수, 다짐 층수에 비례한다.
② 다짐에너지는 몰드의 체적에 반비례한다.

40. 흙의 A다짐 시험을 할 때 사용되는 각종 기구들의 제원 중 틀린 것은?

㉮ 램머의 무게 : 4.5kg
㉯ 낙하고 : 30cm
㉰ 매층당 타격 회수 : 25회
㉱ 다짐 층수 : 3층

[해설] A다짐 방법

몰드(ø = 10 cm, H = 12.7 cm, V = 1,000 cm³)를 3층으로 나누어 시료를 넣고 각 층을 2.5kg의 래머로 30cm 높이에서 자유 낙하시키면서 25회 다진 후 흙의 습윤단위중량과 함수비를 측정하고 건조단위중량을 계산하며, 함수비를 5~6회 변화시키면서 위의 방법을 되풀이한다.

41. 현장밀도 시험의 결과로부터 건조밀도(γ_d)를 구하는 식으로 옳은 것은?
(단 V : 시험구멍의 용적
 W : 시험구멍에서 파낸 흙의 습윤중량
 w : 시험 구멍에서 파낸 흙의 함수비)

㉮ $\gamma_d = \frac{1}{V} \cdot \left(\frac{W}{1+w/100}\right)$
㉯ $\gamma_d = W \cdot \left(\frac{V}{1+w/100}\right)$
㉰ $\gamma_d = \frac{1}{W} \cdot \left(\frac{V}{1+w/100}\right)$
㉱ $\gamma_d = V \cdot \left(\frac{W}{1+w/100}\right)$

[해설]

① 습윤단위중량(γ_t)

$$\gamma_t = \frac{W}{V}$$

② 건조단위중량(γ_d)

$$\gamma_d = \frac{\gamma_t}{1+\frac{w}{100}} = \frac{1}{V} \cdot \left(\frac{W}{1+\frac{w}{100}}\right)$$

42. 영공극 곡선(zero air void curve)은 다음 중 어떤 토질시험결과로 얻어지는가?

㉮ 액성한계 시험   ㉯ 다짐 시험
㉰ 직접전단 시험   ㉱ 압밀 시험

[해설] 영공기공극 곡선

포화도 100%(공기함율 0%)일 때의 건조단위중량과 함수비 관계 곡선을 영공극 곡선, 또는 포화 곡선이라한다.

해답 38. ㉱ 39. ㉯ 40. ㉮ 41. ㉮ 42. ㉯

43. 다짐에 대한 다음 설명 중 틀린 것은?

㉮ 세립토가 많을수록 최적함수비는 증가한다.
㉯ 세립토가 많을수록 최대건조단위중량이 증가한다.
㉰ 다짐곡선이라 함은 건조단위중량과 함수비 관계를 나타낸 것이다.
㉱ 다짐에너지가 클수록 최적함수비는 감소한다.

[해설]
세립토가 많을수록 최대건조단위중량이 감소하며, 최적함수비가 증가한다.

44. 다짐 곡선에 대한 설명이다. 잘못된 것은?

㉮ 다짐에너지를 증가시키면 다짐 곡선은 왼쪽 위로 이동하게 된다.
㉯ 사질성분이 많은 시료일수록 다짐 곡선은 오른쪽 위에 위치하게 된다.
㉰ 점성분이 많은 흙일수록 다짐 곡선은 넓게 퍼지는 형태를 가진다.
㉱ 점성분이 많은 흙일수록 오른쪽 아래에 위치하게 된다.

[해설]
사질성분이 많은 시료일수록 다짐 곡선은 왼쪽 위에 위치하게 된다.

45. 흙의 다짐에서 다짐에너지를 증가시키면 어떤 변화가 생기는가?

㉮ 최적함수비는 증가하고, 최대건조단위중량은 감소한다.
㉯ 최적함수비와 최대건조단위중량은 증가한다.
㉰ 최적함수비는 감소하고, 최대건조단위중량은 증가한다.
㉱ 최적함수비와 최대건조단위중량은 감소한다.

[해설]
다짐에너지를 증가하면 최적함수비는 감소하고, 최대건조단위중량은 증가한다.

46. 다음 표는 흙의 다짐에 대해 설명한 것이다. 옳게 설명한 것을 모두 고른 것은?

(1) 사질토에서 다짐에너지가 클수록 최대건조단위중량은 커지고 최적함수비는 줄어든다.
(2) 입도분포가 좋은 사질토가 입도분포가 균등한 사질토보다 더 잘 다져진다.
(3) 다짐 곡선은 반드시 영공기간극 곡선의 왼쪽에 그려진다.
(4) 양족 롤러는 점성토를 다지는데 적합하다.
(5) 점성토에서 흙은 최적함수비보다 큰 함수비로 다지면 면모구조를 보이고 작은 함수비로 다지면 이산구조를 보인다.

㉮ (1), (2), (3), (4)
㉯ (1), (2), (3), (5)
㉰ (1), (4), (5)
㉱ (2), (4), (5)

[해설]
점성토에서 흙은 최적함수비보다 큰 함수비로 다지면 이산(분산)구조를 보이고 작은 함수비로 다지면 면모구조를 보인다.

47. 충분히 다진 현장에서 모래 치환법에 의해 현장밀도 실험을 한 결과 구멍에서 파낸 흙의 무게가 1,530g, 함수비가 14%이었고 구멍에 채워진 단위중량이 1.70g/cm³ 인 표준모래의 무게가 1,400g이었다. 이 현장이 95% 다짐도가 된 상태가 되려면 이 흙의 실내실험실에서 구한 γ_{dmax}은 다음 중 어느 것인가?(단, 1t=10kN)

㉮ 17.2kN/m³
㉯ 17.6kN/m³
㉰ 17.9kN/m³
㉱ 18.3kN/m³

해답 43. ㉯ 44. ㉯ 45. ㉰ 46. ㉮ 47. ㉮

[해설]

① 구멍의 부피(V)

$$V = \frac{W_{sand}}{\gamma_{sand}} = \frac{1,400}{1.70} = 823.53\,cm^3$$

② 습윤단위중량(γ_t)

$$\gamma_t = \frac{W}{V} = \frac{1,530}{823.53} = 1.86\,g/cm^3$$

③ 현장의 건조단위중량(γ_d)

$$\gamma_d = \frac{\gamma_t}{1+\frac{w}{100}} = \frac{1.86}{1+\frac{14}{100}} = 1.63\,g/cm^3$$

④ 실내다짐시험에 의한 최대건조단위중량(γ_{df})

실내다짐시험에 의한 $\gamma_{dmax} = \frac{100}{다짐도} \times 현장의\ \gamma_d$

$$= \frac{100}{95} \times 1.63 = 1.72\,g/cm^3 = 1.72\,t/m^3$$

$$= 17.2\,kN/m^3$$

48. 다음은 샌드 콘을 사용하여 현장 흙의 밀도를 측정하기 위한 시험결과이다. 다음 결과로부터 현장 흙의 건조단위중량을 구하면?(단, 1t=10kN)

- 표준사의 건조단위중량= 1.666g/cm³
- [병+깔대기+모래(시험 전)]의 무게= 5,992g
- [병+깔대기+모래(시험 후)]의 무게= 2,818g
- 깔때기에 채워지는 표준사의 무게= 117g
- 구덩이에서 파낸 흙의 무게= 3,311g
- 구덩이에서 파낸 흙의 함수비= 11.6%

㉮ 16.17kN/m³ ㉯ 17.16kN/m³
㉰ 18.17kN/m³ ㉱ 19.17kN/m³

[해설]

① 구멍의 부피(V)

$W_{sand} = 5,992 - 2,818 - 117 = 3,057g$

$$V = \frac{W_{sand}}{\gamma_{sand}} = \frac{3,057}{1.666} = 1,834.934\,cm^3$$

② 습윤단위중량(γ_t)

$$\gamma_t = \frac{W}{V} = \frac{3,311}{1,834.934} = 1.8044\,g/cm^3$$

③ 현장의 건조단위중량(γ_d)

$$\gamma_d = \frac{\gamma_t}{1+\frac{w}{100}} = \frac{1.8044}{1+\frac{11.6}{100}} = 1.617\,g/cm^3$$

$$= 1.617\,t/m^3 = 16.17\,kN/m^3$$

49. 충분히 다진 현장에서 모래 치환법에 의한 현장밀도 실험을 한 결과 구멍에서 파낸 흙의 무게 1,536g, 함수비가 15%이었고 구멍에 채워진 단위중량이 1.70g/cm³인 표준모래의 무게가 1,411g이었다. 이 현장이 95% 다짐도가 된 상태가 되려면 이 흙의 실내실험실에서 구한 최대건조단위중량(γ_{dmax})은 얼마인가?(단, 1t=10kN)

㉮ 16.9kN/m³
㉯ 17.9kN/m³
㉰ 18.5kN/m³
㉱ 19.3kN/m³

[해설]

① 구멍의 부피(V)

$$V = \frac{W_{sand}}{\gamma_{sand}} = \frac{1,411}{1.70} = 830\,cm^3$$

② 습윤단위중량(γ_t)

$$\gamma_t = \frac{W}{V} = \frac{1,536}{830} = 1.851\,g/cm^3$$

③ 현장의 건조단위중량(γ_d)

$$\gamma_d = \frac{\gamma_t}{1+\frac{w}{100}} = \frac{1.851}{1+\frac{15}{100}} = 1.61\,g/cm^3$$

④ 실내다짐시험에 의한 최대건조단위중량(γ_{df})

실내다짐시험에 의한 $\gamma_{dmax} = \frac{100}{다짐도} \times 현장의\ \gamma_d$

$$= \frac{100}{95} \times 1.61$$

$$= 1.69\,g/cm^3$$

$$= 1.69\,t/m^3$$

$$= 16.9\,kN/m^3$$

50. 평판재하 시험을 이용할 때 옳지 않은 것은?

㉮ 지반 내부에 발생하는 응력은 재하 면적의 크기에 관계없다.
㉯ 지반이 포화되면 유효단위중량 및 지지력도 반감한다.
㉰ 사질 지반에서 지지력은 재하판 크기와 관계가 있다.
㉱ 점토의 지지력은 재하판 크기와 관계가 없다.

해답 48. ㉮ 49. ㉮ 50. ㉮

해설

① 평판재하시험의 하중강도(q)

$$q = \frac{Q}{A}$$

여기서, Q : 하중
A : 재하판의 면적

즉, 지반 내부에 발생하는 응력은 재하 면적의 크기에 관계가 있다.

② 지지력
  ㉮ 점토지반의 경우 재하판 폭에 무관하다.
  ㉯ 모래지반의 경우 재하판 폭에 비례하여 증가한다.

③ 지반 내부에 발생하는 응력은 재하 면적의 크기에 관계있다.

51. 지름 30cm인 재하판으로 측정한 지지력계수 $K_{30} = 6.6 \, kg/cm^3$일 때 지름 75cm인 하판의 지지력계수 K_{75}은?

㉮ 3.0kg/cm³ ㉯ 3.5kg/cm³
㉰ 4.0kg/cm³ ㉱ 4.5kg/cm³

해설

지름 75cm 재하판의 지지력계수(K_{75})

$K_{30} = 2.2 K_{75}$
$6.6 = 2.2 K_{75}$

따라서, $K_{75} = \frac{6.6}{2.2} = 3.0 \, kg/cm^3$

52. 도로의 평판재하 시험에서 1.25mm침하량에 해당하는 하중강도가 2.50kg/cm² 때 지지력 계수는?

㉮ 20kg/cm³
㉯ 30kg/cm³
㉰ 25kg/cm³
㉱ 35kg/cm³

해설

① 침하량(y)
  $y = 1.25 \, mm = 0.125 \, cm$

② 지지력 계수(K)
  $K = \frac{q}{y}$
  $= \frac{2.50}{0.125} = 20 \, kg/cm^3$

53. 모래질 지반에 30cm×30cm 크기로 재하 시험을 한 결과 200kN/m²의 극한지지력을 얻었다. 3m×3m의 기초를 설치할 때 기대되는 극한지지력은?

㉮ 1000kN/m² ㉯ 1500kN/m²
㉰ 2000kN/m² ㉱ 3000kN/m²

해설 기초의 극한지지력($q_{u(기초)}$)

모래지반의 경우 극한지지력은 재하판 폭에 비례하여 증가한다.

$$q_{u(기초)} = q_{u(재하)} \cdot \frac{B_{(기초)}}{B_{(재하)}} = 200 \times \frac{3}{0.3} = 2000 \, kN/m^2$$

54. 크기가 30cm×30cm의 평판을 이용하여 사질토 위에서 평판재하 시험을 실시하고 극한 지지력 200 kN/m²을 얻었다. 크기가 1.8m×1.8m인 정사각형 기초의 총허용하중은?(단, 안전율 3을 사용)

㉮ 900kN ㉯ 1100kN
㉰ 1296kN ㉱ 1500kN

해설

① 기초의 극한지지력($q_{u(기초)}$)

$$q_{u(기초)} = q_{u(재하판)} \cdot \frac{B_{(기초)}}{B_{(재하판)}} = 200 \times \frac{1.8}{0.3}$$
$$= 1200 \, kN/m^2$$

② 허용지지력(q_a)

$$q_a = \frac{q_u}{F_s} = \frac{1200}{3} = 400 \, kN/m^2$$

③ 총허용하중(Q_a)

$$Q_a = q_a \cdot A = 400 \times 1.8 \times 1.8 = 1296 \, kN$$

55. 직경 30cm의 평판을 이용하여 점토 위에서 평판재하 시험을 실시하고 극한지지력 $150 \, kN/m^2$을 얻었다고 할 때 직경이 2m인 원형 기초의 총허용하중을 구하면?(단, 안전율은 3을 적용한다.)

㉮ 83 kN ㉯ 157 kN
㉰ 242 kN ㉱ 326 kN

해답 51. ㉮ 52. ㉮ 53. ㉰ 54. ㉰ 55. ㉯

해설
① 기초의 극한지지력($q_{u(기초)}$)
$q_{u(기초)} = q_{u(재하판)} = 150 \text{ kN/m}^2$
② 허용지지력(q_a)
$q_a = \dfrac{q_u}{F_s} = \dfrac{150}{3} = 50 \text{ kN/m}^2$
③ 총허용하중(Q_a)
$Q_a = q_a \cdot A = q_a \cdot \left(\dfrac{\pi \cdot D^2}{4}\right) = 50 \times \left(\dfrac{\pi \times 2^2}{4}\right)$
$= 157.1 \text{ kN} ≒ 157 \text{kN}$

56. 다음 토질 시험 중 도로의 포장 두께를 정하는데 많이 사용되는 것은?

㉮ 표준관입 시험
㉯ C.B.R 시험
㉰ 삼축압축 시험
㉱ 표준다짐 시험

해설
① 콘크리트(강성) 포장에서 포장 두께를 결정할 때 평판재하 시험을 한다.
② 아스팔트(연성) 포장에서 포장 두께를 결정할 때 노상토지지력비 시험을 한다.

57. CBR 시험에서 피스톤 2.5mm관입될 때와 5mm 관입될 때를 비교한 결과 5mm값이 더 크게 나타났다. 어떻게 하여 CBR값을 결정하는가?

㉮ 그대로 5mm값을 CBR값으로 한다.
㉯ 2.5mm값과 5mm값의 평균값을 CBR값으로 한다.
㉰ 5mm값을 무시하고 2.5mm값을 표준으로 하여 CBR값으로 한다.
㉱ 되풀이 시험해서 그래서 5mm값이 크게 나오면 그대로 5mm값을 CBR값으로 한다.

해설
$CBR_{2.5} < CBR_{5.0}$의 경우 재시험하고, 그래도 $CBR_{5.0}$이 $CBR_{2.5}$보다 클 때는 $CBR_{5.0}$값을 CBR값으로 한다.

58. C.B.R 시험을 한 결과 관입량이 5.0mm일 때의 $CBR_{5.0}$값이 관입량 2.5mm일 때의 $CBR_{2.5}$값보다 클 때에는 재시험을 해야하고 재시험을 해도 $CBR_{5.0}$이 클 때에는 어떤 값을 CBR로 하는가?

㉮ $CBR_{2.5}$
㉯ $CBR_{5.0}$
㉰ $\dfrac{CBR_{2.5} + CBR_{5.0}}{2}$
㉱ $CBR_{2.5} + CBR_{5.0}$

해설
재시험한 결과가 $CBR_{2.5} < CBR_{5.0}$이면 CBR 값은 $CBR_{5.0}$이다.

59. 노상토의 지지력의 크기를 나타내는 CBR 값의 단위는 무엇인가?

㉮ kg/cm²
㉯ kg · cm
㉰ %
㉱ kg/cm³

해설 노상토지지력비(CBR)
$CBR = \dfrac{시험하중}{표준하중} \times 100 = \dfrac{시험단위하중}{표준단위하중} \times 100(\%)$
따라서, CBR 값의 단위는 %이다.

해답 56. ㉯ 57. ㉱ 58. ㉯ 59. ㉰

MEMO

제9장 기초

출제경향분석

기초에서는 공부할 분량이 많으나 얕은 기초의 지지력, 말뚝의 지지력에서 출제빈도가 높으므로 많은 시간을 내어 학습하여야 한다. 얕은 기초의 지지력에서는 기초의 파괴형태, 형상계수, 지지력계수, 흙의 단위중량 등이 중요하며, 지반과 기초의 조건에 따른 극한지지력의 크기도 학습하여야 한다. 또한, 말뚝의 지지력은 계산문제가 자주 출제되므로 지지력 공식과 안전율의 값을 특히 주의하여 암기하여야 한다.

단원별 경향분석

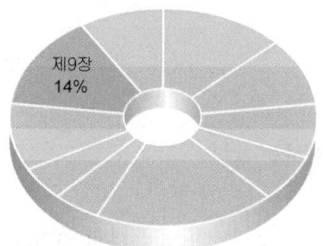

토목기사

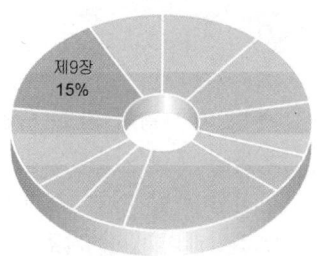

토목산업기사

항목별 경향분석

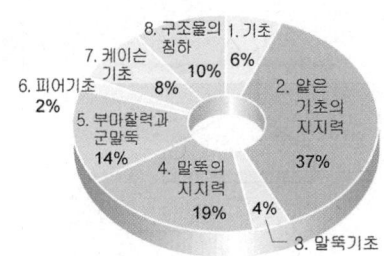

토목기사

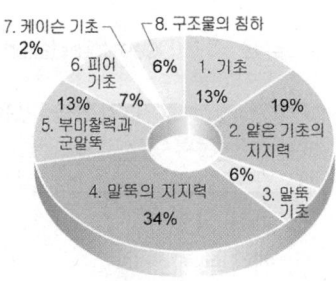

토목산업기사

1 기초

학습방향

구조물의 최하부를 기초라 하며, 그 기능은 구조물의 하중을 기초가 놓이는 지반 상에 전달하는 것이다. 기초에는 얕은 기초와 깊은 기초가 있으며 얕은 기초는 상부 구조물의 하중을 직접 지반에 전달하는 형식의 기초이며, 깊은 기초는 구조물 바로 아래에 있는 흙이 연약하여 상부 구조물에 의한 하중을 지지할 수 없을 때 사용하는 기초이다.

1 기초의 필요조건

(1) 최소한의 근입깊이(D_f)를 보유해야 한다.(동해에 대하여 안정해야 한다.)
(2) 침하에 대해 안정해야 한다.(침하량이 허용치 이내에 들어야 한다.)
(3) 지지력에 대해 안정해야 한다.
(4) 경제적, 기술적으로 시공이 가능하여야 한다.

2 기초의 분류

(1) 직접 기초(얕은 기초)

$\dfrac{D_f}{B} \leq 1$ 인 기초를 직접 기초라 한다.

① 푸팅 기초(확대 기초, Footing foundation)
  ㉠ 독립 푸팅 기초 : 한 개의 기둥만 지지하는 기초
  ㉡ 복합 푸팅 기초 : 2개 이상의 기둥을 지지하는 기초
  ㉢ 캔틸레버 푸팅 기초 : 스트럽(strap)이라 부르는 보로 2개의 푸팅을 연결한 복합 푸팅 기초
  ㉣ 연속 푸팅 기초 : 일련의 기둥이나 벽체를 지지하는 기초

② 전면 기초(Mat 기초) : 기초바닥 면적이 시공 면적의 $\dfrac{2}{3}$ 이상인 경우이며, 연약 지반에 많이 사용한다.

(2) 깊은 기초(Deep foundation)

$\dfrac{D_f}{B} > 1$ 인 기초를 깊은 기초라 한다.

① 말뚝 기초
② 피어 기초
③ 케이슨 기초

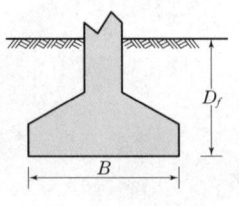

학습POINT

■ 기초의 구비조건에 있어서 기초는 전체침하나 부등침하가 전혀 없어야 한다.(×)

■ 구조물을 축조할 때 기초를 동결심도보다 얕게 설치한다.(×)

■ 캔틸레버(Cantilever) 푸팅은 (복합) 푸팅 기초에 속한다.

■ 지반의 강도가 연약한 순서에 따라서 전면, 연속 푸팅, 복합 푸팅, 독립 푸팅 기초 순서로 사용한다.

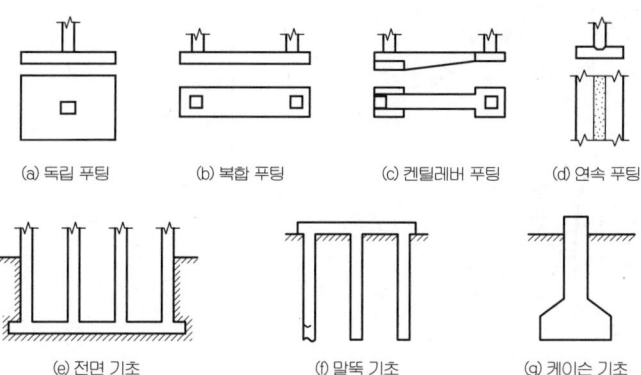

그림. 기초의 종류

2 지반의 파괴형태

파괴 형태	특 징
① 전반전단파괴 (General shear failure)	㉠ 흙 전체가 전단파괴된다. ㉡ 모래, 굳은 점토에서 발생한다.
② 국부전단파괴 (Local shear failure)	㉠ 국부적으로 전단파괴가 생긴다. ㉡ 느슨한 모래, 점토에서 발생한다.
③ 펀칭전단파괴 (Punching shear failure)	㉠ 큰 침하를 발생한다. ㉡ 기초 폭에 비해 근입깊이가 클 때 발생한다.

■ Terzaghi의 지지력 이론에 있어서 실제로 국부전단파괴와 전반전단파괴의 명백한 구분은 어렵다.(○)

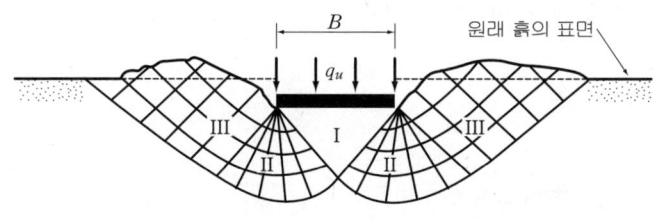

(a) 전반전단파괴

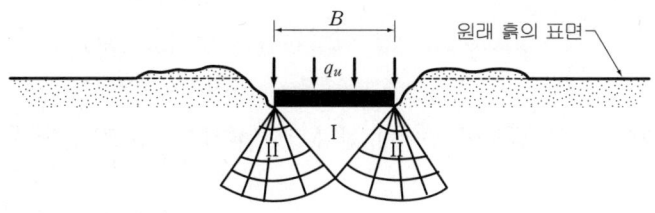

(b) 국부전단파괴

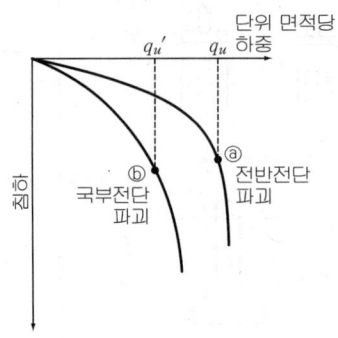

(c) 하중 - 침하량 곡선

그림. 지반의 파괴형태

4 Terzaghi의 극한지지력(Ultimate bearing capacity)

① 극한지지력

전반전단파괴시의 응력을 극한지지력이라 한다.

② 허용지지력

$$\text{허용지지력}(q_a) = \frac{\text{극한지지력}(q_u)}{\text{안전율}(F_s)}$$

③ 기초의 안전율 $F_s = 3$ 이다.

④ 허용지내력 : 지지력도 안전하고 침하량도 허용치를 초과하지 않는 능력을 말한다. 즉, 지지력과 침하량 중 작은 값을 지내력이라 한다.

5 얕은 기초의 지지력에 영향을 미치는 요소

(1) 지반의 경사

풍화작용을 고려하여 경사면에서 최소한 60~100cm정도 떨어져야 한다.

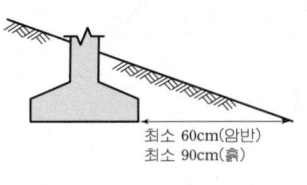

(2) 기초의 깊이

풍화작용 때문에 기초의 근입깊이는 보통 1.2m정도 이상은 되어야 한다.

(3) 기초의 형상

기초의 극한지지력 계산에 있어서 형상계수를 곱하여 주어야 한다.

(4) 푸팅의 고저차

지반에 전달되는 응력이 중복되지 않도록 한다.

■ Terzaghi의 지지력 이론에 있어서 극한지지력 공식은 (전반전단파괴)경우에 적용된다.

■ 허용지지력은 (극한지지력)에 대해서 소정의 안전율을 가지고 침하량이 허용치 이하가 되게 하는 하중강도의 최대의 것이다.

■ 지지력에 영향을 미치는 요소
① 지반의 경사
② 기초의 깊이
③ 기초의 형상
④ 각 푸팅의 고저차

■ 기초의 두께는 지지력에 영향을 미치는 요소가 아니다.

■ 기초에 있어서 지지력을 크게 하기 위하여 응력이 중복되도록 한다.(×)

① 흙일 경우

$b \leqq \dfrac{a}{2}$

② 암반일 경우

$b \leqq a$

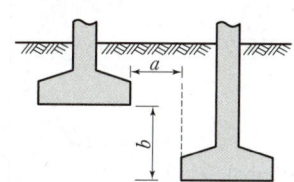

■ 디프 웰(Deep Well) 공법은 직접 기초의 굴착 공법에 속한다.(×)

6 얕은 기초의 굴착

굴착 방법	방 법
① Open cut 공법	지반이 양호하고 여유있을 때 사용하는 공법
② Island 공법	중앙부를 먼저 굴착하여, 기초 축조 후 버팀대를 받치고 주변부 굴착하여 주변부 기초 축조 완성하는 공법
③ Trench cut 공법	Island 공법과 역순으로 공사한다. 즉, 주변부를 먼저 굴착하고 기초의 일부분을 만든 후 중앙을 굴착 시공하는 공법

■ 굴착순서

공 법	먼저 굴착하는 곳
Island 공법	중앙부를 먼저 굴착
Trench cut 공법	주변부를 먼저 굴착

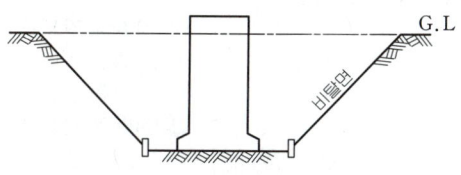

그림. 개착 공법

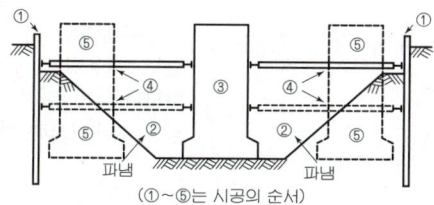

그림. 아일랜드 공법

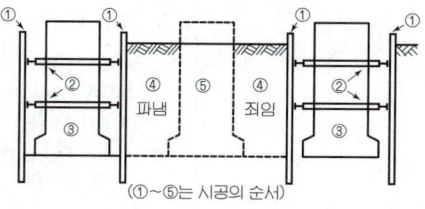

그림. 트랜치 컷 공법

핵심문제

1 기초의 구비 조건에 대한 설명 중 옳지 않은 것은? [98 ㉮]

㉮ 기초 깊이는 동결 깊이 이하라야 한다.
㉯ 상부하중을 안전하게 지지해야 한다.
㉰ 기초는 전체 침하나 부등침하가 전혀 없어야 한다.
㉱ 기초는 기술적, 경제적으로 만족되고 시공 가능한 것이라야 한다.

2 기초 슬래브 최소폭 $B = 1.8$m이고, 기초의 깊이 $D_f = 1.2$m일 때 이것은 어떤 기초로서 설계될 것인가? [97 ㉰]

㉮ 말뚝 기초(pile foundation)
㉯ 웰 기초(well foundation)
㉰ 케이슨 기초(caisson foundation)
㉱ 직접 기초(direct foundation)

3 지반의 강도가 약한 연약지반에는 다음의 어떤 기초가 가장 좋은가? [00 ㉰]

㉮ 연속 기초
㉯ 독립 기초
㉰ 전면 기초
㉱ 복합 기초

4 흙의 허용지내력에 대한 설명 중 옳은 것은? [94 ㉮]

㉮ 지지력도 안전하고 침하량도 허용치를 초과하지 않는 능력을 말한다.
㉯ 허용지지력의 크기가 같다.
㉰ 극한지지력을 말한다.
㉱ 흙의 장기안정 강도를 말한다.

5 직접 기초의 굴착 공법이 아닌 것은? [99 ㉰]

㉮ 오픈 컷(Open cut) 공법
㉯ 트랜치 컷(Trench cut) 공법
㉰ 아일랜드(Island) 공법
㉱ 디프 웰(Deep well) 공법

해설

해설 1
기초의 침하는 허용 침하의 범위 내에 들기만 하면 된다.

해설 2
① $\dfrac{D_f}{B} \leq 1$ 이면 얕은 기초(직접 기초)이다.
② 문제에서 $\dfrac{D_f}{B} = \dfrac{1.2}{1.8} = 0.67 < 1$ 이므로 직접 기초이다

해설 3
① 지반의 강도가 약한 순서에 따라 전면(mat), 연속, 복합, 독립 기초 순서로 사용한다.
② 지반의 강도가 가장 약할 때는 압력 강도를 감소시키는 전면기초를 사용하면 좋다.

해설 4
허용지내력은 지지력도 안전하고 침하량도 허용치를 초과하지 않는 능력을 말한다. 즉, 지지력과 침하량 중 작은 값을 지내력이라 한다.

해설 5
① 직접 기초의 굴착 공법
　• Open cut 공법(절개 공법)
　• Trench cut 공법
　• Island 공법
② 디프 웰(Deep well) 공법은 연약지반 개량공법이 있어서 중력 배수 공법이다.

정답 1. ㉰ 2. ㉱ 3. ㉰ 4. ㉮ 5. ㉱

6 기초에 관한 다음 설명 중 틀린 것은? [92 ⑤]

㉮ 지지력을 크게 하기 위하여 응력이 중복되도록 한다.
㉯ 전면 기초는 상부 구조의 전하중을 하나의 기초판에 지지한다.
㉰ 양질의 두꺼운 지지층이 지표 가까이 존재하는 경우는 직접 기초로 하는 것이 좋다.
㉱ 직접 기초 밑에 돌기를 설치하면 활동 저항을 크게 할 수 있다.

7 다음은 직접 기초에 대한 설명이다. 틀린 것은? [92 ㉮]

㉮ 두 개의 푸팅을 스트랩(strap)으로 연결한 것을 캔틸레버 푸팅이라고 한다.
㉯ 캔틸레버 푸팅은 기둥이 용지에 경계선에 접근해서 기초 부지를 침범하게 되는 경우는 사용할 수 없다.
㉰ 푸팅의 전면적이 커져서 그의 합계가 시공면적의 $\frac{2}{3}$를 초과하면 일반적으로 전면 기초가 경제적이다.
㉱ 푸팅의 깊이는 동결작용을 받지 않은 깊이까지 기초를 해야 한다.

8 다음 직접 기초 중에서 지지력이 가장 작은 지반에 설치하기에 경제적인 기초는? [92 ⑤]

㉮ 독립 footing 기초   ㉯ Cantilevers footing 기초
㉰ 복합 footing 기초   ㉱ 연속 footing 기초

9 다음은 허용지지력에 대한 설명이다. 틀린 항은 어느 것인가? [00 ㉮]

㉮ 극한지지력에 대해서 소정의 안전율을 가지며 침하량이 허용치 이하가 되게 하는 하중강도의 최대의 것을 말한다.
㉯ 지지력을 기준하면 점성토는 일정하고, 사질토는 기초폭에 비례하여 커진다.
㉰ 침하량을 기준하면 점성토는 기초폭에 관계없이 일정하고 사질토는 기초폭의 증가에 따라 작아진다.
㉱ 일반적으로 작은 크기의 기초의 허용지내력은 지지력에 의하여 결정되고 큰 기초의 허용지내력은 침하에 의하여 결정된다.

10 다음 중 얕은 기초의 지지력에 영향을 미치지 않는 것은? [00 ㉮]

㉮ 지반의 경사(inclination)   ㉯ 기초의 깊이(depth)
㉰ 기초의 두께(thickness)   ㉱ 기초의 형상(shape)

해 설

해설 6
응력이 중복되면 지지력 손실이 커지게 되므로 지지력은 감소한다.

해설 7
캔틸레버 푸팅을 사용하는 경우
① 2개의 기둥이 근접하고 있어서 각각 독립푸팅 기초를 설치하기 곤란한 경우
② 기둥이 용지의 경계선에 극히 접근하고 있어서 인접지를 침범하지 않도록 독립 푸팅 기초를 설치하면 편심이 크게 생기는 경우
③ 2개의 기둥을 서로 높이가 다른 위치에 설치해야 하는 경우

해설 8
지반의 강도가 약한 순서에 따라 전면(mat), 연속, 복합, 독립기초 순서로 사용한다.

해설 9
점성토의 침하량은 기초폭에 비례하여 증가하며, 사질토는 기초폭에 직접 비례하지 않으나 최대 4배 정도까지 증가한다.

해설 10
얕은 기초의 지지력에 영향을 미치는 요소
① 지반의 경사
② 기초의 깊이
③ 기초의 형상
④ 각 푸팅의 고저차

정답 6. ㉮ 7. ㉯ 8. ㉱ 9. ㉰ 10. ㉰

2 얕은 기초의 지지력

학습방향

얕은 기초의 지지력은 지반이 지지할 수 있는 극한지지력을 말하는데 기초 저면의 지지력과 기초 측면의 지지력으로 극한지지력은 점착지지력과 마찰지지력, 덮개토압에 의한 지지력으로 이루어진다. 얕은 기초의 지지력에서는 지반과 기초의 조건에 따라 극한지지력의 계산문제 위주로 출제되므로 여러 형태의 문제를 풀어보아야 한다.

1 Terzaghi의 가정

① 연속기초(Strip foundation)에 대한 지지력의 계산이다.
② 기초 저부는 거칠다.
③ 근입깊이까지의 흙 중량을 상재하중($q = \gamma \cdot D_f$)으로만 가정한다.
④ 근입깊이에 대한 전단강도는 지지력을 구할 때 무시한다.

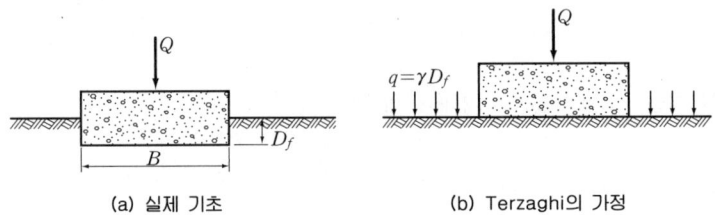

(a) 실제 기초   (b) Terzaghi의 가정

그림. Terzaghi의 가정

학습POINT

■ 얕은 기초의 지지력에 대한 Terzaghi의 가정에서 기초의 형상은 세장 기초이며, 평면변형 문제로 해석한다.(○)

2 Terzaghi의 기초 파괴형태

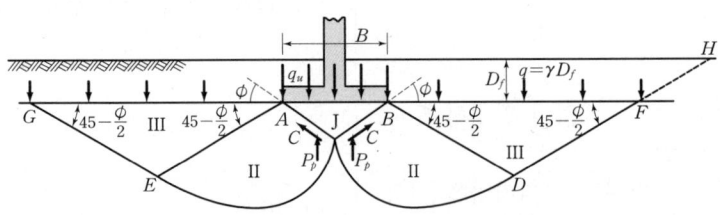

그림. Terzaghi의 기초 파괴형태

① 영역 Ⅰ : 탄성영역(흙쐐기)
② 영역 Ⅱ : 방사전단영역(radial shear zones), 원호전단영역
③ 영역 Ⅲ : Rankine의 수동영역
④ 파괴 순서는 Ⅰ→Ⅱ→Ⅲ으로 된다.

■ Terzaghi의 기초파괴형태에 있어서 △BFD는 Rankine의 (수동)영역이다.

⑤ 직선 AJ, BJ는 수평선과 ø의 각도를 이룬다.
⑥ 영역 Ⅲ에서 수평선과 $45° - \frac{ø}{2}$ 의 각을 이룬다.
⑦ 원호 JE, JD는 대수나선 원호이다.
⑧ EG, DF는 직선이다.
⑨ FH선상의 전단강도는 무시한다.
⑩ 전반전단파괴 형태이다.

3 Terzaghi의 극한지지력 공식

(1) 일반식

① 공식 : 극한지지력은 점착지지력과 마찰지지력, 덮개토압에 의한 지지력으로 이루어진다.

$$q_u = \alpha \cdot c \cdot N_c + \beta \cdot \gamma_1 \cdot B \cdot N_r + \gamma_2 \cdot D_f \cdot N_q$$

여기서, N_c, N_r, N_q : 지지력계수
c : 기초바닥 아래 흙의 점착력(t/m²)
B : 기초의 최소폭(m)
γ_1 : 기초바닥 아래 흙의 단위중량(t/m³)
γ_2 : 근입깊이 흙의 단위중량(t/m³)
D_f : 근입깊이(m)
α, β : 기초 모양에 따른 형상계수(shape factor)

② 형상계수

형상계수\기초	연속	원형	정사각형	직사각형
α	1.0	1.3	1.3	$1 + 0.3\frac{B}{L}$
β	0.5	0.3	0.4	$0.5 - 0.1\frac{B}{L}$

여기서, B : 기초바닥의 짧은 변이 길이, L : 기초바닥의 긴 변의 길이

③ 지지력계수 : 지지력계수는 수동토압계수의 함수이며, 이는 내부마찰각의 함수이다.

④ 흙의 단위중량 : 수중 상태에서는 수중단위중량을 사용하여야 한다. 따라서, 지하수위가 지표면에 일치하면 기초의 지지력은 대략 반감한다.

(2) 국부전단파괴의 극한지지력

$$c_l = \frac{2}{3} c$$
$$\tan\phi_l = \frac{2}{3} \tan\phi \text{ 에서}$$
$$\phi_l = \tan^{-1}\left(\frac{2}{3} \tan\phi\right)$$

즉, 국부전단파괴의 극한지지력은 전반전단파괴에 의한 극한지지력보다 작다.

■ Terzaghi의 지지력 공식에 의하면 기초 깊이가 깊을수록 극한지지력은 (증가)한다.

■ 지지력계수 N_c, N_r, N_q는 (내부마찰력)에 의해 구해지는 것이며, 흙의 점착력과는 무관하다.

■ 수동토압계수(K_P)
$$K_P = \tan^2\left(45° + \frac{ø}{2}\right)$$
$$= \frac{1 + \sin ø}{1 - \sin ø}$$

■ Terzaghi의 지지력 이론에 있어서 국부전단파괴인 경우는 점착력을 전반전단파괴에 비하여 $\left(\frac{2}{3}\right)$로 감소해서 사용한다.

(3) 점토(ø = 0°) 지반에 설치한 연속기초의 극한지지력
내부마찰각이 0°(zero)이면, $N_c=5.7$, $N_r=0$, $N_q=1$이므로
$q_{ult} = \alpha \cdot c \cdot N_c + \beta \cdot \gamma_1 \cdot B \cdot N_r + \gamma_2 \cdot D_f \cdot N_q = 5.7c + \gamma \cdot D_f$
즉, 기초의 극한지지력은 기초의 폭과는 관계가 없다.

(4) 점토(ø = 0°) 지반의 지표면에 설치($D_f=0$)한, 연속기초의 극한지지력
내부마찰각이 0°(zero)이면, $N_c=5.7$, $N_r=0$, $N_q=1$이므로
$q_{ult} = 5.7c$
즉, 기초의 극한지지력은 기초의 폭과는 관계가 없다.

(5) 점토(ø = 0°) 지반이고, $D_f=0$일 때, 저면이 매끄러운 연속기초의 극한지지력
극한지지력 $q_{ult}=5.7c$의 10%가 감소된다. 즉, 극한지지력은
$q_{ult} = 5.14c$

(6) 모래 지반에서 연속기초의 극한지지력
모래 지반에서는 점착력이 $c=0$(zero)이므로
$q_u = \alpha \cdot c \cdot N_c + \beta \cdot \gamma_1 \cdot B \cdot N_r + \gamma_2 \cdot D_f \cdot N_q = 0 + \beta \cdot \gamma_1 \cdot B \cdot N_r + \gamma_2 \cdot D_f \cdot N_q$
즉, 기초의 폭이 증가하면 극한지지력은 증가한다.

4 지하수위의 영향

(1) 지하수위가 기초의 저면보다 위에 위치한 경우

$\gamma_1 = \gamma_{sub}$
$\gamma_2 = \gamma_t - \dfrac{D}{D_f} \cdot (\gamma_t - \gamma_{sub})$

$q = \gamma_2 \cdot D_f = \gamma_t \cdot (D_f - D) + \gamma_{sub} \cdot D$

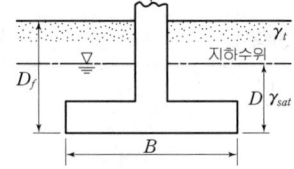

(2) 지하수위가 기초의 저면에 위치한 경우

$\gamma_1 = \gamma_{sub}$
$\gamma_2 = \gamma_t$

$q = \gamma_2 \cdot D_f = \gamma_t \cdot D_f$

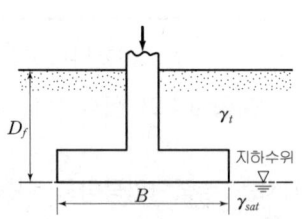

(3) 지하수위가 기초 저면보다 밑에 위치한 경우
① D < B인 경우

$\gamma_1 = \gamma_{sub} + \dfrac{D}{B} \cdot (\gamma_t - \gamma_{sub})$
$\gamma_2 = \gamma_t$

② D≥B인 경우 : 기초바닥에서 지하수위까지의 연직거리가 기초폭(B)보다 큰 경우는 지지력에 영향이 없다.

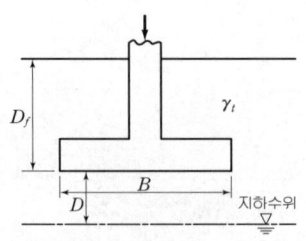

■ 점토($\phi = 0°$)의 극한지지력은 Footing의 크기와 무관하다.(○)

■ 포화점토(ø = 0°) 지반
① 포화도 $S=100\%$
② 내부마찰각 ø = 0°
③ 간극수압계수 $B=1$
④ 지지력계수 $N_c=5.7$, $N_r=0$, $N_q=1$

■ 사질토($c=0$)의 극한지지력은 Footing의 크기에 정비례한다. (○)

■ 지하수위가 지표면과 일치하면 지하수위가 없는 경우에 비하여 기초의 지지력은 대략 (반감)한다.

■ 지하수위가 확대 기초 밑면에서부터 3m되는 점토질 모래 지반에 폭 2m의 확대 기초를 설치하였다면 지지력에 영향은 (없)다.

5 Skempton 공식(점토 지반의 극한지지력)

$$q_u = c \cdot N_c + \gamma \cdot D_f$$

여기서, N_c : Skempton 지지력계수(기초의 형상과 $\dfrac{D_f}{B}$ 에 의해 가정)

6 Meyerhof 공식(모래 지반의 극한지지력)

$$q_u = 3 \cdot N \cdot B \cdot (1 + \dfrac{D_f}{B})$$

$$q_u = \dfrac{3}{40} \cdot q_c \cdot B \cdot (1 + \dfrac{D_f}{B})$$

여기서, N : 표준 관입 시험의 N 값
q_c : 콘 관입 저항치(t/m²)

7 재하 시험에 의한 지지력 결정

(1) 장기 허용지지력

$$q_a = q_t + \dfrac{1}{3} \cdot \gamma \cdot D_f \cdot N_q$$

여기서, q_t : 재하 시험에 의한 항복강도의 $\dfrac{1}{2}$ 또는, 극한강도의 $\dfrac{1}{3}$ 중 작은 값(t/m²)
D_f : 기초에 근접된 최저 지반면에서 기초 하중면까지의 깊이(m)
N_q : 지지력계수

사진. 평판재하 시험

(2) 단기 허용지지력

$$q_a = 2\,q_t + \dfrac{1}{3} \cdot \gamma \cdot D_f \cdot N_q$$

8 Housel 방법

(1) 개요

직경 B_1, B_2의 평면으로 재하 시험을 하는 경우 침하량에 대응하는 전하중 Q를 결정한다.

(2) 공식

$Q_1 = A_1 \cdot m + P_1 \cdot n$ ------------ ①

$Q_2 = A_2 \cdot m + P_2 \cdot n$ ------------ ②

식①, ② 에서 상수 m, n을 구하여 설계할 기초의 지지력 Q를 결정한다.

$Q = A \cdot m + P \cdot n$

여기서, A_1, A_2 : 재하판 1, 2의 단면적
 P_1, P_2 : 재하판 1, 2의 둘레
 m, n : 상수

핵 심 문 제

1 얕은 기초의 극한지지력을 결정하는 테르자기의 이론에서 하중 Q가 점차 증가하여 푸팅이 아래로 침하할 때 다음 중 옳지 않은 것은? [95 ⑤]

㉮ Ⅰ의 △ACD 구역은 탄성영역 이다.
㉯ Ⅱ의 △CDE 구역은 방사방 향의 전단영역이다.
㉰ Ⅲ의 △CEG 구역은 랜킨(Rankine)의 주동영역이다.
㉱ DE 와 FD는 대수나선형의 곡선이다.

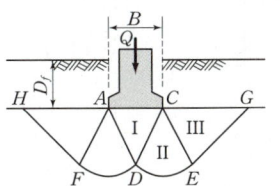

2 Terzaghi의 얕은 기초에 대한 수정지지력 공식에서 형상계수 α와 β의 해석 중 틀린 것은?(단. B는 단변의 길이, L은 장변의 길이이다.) [97 ㉮]

㉮ 연속기초에서 $\alpha=1.0$, $\beta=0.5$
㉯ 정방형기초에서 $\alpha=1.3$, $\beta=0.4$
㉰ 장방형기초에서 $\alpha=1+0.3\frac{B}{L}$, $\beta=0.5-0.1\frac{B}{L}$
㉱ 원형기초에서 $\alpha=1.3$, $\beta=0.6$

3 Terzaghi의 극한지지력 공식 $q_u = \alpha \cdot c \cdot N_c + \beta \cdot \gamma_1 \cdot B \cdot N_r + \gamma_2 \cdot D_f \cdot N_q$ 에서 옳지 못하게 설명된 것은 어느 것인가? [96 ⑤]

㉮ 식 중 α, β는 형상계수이며 기초모양에 따라 결정된다.
㉯ N_c, N_r, N_q는 지지력계수로서 흙의 점착력과 내부마찰각을 알아야 구할 수 있다.
㉰ B는 기초폭이고, D_f는 근입깊이를 뜻한다.
㉱ 제 1항은 점착력, 제 2항은 내부마찰력, 제 3항은 덮개토압에 의한 것이다.

4 다음은 Terzaghi의 지지력 이론에 관한 사항이다. 틀린 것은? [98 ⑤]

㉮ Terzaghi 극한지지력 공식은 전반전단파괴일 경우에도 적용된다.
㉯ 흙의 느슨한 경우는 국부전단이 일어난다.
㉰ 국부전단인 경우는 점착력을 $\frac{1}{2}$로 감소해서 사용한다.
㉱ 실제로 국부전단파괴와 전반전단파괴의 명백한 구분은 어렵다.

해 설

[해설] 1

① 영역 Ⅰ(△ACD) : 탄성평형상태로 남아 기초의 한 부분과 같이 거동하는 탄성영역이다.
② 영역 Ⅱ(△ADF, △CDE) : 방사전단영역(radial shear zones)이다.
③ 영역 Ⅲ(△AFH, △CEG) : Rankine의 수동영역이다.

[해설] 2

원형기초의 형상계수는 $\alpha=1.3$, $\beta=0.3$이다.

[해설] 3

N_c, N_r, N_q는 내부마찰각에 의해 구해지는 지지력계수이고, 흙의 점착력과는 관계없다.

[해설] 4

① Terzaghi의 극한지지력은 전반전단 파괴시의 응력을 말한다.
② 국부전단파괴의 극한지지력
$c_l = \frac{2}{3} c$
$\phi_l = \tan^{-1}(\frac{2}{3} \tan \phi)$
따라서, 국부전단파괴의 극한지지력은 전반전단파괴의 극한지지력보다 작다.

정답 1. ㉰ 2. ㉱ 3. ㉯ 4. ㉰

5 연속기초의 전반전단파괴시 Terzaghi의 극한지지력 공식은 어느 것인가? [97 ㉮]

㉮ $q_u = cN_c + \frac{1}{2}\gamma_1 BN_r + \gamma_2 D_f N_q$

㉯ $q_u = \frac{2}{3}cN_c + \frac{1}{2}\gamma_1 BN_r + \gamma_2 D_f N_q$

㉰ $q_u = 6.28c(1 + 0.32\frac{D_f}{B} + 0.16\frac{\gamma D_f}{c})$

㉱ $q_u = cN_c + \gamma_2 D_f$

6 Terzaghi의 극한지지력 공식에 기초 저면까지의 깊이가 0이고, 토질이 점토인 경우 이 공식의 변형식은? [98 ㉯]

㉮ $q_u = \beta\gamma_1 BN_r$

㉯ $q_u = \alpha cN_c$

㉰ $q_u = \gamma_2 D_f N_q \; q_u = \alpha cN_c$

㉱ $q_u = \alpha cN_c + \beta\gamma_1 BN_r$

7 점착력이 0.18kg/cm²인 점토지반에 연속기초를 설치하였다. Terzaghi에 의한 극한지지력은 얼마인가?(단, 기초 아랫 면은 매우 매끄럽다(smooth)고 하고 1t=10kN이다.) [88 ㉮]

㉮ 0.8kN/m²
㉯ 59.2kN/m²
㉰ 92.5kN/m²
㉱ 133.2kN/m²

8 단위체적중량 18kN/m³, 점착력 20kN/m², 내부마찰각 0°인 점토지반에 폭 2m, 근입깊이 3m의 연속기초를 설치하였다. 이 기초의 극한 지지력을 Terzaghi 식으로 구한 값은?(단, 지지력 계수 $N_c=5.7$, $N_r=0$, $N_q=1$이다.) [94 ㉯]

㉮ 232kN/m²
㉯ 168kN/m²
㉰ 127kN/m²
㉱ 84kN/m²

해 설

해설 5

① Terzaghi의 극한지지력(q_u)
$q_u = \alpha \cdot c \cdot N_c + \beta \cdot \gamma_1 \cdot B \cdot N_r + \gamma_2 \cdot D_f \cdot N_q$

② 연속기초의 형상계수는
α=1, β=0.5이므로
$q_u = c \cdot N_c + \frac{1}{2} \cdot \gamma_1 \cdot B \cdot N_r + \gamma_2 \cdot D_f \cdot N_q$

해설 6

① ø = 0°인 점토에 있어서 $N_c=5.7$, $N_r=0$, $N_q=1$이며, 기초가 지표면에 있으므로 $D_f=0$이다.

② Terzaghi의 극한지지력(q_u)
$q_u = \alpha \cdot c \cdot N_c + \beta \cdot \gamma_1 \cdot B \cdot N_r + \gamma_2 \cdot D_f \cdot N_q$
$= \alpha \cdot c \cdot N_c + 0 + 0$

해설 7

점토에서 $D_f=0$이고, 저면이 매끄러운 연속기초의 극한지지력

① 극한지지력 $q_{ult}=5.7c$의 10%가 감소된다.

② 점착력 $c = 0.18$kg/cm² = 1.8t/m²

③ 극한지지력
$q_{ult} = 5.14c = 5.14 \times 1.8 = 9.25$t/m²
$= 92.5$ kN/m²

해설 8

① ø = 0°인 경우는 $N_c=5.7$, $N_r=0$, $N_q=1$이고, 연속기초의 형상계수 $\alpha=1.0$, $\beta=0.5$이다.

② 기초의 극한지지력(q_u)
$q_u = \alpha \cdot c \cdot N_c + \beta \cdot \gamma_1 \cdot B \cdot N_r + \gamma_2 \cdot D_f \cdot N_q$
$= 1 \times 20 \times 5.7 + 0 + 18 \times 3 \times 1$
$= 168$kN/m²

정답 5. ㉮ 6. ㉯ 7. ㉰ 8. ㉯

9 지하수위가 확대기초 밑면부터 3m되는 점토질 모래지반에 폭 2m의 확대기초를 설치하였다. 극한지지력을 구하려 할 때 옳은 설명은?
[95 산]

㉮ 지하수위가 폭의 1.5배 되는 곳에 있으므로 지지력은 50% 감소한다.
㉯ 지하수위 위치가 기초 폭보다 아래에 있으므로 지지력에 영향이 없다.
㉰ 지하수위가 기초 밑면에 있으므로 그 위치에 관계없이 지지력은 크게 감소한다.
㉱ 지하수위는 공극수압을 감소시켜 지지력은 크게 증가한다.

10 어느 지반에 30cm×30cm 재하판을 이용하여 평판재하시험을 한 결과 항복하중이 70kN, 극한하중이 150kN이였다. 이 지반의 허용지지력은 다음 중 어느 것인가?
[98 산]

㉮ 259kN/m²
㉯ 389kN/m²
㉰ 556kN/m²
㉱ 834kN/m²

11 다음 그림은 얕은 기초의 지지력에 대한 Terzaghi의 가정을 보인 것이다. 잘못된 것은?
[90 기]

㉮ 기초의 형상은 세장기초이며, 평면 변형 문제로 해석한다.
㉯ 흙쐐기가 이루는 각 β는 $45° + \frac{\phi}{2}$이다.
㉰ e, f 면상의 흙의 전단강도는 무시한다.
㉱ 내부마찰각이 있을 때 c, d는 대수나선형이다.

12 기초의 지지력계수 N_c, N_r, N_q을 이루고 있는 항목은 어느 것인가?
[94 기]

㉮ 내부마찰력과 점착력
㉯ 내부마찰력과 기초의 폭
㉰ 내부마찰력과 기초의 깊이
㉱ 내부마찰력과 수동토압계수

해 설

해설 9

기초에 있어서 지하수위의 영향
지하수위가 기초 저면보다 밑에 위치한 경우
① D < B인 경우
$\gamma_1 = \gamma_{sub} + \frac{D}{B} \cdot (\gamma_t - \gamma_{sub})$
$\gamma_2 = \gamma_t$

여기서, D : 기초의 바닥에서 지하수위까지의 연직거리

② D ≥ B인 경우 : 기초바닥에서 지하수위까지의 연직거리가 기초폭(B)보다 큰 경우는 지지력에 영향이 없다.

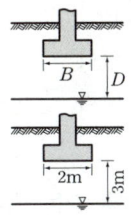

해설 10

① 항복하중의 $\frac{1}{2}$

항복강도(q_y) = $\frac{\text{항복하중}}{\text{단면적}}$
= $\frac{70}{0.3 \times 0.3}$ = 777.8kN/m²

$q_{t1} = \frac{q_y}{2} = \frac{777.8}{2}$ = 388.9kN/m²

② 극한강도의 $\frac{1}{3}$

극한강도(q_u) = $\frac{\text{극한하중}}{\text{단면적}}$
= $\frac{150}{0.3 \times 0.3}$ = 1666.7kN/m²

$q_{t2} = \frac{q_u}{3} = \frac{1666.7}{3}$ = 555.6kN/m²
≒ 556kN/m²

③ 평판재하시험에 의한 허용지지력(q_a)

$q_a = q_{t1} = \frac{q_y}{2} = \frac{777.8}{2}$
= 388.9kN/m²

해설 11

흙쐐기가 이루는 각 $\beta = \phi$이다.

해설 12

지지력계수는 수동토압계수의 함수이며, 이는 내부마찰각의 함수이다.

정답 9. ㉯ 10. ㉯ 11. ㉯ 12. ㉱

13 Terzaghi 의 수정지지력 공식 $q_u = \alpha \cdot c \cdot N_c + \beta \cdot \gamma_1 \cdot B \cdot N_r + \gamma_2 \cdot D_f \cdot N_q$ 에 관한 설명 중 틀린 것은? [95 기]

㉮ α, β는 형상계수로서 기초모양에 의해 결정된다.
㉯ 허용지지력은 보통 계산된 q_u의 $\frac{1}{3}$을 취한다.
㉰ γ_1은 기초하중면 밑, γ_2는 기초 하중면 위의 흙의 단위중량이다.
㉱ N_c, N_r, N_q는 흙의 점착력에 의해서 결정된다.

14 테르자기(Terzaghi)의 지지력 공식에 의하면, 기초깊이가 깊을수록 극한지지력은? [98 산]

㉮ 증가한다.
㉯ 감소한다.
㉰ 관계가 없다.
㉱ 경우에 따라 증가하기도 하고 감소하기도 한다.

15 다음 그림과 같은 연속기초가 있다. Terzaghi식으로 이 기초의 극한지지력을 구하면?(단, 흙의 단위중량은 18kN/m³, 점착력 c=0.1kg/cm², 내부마찰각 ϕ = 20°이고, ϕ = 20°일 때 지지력 계수 N_c = 7.9, N_r = 2.0, N_q = 5.9이며 1t=10kN이다.) [94 기]

㉮ 268.9kN/m²
㉯ 345.4kN/m²
㉰ 402.7kN/m²
㉱ 304.6kN/m²

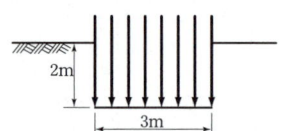

16 Terzaghi의 극한지지력 공식에 관한 설명이다. 옳지 않은 것은? [97 산]

㉮ 극한지지력은 footing의 근입깊이가 크면 클수록 커진다.
㉯ 점성토(ϕ = 0°)의 극한지지력은 footing의 크기와 무관하다.
㉰ 사질토(c=0)의 극한지지력은 footing의 크기에 정비례한다.
㉱ 국부전단 파괴시의 극한지지력은 전반전단파괴의 극한지지력보다 크다.

해설

해설 13

① γ_1은 기초 하중면 아래, γ_2는 기초 하중면 위의 흙의 단위중량이며, 지하수위 아래에서는 수중밀도(γ_{sub})를 사용한다.
② N_c, N_r, N_q는 지지력계수로서 흙의 내부마찰각(ϕ)에 의해서 결정된다.

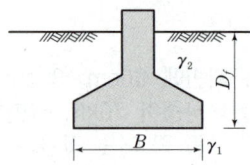

해설 14

Terzaghi의 극한지지력(q_u)
$q_u = \alpha \cdot c \cdot N_c + \beta \cdot \gamma_1 \cdot B \cdot N_r + \gamma_2 \cdot D_f \cdot N_q$
따라서, 기초의 근입깊이 D_f가 증가할수록 기초의 극한지지력은 증가한다.

해설 15

① 흙이 점착력(c)
$c = 0.1\text{kg/cm}^2 = 1.0\text{t/m}^2$
$\qquad = 10\text{kN/m}^2$
② 연속기초의 형상계수는 $\alpha = 1$, $\beta = 0.5$이다.
③ 기초의 극한 지지력(q_u)
$q_u = \alpha \cdot c \cdot N_c + \beta \cdot \gamma_1 \cdot B \cdot N_r + \gamma_2 \cdot D_f \cdot N_q$
$\quad = 1 \times 10 \times 7.9 + 0.5 \times 18 \times 3 \times 2.0 + 18 \times 2 \times 5.9$
$\quad = 345.4\text{kN/m}^2$

해설 16

국부전단파괴의 극한지지력
$c_l = \frac{2}{3}c$
$\phi_l = \tan^{-1}\left(\frac{2}{3}\tan\phi\right)$
따라서, 국부전단파괴의 극한지지력은 전반전단파괴의 극한지지력보다 작다.

정답 13. ㉱ 14. ㉮ 15. ㉯ 16. ㉱

17 Terzaghi의 지반 지지력 공식을 모래지반에 적용하고자 한다. 기초 폭은 B이고 지표면에 기초를 설치하고자 한다. 흙의 단위 체적중량을 γ_1이라고 할 때, 다음 중 적당한 것은? [87 ⑭]

㉮ $q_u = \alpha c N_c$
㉯ $q_u = \beta \gamma_1 B N_r$
㉰ $q_u = \alpha c N_c + \gamma_2 D_f N_q$
㉱ $q_u = \alpha c N_c + \beta \gamma_1 B N_r + \gamma_2 D_f N_q$

18 다음 그림과 같은 정방형 기초에서 안전율을 3으로 할 때 Terzaghi 공식을 사용하여 한 변의 길이 B는?(단, 흙의 전단강도 $c = 60 kN/m^2$, $\phi = 0°$이고, 흙의 습윤 및 포화단위중량은 각각 $19 kN/m^3$, $20 kN/m^3$, $N_c = 5.7$, $N_r = 0$, $N_q = 1.00$이다.) [98 ㉮]

㉮ 1.115m
㉯ 1.432m
㉰ 1.512m
㉱ 1.624m

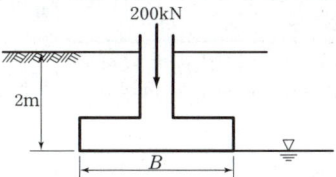

19 지하수위가 지표면과 일치하면 지하수위가 없는 경우에 비하여 기초의 지지력은? [98 ㉮]

㉮ 대략 같다.
㉯ 대략 반감한다.
㉰ 대략 $\frac{1}{3}$ 감소한다.
㉱ 대략 $\frac{1}{4}$ 감소한다.

20 어떤 사질지반의 평판재하 시험결과 항복강도가 $600 kN/m^2$, 극한 강도가 $1000 kN/m^2$이었다. 그리고 그 기초는 지표에서 1.5m 깊이에 설치될 것이고 그 기초의 단위중량이 $18 kN/m^3$일 때 이 때의 지지력 계수 $N_q = 5$이었다. 이 기초의 장기 허용지지력은? [98 ㉮]

㉮ $247 kN/m^2$
㉯ $269 kN/m^2$
㉰ $300 kN/m^2$
㉱ $345 kN/m^2$

[해설] 재하 시험에 의한 지지력 결정

① q_t 계산

$$q_{t2} = \frac{q_u}{3} = \frac{1000}{3} = 333.3 kN/m^2$$

$$q_{t1} = \frac{q_y}{2} = \frac{600}{2} = 300 kN/m^2$$

위의 값 중 작은 값이 q_t이므로 $q_t = q_{t1} = 300 kN/m^2$이다.

② 장기 허용지지력

$$q_a = q_t + \frac{1}{3} \cdot \gamma \cdot D_f \cdot N_q = 300 + \frac{1}{3} \times 18 \times 1.5 \times 5 = 345 kN/m^2$$

해 설

[해설] **17**
① 지표면에서 위치하므로 $D_f = 0$, 모래지반으로 $c = 0$이다.
② 기초의 극한지지력(q_u)
$q_u = \alpha \cdot c \cdot N_c + \beta \cdot \gamma_1 \cdot B \cdot N_r + \gamma_2 \cdot D_f \cdot N_q$
$= 0 + \beta \cdot \gamma_1 \cdot B \cdot N_r + 0$

[해설] **18**
① 형상계수 $\alpha = 1.3$, $\beta = 0.4$이며, $\psi = 0°$에서는 $N_c = 5.7$, $N_r = 0$, $N_q = 1.0$이다.
② 기초의 극한지지력(q_u)
$q_u = \alpha \cdot c \cdot N_c + \beta \cdot \gamma_1 \cdot B \cdot N_r + \gamma_2 \cdot D_f \cdot N_q$
$= 1.3 \times 60 \times 5.7 + 0 + 19 \times 2 \times 1.0$
$= 482.6 kN/m^2$

③ 허용지지력(q_a)
$q_a = \frac{q_u}{F_s} = \frac{482.6}{3} = 160.9 kN/m^2$

④ 기초지반에 일어나는 응력(q)
$q = \frac{Q}{A} = \frac{20}{B^2}$

⑤ 안정조건
$q = \frac{Q}{A} = \frac{20}{B^2} < q_a$
$B > \sqrt{\frac{Q}{q_a}} = \sqrt{\frac{200}{160.9}} = 1.115m$

[해설] **19**
Terzaghi의 극한지지력의 단위중량 흙의 단위중량은 수중 상태에서는 수중 단위중량을 사용하여야 한다. 따라서, 지하수위가 지표면과 일치하면 지하수위가 없는 경우에 비하여 극한지지력이 대략 반감한다.

정답 17. ㉯ 18. ㉮ 19. ㉯ 20. ㉱

3 말뚝 기초(Pile foundation)

학습방향

깊은 기초에는 말뚝 기초, 피어 기초, 케이슨 기초가 있는데 말뚝 기초는 미리 지반을 굴착함이 없이 직접 지반 내에 비교적 가늘고 긴 공장 제품의 말뚝을 운반하여 타입한 것이다.

1 말뚝 기초의 종류

(1) 지지 방법에 의한 분류

종 류	특 징
① 선단 지지 말뚝 (End bearing pile)	상부의 연약지반을 관통하여 하부의 견고한 층에 도달한 말뚝이며, 선단 지지력에 의존하는 말뚝을 말한다.
② 마찰 말뚝 (Friction pile)	말뚝의 주면 마찰력에 의존하는 말뚝을 말한다.
③ 하부지반 지지 말뚝 (Bearing pile)	선단 지지력과 주면 마찰력에 의하여 지지되는 말뚝을 말한다.

학습POINT

■ 말뚝 기초에 있어서 침하를 최소로 억제할 필요가 있는 경우에는 (지지 말뚝)이 좋다.

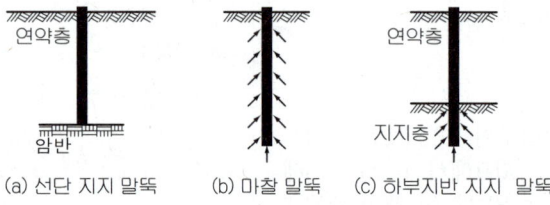

그림. 지지 방법에 의한 분류

(2) 기능에 따른 분류

종 류	특 징
① 다짐 말뚝 (Compaction pile)	말뚝의 타입시 지반의 다짐효과를 기대하는 말뚝으로 느슨한 모래지반에 주로 사용한다.
② 인장 말뚝 (Tensile pile)	큰 벤딩 모멘트(bending moment)를 받는 기초의 인발력에 저항하는 말뚝이다.
③ 활동 방지 말뚝 (Stabilizing pile)	사면의 활동을 방지하기 위하여 사용하는 말뚝으로 흙막이 말뚝이라고도 한다.
④ 횡력 저항 말뚝 (Lateral resistance pile)	안벽, 교대 등에서 횡방향에 저항하기 위하여 사용하는 말뚝을 말한다.

■ 압축 말뚝은 말뚝 기초의 기능상의 분류에 속한다.(×)

■ 큰 벤딩 모멘트(Bending moment)를 받는 기초의 인발력에 저항하는 부재로 사용되는 말뚝은 (인장말뚝)이다.

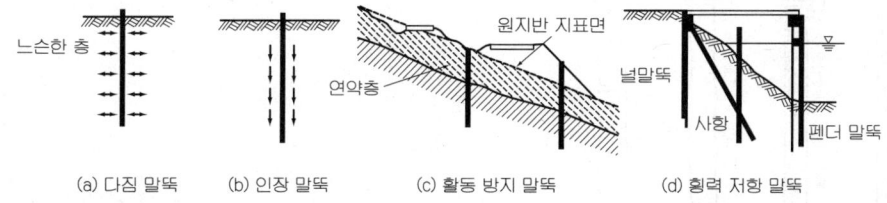

(a) 다짐 말뚝   (b) 인장 말뚝   (c) 활동 방지 말뚝   (d) 횡력 저항 말뚝

그림. 기능에 따른 분류

(3) 말뚝재료의 조합에 의한 분류

종 류	특 징
이음 말뚝 (Connected Pile)	같은 재료로 된 말뚝을 2개이상 이은 말뚝을 말한다.
합성 말뚝 (Composite Pile)	다른 재료로 된 말뚝을 이은 말뚝을 말한다.

2 현장콘크리트 말뚝(Cast-in-place concrete pile)

(1) Franky 말뚝

① 콘크리트를 외관 속에 채워서 Drop hammer로 콘크리트를 타격하여 소정의 깊이까지 관입한 후 콘크리트를 타격하여 구근을 형성한 후 외관을 잡아 빼면서 콘크리트를 다져 말뚝을 만든다.

② 무각이고, 소음 진동이 작아 시가지 공사에 적당하다.

사진. 프랭키 말뚝

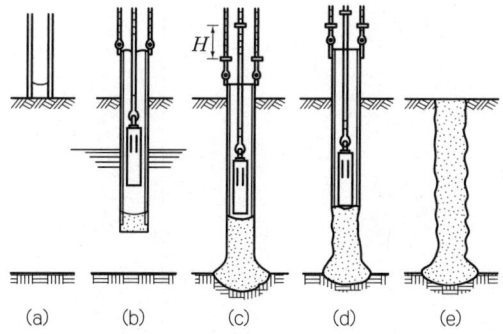

그림. 프랭키 말뚝

(2) Pedestal 말뚝

① 케이싱을 직접 타격하여 내관과 외관을 지반에 관입한 후 선단부에 구근을 만들고 콘크리트를 투입 케이싱을 인상 다짐을 되풀이하여 말뚝을 만든다.

② 무각이고, 해머(Hammer)가 직접 케이싱을 타격하므로 소음이 크다.

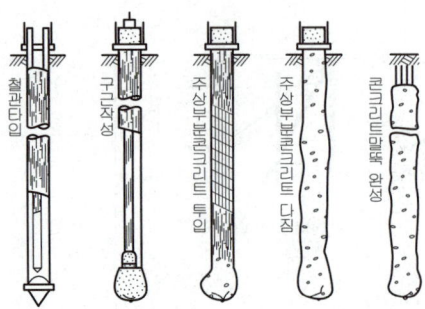

그림. 페데스탈 말뚝

(3) Raymond 말뚝
① 내, 외관을 동시에 지중에 관입한 후 내관을 빼내고 외관 속에 콘크리트를 쳐서 말뚝을 만든다.
② 유각이고, 구근을 형성하지 않으나 굳은 지반의 시공이 가능하다.

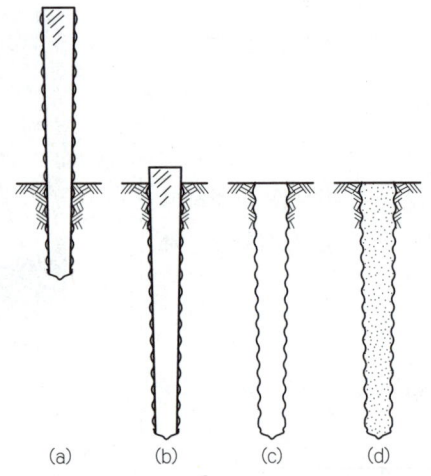

그림. 레이몬드 말뚝

사진. 레이몬드 말뚝

3 말뚝의 타입 방법

(1) 타입식
① Drop hammer : 해머의 중량은 말뚝 중량의 3배정도로 하는 것이 보통이다.
② 증기해머(Steam hammer)
  ㉠ 단동식 증기 해머
  ㉡ 복동식 증기 해머
③ 디젤해머(Diesel hammer)

■ (증기해머)는 단동식과 복동식이 있으며, 시공 설비가 많이 들고 소음문제가 있다.

(2) 진동식
바이블로 해머(Vibro-hammer)가 말뚝에 종방향에 진동을 주어 항타하는 방법이다.

장 점	단 점
① 타입과 인발이 쉽다. ② 말뚝 두부의 손상이 적다. ③ 진동식이므로 소음이 아주 적다.	① 전기 설비비가 많이 든다. ② 특수 캡(cap)이 필요하다. ③ 점토지반에 항타시 지반이 교란되므로 모래 지반에 적합하다.

■ 바이블로 해머는 타입식 기계에 비하여 소음이 크다는 결점이 있다.(×)

(3) 압입식
① 오일잭크를 사용하여 말뚝 주변 또는 선단부를 교란시키고 않고 말뚝을 압입시키는 공법이다.
② 무소음, 무진동 공법에 의한 말뚝타입 공법이다.
③ N=30까지는 관입이 가능하다.

■ 말뚝박기 공법에 있어서 압입식은 오일 재크를 사용하여 관입시키는 것으로 N치가 30이상이면 곤란하다.(○)

(4) 사수식(Water jet)
① 기성 말뚝의 내부 또는 외측에 파이프를 설치하여 압력수를 말뚝 선단부에서 분출시켜 말뚝을 관입하는 공법이다.
② 모래 지반에 적합하며, 점토 지반에서는 사용이 곤란하다.

(5) 항타법은 1회 타격시 관입량이 2mm이하일 때 정지한다.

(a) 드롭해머

(b) 디젤해머

(c) 진동해머

(d) 유압해머

그림. 항타기의 종류

4 말뚝의 타입순서

(1) 중앙부의 말뚝을 먼저 박은 다음 외측으로 향하여 타입 한다.
(2) 육지 쪽에서 바닷가 쪽으로 타입 한다.
(3) 기존 구조물 부근에서 항타시 인접 구조물이 있는 곳에서 바깥쪽으로 타입한다.

■ 말뚝 기초 시공에 있어서 항타선을 사용할 경우 대개 해안쪽에서 육지쪽으로 박아나간다.(×)

핵심문제

1 말뚝에 관한 다음의 설명 중 옳지 못한 것은? [90 ⓢ]

㉮ 인장 말뚝은 인발력에 저항시키는 말뚝이다.
㉯ 합성 말뚝은 같은 재료의 말뚝을 2개 이상 이은 말뚝이다.
㉰ 역류 말뚝은 사면의 활동 방지 등에 사용되는 말뚝이다.
㉱ 횡저항 말뚝은 안벽, 교대 등에서와 같이 횡력에 저항시키기 위하여 사용되는 말뚝이다.

2 다음 말뚝 기초 중에 기능면에서 다른 한가지는 어떤 말뚝인가? [96 ⓢ]

㉮ 인장 말뚝
㉯ 경사 말뚝
㉰ 마찰 말뚝
㉱ 널말뚝

3 다음 중 현장 말뚝 기초 공법에 해당되지 않는 것은? [99 01 ⓢ]

㉮ 프렌키 공법(Franky pile)
㉯ 바이브로 플로테이션 공법
㉰ 페데스탈 공법(Pedestal pile)
㉱ 레이몬드 공법(Raymond pile)

4 다음은 말뚝 기초 시공에 대한 설명이다. 다음 중 옳지 않은 것은? [94 ㉮]

㉮ 말뚝 군(groups)은 대개 안쪽에서 바깥쪽으로 박아 나간다.
㉯ 말뚝은 대개 인접 구조물이 있는 곳에서 바깥쪽으로 박아 나간다.
㉰ 항타선을 사용할 경우 대개 해안 쪽에서 육지 쪽으로 박아 나간다.
㉱ 말뚝은 정확한 위치에 똑바로 박아야 한다.

5 다음 말뚝박기 공법에 대한 사항 중 옳지 않은 것은? [97 ⓢ]

㉮ 증기해머는 단동식과 복동식이 있으며 시공설비가 많이 들고 소음문제가 있다.
㉯ 바이브로 해머는 종방향에 큰 강제 진동을 주어서 말뚝을 관입시킨다.
㉰ 압입식은 오일잭크를 사용하여 관입시키는 것으로 N치가 30 이상이면 곤란하다.
㉱ 사수식은 압력수를 선단부에 분출시켜 관입시키는 것으로 점성토 지반에 적당하다.

해 설

해설 1
① 합성 말뚝이란 다른 재료의 말뚝으로 이은 말뚝을 말한다.
② 이음 말뚝은 같은 재료로 만든 말뚝 2개 이상을 이은 말뚝을 말한다.

해설 2
① 말뚝 기초의 지지방법에 의한 분류에는 널말뚝은 없다.
② 널말뚝은 오픈 컷에 있어서 토압과 침투수의 유출이 심한 경우에 많이 사용한다.

해설 3
현장 콘크리트 말뚝(Cast-in-place concrete pile)의 종류
① Franky pile
② Pedestal pile
③ Raymond pile

해설 4
항타선을 사용하는 경우 말뚝은 육지 쪽에서 해안 쪽을 향하여 박는다.

해설 5
① 사수식은 압력수를 말뚝 선단부에서 분출시켜 말뚝을 박는 방법으로 모래지반에 적합하며, 점토지반에서는 물을 분사하면 연약지반이 되어 좋지 않다.
② 타입방법
 • 타입식   • 진동식
 • 압입식   • 사수식

정답 1. ㉯ 2. ㉱ 3. ㉯ 4. ㉰ 5. ㉱

6 큰 벤딩 모멘트(Bending moment)를 받는 기초의 인발력에 저항하는 부재로 사용되는 말뚝은? [94 ㉮]

㉮ 억류 말뚝(Stabilizing pile)
㉯ 횡력 저항 말뚝(Lateral resistance pile)
㉰ 인장 말뚝(Tensile pile)
㉱ 다짐 말뚝(Compaction pile)

7 다음은 말뚝 기초의 기능상의 분류이다. 옳지 않은 것은?

㉮ 압축 말뚝
㉯ 마찰 말뚝
㉰ 선단지지 말뚝
㉱ 다짐 말뚝

8 얇은 철판의 외관 안에 굳은 심대를 넣어 쳐박은 후 심대는 빼내고 콘크리트를 다져 넣는 방법으로 콘크리트 말뚝을 만드는 방법은? [99 ㉮]

㉮ Franky pile
㉯ Pedestal pile
㉰ Raymond pile
㉱ Simplex pile

9 바이브로 해머의 장단점을 기술한 것이다. 적당하지 않은 것은?

㉮ 말뚝을 타입 혹은 빼내기 쉽다는 장점이 있다.
㉯ 순간적으로 큰 전류가 흐르므로 전기 설비비가 소요되는 단점이 있다.
㉰ 말뚝머리를 손상시키지 않는 장점이 있다.
㉱ 타입식 기계에 대하여 소음이 크다는 결점이 있다.

10 말뚝 기초에 관한 다음 기술 중 적당한 것은? [85 ㉮]

㉮ 강관 말뚝을 지지 말뚝으로 사용하는 경우는 속채움을 콘크리트만을 타설하여야 한다.
㉯ 침하를 최소로 억제할 필요가 있는 경우에는 지지 말뚝보다도 마찰 말뚝이 좋다.
㉰ 말뚝간격은 작을수록 좋다.
㉱ 지지 말뚝이라 할지라도 연약층을 관통하는 경우에는 부마찰력이 작용하므로 지지력이 감소한다.

해 설

해설 6
① 사면활동억제 말뚝(Stabilizing pile)은 사면 활동을 방지하기 위해 설치한 말뚝이다.
② 인장 말뚝(Tensile pile)은 해양 구조물에서 부력에 저항하도록 설치된 말뚝과 같이 인장력에 저항하도록 설치한 말뚝이다.

해설 7
말뚝 기초의 기능상 분류에는 압축 말뚝은 없다. 즉, 일반적으로 말뚝은 압축력을 받는다.

해설 8
Raymond 말뚝
내, 외관을 동시에 지중에 관입한 후 내관을 빼내고 외관 속에 콘크리트를 쳐서 말뚝을 만든다.

해설 9
바이브로 해머는 타입식 기계에 비하여 소음이 작다.

해설 10
① 강관 말뚝은 속채움을 콘크리트, 잡석, 조약돌 등을 사용한다.
② 침하를 최소로 억제할 필요가 있는 경우에는 지지 말뚝이 좋다.
③ 말뚝 간격은 말뚝 지름의 2.5~4배이다.

정답 6. ㉰ 7. ㉮ 8. ㉰ 9. ㉱ 10. ㉱

4 말뚝의 지지력

> **학습방향**
>
> 말뚝의 지지력을 구하는 방법은 정역학적 공식, 동역학적 공식, 말뚝의 재하시험에 의한 방법이 있으며, 말뚝의 지지력은 선단지지력과 주면마찰력으로 이루어진다. 또한, 깊은 기초의 파괴형태는 다음과 같다.

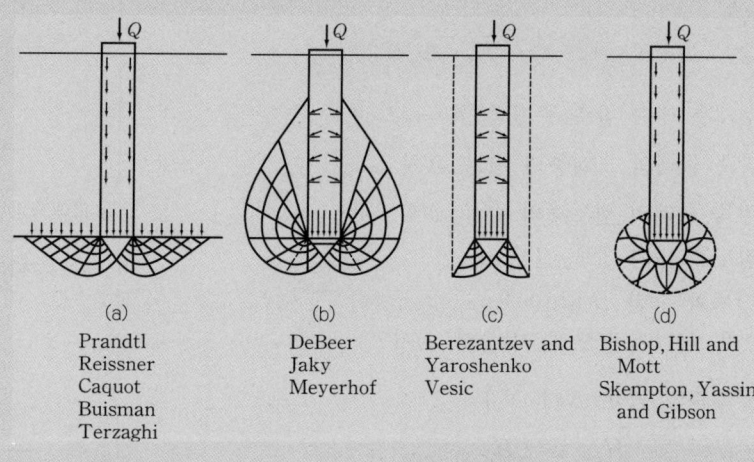

(a) Prandtl, Reissner, Caquot, Buisman, Terzaghi
(b) DeBeer, Jaky, Meyerhof
(c) Berezantzev and Yaroshenko, Vesic
(d) Bishop, Hill and Mott, Skempton, Yassin and Gibson

그림. 깊은 기초의 파괴형태

1 정역학적 공식

(1) Terzaghi의 공식

① 극한지지력 : 극한지지력은 선단지지력, 주면마찰력으로 이루어진다.

$$Q_u = Q_p + Q_f = q_u \cdot A_p + f_s \cdot A_s$$

여기서, Q_u : 말뚝의 극한지지력(t)
Q_p : 말뚝의 선단지지력(t)
Q_f : 말뚝의 주면마찰력(t)
q_u : 말뚝 선단의 극한지지력(t/m²)
A_p : 말뚝의 선단지지단면적(m²)
f_s : 말뚝 주변의 평균마찰력(t/m²)
A_s : 말뚝의 주면적(m²)

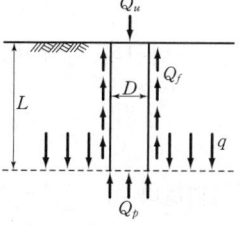

그림. 정역학적 지지력 상태

학습POINT

■ 말뚝지지력을 구하는 공식의 종류

정역학적	① Terzaghi ② Dörr ③ Meyerhof ④ Dunham
동역학적	① Hiley ② Engineeing-news ③ Sander ④ Weisbach
재하시험	

■ 말뚝지지력에 관한 공식에 있어서 Engineering-news 공식은 정역학적 공식이다.(×)

② 허용지지력

$$Q_a = \frac{Q_u}{F_s} = \frac{Q_u}{3}$$

(2) Dörr의 공식

주로 마찰 말뚝에 적용하며, 피어와 같이 말뚝 둘레 지반을 압축하지 않은 말뚝에는 적용하지 못한다.

(3) Meyerhof의 공식

① 극한지지력

$$Qu = Q_p + Q_f = 40 \cdot N \cdot A_p + \frac{1}{5} \cdot \overline{N_s} \cdot A_s$$

여기서, A_s : 모래층 내의 말뚝 주면적($A_s = U \cdot l_s$)
$\overline{N_s}$: 말뚝 둘레의 모래층의 평균 N치
$\overline{N_c}$: 말뚝 둘레의 점토층의 평균 N치
l_c : 점토층 내의 말뚝 길이(m)
U : 말뚝의 주변 길이(m)
N : 말뚝 선단지반(모래 지반)의 N치

② 말뚝 둘레의 모래층의 평균 N치($\overline{N_s}$)

$$\overline{N_s} = \frac{N_1 \cdot H_1 + N_2 \cdot H_2 + N_3 \cdot H_3}{H_1 + H_2 + H_3}$$

③ 허용지지력

$$Q_a = \frac{Q_u}{F_s} = \frac{Q_u}{3}$$

(4) Dunham의 공식

주로 마찰 말뚝에 적용하며, 피어와 같이 말뚝 주변 지반을 압축하지 않은 말뚝에는 적용하지 못한다.

(5) 정역학적 지지력 공식의 안전율 $F_s = 3$이다.

2 동역학적 공식

일-에너지 이론 즉, 말뚝에 가해진 에너지와 말뚝이 한 일은 같다는 조건으로 추정한다.

(1) Hiley의 공식

가장 합리적이며, 모래 자갈에 적합하다.

$$Q_u = \frac{W_h \cdot h \cdot e}{S + \frac{1}{2}(C_1 + C_2 + C_3)} \left(\frac{W_h + n^2 \cdot W_P}{W_h + W_P} \right)$$

■ 모래층의 평균 N치($\overline{N}$)

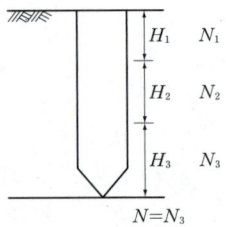

■ 정역학적 공식에 의한 말뚝의 허용지지력을 구할 때 안전율은 대개 (3)으로 한다.

■ 동역학적 지지력 공식은 정역학적 지지력을 동적인 (관입저항)으로 구하는 공식이다.

■ 말뚝박기 공식 중에서 말뚝 머리에서 측정되는 반발량을 이용하는 것은 (Hiley)공식이다.

여기서, W_h : Hammer의 중량(t)
h : 낙하고(cm)
S : 말뚝의 최종 관입량(cm)
n : 반발계수
W_P : 말뚝의 중량(t)
C_1, C_2, C_3 : 캡, 말뚝, 흙의 일시적 탄성 압축량(cm)
e : Hammer의 효율

Hiley 공식의 안전율은 $F_s = 3$ 이다.

(2) Engineering news 공식
① Drop hammer의 극한지지력
$$Q_u = \frac{W_h \cdot H}{S + 2.5}$$

② 단동식 Steam hammer의 극한지지력
$$Q_u = \frac{W_h \cdot H}{S + 0.25}, \quad Q_a = \frac{W_h \cdot H}{6(S + 0.25)}$$

③ 복동식 Steam hammer의 극한지지력
$$Q_u = \frac{(W_h + A_P \cdot P) \cdot H}{S + 0.25}$$

여기서, A_P : 피스톤의 면적(cm²)
P : Hammer에 작용하는 증기압(t/cm²)
S : 타격당 말뚝의 평균관입량(cm)
H : 낙하고(cm)

④ 엔지니어링 뉴스 공식의 안전율은 $F_s = 6$ 이다.
⑤ 허용지지력
$$Q_a = \frac{Q_u}{F_s}$$

(3) Sander의 공식
① 극한지지력
$$Q_u = \frac{W_h \cdot H}{S}$$

② 허용지지력
$$Q_a = \frac{W_h \cdot H}{8S}$$

③ Sander 공식의 안전율은 $F_s = 8$ 이다.

■ 동역학적 공식에서는 weisbach 공식을 제외하고는 최종관입량과의 단위 통일을 위하여 모든 변수의 값을 cm단위로 환산하여 대입하여야 한다.

■ 말뚝 지지력 공식의 안전율

종류		안전율
정역학적		3
동역학적	Hiley	3
	Engineering news	6
	Sander	8
말뚝재하시험		3

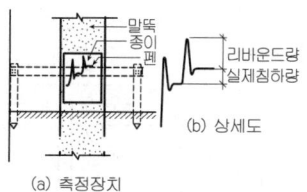

(a) 측정장치 (b) 상세도

그림. 말뚝머리와 변위

■ 항타 공식에 의한 말뚝의 허용지지력을 구할 때 안전율은 대개 3으로 한다.(×)

■ 동역학적 지지력 공식은 점성토 지반에 잘 맞는다.(×)

(4) Weisbach의 공식
① 극한지지력

$$Q_u = \frac{A \cdot E}{L} \cdot (-S + \sqrt{S^2 + W_h \cdot H \cdot \frac{2L}{A \cdot E}})$$

여기서, A : 말뚝의 단면적(m²)
E : 말뚝의 탄성계수(t/m²)
L : 말뚝의 길이(m)
S : 말뚝의 최종관입량(m)

② 허용지지력
$Q_a = 0.15\,Q_u$

3 말뚝의 재하시험에 의한 방법

(1) 개요
 재하시험에 의하여 말뚝의 지지력은 **가장 실제에 가까운 값을 구할 수 있다.**

■ 말뚝의 지지력을 추정하는데는 (말뚝재하) 시험이 가장 확실하다.

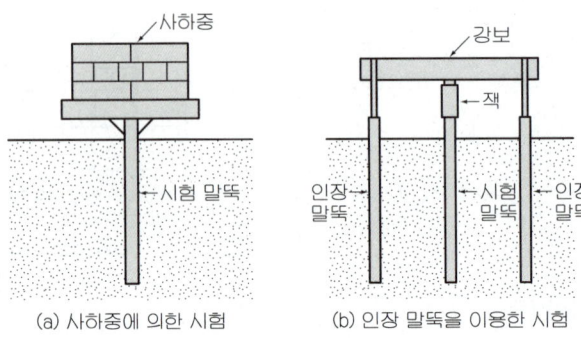

(a) 사하중에 의한 시험   (b) 인장 말뚝을 이용한 시험

그림. 말뚝의 재하시험

사진. 말뚝인발 시험

사진. 말뚝재하 시험

(2) 말뚝재하 시험 결과의 표시
 ① 시간-하중 곡선
 ② 시간-침하 곡선
 ③ 하중-침하 곡선

(3) 틱소트로피(Thixotropy) 현상의 고려
 말뚝을 연약지반에 타입할 때 주위 흙이 교란되어 과잉간극수압이 발생하여 지반의 강도가 저하되므로 **말뚝재하 시험은 충분한 시간이 경과한 후에 하여야 한다.**

■ 연약 점토지반에 말뚝재하 시험을 하는 경우 말뚝 타입한 후 20여일이 지나서 재하 시험을 하는 이유는 타입시 말뚝 주변 시료의 (교란)때문이다

■ 말뚝 지지력 공식의 안전율

종 류	안전율
정역학적 공식	3
동역학적 공식	3~8
말뚝재하시험	3

핵심문제

1 다음은 말뚝의 지지력에 관한 여러 가지 공식 이름이다. 정역학적 지지력 공식이 아닌 것은? [95 02 ㉮]

㉮ Dörr의 공식
㉯ Terzaghi 공식
㉰ Meyerhof 공식
㉱ Engineering-News 공식(또는 AASHO 공식)

2 말뚝박기 공식 중에 말뚝머리에서 측정되는 반발량을 이용하는 것은 어느 공식인가? [89 ㉮]

㉮ Hiley 공식　　㉯ Engineering News 공식
㉰ Sander 공식　　㉱ Weisbach 공식

3 무게 30kN인 단동식 증기 Hammer를 사용하여 낙하고 1.2m에서 Pile을 타입할 때 1회 타격당 최종 침하량이 2cm이었다. Engineering-News 공식을 사용하여 허용지지력을 구하면 얼마인가? [97㉮]

㉮ 133kN
㉯ 267kN
㉰ 828kN
㉱ 1000kN

4 무게 3.2kN인 드롭 해머(Drop hammer)로 2m의 높이에서 말뚝을 때려 박았더니 침하량이 2cm였다. Sander의 공식을 사용할 때 이 말뚝의 허용지지력은? [96 ㉮]

㉮ 10kN
㉯ 20kN
㉰ 30kN
㉱ 40kN

5 연약 점토지반에 말뚝재하 시험을 하는 경우 말뚝을 타입한 후 20여일이 지난 다음 재하시험을 하는 이유는? [98 00 ㉳]

㉮ 말뚝 주위 흙이 압축되었기 때문
㉯ 주변 마찰력이 작용하기 때문
㉰ 부마찰력이 생겼기 때문
㉱ 타입시 말뚝 주변의 시료가 교란되었기 때문

해설

해설 1

Engineering-News 공식은 동역학적 지지력 공식이다.

해설 2

Hiley 공식에서는 타격시 말뚝캡, 말뚝, 그리고 지반에서 나타나는 탄성반발량에 대해 지지력 결정시 고려하고 있다.

해설 3

① 단동식 Steam hammer의 극한지지력 (Q_u)

$$Q_u = \frac{W_h \cdot H}{S + 0.25} = \frac{30 \times 120}{2 + 0.25} = 1600 \, kN$$

② 엔지니어링 뉴스 공식의 안전율은 $F_s = 6$ 이다.

③ 허용지지력(Q_a)

$$Q_a = \frac{Q_u}{F_S} = \frac{1600}{6} = 266.7 \, kN \fallingdotseq 267 \, kN$$

해설 4

① Sander의 극한지지력(Q_u)

$$Q_u = \frac{W_h \cdot H}{S}$$

② Sander의 허용지지력(Q_a)

$$Q_a = \frac{W_h \cdot H}{8S} = \frac{3.2 \times 200}{8 \times 2} = 40 kN$$

③ Sander 공식의 안전율은 $F_s = 8$ 이다.

해설 5

Thixotrophy(틱소트로피)
연약지반에 말뚝을 타입하면 타입시 지반이 교란된다. 그러므로 지반 교란에 대한 영향을 줄이기 위해, 즉, 틱소트로피 효과에 의한 강도 증진의 효과를 구하기 위해 재하 시험은 3주 이상의 기간이 경과한 후 행하는 것이 좋다.

정답 1. ㉱　2. ㉮　3. ㉯　4. ㉱　5. ㉱

6 말뚝 기초에 있어서 말뚝의 동역학적 지지력 공식은 어느 것인가?
[87 산]
㉮ Skempton 공식
㉯ Meyerhof 공식
㉰ Dorr 공식
㉱ Hiley 공식

해설 6
동역학적 공식, 즉 동적 에너지의 평형을 이용하여 구하는 공식으로 Hiley, Sander 및 Engineering News 공식 등이 있다.

7 항타실험시 말뚝의 리바운드량이 이론적인 값보다 적게 나오는 경우의 토질의 종류는?
[87 산]
㉮ 조밀한 모래지반
㉯ 자갈지반
㉰ 연약 점토지반
㉱ 암반층

해설 7
① 리바운드량은 지반이 탄성적 거동을 보이는 지반일수록 크게 나타낸다.
② 탄성적 거동을 보이는 지반은 조밀한 모래지반이다.

8 말뚝의 지지력을 결정하기 위해 엔지니어링 뉴스(Engineering-News) 공식을 사용할 때 안전율은 얼마인가?
[99 01 02 산]
㉮ 1 ㉯ 2
㉰ 3 ㉱ 6

해설 8
① 엔지니어링 뉴스 공식의 안전율은 6이다.
② Sander 공식의 안전율은 8이다.

9 다음 말뚝의 동역학적 지지력 공식 중 엔지니어링 뉴스 공식이 아닌 것은?(단, W_H : 해머의 중량, P : 증기압, a : 피스톤의 유효면적, S : 말뚝의 최종 관입량, H : 낙하고)
[93 산]

㉮ 드롭 해머 : $Q_u = \dfrac{W_H \cdot H}{S + 2.54}$

㉯ 단동식 증기 해머 : $Q_u = \dfrac{W_H \cdot H}{S + 0.254}$

㉰ 진동식 해머 : $Q_u = \dfrac{W_H \cdot H}{S + 25.4}$

㉱ 복동식 증기 해머 : $Q_u = \dfrac{(W_H + a \cdot P) \cdot H}{S + 0.25}$

10 다음은 말뚝재하 시험의 결과를 나타내는 곡선이다. 가장 적당하지 않은 것은?
[93 산]
㉮ 하중-침하량 곡선
㉯ 침하량-경과시간 곡선
㉰ 하중-시간 곡선
㉱ 하중-지지력비 곡선

해설 10
말뚝 재하 시험결과
① 하중-시간 곡선
② 하중-침하량 곡선
③ 침하량-시간 곡선

정답 6. ㉱ 7. ㉰ 8. ㉱ 9. ㉰ 10. ㉱

5 부마찰력과 군말뚝

> **학습방향**
> 부마찰력에서는 부마찰력의 발생으로 인한 극한지지력의 변화, 부마찰력의 계산문제 위주로 출제되며, 군말뚝에서는 효율을 계산하여 군말뚝의 극한지지력을 구하는 여러 형태의 문제를 풀어보아야 한다.

1 부마찰력

(1) 개요

① 연약지반에 말뚝을 박은 다음 성토한 경우에는 성토하중에 의하여 압밀이 진행되어 말뚝 주면 침하량이 말뚝의 침하량보다 상대적으로 클 때 말뚝의 주면에 발생하는 (−)의 마찰력을 부주면마찰력이라 한다.

② 부마찰력의 크기는 흙의 종류와 말뚝의 재질뿐만 아니라 말뚝과 흙의 상대적인 변위속도에 의존한다. 연약한 점토에 있어서는 상대변위속도가 클수록 부마찰력이 크다.

(2) 극한지지력

$$Q_u = Q_p - Q_{ns}$$

즉, 부주면마찰력에 의해 극한지지력이 감소한다.

(3) 부주면마찰력

① 모래지반의 단위면적당 부주면마찰력

$$f_{ns} = K' \cdot \sigma' \cdot \tan\delta$$

여기서, K' : 토압계수($K_0 = 1 - \sin\phi$)
σ_v' : 중립점 깊이까지의 유효연직응력
δ : 흙과 말뚝의 마찰각

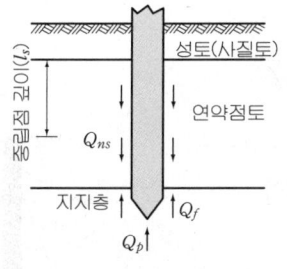

그림. 부주면 마찰력

② 점토지반의 단위면적당 부주면마찰력

$$f_{ns} = \frac{q_u}{2}$$

여기서, q_u : 일축압축강도

학습POINT

■ 연약한 지반에 말뚝을 박았을 때 부마찰력이 생겼다면 지지력은 (감소)한다.

■ 말뚝 기초에 있어서 지지 말뚝이라 할지라도 연약층을 관통한 경우에는 부마찰력이 작용하므로 지지력이 감소한다.(○)

③ 부주면마찰력(Q_{NS})

$$Q_{NS} = f_{ns} \cdot A_s$$

여기서, A_s : 연약층 내의 말뚝주면적($U \cdot l_s$)
f_{ns} : 단위면적당 부주면마찰력

(4) 부마찰력을 줄이는 방법
① 표면적이 작은 말뚝(H-형강말뚝)을 사용한다.
② 말뚝지름보다 크게 Pre-boring한다.
③ 말뚝지름보다 약간 큰 케이싱(Casing)을 박는다.
④ 이중관을 사용한다.
⑤ 말뚝 표면에 역청재를 칠한다.
⑥ 항타 이전에 연약지반을 개량하여 지지력을 확보한다.
⑦ 지하수위를 미리 저하시킨다.
⑧ 말뚝에 진동을 주지 않는다.

2 군말뚝

(1) 판정기준
지반 중에 박은 2개 이상의 말뚝에서 **지중응력이 서로 중복**되는 경우 군항으로 판정한다.

$$D_0 = 1.5\sqrt{r \cdot L}$$

여기서, D_0 : 군말뚝의 최대중심간격
L : 말뚝의 관입깊이
r : 말뚝의 반지름

① 만약, $S < D_0$이면 군말뚝이다.
② 만약, $S > D_0$이면 단말뚝이다.
여기서, S : 말뚝 중심간격

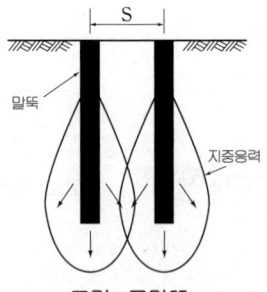

그림. 군말뚝

(2) 군말뚝의 허용지지력
① ϕ각

$$\phi = \tan^{-1}\frac{D}{S}$$

② 효율(Converse-Labarre) 공식

$$E = 1 - \frac{\phi}{90} \cdot \left[\frac{(m-1) \cdot n + (n-1) \cdot m}{m \cdot n} \right]$$

여기서, S : 말뚝 간격(m)
　　　　D : 말뚝 지름(m)
　　　　m : 각 열의 말뚝수
　　　　n : 말뚝 열의 수

③ 군말뚝의 허용지지력

$$Q_{ag} = E \cdot N \cdot Q_a$$

여기서, E : 군말뚝의 효율
　　　　N : 말뚝의 총 갯수($m \times n$)
　　　　Q_a : 말뚝 1개의 허용지지력

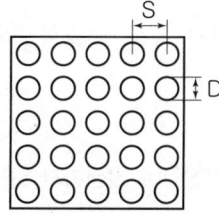

그림. 군말뚝

사진. 말뚝의 간격

④ 말뚝의 간격

말뚝의 적당한 간격은 2.5D(D : 말뚝지름) 이상이고, 4D 이상이면 비경제적이다.

■ 말뚝의 극한지지력에 있어서 군항은 단항보다도 각 각의 말뚝이 발휘하는 (지지력)이 작다.

■ 일반적으로 말뚝의 간격은 말뚝 지름의 (4)배 이상이 되면 비경제적으로 본다.

핵심문제

1 말뚝의 부마찰력에 대한 설명 중 틀린 것은? [96 ㉮]

㉮ 말뚝의 허용지지력을 결정할 때 세심하게 고려한다.
㉯ 연약지반에 말뚝을 박은 후 그 위에 성토를 할 경우 일어나기 쉽다.
㉰ 연약지반을 관통하여 견고한 지반까지 말뚝을 박은 경우 일어나기 쉽다.
㉱ 연약한 점토에 있어서는 상대변위의 속도가 느릴수록 부마찰력은 크다.

2 어느 지반에 말뚝을 박을 때 말뚝에 부마찰력이 발생하지 않는가? [98 ㉮]

㉮ 지하수위가 높고 연약한 사질토층
㉯ 말뚝이 박힌 사질토 위에 점성토로 채울 때
㉰ 압밀이 진행되는 점토층
㉱ 점성토 위에 사질토가 매립된 층

3 연약 점성토층을 관통하여 철근 콘크리트 파일을 박았을 때 부마찰력은?(단, 지반의 일축압축강도 $q_u = 20kN/m^2$, 파일직경 $D = 50cm$, 관입 길이 $l = 10m$임) [97 01 ㉮]

㉮ 157.1kN ㉯ 185.3kN
㉰ 203.2kN ㉱ 242.4kN

4 다음 무리 말뚝으로 취급하는 경우의 공식으로 옳은 것은?(단, r : 말뚝의 평균 반경, l : 말뚝의 흙 속에 묻힌 부분의 길이, d : 실제 말뚝의 중심간격) [93 ㉮]

㉮ $1.5\sqrt{r \cdot l} < d$ ㉯ $1.5\sqrt{r \cdot l} > d$
㉰ $1.5\sqrt{\dfrac{r}{l}} < d$ ㉱ $1.5\sqrt{\dfrac{r}{l}} > d$

5 무리 말뚝의 효율 $E = 1 - \dfrac{\phi}{90}\left[\dfrac{(m-1)n + (n-1)m}{mn}\right]$를 알면 무리 말뚝 기초 중의 말뚝 1개의 지지력은 얼마인가?(단, 단독말뚝의 지지력은 R임) [99 ㉯]

㉮ $R - E$ ㉯ $R \times E$
㉰ $\dfrac{R}{E}$ ㉱ $R + E$

해설

해설 1
① 부마찰력이 발생하면 지지력이 크게 감소하므로 세심하게 고려한다.
② 상대변위 속도가 클수록 부마찰력이 크다.

해설 2
① 부마찰력(Q_{NS}) : 연약지반에 말뚝을 박은 다음 성토한 경우에는 성토하중에 의하여 압밀이 진행되어 말뚝이 아래로 끌려가 하중 역할을 한다. 이 경우의 극한지지력은 감소한다.
② 부마찰력은 말뚝 주변의 지반이 압밀이 발생할 때 발생한다.

해설 3
① 단위면적당 부주면마찰력(f_{ns})
$$f_{ns} = \dfrac{q_u}{2} = \dfrac{2}{2} = 10kN/m^2$$
여기서, q_u : 일축압축강도
② 부주면마찰력이 작용하는 말뚝주면적 (A_s)
$$A_s = U \cdot l = \pi \cdot D \cdot l = \pi \times 0.5 \times 10$$
$$= 15.71 m^2$$
③ 부주면마찰력(Q_{NS})
$$Q_{NS} = f_{ns} \cdot A_s = 10 \times 15.71$$
$$= 157.1 kN$$

해설 4
① 무리 말뚝의 최대중심간격(D_0)
$$D_0 = 1.5\sqrt{r \cdot l}$$
② 만약, 실제말뚝의 중심간격 d가 D_0보다 작으면 무리 말뚝으로 취급한다.

해설 5
군항의 허용지지력(Q_{ag})
말뚝의 개수 $N = 1$이므로
$$Q_{ag} = E \cdot N \cdot R_a = E \times 1 \times R_a$$
$$= E \cdot R_a$$

정답 1. ㉱ 2. ㉯ 3. ㉮ 4. ㉯ 5. ㉯

6 부마찰력(negative skin friction)에 대한 다음 설명 중 옳지 않은 것은? [97산]

㉮ 연약지반을 통해 견고지층까지 말뚝을 박았을 때 생긴다.
㉯ 연약지반에 말뚝을 박고 그 위에 성토를 하였을 때 생긴다.
㉰ 수중에 강말뚝을 박았을 때 생긴다.
㉱ 극한지지력의 계산치와 설계치가 다른 이유는 부마찰력 때문일 수 있다.

7 연약한 지반에 말뚝을 박았을 때 부마찰력(negative skin friction)이 생겼다면 그 말뚝의 지지력은? [93산]

㉮ 증가한다.
㉯ 감소한다.
㉰ 증가 및 감소가 경우마다 다르다.
㉱ 관계가 없다.

8 무리 말뚝에 있어서 말뚝 간격이 작아지면 외말뚝의 지지력이 무리 말뚝의 효과 즉, 지지력 저감의 효과가 발생하는데 무리 말뚝의 영향을 고려하지 않아도 되는 말뚝의 최소간격은?(단, 말뚝의 평균 지름은 100cm, 말뚝의 관입 길이는 14m이다.) [91기]

㉮ 3m ㉯ 4m
㉰ 5m ㉱ 6m

9 지름 $d = 20$cm인 나무말뚝을 25본 박아서 기초 상판을 지지하고 있다. 말뚝의 배치를 5열로 하고 각 열은 등간격으로 5본씩 박혀 있다. 말뚝의 중심간격 $S = 1$m이다. 1본의 말뚝이 단독으로 100kN의 지지력을 가졌다고 하면 이 무리 말뚝은 전체로 얼마의 하중을 견딜 수 있는가? [95산]

㉮ 1000kN ㉯ 2000kN
㉰ 3000kN ㉱ 4000kN

10 말뚝의 극한지지력에 관한 설명 중 틀린 것은? [95기]

㉮ 군항은 단항보다도 각각의 말뚝이 발휘하는 지지력이 크다.
㉯ 말뚝의 지지력은 선단지지력과 주변마찰력의 합으로 나타내어진다.
㉰ 항타공식은 정적인 지지력을 동적인 관입저항에서 구하려는 식이다.
㉱ 말뚝의 지지력 공식에는 재하실험에 의한 추정, 동역학적 공식, 정역학적 공식이 있다.

해설

해설 6
수중에 강말뚝을 항타하는 경우 유효응력의 변화가 없으면 압밀침하가 발생하지 않으므로 부마찰력의 발생조건이 아니다.

해설 7
부마찰력이 생겼다면 그 말뚝의 극한지지력은 감소한다.

해설 8
① 말뚝의 반지름(r)
$r = \dfrac{100}{2}$ cm $= 0.5$m
② 무리 말뚝의 최대중심간격(D_0)
$D_0 = 1.5\sqrt{r \cdot L}$
$= 1.5\sqrt{0.5 \times 14} = 3.97$m

해설 9
① ϕ각
$\phi = \tan^{-1}\dfrac{D}{S} = \tan^{-1}\dfrac{0.2}{1} = 11.3°$
② 효율(Converse-Labarre 공식)
$E = 1 - \dfrac{\phi}{90}\left[\dfrac{(m-1)n+(n-1)m}{mn}\right]$
$= 1 - \dfrac{11.3}{90}$
$\left[\dfrac{(5-1)\times 5+(5-1)\times 5}{5\times 5}\right] = 0.8$
③ 군항의 허용지지력(Q_{ag})
$Q_{ag} = E \cdot N \cdot Q_a = 0.8 \times 25 \times 100$
$= 2000$kN

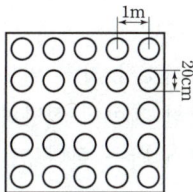

해설 10
① 군항은 단항보다도 전체 말뚝의 지지력은 크나, 각각의 말뚝의 발휘하는 지지력이 작다.
② 정역학적 지지력공식의 말뚝 극한지지력은 선단지지력과 마찰지지력의 합으로 나타낸다.

정답 6. ㉰ 7. ㉯ 8. ㉯ 9. ㉯ 10. ㉮

6 피어 기초(Pier foundation)

학습방향

구조물의 하중을 단단한 지반에 전달하기 위하여 수직공을 굴착하고 그 속에 콘크리트를 타설하여 만들어진 주상의 기초를 피어 기초라 한다. 피어 기초에서는 공법의 종류별 차이점을 비교 이해하여야 한다.

1 피어 기초의 특징

(1) 수평력에 대한 휨강도의 저항성이 크다.
(2) 말뚝의 타입이 곤란한 곳도 기계 굴착에 의해 시공이 가능하다.
(3) 히빙이나 진동을 일으키지 않는다.
(4) 인력굴착시 선단지반과 콘크리트와의 밀착을 잘 시켜서 선단지지력을 확실히 할 수 있고 토질조사가 용이하다.
(5) 무소음, 무진동 공법이므로 시가지 공사에 적합하다.

학습POINT

■ 구조물의 하중을 굳은 지반에 전달하기 위하여 수직공을 굴착하여 그 속에 현장 콘크리트를 타설하여 만들어진 주상의 기초로서 비교적 지지력이 큰 것은 (피어)기초이다.

■ 피어 기초의 특징은 말뚝 박기에 따르는 소음 진동이 심하다.(×)

2 피어 기초의 종류

(1) Chicago 공법
① 수직흙막이판으로 흙막이한 다음 굴착하는 방법이다.
② 굳기가 중간정도의 점토에 이용된다.
③ 인력 굴착을 한다.

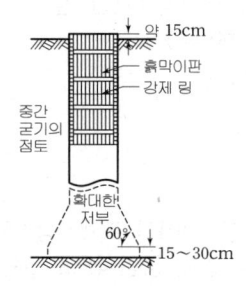

그림. Chicago 공법

(2) Gow 공법
① 흙막이로서 강제 원통을 사용하는 공법이다.
② 연약한 지반에 적당하다.
③ 인력 굴착을 한다.

■ 피어 기초에서 인력굴착 공법
① 시카고(Chicago) 공법
② 고우(Gow) 공법

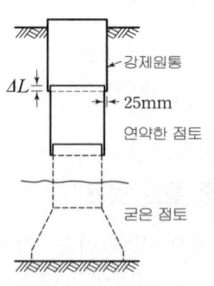

그림. Gow 공법

(3) Benoto 공법
① 개요 : 프랑스 Benoto사에서 개발한 공법으로 케이싱 튜브(Cassing tube)를 땅 속에 압입하면서 해머 그래브(Hammer grab)라는 굴착기로 굴착하여 케이싱 내부에 콘크리트를 타설한 후 Cassing tube를 끌어 올려 현장 타설 콘크리트 말뚝을 만드는 all cassing 공법이다.

■ 베노토(Benoto) 공법은 굴착하는 동안 지하수는 펌프로 배수시킬 필요가 있다.(×)

② 특징

장 점	단 점
㉠ 암반을 제외한 모든 토질에 적용이 가능하다. ㉡ 무소음, 무진동 공법이다. ㉢ 배출되는 흙으로 지질상태를 확인할 수 있다. ㉣ 15°정도의 경사말뚝의 시공이 가능하다. ㉤ 토사의 붕괴나 여굴을 방지할 수 있다. ㉥ Heaving, Boiling 우려가 없다.	㉠ Cassing tube를 뽑을 때 철근이 따라 나오는 공상현상의 우려가 있다. ㉡ 기계가 대형이고 고가이다. ㉢ 넓은 작업장($20m^2$ 이상)이 필요하다. ㉣ 지하수 처리가 어렵다. ㉤ 굴착속도가 느리다.

③ 시공순서

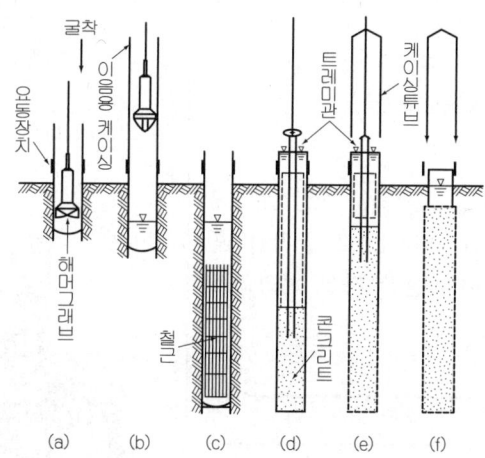

그림. 베노토 공법의 시공순서

사진. 해머 그래브

사진. 케이싱 튜브

(4) Calwelde 공법(Calwelde Earth drill 공법)

① 개요 : 미국의 Calwelde사가 개발한 공법으로 일반적으로 굴착공 내에 **벤토나이트 안정액**을 주입하여 공벽의 붕괴를 방지하면서 회전식 Bucket이 캐리바(Kelly-Bar)라고 불리는 회전축에 부착되어 있는 회전 굴착 방식으로 Bucket에 흙이 채워지면 지상으로 끌어 올려 굴착한 후 철근망을 넣어 콘크리트를 타설하여 현장 타설 콘크리트 말뚝을 만드는 공법이다.

② 특징

장 점	단 점
㉮ 진동, 소음이 적다. ㉯ 굴착 속도가 빠르다. ㉰ 기계장치가 간단하고 이동이 용이하다. ㉱ 공사비가 싸다. ㉲ 굴착깊이에 제한이 있다.	㉮ 전석층이나 암반층에는 시공이 곤란하다. ㉯ Slime 처리가 곤란하다. ㉰ 지지력이 다소 떨어진다.

사진. Earth drill 공법

③ 베노토 공법과의 차이점
  ㉠ 케이싱 튜브를 원칙적으로 사용하지 않는다.
  ㉡ 회전식 버킷(Bucket)으로 굴착한다.
④ 시공순서

■ 피어 공법

	Benoto	Earth Drill	RCD
굴착	Hammer Grab	회전 버킷	Drill bit
공벽	케이싱 튜브	벤토 나이트	정수압

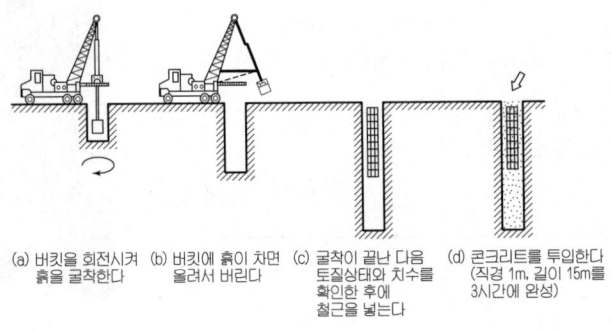

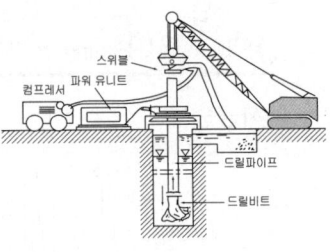

그림. 리버스 서큐레이션 공법

그림. Calwelde Earth Drill 공법의 시공순서

(5) Reverse Circulation Drill 공법
① 개요 : 어느 정도 굴착한 후 구멍 속의 물의 정수압($0.2kg/cm^2$)에 의해 공벽을 유지하면서 물의 순환을 이용하여 Drill bit로 굴착한 후 Drill pipe로 흙을 배출하고 콘크리트를 타설하여 현장 타설 콘크리트 말뚝을 만드는 공법이다.
② 특징

장 점	단 점
㉮ 진동, 소음이 적다.	㉮ 전석층이나 암반층에는 시공이 곤란하다.
㉯ 케이싱 튜브(Casing tube)가 필요 없다.	㉯ 유속이 빠른 지하수가 있는 경우는 시공이 곤란하다.
㉰ 장대 말뚝에 적합하다.	㉰ 이수처리가 곤란하다.
㉱ 대구경 말뚝에 적합하다.	

사진. 리버스 서큐레이션 공법

③ 시공순서

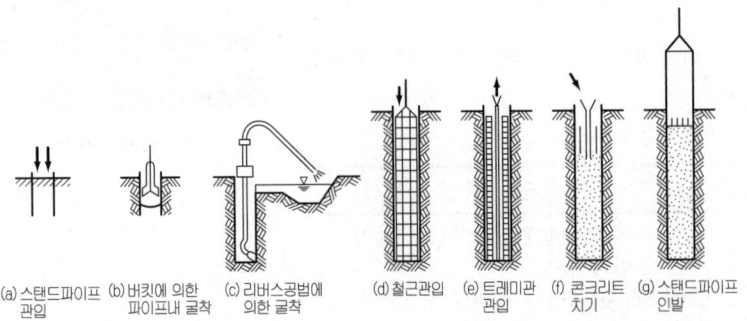

그림. Reverse Circulation Drill 공법의 시공순서

사진. 역순환 공법의 굴착용 비트

(6) 지하 연속벽 공법

지반을 벽체 형태로 굴착하고 공벽의 붕괴를 방지하기 위하여 **벤토나이트 안정액**을 사용하며 철근망 삽입 후 콘크리트를 타설하여 지중에 철근 콘크리트 연속 벽체를 형성시키는 연속벽체 공법이다.

■ Gow 공법은 지하 연속벽 공법에 속한다.(×)

종 류	시공 방법
CIP 공법 (Cast In Place Pile)	Earth drill로 굴착하여 철근 및 굵은 골재를 채운 후 prepack mortar를 주입하여 prepack concrete pile을 만드는 공법
MIP 공법 (Mixed In Place Pile)	굴착한 흙과 prepack mortar를 혼합하여 prepack soil concrete pile을 만드는 일종의 soil concrete pile을 만드는 공법
PIP 공법 (Prepact In Place Pile)	연속날개를 붙인 Earth Auger로 지반을 굴착한 후 prepack mortar를 주입하고 철근을 압입하여 시공하는 mortar pile을 만드는 공법
ICOS 공법	Bentonite 용액을 사용하여 공벽의 붕괴를 방지하면서 굴착한 후 철근 콘크리트를 타입하여 벽(wall)을 만드는 공법
Soletanche 공법	Bucket grab로 굴착한 후 철근망을 관입하여 콘크리트를 타설하는 공법

핵 심 문 제

1 구조물의 하중을 굳은 지반에 전달하기 위하여 수직공을 굴착하여 그 속에 현장 콘크리트를 타설하여 만들어진 주상의 기초로써 비교적 지지력이 큰 구조물이며, 이 기초의 대표적인 시공법에는 베노토 공법 등이 있다. 다음 중 이 기초에 속하는 것은? [90 ⓢ]

㉮ 피어 기초
㉯ 현장 타설 콘크리트 말뚝
㉰ 오픈 케이슨(Open caisson)
㉱ 뉴메틱 케이슨(Pneumatic caisson)

2 피어 기초의 특징이 아닌 것은? [96 ㉮]

㉮ 굴착을 하게 되므로 예정지반까지 도달한다.
㉯ 지내력 시험이 실제의 기초 밑면까지 행하여져 확실한 결과가 얻어진다.
㉰ 많은 수의 기초를 동시에 시공할 수 있다.
㉱ 말뚝박기에 따르는 소음진동이 심하다.

3 Pier 기초의 수직공을 굴착할 때의 방법 중에서 인력굴착에 속하는 공법은? [00 ⓢ]

㉮ Benoto 공법
㉯ Earth drill 공법
㉰ Gow 공법
㉱ Reverse circulation 공법

4 다음 중 지하연속벽 공법이 아닌 것은? [94 ㉮]

㉮ Soletanche 공법
㉯ PIP 공법
㉰ ICOS 공법
㉱ Gow 공법

5 다음 말뚝 공법 중 현장 말뚝 공법이 아닌 것은 어느 것인가? [96 ⓢ]

㉮ Open caisson(우물통 공법)
㉯ Benoto 공법
㉰ Calwelde earth drill 공법
㉱ Reverse circulation 공법

해 설

해설 1
피어(Pier)
구조물의 하중을 단단한 지반에 전달하기 위하여 수직공을 굴착하고 그 속에 콘크리트를 타설하여 만들어진 주상의 기초이다.

해설 2
피어 기초(Pier foundation)
피어는 수직공을 굴착하고 그 속에 콘크리트를 타설하여 만들어진 주상의 기초이므로 타격을 하지는 않는다.

해설 3
Pier 중 인력굴착 공법
① Chicago 공법
② Gow 공법
③ 이 이외의 피어 공법은 기계굴착이다.

해설 4
① 지하연속벽 공법
　• CIP 공법　　• MIP 공법
　• PIP 공법　　• ICOS 공법
　• Soletanche 공법
② Gow 공법은 지하연속벽 공법이 아니다.

해설 5
① 현장말뚝은 타격에 위한 방법과 굴착에 의한 방법이 있다.
② 케이슨 기초
　• Open caisson 기초(정통 기초)
　• Pneumatic caisson 기초
　　(공기 케이슨 기초)
　• Box caisson 기초

정답 1. ㉮ 2. ㉱ 3. ㉰ 4. ㉱ 5. ㉮

6 다음 중 피어(Pier) 공법이 아닌 것은?

㉮ 시카코(Chicago) 공법
㉯ 베노트(Benoto) 공법
㉰ 고우(Gow) 공법
㉱ 감압 공법

7 베노토(Benoto) 공법에 대한 다음 기술 중 적당치 않은 것은?
　　　　　　　　　　　　　　　　　　　　　　　[92 ㉮]

㉮ 굴착하는 동안 지하수는 펌프로 배수시킬 필요가 있다.
㉯ 굴착에는 해머그래브를 사용한다.
㉰ 케이싱 튜브를 사용하여 공벽을 유지한다.
㉱ 점토질 실트와 자갈층 등에 대하여 유리한다.

8 선단에 요동(搖動) 장치가 부착된 케이싱 튜브를 압입시켜 관입하고 케이싱(casing) 내부의 흙을 해머 그래브(hammer grab)로 굴착하여 소정의 지지 지반까지 구멍을 판 후 이수를 펌핑하고 철근을 조립하여 콘크리트를 치면서 케이싱 튜브를 빼내 원형의 주상(柱狀) 기초를 만드는 공법을 무엇이라 하는가? [02 ㉰]

㉮ 베노토(Benoto) 공법
㉯ 역순환(RCD) 공법
㉰ ICOS 공법
㉱ 시카고(chicago) 공법

해 설

해설 6
① 감압 공법은 피어(Pier) 공법이 아니다.
② 감압 공법은 공기 케이슨에 관한 내용이다.

해설 7
베노토(Benoto) 공법은 굴착하는 동안 지하수는 펌프로 배수시킬 필요가 없다.

해설 8
Benoto 공법
① 공벽 안정 : 케이싱 튜브
② 굴착 방법 : 해머 그래브

정답 6. ㉱ 7. ㉮ 8. ㉮

7 케이슨 기초

> **학습방향**
>
> 육상 또는 수상에서 건조된 것을 케이슨 자중 또는 적재하중에 의하여 소정의 깊이까지 침하시키는 것을 케이슨 기초라 한다. 일반적으로 시험에서는 공기 케이슨에 대한 문제 위주로 출제되고 있다.

1 케이슨 기초의 종류

(1) 오픈 케이슨
(2) 공기 케이슨
(3) 박스 케이슨

2 오픈 케이슨(Open caisson, 정통) 기초

(1) 개요

우물통과 같이 뚜껑이 없는 케이슨을 소정의 위치에 설치한 후 우물통 내의 흙을 굴착하여 소정의 깊이까지 도달시키는 공법이다.

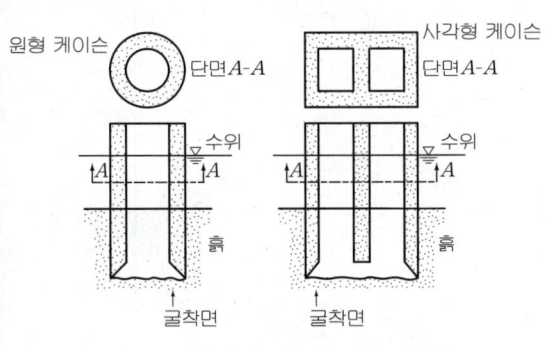

그림. 오픈 케이슨

학습POINT

■ 케이슨 기초의 종류
 ① 오픈 케이슨
 ② 공기 케이슨
 ③ 박스 케이슨

■ 분사식 침하 공법에서 지반이 점토인 경우 분사 방법으로는 (공기)를 분사하는 것이 좋다.

(2) 특징

장 점	단 점
① 침하깊이에 제한을 받지 않는다. ② 기계설비가 간단하다. ③ 공사비가 싸다. ④ 소음이 작아 시가지 공사에 적합하다.	① 지지력, 토질상태를 파악하기 어렵다. ② 경사 수정이 어렵다. ③ 굴착시 boiling, heaving이 우려된다. ④ 저부의 연약토를 깨끗이 제거하지 못한다.

(3) 침하조건

$W > F + P + B$

여기서, W : 케이슨의 수직하중(케이슨의 자중 + 재하하중)
F : 케이슨의 총주면마찰력
P : 케이슨의 선단지지력
B : 부력

3 공기 케이슨(Pneumatic caisson) 기초

(1) 개요

케이슨 저부에 작업실을 만들고 압축공기를 공급하여 지하수의 유입을 막으면서 케이슨을 인력에 의해 굴착, 침하시키는 공법이다.

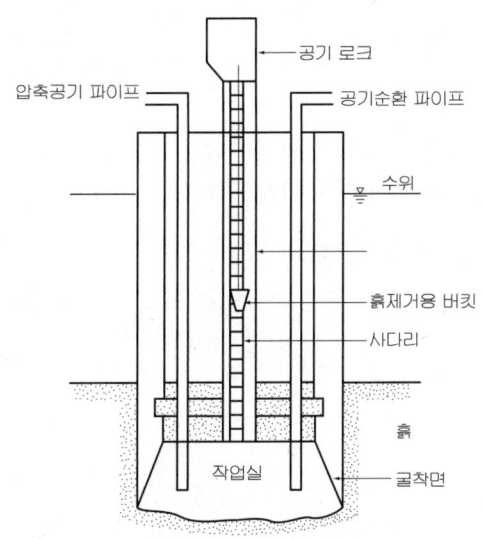

그림. 공기 케이슨

사진. 송기시설

사진. 기계굴착

(2) 특징

장 점	단 점
① 건조 상태에서 굴착작업을 하므로 장애물 제거가 쉽고 침하공정이 빠르다.	① 소음, 진동이 커서 시가지 공사에는 부적합하다.
② 토층의 확인 및 지지력 시험이 가능하다.	② 케이슨병이 발생한다.
③ 이동경사가 작고, 경사수정이 용이하다.	③ 35~40m 이상의 깊은 공사는 곤란하다.
④ Boiling, Heaving을 방지할 수 있다.	④ 노무 관리비가 많이 든다.
⑤ 수중작업이 아니므로 콘크리트 작업의 신뢰도가 높다.	⑤ 기계설비가 고가이다.

■ 뉴매틱 케이슨 기초의 장점은 내부 공기를 이용하여 시공하므로 굴착 깊이에 제한이 적은 기초 공사에 경제적이다.(×)

■ 공기 케이슨 기초에 있어서 굴착시 Boiling이나 Heaving의 우려가 있다.(×)

(3) 적용범위

① 최대 심도는 수면하 35m까지 가능하다.

② 압축 공기의 압력은 3.5kg/cm² 정도이다.

(4) 공기 케이슨의 침하 조건

$W > U + F + P + B$

여기서, W : 케이슨의 수직하중(케이슨의 자중+재하하중)
U : 작업공기에 의한 양압력
F : 케이슨의 총주면마찰력
P : 케이슨의 선단지지력
B : 케이슨의 선단지지력

4 박스 케이슨(Box caisson) 기초

(1) 개요

밑이 막힌 박스형으로 육상에서 제작한 후 해상에 진수시켜 정위치에 온 다음 내부에 모래, 자갈, 콘크리트 또는 물을 채워 소정의 위치에 침하시키는 공법이다.

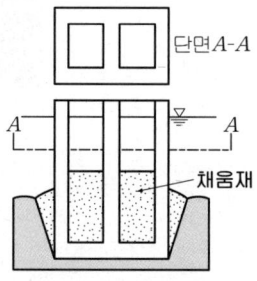

그림. 박스 케이슨

(2) 특징

장 점	단 점
① 공사비가 싸다. ② 일반적인 케이슨 설치가 부적당한 경우 사용된다.	① 지반의 수평을 유지해야 한다. ② 바닥에 세굴이 생기지 않아야 한다.

핵심문제

1 분사식 침하공법에서 지반이 점성토인 경우 분사방법으로 어떤 것이 좋은가?

㉮ 그리스
㉯ 물
㉰ 공기
㉱ 물과 공기의 혼합물

2 공기 케이슨 기초에 관한 설명 중 옳지 않은 것은? [96 ㉮]

㉮ 이동경사가 적고 경사수정도 쉽다.
㉯ 굴착시 boiling이나 heaving의 우려가 있다.
㉰ 주야 작업이므로 노무관리비가 많이 든다.
㉱ 소음과 진동이 크다.

3 뉴매틱 케이슨의 장점을 열거한 것 중 옳지 않은 것은? [95 00 ㉮]

㉮ 토질을 확인할 수 있고 비교적 정확한 지지력을 측정할 수 있다.
㉯ 수중콘크리트를 하지 않으므로 신뢰성이 많은 저부 콘크리트 슬랩의 시공이 가능하다.
㉰ 기초 지반의 보윌링과 팽창을 방지할 수 있으므로 인접 구조물에 피해를 주지 않는다.
㉱ 굴착 깊이에 제한을 받지 않는다.

4 다음은 뉴매틱 케이슨 기초의 장점을 열거한 것이다. 옳지 않은 것은? [98 ㉮]

㉮ 내부 공기를 이용하여 시공하므로 굴착깊이에 제한이 적은 기초공사에 경제적이다.
㉯ 토질을 확인할 수 있기 때문에 비교적 정확한 지지력을 측정할 수 있다.
㉰ 수중콘크리트를 하지 않으므로 신뢰성이 큰 저부 콘크리트 slab의 시공을 할 수 있다.
㉱ 기초 지반의 boiling과 팽창을 방지할 수 있으므로 인접 구조물에 피해를 주지 않는다.

해설

해설 1

① 분사식 침하공법은 우물통의 침하를 용이하기 위하여 날끝부분에 물, 공기, 또는 물과 공기의 혼합물을 분사시켜 흙과 우물통사이의 주면마찰력을 감소시켜 침하하는 공법이다.
② 점토지반의 경우 공기를 우물통 사이에 존재시켜 마찰저항력을 감소시키는 분사식 공법이 좋다. 즉, 점토지반에 물을 분사하는 경우 연약지반이 되기 때문이다.
③ 모래지반의 경우 물과 공기의 혼합물을 이용한다.

해설 2

압축공기를 이용하여 물의 유입을 방지하므로 굴착시 boiling, heaving을 방지할 수 있다.

해설 3

뉴매틱 케이슨 기초
케이슨병이 발생하므로 35~40m 이상의 깊은 공사는 못한다.

해설 4

① 뉴메틱 케이슨은 내부 공기압을 주변의 수압보다 크게 하여 인력 시공하기 때문에 시공 깊이에 제한을 받는다.
② 대략 35m 정도까지 굴착이 가능하다.

정답 1. ㉰ 2. ㉯ 3. ㉱ 4. ㉮

5 뉴매틱 케이슨 공법에 관한 다음 설명 중 틀린 것은? [98 ㉮]
㉮ Well 기초보다 침하공정이 빠르고, 또 케이슨의 경사수정이 용이하다.
㉯ 대단히 깊은 곳까지 확실하게 시공할 수 있다.
㉰ 굴착시 극단적인 여굴이 필요 없고 장애물 제거도 용이하다.
㉱ 압축공기를 사용하기 때문에 소규모 공사에는 비경제적이다.

6 뉴매틱 케이슨 공법에 관한 다음 설명 중 틀린 것은? [01 ㉮]
㉮ Well 기초보다 침하공정이 빠르고, 또 케이슨의 경사 수정이 용이하다.
㉯ 50m이상의 깊이에 적합한 공법이다
㉰ 굴착시 극단적인 여굴이 필요없고 장애물 제거도 용이하다.
㉱ 압축공기를 사용하기 때문에 소규모 공사에는 비경제적이다.

7 공기 케이슨 공법에서 압축공기의 압력으로 적당한 것은? [97 ㉮]
㉮ $3.5 \sim 4.0 kg/cm^2$
㉯ $4.0 \sim 4.5 kg/cm^2$
㉰ $4.5 \sim 5.0 kg/cm^2$
㉱ $5.0 \sim 5.5 kg/cm^2$

해 설

[해설] **5**
뉴매틱 케이슨 공법은 케이슨 내부에 압축 공기를 사용하여 물의 유입을 방지하면서 인력에 의해 굴착되기 때문에 시공 깊이가 한계적이다. 즉, 최대 심도는 수면하 35m까지 가능하다.

[해설] **6**
뉴매틱 케이슨 기초
35~40m 이상의 깊은 공사는 못한다.

[해설] **7**
공기압의 한도는 약 $3.5 \sim 4.0 kg/cm^2$이다. 이것을 수심으로 환산하면 35~40m에 해당된다.

정답 5. ㉯ 6. ㉯ 7. ㉮

8 구조물의 침하

> **학습방향**
> 구조물의 침하에서는 침하와 관련된 여러 용어 위주로 정리하였으므로 공식을 정확히 암기하여 계산문제를 풀이할 수 있어야 하며, 지반의 종류에 따른 접지압과 침하의 분포를 정확히 암기하여야 한다.

1 즉시침하량

즉시침하는 주로 모래 지반에서 일어나며 하중이 작용하면 짧은 시간에 일어난다.

$$S_i = q \cdot B \cdot \frac{(1-\mu^2)}{E} \cdot I_s$$

여기서, q : 기초의 하중강도
  B : 기초의 폭
  μ : 푸아손 비
  E : 흙의 변형계수(탄성계수)
  I_s : 침하에 의한 영향치

2 접지압과 침하량의 분포

학습POINT

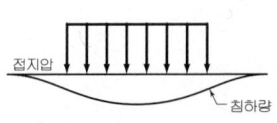
(a) 유연기초

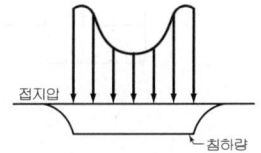
(b) 강성기초

그림. 점토지반의 접지압과 침하량의 분포

(1) 점토지반
 ① 유연기초
  ㉠ 접지압은 일정하다.
  ㉡ 침하량은 기초 중앙에서 최대가 된다.
 ② 강성기초
  ㉠ 접지압은 양단부에서 최대가 된다.
  ㉡ 침하량은 일정하다.

■ 기초의 종류에 따른 침하량 및 접지압
 ① 강성 기초에서는 흙의 종류에 관계없이 **침하가 일정**하다.
 ② 유연 기초에서는 흙의 종류에 관계없이 **접지압이 일정**하다.

■ 점토의 지반에 설치된 강성 기초의 접지압 분포에 있어서 기초 모서리 부분에서 (최대응력)이 발생한다.

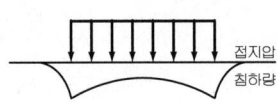 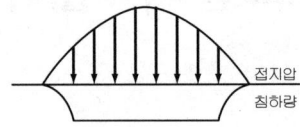

(a) 유연기초   (b) 강성기초

그림. 모래지반의 접지압과 침하량의 분포

(2) 모래지반
  ① 유연기초
    ㉠ 접지압은 일정하다.
    ㉡ 침하량은 기초 양단부에서 최대가 된다.
  ② 강성기초
    ㉠ 접지압은 중앙부에서 최대가 된다.
    ㉡ 침하량은 일정하다.

■사질 지반에 설치된 강성 기초의 접지압 분포에 있어서 기초 중앙부에서 (최대응력)이 발생한다.

3 지반이 받는 최대압축응력(q_{max})

$$q_{max} = \frac{P}{A} + \frac{M}{I} \cdot y$$

4 순압력(Net applied pressure)

기초의 근입깊이 만큼에 해당되는 흙에 의한 압력을 제외한 기초의 단위면적당 작용하는 하중을 말한다.

$$q_{net} = \frac{Q}{A} - \gamma \cdot D_f$$

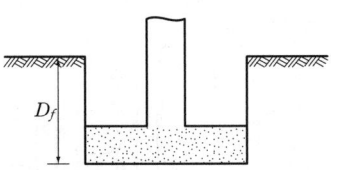

5 완전보상기초(Fully compensated)

(1) 개요

기초에 있어서 근입깊이가 증가함에 따라 기초에 작용하는 순압력이 0이 되는 기초를 말한다.

(2) 완전보상기초의 깊이

$$q_{net} = \frac{Q}{A} - \gamma \cdot D_f = 0$$

$$D_f = \frac{Q}{A \cdot \gamma_t}$$

여기서, D_f를 완전보상기초의 깊이라 한다.

6 부분보상기초($D_f < \frac{Q}{A}$)의 안전율

$$F_s = \frac{q_u}{q} = \frac{q_u}{\frac{Q}{A} - \gamma \cdot D_f}$$

7 Prakash의 침하각(θ)

$$\theta = \sin^{-1}(\frac{S_1 - S_2}{\frac{B}{2} - e})$$

여기서, S_1 : 하중작용점 기초 모서리에서의 탄성침하
S_2 : 하중작용점 아래의 탄성침하

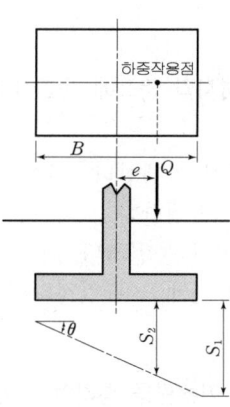

핵심문제

1 3×3m인 정방형 기초를 허용지지력이 200kN/m²인 모래지반에 시공하였다. 이 경우 기초에 허용지지력 만큼의 하중이 가해졌을 때 기초 모서리에서의 탄성침하량은 얼마인가?(단, I_s = 0.561, μ = 0.5, E = 15000kN/m²) [98 00 ㉮]

㉮ 0.90cm ㉯ 1.54cm
㉰ 1.68cm ㉱ 2.10cm

해설 1

즉시침하량(탄성침하량, S_i)

$$S_i = q \cdot B \cdot \frac{(1-\mu^2)}{E} \cdot I_s$$
$$= 200 \times 3 \times \frac{(1-0.5^2)}{15000} \times 0.561$$
$$= 1.68\text{cm}$$

2 점토의 지반에 있어서 강성기초의 접지압 분포에 관한 다음의 설명 중 옳은 것은? [88 ㉳]

㉮ 기초 모서리 부분에서 최대응력이 발생한다.
㉯ 기초 중앙 부분에서 최대응력이 발생한다.
㉰ 기초 밑면의 응력은 어느 부분이나 동일하다.
㉱ 기초 밑면에서의 응력은 토질에 관계없이 일정하다.

해설 2

점토의 지반에 있어서 강성기초의 접지압 분포는 기초모서리에서 최대접지압이 발생한다.

3 하중이 완전히 강성인 푸팅(footing) 기초판을 통하여 지반에 전달되는 경우의 접지압(contact pressure) 분포로서 다음 중 적당한 것은? [92 ㉮]

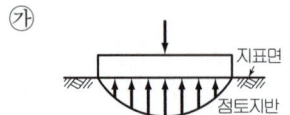
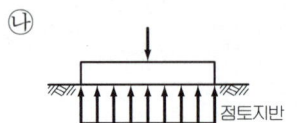
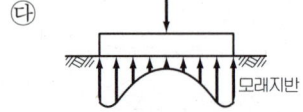
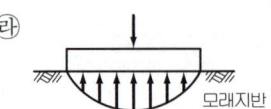

해설 3

강성기초가 모래지반에 위치하면 기초 중앙에서 최대접지압이 발생한다.

4 20m×30m의 전면기초가 단위중량이 19kN/m³인 연약점토지반 위에 놓여있다. 기초에 작용하는 사하중과 활하중의 합이 110000kN일 때 완전보상기초(Fully compensated foundation)의 깊이는 얼마인가? [97 ㉮]

㉮ 4.26m
㉯ 6.43m
㉰ 9.65m
㉱ 11.89m

해설 4

완전보상기초의 깊이(D_f)

$$D_f = \frac{Q}{A \cdot \gamma} = \frac{110000}{(20 \times 30) \times 19}$$
$$= 9.65\text{m}$$

정답 1. ㉰ 2. ㉮ 3. ㉱ 4. ㉰

5 모래지반에 기초 폭 $B=1.2m$인 얕은 기초에서 편심 $e=0.15$m로 연직하중이 작용하고 있다. 하중작용점 아래의 탄성침하가 12mm, 하중작용점 기초 모서리에서의 탄성침하가 16mm이었다. 이 기초의 침하각도는?(단, Prakash의 방법 이용) [97 ㉮]

㉮ 5°20′15″
㉯ 1°35′18″
㉰ 30′33″
㉱ 15′15″

6 사질지반에 있어서 강성기초의 접지압 분포에 관한 다음 설명 가운데 옳은 것은? [99 ㉰]

㉮ 기초의 모서리 부분에서 최대응력이 발생한다.
㉯ 기초의 중앙부에서 최대응력이 발생한다.
㉰ 기초의 밑면에서는 어느 부분이나 동일하다.
㉱ 기초 밑면에서의 응력은 토질에 상관없이 일정하다.

7 접지압(또는, 지반반력)이 그림과 같이 되는 경우는? [00 ㉮]

㉮ 푸팅 : 강성, 기초지반 : 점토
㉯ 푸팅 : 강성, 기초지반 : 모래
㉰ 푸팅 : 휨성, 기초지반 : 점토
㉱ 푸팅 : 휨성, 기초지반 : 모래

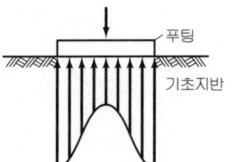

8 모래질 지반에 30cm×30cm 크기로 재하시험을 한 결과 150kN/m²의 극한지지력을 얻었다. 2m×2m의 기초를 설계할 때 기대되는 극한지지력은? [92 ㉮]

㉮ 1000kN/m²
㉯ 500kN/m²
㉰ 300kN/m²
㉱ 225kN/m²

해 설

해설 5

Prakash의 침하각(θ)

$$\theta = \sin^{-1}\left(\frac{S_1-S_2}{\frac{B}{2}-e}\right)$$

$$= \sin^{-1}\left(\frac{0.016-0.012}{\frac{1.2}{2}-0.15}\right)$$

$$= 0°30'33''$$

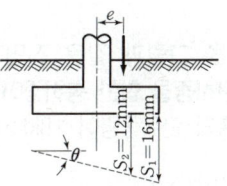

해설 6

사질지반에 있어서 강성기초의 접지압 분포는 기초의 중앙부에서 최대접지압이 발생한다.

해설 7

강성기초가 점토지반에 위치하면 가장자리에서 최대접지압이 발생하며, 기초 중앙에서 최소접지압이 발생한다.

해설 8

① 모래지반의 경우 지지력은 재하판 폭에 비례하여 증가한다.
② 기초의 극한지지력($q_{u(기초)}$)

$$q_{u(기초)} = q_{u(재하)} \cdot \frac{B_{기초}}{B_{재하}}$$

$$= 150 \times \frac{2}{0.3} = 1000\text{kN/m}^2$$

정답 5. ㉰ 6. ㉯ 7. ㉮ 8. ㉮

9 기초 폭 2m인 연속기초에서 기초면에 작용하는 합력의 연직성분이 100kN작용하고, 편심거리가 0.2m일 때 기초지반에 일어나는 최대응력은? [95 산]

㉮ 20kN/m²
㉯ 40kN/m²
㉰ 80kN/m²
㉱ 120kN/m²

10 다음 그림과 같은 전면기초의 단면적이 100m², 구조물의 사하중 및 활하중을 합한 총하중이 25000kN이고 근입깊이가 2m, 근입깊이 내의 흙의 단위중량이 18kN/m³이었다. 이 기초에 작용하는 순압력은? [98 01 ㉮]

㉮ 214kN/m²
㉯ 250kN/m²
㉰ 268kN/m²
㉱ 286kN/m²

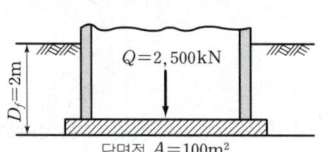

해 설

해설 9

지반이 받는 최대압축응력(q_{max})

$$q_{max} = \frac{P}{A} + \frac{M}{I} \cdot y$$

$$= \frac{100}{2 \times 1} + \frac{100 \times 0.2}{\left(\frac{1 \times 2^3}{12}\right)} \times 1$$

$$= 80\text{kN/m}^2$$

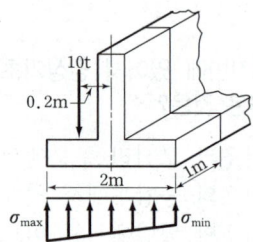

해설 10

순압력(q_{net})

$$q_{net} = \frac{Q}{A} - \gamma \cdot D_f$$

$$= \frac{25000}{100} - 18 \times 2 = 214\text{kN/m}^2$$

정답 9. ㉰ 10. ㉮

출제예상문제

9 CHAPTER 기초

1. 캔틸레버(Cantilever)식 푸팅은 다음 어느 기초에 속하는가?
㉮ 독립 푸팅   ㉯ 복합 푸팅
㉰ 연속 푸팅   ㉱ 전면 기초

해설
① 복합 푸팅은 상부 구조물의 하중을 2개 이상의 기둥으로 전달하는 것이다.
② 캔틸레버 푸팅은 2개의 푸팅을 스트럽(strap)으로 연결한 것이다.

2. 다음 기초의 형식 중 깊은 기초에 해당되는 것은?
㉮ 케이슨 기초   ㉯ 전면 기초
㉰ 독립 후팅 기초   ㉱ 복합 후팅 기초

해설 깊은 기초
① 말뚝 기초
② 피어 기초
③ 케이슨 기초

3. 직접 기초에 대한 다음 설명 중 옳지 않은 것은?
㉮ 직접 기초는 하중을 직접 좋은 지반에 전달시키는 형식의 얕은 기초이다.
㉯ 직접 기초 밑면에 돌기를 설치하면 활동저항을 증가시킨다.
㉰ 점토지반($\phi=0°$)에서 지지력을 증가시키기 위해서는 기초 깊이를 깊게 하는 것보다 기초폭을 크게 하는 것이 유리하다.
㉱ 직접 기초는 지지, 전도, 활동에 대해서 안정하여야 한다.

해설
① 점토지반($\phi=0°$)에서는 내부마찰각이 $0°$이므로 $N_c=5.7$, $N_r=0$, $N_q=1$이다.

② 극한지지력(q_{ult})
$$q_u = \alpha \cdot c \cdot N_c + \beta \cdot \gamma_1 \cdot B \cdot N_r + \gamma_2 \cdot D_f \cdot N_q$$
$$= 5.7c + 0 + \gamma \cdot D_f$$
즉, 기초의 극한지지력은 기초의 폭과는 관계가 없다.

4. 지반의 지지력에 관하여 틀린 것은?
㉮ 기초의 지지력은 흙의 단위중량, 내부마찰각, 점착력 등에 관계된다.
㉯ 극한지지력에 안전율을 곱하면 허용지지력이 나온다.
㉰ 지반의 허용지지력은 결국 허용하중강도와 같다.
㉱ 허용지지력은 극한지지력의 $\frac{1}{3}$을 취해서 사용함이 보통이다.

해설
① 극한지지력(q_{ult})
$$q_u = \alpha \cdot c \cdot N_c + \beta \cdot \gamma_1 \cdot B \cdot N_r + \gamma_2 \cdot D_f \cdot N_q$$
② 허용지지력(q_a)
$$q_a = \frac{q_u}{F_s}$$

5. 오픈 커트에 있어서 토압과 침투수의 유출이 심할 경우에 제일 좋다고 생각되는 기초 공법은?
㉮ 나무 널말뚝
㉯ 강관 널말뚝
㉰ 강 널말뚝
㉱ 철근콘크리트 널말뚝

해설
토압과 침투수의 유출이 심할 경우 강 널말뚝을 사용한다.

해답 1. ㉯ 2. ㉮ 3. ㉰ 4. ㉯ 5. ㉰

6. 크기가 30cm×30cm의 평판을 이용하여 사질토 위에서 평판재하 시험을 실시하고 극한지지력 200kN/m²을 얻었다. 크기가 1.8m×1.8m인 정사각형 기초의 총허용하중은?(단, 안전율 3을 사용)

㉮ 900kN
㉯ 1100kN
㉰ 1300kN
㉱ 1500kN

해설
① 기초의 극한지지력($q_{u(기초)}$)

$$q_{u(기초)} = q_{u(재하판)} \cdot \frac{B_{(기초)}}{B_{(재하판)}} = 200 \times \frac{1.8}{0.3}$$
$$= 1200 \, kN/m^2$$

② 허용지지력(q_a)
$$q_a = \frac{q_u}{F_s} = \frac{1200}{3} = 400 \, kN/m^2$$

③ 총허용하중(Q_a)
$$Q_a = q_a \cdot A = 400 \times 1.8 \times 1.8 = 1296 \, kN ≒ 1300 \, kN$$

7. 그림은 확대 기초를 설치했을 때 지반의 전단파괴 형상을 가정한 것이다. 다음 설명 중 옳지 않은 것은?

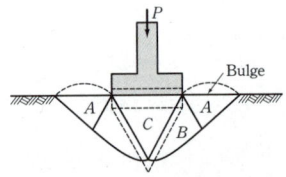

㉮ 전반전단(general shear)일 때의 파괴형상이다.
㉯ 파괴순서는 C-B-A이다.
㉰ 파괴순서는 A-B-C이다.
㉱ Terzaghi에 의하여 제안된 파괴형상이다.

해설
① 기초면이 거친 연속기초의 전반전단파괴시의 파괴형태이다.
② Terzaghi에 의하여 제안된 파괴형태이다.
③ 파괴순서는 C→B→A이다.

8. 테르자기(Terzaghi)의 극한지지력 공식 $q_u = \alpha \cdot c \cdot N_c + \beta \cdot \gamma_1 \cdot B \cdot N_r + \gamma_2 \cdot D_f \cdot N_q$ 에서 다음 사항 중 옳지 않은 것은?

㉮ α, β는 기초 형상계수이다.
㉯ 제 1항은 점착지지력, 제 2항은 마찰지지력, 제 3항은 덮개토압에 의한 지지력이다.
㉰ 사질지반 표면에 기초를 설치할 경우 지지력은 마찰에 기대할 수밖에 없다.
㉱ N_c, N_r, N_q는 지지력계수로서 흙의 점착력으로부터 정해진다.

해설
① 극한지지력(q_{ult})
모래지반에서는 $c=0$이며 또한, 표면에 기초를 설치하면 $D_f=0$이다.
$$q_u = \alpha \cdot c \cdot N_c + \beta \cdot \gamma_1 \cdot B \cdot N_r + \gamma_2 \cdot D_f \cdot N_q$$
$$= 0 + \beta \cdot \gamma_1 \cdot B \cdot N_r + 0$$
즉, 극한지지력은 마찰에만 기대할 수밖에 없다.
② 지지력계수는 수동토압계수의 함수이며, 이는 내부마찰각의 함수이다.

9. 극한지지력 공식에 대한 내용 중에서 틀린 것은?

㉮ 지지력계수(N_c, N_r, N_q)는 내부마찰각(ϕ)에 따라 결정되는 값이다.
㉯ 기초 형상에 따라 다른 형상계수를 고려해야 한다.
㉰ 점성토에서 극한지지력은 기초의 근입깊이가 커짐에 따라 커진다.
㉱ 극한지지력은 기초폭에 관계없이 흙의 상태를 나타내는 고유의 성질이다.

해설
① Terzaghi의 극한지지력 공식(q_u)
$$q_u = \alpha \cdot c \cdot N_c + \beta \cdot \gamma_1 \cdot B \cdot N_r + \gamma_2 \cdot D_f \cdot N_q$$
② 극한지지력에 영향을 주는 요소
- 기초 지반의 내부마찰각(ϕ)
- 기초 지반의 점착력(c)
- 흙의 단위중량(γ)

해답 6. ㉰ 7. ㉰ 8. ㉱ 9. ㉱

- 기초의 근입깊이(D_f)
- 기초의 폭(B)
- 지하수위의 위치
- 기초의 형상

③ 점토($\phi=0°$)에서 기초의 극한지지력(q_u)

내부마찰각이 0(zero)이면, $N_c=5.7$, $N_r=0$, $N_q=1$이므로

$q_u = \alpha \cdot c \cdot N_c + \beta \cdot \gamma_1 \cdot B \cdot N_r + \gamma_2 \cdot D_f \cdot N_q$
$= 5.7\alpha \cdot c + 0 + \gamma_2 \cdot D_f$

따라서, 기초의 극한지지력은 기초의 폭이나 기초 아래 흙의 단위중량과는 관계가 없고, 근입깊이에 따라 증가한다.

10. Terzaghi의 극한지지력 공식에 관한 설명 중 옳지 않은 것은?

㉮ 모래지반인 경우 기초의 폭이 클수록 극한지지력은 증가한다.
㉯ 이 공식은 깊은 기초에서보다 얕은 기초에 적용함이 보다 합리적이다.
㉰ 지하수위가 지표면상에 있을 때 지지력이 가장 크다.
㉱ 점성토인 경우 기초 크기는 지지력에 큰 영향을 미치지 않는다.

[해설]

① Terzaghi의 극한지지력(q_u)
극한지지력은 점착지지력과 마찰지지력, 덮개토압에 의한 지지력으로 이루어진다.

$q_u = \alpha \cdot c \cdot N_c + \beta \cdot \gamma_1 \cdot B \cdot N_r + \gamma_2 \cdot D_f \cdot N_q$

② 점토($\phi=0°$)에서 기초의 극한지지력(q_u)
내부마찰각이 0(zero)이면, $N_c=5.7$, $N_r=0$, $N_q=1$이므로

$q_u = \alpha \cdot c \cdot N_c + \beta \cdot \gamma_1 \cdot B \cdot N_r + \gamma_2 \cdot D_f \cdot N_q$
$= 5.7\alpha \cdot c + 0 + \gamma_2 \cdot D_f$

따라서, 기초의 극한지지력은 기초의 폭과는 관계가 없고, 근입깊이에 따라 증가한다.

③ 모래지반에서 연속기초의 극한지지력(q_u)
모래지반에서는 점착력 $c=0$이므로

$q_u = \alpha \cdot c \cdot N_c + \beta \cdot \gamma_1 \cdot B \cdot N_r + \gamma_2 \cdot D_f \cdot N_q$
$= 0 + \beta \cdot \gamma_1 \cdot B \cdot N_r + \gamma_2 \cdot D_f \cdot N_q$

즉, 기초의 폭이 증가하면 극한지지력은 증가한다.

④ 지하수위 아래에서는 수중단위중량(γ_{sub})을 사용하기 때문에 극한지지력이 반감한다.

11. 연약점토($\phi=0°$)지반 위에 놓인 연속기초의 극한지지력은?(단, 점착력 $c=20kN/m^2$, 습윤밀도 $\gamma_t=18kN/m^3$, 지지력계수 $N_c=5.7$, $N_r=0$, $N_q=1$이다.)

㉮ $114kN/m^2$
㉯ $157kN/m^2$
㉰ $216kN/m^2$
㉱ $252kN/m^2$

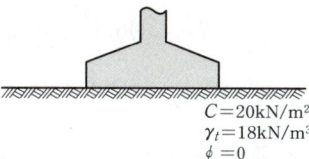

$C=20kN/m^2$
$\gamma_t=18kN/m^3$
$\phi=0$

[해설] 연속기초의 극한지지력(q_u)

연속기초이므로 α=1, β=0.5이고, 지표면에 설치하였으므로 $D_f=0$이다.

$q_u = \alpha \cdot c \cdot N_c + \beta \cdot \gamma_1 \cdot B \cdot N_r + \gamma_2 \cdot D_f \cdot N_q$
$= \alpha \cdot c \cdot N_c + 0 + 0 = 1 \times 20 \times 5.7 + 0 + 0$
$= 114kN/m^2$

12. Terzaghi 공식에 의하면 모래지반 기초의 극한지지력은?

㉮ 기초의 폭과 깊이가 클수록 증가한다.
㉯ 기초의 폭이 크면 감소하고 깊이가 크면 증가한다.
㉰ 기초의 폭과 깊이가 적을수록 증가한다.
㉱ 기초의 폭과 깊이에 관계없이 일정하다.

[해설]

모래지반에서는 점착력 $c=0$이므로

$q_u = \alpha \cdot c \cdot N_c + \beta \cdot \gamma_1 \cdot B \cdot N_r + \gamma_2 \cdot D_f \cdot N_q$
$= 0 + \beta \cdot \gamma_1 \cdot B \cdot N_r + \gamma_2 \cdot D_f \cdot N_q$

이다. 즉, 기초의 폭이 증가하면 극한지지력은 증가한다.

해답 10. ㉰ 11. ㉮ 12. ㉮

13. 다음 그림과 같이 점토질 지반에 연속기초가 설치되어 있다. Terzaghi 공식에 의한 이 기초의 허용지지력 q_a는 얼마인가?(단, $\phi=0°$인 경우 $N_c=5.14$, $N_r=0$, $N_q=1.0$, 형상계수 $\alpha=1.0$, $\beta=0.5$)

㉮ $64kN/m^2$
㉯ $135kN/m^2$
㉰ $185kN/m^2$
㉱ $404.9kN/m^2$

점토질 지반 $\gamma=19.2kN/m^3$
일축압축강도 $q_u=148.6kN/m^2$

[해설]

① 비배수전단강도(c_u)

$c_u = \dfrac{q_u}{2}\tan(45°-\dfrac{\phi}{2})$에서 $\phi=0°$이므로

$c_u = \dfrac{q_u}{2} = \dfrac{148.6}{2} = 74.3kN/m^2$

여기서, q_u : 일축압축강도

② 극한지지력(q_u)

$N_c=5.14$, $N_r=0$, $N_q=1.0$이고, 연속기초의 형상계수 $\alpha=1.0$, $\beta=0.5$이므로

$q_u = \alpha \cdot c \cdot N_c + \beta \cdot \gamma_1 \cdot B \cdot N_r + \gamma_2 \cdot D_f \cdot N_q$
$= 1.0 \times 74.3 \times 5.14 + 0 + 19.2 \times 1.2 \times 1 = 404.9kN/m^2$

③ 허용지지력(q_a)

$q_a = \dfrac{q_u}{F_s} = \dfrac{404.9}{3} = 135kN/m^2$

14. 그림에서 정사각형 독립기초 2.5m×2.5m가 실트질 모래 위에 시공되었다. 이 때 근입깊이가 1.50m인 경우 허용지지력은?(단, $N_c=35$, $N_r=N_q=20$)

㉮ $250kN/m^2$
㉯ $300kN/m^2$
㉰ $350kN/m^2$
㉱ $450kN/m^2$

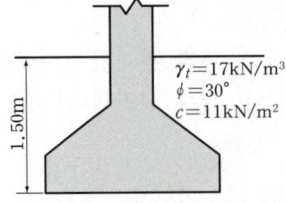

$\gamma_t=17kN/m^3$
$\phi=30°$
$c=11kN/m^2$

[해설]

① 정사각형 기초의 극한지지력(q_u) 공식
정사각형 기초의 형상계수 $\alpha=1.3$, $\beta=0.4$이므로
$q_u = \alpha \cdot c \cdot N_c + \beta \cdot \gamma_1 \cdot B \cdot N_r + \gamma_2 \cdot D_f \cdot N_q$
$= 1.3 \times 11 \times 35 + 0.4 \times 17 \times 2.5 \times 20 + 17 \times 1.5 \times 20$
$= 1350.5kN/m^2$

② 허용지지력(q_a)

$q_a = \dfrac{q_u}{F_s} = \dfrac{1350.5}{3} = 450.2kN/m^2$
$\fallingdotseq 450kN/m^2$

15. 그림과 같은 1.5m×1.5m의 정방형 기초가 받을 수 있는 허용하중은 얼마인가?(단, Terzaghi의 전반전단파괴 공식을 이용하고 안전율은 3, 흙의 단위중량은 18.5kN/m³, 내부마찰각은 25°, 점착력은 0.2 kg/cm², $N_c=23$, $N_r=10$, $N_q=12$, 1t=10kN이다.)

㉮ 326.kN
㉯ 698kN
㉰ 884kN
㉱ 2095kN

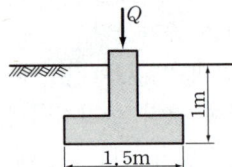

[해설]

① 점착력(c)
$c = 0.2kg/cm^2 = 2t/m^2 = 20kN/m^2$

② 정사각형 기초의 극한지지력(q_u)
정방형 기초의 형상계수 $\alpha=1.3$, $\beta=0.4$이다.
$q_u = \alpha \cdot c \cdot N_c + \beta \cdot \gamma_1 \cdot B \cdot N_r + \gamma_2 \cdot D_f \cdot N_q$
$= 1.3 \times 20 \times 23 + 0.4 \times 18.5 \times 1.5 \times 10 + 18.5 \times 1.0 \times 12$
$= 931kN/m^2$

③ 허용지지력(q_a)
$q_a = \dfrac{q_u}{F_s} = \dfrac{931}{3} = 310kN/m^2$

④ 허용하중(Q_a)
$Q_a = q_a \cdot A = 310 \times 1.5 \times 1.5 = 697.5\ kN$
$\fallingdotseq 698\ kN$

해답 13. ㉯ 14. ㉱ 15. ㉯

16. $c=0$, $\phi=30°$, $\gamma_t=18\text{kN/m}^3$인 사질토 지반 위에 근입깊이 1.5m의 정방형 기초가 놓여 있다. 이 때 이 기초의 도심에 1500kN의 하중이 작용하고 지하수위 영향은 없다고 본다. 이 기초의 폭 B는?(단, Terzaghi의 지지력공식을 이용하고 안전율은 $F_s=3$, 형상계수 $\alpha=1.3$, $\beta=0.4$, $\phi=30°$일 때 지지력계수는 $N_c=37$, $N_r=20$, $N_q=23$이다.)

㉮ 3.8m ㉯ 3.4m
㉰ 2.9m ㉱ 2.2m

해설
① 정방형 기초의 극한지지력(q_u)
정방형 기초의 형상계수는 α=1.3, β=0.4이다.
$q_u = \alpha \cdot c \cdot N_c + \beta \cdot \gamma_1 \cdot B \cdot N_r + \gamma_2 \cdot D_f \cdot N_q$
$= 1.3 \times 0 \times 37 + 0.4 \times B \times 18 \times 20 + 18 \times 1.5 \times 23$
$= 144B + 621$

② 허용지지력(q_a)
$q_a = \dfrac{q_u}{F_s} = \dfrac{144B+621}{3}$

③ 기초지반에 일어나는 응력(q)
$q = \dfrac{Q}{A} = \dfrac{1500}{B^2}$

④ 안정조건
$q \leq q_a$
$\dfrac{1500}{B^2} = \dfrac{144B+621}{3}$
$B^2 \cdot (144B+621) = 4500$
$144B^3 + 621B^2 - 4500 = 0$
$B^3 + 4.3125B^2 - 31.25 = 0$
$B \fallingdotseq 2.2\text{m}$

17. Terzaghi의 극한지지력공식은
$q_u = \alpha \cdot c \cdot N_c + \beta \cdot \gamma_1 \cdot B \cdot N_r + \gamma_2 \cdot D_f \cdot N_q$ 이다. 아래 그림과 같은 기초지반에서 γ_1은 몇 kN/m³ 인가? (단, 물의 단위중량은 9.81kN/m³이다.)

㉮ 9.81
㉯ 10.79
㉰ 19.62
㉱ 20.60

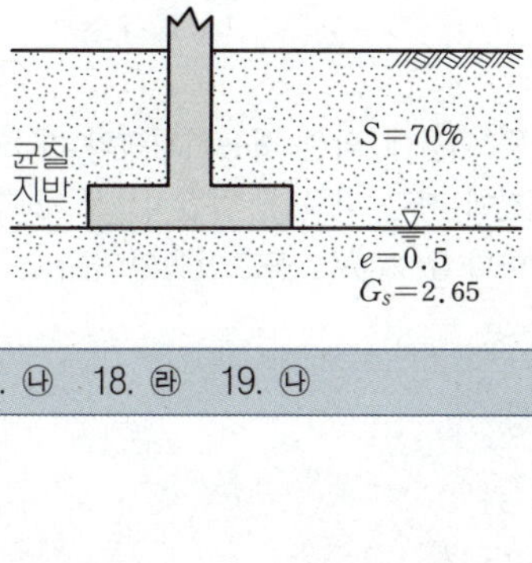

해설
① γ_1은 기초바닥 아래 흙의 단위중량이며, 지하수위 아래에 있는 경우는 수중단위중량을 사용해야 한다.
② 수중단위중량(γ_{sub})
$\gamma_{sub} = \dfrac{G_s-1}{1+e} \cdot \gamma_w = \dfrac{2.65-1}{1+0.5} \times 9.81$
$= 10.79 \text{ kN/m}^3$

18. 2m×2m인 정방형 기초가 1.5m 깊이에 있다. 이 흙의 단위중량 $\gamma=17\text{kN/m}^3$, 점착력 $c=0$이며, $N_r=19$, $N_q=22$이다. Terzaghi의 공식을 이용하여 전허용하중(Q_{all})을 구한 값은?(단, 안전율 $F_s=3$으로 한다.)

㉮ 273kN   ㉯ 546kN
㉰ 819kN   ㉱ 1092kN

해설
① 정사각형 기초의 극한지지력(q_u)
정방형 기초의 형상계수는 $\alpha=1.3$, $\beta=0.4$이다.
② 극한지지력(q_u)
$q_u = 1.3 \cdot c \cdot N_c + 0.4 \cdot \gamma_1 \cdot B \cdot N_r + \gamma_2 \cdot D_f \cdot N_q$
$= 0 + 0.4 \times 17 \times 2 \times 19 + 17 \times 1.5 \times 22$
$= 819.4 \text{kN/m}^2$
③ 허용지지력(q_a)
$q_a = \dfrac{q_u}{F_s} = \dfrac{819.4}{3} = 273.1 \text{kN/m}^2$
④ 허용하중(Qa)
$Qa = q_a \cdot A = 273.1 \times (2 \times 2) = 1092.4 \text{kN} \fallingdotseq 1092\text{kN}$

19. 기초폭 4m의 연속기초를 지표면 아래 3m 위치의 모래지반에 설치하려고 한다. 이 때 표준관입시험 결과에 의한 사질 지반의 평균 N값이 10일 때 극한지지력은?(단, Meyerhof공식 사용, 1t=10kN)

㉮ 4200kN/m²   ㉯ 2100kN/m²
㉰ 1050kN/m²   ㉱ 750kN/m²

해설 모래 지반의 극한지지력(Meyerhof 공식)
$q_u = 3 \cdot N \cdot B \cdot \left(1+\dfrac{D_f}{B}\right) = 3 \times 10 \times 4 \times \left(1+\dfrac{3}{4}\right)$
$= 210 \text{t/m}^2 = 2100 \text{kN/m}^2$

해답 16. ㉱ 17. ㉯ 18. ㉱ 19. ㉯

20. Meyerhof의 극한지지력 공식에서 사용하지 않은 계수는?

㉮ 형상계수 ㉯ 깊이계수
㉰ 시간계수 ㉱ 하중경사계수

[해설] Meyerhof의 지지력 공식에 영향을 미치는 요소
① 형상계수
② 깊이계수
③ 하중경사계수

21. 평판재하 시험결과 다음과 같은 데이터를 얻었다. 20mm가 허용침하량이라고 할 때 2m 직경의 기초에 재하가능한 최대하중을 구하면 얼마인가?

평판직경(mm)	침하량(mm)	하중(kN)
300	20	50
750	20	200

㉮ 1098kN ㉯ 850kN
㉰ 950kN ㉱ 690kN

[해설]
① $Q = A \cdot m + P \cdot n$에서

$50 = (\frac{\pi \times 0.3^2}{4}) \cdot m + (\pi \times 0.3) \cdot n$이므로

$50 = 0.0707m + 0.9425n$ ……… ①

$200 = (\frac{\pi \times 0.75^2}{4}) \cdot m + (\pi \times 0.75) \cdot n$이므로

$200 = 0.4418m + 2.3562n$ ……… ②

①에서 $m = \frac{50 - 0.9425n}{0.0707}$ ……… ③

③을 ②에 대입하면

$200 = 0.4418 \times \frac{50 - 0.9425n}{0.0707} + 2.3562n$에서

$200 = 312.447 - 5.8896n + 2.3562n$

$3.5334n = 112.447$

$n = 31.824(kN/m)$ ……… ④

④를 ③에 대입하면

$m = 282.969(kN/m^2)$

즉, $m = 282.969(kN/m^2)$, $n = 31.824(kN/m)$이다.

② 최대하중(Q)

$Q = A \cdot m + P \cdot n$에서

$Q = (\frac{\pi \times 2^2}{4}) \times 282.969 + (\pi \times 2) \times 31.824$

$= 1098.4 \, kN ≒ 1098kN$

22. 다음 그림은 여러 연구자들에 의하여 가정된 말뚝선단부 주변지반에서의 파괴 형상을 나타내고 있다. 이중 Meyerhof에 의하여 가정된 파괴형상은 어느 것인가?

㉮
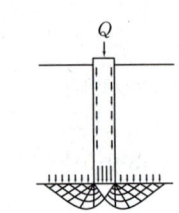
㉯
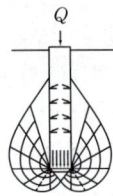

㉰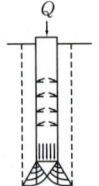
㉱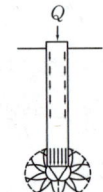

[해설]
① (가)는 Prandtl, Reissner, Buisman, Terzaghi의 선단지반 파괴기구이다.
② (나)는 Meyerhof, Debeer, Jaky의 이론이다.
③ (다)는 Berezantzey, Yaroshenko, Vesit의 이론이다.

23. 콘크리트 말뚝을 이음 말뚝으로 쓸 때 1개소 이음마다 허용지지력은 얼마만큼 감소되는가?

㉮ 50% ㉯ 30%
㉰ 20% ㉱ 10%

[해설]
말뚝 이음에 의한 허용지지력의 감소는 이음 방법, 현장 조건에 따라 다르다. 일반적으로 용접이음의 경우는 1개소마다 5% 감소, 볼트이음의 경우는 10% 감소한다.

해답 20. ㉰ 21. ㉮ 22. ㉯ 23. ㉱

24. 다음 말뚝 중에서 말뚝을 박을 때 저항력이 작은 단면형의 말뚝은 어느 것이 되겠는가?

㉮ H 형강 말뚝
㉯ RC 말뚝
㉰ PC 말뚝
㉱ 강관 말뚝

[해설] H 형강 말뚝
① 흙의 배제량이 적기 때문에 좁은 곳에 조밀하게 항타 할 수 있다.
② 강관 말뚝보다 가격이 20~30% 싸다.

25. 말뚝을 지반에 박을 때 무진동, 무소음으로 위쪽에 공간이 적을 때 이용하면 좋은 공법은?

㉮ 수사법
㉯ 충격법
㉰ 진동법
㉱ 압입법

[해설] 압입식
① 말뚝 주변 또는 선단부를 교란시키고 않고 말뚝을 압입시키는 공법이다.
② 무소음, 무진동 공법에 의한 말뚝타입 공법이다.

26. 항타 공식을 적용하여 지지력을 산출할 때 실제와 가장 잘 부합되는 흙은?

㉮ 조밀한 모래지반
㉯ 연약한 점토지반
㉰ 예민한 점토지반
㉱ 느슨한 모래지반

[해설]
동역학적 공식인 항타 공식은 주로 마찰 말뚝에 적용하며 지반이 탄성적 거동을 보이는 조밀한 모래지반에 가장 잘 부합한다.

27. 다음 말뚝의 지지력에 대한 설명이다. 틀린 것은?

㉮ 말뚝의 지지력을 추정하는 데는 말뚝재하 시험이 가장 정확하다.
㉯ 말뚝에 부마찰력이 생기면 지지력이 감소한다.
㉰ 항타공식에 의한 말뚝의 허용지지력을 구할 때 안전율을 대개 3으로 한다.
㉱ 연약한 점토지반에 대한 말뚝의 지지력은 항타 직후보다 시간이 경과함에 따라 증가한다.

[해설]
① 지지력 산정에 있어서 안전율은 정역학적 지지력공식과 재하시험에 의한 방법은 3이다.
② 동역학적 지지력공식은 안전율이 방법에 따라 다르며 안전율은 3~8이다.

28. Sander의 말뚝박기 공식에 의거 허용지지력을 계산한다면 적용할 안전율은?

㉮ 8
㉯ 6
㉰ 4
㉱ 2

[해설]
① Sander 공식은 안전율 $F_s = 8$이다.
② Engineering News 공식은 안전율 $F_s = 6$이다.

29. 말뚝에서 부의 주면마찰력에 관한 설명 중 옳지 않은 것은?

㉮ 아래쪽으로 작용하는 마찰력이다.
㉯ 이 때 말뚝의 지지력은 증가한다.
㉰ 압밀층을 관통하여 견고한 지반에 말뚝을 박으면 일어나기 쉽다.
㉱ 연약지반에 말뚝을 박은 후 그 위에 성토를 하면 일어나기 쉽다.

[해설]
부의 주면마찰력, 즉 부마찰력이 생겼으면 그 말뚝의 극한지지력이 감소한다.

해답 24. ㉮ 25. ㉱ 26. ㉮ 27. ㉰ 28. ㉮ 29. ㉯

30. 직접 기초의 지지력에 관한 테르자기(Terzaghi) 공식에 관한 다음 설명 중 옳지 않은 것은?

㉮ 기초의 근입깊이를 증대시키면 지지력은 증가한다.
㉯ 사질토에서는 기초폭을 넓힘으로써 지지력의 증가를 도모할 수 있다.
㉰ 기초부분에 지하수위가 상승하면 지지력은 매우 떨어지게 된다.
㉱ 기초 주변에 부(−)의 주면마찰이 생기면 지지력은 증가한다.

[해설]
① Terzaghi의 극한지지력(q_u)
극한지지력은 점착지지력과 마찰지지력, 덮개토압에 의한 지지력으로 이루어진다.
$$q_u = \alpha \cdot c \cdot N_c + \beta \cdot \gamma_1 \cdot B \cdot N_r + \gamma_2 \cdot D_f \cdot N_q$$
② 부주면마찰력(Q_{NS})
이 경우의 극한지지력은 $Q_u = Q_p - Q_f$이다. 즉, 부마찰력에 의해 지지력이 감소한다.

31. 연약점토 지반에 말뚝재하 시험을 하는 경우는 말뚝타입 후 며칠이 지난 후 시험을 행하는데 이는 다음 중 점토의 어느 성질 때문인가?

㉮ 모세관 현상
㉯ Thixotropy 현상
㉰ 팽창 작용
㉱ Slaking 작용

[해설] 틱소트로피(Thixotrophy)
연약 지반에 말뚝을 타입하면 지반이 교란된다. 그러므로 지반 교란에 의한 영향을 줄이고 지반의 강도증진의 효과를 위하여 재하시험은 말뚝타입후 20여일이 경과한 후 행하는 것이 좋다.

32. 일반적으로 마찰 말뚝의 경우에 간격 D는 다음의 어느 것보다 작을 때 무리 말뚝으로 취급하는가?(단, r : 말뚝의 반지름, L : 말뚝의 길이)

㉮ $D_0 = 1.3\sqrt{r \cdot L}$
㉯ $D_0 = 1.0\sqrt{r \cdot L}$
㉰ $D_0 = 1.5\sqrt{r \cdot L}$
㉱ $D_0 = 0.5\sqrt{r \cdot L}$

[해설] 무리 말뚝의 최대중심간격(D_0)
$$D_0 = 1.5\sqrt{r \cdot L}$$

33. 말뚝이 20개인 군항 기초에 있어서 효율이 0.75, 단항으로 계산된 말뚝 1개의 허용지지력이 150kN일 때 군항의 허용지지력은 얼마인가?

㉮ 1125kN   ㉯ 2250kN
㉰ 3000kN   ㉱ 4000kN

[해설] 군항의 허용지지력(Q_{ag})
$$Q_{ag} = E \cdot N \cdot Q_a = 0.75 \times 20 \times 150 = 2250 \text{ kN}$$

34. 말뚝에 관한 다음 설명 중 옳은 것은?

㉮ 말뚝에 부의 주면마찰이 일어나면 지지력은 증가한다.
㉯ 무리 말뚝에 있어서 각 개의 말뚝이 발휘하는 지지력은 단독 말뚝보다 크다.
㉰ 정역학적 지지력 공식에 의하면 지지력은 선단저항력과 주면마찰력의 합과 같다.
㉱ 일반적으로 지반조건으로 보아 말뚝 끝이 암반에 도달하면 마찰 말뚝, 연약 점성토에 도달하면 지지 말뚝으로 구분한다.

[해설]
① 말뚝에 부마찰력이 일어나면 부마찰력이 말뚝에 하중 역할을 하므로 말뚝의 지지력은 감소한다.
② 군항에서 각 개의 말뚝의 지지력은 단항보다 작다.
③ 정역학적 지지력공식에서 말뚝의 극한지지력은 선단저항과 주면마찰력의 합과 같다.
④ 말뚝의 지지력에 의한 분류
 • 선단지지 말뚝(End bearing pile)
 • 마찰 말뚝(Friction pile)
 • 하부지반지지 말뚝(Bearing pile)

해답 30. ㉱   31. ㉯   32. ㉰   33. ㉯   34. ㉰

35. 다음은 말뚝 기초의 지지력에 관한 사항이다. 틀린 것은?

㉮ 부의 마찰력은 아래 방향으로 작용한다.
㉯ 효율을 이용해서 군항의 지지력을 구하는 경우는 마찰 말뚝인 경우이다.
㉰ 점성토 지반에는 동역학적 지지력 공식이 잘 맞는다.
㉱ 재하시험 결과를 이용하는 것이 신뢰도가 큰 편이다.

[해설]
① 부마찰력은 말뚝에 하중역할을 하는 주면마찰력이다.
② 동역학적 지지력 공식은 점토지반에 부적합하다.
③ 재하시험에 의한 말뚝의 지지력은 가장 실제에 가까운 값이 구해지므로 신뢰도가 가장 크다.

36. 말뚝의 지지력에 관한 다음 사항 중 틀린 것은?

㉮ 말뚝 선단부의 지지력과 말뚝 주면마찰력의 합이 말뚝의 지지력이 된다.
㉯ 말뚝의 지지력을 추정하는 데는 재하시험, 동역학적 지지력 공식, 정역학적 지지력 공식 등이 있다.
㉰ 동역학적 지지력 공식은 정적인 지지력을 동적인 관입저항에서 구하는 공식이다.
㉱ 무리 말뚝은 외 말뚝보다 각 개의 말뚝이 발휘하는 지지력이 크다.

[해설]
무리 말뚝(Group pile)이란 말뚝 간격이 좁아 개개의 말뚝의 응력범위가 서로 중복되는 경우로서 무리 말뚝의 개개 말뚝이 발휘하는 지지력은 단말뚝보다 효율만큼 적게된다.

37. 다음은 말뚝 기초를 시공하는 데 있어서 유의해야 할 사항 중 옳지 않은 것은?

㉮ 말뚝을 좁은 간격으로 시공했을 때는 단항인가 군항인가를 따져야 한다.
㉯ 군항일 경우는 말뚝 1본당 지지력을 말뚝수로 곱한 값이 지지력이다.
㉰ 말뚝이 점토지반을 관통하고 있을 때는 부마찰력에 대해서 검토를 할 필요가 있다.
㉱ 말뚝간격이 너무 좁으면 단항에 비해서 훨씬 깊은 곳까지 응력이 미치므로 그 영향을 검토해야 한다.

[해설] 군항의 허용지지력(Q_{ag})

$Q_{ag} = E \cdot N \cdot Q_a$

군항의 허용지지력은 말뚝 1본당 지지력을 말뚝수로 곱하고 여기에 효율을 곱한 값이 지지력이다.

38. 말뚝 기초에 관한 다음 기술 중 적당한 것은?

㉮ 침하를 최소로 억제할 필요가 있는 경우에 지지말뚝보다도 마찰 말뚝이 좋다.
㉯ 말뚝간격은 작을수록 좋다.
㉰ 지지 말뚝이라 할지라도 연약층을 관통한 경우에는 부마찰력이 작용하므로 지지력이 감소한다.
㉱ 강관 말뚝을 지지 말뚝으로 사용하는 경우에는 속채움으로 콘크리트만을 타설하여야 한다.

[해설]
① 침하를 억제하기 위해서는 지지말뚝이 좋다.
② 말뚝의 적당한 간격은 2.5D(D : 말뚝지름) 이상이며, 4D 이상이면 비경제적이다.
③ 강관 말뚝의 속채움은 콘크리트 이외에도 조약돌 등이 있다.

39. 일반적으로 말뚝의 간격은 말뚝지름의 몇 배 이상 되면 비경제적으로 보는가?

㉮ 2배 ㉯ 2.5배
㉰ 3배 ㉱ 4배

[해설]
말뚝의 적당한 간격은 2.5D(D : 말뚝지름) 이상이고, 4D 이상이면 비경제적이다.

해답 35. ㉰ 36. ㉱ 37. ㉯ 38. ㉰ 39. ㉱

40. 기초가 갖추어야 할 조건으로 거리가 먼 것은?

㉮ 동결, 세굴 등에 안전하도록 최소의 근입깊이를 가져야한다.
㉯ 기초의 시공이 가능하고 침하량이 허용치를 넘지 않아야 한다.
㉰ 상부로부터 오는 하중을 안전하게 지지하고 기초지반에 전달하여야 한다.
㉱ 미관상 아름답고 주변에서 쉽게 구득할 수 있는 재료로 설계되어야 한다.

[해설] 기초의 필요조건
① 최소한의 근입깊이(D_f)를 보유해야 한다.(동해에 대하여 안정해야 한다.)
② 침하에 대해 안정해야 한다.(침하량이 허용치 이내에 들어야 한다.)
③ 지지력에 대해 안정해야 한다.
④ 경제적, 기술적으로 시공이 가능하여야 한다.

41. 기초 지반의 지지력이 작은 곳에서 하나의 큰 슬래브로 연결하여 지반에 작용하는 단위압력을 감소시키는 형식의 기초는 어느 것인가?

㉮ 연속 기초
㉯ 독립 기초
㉰ 복합 기초
㉱ 전면 기초

[해설]
① 지반의 강도가 약한 순서에 따라 전면(mat), 연속, 복합, 독립 기초 순서로 사용한다.
② 지반의 강도가 가장 약할 때는 압력강도를 감소시키는 전면 기초를 사용하면 좋다.

42. 그림은 확대기초를 설치했을 때 지반의 전단파괴 형상을 가정(Terzaghi의 가정)한 것이다. 다음 설명 중 옳지 않은 것은?

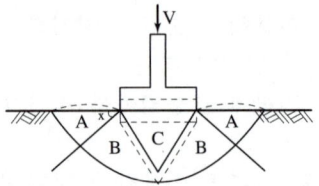

㉮ 전반전단(General Shear)일 때의 파괴형상이다.
㉯ 파괴순서는 C – B – A이다.
㉰ A영역에서 각 X는 수평선과 $45° + \frac{\varnothing}{2}$의 각을 이룬다.
㉱ C영역은 탄성영역이며, A영역은 수동영역이다.

[해설]
① 파괴 순서는 C→B→A으로 된다.
② A영역에서 수평선과 $45° - \frac{\varnothing}{2}$의 각을 이룬다.
③ 전반전단파괴의 형상이다.

43. 그림은 확대 기초를 설치했을 때 지반의 전단파괴형상을 가정(Terzaghi의 가정)한 것이다. 다음 설명 중 옳지 않은 것은?

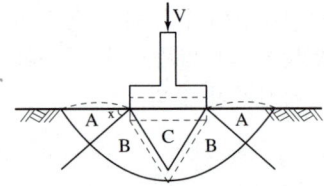

㉮ 전반전단(General Shear)일 때의 파괴형상이다.
㉯ 파괴순서는 C–B–A이다.
㉰ A영역에서 각 X는 수평선과 $45° + \frac{\varnothing}{2}$의 각을 이룬다.
㉱ C영역은 탄성영역이며, A영역은 수동영역이다.

[해설]
① 파괴 순서는 C→B→A으로 된다.
② A영역에서 수평선과 $45° - \frac{\varnothing}{2}$의 각을 이룬다.

해답 40. ㉱ 41. ㉱ 42. ㉰ 43. ㉰

44. 연속기초의 경우 Terzaghi의 극한지지력 공식은 $q_u = \alpha \cdot c \cdot N_c + \beta \cdot \gamma_1 \cdot B \cdot N_r + \gamma_2 \cdot D_f \cdot N_q$로 쓰여진다. 흙의 내부마찰각($\phi$)이 영(零)인 경우 N_c, N_r, N_q 중 영(零)이 되는 계수는?

㉮ N_c, N_r, N_q
㉯ N_c
㉰ N_q
㉱ N_r

[해설] 내부마찰각이 $0°$(zero)이면, $N_c = 5.7$, $N_r = 0$, $N_q = 1$이다.

45. 연속 기초에 대한 Terzaghi의 극한지지력 공식은 $q_u = \alpha \cdot c \cdot N_c + \beta \cdot \gamma_1 \cdot B \cdot N_r + \gamma_2 \cdot D_f \cdot N_q$로 나타낼수 있다. 아래 그림과 같은 경우 극한지지력 공식의 두 번째 항의 단위중량 γ_1의 값은?(단, 물의 단위중량은 9.81kN/m³이다.)

㉮ 14.13kN/m³
㉯ 15.70kN/m³
㉰ 17.07kN/m³
㉱ 17.85kN/m³

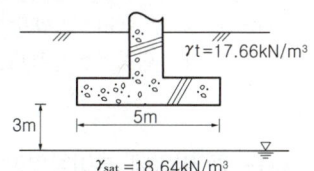

[해설] 두 번째 항의 단위중량(γ_1)
지하수위가 기초 저면보다 밑에 위치한 D<B인 경우
$\gamma_1 = \gamma_{sub} + \dfrac{D}{B} \cdot (\gamma_t - \gamma_{sub})$
$= 8.83 + \dfrac{3}{5} \times (17.66 - 8.83) = 14.13 \text{ kN/m}^3$

46. 다음은 말뚝을 시공할 때 사용되는 해머에 대한 설명이다. 어떤 해머에 대한 것인가?

> 램, 앤빌 블록, 연료 주입 시스템으로 구성된다. 연약지반에서는 램이 들어올려지는 양이 작아 공기-연료 혼합물의 점화가 불가능하여 사용이 어렵다.

㉮ 증기해머
㉯ 진동해머
㉰ 디젤해머
㉱ 드롭해머

[해설] 디젤해머(Diesel Hammer)
① 개요
1938년 독일의 Delmag사에 의해서 고안되어 여러 차례 개량과 연구가 되어 발달한 것으로 종래의 Drop Hammer, 증기 또는 압축 공기에 의한 증기 Hammer에 비해 많은 이점을 가지고 있다.
② 구조
본체는 직립한 실린더와 그 중간에 오르내리는 램과 실린더 하부에 들어있는 앤벌 및 분사장치와 기동장치 등으로 구성되어 있으며 램의 낙하에 의해 실린더 내에 분사된 경유와 공기의 혼합가스가 압축되어 연소 폭발을 일으켜 낙하에 의한 타격력과 폭발력의 2차 에너지를 파일 두부에 주는 동시에 램을 상승하다.
③ 특징
보일러 및 콤프레샤 등의 설비가 필요없어 운전비가 저렴하고 본체의 중량도 가벼워 운전의 준비가 간단하며 이동도 매우 용이하여 소규모의 현장에도 사용할 수 있어 그 적용성이 높다. 그러나 낙하높이의 조절이 불가능하며 또한 관입 저항이 대단히 작은 지반에는 반복 폭발을 일으키지 않는 결점이 있고 타격, 폭발음 때문에 생기는 소음과 타입으로 생기는 지반 진동 및 유연의 비산 먼지 등 공해에 문제가 있다.

47. 점착력이 50kN/m², γ_t=18kN/m³의 비배수 상태(ϕ=0)인 포화된 점성토 지반에 직경 40cm, 길이 10m의 PHC 말뚝이 항타 시공되었다. 이 말뚝의 선단지지력은 얼마인가? (단, Meyerhof 방법을 사용)

㉮ 15.7kN
㉯ 32.3kN
㉰ 56.5kN
㉱ 450.0kN

해답 44. ㉱ 45. ㉮ 46. ㉰ 47. ㉰

해설

① 단위면적당 말뚝의 선단지지력(q_u)

$$q_u = c \cdot N_c' + \gamma \cdot D_f \cdot N_q$$
$$= 50 \times 9 + 0 = 450 \, kN/m^2$$

② 말뚝의 선단지지력(Q_p)

$$Q_p = q_u \cdot A_p = q_u \cdot \left(\frac{\pi \cdot D^2}{4}\right)$$
$$= (50 \times 9) \times \left(\frac{\pi \times 0.4^2}{4}\right) = 56.5 \, kN$$

48. 다음은 말뚝의 지지력에 관한 여러 가지 공식 이름이다. 정역학적 지지력 공식이 아닌 것은?

㉮ Dörr의 공식
㉯ Terzaghi 공식
㉰ Meyerhof 공식
㉱ Engineering-News 공식(또는 AASHO 공식)

해설

Engineering-News 공식은 동역학적 지지력 공식이다.

49. 항타 공식에 의한 말뚝의 허용지지력을 구하고자 한다. 이 때 말뚝햄머의 무게가 25kN, 햄머의 낙하고가 40cm, 타격당 말뚝의 평균 관입량이 1.5cm였고 안전율 $F_s = 6$으로 보았다. Engineering News공식에 의한 허용지지력은?(단, 단동식 증기햄머를 사용하였다.)

㉮ 36kN
㉯ 42kN
㉰ 95kN
㉱ 167kN

해설

① 단동식 Steam hammer의 극한지지력(Q_u)

$$Q_u = \frac{W_h \cdot H}{S + 0.25} = \frac{25 \times 40}{1.5 + 0.25} = 571.4 \, kN$$

② 엔지니어링 뉴스 공식의 안전율은 $F_s = 6$ 이다.

③ 허용지지력(Q_a)

$$Q_a = \frac{Q_u}{F_s} = \frac{571.4}{6} = 95.2 \, kN = 95 \, kN$$

50. 깊은 기초의 지지력 평가에 관한 설명 중 잘못된 것은?

㉮ 정역학적 지지력 추정방법은 논리적으로 타당하나 강도 정수를 추정하는데 한계성을 내포하고 있다.
㉯ 동역학적 방법은 항타 장비, 말뚝과 지반조건이 고려된 방법으로 해머 효율의 측정이 필요하다.
㉰ 현장 타설 콘크리트 말뚝 기초는 동역학적 방법으로 지지력을 추정한다.
㉱ 말뚝 항타분석기(PDA)는 말뚝의 응력분포, 경시 효과 및 해머 효율을 파악할 수 있다.

해설

① 설계의 관점에서 하중 전달 방법으로 접근하는 것은 서로 다르기 때문에 항타와 매입으로 말뚝들 분류하는 것이 편리하다. 항타 말뚝은 동역학적 공식이 사용되고 매입 말뚝은 정역학적 공식이 사용된다. 정역학적 공식은 특히 점착력이 없는 지반의 항타 공식에 사용될 수 있다. (도서출판 동화기술 최신토질역학 441페이지)
② 현장 타설 콘크리트 말뚝 기초는 정역학적 방법으로 지지력을 추정한다.

51. 다음 중 말뚝에 부마찰력이 생기는 원인 또는 부마찰력과 관계가 없는 것은?

㉮ 말뚝이 연약지반을 관통하여 견고한 지반에 박혔을 때 발생한다.
㉯ 지반에 성토나 하중을 가할 때 발생한다.
㉰ 지하수위 저하로 발생한다.
㉱ 말뚝의 타입시 항상 발생하며 그 방향은 상향이다.

해설 부마찰력

연약지반에 말뚝을 박은 다음 성토한 경우에 압밀이 진행되어 말뚝 주면 침하량이 말뚝의 침하량보다 상대적으로 클 때 말뚝의 주면에 발생하는 (-)의 마찰력을 부주면마찰력이라 한다. 부마찰력의 방향은 하향이다

해답 48. ㉱ 49. ㉰ 50. ㉰ 51. ㉱

52. 다음 중 부마찰력이 발생할 수 있는 경우가 아닌 것은?

㉮ 매립된 생활쓰레기 중에 시공된 관측정
㉯ 붕적토에 시공된 말뚝 기초
㉰ 성토한 연약점토지반에 시공된 말뚝 기초
㉱ 다짐된 사질지반에 시공된 말뚝기초

해설
부마찰력은 말뚝 주변의 지반이 압밀이 발생할 때 발생한다. 그러나, 다짐된 사질지반에서는 압밀현상이 일어나지 않는다.

53. 부마찰력에 대한 설명이다. 틀린 것은?

㉮ 부마찰력을 줄이기 위하여 말뚝표면을 아스팔트 등으로 코팅하여 타설한다.
㉯ 지하수의 저하 또는 압밀이 진행중인 연약지반에서 부마찰력이 발생한다.
㉰ 점성토 위에 사질토를 성토한 지반에 말뚝을 타설한 경우에 부마찰력이 발생한다.
㉱ 부마찰력은 말뚝을 아래 방향으로 작용하는 힘이므로 결국에는 말뚝의 지지력을 증가시킨다.

해설
부마찰력은 말뚝의 극한지지력을 감소한다.

54. 말뚝 기초에서 부마찰력에 대한 설명이다. 옳지 않은 것은?

㉮ 지하수위 저하로 지반이 침하할 때 발생한다.
㉯ 지반이 압밀진행 중인 연약점토지반인 경우에 발생한다.
㉰ 발생이 예상되면 대책으로 말뚝 주면에 역청으로 코팅하는 것이 좋다.
㉱ 말뚝 주면에 상방향으로 작용하는 마찰력이다.

해설
말뚝 주면에 하향으로 작용하는 마찰력으로 부주면 마찰력에 의해 극한지지력이 감소한다.

55. 깊은 기초에 대한 설명으로 틀린 것은?

㉮ 점토지반 말뚝기초의 주면 마찰 저항을 산정하는 방법에는 α, β, λ 방법이 있다.
㉯ 사질토에서 말뚝의 선단지지력은 깊이에 비례하여 증가하나 어느 한계에 도달하면 더 이상 증가하지 않고 거의 일정해진다.
㉰ 무리말뚝의 효율은 1보다 작은 것이 보통이나 느슨한 사질토의 경우에는 1보다 클 수 있다.
㉱ 무리말뚝의 침하량은 동일한 규모의 하중을 받는 외말뚝의 침하량보다 작다.

해설
① 비점착성 지반과 점착성 지반에서 무리말뚝의 침하량은 동일한 규모의 하중을 받는 외말뚝의 침하량보다 크다.
② 일반적으로 무리말뚝의 지지력은 각각의 단일 말뚝의 지지력의 합보다 작다.

56. 다음 말뚝 기초에 대한 설명 중 틀린 것은?

㉮ 군항은 전달되는 응력이 겹쳐지므로 말뚝 1개의 지지력에 말뚝 갯수를 곱한 값보다 지지력이 크다.
㉯ 동역학적 지지력 공식 중 엔지니어링 뉴스 공식의 안전율 F_s는 6이다.
㉰ 부마찰력이 발생하면 말뚝의 지지력은 감소한다.
㉱ 말뚝 기초는 기초의 분류에서 깊은 기초에 속한다.

해설
① 군항은 단항보다도 전체 말뚝의 지지력은 크나, 각각의 말뚝의 발휘하는 지지력이 작다.
② 정역학적 지지력 공식의 말뚝 극한지지력은 선단지지력과 마찰지지력의 합으로 나타낸다.

해답 52. ㉱ 53. ㉱ 54. ㉱ 55. ㉱ 56. ㉮

57. 선단에 요동(搖動) 장치가 부착된 케이싱 튜브를 압입시켜 관입하고 케이싱(casing) 내부의 흙을 해머 그래브(hammer grab)로 굴착하여 소정의 지지 지반까지 구멍을 판 후 이수를 펌핑하고 철근을 조립하여 콘크리트를 치면서 케이싱 튜브를 빼내 원형의 주상(柱狀)기초를 만드는 공법을 무엇이라 하는가?

㉮ 베노토(Benoto) 공법
㉯ 역순환(RCD) 공법
㉰ ICOS 공법
㉱ 시카고(chicago) 공법

[해설] Benoto 공법
① 공벽 안정 : 케이싱 튜브(Cassing tube)
② 굴착방법 : 해머 그래브(Hammer grab)

58. 뉴매틱 케이슨 공법에 관한 다음 설명 중 틀린 것은?

㉮ Well 기초보다 침하공정이 빠르고, 또 케이슨의 경사 수정이 용이하다.
㉯ 50m이상의 깊이에 적합한 공법이다
㉰ 굴착시 극단적인 여굴이 필요없고 장애물 제거도 용이하다.
㉱ 압축공기를 사용하기 때문에 소규모 공사에는 비경제적이다.

[해설]
뉴매틱 케이슨 기초는 35~40m 이상의 깊은 공사는 못한다.

59. 공기 케이슨 공법에 관한 설명 중 옳지 않은 것은?

㉮ 우물통 기초보다 침하 공정이 빠르다.
㉯ 압축공기를 사용하기 때문에 소규모 공사에선 비경제적이다.
㉰ 아주 깊은 곳까지 확실하게 시공할 수 있다.
㉱ 장애물 제거가 용이하고 지지력 측정이 용이하다.

[해설]
뉴매틱 케이슨 기초는 35~40m 이상의 깊은 공사는 못한다.

해답 57. ㉮ 58. ㉯ 59. ㉰

제10장 연약지반 개량공법

출제경향분석

연약지반 개량공법에서는 연약지반 개량공법의 종류, 점토지반 개량공법에서 샌드 드레인 공법, 페이퍼 드레인 공법이 자주 출제되므로 정리하여야 하며, 마지막으로 토질조사에서는 토질조사의 종류, 보링의 종류, 면적비, 사운딩(Sounding) 등이 중요한 내용이다.

단원별 경향분석

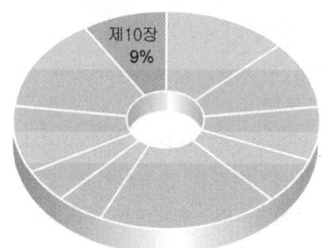

토목기사

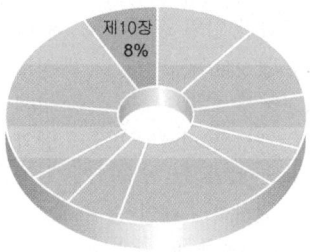

토목산업기사

항목별 경향분석

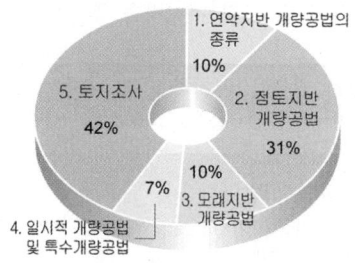

토목기사

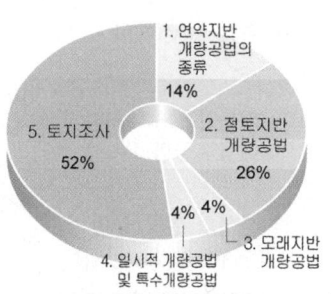

토목산업기사

1 연약지반 개량공법의 종류

> **학습방향**
>
> 연약지반 개량공법의 종류에는, 점토지반 개량공법, 모래지반 개량공법, 일시적 개량공법 등으로 나누어지는데 시험에서는 각각의 개량공법들의 적용 가능한 지반에 대하여 출제되므로 정리하여 암기하여야 한다.

1 연약지반의 정의

점토 지반에서는 함수비가 매우 큰 지반을 말하며, 압밀 침하와 간극수압의 변화가 현장 시공 관리에 중요하게 작용한다. 또한, 모래 지반에서는 느슨하고 물에 포화된 지반을 말하며, 진동이나 충격하중이 작용하면 액상현상이 일어난다.

2 점토지반 개량공법

공법의 종류	내 용
① 치환 공법	연약 점토지반의 일부 또는 전부를 조립토로 치환하여 지지력을 증대시키는 공법
② 프리 로딩 공법 (사전 압밀 공법)	구조물 시공 전에 미리 하중을 재하하여 압밀을 미리 끝나게 하여, 지반의 강도를 증가시키는 공법
③ 압성토 공법 (부제 공법)	성토체에 의한 연약지반의 활동파괴를 방지하고자 성토체의 옆에 압성토하는 공법
④ 샌드 드레인 공법 (Sand drain 공법)	연약 점토지반에 모래 말뚝을 설치하여 배수거리를 단축하여 압밀을 촉진시켜 압밀시간을 단축시키는 공법
⑤ 페이퍼 드레인 공법 (Paper drain 공법)	모래 말뚝 대신에 합성수지로 된 페이퍼를 땅 속에 박아 압밀을 촉진시키는 공법
⑥ 팩 드레인 공법 (Pack drain 공법)	Sand drain의 결점인 모래 말뚝의 절단을 보완하기 위하여 합성 섬유로된 포대에 모래를 채워 만든 공법
⑦ 위크 드레인 공법 (Wick drain 공법)	포화된 점토층에서 연직 방향의 배수를 촉진하기 위하여 Sand drain 공법의 대안으로 개발된 공법
⑧ 전기 침투 공법	지반 내에 직류 전극을 설치하여 직류를 보내어, (−)극에 모인 물을 배수하여 탈수 및 지지력을 증가시키는 공법
⑨ 침투압 공법 (MAIS 공법)	지반 내에 반투막 중공 원통을 설치하고 그 속에 농도가 높은 용액을 넣어서 물을 흡수, 탈수시켜 지반의 지지력을 증가시키는 공법
⑩ 생석회 말뚝 공법 (Chemico pile 공법)	생석회는 수분을 흡수하면서 발열반응을 일으켜서 체적이 팽창하면서 탈수, 건조, 화학반응, 압밀효과 등에 의해 지반을 강화하는 공법

학습 POINT

■ 탈수에 의한 연약지반 개량공법은 점토지반에 적용하는 공법이다. 즉, 탈수에 의해 압밀을 촉진시키는 공법이다.

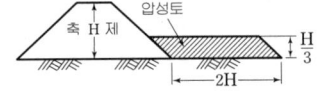

그림. 압성토 공법

■ 전기 침투 공법은 직류 전류를 사용하는 점토지반 개량공법이며, 전기 충격 공법은 고압전류를 사용하는 (모래지반) 개량공법이다.

3 모래지반 개량공법

공법의 종류	내 용
① 다짐 말뚝 공법	말뚝을 땅속에 여러 개 박아서 말뚝의 체적만큼 흙을 배제하여 압축함으로써 간극을 감소시켜 강도를 증진시키는 공법
② 다짐 모래 말뚝 공법	다짐 말뚝 공법과 원리가 같지만, 충격 또는 진동타입에 의해서 지반에 모래를 압입하여 모래 말뚝을 만드는 공법
③ 바이브로플로테이션 공법	Vibroflot 끝에 설치된 노즐로부터 물분사와 수평방향의 진동작용을 동시에 일으켜서 지반 내에 생긴 빈틈에 모래나 자갈을 채워서 지반을 개량하는 공법
④ 폭파 다짐 공법	다이너마이트의 폭발시 발생하는 충격력을 이용하여 느슨한 모래지반을 다지는 공법
⑤ 전기 충격 공법	포화된 지반 속에 방전전극을 삽입한 후 이 방전전극에 고압전류를 일으켜서, 이 때 생긴 충격력에 의해 지반을 다지는 공법
⑥ 약액 주입 공법	지반 내에 응결재료를 주입시켜 고결시킴으로서 요구되는 목적에 따른 지반개량을 하는 공법

■ (모래지반) 개량공법은 진동이나 충격에 의해 공극을 줄이는 개량공법을 주로 적용한다.

■ **폭파 치환 공법**은 (점토지반)의 개량공법이며, **폭파 다짐 공법**은 모래지반의 개량공법이다.

■ 전기 충격 공법은 탈수에 의한 연약지반 개량공법이다.(×)

4 일시적 개량공법

공법의 종류	내 용
① 웰 포인트 공법	굴착을 요하는 지역에 Well point라는 흡수관을 타입하고 이를 흡입관으로 연결하여 진공펌프로 배수하는 강제 배수 공법
② 대기압 공법	기밀막을 지표면을 씌운 다음 진공 pump를 작동시켜 내부의 압력을 저하시켜 대기압으로 압밀을 촉진시키는 공법
③ 동결 공법	동결 관을 지반 내에 설치하고, 냉각제를 흐르게 하여 주위의 흙을 동결시켜 동결된 흙의 강도와 불투성의 성질을 이용하는 공법
④ 소결 공법	지반내 보링공을 설치하고 그 안에 연료를 연소시켜 공벽을 고결, 탈수하여 지반개량을 행하는 공법

핵심문제

1 다음 열거한 공법 중 점토지반의 개량공법에 속하지 않은 것은? [98 ⑦]
㉮ 치환 공법
㉯ 폭파 다짐 공법
㉰ 샌드 드레인 공법
㉱ 웰 포인트 공법

2 다음 중에서 점성토 지반의 개량공법이 아닌 것은? [94 ⑦]
㉮ 콤포져 공법
㉯ 사전 압밀 공법
㉰ 페이퍼 드레인 공법
㉱ 전기 화학적 고결 공법

3 다음의 지반 개량공법 중 모래질 지반을 개량하는데 사용되는 것은? [95 01 ⑦]
㉮ 컴포져 공법
㉯ 페이퍼 드레인 공법
㉰ 프리 로딩 공법
㉱ 생석회 말뚝 공법

4 모래지반의 개량공법에 속하지 않는 것은? [93 ⑦]
㉮ 다짐 말뚝 공법
㉯ 진동봉 다짐 공법
㉰ 폭파 다짐 공법
㉱ 여성토 공법

5 연약 점토지반의 개량공법으로서 다음 중 옳지 않은 것은? [95 산]
㉮ 샌드 드레인 공법
㉯ 페이퍼 드레인 공법
㉰ 프리로딩(Preloading) 공법
㉱ 바이브로플로테이션(Vibroflotaton) 공법

해설

해설 1
① 모래지반 개량공법은 진동이나 충격에 의해 공극을 줄이는 공법을 주로 적용한다.
② 폭파 다짐 공법은 모래지반에 적용하는 개량공법이다.
③ 웰 포인트 공법은 모래지반에서는 분사현상을 방지하고, 점토지반에서는 압밀을 촉진한다.

해설 2
① 점토지반 개량공법은 크게 치환 공법, 압밀촉진 공법, 등이 있다.
② 콤포져 공법은 다짐 말뚝 공법과 원리가 같지만, 충격 또는 진동타입에 의해서 지반에 모래를 압입하여 모래 말뚝을 만드는 공법이다.

해설 3
모래지반 개량공법
① 다짐 말뚝 공법
② 다짐 모래 말뚝 공법(컴포져 공법)
③ 바이브로플로테이션 공법
④ 폭파 다짐 공법
⑤ 전기 충격 공법

해설 4
Preloading 공법(여성토 공법)
점토지반에서 구조물 시공 전에 미리 하중을 재하하여 압밀을 미리 끝나게 하여, 지반의 강도를 증가시키는 공법이다.

해설 5
바이브로플로테이션 공법은 모래지반에 적용하는 공법이다.

정답 1. ㉯ 2. ㉮ 3. ㉮ 4. ㉱ 5. ㉱

6 다음 중 주로 점성토지반 개량공법에 해당되는 것은? [92 ㉮]

㉮ Vibroflotation 공법
㉯ Chemico pile 공법
㉰ Well point 공법
㉱ Compozer 공법

7 연약 점토지반에 성토할 때 다음 공법 중 이용도가 가장 낮은 것은? [95 ㉰]

㉮ 치환 공법
㉯ Pre-loading 공법
㉰ Sand drain 공법
㉱ Soil-cement 공법

8 다음 중 사질지반의 개량공법에 속하지 않는 것은? [98 ㉮]

㉮ 다짐 말뚝 공법
㉯ 바이브로플로테이션(Vibroflotation) 공법
㉰ 전기 충격 공법
㉱ 생석회 말뚝 공법

해 설

해설 6
생석회 말뚝 공법은 점토지반에 적용하는 개량공법이다.

해설 7
Soil-cement 공법은 현장 콘크리트 말뚝을 연속적으로 설치하여 지중연속벽을 만드는 공법으로 주로 토류벽, 차수벽으로 이용한다.

해설 8
① 모래지반 개량공법은 진동이나 충격에 의해 공극을 줄이는 공법을 주로 적용한다.
② 탈수에 의한 연약지반 개량공법은 점토지반에 적용하는 공법이다. 즉, 탈수에 의해 압밀을 촉진하는 공법이다.
③ 생석회 말뚝 공법은 점토지반에 적용하는 개량공법이다.

정답 6. ㉯ 7. ㉱ 8. ㉱

2 점토지반 개량공법

> **학습방향**
> 연약지반은 점토 지반에서는 함수비가 매우 큰 지반을 말하므로 점토지반 개량공법은 일반적으로 물을 배수하여 압밀을 촉진하는 공법이다. 시험에서는 샌드 드레인 공법과 페이퍼 드레인 공법이 많이 출제되므로 정리하여 암기하여야 한다.

1 치환 공법

(1) 개요

연약 점토지반의 일부 또는 전부를 조립토로 치환하여 지지력을 증대시키는 공법으로 공사비가 저렴하여 많이 이용된다.

(2) 종류

공 법		적 용
① 굴착치환 공법	㉠ 전면 굴착치환 공법	연약 지반이 얕은 경우에 적용한다.
	㉡ 부분 굴착치환 공법	연약 지반이 깊은 경우에 적용한다.
② 강제치환 공법	㉠ 성토자중에 의한 치환 공법	아주 연약한 지반에 적용한다.
	㉡ 폭파치환 공법	

2 프리 로딩 공법(Preloading 공법, 사전 압밀 공법, 여성토 공법)

(1) 개요

① 구조물 시공 전에 미리 하중을 재하하여 압밀을 미리 끝나게 하여, 지반의 강도를 증가시키는 공법이다.
② 공사기간이 여유가 있는 경우에 적용 가능하다.

(2) 목적

① 성토 하중에 의하여 미리 압밀을 완료시켜 구조물에 해로운 **잔류침하**를 남지 않게 한다.
② 압밀에 의한 점토지반의 강도를 증가시켜서 기초 지반의 **전단파괴**를 방지한다.

(3) 특징

① 공사기간이 길다.
② 연약층의 두께가 두꺼운 경우에는 적용할 수 없다.

(4) 적용

압밀계수가 크고 점토층의 두께가 적은 경우에 적용한다.

학습POINT

3 샌드 드레인 공법(Sand drain 공법)

(1) 개요
① 연약 점토지반에 모래 말뚝을 설치하여 배수거리를 단축하여 압밀을 촉진시켜 압밀시간을 단축시키는 공법이다.
② 배수는 주로 수평방향으로 이루어진다.
③ 모래 말뚝의 간격이 길이의 $\frac{1}{2}$ 이하인 경우에는 연직방향의 배수는 무시한다.

■ Sand drain 공법의 주된 목적은 (압밀침하)를 촉진시키는 것이다.

(2) 샌드 매트(Sand mat)
① 개요 : 모래 말뚝을 설치하기 전에 **지표면에 50~100cm 정도의 모래를 까는데 이것을 샌드 매트(Sand mat)라 한다.**
② 역할
  ㉠ 상부 배수층의 역할을 한다.
  ㉡ 성토 내의 지하 배수층을 형성한다.
  ㉢ 시공기계의 주행성(Trafficability)을 확보한다.

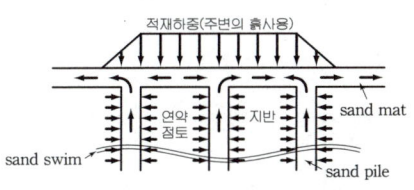

그림. 샌드 드레인 공법(Sand drain 공법)

사진. sand drain 시공장면

■ Sand drain 공법에서 배수거리에 대한 영향원의 이론을 제기한 사람은 (Barron)이다.

(3) 샌드 드레인(Sand drain)의 설계
① 모래 말뚝의 배열에 따른 영향원의 직경
  ㉠ 정 삼각형 배열

  $$D_e = 1.05S$$

  ㉡ 정 사각형 배열

  $$D_e = 1.13S$$

여기서, D_e : 영향원의 지름, S : 모래 말뚝의 중심 간격

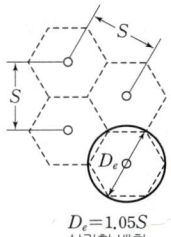 

(a) 정 삼각형 배열   (b) 정 사각형 배열
그림. 모래 말뚝의 배열에 따른 영향원의 직경

② 평균 압밀도(U_{age})
  수평방향의 압밀계수가 연직방향의 압밀계수보다 크므로 배수는 주로 수평방향으로 이루어진다. 그러나 **모래 말뚝의 설치시 주변의 지반이 교란되므로 거의 같은 것으로 산정**한다. 수평 및 연직방향의 투수를 모두 고려한 평균 압밀도는 다음과 같다.

$$U_{age} = 1 - (1-U_v) \cdot (1-U_h)$$

여기서, U_v : 연직방향의 평균 압밀도
       U_h : 수평방향의 평균 압밀도

③ 모래 말뚝 설치
  ㉠ 지름 : 0.3~0.5m
  ㉡ 간격 : 2~4m
  ㉢ 길이는 15m이하에서 효과적이다.

(4) 모래 말뚝 타입 방법
① **압축공기식 케이싱에 의한 방법**
② **Water jet에 의한 방법**
③ **Rotary boring에 의한 방법**
④ **Mandrel에 의한 방법**
⑤ **Earth auger에 의한 방법**

(5) 샌드 심(Sand seam)
① 오랜시간에 걸쳐 퇴적된 점토층은 퇴적시의 점토 지반 내의 수위 변동과 같은 환경 변화에 의하여 그 중간에 얇은 모래 또는 실트층이 존재하는 것을 샌드 심이라 한다.
② 샌드 심이 존재하는 경우 사전 압밀 공법이 더 유효하다.

■ 점토지반에서 연직방향의 압밀계수는 수평방향 압밀계수보다 작지만 Sand drain 공법에서는 설계시 같다고 보는 이유는 Sand Pile 타입시 주변의 지반이 (교란)되기 때문이다.

4 페이퍼 드레인 공법(Paper drain 공법)

(1) 개요
  샌드 드레인 공법과 유사하며, **모래 말뚝 대신에 합성수지로 된 페이퍼**를 땅 속에 박아 압밀을 촉진시키는 공법이다.

(2) 페이퍼 드레인 공법의 특징
① **시공속도가 빠르다.**
② **단기 배수효과가 좋다.**
③ **타입시 주변 지반의 교란이 거의 없으므로** 수평방향의 압밀계수 $C_h ≒ (2~4)C_v$로 설계한다.
④ 배수 단면이 깊이에 대하여 일정하다.
⑤ 대량생산이 가능한 경우 공사비가 싸다.
⑥ 특수 타입기계가 필요하다.
⑦ 장기간 사용할 경우 열화현상에 의하여 배수효과가 감소한다.

사진. Paper drain의 시공장면

(3) 페이퍼 드레인(Paper drain)의 설계

① 페이퍼 드레인은 일반적으로 폭 10cm, 두께 3~4mm정도의 사각형 띠모양으로 이루어져 있다.

② 환산 직경(D)

■ Paper drain 설계시 폭이 10cm, 두께 0.3cm일 때 Paper drain의 환산직경은 (5)cm이다.

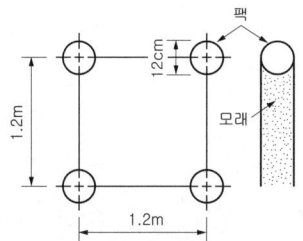

사진. 페이퍼 드레인

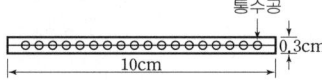

$$D = a \cdot \frac{2(t+b)}{\pi}$$

여기서, D : 드레인 페이퍼의 등치환산원의 지름(cm)
b, t : 드레인 페이퍼의 폭과 두께(cm)
a : 형상계수(약 0.75)

사진. 팩 타설 장면

5 Pack drain 공법

Sand drain의 결점인 **모래 말뚝의 절단을 보완하기 위하여** 합성 섬유로된 포대에 모래를 채워 만든 공법이다.

6 Wick drain 공법

포화된 점토층에서 **연직 방향의 배수를 촉진하기 위하여** Sand drain 공법의 대안으로 개발된 공법이다.

■ 위크 드레인 공법은 포화 점토 지반의 (연직배수)를 일으키기 위한 샌드 드레인 공법의 대체 공법이다.

■ 위크 드레인(Wick drain) 공법의 특징
① Sand drain 공법보다 효과적이다.
② 공사속도가 빠르다.
③ 굴착이 필요없다.
④ 비용이 저렴하다.

7 전기 침투 공법

포화된 점토지반 내에 **직류 전극을 설치하여 직류를 보내면, 물이** (+)극에서 (-)극으로 흐르는 전기침투현상이 발생하는데 (-)극에 모인 물을 배수하여 탈수 및 지지력을 증가시키는 공법이다.

8 침투압 공법(MAIS 공법)

포화된 점토지반 내에 **반투막 중공 원통을 설치**하고 그 속에 농도가 높은 용액을 넣어서 점토지반 내의 물을 흡수, 탈수시켜 지반의 지지력을 증가시키는 공법으로 깊이 3 m 정도의 **표층개량**에 사용된다.

9 생석회 말뚝 공법(Chemico pile 공법)

생석회는 수분을 흡수하면서 발열반응을 일으켜서 체적이 2배로 팽창하면서 탈수 효과, 건조 및 화학반응 효과, 압밀 효과 등에 의해 지반을 강화하는 공법이다.

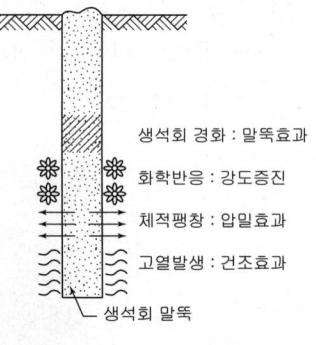

그림. 생석회 말뚝 공법

핵 심 문 제

1 다음은 Sand drain에 관한 설명이다. 틀린 것은? [96 ㉮]

㉮ 모래층은 압밀을 일으키지 않으므로 Sand pile을 설치하지 않는다.
㉯ Sand pile의 간격은 점토층의 경우 투수성이 나쁘므로 보통 2~4m가 사용된다.
㉰ Sand pile의 설치목적은 압밀을 촉진시켜 빠른 시일 내에 종료시키는데 있다.
㉱ Sand pile의 설치목적은 그의 지지력에 의해 압밀침하량을 줄이는 데에 있다.

2 Sand drain 공법에서 Sand pile을 정삼각형으로 배치할 때 모래 기둥의 간격은?(단, Pile의 유효지름은 40cm이다.) [97 ㉮]

㉮ 38cm
㉯ 40cm
㉰ 42cm
㉱ 44cm

3 Sand drain 공법에서 연직방향의 압밀도 $U_v=0.9$, 수평방향의 압밀도 $U_h=0.15$인 경우, 수직 수평방향을 고려한 압밀도 U_{age}는 얼마인가? [88 ㉯]

㉮ 99.15% ㉯ 95.85%
㉰ 92.50% ㉱ 91.50%

4 Sand drain 공법과 Paper drain 공법을 비교할 때 Paper drain 공법의 특징이 아닌 것은? [93 ㉮]

㉮ 주변지반을 흐트리지 않는다.
㉯ 시공속도가 더 빠르다.
㉰ drain 단면이 길이방향에 걸쳐 일정하다.
㉱ 공사비가 더 많이 든다.

5 위크 드레인 공법에 대한 설명 중 옳지 않은 것은? [97 ㉮]

㉮ 샌드 드레인 공법보다 시공속도가 빠르다.
㉯ 샌드 드레인과 같은 간격으로 설치할 수 있다.
㉰ 위크 드레인은 굴착할 필요가 없다.
㉱ 포화점토지반의 수평배수를 일으키기 위한 샌드 드레인의 대체공법이다.

해 설

해설 1
샌드 드레인 공법(Sand drain 공법) Sand pile은 배수거리를 단축하여 압밀을 촉진시키는 공법이지 Sand pile의 지지력에 의존하는 것은 아니다.

해설 2
모래 말뚝의 배열에 따른 영향원의 직경(정 삼각형 배열)
$D_e = 1.05 S$ 이므로
$40 = 1.05 S$
$S = 38$cm

해설 3
평균 압밀도(U_{age})
$U_{age} = 1 - (1-U_v) \cdot (1-U_h)$
$= 1 - (1-0.9) \cdot (1-0.15)$
$= 0.915$

해설 4
Paper drain 공법은 대량생산이 가능한 경우 공사비가 싸다.

해설 5
위크 드레인(Wick drain) 공법
① 포화점토지반의 연직방향의 배수를 일으키기 위한 Sand drain 공법의 대체공법이다.
② Sand drain 공법보다 효과적이고, 신속하며, 비용이 저렴하다.
③ 굴착이 필요 없기 때문에 시공속도가 빠르다.

정답 1. ㉱ 2. ㉮ 3. ㉱ 4. ㉱ 5. ㉱

6 다음의 샌드 드레인 공법에 대한 설명 중 옳지 않은 것은? [94 ㉮]

㉮ 샌드 드레인 공법은 연약지반의 압밀 촉진 공법의 하나이다.
㉯ 샌드 드레인 공법은 압밀에 의한 배수가 수평방향으로 일어나므로 압밀계수는 수평방향 압밀계수 C_h를 쓰는 것이 원칙이다.
㉰ 샌드 드레인 공법을 사용할 때는 먼저 목표하는 압밀도와 압밀 소요 일수를 정해 놓고 설계한다.
㉱ 샌드 드레인 공법은 모래 기둥을 점토층에 시공하는 것이므로 압밀 하중은 필요 없다.

7 Sand drain 공법의 주된 목적은? [98 ㉰]

㉮ 압밀침하를 촉진시키는 것이다.
㉯ 투수계수를 감소시키는 것이다.
㉰ 간극수압을 증가시키는 것이다.
㉱ 기초의 지지력을 증가시키는 것이다.

8 Sand drain 공법에서 배수거리에 대한 영향원의 이론을 제기한 사람은? [99 ㉰]

㉮ Terzaghi
㉯ Barron
㉰ Casagrande
㉱ Mohr

9 Sand drain의 지배 영역에 관한 Barron의 삼각 배치에 샌드 파일의 간격을 d, 유효원의 직경을 D_e라 할 때 D_e는 다음 중 어느 것인가? [94 ㉮]

㉮ $D_e = 1.128d$
㉯ $D_e = 1.028d$
㉰ $D_e = 1.050d$
㉱ $D_e = 1.50d$

10 Paper drain 설계시 Paper drain의 폭이 10cm, 두께가 0.3cm일 때 Paper drain의 등치환산원의 지름이 얼마이면 Sand drain과 동등한 값으로 볼 수 있는가?(단, 형상계수 : 0.75) [96 97 02 ㉮]

㉮ 5cm ㉯ 7.5cm
㉰ 10cm ㉱ 15cm

해 설

해설 6
① 샌드 드레인 공법은 연약 점토지반에 모래 말뚝을 설치하여 배수거리를 단축하여 압밀을 촉진하는 공법이다.
② 압밀 촉진 공법으로 샌드 드레인 공법, 페이퍼 드레인 공법 등이 있다.
③ 샌드 드레인 공법은 압밀이론에 근거하기 때문에 압밀하중이 필요하다.

해설 7
Sand drain 공법은 Terzaghi의 압밀이론을 기본으로 배수거리를 짧게 하여 압밀을 촉진시켜 점토지반을 개량하는 공법이다.

해설 8
Barron에 의한 모래 말뚝의 영향원의 직경(D_e)
① 정 삼각형 배열 : $D_e = 1.05S$
② 정 사각형 배열 : $D_e = 1.13S$
  여기서, S : 모래 말뚝의 중심 간격

해설 9
모래 말뚝의 영향원의 직경(D_e)
① 정삼각형 배열 : $D_e = 1.05S$
② 정사각형 배열 : $D_e = 1.13S$

해설 10
환산 직경(D)
$$D = \alpha \cdot \frac{2(t+b)}{\pi}$$
$$= 0.75 \times \frac{2 \times (10 + 0.3)}{\pi} = 4.92 \text{cm}$$

정답 6. ㉱ 7. ㉮ 8. ㉯ 9. ㉰ 10. ㉮

3 모래지반 개량공법

> **학습방향**
> 연약지반은 모래 지반에서는 느슨하고 물에 포화된 지반을 말하므로 모래지반 개량공법은 진동이나 충격 에너지를 가하여 모래 지반을 조밀하게하여 간극비를 감소시키는 공법이다. 시험에서는 컴포저 공법, 바이브로 플로테이션(Vibroflotation) 공법이 많이 출제되므로 정리하여 암기하여야 한다.

1 다짐 말뚝 공법

나무 말뚝이나 RC, PC 말뚝 등을 땅속에 여러 개 박아서 말뚝의 체적만큼 흙을 배제하여 압축함으로써 간극을 감소시켜 모래지반의 전단강도를 증진시키는 공법이다.

2 다짐 모래 말뚝 공법(Sand compaction pile 공법, Compozer 공법)

(1) 개요
① 다짐 말뚝 공법과 원리가 같지만, 충격 또는 진동타입에 의해서 지반에 모래를 압입하여 모래 말뚝을 만드는 공법이다.
② 느슨한 모래지반에 효과가 좋다.
③ 모래지반뿐만 아니라 점토지반에도 적용 가능한 공법이다.
④ 이 공법은 Hammering compozer 공법과 Vibro compozer 공법이 있다.

(2) 종류
① Hammering compozer 공법
② Vibro compozer 공법

(3) Hammering compozer 공법과 Vibro compozer 공법의 특징

Hammering compozer 공법	Vibro compozer 공법
① 전력설비 없어도 시공이 가능하다.	① 시공상 무리가 없으므로 기계고장이 적다.
② 충격시공이므로 소음, 진동이 크다.	② 충격, 진동, 소음이 작다.
③ 시공 관리가 힘들다.	③ 시공 관리가 쉽다.
④ 주변 흙을 교란시킨다.	④ 균질한 모래기둥을 만들 수 있다.
⑤ 낙하고의 조절이 가능하므로 강력한 타격에너지를 얻을 수 있다.	⑤ 진동은 모래의 다짐에 유효하지만 지표면은 다짐효과가 적으므로 Vibro tamper로 다진다.

학습POINT

사진. 다짐모래 말뚝 공법

■ Compozer 공법은 효과는 의문이나 연약한 점토지반에도 사용할 수 있는 공법이다.(○)

■ Compozer 공법은 시공관리가 매우 간편한 공법이다.(×)

(4) 시공순서

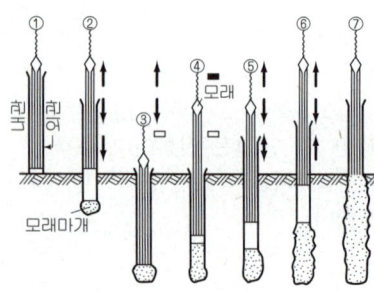
그림. 해머링 콤포저 공법의 시공순서

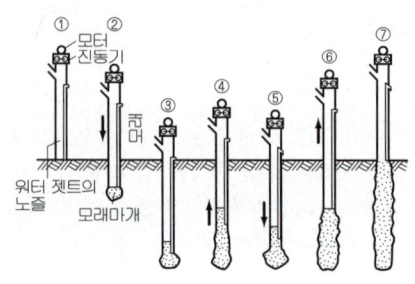
그림. 바이브로 콤포저 공법의 시공순서

■ 지반개량을 위한 샌드 파일 공법에서 중공 강관을 뽑아냄으로써 샌드 파일을 만드는데 중공 강관의 삽입 방법에는 Pressuremeter에 의한 방법이 있다.(×)

■ Pressuremeter는 공내 수평 재하 시험을 하는 측정기구이다.

3 바이브로 플로테이션(Vibroflotation) 공법

(1) 개요

느슨한 모래지반에 Vibroflot 끝에 설치된 노즐로부터 **물분사와 수평방향의 진동작용**을 동시에 일으켜서 소정의 깊이까지 관입시켜 지반 내에 생긴 빈틈에 모래나 자갈을 채우면서 지표면까지 끌어 올려 지반을 개량하는 공법이다.

(2) 장점
① 지반을 균일하게 다질 수 있다.
② 다짐 후 지반 전체가 상부 구조를 지지할 수 있다.
③ 깊은 곳의 다짐을 지표면에서 할 수 있다.
④ 지하수위의 위치에 영향을 받지 않고 시공이 가능하다.
⑤ 공사 속도가 빠르다.
⑥ 공사비가 싸다.

(3) 시공순서

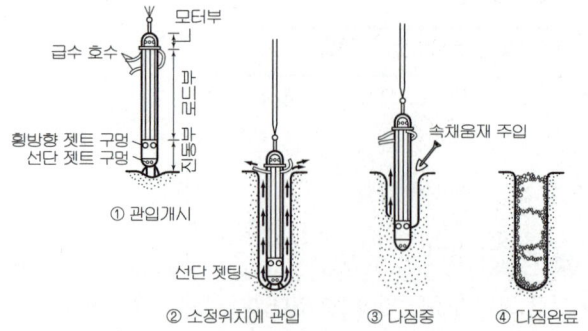
그림. 바이브로 플로테이션 공법의 시공순서

■ 느슨한 모래지반에 봉으로 선단에서 물을 뿌리며 수평진동을 주면서 모래를 채우며 다지는 것은 (Vibroflotation) 공법이다.

■ Vibro compozer 공법과 Vibroflotation 공법

Vibro compozer	Vibroflotatio
연직방향의 진동	수평방향의 진동과 물분사

사진. 바이브로플로테이션 공법

4 폭파 다짐 공법
인공지진 즉, 다이너마이트의 폭발시 발생하는 충격력을 이용하여 느슨한 사질지반을 다지는 공법이다.

5 전기 충격 공법
포화된 지반 속에 방전전극을 삽입한 후 이 방전전극에 고압전류를 일으켜서, 이 때 생긴 **충격력에 의해 지반을 다지는 공법**이다.

■ 전기 침투 공법은 연약지반 개량공법에 있어서 모래지반에 주로 적용하는 공법이다.(×)

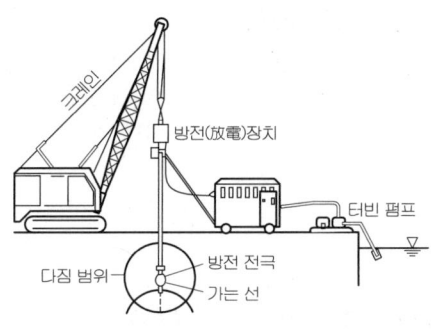

그림. 전기 충격 공법

사진. 천공 작업

6 약액 주입 공법

(1) 개요
지반의 특성을 목적에 적합하게 개량하기 위하여 지반 내에 관입한 주입관을 통하여 약액을 주입시켜 고결하는 공법이다.

(2) 목적
① 지반의 강도 증대
② 지반의 차수성 증대
③ 지반의 침하 감소

(3) 특성
① 협소한 장소 및 좁은 공간에서 시공이 가능하다.
② 진동, 소음, 교통에 대한 영향이 적고, 공사기간이 짧다.
③ 복잡하고 불규칙한 지반이 대상이므로 고도의 기술과 경험이 필요하다.
④ 환경오염의 문제점이 대두된다.

(4) 주입재
① 현탁액형 : 시멘트계, 벤토나이트 점토계
② 용액형 : 물유리계, 우레탄계, 아크릴 아미드계, 요소계, 리그린계

사진. 약액 주입 작업

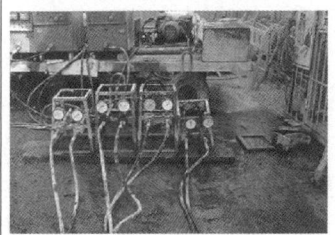

사진. 약액 주입 장치

핵심문제

1 다음 Compozer 공법에 대한 설명 중 적당하지 않은 것은? [00 02 ㉮]
㉮ 느슨한 모래지반을 개량하는 데 좋은 공법이다.
㉯ 충격, 진동에 의해 지반을 개량하는 공법이다.
㉰ 효과는 의문이나 연약한 점토지반에도 사용할 수 있는 공법이다.
㉱ 시공 관리가 매우 간편한 공법이다.

2 지반개량을 위한 샌드 파일 공법에서 샌드 파일의 타설에 관계없는 것은? [88 ㉮]
㉮ mandrel에 의한 방법
㉯ water jet에 의한 방법
㉰ auger에 의한 방법
㉱ preloading에 의한 방법

3 느슨한 모래지반에 봉으로 선단에서 물을 뿜어주며 수평 진동을 주면서 모래를 채우며 다지는 공법은 다음 중 어느 것인가? [89 ㉮]
㉮ 물다짐 공법
㉯ Sand pile 공법
㉰ Compozer 공법
㉱ Vibroflotation 공법

4 연약지반의 개량공법에 관한 사항 중 옳지 않은 것은? [98 ㉮]
㉮ Preloading 공법은 공사비가 싸지만 공기가 길다는 것이 단점이다.
㉯ Sand drain 공법은 2차 압밀비가 높은, 즉 소성이 높은 점토와 이탄과 같은 흙에는 효과가 크다.
㉰ Sand drain 공법에 비해서 Paper drain공법이 시공 속도는 빠르나 원리는 비슷하다.
㉱ 다짐 모래 말뚝 공법은 느슨한 사질토 지반의 다짐에 효과가 현저하며 경제적이다.

5 지반개량을 위한 샌드 파일 공법에서 중공 강관을 뽑아냄으로써 샌드 파일을 만드는데 중공 강관의 삽입방법이 아닌 것은? [95 ㉮]
㉮ Mandrel에 의한 방법
㉯ Water jet에 의한 방법
㉰ Auger에 의한 방법
㉱ Pressuremeter에 의한 방법

해설

해설 1
다짐 모래 말뚝 공법(Compozer 공법)
① 모래지반뿐만 아니라 점토지반에도 적용 가능한 공법이다.
② 이 공법은 Hammering compozer 공법과 Vibro compozer 공법이 있다.
③ Hammering compozer 공법은 시공 관리가 힘들며, Vibro compozer 공법은 시공 관리가 쉽다.

해설 2
Preloading 공법은 점토지반 개량공법이다.

해설 3
① 바이브로 플로테이션(Vibroflotation) 느슨한 모래지반에 Vibroflot 끝에 설치된 노즐로부터 물분사와 수평방향의 진동작용을 동시에 주면서 모래를 채우면서 개량하는 공법이다.
② Vibro compozer 공법은 연직방향의 진동을 주면서 모래를 채우면서 다지는 공법이다.

해설 4
① Sand drain 공법은 Terzaghi의 압밀 이론을 기본으로 하여 점토지반을 개량하는 공법이다.
② 소성이 높은 점토나 이탄은 2차 압밀량이 크다.
③ Sand drain 공법은 배수거리를 단축하여 1차 압밀을 촉진시키는 점토지반 개량공법이다.

해설 5
Pressuremeter는 연약점토에서 경암에 이르기까지 가압장치 용량에 따라 지반의 변형특성의 파악에 사용되는 기구이다.

정답 1. ㉱ 2. ㉱ 3. ㉱ 4. ㉯ 5. ㉱

4 일시적 개량공법 및 특수 개량공법

학습방향

점토지반 개량공법, 모래지반 개량공법은 영구적 개량 공법이며 일시적 개량공법은 단기간 사용하는 공법이므로 영구적 공법인지 일시적 공법인지 구분하여 암기하여야 하며 각 공법의 개요와 특징을 암기하여야 한다. 일반적으로 시험에서는 웰 포인트 공법이 많이 출제되고 있다. 또한 특수 개량공법에서는 각 공법의 개요와 특징을 정리하고 특히, 토목섬유가 많이 출제되므로 정리하여 암기하여야 한다.

1 일시적 개량공법

(1) 웰 포인트(Well point) 공법

① 개요 : 굴착을 요하는 지역에 well point라는 흡수관을 여러 개 타입하고 이를 흡입관으로 연결하여 진공펌프로 배수하여 지하수위를 저하시켜서 **dry work를 하기 위한 강제 배수 공법**이다.

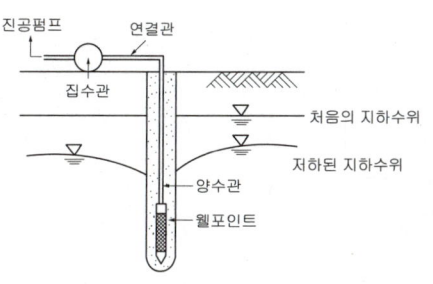

그림. 웰 포인트 공법

사진. 웰 포인트 공법

② 적용
  ㉠ 주로 투수계수가 큰 세사에서부터 실트질 모래지반에 적용된다.
  ㉡ well point **간격은 1~2m, 배수가능 심도는 6m**이며, **6m 이상일 때는 다단**으로 설치하여 시공한다.

(2) 대기압 공법(진공 압밀 공법)

① 개요 : 비닐 sheet, 염화비닐, 폴리에틸렌 등의 기밀막을 지표면을 씌운 다음 진공 pump를 작동시켜 내부의 압력을 저하시켜 **대기압으로 압밀을 촉진시키는 공법**이다.

② 적용
  ㉠ 보통 Paper drain 공법과 병행된다.
  ㉡ 공사기간동안 계속 pump를 가동시켜야 되므로 유지 관리비가 비싸다.

학습 POINT

(3) 동결 공법

① 개요 : 동결 관을 지반 내에 설치하고, 이 속에 **액체질소 염화칼슘 수용액과 같은 냉각제**를 흐르게 하여 주위의 흙을 **동결시켜 동결된 흙의 강도와 불투성의 성질을 이용하는 공법**이다. 다른 공법으로 시공이 곤란하거나 공기가 부족할 때 이용되며 최근에 많이 사용된다.

② 특징

장 점	단 점
㉠ 강도가 증대된다. ㉡ 불투수성이 된다. ㉢ 예기치 않은 사고에 대하여 안전하다. ㉣ 지반 오염이 방지된다.	㉠ 지하수의 흐름이 빠르거나 화학물질이 녹아 흐를 때는 동결이 안 된다. ㉡ 공사비가 비싸다. ㉢ 지질에 따라 동결 팽창하는 수가 있다. ㉣ **함수비가 작은 경우 강도를 기대할 수 없다.**

③ 적용 : 함수비가 적은 지반 또는 특수한 지반을 제외한 모든 지반에 적용가능하다.

2 특수 개량공법

(1) 지하 연속벽 공법

① 개요 : 지반을 굴착 할 때 **굴착공이 무너지는 것을 방지하기 위하여 벤토나이트 슬러리의 안정액을 사용**하며, 철근망을 압입한후 콘크리트를 타설하여 지중에 철근 콘크리트 연속벽체를 형성하는 공법이다.

② 특징

장 점	단 점
㉠ 소음과 진동이 적다.	㉠ 시공비가 비싸다.
㉡ 벽체의 강성이 크고, 차수성이 좋다.	㉡ 굴착도랑이 붕괴된다.
㉢ 지반조건에 좌우되지 않는다.	㉢ 슬라임이 퇴적된다.
㉣ 지하공간을 최대로 이용할 수 있다.	㉣ 안정액 처리 문제와 품질관리를 철저히 하여야 한다

(2) 동압밀 공법

① 개요 : **해안 매립지, 쓰레기 매립지 등**의 지반 개량을 위해 지반에 중량 10~20ton인 큰 중추를 높이 10~20m에서 낙하시킬 때의 충격에너지와 진동에너지로 지반을 다지는 공법이다.

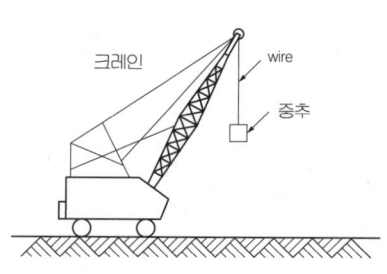
그림. 동압밀 공법

사진. 동압밀 공법

② 동다짐에 의한 영향 깊이(D)

$$D = \alpha \cdot \sqrt{W \cdot H}$$

여기서, D : 영향 깊이(m)
W : 낙하추의 중량(t)
H : 낙하고(m)
α : 영향계수(일반적으로 0.5를 사용한다.)

③ 적용
㉠ 모래, 자갈
㉡ 세립토, 폐기물 등 광범위한 토질에 적용된다.

(3) Under pinning 공법

① 개요 : **인접된 기존 구조물에 대하여** 기초 부분을 신설, 개축 또는 보강하는 공법을 Under pinning(U. P) 공법이라 한다.

사진. 언더 피닝 공법

사진. 잭으로 지지하는 상세도

② 적용
  ㉠ 기존 기초의 지지력을 보강하는 경우에 적용한다.
  ㉡ 인접한 건물의 기초에 접하여 굴착하는 경우에 적용한다.
  ㉢ 기초구조물 아래에 다른 구조물을 신설할 경우에 적용한다.
  ㉣ 구조물을 이동하는 경우에 적용한다.

(4) 토목섬유(Geotextile)
 ① 개요 : **토목섬유는 흙을 보강하는데 사용되는 투수성 섬유**를 부르는 일반적인 명칭으로서 Geotextile의 filter 기능을 이용하여 파이핑 방지 목적으로 사용하다가 최근에는 배수재, 필터재, 분리재, 보강재 등으로 사용하고 있다.
 ② 토목섬유의 기능
  ㉠ **배수 기능**
  ㉡ **여과 기능**
  ㉢ **분리 기능**
  ㉣ **보강 기능**
  ㉤ **방수 및 차단 기능**
 ③ 토목섬유의 종류
  ㉠ Geotextile : 토목섬유의 주를 이룬다.
  ㉡ Geomembrane : 방수 및 차단 기능, 분리 기능을 겸한다.
  ㉢ Geogrid : 보강 기능, 분리 기능을 겸한다.
  ㉣ Geocomposite : 배수, 여과, 분리, 보강 기능을 겸한다.

핵 심 문 제

1 다음 중 일시적 개량공법에 속하는 것은? [97 기]
㉮ 동결 공법
㉯ 약액 주입 공법
㉰ 침투압 공법
㉱ 다짐 모래 말뚝 공법

2 다음의 연약지반 개량공법 중 지하수위를 저하시킬 목적으로 사용되는 공법은? [95 산]
㉮ 샌드 드레인 공법
㉯ 페이퍼 드레인 공법
㉰ 치환 공법
㉱ 웰 포인트 공법

3 동결 공법에 대한 다음 설명 중 옳지 않은 것은? [99 기]
㉮ 동결된 토사의 차수성이 우수하다.
㉯ 지하수의 흐름이 빠르면 동결은 되지 않는다.
㉰ 지질에 따라서 동결 팽창하는 수가 있다.
㉱ 함수비가 작을수록 높은 강도를 나타낼 수 있다.

4 지하수가 많은 지반을 탈수시켜 건조한 지반으로 만들기 위한 공법 중 틀린 것은? [90 기]
㉮ Sand drain 공법
㉯ 토질 치환법
㉰ 진공 공법
㉱ Well point 공법

5 다음 중 지오텍스타일의 설명 중 맞는 것을 찾으시오. [92 기]
㉮ 흙 속에 직물 따위를 넣어 수분을 흡수함으로써 유효응력을 줄이는 방법이다.
㉯ 흙 속에 폴리에스테르, 나일론, 폴리에틸렌 등을 사용하여 연약지반을 개량하는 시공방법의 하나이다.
㉰ 흙 속에 직물 따위를 넣어 압밀에 의한 침하량을 크게 하기 위해 사용하는 시공법이다.
㉱ 흙 속에 직물 따위를 넣어 흙과 직물 사이의 접합면이 흙의 내부마찰각을 줄이게 함으로써 흙의 강도를 높이는 데 사용하는 시공법이다.

해 설

해설 1
일시적 지반 개량공법의 종류
① 웰 포인트(Well point) 공법
② 대기압 공법(진공 압밀 공법)
③ 동결 공법

해설 2
배수공법
① Well point 공법은 강제 배수방식이다.
② Deep well 공법은 중력 배수방식이다.

해설 3
동결 공법은 함수비가 작은 경우 강도 증가를 기대할 수 없다.

해설 4
토질 치환법은 지반을 탈수시켜 건조하는 공법이 아니라, 연약지반을 조립토와 같은 양질의 흙으로 치환하는 공법이다.

해설 5
토목섬유(지오텍스타일)
① 토목섬유의 재료는 폴리에스테르, 폴리프로필렌, 나이론 등이 있다.
② 토목섬유의 기능은 배수, 여과, 분리, 보강기능이 있다.

정답 1. ㉮ 2. ㉱ 3. ㉱ 4. ㉯ 5. ㉯

6 다음의 연약지반 처리공법에서 일시적인 공법은?

㉮ 치환공법
㉯ Sand drain 공법
㉰ Compozer 공법
㉱ 동결 공법

7 Well point 공법에서 배수량 산정시에 제일 많이 이용되는 식은 다음 중 어느 것인가? [97㉯]

㉮ Thiem의 식
㉯ Barron의 식
㉰ Laplace의 식
㉱ Stockes의 식

8 Well point 공법에 대한 설명 중 적당하지 않은 것은?

㉮ 지하수위 저하를 목적으로 하는 일시적 공법이다.
㉯ Well point는 1~2m 간격으로 세우는데 점토지반에 효과적이다.
㉰ 배수 심도가 6m 이상이면 계단식으로 설치한다.
㉱ 진공 배수 방식이다.

9 기존 건물에 인접된 장소에 새로운 깊은 기초를 시공하고자 한다. 이 때 기존 건물의 기초가 얕기 때문에 보강하는 공법은? [83㉮]

㉮ 압성토 공법
㉯ Preloading 공법
㉰ Under pinning 공법
㉱ 치환 공법

10 Geotextile(토목섬유)의 우수한 기능에 속하지 않는 것은?

㉮ 보강 기능　　㉯ 분리 기능
㉰ 배수 기능　　㉱ 혼합 기능

11 토목섬유재 중 지오텍스타일의 수행기능이 아닌 것은? [96 01㉯]

㉮ 배수(drainage)
㉯ 보강(reinforcement)
㉰ 여과(filtration)
㉱ 차수(seepage barrier)

해 설

해설 6
일시적 지반 개량공법의 종류
① 웰 포인트(Well point) 공법
② 대기압 공법(진공 공법)
③ 동결 공법

해설 7
Well point 공법의 배수량 계산식 (Thiem식)
$$q = \frac{\pi \cdot k \cdot S_O \cdot (2H - S_O)}{2.3 \log \frac{R}{r_o}}$$

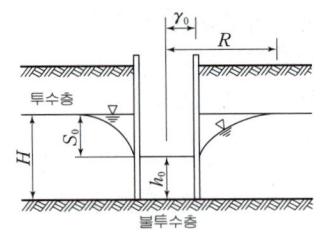

해설 8
Well point는 무기질 실트, 모래지반에 효과적이다.

해설 9
Under pinning 공법
인접된 기존구조물에 대하여 기초 부분을 신설, 개축 또는 보강하는 공법을 말한다.

해설 10
토목섬유의 기능에는 혼합기능이 없다.

해설 11
토목섬유 중 지오텍스타일의 기능에는 차수(seepage barrier) 기능이 없다.

정답 6. ㉱ 7. ㉮ 8. ㉯ 9. ㉰ 10. ㉱ 11. ㉱

5 토질조사

> **학습방향**
> 토질조사는 기초의 설계와 시공에 필요한 자료를 얻기 위해 실시하는 과정을 말한다. 실제 시험에서는 면적비의 계산, 사운딩이 많이 출제되는데 특히 정적 사운딩가과 동적 사운딩을 구분하여 암기하여야 한다.

1 토질조사의 종류

(1) 예비조사
본조사에 앞서 주로 기존자료의 이용에 의한 토질 정보의 정리와 판독 등 총괄적인 지식을 얻고 문제점을 사전에 파악하기 위한 조사이다.

종류		내용
① 자료조사		지형도, 지질도, 항공사진도, 수리학적 자료, 시공에 관한 토질시방서, 공사 기록 등의 자료를 수집한다.
② 현지답사	지표조사	자료수집, 조사정보와 현장상태의 일치 유무확인, 기존 구조물의 현황조사를 사운딩 등으로 조사한다.
	지하조사	지하수위를 조사한다.
③ 개략조사		보오링(Boring), 사운딩(Sounding), 물리적 탐사, 샘플링(Sampling), 실내 토질시험 등으로 조사한다.

(2) 본조사
예비조사에 의하여 얻은 개략적인 지식을 실제 시공을 위한 현장지반 특성을 상세히 조사하는 단계이다.

종류	내용
① 정밀조사	보오링(Boring), 원위치 시험, 실내 토질시험 등을 실시하여 기초의 설계, 시공에 필요한 모든 자료를 얻는다.
② 보충조사	정밀조사에서 못한 보충조사이다.

2 보링(Boring)

(1) 목적
① **지하수위의 파악**
② 실내 토질시험을 위한 **불교란 시료(undisturbed sample)의 채취**
③ **지반의 토질 조사**

학습POINT

■ 토질조사의 주요 목적은 구조물의 형식을 선정하는 자료를 얻는다.(×)

사진. 지반 보링 작업

■ 보링의 목적은 평판 재하 시험을 위한 재하면의 형성에 있다.(×)

(2) 종류

종 류	특 징
① 오우거 보링 (Auger boring)	㉠ 현장에서 간단히 할 수 있다. ㉡ 심도는 6~7m 정도이고, 최대심도는 10m이다. ㉢ 흐트러진 시료를 채취할 수 있다.
② 충격식 보링 (Percussion boring)	㉠ 와이어 로프 끝에 percussion bit를 붙여 60~70cm올려 낙하시켜 구멍을 뚫는 방법이다. ㉡ core 채취가 불가능하다. ㉢ 단단한 흙이나 암반 등에 구멍을 뚫을 때 이용하는 방법이다.
③ 로터리 보링 (Rotary boring)	㉠ 흐트러지지 않은 시료의 채취가 가능하다. ㉡ 시간과 공사비가 많이 든다. ㉢ 현재 많이 사용하는 방법이다.

■ 보링에 있어서 회전식은 시간과 공사비가 많이 들뿐만 아니라 확실한 core도 얻을 수 없다.(×)

사진. 오거보링

(3) 보링의 심도
예상되는 기초 슬래브의 짧은 변 B의 2배 이상으로 한다.

(4) 시료의 불교란 조건(면적비)
일반적으로 면적비가 10% 이하이면 잉여토의 혼입이 불가능한 것으로 보며, 흐트러지지 않은 시료로 간주한다.

$$A_r = \frac{D_o^2 - D_e^2}{D_e^2} \times 100(\%)$$

여기서, A_r : 면적비
D_o : 샘플러의 외경
D_e : 샘플러의 내경

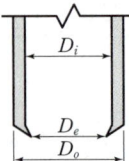

■ 불교란 시료 채취시 샘플러의 두께를 얇게 하기 위하여 면적비를 (10%) 미만으로 하는데 가장 큰 이유는 샘플러 주위의 잉여토의 혼입을 막기 위해서이다.

3 암석의 시료채취

(1) 개요

암석 시료 채취의 경우는 굴착봉에 코어 배럴을 부착시키고, 코어 배럴의 하단에 코어 비트를 부착시킨 후 회전굴착을 하며 굴착 도중에 굴착봉을 통하여 물을 순환시켜 시료를 채취한다.

(2) 회수율
① 공식

$$회수율 = \frac{회수된\ 암석조각들의\ 길이의\ 합}{암석\ 코어의\ 이론상\ 길이} \times 100$$

② 단위 : %

(3) 암질지수(RQD)
① 공식

$$RQD = \frac{10cm 이상으로\ 회수된\ 암석조각들의\ 길이의\ 합}{암석\ 코어의\ 이론상\ 길이} \times 100$$

② 단위 : %

(4) 암반평점에 의한 분류방법(Rock Mass Rating)
① 개요 : 암석의 강도, 암질지수, 절리의 상태, 절리의 간격, 지하수 등으로 구분하여 채점한 다음 점수를 합산하여 암반의 평점을 정하고 이에 따라 암반을 5가지로 분류하는 방법이다.
② 분류기준
  ㉠ 암석의 강도(일축압축강도)
  ㉡ 암질지수
  ㉢ 절리의 상태
  ㉣ 절리의 간격
  ㉤ 지하수

3 사운딩(Sounding)

(1) 개요
① Rod 선단에 설치한 저항체를 땅 속에 삽입하여 **관입, 회전, 인발** 등의 저항에서 **토층의 성질을 탐사**하는 것을 사운딩이라 한다.
② 사운딩은 주로 **원위치 시험**으로서 의의가 있고 예비 조사에 사용하는 경우가 많다.

(2) 사운딩의 종류
① 정역학적 사운딩
  ㉠ 휴대용 원추 관입시험기(Portable Cone Penetrometer)
  ㉡ 화란식 원추 관입시험기(Dutch Cone Penetrometer)
  ㉢ 스웨덴식 관입시험기(Swedish Penetrometer)
  ㉣ 이스키 미터(Iskymeter)
  ㉤ 베인 전단 시험기(Vane Shear Tester)
② 동역학적 사운딩
  ㉠ 동적 원추 관입시험기(Dynamic Cone Penetrometer)
  ㉡ 표준 관입시험기(Standard Penetration Tester)

■ 암질지수(RQD)와 암질과의 관계

암질지수(%)	암 질
0~25	매우 불량
25~50	불 량
50~75	보 통
75~90	양 호
90~100	우 수

■ 압축파의 전파속도(v_p)

$$v_p = \sqrt{\frac{M}{\rho}}$$
$$= \sqrt{\frac{E}{\frac{\gamma}{g}}} \cdot \sqrt{\frac{(1-\mu)}{(1-2\mu)\cdot(1+\mu)}}$$

여기서, M : 구속탄성계수
ρ : 밀도
g : 중력가속도
μ : 푸아송비

■ 전단파의 전파속도

$$v_s = \sqrt{\frac{G}{\rho}}$$
$$= \sqrt{\frac{E}{\frac{\gamma}{g}}} \cdot \sqrt{\frac{1}{2\cdot(1+\mu)}}$$

여기서, G : 전단탄성계수
E : 탄성계수

■ 사운딩은 보링이나 시굴보다 확실하게 지반 구조를 알아낸다.(×)

■ Sounding의 종류에 있어서 사질토에 가장 적합하고 점성토에서도 쓰이는 조사법은 (표준관입시험)이다.

■ 지구물리 탐사방법
① Cross-Hole
② Down-Hole
③ 탄성파탐사

핵 심 문 제

해 설

1 토질조사 방법에 관한 설명 중 옳지 않은 것은? [95 ㉮]

㉮ 기초의 형식을 결정하고 본 조사의 계획을 세우기 위한 예비조사가 있다.
㉯ 본 조사의 정밀조사는 기초의 설계시공에 필요한 모든 자료를 얻는다.
㉰ 보링, 사운딩, 기타 원위치 시험과 실내 토질시험 등을 실시하여 지반 구성과 기초의 지지력, 침하량의 결정을 한다.
㉱ 자료조사, 현지답사, 개략조사 등은 본 조사에 속한다.

해설 1
토질조사의 종류
① 예비조사 : • 자료조사
　　　　　　 • 현지답사
　　　　　　 • 개략조사
② 본 조 사 : • 현장정밀답사
　　　　　　 • 정밀조사
　　　　　　 • 보충조사

2 보링의 목적이 아닌 것은? [99 ㉮]

㉮ 흐트러지지 않은 시료의 채취
㉯ 지반의 토질구성 파악
㉰ 지하수위 파악
㉱ 평판재하시험을 위한 재하면의 형성

해설 2
보링의 목적
① 지하수위의 파악
② 실내 토질시험을 위한 불교란 시료의 채취
③ 지반의 토질 조사

3 다음 기술 중 틀린 것은 어느 것인가? [98 ㉮]

㉮ 보링에는 회전식과 충격식이 있다.
㉯ 충격식은 굴진속도가 빠르고 비용도 싸지만 분말상의 교란된 시료만 얻어진다.
㉰ 회전식은 시간과 공사비가 많이 들뿐만 아니라 확실한 core도 얻을 수 없다.
㉱ 보링은 기초의 상황을 판단하기 위해 실시한다.

해설 3
회전식은 시간과 비용이 많이 드나 확실한 코어를 얻을 수 있다.

4 시료채취기의 관입깊이가 100cm이고 채취된 시료의 길이가 90cm이었다. 길이가 10cm이상인 시료의 합이 60cm, 길이가 9cm이상인 시료의 합이 80cm이었다. 회수율과 RQD를 구하면? [97 00 ㉮]

㉮ 회수율=0.8,　RQD=0.6
㉯ 회수율=0.9,　RQD=0.8
㉰ 회수율=0.8,　RQD=0.75
㉱ 회수율=0.9,　RQD=0.6

해설 4
① 코어의 채취율(회수율)
$$\text{코어의 채취율} = \frac{\text{코어길이}}{\text{굴진깊이}} \times 100$$
$$= \frac{90}{100} \times 100 = 90\%$$
② 암질지수(R. Q. D.)
$$\text{암질지수} = \frac{10cm \text{ 이상의 코어길이}}{\text{굴진깊이}} \times 100$$
$$= \frac{60}{100} \times 100 = 60\%$$

5 다음 그림과 같은 Sampler에서 면적비는 얼마인가? [97 ㉮ 01 ㉰]

㉮ 5.97%
㉯ 14.72%
㉰ 5.81%
㉱ 14.79%

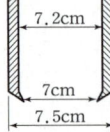

해설 5
면적비(A_r)
$$A_r = \frac{D_o^2 - D_e^2}{D_e^2} \times 100$$
$$= \frac{7.5^2 - 7^2}{7^2} \times 100(\%) = 14.79\%$$

정답 1. ㉱　2. ㉱　3. ㉰　4. ㉱　5. ㉱

6 토질조사의 주요목적 중 가장 거리가 먼 것은?

㉮ 확실한 공사 계획을 세우는 자료를 얻는다.
㉯ 안전하고 경제적인 설계자료를 얻는다.
㉰ 구조물 위치선정에 필요한 자료를 얻는다.
㉱ 구조물의 형식을 선정하는 자료를 얻는다.

7 다음 흙 시료의 채취에 관한 설명 중 옳지 않은 것은? [93 ㉮]

㉮ post hole형의 auger는 비교적 연약한 흙을 boring하는 데 적합하다.
㉯ 비교적 단단한 흙에는 screw형의 auger가 적합하다.
㉰ auger boring은 흐트러지지 않은 시료를 채취하는 데 적합하다.
㉱ 깊은 토층에서 시료를 채취할 때는 보통 기계 boring을 한다.

8 불교란 시료 채취시 샘플러의 두께를 얇게 하기 위하여 면적비를 10%미만으로 하는데 가장 큰 이유는 다음 중 어느 것인가? [96㉯]

㉮ 샘플러의 중량을 가볍게 하기 위하여
㉯ 샘플러 주위의 여잉토의 혼입을 막기 위하여
㉰ 샘플러 내벽에서의 마찰을 피하기 위하여
㉱ 샘플러를 빼 올릴 때 교란을 막기 위하여

9 토질조사방법 중 사운딩에 대한 설명 중 옳지 않은 것은? [90㉯]

㉮ 표준관입 시험은 정적인 사운딩이다.
㉯ 정적인 사운딩은 주로 점성토에 쓰인다.
㉰ 사운딩은 주로 현장시험으로서의 의의가 중요하다.
㉱ 사운딩은 보링이나 시굴보다도 지반구성을 파악하기가 곤란하다.

10 원추관입 시험을 실시한 바 콘관입저항이 1.84kg, 콘의 저면적이 6.45 cm²이다. 이 토질의 콘지수는(q_c)는 얼마인가? (단, 1t=10kN) [97㉯]

㉮ 17kN/m²
㉯ 36kN/m²
㉰ 29kN/m²
㉱ 42kN/m²

해 설

[해설] **6**
① 예비조사는 기초의 형식을 결정하고 본 조사의 계획을 세우기 위한 조사이다.
② 구조물 위치선정에 필요한 자료는 예비조사에서 얻는다.

[해설] **7**
① 비교적 단단한 흙에는 기계 boring이 적합하다.
② Auger boring은 흐트러진 시료를 채취할 수 있다.

[해설] **8**
일반적으로 면적비가 10% 이하이면 잉여토의 혼입이 불가능한 것으로 보며, 흐트러지지 않은 시료로 간주한다.

[해설] **9**
표준관입 시험은 동적 Sounding 방법 중의 하나이며, 모래지반에 대하여 신뢰도가 높다.

[해설] **10**
① 콘관입 시험은 밑면적이 10cm²이고, 각도가 60°인 콘을 흙 속에 2cm/sec의 속도로 관입하여 콘의 선단지지력을 측정하는 시험이다.
② 콘지수(q_c)

$$q_c = \frac{콘\ 관입력}{콘\ 면적}$$
$$= \frac{1.84}{6.45} = 0.285 \text{kg/cm}^2$$
$$= 2.85\ \text{t/m}^2$$
$$= 28.5\ \text{kN/m}^2 ≒ 29\text{kN/m}^2$$

정답 6. ㉰ 7. ㉰ 8. ㉯ 9. ㉮ 10. ㉰

출제예상문제

CHAPTER 10 연약지반 개량공법

1. 연약 지반 위에 성토를 한 후 말뚝을 박았다. 시공 후 어떤 현상이 일어날 수 있겠는가?
㉮ 성토로 인하여 시간이 지남에 따라 말뚝의 지지력은 크게 증가한다.
㉯ 압밀로 인하여 부마찰력이 생겨 말뚝의 지지력은 크게 감소한다.
㉰ 암반까지만 말뚝을 박았다면 지지력에는 크게 변함이 없다.
㉱ 연약지반이 팽창하여 말뚝의 지지력은 크게 증가한다.

[해설] 부마찰력이 발생하여 말뚝의 극한지지력이 감소한다.

2. 다음의 연약지반 개량공법 중에서 점성토지반에 이용되는 공법은?
㉮ 생석회 말뚝 공법
㉯ Compozer 공법
㉰ 전기 충격 공법
㉱ 폭파 다짐 공법

[해설] Compozer 공법, 전기 충격 공법, 폭파 다짐 공법은 사질토 지반에 이용되는 공법이다.

3. 다음 중 모래지반의 개량공법에 속하지 않는 것은?
㉮ 다짐 말뚝 공법
㉯ 바이브로 플로테이션 공법
㉰ 폭파 다짐 공법
㉱ 웰 포인트 공법

[해설] 웰 포인트 공법은 일시적 개량공법이다.

4. 연약지반 개량공법 중에서 구조물을 축조하기 전에 압밀에 의해 미리 침하를 끝나게 하여 지반강도를 증가시키는 방법으로 연약층이 두꺼운 경우에나 공사기간이 시급한 경우에는 적용하기 곤란한 공법은 어느 것인가?
㉮ 치환 공법
㉯ Preloading 공법
㉰ Sand drain 공법
㉱ 침투압 공법

[해설] 프리 로딩 공법(사전 압밀 공법)
① 구조물 시공 전에 미리 하중을 재하하여 압밀을 미리 끝나게 하여, 지반의 강도를 증가시키는 공법이다.
② 공사기간이 여유가 있는 경우에 적용 가능하다.

5. 다음 공법 중 탈수에 의한 연약지반 개량공법이 아닌 것은?
㉮ 전기 충격 공법
㉯ 침투압 공법
㉰ 생석회 말뚝 공법
㉱ Sand drain 공법

[해설]
① 탈수에 의한 연약지반 개량공법은 점토지반에 적용하는 개량공법이다. 즉, 탈수에 의해 압밀을 촉진하는 공법이다.
② 전기 충격 공법은 지반을 포화상태로 만들어 고압전류의 충격력에 의해 지반을 다지는 사질지반에 적용하는 공법이다.

6. 다음 연약지반 개량공법 중 Vertical Drain 공법이 아닌 것은?
㉮ Preloading 공법
㉯ Sand Drain 공법
㉰ Paper Drain 공법
㉱ Open Cut 공법

[해설] Open Cut 공법은 직접 기초의 굴착 공법이다.

해답 1. ㉯ 2. ㉮ 3. ㉱ 4. ㉯ 5. ㉮ 6. ㉱

7. 다음 연약지반 개량공법 중 압밀침하에 의한 공법은?

㉮ Preloading 공법
㉯ 치환 공법
㉰ 다짐 모래 말뚝 공법
㉱ 동결 공법

해설
Preloading 공법은 구조물 시공 전에 미리 하중을 재하하여 압밀을 미리 끝나게 하여, 지반의 강도를 증가시키는 공법이다.

8. 연약지반 개량공법 중 프리 로딩(Preloading) 공법은 다음 중 어떤 경우에 채택하는가?

㉮ 압밀계수가 적고 점토층의 두께가 큰 경우
㉯ 압밀계수가 크고 점토층의 두께가 적은 경우
㉰ 구조물 공사기간이 여유가 없는 경우
㉱ 2차 압밀비가 큰 흙의 경우

해설 프리 로딩 공법(Preloading 공법, 사전 압밀 공법)
① 점성토층의 두께가 큰 경우에는 적용할 수 없다.
② 공사기간이 여유가 없는 경우에는 적용할 수 없다.

9. 점토지반에서 연직방향의 압밀계수 C_v 는 수평방향의 압밀계수 C_h 보다도 작지만 Sand drain 공법에서는 설계시 보통 $C_v ≒ C_h$ 로 본다. 그 이유는?

㉮ Sand mat를 깔았기 때문에
㉯ Sand 말뚝 타입시 주변의 지반이 교란되기 때문에
㉰ 얇은 모래층이 지반에 개재하고 있기 때문에
㉱ 압밀계산 결과에 전혀 차가 없기 때문에

해설
① Sand drain 공법에서는 Sand pile 타입시 주변 흙이 교란되기 때문에 $C_h ≒ C_v$ 로 설계한다.
② Paper drain 공법에서는 paper 타입시 주변 흙의 교란이 거의 없기 때문에 $C_h ≒ (2~4)C_v$ 로 설계한다.

10. 연약지반 처리공법 중 sand drain 공법에서 연직과 방사선 방향을 고려한 평균 압밀도 U_{age} 는?(단, $U_V=0.20$, $U_R=0.71$)

㉮ 0.573
㉯ 0.679
㉰ 0.712
㉱ 0.768

해설 평균 압밀도(U_{age})
$$U_{age} = 1-(1-U_V) \cdot (1-U_R)$$
$$= 1-(1-0.2) \cdot (1-0.7) = 0.768$$

11. 페이퍼 드레인 공법의 설명 중 틀린 것은?

㉮ 압밀촉진 공법으로 시공속도가 빠르다.
㉯ 장기간 사용시 열화현상이 생겨 배수효과가 감소한다.
㉰ sand drain 공법에 비해 초기 배수효과는 떨어진다.
㉱ 단면이 깊이에 대해 일정하다.

해설
페이퍼 드레인 공법은 단기 배수효과가 좋다.

12. Sand Drain에 대한 Paper Drain 공법의 장점 설명 중 옳지 않은 것은?

㉮ 횡방향력에 대한 저항력이 크다.
㉯ 시공지표면에 Sand Mat가 필요 없다.
㉰ 시공속도가 빠르고 타설시 주변을 교란시키지 않는다.
㉱ 배수단면이 깊이에 따라 일정하다.

해설 샌드 매트(Sand mat)의 역할
① 상부 배수층의 역할을 한다.
② 성토 내의 지하 배수층을 형성한다.
③ 시공기계의 주행성(trafficability)을 확보한다.
따라서, Sand Drain 공법과 Paper Drain 공법은 압밀촉진을 위하여 샌드 매트가 필요하다.

해답 7. ㉮ 8. ㉯ 9. ㉯ 10. ㉱ 11. ㉰ 12. ㉯

13. 다음 지반 개량공법 중 일시적인 공법이 아닌 것은?

㉮ 동결 공법
㉯ 약액 주입 공법
㉰ 대기압 공법
㉱ 웰 포인트 공법

[해설] 약액 주입 공법은 모래지반 개량공법이다.

14. 다음과 같은 연약 지반 개량공법 중에서 영구적인 공법은?

㉮ Well point 공법
㉯ 대기압 공법
㉰ 치환 공법
㉱ 동결 공법

[해설] 치환 공법은 점토지반 개량공법으로 영구적인 공법이다.

15. 다음은 연약지반 개량공법이다. 탈수를 주로 하는 공법이 아닌 것은?

㉮ 웰 포인트 공법
㉯ 샌드 드레인 공법
㉰ 프리 로딩(Preloading) 공법
㉱ 바이브로 플로테이션 공법

[해설] 바이브로 플로테이션 공법은 물분사와 수평방향의 진동 작용을 동시에 하는 모래지반 개량공법이다.

16. 다음의 연약지반 개량공법 중 지하수위를 저하시킬 목적으로 사용되는 공법은?

㉮ 샌드 드레인(Sand drain) 공법
㉯ 페이퍼 드레인(Paper drain) 공법
㉰ 치환(置換) 공법
㉱ 웰 포인트(Well point) 공법

[해설] 웰 포인트(Well point) 공법

굴착을 요하는 지역에 well point라는 흡수관을 여러 개 타입하고 이를 흡입관으로 연결하여 진공펌프로 배수하여 지하수위를 저하시켜서 dry work를 하기 위한 강제 배수 공법이다.

17. 다음은 토질조사에 대한 설명이다. 틀린 것은?

㉮ 보링의 위치와 수는 지형조건과 설계 형태에 따라 변한다.
㉯ 보링의 깊이는 설계의 형태와 크기에 따라 변한다.
㉰ 보링구멍은 사용 후에 흙이나 시멘트 그라우트로 메워야 한다.
㉱ 토목공사시에 토질조사비용이 많이 들면 들수록 경제적이다.

[해설]
① 시추공 간격의 근사값

건물 형태	간격(m)
다층건물	10~30
단층 산업용 공장	20~60
도로	250~500
주택단지	250~500
댐과 둑	40~80

② 보링의 깊이 : 예상되는 기초 슬래브의 단면장 B의 2배 이상으로 한다.
③ 토목공사에 있어서 토질조사비용이 많이 들면 비경제적이다.

18. 다음은 지반조사방법이다. 이 중 경암을 관통하여 깊은 곳의 암석 core 채취가 가능한 것은?

㉮ 지구물리탐사법   ㉯ 보링
㉰ 오가보링   ㉱ 시험구멍파기

[해설] 보링의 종류 중 회전식 보링은 모든 지반에서 사용 가능하다.

해답 13. ㉯ 14. ㉰ 15. ㉱ 16. ㉱ 17. ㉱ 18. ㉯

19. 도로의 보링 간격에 관한 설명 가운데 틀린 것은 어느 것인가?

㉮ 보링 간격은 토층단면에 균일성 및 지형에 의해 변화한다.
㉯ 토층 단면이 균일하면 간격을 넓힌다.
㉰ 토층 단면의 성질이 변화하는 경우 중간에 보링을 하여 변화상태가 전부 명확히 나타나도록 한다.
㉱ 기복이 심한 지형에서는 흙깎기, 흙쌓기가 변할 때는 흙쌓기 부분만 보링한다.

해설
기복이 심한 지형에서는 보링 간격을 좁게 해야 한다.

20. 토질조사에서 보링의 깊이는 지반상태에 따라 다르나, 일반적으로 최대 기초 슬래브의 단변장의 몇 배라야 하는가?

㉮ 1배 이상
㉯ 2배 이상
㉰ 3배 이상
㉱ 4배 이상

해설
보링의 심도는 예상되는 기초 슬래브의 짧은 변 B의 2배 이상으로 한다.

21. 다음은 흙 시료 채취에 관한 설명이다. 틀린 것은?

㉮ 교란의 효과는 소성이 낮은 흙이 소성이 높은 흙보다 크다.
㉯ 교란된 흙은 자연상태의 흙보다 압축강도가 작다.
㉰ 교란된 흙은 자연상태의 흙보다 전단강도가 작다.
㉱ 흙 시료 채취 직후에 비교적 교란되지 않은 코어의 과잉간극수압은 부이다.

해설
① 교란의 효과는 소성이 낮은 모래가 소성이 높은 점토보다 작다.
② 시료가 교란될수록 강도가 작아진다.
③ 시료 채취 직후에는 코어의 체적이 팽창하므로 부의 과잉간극수압이 생긴다.

22. 채취된 시료의 교란정도는 면적비를 계산하여 통상 면적비가 몇 %이하이면 잉여토의 혼입이 불가능한 것으로 보고 불교란 시료로 간주하는가?

㉮ 5%
㉯ 7%
㉰ 10%
㉱ 15%

해설
일반적으로 면적비가 10% 이하이면 잉여토의 혼입이 불가능한 것으로 보며, 흐트러지지 않은 시료로 간주한다.

23. 샘플러 튜브(Sampler tube)의 면적비(C_a)를 9%라 하고 외경(D_w)을 6cm라 하면 끝의 내경(D_e)은 얼마인가?

㉮ 3.6cm
㉯ 4.8cm
㉰ 5.7cm
㉱ 6.2cm

해설 샘플러 튜브의 내경(D_e)

$$C_a = \frac{D_w^2 - D_e^2}{D_e^2} \times 100 \text{ 에서}$$

$$C_a = \frac{D_w^2 - D_e^2}{D_e^2} \times 100 = \frac{6.0^2 - D_e^2}{D_e^2} \times 100 = 9$$

$1.09\, D_e^2 = 6^2$

$D_e = 5.75 \text{ cm}$

해답 19. ㉱ 20. ㉯ 21. ㉮ 22. ㉰ 23. ㉰

24. 암질을 나타내는 항목 중 직접관계가 없는 것은?
- ㉮ N치
- ㉯ RQD값
- ㉰ 탄성파 속도
- ㉱ 균열의 간격

해설
① 암반평점에 의한 분류방법(Rock Mass Rating)의 분류기준
  - 암석의 강도(일축압축강도)
  - 암질지수(RQD)
  - 절리의 상태
  - 절리의 간격
  - 지하수
② 탄성파 전파속도는 지질의 종류, 풍화의 정도 등의 지하 지질 구조를 추정하는 방법이다.

25. 다음 중 틀린 것은?
- ㉮ 지층의 변화가 있는 지반에서는 부등침하에 대하여 대책을 강구해야 한다.
- ㉯ 구조물의 종류와 중요성에 따라 지지력에 대한 안전율과 허용침하량을 결정한다.
- ㉰ 토질조사는 기초구조의 형식을 선정하는 자료로 이용한다.
- ㉱ 표준관입 시험은 정적 Sounding 방법 중의 하나이다.

해설
표준관입 시험은 동적 Sounding 방법 중의 하나이며, 모래지반에 대하여 신뢰도가 높다.

26. Rod의 끝에 설치한 저항체를 땅 속에 삽입하여 관입, 회전, 인발 등의 저항에서 토층의 성질을 탐사하는 것을 무엇이라 하는가?
- ㉮ Boring
- ㉯ Sounding
- ㉰ Sampling
- ㉱ Wash boring

해설 사운딩(Sounding)
Rod 선단에 설치한 저항체를 땅 속에 삽입하여 관입, 회전, 인발 등의 저항에서 토층의 성질을 탐사하는 것을 사운딩이라 한다.

27. 토질 조사에서 사운딩(Sounding)에 관한 설명 중 옳은 것은?
- ㉮ 동적인 사운딩 방법은 주로 점성토에 유효하다.
- ㉯ 표준관입 시험(S.P.T)은 정적인 사운딩이다.
- ㉰ 사운딩은 보링이나 시굴보다 확실하게 지반 구조를 알아낸다.
- ㉱ 사운딩은 주로 원위치 시험으로서 의의가 있고 예비 조사에 사용하는 경우가 많다.

해설
① 동적 사운딩 방법은 사질지반에 적합하다.
② 표준관입 시험(S.P.T)은 동적 사운딩이다.
③ 사운딩은 개략적으로 지반구조를 조사한다.

28. 다음 현장시험 중 Sounding의 종류가 아닌 것은?
- ㉮ 평판 재하 시험
- ㉯ Vane 시험
- ㉰ 표준 관입 시험
- ㉱ 정적 Cone 관입 시험

해설
평판 재하 시험은 Sounding 시험이 아니라 지지력 시험이다.

29. 다음 Sounding의 종류 가운데 시험기의 회전에 의해서만 지반의 강도를 측정하는 방법은?
- ㉮ SPT
- ㉯ CPT
- ㉰ Vane Test
- ㉱ Iskymeter

해설 베인전단 시험(Vane Shear Test)
깊이 10m 미만의 연약한 점토지반의 점착력을 측정하는 시험으로 회전저항모멘트(kg·cm)를 측정하여 비배수 점착력을 측정한다.

해답 24. ㉮ 25. ㉱ 26. ㉯ 27. ㉱ 28. ㉮ 29. ㉰

30. 다음은 중요한 Sounding의 종류를 나타낸 것이다. 이 가운데 사질토에 가장 적합하고 점성토에서도 쓰이는 조사법은?

㉮ 단관 콘 관입 시험기
㉯ 베인 시험기
㉰ 표준 관입 시험기
㉱ 이스키 미터

[해설] 표준 관입 시험은 사질토에 적합하고 점성토에서도 가능하다.

31. 다음은 비교적 깊은(깊이 15m 이상) 연약 지반의 강도를 알아보기 위하여 시험하고자 하는 원위치 시험 방법을 열거하였다. 이 가운데 가장 적합하다고 생각되는 것은?

㉮ 이중관 정적 원추 관입 시험
㉯ 표준 관입 시험
㉰ 단관 정적 원추 관입 시험
㉱ 동적 원추 관입 시험

[해설] 이중관 정적 원추 관입 시험
① 호박돌을 제외한 모든 토질에 적용 가능하다.
② 유효심도는 20m 이상이다.
③ 점토지반의 점착력 및 모래 지반의 지지력 판정이 가능하다.

32. 크로스홀 탄성파 탐사로부터 전단파의 속도 v_s를 측정하여 19m/sec의 속도를 얻었다. 푸아송비를 0.3이라고 할 때 흙의 전단탄성계수는?(단, 흙의 단위중량은 1.8t/m³)

㉮ 51t/m²
㉯ 66t/m²
㉰ 131t/m²
㉱ 172t/m²

[해설] 전단탄성계수(G)

밀도 $\rho = \dfrac{\gamma}{g}$ 이며 전단파의 속도

$v_s = \sqrt{\dfrac{G}{\rho}} = \sqrt{\dfrac{E}{2 \cdot \rho \cdot (1+\mu)}}$ 이므로

$G = v_s^2 \cdot \dfrac{\gamma}{g} = 19^2 \times \dfrac{1.8}{9.8} = 66.31 \text{t/m}^2$

33. 점성토 지반의 개량공법으로 타당하지 않은 것은?

㉮ 치환 공법
㉯ 침투압 공법
㉰ 바이브로 플로테이션 공법
㉱ 고결 공법

[해설] 바이브로 플로테이션 공법은 물분사와 수평방향의 진동 작용을 동시에 하는 모래지반 개량공법이다.

34. 다음 중 점성토 지반의 개량공법으로 부적당한 것은?

㉮ 치환 공법
㉯ 바이브로 플로테이션 공법
㉰ Sand drain 공법
㉱ 다짐 모래 말뚝 공법

[해설]
① 바이브로 플로테이션 공법은 모래지반 개량공법이다.
② 다짐 모래 말뚝 공법은 느슨한 모래지반에 효과가 좋으며, 모래지반뿐만 아니라 점토지반에도 적용 가능한 공법이다.

35. 다음 중 연약점토지반 개량공법이 아닌 것은?

㉮ Preloading 공법
㉯ Sand drain 공법
㉰ Paper drain 공법
㉱ Vibro flotation 공법

해답 30. ㉰ 31. ㉮ 32. ㉯ 33. ㉰ 34. ㉯ 35. ㉱

[해설] 모래지반 개량공법
① 다짐 말뚝 공법
② 다짐 모래 말뚝 공법(컴포져 공법)
③ 바이브로플로테이션 공법
④ 폭파 다짐 공법
⑤ 전기 충격 공법

36. 점성토 지반에 사용하는 연약지반 개량공법으로 거리가 먼 것은?

㉮ Sand drain 공법
㉯ 침투압 공법(MAIS 공법)
㉰ Vibro flotation 공법
㉱ 생석회 말뚝 공법

[해설]
Vibro flotation 공법은 모래지반 개량공법이다.

37. 다음의 지반개량공법 중 압밀배수를 주로 하는 공법이 아닌 것은?

㉮ 프리로딩 공법
㉯ 샌드드레인 공법
㉰ 진공압밀 공법
㉱ 바이브로 플로테이션 공법

[해설]
바이브로 플로테이션 공법은 물분사와 수평방향의 진동작용을 동시에 하는 모래지반 개량공법이다.

38. 다음 중 느슨한 사질토 지반의 개량에 사용되는 공법이 아닌 것은?

㉮ 진동다짐 공법
㉯ 폭파다짐 공법
㉰ 동압밀 공법
㉱ 플라스틱 드레인 공법

[해설]
플라스틱(페이퍼) 드레인 공법은 점토지반 개량공법이다.

39. 다음의 연약지반 처리공법에서 일시적인 공법은?

㉮ 웰 포인트 공법
㉯ 치환 공법
㉰ 콤포져 공법
㉱ 샌드 드레인 공법

[해설] 일시적인 개량공법의 종류
① 웰 포인트(Well point) 공법
② 대기압 공법(진공 압밀 공법)
③ 동결 공법

40. 연약지반 처리공법 중 sand drain 공법에서 연직과 방사선 방향을 고려한 평균 압밀도 U_{age}는?(단, $U_V=0.20$, $U_R=0.71$)

㉮ 0.573
㉯ 0.679
㉰ 0.712
㉱ 0.768

[해설] 평균 압밀도(U_{age})
$$U_{age} = 1-(1-U_V)\cdot(1-U_R)$$
$$= 1-(1-0.2)\cdot(1-0.7) = 0.768$$

41. 페이퍼 드레인 공법의 설명 중 틀린 것은?

㉮ 압밀촉진 공법으로 시공속도가 빠르다.
㉯ 장기간 사용시 열화현상이 생겨 배수효과가 감소한다.
㉰ sand drain 공법에 비해 초기 배수효과는 떨어진다.
㉱ 단면이 깊이에 대해 일정하다.

[해설]
페이퍼 드레인 공법은 단기 배수효과가 좋다.

해답 36. ㉰ 37. ㉱ 38. ㉱ 39. ㉮ 40. ㉱ 41. ㉰

42. 다음 연약지반 개량공법에 관한 사항 중 옳지 않은 것은?

㉮ 샌드 드레인 공법은 2차 압밀비가 높은 점토과 이탄 같은 흙에 큰 효과가 있다.
㉯ 장기간에 걸친 배수공법은 샌드 드레인이 페이퍼 드레인보다 유리하다.
㉰ 동압밀 공법 적용시 과잉간극수압의 소산에 의한 강도 증가가 발생한다.
㉱ 화학적 변화에 의한 흙의 강화공법으로는 소결 공법, 전기화학적 공법 등이 있다.

해설
① Sand drain 공법은 Terzaghi의 압밀이론을 기본으로 하여 점토지반을 개량하는 공법이다.
② 소성이 높은 점토나 이탄은 2차 압밀량이 크므로 샌드 드레이 공법이 적합하지 않다.
③ Sand drain 공법은 배수거리를 단축하여 1차 압밀을 촉진시켜는 점토지반 개량공법이다.

43. 연약지반 개량공법으로 압밀의 원리를 이용한 공법이 아닌 것은?

㉮ 프리 로딩 공법
㉯ 바이브로 플로테이션 공법
㉰ 대기압 공법
㉱ 페이퍼 드레인 공법

해설
바이브로 플로테이션 공법은 진동을 이용한 모래지반 개량공법이다.

44. 다음은 그라우팅에 의한 지반개량공법이다. 투수계수가 낮은 점토의 강도개량에 효과적인 개량공법은?

㉮ 침투 그라우팅
㉯ 점보제트(JSP)
㉰ 변위 그라우팅
㉱ 캡슐 그라우팅

해설
① 점성토에서의 차수공법은 침투주입공법은 바람직하지 않으며, 고압분사공법 또는 현장 토사와의 혼합에 의한 교반공법이 좋다.
② 주입공법의 주입형식은 침투 그라우팅, 변위 그라우팅, 캡슐 그라우팅이 있다.

종류	내용
침투 그라우팅	㉮ 주입제가 흙의 간극을 채우는 것을 말한다. ㉯ 체적의 변화 즉, 원지반 구조의 변화가 없다. ㉰ 가는 모래보다 굵은 흙과 암반의 균열에만 적용할 수 있다.
변위 그라우팅 (다짐 그라우팅)	㉮ 주입제가 간극을 채우면서 주위에 있는 흙에 압축을 가하여 지반의 변위가 일어나게 한다. ㉯ 주입제는 슬럼프가 대단히 낮은(0~50mm) 시멘트풀 또는 몰르타르를 사용한다.
캡슐 그라우팅	㉮ 주입제가 흙입자를 둘러싸는 것을 말한다. ㉯ 주입제는 일반적으로 석회 슬러리를 가장 많이 사용한다.

45. 다음의 연약지반 개량공법 중 지하수위를 저하시킬 목적으로 사용되는 공법은?

㉮ 샌드 드레인(Sand drain) 공법
㉯ 페이퍼 드레인(Paper drain) 공법
㉰ 치환(置換) 공법
㉱ 웰 포인트(Well point) 공법

해설 웰 포인트(Well point) 공법
굴착을 요하는 지역에 well point라는 흡수관을 여러 개 타입하고 이를 흡입관으로 연결하여 진공펌프로 배수하여 지하수위를 저하시켜서 dry work를 하기 위한 강제 배수공법이다.

해답 42. ㉮ 43. ㉯ 44. ㉯ 45. ㉱

46. 토목섬유재 중 지오텍스타일의 수행기능이 아닌 것은?

㉮ 배수(drainage)
㉯ 보강(reinforcement)
㉰ 여과(filtration)
㉱ 차수(seepage barrier)

해설 토목섬유 중 지오텍스타일의 기능에는 차수(seepage barrier) 기능이 없다.

47. 토목 섬유의 주요기능 중 옳지 않은 것은?

㉮ 보강(Reinforcement)
㉯ 배수(Drainage)
㉰ 댐핑(Damping)
㉱ 분리(Separation)

해설 토목섬유(지오텍스타일)
① 토목섬유의 재료는 폴리에스테르, 폴리프로필렌, 나이론 등이 있다.
② 토목섬유의 기능은 배수, 여과, 분리, 보강기능이 있다.

48. 토질조사에 대한 설명 중 옳지 않은 것은?

㉮ 사운딩(Sounding)이란 지중에 저항체를 삽입하여 토층의 성상을 파악하는 현장 시험이다.
㉯ 불교란시료를 얻기 위해서 Foil Sampler, Thin wall tube sampler 등이 사용된다.
㉰ 표준관입 시험은 로드(Rod)의 길이가 길어질수록 N치가 작게 나온다.
㉱ 베인 시험은 정적인 사운딩이다.

해설
① 포일 샘플러(Foil Sampler)는 연약한 점성토의 시료를 연속적으로 길게 채취하기 위한 샘플러를 말한다.
② 심도가 깊어지면 Rod의 변형에 의한 타격에너지의 손실과 마찰로 인해 N치가 크게 나오므로 라드(Rod) 길이에 대한 수정을 한다.

49. 채취된 시료의 교란정도는 면적비를 계산하여 통상 면적비가 몇 %이하이면 잉여토의 혼입이 불가능한 것으로 보고 불교란 시료로 간주하는가?

㉮ 5% ㉯ 7%
㉰ 10% ㉱ 15%

해설 일반적으로 면적비가 10% 이하이면 잉여토의 혼입이 불가능한 것으로 보며, 흐트러지지 않은 시료로 간주한다.

50. 현장에서 채취한 흙 시료의 교란된 정도를 알기 위하여 시료 채취에 사용한 원통형 튜브(tube)의 규격을 조사한 결과 튜브의 외경이 5cm이고 절단면 내경은 4.7625cm였다. 면적비 A_r은 얼마인가?

㉮ 20% ㉯ 15%
㉰ 10.22% ㉱ 5.64%

해설 면적비(A_r)

$$A_r = \frac{D_o^2 - D_e^2}{D_e^2} \times 100$$

$$= \frac{5^2 - 4.7625^2}{4.7625^2} \times 100 = 10.22\%$$

51. 샘플러 튜비(Sampler tube)의 면적비(C_a)를 9%라 하고 외경(D_w)을 6cm라 하면 끝의 내경(D_e)은 얼마인가?

㉮ 3.6cm ㉯ 4.8cm
㉰ 5.7cm ㉱ 6.2cm

해설 샘플러 튜비의 내경(D_e)

$$C_a = \frac{D_o^2 - D_e^2}{D_e^2} \times 100 \text{에서}$$

$$C_a = \frac{D_w^2 - D_e^2}{D_e^2} \times 100 = \frac{6.0^2 - D_e^2}{D_e^2} \times 100 = 9$$

$1.09 D_e^2 = 6^2$

$D_e = 5.75$ cm

해답 46. ㉱ 47. ㉰ 48. ㉱ 49. ㉰ 50. ㉰ 51. ㉰

52. 다음 지반 조사법 중 지구물리 탐사방법이 아닌 것은?

㉮ Cross-Hole
㉯ Down-Hole
㉰ 탄성파탐사
㉱ Dutch cone Test

[해설]
Dutch cone Test는 정역학적 사운딩이다.

53. 전체 시추코아 길이가 150cm이고 이중 회수된 코아 길이의 합이 80cm이었으며, 10cm 이상인 코아 길이의 합이 70cm였을 때 암질의 상태를 판별하면?

㉮ 매우불량(Very Poor)
㉯ 불량(Poor)
㉰ 보통(Fair)
㉱ 양호(Good)

[해설]
① 암질지수(R. Q. D.)

$$암질지수 = \frac{10cm\ 이상의\ 코어길이}{굴진깊이} \times 100$$

$$= \frac{70}{150} \times 100 = 46.67\%$$

② 암질지수(RQD)와 암질과의 관계 판정

암질지수(%)	암 질
0~25	매우 불량
25~50	불 량
50~75	보 통
75~90	양 호
90~100	우 수

46.67%이므로 암질의 상태는 불량이다.

해답 52. ㉱ 53. ㉯

MEMO

Part 2
CIVIL ENGINEERING
과년도출제문제

토목기사

2021년 1회 시행 출제문제해설 및 정답
2021년 2회 시행 출제문제해설 및 정답
2021년 3회 시행 출제문제해설 및 정답
2022년 1회 시행 출제문제해설 및 정답
2022년 2회 시행 출제문제해설 및 정답
2022년 3회 시행 출제문제해설 및 정답(CBT)
2023년 1회 시행 출제문제해설 및 정답(CBT)
2023년 2회 시행 출제문제해설 및 정답(CBT)
2023년 3회 시행 출제문제해설 및 정답(CBT)
2024년 1회 시행 출제문제해설 및 정답(CBT)
2024년 2회 시행 출제문제해설 및 정답(CBT)
2024년 3회 시행 출제문제해설 및 정답(CBT)
2025년 1회 시행 출제문제해설 및 정답(CBT)
2025년 2회 시행 출제문제해설 및 정답(CBT)
2025년 3회 시행 출제문제해설 및 정답(CBT)

토목산업기사

2023년 1월 1일부터 출제범위 변경 및 출제문항수가 20문항에서 10문항으로 변경되었습니다.

2023년 1회 시행 출제문제해설 및 정답(CBT)
2023년 2회 시행 출제문제해설 및 정답(CBT)
2023년 4회 시행 출제문제해설 및 정답(CBT)
2024년 1회 시행 출제문제해설 및 정답(CBT)
2024년 2회 시행 출제문제해설 및 정답(CBT)
2024년 3회 시행 출제문제해설 및 정답(CBT)
2025년 1회 시행 출제문제해설 및 정답(CBT)
2025년 2회 시행 출제문제해설 및 정답(CBT)
2025년 3회 시행 출제문제해설 및 정답(CBT)

CBT대비 기사 6회 실전테스트

- CBT 토목기사 제1회 (2025년 제1회 과년도)
- CBT 토목기사 제2회 (2025년 제3회 과년도)
- CBT 토목기사 제3회 (2024년 제1회 과년도)
- CBT 토목기사 제4회 (2024년 제3회 과년도)
- CBT 토목기사 제5회 (2023년 제1회 과년도)
- CBT 토목기사 제6회 (2023년 제3회 과년도)

CBT대비 산업기사 6회 실전테스트

- CBT 토목산업기사 제1회 (2025년 제1회 과년도)
- CBT 토목산업기사 제2회 (2025년 제3회 과년도)
- CBT 토목산업기사 제3회 (2024년 제1회 과년도)
- CBT 토목산업기사 제4회 (2024년 제3회 과년도)
- CBT 토목산업기사 제5회 (2023년 제1회 과년도)
- CBT 토목산업기사 제6회 (2023년 제4회 과년도)

CBT 대비 토목기사, 토목산업기사 실전테스트는 홈페이지(www.inup.co.kr)에서 CBT 모의 TEST로 함께 체험하실 수 있습니다.

과년도 출제문제

21 토목기사
1회 시행 출제문제

1. 포화단위중량(γ_{sat})이 19.62kN/m³인 사질토로 된 무한사면이 20°로 경사져 있다. 지하수위가 지표면과 일치하는 경우 이 사면의 안전율이 1 이상이 되기 위해서는 흙의 내부마찰각이 최소 몇 도 이상이어야 하는가? (단, 물의 단위중량은 9.81kN/m³이다.)

① 18.21°   ② 20.52°
③ 36.06°   ④ 45.47°

2. 압밀시험에서 얻은 e-log P곡선으로 구할 수 있는 것이 아닌 것은?

① 선행압밀압력   ② 팽창지수
③ 압축지수   ④ 압밀계수

3. 흙 시료의 전단시험 중 일어나는 다일러턴시(Dilatancy) 현상에 대한 설명으로 틀린 것은?

① 흙이 전단될 때 전단면 부근의 흙입자가 재배열되면서 부피가 팽창하거나 수축하는 현상을 다일러턴시라 부른다.
② 사질토 시료는 전단 중 다일러턴시가 일어나지 않는 한계의 간극비가 존재한다.
③ 정규압밀 점토의 경우 정(+)의 다일러턴시가 일어난다.
④ 느슨한 모래는 보통 부(−)의 다일러턴시가 일어난다.

4. 어떤 모래층의 간극비(e)는 0.2, 비중(G_s)은 2.60이었다. 이 모래가 분사현상(Quick Sand)이 일어나는 한계 동수경사(i_c)는?

① 0.56   ② 0.95
③ 1.33   ④ 1.80

5. 상·하층이 모래로 되어 있는 두께 2m의 점토층이 어떤 하중을 받고 있다. 이 점토층의 투수계수가 5×10⁻⁷cm/s, 체적변화계수(m_v)가 5.0cm²/kN일 때 90% 압밀에 요구되는 시간은? (단, 물의 단위중량은 9.81kN/m³이다.)

① 약 5.6일   ② 약 9.8일
③ 약 15.2일   ④ 약 47.2일

6. 연약지반 위에 성토를 실시한 다음, 말뚝을 시공하였다. 시공 후 발생될 수 있는 현상에 대한 설명으로 옳은 것은?

① 성토를 실시하였으므로 말뚝의 지지력은 점차 증가한다.
② 말뚝을 암반층 상단에 위치하도록 시공하였다면 말뚝의 지지력에는 변함이 없다.
③ 압밀이 진행됨에 따라 지반의 전단강도가 증가되므로 말뚝의 지지력은 점차 증가된다.
④ 압밀로 인해 부주면마찰력이 발생되므로 말뚝의 지지력은 감소된다.

7. 주동토압을 P_A, 수동토압을 P_P, 정지토압을 P_O라 할 때 토압의 크기를 비교한 것으로 옳은 것은?

① $P_A > P_P > P_O$ ② $P_P > P_O > P_A$
③ $P_P > P_A > P_O$ ④ $P_O > P_A > P_P$

8. 흙의 분류법인 AASHTO분류법과 통일분류법을 비교·분석한 내용으로 틀린 것은?

① 통일분류법은 0.075mm체 통과율 35%를 기준으로 조립토와 세립토로 분류하는데 이것은 AASHTO분류법보다 적합하다.
② 통일분류법은 입도분포, 액성한계, 소성지수 등을 주요 분류인자로 한 분류법이다.
③ AASHTO분류법은 입도분포, 군지수 등을 주요 분류인자로 한 분류법이다.
④ 통일분류법은 유기질토 분류방법이 있으나 AASHTO분류법은 없다.

9. 도로의 평판재하 시험에서 시험을 멈추는 조건으로 틀린 것은?

① 완전히 침하가 멈출 때
② 침하량이 15mm에 달할 때
③ 재하 응력이 지반의 항복점을 넘을 때
④ 재하 응력이 현장에서 예상할 수 있는 가장 큰 접지 압력의 크기를 넘을 때

10. 시료채취 시 샘플러(sampler)의 외경이 6cm, 내경이 5.5cm일 때, 면적비는?

① 8.3% ② 9.0%
③ 16%   ④ 19%

11. 그림과 같은 지반내의 유선망이 주어졌을 때 폭 10m에 대한 침투 유량은? (단, 투수계수(K)는 2.2×10^{-2}cm/s 이다.)

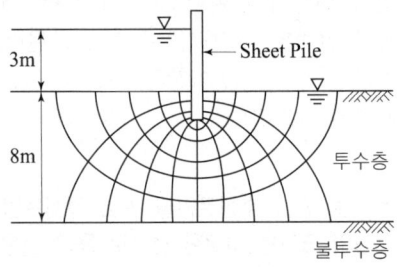

① $3.96\text{cm}^3/\text{s}$ ② $39.6\text{cm}^3/\text{s}$
③ $396\text{cm}^3/\text{s}$ ④ $3960\text{cm}^3/\text{s}$

12. 20개의 무리말뚝에 있어서 효율이 0.75이고, 단항으로 계산된 말뚝 한 개의 허용지지력이 150kN일 때 무리말뚝의 허용지지력은?

① 1,125kN   ② 2,250kN
③ 3,000kN   ④ 4,000kN

13. 연약지반 개량공법 중 점성토지반에 이용되는 공법은?

① 전기충격 공법
② 폭파다짐 공법
③ 생석회말뚝 공법
④ 바이브로플로테이션 공법

14. 어떤 지반에 대한 흙의 입도분석결과 곡률계수(C_g)는 1.5, 균등계수(C_u)는 15이고 입자는 모난 형상이었다. 이때 Dunham의 공식에 의한 흙의 내부마찰각(ϕ)의 추정치는? (단, 표준관입시험 결과 N치는 10이었다.)

① 25°   ② 30°
③ 36°   ④ 40°

15. 아래와 같은 상황에서 강도정수 결정에 적합한 삼축압축시험의 종류는?

> 최근에 매립된 포화 점성토지반 위에 구조물을 시공한 직후의 초기 안정 검토에 필요한 지반 강도정수 결정

① 비압밀 비배수시험(UU)
② 비압밀 배수시험(UD)
③ 압밀 비배수시험(CU)
④ 압밀 배수시험(CD)

16. 베인전단시험(vane shear test)에 대한 설명으로 틀린 것은?

① 베인전단시험으로부터 흙의 내부마찰각을 측정할 수 있다.
② 현장 원위치 시험의 일종으로 점토의 비배수 전단강도를 구할 수 있다.
③ 연약하거나 중간 정도의 점성토 지반에 적용된다.
④ 십자형의 베인(vane)을 땅 속에 압입한 후, 회전모멘트를 가해서 흙이 원통형으로 전단파괴될 때 저하모멘트를 구함으로써 비배수 전단강도를 측정하게 된다.

17. 그림에서 a-a′ 면 바로 아래의 유효응력은?
(단, 흙의 간극비(e)는 0.4, 비중(G_s)은 2.65, 물의 단위중량은 9.81kN/m³이다.)

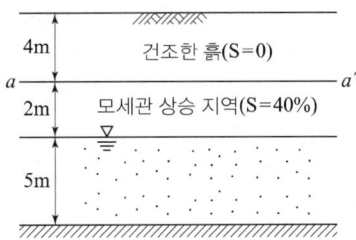

① 68.2kN/m² ② 82.1kN/m²
③ 97.4kN/m² ④ 102.1kN/m²

18. 흙의 내부마찰각이 20°, 점착력이 50kN/m², 습윤 단위중량이 17kN/m³, 지하수위 아래 흙의 포화단위중량이 19kN/m³일 때 3m×3m 크기의 정사각형 기초의 극한지지력을 Terzaghi의 공식으로 구하면? (단, 지하수위는 기초바닥 깊이와 같으며 물의 단위중량은 9.81kN/m³이고, 지지력계수 $N_c=18$, $N_r=5$, $N_q=7.5$이다.)

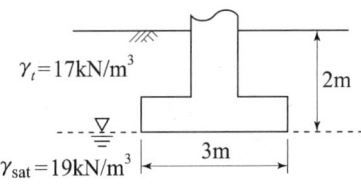

① 1231.24kN/m² ② 1337.31kN/m²
③ 1480.14kN/m² ④ 1540.42kN/m²

19. 그림에서 지표면으로부터 깊이 6m에서의 연직응력(σ_v)과 수평응력(σ_h)의 크기를 구하면? (단, 토압계수는 0.60이다.)

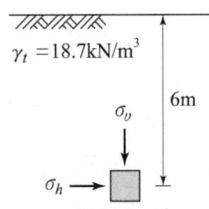

① $\sigma_v = 87.3\text{kN/m}^2$, $\sigma_h = 52.4\text{kN/m}^2$
② $\sigma_v = 95.2\text{kN/m}^2$, $\sigma_h = 57.1\text{kN/m}^2$
③ $\sigma_v = 112.2\text{kN/m}^2$, $\sigma_h = 67.3\text{kN/m}^2$
④ $\sigma_v = 123.4\text{kN/m}^2$, $\sigma_h = 74.0\text{kN/m}^2$

20. 다짐에 대한 설명으로 틀린 것은?

① 다짐에너지는 래머(rammer)의 중량에 비례한다.
② 입도배합이 양호한 흙에서는 최대건조 단위중량이 높다.
③ 동일한 흙일지라도 다짐기계에 따라 다짐효과는 다르다.
④ 세립토가 많을수록 최적함수비가 감소한다.

해설 및 정답

1. 내부마찰각(ϕ)

$F_s = \dfrac{\gamma_{sub}}{\gamma_{sat}} \cdot \dfrac{\tan\phi}{\tan\beta}$ 에서 사면이 안전하기 위하여서는

$F_s \geq 1$이 되어야 하므로

$\phi = \tan^{-1}\left(\dfrac{\gamma_{sat}}{\gamma_{sub}} \cdot \tan\beta\right)$

$\quad = \tan^{-1}\left(\dfrac{19.62}{9.81} \times \tan 20°\right) = 36.05°$

따라서 $\beta = 36.05°$ 이상이 되어야 한다.

2. 각 곡선으로부터 구할 수 있는 요소

시간-침하 곡선	하중-간극비 곡선
① 압밀계수	① 압축지수
② 1차 압밀비	② 선행압밀하중
③ 체적변화계수	③ 압축계수
④ 투수계수	④ 체적변화계수
	⑤ 팽창지수
	⑥ 재압축지수

3. ① 다일러턴시(Dilatancy) 현상의 특징

흙의 종류	체적변화	다일러턴시	간극수압
조밀한 모래 (과압밀점토)	체적이 팽창	(+)다일러턴시	(−)간극 수압 발생
느슨한 모래 (정규압밀 점토)	체적이 수축	(−)다일러턴시	(+)간극 수압 발생

② 정규압밀 점토의 경우 부(−)의 다일러턴시가 일어난다.

4. 한계동수경사(i_c)

$i_c = \dfrac{\gamma_{sub}}{\gamma_w} = \dfrac{G_s - 1}{1+e} = \dfrac{2.60-1}{1+0.2} = 1.33$

5. ① 양면배수이므로 배수거리는 포화점토층 두께의 반이므로 1m이다.

② 압밀계수(C_v)

투수계수 $K = 5 \times 10^{-7} \text{cm/s} = 5 \times 10^{-9} \text{m/s}$, 체적변화계수 $m_v = 5.0 \text{cm}^2/\text{kN} = 0.0005 \text{m}^2/\text{kN}$이므로

$C_v = \dfrac{K}{m_v \cdot \gamma_w} = \dfrac{5 \times 10^{-9}}{0.0005 \times 9.81} = 1.0 \times 10^{-6} \text{m}^2/\text{sec}$

③ 압밀도 90%에 대한 압밀시간(t_{90})

$t_{50} = \dfrac{T_{90} \cdot d^2}{C_v} = \dfrac{0.848 \times 1^2}{1.0 \times 10^{-6}} = 848,000$초 $= 9.81$일

6. ① 부마찰력(Q_{NS})

연약지반에 말뚝을 박은 다음 성토한 경우에는 성토하중에 의하여 압밀이 진행되어 말뚝이 아래로 끌려가 하중 역할을 한다. 이 경우의 극한지지력은 감소한다.

② 부마찰력은 말뚝 주변의 지반이 압밀이 발생할 때 발생한다.

7. ① 토압계수

수동토압계수(K_P) > 정지토압계수(K_O) > 주동토압계수(K_A)

② 전토압

수동토압(P_P) > 정지토압(P_O) > 주동토압(P_A)

8. 조립토와 세립토의 분류는 통일분류법에서는 No.200체(0.075mm체) 통과량 50%를 기준으로 하지만 AASHTO분류법에서는 35%를 기준으로 한다.

9. 1) 완전히 침하가 멈추거나, 1분 동안에 침하량이 그 단계 하중의 총 침하량 1% 이하가 될 때 그 다음 단계의 하중을 가한다.

2) 도로의 평판재하시험을 끝내는 경우
  ① 하중강도가 그 지반의 항복점을 넘을 때
  ② 하중강도가 현장에서 예상되는 최대접지압력을 초과할 때
  ③ 침하량이 15mm에 달했을 때

10. 면적비(A_r)

$A_r = \dfrac{D_o^2 - D_i^2}{D_i^2} \times 100 = \dfrac{6^2 - 5.5^2}{5.5^2} \times 100 = 19.0\%$

11. 1) 유선망의 조건
  ① 유로의 수 : 6개
  ② 등수두면의 수 : 10개
  ③ 수위차 : 3m = 300cm

2) 단위시간당 침투수량(폭 1cm당 침투량)

$q = K \cdot H \cdot \dfrac{N_f}{N_d} = (2.2 \times 10^{-2}) \times 300 \times \left(\dfrac{6}{10}\right)$

$\quad = 3.96 \text{cm}^3/\text{sec}$

3) 폭 10m(1,000cm)당 침투수량

$Q = 3.96 \times 1,000 = 3,960 \text{cm}^3/\text{sec}$

12. 무리말뚝의 허용지지력(Q_{age})

$Q_{age} = E \cdot N \cdot Q_a = 0.75 \times 20 \times 150 = 2,250\text{kN}$

13. 1) 모래지반 개량공법
  ① 다짐 말뚝 공법
  ② 다짐 모래 말뚝 공법(컴포져 공법)
  ③ 바이브로플로테이션 공법
  ④ 폭파 다짐 공법
  ⑤ 전기 충격 공법
 2) 생석회 말뚝 공법은 점토지반에 적용하는 개량공법이다.

14. ① 입도분포
  균등계수 $C_u = 15$이고, 곡률계수 $C_g = 1.5$이므로 입도분포가 양호한 상태이다.
 ② 모래의 내부마찰각(ϕ)
  흙 입자가 모가 나고, 입도가 양호하므로
  $\phi = \sqrt{12N} + 25 = \sqrt{12 \times 10} + 25° = 35.95 ≒ 36°$

15. 비압밀 비배수 시험(UU-test)을 적용하는 경우
 ① 점토지반이 시공 중 또는 성토한 후 압밀이나 함수비의 변화가 없이 급속한 파괴가 예상될 때 적용한다.
 ② 점토의 단기간 안정해석에 이용한다.

16. 베인전단 시험(Vane Shear Test)은 깊이 10m 미만의 연약한 점토지반의 점착력을 측정하는 시험으로 회전저항모멘트(N·m)를 측정하여 비배수 전단강도(점착력)을 측정한다.

17. ① 건조단위중량(γ_d)

$\gamma_d = \dfrac{G_s}{1+e} \cdot \gamma_w = \dfrac{2.65}{1+0.4} \times 9.81 = 18.57\text{kN/m}^3$

 ② 습윤단위중량(γ_t)

$\gamma_t = \dfrac{G_s + \left(\dfrac{S}{100}\right) \cdot e}{1+e} \cdot \gamma_w$

$= \dfrac{2.65 + \left(\dfrac{40}{100}\right) \times 0.4}{1+0.4} \times 9.81 = 19.69\text{kN/m}^3$

 ③ 전응력(σ)

$\sigma = \gamma_d \cdot h_1 = 18.57 \times 4 = 74.28\text{kN/m}^2$

 ④ 부분적으로 포화된 흙의 모관포텐셜(간극수압)

$u = -\dfrac{S}{100} \cdot \gamma_w \cdot h = -\dfrac{40}{100} \times 9.81 \times 2 = -7.85\text{kN/m}^2$

 ⑤ 유효응력(σ')

$\sigma' = \sigma - u = 74.28 - (-7.85) = 82.13\text{kN/m}^2$

18. 정사각형 기초의 극한지지력(q_u)
 정사각형 기초의 형상계수는 $\alpha = 1.3$, $\beta = 0.4$이므로

$q_u = \alpha \cdot c \cdot N_c + \beta \cdot \gamma_1 \cdot B \cdot N_r + \gamma_2 \cdot D_f \cdot N_q$

$= 1.3 \times 50 \times 18 + 0.4 \times (19 - 9.81) \times 3 \times 5 + 17 \times 2 \times 7.5$

$= 1,480.14\text{kN/m}^2$

19. ① 연직응력(σ_v)

$\sigma_v = \gamma \cdot z = 18.7 \times 6 = 112.2\text{kN/m}^2$

 ② 수평응력(σ_h)

$\sigma_h = K_o \cdot \sigma_v = 0.6 \times 112.2 = 67.32\text{kN/m}^2$

 여기서, K_0 : 정지토압계수

20. 1) 다짐에너지(E)

$E = \dfrac{W_R \cdot H \cdot N_B \cdot N_L}{V}$

 ① 다짐에너지는 래머의 중량, 낙하고, 각 층의 다짐횟수, 다짐 층수에 비례한다.
 ② 다짐에너지는 몰드의 체적에 반비례한다.
 2) 세립토가 많을수록 최적함수비가 증가한다.

1. ③	2. ④	3. ③	4. ③	5. ②
6. ④	7. ②	8. ①	9. ①	10. ④
11. ④	12. ②	13. ③	14. ③	15. ①
16. ①	17. ②	18. ③	19. ③	20. ④

과년도출제문제

21 토목기사 2회 시행 출제문제

1. 흙의 포화단위중량이 20kN/m³인 포화점토층을 45° 경사로 8m를 굴착하였다. 흙의 강도정수 $C_u = 65$kN/m², $\phi = 0°$이다. 그림과 같은 파괴면에 대하여 사면의 안전율은? (단, ABCD의 면적은 70m²이고 O점에서 ABCD의 무게중심까지의 수직거리는 4.5m이다.)

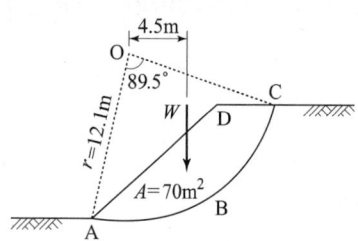

① 4.72 ② 4.21
③ 2.67 ④ 2.36

2. 통일분류법에 의한 분류기호와 흙의 성질을 표현한 것으로 틀린 것은?

① SM : 실트 섞인 모래
② GC : 점토 섞인 자갈
③ CL : 소성이 큰 무기질 점토
④ GP : 입도분포가 불량한 자갈

3. 다음 중 연약점토지반 개량공법이 아닌 것은?

① 프리로딩(Pre-loading) 공법
② 샌드 드레인(Sand drain) 공법
③ 페이퍼 드레인(Paper drain) 공법
④ 바이브로 플로테이션(Vibro flotation) 공법

4. 그림과 같은 지반에 재하순간 수주(水柱)가 지표면으로 부터 5m이었다. 20% 압밀이 일어난 후 지표면으로 부터 수주의 높이는? (단, 물의 단위중량은 9.81kN/m³이다.)

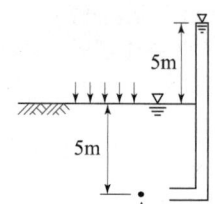

① 1m
② 2m
③ 3m
④ 4m

5. 내부마찰각이 30°, 단위중량이 18kN/m³인 흙의 인장균열 깊이가 3m일 때 점착력은?

① 15.6kN/m² ② 16.7kN/m²
③ 17.5kN/m² ④ 18.1kN/m²

6. 일반적인 기초의 필요조건으로 틀린 것은?

① 침하를 허용해서는 안 된다.
② 지지력에 대해 안정해야 한다.
③ 사용성, 경제성이 좋아야 한다.
④ 동해를 받지 않는 최소한의 근입깊이를 가져야 한다.

7. 흙 속에 있는 한 점의 최대 및 최소 주응력이 각각 200kN/m² 및 100kN/m²일 때 최대 주응력면과 30°를 이루는 평면상의 전단응력을 구한 값은?

① 10.5kN/m² ② 21.5kN/m²
③ 32.3kN/m² ④ 43.3kN/m²

8. 토립자가 둥글고 입도분포가 양호한 모래지반에서 N치를 측정한 결과 $N=19$가 되었을 경우, Dunham의 공식에 의한 이 모래의 내부마찰각(ϕ)은?

① 20° ② 25°
③ 30° ④ 35°

9. 그림과 같은 지반에 대해 수직방향 등가투수계수를 구하면?

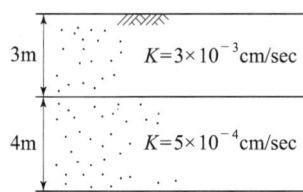

① 3.89×10^{-4} cm/s
② 7.78×10^{-4} cm/s
③ 1.57×10^{-3} cm/s
④ 3.14×10^{-3} cm/s

10. 다음 중 동상에 대한 대책으로 틀린 것은?

① 모관수의 상승을 차단한다.
② 지표부근에 단열재료를 매립한다.
③ 배수구를 설치하여 지하수위를 낮춘다.
④ 동결심도 상부의 흙을 실트질 흙으로 치환한다.

11. 흙의 다짐곡선은 흙의 종류나 입도 및 다짐에너지 등의 영향으로 변한다. 흙의 다짐 특성에 대한 설명으로 틀린 것은?

① 세립토가 많을수록 최적함수비는 증가한다.
② 점토질 흙은 최대건조단위중량이 작고 사질토는 크다.
③ 일반적으로 최대건조단위중량이 큰 흙일수록 최적 함수비도 커진다.
④ 점성토는 건조측에서 물을 많이 흡수하므로 팽창이 크고 습윤측에서는 팽창이 작다.

12. 현장에서 채취한 흙 시료에 대하여 아래 조건과 같이 압밀시험을 실시하였다. 이 시료에 320kPa의 압밀압력을 가했을 때, 0.2cm의 최종 압밀침하가 발생되었다면 압밀이 완료된 후 시료의 간극비는? (단, 물의 단위중량은 9.81kN/m³이다.)

- 시료의 단면적(A) : 30cm²
- 시료의 초기 높이(H) : 2.6cm
- 시료의 비중(G_s) : 2.5
- 시료의 건조중량(W_s) : 1.18N

① 0.125
② 0.385
③ 0.500
④ 0.625

13. 노상토 지지력비(CBR)시험에서 피스톤 2.5mm 관입될 때와 5.0mm 관입될 때를 비교한 결과, 관입량 5.0mm에서 CBR이 더 큰 경우 CBR 값을 결정하는 방법으로 옳은 것은?

① 그대로 관입량 5.0mm일 때의 CBR 값으로 한다.
② 2.5mm 값과 5.0mm 값의 평균을 CBR 값으로 한다.
③ 5.0mm 값을 무시하고 2.5mm 값을 표준으로 하여 CBR 값으로 한다.
④ 새로운 공시체로 재시험을 하며, 재시험 결과도 5.0mm 값이 크게 나오면 관입량 5.0mm일 때의 CBR 값으로 한다.

14. 다음 중 사운딩 시험이 아닌 것은?

① 표준관입시험
② 평판재하시험
③ 콘 관입시험
④ 베인 시험

15. 단면적이 100cm², 길이가 30cm인 모래 시료에 대하여 정수두 투수시험을 실시하였다. 이때 수두차가 50cm, 5분 동안 집수된 물이 350cm³이었다면 이 시료의 투수계수는?

① 0.001cm/s
② 0.007cm/s
③ 0.01cm/s
④ 0.07cm/s

16. 아래와 같은 조건에서 AASHTO분류법에 따른 군지수(GI)는?

- 흙의 액성한계 : 45%
- 흙의 소성한계 : 25%
- 200번체 통과율 : 50%

① 7
② 10
③ 13
④ 16

17. 점토층 지반위에 성토를 급속히 하려한다. 성토 직후에 있어서 이 점토의 안정성을 검토하는데 필요한 강도정수를 구하는 합리적인 시험은?

① 비압밀 비배수시험(UU-test)
② 압밀 비배수시험(CU-test)
③ 압밀 배수시험(CD-test)
④ 투수시험

18. 연속 기초에 대한 Terzaghi의 극한지지력 공식은 $q_u = cN_c + 0.5\gamma_1 BN_\gamma + \gamma_2 D_f N_q$로 나타낼 수 있다. 아래 그림과 같은 경우 극한지지력 공식의 두 번째 항의 단위중량(γ_1)의 값은? (단, 물의 단위중량은 9.81kN/m³이다.)

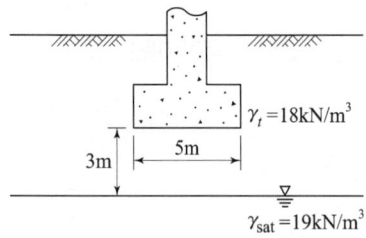

① 14.48kN/m³
② 16.00kN/m³
③ 17.45kN/m³
④ 18.20kN/m³

19. 점토 지반에 있어서 강성 기초의 접지압 분포에 대한 설명으로 옳은 것은?

① 접지압은 어느 부분이나 동일하다.
② 접지압은 토질에 관계없이 일정하다.
③ 기초의 모서리 부분에서 접지압이 최대가 된다.
④ 기초의 중앙 부분에서 접지압이 최대가 된다.

20. 토질시험 결과 내부마찰각이 30°, 점착력이 50kN/m², 간극수압이 800kN/m², 파괴면에 작용하는 수직응력이 3000kN/m²일 때 이 흙의 전단응력은?

① 1270kN/m²
② 1320kN/m²
③ 1580kN/m²
④ 1950kN/m²

해설 및 정답

1. ① 전단강도(τ)
$$\tau = c + \bar{\sigma} \cdot \tan\phi = c_u = 65\text{kN/m}^2$$

② 토체의 중량(W)
사면의 단위길이를 기준으로 계산하면
$$W = \gamma \cdot A = 20 \times 70 = 1400\text{kN}$$

③ 활동모멘트(M_D)
$$M_D = W \cdot d = 1400 \times 4.5 = 6300\text{kN} \cdot \text{m}$$

④ 원호의 길이(L_a)
$$L_a = 2 \cdot \pi \cdot r \cdot \left(\frac{\theta}{360}\right)$$
$$= 2 \times \pi \times 12.10 \times \left(\frac{89.5}{360}\right) = 18.901\text{m}$$

⑤ 저항모멘트(M_R)
$$M_R = c_u \cdot L_a \cdot r$$
$$= 65 \times 18.901 \times 12.1 = 14{,}865.6\text{kN} \cdot \text{m}$$

⑥ 안전율(F_s)
$$F_s = \frac{M_R}{M_D} = \frac{14{,}865.6}{6{,}300} = 2.36$$

2. CL : 소성이 작은(액성한계가 50% 이하) 무기질 점토이다.

3. 1) 모래지반 개량공법
① 다짐 말뚝 공법
② 다짐 모래 말뚝 공법(컴포져 공법)
③ 바이브로플로테이션 공법
④ 폭파 다짐 공법
⑤ 전기 충격 공법
2) 바이브로 플로테이션 공법은 모래지반에 적용하는 공법이다.

4. ① 순간하중 재하 전의 공극수압(u_i)
$$u_i = \gamma_w \cdot h = 9.81 \times 5 = 49.05\text{kN/m}^2$$

② 20%의 압밀이 일어났을 때의 과잉간극수압(u_e)
$$U = \frac{u_i - u_e}{u_i} \times 100 \text{이므로}$$
$$u_e = \left(1 - \frac{U}{100}\right) \cdot u_i$$
$$= \left(1 - \frac{20}{100}\right) \times 49.05 = 39.24\text{kN/m}^2$$

③ 수주의 높이(h)
$u_e = \gamma_w \cdot h$ 에서
$$h = \frac{u_e}{\gamma_w} = \frac{39.24}{9.81} = 4\text{m}$$

5. 점착력(c)
$Z_0 = \dfrac{2c}{\gamma} \cdot \tan\left(45° + \dfrac{\phi}{2}\right)$ 에서
$$c = \frac{Z_0 \cdot \gamma}{2 \cdot \tan\left(45° + \dfrac{\phi}{2}\right)} = \frac{3 \times 18}{2 \cdot \tan\left(45° + \dfrac{30}{2}\right)} = 15.6\text{kN/m}^2$$

6. 기초의 침하는 허용 침하의 범위 내에 들기만 하면 된다.

7. 파괴면에 작용하는 전단응력(τ)
$$\tau = \frac{\sigma_1 - \sigma_3}{2}\sin 2\theta = \frac{200 - 100}{2}\sin(2 \times 30°)$$
$$= 43.3\text{kN/m}^2$$
여기서, θ : 수평면과 파괴면이 이루는 각

8. 1) Dunham 공식
① 흙 입자가 모가 나고 입도가 양호
: $\phi = \sqrt{12N} + 25$
② 흙 입자가 모가 나고 입도가 불량
: $\phi = \sqrt{12N} + 20$
③ 흙 입자가 둥글고 입도가 양호
: $\phi = \sqrt{12N} + 20$
④ 흙 입자가 둥글고 입도가 불량
: $\phi = \sqrt{12N} + 15$

2) 문제에서
토립자가 둥글고 입도분포가 양호한 모래지반이므로
$$\phi = \sqrt{12N} + 20 = \sqrt{12 \times 19} + 20 = 35.1°$$

9. ① 전체층 두께(H)
$$H = H_1 + H_2 = 300 + 400 = 700\text{cm}$$

② 수평방향 등가투수계수(K_h)
$$K_h = \frac{1}{H}(K_1 \cdot H_1 + K_2 \cdot H_2)$$
$$= \frac{1}{700} \times [(3 \times 10^{-3}) \times 300 + (5 \times 10^{-4}) \times 400]$$
$$= 1.57 \times 10^{-3}\text{cm/sec}$$

③ 수직방향 등가투수계수(K_v)

$$K_v = \frac{H}{\frac{H_1}{K_1}+\frac{H_2}{K_2}} = \frac{700}{\frac{300}{3\times 10^{-3}}+\frac{400}{5\times 10^{-4}}}$$
$$= 7.78\times 10^{-4} \text{cm/sec}$$

10. 동결심도 상부의 흙을 동결하기 어려운 재료(자갈, 쇄석, 석탄재)로 치환한다.

11. 최대건조단위중량이 큰 흙일수록 최적함수비는 작아진다.

12. ① 물의 단위중량(γ_w)
$$\gamma_w = 9.81\text{kN/m}^3 = 0.00981\text{N/cm}^3$$
② 흙 입자의 높이(H_s)
$$H_s = \frac{W_s}{A\cdot G_s \cdot \gamma_w} = \frac{1.18}{30\times 2.5\times 0.00981} = 1.60\text{cm}$$
③ 압밀이 완료된 후 시료의 높이(H_1)
$$H_1 = 2.6 - 0.2 = 2.4\text{cm}$$
④ 압밀이 완료된 후 시료의 간극비(e_1)
$$e_1 = \frac{V_v}{V_s} = \frac{H_1}{H_s} - 1 = \frac{2.4}{1.6} - 1 = 0.500$$

13. 노상토지지력비(CBR) 값을 결정하는 방법
$$CBR = \frac{\text{시험하중}}{\text{표준하중}}\times 100 = \frac{\text{시험단위하중}}{\text{표준단위하중}}\times 100(\%)$$
① $CBR_{2.5} > CBR_{5.0}$이면 CBR 값은 $CBR_{2.5}$이다.
② $CBR_{2.5} < CBR_{5.0}$이면 재시험한다. 재시험을 한 후, 다시
㉮ $CBR_{2.5} > CBR_{5.0}$이면 CBR 값은 $CBR_{2.5}$이다.
㉯ $CBR_{2.5} < CBR_{5.0}$이면 CBR 값은 $CBR_{5.0}$이다.

14. 평판재하시험은 사운딩(Sounding) 시험이 아니라 지지력 시험이다.

15. ① 측정시간 : 5분 = 5×60 = 300초
② 정수위 투수시험에 의한 투수계수(K)
$$K = \frac{Q\cdot L}{A\cdot h\cdot t} = \frac{350\times 30}{100\times 50\times 300} = 0.007\text{cm/sec}$$

16. ① 소성지수(PI, I_P)
$$PI = w_L - w_p = 45 - 25 = 20\%$$
② 군지수(GI)
$$GI = 0.2a + 0.005ac + 0.01bd$$
$$= 0.2\times 15 + 0.005\times 15\times 5 + 0.01\times 35\times 10$$
$$= 6.875 \fallingdotseq 7$$
a = No.200체 통과율 − 35 = 50 − 35 = 15
b = No.200체 통과율 − 15 = 50 − 15 = 35
c = 액성한계 − 40 = 45 − 40 = 5
d = 소성지수 − 10 = 20 − 10 = 10

17. 비압밀 비배수 시험(UU-test)을 적용하는 경우
① 점토지반이 시공 중 또는 성토한 후 압밀이나 함수비의 변화가 없이 급속한 파괴가 예상될 때 적용한다.
② 점토의 단기간 안정해석에 이용한다.

18. ① 수중단위중량(γ_{sub})
$$\gamma_{sub} = \gamma_{sat} - \gamma_w = 19 - 9.81 = 9.19\text{kN/m}^3$$
② 두 번째 항의 단위중량(γ_1)
지하수위가 기초 저면보다 밑에 위치한 $D < B$인 경우
$$\gamma_1 = \gamma_{sub} + \frac{D}{B}\cdot (\gamma_t - \gamma_{sub})$$
$$= 9.19 + \frac{3}{5}\times (18 - 9.19) = 14.48\text{kN/m}^3$$

19. 점토의 지반에 있어서 강성기초의 접지압 분포는 기초모서리에서 최대접지압이 발생한다.

20. 전단응력(τ)
$$\tau = c' + \sigma'\cdot \tan\phi'$$
$$= 50 + (3000 - 800)\times \tan 30° = 1320\text{kN/m}^2$$

1. ④	2. ③	3. ④	4. ④	5. ①
6. ①	7. ④	8. ④	9. ②	10. ④
11. ③	12. ③	13. ④	14. ②	15. ②
16. ①	17. ①	18. ①	19. ③	20. ②

과년도 출제문제

21 토목기사
3회 시행 출제문제

1. 그림과 같은 지반에서 재하순간 수주(水柱)가 지표면(지하수위)으로 부터 5m이었다. 40% 압밀이 일어난 후 A점에서의 전체 간극수압은? (단, 물의 단위중량은 9.81kN/m³이다.)

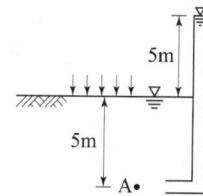

① 19.62kN/m² ② 29.43kN/m²
③ 49.05kN/m² ④ 78.48kN/m²

2. 다짐곡선에 대한 설명으로 틀린 것은?

① 다짐에너지를 증가시키면 다짐곡선은 왼쪽 위로 이동하게 된다.
② 사질성분이 많은 시료일수록 다짐곡선은 오른쪽 위에 위치하게 된다.
③ 점성분이 많은 흙일수록 다짐곡선은 넓게 퍼지는 형태를 가지게 된다.
④ 점성분이 많은 흙일수록 오른쪽 아래에 위치하게 된다.

3. 두께 2cm인 점토시료의 압밀시험 결과 전 압밀량의 90%에 도달하는데 1시간이 걸렸다. 만일 같은 조건에서 같은 점토로 이루어진 2m의 토층 위에 구조물을 축조한 경우 최종침하량의 90%에 도달하는데 걸리는 시간은?

① 약 250일 ② 약 368일
③ 약 417일 ④ 약 525일

4. Coulomb토압에서 옹벽배면의 지표면 경사가 수평이고, 옹벽배면 벽체의 기울기가 연직인 벽체에서 옹벽과 뒤채움 흙 사이의 벽면마찰각(δ)을 무시할 경우, Coulomb토압과 Rankine 토압의 크기를 비교할 때 옳은 것은?

① Rankine토압이 Coulomb토압 보다 크다.
② Coulomb토압이 Rankine토압 보다 크다.
③ Rankine토압과 Coulomb토압의 크기는 항상 같다.
④ 주동토압은 Rankine토압이 더 크고, 수동토압은 Coulomb토압이 더 크다.

5. 유효응력에 대한 설명으로 틀린 것은?

① 항상 전응력보다는 작은 값이다.
② 점토지반의 압밀에 관계되는 응력이다.
③ 건조한 지반에서는 전응력과 같은 값으로 본다.
④ 포화된 흙인 경우 전응력에서 공극수압을 뺀 값이다.

6. 포화상태에 있는 흙의 함수비가 40%이고, 비중이 2.60이다. 이 흙의 간극비는?

① 0.65   ② 0.065
③ 1.04   ④ 1.40

7. 아래 그림에서 투수계수 $K=4.8\times10^{-3}$cm/sec일 때, Darcy의 유출속도(v)와 실제 물의 속도(침투속도, v_s)는?

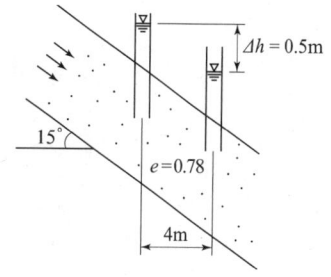

① $v=3.4\times10^{-4}$cm/sec, $v_s=5.6\times10^{-4}$cm/sec
② $v=3.4\times10^{-4}$cm/sec, $v_s=9.4\times10^{-4}$cm/sec
③ $v=5.8\times10^{-4}$cm/sec, $v_s=10.8\times10^{-4}$cm/sec
④ $v=5.8\times10^{-4}$cm/sec, $v_s=13.2\times10^{-4}$cm/sec

8. 포화된 점토에 대한 일축압축강도시험에서 파괴시 축응력이 0.2MPa일 때, 이 점토의 점착력은?

① 0.1MPa ② 0.2MPa
③ 0.4MPa ④ 0.6MPa

9. 포화된 점토지반에 성토하중으로 어느 정도 압밀된 후 급속한 파괴가 예상될 때, 이용해야 할 강도정수를 구하는 시험은?

① CU-test ② UU-test
③ UC-test ④ CD-test

10. 보링(boring)에 대한 설명으로 틀린 것은?

① 보링(boring)에는 회전식(rotary boring)과 충격식(percussion boring)이 있다.
② 충격식은 굴진속도가 빠르고 비용도 싸지만 분말상의 교란된 시료만 얻어진다.
③ 회전식은 시간과 공사비가 많이 들뿐만 아니라 확실한 코어(core)도 얻을 수 없다.
④ 보링은 지반의 상황을 판단하기 위해 실시한다.

11. 수조에 상방향의 침투에 의한 수두를 측정한 결과, 그림과 같이 나타났다. 이때, 수조 속에 있는 흙에 발생하는 침투력을 나타낸 식은? (단, 시료의 단면적은 A, 시료의 길이는 L, 시료의 포화단위중량은 γ_{sat}, 물의 단위중량은 γ_w이다.)

① $\Delta h \cdot \gamma_w \cdot A$
② $\Delta h \cdot \gamma_w \cdot \dfrac{A}{L}$
③ $\Delta h \cdot \gamma_{sat} \cdot A$
④ $\dfrac{\gamma_{sat}}{\gamma_w} \cdot A$

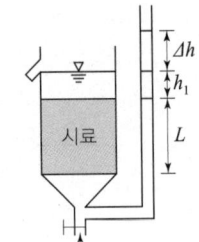

12. 4m×4m 크기인 정사각형 기초를 내부마찰각 $\phi=20°$, 점착력 $c=30\text{kN/m}^2$인 지반에 설치하였다. 흙의 단위중량(γ)=19kN/m³이고, 안전율(F_s)을 3으로 할 때 Terzaghi 지지력공식으로 기초의 허용하중을 구하면? (단, 기초의 근입깊이는 1m이고, 전반전단파괴가 발생한다고 가정하며, 지지력계수 $N_c=17.69$, $N_q=7.44$, $N_r=4.97$이다.)

① 3780kN ② 5239kN
③ 6750kN ④ 8140kN

13. 말뚝에서 부주면마찰력에 대한 설명으로 틀린 것은?

① 아래쪽으로 작용하는 마찰력이다.
② 부주면마찰력이 작용하면 말뚝의 지지력은 증가한다.
③ 압밀층을 관통하여 견고한 지반에 말뚝을 박으면 일어나기 쉽다.
④ 연약지반에 말뚝을 박은 후 그 위에 성토를 하면 일어나기 쉽다.

14. 지반개량공법 중 연약한 점성토 지반에 적당하지 않은 것은?

① 치환 공법 ② 침투압 공법
③ 폭파다짐 공법 ④ 샌드 드레인 공법

15. 표준관입시험에 대한 설명으로 틀린 것은?

① 표준관입시험의 N값으로 모래지반의 상대밀도를 추정할 수 있다.
② 표준관입시험의 N값으로 점토지반의 연경도를 추정할 수 있다.
③ 지층의 변화를 판단할 수 있는 시료를 얻을 수 있다.
④ 모래지반에 대해서 흐트러지지 않은 시료를 얻을 수 있다.

16. 하중이 완전히 강성(剛性)인 푸팅(footing) 기초판을 통하여 지반에 전달되는 경우의 접지압(또는 지반반력) 분포로 옳은 것은?

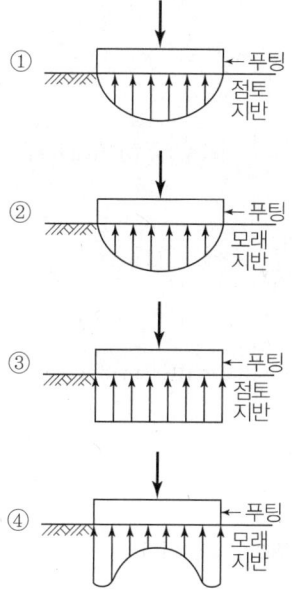

17. 자연상태의 모래지반을 다져 e_{min}에 이르도록 했다면 이 지반의 상대밀도는?

① 0% ② 50%
③ 75% ④ 100%

18. 현장 도로 토공에서 모래치환법에 의한 흙의 밀도시험 결과 흙을 파낸 구멍의 체적과 파낸 흙의 질량을 각각 1800cm³, 3950g이었다. 이 흙의 함수비는 11.2%이고, 흙의 비중은 2.65이다. 실내시험으로부터 구한 최대건조밀도가 2.05g/cm³일 때 다짐도는?

① 92% ② 94%
③ 96% ④ 98%

19. 다음 중 사면의 안정해석 방법이 아닌 것은?

① 마찰원법
② 비숍(Bishop)의 방법
③ 펠레니우스(Fellenius) 방법
④ 테르자기(Terzaghi)의 방법

20. 그림과 같은 지반에서 x−x′ 단면에 작용하는 유효응력은? (단, 물의 단위중량은 9.81kN/m³이다.)

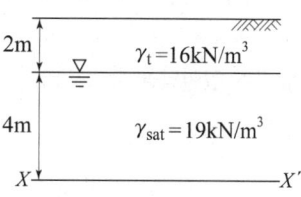

① 46.7kN/m² ② 68.8kN/m²
③ 90.5kN/m² ④ 108kN/m²

해설 및 정답

1. ① 순간하중 재하 전의 공극수압(u)
$$u = \gamma_w \cdot h = 9.81 \times 5 = 49.05 \text{kN/m}^2$$
② 40%의 압밀이 일어났을 때의 과잉간극수압(u_e)
$$U = \frac{u_i - u_e}{u_i} \times 100 \text{이므로}$$
$$u_e = \left(1 - \frac{U}{100}\right) \cdot u_i = \left(1 - \frac{40}{100}\right) \times 49.05$$
$$= 29.43 \text{kN/m}^2$$
③ 전체 공극수압
전체 공극수압 = 재하 전의 공극수압+과잉공극수압
$$= 49.05 + 29.43 = 78.48 \text{kN/m}^2$$

2. 사질성분이 많은 시료일수록 다짐곡선은 왼쪽 위에 위치하게 된다.

3. ① 배수거리(d)
양면배수이므로 배수거리는 시료의 두께의 반이므로 1cm이다.
② 압밀시간(t)
$$t = \frac{T_v \cdot d^2}{C_v} \text{이므로 압밀에 걸리는 시간}(t)\text{은 배수거리}(d)\text{의 제곱에 비례한다.}$$
즉, $t_1 : t_2 = d_1^2 : d_2^2$에서
$$t_2 = \frac{d_2^2}{d_1^2} \cdot t_1 = \frac{100^2}{1^2} \times 1 = 10{,}000\text{시간} = 417\text{일}$$

4. 연직옹벽에서 지표면이 수평이고 벽마찰각이 0인 경우, 즉 벽마찰을 무시하면 Rankine의 토압과 Coulomb의 토압은 동일하다.

5. 모관영역에서는 유효응력(σ')이 전응력(σ)보다 크다. 즉, $\sigma = \sigma' + u$라고 해서 반듯이 $\sigma > \sigma'$는 아니다.

6. ① 포화도(s)
포화상태에 있으므로 포화도 $S = 100\%$이다.
② 공극비(e)
$$e = \frac{w}{S} \cdot G_s = \frac{40}{100} \times 2.60 = 1.04$$

7. ① 이동경로(L)
$$L = \frac{4}{\cos 15°} = 4.14 \text{m}$$
② 동수경사(i)
$$i = \frac{\Delta h}{L} = \frac{0.5}{4.14} = \frac{1}{8.28}$$
③ 평균유속(유출유속, v)
$$v = K \cdot i = 4.8 \times 10^{-3} \times \left(\frac{1}{8.28}\right) = 5.8 \times 10^{-4} \text{cm/sec}$$
④ 간극률(n)
$$n = \frac{e}{1+e} \times 100 = \frac{0.78}{1+0.78} \times 100 = 43.82(\%)$$
⑤ 침투유속(v_s)
$$v_s = \frac{v}{\frac{n}{100}} = \frac{5.8 \times 10^{-4}}{\frac{43.82}{100}} = 13.2 \times 10^{-4} \text{cm/sec}$$

8. ① 내부마찰각(ϕ)
포화된 점토의 내부마찰각 $\phi = 0°$이다.
② 점착력(c)
$$q_u = 2\,c\tan\left(45° + \frac{\phi}{2}\right) \text{에서}$$
$$c = \frac{q_u}{2\tan\left(45° + \frac{\phi}{2}\right)} = \frac{0.2}{2\tan\left(45° + \frac{0°}{2}\right)} = 0.1 \text{MPa}$$

9. 1) 압밀 비배수 시험(CU-test)을 적용하는 경우
① 성토 하중으로 어느 정도 압밀된 후 급속한 파괴가 예상될 때
② 기존의 제방, 흙 댐에서 수위가 급강하할 때의 안정해석
③ 사전압밀(Pre-loading)후 급격한 재하시의 안정해석
2) 포화된 점토지반에서 압밀된 후이므로 압밀이며, 급속한 파괴가 예상될 때이므로 비배수 시험이다. 즉, 압밀 비배수 시험(CU-test)이다.

10. 회전식은 시간과 비용이 많이 드나 확실한 코어(core)를 얻을 수 있다.

11. ① 흙에 발생하는 침투력(전 침투수압, J)
침투수압은 침투수의 흐르는 방향으로 $\gamma_w \cdot \Delta h$만큼 작용하므로
$$J = i \cdot \gamma_w \cdot L \cdot A = \Delta h \cdot \gamma_w \cdot A$$
② 단위면적당 침투수압(F)
$$F = i \cdot \gamma_w \cdot z$$
여기서, z : 임의의 점의 깊이
③ 단위체적당 침투수압(j)
$$j = i \cdot \gamma_w$$

12. ① 기초의 극한지지력(q_u)
정사각형 기초이므로 형상계수 $\alpha = 1.3$, $\beta = 0.4$이고, $N_c = 17.69$, $N_r = 4.97$, $N_q = 7.44$이다.
$$\begin{aligned}q_u &= \alpha \cdot c \cdot N_c + \beta \cdot \gamma_1 \cdot B \cdot N_r + \gamma_2 \cdot D_f \cdot N_q\\ &= 1.3 \times 30 \times 17.69 + 0.4 \times 19 \times 4\\ &\quad \times 4.97 + 19 \times 1 \times 7.44\\ &= 982.36 \text{kN/m}^2\end{aligned}$$
② 허용지지력(q_a)
$$q_a = \frac{q_u}{F_s} = \frac{982.36}{3} = 327.45 \text{kN/m}^2$$
③ 허용하중(Q_a)
$$Q_a = q_a \cdot A = 327.45 \times (4 \times 4) = 5{,}239.2 \text{kN}$$

13. 부마찰력은 말뚝을 아래 방향으로 작용하는 힘이므로 결국에는 말뚝의 지지력을 감소시킨다.

14. 1) 점토지반 개량공법
① 치환 공법
② 프리로딩(사전 압밀 공법, 여성토 공법)
③ 압성토 공법(부제 공법)
④ 샌드 드레인 공법
⑤ 페이퍼 드레인 공법
⑥ 전기침투 공법
⑦ 침투압 공법
⑧ 생석회말뚝 공법
2) 폭파다짐 공법은 모래지반에 적용하는 개량공법이다. 그러나, 폭파치환 공법은 점토지반에 적용하는 개량공법이다.

15. 1) 표준관입시험(SPT) N 값의 이용

개요	① 실험의 간편성 및 결과와 여러 지반 특성과의 상관관계에 대한 관계식이 점성토 및 사질토에 대해 제안되어 있어 개략적인 지반의 특성 파악에 많이 이용된다. ② 원지반 시료 채취가 불가능한 사질토 지반에 대해 많이 이용된다. ③ 점성토 지반에 대해서는 그 신뢰성이 다소 결여 된다고 알려져 있다.

모래 지반	점토 지반
① 상대밀도	① 연경도
② 내부마찰각	② 일축압축강도
③ 침하에 대한 허용지지력	③ 점착력
④ 지지력계수	④ 파괴에 대한 극한지지력
⑤ 탄성계수	⑤ 파괴에 대한 허용지지력

2) 표준관입시험으로 흐트러지지 않은 시료를 얻을 수 없다.

16. 강성기초가 모래지반에 위치하면 기초중앙에서 최대 접지압이 발생한다.

17. 상대밀도(D_r)
$$D_r = \frac{e_{\max} - e}{e_{\max} - e_{\min}} \times 100 \text{에서 } e = e_{\min} \text{을 대입하면}$$
$$D_r = \frac{e_{\max} - e_{\min}}{e_{\max} - e_{\min}} \times 100 = 100\%$$
즉, 간극비가 $e_{\min}$이 되면, 가장 촘촘한 상태가 되므로 상대밀도는 100%이다.

18. ① 습윤밀도(ρ_t)
$$\rho_t = \frac{m}{V} = \frac{3{,}950}{1{,}800} = 2.19 \text{g/cm}^3$$
여기서, m : 시험구멍에서 파낸 흙의 전체 질량(g)
② 건조밀도(ρ_d)
$$\rho_d = \frac{\rho_t}{1 + \frac{w}{100}} = \frac{2.19}{1 + \frac{11.2}{100}} = 1.97 \text{g/cm}^3$$
③ 다짐도(R)
$$R = \frac{\text{현장의 } \gamma_d}{\text{실내다짐시험에 의한 } \gamma_{d\max}} \times 100$$
$$= \frac{1.97}{2.05} \times 100 = 96.10\%$$

19. 사면해석법에서 질량법에는 $\phi=0°$, 마찰원법, 절편법에는 Fellenius 방법(Swedish method), Bishop 방법(Bishop simplified method), Morgenstern 방법, Janbu 방법, Spancer 방법 등이 있다.

20. ① 전응력(σ)

$$\sigma = \gamma_t \cdot h_1 + \gamma_{sat} \cdot h_2$$
$$= 16 \times 2 + 19 \times 4 = 108 \text{kN/m}^2$$

② 간극수압(중립응력, u)

$$u = \gamma_w \cdot h_2$$
$$= 9.81 \times 4 = 39.24 \text{kN/m}^2$$

③ 유효응력(σ')

$$\sigma' = \sigma - u$$
$$= 108 - 39.4 = 68.76 \text{kN/m}^2$$

1. ④	2. ②	3. ③	4. ③	5. ①
6. ③	7. ④	8. ①	9. ①	10. ③
11. ①	12. ②	13. ②	14. ③	15. ④
16. ②	17. ④	18. ③	19. ④	20. ②

과년도 출제문제

22 토목기사
1회 시행 출제문제

1. 두께 9m의 점토층에서 하중강도 P_1일 때 간극비는 2.0이고 하중강도를 P_2로 증가시키면 간극비는 1.8로 감소되었다. 이 점토층의 최종 압밀 침하량은?

① 20cm
② 30cm
③ 50cm
④ 60cm

2. 지반개량공법 중 주로 모래질 지반을 개량하는데 사용되는 공법은?

① 프리로딩 공법
② 생석회 말뚝 공법
③ 페이퍼 드레인 공법
④ 바이브로 플로테이션 공법

3. 포화된 점토에 대하여 비압밀비배수(UU) 시험을 하였을 때 결과에 대한 설명으로 옳은 것은? (단, ϕ : 내부마찰각, c : 점착력)

① ϕ와 c가 나타나지 않는다.
② ϕ와 c가 모두 "0"이 아니다.
③ ϕ는 "0"이 아니지만 c는 "0"이다.
④ ϕ는 "0"이고 c는 "0"이 아니다.

4. 점토지반으로부터 불교란 시료를 채취하였다. 이 시료의 지름이 50mm, 길이가 100mm, 습윤 질량이 350g, 함수비가 40%일 때 이 시료의 건조밀도는?

① 1.78g/cm^3
② 1.43g/cm^3
③ 1.27g/cm^3
④ 1.14g/cm^3

5. 말뚝의 부주면마찰력에 대한 설명으로 틀린 것은?

① 연약한 지반에서 주로 발생한다.
② 말뚝 주변의 지반이 말뚝보다 더 침하될 때 발생한다.
③ 말뚝 주면에 역청 코팅을 하면 부주면 마찰력을 감소시킬 수 있다.
④ 부주면마찰력의 크기는 말뚝과 흙 사이의 상대적인 변위속도와는 큰 연관성이 없다.

6. 말뚝기초에 대한 설명으로 틀린 것은?

① 군항은 전달되는 응력이 겹쳐지므로 말뚝 1개의 지지력에 말뚝 개수를 곱한 값보다 지지력이 크다.
② 동역학적 지지력 공식 중 엔지니어링 뉴스 공식의 안전율(F_s)은 6이다.
③ 부주면마찰력이 발생하면 말뚝의 지지력은 감소한다.
④ 말뚝기초는 기초의 분류에서 깊은 기초에 속한다.

7. 그림과 같이 폭이 2m, 길이가 3m인 기초에 100kN/m^2의 등분포 하중이 작용할 때, A점 아래 4m 깊이에서의 연직응력 증가량은? (단, 아래 표의 영향계수 값을 활용하여 구하며, $m = \dfrac{B}{z}$, $n = \dfrac{L}{z}$이고, B는 직사각형 단면의 폭, L은 직사각형 단면의 길이, z는 토층의 깊이이다.)

【영향계수(I) 값】

m	0.25	0.5	0.5	0.5
n	0.5	0.25	0.75	1.0
I	0.048	0.048	0.115	0.122

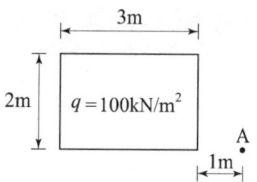

① 6.7kN/m^2
② 7.4kN/m^2
③ 12.2kN/m^2
④ 17.0kN/m^2

8. 기초가 갖추어야 할 조건이 아닌 것은?

① 동결, 세굴 등에 안전하도록 최소한의 근입깊이를 가져야 한다.
② 기초의 시공이 가능하고 침하량이 허용치를 넘지 않아야 한다.
③ 상부로부터 오는 하중을 안전하게 지지하고 기초지반에 전달하여야 한다.
④ 미관상 아름답고 주변에서 쉽게 구득할 수 있는 재료로 설계되어야 한다.

9. 평판재하시험에 대한 설명으로 틀린 것은?

① 순수한 점토지반의 지지력은 재하판 크기와 관계없다.
② 순수한 모래지반의 지지력은 재하판의 폭에 비례한다.
③ 순수한 점토지반의 침하량은 재하판의 폭에 비례한다.
④ 순수한 모래지반의 침하량은 재하판의 폭에 관계없다.

10. 두께 2cm의 점토시료에 대한 압밀 시험결과 50%의 압밀을 일으키는데 6분이 걸렸다. 같은 조건하에서 두께 3.6m의 점토층 위에 축조한 구조물이 50%의 압밀에 도달하는데 며칠이 걸리는가?

① 1350일 ② 270일
③ 135일   ④ 27일

11. 비교적 가는 모래와 실트가 물속에서 침강하여 고리 모양을 이루며 작은 아치를 형성한 구조로 단립구조보다 간극비가 크고 충격과 진동에 약한 흙의 구조는?

① 봉소구조   ② 낱알구조
③ 분산구조   ④ 면모구조

12. 아래 그림과 같은 흙의 구성도에서 체적 V를 1로 했을 때의 간극의 체적은? (단, 간극률은 n, 함수비는 w, 흙입자의 비중은 G_s, 물의 단위중량은 γ_w)

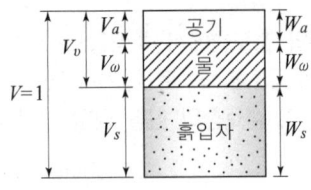

① n ② wG_s
③ $\gamma_w(1-n)$ ④ $[G_s - n(G_s-1)]\gamma_w$

13. 유선망의 특징에 대한 설명으로 틀린 것은?

① 각 유로의 침투수량은 같다.
② 동수경사는 유선망의 폭에 비례한다.
③ 인접한 두 등수두선 사이의 수두손실은 같다.
④ 유선망을 이루는 사변형은 이론상 정사각형이다.

14. 벽체에 작용하는 주동토압을 P_a, 수동토압을 P_p, 정지토압을 P_o라 할 때 크기의 비교로 옳은 것은?

① $P_a > P_p > P_o$
② $P_p > P_o > P_a$
③ $P_p > P_a > P_o$
④ $P_o > P_a > P_p$

15. 그림과 같이 3개의 지층으로 이루어진 지반에서 토층에 수직한 방향의 평균 투수계수(K_v)는?

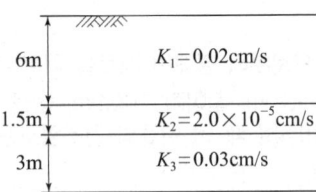

① 2.516×10^{-6} cm/s
② 1.274×10^{-5} cm/s
③ 1.393×10^{-4} cm/s
④ 2.0×10^{-2} cm/s

16. 응력경로(stress path)에 대한 설명으로 틀린 것은?

① 응력경로는 특성상 전응력으로만 나타낼 수 있다.
② 응력경로란 시료가 받는 응력의 변화과정을 응력공간에 궤적으로 나타낸 것이다.
③ 응격경로는 Mohr의 응력원에서 전단응력이 최대인 점을 연결하여 구한다.
④ 시료가 받는 응력상태에 대한 응력경로는 직선 또는 곡선으로 나타난다.

17. 암반층 위에 5m 두께의 토층이 경사 15°의 자연사면으로 되어 있다. 이 토층의 강도정수 $c=15kN/m^2$, $\phi=30°$이며, 포화단위중량(γ_{sat})은 $18kN/m^3$이다. 지하수면은 토층의 지표면과 일치하고 침투는 경사면과 대략 평행이다. 이때 사면의 안전율은? (단, 물의 단위중량은 $9.81kN/m^3$이다.)

① 0.85 ② 1.15
③ 1.65 ④ 2.05

18. 모래시료에 대해서 압밀배수 삼축압축시험을 실시하였다. 초기 단계에서 구속응력(σ_3)은 $100kN/m^2$이고, 전단파괴시에 작용된 축차응력(σ_{df})은 $200kN/m^2$이었다. 이와 같은 모래시료의 내부마찰각(ϕ) 및 파괴면에 작용하는 전단응력(τ_f)의 크기는?

① $\phi=30°$, $\tau_f=115.47kN/m^2$
② $\phi=40°$, $\tau_f=115.47kN/m^2$
③ $\phi=30°$, $\tau_f=86.60kN/m^2$
④ $\phi=40°$, $\tau_f=86.60kN/m^2$

19. 흙의 다짐시험에서 다짐에너지를 증가시킬 때 일어나는 결과는?

① 최적함수비는 증가하고, 최대건조단위중량은 감소한다.
② 최적함수비는 감소하고, 최대건조단위중량은 증가한다.
③ 최적함수비와 최대건조단위중량이 모두 감소한다.
④ 최적함수비와 최대건조단위중량이 모두 증가한다.

20. 토립자가 둥글고 입도분포가 나쁜 모래 지반에서 표준관입시험을 한 결과 N값은 10이었다. 이 모래의 내부마찰각(ϕ)을 Dunham의 공식으로 구하면?

① 21° ② 26°
③ 31° ④ 36°

해설 및 정답

1. 최종 압밀 침하량(ΔH)

$\dfrac{\Delta e}{1+e_0} = \dfrac{\Delta H}{H_0}$ 에서

$\dfrac{2.0-1.8}{1+2.0} = \dfrac{\Delta H}{900}$

$3\Delta H = 180$

$\Delta H = 60\text{cm}$

2. 모래지반 개량공법
 ① 다짐 말뚝 공법
 ② 다짐 모래 말뚝 공법(컴포져 공법)
 ③ 바이브로 플로테이션 공법
 ④ 폭파 다짐 공법
 ⑤ 전기 충격 공법

3. 비압밀 비배수 전단시험(UU-test)
 ① 포화토의 경우 내부마찰각 $\phi=0°$이다. 즉, 파괴포락선은 수평선으로 나타난다.
 ② 내부마찰각 $\phi=0°$인 경우 전단강도 $\tau=c_u$이다. 즉 점착력 c는 영(zero)이 아니다.

4. ① 시료의 부피(V)

$V = \dfrac{\pi \cdot D}{4} \cdot H = \dfrac{\pi \times 5^2}{4} \times 10 = 196.35\text{cm}^3$

 ② 건조질량(m_s)

$m_s = \dfrac{m}{1+\dfrac{w}{100}} = \dfrac{350}{1+\dfrac{40}{100}} = 250\text{g}$

 ③ 건조밀도(ρ_d)

$\rho_d = \dfrac{m_s}{V} = \dfrac{250}{196.35} = 1.27\text{g/cm}^3$

5. ① 부주면마찰력이 발생하면 지지력이 크게 감소하므로 세심하게 고려한다.
 ② 부주면마찰력의 크기는 흙의 종류와 말뚝의 재질뿐만 아니라 말뚝과 흙의 상대적인 변위속도에 의존한다. 연약한 점토에 있어서는 상대변위 속도가 클수록 부주면마찰력이 크다.

6. ① 군항은 단항보다도 전체 말뚝의 지지력은 크나, 각각의 말뚝의 발휘하는 지지력이 작다.
 ② 정역학적 지지력 공식의 말뚝 극한지지력은 선단지지력과 마찰지지력의 합으로 나타낸다.

7. 사각형 등분포하중 모서리 직하의 깊이 z 되는 점에서 생기는 연직응력 증가량은 $\Delta \sigma_z = q_s \cdot I$ 이므로
 ① $q=100\text{kN/m}^2$이 전체 단면(2×4)에 작용하는 경우($\Delta \sigma_{z1}$)

$m = \dfrac{B}{z} = \dfrac{2}{4} = 0.5, \ n = \dfrac{L}{z} = \dfrac{4}{4} = 1$이므로

$I = 0.122$이며,

$\Delta \sigma_{z1} = q_s \cdot I = 100 \times 0.122 = 12.2\text{kN/m}^2$

 ② $q=100\text{kN/m}^2$이 작은 단면(1×2)에 작용하는 경우($\Delta \sigma_{z2}$)

$m = \dfrac{B}{z} = \dfrac{1}{4} = 0.25, \ n = \dfrac{L}{z} = \dfrac{2}{4} = 0.5$이므로

$I = 0.048$이며,

$\Delta \sigma_{z2} = q_s \cdot I = 100 \times 0.048 = 4.8\text{kN/m}^2$

 ③ 중첩원리의 적용($\Delta \sigma_z$)

$\Delta \sigma_z = \Delta \sigma_{z1} - \Delta \sigma_{z2} = 12.2 - 4.8 = 7.4\text{kN/m}^2$

8. 기초의 필요조건
 ① 최소한의 근입깊이(D_f)를 보유해야 한다.
  (동해에 대하여 안정해야 한다.)
 ② 침하에 대해 안정해야 한다.
  (침하량이 허용치 이내에 들어야 한다.)
 ③ 지지력에 대해 안정해야 한다.
 ④ 경제적, 기술적으로 시공이 가능하여야 한다.

9. ① 재하판 크기에 의한 영향(scale effect)

	점 토	모 래
지지력	$q_{u(기초)} = q_{u(재하)}$	$q_{u(기초)} = q_{u(재하)} \cdot \dfrac{B_{(기초)}}{B_{(재하)}}$
침하량	$S_{(기초)} = S_{(재하)} \cdot \dfrac{B_{(기초)}}{B_{(재하)}}$	$S_{(기초)} = S_{(재하)} \cdot \left[\dfrac{2B_{(기초)}}{B_{(기초)}+B_{(재하)}}\right]^2$

 ② 모래지반의 경우 침하량은 재하판의 크기가 커지면 약간 커지긴 하지만 폭 B에 비례하지는 않는다.

10. ① 압밀시험은 양면배수이므로 배수거리는 시료의 두께의 반이므로 $d_1 = 1\text{cm}$, $d_2 = 180\text{cm}$이다.
② 압밀시간(t)
$t = \dfrac{T_v \cdot d^2}{C_v}$ 이므로 압밀에 걸리는 시간은 배수거리의 제곱에 비례한다.
즉, $t_1 : t_2 = d_1^2 : d_2^2$
$t_2 = \dfrac{d_2^2}{d_1^2} \cdot t_1 = \dfrac{180^2}{1^2} \times 6 = 194,400$분 $= 135$일

11. 1) 봉소구조(honeycombed structure)
① 봉소구조는 실트와 같은 세립자가 물 속으로 침강하여 이루어진 구조다.
② 단립구조보다 공극비이 크다.
③ 충격, 진동에 약하다.
2) 봉소(蜂巢)는 '벌집'이란 뜻이다.

12. 간극의 체적(V_v)
$n = \dfrac{V_v}{V} \times 100$ 이므로
$V_v = \dfrac{n \cdot V}{100} = \dfrac{n}{100}$
여기서, 간극률(n)의 단위는 %이며, 간극률(n)의 단위가 무차원이면 $V_v = n$이다.

13. 침투속도 및 동수경사는 유선망의 폭에 반비례한다.
$v = K \cdot i = K \cdot \dfrac{h}{L}$
즉, 이동경로의 거리(유선망의 폭)에 반비례한다.

14. ① 토압계수
수동토압계수(K_P) > 정지토압계수(K_o) > 주동토압계수(K_A)
② 전토압
수동토압(P_P) > 정지토압(P_0) > 주동토압(P_A)

15. ① 전 지층 두께(H)
$H = H_1 + H_2 + H_3 = 600 + 150 + 300 = 1,050\text{cm}$
② 수직방향 등가투수계수(K_v)
$K_v = \dfrac{H}{\dfrac{H_1}{K_1} + \dfrac{H_2}{K_2} + \dfrac{H_3}{K_3} + \dfrac{H_4}{K_4}}$
$= \dfrac{1,050}{\dfrac{600}{0.02} + \dfrac{150}{2 \times 10^{-5}} + \dfrac{300}{0.03}}$
$= 0.0001393 = 1.393 \times 10^{-4} \text{cm/sec}$

16. 응력경로의 종류
① 전응력 경로(Total stress path, TSP)
② 유효응력 경로(Effective stress path, ESP)

17. ① 반무한 사면의 안정에서 점토지반에서 지하수위가 지표면과 일치하는 경우
$F_s = \dfrac{\tau_f}{\tau_d} = \dfrac{c'}{\gamma_{sat} \cdot Z \cos\beta \cdot \sin\beta} + \dfrac{\gamma_{sub}}{\gamma_{sat}} \cdot \dfrac{\tan\phi}{\tan\beta}$
② 문제에서
$F_s = \dfrac{15}{18 \times 5 \times \cos 15° \times \sin 15°} + \dfrac{8.19}{18} \times \dfrac{\tan 30°}{\tan 15°}$
$= 1.65$

【별해】
$F_s = \dfrac{\tau_f}{\tau_d} = \dfrac{c' + (\sigma - u)\tan\phi}{\tau_d}$
① 수직응력(σ)
$\sigma = \gamma_{sat} \cdot z \cdot \cos^2 i = 18 \times 5 \times \cos^2 15° = 83.97 \text{kN/m}^2$
② 중립응력(u)
$u = \gamma_w \cdot z \cdot \cos^2 i = 9.81 \times 5 \times \cos^2 15° = 45.76 \text{kN/m}^2$
③ 전단응력(τ_d)
$\tau_d = \gamma_{sat} \cdot z \cdot \cos i \cdot \sin i = 18 \times 5 \times \cos 15° \times \sin 15°$
$= 22.5 \text{kN/m}^2$
④ 안전율(F_s)
$F_s = \dfrac{\tau_f}{\tau_d} = \dfrac{c' + (\sigma - u)\tan\phi}{\tau_d}$
$= \dfrac{15 + (83.97 - 45.76) \cdot \tan 30°}{22.5} = 1.65$

18. ① 내부마찰각(ϕ)

△ABC에서

$\sin\phi = \dfrac{100}{200}$

$\phi = \sin^{-1}\left(\dfrac{100}{200}\right) = 30°$

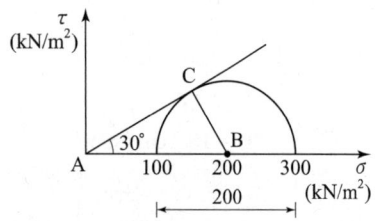

② 수평면과 파괴면이 이루는 각도(θ)

$\theta = 45° + \dfrac{\phi}{2} = 45 + \dfrac{30}{2} = 60°$

③ 파괴면에 작용하는 전단응력(τ)

$\sigma_1 - \sigma_3$가 축차응력이므로

$\tau = \dfrac{\sigma_1 - \sigma_3}{2}\sin 2\theta$

$= \dfrac{200}{2}\sin(2\times 60°) = 86.60\text{kN/m}^2$

19. 다짐에너지를 증가시키면, 최대건조단위중량은 커지고, 최적함수비는 작아진다.

20. 1) Dunham 공식

① 흙 입자가 모가 나고 입도가 양호
: $\phi = \sqrt{12N} + 25$

② 흙 입자가 모가 나고 입도가 불량
: $\phi = \sqrt{12N} + 20$

③ 흙 입자가 둥글고 입도가 양호
: $\phi = \sqrt{12N} + 20$

④ 흙 입자가 둥글고 입도가 불량
: $\phi = \sqrt{12N} + 15$

2) 문제에서

토립자가 둥글고 입도분포가 나쁜 모래지반이므로

$\phi = \sqrt{12N} + 15 = \sqrt{12\times 10} + 15 = 26°$

1. ④	2. ④	3. ④	4. ③	5. ④
6. ①	7. ②	8. ④	9. ④	10. ③
11. ①	12. ①	13. ②	14. ②	15. ③
16. ①	17. ③	18. ③	19. ②	20. ②

과년도 출제문제

22 토목기사 2회 시행 출제문제

1. 4.75mm체(4번 체) 통과율이 90%이고, 0.075mm체(200번 체) 통과율이 4%, $D_{10}=0.25\text{mm}$, $D_{30}=0.6\text{mm}$, $D_{60}=2\text{mm}$인 흙을 통일분류법으로 분류하면?

① GP
② GW
③ SP
④ SW

2. 그림과 같은 정사각형 기초에서 안전율을 3으로 할 때 Terzaghi의 공식을 사용하여 지지력을 구하고자 한다. 이때 한 변의 최소길이(B)는? (단, 물의 단위중량은 9.81kN/m³, 점착력(c)은 60kN/m², 내부마찰각(ϕ)은 0°이고, 지지력계수 $N_c=5.7$, $N_q=1.0$, $N_\gamma=0$이다.)

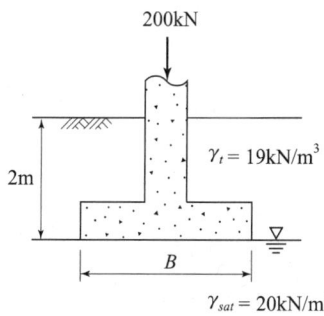

① 1.12m
② 1.43m
③ 1.51m
④ 1.62m

3. 접지압(또는 지반반력)이 그림과 같이 되는 경우는?

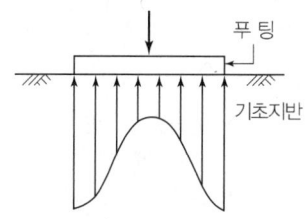

① 푸팅 : 강성, 기초지반 : 점토
② 푸팅 : 강성, 기초지반 : 모래
③ 푸팅 : 연성, 기초지반 : 점토
④ 푸팅 : 연성, 기초지반 : 모래

4. 지표면이 수평이고 옹벽의 뒷면과 흙과의 마찰각이 0°인 연직옹벽에서 Coulomb 토압과 Rankine 토압은 어떤 관계가 있는가? (단, 점착력은 무시한다.)

① Coulomb 토압은 항상 Rankine 토압보다 크다.
② Coulomb 토압과 Rankine 토압은 같다.
③ Coulomb 토압이 Rankine 토압보다 작다.
④ 옹벽의 형상과 흙의 상태에 따라 클 때도 있고 작을 때도 있다.

5. 도로의 평판 재하 시험에서 1.25mm 침하량에 해당하는 하중 강도가 250kN/m²일 때 지반반력 계수는?

① 100MN/m³
② 200MN/m³
③ 1000MN/m³
④ 2000MN/m³

6. 다음 지반 개량공법 중 연약한 점토지반에 적합하지 않은 것은?

① 프리로딩 공법
② 샌드 드레인 공법
③ 페이퍼 드레인 공법
④ 바이브로 플로테이션 공법

7. 표준관입시험(S.P.T) 결과 N값이 25이었고, 이때 채취한 교란시료로 입도시험을 한 결과 입자가 둥글고, 입도분포가 불량할 때 Dunham의 공식으로 구한 내부 마찰각(ϕ)은?

① 32.3°
② 37.3°
③ 42.3°
④ 48.3°

8. 현장에서 완전히 포화되었던 시료라 할지라도 시료 채취 시 기포가 형성되어 포화도가 저하될 수 있다. 이 경우 생성된 기포를 원상태로 용해시키기 위해 작용시 키는 압력을 무엇이라고 하는가?

① 배압(back pressure)
② 축차응력(deviator stress)
③ 구속압력(confined pressure)
④ 선행압밀압력(preconsolidation pressure)

9. 그림과 같은 지반에서 하중으로 인하여 수직응력 ($\Delta\sigma_1$)이 100kN/m² 증가되고 수평응력($\Delta\sigma_3$)이 50kN/m² 증가되었다면 간극수압은 얼마나 증가되었는 가? (단, 간극수압계수 $A=0.50$이고, $B=1$이다.)

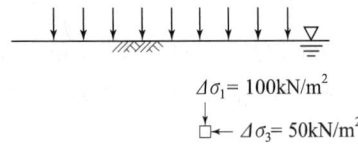

① 50kN/m²
② 75kN/m²
③ 100kN/m²
④ 125kN/m²

10. 어떤 점토지반에서 베인 시험을 실시하였다. 베인의 지름이 50mm, 높이가 100mm, 파괴 시 토크가 59N·m 일 때 이 점토의 점착력은?

① 129kN/m²
② 157kN/m²
③ 213kN/m²
④ 276kN/m²

11. 그림과 같이 동일한 두께의 3층으로 된 수평 모 래층이 있을 때 토층에 수직한 방향의 평균 투수계 수(k_v)는?

3m	$k_1=2.3\times10^{-4}$cm/s
3m	$k_2=9.8\times10^{-3}$cm/s
3m	$k_3=4.7\times10^{-4}$cm/s

① 2.38×10^{-3}cm/s
② 3.01×10^{-4}cm/s
③ 4.56×10^{-4}cm/s
④ 5.60×10^{-4}cm/s

12. Terzaghi의 1차 압밀에 대한 설명으로 틀린 것은?

① 압밀방정식은 점토 내에 발생하는 과잉간극수압의 변화를 시간과 배수거리에 따라 나타낸 것이다.
② 압밀방정식을 풀면 압밀도를 시간계수의 함수로 나타낼 수 있다.
③ 평균압밀도는 시간에 따른 압밀침하량을 최종압 밀침하량으로 나누면 구할 수 있다.
④ 압밀도는 배수거리에 비례하고, 압밀계수에 반 비례한다.

13. 흙의 다짐에 대한 설명으로 틀린 것은?

① 다짐에 의하여 간극이 작아지고 부착력이 커져 서 역학적 강도 및 지지력은 증대하고, 압축성, 흡수성 및 투수성은 감소한다.
② 점토를 최적함수비보다 약간 건조측의 함수비로 다지면 면모구조를 가지게 된다.
③ 점토를 최적함수비보다 약간 습윤측에서 다지면 투수계수가 감소하게 된다.
④ 면모구조를 파괴시키지 못할 정도의 작은 압력 으로 점토시료를 압밀할 경우 건조측 다짐을 한 시료가 습윤측 다짐을 한 시료보다 압축성이 크 게 된다.

14. 3층 구조로 구조결합 사이에 치환성 양이온이 있어 서 활성이 크고, 시트(sheet) 사이에 물이 들어가 팽창· 수축이 크고, 공학적 안정성이 약한 점토 광물은?

① sand
② illite
③ kaolimite
④ montmorillonite

15. 공극비가 $e_1=0.80$인 어떤 모래의 투수계수가 $K_1=8.5\times10^{-2}$cm/sec일 때 이 모래를 다져서 공극비 를 $e_2=0.57$로 하면 투수계수 K_2는?

① 4.1×10^{-1}cm/s
② 8.1×10^{-2}cm/s
③ 3.5×10^{-2}cm/s
④ 8.5×10^{-3}cm/s

16. 사면안정 해석방법에 대한 설명으로 틀린 것은?

① 일체법은 활동면 위에 있는 흙덩어리를 하나의 물체로 보고 해석하는 방법이다.
② 마찰원법은 점착력과 마찰각을 동시에 갖고 있는 균질한 지반에 적용된다.
③ 절편법은 활동면 위에 있는 흙을 여러 개의 절편으로 분할하여 해석하는 방법이다.
④ 절편법은 흙이 균질하지 않아도 적용이 가능하지만, 흙 속에 간극수압이 있을 경우 적용이 불가능하다.

17. 그림과 같이 지표면에 집중하중이 작용할 때 A점에서 발생하는 연직응력의 증가량은?

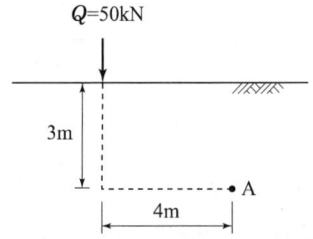

① $0.21 kN/m^2$
② $0.24 kN/m^2$
③ $0.27 kN/m^2$
④ $0.30 kN/m^2$

18. 지표에 설치된 3m×3m의 정사각형 기초에 $80kN/m^2$의 등분포하중이 작용할 때, 지표면 아래 5m 깊이에서의 연직응력의 증가량은? (단, 2:1 분포법을 사용한다.)

① $7.15 kN/m^2$
② $9.20 kN/m^2$
③ $11.25 kN/m^2$
④ $13.10 kN/m^2$

19. 다음 연약지반 개량공법 중 일시적인 개량공법은?

① 치환 공법
② 동결 공법
③ 약액주입 공법
④ 모래다짐말뚝 공법

20. 연약지반에 구조물을 축조할 때 피에조미터를 설치하여 과잉간극수압의 변화를 측정한 결과 어떤 점에서 구조물 축조 직후 과잉간극수압이 $100kN/m^2$이었고, 4년 후에 $20kN/m^2$이었다. 이때의 압밀도는?

① 20%
② 40%
③ 60%
④ 80%

해설 및 정답

1. ① 균등계수(C_u)
$$C_u = \frac{D_{60}}{D_{10}} = \frac{2}{0.25} = 8$$
② 곡률계수(C_g)
$$C_g = \frac{D_{30}^2}{D_{10} \cdot D_{60}} = \frac{0.6^2}{0.25 \times 2} = 0.72$$
③ 입도분포
 균등계수 $C_u = 8 > 6$이나, 곡률계수 $C_g = 0.72$이므로 입도분포가 나쁘다.
④ 판정
 No.200체 통과량이 50% 이하이므로 조립토(G, S)이며, No.4체 통과량이 50% 이상이므로 모래(S)이다. 따라서 입도분포가 나쁜 모래(SP)가 된다.

2. ① 기초의 극한지지력(q_u)
 형상계수 $\alpha = 1.3$, $\beta = 0.4$이며,
 $\phi = 0°$에서는 $N_c = 5.7$, $N_r = 0$, $N_q = 1.0$이다.
$$q_u = \alpha \cdot c \cdot N_c + \beta \cdot \gamma_1 \cdot B \cdot N_r + \gamma_2 \cdot D_f \cdot N_q$$
$$= 1.3 \times 60 \times 5.7 + 0 + 19 \times 2 \times 1.0 = 482.6 \text{kN/m}^2$$
② 허용지지력(q_a)
$$q_a = \frac{q_u}{F_s} = \frac{482.6}{3} = 160.87 \text{kN/m}^2$$
③ 기초지반에 일어나는 응력(q)
$$q = \frac{Q}{A} = \frac{20}{B^2}$$
④ 한 변의 최소길이(B)
 안정조건 $q = \frac{Q}{A} = \frac{200}{B^2} < q_a$이므로
$$B > \sqrt{\frac{Q}{q_a}} = \sqrt{\frac{200}{160.87}} = 1.12\text{m}$$

3. 강성기초가 점토지반에 위치하면 가장자리에서 최대 접지압이 발생하며, 기초 중앙에서 최소접지압이 발생한다.

4. 연직옹벽에서 지표면이 수평이고 벽마찰각이 0인 경우, 즉 벽마찰을 무시하면 Rankine의 토압과 Coulomb의 토압은 동일하다.

5. ① 침하량(y)
 $y = 1.25\text{mm} = 0.125\text{cm} = 0.00125\text{m}$
② 지지력 계수(K)
$$K = \frac{q}{y}$$
$$= \frac{250}{0.00125} = 200,000\text{kN/m}^3 = 200\text{MN/m}^3$$

6. 바이브로 플로테이션 공법은 모래지반에 적용하는 공법이다.

7. 내부마찰각(ϕ)
 입자가 둥글고, 입도분포가 불량하므로
$$\phi = \sqrt{12N} + 15 = \sqrt{12 \times 25} + 15° = 32.3°$$

8. 지하수위 아래 흙을 채취하면 물 속에 용해되어 있던 산소는 그 수압이 없어져 체적이 커지고 기포를 형성하므로 포화도는 100%보다 떨어진다. 이러한 시료는 불포화된 시료를 형성하여 올바른 값이 되지 않게 된다. 그러므로 이 기포가 다시 용해되도록 원상태의 압력을 받게 가하는 압력을 배압(Back pressure)이라 한다.

9. 삼축압축시에 생기는 공극수압
$$\Delta u = B \cdot \Delta\sigma_3 + D \cdot (\Delta\sigma_1 - \Delta\sigma_3)$$
$$= B \cdot [\Delta\sigma_3 + A \cdot (\Delta\sigma_1 - \Delta\sigma_3)]$$
$$= 1 \times [50 + 0.5 \times (100 - 50)] = 75\text{kN/m}^2$$

10. 베인전단 시험에 의한 전단강도(c_u)
$$S = c_u = \frac{T}{\pi \cdot D^2 \cdot \left(\frac{H}{2} + \frac{D}{6}\right)}$$
$$= \frac{59}{\pi \times 0.05^2 \times \left(\frac{0.1}{2} + \frac{0.05}{6}\right)}$$
$$= 128,779.09\text{N/m}^2 = 128.78\text{kN/m}^2$$

11. 연직방향 평균투수계수(K_v)

$$K_v = \frac{H}{\frac{H_1}{K_1} + \frac{H_2}{K_2} + \frac{H_3}{K_3} + \frac{H_4}{K_4}}$$

$$= \frac{900}{\frac{300}{2.3 \times 10^{-4}} + \frac{300}{9.8 \times 10^{-3}} + \frac{300}{4.7 \times 10^{-4}}}$$

$$= 4.56 \times 10^{-4} \text{cm/sec}$$

12. ① 압밀방정식

$$C_v \cdot \frac{\partial^2 u_e}{\partial z^2} = \frac{\partial u_e}{\partial t}$$

여기서, u_e : 과잉간극수압

㉮ Terzaghi의 일차원 압밀방정식에서 압밀의 진행은 압밀계수에 비례한다.
㉯ 점토 내에 발생하는 과잉간극수압의 변화를 시간과 배수거리에 따라 나타낸 것이다.

② 압밀도(U)

$$U = f(T_v) \propto \frac{C_v \cdot t}{d^2}$$

㉮ 압밀도(U)는 압밀계수(C_v)에 비례한다.
㉯ 압밀도(U)는 압밀시간(t)에 비례한다.
㉰ 압밀도(U)는 배수거리(d)의 제곱에 반비례한다.

13. 낮은 압력에서는 습윤쪽으로 다지는 흙의 압축성이 커진다. 그러나 높은 압력에서는 건조쪽에서 다지는 흙의 압축성이 크다.

14. 몬모릴로나이트(Montmorillonite) 구조는 3층 구조로서 점토입자 중 결합력이 가장 작으며, 함수량 변화에 따라 가장 예민하게 반응하여 활성도가 가장 크다. 그러므로 함수변화에 따른 수축, 팽창 가능성이 가장 높다.

15. ① 투수계수(K_2)

$$K_2 = \frac{\frac{e_2^3}{1+e_2}}{\frac{e_1^3}{1+e_1}}$$

$$= \frac{\frac{0.57^3}{1+0.57}}{\frac{0.80^3}{1+0.80}} \times (8.510^{-2}) = 3.5 \times 10^{-2} \text{cm/sec}$$

② 약식에 의한 투수계수(K_2)

$$K_2 = \frac{e_2^2}{e_1^2} \cdot K_1$$

$$= \frac{0.57^2}{0.80^2} \times 8.5 \times 10^{-2} = 4.3 \times 10^{-2} \text{cm/sec}$$

이것은 약식이므로 $K_2 = 3.5 \times 10^{-2}$cm/sec으로 하여야 한다.

16. 절편법은 흙이 균질하지 않아도 적용이 가능하고, 흙 속에 간극수압이 있는 경우에도 적용이 가능하다.

17. ① 연직응력 증가량($\Delta \sigma_z$)

$$\Delta \sigma_z = \frac{3 \cdot Q \cdot Z^3}{2 \cdot \pi \cdot R^5} = \frac{Q}{z^2} \cdot I = \frac{50}{3^2} \times 0.037 = 0.21 \text{kN/m}^2$$

여기서, $R = \sqrt{r^2 + z^2} = \sqrt{4^2 + 3^2} = 5$m

② 영향계수(influence value, I)

$$I = \frac{3 \cdot z^5}{2 \cdot \pi \cdot R^5} = \frac{3 \times 3^5}{2 \times \pi \times 5^5} = 0.037$$

18. 지중응력의 약산법(2 : 1분포법)

$$Q = q_{s \cdot B} \cdot L = \Delta \sigma_z \cdot (B+z) \cdot (L+z)$$

$$\Delta \sigma_z = \frac{q_s \cdot B \cdot L}{(B+z) \cdot (L+z)} = \frac{80 \times 3 \times 3}{(3+5) \times (3+5)}$$

$$= 11.25 \text{kN/m}^2$$

19. 일시적인 개량공법의 종류
 ① 웰 포인트(Well point) 공법
 ② 대기압 공법(진공 압밀 공법)
 ③ 동결 공법

20. ① 초기과잉간극수압 : $u_i = 100\text{kN/m}^2$
 ② 현재의 과잉간극수압 : $u_e = 20\text{kN/m}^2$
 ③ 압밀도(U)
 $$U = \frac{u_i - u_e}{u_i} \times 100 = \frac{100 - 20}{100} \times 100 = 80\%$$

1. ③	2. ①	3. ①	4. ②	5. ②
6. ④	7. ①	8. ①	9. ②	10. ①
11. ③	12. ④	13. ④	14. ④	15. ③
16. ④	17. ①	18. ③	19. ②	20. ④

과년도출제문제(CBT시험문제)

22 토목기사
3회 시행 출제문제

※ 본 기출문제는 수험자의 기억을 바탕으로 하여 복원한 문제이므로 실제 문제와 다를 수 있음을 미리 알려드립니다.

1. 흙의 다짐특성에 대한 설명으로 틀린 것은?

① 세립토는 다짐곡선의 모양이 완만하고 조립토는 급경사를 이룬다.
② 동일한 다짐에너지에서 점성토의 전단강도는 건조측이 습윤측보다 크다.
③ 다짐에너지가 커지면 최대건조밀도는 커지고 최적함수비는 작아진다.
④ 조립토에 가까울수록 최적함수비 및 최대건조밀도가 작아진다.

2. 어떤 점토지반의 정지토압계수가 1.50이다. 다음 설명 중 옳은 것은?

① 정지토압계수 1.50은 있을 수 없는 값이다.
② 이 지반이 정규압밀 상태인지 과압밀 상태인지 알 수 없다.
③ 이 지반은 정규압밀상태이다.
④ 이 지반은 과압밀상태이다.

3. 흙의 다짐시험 중 A 다짐에 대한 사항으로 틀린 것은?

① 래머의 질량은 2.5kg이다.
② 다짐층수는 3층이며, 1층당 다짐횟수는 25회이다.
③ 몰드의 안지름은 10cm이다.
④ 시료의 허용 최대 입자 지름은 37.5mm이다.

4. 유선망의 특징에 대한 설명으로 틀린 것은?

① 각 유로의 침투유량은 같다.
② 유선과 등수두선은 서로 직교한다.
③ 유선망으로 이루어지는 사각형은 이론상 정사각형이다.
④ 침투속도 및 동수경사는 유선망의 폭이 비례한다.

5. Terzaghi의 1차원 압밀이론에 대한 가정으로 틀린 것은?

① 흙은 완전히 포화되어 있다.
② 흙은 균질하다.
③ 흙입자와 물은 비압축성이다.
④ 압밀이 진행되면 투수계수는 감소한다.

6. 수평방향 투수계수가 0.12cm/s이고, 연직방향 투수계수가 0.03cm/s일 때 단위폭당 1일 침투유량은?

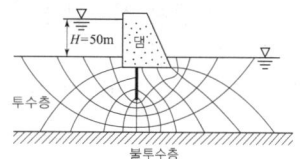

① 1410m^3/day/m
② 1080m^3/day/m
③ 870m^3/day/m
④ 1220m^3/day/m

7. 어떤 흙 시료의 건조단위중량이 16kN/m^3, 비중이 2.6일 때 이 흙의 간극률은? (단, 물의 단위중량은 9.81kN/m^{3}이다.)

① 45.29%
② 23.83%
③ 37.27%
④ 25.87%

8. 지표에 설치된 3m×3m의 정사각형기초에 80kN/m^{2}의 등분포하중이 작용할 때, 지표면 아래 5m 깊이에서의 연직응력의 증가량은? (단, 2:1 분포법을 사용한다.)

① 13.10kN/m^2
② 9.20kN/m^2
③ 7.15kN/m^2
④ 11.25kN/m^2

9. 포화단위중량(γ_{sat})이 19.62kN/m³인 사질토로 된 무한사면이 20°로 경사져 있다. 지하수위가 지표면과 일치하는 경우 이 사면의 안전율이 1 이상이 되기 위해서는 흙의 내부마찰각이 최소 몇 도 이상이어야 하는가? (단, 물의 단위중량은 9.81kN/m³이다.)

① 45.47°
② 20.52°
③ 36.06°
④ 18.21°

10. 동상에 대한 대책으로 틀린 것은?

① 배수구를 설치하여 지하수위를 낮춘다.
② 동결심도 상부의 흙을 실트질 흙으로 치환한다.
③ 모관수의 상승을 차단한다.
④ 지표부근에 단열재료를 매립한다.

11. Paper drain 설계 시 Drain paper의 폭이 10cm, 두께가 0.3cm일 때 Drain paper의 등치환산원의 지름이 약 얼마이면 Sand drain과 동등한 값으로 볼 수 있는가? (단, 형상계수(α)는 0.75이다.)

① 5.0cm
② 2.5cm
③ 10.0cm
④ 7.5cm

12. 압밀이론에서 선행압밀하중에 대한 설명으로 틀린 것은?

① 현재의 지반응력상태를 평가할 수 있는 과압밀비 산정 시 이용된다.
② 주로 압밀시험으로부터 작도한 $e - \log P$ 곡선을 이용하여 구할 수 있다.
③ 현재 지반 중에서 과거에 받았던 최대의 압밀하중이다.
④ 압밀소요시간의 추정이 가능하여 압밀도 산정에 사용된다.

13. 그림과 같이 정사각형 기초에서 안전율을 3으로 할 때 Terzaghi의 공식을 사용하여 지지력을 구하고자 한다. 이 때 한 변의 최소길이(B)는? (단, 물의 단위중량은 9.81kN/m³, 점착력(c)은 60kN/m², 내부마찰각(ϕ)은 0°이고, 지지력계수 $N_c = 5.7$, $N_q = 1.0$, $N_r = 0$ 이다.)

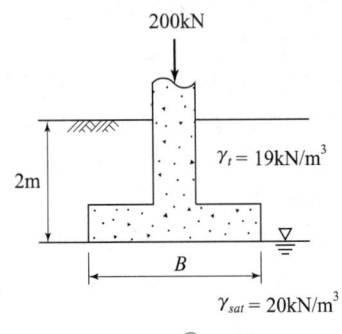

① 1.62m
② 1.12m
③ 1.51m
④ 1.43m

14. 흙 시료 채취에 대한 설명으로 틀린 것은?

① 교란된 흙은 자연 상태의 흙보다 압축강도가 작다.
② 교란된 흙은 자연 상태의 흙보다 전단강도가 작다.
③ 흙 시료 채취 직후에 비교적 교란되지 않은 코어(core)는 부($負$)의 과잉간극수압이 생긴다.
④ 교란의 효과는 소성이 낮은 흙이 소성이 높은 흙보다 크다.

15. Mohr 응력원에 대한 설명으로 틀린 것은?

① 평면기점(O_p)은 최소 주응력이 표시되는 좌표에서 최소 주응력면과 평행하게 그은 선이 Mohr원과 만나는 점이다.
② 주응력 σ_1과 σ_3의 차이를 반지름으로 해서 그린 원이다.
③ 한 면에 응력이 작용하는 경우 전단력이 0이면, 그 연직응력을 주응력으로 가정한다.
④ 임의 평면의 응력상태를 나타내는데 매우 편리하다.

16. 접지압(또는 지반반력)이 그림과 같이 되는 경우는?

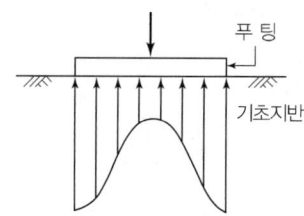

① 푸팅 : 강성,　　기초지반 : 점토
② 푸팅 : 연성,　　기초지반 : 모래
③ 푸팅 : 강성,　　기초지반 : 모래
④ 푸팅 : 연성,　　기초지반 : 점토

17. 내부마찰각 $\phi = 30°$, 점착력 $c = 0$인 그림과 같은 모래지반이 있다. 지표면에서 6m 아래 지반의 전단강도는? (단, 물의 단위중량은 9.81kN/m³이다.)

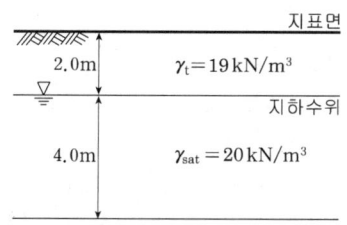

① 96.14kN/m²　　② 63.40kN/m²
③ 45.47kN/m²　　④ 76.52kN/m²

18. 두 개의 규소판 사이에 한 개의 알루미늄판이 결합된 3층 구조가 무수히 많이 연결되어 형성된 점토광물로서 각 3층 구조 사이에는 칼륨이온(K^+)으로 결합되어 있는 것은?

① 몬모릴로나이트(montmorillonite)
② 일라이트(illite)
③ 카올리나이트(kaolinite)
④ 할로이사이트(halloysite)

19. 말뚝기초의 지반거동에 대한 설명으로 틀린 것은?

① 말뚝 타입 후 지지력의 증가 또는 감소 현상을 시간효과(time effect)라 한다.
② 연약지반상에 타입되어 지반이 먼저 변형하고 그 결과 말뚝이 저항하는 말뚝을 주동말뚝이라 한다.
③ 말뚝에 작용한 하중은 말뚝표면을 따라 생기는 주면 마찰력과 말뚝선단의 지지력에 의하여 지지된다.
④ 기성말뚝을 타입하면 전단파괴를 일으키며 말뚝 주위의 지반은 교란된다.

20. 사운딩에 대한 설명으로 틀린 것은?

① 정적사운딩과 동적사운딩이 있다.
② 압입식 사운딩의 대표적인 방법은 표준관입시험(SPT)이다.
③ 특수사운딩 중 측압사운딩의 공내횡방향 재하시험은 보링공을 기계적으로 수평으로 확장시키면서 측압과 수평변위를 측정한다.
④ 로드 선단에 지중저항체를 설치하고 지반내 관입, 압입, 또는 회전하거나 인발하여 그 저항치로부터 지반의 특성을 파악하는 지반조사방법이다.

해설 및 정답

1. 조립토일수록 최적함수비는 작아지고 최대건조밀도는 커지며, 다짐곡선의 기울기가 날카롭다.

2. 정규압밀점토의 정지토압계수는 $K_0 = 1 - \sin\phi'$이므로 1보다 작지만 과압밀점토의 정지토압계수는 $K_{0(과압밀)} = K_{0(정규압밀)}\sqrt{OCR}$이며, 과압밀비가 1이상이므로 정지토압계수가 1.50인 경우는 과압밀점토이다.

3. 1) A다짐 방법
  ① 몰드($\phi = 10\text{cm}$, $H = 12.7\text{cm}$, $V = 1,000\text{cm}^3$)
  ② 래머의 질량 : 2.5kg
  ③ 다짐 층수 : 3층
  ④ 1층당 다짐 횟수 : 25회
  ⑤ 허용최대입자지름은 19mm이다.
  2) 다짐시험 방법

다짐 방법	래머질량 (kg)	몰드안지름 (cm)	다짐 층수	1층당 다짐횟수	허용최대입경 (mm)	몰드의 체적 (cm³)
A	2.5	10	3	25	19	1,000
B	2.5	15	3	55	37.5	2,209
C	4.5	10	5	25	19	1,000
D	4.5	15	5	55	19	2,209
E	4.5	15	3	92	37.5	2,209

4. 침투속도 및 동수구배는 유선망의 폭에 반비례한다.
$$v = K \cdot i = K \cdot \frac{h}{L}$$
즉, 이동경로의 거리(유선망의 폭)에 반비례한다.

5. 1) Terzaghi의 가정
  ① 흙은 균질하다.
  ② 흙 속의 간극은 물로 완전히 포화되어 있다.
  ③ 흙 입자와 물은 비압축성이다.
  ④ 투수와 압축은 1차원적이다.
  ⑤ Darcy 법칙이 성립한다.
  ⑥ 흙의 성질은 압력의 크기에 관계없이 일정하다.
  2) Terzaghi의 가정에서 흙의 성질은 압력의 크기에 관계없이 일정하다.

6. ① 유선의 수는 6개이면, 유로의 수는 5개이다.
  ② 상, 하류면은 등수두선이므로 등수두선의 수는 13개이며, 등수두면의 수는 12개이다.
  ③ 등가등방성 투수계수(K')
  $K' = \sqrt{K_h \cdot K_v} = \sqrt{0.12 \times 0.03} = 0.06\text{cm/sec}$
  ④ 단위시간당 침투수량(q)
   ㉮ $H = 50.0\text{m}$
   ㉯ $q = K \cdot H \cdot \dfrac{N_f}{N_d} = 0.0006 \times 50 \times \left(\dfrac{5}{12}\right)$
   $= 0.0125\text{m}^3/\text{sec}$
  ⑤ 1일간 전투수량(Q)
  $Q = 0.0125 \times (60 \times 60 \times 24) = 1,080\text{m}^3/\text{day/m}$

7. ① 간극비(e)
$$e = \frac{G_s \cdot \gamma_w}{\gamma_d} - 1 = \frac{2.6 \times 9.81}{16} - 1 = 0.594$$
② 간극률(n)
$$n = \frac{e}{1+e} \times 100 = \frac{0.594}{1+0.594} \times 100 = 37.26\%$$

8. ① 연직응력의 증가량($\Delta\sigma_z$)
지중응력의 약산법(2 : 1분포법)에서
$Q = q_s \cdot B \cdot L = \Delta\sigma_z \cdot (B+z) \cdot (L+z)$
$$\Delta\sigma_z = \frac{q_s \cdot B \cdot L}{(B+z) \cdot (L+z)} = \frac{80 \times 3 \times 3}{(3+5) \times (3+5)}$$
$= 11.25\text{kN/m}^2$

9. 내부마찰각(ϕ)
$F_s = \dfrac{\gamma_{sub}}{\gamma_{sat}} \cdot \dfrac{\tan\phi}{\tan\beta}$ 에서 사면이 안전하기 위하여서는
$F_s \geq 1$이 되어야 하므로
$\phi = \tan^{-1}\left(\dfrac{\gamma_{sat}}{\gamma_{sub}} \cdot \tan\beta\right)$
$= \tan^{-1}\left(\dfrac{19.62}{9.81} \times \tan 20°\right) = 36.05°$
따라서 $\beta = 36.05°$ 이상이 되어야 한다.

10. ① 동결심도 상부의 흙을 동결하기 어려운 재료(자갈, 쇄석, 석탄재)로 치환한다.
  ② 동상은 일반적으로 실트, 점토, 모래, 자갈 순으로 일어나기가 쉽다.

11. 환산 직경(D)

$$D = \alpha \cdot \frac{2(t+b)}{\pi} = 0.75 \times \frac{2 \times (0.3+10)}{\pi} = 4.92 \text{cm}$$

여기서,
 D : 드레인 페이퍼의 등치환산원의 지름(cm)
 b, t : 드레인 페이퍼의 폭과 두께(cm)
 α : 형상계수(약 0.75)

12. ① 선행압밀하중(P_c)은 과거에 받았던 최대하중을 말한다.
② 간극비-하중 곡선에서는 선행압밀하중(P_c), 압축지수를 구하여 침하량을 산정한다.
③ 간극비-하중 곡선에서는 선행압밀하중을 구하여 흙의 이력상태를 파악한다.

13. ① 기초의 극한지지력(q_u)
정사각형 기초이므로 형상계수 $\alpha = 1.3$, $\beta = 0.4$이며, $\phi = 0°$에서는 $N_c = 5.7$, $N_r = 0$, $N_q = 1.0$이다.
$q_u = \alpha \cdot c \cdot N_c + \beta \cdot \gamma_1 \cdot B \cdot N_r + \gamma_2 \cdot D_f \cdot N_q$
$= 1.3 \times 60 \times 5.7 + 0 + 19 \times 2 \times 1.0 = 482.6 \text{kN/m}^2$

② 허용지지력(q_a)
$q_a = \dfrac{q_u}{F_s} = \dfrac{482.6}{3} = 160.87 \text{kN/m}^2$

③ 기초지반에 일어나는 응력(q)
$q = \dfrac{Q}{A} = \dfrac{20}{B^2}$

④ 한 변의 최소길이(B)
안정조건 $q = \dfrac{Q}{A} = \dfrac{200}{B^2} < q_a$이므로
$B > \sqrt{\dfrac{Q}{q_a}} = \sqrt{\dfrac{200}{160.87}} = 1.12 \text{m}$

14. ① 교란의 효과는 소성이 낮은 모래가 소성이 높은 점토 보다 작다.
② 시료가 교란될수록 강도가 작아진다.
③ 시료 채취 직후에는 코어의 체적이 팽창하므로 부(負)의 과잉간극수압이 생긴다.

15. ① Mohr원의 직경은 축차응력($\sigma_1 - \sigma_3$)이다.
② Mohr원의 반경은 $\dfrac{\sigma_1 - \sigma_3}{2}$이며,
중심점은 ($\dfrac{\sigma_1 + \sigma_3}{2}$, 0)점이다.

16. 강성기초가 점토지반에 위치하면 가장자리에서 최대접지압이 발생하며, 기초 중앙에서 최소접지압이 발생한다.

17. 1) 수직응력
① 전응력 :
$\sigma = \gamma_t \times 2 + \gamma_{sat} \times 4 = 19 \times 2 + 20 \times 4 = 118 \text{kN/m}^2$
② 간극수압 : $u = \gamma_w \times 4 = 9.81 \times 4 = 39.24 \text{kN/m}^2$
③ 유효응력 :
$\sigma' = \sigma - u = 118 - 39.24 = 78.76 \text{kN/m}^2$

2) 전단강도(τ)
$c = 0$이므로
$\tau = \sigma' \cdot \tan\phi = 78.76 \times \tan 30° = 45.47 \text{kN/m}^2$

18. 일라이트(Illite)
① 2개의 실리카판과 1개의 알루미나판으로 이루어진 구조이다.
② 3층 구조로 구조결합사이에 불치환성 양이온(K+)이 있다.
③ 중간 정도의 결합력을 가진다

19. 1) 수동말뚝(Passive Pile)의 개요
① 주동말뚝은 말뚝 두부에 기지의 하중(수평력 및 모멘트)이 작용하는 반면에 수동말뚝은 측방소성변형지반으로부터 측방토압을 받게 된다.
② 어떤 원인에 의해 말뚝주변 지반이 먼저 변형하게 되고 그 결과로 말뚝이 측방토압이 작용하고 부등지반면 아래의 지반에 이 측방토압이 전달된다. 즉 말뚝 주변지반이 움직이는 주체가 된다.
2) 수동말뚝(Passive Pile)의 해석방법
① 간편법
② 지반 반력법
③ 탄성법
④ 유한요소법

20. ① 표준관입 시험[Standard penetration test(SPT)]은 동적사운딩 방법 중의 하나이며, 모래지반에 대하여 신뢰도가 높다.
② 공내 수평 재하 시험
응력-변형률 계수를 측정할 수 있도록 보오링(Boring) 공내에 1개의 압력 셀(Cell)과 2개의 보호 셀(Cell)로 이루어진 압력계를 넣어 공의 내부에 반경방향으로 압력을 공벽에 주어 그때의 압력과 공벽의 변위를 측정하여 지반의 횡방향 강도와 변형을 알기 위한 원위치 시험이다.

1. ④	2. ④	3. ④	4. ④	5. ④
6. ②	7. ③	8. ④	9. ③	10. ②
11. ①	12. ④	13. ②	14. ④	15. ②
16. ①	17. ③	18. ②	19. ②	20. ②

과년도출제문제(CBT시험문제)

※ 본 기출문제는 수험자의 기억을 바탕으로 하여 복원한 문제이므로 실제 문제와 다를 수 있음을 미리 알려드립니다.

1. 다짐에 대한 다음 설명 중 옳지 않은 것은?
① 세립토의 비율이 클수록 최적함수비는 증가한다.
② 세립토의 비율이 클수록 최대건조단위중량은 증가한다.
③ 다짐에너지가 클수록 최적함수비는 감소한다.
④ 최대건조단위중량은 사질토에서 크고 점성토에서 작다.

2. 다음 중 흙의 동상 피해를 막기 위한 대책으로 가장 적합한 것은?
① 동결심도 하부의 흙을 비동결성 흙(자갈, 쇄석)으로 치환한다.
② 구조물을 축조할 때 기초를 동결심도보다 얕게 설치한다.
③ 흙 속에 단열재료(석탄재, 코크스 등)를 넣는다.
④ 하부로부터 물의 공급이 충분하도록 한다.

3. 다음 중 사면의 안정해석 방법이 아닌 것은?
① 마찰원법
② 비숍(Bishop)의 방법
③ 펠레니우스(Fellenius) 방법
④ 테르자기(Terzaghi)의 방법

4. 아래와 같은 조건에서 AASHTO분류법에 따른 군지수(GI)는?

• 흙의 액성한계 : 45%
• 흙의 소성한계 : 25%
• 200번체 통과율 : 50%

① 7   ② 10
③ 13   ④ 16

5. 4m×4m 크기인 정사각형 기초를 내부마찰각 $\phi=20°$, 점착력 $c=30\text{kN/m}^2$인 지반에 설치하였다. 흙의 단위중량(γ)=19kN/m³이고, 안전율(F_S)을 3으로 할 때 Terzaghi 지지력공식으로 기초의 허용하중을 구하면? (단, 기초의 근입깊이는 1m이고, 전반전단파괴가 발생한다고 가정하며, 지지력계수 $N_c=17.69$, $N_q=7.44$, $N_r=4.97$이다.)

① 3,780kN   ② 5,239kN
③ 6,750kN   ④ 8,140kN

6. 다음은 침윤선에 대한 설명이다. 틀린 것은 어느 것인가?

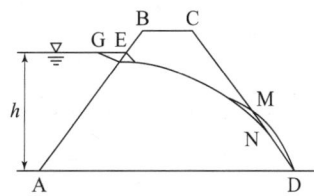

① AE는 등수두선이다.
② AD는 유선이다.
③ 침윤선은 E에서 AB와 직교한다.
④ CD는 등수두선이다.

7. 어떤 흙의 변수위 투수시험 결과가 아래와 같을 때 이 흙의 투수계수는? (단, 시험시 온도는 15℃이다.)

• 흙 시료의 지름=10cm
• 흙 시료의 길이=20.0cm
• 스탠드 파이프의 지름=0.5cm
• 시험시간=10분
• 측정 개시시각(t_1)=09시20분
• 측정 종료시각(t_2)=09시30분
• 시각 t_1에 있어서의 수위차=30cm
• 시각 t_2에 있어서의 수위차=15cm

① 5.78×10^{-5}cm/s   ② 4.95×10^{-4}cm/s
③ 5.45×10^{-4}cm/s   ④ 7.39×10^{-5}cm/s

8. 페이퍼 드레인 공법의 설명 중 틀린 것은?

① 압밀촉진 공법으로 시공속도가 빠르다.
② 장기간 사용시 열화현상이 생겨 배수효과가 감소한다.
③ 타설에 의하여 주위 지반을 심하게 교란시킨다.
④ 단면이 깊이에 대해 일정하다.

9. 그림과 같은 5m 두께의 포화점토층이 98.1kN/m²의 상재하중에 의하여 30cm의 침하가 발생하는 경우에 압밀도는 약 60%에 해당하는 것으로 추정되었다. 향후 몇 년이면 이 압밀도에 도달하겠는가?
(단, 압밀계수(C_v) = 3.6×10^{-4}cm²/sec)

$U(\%)$	T_v
40	0.126
50	0.197
60	0.287
70	0.403

① 약 1.3년 ② 약 1.6년
③ 약 2.2년 ④ 약 2.4년

10. 얕은기초의 지지력 계산에 적용하는 Terzaghi의 극한지지력 공식에 대한 설명으로 틀린 것은?

① 기초의 근입깊이가 증가하면 지지력도 증가한다.
② 기초의 폭이 증가하면 지지력도 증가한다.
③ 기초지반이 지하수에 의해 포화되면 지지력은 감소한다.
④ 국부전단 파괴가 일어나는 지반에서 내부마찰각 (ϕ')은 $\frac{2}{3}\phi$를 적용한다.

11. 점성토에서 점착력이 6.0kN/m²이고, 내부마찰각이 30°이며, 흙의 단위중량이 17.06kN/m³일 때 주동토압이 0이 되는 깊이는 지표면에서 약 몇 m인가?

① 1.52m ② 1.32m
③ 1.42m ④ 1.22m

12. 그림과 같은 지반에 등분포하중(q = 60kN/m²)을 가하였다. 점토층의 1차 압밀에 의한 침하량은 얼마인가?(단, 지하수면은 지표면과 일치하고 물의 단위중량은 9.81kN/m³이다.)

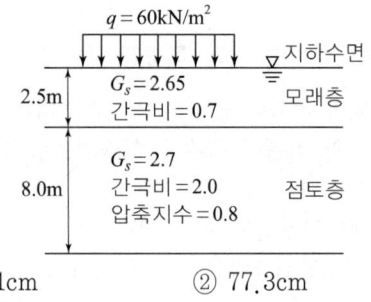

① 102.1cm ② 77.3cm
③ 51.4cm ④ 38.9cm

13. 토립자가 둥글고 입도분포가 나쁜 모래 지반에서 표준관입시험을 한 결과 N치는 10이었다. 이 모래의 내부마찰각을 Dunham의 공식으로 구하면?

① 21° ② 26°
③ 31° ④ 36°

14. 다음 설명 중 잘못된 것은 어느 것인가?

① 점착력과 내부마찰각은 파괴면에 작용하는 수직응력의 크기에 비례한다.
② 조밀한 모래는 (+) Dilatancy, 느슨한 모래는 (−) Dilatancy가 발생한다.
③ 전단응력이 전단강도를 넘으면 흙 내부에 파괴가 일어난다.
④ 조밀한 모래는 전단변형이 작을 때 전단파괴에 이른다.

15. 아래 그림과 같은 지반의 A점에서 전응력(σ), 간극수압(u), 유효응력(σ')을 구하면? (단, 물의 단위중량은 9.81kN/m³이다.)

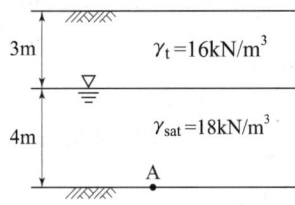

① $\sigma = 100$kN/m², $u = 9.8$kN/m², $\sigma' = 90.2$kN/m²
② $\sigma = 100$kN/m², $u = 29.4$kN/m², $\sigma' = 70.6$kN/m²
③ $\sigma = 120$kN/m², $u = 19.6$kN/m², $\sigma' = 100.4$kN/m²
④ $\sigma = 120$kN/m², $u = 39.2$kN/m², $\sigma' = 80.8$kN/m²

16. 간극비(e)가 0.6, 비중(G_s)이 2.64인 흙의 건조단위중량은? (단, 물의 단위중량은 9.81kN/m³이다.)

① 18.15kN/m³ ② 16.19kN/m³
③ 20.50kN/m³ ④ 13.93kN/m³

17. 현장에서 완전히 포화되었던 시료라 할지라도 시료 채취 시 기포가 형성되어 포화도가 저하될 수 있다. 이 경우 생성된 기포를 원상태로 용해시키기 위해 작용시키는 압력을 무엇이라고 하는가?

① 배압(back pressure)
② 축차응력(deviator stress)
③ 구속압력(confined pressure)
④ 선행압밀압력(preconsolidation pressure)

18. 점성토를 다지면 함수비의 증가에 따라 입자의 배열이 달라진다. 최적함수비의 습윤측에서 다짐을 실시하면 흙은 어떤 구조로 되는가?

① 단립구조 ② 봉소구조
③ 이산구조 ④ 면모구조

19. 말뚝이 20개인 군항기초의 효율이 0.80이고, 단항으로 계산된 말뚝 1개의 허용지지력이 200kN일 때, 이 군항의 허용지지력은?

① 4,000kN ② 1,600kN
③ 3,200kN ④ 2,000kN

20. 표준관입시험(SPT)을 할 때 처음 150mm 관입에 요하는 N값은 제외하고, 그 후 300mm 관입에 요하는 타격수로 N값을 구한다. 그 이유로 옳은 것은?

① 흙은 보통 150mm 밑부터 그 흙의 성질을 가장 잘 나타낸다.
② 관입봉의 길이가 정확히 450mm이므로 이에 맞도록 관입시키기 위함이다.
③ 정확히 300mm를 관입시키기가 어려워서 150mm 관입에 요하는 N값을 제외한다.
④ 보링구멍 밑면 흙이 보링에 의하여 흐트러져 150mm 관입 후부터 N값을 측정한다.

해설 및 정답

1. ① 조립토일수록 최적함수비는 작아지고 최대건조밀도는 커지며, 다짐 곡선의 기울기가 날카롭다.
② 세립토일수록 최적함수비는 커지고 최대건조밀도는 작아지며, 다짐 곡선의 기울기가 완만하다.

2. ① 동결심도 상부의 흙을 비동결성 흙(자갈, 쇄석)으로 치환한다.
② 구조물을 축조할 때 기초를 동결심도보다 깊게 설치한다.
③ 동상현상이 일어나기 위해서는 하층으로부터 물이 충분히 공급되어야 한다.

3. 사면해석법에서 질량법에는 $\phi=0°$, 마찰원법, 절편법에는 Fellenius 방법(Swedish method), Bishop 방법(Bishop simplified method), Morgenstern 방법, Janbu 방법, Spancer 방법 등이 있다.

4. ① 소성지수(PI, I_P)
$$PI = w_L - w_p = 45 - 25 = 20\%$$
② 군지수(GI)
$$GI = 0.2a + 0.005ac + 0.01bd$$
$$= 0.2 \times 15 + 0.005 \times 15 \times 5 + 0.01 \times 35 \times 10$$
$$= 6.875 \fallingdotseq 7$$
$a = $ No.200체 통과율$-35 = 50-35 = 15$
$b = $ No.200체 통과율$-15 = 50-15 = 35$
$c = $ 액성한계$-40 = 45-40 = 5$
$d = $ 소성지수$-10 = 20-10 = 10$

5. ① 기초의 극한지지력(q_u)
정사각형 기초이므로 형상계수 $\alpha = 1.3$, $\beta = 0.4$이고, $N_c = 17.69$, $N_r = 4.97$, $N_q = 7.44$이다.
$$q_u = \alpha \cdot c \cdot N_c + \beta \cdot \gamma_1 \cdot B \cdot N_r + \gamma_2 \cdot D_f \cdot N_q$$
$$= 1.3 \times 30 \times 17.69 + 0.4 \times 19 \times 4 \times 4.97 + 19 \times 1 \times 7.44$$
$$= 982.36 \text{kN/m}^2$$
② 허용지지력(q_a)
$$q_a = \frac{q_u}{F_s} = \frac{982.36}{3} = 327.45 \text{kN/m}^2$$
③ 허용하중(Q_a)
$$Q_a = q_a \cdot A = 327.45 \times (4 \times 4) = 5,239.2 \text{kN}$$

6. 경계조건
① 상류측 경사(AE)는 전수두가 일정하므로 등수두선이다.
② 불투수층 경계면(AD)은 최하부 유선이다.
③ 필터가 있을 경우에는 필터층은 전수두가 0인 등수두선이다.
④ 하류측 경사(CD)는 등수두선도, 유선도 아니다.

7. ① 스탠드의 단면적(a)
$$a = \frac{\pi \times 0.5^2}{4} = 0.196 \text{cm}^2$$
② 흙 시료의 단면적(A)
$$A = \frac{\pi \times 10^2}{4} = 78.540 \text{cm}^2$$
③ 시간(T)
$$T = 10\text{분} = 600\text{초}$$
④ 투수계수(K)
$$K = \frac{2.3 \cdot a \cdot L}{A \cdot T} \log_{10} \frac{h_1}{h_2}$$
$$= \frac{2.3 \times 0.196 \times 20.0}{78.540 \times 600} \log_{10}\left(\frac{30}{15}\right)$$
$$= 5.76 \times 10^{-5} \text{cm/sec}$$

8. ① Paper drain 공법에서는 paper 타입시 주변 흙의 교란이 거의 없기 때문에 $C_h ≒ (2~4)C_v$로 설계한다.
② Sand drain 공법에서는 Sand pile 타입시 주변 흙이 교란되기 때문에 $C_h ≒ C_v$로 설계한다.

9. 압밀시간(t)
$$t = \frac{T_v \cdot d^2}{C_v} = \frac{0.287 \times 250^2}{3.6 \times 10^{-4}}$$
$= 49,826,388.89$초 $= 576.69$일 $= 1.6$년

10. 국부전단파괴의 극한지지력
$$c_l = \frac{2}{3}c$$
$$\phi_l = \tan^{-1}\left(\frac{2}{3}\tan\phi\right)$$
따라서 국부전단파괴의 극한지지력은 전반전단파괴의 극한지지력보다 작다.

11. 점착고(Z_O)
$$Z_O = \frac{2c}{\gamma} \cdot \tan\left(45° + \frac{\phi}{2}\right)$$
$$= \frac{2 \times 6.0}{17.06} \times \tan\left(45° + \frac{30°}{2}\right) = 1.22\text{m}$$

12. ① 모래의 수중단위중량(γ_{sub1})
$$\gamma_{sub1} = \frac{G_s - 1}{1+e} \cdot \gamma_w = \frac{2.65-1}{1+0.7} \times 9.81 = 9.52\text{kN/m}^3$$
② 점토의 수중단위중량(γ_{sub2})
$$\gamma_{su2} = \frac{G_s - 1}{1+e} \cdot \gamma_w = \frac{2.7-1}{1+2.0} \times 9.81 = 5.56\text{kN/m}^3$$
③ 하중 작용 전의 유효응력(σ_1')
$$\sigma_1' = \gamma_{sub1} \cdot H_1 + \gamma_{sub2} \cdot \frac{H_2}{2}$$
$$= 9.52 \times 2.5 + 5.56 \times \frac{8}{2} = 46.04\text{kN/m}^2$$
④ 하중 증가량(ΔP)
$\Delta P = 60\text{kN/m}^2$
⑤ 하중 증가 후의 유효응력(σ_2')
$$\sigma_2' = \sigma_1' + \Delta P$$
$$= 46.04 + 60 = 106.04\text{kN/m}^2$$
⑥ 1차 압밀침하량(S_c)
$$S_c = m_v \cdot \Delta\sigma' \cdot H$$
$$= \frac{C_c}{1+e_1} \cdot \log\left(\frac{\sigma_2'}{\sigma_1'}\right) \cdot H$$
$$= \frac{0.8}{1+2.0} \times \left(\log_{10}\frac{106.04}{46.04}\right) \times 8.0$$
$$= 0.773\text{m} = 77.3\text{cm}$$

13. 1) Dunham 공식
① 흙 입자가 모가 나고 입도가 양호 :
$\phi = \sqrt{12N} + 25$
② 흙 입자가 모가 나고 입도가 불량 :
$\phi = \sqrt{12N} + 20$
③ 흙 입자가 둥글고 입도가 양호 :
$\phi = \sqrt{12N} + 20$
④ 흙 입자가 둥글고 입도가 불량 :
$\phi = \sqrt{12N} + 15$
2) 문제에서
토립자가 둥글고 입도분포가 나쁜 모래지반이므로
$\phi = \sqrt{12N} + 15 = \sqrt{12 \times 10} + 15 = 26°$

14. 전단강도정수인 점착력과 내부마찰각은 수직응력의 크기와는 무관하고 주어진 흙의 종류에 대해서는 일정하다.

15. ① 전응력(σ)
$\sigma_A = \gamma_t \times 3 + \gamma_{sat} \times 4 = 16 \times 3 + 18 \times 4 = 120\text{kN/m}^2$
② 간극수압(중립응력, u)
$u_A = \gamma_w \times 4 = 9.81 \times 4 = 39.24\text{kN/m}^2$
③ 유효응력(σ')
$\sigma_A' = \sigma - u = 120 - 39.24 = 80.76\text{kN/m}^2$

16. 건조단위중량(γ_d)

$$\gamma_d = \frac{W_s}{V} = \frac{G_s \cdot \gamma_w}{1+e} = \frac{2.64 \times 9.81}{1+0.6} = 16.19 \text{kN/m}^2$$

17. 지하수위 아래 흙을 채취하면 물 속에 용해되어 있던 산소는 그 수압이 없어져 체적이 커지고 기포를 형성하므로 포화도는 100%보다 떨어진다. 이러한 시료는 불포화된 시료를 형성하여 올바른 값이 되지 않게 된다. 그러므로 이 기포가 다시 용해되도록 원상태의 압력을 받게 가하는 압력을 배압(Back pressure)이라 한다.

18. ① 점토는 습윤측으로 다지면 입자가 서로 평행한 분산구조를 이룬다.
② 점토는 건조측으로 다지면 입자가 엉성하게 엉기는 면모구조를 이룬다.

19. 군항의 허용지지력(Q_{ag})

$Q_{ag} = E \cdot N \cdot Q_a = 0.80 \times 20 \times 200 = 3,200 \text{kN}$

20. 보링 구멍 밑면 흙이 보링에 의하여 흐트러지기 때문에 15cm 관입 후 N 값을 측정한다.

1. ②	2. ③	3. ④	4. ①	5. ②
6. ④	7. ①	8. ③	9. ②	10. ④
11. ④	12. ②	13. ②	14. ①	15. ④
16. ②	17. ①	18. ③	19. ③	20. ④

과년도출제문제(CBT시험문제)

23 토목기사
2회 시행 출제문제

※ 본 기출문제는 수험자의 기억을 바탕으로 하여 복원한 문제이므로 실제 문제와 다를 수 있음을 미리 알려드립니다.

1. 일축압축강도 시험에 관한 설명 중 옳지 않은 것은?

① Mohr원이 하나 밖에 그려지지 않는다.
② 시료 자체가 서있어야 하므로 점성토에 대해서만 가능하다.
③ 배수조건에서의 시험결과밖에 얻지 못한다.
④ 예민비가 큰 흙을 quick clay라고 한다.

2. 다음 중 일시적 개량공법에 속하는 것은?

① 동결 공법
② 약액주입 공법
③ 침투압 공법
④ 다짐모래말뚝 공법

3. 다음 설명 중 틀린 것은?

① Mohr원이 Mohr파괴포락선 아래에 존재한다면 그 흙은 불안정하다.
② Mohr원이 Mohr파괴포락선에 접하는 경우 그 흙은 파괴에 도달했음을 의미한다.
③ Mohr원과 Mohr파괴포락선의 교차하게 되는 응력상태는 존재하지 않는다.
④ 포화점토의 비배수 전단강도는 Mohr원의 반경과 같다.

4. 포화상태에 있는 흙의 함수비가 40%이고, 비중이 2.60이다. 이 흙의 공극비는 얼마인가?

① 0.85
② 0.065
③ 1.04
④ 1.40

5. 일면배수 상태인 10m 두께의 점토층이 있다. 지표면에 무한히 넓게 등분포압력이 작용하여 1년 동안 40cm의 침하가 발생되었다. 점토층이 90% 압밀에 도달할 때 발생되는 1차 압밀침하량은?(단, 점토층의 압밀계수는 $C_v = 19.7 m^2/yr$이다.)

① 40cm
② 48cm
③ 72cm
④ 80cm

6. 토립자가 둥글고 입도분포가 나쁜 모래지반에서 표준관입 시험을 한 결과 N치 = 10 이었다. 이 모래의 내부마찰각을 Dunham의 공식으로 구하면 다음 중 어느 것인가?

① 21°
② 26°
③ 31°
④ 36°

7. 그림과 같은 옹벽에서 전주동 토압(P_a)과 작용점의 위치(y)는 얼마인가?

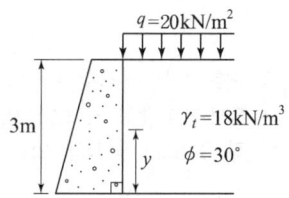

① $P_a = 37 kN/m$, $y = 1.21 m$
② $P_a = 47 kN/m$, $y = 1.79 m$
③ $P_a = 47 kN/m$, $y = 1.21 m$
④ $P_a = 54 kN/m$, $y = 1.79 m$

8. 흙의 투수성에 관한 Darcy의 법칙 $Q = K \cdot \dfrac{\Delta h}{l} \cdot A$을 설명하는 말 중 옳지 않은 것은?

① 투수계수 K의 차원은 속도의 차원(cm/sec)과 같다.
② A는 실제로 물이 통하는 공극부분의 단면적이다.
③ Δh는 수두차이다.
④ 물의 흐름이 난류인 경우에는 Darcy의 법칙이 성립하지 않는다.

9. 흙의 투수계수에 영향을 미치는 요소가 아닌 것은?

① 입경
② 물의 점성계수
③ 공극비
④ 압축지수

10. 직경 30cm 콘크리트 말뚝을 단동식 증기 해머로 타입하였을 때 엔지니어링 뉴스 공식을 적용한 말뚝의 허용지지력은? (단, 타격에너지=36kN·m, 해머효율=0.8, 손실상수=0.25cm, 마지막 25mm 관입에 필요한 타격횟수=50이다.)

① 640kN
② 1,280kN
③ 1,920kN
④ 3,840kN

11. 20kN의 무게를 가진 낙추로서 낙하고 2m로 말뚝을 박을 때 최종적으로 1회 타격당 말뚝의 침하량이 20mm였다. 이 때 Sander 공식에 의한 말뚝의 허용지지력은?

① 100kN
② 200kN
③ 670kN
④ 250kN

12. 현장에서 들밀도 시험을 한 결과 파낸 구멍의 용적은 2,000cm³이고 파낸 흙의 질량이 3,240g이며 함수비는 8%였다. 이 흙의 간극비는 얼마인가?(단, 이 흙의 비중은 2.70이다.)

① 0.80
② 0.75
③ 0.70
④ 0.66

13. 다음은 점토지반이 과압밀상태에 있으리라고 예상되는 경우이다. 이 가운데 부적당한 것이 있으면 어느 것인가?

① 점토지반 위에 있었던 상재하중이 경감되었다.
② 점토지반 위에 과거에 큰 빙하가 덮여있었다.
③ 해성점토지반에 있어서 바다의 수위가 낮아졌다.
④ 포화점토지반이 과거에 건조된 적이 있었다.

14. 지표면에서 2m×2m되는 기초에 100kN/m²의 등분포하중이 작용한다. 깊이 5m 되는 곳에서 이 하중에 의해 일어나는 연직응력을 2:1 분포법으로 계산한 값은?

① 28.57kN/m²
② 8.16kN/m²
③ 0.83kN/m²
④ 19.75kN/m²

15. 어떤 유선망에서 상하류면의 수두 차가 4m, 등수두면의 수가 13개, 유로의 수가 7개일 때 단위 폭 1m당 1일 침투수량은 얼마인가? (단, 투수층의 투수계수 $K = 2.0 \times 10^{-4}$cm/s)

① 9.62×10^{-1}m³/day
② 8.0×10^{-1}m³/day
③ 3.72×10^{-1}m³/day
④ 1.83×10^{-1}m³/day

16. 다음의 사운딩(Sounding) 방법 중에서 동적인 사운딩은?

① 이스키메타
② 베인 전단시험
③ 표준관입시험
④ 화란식 원추 관입시험

17. 응력경로(stress path)에 대한 설명으로 옳지 않은 것은?

① 응력경로는 Mohr의 응력원에서 전단응력이 최대인 점을 연결하여 구해진다.
② 응력경로란 시료가 받는 응력의 변화과정을 응력공간에 궤적으로 나타낸 것이다.
③ 응력경로는 특성상 전응력으로만 나타낼 수 있다.
④ 시료가 받는 응력상태에 대해 응력경로를 나타내면 직선 또는 곡선으로 나타내어진다.

18. 다음 그림과 같은 포화점토사면의 파괴에 대한 안전율은?(단, 점토의 포화단위중량이 $20kN/m^3$, 흙의 전단강도계수 $c_u = 65kN/m^2$, $\phi_u = 0°$, 그리고 안정수 $\dfrac{1}{N_s} = 0.18$이다.)

① 2.678
② 3.175
③ 2.257
④ 2.124

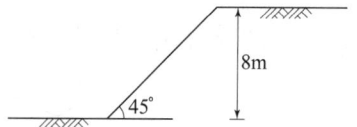

19. 다짐에 관한 다음의 설명 중 타당하지 않은 것은?

① 사질성분이 많이 내포된 흙은 다짐곡선의 기울기가 급하다.
② 최적함수비는 흙의 종류와 다짐 방법에 따라 다르다.
③ 입도분포가 양호한 흙의 건조밀도는 낮다.
④ 다짐을 하면 부착성이 양호해지고 투수성과 압축성이 작아진다.

20. A, B 두 종류의 흙에 관한 토질시험결과가 표와 같다. 다음 내용 설명 중 옳은 것은?

구분	A	B
액성한계	30%	10%
소성한계	15%	5%
함 수 비	23%	12%
비 중	2.73	2.67

① A는 B보다 공극비가 크다.
② A는 B보다 점토분을 많이 함유하고 있다.
③ A는 B보다 습윤밀도가 크다.
④ A는 B보다 건조밀도가 크다.

해설 및 정답

1. 1) 일축압축시험
① 점토의 압축성 및 강도 추정을 위한 시험이다.
② 비압밀 비배수시험(UU-test)에서 $\sigma_3 = 0$인 상태의 삼축압축시험과 같다.
③ Mohr원은 하나만 그려진다.

2) 예민비(S_t)
$$S_t = \frac{q_u}{q_{ur}}$$

3) 예민비에 따른 점토의 분류

예민비(S_t)	점토의 분류	공학적 성질
$S_t \simeq 1$	비예민성 점토	강도의 변화가 크다 ↓ 공학적 성질이 나쁘다 설계시 안전율을 크게 잡아야한다.
$1 \sim 8$	예민성 점토	
$8 \sim 64$	quick clay	
$S_t > 64$	extra quick clay	

2. 일시적 지반개량 공법의 종류
① 웰 포인트(well point) 공법
② 대기압 공법(진공 압밀 공법)
③ 동결 공법

3. 파괴포락선
① Mohr원이 파괴포락선 아래에 있으면 전단파괴가 일어나기 전의 상태이다. 즉, 흙은 안정하다.
② Mohr원이 파괴포락선에 접하면 전단파괴가 일어난 상태이다.
③ Mohr원이 파괴포락선 위에 있으면 전단파괴가 이미 발생하였기 때문에 이러한 경우는 이론상 존재할 수 없다.

4. ① 포화상태에 있으므로 포화도 $S = 100\%$이다.
② 공극비(e)
$$e = \frac{w}{S} \cdot G_s = \frac{40}{100} \times 2.60 = 1.04$$

5. ① 압밀도 50%에 대한 압밀시간(t_{50})
$$t_{50} = \frac{T_{50} \cdot d^2}{C_v} = \frac{0.197 \times 10^2}{19.7} = 1년$$

② 90% 압밀에 도달할 때 발생되는 1차 압밀침하량 (ΔH_{90})
$$\Delta H_{90} = \frac{90}{50} \cdot \Delta H_{50}$$
$$= \frac{90}{50} \times 40 = 72\text{cm}$$

6. 1) Dunham 공식
① 흙 입자가 모가 나고 입도가 양호 : $\phi = \sqrt{12N} + 25$
② 흙 입자가 모가 나고 입도가 불량 : $\phi = \sqrt{12N} + 20$
③ 흙 입자가 둥글고 입도가 양호 : $\phi = \sqrt{12N} + 20$
④ 흙 입자가 둥글고 입도가 불량 : $\phi = \sqrt{12N} + 15$

2) 문제에서
토립자가 둥글고 입도분포가 나쁜 모래지반이므로
$$\phi = \sqrt{12N} + 15 = \sqrt{12 \times 10} + 15 = 26°$$

7. ① 주동토압계수(K_A)
$$K_A = \frac{1 - \sin\phi}{1 + \sin\phi} = \frac{1 - \sin 30°}{1 + \sin 30°} = \frac{1}{3}$$

② 전주동토압(P_A)
$$P_A = P_{A1} + P_{A2} = K_A \cdot q \cdot H + \frac{1}{2} K_A \cdot \gamma \cdot H^2$$
$$= \frac{1}{3} \times 20 \times 3 + \frac{1}{2} \times \frac{1}{3} \times 18 \times 3^2 = 47 \text{kN/m}$$

③ 작용점($\bar{y}$)
$$\bar{y} \cdot P_A = P_{A1} \times \frac{H}{2} + P_{A2} \times \frac{H}{3}$$
$$\bar{y} \times 47 = 20 \times \frac{3}{2} + 27 \times \frac{3}{3}$$
$$\bar{y} = 1.21\text{m}$$

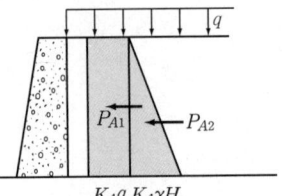

8. $Q = A \cdot K \cdot i \cdot t$에서 A는 흐름에 직각인 시료의 전단면적(cross section)이다.

9. 압축지수(C_c)
압축지수는 압밀시험에서 e-logP 곡선의 직선부분의 기울기이다.
$$C_c = \frac{e_1 - e_2}{\log p_2 - \log p_1} = \frac{e_1 - e_2}{\log \frac{p_2}{p_1}}$$
압축지수는 압밀침하량 산정에 이용한다.

10. 허용지지력(Q_a)
타격에너지 $W_h \cdot H = 36 \text{kN} \cdot \text{m}$이므로
$$Q_a = \frac{W_h \cdot H \cdot e}{6(S+0.25)} = \frac{36 \times 100 \times 0.8}{6 \times \left(\frac{2.5}{5} + 0.25\right)} = 640 \text{kN}$$

11. ① Sander의 극한지지력(Q_u)
$$Q_u = \frac{W_h \cdot H}{S}$$
② Sander의 허용지지력(Q_a)
$$Q_a = \frac{W_h \cdot H}{8S} = \frac{20 \times 2}{8 \times 0.02} = 250 \text{kN}$$
③ Sander 공식의 안전율은 $F_s = 8$이다.

12. ① 현장의 습윤밀도(ρ_t)
$$\rho_t = \frac{m}{V} = \frac{3,240}{2,000} = 1.62 \text{g/cm}^3$$
② 현장의 건조밀도(ρ_d)
$$\rho_d = \frac{\rho_t}{1 + \frac{w}{100}} = \frac{1.62}{1 + \frac{8}{100}} = 1.5 \text{g/cm}^3$$
③ 공극비(e)
$$e = \frac{G_s \cdot \rho_w}{\rho_d} - 1 = \frac{2.70 \times 1}{1.5} - 1 = 0.8$$

13. ① 점토지반 위에 있었던 상재하중이 경감하면 과압밀 상태가 된다.
② 점토지반 위의 과거에 큰 빙하가 있다가 없어지면 상재하중 경감으로 과압밀 상태가 된다.
③ 바다의 수위가 낮아져도 유효응력의 변화가 없으므로 정규압밀상태이다. 즉, 유효응력은 수위와 무관하다.
④ 과거에 건조된 흙은 지하수위의 저하로 인해 과압밀상태가 된다.

14. 지중응력의 약산법(2 : 1분포법)
$$\Delta \sigma_v = \frac{q_s \cdot B \cdot L}{(B+z) \cdot (L+z)} = \frac{2 \times 2 \times 100}{(2+5) \times (2+5)}$$
$$= 8.16 \text{kN/m}^2$$

15. ① 투수계수(K)
$$K = 2.0 \times 10^{-4} \text{cm/sec} = 2.0 \times 10^{-6} \text{m/sec}$$
② 침투수량(폭 1m당 침투량)
$$q = K \cdot H \cdot \frac{N_f}{N_d} = (2.0 \times 10^{-6}) \times 4 \times \left(\frac{7}{13}\right)$$
$$= 4.308 \times 10^{-6} \text{m}^3/\text{sec}$$
③ 1일간 전투수량(Q)
$$Q = 4.308 \times 10^{-6} \times (60 \times 60 \times 24)$$
$$= 3.72 \times 10^{-1} \text{m}^3/\text{day}$$

16. ① 동적 사운딩 방법은 사질지반에 적합하다.
② 표준관입 시험(S.P.T)은 동적 사운딩이다.
③ 사운딩은 개략적으로 지반구조를 조사한다.

17. 응력경로의 종류
① 전응력 경로(Total stress path, TSP)
② 유효응력 경로(Effective stress path, ESP)

18. ① Taylor 안정계수

안정수(m)이므로 안정계수

$$N_s = \frac{1}{안정수} = \frac{1}{0.18} = 5.556$$

② 한계고(H_c)

$$H_c = \frac{c}{\gamma_t} \cdot N_s = \frac{65}{20} \times 5.556 = 18.06\text{m}$$

③ 안전율(F_s)

$$F_s = \frac{H_s}{H} = \frac{18.06}{8} = 2.257$$

19. 입도분포가 좋을수록, 즉 양입도일수록 최대건조단위중량은 증가하고, 최적함수비는 감소한다.

20. ① 소성지수(PI, I_p)

A 흙의 소성지수 $PI = w_L - w_p = 30 - 15 = 15\%$
B 흙의 소성지수 $PI = w_L - w_p = 10 - 5 = 5\%$

② 액성한계(w_L)와 소성지수(I_p)가 클수록 점토의 함유율이 크다.
따라서, 액성한계(w_L)와 소성지수(I_p)가 큰 A흙이 점토분을 많이 함유하고 있다.

1. ③	2. ①	3. ①	4. ③	5. ③
6. ②	7. ③	8. ②	9. ④	10. ①
11. ④	12. ①	13. ③	14. ②	15. ③
16. ③	17. ③	18. ③	19. ③	20. ②

과년도출제문제(CBT시험문제)

23 토목기사
3회 시행 출제문제

※ 본 기출문제는 수험자의 기억을 바탕으로 하여 복원한 문제이므로 실제 문제와 다를 수 있음을 미리 알려드립니다.

1. 유선망의 특징에 대한 설명으로 틀린 것은?

① 각 유로의 침투유량은 같다.
② 유선과 등수두선은 서로 직교한다.
③ 유선망으로 이루어지는 사각형은 이론상 정사각형이다.
④ 침투속도 및 동수경사는 유선망의 폭이 비례한다.

2. 어떤 점토의 압밀계수는 $1.92 \times 10^{-7} m^2/s$, 압축계수는 $2.86 \times 10^{-1} m^2/kN$이었다. 이 점토의 투수계수는? (단, 이 점토의 초기간극비는 0.8이고, 물의 단위중량은 $9.81 kN/m^3$이다.)

① 0.99×10^{-5} cm/s ② 1.99×10^{-5} cm/s
③ 2.99×10^{-5} cm/s ④ 3.99×10^{-5} cm/s

3. 사운딩에 대한 설명으로 틀린 것은?

① 로드 선단에 지중저항체를 설치하고 지반내 관입, 압입, 또는 회전하거나 인발하여 그 저항치로부터 지반의 특성을 파악하는 지반조사방법이다.
② 정적사운딩과 동적사운딩이 있다.
③ 압입식 사운딩의 대표적인 방법은 표준 관입 시험이다.
④ 특수사운딩 중 측압사운딩의 공내횡방향 재하시험은 보링공을 기계적으로 수평으로 확장시키면서 측압과 수평변위를 측정한다.

4. 물의 온도 15℃에서 표면장력은 0.075N/m이다. 이 물이 안지름 0.1mm의 유리관 속을 상승하는 높이는 몇 cm인가? (단, 접촉각은 0°이고 물의 단위중량은 $9.81kN/m^3$이다.)

① 10cm ② 20cm
③ 30cm ④ 40cm

5. 사면안정 해석방법에 대한 설명으로 틀린 것은?

① 일체법은 활동면 위에 있는 흙덩어리를 하나의 물체로 보고 해석하는 방법이다.
② 마찰원법은 점착력과 마찰각을 동시에 갖고 있는 균질한 지반에 적용된다.
③ 절편법은 활동면 위에 있는 흙을 여러 개의 절편으로 분할하여 해석하는 방법이다.
④ 절편법은 흙이 균질하지 않아도 적용이 가능하지만, 흙 속에 간극수압이 있을 경우 적용이 불가능하다.

6. 흙의 내부마찰각이 20°, 점착력이 $50kN/m^2$, 습윤단위중량이 $17kN/m^3$, 지하수위 아래 흙의 포화단위중량이 $19kN/m^3$일 때 3m×3m 크기의 정사각형 기초의 극한지지력을 Terzaghi의 공식으로 구하면? (단, 지하수위는 기초바닥 깊이와 같으며 물의 단위중량은 $9.81kN/m^3$이고, 지지력계수 $N_c = 18$, $N_r = 5$, $N_q = 7.50$이다.)

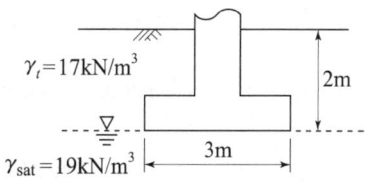

① $1,231.24 kN/m^2$ ② $1,337.31 kN/m^2$
③ $1,480.14 kN/m^2$ ④ $1,540.42 kN/m^2$

7. 지름 $d=20$cm인 나무말뚝을 25본 박아서 기초 상판을 지지하고 있다. 말뚝의 배치를 5열로 하고 각 열은 등간격으로 5본씩 박혀 있다. 말뚝의 중심간격 $S=$ 1m이다. 1본의 말뚝이 단독으로 100kN의 지지력을 가졌다고 하면 이 무리 말뚝은 전체로 얼마의 하중을 견딜 수 있는가?

① 1,000kN ② 2,000kN
③ 3,000kN ④ 4,000kN

8. 흙 시료 채취에 대한 설명으로 틀린 것은?

① 오거보링(auger boring)은 흐트러지지 않은 시료를 채취하는데 적합하다.
② 교란된 흙은 자연 상태의 흙보다 전단강도가 작다.
③ 액성한계 및 소성한계 시험에서 교란시료를 사용하여도 괜찮다.
④ 입도분석시험에서는 교란시료를 사용하여도 괜찮다.

9. 흙 속에 있는 한 점의 최대 및 최소 주응력이 각각 200kN/m² 및 100kN/m²일 때 최대 주응력면과 30°를 이루는 평면상의 전단응력을 구한 값은?

① 10.5kN/m² ② 21.5kN/m²
③ 32.3kN/m² ④ 43.3kN/m²

10. 평판재하시험에 대한 설명으로 틀린 것은?

① 순수한 점토지반의 지지력은 재하판 크기와 관계없다.
② 순수한 모래지반의 지지력은 재하판의 폭에 비례한다.
③ 순수한 점토지반의 침하량은 재하판의 폭에 비례한다.
④ 순수한 모래지반의 침하량은 재하판의 폭에 관계없다.

11. 공극비 0.8, 포화도 87.5%, 함수비 25%인 사질점토에서 한계동수구배는 얼마인가?

① 0.8 ② 1.0
③ 1.5 ④ 2.0

12. 지반의 지지력에 관하여 틀린 것은?

① 기초의 지지력은 흙의 단위중량, 내부마찰각, 점착력 등에 관계된다.
② 극한지지력에 안전율을 곱하면 허용지지력이 나온다.
③ 지반의 허용지지력은 결국 허용하중강도와 같다.
④ 허용지지력은 극한지지력의 $\frac{1}{3}$을 취해서 사용함이 보통이다.

13. 두께 Hm되는 점토층에서 압밀하중을 가하며 90% 압밀이 일어나는데 424일이 소요되었다. 같은 조건하에서 50%에 달하는 데 몇 칠이 걸리겠는가?

① 260.5일 ② 212일
③ 199일   ④ 98.5일

14. 그림에서 전주동토압을 계산한 값은?

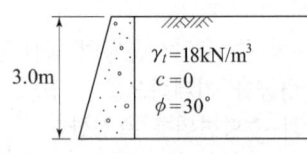

① 37kN/m ② 30kN/m
③ 27kN/m ④ 20kN/m

15. 그림에서 A점 흙의 강도정수가 $c'=30kN/m^2$, $\phi'=30°$일 때, A점에서의 전단강도는? (단, 물의 단위중량은 9.81kN/m³이다.)

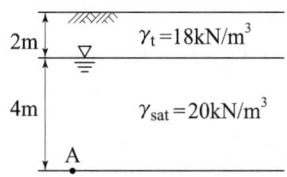

① $69.31kN/m^2$
② $74.32kN/m^2$
③ $96.97kN/m^2$
④ $103.92kN/m^2$

16. 현장 도로 토공에서 모래치환법에 의한 흙의 밀도시험 결과 흙을 파낸 구멍의 체적과 파낸 흙의 질량을 각각 1,800cm³, 3,950g이었다. 이 흙의 함수비는 11.2%이고, 흙의 비중은 2.65이다. 실내시험으로부터 구한 최대건조밀도가 2.05g/cm³일 때 다짐도는?

① 92%
② 94%
③ 96%
④ 98%

17. 말뚝의 부주면마찰력에 대한 설명으로 틀린 것은?

① 연약한 지반에서 주로 발생한다.
② 말뚝 주변의 지반이 말뚝보다 더 침하될 때 발생한다.
③ 말뚝 주면에 역청 코팅을 하면 부주면 마찰력을 감소시킬 수 있다.
④ 부주면마찰력의 크기는 말뚝과 흙 사이의 상대적인 변위속도와는 큰 연관성이 없다.

18. 두 개의 규소판 사이에 한 개의 알루미늄판이 결합된 3층 구조가 무수히 많이 연결되어 형성된 점토광물로서 각 3층 구조 사이에는 칼륨이온(K⁺)으로 결합되어 있는 것은?

① 몬모릴로나이트(montmorillonite)
② 일라이트(illite)
③ 카올리나이트(kaolinite)
④ 할로이사이트(halloysite)

19. 어떤 흙의 No.200체(0.075mm) 통과율 50%, 액성한계가 40%, 소성지수가 10%일 때 군지수는?

① 3
② 4
③ 5
④ 6

20. 점토층 지반 위에 성토를 급속히 하려 한다. 성토 직후에 있어서 이 점토의 안정성을 검토하는데 필요한 강도정수를 구하는 합리적인 시험은?

① 비압밀 비배수시험(UU-test)
② 압밀 비배수시험(CU-test)
③ 압밀 배수시험(CD-test)
④ 투수시험

해설 및 정답

1. 침투속도 및 동수구배는 유선망의 폭에 반비례한다.
$$v = K \cdot i = K \cdot \frac{h}{L}$$
즉, 이동경로의 거리(유선망의 폭)에 반비례한다.

2. ① 체적변화계수(m_v)
$$m_v = \frac{a_v}{1+e_1} = \frac{2.86 \times 10^{-1}}{1+0.8} = 1.589 \times 10^{-1} \text{m}^2/\text{kN}$$
② 투수계수(K)
$$K = C_v \cdot m_v \cdot \gamma_w$$
$$= (1.92 \times 10^{-7}) \times (1.589 \times 10^{-1}) \times 9.81$$
$$= 2.99 \times 10^{-7} \text{m/sec} = 2.99 \times 10^{-5} \text{cm/sec}$$

3. 표준 관입 시험[Standard penetration test(SPT)]은 동적사운딩 방법 중의 하나이며, 모래지반에 대하여 신뢰도가 높다.

4. ① 유리의 안지름의 단위 환산
0.1mm = 0.0001m
② 모관 상승고(h_c)
표준온도(15℃)에서
$T = 0.075\text{N/m} = 0.000075\text{kN/m}$
이며 $\alpha = 0°$이므로
$$h_c = \frac{4 \cdot T \cdot \cos\alpha}{\gamma_w \cdot D} = \frac{4 \times 0.000075 \times \cos 0°}{9.81 \times 0.0001}$$
$$= 0.3\text{m} = 30\text{cm}$$

5. 절편법은 흙이 균질하지 않아도 적용이 가능하고, 흙 속에 간극수압이 있는 경우에도 적용이 가능하다.

6. 정사각형 기초의 극한지지력(q_u)
정사각형 기초의 형상계수는 $\alpha = 1.3$, $\beta = 0.4$이므로
$$q_u = \alpha \cdot c \cdot N_c + \beta \cdot \gamma_1 \cdot B \cdot N_r + \gamma_2 \cdot D_f \cdot N_q$$
$$= 1.3 \times 50 \times 18 + 0.4 \times (19 - 9.81) \times 3 \times 5 + 17 \times 2 \times 7.5$$
$$= 1,480.14 \text{kN/m}^2$$

7. ① ϕ각
$$\phi = \tan^{-1}\frac{D}{S} = \tan^{-1}\frac{0.2}{1} = 11.3°$$
② 효율(Converse-Labarre 공식)
$$E = 1 - \frac{\phi}{90} \cdot \left[\frac{(m-1) \cdot n + (n-1) \cdot m}{m \cdot n}\right]$$
$$= 1 - \frac{11.3}{90} \times \left[\frac{(5-1) \times 5 + (5-1) \times 5}{5 \times 5}\right]$$
$$= 0.8$$
③ 무리말뚝의 허용지지력(Q_{ag})
$$Q_{ag} = E \cdot N \cdot Q_a = 0.8 \times 25 \times 100 = 2,000\text{kN}$$

8. 오거 보링(Auger boring)은 현장에서 간단히 할 수 있으며, 흐트러진 시료를 채취할 수 있다.

9. 파괴면에 작용하는 전단응력(τ)
$$\tau = \frac{\sigma_1 - \sigma_3}{2}\sin 2\theta = \frac{200 - 100}{2}\sin(2 \times 30°)$$
$$= 43.3 \text{kN/m}^2$$
여기서, θ : 수평면과 파괴면이 이루는 각

10. ① 재하판 크기에 의한 영향(scale effect)

	점토	모래
지지력	$q_{u(기초)} = q_{u(재하)}$	$q_{u(기초)} = q_{u(재하)} \cdot \frac{B_{(기초)}}{B_{(재하)}}$
침하량	$S_{(기초)} = S_{(재하)} \cdot \frac{B_{(기초)}}{B_{(재하)}}$	$S_{(기초)} = S_{(재하)} \cdot \left[\frac{2B_{(기초)}}{B_{(기초)} + B_{(재하)}}\right]^2$

② 모래지반의 경우 침하량은 재하판의 크기가 커지면 약간 커지긴 하지만 폭 B에 비례하지는 않는다.

11. ① 비중(G_s)
$S \cdot e = w \cdot G_s$에서 비중
$$G_s = \frac{S \cdot e}{w} = \frac{87.5 \times 0.8}{25} = 2.80\text{이다.}$$
② 한계동수경사(i_c)
$$i_c = \frac{G_s - 1}{1 + e} = \frac{2.80 - 1}{1 + 0.8} = 1.0$$

12. ① Terzaghi의 극한지지력(q_u)

극한지지력은 점착지지력과 마찰지지력, 덮개토압에 의한 지지력으로 이루어진다.

$q_u = \alpha \cdot c \cdot N_c + \beta \cdot \gamma_1 \cdot B \cdot N_r + \gamma_2 \cdot D_f \cdot N_q$

여기서, N_c, N_r, N_q : 지지력계수
  c : 기초바닥 아래 흙의 점착력(t/m^2)
  B : 기초의 최소폭(m)
  γ_1 : 기초바닥 아래 흙의 단위중량(t/m^3)
  γ_2 : 근입깊이 흙의 단위중량(t/m^3)
  D_f : 근입깊이(m)
  α, β : 기초 모양에 따른 형상계수(shape factor)

② 허용지지력(q_a)

$q_a = \dfrac{q_u}{F_s}$

즉, 극한지지력에 안전율을 나누어 허용지지력이 나온다.

13. 같은 조건하이므로

$t_{50} : t_{90} = T_{50} : T_{90}$

$t_{50} = \dfrac{T_{50}}{T_{90}} \cdot t_{90} = \dfrac{0.197}{0.848} \times 424 = 98.5$ 일

14. ① 주동토압계수(K_A)

$K_A = \dfrac{1 - \sin 30°}{1 + \sin 30°} = \dfrac{1}{3}$

② 전주동토압(P_A)

$P_A = \dfrac{1}{2} \cdot K_A \cdot \gamma_t \cdot H^2 = \dfrac{1}{2} \times \dfrac{1}{3} \times 18 \times 3^2 = 27 \text{kN/m}$

15. ① A점의 유효응력(σ')

$\sigma' = \gamma_t \times 2 + \gamma_{\text{sub}} \times 4 = 18 \times 2 + (20 - 9.81) \times 4$
$= 76.76 \text{kN/m}^2$

② 흙의 전단강도(τ)

$\tau = c' + \sigma' \cdot \tan\phi' = 30 + 76.76 \times \tan 30°$
$= 74.32 \text{kN/m}^2$

16. ① 습윤밀도(ρ_t)

$\rho_t = \dfrac{m}{V} = \dfrac{3,950}{1,800} = 2.19 \text{g/cm}^3$

여기서, m : 시험구멍에서 파낸 흙의 전체 질량(g)

② 건조밀도(ρ_d)

$\rho_d = \dfrac{\rho_t}{1 + \dfrac{w}{100}} = \dfrac{2.19}{1 + \dfrac{11.2}{100}} = 1.97 \text{g/cm}^3$

③ 다짐도(R)

$R = \dfrac{\text{현장의 } \rho_d}{\text{실내다짐시험에 의한 } \rho_{d\max}} \times 100$

$= \dfrac{1.97}{2.05} \times 100 = 96.10\%$

17. ① 부주면마찰력이 발생하면 지지력이 크게 감소하므로 세심하게 고려한다.

② 부주면마찰력의 크기는 흙의 종류와 말뚝의 재질뿐만 아니라 말뚝과 흙의 상대적인 변위속도에 의존한다. 연약한 점토에 있어서는 상대변위 속도가 클수록 부주면마찰력이 크다.

18. 일라이트(Illite)

① 2개의 실리카판과 1개의 알루미나판으로 이루어진 구조이다.

② 3층 구조로 구조결합 사이에 불치환성 양이온(K+)이 있다.

③ 중간 정도의 결합력을 가진다.

19. 군지수(GI)

$GI = 0.2a + 0.005ac + 0.01bd$
$= 0.2 \times 15 + 0.005 \times 15 \times 0 + 0.01 \times 35 \times 0$
$= 3$

$a = $ No.200체 통과율 $- 35 = 50 - 35 = 15$
$b = $ No.200체 통과율 $- 15 = 50 - 15 = 35$
$c = $ 액성한계 $- 40 = 40 - 40 = 0$
$d = $ 소성지수 $- 10 = 10 - 10 = 0$

20. 비압밀 비배수 시험(UU-test)을 적용하는 경우
① 점토지반이 시공 중 또는 성토한 후 압밀이나 함수비의 변화가 없이 급속한 파괴가 예상될 때 적용한다.
② 점토의 단기간 안정해석에 이용한다.

1. ④	2. ③	3. ③	4. ③	5. ④
6. ③	7. ②	8. ①	9. ④	10. ④
11. ②	12. ②	13. ④	14. ③	15. ②
16. ③	17. ④	18. ②	19. ①	20. ①

과년도 출제문제(CBT시험문제)

24 토목기사
1회 시행 출제문제

※ 본 기출문제는 수험자의 기억을 바탕으로 하여 복원한 문제이므로 실제 문제와 다를 수 있음을 미리 알려드립니다.

1. 그림과 같은 지층단면에서 지표면에 가해진 50kN/m^2의 상재하중으로 인한 점토층(정규압밀점토)의 1차압밀 최종침하량(S)을 구하고, 침하량이 5cm일 때 평균압밀도(U)를 구하면? (단, $\gamma_w = 9.81\text{kN/m}^3$이다.)

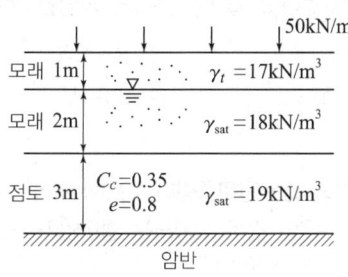

① $S=18.3\text{cm}, \ U=27\%$
② $S=14.7\text{cm}, \ U=22\%$
③ $S=18.5\text{cm}, \ U=22\%$
④ $S=14.7\text{cm}, \ U=27\%$

2. 그림과 같은 점토지반에서 안정수(m)가 0.1인 경우 높이 5m의 사면에 있어서 안전율은?

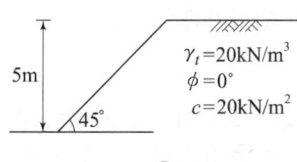

① 1.0
② 1.25
③ 1.50
④ 2.0

3. 그림과 같이 폭이 2m, 길이가 3m인 기초에 100kN/m^2의 등분포 하중이 작용할 때, A점 아래 4m 깊이에서의 연직응력 증가량은? (단, 아래 표의 영향계수 값을 활용하여 구하며, $m = \dfrac{B}{z}$, $n = \dfrac{L}{z}$이고, B는 직사각형 단면의 폭, L은 직사각형 단면의 길이, z는 토층의 깊이이다.)

【영향계수(I) 값】

m	0.25	0.5	0.5	0.5
n	0.5	0.25	0.75	1.0
I	0.048	0.048	0.115	0.122

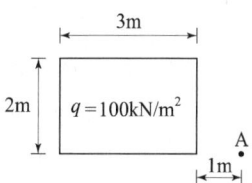

① 6.7kN/m^2
② 7.4kN/m^2
③ 12.2kN/m^2
④ 17.0kN/m^2

4. 흙의 포화단위중량이 20kN/m^3인 포화점토층을 45° 경사로 8m를 굴착하였다. 흙의 강도정수 $C_u = 65\text{kN/m}^2$, $\phi = 0°$이다. 그림과 같은 파괴면에 대하여 사면의 안전율은? (단, ABCD의 면적은 70m^2이고 O점에서 ABCD의 무게중심까지의 수직거리는 4.5m이다.)

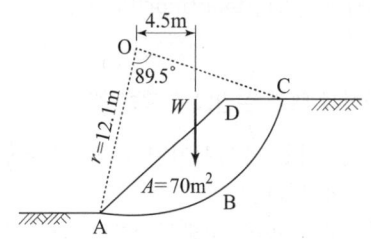

① 4.72
② 4.21
③ 2.67
④ 2.36

5. 점성토에서 점착력이 6.0kN/m²이고 내부마찰각이 30°이며, 흙의 단위중량이 17.0kN/m³일 때 주동토압이 0이 되는 깊이는 지표면에서 약 몇 m인가?

① 1.52m   ② 1.42m
③ 1.32m   ④ 1.22m

6. 다음 그림과 같이 점토질 지반에 연속기초가 설치되어 있다. Terzaghi 공식에 의한 이 기초의 허용 지지력 q_a은? (단, $\phi=0$이며, 폭(B)=2m, $N_c=5.14$, $N_q=1.0$, $N_r=0$, 안전율 $F_s=3$이다.)

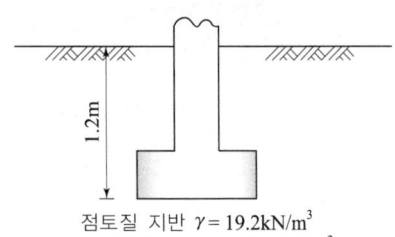

점토질 지반 $\gamma=19.2$kN/m³
일축압축강도 $qu=148.6$kN/m²

① 64kN/m²   ② 135kN/m²
③ 185kN/m²   ④ 405kN/m²

7. 두 개의 규소판 사이에 한 개의 알루미늄판이 결합된 3층 구조가 무수히 많이 연결되어 형성된 점토광물로서 각 3층 구조 사이에는 칼륨이온(K^+)으로 결합되어 있는 것은?

① 일라이트(illite)
② 카올리나이트(kaolinite)
③ 할로이사이트(halloysite)
④ 몬모릴로나이트(montmorillonite)

8. 다짐곡선에 대한 설명으로 틀린 것은?

① 다짐에너지를 증가시키면 다짐곡선은 왼쪽 위로 이동하게 된다.
② 사질성분이 많은 시료일수록 다짐곡선은 오른쪽 위에 위치하게 된다.
③ 점성분이 많은 흙일수록 다짐곡선은 넓게 퍼지는 형태를 가지게 된다.
④ 점성분이 많은 흙일수록 오른쪽 아래에 위치하게 된다.

9. 무게 3kN의 드롭해머로 3m 높이에서 말뚝을 타입할 때 1회 타격당 최종침하량이 1.5cm 발생하였다. Sander 공식을 이용하여 산정한 말뚝의 허용지지력은?

① 75.0kN   ② 86.1kN
③ 93.7kN   ④ 156.7kN

10. 지표면에 40kN/m²의 성토를 시행하였다. 압밀이 70% 진행되었다고 할 때, 현재의 과잉간극수압은?

① 8kN/m²   ② 12kN/m²
③ 22kN/m²   ④ 28kN/m²

11. 어떤 흙의 습윤단위중량이 19.62kN/m³, 함수비 20%, 비중 $G_s=2.7$인 경우 포화도는 얼마인가?(단, 물의 단위중량은 9.81kN/m³이다.)

① 86.1%   ② 87.1%
③ 95.6%   ④ 100%

12. 다음은 흙 시료 채취에 대한 설명이다. 틀린 것은?

① 교란의 효과는 소성이 낮은 흙이 소성이 높은 흙보다 크다.
② 교란된 흙은 자연상태의 흙보다 압축강도가 적다.
③ 교란된 흙은 자연상태의 흙보다 전단강도가 작다.
④ 흙시료 채취 직후에 비교적 교란 되지 않은 코어(Core)의 과잉간극수압은 부(負)이다.

13. 그림과 같은 모래시료의 분사현상에 대한 안전율을 3.0 이상이 되도록 하려면 수두차 h를 최대 얼마 이하로 하여야 하는가?

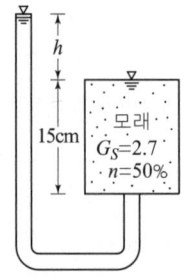

① 12.75cm   ② 9.75cm
③ 4.25cm   ④ 3.25cm

14. 흙의 분류법인 AASHTO 분류법과 통일분류법을 비교·분석한 내용으로 틀린 것은?

① 통일분류법은 0.075mm 체 통과율을 35%를 기준으로 조립토와 세립토로 분류하는데, 이것은 AASHTO 분류법보다 적절하다.
② 통일분류법은 입도분포, 액성한계, 소성지수 등을 주요 분류인자로 한 분류법이다.
③ AASHTO 분류법은 입도분포, 군지수 등을 주요 분류인자로 한 분류법이다.
④ 통일분류법은 유기질토 분류방법이 있으나 AASHTO 분류법은 없다.

15. 토립자가 둥글고 입도분포가 양호한 모래지반에서 N치를 측정한 결과 $N=19$가 되었을 경우, Dunham의 공식에 의한 이 모래의 내부마찰각(ϕ)은?

① 20°
② 25°
③ 30°
④ 35°

16. 다음 중 부마찰력이 발생할 수 있는 경우가 아닌 것은?

① 매립된 생활쓰레기 중에 시공된 관측정
② 붕적토에 시공된 말뚝기초
③ 성토한 연약점토지반에 시공된 말뚝기초
④ 다짐된 사질지반에 시공된 말뚝기초

17. 점성토 시료를 교란시켜 재성형을 한 경우 시간이 지남에 따라 강도가 증가하는 현상을 나타내는 용어는?

① 크립(creep)
② 틱소트로피(thixotropy)
③ 이방성(anisotropy)
④ 아이소크론(isocron)

18. 다음 중 사운딩 시험이 아닌 것은?

① 표준관입시험
② 평판재하시험
③ 콘관입시험
④ 베인시험

19. 접지압(또는 지반반력)이 그림과 같이 되는 경우는?

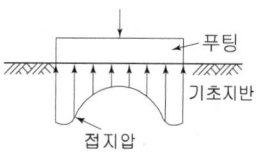

① 푸팅 : 강성, 기초지반 : 점토
② 푸팅 : 강성, 기초지반 : 모래
③ 푸팅 : 연성, 기초지반 : 점토
④ 푸팅 : 연성, 기초지반 : 모래

20. 압밀시험에서 얻은 $e-\log P$ 곡선으로 구할 수 있는 것이 아닌 것은?

① 선행압밀압력
② 팽창지수
③ 압축지수
④ 압밀계수

해설 및 정답

1. ① 하중 작용 전의 유효응력(σ_1')

$$\sigma_1' = \gamma_t \cdot H_1 + \gamma_{sub1} \cdot H_2 + \gamma_{sub2} \cdot \frac{H_3}{2}$$

$$= 17 \times 1 + (18 - 9.81) \times 2 + (19 - 9.81) \times \frac{3}{2}$$

$$= 47.17 \text{kN/m}^2$$

② 하중 증가량($\Delta\sigma'$)

$$\Delta\sigma' = 50 \text{kN/m}^2$$

③ 하중 증가 후의 유효응력(σ_2')

$$\sigma_2' = \sigma_1' + \Delta\sigma'$$

$$= 47.17 + 50 = 97.17 \text{kN/m}^2$$

④ 1차 압밀최종침하량(S_c)

$$S_c = m_v \cdot \Delta\sigma' \cdot H$$

$$= \frac{C_c}{1+e_1} \cdot \log\left(\frac{\sigma_2'}{\sigma_1'}\right) \cdot H$$

$$= \frac{0.35}{1+0.8} \times \left(\log_{10} \frac{97.17}{47.17}\right) \times 3.0$$

$$= 0.183 \text{m} = 18.3 \text{cm}$$

⑤ 압밀도(U)

$$U = \frac{\Delta H_t}{H} \times 100 = \frac{5}{18.3} \times 100 = 27.32\%$$

2. ① 안정계수(N_s)

Taylor 안정계수는 안정수(m)이므로

안정계수 $N_s = \dfrac{1}{\text{안정수}} = \dfrac{1}{0.1} = 10$

② 한계고(H_c)

$$H_c = \frac{c}{\gamma_t} \cdot N_s = \frac{20}{20} \times 10 = 10 \text{m}$$

③ 안전율(F_s)

$$F_s = \frac{H_c}{H} = \frac{10}{5} = 2.0$$

3. 사각형 등분포하중 모서리 직하의 깊이 z되는 점에서 생기는 연직응력 증가량은 $\Delta\sigma_z = q_s \cdot I$이므로

① $q = 100 \text{kN/m}^2$이 전체 단면(2×4)에 작용하는 경우 ($\Delta\sigma_{z1}$)

$m = \dfrac{B}{z} = \dfrac{2}{4} = 0.5$, $n = \dfrac{L}{z} = \dfrac{4}{4} = 1$이므로

$I = 0.122$이며,

$\Delta\sigma_{z1} = q_s \cdot I = 100 \times 0.122 = 12.2 \text{kN/m}^2$

② $q = 100 \text{kN/m}^2$이 작은 단면(1×2)에 작용하는 경우 ($\Delta\sigma_{z2}$)

$m = \dfrac{B}{z} = \dfrac{1}{4} = 0.25$, $n = \dfrac{L}{z} = \dfrac{2}{4} = 0.5$이므로

$I = 0.048$이며,

$\Delta\sigma_{z2} = q_s \cdot I = 100 \times 0.048 = 4.8 \text{kN/m}^2$

③ 중첩원리의 적용($\Delta\sigma_z$)

$$\Delta\sigma_z = \Delta\sigma_{z1} - \Delta\sigma_{z2}$$

$$= 12.2 - 4.8 = 7.4 \text{kN/m}^2$$

4. ① 전단강도(τ)

$$\tau = c + \overline{\sigma} \cdot \tan\phi = c_u = 65 \text{kN/m}^2$$

② 토체의 중량(W)

사면의 단위길이를 기준으로 계산하면

$$W = \gamma \cdot A = 20 \times 70 = 1400 \text{kN}$$

③ 활동모멘트(M_D)

$$M_D = W \cdot d = 1400 \times 4.5 = 6300 \text{kN} \cdot \text{m}$$

④ 원호의 길이(L_a)

$$L_a = 2 \cdot \pi \cdot r \cdot \left(\frac{\theta}{360}\right)$$

$$= 2 \times \pi \times 12.10 \times \left(\frac{89.5}{360}\right) = 18.901 \text{m}$$

⑤ 저항모멘트(M_R)

$$M_R = c_u \cdot L_a \cdot r$$

$$= 65 \times 18.901 \times 12.1 = 14,865.6 \text{kN} \cdot \text{m}$$

⑥ 안전율(F_s)

$$F_s = \frac{M_R}{M_D} = \frac{14,865.6}{6,300} = 2.36$$

5. 점착고(Z_O)

$$Z_O = \frac{2c}{\gamma} \cdot \tan\left(45° + \frac{\phi}{2}\right)$$

$$= \frac{2 \times 6.0}{17.0} \times \tan\left(45° + \frac{30°}{2}\right) = 1.22 \text{m}$$

6. ① 비배수전단강도(c_u)

$c_u = \dfrac{q_u}{2} \tan\left(45° - \dfrac{\phi}{2}\right)$에서 $\phi = 0°$이므로

$$c_u = \frac{q_u}{2} = \frac{148.6}{2} = 74.3 \text{kN/m}^2$$

여기서, q_u : 일축압축강도

② 극한지지력(q_u)

$N_c = 5.14$, $N_r = 0$, $N_q = 1.0$이고, 연속기초의 형상계수 $\alpha = 1.0$, $\beta = 0.5$이므로

$$q_u = \alpha \cdot c \cdot N_c + \beta \cdot \gamma_1 \cdot B \cdot N_r + \gamma_2 \cdot D_f \cdot N_q$$
$$= 1.0 \times 74.3 \times 5.14 + 0 + 19.2 \times 1.2 \times 1$$
$$= 404.94 \text{kN/m}^2$$

③ 허용지지력(q_a)

$$q_a = \frac{q_u}{F_s} = \frac{404.94}{3} = 134.98 \text{kN/m}^2$$

7. 일라이트(Illite)

① 2개의 실리카판과 1개의 알루미나판으로 이루어진 구조이다.
② 3층 구조로 구조결합 사이에 불치환성 양이온(K^+)이 있다.
③ 중간 정도의 결합력을 가진다.

8. 사질성분이 많은 시료일수록 다짐곡선은 왼쪽 위에 위치하게 된다.

9. Sander의 허용지지력(Q_a)

$$Q_a = \frac{W_h \cdot H}{8S} = \frac{3 \times 300}{8 \times 1.5} = 75.0 \text{kN}$$

10. 현재의 과잉간극수압(u_e)

$U = \frac{u_i - u_e}{u_i} \times 100$에서

$$70 = \frac{u_i - u_e}{u_i} \times 100 = \frac{40 - u_e}{40} \times 100 \text{이므로}$$

$u_e = 12 \text{kN/m}^2$

11. ① 건조단위중량(γ_d)

$$\gamma_d = \frac{\gamma_t}{1 + \frac{w}{100}} = \frac{19.62}{1 + \frac{20}{100}} = 16.35 \text{kN/m}^3$$

② 건조단위중량에 의한 간극비(e)

$$e = \frac{G_s \cdot \gamma_w}{\gamma_d} - 1 = \frac{2.70 \times 9.81}{16.35} - 1 = 0.62$$

③ 포화도(S)

체적과 중량의 상관관계 $S \cdot e = w \cdot G_s$이므로

$$S = \frac{w}{e} \cdot G_s = \frac{20}{0.62} \times 2.70 = 87.10\%$$

12. ① 교란의 효과는 소성이 낮은 모래가 소성이 높은 점토보다 작다.
② 시료가 교란될수록 강도가 작아진다.
③ 시료 채취 직후에는 코어의 체적이 팽창하므로 부(負)의 과잉간극수압이 생긴다.

13. ① 공극비(e)

$$e = \frac{n}{100-n} = \frac{50}{100-50} = 1.0$$

② 안전율(F_s)

$$F_s = \frac{i_c}{i} = \frac{\frac{G_s - 1}{1+e}}{\frac{h}{L}} \text{에서}$$

$$3.0 = \frac{i_c}{i} = \frac{\frac{2.7-1}{1+1.0}}{\frac{h}{15}} = \frac{25.5}{2h}$$

$6h = 25.5$

$h = 4.25 \text{cm}$

14. 조립토와 세립토의 분류는 통일분류법에서는 No.200체(0.075mm체) 통과량 50%를 기준으로 하지만 AASHTO분류법에서는 35%를 기준으로 한다.

15. 1) Dunham 공식

① 흙 입자가 모가 나고 입도가 양호
 : $\phi = \sqrt{12N} + 25$
② 흙 입자가 모가 나고 입도가 불량
 : $\phi = \sqrt{12N} + 20$
③ 흙 입자가 둥글고 입도가 양호
 : $\phi = \sqrt{12N} + 20$
④ 흙 입자가 둥글고 입도가 불량
 : $\phi = \sqrt{12N} + 15$

2) 문제에서
토립자가 둥글고 입도분포가 양호한 모래지반이므로
$\phi = \sqrt{12N} + 20 = \sqrt{12 \times 19} + 20 = 35.1°$

16. ① 부마찰력(Q_{NS})
연약지반에 말뚝을 박은 다음 성토한 경우에는 성토하중에 의하여 압밀이 진행되어 말뚝이 아래로 끌려가 하중 역할을 한다. 이 경우의 극한지지력은 감소한다.
② 부마찰력은 말뚝 주변의 지반이 압밀이 발생할 때 발생한다. 그러나 다짐된 사질지반에서는 압밀현상이 일어나지 않는다.

17. 틱소트로피(thixotropy) 현상은 시간이 경과함에 따라 강도의 일부를 회복되는 현상을 말한다.

18. 평판재하시험은 사운딩(Sounding) 시험이 아니라 지지력 시험이다.

19. 강성기초가 점토지반에 위치하면 가장자리에서 최대접지압이 발생하며, 기초 중앙에서 최소접지압이 발생한다.

20. 1) 각 곡선으로부터 구할 수 있는 요소

시간-침하 곡선	하중-간극비 곡선
① 압밀계수	① 압축지수
② 1차 압밀비	② 선행압밀하중
③ 체적변화계수	③ 압축계수
④ 투수계수	④ 체적변화계수
	⑤ 팽창지수
	⑥ 재압축지수

2) 압밀계수는 시간-침하 곡선으로부터 구할 수 있는 요소이다.

1. ①	2. ④	3. ②	4. ④	5. ④
6. ②	7. ①	8. ②	9. ①	10. ②
11. ②	12. ①	13. ③	14. ①	15. ④
16. ④	17. ②	18. ②	19. ①	20. ④

과년도출제문제(CBT시험문제)

24 토목기사
2회 시행 출제문제

※ 본 기출문제는 수험자의 기억을 바탕으로 하여 복원한 문제이므로 실제 문제와 다를 수 있음을 미리 알려드립니다.

1. 다음 그림에서 C점의 압력수두 및 전수두 값은 얼마 인가?

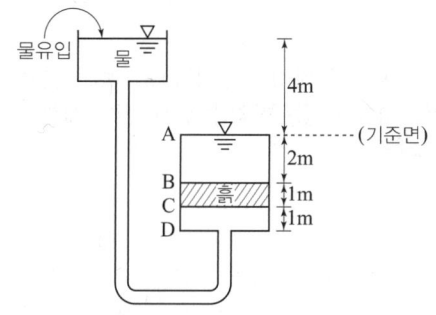

① 압력수두 3m, 전수두 2m
② 압력수두 7m, 전수두 0m
③ 압력수두 3m, 전수두 3m
④ 압력수두 7m, 전수두 4m

2. 지표면이 수평이고 옹벽의 뒷면과 흙과의 마찰각이 0°인 연직옹벽에서 Coulomb 토압과 Rankine 토압은 어떤 관계가 있는가? (단, 점착력은 무시한다.)

① Coulomb 토압은 항상 Rankine 토압보다 크다.
② Coulomb 토압과 Rankine 토압은 같다.
③ Coulomb 토압이 Rankine 토압보다 작다.
④ 옹벽의 형상과 흙의 상태에 따라 클 때도 있고 작을 때도 있다.

3. 아래 그림과 같은 지표면에 2개의 집중하중이 작용하고 있다. 30kN의 집중하중 작용점 하부 2m 지점 A에서의 연직하중의 증가량은 약 얼마인가? (단, 영향계수는 소수점 이하 넷째자리까지 구하여 계산하시오.)

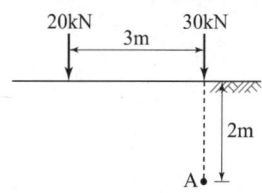

① 3.71kN/m^2
② 8.90kN/m^2
③ 14.2kN/m^2
④ 19.4kN/m^2

4. 그림에서 흙의 단면적이 40cm²이고 투수계수가 0.1cm/sec일 때 흙 속을 통과하는 유량은?

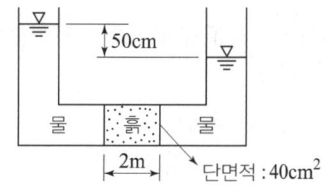

① $1\text{m}^3/\text{hr}$
② $1\text{cm}^3/\text{s}$
③ $100\text{m}^3/\text{hr}$
④ $100\text{cm}^3/\text{s}$

5. 다음 중 연약점토지반 개량공법이 아닌 것은?

① 프리로딩(Pre-loading) 공법
② 샌드 드레인(Sand drain) 공법
③ 페이퍼 드레인(Paper drain) 공법
④ 바이브로플로테이션(Vibro flotation) 공법

6. 함수비 15%인 흙 2300g이 있다. 이 흙의 함수비를 25%가 되도록 증가시키려면 얼마의 물을 가해야 하는가?

① 200g
② 230g
③ 345g
④ 575g

7. 2m×2m 정방형 기초가 1.5m 깊이에 있다. 이 흙의 단위중량 $\gamma = 17\text{kN/m}^3$, 점착력 $c = 0$이며 $N_r = 19$, $N_q = 22$이다. Terzaghi의 공식을 이용하여 전허용하중(Q_{all})을 구한 값은? (단, 안전율 $F_s = 3$으로 한다)

① 273kN
② 546kN
③ 819kN
④ 1093kN

8. 예민비가 매우 큰 연약점토지반에 대해서 현장의 비배수 전단강도를 측정하기 위한 시험방법으로 가장 적합한 것은?

① 압밀 비배수 시험 ② 표준관입시험
③ 직접전단시험 ④ 현장베인시험

9. 통일분류법(統一分類法)에 의해 SP로 분류된 흙의 설명으로 옳은 것은?

① 모래질 실트를 말한다.
② 모래질 점토를 말한다.
③ 압축성이 큰 모래를 말한다.
④ 입도분포가 나쁜 모래를 말한다.

10. Terzaghi는 포화점토에 대한 1차 압밀이론에서 수학적 해를 구하기 위하여 다음과 같은 가정을 하였다. 이 중 옳지 않은 것은?

① 흙은 균질하다.
② 흙은 완전히 포화되어 있다.
③ 흙 입자와 물의 압축성을 고려한다.
④ 흙 속에서의 물의 이동은 Darcy 법칙을 따른다.

11. 다음 표는 흙의 다짐에 대해 설명한 것이다. 옳게 설명한 것을 모두 고른 것은?

(1) 사질토에서 다짐에너지가 클수록 최대건조단위중량은 커지고 최적함수비는 줄어든다.
(2) 입도분포가 좋은 사질토가 입도분포가 균등한 사질토보다 더 잘 다져진다.
(3) 다짐곡선은 반드시 영공기간극곡선의 왼쪽에 그려진다.
(4) 양족롤러(Sheep's foot roller)는 점성토를 다지는 데 적합하다.
(5) 점성토에서 흙은 최적함수비보다 큰 함수비로 다지면 면모구조를 보이고 작은 함수비로 다지면 이산구조를 보인다.

① (1), (2), (3), (4) ② (1), (2), (3), (5)
③ (1), (4), (5) ④ (2), (4), (5)

12. 말뚝이 20개인 군항기초에 있어서 효율이 0.75이고, 단항으로 계산된 말뚝 한 개의 허용지지력이 150kN일 때 군항의 허용지지력은 얼마인가?

① 1125kN ② 2250kN
③ 3000kN ④ 4000kN

13. 폭 10cm, 두께 3mm인 Paper Drain 설계 시 Sand drain의 지름과 동등한 값(등치환산원의 지름)으로 볼 수 있는 것은?

① 2.5cm ② 5.0cm
③ 7.5cm ④ 10.0cm

14. 아래 그림과 같은 무한사면이 있다. 흙과 암반의 경계면에서 흙의 강도정수 $c=18kN/m^2$, $\phi=25°$이고, 흙의 단위중량 $\gamma=19kN/m^3$인 경우 경계면에서 활동에 대한 안전율을 구하면?

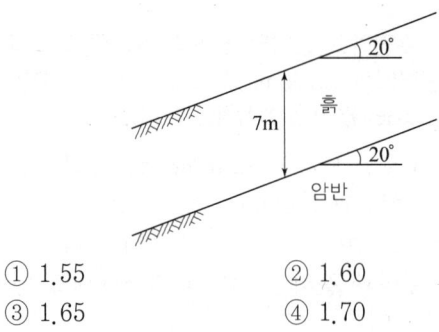

① 1.55 ② 1.60
③ 1.65 ④ 1.70

15. 토립자가 둥글고 입도분포가 양호한 모래지반에서 N치를 측정한 결과 $N=19$가 되었을 경우, Dunham의 공식에 의한 이 모래의 내부마찰각(ϕ)은?

① 20° ② 25°
③ 30° ④ 35°

16. Mohr의 응력원에 대한 설명 중 틀린 것은?

① Mohr의 응력원에서 응력상태는 파괴포락선 위쪽에 존재할 수 없다.
② Mohr의 응력원이 파괴포락선과 접하지 않을 경우 전단파괴가 발생됨을 뜻한다.
③ 비압밀비배수 시험조건에서 Mohr의 응력원은 수평축과 평행한 형상이 된다.
④ Mohr의 응력원에 접선을 그었을 때 종축과 만나는 점이 점착력 c이고, 그 접선의 기울기가 내부마찰각 ϕ이다.

17. 흙의 투수성에서 사용되는 Darcy의 법칙 $\left(Q = k \cdot \dfrac{\Delta h}{L} \cdot A\right)$에 대한 설명으로 틀린 것은?

① Δh는 수두차이다.
② 투수계수(k)의 차원은 속도의 차원(cm/s)과 같다.
③ A는 실제로 물이 통하는 공극부분의 단면적이다.
④ 물의 흐름이 난류인 경우에는 Darcy의 법칙이 성립하지 않는다.

18. 흙의 동상에 영향을 미치는 요소가 아닌 것은?

① 모관 상승고
② 흙의 투수계수
③ 흙의 전단강도
④ 동결온도의 계속시간

19. 흙 시료의 전단파괴면을 미리 정해 놓고 흙의 강도를 구하는 시험은?

① 일축압축시험 ② 삼축압축시험
③ 직접전단시험 ④ 평판재하시험

20. A, B 두 종류의 흙에 관한 토질시험 결과가 표와 같다. 다음 내용 설명 중 옳은 것은?

구분	A	B
액성한계	30%	10%
소성한계	15%	5%
함수비	23%	12%
비중	2.73	2.67

① A는 B보다 간극비가 크다.
② A는 B보다 점토분을 많이 함유하고 있다.
③ A는 B보다 습윤밀도가 크다.
④ A는 B보다 건조밀도가 크다.

해설 및 정답

1.

	압력수두	위치수두	전수두
A점	0	0	0
B점	2	-2	0
C점	7	-3	4
D점	8	-4	4

① 토질역학에 있어서 전수두=압력수두 + 위치수두

② 압력수두는 $h_p = \dfrac{u}{\gamma_w}$ 이다. 즉, 임의 지점에서 올라온 물의 높이이다.

③ 위치수두(z)는 기준면에서 임의 지점까지의 높이이다.

2. 연직옹벽에서 지표면이 수평이고 벽마찰각이 0인 경우, 즉 벽마찰을 무시하면 Rankine의 토압과 Coulomb의 토압은 동일하다.

3. ① 중앙에 작용하는 집중하중에 의한 지반 내의 지중응력 증가량($\Delta\sigma_{z1}$)

$$I = \dfrac{3}{2\pi} = 0.4775$$

$$\Delta\sigma_{z1} = \dfrac{Q}{z^2} \cdot I = \dfrac{30}{2^2} \times 0.4775 = 3.58 \text{kN/m}^2$$

② 3m 떨어진 곳에 집중하중에 의한 지반 내의 지중응력 증가량($\Delta\sigma_{z1}$)

$$R = \sqrt{r^2 + z^2} = \sqrt{3^2 + 2^2} = \sqrt{13} = 3.6056\text{m}$$

$$I = \dfrac{3 \cdot z^5}{2 \cdot \pi \cdot R^5} = \dfrac{3 \times 2^5}{2 \times \pi \times 3.6056^5} = 0.0251$$

$$\Delta\sigma_{z1} = \dfrac{Q}{z^2} \cdot I = \dfrac{20}{2^2} \times 0.0251 = 0.13 \text{kN/m}^2$$

③ 연직응력 증가량($\Delta\sigma_z$)

$$\Delta\sigma_z = \Delta\sigma_{z1} + \Delta\sigma_{z2} = 3.58 + 0.13 = 3.71 \text{kN/m}^2$$

4. 흙 속을 통과하는 유량(Q)

시료의 길이 $L = 2\text{m} = 200\text{cm}$ 이므로

$$Q = A \cdot K \cdot i = A \cdot K \cdot \dfrac{h}{L}$$

$$= 40 \times 0.1 \times \dfrac{50}{200} = 1.0 \text{cm}^3/\sec$$

5. 1) 모래지반 개량공법
　① 다짐 말뚝 공법
　② 다짐 모래 말뚝 공법(컴포져 공법)
　③ 바이브로플로테이션 공법
　④ 폭파 다짐 공법
　⑤ 전기 충격 공법

2) 바이브로 플로테이션(Vibro flotation) 공법은 모래지반에 적용하는 공법이다.

6. ① 문제의 핵심
함수비가 변화하면 물의 질량 m_w이 변하여 전체 질량 m은 변하지만 흙 입자 만의 질량 m_s는 변하지 않는다.

② 흙 입자 만의 질량(m_s)

$$m_s = \dfrac{m}{1 + \dfrac{w}{100}} = \dfrac{2,300}{1 + \dfrac{15}{100}} = 2,000\text{g}$$

③ 함수비 15%일 때의 물의 질량($m_{w(15\%)}$)

$$m_{w(15\%)} = m - m_s = 2,300 - 2,000 = 300\text{g}$$

④ 함수비 25%일 때의 물의 질량($m_{w(25\%)}$)
함수비가 변하여도 흙 입자 만의 질량 m_s는 변하지 않으므로

함수비 $w = \dfrac{m_w}{m_s} \times 100 = \dfrac{m_w}{2,000} \times 100 = 25\%$ 이므로

$$m_{w(25\%)} = \dfrac{25}{100} \times 2,000 = 500\text{g}$$

⑤ 첨가할 물의 양
첨가할 물의 양 $= m_{w(25\%)} - m_{w(15\%)}$
$= 500 - 300 = 200\text{g}$

7. ① 정사각형 기초의 극한지지력(q_u)
정방형 기초의 형상계수는 $\alpha = 1.3$, $\beta = 0.4$이다.

$$q_u = 1.3 \cdot c \cdot N_c + 0.4 \cdot \gamma_1 \cdot B \cdot N_r + \gamma_2 \cdot D_f \cdot N_q$$
$$= 0 + 0.4 \times 17 \times 2 \times 19 + 17 \times 1.5 \times 22$$
$$= 819.4 \text{kN/m}^2$$

② 허용지지력(q_a)

$$q_a = \dfrac{q_u}{F_s} = \dfrac{819.4}{3} = 273.13 \text{kN/m}^2$$

③ 허용하중(Q_a)

$$Q_a = q_a \cdot A = 273.13 \times (2 \times 2) = 1092.52 \text{kN}$$

8. 베인전단 시험(Vane Shear Test)
깊이 10m 미만의 연약한 점토지반의 점착력을 측정하는 시험으로 회전저항모멘트(N·m)를 측정하여 비배수 점착력을 측정한다.

9. 통일분류법에서 1 문자는 S이므로 모래이며, 제 2 문자는 P이므로 입도 분포가 나쁘다. 즉, SP는 입도 분포가 나쁜 모래를 말한다.

10. 흙 입자와 물의 압축성은 무시한다.

11. 점성토에서 흙은 최적함수비보다 큰 함수비로 다지면 이산(분산)구조를 보이고 작은 함수비로 다지면 면모구조를 보인다.

12. 군항의 허용지지력(Q_{age})
$$Q_{age} = E \cdot N \cdot Q_a = 0.75 \times 20 \times 150 = 2250\text{kN}$$

13. 환산 직경(D)
$$D = \alpha \cdot \frac{2(t+b)}{\pi} = 0.75 \times \frac{2 \times (10 + 0.3)}{\pi} = 4.92\text{cm}$$

14. 1) 반무한 사면의 안정에서 지하수위가 파괴면 아래에 있는 경우
$$F_s = \frac{\tau_f}{\tau_d} = \frac{c' + \gamma_t \cdot H \cdot \cos^2\beta \cdot \tan\phi}{\gamma_t \cdot H \cdot \cos\beta \cdot \sin\beta}$$
$$= \frac{c'}{\gamma_t \cdot H \cdot \cos\beta \cdot \sin\beta} + \frac{\tan\phi}{\tan\beta}$$

2) 문제에서
$$F_s = \frac{\tau_f}{\tau_d} = \frac{c' + \gamma_t \cdot H \cdot \cos^2\beta \cdot \tan\phi}{\gamma_t \cdot H \cdot \cos\beta \cdot \sin\beta}$$
$$= \frac{c'}{\gamma_t \cdot H \cdot \cos\beta \cdot \sin\beta} + \frac{\tan\phi}{\tan\beta}$$
$$F_s = \frac{c'}{\gamma_t \cdot H \cdot \cos\beta \cdot \sin\beta} + \frac{\tan\phi}{\tan\beta}$$
$$= \frac{18}{19 \times 7 \times \cos 20° \times \sin 20°} + \frac{\tan 25°}{\tan 20°} = 1.70$$

【별해】
$$F_s = \frac{\tau_f}{\tau_d} = \frac{c' + (\sigma - u)\tan\phi}{\tau_d}$$

① 수직응력(σ)
$$\sigma = \gamma_t \cdot H \cdot \cos^2 i$$
$$= 19 \times 7 \times \cos^2 20° = 117.44\text{kN/m}^2$$

② 전단응력(τ_d)
$$\tau_d = \gamma_t \cdot H \cdot \cos i \cdot \sin i$$
$$= 19 \times 7 \times \cos 20° \times \sin 20° = 42.75\text{kN/m}^2$$

③ 안전율(F_s)
$$F_s = \frac{\tau_f}{\tau_d} = \frac{c' + (\sigma - u)\tan\phi}{\tau_d}$$
$$= \frac{18 + (117.44 - 0) \times \tan 25°}{42.75} = 1.70$$

15. 1) Dunham 공식
① 흙 입자가 모가 나고 입도가 양호
: $\phi = \sqrt{12N} + 25$
② 흙 입자가 모가 나고 입도가 불량
: $\phi = \sqrt{12N} + 20$
③ 흙 입자가 둥글고 입도가 양호
: $\phi = \sqrt{12N} + 20$
④ 흙 입자가 둥글고 입도가 불량
: $\phi = \sqrt{12N} + 15$

2) 문제에서
토립자가 둥글고 입도분포가 양호한 모래지반이므로
$\phi = \sqrt{12N} + 20 = \sqrt{12 \times 19} + 20 = 35.1°$

16. 파괴포락선
① Mohr원이 파괴포락선 아래에 있으면 전단파괴가 일어나기 전의 상태이다.
② Mohr원이 파괴포락선에 접하면 전단파괴가 일어난 상태이다.
③ Mohr원이 파괴포락선 위에 있으면 전단파괴가 이미 발생하였기 때문에 이러한 경우는 이론상 존재할 수 없다.

17. Darcy의 법칙 $Q = A \cdot K \cdot i \cdot t$ 에서 A는 흐름에 직각인 시료의 전단면적(cross section)이다.

18. 1) 동상량의 주요인자
   ① 모관상승고가 크다.
   ② 투수성이 크다.
   ③ 지하수위가 동결선 위에 존재한다.
   ④ 동결온도의 지속시간이 길다.
   2) 흙의 전단강도는 흙의 동상에 영향을 미치는 요소가 아니다.

19. 직접전단시험은 전단파괴면을 미리 정해놓고 흙의 전단강도를 구하는 시험이다.

20. ① 소성지수(PI, I_p)
   A 흙의 소성지수 $PI = w_L - w_p = 30 - 15 = 15\%$
   B 흙의 소성지수 $PI = w_L - w_p = 10 - 5 = 5\%$
   ② 액성한계(w_L)와 소성지수(I_p)가 클수록 점토의 함유율이 크다.
   따라서, 액성한계(w_L)와 소성지수(I_p)가 큰 A흙이 점토분을 많이 함유하고 있다.

1. ④	2. ②	3. ①	4. ②	5. ④
6. ①	7. ④	8. ④	9. ④	10. ③
11. ①	12. ②	13. ②	14. ④	15. ④
16. ②	17. ③	18. ③	19. ③	20. ②

과년도출제문제(CBT시험문제)

24 토목기사
3회 시행 출제문제

※ 본 기출문제는 수험자의 기억을 바탕으로 하여 복원한 문제이므로 실제 문제와 다를 수 있음을 미리 알려드립니다.

1. 수평방향 투수계수가 0.12cm/sec이고, 연직방향 투수계수가 0.03cm/sec일 때 1일 침투유량은?

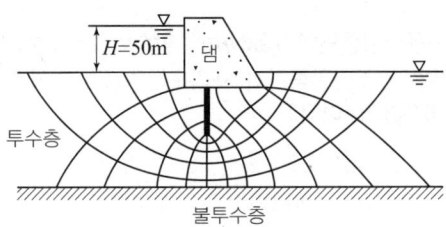

① 970m³/day/m ② 1080m³/day/m
③ 1220m³/day/m ④ 1410m³/day/m

2. 전단마찰각이 25°인 점토의 현장에 작용하는 수직응력이 50kN/m²이다. 과거 작용했던 최대하중이 100kN/m²이라고 할 때 대상지반의 정지토압계수를 추정하면?

① 0.40 ② 0.57
③ 0.82 ④ 1.14

3. 그림과 같이 지표면에 집중하중이 작용할 때 A점에서 발생하는 연직응력의 증가량은?

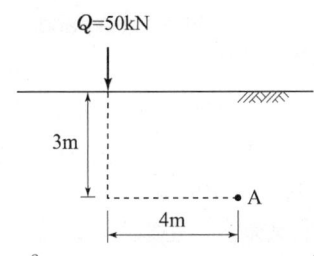

① 0.21kN/m² ② 0.24kN/m²
③ 0.27kN/m² ④ 0.30kN/m²

4. 어떤 퇴적층에서 수평방향의 투수계수는 4.0×10^{-4} cm/sec이고, 수직방향의 투수계수는 3.0×10^{-4} cm/sec이다. 이 흙을 등방성으로 생각할 때, 등가의 평균투수계수는 얼마인가?

① 3.46×10^{-4} cm/sec
② 5.0×10^{-4} cm/sec
③ 6.0×10^{-4} cm/sec
④ 6.93×10^{-4} cm/sec

5. 지반개량공법 중 주로 모래질 지반을 개량하는데 사용되는 공법은?

① 프리로딩 공법
② 생석회 말뚝 공법
③ 페이퍼 드레인 공법
④ 바이브로 플로테이션 공법

6. 그림에서 정사각형 독립기초 2.5m×2.5m가 실트질 모래 위에 시공되었다. 이때 근입깊이가 1.50m인 경우 허용지지력은 약 얼마인가? (단, $N_c = 35$, $N_r = N_q = 20$, 안전율은 3)

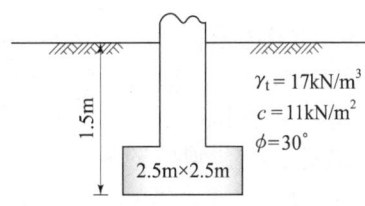

① 250kN/m² ② 300kN/m²
③ 350kN/m² ④ 450kN/m²

7. 그림과 같은 지반에서 유효응력에 대한 점착력 및 마찰각이 각각 $c' = 10kN/m^2$, $\phi = 20°$일 때, A점에서의 전단강도는? (단, 물의 단위중량은 $9.81kN/m^3$이다.)

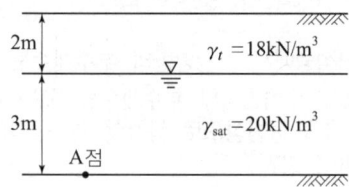

① $34.23kN/m^2$ ② $44.94kN/m^2$
③ $54.25kN/m^2$ ④ $66.17kN/m^2$

8. 어떤 점토지반에서 베인시험을 실시하였다. 베인의 지름이 50mm, 높이가 100mm, 파괴 시 토크가 59N·m일 때 이 점토의 점착력은?

① $129kN/m^2$ ② $157kN/m^2$
③ $213kN/m^2$ ④ $276kN/m^2$

9. 다음 점성토의 교란에 관련된 사항 중 잘못된 것은?

① 교란 정도가 클수록 $e - \log P$ 곡선의 기울기가 급해진다.
② 교란될수록 압밀계수는 작게 나타낸다.
③ 교란을 최소화하려면 면적비가 작은 샘플러를 사용한다.
④ 교란의 영향을 제거한 SHANSEP 방법을 적용하면 효과적이다.

10. 흙의 다짐에 관한 설명 중 옳지 않은 것은?

① 조립토는 세립토보다 최적함수비가 작다.
② 최대건조단위중량이 큰 흙일수록 최적함수비는 작은 것이 보통이다.
③ 점성토지반을 다질 때는 진동 롤러로 다지는 것이 유리하다.
④ 일반적으로 다짐에너지를 크게 할수록 최대건조단위중량은 커지고 최적함수비는 줄어든다.

11. 콘크리트말뚝을 마찰말뚝으로 보고 설계할 때, 총 연직하중을 2000kN, 말뚝 1개의 극한지지력을 980kN, 안전율을 2.0으로 하면 소요말뚝의 수는?

① 6개 ② 5개
③ 3개 ④ 2개

12. 습윤단위중량이 $19kN/m^3$, 함수비 25%, 비중이 2.7인 경우 건조단위중량과 포화도는? (단, 물의 단위중량은 $9.81kN/m^3$이다.)

① $17.3kN/m^3$, 97.8%
② $17.3kN/m^3$, 90.9%
③ $15.2kN/m^3$, 97.8%
④ $15.2kN/m^3$, 90.9%

13. 그림과 같이 $c = 0$인 모래로 이루어진 무한사면이 안정을 유지(안전율≥1)하기 위한 경사각(β)의 크기로 옳은 것은? (단, 물의 단위중량은 $9.81kN/m^3$이다.)

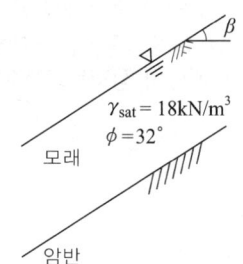

① $\beta \leq 7.94°$ ② $\beta \leq 15.87°$
③ $\beta \leq 23.79°$ ④ $\beta \leq 31.76°$

14. 흙의 분류에 사용되는 Casagrande 소성도에 대한 설명으로 틀린 것은?

① 세립토를 분류하는 데 이용한다.
② U선은 액성한계와 소성지수의 상한선으로 U선 위쪽으로는 측점이 있을 수 없다.
③ 액성한계 50%를 기준으로 저소성(L) 흙과 고소성(H) 흙으로 분류한다.
④ A선 위의 흙은 실트(M) 또는 유기질토(O)이며, A선 아래의 흙은 점토(C)이다.

15. 그림과 같이 옹벽 배면의 지표면에 등분포 하중이 작용할 때, 옹벽에 작용하는 전체 주동토압의 합력(P_a)과 옹벽 저면으로부터 합력의 작용점까지의 높이(h)는?

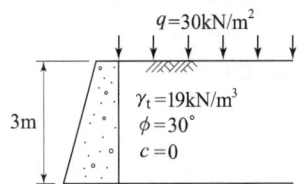

① $P_a = 28.5$kN/m, $h = 1.26$m
② $P_a = 28.5$kN/m, $h = 1.38$m
③ $P_a = 58.5$kN/m, $h = 1.26$m
④ $P_a = 58.5$kN/m, $h = 1.38$m

16. 점성토를 다지면 함수비의 증가에 따라 입자의 배열이 달라진다. 최적함수비의 습윤측에서 다짐을 실시하면 흙은 어떤 구조로 되는가?

① 단립구조
② 봉소구조
③ 이산구조
④ 면모구조

17. 크기가 30cm×30cm의 평판을 이용하여 사질토 위에서 평판재하시험을 실시하고 극한지지력 200kN/m²을 얻었다. 크기가 1.8m×1.8m인 정사각형 기초의 총 허용하중은 약 얼마인가? (단, 안전율 3을 사용)

① 220kN
② 660kN
③ 1296kN
④ 1500kN

18. 다음 그림에서 흙의 저면에 작용하는 단위 면적당 침투수압은? (단, $\gamma_w = 9.81$kN/m³)

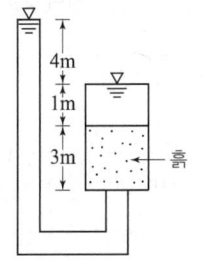

① 79.2kN/m²
② 49.2kN/m²
③ 39.2kN/m²
④ 29.2kN/m²

19. 점착력이 50kN/m², $\gamma_t = 18$kN/m³의 비배수 상태 ($\phi = 0$)인 포화된 점성토지반에 지름 40cm, 길이 10m의 PHC말뚝이 항타시공되었다. 이 말뚝의 선단지지력은? (단, Meyerhof 방법을 사용)

① 15.7kN
② 32.3kN
③ 56.5kN
④ 450kN

20. 연약한 점성토의 지반특성을 파악하기 위한 현장조사 시험방법에 대한 설명 중 틀린 것은?

① 현장베인시험은 연약한 점토층에서 비배수 전단강도를 직접 산정할 수 있다.
② 정적콘관입시험(CPT)은 콘지수를 이용하여 비배수 전단강도 추정이 가능하다.
③ 표준관입시험에서의 N값은 연약한 점성토지반 특성을 잘 반영해 준다.
④ 정적콘관입시험(CPT)은 연속적인 지층분류 및 전단강도 추정 등 연약점토 특성분석에 매우 효과적이다.

해설 및 정답

1. ① 유선의 수는 6개이면, 유로의 수는 5개이다.
② 상, 하류면은 등수두선이므로 등수두선의 수는 13개이며, 등수두면의 수는 12개이다.
③ 등가등방성 투수계수(K')
$$K' = \sqrt{K_h \cdot K_v} = \sqrt{0.12 \times 0.03} = 0.06 \text{cm/sec}$$
④ 단위시간당 침투수량(q)
㉮ $H = 50.0$m
㉯ $q = K \cdot H \cdot \dfrac{N_f}{N_d}$
$$= 0.0006 \times 50 \times \left(\dfrac{5}{12}\right) = 0.0125 \text{m}^3/\text{sec}$$
⑤ 1일간 전투수량(Q)
$$Q = 0.0125 \times (60 \times 60 \times 24) = 1,080 \text{m}^3/\text{day}$$

2. ① 과압밀비
$$OCR = \dfrac{\text{선행압밀하중}}{\text{현재의 유효상재하중}} = \dfrac{100}{50} = 2$$
② 모래 및 정규압밀점토인 경우
$$K_O = 1 - \sin\phi' = 1 - \sin 25 = 0.577$$
③ 과압밀점토인 경우
$$K_{0(\text{과압밀})} = K_{0(\text{정규압밀})}\sqrt{OCR} = 0.577\sqrt{2} = 0.82$$

3. ① 연직응력 증가량($\Delta\sigma_z$)
$$\Delta\sigma_z = \dfrac{3 \cdot Q \cdot Z^3}{2 \cdot \pi \cdot R^5} = \dfrac{Q}{z^2} \cdot I$$
$$= \dfrac{50}{3^2} \times 0.037 = 0.21 \text{kN/m}^2$$
여기서, $R = \sqrt{r^2 + z^2} = \sqrt{4^2 + 3^2} = 5$m
② 영향계수(influence value, I)
$$I = \dfrac{3 \cdot z^5}{2 \cdot \pi \cdot R^5} = \dfrac{3 \times 3^5}{2 \times \pi \times 5^5} = 0.037$$

4. ① 이방성 투수계수(K')
$$K' = \sqrt{K_h \cdot K_z}$$
$$= \sqrt{(4 \times 10^{-4}) \times (3 \times 10^{-4})}$$
$$= 3.46 \times 10^{-4} \text{cm/sec}$$

5. 모래지반 개량공법
① 다짐 말뚝 공법
② 다짐 모래 말뚝 공법(컴포져 공법)
③ 바이브로 플로테이션 공법
④ 폭파 다짐 공법
⑤ 전기 충격 공법

6. ① 기초의 극한지지력(q_u)
정사각형 독립기초이므로 형상계수 $\alpha = 1.3$, $\beta = 0.4$ 이므로
$$q_u = \alpha \cdot c \cdot N_c + \beta \cdot \gamma_1 \cdot B \cdot N_r + \gamma_2 \cdot D_f \cdot N_q$$
$$= 1.3 \times 11 \times 35 + 0.4 \times 17 \times 2.5 \times 20 + 17 \times 1.5 \times 20$$
$$= 1350.5 \text{kN/m}^2$$
② 허용지지력(q_a)
$$q_a = \dfrac{q_u}{F_s} = \dfrac{1350.5}{3} = 450.17 \text{kN/m}^2$$

7. 1) 수직응력
① 전응력 : $\sigma = \gamma_t \times 2 + \gamma_{\text{sat}} \times 3$
$$= 18 \times 2 + 20 \times 3 = 96 \text{kN/m}^2$$
② 간극수압 : $u = \gamma_w \times 3 = 9.81 \times 3 = 29.43 \text{kN/m}^2$
③ 유효응력 : $\sigma' = \sigma - u$
$$= 96 - 29.43 = 66.57 \text{kN/m}^2$$
2) 전단강도(τ)
$c = 0$이므로
$$\tau = c' + \sigma' \cdot \tan\phi$$
$$= 10 + 66.57 \times \tan 20° = 34.23 \text{kN/m}^2$$

8. 1) 단위 환산
① 지름 $D = 50$mm $= 5$cm $= 0.05$m
② 길이 $H = 100$mm $= 10$cm $= 0.1$m
2) 베인전단 시험에 의한 전단강도(c_u)
$$S = c_u = \dfrac{T}{\pi \cdot D^2 \cdot \left(\dfrac{H}{2} + \dfrac{D}{6}\right)}$$
$$= \dfrac{59}{\pi \times 0.05^2 \times \left(\dfrac{0.1}{2} + \dfrac{0.05}{6}\right)}$$
$$= 128,779.09 \text{N/m}^2 = 128.78 \text{kN/m}^2$$

9. ① 교란정도가 클수록 $e-\log P$ 곡선의 기울기가 완만하다.
  ㉮ 흐트러지지 않은 점토
   $C_c = 0.009(w_L - 10)$
  ㉯ 흐트러진 점토
   $C_c = 0.007(w_L - 10)$

② SHANSEP 방법(Stress History and Normalifed Soil Engineering Properties Method)
점토시료의 교란 효과는 현위치 응력보다 훨씬 더 큰 응력에서는 소멸되며 또한 점토의 강도는 압밀응력에 대해 정규화 거동을 나타낸다는 사실을 바탕으로 교란 효과를 제거한 비배수 강도를 구하는 방법이 SEAHSEP 방법이다.

10. 현장 다짐기계
① 사질토 : 진동 롤러(vibratory roller)
② 점성토 : 탬핑 롤러(tamping roller), 양족 롤러(sheeps foot roller)

11. ① 허용지지력(Q_a)
$$Q_a = \frac{Q_u}{F_s} = \frac{980}{2} = 490\text{kN}$$
② 소요말뚝의 수(N)
$$N = \frac{Q}{Q_a} = \frac{2000}{490} = 4.08\text{개}$$
따라서 5개의 말뚝을 설치하여야 한다.

12. ① 건조단위중량(γ_d)
$$\gamma_d = \frac{\gamma_t}{1+\frac{w}{100}} = \frac{19}{1+\frac{25}{100}} = 15.2\text{kN/m}^3$$
② 간극비(e)
$$e = \frac{G_s \cdot \gamma_w}{\gamma_d} - 1 = \frac{2.70 \times 9.81}{15.2} - 1 = 0.743$$
③ 포화도(S)
$$S = \frac{w}{e} \cdot G_s = \frac{25}{0.743} \times 2.70 = 90.85\%$$

13. 경사각(β)
반무한사면의 안정에서 모래지반에서 지하수위가 지표면과 일치하는 경우
$F_s = \frac{\gamma_{\text{sub}}}{\gamma_{\text{sat}}} \cdot \frac{\tan\phi}{\tan\beta}$ 에서 사면이 안전하기 위하여서는
$F_s \geq 1$이 되어야 하므로
$$F_s = \frac{18-9.81}{18} \times \frac{\tan 32°}{\tan\beta} = 1$$
$$\tan\beta = \frac{8.19}{18} \times \tan 32°$$
$$\beta = \tan^{-1}\left(\frac{8.19}{18} \times \tan 32°\right) = 15.87°$$

14. A선 아래의 흙은 실트(M) 또는 유기질토(O)이며, A선 위의 흙은 점토(C)이다.

15. ① 주동토압계수(K_A)
$$K_A = \frac{1-\sin\phi}{1+\sin\phi} = \frac{1-\sin 30°}{1+\sin 30°} = \frac{1}{3}$$
② 전주동토압(P_A)
$$P_A = P_{A1} + P_{A2} = K_A \cdot q \cdot H + \frac{1}{2} K_A \cdot \gamma \cdot H^2$$
$$= \frac{1}{3} \times 30 \times 3 + \frac{1}{2} \times \frac{1}{3} \times 19 \times 3^2 = 58.5\text{kN/m}$$
③ 작용점(h)
$$h \cdot P_A = P_{A1} \times \frac{H}{2} + P_{A2} \times \frac{H}{3}$$
$$h \times 58.5 = 30 \times \frac{3}{2} + 28.5 \times \frac{3}{3}$$
$$h = 1.26\text{m}$$

16. ① 점토는 습윤측으로 다지면 입자가 서로 평행한 분산구조(이산구조)를 이룬다.
② 점토는 건조측으로 다지면 입자가 엉성하게 엉기는 면모구조를 이룬다.

17. ① 기초의 극한지지력($q_{u(\text{기초})}$)
$$q_{u(\text{기초})} = q_{u(\text{재하판})} \cdot \frac{B_{(\text{기초})}}{B_{(\text{재하판})}}$$
$$= 200 \times \frac{1.8}{0.3} = 1200\text{kN/m}^2$$
② 허용지지력(q_a)
$$q_a = \frac{q_u}{F_s} = \frac{1200}{3} = 400\text{kN/m}^2$$
③ 총허용하중(Q_a)
$$Q_a = q_a \cdot A = 400 \times (1.8 \times 1.8) = 1296\text{kN}$$

18. 단위 면적당 침투수압(F)

$$F = i \cdot \gamma_w \cdot z = \left(\frac{h}{L}\right) \cdot \gamma_w \cdot z$$
$$= \left(\frac{4}{3}\right) \times 9.81 \times 3 = 39.24 \text{kN/m}^2$$

19. ① 단위면적당 말뚝의 선단지지력(q_u)
비배수 상태($\phi = 0$)인 포화 점토에 관입된 말뚝의 지지력계수 $N_c' = 9$, $N_q = 0$이므로
$$q_u = c \cdot N_c' + \gamma \cdot D_f \cdot N_q$$
$$= 50 \times 9 + 0 = 450 \text{kN/m}^2$$
② 말뚝의 선단지지력(Q_p)
$$Q_p = q_u \cdot A_p = q_u \cdot \left(\frac{\pi \cdot D^2}{4}\right)$$
$$= (50 \times 9) \times \left(\frac{\pi \times 0.4^2}{4}\right) = 56.5 \text{kN}$$

20. 현장에서의 전단강도 측정
① 표준관입 시험은 주로 모래 지반에 적용한다.
② 베인 전단 시험은 깊이 10m 미만의 연약한 점토 지반의 점착력을 측정하는 시험이다.

1. ②	2. ③	3. ①	4. ①	5. ④
6. ④	7. ①	8. ①	9. ①	10. ③
11. ②	12. ④	13. ②	14. ④	15. ③
16. ③	17. ③	18. ③	19. ③	20. ③

과년도출제문제(CBT시험문제)

※ 본 기출문제는 수험자의 기억을 바탕으로 하여 복원한 문제이므로 실제 문제와 다를 수 있음을 미리 알려드립니다.

1. 현장다짐을 실시한 후 들밀도시험을 수행하였다. 파낸 흙의 체적과 무게가 각각 365.0cm³, 745g이었으며, 함수비는 12.5%였다. 흙의 비중이 2.65이다. 실내 표준다짐 시 최대건조밀도가 1.90g/cm³일 때 상대다짐도는?

① 88.7% ② 93.1%
③ 95.3% ④ 97.8%

2. 그림과 같은 사면에서 활동에 대한 안전율은?

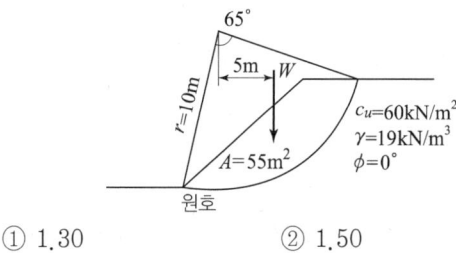

① 1.30 ② 1.50
③ 1.70 ④ 1.90

3. 연약지반 위에 성토를 실시한 다음, 말뚝을 시공하였다. 시공 후 발생 될 수 있는 현상에 대한 설명으로 옳은 것은?

① 성토를 실시하였으므로 말뚝의 지지력은 점차 증가한다.
② 말뚝을 암반층 상단에 위치하도록 시공하였다면 말뚝의 지지력에는 변함이 없다.
③ 압밀이 진행됨에 따라 지반의 전단강도가 증가되므로 말뚝의 지지력은 점차 증가된다.
④ 압밀로 인해 부의 주면마찰력이 발생되므로 말뚝의 지지력은 감소된다.

4. 유선망(Flow Net)의 성질에 대한 설명으로 틀린 것은?

① 유선과 등수두선은 서로 직교한다.
② 동수경사(i)는 등수두선의 폭에 비례한다.
③ 유선망으로 되는 사각형은 이론상 정사각형이다.
④ 인접한 두 유선 사이, 즉 유로를 흐르는 침투유량은 동일하다.

5. 중심간격이 2.0m, 지름 40cm인 말뚝을 가로 4개, 세로 5개씩 전체 20개의 말뚝을 박았다. 말뚝 한 개의 허용지지력이 150kN이라면 이 군항의 허용지지력은 약 얼마인가? (단, 군말뚝의 효율은 Converse-Labarre 공식을 사용)

① 4,500kN ② 3,000kN
③ 2,415kN ④ 1,145kN

6. 어느 모래층의 간극률 35%, 비중이 2.66이다. 이 모래의 분사현상(Quick Sand)에 대한 한계동수경사는 얼마인가?

① 0.99 ② 1.08
③ 1.16 ④ 1.32

7. 사운딩에 대한 설명으로 틀린 것은?

① 로드 선단에 지중저항체를 설치하고 지반 내 관입, 압입, 또는 회전하거나 인발하여 그 저항치로부터 지반의 특성을 파악하는 지반 조사 방법이다.
② 정적사운딩과 동적사운딩이 있다.
③ 압입식 사운딩의 대표적인 방법은 Standard Penetration Test(SPT)이다.
④ 특수사운딩 중 측압사운딩의 공내 횡방향 재하시험은 보링공을 기계적으로 수평으로 확장시키면서 측압과 수평변위를 측정한다.

8. 입도 분석시험 결과가 아래 표와 같다. 이 흙을 통일분류법에 의해 분류하면?

- 0.075mm체 통과율=3%
- 2mm체 통과율=40%
- 4.75mm체 통과율=65%
- $D_{10}=0.10mm$
- $D_{30}=0.13mm$
- $D_{60}=3.2mm$

① GW ② GP
③ SW ④ SP

9. 두께가 4미터인 점토층이 모래층 사이에 끼어있다. 점토층에 30kN/m²의 유효응력이 작용하여 최종 침하량이 10cm가 발생하였다. 실내압밀시험결과 측정된 압밀계수(C_v)=$2\times10^{-4}cm^2/sec$라고 할 때 평균압밀도 50%가 될 때까지 소요일수는?

① 288일 ② 312일
③ 388일 ④ 456일

10. 비중이 2.67, 함수비 35%이며 두께 10m인 포화점토층이 압밀 후에 함수비가 25%로 되었다면, 이 토층 높이의 변화량은 얼마인가?

① 113cm ② 128cm
③ 135cm ④ 155cm

11. 점토층 지반 위에 성토를 급속히 하려 한다. 성토 직후에 있어서 이 점토의 안정성을 검토하는 데 필요한 강도정수를 구하는 합리적인 시험은?

① 비압밀 비배수 시험(UU-test)
② 압밀 비배수시험(CU-test)
③ 압밀 배수 시험(CD-test)
④ 투수시험

12. 그림과 같이 폭 2m, 길이가 3m인 기초에 100kN/m²의 등분포 하중이 작용할 때, A점 아래 4m 깊이에서의 연직응력 증가량은? (단, 아래의 표의 영향계수 값을 활용하여 $m=\dfrac{B}{z}$, $n=\dfrac{L}{z}$이고, B는 직사각형 단면의 폭, L은 직사각형 단면의 길이, z는 토층의 깊이이다.

【영향계수(I) 값】

m	0.25	0.5	0.5	0.5
n	0.5	0.25	0.75	1.0
I	0.048	0.048	0.115	0.122

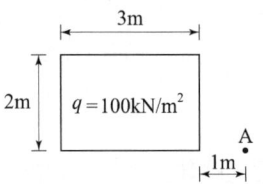

① $6.7kN/m^2$ ② $7.4kN/m^2$
③ $12.2kN/m^2$ ④ $17.0kN/m^2$

13. 그림과 같은 옹벽배면에 작용하는 토압의 크기를 Rankine의 토압공식으로 구하면?

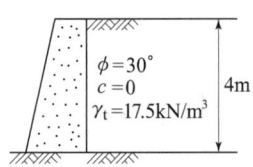

① 32.2kN/m ② 36.7kN/m
③ 46.7kN/m ④ 52.0kN/m

14. 단동식 증기해머로 말뚝을 박았다. 해머의 무게 25kN, 낙하고 3m, 타격당 말뚝의 평균관입량 1cm, 안전율 6일 때 Engineering-News 공식으로 허용지지력을 구하면?

① 2,500kN ② 2,000kN
③ 1,000kN ④ 500kN

15. 베인전단시험(vane shear test)에 대한 설명으로 옳지 않은 것은?

① 베인전단시험으로부터 흙의 내부마찰각을 측정할 수 있다.
② 현장 원위치 시험의 일종으로 점토의 비배수 전단강도를 구할 수 있다.
③ 십자형 베인(vane)을 땅속에 압입한 후, 회전모멘트를 가해서 흙이 원통형으로 전단파괴될 때 저항모멘트를 구함으로써 비배수 전당강도를 측정하게 한다.
④ 연약점토지반에 적용된다.

16. 토립자가 둥글고 입도분포가 나쁜 모래지반에서 표준관입시험을 한 결과 N값은 10이었다. 이 모래의 내부마찰각(ϕ)을 Dunham의 공식으로 구하면?

① 21°
② 26°
③ 31°
④ 36°

17. 흙의 다짐에 대한 설명으로 틀린 것은?

① 함수비의 변화에 따라 건조밀도가 변하는데 건조밀도가 가장 클 때의 함수비를 최적함수비라 한다.
② 흙이 조립토에 가까울수록 최적함수비는 작아지며 최대 건조밀도도 작아진다.
③ 일반적으로 조립토일수록 다짐곡선의 기울기가 급하다.
④ 최적함수비가 흙이 종류와 다짐에너지에 따라 다르다.

18. 내부마찰각 $\phi=30°$, 점착력 $c=0$인 그림과 같은 모래지반이 있다. 지표에서 6m 아래 지반의 전단강도는? (단, 물의 단위중량은 9.81kN/m³이다.)

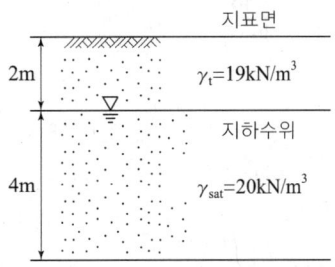

① 78kN/m³
② 98kN/m³
③ 45kN/m³
④ 65kN/m³

19. 그림의 유선망에 대한 설명 중 틀린 것은? (단, 흙의 투수계수는 2.5×10^{-3}cm/sec)

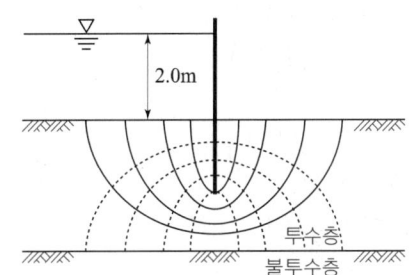

① 유선의 수=6
② 등수두선의 수=6
③ 유로의 수=5
④ 전침투유량 $Q=0.278$cm³/sec

20. 포화상태에 있는 흙의 함수비가 40%이고, 비중이 2.60이다. 이 흙의 간극비는?

① 0.65
② 0.065
③ 1.04
④ 1.40

해설 및 정답

1. ① 현장의 습윤단위중량(γ_t)

$$\gamma_t = \frac{W}{V} = \frac{745}{365.0} = 2.04 \text{g/cm}^3$$

② 현장의 건조단위중량(γ_d)

$$\gamma_d = \frac{\gamma_t}{1+\frac{w}{100}} = \frac{2.04}{1+\frac{12.5}{100}} = 1.81 \text{g/cm}^3$$

③ 다짐도(R)

$$R = \frac{\text{현장의 } \gamma_d}{\text{실내다짐시험에 의한 } \gamma_{d\max}} \times 100$$

$$= \frac{1.81}{1.90} \times 100 = 95.26\%$$

2. ① 토체의 중량(W)

$$W = \gamma \cdot A = 19 \times 55 = 1{,}045 \text{kN}$$

② 활동모멘트(M_D)

$$M_D = W \cdot d = 1{,}045 \times 5 = 5{,}225 \text{kN} \cdot \text{m}$$

③ 원호의 길이(L_a)

$$L_a = 2 \cdot \pi \cdot r \cdot \left(\frac{\theta}{360}\right)$$

$$= 2 \times \pi \times 10 \times \left(\frac{65}{360}\right)$$

$$= 11.35 \text{m}$$

④ 저항모멘트(M_R)

$$M_R = c_u \cdot L_a \cdot r$$

$$= 60 \times 11.35 \times 10 = 6{,}810 \text{kN} \cdot \text{m}$$

⑤ 안전율(F_s)

$$F_s = \frac{M_R}{M_D} = \frac{6{,}810}{5{,}225} = 1.30$$

3. ① 부마찰력(Q_{NS})

연약지반에 말뚝을 박은 다음 성토한 경우에는 성토하중에 의하여 압밀이 진행되어 말뚝이 아래로 끌려가 하중 역할을 한다. 이 경우의 극한지지력은 감소한다.

② 부마찰력은 말뚝 주변의 지반이 압밀이 발생할 때 발생한다.

4. ① 인접한 두 등수두선 사이의 전수두(손실수두)는 일정하다.

② 인접한 두 등수두선 사이의 동수경사는 두 등수두선의 간격에 반비례한다.

$$v = K \cdot i = K \cdot \frac{h}{L}$$

즉, 이동경로의 거리에 반비례한다.

5. ① ϕ각

$$\phi = \tan^{-1}\frac{D}{S} = \tan^{-1}\frac{0.4}{2.0} = 11.31°$$

② 효율(Converse-Labarre 공식)

$$E = 1 - \frac{\phi}{90} \cdot \left[\frac{(m-1) \cdot n + (n-1) \cdot m}{m \cdot n}\right]$$

$$= 1 - \frac{11.31}{90} \times \left[\frac{(4-1) \times 5 + (5-1) \times 4}{4 \times 5}\right]$$

$$= 0.805$$

③ 군항의 허용지지력(Q_{ag})

$$Q_{ag} = E \cdot N \cdot Q_a = 0.805 \times 20 \times 150 = 2{,}415 \text{kN}$$

6. ① 공극비(e)

$$e = \frac{n}{100-n} = \frac{35}{100-35} = 0.54$$

② 한계동수경사(i_c)

$$i_c = \frac{G_s - 1}{1+e} = \frac{2.66-1}{1+0.54} = 1.08$$

7. 표준 관입 시험[Standard penetration test(SPT)]은 동적사운딩 방법 중의 하나이며, 모래지반에 대하여 신뢰도가 높다.

8. ① 균등계수(C_u)

$$C_u = \frac{D_{60}}{D_{10}} = \frac{3.2}{0.10} = 32$$

② 곡률계수(C_g)

$$C_g = \frac{D_{30}^2}{D_{10} \cdot D_{60}} = \frac{0.13^2}{0.10 \times 3.2} = 0.053$$

③ 입도분포
균등계수 $C_u = 32 > 6$이나, 곡률계수 $C_g = 0.053$이므로 입도분포가 나쁘다.

④ 판정
No.200(0.075mm)체 통과량이 50% 이하이므로 조립토(G, S)이며, No.4(4.75mm)체 통과량이 50% 이상이므로 모래(S)이다. 따라서, 입도분포가 나쁜 모래(SP)가 된다.

9. ① 양면배수이므로 배수거리는 포화점토층 두께의 반이므로 2m=200cm이다.
② 압밀도 50%에 대한 시간계수 $T_{50}=0.197$이다.
③ 압밀도 50%에 대한 압밀시간(t_{50})
$$t_{50}=\frac{T_{50}\cdot d^2}{C_v}=\frac{0.197\times 200^2}{2.0\times 10^{-4}}=39,4005,000초$$
$$=456.02일$$

10. ① 압밀전 간극비(e_0)
완전 포화된 흙이므로 포화도 $S=100\%$이다.
$$e_0=\frac{w}{S}\cdot G_s=\frac{35}{100}\times 2.67=0.93$$
② 압밀후 간극비(e_1)
$$e_1=\frac{w}{S}\cdot G_s=\frac{25}{100}\times 2.67=0.67$$
③ 간극비 변화량(Δe)
$$\Delta e=e_0-e_1=0.93-0.67=0.26$$
④ 토층 높이의 변화량(ΔH)
$$\frac{\Delta e}{1+e_0}=\frac{\Delta H}{H_0}에서$$
$$\frac{0.26}{1+0.93}=\frac{\Delta H}{1,000}$$
$$\Delta H=134.72\text{cm}$$

11. 비압밀 비배수 시험(UU-test)을 적용하는 경우
① 점토지반이 시공 중 또는 성토한 후 압밀이나 함수비의 변화가 없이 급속한 파괴가 예상될 때 적용한다.
② 점토의 단기간 안정해석에 이용한다.

12. 사각형 등분포하중 모서리 직하의 깊이 z되는 점에서 생기는 연직응력 증가량은 $\Delta\sigma_z=q_s\cdot I$이므로
① $q=100\text{kN/m}^2$이 전체 단면(2×4)에 작용하는 경우 ($\Delta\sigma_{z1}$)
$$m=\frac{B}{z}=\frac{2}{4}=0.5,\ n=\frac{L}{z}=\frac{4}{4}=1이므로\ I=0.122$$
이며,
$$\Delta\sigma_{z1}=q_s\cdot I=100\times 0.122=12.2\text{kN/m}^2$$

② $q=100\text{kN/m}^2$이 작은 단면(1×2)에 작용하는 경우 ($\Delta\sigma_{z2}$)
$$m=\frac{B}{z}=\frac{1}{4}=0.25,\ n=\frac{L}{z}=\frac{2}{4}=0.5이므로$$
$I=0.048$이며,
$$\Delta\sigma_{z2}=q_s\cdot I=100\times 0.048=4.8\text{kN/m}^2$$
③ 중첩원리의 적용($\Delta\sigma_z$)
$$\Delta\sigma_z=\Delta\sigma_{z1}-\Delta\sigma_{z2}=12.2-4.8=7.4\text{kN/m}^2$$

13. ① 주동토압계수(K_A)
$$K_A=\frac{1-\sin 30°}{1+\sin 30°}=\frac{1}{3}$$
② 전주동토압(P_A)
$$P_A=\frac{1}{2}\cdot K_A\cdot \gamma_t\cdot H^2=\frac{1}{2}\times\frac{1}{3}\times 17.5\times 4^2$$
$$=46.7\text{kN/m}$$

14. ① 단동식 steam hammer의 극한지지력(Q_u)
$$Q_u=\frac{W_h\cdot H}{S+0.25}=\frac{25\times 300}{1+0.25}=6,000\text{kN}$$
② 엔지니어링 뉴스 공식의 안전율은 $F_s=6$이다.
③ 허용지지력(Q_a)
$$Q_a=\frac{Q_u}{F_S}=\frac{6,000}{6}=1,000\text{kN}$$

15. 베인전단 시험(Vane Shear Test)은 깊이 10m 미만의 연약한 점토지반의 점착력을 측정하는 시험으로 회전저항모멘트를 측정하여 비배수 점착력을 측정한다.

16. 1) Dunham 공식
① 흙 입자가 모가 나고 입도가 양호
: $\phi=\sqrt{12N}+25$
② 흙 입자가 모가 나고 입도가 불량
: $\phi=\sqrt{12N}+20$
③ 흙 입자가 둥글고 입도가 양호
: $\phi=\sqrt{12N}+20$
④ 흙 입자가 둥글고 입도가 불량
: $\phi=\sqrt{12N}+15$
2) 문제에서
토립자가 둥글고 입도분포가 나쁜 모래지반이므로
$\phi=\sqrt{12N}+15=\sqrt{12\times 10}+15=26°$

17. 조립토일수록 최적함수비는 작아지고 최대건조밀도는 커지며, 다짐곡선의 기울기가 날카롭다.

18. 1) 수직응력
① 전응력 : $\sigma = \gamma_t \times 2 + \gamma_{sat} \times 4 = 19 \times 2 + 20 \times 4$
$= 118 \text{kN/m}^2$
② 간극수압 : $u = \gamma_w \times 4 = 9.81 \times 4 = 39.24 \text{kN/m}^2$
③ 유효응력 : $\sigma' = \sigma - u = 118 - 39.24 = 78.76 \text{kN/m}^2$
2) 전단강도(τ)
$c = 0$이므로
$\tau = \sigma' \cdot \tan\phi = 78.76 \times \tan 30° = 45.47 \text{kN/m}^2$

19. 1) 유선의 수는 6개이면, 유로의 수는 5개이다.
2) 상, 하류면은 등수두선이므로 등수두선의 수는 10개이며, 등수두면의 수는 9개이다.
3) 전침투유량(폭 1cm당 침투량)
① 수두차 $H = 2.0\text{m} = 200\text{cm}$
② $q = K \cdot H \cdot \dfrac{N_f}{N_d} = (2.5 \times 10^{-3}) \times 200 \times \left(\dfrac{5}{9}\right)$
$= 0.278 \text{cm}^3/\text{sec}$

20. ① 포화도(s)
포화상태에 있으므로 포화도 $S = 100\%$이다.
② 공극비(e)
$e = \dfrac{w}{S} \cdot G_s = \dfrac{40}{100} \times 2.60 = 1.04$

1. ③	2. ①	3. ④	4. ②	5. ③
6. ②	7. ③	8. ④	9. ④	10. ③
11. ①	12. ②	13. ③	14. ③	15. ①
16. ②	17. ②	18. ③	19. ②	20. ③

과년도출제문제(CBT시험문제)

25 토목기사
2회 시행 출제문제

※ 본 기출문제는 수험자의 기억을 바탕으로 하여 복원한 문제이므로 실제 문제와 다를 수 있음을 미리 알려드립니다.

1. 두 개의 규소판 사이에 한 개의 알루미늄판이 결합된 3층 구조가 무수히 많이 연결되어 형성된 점토광물로서 각 3층 구조 사이에는 칼륨이온(K^+)으로 결합되어 있는 것은?

① 일라이트(illite)
② 카올리나이트(kaolinite)
③ 할로이사이트(halloysite)
④ 몬모릴로나이트(montmorillonite)

2. Sand drain의 지배영역에 관한 Barron의 정삼각형 배치에서 샌드드레인의 간격을 d, 유효원의 직경을 d_e라 할 때 d_e를 구하는 식으로 옳은 것은?

① $d_e = 1.128d$
② $d_e = 1.028d$
③ $d_e = 1.050d$
④ $d_e = 1.50d$

3. 그림과 같은 지반에서 하중으로 인하여 수직응력($\Delta\sigma_1$)이 100kN/m² 증가되고 수평응력($\Delta\sigma_3$)이 50 kN/m² 증가되었다면 간극수압은 얼마나 증가되었는가? (단, 간극수압계수 $A = 0.50$이고, $B = 1$이다.)

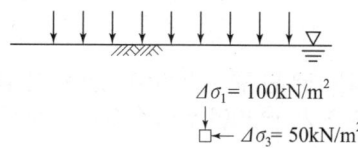

① 50kN/m²
② 75kN/m²
③ 100kN/m²
④ 125kN/m²

4. 지표면에 집중하중이 작용할 때, 지중연직응력 증가량($\Delta\sigma_z$)에 관한 설명 중 옳은 것은? (단, Boussinesq 이론을 사용)

① 탄성계수 E에 무관하다.
② 탄성계수 E에 정비례한다.
③ 탄성계수 E의 제곱에 정비례한다.
④ 탄성계수 E의 제곱에 반비례한다.

5. 아래의 그림에서 각층의 손실수두 Δh_1, Δh_2, Δh_3를 각각 구한 값으로 옳은 것은?

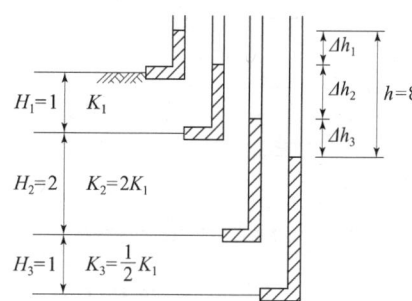

① $\Delta h_1 = 2$, $\Delta h_2 = 2$, $\Delta h_3 = 4$
② $\Delta h_1 = 2$, $\Delta h_2 = 3$, $\Delta h_3 = 3$
③ $\Delta h_1 = 2$, $\Delta h_2 = 4$, $\Delta h_3 = 2$
④ $\Delta h_1 = 2$, $\Delta h_2 = 5$, $\Delta h_3 = 1$

6. 4m×4m 크기인 정사각형 기초를 내부마찰각 $\phi = 20°$, 점착력 $c = 30$kN/m²인 지반에 설치하였다. 흙의 단위중량 $\gamma = 19$kN/m³이고, 안전율(F_s)을 3으로 할 때 Terzaghi 지지력 공식으로 기초의 허용하중을 구하면? (단, 기초의 깊이는 1m이고, 전반전단파괴가 발생한다고 가정하며, 지지력계수 $N_c = 17.69$, $N_q = 7.44$, $N_r = 4.97$이다.)

① 3,780kN
② 5,239kN
③ 6,750kN
④ 8,140kN

7. 연약지반 개량공법 중 프리로딩 공법에 대한 설명으로 틀린 것은?

① 압밀침하를 미리 끝나게 하여 구조물에 잔류침하를 남기지 않게 하기 위한 공법이다.
② 도로의 성토나 항만의 방파제와 같이 구조물 자체의 일부를 상재하중으로 이용하여 개량 후 하중을 제거할 필요가 없을 때 유리하다.
③ 압밀계수가 작고 압밀토층 두께가 큰 경우에 주로 적용한다.
④ 압밀을 끝내기 위해서는 많은 시간이 소요되므로, 공사기간이 충분해야 한다.

8. 그림에서 $a-a'$면 바로 아래의 유효응력은? (단, 흙의 간극비(e)는 0.4, 비중(G_s)은 2.65, 물의 단위중량은 9.81kN/m³이다.)

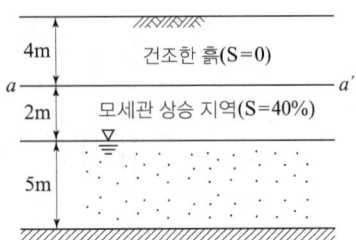

① 68.2kN/m²　　② 82.1kN/m²
③ 97.4kN/m²　　④ 102.1kN/m²

9. 흙의 내부마찰각이 20°, 점착력이 50kN/m², 습윤단위중량이 17kN/m³, 지하수위 아래 흙의 포화단위중량이 19kN/m³일 때 3m×3m 크기의 정사각형 기초의 극한지지력을 Terzaghi의 공식으로 구하면? (단, 지하수위는 기초바닥 깊이와 같으며 물의 단위중량은 9.81kN/m³이고, 지지력계수 $N_c=18$, $N_r=5$, $N_q=7.50$이다.)

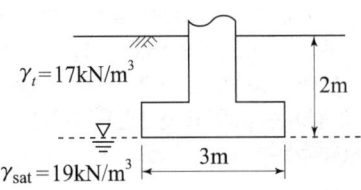

① 1,231.24kN/m²　　② 1,337.31kN/m²
③ 1,480.14kN/m²　　④ 1,540.42kN/m²

10. 흙의 내부마찰각(ϕ)은 20°, 점착력(c)이 24kN/m²이고, 단위중량(γ_t)은 19.3kN/m³인 사면의 경사각이 45°일 때 임계높이는 약 얼마인가? (단, 안정수 $m=0.06$)

① 15m　　② 18m
③ 21m　　④ 24m

11. 다음 중 사운딩 시험이 아닌 것은?

① 표준관입시험　　② 평판재하시험
③ 콘관입시험　　④ 베인시험

12. 단면적 100cm², 길이 30cm인 모래시료에 대한 정수두 투수시험 결과가 아래의 표와 같을 때 이 흙의 투수계수는?

- 수두차 : 500cm
- 물을 모은 시간 : 5분
- 모은 물의 부피 : 500cm³

① 0.001cm/sec　　② 0.005cm/sec
③ 0.01cm/sec　　④ 0.05cm/sec

13. 활동면 위의 흙을 몇 개의 연직평행한 절편으로 나누어 사면의 안정을 해석하는 방법이 아닌 것은?

① Fellenius 방법　　② 마찰원법
③ Spencer 방법　　④ Bishop의 간편법

14. 함수비 15%인 흙 2,300g이 있다. 이 흙의 함수비를 25%로 증가시키려면 얼마의 물을 가해야 하는가?

① 200g　　② 230g
③ 345g　　④ 575g

15. 다음 그림에서 흙의 저면에 작용하는 단위 면적당 침투수압은? (단, $\gamma_w = 9.81\text{kN/m}^3$)

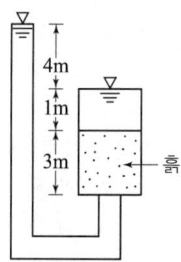

① 79.2kN/m^2 ② 49.2kN/m^2
③ 39.2kN/m^2 ④ 29.2kN/m^2

16. 최대주응력이 100kN/m^2, 최소주응력이 40kN/m^2일 때 최소주응력면과 45°를 이루는 평면에 일어나는 수직응력은?

① 70kN/m^2 ② 30kN/m^2
③ 60kN/m^2 ④ $40\sqrt{2}\ \text{kN/m}^2$

17. 사질토지반에서 지름 30cm의 평판재하시험 결과 300kN/m^2의 압력이 작용할 때 침하량이 10mm라면, 지름 1.5m의 실제 기초에 300kN/m^2의 하중이 작용할 때 침하량의 크기는?

① 14mm ② 25mm
③ 28mm ④ 35mm

18. 실내시험에 의한 점토의 강도증가율(Cu/P) 산정방법이 아닌 것은?

① 소성지수에 의한 방법
② 비배수 전단강도에 의한 방법
③ 압밀 비배수 삼축압축시험에 의한 방법
④ 직접전단시험에 의한 방법

19. 흙의 분류법인 AASHTO 분류법과 통일분류법을 비교·분석한 내용으로 틀린 것은?

① 통일분류법은 0.075mm체 통과율을 35%를 기준으로 조립토와 세립토로 분류하는데, 이것은 AASHTO 분류법보다 적절하다.
② 통일분류법은 입도분포, 액성한계, 소성지수 등을 주요 분류인자로 한 분류법이다.
③ AASHTO 분류법은 입도분포, 군지수 등을 주요 분류 인자로 한 분류법이다.
④ 통일분류법은 유기질토 분류방법이 있으나 AASHTO 분류법은 없다.

20. 다음 그림과 같은 점성토지반의 굴착저면에서 바닥 융기에 대한 안전율을 Terzaghi의 식에 의해 구하면? (단, $\gamma = 17.31\text{kN/m}^3$, $c = 24\text{kN/m}^2$이다.)

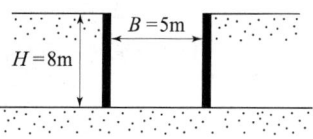

① 3.21 ② 2.32
③ 1.64 ④ 1.17

해설 및 정답

1. 일라이트(Illite)
  ① 2개의 실리카판과 1개의 알루미나판으로 이루어진 구조이다.
  ② 3층 구조로 구조결합 사이에 불치환성 양이온(K+, 칼륨이온)이 있다.
  ③ 중간 정도의 결합력을 가진다.

2. ① 정 삼각형 배열
  $D_e = 1.05S$
  ② 정 사각형 배열
  $D_e = 1.13S$
  여기서, D_e : 영향원의 지름
  S : 모래 말뚝의 중심 간격

3. 삼축압축시에 생기는 공극수압
$$\Delta u = B \cdot \Delta\sigma_3 + D \cdot (\Delta\sigma_1 - \Delta\sigma_3)$$
$$= B \cdot [\Delta\sigma_3 + A \cdot (\Delta\sigma_1 - \Delta\sigma_3)]$$
$$= 1 \times [50 + 0.5 \times (100 - 50)] = 75 \text{kN/m}^2$$

4. 지중연직응력증가량($\Delta\sigma_z$)
$$\Delta\sigma_z = \frac{3PZ^3}{2\pi R^5} = \frac{P}{z^2} \cdot I$$
즉, 연직응력 증가량은 변형계수(탄성계수 E)에 무관하다.

5. ① 투수가 수직방향으로 일어날 경우 각 층에서의 유출속도가 같아야 한다.
$$v_z = K_z \cdot i = K_1 \cdot i_1 = K_2 \cdot i_2 = K_3 \cdot i_3 = constant$$
$$K_1 \cdot \left(\frac{\Delta h_1}{H_1}\right) = K_2 \cdot \left(\frac{\Delta h_2}{H_2}\right) = K_3 \cdot \left(\frac{\Delta h_3}{H_3}\right)$$
$$K_1 \cdot \left(\frac{\Delta h_1}{H_1}\right) = 2K_1 \cdot \left(\frac{\Delta h_2}{H_2}\right) = \frac{1}{2}K_1 \cdot \left(\frac{\Delta h_3}{H_3}\right)$$
$$K_1 \cdot \left(\frac{\Delta h_1}{1}\right) = 2K_1 \cdot \left(\frac{\Delta h_2}{2}\right) = \frac{1}{2}K_1 \cdot \left(\frac{\Delta h_3}{1}\right)$$
따라서, $\Delta h_1 = \Delta h_2 = \frac{\Delta h_3}{2}$

② 각 층의 손실수두(Δh_1, Δh_2, Δh_3)
$$h = \Delta h_1 + \Delta h_2 + \Delta h_3 = 8$$
$$h = \Delta h_1 + \Delta h_1 + 2\Delta h_1 = 8$$
$$4\Delta h_1 = 8$$
$$\Delta h_1 = 2, \ \Delta h_2 = 2, \ \Delta h_3 = 4$$

6. ① 기초의 극한지지력(q_u)
정사각형 기초이므로 형상계수 $\alpha = 1.3$, $\beta = 0.4$이고, $N_c = 17.69$, $N_r = 4.97$, $N_q = 7.44$이다.
$$q_u = \alpha \cdot c \cdot N_c + \beta \cdot T\gamma_1 \cdot B \cdot N_r + \gamma_2 \cdot D_f \cdot N_q$$
$$= 1.3 \times 30 \times 17.69 + 0.4 \times 19 \times 4 \times 4.97$$
$$\quad + 19 \times 1 \times 7.44$$
$$= 982.36 \text{kN/m}^2$$
② 허용지지력(q_a)
$$q_a = \frac{q_u}{F_s} = \frac{982.36}{3} = 327.45 \text{kN/m}^2$$
③ 허용하중(Q_a)
$$Q_a = q_a \cdot A = 327.45 \times (4 \times 4) = 5,239.2 \text{kN}$$

7. 프리로딩 공법은 압밀계수가 크고, 압밀토층 두께가 작은 경우에 주로 적용한다.

8. ① 건조단위중량(γ_d)
$$\gamma_d = \frac{G_s}{1+e} \cdot \gamma_w = \frac{2.65}{1+0.4} \times 9.81 = 18.57 \text{kN/m}^3$$
② 습윤단위중량(γ_t)
$$\gamma_t = \frac{G_s + \left(\frac{S}{100}\right) \cdot e}{1+e} \cdot \gamma_w$$
$$= \frac{2.65 + \left(\frac{40}{100}\right) \times 0.4}{1+0.4} \times 9.81$$
$$= 19.69 \text{kN/m}^3$$
③ 전응력(σ)
$$\sigma = \gamma_d \cdot h_1 = 18.57 \times 4 = 74.28 \text{kN/m}^2$$
④ 부분적으로 포화된 흙의 모관포텐셜(간극수압)
$$u = -\frac{S}{100} \cdot \gamma_w \cdot h$$
$$= -\frac{40}{100} \times 9.81 \times 2 = -7.85 \text{kN/m}^2$$
⑤ 유효응력(σ')
$$\sigma' = \sigma - u = 74.28 - (-7.85) = 82.13 \text{kN/m}^2$$

9. 정사각형 기초의 극한지지력(q_u)
정사각형 기초의 형상계수는 $\alpha = 1.3$, $\beta = 0.4$이므로
$q_u = \alpha \cdot c \cdot N_c + \beta \cdot \gamma_1 \cdot B \cdot N_r + \gamma_2 \cdot D_f \cdot N_q$
$= 1.3 \times 50 \times 18 + 0.4 \times (19-9.81) \times 3 \times 5 + 17 \times 2 \times 7.5$
$= 1,480.14 \text{kN/m}^2$

10. ① 안정계수(N_s)
$N_s = \dfrac{1}{m} = \dfrac{1}{0.06} = 16.67$
② 한계고(H_c)
$H_c = \dfrac{c}{\gamma_t} \cdot N_s = \dfrac{24}{19.3} \times 16.67 = 20.73 \text{m}$

11. 평판재하시험은 사운딩(Sounding) 시험이 아니라 지지력 시험이다.

12. 정수위 투수시험에 의한 투수계수(K)
$t = 5분 = 300초$이므로
$K = \dfrac{Q \cdot L}{A \cdot h \cdot t} = \dfrac{500 \times 30}{100 \times 500 \times 300} = 0.001 \text{cm/sec}$

13. 사면해석법에서 질량법에는 $\phi = 0°$, 마찰원법이 있고, 절편법에는 Fellenius 방법(Swedish method), Bishop 방법(Bishop simplified method), Morgenstern 방법, Janbu 방법, Spancer 방법 등이 있다.

14. ① 문제의 핵심
함수비가 변화하면 물의 질량 m_w이 변하여 전체 질량 m은 변하지만 흙 입자만의 질량 m_s는 변하지 않는다.
② 흙 입자만의 질량(m_s)
$m_s = \dfrac{m}{1 + \dfrac{w}{100}} = \dfrac{2,300}{1 + \dfrac{15}{100}} = 2,000 \text{g}$
③ 함수비 15%일 때의 물의 질량($m_{w(15\%)}$)
$m_{w(15\%)} = m - m_s = 2,300 - 2,000 = 300 \text{g}$
④ 함수비 25%일 때의 물의 질량($m_{w(25\%)}$)
함수비가 변하여도 흙 입자만의 질량 m_s는 변하지 않으므로
함수비 $w = \dfrac{m_w}{m_s} \times 100 = \dfrac{m_w}{2,000} \times 100 = 25\%$이므로
$m_{w(25\%)} = \dfrac{25}{100} \times 2,000 = 500 \text{g}$

⑤ 첨가할 물의 양
첨가할 물의 량 $= m_{w(25\%)} - m_{w(15\%)} = 500 - 300$
$= 200 \text{g}$

15. 단위 면적당 침투수압(F)
$F = i \cdot \gamma_w \cdot z = \left(\dfrac{h}{L}\right) \cdot \gamma_w \cdot z$
$= \left(\dfrac{4}{3}\right) \times 9.81 \times 3 = 39.24 \text{kN/m}^2$

16. ① 최대주응력면과 파괴면이 이루는 각(θ)
$\theta + \theta' = 90°$이므로
$\theta = 90° - \theta' = 90° - 45° = 45°$
② 파괴면에 작용하는 수직응력(σ)
$\sigma = \dfrac{\sigma_1 + \sigma_3}{2} + \dfrac{\sigma_1 - \sigma_3}{2} \cos 2\theta$
$= \dfrac{100 + 40}{2} + \dfrac{100 - 40}{2} \cos(2 \times 45°) = 70 \text{kN/m}^2$
③ 파괴면에 작용하는 전단응력(τ)
$\tau = \dfrac{\sigma_1 - \sigma_3}{2} \sin 2\theta = \dfrac{100 - 40}{2} \sin(2 \times 45°)$
$= 30 \text{kN/m}^2$
여기서,
θ : 수평면(최대주응력면)과 파괴면이 이루는 각

17. 기초의 침하량($S_{(기초)}$)
$S_{(기초)} = S_{(재하)} \cdot \left[\dfrac{2B_{(기초)}}{B_{(기초)} + B_{(재하)}}\right]^2$
$= 10 \times \left[\dfrac{2 \times 1.5}{1.5 + 0.3}\right]^2 = 27.78 \text{mm}$

18. 점토의 강도 증가율$\left(\dfrac{c_u}{p}\right)$ 산정 방법

① 소성지수에 의한 방법
② 비배수 전단강도에 의한 방법
③ 압밀 비배수 삼축압축 시험에 의한 방법

19. 조립토와 세립토의 분류는 통일분류법에서는 No.200체 (0.075mm체) 통과량 50%를 기준으로 하지만 AASHTO 분류법에서는 35%를 기준으로 한다.

20. 안전율(F_s)

$$F_s = \frac{5.7c}{\gamma \cdot H - \dfrac{c \cdot H}{0.7B}} > 1.5$$

$$= \frac{5.7 \times 24}{17.31 \times 8 - \dfrac{24 \times 8}{0.7 \times 5}} = 1.64$$

1. ①	2. ③	3. ②	4. ①	5. ①
6. ②	7. ③	8. ②	9. ③	10. ③
11. ②	12. ①	13. ②	14. ①	15. ③
16. ①	17. ③	18. ④	19. ①	20. ③

과년도 출제문제(CBT시험문제)

25 토목기사
3회 시행 출제문제

※ 본 기출문제는 수험자의 기억을 바탕으로 하여 복원한 문제이므로 실제 문제와 다를 수 있음을 미리 알려드립니다.

1. 흐트러지지 않은 연약한 점토시료를 채취하여 일축압축시험을 실시하였다. 공시체의 지름이 35mm, 높이가 100mm이고 파괴 시의 하중계의 읽음값이 20N, 축방향의 변형량이 12mm일 때 이 시료의 전단강도는?

① $4kN/m^2$
② $6kN/m^2$
③ $9kN/m^2$
④ $12kN/m^2$

2. 아래 그림에서 투수계수 $K=4.8\times 10^{-3}$cm/sec일 때 Darcy 유출속도 v와 실제 물의 속도(침투속도) v_s는?

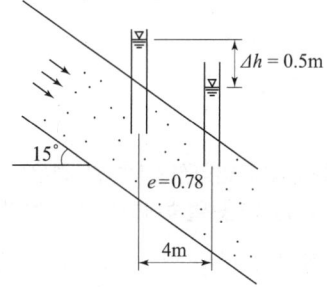

① $v=3.4\times 10^{-4}$cm/sec, $v_s=5.6\times 10^{-4}$cm/sec
② $v=3.4\times 10^{-4}$cm/sec, $v_s=9.4\times 10^{-4}$cm/sec
③ $v=5.8\times 10^{-4}$cm/sec, $v_s=10.8\times 10^{-4}$cm/sec
④ $v=5.8\times 10^{-4}$cm/sec, $v_s=13.2\times 10^{-4}$cm/sec

3. 어떤 흙의 변수위투수시험을 한 결과 시료의 직경과 길이가 각각 5.0cm, 2.0cm이었으며, 유리관의 내경이 4.5mm, 1분 10초 동안에 수두가 40cm에서 20cm로 내렸다. 이 시료의 투수계수는?

① 4.95×10^{-4}cm/s
② 5.45×10^{-4}cm/s
③ 1.60×10^{-4}cm/s
④ 7.39×10^{-4}cm/s

4. 암질을 나타내는 항목과 직접 관계가 없는 것은?

① N치
② RQD값
③ 탄성파 속도
④ 균열의 간격

5. 어떤 모래의 건조단위중량이 17kN/m³이고, 이 모래의 $\gamma_{d\max}=18kN/m^3$, $\gamma_{d\min}=16kN/m^3$라면, 상대 밀도는?

① 47%
② 49%
③ 51%
④ 53%

6. 굳은 점토지반에 앵커를 그라우팅하여 고정시켰다. 고정부의 길이가 5m, 지름 20cm, 시추공의 지름은 10cm이었다. 점토의 비배수전단강도(c_u)=0.1MPa, $\phi=0°$이라고 할 때 앵커의 극한지지력은? (단, 표면마찰계수는 0.6으로 가정한다.)

① 94.4kN
② 157.4kN
③ 188.5kN
④ 313.3kN

7. 다음은 정규압밀점토의 삼축압축 시험결과를 나타낸 것이다. 파괴시의 전단응력 τ와 수직응력 σ를 구하면?

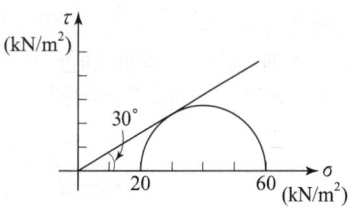

① $\tau=17.3kN/m^2$, $\sigma=25.0kN/m^2$
② $\tau=14.1kN/m^2$, $\sigma=30.0kN/m^2$
③ $\tau=14.1kN/m^2$, $\sigma=25.0kN/m^2$
④ $\tau=17.3kN/m^2$, $\sigma=30.0kN/m^2$

8. $\phi=33°$인 사질토에 25° 경사의 사면을 조성하려고 한다. 이 비탈면의 지표까지 포화되었을 때 안전율을 계산하면? (단, 사면 흙의 $\gamma_{sat}=18kN/m^3$, $\gamma_w=9.81kN/m^3$이다.)

① 0.63 ② 0.70
③ 1.12 ④ 1.41

9. 그림과 같이 6m 두께의 모래층 밑에 2m 두께의 점토층이 존재한다. 지하수면은 지표아래 2m 지점에 존재한다. 이 때, 지표면에 $\Delta P=50kN/m^2$의 등분포하중이 작용하여 상당한 시간이 경과한 후, 점토층의 중간높이 A점에 피에조미터를 세워 수두를 측정한 결과, $h=4.0m$로 나타났다면 A점의 압밀도는? (단, $\gamma_w=9.81kN/m^3$이다.)

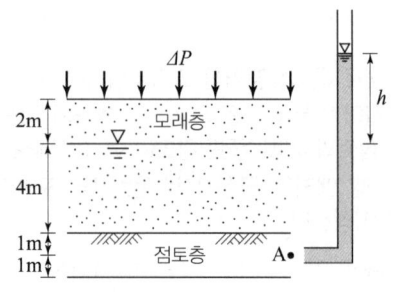

① 22% ② 32%
③ 52% ④ 82%

10. 아래 그림과 같은 폭(B) 1.2m, 길이(L) 1.5m인 사각형 얕은 기초에 폭(B) 방향에 대한 편심이 작용하는 경우 지반에 작용하는 최대압축응력은?

① 292kN/m²
② 385kN/m²
③ 397kN/m²
④ 415kN/m²

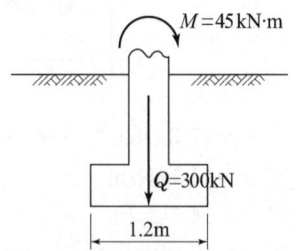

11. 어느 점토의 체가름시험과 액·소성시험 결과 0.002mm($2\mu m$) 이하의 입경이 전시료 중량의 90%, 액성한계 60%, 소성한계 20%이었다. 이 점토광물의 주성분은 어느 것으로 추정되는가?

① Kaolinite ② Illite
③ Calcite   ④ Montmorillonite

12. 그림과 같은 20m×30m 전면기초인 부분보상기초 (partially compensated foundation)의 지지력파괴에 대한 안전율은?

① 3.0
② 2.5
③ 2.0
④ 1.5

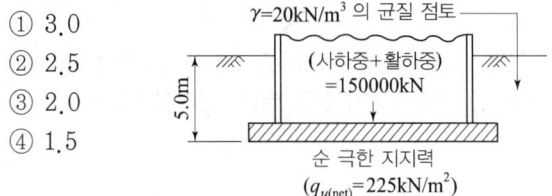

13. 말뚝재하시험시 연약점토지반인 경우는 pile 타입 후 20여 일이 지난 다음 말뚝재하시험을 한다. 그 이유는?

① 주면마찰력이 너무 크게 작용하기 때문에
② 부마찰력이 생겼기 때문에
③ 타입시 주변이 교란되었기 때문에
④ 주위가 압축되었기 때문에

14. 사면안정계산에 있어서 Fellenius법과 간편 Bishop법의 비교 설명으로 틀린 것은?

① Fellenius법은 간편 Bishop법보다 계산은 복잡하지만 계산결과는 더 안전측이다.
② 간편 Bishop법은 절편의 양쪽에 작용하는 연직방향의 합력이 0(zero)이라고 가정한다.
③ Fellenius법은 절편의 양쪽에 작용하는 합력이 0(zero)이라고 가정한다.
④ 간편 Bishop법은 안전율을 시행착오법으로 구한다.

15 흙의 다짐에 있어 래머의 중량이 25N, 낙하고 30cm, 3층으로 각층 다짐횟수가 25회일 때 다짐에너지는? (단, 몰드의 체적은 1,000cm³이다.)

① 56.25N·cm/cm³
② 59.65N·cm/cm³
③ 104.55N·cm/cm³
④ 6.65N·cm/cm³

16 기초폭 4m인 연속기초에서 기초면에 작용하는 합력의 연직성분은 100kN이고 편심거리가 0.4m일 때, 기초지반에 작용하는 최대압력은?

① 20kN/m²   ② 40kN/m²
③ 60kN/m²   ④ 80kN/m²

17 정규압밀점토에 대하여 구속응력 100kN/m²로 압밀배수 시험한 결과 파괴 시 축차응력이 200kN/m²이었다. 이 흙의 내부마찰각은?

① 20°   ② 25°
③ 30°   ④ 45°

18 평판재하시험 결과로부터 지반의 허용지지력값은 어떻게 결정하는가?

① 항복강도의 $\frac{1}{2}$, 극한강도의 $\frac{1}{3}$ 중 작은 값
② 항복강도의 $\frac{1}{2}$, 극한강도의 $\frac{1}{3}$ 중 큰 값
③ 항복강도의 $\frac{1}{3}$, 극한강도의 $\frac{1}{2}$ 중 작은 값
④ 항복강도의 $\frac{1}{3}$, 극한강도의 $\frac{1}{2}$ 중 큰 값

19 사질토 지반에 축조되는 강성기초의 접지압 분포에 대한 설명 중 맞는 것은?

① 기초 모서리 부분에서 최대응력이 발생한다.
② 기초에 작용하는 접지압 분포는 토질에 관계없이 일정하다.
③ 기초의 중앙 부분에서 최대응력이 발생한다.
④ 기초 밑면의 응력은 어느 부분이나 동일하다.

20 압밀시험결과 시간 – 침하량 곡선에서 구할 수 없는 값은?

① 초기압축비   ② 압밀계수
③ 1차 압밀비   ④ 선행압밀압력

해설 및 정답

1. ① 단면적(A)
$$A = \frac{\pi \cdot d^2}{4} = \frac{\pi \times 35^2}{4} = 962.11 \text{mm}^2$$

② 환산단면적(A_0)
$$A_0 = \frac{A}{1-\epsilon} = \frac{962.11}{1-\left(\frac{12}{100}\right)} = 1093.31 \text{mm}^2$$

③ 일축압축강도(σ_1)
$$\sigma_1 = q_u = \frac{P}{A_O} = \frac{20}{1093.31}$$
$$= 0.01829 \text{N/mm}^2 = 18.29 \text{kN/m}^2$$

④ 전단강도(τ)
$$\tau = c_u = \frac{q_u}{2} = \frac{18.29}{2} = 9.15 \text{kN/m}^2$$

2. ① 이동경로(L)
$$L = \frac{4}{\cos 15°} = 4.14 \text{m}$$

② 동수경사(i)
$$i = \frac{\Delta h}{L} = \frac{0.5}{4.14} = \frac{1}{8.28}$$

③ 평균유속(유출유속, v)
$$v = K \cdot i = 4.8 \times 10^{-3} \times \left(\frac{1}{8.28}\right)$$
$$= 5.8 \times 10^{-4} \text{cm/sec}$$

④ 간극률(n)
$$n = \frac{e}{1+e} \times 100 = \frac{0.78}{1+0.78} \times 100 = 43.82(\%)$$

⑤ 침투유속(v_s)
$$v_s = \frac{v}{\frac{n}{100}} = \frac{5.8 \times 10^{-4}}{\frac{43.82}{100}} = 13.2 \times 10^{-4} \text{cm/sec}$$

3. ① 단면적(a, A)
$$a = \frac{\pi \cdot a^2}{4} = \frac{\pi \times 0.45^2}{4} = 0.159 \text{cm}^2$$
$$A = \frac{\pi \cdot D^2}{4} = \frac{\pi \times 5^2}{4} = 19.635 \text{cm}^2$$

② 변수위 투수시험에 의한 투수계수(K)
$$K = \frac{2.3 \cdot a \cdot L}{A \cdot T} \log \frac{h_1}{h_2}$$
$$= \frac{2.3 \times 0.159 \times 2.0}{19.635 \times 70} \log \frac{40}{20}$$
$$= 1.60 \times 10^{-4} \text{cm/sec}$$

4. 1) 암반평점에 의한 분류방법(Rock Mass Rating)의 분류기준
　① 암석의 강도(일축압축강도)
　② 암질지수(RQD)
　③ 절리의 상태
　④ 절리의 간격
　⑤ 지하수

2) 탄성파 전파 속도는 지질의 종류, 풍화의 정도 등의 지하 지질 구조를 추정하는 방법이다.

5. 상대밀도(D_r)
$$D_r = \frac{\gamma_{d\max}}{\gamma_d} \cdot \frac{\gamma_d - \gamma_{d\min}}{\gamma_{d\max} - \gamma_{d\min}} \times 100$$
$$= \frac{18}{17} \times \frac{17-16}{18-16} \times 100 = 52.94\%$$

6. ① 점토의 비배수전단강도(c_u)
　$c_u = 0.1 \text{MPa} = 100 \text{kPa}$

② 극한지지력(P_u)
　부착력 $c_\alpha = \alpha \cdot c_u = 0.6 \times 100$ 이므로
$$P_u = \pi \cdot D \cdot l \cdot c_\alpha$$
$$= \pi \times 0.2 \times 5 \times (0.6 \times 100) = 188.5 \text{kN}$$

7. ① 내부마찰각(ϕ)

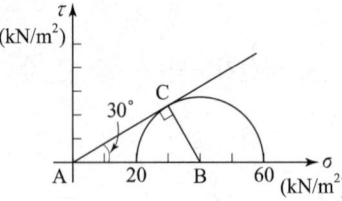

$\triangle ABC$에서
$$\sin\phi = \frac{20}{40}$$
$$\phi = \sin^{-1}\left(\frac{20}{40}\right) = 30°$$

② 수평면과 파괴면이 이루는 각도(θ)

$$\theta = 45° + \frac{\phi}{2} = 45 + \frac{30}{2} = 60°$$

③ 파괴면에 작용하는 전단응력(τ)
$\sigma_1 - \sigma_3$가 축차응력이므로

$$\tau = \frac{\sigma_1 - \sigma_3}{2}\sin2\theta$$
$$= \frac{60-20}{2}\sin(2\times60°) = 17.32\text{kN/m}^2$$

④ 파괴면에 작용하는 수직응력(σ)

$$\sigma = \frac{\sigma_1 + \sigma_3}{2} + \frac{\sigma_1 - \sigma_3}{2}\cos2\theta$$
$$= \frac{60+20}{2} + \frac{60-20}{2}\cos(2\times60°)$$
$$= 30.0\text{kN/m}^2$$

8. ① 수중단위중량(γ_{sub})

$$\gamma_{\text{sub}} = \gamma_{\text{sat}} - \gamma_w = 18 - 9.81 = 8.19\text{kN/m}^3$$

② 안전율(F_s)
사질토이므로 $c=0$이고, 침투류가 지표면과 일치되어 있을 때 안전율은

$$F_s = \frac{\gamma_{\text{sub}}}{\gamma_{\text{sat}}} \cdot \frac{\tan\phi}{\tan i}$$
$$= \frac{8.19}{18} \times \frac{\tan33°}{\tan25°}$$
$$= 0.63$$

9. ① 초기과잉간극수압(u_i)

$$u_i = \Delta P = 50\text{kN/m}^2$$

② 현재의 과잉간극수압(u_e)

$$u_e = \gamma_w \cdot h = 9.81 \times 4.0 = 39.24\text{kN/m}^2$$

③ 압밀도(U)

$$U = \frac{u_i - u_e}{u_i} \times 100 = \frac{50 - 39.24}{50} \times 100 = 21.52\%$$

10. ① 편심거리(e)

$$e = \frac{M}{Q} = \frac{45}{300} = 0.15\text{m}$$

② 판별

$$\text{편심거리 } e < \frac{B}{6} = \frac{1.2}{6} = 0.2\text{m}$$

③ 최대압축응력($q_{\max}$)

$$q_{\max} = \frac{Q}{B \cdot L}\left(1 + \frac{6e}{B}\right)$$
$$= \frac{300}{1.2 \times 1.5}\left(1 + \frac{6 \times 0.15}{1.2}\right) = 291.67\text{kN/m}^2$$

11. ① 소성지수(PI, I_P)

$$PI = w_L - w_p = 60 - 20 = 40\%$$

② 활성도(A)

$$A = \frac{\text{소성지수}(I_p)}{2\mu\text{보다 작은 입자의 중량백분율}(\%)}$$
$$= \frac{40}{90} = 0.44$$

③ 활성도에 따른 점토의 분류
활성도 $A = 0.44$이므로 점토광물은 카올리나이트(Kaolinite)이다.

12. 부분보상기초($D_f < \frac{Q}{A}$)의 안전율

$$F_s = \frac{q_{u(net)}}{q_{net}} = \frac{q_{u(net)}}{\frac{Q}{A} - \gamma \cdot D_f}$$
$$= \frac{225}{\frac{150,000}{20 \times 30} - 20 \times 5.0} = \frac{225}{150} = 1.5$$

13. Thixotrophy(틱소트로피)
연약지반에 말뚝을 타입하면 타입시 지반이 교란된다. 그러므로 지반 교란에 대한 영향을 줄이기 위해, 즉, 틱소트로피 효과에 의한 강도 증진의 효과를 구하기 위해 재하 시험은 3주 이상의 기간이 경과한 후 행하는 것이 좋다.

14. ① Fellenius법은 Bishop법보다 계산이 간단하다.
② Bishop법은 안전율(F_s)이 식의 양변에 있으므로 시행 착오법으로 구한다.

15. 다짐에너지(E)

$$E = \frac{W_R \cdot H \cdot N_B \cdot N_L}{V} = \frac{25 \times 30 \times 25 \times 3}{1,000}$$
$$= 56.25\text{N} \cdot \text{cm/cm}^3$$

16. ① 편심거리(e)

편심거리 $e = 0.4 < \dfrac{B}{6} = \dfrac{4}{6} = 0.67m$

② 최대 압축응력(q_{max})

$q_{max} = \dfrac{Q}{B} \cdot \left(1 + \dfrac{6e}{B}\right)$

$= \dfrac{100}{4} \times \left(1 + \dfrac{6 \times 0.4}{4}\right) = 40 kN/m^2$

17. ① 최대주응력(σ_1)

$\sigma_1 = \sigma_3 + (\sigma_1 - \sigma_3) = 100 + 200 = 300 kN/m^2$

② 내부마찰각(ϕ)

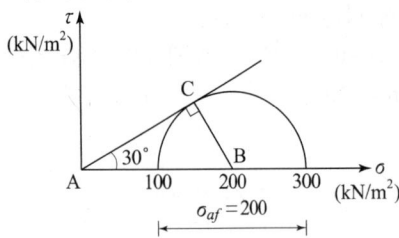

△ABC에서

$\sin\phi = \dfrac{100}{200}$

$\phi = \sin^{-1}\left(\dfrac{100}{200}\right) = 30°$

18. ① 장기 허용지지력

$q_a = q_t + \dfrac{1}{3} \cdot \gamma \cdot D_f \cdot N_q$

여기서, q_t : 재하 시험에 의한 항복강도의 $\dfrac{1}{2}$ 또는, 극한강도의 $\dfrac{1}{3}$ 중 작은 값

D_f : 기초에 근접된 최저 지반면에서 기초 하중면까지의 깊이

N_q : 지지력계수

② 평판재하시험 결과로부터 허용지지력(q_t)

평판재하시험에 의한 항복강도의 $\dfrac{1}{2}$ 또는, 극한강도의 $\dfrac{1}{3}$ 중 작은 값

19. 사질토 지반에 있어서 강성기초의 접지압 분포는 기초의 중앙부에서 최대접지압이 발생한다.

20. 1) 각 곡선으로부터 구할 수 있는 요소

	시간-침하 곡선	하중-간극비 곡선
공통	① 압밀계수 ② 체적변화계수	① 압축계수 ② 체적변화계수
차이점	① 1차 압밀비 ② 투수계수 ③ 압밀시간 산정	① 압축지수 ② 선행압밀압력 ③ 압밀 침하량 산정
	각 하중 단계마다 작성	전 하중 단계에서 작성

2) 선행압밀압력은 하중-간극비 곡선에서 구할 수 있다.

1. ③	2. ④	3. ③	4. ①	5. ④
6. ③	7. ④	8. ①	9. ①	10. ①
11. ①	12. ④	13. ③	14. ①	15. ①
16. ②	17. ③	18. ①	19. ③	20. ④

과년도출제문제(CBT시험문제)

23 토목산업기사
1회 시행 출제문제

※ 본 기출문제는 수험자의 기억을 바탕으로 하여 복원한 문제이므로 실제 문제와 다를 수 있음을 미리 알려드립니다.

1. 예민비가 큰 점토란 무엇을 의미하는가?

① 입자의 모양이 날카로운 점토
② 다시 반죽했을 때 강도가 감소하는 점토
③ 다시 반죽했을 때 강도가 증가하는 시료
④ 입자가 가늘고 긴 형태의 점토

2. 모래지반에 30cm×30cm의 재하판으로 재하실험을 한 결과 100kN/m²의 극한지지력을 얻었다. 4m×4m의 기초를 설치할 때 기대되는 극한지지력은?

① 1,455kN/m² ② 1,333kN/m²
③ 1,000kN/m² ④ 1,500kN/m²

3. 점착력이 9kN/m², 내부마찰각은 30°, 단위중량이 18kN/m³인 흙이 있다. 이 흙에는 인장균열이 몇 m 깊이까지 생기겠는가?

① 1.73m ② 2.82m
③ 1.34m ④ 1.41m

4. 함수비 18%인 흙의 질량을 측정하니 2,264g이였다. 이 흙의 함수비를 28%로 할 때 첨가해야 되는 물의 양은? (단, 간극비는 일정하다.)

① 192g ② 187g
③ 176g ④ 208g

5. 파이핑(Piping) 현상을 일으키지 않는 동수경사(i)와 한계 동수경사(i_c)의 관계로 옳은 것은?

① $\dfrac{h}{L} < \dfrac{G_s - 1}{1 + e}$

② $\dfrac{h}{L} > \dfrac{G_s - 1}{1 + e} \cdot \gamma_w$

③ $\dfrac{h}{L} < \dfrac{G_s - 1}{1 + e} \cdot \gamma_w$

④ $\dfrac{h}{L} > \dfrac{G_s - 1}{1 + e}$

6. 흐트러지지 않은 시료를 이용하여 액성한계 45%를 얻었다. 이 정규압밀점토 시료의 압축지수(C_c)의 값을 Terzaghi와 Peck의 경험식에 의하면?

① 0.250 ② 0.315
③ 0.300 ④ 0.275

7. 그림에서 모관수에 의해 A-A면까지 완전히 포화되었다고 가정하면 B-B면에서의 유효응력은 얼마인가? (단, 물의 단위중량 $\gamma_w = 9.81$kN/m³)

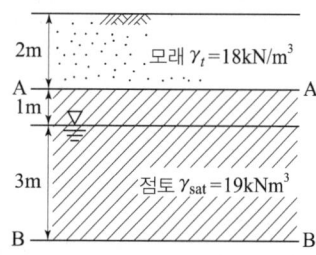

① 112kN/m² ② 72.76kN/m²
③ 61.80kN/m² ④ 82.57kN/m²

8. 다짐에너지에 대한 설명으로 틀린 것은?

① 다짐에너지는 래머의 질량에 비례한다.
② 다짐에너지는 시료의 체적에 비례한다.
③ 다짐에너지는 타격수에 비례한다.
④ 다짐에너지는 래머의 낙하고에 비례한다.

9. 상대밀도(Relative Density)란 다음 중 어느 흙의 밀도를 결정하는데 많이 쓰이는가?

① 점토질 흙
② 실트질 흙
③ 모래질 흙
④ 포화된 점토질 흙

10. 점성토 지반의 개량공법이 아닌 것은?

① 바이브로 플로테이션 공법
② Sand drain 공법
③ 생석회 말뚝 공법
④ 치환 공법

해설 및 정답

1. ① 예민비(Sensitivity, S_t)
  교란된 흙에 대한 교란되지 않은 흙의 일축압축강도의 비를 예민비라 한다.
② 예민비가 큰 흙은 흙을 다시 이겼을 때 강도가 크게 감소하는 점토이다.

2. 기초의 극한지지력($q_{u(기초)}$)
모래지반의 경우 극한지지력은 재하판 폭에 비례하여 증가한다.
$$q_{u(기초)} = q_{u(재하)} \cdot \frac{B_{(기초)}}{B_{(재하)}} = 100 \times \frac{4}{0.3} = 1{,}333.33 \text{kN/m}^2$$

3. 점착고(Z_0)
$$Z_0 = \frac{2c}{\gamma} \cdot \tan\left(45° + \frac{\phi}{2}\right)$$
$$= \frac{2 \times 9}{18} \times \tan\left(45° + \frac{30°}{2}\right) = 1.73 \text{m}$$

4. ① 문제의 핵심
  함수비가 변화하면 물의 질량 m_w이 변하여 전체질량 m은 변하지만 흙 입자 만의 질량 m_s는 변하지 않는다.
② 흙 입자 만의 질량(m_s)
$$m_s = \frac{m}{1 + \frac{w}{100}} = \frac{2{,}264}{1 + \frac{18}{100}} = 1{,}918.6 \text{g}$$
③ 함수비 18%일 때의 물의 질량($m_{w(18\%)}$)
$$m_{w(18\%)} = m - m_s = 2{,}264 - 1{,}918.6 = 345.4 \text{g}$$
④ 함수비 28%일 때의 물의 질량($m_{w(28\%)}$)
  함수비가 변하여도 흙 입자 만의 질량 m_s는 변하지 않으므로
  함수비 $w = \frac{m_w}{m_s} \times 100 = \frac{m_w}{1{,}918.6} \times 100 = 28\%$이므로
$$m_{w(28\%)} = \frac{28}{100} \times 1{,}918.6 = 537.2 \text{g}$$
⑤ 첨가할 물의 양
  첨가할 물의 양 $= m_{w(28\%)} - m_{w(18\%)}$
  $= 537.2 - 345.4 = 191.8 \text{g}$

5. ① 동수경사(i)
$$i = \frac{수두차}{이동거리} = \frac{h}{L}$$
② 한계동수경사(i_c)
$$i_c = \frac{\gamma_{\text{sub}}}{\gamma_w} = \frac{G_s - 1}{1 + e}$$
③ 분사현상이 안 일어날 조건
$$i < i_c = \frac{\gamma_{\text{sub}}}{\gamma_w} = \frac{G_s - 1}{1 + e}$$
④ 분사현상이 일어날 조건
$$i \geq i_c = \frac{\gamma_{\text{sub}}}{\gamma_w} = \frac{G_s - 1}{1 + e}$$

6. 압축지수(C_c)
① $e - \log P$ 곡선의 직선부분의 기울기이다.
② Terzaghi와 Peak의 경험식
$$C_c = 0.009(w_L - 10) = 0.009 \times (45 - 10) = 0.315$$

7. ① 전응력(σ)
  모세관 영역은 완전히 포화가 되었으므로 포화단위중량(γ_{sat})을 적용하면
$$\sigma_B = \gamma_t \times 2 + \gamma_{\text{sat}} \times (1+3) = 18 \times 2 + 19 \times 4$$
$$= 112 \text{kN/m}^2$$
② 간극수압(중립응력, u)
$$u_B = \gamma_w \times 3 = 9.81 \times 3 = 29.43 \text{kN/m}^2$$
③ 유효응력(σ')
$$\sigma_B' = \sigma - u = 112 - 29.43 = 82.57 \text{kN/m}^2$$

8. 다짐에너지(E)
$$E = \frac{W_R \cdot H \cdot N_B \cdot N_L}{V}$$
① 다짐에너지는 래머의 질량, 낙하고, 각 층의 다짐 횟수, 다짐 층수에 비례한다.
② 다짐에너지는 몰드의 체적에 반비례한다.

9. 상대밀도(Relative density, D_r)
자연상태의 조립토의 조밀한 정도를 나타내는 것으로 모래질 흙의 다짐 정도를 표시한다. 즉, 느슨한 상태에 있는가 촘촘한 상태에 있는가를 나타낸다.

10. 바이브로 플로테이션 공법은 진동을 이용한 모래지반 개량공법이다.

| 1. ② | 2. ② | 3. ① | 4. ① | 5. ① |
| 6. ② | 7. ④ | 8. ② | 9. ③ | 10. ① |

과년도출제문제(CBT시험문제)

23 토목산업기사
2회 시행 출제문제

※ 본 기출문제는 수험자의 기억을 바탕으로 하여 복원한 문제이므로 실제 문제와 다를 수 있음을 미리 알려드립니다.

1. 흙의 투수계수에 대한 설명으로 틀린 것은?

① 흙의 투수계수는 보통 Darcy 법칙에 의하여 정해진다.
② 투수계수는 온도와는 관계가 없다.
③ 모래의 투수계수는 간극비나 흙의 형상과 관계가 있다.
④ 투수계수는 물의 점성과 관계가 있다.

2. 10개의 무리 말뚝기초에 있어서 효율이 0.8, 단항으로 계산한 말뚝 1개의 허용지지력이 100kN일 때 군항의 허용지지력은?

① 500kN　　② 800kN
③ 1,000kN　　④ 1,250kN

3. 점착력(c)이 9kN/m², 내부마찰각(ϕ)이 30°, 흙의 단위중량(γ)이 18kN/m³인 흙에서 인장균열이 발생하는 깊이(z_o)는?

① 1.73m　　② 1.28m
③ 0.87m　　④ 0.29m

4. 점토의 압밀시험에 의하여 구해지는 $e-\log P$ 곡선(e : 간극비, P : 압밀하중)의 직선부분의 경사로서 (A)가 구해지는데 이것은 점토층의 (B)의 계산에 이용된다. 이때 A와 B에 각각 알맞는 것은?

① A : 압밀계수 C_v, B : 압밀소요시간 t
② A : 압축지수 C_c, B : 압밀침하량 S_c
③ A : 압축지수 C_c, B : 압밀소요시간 t
④ A : 압밀계수 C_v, B : 압밀침하량 S_c

5. 흙의 분류방법 중 통일분류법에 대한 설명으로 틀린 것은?

① #200(0.075mm)체 통과율이 50%보다 작으면 조립토이다.
② 조립토 중 #4(4.75mm)체 통과율이 50%보다 작으면 자갈이다.
③ 세립토에서 압축성의 높고 낮음을 분류할 때 사용하는 기준은 액성한계 35%이다.
④ 세립토를 여러 가지로 세분하는 데는 액성한계와 소성지수의 관계 및 범위를 나타내는 소성도표가 사용된다.

6. 흙의 전단강도에 대한 설명으로 틀린 것은?

① 흙의 전단강도와 압축강도는 밀접한 관계에 있다.
② 흙의 전단강도는 입자간의 내부마찰각과 점착력으로 부터 주어진다.
③ 외력이 증가하면 전단응력에 의해서 내부의 어느 면을 따라 활동이 일어나 파괴된다.
④ 일반적으로 사질토는 내부마찰각이 작고 점성토는 점착력이 작다.

7. 그림에서 b-b면 바로 아래에서의 유효응력은 얼마인가? (단, 물의 단위중량 $\gamma_w=9.81$kN/m³)

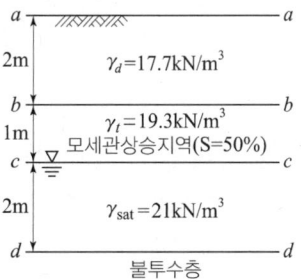

① 20.5kN/m²　　② 35.3kN/m²
③ 40.3kN/m²　　④ 62.7kN/m²

8. 간극비(e) 0.65, 함수비(w) 20.5%, 비중(G_s) 2.69인 사질토의 습윤밀도(ρ_t)는?

① 1.02g/cm³   ② 1.35g/cm³
③ 1.63g/cm³   ④ 1.96g/cm³

9. 흙의 다짐에 있어 래머의 중량이 2.5kg, 낙하고 30cm, 3층으로 각층 다짐횟수가 25회일 때 다짐에너지는? (단, 몰드의 체적은 1,000cm³이다.)

① 4.625kg · cm/cm³
② 5.625kg · cm/cm³
③ 6.625kg · cm/cm³
④ 7.625kg · cm/cm³

10. 사운딩 시험 중에서 시료채취와 동시에 N값을 얻을 수 있는 시험은?

① 표준관입시험
② 화란식 원추 관입시험
③ 원추관입시험
④ 베인시험

해설 및 정답

1. ① 투수계수에 영향을 미치는 요소

$$K = D_s^2 \cdot \frac{\gamma_w}{\eta} \cdot \frac{e^3}{1+e} \cdot C$$

여기서, D_s : 흙 입자의 입경(보통 D_{10})
  γ_w : 물의 단위중량
  η : 물의 점성계수
  e : 공극비
  C : 합성형상계수(composite shape factor)
  K : 투수계수

② 온도가 높을수록 물의 점성계수(η)가 감소하여 투수계수는 증가한다.

2. 군항의 허용지지력(Q_{ag})

$Q_{ag} = E \cdot N \cdot R_a = 0.8 \times 10 \times 100 = 800\text{kN}$

3. 인장균열이 발생하는 깊이(Z_0, 점착고)

$$Z_0 = \frac{2c}{\gamma} \cdot \tan\left(45° + \frac{\phi}{2}\right) = \frac{2 \times 9}{18}\tan\left(45° + \frac{30°}{2}\right) = 1.73\text{m}$$

4. 1) 압축지수(Compression index, C_c)

① 개요 : e-log P 곡선의 직선부분(처녀압밀곡선, virgin compression curve)의 기울기이다.

② 공식

$$C_c = \frac{e_1 - e_2}{\log p_2 - \log p_1} = \frac{e_1 - e_2}{\log \frac{p_2}{p_1}}$$

③ 이용 : 압밀침하량 산정에 이용한다.

2) 압밀침하량(ΔH)

$$\Delta H = m_v \cdot \Delta p \cdot H$$
$$= \frac{a_v}{1 + e_1} \cdot \Delta p \cdot H$$
$$= \frac{C_c}{1 + e_1} \cdot \log\left(\frac{p_2}{p_1}\right) \cdot H$$

여기서, H : 점토층의 두께
  p_1 : 초기 유효상재하중
  $p_2 = p_1 + \Delta p$
  Δp : 하중증가량
  C_c : 압축지수

5. 1) 소성도표

① Casagrande가 액성한계와 소성지수를 사용하여 소성도표를 만들었다.

② A선은 $I_p = 0.73(w_L - 20)$으로서, A선 위의 점토를, A선 아래는 실트 및 유기질토를 나타낸다.

③ B선은 $w_L = 50\%$으로서, B선 왼쪽은 저압축성을, B선 오른쪽은 고압축성을 나타낸다.

2) 세립토에서 압축성이 높고 낮음을 분류할 때 사용하는 기준은 액성한계 50%이다.

6. 일반적으로 사질토는 내부마찰각이 크고 점토는 점착력이 크다.

7. ① 전응력(σ)

$\sigma = \gamma_t \cdot h_1 = 17.7 \times 2 = 35.4\text{kN/m}^2$

② 부분적으로 포화된 흙의 모관포텐셜(간극수압)

$u = -\frac{S}{100} \cdot \gamma_w \cdot h = -\frac{50}{100} \times 9.81 \times 1 = -4.91\text{kN/m}^2$

③ 유효응력(σ')

$\sigma' = \sigma - u = 35.4 - (-4.91) = 40.31\text{kN/m}^2$

8. ① 포화도(S)

체적과 중량의 상관관계 $S \cdot e = w \cdot G_S$이므로

$S = \frac{w}{e} \cdot G_s = \frac{20.5}{0.65} \times 2.69 = 84.84\%$

② 흙의 습윤밀도(ρ_t)

$$\rho_t = \frac{G_s + \frac{S \cdot e}{100}}{1 + e}\rho_w = \frac{2.69 + \frac{84.84 \times 0.65}{100}}{1 + 0.65} \times 1$$
$$= 1.96\text{g/cm}^3$$

9. 다짐에너지(E)

$$E = \frac{W_R \cdot H \cdot N_B \cdot N_L}{V} = \frac{2.5 \times 30 \times 25 \times 3}{1,000}$$
$$= 5.625\text{kg} \cdot \text{cm/cm}^3$$

10. 1) 표준관입 시험(Standard Penetration Test, SPT)의 목적
① 현장 지반의 강도를 추정(N 값)
② 흐트러진 시료 채취
2) 표준관입 시험(SPT)의 N 값
보링을 한 구멍에 샘플러를 넣고, 처음 흐트러진 시료 15cm를 관입한 후 63.5kg의 해머로 76cm 높이에서 자유 낙하시켜 샘플러를 30cm 관입시키는데 필요한 타격횟수를 표준관입시험 값, 또는 N 값이라 한다.

| 1. ② | 2. ② | 3. ① | 4. ② | 5. ③ |
| 6. ④ | 7. ③ | 8. ④ | 9. ② | 10. ① |

과년도 출제문제(CBT시험문제)

23 토목산업기사
4회 시행 출제문제

※ 본 기출문제는 수험자의 기억을 바탕으로 하여 복원한 문제이므로 실제 문제와 다를 수 있음을 미리 알려드립니다.

1. 수직 응력이 60kN/m²이고 흙의 내부마찰각이 45°일 때 모래의 전단강도는? (단, 점착력 (c)은 0이다.)
① 24kN/m²   ② 36kN/m²
③ 48kN/m²   ④ 60kN/m²

2. 어떤 시료가 조밀한 상태에 있는가, 느슨한 상태에 있는가를 나타내는데 쓰이며, 주로 모래와 같은 조립토에서 사용되는 것은?
① 건조밀도   ② 상대밀도
③ 포화밀도   ④ 수중밀도

3. 깊은기초에 대한 설명으로 틀린 것은?
① 정역학적 방법과 동역학적 방법은 주로 기성말뚝의 지지력을 산정하는데 사용된다.
② 무리말뚝의 지지력은 개개의 말뚝의 지지력의 합보다 크다.
③ 부마찰력이란 하향의 마찰력에 의해 말뚝을 아래로 끌어내리는 힘을 말한다.
④ 양방향 재하시험은 현장타설 콘크리트 말뚝기초의 지지력을 산정하는데 사용된다.

4. 들밀도 시험 중 모래치환법에서 모래는 무엇을 구하려고 이용하는가?
① 시험구멍에서 파낸 흙의 중량
② 시험구멍의 체적
③ 흙의 함수비
④ 지반의 지지력

5. 흙의 함수비를 시험하기 위하여 용기의 질량을 측정하니 20.20g이고, 용기에 자연시료를 넣어서 질량을 측정하니 35.20g이었다. 또한 이 용기의 시료를 110±5℃로 건조시켜 질량을 측정하니 29.10g이었다. 이 흙의 함수비는 얼마인가?
① 68.54%   ② 59.33%
③ 145.90%   ④ 46.24%

6. 그림과 같은 옹벽에 작용하는 전주동토압은?
(단, 흙의 단위중량은 17kN/m³, 내부마찰각 26°, 점착력은 10kN/m²이다.)

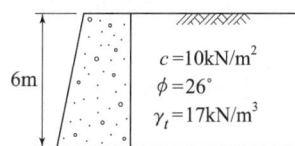

① 194.5kN/m   ② 119.4kN/m
③ 75.5kN/m   ④ 44.4kN/m

7. 물의 온도 15℃에서 표면장력은 0.075N/m이다. 이 물이 안지름 2mm의 유리관 속을 상승하는 높이는 몇 cm인가? (단, 접촉각은 9°이고 물의 단위중량은 9.81kN/m³이다.)
① 1.0cm   ② 0.15cm
③ 1.5cm   ④ 15.0cm

8. 10개의 무리 말뚝기초에 있어서 효율이 0.8, 단항으로 계산한 말뚝 1개의 허용지지력이 100kN일 때 군항의 허용지지력은?
① 500kN   ② 800kN
③ 1,000kN   ④ 1,250kN

9. 압밀에 대한 설명으로 틀린 것은?

① 지반에 하중이 가해질 때 토립자 형태의 변화 즉, 탄성변형에 의한 침하를 압밀이라 한다.
② 압밀계수를 구하기 위해 필요한 시간을 알기 위해서는 시간-침하량 곡선을 그린다.
③ 유기물이 많은 흙은 다른 흙보다 2차압밀량이 크다.
④ 선행압밀하중을 구하기 위해서는 $e - \log P$ 곡선이 필요하다.

10. 흙의 투수계수에 대한 설명으로 틀린 것은?

① 흙의 투수계수는 보통 Darcy 법칙에 의하여 정해진다.
② 투수계수는 온도와는 관계가 없다.
③ 모래의 투수계수는 간극비나 흙의 형상과 관계가 있다.
④ 투수계수는 물의 점성과 관계가 있다.

해설 및 정답

1. 모래의 전단강도(τ)

$c = 0$이므로 $\tau = \sigma' \cdot \tan\phi = 60 \times \tan 45° = 60 \text{kN/m}^2$

2. ① 상대밀도(D_r)는 자연상태 조립토의 조밀한 정도를 나타내는 것으로 모래의 다짐 정도를 간극비(e) 또는, 건조밀도(ρ_d)로 나타낸다.

② 공식

$$D_r = \frac{e_{max} - e}{e_{max} - e_{min}} \times 100$$

$$= \frac{\rho_{d max}}{\rho_d} \cdot \frac{\rho_d - \rho_{d min}}{\rho_{d max} - \rho_{d min}} \times 100$$

여기서, e_{max} : 가장 느슨한 상태의 공극비
e_{min} : 가장 조밀한 상태의 공극비
e : 자연상태의 공극비
$\rho_{d max}$: 가장 조밀한 상태의 건조밀도
$\rho_{d min}$: 가장 느슨한 상태의 건조밀도
ρ_d : 자연상태의 건조밀도

3. 일반적으로 무리말뚝의 지지력은 각각의 단일말뚝의 지지력의 합보다 작다.

4. ① 시험용 모래는 No.10체를 통과하고 No.200체에 남는 모래를 물로 씻은 후 건조하여 사용한다.
② 시험구멍의 체적을 구하기 위하여 모래를 사용한다.

5. ① 물의 질량(m_w)

$m_w = 35.20 - 29.10 = 6.1\text{g}$

② 흙 입자의 질량(m_s)

$m_s = 29.10 - 20.20 = 8.9\text{g}$

③ 함수비(w)

$w = \dfrac{m_w}{m_s} \times 100 = \dfrac{6.1}{8.9} \times 100 = 68.54\%$

6. ① 주동토압계수(K_A)

$K_A = \dfrac{1 - \sin\phi}{1 + \sin\phi} = \dfrac{1 - \sin 26°}{1 + \sin 26°} = 0.39046$

② 전주동토압(P_A)

$P_A = \dfrac{1}{2} \cdot K_A \cdot \gamma_t \cdot H^2 - 2 \cdot c \cdot H \sqrt{K_A}$

$= \dfrac{1}{2} \times 0.39046 \times 17 \times 6^2 - 2 \times 10 \times 6 \times \sqrt{0.39046}$

$= 44.50 \text{kN/m}$

7. ① 유리의 안지름의 단위 환산

$2\text{mm} = 0.002\text{m}$

② 모관 상승고(h_c)

$T = 0.075\text{N/m} = 0.000075\text{kN/m}$이며 $\alpha = 9°$이므로

$h_c = \dfrac{4 \cdot T \cdot \cos\alpha}{\gamma_w \cdot D} = \dfrac{4 \times 0.000075 \times \cos 9°}{9.81 \times 0.002}$

$= 0.015\text{m} = 1.5\text{cm}$

8. 군항의 허용지지력(Q_{ag})

$Q_{ag} = E \cdot N \cdot R_a = 0.8 \times 10 \times 100 = 800 \text{kN}$

9. 1) 즉시침하(탄성침하)
① 함수비의 변화 없이 탄성변형에 의해 일어나는 침하를 말한다.
② 투수성이 큰 모래지반에서 단기적으로 발생한다.
2) 압밀침하(Consolidation settlement)
① 포화토의 간극을 채우고 있는 물이 서서히 배출될 때 생긴 체적변화로 인한 침하를 압밀침하라 한다.
② 투수성이 작은 점토지반에서 장기적으로 발생한다.

10. ① 투수계수에 영향을 미치는 요소

$$K = D_s^2 \cdot \frac{\gamma_w}{\eta} \cdot \frac{e^3}{1+e} \cdot C$$

여기서, D_s : 흙 입자의 입경(보통 D_{10})
γ_w : 물의 단위중량
η : 물의 점성계수
e : 공극비
C : 합성형상계수(composite shape factor)
K : 투수계수

② 온도가 높을수록 물의 점성계수(η)가 감소하여 투수계수는 증가한다.

| 1. ④ | 2. ② | 3. ② | 4. ② | 5. ① |
| 6. ④ | 7. ③ | 8. ② | 9. ① | 10. ② |

과년도출제문제(CBT시험문제)

24 토목산업기사
1회 시행 출제문제

※ 본 기출문제는 수험자의 기억을 바탕으로 하여 복원한 문제이므로 실제 문제와 다를 수 있음을 미리 알려드립니다.

1. 비중이 2.65, 간극률이 40%인 모래지반의 한계 동수 경사는?

① 0.99　② 1.18
③ 1.59　④ 1.89

2. 암석시편을 얻기 위하여 시추조사를 실시하여 1.5m를 굴진하였다. 회수된 암석시편의 길이가 0.8m이며 그 중 길이 10cm 이상되는 시편길이의 합이 0.5m라고 할 때 이 암석시편의 회수율(rock recovery)는?

① 47%　② 53%
③ 33%　④ 67%

3. 표준관입시험(S.P.T) 결과 N치가 25이었고, 그 때 채취한 교란시료로 입도시험을 한 결과 입자가 모나고, 입도분포가 불량할 때 Dunham 공식에 의해서 구한 내부마찰각은?

① 약 32°　② 약 37°
③ 약 40°　④ 약 42°

4. 흙의 다짐 에너지에 대한 설명으로 틀린 것은?

① 다짐 에너지는 램머(rammer)의 중량에 비례한다.
② 다짐 에너지는 램머(rammer)의 낙하고에 비례한다.
③ 다짐 에너지는 시료의 체적에 비례한다.
④ 다짐 에너지는 타격수에 비례한다.

5. 자연함수비가 액성한계보다 큰 흙은 어떤 상태인가?

① 고체상태이다.　② 반고체 상태이다.
③ 소성상태이다.　④ 액체상태이다.

6. 흙의 상대밀도를 구하는 식은?

① $D_r = \dfrac{e_{max} - e_{min}}{e - e_{min}} \times 100(\%)$

② $D_r = \dfrac{e_{max} - e}{e_{max} - e_{min}} \times 100(\%)$

③ $D_r = \dfrac{e - e_{min}}{e_{max} - e_{min}} \times 100(\%)$

④ $D_r = \dfrac{e_{max} - e_{min}}{e_{max} - e} \times 100(\%)$

7. 흙의 단위중량이 17kN/m³, 내부마찰각이 30°, 점착력이 0인 지반에 5m의 연직옹벽을 축조하였다. 옹벽에 작용하는 주동토압의 합력은?

① 40.8kN/m　② 50.8kN/m
③ 60.8kN/m　④ 70.8kN/m

8. 느슨하고 포화된 사질토에 지진이나 폭파, 기타 진동으로 인한 충격을 받았을 때 전단강도가 급격히 감소하는 현상은?

① 액상화 현상　② 분사 현상
③ 보일링 현상　④ 다일러턴시 현상

9. 테르쟈기(Terzaghi) 압밀이론에 설정한 가정으로 틀린 것은?

① 흙은 균질하고 완전히 포화되어 있다.
② 흙입자와 물의 압축성은 무시한다.
③ 흙 속의 물의 이동은 Darcy의 법칙을 따르며 투수계수는 일정하다.
④ 흙의 간극비는 유효응력에 비례한다.

10. 그림에서 b-b면 바로 아래에서의 유효응력은 얼마인가? (단, 물의 단위중량 $\gamma_w = 9.81 \text{kN/m}^3$)

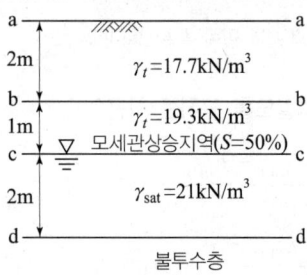

① 20.5kN/m^2 ② 35.3kN/m^2
③ 40.3kN/m^2 ④ 62.7kN/m^2

해설 및 정답

1. ① 공극비(e)

$$e = \frac{n}{100-n} = \frac{40}{100-40} = 0.67$$

② 한계동수경사(i_c)

$$i_c = \frac{\gamma_{sub}}{\gamma_w} = \frac{G_s - 1}{1+e} = \frac{2.65-1}{1+0.67} = 0.99$$

2. 코어의 채취율(회수율)

$$\text{코어의 채취율} = \frac{\text{코어길이}}{\text{굴진깊이}} \times 100$$

$$= \frac{0.8}{1.5} \times 100 = 53.33\%$$

3. 1) Dunham 공식

① 흙 입자가 모가 나고 입도가 양호
 : $\phi = \sqrt{12N} + 25$

② 흙 입자가 모가나고 입도가 불량
 : $\phi = \sqrt{12N} + 20$

③ 흙 입자가 둥글고 입도가 양호
 : $\phi = \sqrt{12N} + 20$

④ 흙 입자가 둥글고 입도가 불량
 : $\phi = \sqrt{12N} + 15$

2) 내부마찰각(ϕ)

입자가 모나고 입도분포가 불량하므로
$\phi = \sqrt{12N} + 20 = \sqrt{12 \times 25} + 20 = 37.3°$

4. 다짐에너지(E)

$$E = \frac{W_R \cdot H \cdot N_B \cdot N_L}{V}$$

① 다짐에너지는 래머의 중량, 낙하고, 각 층의 다짐 횟수, 다짐 층수에 비례한다.

② 다짐에너지는 몰드의 체적에 반비례한다.

5. ① 액성한계(w_L)란 소성상태의 최대 함수비, 액성상태의 최소 함수비이다.

② 자연함수비가 액성한계(w_L)보다 크면 액성상태에 있다.

6. 상대밀도(D_r)

$$D_r = \frac{e_{max} - e}{e_{max} - e_{min}} \times 100$$

$$= \frac{\gamma_{dmax}}{\gamma_d} \frac{\gamma_d - \gamma_{dmin}}{\gamma_{dmax} - \gamma_{dmin}} \times 100$$

여기서, e_{max} : 가장 느슨한 상태의 공극비
   e_{min} : 가장 조밀한 상태의 공극비

7. ① 주동토압계수(K_A)

$$K_A = \frac{1 - \sin 30°}{1 + \sin 30°} = \frac{1}{3}$$

② 전주동토압(P_A)

$$P_A = \frac{1}{2} \cdot K_A \cdot \gamma \cdot H^2$$

$$= \frac{1}{2} \times \frac{1}{3} \times 17 \times 5^2 = 70.83 \text{kN/m}$$

8. 액화현상(liquefaction)

느슨하고 포화된 가는 모래에 충격을 주면 체적이 수축하여 정(+)의 간극수압이 발생하여 유효응력이 감소되어 전단강도가 작아지는 현상을 액화현상이라 한다. 방지대책은 자연간극비를 한계간극비 이하로 한다.

9. Terzaghi의 가정에서 흙의 성질은 압력의 크기에 관계없이 일정하다.

10. ① 전응력(σ)

$$\sigma = \gamma_t \cdot h_1 = 17.7 \times 2 = 35.4 \text{kN/m}^2$$

② 부분적으로 포화된 흙의 모관포텐셜(간극수압)

$$u = -\frac{S}{100} \cdot \gamma_w \cdot h$$

$$= -\frac{50}{100} \times 9.81 \times 1 = -4.91 \text{kN/m}^2$$

③ 유효응력(σ')

$$\sigma' = \sigma - u = 35.4 - (-4.91) = 40.31 \text{kN/m}^2$$

1. ①	2. ②	3. ②	4. ③	5. ④
6. ②	7. ④	8. ①	9. ④	10. ③

과년도출제문제(CBT시험문제)

24 토목산업기사
2회 시행 출제문제

※ 본 기출문제는 수험자의 기억을 바탕으로 하여 복원한 문제이므로 실제 문제와 다를 수 있음을 미리 알려드립니다.

1. 아래 그림과 같은 옹벽에 작용하는 전 주동토압은 얼마인가?

① 162kN/m
② 172kN/m
③ 182kN/m
④ 192kN/m

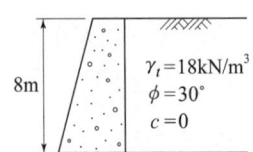

2. 주동토압을 P_A, 수동토압을 P_P, 정지토압을 P_O라고 할 때 크기의 순서는?

① $P_A > P_P > P_O$
② $P_P > P_O > P_A$
③ $P_P > P_A > P_O$
④ $P_O > P_A > P_P$

3. 다음 중 얕은 기초에 속하지 않는 것은?

① 피어기초
② 전면기초
③ 독립확대기초
④ 복합확대기초

4. 어떤 흙 시료에 대하여 일축압축시험을 실시한 결과, 일축압축강도(q_u)가 300kN/m², 파괴면과 수평면이 이루는 각은 45°이었다. 이 시료의 내부마찰각(ϕ)과 점착력(c)은?

① $\phi = 0$, $c = 150$kN/m²
② $\phi = 0$, $c = 300$kN/m²
③ $\phi = 90°$, $c = 150$kN/m²
④ $\phi = 45°$, $c = 0$

5. 파이핑(Piping) 현상을 일으키지 않는 동수경사(i)와 한계 동수경사(i_c)의 관계로 옳은 것은?

① $\dfrac{h}{L} > \dfrac{G_s - 1}{1 + e}$
② $\dfrac{h}{L} < \dfrac{G_s - 1}{1 + e}$
③ $\dfrac{h}{L} > \dfrac{G_s - 1}{1 + e} \cdot \gamma_w$
④ $\dfrac{h}{L} < \dfrac{G_s - 1}{1 + e} \cdot \gamma_w$

6. 다음 그림에서 $X-X$ 단면에 작용하는 유효응력은? (단, 물의 단위중량은 9.81kN/m³이다.)

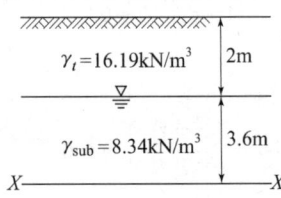

① 41.79kN/m²
② 51.40kN/m²
③ 62.40kN/m²
④ 70.73kN/m²

7. 압밀시험으로부터 투수계수(k)를 나타내는 식으로 옳은 것은? (단, C_c : 압축지수, C_v : 압밀계수, m_v : 체적계수, a_v : 압축계수, e : 간극비, γ_w : 물의 단위중량)

① $k = C_c \times m_v$
② $k = C_v \times a_v \times e$
③ $k = C_v \times C_c \times \gamma_w$
④ $k = C_v \times m_v \times \gamma_w$

8. 흙의 포화단위중량을 나타낸 식은?

① $\dfrac{G_s}{1+e}\gamma_w$
② $\dfrac{G_s + e}{1+e}\gamma_w$
③ $\dfrac{G_s - e}{1+e}\gamma_w$
④ $\dfrac{G_s + e}{1-e}\gamma_w$

9. 흙 댐에서 상류측이 가장 위험하게 되는 경우는?

① 수위가 점차 상승할 때이다.
② 댐의 수위가 중간정도 되었을 때이다.
③ 수위가 갑자기 내려갔을 때이다.
④ 댐 내의 흐름이 정상 침투일 때이다.

10. 사운딩(Sounding)의 종류 중 시료채취와 동시에 N치가 얻어지는 시험은?

① 스웨덴식 관입시험
② 원추관입시험
③ 표준관입시험
④ 베인시험

해설 및 정답

1. ① 주동토압계수(K_A)
$$K_A = \frac{1-\sin\phi}{1+\sin\phi} = \frac{1-\sin 30°}{1+\sin 30°} = \frac{1}{3}$$
② 전 주동토압(P_A)
$$P_A = \frac{1}{2} \cdot K_A \cdot \gamma_t \cdot H^2$$
$$= \frac{1}{2} \times \frac{1}{3} \times 18 \times 8^2 = 192 \text{kN/m}$$

2. ① 토압계수
수동토압계수(K_P) > 정지토압계수(K_o) > 주동토압계수(K_A)
② 전토압
수동토압(P_P) > 정지토압(P_0) > 주동토압(P_A)

3. 말뚝기초, 피어기초, 케이슨기초는 깊은기초이다.

4. ① 내부마찰각(ϕ)
최대주응력면과 파괴면이 이루는 각 $\theta = 45° + \frac{\phi}{2}$ 이므로
내부마찰각 $\phi = 2\theta - 90° = 2 \times 45° - 90° = 0°$
② 점착력(c)
$q_u = 2c\tan\left(45° + \frac{\phi}{2}\right)$ 에서
$$c = \frac{q_u}{2\tan\left(45° + \frac{\phi}{2}\right)}$$
$$= \frac{300}{2\tan\left(45° + \frac{0°}{2}\right)} = 150 \text{kN/m}^2$$

5. ① 동수경사(i)
$$i = \frac{\text{수두차}}{\text{이동거리}} = \frac{h}{L}$$
② 한계동수경사(i_c)
$$i_c = \frac{\gamma_{\text{sub}}}{\gamma_w} = \frac{G_s - 1}{1+e}$$
③ 분사현상이 안 일어날 조건
$$i < i_c = \frac{\gamma_{\text{sub}}}{\gamma_w} = \frac{G_s - 1}{1+e}$$
④ 분사현상이 일어날 조건
$$i \geq i_c = \frac{\gamma_{\text{sub}}}{\gamma_w} = \frac{G_s - 1}{1+e}$$

6. 유효응력(σ')
$\sigma' = \gamma_t \cdot h_1 + \gamma_{\text{sub}} \cdot h_2$
$= 16.19 \times 2 + 8.34 \times 3.6 = 62.40 \text{kN/m}^2$

7. 압밀시험에 의한 간접적인 투수계수 결정법
$K = C_v \cdot m_v \cdot \gamma_w$
여기서, C_v : 압밀계수
m_v : 체적변화계수
γ_w : 물의 단위중량

8. 포화단위중량(γ_{sat})
$$\gamma_{\text{sat}} = \frac{G_s + e}{1 + e} \cdot \gamma_w$$
여기서, e : 공극비
S : 포화도
G_s : 비중
γ_w : 물의 단위중량

9. 댐의 상류측이 가장 위험한 시기는 시공 직후와 수위 급강하 때이다.

10. 1) 사운딩(Sounding)시험은 정적인 사운딩 시험과 동적인 사운딩 시험이 있다.
2) 표준관입 시험(SPT)의 목적
① 현장 지반의 강도를 추정(N값)
② 흐트러진 시료 채취

| 1. ④ | 2. ② | 3. ① | 4. ① | 5. ② |
| 6. ③ | 7. ④ | 8. ② | 9. ③ | 10. ③ |

과년도 출제문제(CBT시험문제)

24 토목산업기사
3회 시행 출제문제

※ 본 기출문제는 수험자의 기억을 바탕으로 하여 복원한 문제이므로 실제 문제와 다를 수 있음을 미리 알려드립니다.

1. 어떤 시료가 조밀한 상태에 있는가, 느슨한 상태에 있는가를 나타내는 데 쓰이며, 주로 모래와 같은 조립토에서 사용되는 것은?

① 상대밀도 ② 건조밀도
③ 포화밀도 ④ 수중밀도

2. 어떤 흙의 입경가적곡선에서 $D_{10} = 0.05$mm, $D_{30} = 0.09$mm, $D_{60} = 0.15$mm이었다. 균등계수 C_u와 곡률계수 C_g의 값은?

① $C_u = 3.0$, $C_g = 1.08$
② $C_u = 3.5$, $C_g = 2.08$
③ $C_u = 3.0$, $C_g = 2.45$
④ $C_u = 3.5$, $C_g = 1.82$

3. 그림에서 모관수에 의해 A-A면까지 완전히 포화되었다고 가정하면 B-B면에서의 유효응력은 얼마인가? (단, 물의 단위중량 $\gamma_w = 9.81$kN/m³)

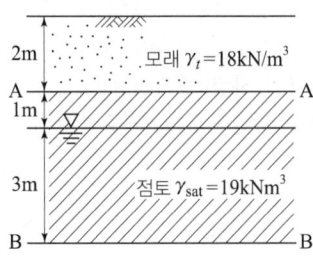

① 63kN/m² ② 72kN/m²
③ 83kN/m² ④ 122kN/m²

4. 그림과 같은 지반내의 유선망이 주어졌을 때 댐의 폭 1m에 대한 침투 유출량은? (단, $h = 20$m, 지반의 투수계수 0.001cm/min이다.)

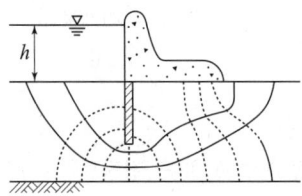

① 0.864m³/day ② 0.0864m³/day
③ 9.6m³/day ④ 0.96m³/day

5. 압밀계수(C_v)의 단위로서 옳은 것은?

① cm/sec ② cm²/kg
③ kg/cm ④ cm²/sec

6. 다짐에 대한 설명으로 틀린 것은?

① 점토를 최적함수비보다 작은 함수비로 다지면 분산구조를 갖는다.
② 투수계수는 최적함수비 근처에서 거의 최소값을 나타낸다.
③ 다짐에너지가 클수록 최대건조단위중량은 커진다.
④ 다짐에너지가 클수록 최적함수비는 작아진다.

7. 내부마찰각이 영(零, zero)인 점토질 흙의 일축압축시험시 압축강도가 40kN/m²이었다면 이 흙의 점착력은?

① 10kN/m² ② 20kN/m²
③ 30kN/m² ④ 40kN/m²

8. 점착력(c)이 4kN/m², 내부마찰각(ϕ)이 30°, 흙의 단위중량(γ)이 16kN/m³인 흙에서 인장균열이 발생하는 깊이(z_o)는?

① 1.73m ② 1.28m
③ 0.87m ④ 0.29m

9. 점성토 지반에 사용하는 연약지반 개량공법이 아닌 것은?

① Sand drain 공법
② 침투압 공법
③ Vibro floatation 공법
④ 생석회 말뚝 공법

10. 사질토 지반에 있어서 강성기초의 접지압 분포에 대한 설명으로 옳은 것은?

① 기초 밑면에서의 응력은 불규칙하다.
② 기초의 중앙부에서 최대응력이 발생한다.
③ 기초의 밑면에서는 어느 부분이나 응력이 동일하다.
④ 기초의 모서리 부분에서 최대응력이 발생한다.

해설 및 정답

1. ① 상대밀도(D_r)는 자연상태 조립토의 조밀한 정도를 나타내는 것으로 모래의 다짐 정도를 간극비(e) 또는, 건조밀도(ρ_d) 등으로 나타낸다.
② 공식
$$D_r = \frac{e_{\max} - e}{e_{\max} - e_{\min}} \times 100$$
$$= \frac{\rho_{d\max}}{\rho_d} \cdot \frac{\rho_d - \rho_{d\min}}{\rho_{d\max} - \rho_{d\min}} \times 100$$
여기서, $e_{\max}$: 가장 느슨한 상태의 공극비
$e_{\min}$: 가장 조밀한 상태의 공극비
e : 자연상태의 공극비
$\rho_{d\max}$: 가장 조밀한 상태의 건조밀도
$\rho_{d\min}$: 가장 느슨한 상태의 건조밀도
ρ_d : 자연상태의 건조밀도

2. ① 균등계수(C_u)
$$C_u = \frac{D_{60}}{D_{10}} = \frac{0.15}{0.05} = 3.0$$
② 곡률계수(C_g)
$$C_g = \frac{D_{30}^2}{D_{10} \cdot D_{60}} = \frac{0.09^2}{0.05 \times 0.15} = 1.08$$

3. ① 전응력(σ)
모세관 영역은 완전히 포화가 되었으므로 포화단위중량(γ_{sat})을 적용하면
$$\sigma_B = \gamma_t \times 2 + \gamma_{sat} \times (1+3)$$
$$= 18 \times 2 + 19 \times 4 = 112 \text{kN/m}^2$$
② 간극수압(중립응력, u)
$$u_B = \gamma_w \times 3 = 9.81 \times 3 = 29.43 \text{kN/m}^2$$
③ 유효응력(σ')
$$\sigma_B' = \sigma - u = 112 - 29.43 = 82.57 \text{kN/m}^2$$

4. 1) 유선망의 조건
① 유로의 수 : 3개
② 등수두면의 수 : 10개
③ 수위차 : 20m

2) 단위시간당 댐의 폭 1m에 대한 침투유출량
$K = 0.001$cm/분 $= 0.00001$m/분이므로
$$q = K \cdot H \cdot \frac{N_f}{N_d}$$
$$= 0.00001 \times 20 \times \left(\frac{3}{10}\right) = 6.0 \times 10^{-5} \text{m}^3/\text{min}$$
3) 1일간 전투수량(Q)
$$Q = 6.0 \times 10^{-5} \times (60 \times 24) = 0.0864 \text{m}^3/\text{day}$$

5. 압밀계수(C_v)의 단위는 cm^2/sec이다.

6. 점토를 최적함수비(w_{opt})보다 작은 함수비로 다지면 면모구조를 갖는다.

7. 점착력(c)
$$q_u = 2c\tan\left(45° + \frac{\phi}{2}\right) \text{에서}$$
$$c = \frac{q_u}{2\tan\left(45° + \frac{\phi}{2}\right)} = \frac{40}{2\tan\left(45° + \frac{0°}{2}\right)} = 20 \text{kN/m}^2$$

8. 인장균열이 발생하는 깊이(Z_0, 점착고)
주동토압강도의 크기가 0인 지점까지의 깊이를 말한다. 즉, 인장을 받아 균열이 발생하는 깊이를 점착고라 한다.
$$Z_0 = \frac{2c}{\gamma} \cdot \tan\left(45° + \frac{\phi}{2}\right)$$
$$= \frac{2 \times 4}{16} \tan\left(45° + \frac{30°}{2}\right) = 0.87 \text{m}$$

9. Vibro flotation 공법은 모래지반 개량공법이다.

10. 사질토 지반에 있어서 강성기초의 접지압은 중앙부에서 최대가 되며 침하량은 일정하다.

| 1. ① | 2. ① | 3. ③ | 4. ② | 5. ④ |
| 6. ① | 7. ② | 8. ③ | 9. ③ | 10. ② |

과년도출제문제(CBT시험문제)

25 토목산업기사 1회 시행 출제문제

※ 본 기출문제는 수험자의 기억을 바탕으로 하여 복원한 문제이므로 실제 문제와 다를 수 있음을 미리 알려드립니다.

1. 토립자 부분의 부피를 $V_s=1$이라고 할 때, 흙의 간극에 들어 있는 물의 부피(V_w)를 나타내는 식은?
(단, S: 포화도, e: 간극비)

① $S \times e$　　② $S-e$
③ $S+e$　　④ e

2. $D_{10}=0.005$mm, $D_{60}=0.025$mm인 흙의 균등계수(C_u)는?

① 4　　② 5
③ 6　　④ 7

3. 사질토 지반에 축조되는 강성기초의 접지압 분포에 대한 설명 중 맞는 것은?

① 기초 모서리 부분에서 최대 응력이 발생한다.
② 기초의 중앙 부분에서 최대 응력이 발생한다.
③ 기초에 작용하는 접지압 분포는 토질에 관계없이 일정하다.
④ 기초 밑면의 응력은 어느 부분이나 동일하다.

4. 지름 0.6mm의 유리관을 15℃의 정수 중에 세웠을 때 모관상승고는 얼마인가? (단, 물과 유리관의 접촉각은 0°, 표면장력은 0.075N/m)

① 3cm　　② 4cm
③ 5cm　　④ 6cm

5. 투수계수에 관한 다음 사항 중 옳지 않은 것은?

① 온도가 높을수록 투수계수는 증가한다.
② 흙입자의 크기가 클수록 투수계수는 증가한다.
③ 지반의 포화도가 클수록 투수계수가 감소한다.
④ 점토인 경우 확산이중층의 두께는 투수계수에 영향을 준다.

6. 압밀 시험 결과 시간-침하량 곡선에서 구할 수 없는 값은?

① 1차 압밀비(γ_p)　　② 초기 압축비
③ 선행 압밀 압력(P_c)　　④ 압밀 계수(C_v)

7. 영 공기 간극 곡선(zero air void curve)은 다음 중 어떤 토질시험결과로 얻어지는가?

① 액성한계 시험　　② 직접전단 시험
③ 압밀 시험　　④ 다짐 시험

8. 내부마찰각이 0°인 점토에 대해 일축압축시험 결과 일축압축강도가 0.56MPa일 때 점착력은?

① 0.28MPa　　② 0.35MPa
③ 0.42MPa　　④ 0.56MPa

9. 토립자가 둥글고 입자 분포도가 양호한 모래 지반에서 N값을 측정한 결과 $N=19$가 되었을 경우 Dunham의 공식에 의한 모래의 내부마찰각은?

① 20°　　② 25°
③ 30°　　④ 35°

10. 흙의 단위중량이 17kN/m³, 내부마찰각이 30°, 점착력이 0인 지반에 5m의 연직옹벽을 축조하였다. 옹벽에 작용하는 전주동토압은?

① 40.8kN/m　　② 50.8kN/m
③ 60.8kN/m　　④ 70.8kN/m

해설 및 정답

1. 흙의 삼상도에서 흙 입자만의 체적 $V_s = 1$인 경우

① 간극의 체적은 간극비 $e = \dfrac{V_v}{V_s}$이므로

간극의 체적 $V_v = V_s \times e = e$이다.

② 물의 체적은 포화도 $S = \dfrac{V_w}{V_v} \times 100$이므로

물의 체적 $V_w = \dfrac{S}{100} \cdot V_v = \dfrac{S}{100} \cdot e$이다.

2. 균등계수(C_u)

$$C_u = \dfrac{D_{60}}{D_{10}} = \dfrac{0.025}{0.005} = 5$$

3. 사질토 지반에 있어서 강성기초의 접지압 분포는 기초의 중앙부에서 최대접지압이 발생한다.

4. ① 유리관 지름(D)

$D = 0.6 \text{mm} = 0.06 \text{cm} = 0.0006 \text{m}$

② 물의 단위중량(γ_w)

$\gamma_w = 9.81 \text{kN/m}^3$

③ 표면장력(T)

$T = 0.075 \text{N/m} = 0.000075 \text{kN/m}$

④ 모관상승고(h_c)

$h_c = \dfrac{4 \cdot T \cdot \cos\alpha}{\gamma_w \cdot D} = \dfrac{4 \times 0.000075 \times \cos 0°}{9.81 \times 0.0006}$

$= 0.051 \text{m} = 5.1 \text{cm}$

5. 1) 투수계수에 영향을 미치는 요소

$$K = D_S^2 \cdot \dfrac{\gamma_w}{\eta} \cdot \dfrac{e^3}{1+e} \cdot C$$

① 물의 밀도와 농도가 클수록 투수계수가 증가한다.
② 물의 점성계수가 클수록 투수계수가 감소한다.
③ 온도가 높을수록 점성계수가 작아지며, 투수계수는 증가한다.
④ 간극비가 클수록 투수계수가 증가한다.
⑤ 지반의 포화도가 클수록 투수계수가 증가한다.
⑥ 점토의 구조에 있어서 면모구조가 이산구조(분산구조)보다 투수계수가 크다.

2) 지반의 포화도가 클수록 투수계수가 증가한다.

6. 각 곡선으로부터 구할 수 있는 요소

	시간-침하 곡선	하중-간극비 곡선
공통	① 압밀계수 ② 체적변화계수	① 압축계수 ② 체적변화계수
차이점	① 1차 압밀비 ② 투수계수 ③ 압밀시간 산정	① 압축지수 ② 선행압밀압력 ③ 압밀 침하량 산정
	각 하중 단계마다 작성	전 하중 단계에서 작성

7. ① 영 공기 간극 곡선(zero air void curve)

포화도 100%(공기함율 0%)일 때의 건조단위중량과 함수비 관계 곡선을 영공극 곡선, 또는 포화 곡선이라 한다.

② 영 공기 간극 곡선은 다짐 시험의 결과로 얻어진다.

8. 점착력(c)

$q_u = 2c \tan\left(45° + \dfrac{\phi}{2}\right)$에서

$c = \dfrac{q_u}{2\tan\left(45° + \dfrac{\phi}{2}\right)} = \dfrac{0.56}{2\tan\left(45° + \dfrac{0°}{2}\right)} = 0.28 \text{MPa}$

9. 1) Dunham 공식

① 흙 입자가 모가 나고 입도가 양호
 : $\phi = \sqrt{12N} + 25$

② 흙 입자가 모가 나고 입도가 불량
 : $\phi = \sqrt{12N} + 20$

③ 흙 입자가 둥글고 입도가 양호
 : $\phi = \sqrt{12N} + 20$

④ 흙 입자가 둥글고 입도가 불량
 : $\phi = \sqrt{12N} + 15$

2) 문제에서 토립자가 둥글고 입도분포가 양호한 모래 지반이므로

$\phi = \sqrt{12N} + 20 = \sqrt{12 \times 19} + 20 = 35.1°$

10. ① 주동토압계수(K_A)

$K_A = \dfrac{1 - \sin 30°}{1 + \sin 30°} = \dfrac{1}{3}$

② 전주동토압(P_A)

$P_A = \dfrac{1}{2} \cdot K_A \cdot \gamma \cdot H^2 = \dfrac{1}{2} \times \dfrac{1}{3} \times 17 \times 5^2 = 70.83 \text{kN/m}$

1. ①	2. ②	3. ②	4. ③	5. ③
6. ③	7. ④	8. ①	9. ④	10. ④

과년도 출제문제(CBT시험문제)

25 토목산업기사
2회 시행 출제문제

※ 본 기출문제는 수험자의 기억을 바탕으로 하여 복원한 문제이므로 실제 문제와 다를 수 있음을 미리 알려드립니다.

1. 어느 흙의 액성한계는 35%, 소성한계가 22%일 때 소성지수는 얼마인가?

① 12　　② 13
③ 15　　④ 17

2. 점토광물 중에서 3층 구조로 구조결합 사이에 치환성 양이온이 있어서 활성이 크고, sheet 사이에 물이 들어가 팽창, 수축이 크고 공학적 안정성은 제일 약한 점토광물은?

① kaolinite　　② illite
③ montmorillonite　　④ vermiculite

3. 다음 그림에서 $X-X$ 단면에 작용하는 유효응력은?

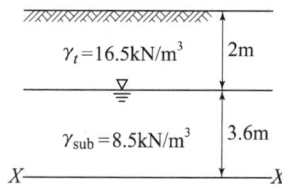

① $42.6kN/m^2$　　② $52.4kN/m^2$
③ $63.6kN/m^2$　　④ $72.1kN/m^2$

4. 어떤 흙의 간극비(e)가 0.52이고, 흙 속에 흐르는 물의 이론 침투속도(v)가 0.214cm/s일 때 실제의 침투유속(v_s)은?

① 0.424cm/s　　② 0.525cm/s
③ 0.626cm/s　　④ 0.727cm/s

5. 다짐 에너지(Energy)에 관한 설명 중 틀린 것은?

① 다짐 에너지는 램머(Rammer)의 중량에 비례한다.
② 다짐 에너지는 다짐층수에 반비례한다.
③ 다짐 에너지는 시료의 부피에 반비례한다.
④ 다짐 에너지는 다짐 횟수에 비례한다.

6. 느슨하고 포화된 사질토에 지진이나 폭파, 기타 진동으로 인한 충격을 받았을 때 전단강도가 급격히 감소하는 현상은?

① 액상화 현상　　② 분사 현상
③ 보일링 현상　　④ 다일러턴시 현상

7. 아래 그림과 같은 옹벽에 작용하는 전 주동토압은 얼마인가?

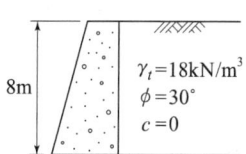

① 162kN/m　　② 172kN/m
③ 182kN/m　　④ 192kN/m

8. 얕은기초의 근입심도를 깊게 하면 일반적으로 기초지반의 지지력은?

① 증가한다.
② 감소한다.
③ 변화가 없다.
④ 증가할 수도 있고, 감소할 수도 있다.

9. 말뚝재하시험 시 연약점토지반인 경우는 pile의 타입 후 20여일이 지난 다음 말뚝재하실험을 한다. 그 이유로 가장 타당한 것은?

① 주면 마찰력이 너무 크게 작용하기 때문에
② 부마찰력이 생겼기 때문에
③ 타입시 주변이 교란되었기 때문에
④ 주위가 압축되었기 때문에

10. Sand Drain 공법에서 U_v(연직방향의 압밀도)=0.9, U_h(수평방향의 압밀도)=0.15인 경우, 수직 및 수평방향을 고려한 압밀도(U_{vh})는 얼마인가?

① 99.15% ② 96.85%
③ 94.5%   ④ 91.5%

해설 및 정답

1. 소성지수(PI, I_P)
$PI = w_L - w_p = 35 - 22 = 13\%$

2. ① 몬모릴로나이트(Montmorillonite) 구조는 3층 구조로서 점토입자 중 결합력이 가장 작으며, 함수량 변화에 따라 가장 예민하게 반응하여 활성도가 가장 크다. 그러므로 함수변화에 따른 수축, 팽창 가능성이 가장 높다.
② 질석(Vermiculite)는 쉬트사이의 연결이 이차원자가 결합으로 입자모양이 판상이다.

3. 유효응력(σ')
$\sigma' = \gamma_t \cdot h_1 + \gamma_{sub} \cdot h_2 = 16.5 \times 2 + 8.5 \times 3.6$
$= 63.6 \, \text{kN/m}^2$

4. ① 간극률(n)
$n = \dfrac{e}{1+e} \times 100 = \dfrac{0.52}{1+0.52} \times 100 = 34.21\%$
② 실제 침투속도(v_s)
$v_s = \dfrac{v}{\dfrac{n}{100}} = \dfrac{0.214}{\dfrac{34.21}{100}} = 0.626 \, \text{cm/sec}$

5. 1) 다짐에너지(E)
$E = \dfrac{W_R \cdot H \cdot N_B \cdot N_L}{V}$
① 다짐에너지는 래머의 중량, 낙하고, 각 층의 다짐 횟수, 다짐 층수에 비례한다.
② 다짐에너지는 몰드의 체적에 반비례한다.
2) 다짐 에너지는 다짐 층수에 비례한다.

6. 액상화현상(liquefaction)
느슨하고 포화된 가는 모래에 충격을 주면 체적이 수축하여 정(+)의 간극수압이 발생하여 유효응력이 감소되어 전단강도가 작아지는 현상을 액상화현상이라 한다. 방지대책은 자연간극비를 한계간극비 이하로 한다.

7. ① 주동토압계수(K_A)
$K_A = \dfrac{1-\sin\phi}{1+\sin\phi} = \dfrac{1-\sin 30°}{1+\sin 30°} = \dfrac{1}{3}$
② 전 주동토압(P_A)
$P_A = \dfrac{1}{2} \cdot K_A \cdot \gamma_t \cdot H^2$
$= \dfrac{1}{2} \times \dfrac{1}{3} \times 18 \times 8^2 = 192 \, \text{kN/m}$

8. ① Terzaghi의 극한지지력(q_u)
$q_u = \alpha \cdot c \cdot N_c + \beta \cdot \gamma_1 \cdot B \cdot N_r + \gamma_2 \cdot D_f \cdot N_q$
② 근입심도(D_f)를 깊게 하면 일반적으로 기초지반의 지지력은 증가한다.

9. Thixotrophy(틱소트로피)
연약지반에 말뚝을 타입하면 타입시 지반이 교란된다. 그러므로 지반 교란에 대한 영향을 줄이기 위해, 즉, 틱소트로피 효과에 의한 강도 증진의 효과를 구하기 위해 재하 시험은 3주 이상의 기간이 경과한 후 행하는 것이 좋다.

10. 평균 압밀도(U_{age})
$U_{age} = 1 - (1-U_v) \cdot (1-U_h)$
$= 1 - (1-0.9) \times (1-0.15) = 0.915 = 91.5\%$

1. ②	2. ③	3. ③	4. ③	5. ②
6. ①	7. ④	8. ①	9. ③	10. ④

과년도출제문제(CBT시험문제)

25 토목산업기사
3회 시행 출제문제

※ 본 기출문제는 수험자의 기억을 바탕으로 하여 복원한 문제이므로 실제 문제와 다를 수 있음을 미리 알려드립니다.

1. 단위중량이 16kN/m³인 연약지반($\phi=0°$) 지반에서 연직으로 2m까지 보강없이 절취할 수 있다고 한다. 이 점토지반의 점착력은?

① $4kN/m^2$ ② $8kN/m^2$
③ $14kN/m^2$ ④ $18kN/m^2$

2. 예민비가 큰 점토란 다음 중 어떠한 것을 의미하는가?

① 점토를 교란시켰을 때 수축비가 큰 시료
② 점토를 교란시켰을 때 수축비가 적은 시료
③ 점토를 교란시켰을 때 강도가 증가하는 시료
④ 점토를 교란시켰을 대 강도가 많이 감소하는 시료

3. 그림에서 모래층에 분사현상이 발생하는 경우는 수두 h가 몇 cm 이상일 때 일어나는가? (단, $G_s=2.68$, $n=60\%$)

① 20.16cm
② 10.52cm
③ 13.73cm
④ 18.05cm

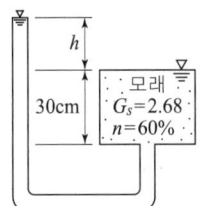

4. 어떤 흙 시료에 대하여 일축압축시험을 실시한 결과, 일축압축강도(q_u)가 300kN/m², 파괴면과 수평면이 이루는 각은 45°이었다. 이 시료의 내부마찰각(ϕ)과 점착력(c)은?

① $\phi=0$, $c=150kN/m^2$
② $\phi=0$, $c=300kN/m^2$
③ $\phi=90°$, $c=150kN/m^2$
④ $\phi=45°$, $c=0$

5. 다음의 지반개량공법 중 모래질 지반을 개량하는데 적합한 공법은?

① 다짐모래말뚝 공법
② 페이퍼 드레인 공법
③ 프리로딩 공법
④ 생석회 말뚝 공법

6. 다음 중 말뚝의 정역학적 지지력공식은?

① Sander공식
② Terzaghi공식
③ Engineering News공식
④ Hiley공식

7. 다음 그림에서 점토 중앙 단면에 작용하는 유효압력은? (단, $\gamma_w=9.81kN/m^3$)

① $12kN/m^2$
② $25kN/m^2$
③ $28kN/m^2$
④ $44kN/m^2$

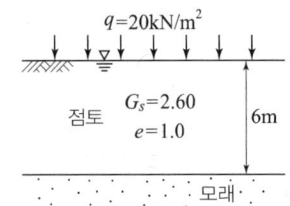

8. 어떤 흙의 간극비(e)가 0.52이고, 흙 속에 흐르는 물의 이론 침투속도(v)가 0.214cm/s일 때 실제의 침투유속(v_s)은?

① 0.424cm/s ② 0.525cm/s
③ 0.626cm/s ④ 0.727cm/s

9. 접지압의 분포가 기초의 중앙부분에 최대응력이 발생하는 기초형식과 지반은 어느 것인가?

① 연성기초, 점성지반
② 연성기초, 사질지반
③ 강성기초, 점성지반
④ 강성기초, 사질지반

10. 일축압축강도가 32kN/m², 흙의 단위중량이 16kN/m³이고, $\phi = 0$인 점토지반을 연직굴착할 때 한계고는 얼마인가?

① 2.3m
② 3.2m
③ 4.0m
④ 5.2m

해설 및 정답

1. ① 한계고(H_c)
연직으로 절취할 수 있는 깊이 $H_c = 2Z_0$이다.
$$H_c = 2Z_0 = \frac{4c}{\gamma}\tan\left(45° + \frac{\phi}{2}\right)$$
② 점토지반의 점착력(c)
$$H_c = 2Z_0 = \frac{4c}{\gamma}\tan\left(45° + \frac{0°}{2}\right) 이므로$$
$$H_c = 2Z_0 = \frac{4c}{\gamma} 이다.$$
따라서, $c = \dfrac{H_c \cdot \gamma}{4} = \dfrac{2 \times 16}{4} = 8\text{kN/m}^2$

2. ① 예민비(Sensitivity, S_t)
교란된 흙에 대한 교란되지 않은 흙의 일축압축강도의 비를 예민비라 한다.
② 예민비가 큰 흙은 흙을 다시 이겼을 때 강도가 크게 감소하는 점토이다.

3. ① 공극비(e)
$$e = \frac{n}{100-n} = \frac{60}{100-60} = 1.5$$
② 한계동수경사(i_c)
$$i_c = \frac{G_s - 1}{1+e} = \frac{2.68-1}{1+1.5} = 0.672$$
③ 동수경사(i)
$$i = \frac{h}{L} = \frac{h}{30}$$
④ 수두차(h)
분사현상이 일어날 조건
$$F_s = \frac{i_c}{i} = \frac{\frac{G_s-1}{1+e}}{\frac{h}{L}} < 1$$
$$F_s = \frac{i_c}{i} = \frac{0.672}{\frac{h}{30}} = \frac{0.672 \times 30}{h} < 1$$
$h > 0.672 \times 30 = 20.16\text{cm}$

4. ① 내부마찰각(ϕ)
최대주응력면과 파괴면이 이루는 각 $\theta = 45° + \dfrac{\phi}{2}$
이므로
내부마찰각 $\phi = 2\theta - 90° = 2 \times 45° - 90° = 0°$
② 점착력(c)
$q_u = 2c\tan\left(45° + \dfrac{\phi}{2}\right)$에서
$$c = \frac{q_u}{2\tan\left(45° + \frac{\phi}{2}\right)}$$
$$= \frac{300}{2\tan\left(45° + \frac{0°}{2}\right)} = 150\text{kN/m}^2$$

5. 모래지반 개량공법
① 다짐 말뚝 공법
② 다짐 모래 말뚝 공법(컴포져 공법)
③ 바이브로플로테이션 공법
④ 폭파 다짐 공법
⑤ 전기 충격 공법

6. ① 정역학적 지지력공식은 Terzaghi, Dörr, Meyerhof, Dunham 공식 등이 있다.
② 동역학적 지지력공식은 Hiley, Sander 및 Engineering News 공식 등이 있다.

7. ① 포화단위중량(γ_{sat})
$$\gamma_{\text{sat}} = \frac{G_s + e}{1+e}\gamma_w$$
$$= \frac{2.60+1.0}{1+1.0} \times 9.81 = 17.66\text{kN/m}^3$$
② 수중단위중량(γ_{sub})
$$\gamma_{\text{sub}} = \frac{G_s - 1}{1+e}\gamma_w$$
$$= \frac{2.60-1}{1+1.0} \times 9.81 = 7.85\text{kN/m}^3$$
$\gamma_{\text{sub}} = \gamma_{\text{sat}} - \gamma_w$
$= 17.66 - 9.81 = 7.85\text{kN/m}^2$
③ 유효압력(σ')
점토 중앙단면까지의 깊이는 3m이므로
$\sigma' = q + \gamma_{\text{sub}} \cdot z$
$= 20 + 7.85 \times 3 = 43.55\text{kN/m}^2$

8. ① 간극률(n)

$$n = \frac{e}{1+e} \times 100 = \frac{0.52}{1+0.52} \times 100 = 34.21\%$$

② 실제 침투속도(v_s)

$$v_s = \frac{v}{\frac{n}{100}} = \frac{0.214}{\frac{34.21}{100}} = 0.626 \text{cm/sec}$$

9. 강성기초가 모래지반에 위치하면 기초중앙에서 최대 접지압이 발생한다.

10. 한계고(H_c)

$$H_c = \frac{2q_u}{\gamma_t} = \frac{2 \times 32}{16} = 4.0\text{m}$$

여기서, q_u : 일축압축강도

1. ②	2. ④	3. ①	4. ①	5. ①
6. ②	7. ④	8. ③	9. ④	10. ③

토목기사 대비 **토질 및 기초** 5

定價 28,000원

저 자 안진수 · 박광진
       김창원 · 홍성협
발행인 이 종 권

2001年 1月   8日 초판발행
2021年 1月   7日 20차개정1쇄발행
2022年 1月 10日 21차개정1쇄발행
2023年 1月 18日 22차개정1쇄발행
2024年 1月   9日 23차개정1쇄발행
2025年 1月 10日 24차개정1쇄발행
2026年 1月   7日 25차개정1쇄발행

發行處 **(주) 한솔아카데미**

(우)06775 서울시 서초구 마방로10길 25 트윈타워 A동 2002호
TEL : (02)575-6144/5   FAX : (02)529-1130
〈1998. 2. 19 登錄 第16-1608號〉

※ 본 교재의 내용 중에서 오타, 오류 등은 발견되는 대로 한솔아카데미 인터넷 홈페이지를 통해 공지하여 드리며 보다 완벽한 교재를 위해 끊임없이 최선의 노력을 다하겠습니다.
※ 파본은 구입하신 서점에서 교환해 드립니다.

www.inup.co.kr / www.bestbook.co.kr

ISBN 979-11-6654-752-2 13530

한솔아카데미 발행도서

건축기사시리즈
①건축계획
이종석, 이병억 공저
432쪽 | 27,000원

건축기사시리즈
②건축시공
김형중, 한규대, 이명철 공저
570쪽 | 27,000원

건축기사시리즈
③건축구조
안광호, 홍태화, 고길용 공저
796쪽 | 27,000원

건축기사시리즈
④건축설비
오병칠, 권영철, 오호영 공저
564쪽 | 27,000원

건축기사시리즈
⑤건축법규
현정기, 조영호, 한웅규, 김주석 공저
622쪽 | 27,000원

건축기사 필기 10개년 핵심 과년도문제해설
안광호, 백종엽, 이병억 공저
1,028쪽 | 45,000원

건축기사 4주완성
남재호, 송우용 공저
1,412쪽 | 47,000원

건축산업기사 4주완성
남재호, 송우용 공저
1,136쪽 | 44,000원

7개년 기출문제
건축산업기사 필기
한솔아카데미 수험연구회
868쪽 | 38,000원

건축설비기사 4주완성
남재호 저
1,088쪽 | 46,000원

건축설비산업기사 4주완성
남재호 저
872쪽 | 40,000원

10개년 핵심 건축설비기사 과년도
남재호 저
1,148쪽 | 40,000원

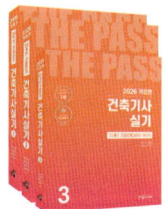
건축기사 실기
한규대, 김형중, 안광호, 이병억 공저
1,708쪽 | 53,000원

건축기사 실기
(The Bible)
안광호, 백종엽, 이병억 공저
1,000쪽 | 41,000원

건축기사 실기 14개년 과년도
안광호, 백종엽, 이병억 공저
688쪽 | 34,000원

건축산업기사 실기
한규대, 김형중, 안광호, 이병억 공저
696쪽 | 33,000원

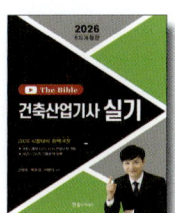
건축산업기사 실기
(The Bible)
안광호, 백종엽, 이병억 공저
300쪽 | 30,000원

실내건축기사 4주완성
남재호 저
1,320쪽 | 39,000원

실내건축산업기사 4주완성
남재호 저
1,096쪽 | 32,000원

시공실무
실내건축(산업)기사 실기
안동훈, 이병억 공저
422쪽 | 30,000원

Hansol Academy

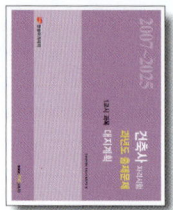
**건축사 과년도출제문제
1교시 대지계획**
한솔아카데미 건축사수험연구회
346쪽 | 33,000원

**건축사 과년도출제문제
2교시 건축설계1**
한솔아카데미 건축사수험연구회
192쪽 | 33,000원

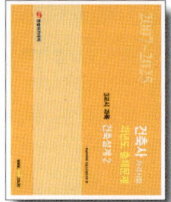
**건축사 과년도출제문제
3교시 건축설계2**
한솔아카데미 건축사수험연구회
436쪽 | 33,000원

**건축물에너지평가사
①건물 에너지 관계법규**
건축물에너지평가사 수험연구회
852쪽 | 32,000원

**건축물에너지평가사
②건축환경계획**
건축물에너지평가사 수험연구회
516쪽 | 30,000원

**건축물에너지평가사
③건축설비시스템**
건축물에너지평가사 수험연구회
708쪽 | 32,000원

**건축물에너지평가사
④건물 에너지효율설계ㆍ평가**
건축물에너지평가사 수험연구회
648쪽 | 32,000원

**건축물에너지평가사
2차실기(상)**
건축물에너지평가사 수험연구회
940쪽 | 45,000원

**건축물에너지평가사
2차실기(하)**
건축물에너지평가사 수험연구회
905쪽 | 50,000원

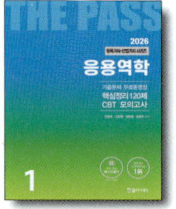
**토목기사시리즈
①응용역학**
안광호, 김창원, 염황열, 정용욱
공저
540쪽 | 28,000원

**토목기사시리즈
②측량학**
남수영, 정경동, 고길용 공저
392쪽 | 28,000원

**토목기사시리즈
③수리학 및 수문학**
심기오, 노재식, 한웅규 공저
396쪽 | 28,000원

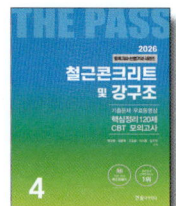
**토목기사시리즈
④철근콘크리트 및 강구조**
정경동, 정용욱, 고길용, 김지우
공저
464쪽 | 28,000원

**토목기사시리즈
⑤토질 및 기초**
안진수, 박광진, 김창원, 홍성협
공저
588쪽 | 28,000원

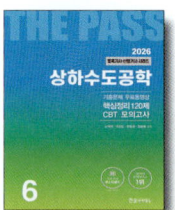
**토목기사시리즈
⑥상하수도공학**
노재식, 이상도, 한웅규, 정용욱
공저
544쪽 | 28,000원

**10개년 핵심 토목기사
과년도문제해설**
김창원 외 5인 공저
1,076쪽 | 46,000원

**토목기사 4주완성
핵심 및 과년도문제해설**
이상도, 고길용, 안광호, 한웅규,
홍성협, 김지우 공저
1,054쪽 | 45,000원

**토목산업기사 4주완성
과년도문제해설**
이상도, 정경동, 고길용, 안광호,
한웅규, 홍성협 공저
752쪽 | 42,000원

토목기사 실기
김태선, 박광진, 홍성협, 김창원,
김상욱, 이상도, 한웅규 공저
1,540쪽 | 52,000원

**토목기사 실기
과년도문제해설**
김태선, 이상도, 한웅규, 홍성협,
김상욱, 김지우 공저
892쪽 | 38,000원

www.bestbook.co.kr

콘크리트기사·산업기사
4주완성(필기)
정용욱, 고길용, 전지현, 김지우 공저
856쪽 | 39,000원

콘크리트기사
과년도(필기)
정용욱, 고길용, 김지우 공저
684쪽 | 30,000원

콘크리트기사·산업기사
3주완성(실기)
정용욱, 한웅규, 홍성협, 전지현 공저
784쪽 | 33,000원

건설재료시험기사
4주완성 필독서(필기)
박광진, 이상도, 김지우, 전지현 공저
742쪽 | 39,000원

건설재료시험기사
과년도(필기)
고길용, 정용욱, 홍성협, 전지현 공저
692쪽 | 32,000원

건설재료시험기사
3주완성(실기)
고길용, 홍성협, 전지현, 김지우 공저
728쪽 | 33,000원

콘크리트기능사
3주완성(필기+실기)
정용욱, 고길용, 염성열, 전지현 공저
538쪽 | 27,000원

지적기능사(필기+실기)
3주완성
염창열, 정병노 공저
640쪽 | 30,000원

측량기능사 3주완성
염창열, 정병노, 고길용 공저
580쪽 | 29,000원

전산응용토목제도기능사
필기 3주완성
염창열, 김지우, 최진호 공저
644쪽 | 29,000원

건설안전기사 4주완성
필기
지준석, 조태연 공저
1,388쪽 | 38,000원

산업안전기사 4주완성
필기
지준석, 조태연 공저
1,560쪽 | 38,000원

공조냉동기계기사 필기
조성안, 이승원, 강희중 공저
1,358쪽 | 41,000원

공조냉동기계산업기사
필기
조성안, 이승원, 강희중 공저
1,236쪽 | 36,000원

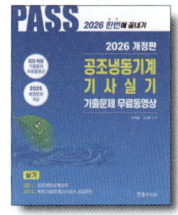
공조냉동기계기사 실기
조성안, 강희중 공저
1,040쪽 | 38,000원

조경기사·산업기사
필기
이윤진 저
1,464쪽 | 49,000원

조경기사·산업기사
실기
이윤진 저
784쪽 | 45,000원

조경기능사 필기
이윤진 저
682쪽 | 29,000원

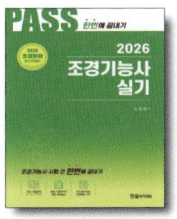
조경기능사 실기
이윤진 저
360쪽 | 29,000원

조경기능사 필기
한상엽 저
712쪽 | 28,000원

Hansol Academy

조경기능사 실기
한상엽 저
823쪽 | 30,000원

산림기사·산업기사 1권
이윤진 저
888쪽 | 27,000원

산림기사·산업기사 2권
이윤진 저
974쪽 | 27,000원

전기기사시리즈(전6권)
대산전기수험연구회
2,240쪽 | 131,000원

전기기사 5주완성
전기기사수험연구회
2,140쪽 | 43,000원

전기산업기사 5주완성
전기산업기사수험연구회
1,964쪽 | 43,000원

전기공사기사 5주완성
전기공사기사수험연구회
2,096쪽 | 43,000원

전기공사산업기사 5주완성
전기공사산업기사수험연구회
1,606쪽 | 43,000원

전기(산업)기사 실기
대산전기수험연구회
766쪽 | 43,000원

전기기사 실기 20개년 과년도문제해설
대산전기수험연구회
992쪽 | 38,000원

전기기사시리즈(전6권)
김대호 저
3,230쪽 | 136,000원

전기기사 실기 기본서
김대호 저
964쪽 | 39,000원

전기기사 실기 기출문제
김대호 저
1,340쪽 | 43,000원

전기산업기사 실기 기본서
김대호 저
920쪽 | 39,000원

전기산업기사 실기 기출문제
김대호 저
1,076쪽 | 41,000원

전기기사/전기산업기사 실기 마인드 맵
김대호 저
232쪽 | 15,000원

CBT 전기기사 단기완성
이승원, 김승철, 윤종식 공저
1,244쪽 | 42,000원

전기기능사 3단계 핵심 및 과년도
김승철, 신면순, 오용환, 이승원 공저
876쪽 | 28,000원

전기기능사 3주완성
이승원, 김승철, 윤종식 공저
532쪽 | 27,000원

소방설비기사 기계분야 필기
김흥준, 윤중오 공저
1,212쪽 | 40,000원

www.bestbook.co.kr

소방설비기사 전기분야 필기
김흥준, 신면순 공저
1,148쪽 | 40,000원

공무원 건축계획
이병억 저
800쪽 | 37,000원

7·9급 토목직 응용역학
정경동 저
1,192쪽 | 42,000원

응용역학개론 기출문제
정경동 저
686쪽 | 40,000원

측량학(9급 기술직/ 서울시·지방직)
정병노, 염창열, 정경동 공저
756쪽 | 29,000원

응용역학(9급 기술직/ 서울시·지방직)
이국형 저
628쪽 | 23,000원

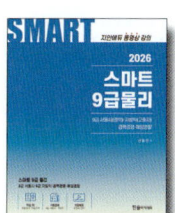
스마트 9급 물리 (서울시·지방직)
신용찬 저
422쪽 | 23,000원

7급 공무원 스마트 물리학개론
신용찬 저
996쪽 | 45,000원

1종 운전면허
도로교통공단 저
110쪽 | 13,000원

2종 운전면허
도로교통공단 저
110쪽 | 13,000원

지게차 운전기능사
건설기계수험연구회 편
216쪽 | 15,000원

굴삭기 운전기능사
건설기계수험연구회 편
224쪽 | 15,000원

지게차 운전기능사 3주완성
건설기계수험연구회 편
338쪽 | 12,000원

굴삭기 운전기능사 3주완성
건설기계수험연구회 편
356쪽 | 12,000원

초경량 비행장치 무인멀티콥터
권희춘, 김병구 공저
258쪽 | 22,000원

시각디자인 산업기사 4주완성
김영애, 서정술, 이원범 공저
1,102쪽 | 36,000원

시각디자인 기사·산업기사 실기
김영애, 이원범 공저
508쪽 | 35,000원

토목 BIM 설계활용서
김영휘, 박형순, 송윤상, 신현준, 안서현, 박진훈, 노기태 공저
388쪽 | 30,000원

BIM 전문가 토목 2급자격(필기+실기)
BIM전문가 토목연구회 공저
324쪽 | 32,000원

BIM 구조편
(주)알피종합건축사사무소
(주)동양구조안전기술 공저
536쪽 | 32,000원

Hansol Academy

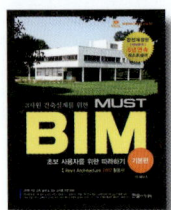
BIM 기본편
(주)알피종합건축사사무소
402쪽 | 32,000원

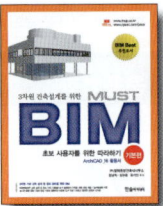
BIM 기본편 2탄
(주)알피종합건축사사무소
380쪽 | 28,000원

BIM 건축계획설계 Revit 실무지침서
BIMFACTORY
607쪽 | 35,000원

전통가옥에서 BIM을 보며
김요한, 함남혁, 유기찬 공저
548쪽 | 32,000원

BIM 주택설계편
(주)알피종합건축사사무소
박기백, 서창석, 함남혁, 유기찬 공저
514쪽 | 32,000원

BIM 활용편 2탄
(주)알피종합건축사사무소
380쪽 | 30,000원

BIM 건축전기설비설계
모델링스토어, 함남혁
572쪽 | 32,000원

BIM 토목편
송현혜, 김동욱, 임성순, 유지영, 심창수 공저
278쪽 | 25,000원

디지털모델링 방법론
이나래, 박기백, 함남혁, 유기찬 공저
380쪽 | 28,000원

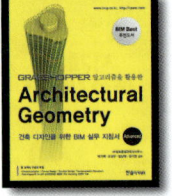
건축디자인을 위한 BIM 실무 지침서
(주)알피종합건축사사무소
박기백, 오정우, 함남혁, 유기찬 공저
516쪽 | 30,000원

BIM 전문가 건축 2급자격 (필기+실기)
모델링스토어
760쪽 | 36,000원

BIM 전문가 토목 2급 실무활용서
채재현, 김영휘, 박준오, 소광영, 김소희, 이기수, 조수연
614쪽 | 35,000원

BE Architect
유기찬, 김재준, 차성민, 신수진, 홍유찬 공저
282쪽 | 20,000원

BE Architect 라이노&그래스호퍼
유기찬, 김재준, 조준상, 오주연 공저
288쪽 | 22,000원

BE Architect AUTO CAD
유기찬, 김재준 공저
400쪽 | 25,000원

건축관계법규(전3권)
최한석, 김수영 공저
3,544쪽 | 110,000원

건축법령집
최한석, 김수영 공저
1,490쪽 | 60,000원

건축법해설
김수영, 이종석, 김동화, 김용환, 조영호, 오호영 공저
918쪽 | 32,000원

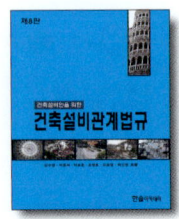
건축설비관계법규
김수영, 이종석, 박호준, 조영호, 오호영 공저
790쪽 | 34,000원

건축계획
이순희, 오호영 공저
422쪽 | 23,000원

www.bestbook.co.kr

건축시공학
이찬식, 김선국, 김예상, 고성석, 손보식, 유정호, 김태완 공저
776쪽 | 30,000원

현장실무를 위한 토목시공학
남기천,김상환,유광호,강보순, 김종민,최준성 공저
1,212쪽 | 45,000원

알기쉬운 토목시공
남기천, 유광호, 류명찬, 윤영철, 최준성, 고준영, 김연덕 공저
818쪽 | 28,000원

Auto CAD 오토캐드
김수영, 정기범 공저
364쪽 | 25,000원

친환경 업무매뉴얼
정보현, 장동원 공저
352쪽 | 30,000원

건축시공기술사 기출문제
배용환, 서갑성 공저
1,146쪽 | 69,000원

합격의 정석 건축시공기술사
조민수 저
904쪽 | 67,000원

건축시공기술사 용어해설
조민수 저
1,438쪽 | 70,000원

건축전기설비기술사 (상,하)
서학범 저
1,532쪽 | 65,000원(각권)

디테일 기본서 PE 건축시공기술사
백종엽 저
730쪽 | 62,000원

디테일 마법지 PE 건축시공기술사
백종엽 저
504쪽 | 50,000원

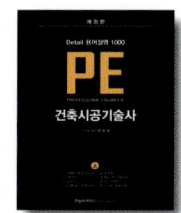
용어설명1000 PE 건축시공기술사(상,하)
백종엽 저
2,148쪽 | 70,000원(각권)

역학의 정석
김성민, 김성범 공저
788쪽 | 52,000원

합격의 정석 토목시공기술사
김무섭, 조민수 공저
874쪽 | 60,000원

건설안전기술사
이태엽 저
776쪽 | 60,000원

소방기술사 上
윤정득, 박견용 공저
656쪽 | 55,000원

소방기술사 下
윤정득, 박견용 공저
730쪽 | 55,000원

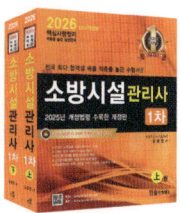
소방시설관리사 1차 (상,하)
김흥준 저
1,630쪽 | 63,000원

건축에너지관계법해설
조영호 저
614쪽 | 27,000원

ENERGYPULS
이광호 저
236쪽 | 25,000원

Hansol Academy

수학의 마술(2권)
아서 벤저민 저, 이경희, 윤미선, 김은현, 성지현 옮김
206쪽 | 24,000원

스트레스, 과학으로 풀다
그리고리 L. 프리키온, 애너이브 코비치, 앨버트 S.융 저
176쪽 | 20,000원

행복충전 50Lists
에드워드 호프만 저
272쪽 | 16,000원

지치지 않는 뇌 휴식법
이시카와 요시키 저
188쪽 | 12,800원

지능형홈관리사
김일진, 이의신, 송한춘, 황준호, 장우성 공저
500쪽 | 35,000원

스마트 건설, 스마트 시티, 스마트 홈
김선근 저
436쪽 | 19,500원

e-Test 엑셀 ver.2016
임창인, 조은경, 성대근, 강현권 공저
268쪽 | 17,000원

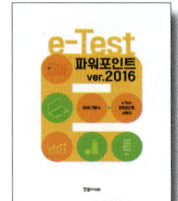
e-Test 파워포인트 ver.2016
임창인, 권영희, 성대근, 강현권 공저
206쪽 | 15,000원

e-Test 한글 ver.2016
임창인, 이권일, 성대근, 강현권 공저
198쪽 | 13,000원

e-Test 엑셀 2010(영문판)
Daegeun-Seong
188쪽 | 25,000원

e-Test 한글+엑셀+파워포인트
성대근, 유재휘, 강현권 공저
412쪽 | 28,000원

재미있고 쉽게 배우는 포토샵 CC2020
이영주 저
320쪽 | 23,000원

토목기사 실기 (전 3권)

김태선, 박광진, 홍성협, 김창원, 김상욱, 이상도, 한웅규
1,540쪽 | 52,000원

토목기사 실기 12개년 과년도

김태선, 이상도, 한웅규, 홍성협, 김상욱, 김지우
892쪽 | 38,000원

※ 구입처는 **전국대형서점**에서 구매하실 수 있습니다.

핵심 10 유효응력

1. 정수압 상태에 있는 지반의 전응력은 지반의 유효응력과 정수압의 [ ]이다. 또한, 흙의 변형은 전응력보다 유효응력의 크기에 지배된다. (O, X)
답 합, O

2. 지하수 아래에 있는 포화점토 가운데의 일점에 있어 유효응력은 물의 높이에 따라 커진다. (O, X)
답 X

3. 그림에서 지하 4m에서의 전응력은 [ ] kN/m², 유효응력을 구한 값은 [ ] kN/m² 이다. (단, 물의 단위중량 9.81kN/m³)
답 68.68, 19.62, 49.06

4. 그림에서 A점의 유효응력(P)은 [ ]이다. $P = \gamma_{sub} \cdot z + q$, $U = \gamma_w \cdot z$

5. 그림에서 전체단위중량을 17.66kN/m³이라고 할 때 요소가 받는 유효연직응력은 [ ] kN/m² 이다. (단, 물의 단위중량 9.81kN/m³)
답 11.78

6. 모관상승이 있는 부분은 부의 공극수압이 생겨 유효응력 [ ]한다.
답 증가

7. 모관현상으로 지표면까지 포화되면 지표면의 유효응력은 0이 아니다. (O, X)
답 O

8. 모관현상이 있는 부분은 간극수압이 크게 발생하여 유효응력이 감소한다. (O, X)
답 X

9. 그림에서 A점의 전응력(σ)은 [ ] kN/m², 모관포텐셜 [ ] kN/m², 유효응력(σ')은 [ ] kN/m² 이다.
답 49.06, −7.85, 56.91

10. 지하수위는 지표면 아래 1m되는 곳에 있으나 모관현상으로 지표면까지 물로 포화되어 있다. 흙이 포화단위중량은 17.66kN/m³인 경우 지하수위면에 작용하는 유효연직응력의 크기는 [ ] kN/m² 이다.
답 17.66

핵심 11 분사현상

1. 상향침투시 유효응력은 침투수압만큼 감소하고 간극수압은 침투수압만큼 증가한다. (O, X)
답 O

2. 하향침투시 유효응력은 침투수압만큼 증가하고, 간극수압은 침투수압만큼 감소한다. (O, X)
답 O

3. 그림에서 흙의 포화단위중량은 1.8g/cm³ 인 경우 A−A면에 작용하는 침투수압(F)은 [ ] kN/m², 유효수직응력(σ_A')은 [ ] kN/m² 이다. (단, 1t=10kN)
답 0.4, 0.4

4. 공극비 0.8, 포화도 87.5%, 함수비 25%인 사질점토에서 한계동수구배(i_c)는 [ ]이다.
답 1.0

5. 분사현상은 이론적으로는 입경과 무관하나 실제 균등한 세사에서 많이 발생한다. (O, X)
답 O

6. Quick Sand는 모래 속을 상승하는 수류에 의한 침투압이 하향으로 작용하는 중력보다 클 때 발생한다. (O, X)
답 X

7. 분사현상은 동수구배가 작은 경우 잘 발생한다. (O, X)
답 X

8. Boiling 현상으로 [ ] 지반에서 발생하며, 히빙현상은 주로 [ ] 지반에서 발생한다.
답 모래, 점토

9. 공극비가 0.70이고, 입자의 비중이 2.70인 모래지반에서 한계동수경사(i_c)는 [ ] 이며, quick sand 현상에 대한 안전율을 4로 하면 이 지반에서 최대동수경사는 [ ] 이다.
답 1.0, 0.25

핵심 12 지중응력

1. Boussinesq 이론에서 지표면에 작용하는 집중하중에 의하여 지반 내의 한 점에서 일어나는 연직응력은 점토지반 내의 응력과 모래지반 내의 연직응력증가분은 서로 같다. (O, X)
   답 O

2. 지반내 응력분포에 있어서 Boussinesq의 식에서 하중 바로 아래에서의 영향하는 것이다.
   답 X

3. 집중하중에 의한 지반 내의 연직응력증가량 $\Delta \sigma_z$ 은 _____ 이다.
   답 $\Delta \sigma_z = \dfrac{3}{2\pi} \cdot \dfrac{Q}{z^2} \cdot I$

4. 집중하중이 지표면에 작용할 때 3m 떨어진 지점의 지하 5m 위치에서의 영향치는 $K=0.2214$ 라고 하면, 연직응력은 _____ kN/m² 이다. (단, 1t=10kN)
   답 4.43

5. 동일한 등분포하중이 작용하는 그림과 같은 (A)와 (B) 두 개의 구형 기초 판에서 A와 B점의 수직 z EH 길이에서 중가하는 지중응력 σ_A 는 σ_B 의 _____ 배이다.
   답 4

6. 지표면에서 도로 제방이 놓인다고 할 때 제방중심과 연단아래 지중응력은 동일하다. (O, X)
   답 X

7. 토질조사시에 보링의 길이는 지반상태에 따라 다르나, 일반적으로 최대기초 슬래브의 단변 정의 _____ 배 이상으로 한다.
   답 2

8. 지표면에서 1m×1m의 기초에 5t의 하중이 작용하고 있다. 깊이 4m되는 곳에서의 연직응력 2:1 분포법으로 구한 값은 _____ kN/m² 이다. (단, 1t=10kN)

핵심 9 동상

1. 흙 속의 공극수가 동결되어 도중에 빙층(ice lense)이 형성되기 때문에 지표면이 떨려 오게 되는데 이러한 현상을 _____ 현상이라 한다.
   답 동상

2. 동상이 일어날 수 있는 조건에 있어서 흙은 전단강도가 커야 한다. (O, X)
   답 X

3. 동상(凍上)이 일어나기 쉬운 지반 조건은 _____ 과 가 깝다.
   답 실트질 흙, 지표면

4. 모래나 자갈은 투수성이 크지만 모관현상은 낮으므로 동상은 그다지 크게 일어나지 않는다. (O, X)
   답 O

5. 흙의 종류에 있어서 동해가 가장 심한 흙은 _____ 이며, 동상은 _____ 이 많다.
   답 실트, 흙(-)

6. 기온이 -10℃로 20일간 계속된, $C=2.94$ 인 경우 동결지수(F)는 _____ ℃·day 이다.
   답 200, 41.6

7. 흙의 동상에 지하수위아니다. _____ 곳에 조립토 차단층을 설치하며, 동결심도를 동결하기 어려운 재료로 치환하며, _____ 근처에 단열재료를 넣는다.

8. 동상에 대한 대책은 실트질 흙으로 치환하는 것이다. (O, X)
   답 X

9. 동상방지대책으로 동결길이보다 낮게 있는 흙을 동결하지 않는 흙으로 치환한다. (O, X)
   답 X

10. 흙이 동상작용을 받으면 이 흙은 동상작용을 받기 전의 흙에 비해 함수비가 _____ 한다.
    답 증가

핵심 8 유선망

1. Laplace 방정식을 유도하기 위한 기본가정에서 토립자는 비압축성이고 물은 압축성이다. (O, X)
   답 X

2. 유선망에서 인접한 등압선 간의 수두손실은 서로 같다. 이 때의 수두는 □ 이다.
   답 전수두

3. 유선망의 특징에 있어서 인접한 두 등수두선 사이의 동수경사는 같다. (O, X)
   답 X

4. 유선망을 작도하는 주된 목적은 □, □ 을 알기 위해 작도한다.
   답 침투수량, 간극수압

5. 그림과 같은 유선망도에서 A점의 전수두는 □ m, 위치수두는 □ m, 압력수두는 □ m이다.
   답 1.2, −8, 9.2

6. 침윤선은 제체 내의 흐름이 최외측이며, 하나의 □ 이며, 항상은 □ 이다.
   답 유선, 포물선

7. 흙 댐의 침윤선에서 침윤선상의 수두는 압력수두 뿐이다. (O, X)
   답 X

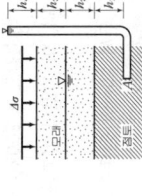

8. 기본포물선을 작도할 때 G점은 정상류측 사면으로부터 상류경사면(AE)의 30%지점이다. 즉, EG의 길이는 □ 이다.
   답 $EG = 0.3EI$

9. 흙 댐의 하류측 경사는 등수두선이다. (O, X)
   답 X

10. 상류측 경사면에 □ 은 직교하지 않으며, □ 은 직교한다.
    답 기본포물선, 실제침윤선

핵심 13 압밀

1. A점에서의 과잉공극수압은 □ 이다.
   답 $(h_3 + h_4)\gamma_w$

2. Terzaghi의 공극수압과 유효응력의 관계에 있어서 스프링은 □ 를 나타낸다.
   답 흙입자, 간극수

3. Terzaghi의 압밀가정에 있어서 응력 σ가 작용한 초기에 σ_s 는 모두 스프링이 받는다. (O, X)
   답 X

4. 압밀이 시작되는 순간에 압밀층의 중간점의 침하현상이 일어나고, 하중이 재거되면 원상태로 되돌아가는 침하를 □ 이다.
   답 탄성, $S_i = q_s \cdot B \cdot \dfrac{(1-\mu^2)}{E} \cdot I_w$

5. 지표에 하중을 가하면 침하현상이 일어난다. 침하량 공식은 □ 이다.
   답 ○

6. 압밀압력이 작용해서 압밀이 끝나기까지는 비교적 긴 시간이 걸리며 이는 흙이 모래일 경우도 마찬가지다. (O, X)
   답 X

7. 이론곡선에서 구한 압밀도 100%를 넘어서도 압밀이 계속되는 부분을 □ 한다. 또한, 압밀에 있어서 유기질이나 섬유질을 많이 함유한 흙을 □ 흙보다 크다.
   답 2차, 2차

8. Terzaghi의 1차원 압밀이론에 대한 가정에서 압밀이 진행되면 투수계수는 감소한다. (O, X)
   답 X

9. Terzaghi의 1차 압밀이 적용되는 것은 □ 이다. 즉, 점토지반에 대한 재하상태 가운데서 현재의 1차원 압밀이론과 가장 가까운 재하상태는 점토층이 두께에 비해 재하면적이 매우 넓고 큰 경우이다. (O, X)
    답 대단위 해안 매립지, O

10. 압밀에서 압밀계수(C_v)는 압축계수가 커지면 커진다. (O, X)
    답 X

핵심 14 압밀이론

1. 하중강도가 200kN/m²에서 400kN/m²로 증가시켰더니 공극비는 2.0에서 1.8로 감소하였다. 이 시료의 압축계수는 ▭ m²/kN이다.
   답 100

2. 두께 20m의 점토층이 10t/m²의 하중을 받아서 총 침하량이 8cm가 되었다. 이 토층의 용적화합물은 ▭ cm²/gf이다.
   답 4×10⁻⁶

3. 압밀에 있어서 압축지수(C_c)는 e - log P 곡선의 직선부분 의 기울기이며, 흐트러지지 않은 점토는 ▭ 이므로 점토질 함유량이 많을수록 과 같다. 압밀도가 80%로 진행되면 ▭ 크다.
   답 처녀압축선, $C_c = 0.009(w_L - 10)$

4. 성토 직후 점토지반 중의 한 점 A의 공극수압을 측정한 결과 그림과 같았다. 압밀도가 80%로 진행되면 ▭ m가 된다.
   답 0.4

5. 압밀도는 압밀계수(C_v)와 압밀시간(t)에 ▭ 하며 배수거리(d)의 제곱에 ▭ 한다.
   답 비례, 반비례

6. 압밀배수상태의 점토지반에서 실제로 배수층과 점하는 연약토층의 경계면은 실제로 과잉 극수압이 발생하지 않는다. (O, X)
   답 O

7. 압밀시험 결과에서 e - log P 곡선을 그리는 목적은 ▭ 를 구하여 압밀침하량을 계산하기 위해서이다.
   답 압축지수

8. 압밀시험을 한 후 e - log P 곡선을 연장하여 압밀시험결과의 하중보다 위로부터 공극비를 환산해서 그린다. (O, X)
   답 O

9. 압밀배수상태의 점토지반에서 실제로 배수층과 점하는 연약토층의 경계면은 실제로 과잉 극수압이 발생하지 않는다.
   답 압축지수, 압축계수

10. 시간 - 침하 곡선으로부터 구할 수 있는 요소는 ▭ 이다.
    답 압밀계수, 1차 압밀비, 투수계수

핵심 7 투수계수

1. 투수계수(K)의 차원은 ▭ 의 차원과 같다.
   답 속도

2. 투수계수는 흙의 입자의 크기가 클수록 ▭ 하며, 흙의 점성계수가 클수록 ▭ 하며, 온도가 높을수록 ▭ 하며, 포화도가 클수록 ▭ 한다.
   답 증가, 증가, 감소, 증가, 증가

3. 다음 그림에서 수위차 35cm를 유지하면서 시료의 단면적 $A = 78.50cm²$ 을 통하여 물을 흘러보낼 때 10분간에 5,400cc의 투수량이 측정되었다면 이 시료의 투수계수는 ▭ cm/sec이다.
   답 0.13

4. 대단히 낮은 점토의 투수계수($K = 1 \times 10^{-7}$ cm/sec 이하)를 구하고자 할 때는 ▭ 시험방법이 가장 적절하다.
   답 압밀

5. 조립토의 투수계수는 일반적으로 그 흙의 유효입경(D_{10})의 ▭ 에 비례한다.
   답 제곱

6. 수평방향 평균투수계수 공식은 ▭ 이다.
   답 $K_h = \frac{1}{H}(K_1 \cdot H_1 + K_2 \cdot H_2)$, $K_z = \frac{H}{\frac{H_1}{K_1} + \frac{H_2}{K_2}}$

7. 퇴적층에서 수평방향의 투수계수는 4.0×10^{-3} cm/s 이고, 수직방향의 평균투수계수는 3.0×10^{-3} cm/s 이다. 이 흙의 등방성으로 생각할 때 등가의 평균투수계수는 ▭ cm/sec 이다.
   답 이방성 투수계수 $K' = \sqrt{(4 \times 10^{-3}) \times (3 \times 10^{-3})} = 3.46 \times 10^{-3}$ cm/sec

8. 수평방향의 투수계수(K_h)가 수직방향의 투수계수(K_z)보다 크다. 또한, 수평방향의 투수계수(K_h)가 등가등방성 투수계수(K')보다 크다. (O, X)
   답 O

핵심 15 압밀시험

1. 압밀시험에서 시료의 건조무게가 25.5g이고, 비중이 2.35이다. 이 시료의 단면적이 $10cm^2$ 일 때 시료 중의 토립자의 두께는 ☐ 이다. 답 1cm

2. 압밀이론에서 ☐ 이란 현재 지반 중에서 과거에 최대로 받았던 압밀하중을 말한다. 답 선행압밀하중

3. 압밀시험 후 작도한 ☐ 곡선으로부터 과압밀비(OCR)를 계산할 수 있다. 답 $e - \log P$

4. 현재 지표면까지 포화되어 있는 점토지반에 있어서 이 지반이 과거에 한번도 대기에 접한 적이 없다면 과압밀 상태이다. (O, X) 답 X

5. 표준압밀시험에서 재하시간은 ☐ 이며 각 단계의 재하시간은 ☐ 시간이다. 답 1.0, 24

6. 표준압밀시험에 있어서 각 하중단계별로 구해지는 시간 - 침하 곡선으로부터 선행압밀하중을 구할 수 있다. (O, X) 답 X

7. 압밀도 90%에 대한 시간계수(T_{90})는 ☐ 이며, 압밀도 50%에 대한 시간계수(T_{50})는 ☐ 이다. 답 0.848, 0.197

8. 점토층에 있어서 아래쪽은 암반층이 존재하고 위쪽은 모래층이 존재하는 경우에 비하여 양쪽이 모두 모래층인 경우는 압밀소요시간이 ☐ 배로 줄어든다. 답 $\frac{1}{4}$

9. 압밀시간은 투수계수에 ☐ 하고, 체적변화계수에 ☐ 한다. 답 반비례, 비례

10. 지반이 완전히 포화되었다고 가정할 때 수위를 증가시키면 이 지반은 침하가 일어난다. (O, X) 답 X

11. $C_v = 3.6 \times 10^{-4} cm^2/sec$, $T_v = 0.287$ 인 포화점토층에 의하여 압밀도 $U=60\%$ 에 도달하는데 걸리는 시간은 약 ☐ 년이다. 답 1.6

12. 두께 2cm의 점토시료에 대한 압밀시험에서 전압밀에 소요되는 시간이 2시간이었다. 같은 시료조건에서 5m 두께의 지층의 전압밀에 소요되는 기간은 ☐ 년이다. 답 14.3

핵심 6 Darcy의 법칙

1. 모래와 같은 조립토에서는 모관상승속도가 ① (느리, 빠리)며, 점토와 같은 세립토에서는 모관상승고는 매우 ② (작은, 크)며, 모관상승 부분의 함력은 ③ ☐ 이며, 모관상승고는 공극비에 ④ (비례, 반비례)한다. 답 ① 빠르며, ② 크며, ③ 부압, ④ 반비례

2. 모관상승고에 영향을 주는 요소에는 ☐, ☐, ☐, ☐ 등이 있다. 답 표면장력, 물의 단위중량, 접촉각, 유효입경, 공극비

3. 물의 온도 15℃에서 표면장력은 0.075g/cm이다. 접촉각은 0도, 안지름 0.20mm의 유리관 속을 상승하는 높이는 ☐ cm이다. 답 15

4. 토질역학에서 보통 무시하고 있는 수두는 ☐ 수두이며, 지하수의 흐름은 수두가 큰 곳에서 작은 곳으로 흐른다. 답 속도, 전

5. 동수경사에 있어서 이동거리(L)는 수평거리가 아니라 실제 물이 이동한 경사거리이다. (O, X) 답 O

6. Darcy의 법칙은 물의 흐름이 난류인 경우에는 성립하지 않으며, 유속(v)은 실제유속(v_s)보다 작다. (O, X) 답 O

7. 흙의 투수성에 관한 Darcy의 법칙 $Q = K \cdot \frac{\Delta h}{l} \cdot A$ 에서 A 는 실제로 물이 통하는 공극 부분의 단면적이다. (O, X) 답 X

8. Darcy식에 의한 접근유속 0.162cm/sec일 때, 공극비는 0.43인 흙의 공극률은 ☐ %, 입자간 침투유속을 구한 값은 ☐ cm/sec이다. 답 30, 0.54

핵심 16 Mohr-Coulomb의 파괴이론

1. 전단강도는 토립자 간에 작용하는 유효수직응력과는 무관하다. (O, X)
   답 X

2. 흙의 전단강도에 있어서 조립토의 경우의 전단강도는 입자간의 [   ]에 의해서 좌우된다.
   답 마찰각

3. 흙의 전단강도에 있어서 점성이 큰 흙의 전단강도는 대부분이 [   ]에 의해서 지배된다.
   답 점착력

4. 정국압밀점토의 유효응력에 의한 파괴포락선은 원점을 지난다. (O, X)
   답 O

5. 흙의 시험결과 $c' = 1.2t/m^2$, $\phi' = 30°$인 포화된 토괴 내의 한 면에 작용하는 전수직응력은 $25.0t/m^2$이고, 건극수압은 $10.0t/m^2$일 때 그 면의 전단강도는 [   ] kN/m^2이다.
   답 98.6

6. 그림에서 A점 흙의 강도정수가 $c' = 29.43kN/m^2$, $\phi' = 30°$일 때 A점의 유효응력(σ')은 [   ] kN/m^2이고, 전단강도(τ)는 [   ] kN/m^2이다. (단, $1t = 10kN$)
   답 74.56, 72.48

   G.L
   ▽ 2.0m
   4.0m $\gamma_t = 17.66 kN/m^3$
   ─── G.W.L
   A점 $\gamma_{sub} = 9.81 kN/m^3$

7. Mohr원은 σ_1과 σ_3의 차의 벡터를 중입은 $9.81kN/m^3$ 이다.) 지름으로 하여 그린 원이다.
   답 지름

8. Mohr원이 Mohr 파괴포락선 아래에 존재한다면 그 흙은 불안정하다. (O, X)
   답 X

9. 압축응력시험 결과를 나타낸 Mohr권에서 평면기점은 원점이 된다. (O, X)
   답 O

10. 최대전단응력은 전응력으로 해석하는 경우가 유효응력으로 해석하는 경우보다 작다. (O, X)
    답 X

13. 두께 5m의 흙트랜지 점토층이 있다. 이 점토층의 간극비 $e = 2.0$이며, 액성한계가 65%이고 압밀하중을 2kg에서 5kg으로 증가시키려고 한다. 이 경우 압축지수(C_c)는 [   ]이며, 예상압밀침하량은 [   ] m이다.
    답 0.495, 0.33

핵심 5 흙의 공학적 분류방법

1. 통일분류법으로 흙을 분류하는데 직접 사용하는 요소에는 [   ] 체 통과량, No.200, No.4, 액성한계, 소성지수 통과량, [   ] 등이 있다.
   답 No.200

2. 소성도표에서 A선은 [   ]으로서 A선 위는 [   ], A선 아래는 [   ]의 구분선, B선은 [   ]으로서 B선 왼쪽은 [   ], B선 오른쪽은 [   ]의 구분선이다.
   답 $I_p = 0.73(w_L - 20)$, 점토, 실트, 점성토, $w_L = 50\%$, 저압축, 고압축

3. 통일분류법에서 제 2분자에 #4가 있으면 압축성과 팽창이 큰 흙이며, #200체 통과백분율이 $5 \sim 12\%$이면 이중기호를 사용하여야 한다. (O, X)
   답 O

4. 입도시험결과 #4체 통과백분율 65%, #10체 통과백분율 40%, #200체 통과백분율 8%이 있다. 이 흙의 입도분포가 비교적 양호할 때 통일분류법에 의한 흙의 분류는 [   ]이다.
   답 SW-SM

5. 도로 노반으로 가장 좋은 토질은 [   ]이다.
   답 GW, P_t

6. 액성한계가 50% 이상인 실트는 통일분류법에 의해 그 흙은 [   ]로 분류된다.
   답 MH

7. AASHTO분류법에서 직접 사용하는 요소는 [   ] 체 통과량, [   ], 등이 있다.
   답 No.200, 액성한계, 소성지수, 군지수

8. #200체 통과량이 38%, 액성한계 21%, 소성지수 8%일 때 군지수는 [   ]이다.
   답 0.6, 부적당

9. 수축한계 값이 클수록 노상토로서 [   ]한, 군지수 값이 클수록 필요한 요소가 아니다. (O, X)
   답 O

핵심 17 전단강도정수를 결정하기 위한 시험

1. CBR test는 흙에 관한 전단시험의 한 종류이다. (O, X) 답 X

2. 직접전단시험에서 전단면이 파괴될 때 일어나는 진행성 파괴는 □에서 보통 일어난다. 또한, 흙이 2면 전단시험에서 전단응력(τ)은 □이다.
답 점토에서, 과압밀, $\tau = \dfrac{S}{2A}$

3. 흙이 상대밀도가 크면 모래의 경우 내부마찰각이 성태적으로 □. 답 크다

4. 일축압축강도시험에 있어서의 결과는 배수조건에서의 시험결과 부에 얹지 못한다. (O, X) 답 X

5. 내부마찰각 $\phi=0°$ 인 점토로 일축압축시험을 시행하였을 때 전단강도의 크기는 일축압축강도의 □이다. 답 $\dfrac{1}{2}$

6. 현장조건과 가장 유사하게 할 수 있는 실내전단시험은 □시험이다. 답 삼축압축

7. 흙 속의 응력이 변화하더라도 즉각적인 함수비의 변화가 없고 체적의 변화가 없는 경우는 □시험을 말한다. 답 삼축압축시험

8. 성토된 하중에 의해 서서히 압밀이 되고 파괴도 완만하게 일어나 간극수압이 발생되지 않거나 측정이 곤란한 경우 □시험을 한다. 답 비압밀 비배수

9. 포화된 종류에 관계없이 비압밀 비배수 시험에서는 내부마찰각이 $0°$ 이다. (O, X) 답 O

10. 토질의 정규압밀 점토의 삼축압축시험에서의 전단특성에 있어서 전응력에 의한 내부마찰각이 유효응력에 의한 내부마찰각보다 □. 답 작다

11. 정규압밀 점토의 삼축압축시험에서의 과압밀점토의 압밀 비배수 시험에서 파괴포락선은 좌표축 원점을 지나지 않는다. (O, X) 답 O

12. 과압밀 점토의 전단강도는 정규압밀점토에 대한 것보다 크다. (O, X) 답 O

핵심 18 흙질에 따른 전단특성

1. Tschebotarioff는 예민비를 등방향 상태 중, 자연상태 시료의 일축압축강도와 같은 변형률의 교란된 시료의 일축압축강도의 비로 정의하였다. (O, X)
   답 O

2. 점토에 강도에 있어서 시료에 대한 일축압축강도가 응력-변형도 곡선의 peak를 이루지 않는 경우는 점토의 예민비를 구할 수 없다. (O, X)
   답 X

3. 점토의 자연 시료에 대한 일축압축강도가 $360kN/m^2$ 이고, 이 흙을 되비빔 때의 파괴압축응력이 $120kN/m^2$ 이었다. 이 흙의 점착력(c)은 ☐ kN/m^2 이며, 예민비(S_t)는 ☐ 이다.
   답 180, 3

4. 점토는 되비빔하면 그 전단강도가 현저히 감소하는데 시간이 경과함에 따라 그 강도의 부분 다시 찾게 된다. 이 현상을 ☐ 라 한다.
   답 Thixotropy

5. 포화된 점토지반에서 압밀이 진행됨에 따라 전단강도는 ☐
   답 증가

6. 흔 모래질 흙이 전단될 때 체적이 증가도 감소도 하지 않을 때의 간극비를 말한다.
   답 한계간극비

7. 모래의 밀도에 따라 일어나는 전단특성에서 직접전단시험에 있어 수평응력-수직응력 곡선이 조밀한 모래에서는 전단이 진행됨에 따라 체적이 ☐ 한다.
   답 증가

8. 느슨한 점토같은 인장재료를 전단하면 Dilatancy현상이 발생하여 이는 공극수압과 일정한 관계가 있다. 느슨한 모래에서는 (+)Dilatancy가 일어난다. (O, X)
   답 X

9. 입경이 가늘고 비교적 균일하게 쌓여있는 모래 지반이 물로 포화되어 있을 때 지진이나 충격을 받으면 일시적으로 전단강도를 잃어버리는 현상을 ☐ 현상이라 한다.
   답 액화

---

9. 타프니스지수(T_I)가 큰 값을 나타내는 흙은 ☐ 를 다량으로 함유한 흙이다.
   답 점토

10. 흙의 활성도는 점토분에 대한 ☐ 를 나타내며, 활성도가 클수록 흙의 수축 가능성은 ☐
    답 점토분, 크다

11. 점토광물은 Sheet함의 2층 구조로 공학적으로 대단히 안정하고 활성이 작은 점토광물이며, 이외의 점토를 말하며 기본구조단위는 정사면체 구조(silica sheet)와 정팔면체 구조(gibbsite)가 있다. (O, X)
    답 2차, O

12. 수소결함의 2층 구조로 공학적으로 대단히 안정하고 활성이 거의 없으며, 활성도가 가장 작은 점토광물은 ☐ 이다.
    답 카올리나이트

13. ☐ 구조는 공학적으로 제일 안정하고 수축팽창이 거의 없으며, 활성도가 가장 작은 점토광물이다.
    답 카올리나이트, 모모릴로나이트

14. 모래 속에 있는 물이 표면장력으로 체적이 팽창하는 현상을 ☐ 이라 한다. 점토가 물을 흡수하여 체적이 증가하는 현상을 ☐ 이라 한다.
    답 Bulking, Swelling, 비화

15. 연삼함수입당은 포화되어 있는 점토질 흙의 점삼합량을 알 수 있는 시료로 또한, 연삼함수입당이 ☐ % 이상이면 불구속 재료로 볼 수 있다.
    답 1,000, 1, 보수력, 12

핵심 4 흙의 입도분석

1. 흙의 입도분석시험을 할 때 체가름 시험용체로 구성되는 것은 #4, #10, #20, #40, #60, #140, #200체이다. (O, X)
   답 O

2. 흙의 입도분석시험에서 0.075mm 이상은 ☐ 에 의한다. 이때, 어떤 흙의 No.10번체 가적통과율이 30%였다면, 이 흙의 No.10번체 통과율은 ☐ %이다.
   답 체분석, 70

핵심 3 흙의 연경도

1. 아터버그한계에는 액성한계, 소성한계, [ ]의 3가지가 있으며 시료는 [ ]을 통과한 시료를 사용하며, 단위는 [ ]이다.
   답 수축한계, No.40, 교반, 함수비

2. 액성한계(w_L)의 시험방법은 낙하높이는 [ ]cm, 낙하속도는 1초에 [ ]cm이며, 유동곡선에서 낙하회수 [ ]회에 해당되는 함수비를 말한다.
   답 1, 2, 1.5, 25

3. 점토분이 많을수록 액성한계(w_L)가 ① (작은, 큰)며, 소성지수(I_p)가 ② (작은, 큰)며, 함수비 변화에 대한 수축, 팽창이 ③ (작은, 큰)며, 노반의 재료로 ④ (적당, 부적당)하다. 또한, 액성한계에서는 모든 흙의 강도가 거의 (같은, 다른) 값이다.
   답 ① 크며, ② 크며, ③ 크며, ④ 부적당, ⑤ 같은

4. [ ] 한계는 함수량을 감소해도 체적이 감소하지 않고 함수비가 그 양 이상으로 증가하면 체적이 증대하는 함수비이며, 시험에서 [ ]을 구하기 위하여 수은을 사용한다.
   답 수축, 노건조 시료의 체적

5. 수축한계의 시험의 결과 이용에는 [ ], [ ], [ ] 등이 있다. 또한, 수축한계시험에서 얻어진 값이 군지수 계산에는 이용되지 않는다. (O, X)
   답 수축비, 체적변화비, 선수축, 비중, 동상성의 판정, O

6. 액성한계(w_L)와 소성지수(I_p)의 값이 크면 점토와 콜로이드 크기의 입자 함량이 많다. 또한, 강도가 약한 지반이므로 기초에 적당하지 않다. (O, X)
   답 O

7. 자연함수비가 액성한계이면 점토의 응력이력은 [ ]이며, 소성한계이면 [ ]이다.
   답 정규압밀, 과압밀

8. 자연함수비가 액성한계보다 크다면 그 흙은 [ ] 상태에 있다. 또한, 액성지수(I_L)가 [ ] 보다 크고 함수비는 액성상태에 있다. 연경지수(I_c)가 [ ] 보다 작은 흙은 액성상태에 있다.
   답 액상, 1, 0

핵심 19 현장에서의 전단강도 측정

1. 표준관입시험은 현장 지반의 [ ] 추정과 [ ] 시료를 채취를 위하여 하는 현장시험의 일종이다.
   답 강도, 교란

2. 표준관입시험은 지하수위를 알아내기 위하여 하는 현장시험의 일종이다. (O, X)
   답 X

3. 표준관입시험(SPT)에 있어서 샘플러를 사용하며, 해머 중량은 [ ], 스플릿 스푼 [ ]이다.
   답 스플릿 스푼, 63.5kg, 76cm, 30cm

4. 표준관입시험을 할 때 처음 관입에 요하는 [ ]을 제외하는 이유는 보링 구멍 밑면 흙의 보링에 의하여 [ ] 때문이다.
   답 15cm, 흐트러지기

5. 물로 포화된 실트질 세사의 N값을 측정한 결과 $N=33$이며, 측정지점까지의 로드의 길이는 35m라고 한다. 수정 N값은 [ ] 회이다.
   답 21

6. 표준관입시험에 있어서 모래나 자갈의 내부마찰각과 N값의 관계는 $\phi = \sqrt{12N+C}$ 이다. (O, X)
   답 X

7. 표준관입시험 결과 N치가 250 였고, 입도시험을 한 결과 입자가 둥글고, 입도분포가 불량할 때 내부마찰각은 약 [ ]이다.
   답 32°

8. 점토지반의 표준관입시험치(N)가 80 이면, 일축압축강도(q_u)는 [ ] kg/cm²이다. 또한, 점토지반의 표준관입시험 결과 $N=2~4$ 이었다면 이 점토의 Consistency는 [ ]점토이다.
   답 1.0, 연약

9. 흙의 투수성은 표준관입시험으로 추정할 수 없다. (O, X)
   답 O

10. 현장에서 연약점토의 전단강도를 구하기 위한 시험은 [ ]시험이다.
    답 베인전단

11. Vane Test에 Vane의 지름 50mm, 높이 10cm, 파괴시 토크가 5.9kg·m일 때 점착력은 [ ] kN/m²이다. (단, 1t=10kN)
    답 129

핵심 20 간극수압계수 및 응력경로

1. 간극수압계수중 B계수는 시료의 ▭ 를 점검하는데 유용하게 사용된다.
   답 포화상태

2. 정규압밀점토에서는 A값이 파괴시에는 1내외의 값을 나타낸다. (O, X)
   답 O

3. 삼축압축시험에 있어서 간극수압을 측정하여 공극수압계수 A를 계산하려면 심히 과압밀된 토의 A값은 연제나 ⊕값을 갖는다. (O, X)
   답 X

4. 간극수압계수 A는 응력이력, 체적변화에 따라 부(−)의 값으로부터 1이상의 값까지 변화한다. (O, X)
   답 O

5. 간극수압계수 A=0.50이고, B=1인 지반에서 하중으로 인하여 수직응력 $\Delta\sigma_3$이 증가되었다면 간극수압은 증가되고 수평응력($\Delta\sigma_3$)이 50kN/m²이 증가되었다면 간극수압 $\Delta\sigma_1$이 100kN/m²이 다. ▭ kN/m²이다.
   답 75

6. 응력경로란 응력이 변할 때 Mohr의 응력원에서 ▭ 응력들 나타내는 점을 연결한 선이다.
   답 최대전단

7. 응력경로에 있어서 응력경로는 그 성격상 전응력에 대해서만 그릴 수 있다. (O, X)
   답 X

8. 삼축압축 시험결과 p-q diagram에 그린 결과 K_f−line의 경사각 α는 20°이고 절편 m은 340kN/m²이었다. 내부마찰각 (ϕ)은 ▭ °이며, 점착력(c)은 ▭ kN/m²이다.
   답 21.34, 365

9. 다음의 Stress path(응력경로)는 어떤 시험일 때인가?

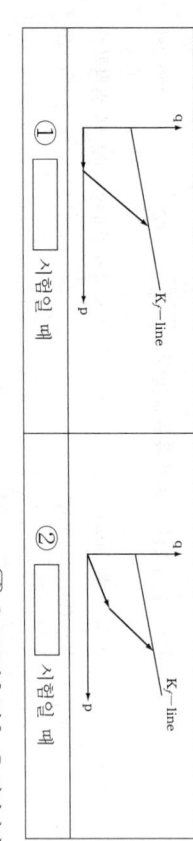

① ▭ 시험일 때 ② ▭ 시험일 때
   답 ① 표준삼축 압축, ② 직접전단

핵심 1 흙의 각 성분의 상관관계

1. 풍화작용에 의해 분해된 암이 원위치에서 토층을 형성하고 있을 때 이 흙을 ☐ 이라 한다.
   답 잔적토

2. 흐트러진 흙은 자연 상태의 흙에 비하여 투수성이 ① (작은, 큰)며, 간극이 ② (작은, 큰)며, 전단강도가 ③ (작은, 큰)며, 압축성이 ④ (작은, 큰)다.
   답 ① 크며, ② 크며, ③ 작으며, ④ 크다.

3. ☐ 구조는 실트나 점토와 같은 세립자가 들 속으로 침강하여 이루어진 구조다.
   답 봉소

4. 면모구조는 분산구조보다는 강도가 크나 공극비가 크고 압축성이 크므로 기초 지반으로 부적당하다. (O, X)
   답 O

5. ☐ 구조는 건설공사에 가장 취급하기 어려운 흙이고, ☐ 구조는 수중에 분산하면 좀처럼 침강하지 않는 구조로 압축성, 공극비가 크다.
   답 봉소, 면모

6. 자연 점토 시료를 함수비가 변하지 않는 상태로 되비빔하면 ☐ 구조가 된다.
   답 이산(분산)

7. 교란된 시료로 실내 토질 실험을 하면 결과가 불교란 시료에 대한 시험에 비해 현저한 차이를 가져오나, ☐ , 소성한계, 수축한계, 비중 등은 차이가 나지 않는다.
   답 액성한계

8. ☐ 흙 입자만의 체적에 대한 공극의 체적비를 나타내며, 단위는 ☐ 이다.
   답 간극비, 무차원, 1

9. ☐ 흙 전체의 체적에 대한 공극의 체적율 백분율로 나타내며, 단위는 ☐ 이다.
   답 공극률, %, 100%

10. ☐ 흙 공극 속에 들어 있는 정도를 나타내며, 단위는 ☐ 이며, 포화점토로는 포화도가 ☐ 이다. 또한, 포화도는 100%보다 클 수 없다.
    답 포화도, %, 100%, 없다

11. 건조기의 기준온도를 110±5°C로 하는 이유는 흙의 ☐ 만을 증발시키기 위한 것이며, 석고나 유기물 등을 다분히 함유한 흙의 측정 시 적당한 건조온도는 ☐ °C 이하이다. 함수비는 100%보다 클 수 ☐ .
    답 자유수, 80, 있다

핵심 21 토압의 이론

1. 정지토압은 내부마찰각이 클수록 작아진다. 따라서, 조립토일 경우에 가장 작으며 연약지반일수록 증가한다. (O, X)
   답 O

2. 자연지반을 굴착하는 교대는 정지토압으로 설계한다. (O, X)
   답 X

3. 정지토압계수는 느슨한 사질토와 작은 전단저항각에 있어서 크다. (O, X)
   답 O

4. Jaky의 정지토압계수 공식 $K_0 = 1 - \sin\phi'$ 가 가장 잘 성립하는 토질은 ☐ 이다. 또한, Brooker & Ireland 정지토압계수 공식 $K_0 = 0.95 - \sin\phi'$ 가 가장 잘 성립하는 토질은 ☐ 이다.
   답 사질토, 정규압밀점토

5. 어떤 지반의 정지토압계수가 1보다 큰 경우 이 지반은 ☐ 상태에 있다.
   답 과압밀

6. 단위중량이 18kN/m³이고, 정지토압계수가 0.5인 균질토층이 있다. 지표면 아래 10m 깊이에서의 연직응력(σ_v)은 ☐ kN/m²이며, 수평응력(σ_h)은 ☐ kN/m²이다.
   답 180, 90

7. 옹벽에 작용하는 주동상태일 때의 Rankine 토압은 지표면과 평행한 토층의 크기가 최대일 때의 성립이다. (O, X)
   답 X

8. Rankine의 토압이론에 있어서 옹벽의 변위는 ☐ 부분에서만 일어난다고 본다.
   답 뒷

9. 주동토압(P_A), 수동토압(P_P), 정지토압(P_0)의 크기 순서는 ☐ 이다.
   답 P_P, P_0, P_A

10. 흙의 내부마찰각이 클수록 주동토압과 수동토압의 차가 크다. (O, X)
    답 O

제 2 편
핵심 120제

핵심 22 Rankine의 토압이론

1. Rankine 토압이론의 가정에 있어서 흙은 중 입의 요소가 ▢ 상태가 될 때이며, 지표면과 평행한 토압의 크기가 ▢ 일 때의 상태이다. 또한, 분체는 입자간의 ▢ 의에 의해 평형을 유지한다.
   답 소성평형, 최소, 마찰력

2. 흙의 내부마찰각이 30°일 때 주동토압계수는 ▢ 이다.
   답 $\dfrac{1}{3}$

3. 지표가 수평인 역적응벽에 있어서 흙의 내부마찰각이 30°인 경우 주동토압계수와 수동토압계수의 비는 ▢ 이다.
   답 $\dfrac{1}{9}$

4. Rankine의 토압이론에 있어서 수동토압의 경우 파괴면은 수평면과 $\theta = 45° - \dfrac{\phi}{2}$ 의 각도를 이룬다. (O, X)
   답 O

5. 흙의 단위중량 16.5kN/m³, 내부마찰각이 30°인 지반에 5m의 역적응벽에 작용하는 주동토 압은 ▢ kN/m이며, 주동토압의 작용점은 하단에서 ▢ m이다.
   답 68.75, 1.67

6. 높이 H인 응력벽에 있어서 상재하중만으로 인한 주동토압의 작용위치는 ▢ 이다.
   답 $\dfrac{H}{2}$

7. 뒤채움 흙이 이질층의 경우에 토압에 있어서 Ⓐ부분만의 작용점 위치는 밑면에서 ▢ 이며, Ⓐ부분만의 토압의 크기는 ▢ 이다.
   답 $\dfrac{H_2}{2}$, $K_A \cdot \gamma_t \cdot \dfrac{H_1}{2}$

8. 지하수가 있는 경우의 토압에 있어서 지하수의 하부토층에 대한 토압은 ▢ 단위중량을 사용해야 한다.
   답 수중

9. 지하수가 있는 경우의 하부토층의 수압계산에 있어서는 토압계수를 곱하지 않는다. (O, X)
   답 O

10. $\gamma_{sat} = 17.66 \text{kN/m}^3$, $\phi = 30°$인 지반에 지하수위가 지표면에 위치하고 높이 4m인 용벽 에 작용하는 주동토압의 합력은 ▢ kN/m이다. (단, 물의 단위중량은 9.81 kN/m³)
    답 99.41

핵심 23 점성토의 토압과 Coulomb의 토압이론

1. 주동토압에서 배면토가 점착력이 있는 경우는 없는 경우보다 토압이 적어진다. (O, X)
   답 O

2. 한계고는 인장균열깊이, 즉 점착고의 □배이다.
   답 2

3. 내부마찰각 30°, 점착력 15kN/m², 단위중량이 17kN/m³인 흙에 있어서 인장균열(tension crack)이 일어나기 시작하는 깊이는 □m이다.
   답 3.1

4. 수동토압에서 배면토가 점착력이 있는 경우는 없는 경우보다 토압이 증가한다. (O, X)
   답 O

5. 옹벽에 작용하는 토압이론에 있어서 Coulomb의 토압이론은 옹벽배면과 뒤채움 흙사이의 벽면마찰을 무시한다. (O, X)
   답 X

6. 뒤채움 흙을 사질토인 연직옹벽에서 흙과 벽면과의 마찰각(δ)과 지표면의 경사(i)이 같을 때 Rankine토압은 Coulomb토압에 비해 그 값은 (크, 작, 같, 알 수 없다).
   답 같다

7. 지표면이 수평이고 옹벽의 뒷면과 흙과의 마찰각이 0인 연직옹벽에서 Coulomb의 토압과 Rankine의 토압은 (크, 작, 같, 알 수 없다).
   답 같다

8. 그림과 같은 옹벽에서 벽면마찰각 $\phi_w{}' = 30°$, 흙름의 주동토압계수 0.25, 포화단위중량 17.66kN/m³이면, 주동토압(수압포함)의 수평분력의 크기는 □kN/m이다. (단, 물의 단위중량은 9.81kN/m³)
   답 575.48

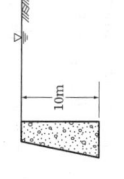

핵심 24 토압의 응용

1. 흙막이 수평말뚝이 기초지반의 바닥사이의 마찰저항보다 작아야 되는 옹벽의 안정조건은 ☐에 대한 안정이다. 답 활동

2. 옹벽의 안정조건에 있어서 지반의 지지력에 대한 안정성 검토시 허용지지력은 극한지지력의 $\frac{1}{2}$ 배를 취한다. (O, X) 답 X

3. $\gamma_t = 19\mathrm{kN/m^3}$, $\phi = 30°$인 뒤채움 모래를 이용하여 8m 높이의 옹벽을 설치하고자 한다. 폭 75mm, 두께 3.69mm의 보강띠를 역직방향 설치간격 $S_v = 0.5\mathrm{m}$, 수평간격 $S_h = 1.0\mathrm{m}$로 시공할 때, 옹벽 벽면에 작용하는 수평응력은 ☐ $\mathrm{kN/m^2}$이며, 보강띠에 작용하는 최대힘(T_{max})은 ☐ kN이다. 답 50.67, 25.34

4. 널말뚝의 설계에 있어서 앵커를 사용할 경우 널말뚝의 관입길이, 휨모멘트를 작게 할 수 있다. (O, X) 답 O

5. 앵커널말뚝 설계에 있어서 앵커지지점의 고정지점의 비하여 근입길이 간단한다. (O, X) 답 X

6. Anchored sheet pile의 토압이 있어서 지유지지법의 근입길이가 짧은 fixed earth support인 경우 인장력이 적어져 비경제적이다. (O, X) 답 X

7. 앵커널말뚝 널말뚝에 있어서 대드맨 앵커가 ☐을 받는다고 본다. 답 수동토압

8. 널말뚝의 설계에 있어서 앵커점에 대한 모멘트 합을 영(zero)으로 해서 Rod의 인장력을 구한다. (O, X) 답 X

9. $\gamma = 17.31\mathrm{kN/m^3}$, $c = 24\mathrm{kN/m^2}$인 점성토지반의 굴착 저면에서 바닥융기에 대한 안전율은 ☐ 이다. 답 1.64

<!-- figure: H=8m, B=5m -->

10. 군말 점토지반에 앵카를 그라우팅하여 고정시켰다. 고정부의 길이가 5m, 직경 20cm, 시추공의 직경 10cm이었다. 점토의 비배수강도 $c_u = 1.0\mathrm{kg/cm^2}$, $\phi = 0°$, 표면마찰계수는 0.60이라고 할 때 앵카의 극한지지력은 ☐ kN이다. (단, 1t=10kN) 답 188.5

② 효륜(Converse-Labarre) 공식
$$E = 1 - \frac{\phi}{90} \cdot \left[\frac{(m-1) \cdot n + (n-1) \cdot m}{m \cdot n} \right]$$
③ 군말뚝의 허용지지력(Q_{ag})
$$Q_{ag} = E \cdot N \cdot Q_a$$

7. 측지침하량(S_i)
$$S_i = q \cdot B \cdot \frac{(1-\mu^2)}{E} \cdot I_s$$

8. 최대응력(q_{max})
$$q_{max} = \frac{P}{A} + \frac{M}{I} \cdot y$$

9. 순압력(q_{net})
$$q_{net} = \frac{Q}{A \cdot \gamma_t}$$

10. 안전보상기초의 깊이(D_f)
$$D_f = \frac{Q}{A \cdot \gamma_t}$$

11. Prakash의 침하각(θ)
$$\theta = \sin^{-1}\left(\frac{S_1 - S_2}{\frac{B}{2} - e}\right)$$

제10장 연약지반 개량공법

1. 샌드 드레인 공법
   ① 모래 말뚝의 배열에 따른 영향원의 직경(D_e)
      ㉮ 정삼각형 배열
         $D_e = 1.05S$
      ㉯ 정사각형 배열
         $D_e = 1.13S$
   ② 평균 압밀도(U_{age})
      $U_{age} = 1 - (1 - U_v) \cdot (1 - U_h)$

핵심 25 　사면

1. 사면의 안정문제에는 보통 사면의 단위길이를 취하여 2차원 해석을 한다. 이렇게 하는 가장 중요한 이유는 길이 방향이 □를 무시할 수 있다고 보기 때문이다.　답 변형도

2. 길이가 매우 긴 사면의 안정해석을 할 때 전단강도를 측정하는 시험 방법으로 하는 것이 가장 타당하다.　답 평면변형

3. 원형 활동면에 의한 사면파괴의 종류에 사면인장파괴가 포함된다. (O, X)　답 X

4. 원형 활동면에 의한 사면파괴의 종류는 일반적으로 □, □, □ 등이 있다.　답 사면저부, 사면선단, 사면내 파괴

5. 동일한 조건에 안전율이 3인 것은 안전율이 2인 것보다 파괴가능성이 50% 적다. (O, X)　답 X

6. 사면의 활동에 대한 안정계산에서 안전율이 최소인 원을 □이라 한다.　답 임계원

7. 사면의 안정검토에서 일반적으로 최하치 안전율은 □이다.　답 1.3~1.5

8. "파넘으로써 홈의 부분제거"는 사면붕괴에서 홈 속에 전단응력이 증대되는 원인이다. (O, X)　답 X

9. 과잉간극수압이 감소되면 사면파괴가 일어날 수 있는 원인에 대한 설명으로 적절하다. (O, X)　답 X

10. 사면의 안전율은 $F_s = \dfrac{전단응력}{전단강도}$ 이다. (O, X)　답 X

㉯ 허용지지력
$$Q_a = \dfrac{Q_u}{F_s} = \dfrac{Q_u}{3}$$

② Meyerhof의 공식
　㉮ 극한지지력
$$Q_u = Q_p + Q_f = 40 \cdot N \cdot A_p + \dfrac{1}{5} \cdot \overline{N}_s \cdot A_s$$

　㉯ 말뚝 둘레의 모래층의 평균 N 치 $(\overline{N}_s)$
$$\overline{N}_s = \dfrac{N_1 \cdot H_1 + N_2 \cdot H_2 + N_3 \cdot H_3}{H_1 + H_2 + H_3}$$

　㉰ 허용지지력
$$Q_a = \dfrac{Q_u}{F_s} = \dfrac{Q_u}{3}$$

2) 동역학적 공식
① Hiley의 공식
$$Q_u = \dfrac{W_h \cdot h \cdot e}{S + \dfrac{1}{2}(C_1 + C_2 + C_3)} \left(\dfrac{W_h + n^2 \cdot W_P}{W_h + W_P} \right)$$

② Engineering news 공식
　㉮ Drop hammer의 극한지지력
$$Q_a = \dfrac{W_h \cdot H}{6(S + 2.5)}$$

　㉯ 단동식 Steam hammer의 극한지지력
$$Q_a = \dfrac{W_h \cdot H}{6(S + 0.25)}$$

　㉰ 복동식 Steam hammer의 극한지지력
$$Q_a = \dfrac{(W_h + A_P \cdot P) \cdot H}{6(S + 0.25)}$$

③ Sander의 공식
$$Q_a = \dfrac{W_h \cdot H}{8S}$$

6. 군말뚝
1) 판정기준 (D_0)
$$D_0 = 1.5\sqrt{r \cdot L}$$
2) 군말뚝의 허용지지력
① ϕ 각
$$\phi = \tan^{-1}\left(\dfrac{D}{S}\right)$$

핵심 26 유한사면의 안정

1. 구조물의 설치 없이 사면이 유지되는 한계고를 인정규열깊이의 ☐ 배이다. 답 2

2. 흙의 단위중량이 16kN/m³, 점착력이 0.2kg/cm², 내부마찰각이 10°일 때 이 토층을 연직으로 절취할 수 있는 깊이는 ☐ m이다. (단, 1t=10kN) 답 5.96

3. 흙의 내부마찰각 $\phi=0°$인 점토층 속에 길이 6m의 연직 절취면이 있다. 흙의 일축압축강도 $q_u = 0.6 \text{kg/cm}^2$이고 단위체적중량은 16kN/m³이었다. (단, 1t=10kN)
한계고 H_c는 ☐ m이고, 사면의 파괴에 대한 안전율(F_s)은 ☐ 이다. 답 7.5, 1.25 (※ 30, 7.5, 1.25)

4. 그림과 같은 사면을 이루고 있는 흙에서 점착력이 $c = 2t/m^2$, 단위중량이 $\gamma_t = 17\text{kN/m}^3$, 안정계수 $N_s = 6.2$일 때 한계고(H_c)는 ☐ m이다. 답 1.5, 7.29

5. 토질시험결과 $\gamma_t = 20\text{kN/m}^3$, $c = 0.5\text{kg/cm}^2$였는데 이 지층을 10m 절취하려고 한다. 안정계수 N_s는 ☐ 이다. (단, 1t=10kN) 답 4

6. 흙의 지지력계수는 사면안정의 검토에 직접 필요한 토질정수는 아니다. (O, X) 답 O

7. 균질한 연약 점토지반 위에 놓인 연직사면에서 잘 일어나는 파괴형태는 ☐ 파괴이다. 답 사면선단

8. 연약점토의 단순사면에서의 파괴양식에 있어서 사면의 경사각(β) > 53°이면 사면내파괴만 일어난다. (O, X) 답 X

9. ☐ 통하는 분할법에 의하여 사면 안정 검토를 할 때 임계원의 중심은 사면의 중점을 통하여 연직선상에 있다. 답 사면 저부

10. 사면자부 붕괴의 경우 분할법에 의하여 사면 안정 검토를 할 때 임계원의 중심은 ☐ 선상에 있다. 답 연직

---

3) 지하수위의 영향
① 지하수위가 기초의 저면보다 위에 위치한 경우
$\gamma_1 = \gamma_{sub}$
$\gamma_2 = \gamma_t - \frac{D}{D_f}\cdot(\gamma_t - \gamma_{sub})$
② 지하수위가 기초의 저면보다 밑에 위치한 경우
$\gamma_1 = \gamma_{sub} + \frac{B}{B}\cdot(\gamma_t - \gamma_{sub})$
$\gamma_2 = \gamma_t$
③ 지하수위가 기초의 저면보다 밑에 위치한 경우
㉮ $D < B$인 경우
㉯ $D \geq B$인 경우 지지력에 영향이 없다.
$\gamma_1 = \gamma_t$

2. Skempton 공식(점토 지반의 극한지지력)
$q_u = c \cdot N_c + \gamma \cdot D_f$

3. Meyerhof 공식(모래 지반의 극한지지력)
$q_u = 3 \cdot N \cdot B \cdot \left(1 + \frac{D_f}{B}\right)$

4. 재하 시험에 의한 지지력 결정
1) 장기 허용지지력
$q_a = q_t + \frac{1}{3}\cdot \gamma \cdot D_f \cdot N_q$
여기서, q_t : 재하 시험에 의한 항복강도의 $\frac{1}{2}$ 또는, 극한강도의 $\frac{1}{3}$ 중 작은 값
2) 단기 허용지지력
$q_a = 2\, q_t + \frac{1}{3}\cdot \gamma \cdot D_f \cdot N_q$

5. 말뚝의 지지력
1) 말뚝의 정역학적 지지력
① Terzaghi의 공식
㉮ 극한지지력
$Q_u = Q_p + Q_f = (\alpha \cdot c \cdot N_c + \beta \cdot \gamma_1 \cdot B \cdot N_\gamma + \gamma_2 \cdot D_f \cdot N_q)\cdot A_P + U \cdot L \cdot f_s$

핵심 27　무한사면의 안정

1. 사면의 경사 β, 활동 파괴면은 지표면에서 H 만큼 아래에 있는 경우 지표면에 평행한 단위폭에 작용하는 수직응력은 ☐ 이다.　답 $\sigma = \gamma \cdot H \cdot \cos^2\beta$

2. 사면의 경사 β, 활동 파괴면은 지표면에서 H 만큼 아래에 있는 경우 지표면에 평행한 단위폭에 작용하는 전단응력은 ☐ 이다.　답 $\tau = \gamma \cdot H \cdot \cos\beta \cdot \sin\beta$

3. 그림과 같은 무한사면에서 A점의 간극수압은 ☐ t/m² 이다.　답 2.65

4. 단위중량이 1.8t/m³, 내부마찰각이 30°로 된 반무한 사면의 안정 경사각은 ☐　답 30°

5. 모래지반의 무한사면의 안정에 대한의 빈공간을 채우시오.

지하수위	파괴면 아래	지표면과 일치
안전율	㉮	㉯

답 ㉮ $F_s = \dfrac{\tan\phi}{\tan\beta}$, ㉯ $F_s = \dfrac{\gamma_{sub}}{\gamma_{sat}} \cdot \dfrac{\tan\phi}{\tan\beta}$

6. 지하수위가 지표면과 일치되며 내부마찰각이 30°, 포화 밀도가 19.62kN/m³ 인 비점성토로 된 반무한사면이 15°로 경사져 있다. 이 때, 이 사면의 안전율은 ☐ 이다. (단, 물의 단위중량은 9.81kN/m³)　답 1.08

핵심 28 사면안정 해석법

1. 사면의 안정해석법의 하나인 절편법은 사면이 이질의 지층으로 되어 있을 경우 적용할 수 없다. (O, X)
   답 X

2. 사면의 안정을 검토하는데 있어서 $\phi = 0°$해석법이라고 하는 것은 포화점토지반의 경도만 고려할 것이다.
   답 비배수

3. 그림에서 활동면에 대한 안전율은 □ 이다.
   답 2.48

4. 활동면 위의 흙을 연직 평행한 절편으로 나누어 사면의 안정을 해석하는 방법에는 Fellenius 방법, □ 방법, Bishop의 간편법 등이 있다.
   답 Spencer

5. 포화된 점토로 된 사면안정해석시 제일 먼저 행하여야 할 사항은 □ 의 가정이다.
   답 활동면

6. Fellenius 방법은 포화수심으로 고려한 $\phi = 0°$해석법이다. (O, X)
   답 X

7. 사면안정계산의 분할법에서 사면을 연직면으로 대상요소로 분할할 때 안전율의 공식 $F = \dfrac{\tan\phi \Sigma N + cL}{\Sigma T}$ 에서 L은 임계원이 지나는 사면의 상부와 하부를 연결하는 원에서 한 의 길이이다. (O, X)
   답 X

8. 성질이 다른히 다른 두 가지 재료로 된 흙 댐의 활동면에 대한 안전율을 계산할 때 각 흙에 대해서 각각의 첨두강도(peak stenght)를 사용한다. (O, X)
   답 X

9. 뷰지네스크(Boussinesq)의 이론은 시공기간 중에는 사면안정해석법과 관계가 있다. (O, X)
   답 X

10. 흙 댐의 안정에 있어서 시공기간 중에는 기상활동으로 상의 전단응력이 (감소, 증가)한다.
    답 증가

11. 일반적으로 흙 댐의 하류측이 가장 위험한 경우는 시공직후의 □ 할 때이다.
    답 정상침투

제8장 다짐

1. 다짐이론

2. 함점 다짐

1) 모래치환법(들밀도 시험)
   ① 시험 구멍의 체적(V) : $V = \dfrac{W_{sand}}{\gamma_{sand}}$
   ② 습윤단위중량(γ_t) : $\gamma_t = \dfrac{W}{V}$

---

5. 무한사면의 안정

1) 지하수위가 파괴면 아래에 있는 경우
   ① 수직응력(σ) : $\sigma = \gamma \cdot H \cdot \cos^2\beta$
   ② 전단응력(τ) : $\tau = \gamma \cdot H \cdot \cos\beta \cdot \sin\beta$
   ③ 안전율
   $$F_s = \dfrac{\tau_f}{\tau_d} = \dfrac{c'}{\gamma_t \cdot H \cdot \cos\beta \cdot \sin\beta} + \dfrac{\tan\phi}{\tan\beta}$$

2) 지하수위가 지표면과 일치하는 경우
   ① 일반적인 흙 : $F_s = \dfrac{\gamma_{sub}}{\gamma_{sat}} \cdot \dfrac{\tan\phi}{\tan\beta}$
   ② 모래지반 : $F_s = \dfrac{\gamma_{sub}}{\gamma_{sat}} \cdot \dfrac{\tan\phi}{\tan\beta}$

6. $\phi = 0°$(비배수 상태)인 포화된 점성토의 사면

① 원호의 길이(L_a) : $L_a = 2 \cdot \pi \cdot \gamma \cdot \left(\dfrac{\theta}{360}\right)$

② 안전율(F_s) : $F_s = \dfrac{M_R}{M_D} = \dfrac{c_u \cdot L_a \cdot \gamma}{W \cdot d}$

제8장 다짐

1. 다짐이론
   ① 다짐에너지(E) : $E = \dfrac{W_R \cdot H \cdot N_B \cdot N_L}{V}$
   ② 다짐도(R) : $R = \dfrac{\text{현장의 } \gamma_d}{\text{실내다짐시험에 의한 } \gamma_{dmax}} \times 100(\%)$

핵심 29 다짐이론

1. 흙의 다짐효과는 부착성이 양호해지고 흡수성이 감소, 투수성이 감소, 압축성이 감소, 밀도가 커진다. (O, X)
   답 O

2. 다짐에너지는 래머 중량에 비례하며, 시료의 체적에 반비례한다. (O, X)
   답 X

3. 흙의 다짐 시험(KS F 2312)에서 A․C다짐에 사용되는 허용최대입자지름은 ☐ mm, B다짐 방법의 허용최대입자지름은 ☐ mm이다.
   답 19, 37.5

4. KS F 2321의 흙의 다짐시험방법에서 A방법의 다짐에너지는 몰드 부피가 1,000cm³이므로 ☐ kg·cm/cm³이다.
   답 5.625

5. 같은 흙이라도 다짐방법, 다짐에너지가 변하면 최대건조단위중량, 최적함수비가 변화한다. (O, X)
   답 O

6. 흙의 다짐시험법 중에서 1층당의 다짐횟수가 가장 많은 다짐방법은 ☐ 방법이다.
   답 E

7. 다짐곡선은 다짐시험에서 구한 건조밀도와 ☐ 로 작도한다.
   답 함수비

8. 함수비의 변화에 따라 건조밀도가 변하는데 건조밀도가 가장 클 때의 함수비를 ☐ 라 한다.
   답 최적함수비

9. Zero air void curve는 다짐곡선의 ☐ 선과 약간 떨어져서 평행에 가깝게 가진다.
   답 하향

10. 흙의 다짐은 최적함수비에서 최대건조밀도를 얻으려는데 이 때 최적함수비 상태는 ☐ 단계에 있다.
    답 윤활

제7장 사면의 안정

1. 안전율(F_s)

종류	공식
① 전단에 대한 안전율	$F_s = \dfrac{\text{전단강도}(\tau_f)}{\text{전단응력}(\tau_d)}$
② 모멘트에 대한 안전율	$F_s = \dfrac{\text{저항 모멘트}(M_R)}{\text{회전 모멘트}(M_D)}$
③ 평면 활동에 대한 안전율	$F_s = \dfrac{\text{활동에 저항하는 힘}(P_R)}{\text{활동을 일으키려는 힘}(P_D)}$
④ 높이에 대한 안전율	$F_s = \dfrac{\text{한계고}(H_c)}{\text{사면의 높이}(H)}$

2. 평면파괴면을 지닌 유한사면의 안정해석

① 한계고(H_c) : $H_c = \dfrac{4c}{\gamma_t} \cdot \dfrac{\sin\beta \cdot \cos\phi}{1 - \cos(\beta - \phi)}$

② 안전율(F_s) : $F_s = \dfrac{H_c}{H}$

3. 직립사면의 안정해석

① 한계고(H_c) :
$H_c = 2Z_0 = \dfrac{4c}{\gamma_t} \cdot \tan\left(45° + \dfrac{\phi}{2}\right)$

$H_c = \dfrac{2q_u}{\gamma_t}$

② 안전율(F_s) : $F_s = \dfrac{H_c}{H}$

4. 단순사면의 안정해석

① 심도계수(N_d) : $N_d = \dfrac{H}{H}$

② 한계고(H_c) : $H_c = \dfrac{c}{\gamma_t} \cdot N_s$

③ 안전율(F_s) : $F_s = \dfrac{H_c}{H}$

핵심 30   다짐의 효과

1. 실험실과 현장의 다짐에너지가 다르므로 실험실의 다짐곡선은 현장에 직접 적용될 수 있다. (O, X)

2. 조립토일수록 다짐곡선의 경사가 날카로워지며, 최대건조단위중량이 증가하며, 최적함수비는 감소한다. (O, X)

3. 흙의 다짐에서 다짐에너지를 증가시키면 최적함수비는 감소하고, 최대건조밀도는 증가한다. (O, X)

4. 최대건조단위중량이 얻어지는 점, 즉, 최적함수비를 나타내는 점들을 연결하면 ____ 곡선이 된다. 답 최적함수비

5. 다짐이 점토에 미치는 영향은 있어서 최적함수비보다 약간 습윤측에서 ____ 을 얻을 수 있다. 답 최소투수계수, 최대전단강도, 최소공극비

6. 최적함수비에서 건조측으로 다지는 경우가 습윤측으로 다지는 흙의 압축성이 크다. (O, X) 답 최적함수비

7. 점토의 경우 낮은 압력에서는 건조측에서 다지는 흙이 습윤측이 압축이 커진다. 그러나 높은 압력에서는 건조측에서 다지는 것보다 흙의 압축성이 커진다. (O, X) 답 0

8. 흙의 다짐에 있어서 최적함수비가 지나는 의미에 있어서 습윤측에서는 높은 공기압이 발생한다. (O, X) 답 X

9. 압축압축강도는 함수비가 증가함에 따라 감소한다. (O, X) 답 0

10. 최대건조도가 90%란 현장건조단위중량이 지정된 실내 다짐시험에서 대한 90%를 말한다. 답 최대건조밀도

11. 흙의 다짐에 있어서 ____ 지반을 다질 때는 진동롤러로 다지는 것이 좋다. 답 모래

---

4) 뒤채음 흙의 이점중의 경우의 토압

① 전구동토압(P_A)

$$P_A = P_{A1} + P_{A2}$$
$$= \frac{1}{2} \cdot K_{A1} \cdot \gamma_1 \cdot H_1^2 + K_{A2} \cdot \gamma_1 \cdot H_1 \cdot H_2 + \frac{1}{2} \cdot K_{A2} \cdot \gamma_2 \cdot H_2^2$$

② 작용점($\bar{y}$)

$$\bar{y} = \frac{(\frac{H_1}{3} + H_2) \cdot P_{A1} + (\frac{H_2}{2}) \cdot P_{A2}}{P_A}$$

5) 지하수가 있는 경우의 토압

① 전주동토압(P_A)

$$P_A = P_{A1} + P_{A2} + P_{A3} + P_{A4}$$
$$= \frac{1}{2} \cdot K_A \cdot \gamma_t \cdot H_1^2 + K_A \cdot \gamma_t \cdot H_1 \cdot H_2 + \frac{1}{2} \cdot K_A \cdot \gamma_{sub} \cdot H_2^2 + \frac{1}{2} \cdot \gamma_w \cdot H_2^2$$

② 작용점($\bar{y}$)

$$\bar{y} = \frac{(\frac{H_1}{3} + H_2) \cdot P_{A1} + (\frac{H_2}{2}) \cdot P_{A2} + (\frac{H_2}{3}) \cdot P_{A3} + (\frac{H_2}{3}) \cdot P_{A4}}{P_A}$$

3. 옹벽의 안정

① 활동에 대한 안정 : $F_s = \dfrac{R_v \cdot \tan\delta}{R_h} > 1.5$

② 전도에 대한 안정 : $F_s = \dfrac{M_r}{M_t} > 2$

③ 지반의 지지력에 대한 안정 : $\sigma = \dfrac{P}{A} \pm \dfrac{M}{I} \cdot y = \dfrac{R_v}{B} \cdot (1 \pm \dfrac{6e}{B})$

제6장 토 압

1. 토압의 이론

① 수평응력(σ_h)

$\sigma_h = K_o \cdot \sigma_v = K_o \cdot \gamma \cdot z$

② 모래 및 정규압밀점토의 정지토압계수(K_0)

$K_0 = 1 - \sin\phi'$

③ 과압밀점토의 정지토압계수($K_{0(과압밀)}$)

$K_{0(과압밀)} = K_{0(정규압밀)}\sqrt{OCR}$

2. Rankine의 토압이론

1) 사질토인 경우의 연직옹벽에 작용하는 토압

① 주동토압계수(K_A) : $K_A = \tan^2(45° - \dfrac{\phi}{2}) = \dfrac{1-\sin\phi}{1+\sin\phi}$

② 주동토압강도(σ_{ha}) : $\sigma_{ha} = K_A \cdot \sigma_v$

③ 전주동토압(P_A) : $P_A = \dfrac{1}{2} \cdot K_A \cdot \gamma \cdot H^2$

④ 작용점($\overline{y}$) : $\overline{y} = \dfrac{1}{3}H$

2) 수동토압

① 수동토압계수(K_P) : $K_P = \tan^2(45° + \dfrac{\phi}{2}) = \dfrac{1+\sin\phi}{1-\sin\phi}$

② 수동토압강도(σ_{hb}) : $\sigma_{hb} = K_P \cdot \sigma_v$

③ 전수동토압(P_P) : $P_P = \dfrac{1}{2} \cdot K_P \cdot \gamma \cdot H^2$

④ 작용점($\overline{y}$) : $\overline{y} = \dfrac{1}{3}H$

3) 상재하중이 있는 경우의 연직옹벽에 작용하는 토압

① 임의 점에서 수직응력(σ_v) : $\sigma_v = \gamma \cdot z + q_s$

② 임의 점에서 수평응력(σ_{ha}) : $\sigma_{ha} = K_A \cdot (\gamma \cdot z + q_s)$

③ 전주동토압(P_A)

$P_A = P_{A1} + P_{A2} = K_A \cdot q_s \cdot H + \dfrac{1}{2} \cdot K_A \cdot \gamma \cdot H^2$

④ 작용점($\overline{y}$) : $\overline{y} = \dfrac{(P_{A1} \times \dfrac{H}{2} + P_{A2} \times \dfrac{H}{3})}{P_{A1} + P_{A2}}$

핵심 31 현장 다짐

1. 표준관입시험은 현장 다짐시 흙의 단위중량과 함수비 측정 방법으로 적당하다. (O, X)

   답 X

2. 현장의 건조밀도시험에서 사용되는 모래의 규격은 No.4체를 통과하고 ☐ 체에 남는 모래를 사용한다.

   답 No.200

3. 현장에서 모래치환법에 의한 단위중량 시험방법시 모래를 사용하는 이유는 시료의 ☐을 알기 위해서이다.

   답 체적

4. 지지력계수를 구할 때 재하판의 침하량은 ☐ cm일 때의 것을 표준으로 하여 사용한다.

   답 0.125

5. 평판재하시험을 끝내는 경우는 하중강도가 그 지반의 ☐을 넘을 때, 하중강도가 ☐에 달했을 때이다.

   답 항복점, 최대접지압, 15mm

6. 지름 30cm인 재하판으로 측정한 지지력계수 $K_{30} = 6.6\mathrm{kg/cm^3}$일 때 지름 75cm인 재하판의 지지력계수($K_{75}$)는 ☐ kg/cm³이다.

   답 3.0

7. 도로의 평판재하시험이 끝나는 경우는 완전히 침하가 멈춘 때이다. (O, X)

   답 X

8. 평판재하시험의 결과를 설계에 사용하기 전에 검토할 사항으로 지하수위의 계절적으로 변하므로 그 변동은 지지력에 관계없음을 알 수 있다. (O, X)

   답 X

9. 모래질 지반에 30cm×30cm 크기로 재하시험을 한 결과 200kN/m²의 극한지지력을 얻었다. 3m×3m의 기초를 설치할 때 기대되는 극한지지력은 ☐ kN/m² 이다.

   답 2000

10. CBR 시험 결과 관입량이 2.5mm 및 5.0mm에 대한 시험하중(전하중)은 96kg 및 135kg으로 측정되었다. 이 흙의 CBR 값은 ☐ %이다.

    답 7.0

11. CBR 시험에서 피스톤 2.5mm관입일 때와 5mm관입일 때를 비교한 결과 5mm값이 더 크게 나타나면 되돌이 시험해서 5mm값을 그대로 나오면 크게 나온값을 CBR값으로 한다. (O, X)

    답 O

핵심 32 기초

1. 기초의 구비조건에 있어서 기초는 전체침하이나 부등침하가 전혀 없어야 한다. (O, X) 답 X

2. 기초 슬래브 최소폭 $B = 1.8m$이고, 기초의 깊이 $D_f = 1.2m$일 때 이것은 _____로서 설계된다. 답 기초

3. 캔틸레버(Cantilever) 푸팅은 _____ 푸팅기초에 속한다. 답 복합

4. 기초의 지반이 지지력이 작은 곳에서 하나의 큰 슬래브로 연결하여 지반에 작용하는 압력 감소시키는 형식의 기초는 _____ 기초이다. 답 전면

5. Terzaghi의 지지력 이론에 있어서 실제로 국부전단파괴와 전반전단파괴의 명백한 구분은 어렵다. (O, X) 답 O

6. Terzaghi의 지지력 이론에 있어서 극한지지력 공식은 _____ 파괴의 경우에 적용된다. 답 전반전단

7. 흙의 허용지내력을 지지력도 안전하고 침하량도 허용치를 초과하지 않는 능력을 말한다. (O, X) 답 O

8. 허용지지력은 침하량을 기준하면 점성토는 기초폭에 관계없이 기초폭의 일정토는 사질토는 기초폭의 증가에 따라 작아진다. (O, X) 답 X

9. 기초에 있어서 지지력을 크게 하기 위하여 응력이 중복되도록 한다. (O, X) 답 X

10. 디프 웰(Deep Well) 공법은 직접 기초의 굴착 공법에 속한다. (O, X) 답 X

---

4. 현장에서의 전단강도 측정

1) 표준관입 시험의 N 값의 수정
① Rod 길이에 대한 수정 : $N_1 = N' \cdot (1 - \frac{x}{200})$
② 토질입자에 의한 수정 : $N_2 = 15 + \frac{1}{2}(N_1 - 15)$
③ 상재압에 의한 유효상재하중(kg/cm²) $\leq 2.8 kg/cm^2$
  여기서, P : 유효상재하중(kg/cm²) $N = N' \cdot (\frac{5}{1.4P+1})$

2) N 값과 ϕ의 관계

입도 및 입자 상태	내부마찰각
흙 입자가 모가 나고 입도가 양호	$\phi = \sqrt{12N} + 25$
흙 입자가 모가 나거나 입도가 양호	$\phi = \sqrt{12N} + 20$
흙 입자가 둥글고 입도가 양호	$\phi = \sqrt{12N} + 20$
흙 입자가 둥글고 입도가 불량	$\phi = \sqrt{12N} + 15$

3) 베인전단시험에 의한 전단강도

$$S = c_u = \frac{T}{\pi \cdot D^2 \cdot (\frac{H}{2} + \frac{D}{6})}$$

5. 공극수압계수 및 응력경로

1) 공극수압계수
① 공극수압계수 : 간극수압의 증가 변화
② 등방압축시 배의 공극수압계수 (B 계수)
$$B = \frac{\Delta u}{\Delta \sigma_3}$$
③ 일축압축시 배의 공극수압계수 (D 계수)
$$D = \frac{\Delta u}{\Delta \sigma_1}$$
④ 삼축압축시에 생기는 공극수압
$$\Delta u = B \cdot [\Delta \sigma_3 + A \cdot (\Delta \sigma_1 - \Delta \sigma_3)]$$

2) K_f 선과 c 선의 관계
① 내부마찰각 (ϕ) : $\phi = \sin^{-1}(\tan \alpha)$
② 점착력 (c) : $c = \frac{m}{\cos \phi}$

핵심 33 얕은 기초의 지지력

1. 얕은 기초의 지지력에 대한 Terzaghi의 가정에서 기초의 형상은 세장 기초이며, 평면변형 문제로 해석한다. (O, X) 답 O

2. Terzaghi의 기초파괴형태에는 탄성영역, 방사선단영역, Rankine의 □ 영역이 있다. 답 수동

3. Terzaghi의 지지력 공식에 의하면 기초 길이가 길어질수록 극한지지력은 □ 한다. 답 증가

4. 지지력계수 N_c, N_r, N_q는 □ 에 의해 구해지는 것이며, 흙의 점착력과는 무관하다. 답 내부마찰각

5. Terzaghi의 지지력 이론에 있어서 국부전단파괴인 경우는 점착력을 전반전단파괴에 비하여 □ 로 감소해서 사용한다. 답 $\frac{2}{3}$

6. 지하수위는 기초바닥 깊이와 같으며 흙의 마찰각 $20°$, 점착력 49.05kN/m^2, 단위중량 16.68kN/m^3, 근입깊이 2m이고, 지하수위 아래의 흙의 포화단위중량은 18.64kN/m^3, 지지력계수에서는 $N_c=18$, $N_r=5$, $N_q=7.5$인 $3\text{m}\times 3\text{m}$ 크기의 정사각형 기초의 극한지지력은 □ t/m^2이다. (단, 물의 단위중량은 9.81kN/m^3) 답 1450.95

7. Terzaghi의 극한지지력 공식에 기초 지면까지의 길이가 0이고, 토질이 점토인 경우 이 공식의 변형식은 □ 이다. 답 $q_u = \alpha \cdot c \cdot N_c$

8. 지하수위가 지표면과 일치하면 지하수위가 없는 경우에 비하여 기초의 지지력은 대략 □ 한다. 답 반감

9. 지하수위가 확대기초 저면에서부터 3m되는 점토질 모래 지반에 폭 2m의 확대기초를 설치하였다면 지지력에 영향은 (있, 없)다. 답 없다

10. $30\text{cm}\times 30\text{cm}$재하판을 이용하여 평판재하시험을 한 결과 항복하중이 50kN, 극한하중이 90kN이었다. 이 지반의 허용지지력은 □ kN/m^2이다. 답 277.8

핵심 34 말 뚝 기 초

1. 말뚝기초에 있어서 침하를 최소로 억제할 필요가 있는 경우에는 ◻︎ 말뚝이 좋다.
   답 지지

2. 약한말뚝은 말뚝기초의 기능상의 분류에 속한다. (O, X)
   답 X

3. 큰 횡력 모멘트(Bending moment)를 받는 기초의 일방향에 저항하는 부재로 사용되는 말뚝은 ◻︎ 이다.
   답 인장말뚝

4. ◻︎ 는 단동식과 복동식이 있으며, 시공 설비가 많이 들고 소음문제가 있다.
   답 증기해머

5. 바이블로 해머는 타입식 기계에 비하여 소음이 크다는 결점이 있다. (O, X)
   답 X

6. 말뚝박기 공법에 있어서 사수식은 압력수를 선단부에 분출시켜 관입시키는 공법이다.
   답 O

7. 말뚝박기 공법에 있어서 압입식은 오일잭재를 사용하여 관입시키는 것으로 N치가 30이상이면 곤란하다. (O, X)
   답 X

8. 말뚝을 지반에 박을 때 무진동, 무소음으로 위쪽에 공간이 적을 때 이용하면 좋은 공법은 ◻︎ 법이다.
   답 압입

9. 말뚝 기초 시공에 있어서 헌타선을 사용할 경우 대개 해안쪽에서 육지쪽으로 박아나간다. (O, X)
   답 X

제4장 흙의 압축성

1. 압밀이론

① 압밀계수(C_v) : $C_v = \dfrac{K}{m_v \cdot \gamma_w}$

② 압축계수(a_v) : $a_v = \dfrac{\Delta e}{\Delta \sigma'} = \dfrac{e_1 - e_2}{\sigma_2' - \sigma_1'}$

③ 체적변화계수(m_v) : $m_v = \dfrac{\dfrac{\Delta V}{V}}{\Delta \sigma'} = \dfrac{a_v}{1+e_1}$

④ 압축지수(C_c) : $C_c = \dfrac{e_1 - e_2}{\log \sigma_2' - \log \sigma_1'} = \dfrac{e_1 - e_2}{\log \dfrac{\sigma_2'}{\sigma_1'}}$

⑤ 시간계수(T_v) : $T_v = \dfrac{C_v \cdot t}{d^2}$

⑥ 압밀도 : $U = \dfrac{u_i - u_e}{u_i} \times 100 = \left(1 - \dfrac{u_e}{u_i}\right) \times 100(\%)$

⑦ 과잉간극수압의 소산정도

④ 시간계수 : $U = f(T_v) \propto \dfrac{C_v \cdot t}{d^2}$

2. 압밀시험

① 흙 입자의 높이(H_s) : $H_s = \dfrac{W_s}{A \cdot G_s \cdot \gamma_w}$

② 공극비(e_0) : $e_0 = \dfrac{V_v}{V_s} = \dfrac{H - H_s}{H_s} = \dfrac{H}{H_s} - 1$

③ 과압밀비(OCR) : $OCR = \dfrac{\text{선행압밀하중}(P_c)}{\text{현재의 유효상재하중}(P_0)}$

3. 압밀침하량 및 압밀시간

① $\sqrt{t}$ 법에 의한 압밀계수(C_v) : $C_v = \dfrac{T_{90} \cdot d^2}{t_{90}} = \dfrac{0.848 d^2}{t_{90}}$

② $\log t$ 법에 의한 압밀계수(C_v) : $C_v = \dfrac{T_{50} \cdot d^2}{t_{50}} = \dfrac{0.197 d^2}{t_{50}}$

③ 압밀시간(t) : $t = \dfrac{T_v \cdot d^2}{C_v}$

④ 압밀침하량(ΔH) : $\Delta H = \dfrac{C_c}{1+e_1} \cdot \log\left(\dfrac{\sigma_2'}{\sigma_1'}\right) \cdot H$

핵심 35 말뚝의 지지력

1. 말뚝지지력에 관한 공식에 있어서 Engineering-news 공식은 정역학적 공식이다. (O, X)   답 X

2. 정역학적 공식에 의한 말뚝의 허용지지력을 구할 때 안전율은 대개 ☐ 으로 한다.   답 3

3. 동역학적 지지력 공식은 정역학적 지지력 동적인 ☐ 으로 구하는 공식이다.   답 관입저항

4. 말뚝박기 공식 중에서 말뚝머리에서 측정되는 반발량을 이용하는 것은 ☐ 공식이다.   답 Hiley

5. 말뚝의 지지력을 결정하기 위해 엔지니어링 뉴스(Engineering-News) 공식을 사용할 때 안전율은 ☐ 이다.   답 6

6. 해머의 낙하고 2m, 해머의 중량 40kN, 말뚝의 최종침하량이 2cm일 때 Sander공식을 이용하여 말뚝의 허용지지력은 ☐ kN이다.   답 500

7. 동역학적 지지력 공식은 지반에 잘 맞으며, 말뚝의 지지력을 추정하는 데는 ☐ 이 가장 확실하다.   답 모래, 말뚝재하시험

8. 연약점토지반에 말뚝재하시험을 하는 경우 말뚝 타입한 후 20여일이 지나서 재하시험을 하는 이유는 타입시 말뚝 주변지반이 ☐ 때문이다.   답 교란

9. 연약 점성토층을 관통하여 일축압축강도 $q_u = 20\text{kN/m}^2$, 파일직경 $D=50\text{cm}$, 관입 길이 $l=10\text{m}$인 쉬트 콘크리트 파일을 박았을 때 부마찰력은 ☐ kN이다.   답 157.08

10. 말뚝 기초에 있어서 지지말뚝이라 할지라도 연약층을 관통한 경우에는 부마찰력이 작용하므로 지지력이 감소한다. (O, X)   답 O

11. 말뚝의 극한지지력에 있어서 군항은 단항보다도 각각의 말뚝이 발휘하는 ☐ 이 지지력 작다.

12. 일반적으로 말뚝의 간격은 말뚝직경이 ☐ 배 이상이 되면 비경제적으로 본다.   답 4

---

3. 침투수압
   ① 단위면적당 침투수압(F)
      $F = i \cdot \gamma_w \cdot z$
   ② 단위체적당 침투수압(j)
      $j = i \cdot \gamma_w$

4. 분사현상
   1) 한계동수경사(i_c)
      $i_c = \dfrac{\gamma_{sub}}{\gamma_w} = \dfrac{G_s - 1}{1+e}$
   2) 분사현상
      ① 분사현상이 안 일어날 조건 : $i < i_c = \dfrac{\gamma_{sub}}{\gamma_w} = \dfrac{G_s - 1}{1+e}$
      ② 분사현상이 일어날 조건 : $i \geq i_c = \dfrac{\gamma_{sub}}{\gamma_w} = \dfrac{G_s - 1}{1+e}$
      ③ 안전율 : $F_s = \dfrac{i_c}{i} = \dfrac{\dfrac{G_s - 1}{1+e}}{\dfrac{h}{L}}$

5. 지중응력
   1) 집중하중에 의한 연직응력 증가량($\Delta\sigma_z$)
      ① 연직응력 증가량($\Delta\sigma_z$) : $\Delta\sigma_z = \dfrac{Q}{z^2} \cdot I$
      ② 영향계수(I) : $I = \dfrac{3}{2\pi} \cdot R^5$
   2) 사각형 등분포하중에 의한 응력증가
      ① 연직응력 증가량($\Delta\sigma_z$) : $\Delta\sigma_z = q_s \cdot I$
      ② 영향계수 : $I = f(m, n)$
   3) New-Mark 영향원법
      $\Delta\sigma_z = 0.005 \cdot n \cdot q_s$
   4) 2 : 1분포법($\tan\theta = \dfrac{1}{2}$법, kÖgler 간편법)
      $\Delta\sigma_z = \dfrac{Q}{(B+z)\cdot(L+z)} = \dfrac{q_s \cdot B \cdot L}{(B+z)\cdot(L+z)}$

핵심 36 피어 기초 및 케이슨 기초

1. 구조물의 하중을 균은 지반에 전달하기 위하여 수직공을 굴착하여 그 속에 현장 콘크리트를 타설하여 만들어진 주상의 기초로서 비교적 지지력이 큰 것은 ▢ 기초이다. 〔답〕 피어

2. Pier 기초의 수직공을 굴착할 때의 방법 중에서 인력굴착에 속하는 공법은 ▢ 공법이다. 〔답〕 Chicago 공법.

3. 베노토(Benoto) 공법은 굴착하는 동안 지하수를 펌프로 배수시킬 필요가 있다. (O, X) 〔답〕 X

4. Gow 공법은 지하연속벽 공법에 속한다. (O, X) 〔답〕 X

5. 피어 기초의 특징은 말뚝박기에 따르는 소음 진동이 심하다. (O, X) 〔답〕 X

6. 분사식 침하 공법에서 지반이 점토인 경우 분사 방법으로는 ▢를 분사하는 것이 좋다. 〔답〕 공기

7. 뉴매틱 케이슨 기초의 장점은 내부 공기를 이용하여 시공하므로 굴착 깊이에 제한이 작은 기초 공사에 경제적이다. (O, X) 〔답〕 X

8. 공기 케이슨 기초에 있어서 굴착시 Boiling이나 Heaving의 우려가 있다. (O, X) 〔답〕 X

9. 공기 케이슨 공법에서 압축공기의 압력은 ▢ kg/cm^2 이다. 〔답〕 3.5~4.0

10. $I_s = 0.561$, $\mu = 0.5$, $E = 15000kN/m^2$, $3×3m$인 정방형 기초를 허용지지력이 $200kN/m^2$인 모래지반에 시공하였다면, 탄성침하량은 ▢ cm이다. 〔답〕 1.68

11. 점토지반에 설치된 강성기초의 접지압 분포에 있어서 기초 모서리 부분에서 ▢이 발생한다. 〔답〕 최대 응력

12. 사질지반에 설치된 강성기초의 접지압 분포에 있어서 기초 중앙부에서 ▢이 발생한다. 〔답〕 최대 응력

13. 점토기초의 단면적이 $100m^2$, 구조물의 사하중 및 활하중을 합한 총하중이 $25000kN$이고 근입깊이가 $2m$, 근입깊이 내의 흙의 단위중량이 $18kN/m^3$ 이었다. 이 기초에 작용하는 순압력은 ▢ kN/m^2 이다. 〔답〕 214

---

③ 등가등방성 투수계수(K') : $K' = \sqrt{K_h \cdot K_z}$
④ 침투수량(단위폭당 침투량) : $q = K \cdot H \cdot \dfrac{N_f}{N_d}$

5. 간극수압

① 임의의 점에서의 전수두(h_t) : $h_t = \dfrac{n_d}{N_d} \cdot H$
② 위치수두(h_e) : 위치수두는 하류수면을 기준으로 하여 높이를 측정하는데 기준선 아래에 위치한 경우 $(-)$값을 가진다.
③ 압력수두(h_p) : $h_p = h_t - h_e$
④ 간극수압(u_p) : $u_p = \gamma_w \cdot h_p$

6. 동결심도(Z)

$$Z = C \cdot \sqrt{F} = C \cdot \sqrt{\theta \cdot t}$$

제3장 유효응력

1. 유효응력의 개념

① 전응력(σ) : $\sigma = \gamma \cdot z$
② 중립응력(u) : $u = \gamma_w \cdot H$
③ 유효응력(σ') : $\sigma' = \sigma - u$

2. 모관영역의 유효응력

① 완전히 포화된 흙의 모관포텐셜(ϕ)
   $\phi = -\gamma_w \cdot h$
② 부분적으로 포화된 흙의 모관포텐셜(ϕ)
   $\phi = -\dfrac{S}{100} \cdot \gamma_w \cdot h$
③ 모관영역의 유효응력(σ')
   $\sigma' = \sigma - u = \sigma - (-\gamma_w \cdot h) = \sigma + \gamma_w \cdot h$

핵심 37 　 점토지반 개량공법

1. 연약지반 개량공법 중 프리로딩(Preloading) 공법은 압밀계수가 크고 점성토층의 두께가 작은 경우에 채택한다. (O, X)　　답 O

2. Sand drain 공법의 주된 목적은 □□□□ 를 촉진시키는 것이다.　　답 압밀침하

3. 샌드 드레인 공법은 모래 기둥을 점토층에 시공하는 것이므로 압밀 하중은 필요 없다. (O, X)　　답 X

4. Sand drain 공법에서 유효지름은 40cm인 Sand pile 정삼각형으로 배치할 때 모래 기둥의 간격은 □□□ cm이다.　　답 38

5. Sand drain 공법에서 배수거리에 대한 영향원의 이론을 제기한 사람은 □□□□ 이다.　　답 Barron

6. Sand drain 공법의 지배 영역에 관한 Barron의 정삼각형 배치에서 사주(Sand pile)의 간격을 d, 유효원의 지름을 d_e 라 할 때 d_e 를 구하는 식은 □□□□ 이다.　　답 $d_e = 1.13d$

7. 점토지반에서 연직방향의 압밀계수는 수평방향 압밀계수보다 작지만 Sand drain 공법에서는 설계시 같다고 보는 이유는 Sand Pile 타입시 주변의 지반이 □□□ 되기 때문이다.　　답 교란

8. 연약지반 처리공법 중 sand drain 공법에서 $U_V = 0.20$, $U_R = 0.71$인 연직과 방사선 방향을 고려한 평균 압밀도 U_{age}는 □□□□ 이다.　　답 0.768

9. Sand drain 공법은 2차 압밀비가 높은, 즉 소성이 높은 점토와 이탄과 같은 흙에는 효과가 크다. (O, X)　　답 X

10. 페이퍼 드레인 공법은 Sand drain 공법에 비해 초기 배수효과는 떨어진다. (O, X)　　답 X

11. Paper drain 설계시 폭이 10cm, 두께 0.3cm일 때 Paper drain의 환산직경은 □□□ cm이다.　　답 5

제2장 흙의 투수성과 침투

1. 모관현상

① 모관상승고(h_c) : $h_c = \dfrac{4 \cdot T \cdot \cos\alpha}{\gamma_w \cdot D}$

② 표준온도(15℃)에서의 모관상승고 : $h_c = \dfrac{0.3}{D}$

③ Hazen 공식 : $h_c = \dfrac{c}{e \cdot D_{10}}$

2. Darcy의 법칙

① 전수두(h_t) : $h_t = \dfrac{u}{\gamma_w} + z$

② 동수경사(i) : $i = \dfrac{\Delta h}{L}$

③ Darcy의 법칙 : $v = K \cdot i = K \cdot \dfrac{h}{L}$

④ 실제 침투속도(v_s) : $v_s = \dfrac{v}{\dfrac{n}{100}}$

3. 투수계수

① 투수계수 : $K = D_s^2 \cdot \dfrac{\gamma_w}{\eta} \cdot \dfrac{e^3}{1+e} \cdot C$

② 정수위 투수시험 : $K = \dfrac{Q \cdot L}{A \cdot h \cdot t}$

③ 변수위 투수시험 : $K = \dfrac{2.3 \cdot a \cdot L}{A \cdot T} \log \dfrac{h_1}{h_2}$

④ 압밀시험 : $K = C_v \cdot m_v \cdot \gamma_w = C_v \cdot \dfrac{a_v}{1+e_1} \cdot \gamma_w$

⑤ Hazen 공식 : $K = C \cdot D_{10}^2$

4. 비균질 토층의 평균투수계수

① 수평방향 평균투수계수(K_h)
$K_h = \dfrac{1}{H}(K_1 \cdot H_1 + K_2 \cdot H_2 + K_3 \cdot H_3)$

② 수직방향 평균투수계수(K_z)
$K_z = \dfrac{H}{\dfrac{H_1}{K_1} + \dfrac{H_2}{K_2} + \dfrac{H_3}{K_3}}$

핵심 38 모래지반 개량공법

1. 쪽파 치환 공법은 지반의 개량공법이며, 쪽파 다짐 공법이다.
   답 지반의 개

2. 전기 충격 공법은 불수에 의한 연약지반 개량공법이다.
   답 점토, 모래

3. 전기 침투 공법은 점토 점류 전류를 사용하는 □□□ 지반 개량공법이며, 전기충격 공법은 □□□ 지반 개량공법이다.
   답 점토, 모래

4. □□□ 지반 개량공법은 진동이나 충격에 의해 공극을 줄이는 개량공법을 주로 적용한다.
   답 모래

5. 다짐 모래 말뚝 공법은 느슨한 사질토 지반의 다짐에 효과가 현저하며 경제적이다. (O, X)
   답 O

6. Compozer 공법은 흔드는 연약한 점토지반에도 사용할 수 있는 공법이다. (O, X)
   답 O

7. Compozer 공법은 시공관리가 매우 간편한 공법이다. (O, X)
   답 X

8. 지반개량을 위한 샌드 파일 공법에서 중공강관을 뽑아내으로써 샌드 파일을 만드는데 중간에 산업방법에는 Pressuremeter에 의한 방법이다. (O, X)
   답 X

9. 느슨한 모래지반에 물으로 선단에서 물을 뿌리며 수평진동을 주면서 모래지반에 주로 적용하는 공법이다.
   답 Vibroflotation

10. 전기 침투 공법은 연약지반 개량공법에 있어서 모래지반에 주로 적용하는 공법이다. (O, X)
    답 X

3. 흙의 연경도

① 수축한계(w_s)
$$w_s = w - \left[\frac{(V-V_0)\cdot \gamma_w}{W_s}\right]\times 100(\%)$$
$$w_s = \left(\frac{1}{R} - \frac{1}{G_s}\right)\times 100(\%)$$

② 비중의 근사값(G_s) : $G_s = \dfrac{1}{\dfrac{1}{R} - \dfrac{w_s}{100}}$

③ 수축비(R) : $R = \dfrac{W_s}{V_0}\cdot \dfrac{1}{\gamma_w}$

④ 소성지수(PI, I_p) : $PI = w_L - w_p$

⑤ 수축지수(SI, I_s) : $SI = w_p - w_s$

⑥ 액성지수(LI, I_L) : $LI = \dfrac{w_n - w_p}{I_p}$

⑦ 연경지수(CI, I_c) : $CI = \dfrac{w_L - w_n}{I_p}$

⑧ 유동지수(FI, I_f) : $FI = \dfrac{w_1 - w_2}{\log N_2 - \log N_1} = \dfrac{w_L - w_n}{\log \dfrac{N_2}{N_1}}$

⑨ 터프니스지수(I_t) : $TI = \dfrac{PI}{FI}$

⑩ 활성도(A) : $A = \dfrac{I_p}{2\mu m 보다 작은 입자의 중량백분율(\%)}$

4. 흙의 입도분석

① 잔유량(P_r) : $P_r = \dfrac{W_{sr}}{W_s}\times 100(\%)$

② 가적유량(P_r') : $P_r' = \Sigma P_r$

③ 가적 통과량(P') : $P' = 100 - P_r'$

④ 비중계의 유효깊이 : $L = L_1 + \dfrac{1}{2}\left(L_2 - \dfrac{V_B}{A}\right)$

⑤ 균등계수(C_u) : $C_u = \dfrac{D_{60}}{D_{10}}$

⑥ 곡률계수(C_g) : $C_g = \dfrac{D_{30}^2}{D_{10}\cdot D_{60}}$

5. 흙의 공학적 분류법

① A선 : $I_p = 0.73(w_L - 20)$
② B선 : $w_L = 50\%$
③ 군지수(GI) : $GI = 0.2a + 0.005ac + 0.01bd$

핵심 39 　 임시적 개량공법 및 특수 개량공법

1. 연약지반 개량공법 중 지하수위를 저하시킬 목적으로 사용되는 공법은 ☐ 공법이다.
   답 웰 포인트

2. Well point 공법에서 배수량 산정시에 제일 많이 이용되는 식은 ☐ 의 식이다.
   답 Thiem

3. Well point 공법에서 Well point는 1~2m 간격으로 세우는데 점토지반에 효과적이다. (O, X)
   답 X

4. 동결 공법은 함수비가 작을수록 높은 강도를 나타낼 수 있다. (O, X)
   답 X

5. 기존 건물에 인접된 장소에 새로운 깊은 기초를 시공하고자 한다. 이 때 기존 건물의 기초가 얕기 때문에 보강하는 공법은 ☐ 공법이다.
   답 Under pinning

6. 동결 공법은 연약지반 임시적 개량공법에 속한다. (O, X)
   답 O

7. 지오텍스타일은 흙 속에 폴리에스테르, 나일론, 폴리에틸렌 등을 사용하여 연약지반을 개량하는 시공법들의 하나이다. (O, X)
   답 O

8. 토목섬유재 중 지오텍스타일(Geotextile)의 수행기능 중에 혼합 기둥과 기둥 차수(seepage barrier) 기능이 포함된다. (O, X)
   답 X

9. 토목섬유의 주요기능 중에 댐핑(Damping) 기능이 포함된다. (O, X)
   답 X

공식 파일 요약

제1장 흙의 기본적 성질과 분류

1. 흙의 각 성분의 상관관계

① 공극비(e) : $e = \dfrac{V_v}{V_s}$

② 공극률(n) : $n = \dfrac{V_v}{V} \times 100 = \dfrac{e}{1+e} \times 100(\%)$, $n = \dfrac{n}{100-n}$

③ 포화도(S) : $S = \dfrac{V_w}{V_v} \times 100(\%)$

④ 함수비(w) : $w = \dfrac{W_w}{W_s} \times 100(\%)$

⑤ 비중(G_s)
   ㉮ 비중(G_s) : $G_s = \dfrac{\gamma_s}{\gamma_w} = \dfrac{W_s}{V_s} \cdot \dfrac{1}{\gamma_w}$
   ㉯ T℃에서의 흙 입자의 비중 : $G_T = \dfrac{W_s}{W_s + (W_a - W_b)}$
   ㉰ 15℃에서의 흙 입자의 비중 : $G_s = G_T \cdot K$

⑥ 체적과 중량의 관계 : $S \cdot e = w \cdot G_s$

2. 단위무게

① 습윤밀도(γ_t) : $\gamma_t = \dfrac{W}{V} = \dfrac{G_s + \dfrac{w \cdot G_s}{100}}{1+e} \cdot \gamma_w = \dfrac{G_s + \dfrac{S \cdot e}{100}}{1+e} \cdot \gamma_w$

② 건조밀도(γ_d) : $\gamma_d = \dfrac{W_s}{V} = \dfrac{G_s \cdot \gamma_w}{1+e}$

③ 건조밀도에 의한 간극비(e) : $e = \dfrac{G_s \cdot \gamma_w}{\gamma_d} - 1$

④ 건조밀도와 건조중량의 관계 : $\gamma_d = \dfrac{\gamma_t}{1 + \dfrac{w}{100}}$

⑤ 습윤중량과 건조중량의 관계 : $W_s = \dfrac{W}{1 + \dfrac{w}{100}}$

⑥ 포화밀도(γ_{sat}) : $\gamma_{sat} = \dfrac{G_s + e}{1+e} \cdot \gamma_w$

⑦ 수중밀도(γ_{sub}) : $\gamma_{sub} = \gamma' = \gamma_{sat} - \gamma_w = \dfrac{G_s - 1}{1+e} \cdot \gamma_w$

⑧ 상대밀도(D_r) : $D_r = \dfrac{e_{\max} - e}{e_{\max} - e_{\min}} \times 100$
   $= \dfrac{\gamma_{d\max}}{\gamma_d} \cdot \dfrac{\gamma_d - \gamma_{d\min}}{\gamma_{d\max} - \gamma_{d\min}} \times 100(\%)$

핵심 40 토질조사

1. 토질조사에서 주요 목적은 구조물 위치선정에 필요한 자료를 얻는다. (O, X)
   답 X

2. 보링의 목적은 평판재하시험을 위한 재하면의 형성에 있다. (O, X)
   답 X

3. 보링에 있어서 회전식은 시간과 공사비가 많이 들뿐만 아니라 핵심한 core도 얻을 수 있다. (O, X)
   답 X

4. 흙 시료의 채취에 있어서 Auger boring은 흐트러지지 않은 시료를 채취하는 데 적합하다. (O, X)
   답 X

5. 불교란 시료 채취시 샘플러의 두께를 얇게 하기 위하여 면적비 □ 의 훈입을 막기 위해서이다.
   답 10%, 잎어도

6. 채취한 흙 시료의 교란된 정도를 알기 위하여 시료 채취에 사용한 얇통형 튜브의 규격을 조사한 결과 튜브의 외경이 5cm이고 절단면 내경은 4.7625cm이었다면 면적비(A,)는 □ %이다.
   답 10.22

7. 시료채취기의 관입길이가 100cm이고 채취된 시료의 길이가 90cm이었다. 길이가 10cm 이상인 시료의 합이 60cm, 길이가 9cm 이상인 시료의 합이 80cm이었다. 이 경우 회수율은 □ 이며, RQD는 □ 이다.
   답 0.9, 0.6

8. 표준관입시험의 N치는 압절를 나타내는 항목과 직접관계가 있다. (O, X)
   답 X

9. 현장 토질조사를 위하여 베인 테스트(Vane Test)를 행하는 경우가 종종 있다. 이 시험은 연약한 점토의 점착력을 알기 위해서이다. (O, X)
   답 O

10. Sounding의 종류에 있어서 사질토에 가장 적합하고 점성토에서도 쓰이는 조사법은 □ 이다.
    답 표준관입시험

11. 표준관입시험은 동적 시운입 방법 중의 하나이며, 모래지반에 대하여 신뢰도가 높다. (O, X)
    답 O

1주일 완성! 핵심문제풀이

토질 및 기초

發行處 (주) **인솔아카데미**

(우)06775 서울시 서초구 마방로10길 25 트윈타워 A동 2002호
TEL : 575-6144/5   FAX : 529-1130
〈1998. 2. 19 登錄 第16-1608號〉
www.bestbook.co.kr/www.inup.co.kr

CIVIL ENGINEER
토질 및 기초

- 제1편 공식파일요약
- 제2편 핵심120제(1~40)